建筑节能常用标准汇编

（第3版）

中国标准出版社　编

中国标准出版社

北　京

图书在版编目(CIP)数据

建筑节能常用标准汇编/中国标准出版社编.—3版.
—北京:中国标准出版社,2015.4
ISBN 978-7-5066-7837-7

Ⅰ.①建… Ⅱ.①中… Ⅲ.①建筑-节能-标准-汇编-中国 Ⅳ.①TU111.4-65

中国版本图书馆CIP数据核字(2015)第026507号

中国标准出版社出版发行
北京市朝阳区和平里西街甲2号(100029)
北京市西城区三里河北街16号(100045)

网址 www.spc.net.cn
总编室:(010)68533533 发行中心:(010)51780238
读者服务部:(010)68523946
中国标准出版社秦皇岛印刷厂印刷
各地新华书店经销

*

开本 880×1230 1/16 印张 50 字数 1 537 千字
2015年4月第三版 2015年4月第三次印刷

*

定价 225.00 元

出版说明

《建筑节能常用标准汇编》(第3版)共分五个部分:建筑节能设计与检验、砌体、建筑外门与外窗、玻璃和幕墙、墙体材料与检测方法,收录了截至2014年12月底前发布的现行有效的标准共44项,其中国家标准41项、行业标准3项。

本汇编可供建筑业广大设计、施工、科研、学校等单位有关人员参考使用,也可供能源专业相关标准化人员使用。

编　者

2015年1月

目　　录

一、建筑节能设计与检验

二、砌　　体

三、建筑外门与外窗

四、玻璃和幕墙

五、墙体材料与检测方法

一、建筑节能设计与检验

ICS 027.010
F 04

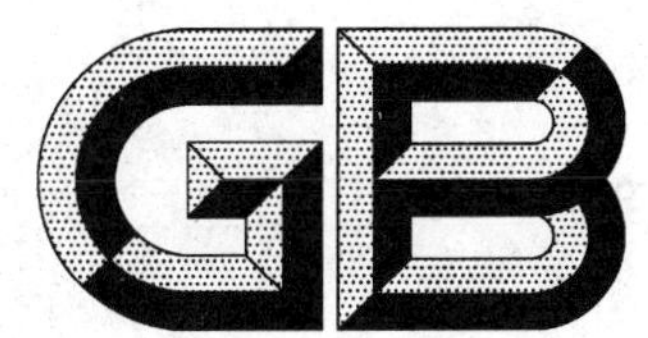

中华人民共和国国家标准

GB/T 8175—2008
代替 GB/T 8175—1987,GB/T 15586—1995

设备及管道绝热设计导则

Guide for design of thermal insulation of equipments and pipes

2008-06-19 发布　　2009-01-01 实施

中华人民共和国国家质量监督检验检疫总局
中国国家标准化管理委员会　发布

前　言

本标准根据 GB/T 8175—1987《设备及管道保温设计导则》和 GB/T 15586—1995《设备及管道保冷设计导则》的内容整合、修订而成。

本标准同时代替 GB/T 8175—1987 和 GB/T 15586—1995。

本标准与 GB/T 8175—1987 和 GB/T 15586—1995 相比，主要变化如下：

——保温材料、保冷材料要求与 GB/T 4272 的相关要求相一致；

——修改低温粘结剂的要求；

——在第 4 章中增加防水材料的要求；

——增加直埋管道保温计算方法；

——在绝热结构要求中增加防水层要求。

本标准的附录 A、附录 B、附录 C 均为规范性附录。

本标准由全国能源基础与管理标准化技术委员会提出。

本标准由全国能源基础与管理标准化技术委员会省能材料应用技术分委员会归口。

本标准负责起草单位：建筑材料工业技术监督研究中心、中国疾病预防控制中心环境与健康相关产品安全所。

本标准参加起草单位：阿乐斯绝热(广州)有限公司、无锡市明江保温材料有限公司、兰州鹏飞保温隔热有限公司、北京北工国源联合科技有限公司、浙江振申绝热科技有限公司、中国水利电力物资天津公司、欧文斯科宁(中国)投资有限公司。

本标准主要起草人：戴自祝、金福锦、何振声、周敏刚、武庆涛、吴寿勇、王巧云、陈斌。

本标准所代替标准的历次版本发布情况为：

——GB/T 8175—1987；

——GB/T 15586—1995。

设备及管道绝热设计导则

1 范围

本标准规定了绝热设计的基本原则、绝热层材料和主要辅助材料的性能要求及选择原则、保温计算、保冷计算、绝热结构和绝热工程的主要施工技术要求。

本标准适用于一般设备和管道。不适用于船舶、核能以及工业炉窑和锅炉的内衬等有特殊要求的装置设施。

施工中的临时设施、各种热工仪表系统的管道及伴热管道不受本标准的约束。

2 规范性引用文件

下列文件中的条款通过本标准的引用而成为本标准的条款。凡是注日期的引用文件，其随后所有的修改单(不包括勘误的内容)或修订版均不适用于本标准，然而，鼓励根据本标准达成协议的各方研究是否可使用这些文件的最新版本。凡是不注日期的引用文件，其最新版本适用于本标准。

GB/T 4272—2008 设备及管道绝热技术通则

GB/T 8174 设备及管道绝热效果的测试与评价

GB 50126 工业设备及管道绝热工程施工规范

CJJ 104—2005 城镇供热直埋蒸汽管道技术规程

3 绝热设计的基本原则

3.1 保温设计应符合减少散热损失、节约能源、满足工艺要求、保持生产能力、提高经济效益、改善工作环境、防止烫伤等基本原则。

3.1.1 具有下列情况之一的设备、管道、管件、阀门等(以下对管道、管件、阀门等统称为管道)应保温。

a) 外表面温度大于323 K(50℃)[环境温度为298 K(25℃)时的表面温度]，以及根据需要要求外表面温度小于或等于323 K(50℃)的设备和管道；

b) 介质凝固点高于环境温度的设备和管道。

3.1.2 除防烫伤要求保温的部位外，具有下列情况之一的设备和管道也可不保温：

a) 要求散热或必须裸露的设备和管道；

b) 要求及时发现泄漏的设备和管道上的连接法兰；

c) 要求经常监测，防止发生损坏的部位；

d) 工艺生产中排气、放空等不需要保温的设备和管道。

3.1.3 表面温度超过333 K(60℃)的不保温设备和管道，需要经常维护又无法采用其他措施防止烫伤的部位应在下列范围内设置防烫伤保温：

a) 距离地面或工作平台的高度小于2.1 m；

b) 靠近操作平台距离小于0.75 m。

3.2 低温设备及管道的保冷设计，应以满足工艺生产、保持和发挥生产能力、减少冷损失、节约能源、并防止表面凝露，改善工作环境等为目的。

3.2.1 具有下列工况要求之一的低温设备、管道及其附件必须保冷：

a) 需减少冷介质在生产和输送过程中的温度升高或气化者；

b) 低于常温的设备和管道，需减少冷介质在生产和输送过程中冷损失量者；

c) 为防止常温以下，0℃以上设备及管道外壁表面凝露者；

d) 低温设备及低温管道相连的低温附件需要保冷者。

4 绝热层材料和主要辅助材料的性能要求及选择原则

4.1 保温材料

4.1.1 保温材料制品的主要性能

4.1.1.1 在平均温度为298 K(25℃)时热导率值应不大于0.080 W/(m·K),并有在使用密度和使用温度范围下的热导率方程式或图表;对于松散或可压缩的保温材料及其制品,应提供在使用密度下的热导率方程式或图表。

4.1.1.2 密度不大于300 kg/m³。

4.1.1.3 除软质、半硬质、散状材料外,硬质无机制品的抗压强度不应小于0.30 MPa,有机制品的抗压强度不应小于0.20 MPa。

4.1.2 保温材料制品还应具有下列性能资料

a) 允许最高使用温度;

b) 必要时需注明耐火性、吸水率、吸湿率、热膨胀系数、收缩率、抗折强度、腐蚀性及耐蚀性等。

4.1.3 保温材料的选择原则

4.1.3.1 保温材料制品的允许使用温度应高于正常操作时的介质最高温度。

4.1.3.2 相同温度范围内有不同材料可供选择时,应选用热导率小、密度小、造价低、易于施工的材料制品同时应进行综合比较,其经济效益高者应优先选用。

4.1.3.3 在高温条件下经综合经济比较后可选用复合材料。

4.2 保冷材料

4.2.1 保冷材料及其制品的性能要求

4.2.1.1 泡沫塑料及其制品25℃时的热导率应不大于0.044 W/(m·K),密度应不大于60 kg/m³,吸水率应不大于4%,硬质成型制品的抗压强度应不小于0.15 MPa。

4.2.1.2 泡沫橡塑制品0℃时的热导率应不大于0.036 W/(m·K),密度应不大于95 kg/m³,真空吸水率不大于10%。

4.2.1.3 泡沫玻璃及其制品25℃时的热导率应不大于0.064 W/(m·K),密度应不大于180 kg/m³,吸水率应不大于0.5%,成型制品的抗压强度不应小于0.3 MPa。

4.2.1.4 阻燃型保冷材料的氧指数应不小于30%。

4.2.1.5 保冷层材料尚应具有下列指标:

a) 最低和最高安全使用温度;

b) 线膨胀系数或线收缩率;

c) 必要时尚需提供抗折强度、燃烧(不燃、难燃、阻燃)性能、防潮(吸水、吸湿、憎水)性能、腐蚀或抗蚀性能、化学稳定性、热稳定性、抗冻性及透气性等。

4.2.2 保冷材料的选择原则

4.2.2.1 在主要技术性能均能满足保冷要求的范围内,有不同保冷层材料可供选择时,应优先选用热导率小,密度小,吸水、吸湿率低,耐低温性能好,易施工、造价低其综合经济效益较高的材料。

4.2.2.2 保冷层材料的最低安全使用温度,应低于正常操作时的介质最低温度。

4.2.2.3 在低温条件下经综合经济比较后,可选用两种或多种保冷层材料复合使用,或直接选用复合型保冷材料制品。

4.3 保冷层施工用的粘结剂、密封剂和耐磨剂

4.3.1 性能要求

4.3.1.1 粘结剂、密封剂和耐磨剂应能耐低温、易固化、对保冷层材料不溶解、对金属壁无腐蚀、粘结力强、密封性好。耐磨剂(仅泡沫玻璃用)在温度变化或机械振动的情况下,应能防止保冷层材料与金属外

壁面间和保冷层材料制品的相互接触面发生磨损。

4.3.1.2 低温粘结剂的使用温度范围为−196℃～50℃。其软化温度应大于80℃。在使用温度范围内，粘结强度应大于0.05 MPa。对于高温吹扫和双温使用的情况，粘结剂应满足使用温度的要求。

4.3.1.3 耐磨剂的使用温度范围为−196℃～100℃。其耐热性好，在100℃时无流淌及变色现象。耐寒性好，在−196℃下无脱落及变色现象。粘结力好，将其涂于泡沫玻璃上，干燥后无脱落现象。

4.3.2 粘结剂、密封剂和耐磨剂选择原则

4.3.2.1 粘结剂、密封剂和耐磨剂的主要技术性能，必须与所采用的保冷层材料特性相匹配。

4.3.2.2 粘结剂、密封剂和耐磨剂与保冷层材料的配用示例如下：

a) 硬质、闭孔、阻燃型聚氨酯型泡沫塑料制品，可采用聚氨基甲酸酯型双组分粘结剂或FG低温粘结剂，并兼作密封剂；

b) 自熄可发性聚苯乙烯泡沫塑料制品，可采用非溶剂型粘结剂（如无溶剂酚醛树脂型胶等），并兼作密封剂；

c) 泡沫玻璃可采用FG低温粘结剂及专用的耐磨密封剂。

4.4 防潮层材料的性能要求

4.4.1 抗蒸汽渗透性好，防潮、防水力强，其吸水率应不大于1%。

4.4.2 阻燃，火焰离开后能在1 s～2 s内自熄，其氧指数不小于30%。

4.4.3 粘结性能及密封性能好，20℃时其粘结强度不低于0.15 MPa。

4.4.4 安全使用温度范围大。有一定的耐温性，软化温度不低于65℃，夏季不起泡，不流淌。有一定的抗冻性，冬季不开裂，不脱落。

4.4.5 化学稳定性好，其挥发物不大于30%，能耐腐蚀，并不得对保冷层材料及保护层材料产生溶解或腐蚀作用。

4.4.6 具有在气候变化与振动情况下仍能保持完好的稳定性。

4.4.7 干燥时间短，在常温下能使用，施工方便。

4.5 防水层材料的性能要求

应能有效防止水汽渗透、不燃或阻燃、化学稳定性好。

4.6 外保护层材料的性能要求

4.6.1 防水、防湿、抗大气腐蚀性好、不燃或阻燃、化学稳定性好。

4.6.2 强度高，在气温变化与振动情况下不开裂，使用寿命长，外表整齐美观，并便于施工和检修。

4.6.3 贮存或输送易燃、易爆物料的绝热设备或管道，以及与此类管道架设在同一支架或相交叉处的其他绝热管道，其保护层材料必须采用不燃性材料。

4.6.4 外保护层表面涂料的防火性能，应符合现行国家标准、规范的有关规定。

4.7 绝热工程材料的有关规定

4.7.1 绝热工程材料必须具有产品质量证明书或出厂合格证，其规格、性能等技术要求应符合设计文件和现行各级产品标准的规定。

4.7.2 当绝热工程材料的产品质量证明书或出厂合格证中所列指标不全，或对产品（包括现场自制品）质量有异议时，以及在大、中型绝热工程施工前，应对其主要物理化学性能，或对用于奥氏体不锈钢设备或管道上的绝热材料需提供氯离子含量指标要求时，应进行现场抽样，送交检验单位复检，并应提供检验合格报告。

4.7.3 绝热工程材料主要物理化学性能的检验应由经过认证认可的检测单位承担，所采用的检测方法和仪器设备应符合国家有关标准的规定。

4.7.4 凡未经国家、部、省、市（局）级鉴定的新型绝热工程材料不得用于大、中型绝热工程。

5 保温计算

5.1 计算原则

5.1.1 管道和圆筒设备外径大于 1 000 mm 者，可按平面计算保温层厚度；其余均按圆筒面计算保温层厚度。

5.1.2 为减少散热损失的保温层其厚度应按经济厚度方法计算。

5.1.2.1 对于热价低廉，保温材料制品或施工费用较高，根据公式计算得出的经济厚度偏小以致散热损失超过 GB/T 4272—2008 中表 1 或表 2 内规定的最大允许散热损失时，应重新按表内最大允许散热损失的 80%～90%计算其保温层厚度。

5.1.2.2 对于热价偏高、保温材料制品或施工费用低廉、并排敷设的管道，尚应考虑支撑结构、占地面积等综合经济效益，其厚度可小于经济厚度。

5.2 保温层厚度和散热损失的计算

5.2.1 保温层经济厚度的计算公式

a) 平面的计算公式见式(1)：

$$\delta = 1.897 \times 10^{-3}\sqrt{\frac{f_n \cdot \lambda \cdot \tau(T - T_a)}{P_i \cdot S}} - \frac{\lambda}{\alpha} \quad \cdots\cdots\cdots\cdots(1)$$

式中：

δ——保温层厚度，单位为米(m)；

f_n——热价，单位为元每吉焦(元/GJ)；

λ——保温材料制品热导率，对于软质材料应取安装密度下的热导率，单位为瓦每米开尔文[W/(m·K)]；

τ——年运行时间，单位为小时(h)；

T——设备和管道的外表面温度，单位为开尔文(摄氏度)[K(℃)]；

T_a——环境温度，单位为开尔文(摄氏度)[K(℃)]；

P_i——保温结构单位造价，单位为元每立方米(元/m³)；

S——保温工程投资贷款年分摊率，按复利计息：$S = \frac{i(1+i)^n}{(1+i)^n - 1} \times 100\%$；

i——年利率(复利率)；

n——计息年数；

α——保温层外表面与大气的换热系数，单位为瓦每平方米开尔文[W/(m²·K)]。

b) 圆筒面的计算公式见式(2)：

$$D_o \ln\frac{D_o}{D_i} = 3.795 \times 10^{-3}\sqrt{\frac{f_n \cdot \lambda \cdot \tau(T - T_a)}{P_i \cdot S}} - \frac{2\lambda}{\alpha} \quad \cdots\cdots\cdots\cdots(2)$$

$$\delta = \frac{D_o - D_i}{2}$$

式中：

D_o——保温层外径，单位为米(m)；

D_i——保温层内径，单位为米(m)；

其余符号说明与式(1)相同。

5.2.2 保温层表面散热损失计算公式

a) 平面的计算公式见式(3)：

$$q = \frac{T - T_a}{R_i + R_s} = \frac{T - T_a}{\frac{\delta}{\lambda} + \frac{1}{\alpha}} \quad \cdots\cdots\cdots\cdots(3)$$

式中：

q——单位表面散热损失，

平面：单位为瓦每平方米（W/m^2）；

管道：单位为瓦每米（W/m）；

R_i——保温层热阻，

平面：单位为平方米开尔文每瓦[（$m^2 \cdot K$）/W]；

管道：单位为米开尔文每瓦[（$m \cdot K$）/W]；

R_s——保温层表面热阻，

平面：单位为平方米开尔文每瓦[（$m^2 \cdot K$）/W]；

管道：单位为米开尔文每瓦[（$m \cdot K$）/W]。

b） 圆筒面的计算公式见式（4）：

$$q=\frac{T-T_a}{R_i+R_s}=\frac{2\pi(T-T_a)}{\frac{1}{\lambda}\ln\frac{D_o}{D_i}+\frac{2}{\alpha\cdot D_o}} \quad \cdots\cdots(4)$$

5.2.3 保温层外表面温度的计算公式

a） 平面的计算公式见式（5）：

$$T_s=q\cdot R_s+T_a=\frac{q}{\alpha}+T_a \quad \cdots\cdots(5)$$

式中：

T_s——保温层外表面温度，单位为开尔文（摄氏度）[K（℃）]。

b） 圆筒面的计算公式见式（6）：

$$T_s=q\cdot R_s+T_a=\frac{q}{\pi\cdot D_o\cdot\alpha}+T_a \quad \cdots\cdots(6)$$

5.3 保温计算主要数据选取原则

5.3.1 温度

5.3.1.1 表面温度 T

a） 无衬里的金属设备和管道的表面温度 T，取介质的正常运行温度；

b） 有内衬的金属设备和管道应进行传热计算确定外表面温度。

5.3.1.2 环境温度 T_a

a） 设置在室外的设备和管道在经济保温厚度和散热损失计算中，环境温度 T_a 常年运行的取历年之年平均温度的平均值；季节性运行的取历年运行期日平均温度的平均值；

b） 设置在室内的设备和管道在经济保温厚度及散热损失计算中环境温度 T_a 均取 293 K（20℃）；

c） 设置在地沟中的管道，当介质温度 $T=352$ K（80℃）时，环境温度 T_a 取 293 K（20℃）；当介质温度 $T=354$ K～383 K（81℃～110℃）时，环境温度 T_a 取 303 K（30℃）；当介质温度 $T\geqslant383$ K（110℃）时，环境温度 T_a 取 313 K（40℃）；

d） 在校核有工艺要求的各保温层计算中环境温度 T_a 应按最不利的条件取值。

5.3.2 表面放热系数 α

5.3.2.1 在经济厚度及热损失计算中，设备和管道的保温结构外表面放热系数 α 一般取 11.63 W/（$m^2 \cdot K$）。

5.3.2.2 在校核保温结构表面温度计算中，一般情况按 $\alpha=1.163(6+3\sqrt{\omega})$ W/（$m^2 \cdot K$）计算，式中 ω 为风速，单位为米每秒（m/s）。

5.3.2.3 如要求计算值更接近于真值，则应按不同外表面材料的热发射率与环境风速对 α 值的影响，将辐射与对流放热系数分别计算然后取其和。

5.3.3 **热导率 λ**[1)]

保温材料制品的热导率或热导率方程应由制造厂提供并应符合 4.1.1 的要求。

5.3.4 **保温结构的单位造价 P_i**

单位造价应包括主材费、包装费、运输费、损耗、安装(包括辅助材料费)及保护结构费等。

5.3.5 **计息年数 n**

计算期年数。一般取 10 年。

5.3.6 **年利率 i**

取复利。

5.3.7 **热价 f_n**

应按各地区、各部门的具体情况确定。

5.3.8 **年运行时间 τ**

常年运行一般按 8 000 h 计;采暖运行中的采暖期按 3 000 h 计;采暖期较长地区得按实际采暖期(小时)计;其他按实际情况选取年运行时间。

5.4 **直埋管道保温计算**

对于埋地管道保温可参照 CJJ 104—2005 的 5.2 进行计算。

6 保冷计算

6.1 保冷计算原则

6.1.1 为减少冷量损失(热量吸入)并防止外表面凝露的保冷,采用经济厚度法计算保冷层厚度,以热平衡法校核其外表面温度,该温度应高于环境的露点温度,否则加厚重新核算,直至满足要求。

6.1.2 为防止外表面凝露的保冷,采用表面温度法计算保冷层厚度。

6.1.3 工艺上允许冷损失量的保冷,采用热平衡法计算保冷层厚度,并校核其外表面温度。该温度应高于环境的露点温度,否则加厚重新核算,直至满足要求。

6.1.4 公称直径大于 1 000 mm 的管道和圆筒形设备,按平面绝热计算公式计算;公称直径等于或小于 1 000 mm 时,则按圆筒面绝热计算公式计算;球形容器则按球形容器绝热计算公式计算。

6.1.5 在同一管道或设备上采用一种保冷材料保冷时,按单层绝热计算公式计算;采用两种保冷材料保冷时,则按双层绝热计算公式计算(复合预制品除外),双层保冷层的层间间面温度(即内层保冷层外表面温度)应不低于其相邻外层保冷材料的最低安全使用温度。

6.2 保冷层厚度计算

6.2.1 **保冷层的经济厚度计算**

a) 平面的计算公式见式(7):

$$\delta = 1.897 \times 10^{-3} \sqrt{\frac{f_n \cdot \lambda \cdot \tau(t - t_a)}{P_i \cdot S}} - \frac{\lambda}{\alpha_s} \quad \cdots\cdots(7)$$

式中:

δ——保温层厚度,单位为米(m);

f_n——热价,单位为元每吉焦(元/GJ);

λ——保冷材料制品在使用温度下的热导率,单位为瓦每米开尔文[W/(m·K)];

τ——年运行时间,单位为小时(h);

t_a——环境温度,单位为摄氏度(℃);

t——设备和管道的外表面温度,单位为摄氏度(℃);

---

1) 一般试验室均将材料烘干至恒重后再行测试,所得 λ 值常与实际有差别。为使设计计算更接近于实际,可采用经环境因素影响而校正后的热导率 λ_p,代替试验室测出的 λ 值。

α_s——保冷层外表面与大气的换热系数,单位为瓦每平方米开尔文[W/(m²·K)];

P_i——保冷结构单位造价,单位为元每立方米(元/m³);

S——保冷工程投资贷款年分摊率。按复利计息:

$$S=\frac{i(1+i)^n}{(1+i)^n-1}\times 100\%$$

i——年利率(复利率);

n——计息年数。

b) 圆筒面的计算公式见式(8):

$$D_o\ln\frac{D_o}{D_i}=3.795\times 10^{-3}\sqrt{\frac{f_n\cdot\lambda\cdot\tau(t-t_a)}{P_i\cdot S}}-\frac{2\lambda}{\alpha_s} \quad\cdots\cdots(8)$$

$$\delta=\frac{D_o-D_i}{2}$$

式中:

D_o——保温层外径,单位为米(m);

D_i——保温层内径,单位为米(m)。

6.2.2 防止表面凝露的保冷层厚度计算

a) 平面单层保冷层:

$$\delta=\frac{\lambda(t_s-t)}{\alpha_s(t_a-t_s)} \quad\cdots\cdots(9)$$

式中:

δ——单层保冷层厚度或双层保冷层总厚度,单位为米(m);

λ——单层保冷层材料制品在使用温度下的热导率,单位为瓦每米开尔文[W/(m·K)];

t——金属管道、圆筒形设备及球形容器壁的外表面温度,单位为摄氏度(℃);

t_a——单层保冷层外表面温度或双层保冷层第二层(外层)外表面温度,单位为摄氏度(℃);

t_s——保冷层外表面温度,单位为摄氏度(℃)。

b) 平面双层保冷层:

保冷层总厚度:

$$\delta=\frac{\lambda_1(t_1-t)+\lambda_2(t_s-t_1)}{\alpha_s(t_a-t_s)} \quad\cdots\cdots(10)$$

式中:

λ_1——第一层保冷层材料制品在使用温度下的热导率,单位为瓦每米开尔文[W/(m·K)];

λ_2——第二层保冷层材料制品在使用温度下的热导率,单位为瓦每米开尔文[W/(m·K)];

t_1——第一层(内层)保冷层外表面温度,第一、二层保冷层间界面温度,单位为摄氏度(℃)。

保冷层各层厚度:

第一层(内层):

$$\delta_1=\frac{\lambda_1(t_1-t)}{\alpha_s(t_a-t_s)} \quad\cdots\cdots(11)$$

第二层(外层):

$$\delta_2=\frac{\lambda_2(t_s-t_1)}{\alpha_s(t_a-t_s)} \quad\cdots\cdots(12)$$

c) 圆筒面单层保冷层:

$$\frac{D_1}{D_o}\ln\frac{D_1}{D_o}=\frac{2\lambda(t_s-t)}{D_o\cdot\alpha_s(t_a-t_s)} \quad\cdots\cdots(13)$$

$$\delta=\frac{D_o}{2}\left(\frac{D_1}{D_o}-1\right)$$

式中：

D_o——管道、圆筒形设备或球形容器的外径，单位为米(m)；

D_1——管道、圆筒形设备或球形容器单层保冷层的外径，或第一层(内层)保冷层外径，单位为米(m)。

d) 圆筒面双层保冷层：

保冷层的总厚度：

$$\frac{D_2}{D_o}\ln\frac{D_2}{D_o}=\frac{2[\lambda_1(t_1-t)+\lambda_2(t_s-t_1)]}{D_o\cdot\alpha_s(t_a-t_s)} \qquad \cdots\cdots(14)$$

$$\delta=\frac{D_o}{2}\left(\frac{D_2}{D_o}-1\right)$$

式中：

D_2——第二层(外层)保冷层外径，单位为米(m)。

保冷层各层厚度：

第一层(内层)：

$$\frac{D_1}{D_o}\ln\frac{D_1}{D_o}=\frac{2\lambda_1(t_1-t)}{D_o\cdot\alpha_s(t_a-t_s)} \qquad \cdots\cdots(15)$$

$$\delta=\frac{D_o}{2}\left(\frac{D_1}{D_o}-1\right)$$

第二层(外层)：

$$\frac{D_2}{D_o}\ln\frac{D_2}{D_o}=\frac{2\lambda_2(t_s-t_1)}{D_o\alpha_s(t_a-t_s)} \qquad \cdots\cdots(16)$$

$$\delta=\frac{D_1}{2}\left(\frac{D_2}{D_1}-1\right)$$

6.2.3 控制允许损失量的保冷层厚度计算

a) 平面单层保冷层：

$$\delta=\lambda\left(\frac{t-t_a}{q_p}-\frac{1}{\alpha_s}\right) \qquad \cdots\cdots(17)$$

或

$$\delta=\lambda\left(\frac{t-t_a}{q_p}-R_2\right) \qquad \cdots\cdots(18)$$

式中：

q_p——平面保冷层单位冷损失，单位为瓦每平方米(W/m^2)；

R_2——平面保冷层对周围空气的吸热阻，单位为平方米开尔文每瓦[$(m^2\cdot K)/W$]。

b) 平面双层保冷层：

$$\delta_1=\lambda_1\left(\frac{t-t_a}{q_p}-\frac{\delta_2}{\lambda_2}-\frac{1}{\alpha_s}\right) \qquad \cdots\cdots(19)$$

或

$$\delta_1=\lambda_1\left(\frac{t-t_a}{q_p}-\frac{\delta_2}{\lambda_2}-R_2\right) \qquad \cdots\cdots(20)$$

c) 圆筒面单层保冷层：

$$\ln\frac{D_1}{D_2}=2\pi\lambda\left(\frac{t-t_a}{q_L}-\frac{1}{\pi D_1\alpha_s}\right) \qquad \cdots\cdots(21)$$

$$\delta=\frac{1}{2}(D_1-D_o)$$

或

$$\ln\frac{D_1}{D_2} = 2\pi\lambda\left(\frac{t - t_a}{q_L} - R_1\right) \qquad \cdots\cdots(22)$$

$$\delta = \frac{1}{2}(D_1 - D_o)$$

式中：

q_L——圆筒面保冷层单位冷损失，单位为瓦每米（W/m）；

R_1——圆筒面保冷层对周围空气的吸热阻，单位为米开尔文每瓦[（m·K）/W]。

d） 圆筒面双层保冷层：

$$\ln\frac{D_1}{D_o} = 2\pi\lambda_1\left(\frac{t - t_a}{q_L} - \frac{1}{2\pi\lambda_2}\ln\frac{D_2}{D_1} - \frac{1}{\pi D_1\alpha_s}\right) \qquad \cdots\cdots(23)$$

$$\delta_1 = \frac{1}{2}(D_1 - D_o)$$

或

$$\ln\frac{D_1}{D_o} = 2\pi\lambda_1\left(\frac{t - t_a}{q_L} - \frac{1}{2\pi\lambda_2}\ln\frac{D_2}{D_1} - R_1\right) \qquad \cdots\cdots(24)$$

$$\delta_1 = \frac{1}{2}(D_1 - D_o)$$

6.2.4 球形容器保冷层厚度计算

$$\frac{D_1}{D_o}\delta = \frac{\lambda(t - t_s)}{\alpha_s(t_s - t_a)} \qquad \cdots\cdots(25)$$

$$\delta = \frac{1}{2}(D_1 - D_o)$$

注：保冷层厚度应按每一档为 10 mm 取整，如 10，20，30，40，50，…。

6.3 保冷层冷损失量计算

6.3.1 平面保冷层冷损失量减计算

a） 单层保冷层：

$$q_p = \frac{t - t_a}{\dfrac{\delta}{\lambda} + \dfrac{1}{\alpha_s}} \qquad \cdots\cdots(26)$$

b） 双层保冷层：

$$q_p = \frac{t - t_a}{\dfrac{\delta_1}{\lambda_1} + \dfrac{\delta_2}{\lambda_2} + \dfrac{1}{\alpha_s}} \qquad \cdots\cdots(27)$$

6.3.2 圆筒面保冷层冷损失量计算

a） 单层保冷层：

$$q_L = \frac{2\pi(t - t_a)}{\dfrac{1}{\lambda}\ln\dfrac{D_1}{D_o} + \dfrac{2}{D_1\alpha_s}} \qquad \cdots\cdots(28)$$

b） 双层保冷层：

$$q_L = \frac{2\pi(t - t_a)}{\dfrac{1}{\lambda_1}\ln\dfrac{D_1}{D_o} + \dfrac{1}{\lambda_2}\ln\dfrac{D_2}{D_1} + \dfrac{2}{D_2\alpha_s}} \qquad \cdots\cdots(29)$$

6.3.3 球形容器保冷层冷损失量计算

单层保冷层

$$Q = \pi \cdot D_1^2 \cdot \alpha_s(t_s - t_a) \qquad \cdots\cdots(30)$$

式中：

Q——每台球形容器保冷层表面冷量总损失，单位为瓦每台(W/台)。

6.4 保冷层外表面温度计算

6.4.1 平面保冷层外表面温度计算

a) 单层保冷层：

$$t_s = \frac{\lambda t + \delta t_a \alpha_s}{\lambda + \delta \alpha_s} \qquad (31)$$

或

$$t_s = t - q_p\left(\frac{\delta}{\lambda}\right) \qquad (32)$$

b) 双层保冷层：

$$t_s = t - q_p\left(\frac{\delta_1}{\lambda_1} + \frac{\delta_2}{\lambda_2}\right) \qquad (33)$$

或

$$t_1 = t - q_p\left(\frac{\delta_1}{\lambda_1}\right) \qquad (34)$$

$$t_s = t_1 - q_p\left(\frac{\delta_2}{\lambda_2}\right) \qquad (35)$$

6.4.2 圆筒面保冷层外表面温度计算

a) 单层保冷层：

$$t_s = t - \frac{q_L}{2\pi}\left(\frac{1}{\lambda}\ln\frac{D_1}{D_o}\right) \qquad (36)$$

b) 双层保冷层：

$$t_s = t - \frac{q_L}{2\pi}\left(\frac{1}{\lambda_1}\ln\frac{D_1}{D_o} + \frac{1}{\lambda_2}\ln\frac{D_2}{D_1}\right) \qquad (37)$$

或

$$t_1 = t - \frac{q_L}{2\pi}\left(\frac{1}{\lambda_1}\ln\frac{D_1}{D_o}\right) \qquad (38)$$

$$t_s = t_1 - \frac{q_L}{2\pi}\left(\frac{1}{\lambda_2}\ln\frac{D_2}{D_1}\right) \qquad (39)$$

6.4.3 球形容器保冷层外表面温度计算

$$t_s = t_a + \frac{Q}{\alpha_s \cdot \pi \cdot D_1^2} \qquad (40)$$

6.5 冷收缩量计算

6.5.1 根据保冷层材料与保冷设备或管道的线膨胀系数，分别算出其在保冷温度下的冷收缩量，在低温保冷工程中应根据这些收缩量之间的差值情况，于保冷层上合理设置伸缩缝。

6.5.2 每米管道或保冷层材料在保冷温度下的收缩量计算

$$\Delta L = \beta L_1 (t_a - t_m) \qquad (41)$$

式中：

ΔL——线膨胀量，单位为毫米(mm)；

β——物体的线膨胀系数，单位为每摄氏度(℃$^{-1}$)；

L_1——管道或保冷层材料在常温下的长度，单位为毫米(mm)；

t_m——管道或保冷层材料的平均温度，单位为摄氏度(℃)；

t_a——环境温度，单位为摄氏度(℃)。

6.6 保冷计算主要数据选取原则

6.6.1 经济厚度法计算的数据

a) 外表面温度 t(℃)

无衬里的金属设备和管道的表面温度 t,取介质的正常运行温度 t_f(℃)。

b) 环境温度 t_a(℃)

常年运行者,取历年之年平均温度的平均值;季节性运行者,取累年运行期日平均温度的平均值。

c) 表面换热系数 α_s[W/(m² · K)]

保冷结构外表面对周围空气的换热系数 α_s。

当须核算表面温度时,

并排敷设:$\alpha=7+3.5\sqrt{\omega}$

单根敷设:$\alpha=11.63+7\sqrt{\omega}$

式中 ω 为风速,取历年年平均风速(m/s)。

d) 计息年数 n

一般取 4～6 年。

e) 年利率 i

取 10%(复利)

f) 热价 f_n(元/GJ)

按不同地区、不同制冷规模的具体情况来确定。

g) 年运行时间 τ(h)

常年运行一般按 8 000 h 计算;间隙或季节性运行按设计或实际规定的天数计。

6.6.2 表面温度法计算的数据

a) 外表面温度 t(℃)

无衬里的金属设备和管道的表面温度 t,取介质的正常运行温度 t_f。

b) 环境温度 t_a(℃)

取累年夏季空调室外干球计算温度。

c) 露点温度 t_d(℃)

露点温度 t_d 应取累年室外最热月月平均相对湿度,与本条 b)中环境温度 t_a 的取值相对应的露点温度。

d) 保冷层外表面温度 t_s(℃)

取 $t_s=t_d+(1\sim3)$℃

对于聚氨酯泡沫塑料,当 $\Delta t=(t_a-t_d)\leqslant2$℃时取下限;$\Delta t\geqslant4$℃的取上限。

e) 保冷层层间界面温度 t_1(℃)

双层保冷层内外层层间界面温度(即内层保冷层外表面温度)t_1,应不低于其相邻外层保冷材料的最低安全使用温度。

f) 表面换热系数 α_s,一般取值为 8.14 W/(m² · K)

保冷层外表面对周围空气的换热系数 α_s。

g) 热导率 λ[W/(m · K)]

保冷材料热导率 λ,应按其使用温度进行修正。

6.6.3 热平衡法计算的数据

a) 表面温度 t、环境温度 t_a、露点温度 t_d、保冷层层间界面温度 t_1、保冷材料热导率 λ 及保冷层外表面换热系数 α_s 等数据的选取原则,与表面温度计算法相同。

b）核算保冷层外表面温度 t_s 的有关数据，与6.6.2表面温度法计算的数据相同。

7 绝热结构

7.1 绝热结构

绝热结构由内至外，由防锈层、绝热层、防潮层（或称阻汽层）、保护层、防腐蚀层及识别层组成。防腐层可以兼作识别层，在保温结构中保护层可以兼作防潮层。绝热结构的设计应符合绝热效果好、施工方便、防火、耐久、美观等。

7.2 防锈层

凡碳钢和铁素体合金钢管道、设备及其附件的外表面，在清净后应涂刷防锈层。不锈钢、有色金属及非金属材料的管道、设备及其附件的外表面，在清净后不需涂刷防锈层。

7.3 绝热层

有粘结、浇注、喷涂、充填及多层复合等结构，是决定绝热效果好坏最关键的一层。要求材料的技术性能及厚度必须符合设计规定，且厚薄均匀，接缝严实、紧固合理，松紧适度，外形完整无缺，确保绝热效果良好。当厚度大于80 mm时，必须分层施工。

7.4 防潮层

防潮层是确保保冷层绝热效果良好的重要一层。防潮层有粘贴、涂膜及包缠等结构。要求防潮层搭接适度、厚薄均匀、完整严密，无气孔，无鼓泡或开裂等缺陷。应具有阻燃、防水、防蒸汽渗透及抗老化等性能。

7.5 防水层

防水层是确保保温层绝热效果良好的重要一层。应能有效防止水汽渗透、不燃或阻燃、化学稳定性好。

7.6 保护层

保护层有金属及非金属结构，是绝热结构的外护层。保护防潮层和保冷层不受机械损伤和室外雨、雪、风、雹等的冲刷和压撞。要求保护层必须严密、防水、防湿、能抗大气腐蚀和光照老化、不燃或阻燃、黑度小、容量轻、不开裂、有足够的机械强度、使用寿命长、并能使保冷结构外形整齐美观。

7.7 防腐蚀及识别层

在保护层外表面可根据需要涂刷防腐漆，其最外层可采用不同颜色的防腐漆或制作相应色标，用以识别管道及设备内外介质类别和流向，故防腐层可兼作识别层。

8 绝热工程的主要施工技术要求

8.1 保温工程

8.1.1 保温层

8.1.1.1 设备、直管道、管件等无需检修处宜采用固定式保温工程，法兰、阀门、人孔等处宜采用可拆卸式的保温工程。

8.1.1.2 保温厚度宜按10 mm为分级单位。保温层设计厚度大于80 mm时，保温结构宜按分层考虑；内外层应彼此错开。

8.1.1.3 使用软质和半硬质保温材料时，设计应根据材料的最佳保温密度或保证其在长期运行中不致塌陷的密度而规定其施工压缩量。

8.1.1.4 保温层的支撑及紧固：

a）高于3 m的立式设备、垂直管道以及与水平夹角大于45°，长度超过3 m的管道应设支撑圈，其间距一般为 3 m～6 m。

b） 硬质材料施工中应预留伸缩缝。设置支撑圈者应在支撑圈下预留伸缩缝。缝宽应按金属壁和保温材料的伸缩量之间的差值考虑。伸缩缝间应填塞与硬质材料厚度相同的软质材料，该材料使用温度应大于设备和管道的表面温度。

c） 保温层应采取适当措施进行紧固。

8.1.2 **保护层**

8.1.2.1 保护层应具有保护保温层和防水的性能。

8.1.2.2 一般金属保护层应采用 0.3 mm～0.8 mm 厚的镀锌薄钢板或防锈铝板制成外壳，壳的接缝必须搭接以防雨水进入。

8.1.2.3 玻璃布保护层一般在室内使用。纤维水泥类抹面保护层不得在室外使用。

8.1.2.4 可采用其他已被确认可靠的新型外保护层材料。

8.2 **保冷工程**

8.2.1 **保冷层**

8.2.1.1 保冷层厚度应符合设计规定，保冷层设计厚度大于 80 mm 时，保冷结构宜按分层考虑；内外层应彼此错开。当分层施工时应逐层紧固。

8.2.1.2 保冷层施工时，应同层错缝，上下层盖缝。其接缝应以粘结剂、密封剂填实、挤紧、刮平、粘牢、密封，接缝宽度不得大于 2 mm。

8.2.1.3 保冷工程的金属固定件不得穿透保冷层。

8.2.1.4 保冷工程的支、吊、托架等处应采用硬质隔热垫块，或采用经防潮防蛀处理后的硬质木垫块支承。

8.2.1.5 采用聚氨酯泡沫塑料现场浇注或喷涂作保冷层时，在正式浇注或喷涂之前，必须按各项技术要求预先进行试浇或试喷。

8.2.1.6 保冷箱充填保冷层结束后，必须密封缝口，并进行充气试漏检验。

8.2.1.7 伸缩缝的预留应符合下列规定：

a） 双层或多层保冷层各层之间伸缩缝的位置必须错开，错开距离不宜大于 100 mm；

b） 弯头两端长直管段保冷层上可各留一道伸缩缝。当两弯头之间的间距很小时，其直管段保冷层上的伸缩缝可根据介质温度确定仅留一道或不留设；

c） 在卧式设备的筒体保冷层上距连接 100 mm～150 mm 处，均应留一道伸缩缝；

d） 立式设备及垂直管道，应在其保冷层的支承环下面留设 25 mm 宽的伸缩缝；

e） 球形容器应按设计规定留设伸缩缝；

f） 保冷层伸缩缝，应用软质泡沫塑料条填塞严密，或挤入发泡型粘结剂。外面用 50 mm 宽的不干性胶带粘贴密封。伸缩缝还必须再保冷。

8.2.1.8 在下列情况之一下，必须按膨胀移动方向的另一侧留出适当的膨胀间隙：

a） 填料式补偿器和波纹补偿器；

b） 当滑动支架高度小于保冷层厚度时；

c） 保冷结构与墙、梁、栏杆、平台、支撑等固定构件及管道所通过的孔洞之间。

8.2.2 **防潮层**

8.2.2.1 防潮层室外施工应避免在雨、雪中进行。

8.2.2.2 涂抹型防潮层的外表面应平整、均匀、严密，其厚度应达到设计规定。

8.2.2.3 包扎型防潮层，其包扎材料的接缝搭接宽度应不小于 50 mm，搭接处必须粘密实。卧式设备及水平管道的纵向接缝位置应在两侧搭接，缝口朝下。立式设备和垂直管道的环向接缝应是“上搭下”。粘贴方式可采用螺旋型缠绕或平铺。

8.2.3 **保护层**

8.2.3.1 金属保护层应采用厚 0.3 mm～0.8 mm 的镀锌薄钢板，或厚度为 0.5 mm～1 mm 的防锈铝板制成护壳。大型设备的金属保护层应采用波型或槽型金属护壳板装配成壳。金属护壳的结构及紧固形式，必须满足保冷层伸缩缝和膨胀间隙的要求。金属护壳的接缝应搭接或咬接，紧固金属护壳时，严禁刺破防潮层。

8.2.3.2 在酸碱环境下可采用阻燃型非金属防腐材料作防护层。

附 录 A
（规范性附录）
保温层厚度的计算方法

在允许温降条件下输送液体管道的保温层厚度应按热平衡方法计算。

A.1 无分支（无节点）管道

A.1.1 当$\frac{T_1-T_a}{T_2-T_a}>2$时：

$$\ln\frac{D_o}{D_1}=2\pi\lambda\left(\frac{L_c}{q_m\cdot C\cdot\ln\frac{T_1-T_a}{T_2-T_a}}-\frac{1}{\pi D_o\alpha}\right) \qquad \text{(A.1)}$$

$$\delta=\frac{D_o-D_1}{2}$$

A.1.2 当$\frac{T_1-T_a}{T_2-T_a}<2$时：

$$\ln\frac{D_o}{D_1}=2\pi\left(\frac{L_c(T_m-T_a)}{q_m\cdot C(T_1-T_2)}-\frac{1}{\pi D_o\alpha}\right) \qquad \text{(A.2)}$$

$$\delta=\frac{D_o-D_1}{2}$$

$$L_c=K_r\cdot L \qquad \text{(A.3)}$$

式中：

T_1——管道1点处的介质温度，单位为开尔文（摄氏度）[K(℃)]；

T_2——管道2点处的介质温度，单位为开尔文（摄氏度）[K(℃)]；

L_c——管道计算长度，单位为米（m）；

K_r——管道通过吊架处热损失附加系数；

L——管道实际长度，单位为米（m）；

T_m——算术平均温度，单位为开尔文（摄氏度）[K(℃)]；

q_m——介质质量流量，单位为千克每小时（kg/h）；

C——介质热容，单位为焦每千克开尔文[J/(kg·K)]。

A.2 有分支（有节点）管道

节点处温度按式（A.4）计算：

$$T_c=T_{c-1}-(T_i-T_n)\frac{\frac{L_{c-1\to c}}{q_{mc-1\to c}}}{\sum_{i=2}^{n}\frac{L_{i-1\to i}}{q_{mi-1\to i}}} \qquad \text{(A.4)}$$

式中：

T_c，T_{c-1}——分别为节点c与前一节点$c-1$处的温度，K(℃)；

T_i——管道起点的温度，单位为开尔文（摄氏度）[K(℃)]；

T_n——管道终点的温度，单位为开尔文（摄氏度）[K(℃)]；

$L_{c-1\to c}$——节点c与前一节点$c-1$之间的管段长度，单位为米（m）；

$L_{i-1\to i}$——节点i与前一节点$i-1$之间的管段长度，单位为米（m）；

$q_{mc-1\to c}$——$c-1$与c两点之间管道介质质量流量，单位为千克每小时（kg/h）；

$q_{mi-1\to i}$——任意点i与前一节点$i-1$之间介质质量流量，单位为千克每小时（kg/h）。

附　录　B
(规范性附录)
保温层厚度的计算方法

延迟管道内介质冻结、凝固的保温层厚度应按热平衡方法计算。

$$\ln\frac{D_o}{D_i}=2\pi\lambda\left[\frac{K_r\cdot t_{fr}}{\dfrac{2(T-T_{fr})(V\rho c+V_p\rho_p c_p)}{T+T_{fr}-2T_a}-\dfrac{0.25V\rho H_{fr}}{T_{fr}-T_a}}-\frac{1}{\pi D_o\alpha}\right]\quad\cdots\cdots\cdots(B.1)$$

$$\delta=\frac{D_o-D_i}{2}$$

式中：

K_r——管道通过吊架处热损失附加系数；

t_{fr}——介质在管道内防止冻结停留时间，单位为小时(h)；

T_{fr}——管道内介质的冻结温度，单位为摄氏度(℃)；

V,V_p——分别为介质体积和管壁体积，单位为立方米(m^3)；

ρ,ρ_p——分别为介质密度和管材密度，单位为千克每立方米(kg/m^3)；

c,c_p——分别为介质热容和管材热容，单位为焦每千克开尔文[J/(kg·K)]；

H_{fr}——介质融解热，单位为焦(J)。

附　录　C
（规范性附录）
不同材料双层保温厚度的计算方法

C.1　内层厚度按表面温度计算，外层厚度按经济厚度方法计算。

C.2　内外层界面处温度应按外层保温材料最高使用温度的 0.9 倍计算。

ICS 27.010
F 04

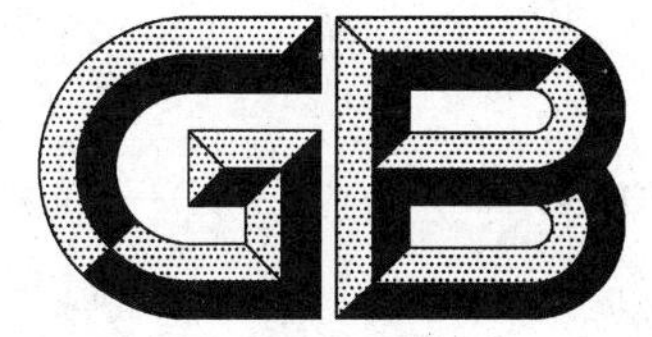

中华人民共和国国家标准

GB/T 15316—2009
代替 GB/T 15316—1994

节能监测技术通则

General principles for monitoring and testing of energy saving

2009-03-11 发布 2009-11-01 实施

中华人民共和国国家质量监督检验检疫总局
中国国家标准化管理委员会 发布

前 言

本标准代替 GB/T 15316—1994《节能监测技术通则》。

本标准与 GB/T 15316—1994 相比，主要变化如下：

——删除了原 5.2.2 有关经济运行的要求，补充了 5.2.2 关于合理用电和合理用热国家标准的要求；

——在 5.3.1 中补充了关于能耗限额的要求；

——增加了 5.3.2 关于设备能耗测试记录的要求；

——在 5.4.1 中补充了完善企业能源管理机构的要求；

——补充了第 7 章节能监测的检查和测试项目；

——在第 11 章补充了节能监测评价结论的要求。

本标准由全国能源基础与管理标准化技术委员会提出。

本标准由全国能源基础与管理标准化技术委员会能源管理分委员会归口。

本标准主要起草单位：国家发改委能源研究所、中国标准化研究院、中国节能监察信息网。

本标准主要起草人：辛定国、陈海红、李爱仙、胡秀莲、陈晓萍、张管生。

本标准所代替标准的历次版本发布情况为：

——GB/T 15316—1994。

节能监测技术通则

1 范围

本标准规定了对用能单位的能源利用状况进行监测的通用技术原则。

本标准适用于制定单项节能监测技术标准和其他用能单位的节能监测工作。

2 规范性引用文件

下列文件中的条款通过本标准的引用而成为本标准的条款。凡是注日期的引用文件，其随后所有的修改单(不包括勘误的内容)或修订版均不适用于本标准，然而，鼓励根据本标准达成协议的各方研究是否可使用这些文件的最新版本。凡是不注日期的引用文件，其最新版本适用于本标准。

GB/T 1028 工业余热术语、分类、等级及余热资源量计算方法

GB/T 3485 评价企业合理用电技术导则

GB/T 3486 评价企业合理用热技术导则

GB/T 12723 单位产品能源消耗限额编制通则

GB 17167 用能单位能源计量器具配备和管理通则

3 术语和定义

下列术语和定义适用于本标准。

3.1

能源利用状况 state of energy utilization

用能单位在能源转换、输配和利用系统的设备及网络配置上的合理性与实际运行状况，工艺及设备技术性能的先进性及实际运行操作技术水平，能源购销、分配、使用管理的科学性等方面所反映的实际耗能情况及用能水平。

3.2

供能质量 quality of energy suplyed

供能单位提供给用户的能源的品种、质量指标和技术参数。

3.3

节能监测 monitoring and testing of energy saving

依据国家有关节约能源的法规(或行业、地方规定)和能源标准，对用能单位的能源利用状况进行的监督、检查、测试和评价。

3.4

综合节能监测 comprehensive monitoring and testing of energy saving

对用能单位整体的能源利用状况进行的节能监测。

3.5

单项节能监测 simple item monitoring and testing of energy saving

对用能单位部分项目的能源利用状况进行的节能监测。

4 节能监测的范围

4.1 对重点用能单位应定期进行综合节能监测。

4.2 对用能单位的重点用能设备应进行单项节能监测。

5 节能监测的内容及要求

5.1 用能设备的技术性能和运行状况

5.1.1 通用用能设备应采用节能型产品或效率高、能耗低的产品，已明令禁止生产、使用的和能耗高、效率低的设备应限期淘汰更新。

5.1.2 用能设备或系统的实际运行效率或主要运行参数应符合该设备经济运行的要求。

5.2 能源转换、输配与利用系统的配置与运行效率

5.2.1 供热、发电、制气、炼焦等供能系统，设备管网和电网设置要合理，能源效率或能量损失应符合相应技术标准的规定。

5.2.2 能源转换、输配系统的运行应符合 GB/T 3485、GB/T 3486 合理用电、合理用热等能源合理使用标准的要求。

5.2.3 符合 GB/T 1028 的余热、余能资源应加以回收利用。

5.3 用能工艺和操作技术

5.3.1 对工艺用能的先进、合理性和实际状况包括工艺能耗或工序能耗进行评价，用能工艺技术装备应符合国家产业政策导向目录的要求，单位产品能耗指标应符合能耗限额标准的要求。

5.3.2 主要用能工艺技术装备应有能源性能测试记录，偏离设计指标的应进行原因分析，安排技术改进措施。

5.3.3 对主要用能设备的运行管理人员应进行操作技术培训、考核、持证上岗，并对是否称职做出评价。

5.4 企业能源管理技术状况

5.4.1 用能单位应有完善的能源管理机构，应收集和及时更新国家和地方能源法律、法规以及相关的国家、行业、地方标准，并对有关人员进行宣讲、培训。

5.4.2 应建立完善的能源管理规章制度(如岗位责任、部门职责分工、人员培训、耗能定额管理、奖罚等制度)。

5.4.3 用能单位的能源计量器具的配备和管理应符合 GB 17167 的相关规定。

5.4.4 能源记录台账、统计报表应真实、完整、规范。

5.4.5 应建立完善的能源技术档案。

5.5 能源利用的效果

5.5.1 用能单位应按照 GB/T 12723 制定单位产品能源消耗限额并贯彻实施。

5.5.2 产品单位产量综合能耗及实物单耗，应符合强制性能源消耗限额国家标准、行业标准或地方标准的规定。

5.6 供能质量与用能品种

5.6.1 供能应符合国家政策规定并与提供给用户的报告单一致。

5.6.2 用能单位使用的能源品种应符合国家政策规定和分类合理使用的原则。

6 节能监测的技术条件

6.1 监测应在生产正常、设备运行工况稳定条件下进行，测试工作要与生产过程相适应。

6.2 监测应按照与监测相关的国家标准进行。尚未制定出国家标准的监测项目，可按行业标准或地方标准进行监测。

6.3 监测过程所用的时间，应根据监测项目的技术要求确定。

6.4 定期监测周期为 1 年至 3 年，不定期监测时间间隔根据被监测对象的用能特点确定。

6.5 监测用的仪表、量具，其准确度应保证所测结果具有可靠性，测试误差应在被监测项目的相关标准所规定的允许范围以内。

7 节能监测的检查和测试项目

7.1 节能监测的检查项目

7.1.1 节能监测测试前应进行节能监测检查项目的检查，符合要求后方可进行节能监测测试。

7.1.2 对节能监测测试复杂、测试周期较长、标准或规范规定测试时间间隔长的项目，可以不列为节能监测的直接测试控制指标而列为节能监测的检查项目。

7.1.3 保证被监测设备或系统能正常生产运行的项目(包括符合安全要求的项目)应列为节能监测的检查项目。

7.1.4 国家节能法律、法规、政策有明确要求的项目应列为节能监测的检查项目。

7.2 节能监测的测试项目

节能监测测试项目应具有代表性，能反映被监测对象的实际运行状况和能源利用状况，同时又便于现场直接测试。

8 节能监测的方式

8.1 由监测机构进行节能监测。

8.2 由用能单位在监测机构的监督、指导下进行自检，经监测机构检验符合监测要求者，监测机构予以确认，并在此基础上进行评价和作出结论。

9 节能监测项目评价指标的确定

9.1 监测评价指标应按相关的国家标准确定。

9.2 监测项目评价指标没有国家标准者，应按行业或地方规定确定。

10 监测机构的技术要求

10.1 节能监测机构的实验室的工作环境应能满足节能监测的要求。

10.2 节能监测用的仪器、仪表、量具和设备应与所从事的监测项目相适应。

10.3 监测人员应具备节能监测所必要的专业知识和实践经验，需经技术、业务培训与考核合格。

10.4 监测机构应具有确保监测数据公正、可靠的管理制度。

11 节能监测评价结论与报告的编写

11.1 监测工作完成后，监测机构应在15个工作日内作出监测结果评价结论，写出监测报告交有关节能主管部门和被监测单位。

节能监测结论和评价，包括节能监测合格与不合格的结论、相应的评价文字说明。

11.2 节能监测检查项目合格指标和节能监测测试项目合格指标是节能监测合格的最低标准。

11.3 节能监测检查项目和测试项目均合格方可认为节能监测结果合格。节能监测检查项目和测试项目其中一项或多项不合格则视为节能监测结果不合格。

11.4 对监测不合格者，节能监测机构应作出能源浪费程度的评价报告和提出改进建议。

11.5 监测报告分为两类：单项节能监测报告和综合节能监测报告。

11.5.1 单项节能监测报告应包括：监测依据(进行监测的文件编号)、被监测单位的名称、被监测系统(设备)名称、被监测项目及内容(包括测试数据、分析判断依据等)、评价结论和处理意见的建议。

11.5.2 综合节能监测报告应包括：监测依据(进行监测的文件编号)、被监测单位名称、综合节能监测项目及内容、评价结论和处理意见的建议。

11.6 节能监测结果的分析与评价应考虑供能质量变化的影响。

11.7 综合节能监测报告格式由行业和地方节能主管部门根据能源科学管理实际需要统一拟定、印制。

11.8 单项节能监测报告的格式由单项节能监测标准规定。

ICS 27.200
J 73

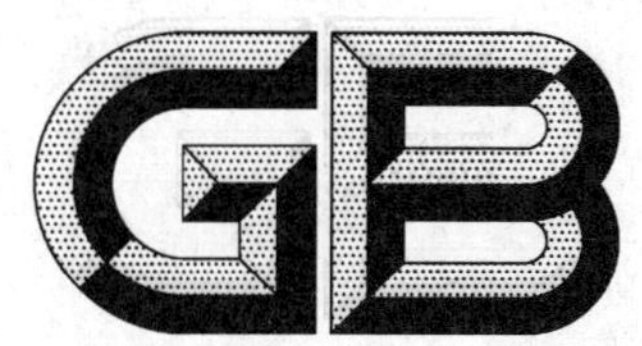

中华人民共和国国家标准

GB/T 19409—2013
代替 GB/T 19409—2003

水(地)源热泵机组

Water-source(ground-source)heat pumps

2013-12-17 发布　　　　2014-10-01 实施

中华人民共和国国家质量监督检验检疫总局
中国国家标准化管理委员会　发布

前　言

本标准按照 GB/T 1.1—2009 给出的规则起草。

本标准代替 GB/T 19409—2003《水源热泵机组》，与 GB/T 19409—2003 相比主要变化如下：

——型式中增加“地表水式”；

——地下环路式改称为“地埋管式”；

——冷热水机型的试验工况中热源侧进出水温差由 5 ℃改为出水温度和水流量的组合；

——将机组按冷量分类由 8 档改为 2 档；

——修改试验工况，将离心式机组和容积式机组的工况分开确定；

——增加全年综合性能系数(ACOP)作为热泵机组的能效指标。

本标准由中国机械工业联合会提出。

本标准由全国冷冻空调设备标准化技术委员会(SAC/TC 238)归口。

本标准负责起草单位：合肥通用机械研究院、深圳麦克维尔空调有限公司、美意(浙江)空调设备有限公司、山东宏力空调设备有限公司、宁波沃弗圣龙环境技术有限公司、合肥通用机电产品检测院有限公司、合肥通用环境控制技术有限责任公司。

本标准参加起草单位：珠海格力电器股份有限公司、劳特斯空调(江苏)有限公司、烟台蓝德空调工业有限责任公司、南京天加空调设备有限公司、江森自控楼宇设备科技(无锡)有限公司、特灵空调系统(中国)有限公司、青岛海尔空调电子有限公司、浙江盾安人工环境股份有限公司、江西清华泰豪三波电机有限公司、山东科灵空调设备有限公司、广东西屋康达空调有限公司、陕西四季春清洁热源股份有限公司。

本标准主要起草人：张明圣、周威、吴展豪、崔海成、董云达、钟瑜、王严杰、陈昭晖、陈金花、陈春蕾、胡祥华、张维加、国德防、潘祖栋、陈敏峰、葛建民、彭景华、李建峰、王汝金、蔡永坚、汪代杰。

本标准所代替标准的历次版本发布情况为：

——GB/T 19409—2003。

水(地)源热泵机组

1 范围

本标准规定了水(地)源热泵机组(以下简称“机组”)的术语和定义、型式和基本参数、要求、试验方法、检验规则、标志、包装、运输和贮存。

本标准适用于以电动机械压缩式制冷系统,以循环流动于地埋管中的水或水井、湖泊、河流、海洋中的水或生活污水及工业废水或共用管路中的水为冷(热)源的水源热泵机组。

2 规范性引用文件

下列文件对于本文件的应用是必不可少的。凡是注日期的引用文件,仅注日期的版本适用于本文件。凡是不注日期的引用文件,其最新版本(包括所有的修改单)适用于本文件。

GB/T 191 包装储运图示标志

GB/T 3785—1983 声级计的电、声性能及测试方法

GB 4706.32 家用和类似用途电器的安全 热泵、空调机和除湿机的特殊要求

GB/T 5226.1 工业机械电气设备 第1部分:通用技术条件

GB/T 6388 运输包装收发货标志

GB/T 10870—2001 容积式和离心式冷水(热泵)机组 性能试验方法

GB/T 13306 标牌

GB/T 18430.1—2007 蒸气压缩循环冷水(热泵)机组 工商业用和类似用途的冷水(热泵)机组

GB/T 17758—2010 单元式空气调节机

GB/T 18836—2002 风管送风式空调(热泵)机组

GB 25131 蒸气压缩循环冷水(热泵)机组 安全要求

JB/T 4330—1999 制冷和空调设备噪声的测定

JB/T 7249 制冷设备术语

3 术语和定义

JB/T 7249 中界定的以及下列术语和定义适用于本文件。

3.1

水源热泵机组 water-source heat pumps

一种以循环流动于地埋管中的水或井水、湖水、河水、海水或生活污水及工业废水或共用管路中的水为冷(热)源,制取冷(热)风或冷(热)水的设备。

注:水源热泵的“水”还包括“盐水”或类似功能的流体(如“乙二醇水溶液”),根据机组所使用的热源流体而定。

3.1.1

冷热风型机组 water-to-air heat pump

使用侧换热设备为带送风设备的室内空气调节盘管的机组。

3.1.2

冷热水型机组　water-to-water heat pump

使用侧换热设备为制冷剂-水热交换器的机组。

3.1.3

水环式机组　water-loop heat pump

以在共用管路循环流动的水为冷(热)源的机组。

3.1.4

地下水式机组　ground-water heat pump

以从水井中抽取的地下水为冷(热)源的机组。

3.1.5

地埋管式机组　ground-loop heat pump

以埋在地表下的盘管中循环流动的水为冷(热)源的机组。

3.1.6

地表水式机组　surface-water heat pump

以湖水、河水、海水、生活污水及工业废水等地表水为冷(热)源的机组。

3.2

全年综合性能系数(ACOP)　Annual Coefficient Of Performance;ACOP

水(地)源热泵机组机组在额定制冷工况和额定制热工况下满负荷运行时的能效,与多个典型城市的办公建筑按制冷、制热时间比例进行综合加权而来的全年性能系数,用ACOP表示。

全年综合性能系数　ACOP = 0.56EER+0.44COP

注1:EER为水(地)源热泵机组在额定制冷工况下满负荷运行时的能效;

注2:COP为水(地)源热泵机组在额定制热工况下满负荷运行时的能效;

注3:加权系数0.56和0.44为选择北京、哈尔滨、武汉,南京和广州五个典型城市的办公建筑制冷、制热时间分别占办公建筑总的空调时间的比例。

4　型式和基本参数

4.1　冷热风型机组的型式

4.1.1　机组按功能分为:

a)　热泵型;

b)　单冷型;

c)　单热型。

4.1.2　机组按结构型式分为:

a)　整体型;

b)　分体型。

4.1.3　机组按送风型式分为:

a)　直接吹出型;

b)　接风管型。

4.1.4　机组按冷(热)源类型分为:

a)　水环式;

b)　地下水式;

c） 地埋管式；

d） 地表水式。

4.2 冷热水型机组的型式

4.2.1 机组按功能分为：

a） 热泵型；

b） 单冷型；

c） 单热型。

4.2.2 机组按结构形式分为：

a） 整体型；

b） 分体型。

4.2.3 机组按冷(热)源类型分为：

a） 水环式；

b） 地下水式；

c） 地埋管式；

d） 地表水式。

4.3 基本参数

4.3.1 使用容积式制冷压缩机的机组正常工作的冷(热)源温度范围见表1。

表1 使用容积式制冷压缩机的机组正常工作的冷(热)源温度范围 单位为摄氏度

机组型式	制冷	制热
水环式机组	20～40	15～30
地下水式机组	10～25	10～25
地埋管式机组	10～40	5～25
地表水式(含污水)机组	10～40	5～30

4.3.2 使用离心式制冷压缩机的机组正常工作的冷(热)源温度范围见表2。

表2 使用离心式制冷压缩机的机组正常工作的冷(热)源温度范围 单位为摄氏度

机组型式	制冷	制热
水环式机组	20～35	15～30
地下水式机组	15～25	15～25
地埋管式机组	15～35	10～25
地表水式(含污水)机组	15～35	10～30

5 要求

5.1 一般要求

机组应按经规定程序批准的图样和技术文件制造。

5.2 零件及材料及制造要求

5.2.1 除配置所有制冷系统组件外，冷热风型机组应配置送风设备。

5.2.2 热泵型机组的电磁换向阀动作应灵敏、可靠，保证机组正常工作。

5.2.3 对地下水式机组和地埋管式机组，所有室外水侧的管路、换热设备应具有抗腐蚀的能力，使用过程中机组不应污染所使用的水源。

5.2.4 机组所有的零部件和材料应分别符合各有关标准的规定，满足使用性能要求，并保证安全。

5.2.5 机组热源侧水质应符合 GB/T 18430.1—2007 附录 D 的要求。不符合水质要求的水源应进行特殊处理或采用适宜的换热装置。

5.3 性能要求

5.3.1 制冷系统密封性

机组制冷系统各部分不应有制冷剂泄漏。

5.3.2 运转

机组在出厂前应进行运转试验，机组应无异常。若试验条件不完备或对于额定电压 3 000 V 及以上的机组，可在使用现场进行运转。

5.3.3 制冷量

机组实测制冷量不应小于名义制冷量的 95%。

5.3.4 制冷消耗功率

机组的实测制冷消耗功率不应大于名义制冷消耗功率的 110%。

5.3.5 热泵制热量

机组实测制热量不应小于名义制热量的 95%。

5.3.6 热泵制热消耗功率

机组的实测制热消耗功率不应大于名义制热消耗功率的 110%。

5.3.7 静压和风量

5.3.7.1 接风管的室内机组最小机外静压实测值应不低于名义静压值的 95%。

5.3.7.2 对冷热风型机组，机组的实测风量不应小于名义风量的 95%。

5.3.8 最大运行制冷

机组在最大运行制冷工况运行时，应满足以下条件：

a) 机组正常运行，没有任何故障；

b) 电机过载保护装置或其他保护装置不应动作；

c) 对冷热风型机组，当机组停机 3 min 后，再启动连续运行 1 h，但在启动运行的最初 5 min 内允许电机过载保护器跳开，其后不允许动作；在运行的最初 5 min 内跳开的电机过载保护器不复位时，在停机不超过 30 min 内复位的，应连续运行 1 h。

5.3.9 最大运行制热

机组在最大运行制热工况运行时，应满足以下条件：

a) 机组正常运行，没有任何故障。

b) 电机过载保护装置或其他保护装置不应动作。

c) 对冷热风型机组，当机组停机 3 min 后，再启动连续运行 1 h，但在启动运行的最初 5 min 内允许电机过载保护器跳开，其后不允许动作；在运行的最初 5 min 内跳开的电机过载保护器不复位时，在停机不超过 30 min 内复位的，应连续运行 1 h。

5.3.10 最小运行制冷

机组按最小制冷工况运行时，在 10 min 的启动期间后 4 h 运行中安全装置不应跳开。对冷风型机组蒸发器室内侧的迎风表面凝结的冰霜面积不应大于蒸发器迎风面积的 50%。

5.3.11 最小运行制热

机组按最小制热工况运行时，保护装置不允许跳开，机组不应损坏。

5.3.12 凝露

在凝露工况下运行时，机组壳体凝露不应滴下、流下或吹出。

5.3.13 凝结水排除能力

按凝露工况运行时，冷热风型机组应具有排除冷凝水的能力，并不应有水从机组中溢出或吹出。

5.3.14 噪声

机组的实测噪声值应不大于明示值。

5.3.15 部分负荷性能调节

带能量调节的机组，其调节装置应灵敏、可靠。

5.3.16 性能系数

5.3.16.1 全年综合性能系数(ACOP)

热泵型机组全年综合性能系数(ACOP)不应小于明示值的 92%，且不应小于表 3 的数值。

5.3.16.2 制冷能效比(EER)

单冷型机组的制冷能效比(EER)不应小于明示值的 92%，且不应小于表 3 的数值。

5.3.16.3 制热性能系数(COP)

单热型机组的制热性能系数(COP)不应小于明示值的 92%，且不应小于表 3 的数值。

表 3 性能系数

类型		额定制冷量 kW	热泵型机组 综合性能系数 ACOP	单冷型机组 EER	单热型 COP
冷热风型	水环式		3.5	3.3	—
	地下水式		3.8	4.1	
	地埋管式		3.5	3.8	
	地表水式		3.5	3.8	
冷热水型	水环式	CC≤150	3.8	4.1	4.6
		CC>150	4.0	4.3	4.4
	地下水式	CC≤150	3.9	4.3	4.0
		CC>150	4.4	4.8	4.4
	地埋管式	CC≤150	3.8	4.1	4.2
		CC>150	4.0	4.3	4.4
	地表水式	CC≤150	3.8	4.1	4.2
		CC>150	4.0	4.3	4.4
注：1“—”表示不考核； 2 单热型机组以名义制热量 150 kW 作为分档界线。					

5.3.17 水系统压力损失试验

在名义制冷工况下，机组水侧的压力损失不应大于机组名义值的 115%。

5.3.18 变工况性能

按表 4 或表 5 规定的变工况运行，并绘制性能曲线图或表。

5.4 安全要求

5.4.1 机组的安全要求应符合 GB 25131 的规定。

5.4.2 冷热风型机组的电器元件的选择以及电器安装、布线应符合 GB 4706.32 的要求；冷热水型机组的电器元件的选择以及电器安装、布线应符合 GB/T 5226.1 的要求。

6 试验方法

6.1 试验条件

6.1.1 冷热风型机组的试验工况见表 4。

表 4　冷热风型机组的试验工况

单位为摄氏度

试验条件		使用侧入口空气状态		热源侧状态				
		干球温度	湿球温度	环境干球温度	进水温度/单位制冷(热)量水流量			
					水环式	地下水式	地埋管式和地表水	
制冷运行	名义制冷	27	19	27	30/0.215	18/0.103	25/0.215	25/0.215
	最大运行	32	23	32	40/—[a]	25/—[a]	40/—[a]	40/—[a]
	最小运行	21	15	21	20/—[a]	10/—[a]	10/—[a]	10/—[a]
	凝露 凝结水排除	27	24	27	20/—[a]	10/—[a]	10/—[a]	10/—[a]
	变工况运行	21～32	15～24	27	20～40/—[a]	10～25/—[a]	10～40/—[a]	10～40/—[a]
制热运行	名义制热	20	15	20	20/—[a]	15/—[a]	10[a]	10[a]
	最大运行	27	—	27	30/—[a]	25/—[a]	25/—[a]	25/—[a]
	最小运行	15	—	15	15/—[a]	10/—[a]	5/—[a]	5/—[a]
	变工况运行	15～27	—	27	15～30/—[a]	10～25/—[a]	5～25/—[a]	5～25/—[a]
风量		20	16	—	—	—	—	—

注：1 机组在标称的静压下进行试验。

2 单位制冷(热)量水流量单位为 $m^3/(h \cdot kW)$，温度单位为℃。

3 单冷型机组仅需进行制冷运行试验工况的测试，单热型机组仅需进行制热运行试验工况的测试。

[a] 采用名义制冷工况确定的单位制冷(热)量水流量。

6.1.2　冷热水型机组的各试验工况见表 5。

表 5　冷热水型机组的试验工况

单位为摄氏度

试验条件			使用侧出水温度/单位制冷(热)量水流量	进水温度/单位制冷(热)量水流量			
				水环式	地下水式	地埋管式	(地表水)
制冷运行	名义制冷		7/0.172	30/0.215	18/0.103	25/0.215	25/0.215
	最大运行	容积式	15/—[a]	40/—[a]	25/—[a]	40/—[a]	40/—[a]
		离心式	15/—[a]	35/—[a]	25/—[a]	35/—[a]	35/—[a]
	最小运行	容积式	5/—[a]	20/—[a]	10/—[a]	10/—[a]	10/—[a]
		离心式	5/—[a]	20/—[a]	15/—[a]	15/—[a]	15/—[a]
	变工况运行	容积式	5～15/—[a]	20～40/—[a]	10～25/—[a]	10～40/—[a]	10～40/—[a]
		离心式	5～15/—[c]	20～35/—[c]	15～25/—[c]	15～35/—[c]	15～35/—[c]

表 5（续）

单位为摄氏度

试验条件			使用侧出水温度/单位制冷(热)量水流量	进水温度/单位制冷(热)量水流量			
				水环式	地下水式	地埋管式	（地表水）
制热运行	名义制热[b]		45/—[a]	20/—[a]	15/—[a]	10/—[a]	10/—[a]
	最大运行	容积式	50/—[a]	30/—[a]	25/—[a]	25/—[a]	30/—[a]
		离心式	50/—[a]	30/—[a]	25/—[a]	25/—[a]	30/—[a]
	最小运行	容积式	40/—[a]	15/—[a]	10/—[a]	5/—[a]	5/—[a]
		离心式	40/—[a]	15/—[a]	15/—[a]	10/—[a]	10/—[a]
	变工况运行	容积式	40～50/—[a]	15～30/—[a]	10～25/—[a]	5～25/—[a]	5～30/—[a]
		离心式	40～50/—[c]	15～30/—[c]	15～25/—[c]	10～25/—[c]	10～30/—[c]

注：1 单位制冷(热)量水流量单位为 $m^3/(h \cdot kW)$，温度单位为℃。

2 单冷型机组仅需进行制冷运行试验工况的测试，单热型机组仅需进行制热运行试验工况的测试。

[a] 采用名义制冷工况确定的单位制冷(热)量水流量。

[b] 单热型的单位制冷(热)量水流量按设计温差(15℃/8℃)确定。

[c] 离心式机组的变工况运行范围见附录 B。

6.1.3 测试间的要求

6.1.3.1 使用侧测试间应能建立试验所需的工况。

6.1.3.2 试验过程中机组周围的风速建议不超过 2.5 m/s。

6.1.4 测量仪器仪表的型式及准确度

空气温度测量仪表的型式有玻璃温度计和电阻温度计，其准确度为±0.1 ℃；其他仪表的型式和准确度按 GB/T 10870—2001 附录 A 的规定。

6.1.5 在进行制冷量和热泵制热量试验时，试验工况各参数的读数允差应符合表 6 规定。

表 6 制冷量和热泵制热量试验的读数允差

读 数		读数的平均值对额定工况的偏差	各读数对额定工况的最大偏差
使用侧进口空气温度	干 球	±0.3 ℃	±1.0 ℃
	湿 球	±0.2 ℃	±0.5 ℃
水温	进 口	±0.3 ℃	±0.5 ℃
	出 口	±0.3 ℃	±0.5 ℃

6.1.6 在进行性能试验时(除制冷量、热泵制热量外)，试验工况各参数的读数允差应符合表 7 的规定。

表 7 性能试验的读数允差

试验工况	测 量 值	读数与规定值的最大允许偏差
最小运行试验	空气温度	+1.0 ℃
	水 温	+0.6 ℃

表 7（续）

试验工况	测 量 值	读数与规定值的最大允许偏差
最大运行试验	空气温度	−1.0 ℃
	水 温	−0.6 ℃
其他试验	空气温度	±1.0 ℃
	水 温	±0.6 ℃

6.1.7 除机组噪声试验外，带水泵的机组在试验时，水泵不应通电。

6.2 试验的一般要求

6.2.1 制冷量和制热量

制冷量和制热量应为净值，对冷热风机组其包含循环风扇热量，但不包含水泵热量和辅助热量。制冷（热）量由试验结果确定，在试验工况允许波动的范围之内不作修正，冷热风型机组，对试验时大气压的低于 101 kPa 时，大气压读数每低 3.5 kPa，实测的制冷（热）量可增加 0.8%。

6.2.2 被测机组的安装要求

6.2.2.1 应按制造厂的安装规定，使用所提供或推荐使用的附件、工具进行安装。

6.2.2.2 除按规定的方式进行试验所需要的装置和仪器的连接外，对机组不能进行更改和调整。

6.2.2.3 必要时，试验机组可以根据制造厂的指导抽真空和充注制冷剂。

6.2.2.4 分体式机组的安装要求

6.2.2.4.1 室内机组和室外机组的制冷剂连接管，应按照制造厂指定的最大长度或 7.5 m 为测试管长，两者中取其大值；若连接管作为机组的一个整体且没有被要求截短连接管，则按已安装好的连接管的完整长度进行测试。另外，连接管的管径、保温、抽空和充注制冷剂应与制造厂的要求相符。

6.2.2.4.2 连接管安装高度差应小于 2 m。

6.2.3 试验流体

6.2.3.1 水环式机组、地下水式机组、地表水式机组及地埋管式机组的热源侧测试流体使用当地生活用水。

6.2.3.2 冷热水式机组使用侧应使用当地生活用水。

6.2.3.3 试验液体中必须充分排尽空气，以保证试验结果不受存在的空气的影响。

6.3 性能试验

6.3.1 制冷系统密封性能试验

机组的制冷系统在正常的制冷剂充灌量下，用下列灵敏度的制冷剂检漏仪进行检验：名义制冷量（单热型机组为名义制热量）小于或等于 150 kW 的机组，灵敏度为 1×10^{-6} Pa·m^3/s；名义制冷量（单热型机组为名义制热量）大于 150 kW 的机组，灵敏度为 1×10^{-5}Pa·m^3/s。

6.3.2 运转试验

机组运转时，检查机组的运转状况、安全保护装置的灵敏度和可靠性，检验温度、电器等控制元件的动作是否正常。

6.3.3 制冷量试验

冷热风型机组在表4规定的名义制冷工况下，按GB/T 17758—2010中附录A规定的试验方法进行试验，并以空气焓差法为校准试验方法；冷热水型机组在表5规定的名义制冷工况下，按GB/T 10870中规定的试验方法进行试验，并以载冷剂法为校准试验方法。

6.3.4 制冷消耗功率

在进行制冷量试验时，测量机组的输入功率和电流。

6.3.5 制热量试验

冷热风型机组在表4规定的名义制热工况下，按GB/T 17758—2010中附录A规定的试验方法进行试验，并以空气焓差法为校准试验方法；冷热水型机组按表5规定的名义制热工况下，按GB/T 10870中规定的试验方法进行试验，并以载冷剂法为校准试验方法。

6.3.6 热泵制热消耗功率

在进行制热量试验时，测量机组的输入功率和电流。

6.3.7 冷热风型机组的风量试验

机组的名义风量由表4规定的风量测量工况确定。

使用时带风管的机组，在机组标称的静压下测试其风量。

使用时不带风管的机组，在机外静压为0 Pa的条件下进行测试。

6.3.8 最大运行制冷试验

6.3.8.1 冷热风型机组的最大运行制冷试验

试验电压为额定电压，按表4规定的最大运行制冷工况运行稳定后，连续运行1 h，然后停机3 min（此间电压上升不超过3%），再启动运行1h。

6.3.8.2 冷热水型机组的最大运行制冷试验

试验电压为额定电压，按表5规定的最大运行制冷工况运行稳定后，连续运行应不小于1 h。

6.3.9 热泵最大运行制热试验

6.3.9.1 冷热风型机组的最大运行制热试验

试验电压为额定电压，按表4规定的最大运行制热工况运行稳定后，连续运行1 h，然后停机3 min（此间电压上升不超过3%），再启动运行1 h。

6.3.9.2 冷热水型机组的最大运行制热试验

试验电压为额定电压，按表5规定的最大运行制热工况运行稳定后，机组连续运行1 h。

6.3.10 最小运行制冷试验

试验电压为额定电压，冷热风型机组按表4规定的最小运行制冷工况运行，冷热水型机组按表5规定的最小运行制冷工况运行，运行稳定后，再至少连续运行 30 min。

6.3.11 热泵最小运行制热试验

试验电压为额定电压，使用规定温度的液体流经盘管，浸湿盘管 10 min，冷热风型机组按表 4 规定的最小运行制热工况运行，冷热水型机组按表 5 规定的最小运行制热工况运行，机组应能连续运行至少 30 min。

6.3.12 凝露试验

试验电压为额定电压，机组在表 4 规定的凝露工况下作制冷运行。

所有的控制器、风机、风门和格栅在不违反制造厂对用户规定的情况下调到最易凝水的状态进行制冷运行。机组运行达到规定的工况后，再连续运行 4 h。

6.3.13 冷热风型机组的凝结水排除能力试验

将机组的温度控制器、风机速度、风门和导向格栅调到最易凝水的状态，在接水盘注满水即达到排水口流水后，按表 4 规定的凝露工况作制冷运行，当接水盘的水位稳定后，再连续运行 1h。

6.3.14 噪声试验

机组在额定电压和额定频率以及接近名义制冷工况(单热型机组：名义制热工况)下进行制冷(单热型机组：制热)运行，带水泵的机组，水泵应在接近铭牌规定的流量和扬程下进行运转，测试方法见附录 A。

6.3.15 水系统压力损失

水系统的压力损失测定按照 GB/T 18430.1—2007 附录 B 的要求进行，带水泵的机组允许拆除水泵。

6.3.16 变工况试验

冷热风型机组按表 3 规定的变工况运行中的某一条件改变，冷热水型机组按表 5 规定的变工况运行中的某一条件改变，其他条件按名义工况时的流量和温度条件。将试验结果绘制成曲线图或制成表格，每条曲线或每个表格应不少于 4 个测量点的值。

7 检验规则

7.1 分类

机组检验分为出厂检验、抽样检验和型式检验。

7.2 出厂检验

每台机组均应做出厂检验，检验项目、要求和试验方法按表 8 的规定。

表 8 检验项目

序号	项目	出厂检验	抽样检验	型式检验	要求	试验方法
1	一般要求	√	√	√	5.1	视检
2	标志				8.1	视检
3	包装				8.2	视检
4	泄漏电流				5.4	GB 25131
5	电气强度					
6	接地电阻					
7	制冷系统密封				5.3.1	6.3.1
8	运转				5.3.2	6.3.2
9	制冷量	—			5.3.3	6.3.3
10	制冷消耗功率				5.3.4	6.3.4
11	热泵制热量				5.3.5	6.3.5
12	热泵制热消耗功率				5.3.6	6.3.6
13	能效比(EER)				5.3.16	6.3.3、6.3.4
14	性能系数(COP)				5.3.17	6.3.5、6.3.6
15	噪声				5.3.14	6.3.14
16	最大运行制冷		—		5.3.8	6.3.8
17	热泵最大运行制热				5.3.9	6.3.9
18	最小运行制冷				5.3.10	6.3.10
19	热泵最小运行制热				5.3.11	6.3.11
20	凝露				5.3.12	6.3.12
21	凝结水排除能力[a]				5.3.13	6.3.13
22	风量[a]				5.3.7	6.3.7
23	水系统压力损失				5.3.18	6.3.15
24	变工况试验				5.3.19	6.3.16
25	耐潮湿性				5.4	GB 25131
26	防触电保护					
27	温度限制					
28	机械安全					
29	电磁兼容性					

注:"√"应做试验;"—"不做试验。

[a] 冷热风型机组需要试验,冷热水型机组没有此项试验。

7.3 抽样检验

7.3.1 机组应从出厂检验合格的产品中抽样，检验项目和试验方法按表 7 的规定。

7.3.2 抽检方法、批量、抽样方案、检查水平及合格质量水平等由制造厂检验部门自行决定。

7.4 型式检验

7.4.1 新产品或定型产品作重大改进，第一台产品应作型式检验，检验项目按表 7 的规定。

7.4.2 型式检验过程中如有故障，在排除故障后应重新检验。

8 标志、包装、运输和贮存

8.1 标志

8.1.1 每台机组应在显著的位置设置永久性铭牌，铭牌应符合 GB/T 13306 的规定。铭牌上应标示下列内容：

a) 制造厂名称和商标；

b) 产品名称和型号；

c) 主要技术性能参数(名义制冷量、名义制热量、制冷剂类型和充注量、额定电压、频率和相数、总输入功率、质量等，对冷热风型机组还应包含机组的静压和风量)；

d) 产品出厂编号；

e) 制造日期。

8.1.2 机组上应有标明运行状态的标志，如指示仪表和控制按钮的标志等。

8.1.3 在相应的地方(如铭牌、产品说明书等)标注执行标准的编号。

8.1.4 每台机组上应随带下列出厂文件：

a) 产品合格证，其内容包括：
——产品型号和名称；
——产品出厂编号；
——检验结论；
——检验员签字或印章；
——检验日期。

b) 产品使用说明书，其内容包括：
——产品型号和名称、适用范围、执行标准、噪声、水系统压力损失；
——产品的结构示意图、电气原理图及接线图；
——安装说明和要求；
——使用说明、维修和保养注意事项。

c) 装箱单。

8.2 包装

8.2.1 机组包装前应进行清洁处理。各部件应清洁、干燥，易锈部件应涂防锈剂。

8.2.2 机组应外套塑料袋或防潮纸并应固定在箱内，以免运输中受潮和发生机械损伤。

8.2.3 机组包装箱上应有下列标志：

a) 制造厂名称；

b) 产品型号和名称；

c) 净质量、毛质量；

d) 外形尺寸；

e) “向上”“怕雨”“禁止翻滚”和“堆码层数极限”等。有关包装、储运标志应符合 GB/T 6388 和 GB/T 191 的有关规定。

8.3 运输和贮存

8.3.1 机组在运输和贮存过程中不应碰撞、倾斜、雨雪淋袭。

8.3.2 产品应储存在干燥的通风良好的仓库中。

附　录　A
（规范性附录）
水(地)源热泵机组噪声试验方法

A.1　适用范围

本附录规定了水(地)源热泵机组的噪声试验方法。

A.2　测定场所

测定场所应为反射平面上的半自由声场,被测机组的噪声与背景噪声之差应为 8 dB 以上。

A.3　测量仪器

测试仪器应使用 GB/T 3785—1983 中规定的Ⅰ型或Ⅰ型以上的声级计,以及精度相当的其他测试仪器。

A.4　安装与运行条件

机器的安装与运行条件参照 JB/T 4330 的相应规定。

A.5　测点布置与测试方法

A.5.1　冷热风型

A.5.1.1　整体式机组

a)　接风管类型机组的噪声测试参照 GB/T 18836—2002 附录 B 相应规定。

b)　不接风管类型机组的噪声测试参照 JB/T 4330—1999 附录 D 相应规定。

A.5.1.2　分体式机组

a)　室内机

——接风管类型机组的噪声测试参照 GB/T 18836—2002 附录 B 相应规定。

——不接风管类型机组的噪声测试参照 JB/T 4330—1999 附录 D 相应规定。

b)　室外机

在机组四面距机组 1 m,其测点高度为机组高度加 1 m 的总高度的的 1/2 处 4 个测点,测试结果为按式(A.1)进行平均的平均声压级。在图 A.1 所示位置进行测量,噪声测试时机组应调至名义制冷工况并稳定运行。

$$\overline{L}_{p}=10\lg(1/4)\left(\sum_{i=1}^{4}10^{0.1L_{pi}}\right) \qquad \cdots\cdots\cdots\cdots\cdots\cdots(A.1)$$

式中:

$\overline{L}_{p}$ ——测量表面平均 A 计权或倍频程声压级,dB(基准值为 20 μPa);

L_{pi} ——第 i 测点所测得的 A 计权或倍频程声压级按 JB/T 4330—1999 中 8.1.1 修正后的数据，dB(基准值为 20 μPa)。

A.5.2 冷热水型(含分体和整体)

A.5.2.1 落地式安装

在机组四面距机组 1 m，其测点高度为机组高度加 1 m 的总高度的的 1/2 处 4 个测点，测试结果为按式(A.1)进行平均的平均声压级。在图 A.1 所示位置进行测量，噪声测试时机组应调至名义制冷工况并稳定运行。

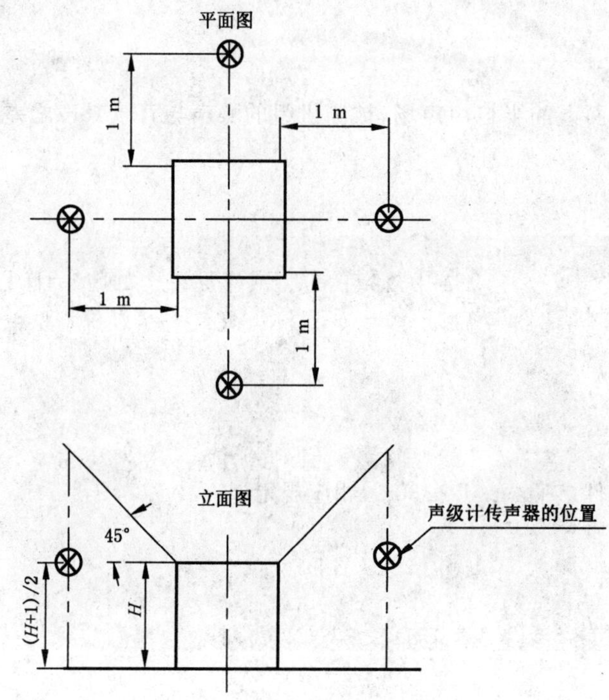

说明：

H——机组高度，单位：m。

图 A.1 冷热风型分体式室外机 落地式安装

A.5.2.2 吊顶式安装

分体水(地)源热泵机组室外机吊装方法示意见图 A.2。在图 A.2 所示位置进行测量，机组应调至最大噪声点的工况。

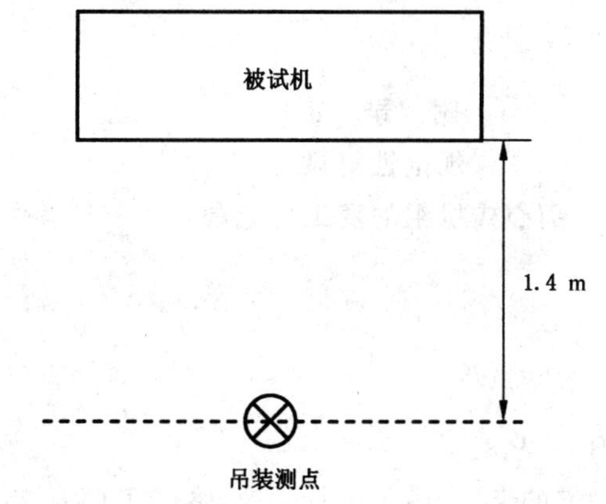

图 A.2　冷热风型分体式室外机　吊顶式安装

附　录　B
（规范性附录）
离心式机组的变工况范围

B.1　离心式机组的变工况范围

离心式机组的变工况范围如图 B.1～B.8。

确定离心式机组的原则是根据确定的最大、最小运行工况，参考了原有变工况范围，同时兼顾离心式机组的定压头特性。

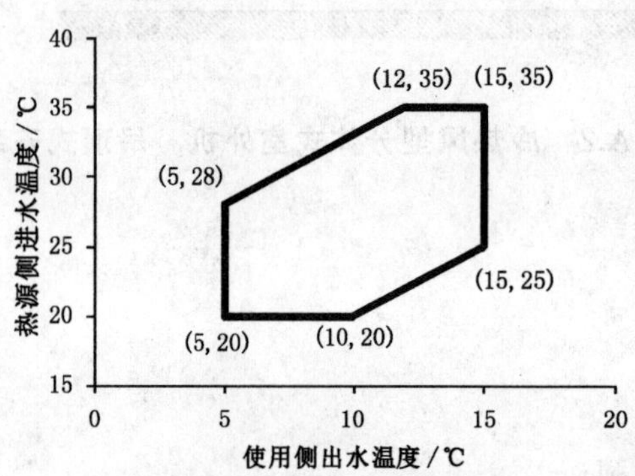

图 B.1　水环式机组制冷运行变工况范围

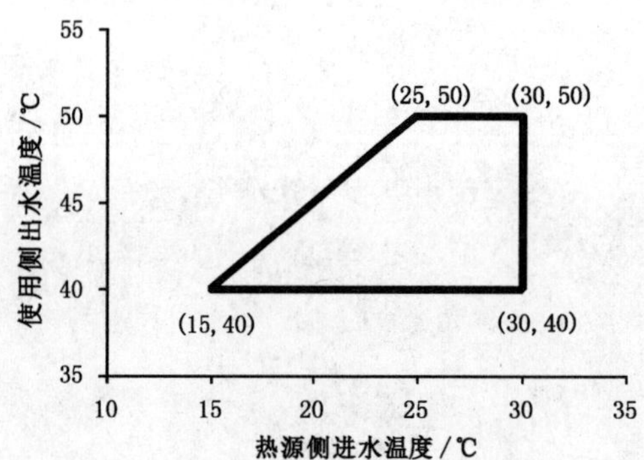

图 B.2　水环式机组制热运行变工况范围

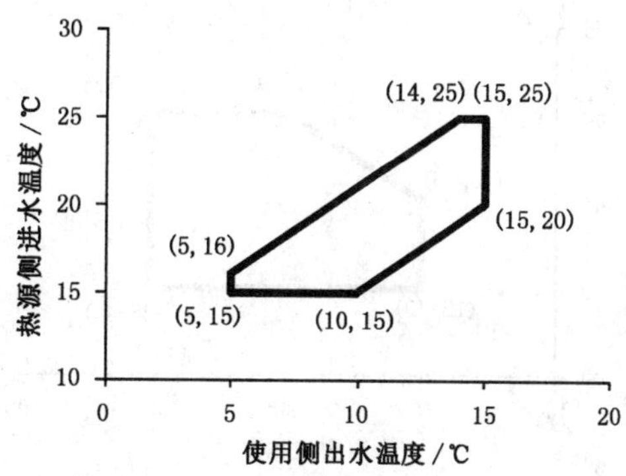

图 B.3　地下水式机组制冷运行变工况范围

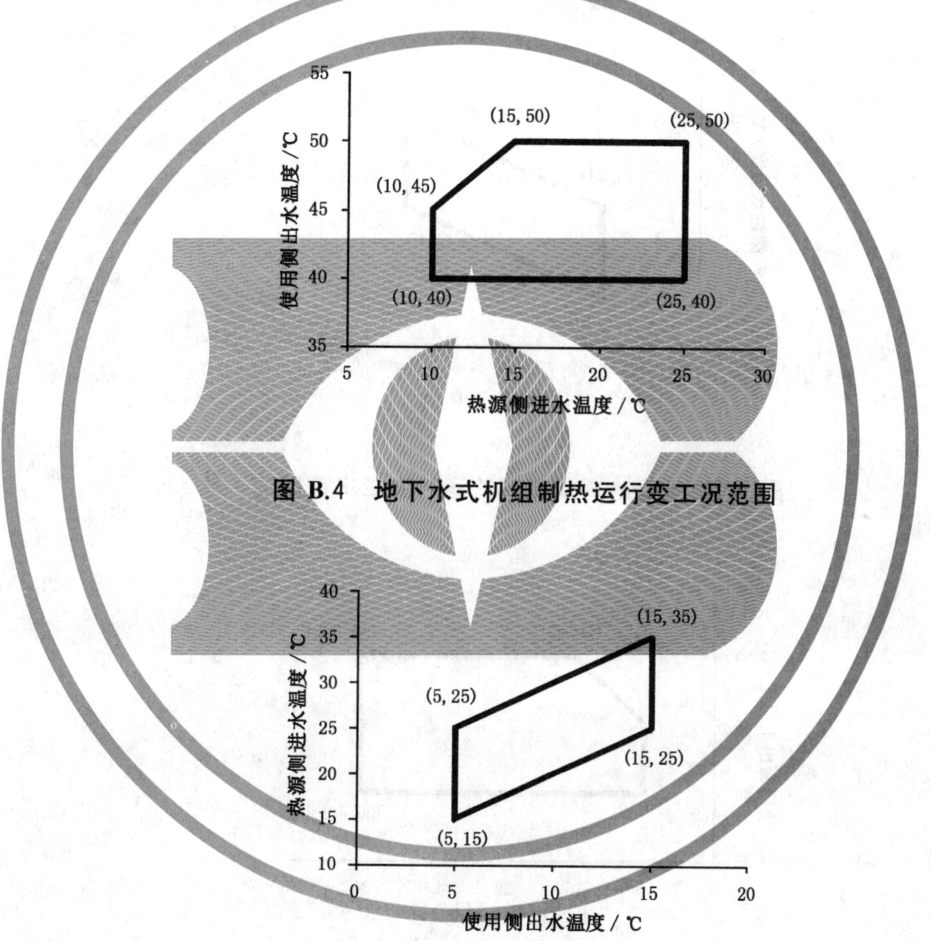

图 B.4　地下水式机组制热运行变工况范围

图 B.5　地埋管式机组制冷运行变工况范围

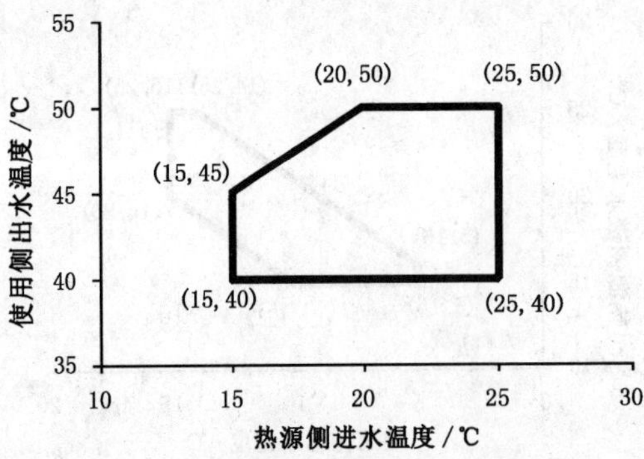

图 B.6 地埋管式机组制热运行变工况范围

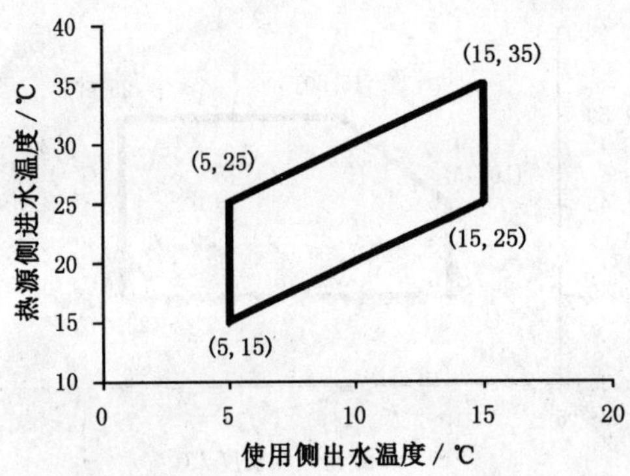

图 B.7 地表水式机组制冷运行变工况范围

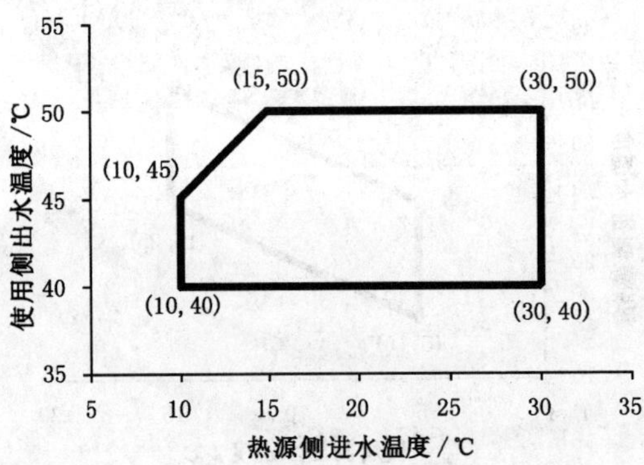

图 B.8 地表水式机组制热运行变工况范围

ICS 91.100.10
Q 13

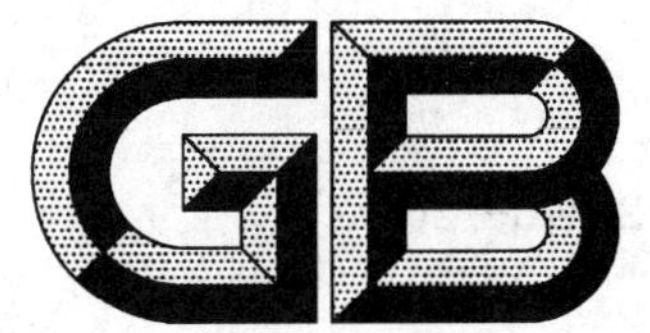

中华人民共和国国家标准

GB/T 20473—2006

建筑保温砂浆

Dry-mixed thermal insulating composition for buildings

2006-08-25 发布　　　　2007-02-01 实施

中华人民共和国国家质量监督检验检疫总局
中国国家标准化管理委员会　发布

前　言

本标准附录 A、附录 B、附录 C 为规范性附录。

本标准由中国建筑材料工业协会提出。

本标准由全国绝热材料标准化技术委员会(SAC/TC191)归口。

本标准负责起草单位:河南建筑材料研究设计院。

本标准参加起草单位:辽宁华隆实业有限公司、上海宝能轻质材料有限公司、宁夏中卫新型建筑材料厂。

本标准主要起草人:白召军、袁运法、张利萍、张冰、孔德强、马挺、王军生。

本标准委托河南建筑材料研究设计院负责解释。

本标准为首次发布。

建筑保温砂浆

1 范围

本标准规定了建筑保温砂浆的术语和定义、分类和标记、要求、试验方法、检验规则、包装、标志与贮存。

本标准适用于建筑物墙体保温隔热层用的建筑保温砂浆。

2 规范性引用文件

下列文件中的条款通过本标准的引用而成为本标准的条款。凡是注日期的引用文件，其随后所有的修改单(不包括勘误的内容)或修订版均不适用于本标准，然而，鼓励根据本标准达成协议的各方研究是否可使用这些文件的最新版本。凡是不注日期的引用文件，其最新版本适用于本标准。

GB/T 191 包装储运图示标志

GB/T 4132 绝热材料及相关术语(GB/T 4132—1996,neq ISO 7345:1987)

GB/T 5464 建筑材料不燃性试验方法(GB/T 5464—1999,idt ISO 1182:1990)

GB/T 5486.2—2001 无机硬质绝热制品试验方法 力学性能

GB/T 5486.3—2001 无机硬质绝热制品试验方法 密度、含水率及吸水率

GB 6566 建筑材料放射性核素限量

GB 8624 建筑材料及制品燃烧性能分级

GB/T 10294 绝热材料稳态热阻及有关特性的测定 防护热板法(GB/T 10294—1988,idt ISO/DIS 8302:1986)

GB/T 10295 绝热材料稳态热阻及有关特性的测定 热流计法(GB/T 10295—1988,idt ISO/DIS 8301:1987)

GB/T 10297 非金属固体材料导热系数的测定 热线法

GB/T 17371—1998 硅酸盐复合绝热涂料

HBC 19—2005 环境标志产品认证技术要求 轻质墙体板材

JGJ 70—1990 建筑砂浆基本性能试验方法

3 术语和定义

GB/T 4132 确定的以及下列术语和定义适用于本标准。

建筑保温砂浆 dry-mixed thermal insulating composition for buildings

以膨胀珍珠岩或膨胀蛭石、胶凝材料为主要成分，掺加其他功能组分制成的用于建筑物墙体绝热的干拌混合物。使用时需加适当面层。

4 分类和标记

4.1 分类

产品按其干密度分为Ⅰ型和Ⅱ型。

4.2 产品标记

4.2.1 产品标记的组成

产品标记由三部分组成:型号、产品名称、本标准号。

4.2.2 标记示例

示例1：Ⅰ型建筑保温砂浆的标记为：

Ⅰ 建筑保温砂浆 GB/T 20473—2006

示例2：Ⅱ型建筑保温砂浆的标记为：

Ⅱ 建筑保温砂浆 GB/T 20473—2006

5 要求

5.1 外观质量

外观应为均匀、干燥无结块的颗粒状混合物。

5.2 堆积密度

Ⅰ型应不大于250 kg/m³，Ⅱ型应不大于350 kg/m³。

5.3 石棉含量

应不含石棉纤维。

5.4 放射性

天然放射性核素镭-266、钍-232、钾-40的放射性比活度应同时满足 $I_{Ra} \leqslant 1.0$ 和 $I_{\gamma} \leqslant 1.0$。

5.5 分层度

加水后拌合物的分层度应不大于20 mm。

5.6 硬化后的物理力学性能

硬化后的物理力学性能应符合表1的要求。

表1 硬化后的物理力学性能

项目	技术要求	
	Ⅰ型	Ⅱ型
干密度/(kg/m³)	240～300	301～400
抗压强度/MPa	≥0.20	≥0.40
导热系数(平均温度25 ℃)/(W/(m·K))	≤0.070	≤0.085
线收缩率/%	≤0.30	≤0.30
压剪粘结强度/kPa	≥50	≥50
燃烧性能级别	应符合GB 8624规定的A级要求	应符合GB 8624规定的A级要求

5.7 抗冻性

当用户有抗冻性要求时，15次冻融循环后质量损失率应不大于5%，抗压强度损失率应不大于25%。

5.8 软化系数

当用户有耐水性要求时，软化系数应不小于0.50。

6 试验方法

6.1 外观质量

目测产品外观是否均匀、有无结块。

6.2 堆积密度

按附录A的规定进行。

6.3 石棉含量

按HBC 19—2005中附录A的规定进行。

6.4 放射性

按GB 6566的规定进行。

6.5 分层度

按附录B制备拌合物，按JGJ 70—1990中第五章的规定进行。

6.6 硬化后的物理力学性能

6.6.1 干密度

按附录C的规定进行。

6.6.2 抗压强度

检验干密度后的6个试件，按GB/T 5486.2—2001中第3章的规定进行抗压强度试验。以6个试件检测值的算术平均值作为抗压强度值σ_0。

6.6.3 导热系数

按附录B制备拌合物，然后制备符合导热系数测定仪要求尺寸的试件。导热系数试验按GB/T 10294的规定进行，允许按GB/T 10295、GB/T 10297规定进行。如有异议，以GB/T 10294作为仲裁检验方法。

6.6.4 线收缩率

按JGJ 70—1990第十章的规定进行，试验结果取龄期为56 d的收缩率值。

6.6.5 压剪粘结强度

按GB/T 17371—1998第6.6条的规定进行。用附录B制备的拌合物制作试件，在(20±3)℃、相对湿度(60～80)%的条件下养护至28 d(自成型时算起)，或按生产商规定的养护条件及时间，生产商规定的养护时间自成型时算起不得多于28 d。

6.6.6 燃烧性能级别

按GB/T 5464的规定进行。

6.7 抗冻性能

按附录C.2制备6块试件，按JGJ 70—1990中第九章的规定进行抗冻性试验，冻融循环次数为15次。其中抗压强度试验按GB/T 5486.2—2001中第3章的规定进行。

6.8 软化系数

按附录C.2制备6块试件，浸入温度为(20±5) ℃的水中，水面应高出试件20 mm以上，试件间距应大于5 mm，48 h后从水中取出试件，用拧干的湿毛巾擦去表面附着水，按GB/T 5486.2—2001中第3章的规定进行抗压强度试验，以6个试件检测值的算术平块值作为浸水后的抗压强度值σ_1。

软化系数按式(1)计算：

$$\varphi = \sigma_1/\sigma_0 \qquad (1)$$

式中：

φ——软化系数，精确至0.01；

σ_0——抗压强度，单位为兆帕(MPa)；

σ_1——浸水后抗压强度，单位为兆帕(MPa)。

7 检验规则

7.1 检验分类

建筑保温砂浆的检验分出厂检验和型式检验。

7.1.1 出厂检验

产品出厂时，必须进行出厂检验。出厂检验项目为外观质量、堆积密度、分层度。

7.1.2 型式检验

有下列情况之一时，应进行型式检验。型式检验项目包括5.1～5.6全部项目。

a) 新产品投产或产品定型鉴定时；

b) 正式生产后，原材料、工艺有较大的改变，可能影响产品性能时；

c) 正常生产时，每年至少进行一次。压剪粘结强度每半年至少进行一次，燃烧性能级别每两年至少进行一次；

d) 出厂检验结果与上次型式检验有较大差异时；

e) 产品停产 6 个月后恢复生产时；

f) 国家质量监督机构提出进行型式检验要求时。

7.2 组批与抽样

7.2.1 组批

以相同原料、相同生产工艺、同一类型、稳定连续生产的产品 300 m^3 为一个检验批。稳定连续生产三天产量不足 300 m^3 亦为一个检验批。

7.2.2 抽样

抽样应有代表性，可连续取样，也可从 20 个以上不同堆放部位的包装袋中取等量样品并混匀，总量不少于 40 L。

7.3 判定规则

出厂检验或型式检验的所有项目若全部合格则判定该批产品合格；若有一项不合格，则判该批产品不合格。

8 包装、标志与贮存

8.1 包装

应采用具有防潮性能的包装袋。

8.2 标志

在包装袋上或合格证中应标明：产品标记、生产商名称及详细地址、批量、生产日期或批号、保质期以及按 GB/T 191 规定标明“怕雨”等标志。

8.3 贮存

应贮存在干燥通风的库房内，不得受潮和混入杂物，避免重压。

附 录 A
（规范性附录）
堆积密度试验方法

A.1 仪器设备

A.1.1 电子天平：量程为 5 kg，分度值为 0.1 g。

A.1.2 量筒：圆柱形金属筒（尺寸为内径 108 mm、高 109 mm）容积为 1 L，要求内壁光洁，并具有足够的刚度。

A.1.3 堆积密度试验装置：见图 A.1。

单位为毫米

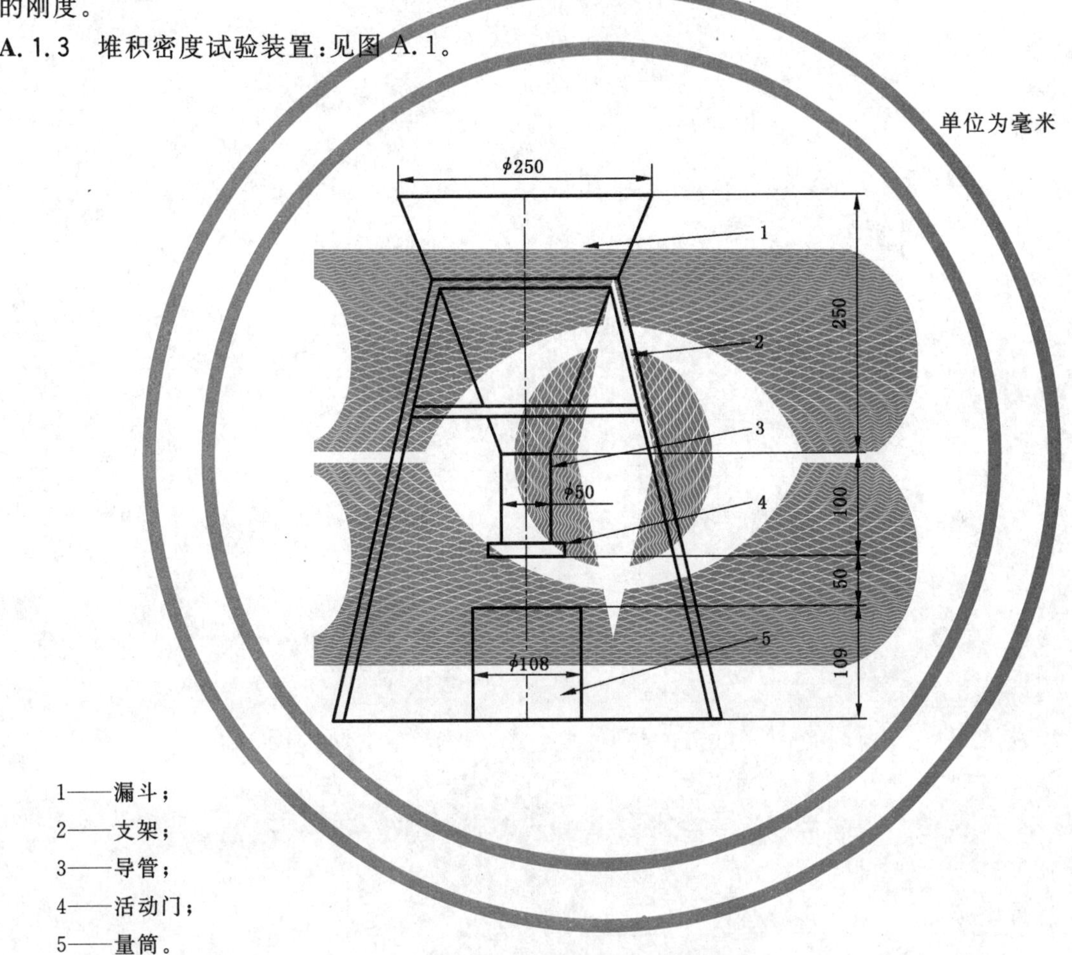

1——漏斗；
2——支架；
3——导管；
4——活动门；
5——量筒。

图 A.1 堆积密度试验装置

A.2 试验步骤

A.2.1 将按 7.2.2 方法抽取的试样，注入堆积密度试验装置的漏斗中，启动活动门，将试样注入量筒。

A.2.2 用直尺刮平量筒试样表面，刮平时直尺应紧贴量筒上表面边缘。

A.2.3 分别称量量筒的质量 m_1、量筒和试样的质量 m_2。

A.2.4 在试验过程中应保证试样呈松散状态，防止任何程度的振动。

A.3 结果计算

A.3.1 堆积密度按式 A.1 计算：

$$\rho=(m_2-m_1)/V \qquad \text{(A.1)}$$

式中：

ρ——试样堆积密度，单位为千克每立方米(kg/m^3)；

m_1——量筒的质量，单位为克(g)；

m_2——量筒和试样的质量，单位为克(g)；

V——量筒容积，单位为升(L)。

A.3.2 试验结果以三次检测值的算术平均值表示，保留三位有效数字。

附　录　B
（规范性附录）
拌合物的制备

B.1　仪器设备

B.1.1　电子天平：量程为 5 kg，分度值 0.1 g。

B.1.2　圆盘强制搅拌机：额定容量 30 L，转速 27 r/min，搅拌叶片工作间隙（3～5）mm，搅拌筒内径 750 mm。

B.1.3　砂浆稠度仪：应符合 JGJ 70—1990 中第三章的规定。

B.2　拌合物的制备

B.2.1　拌制拌合物时，拌合用的材料应提前 24 h 放入试验室内，拌合时试验室的温度应保持在（20±5）℃，搅拌时间为 2 min。也可采用人工搅拌。

B.2.2　将建筑保温砂浆与水拌合进行试配，确定拌合物稠度为（50±5）mm 时的水料比，稠度的检测方法按 JGJ 70—1990 中第三章的规定进行。

B.2.3　按 B.2.2 确定的水料比或生产商推荐的水料比混合搅拌制备拌合物。

附 录 C
（规范性附录）
干密度试验方法

C.1 仪器设备

C.1.1 试模：70.7 mm×70.7 mm×70.7 mm钢质有底试模，应具有足够的刚度并拆装方便。试模的内表面平整度为每100 mm不超过0.05 mm，组装后各相邻面的不垂直度应小于0.5°。

C.1.2 捣棒：直径10 mm，长350 mm的钢棒，端部应磨圆。

C.1.3 油灰刀。

C.2 试件的制备

C.2.1 试模内壁涂刷薄层脱模剂。

C.2.2 将按B.2制备的拌合物一次注满试模，并略高于其上表面，用捣棒均匀由外向里按螺旋方向轻轻插捣25次，插捣时用力不应过大，尽量不破坏其保温骨料。为防止可能留下孔洞，允许用油灰刀沿模壁插捣数次或用橡皮锤轻轻敲击试模四周，直至插捣棒留下的空洞消失，最后将高出部分的拌合物沿试模顶面削去抹平。至少成型6个三联试模，18块试件。

C.2.3 试件制作后用聚乙薄膜覆盖，在(20±5)℃温度环境下静停(48±4)h，然后编号拆模。拆模后应立即在(20±3)℃、相对湿度(60～80)%的条件下养护至28 d(自成型时算起)，或按生产商规定的养护条件及时间，生产商规定的养护时间自成型时算起不得多于28 d。

C.2.4 养护结束后将试件从养护室取出并在(105±5)℃或生产商推荐的温度下烘至恒重，放入干燥器中备用。恒重的判据为恒温3 h两次称量试件的质量变化率小于0.2%。

C.3 干密度的测定

从C.2制备的试件中取6块试件，按GB/T 5486.3—2001中第3章的规定进行干密度的测定，试验结果以6块试件检测值的算术平均值表示。

ICS 27.010
F 01

中华人民共和国国家标准

GB 21454—2008

多联式空调(热泵)机组能效限定值及能源效率等级

The minimum allowable values of the IPLV and energy efficiency grades for multi-connected air-condition (heat pump) unit

2008-02-18 发布　　　　2008-09-01 实施

中华人民共和国国家质量监督检验检疫总局
中国国家标准化管理委员会　发布

前　言

本标准的第 4 章是强制性的，其余是推荐性的。

本标准的附录 A 为规范性附录。

本标准由国家发展和改革委员会资源节约和环境保护司、国家标准化管理委员会工业标准一部提出。

本标准由全国能源基础与管理标准化技术委员会合理用电分技术委员会归口。

本标准起草单位：中国标准化研究院、珠海格力电器股份有限公司、艾默生环境优化技术、清华大学、广东美的制冷家电集团、青岛海尔空调电子有限公司、北京工业大学、合肥通用机械研究院、深圳麦克维尔空调有限公司。

本标准主要起草人：成建宏、刘怀灿、王贻任、石文星、舒卫民、张晓兰、李红旗、戴世龙、陈军、文茂华。

多联式空调(热泵)机组能效限定值及能源效率等级

1 范围

本标准规定了多联式空调(热泵)机组的制冷综合性能系数[IPLV(C)]限定值、节能评价值、能源效率等级的判定方法、试验方法及检验规则。

本标准适用于气候类型为T1的多联式空调(热泵)机组,不适用于双制冷循环系统和多制冷循环系统的机组。

2 规范性引用文件

下列文件中的条款通过本标准的引用而成为本标准的条款。凡是注日期的引用文件,其随后所有的修改单(不包括勘误的内容)或修订版均不适用于本标准,然而,鼓励根据本标准达成协议的各方研究是否可使用这些文件的最新的版本。凡是不注日期的引用文件,其最新版本适用于本标准。

GB/T 18837　多联式空调(热泵)机组

3 术语和定义

GB/T 18837确立的及下列术语和定义适用于本标准。

3.1

多联式空调(热泵)机组能效限定值　the minimum allowable values of IPLV(C)

多联式空调(热泵)机组在规定制冷能力试验条件下时,制冷综合性能系数[IPLV(C)]的最小允许值。

3.2

多联式空调(热泵)机组节能评价值　the evaluating values of energy conservation

多联式空调(热泵)机组在规定的制冷能力试验条件下时,达到节能认证所允许的制冷综合性能系数[IPLV(C)]的最小值。

3.3

多联式空调(热泵)机组能源效率等级　energy efficiency grade

多联式空调(热泵)机组能源效率等级(简称能效等级)是表示机组制冷综合性能系数[IPLV(C)]高低的一种分级方法,分成1、2、3、4、5五个等级,1级表示能源效率最高。

3.4

额定能源效率等级　rated energy efficiency grade

多联式空调(热泵)机组出厂时,由生产厂家按照本标准所标注的机组能效等级。

4 能效限定值

多联式空调(热泵)机组的制冷综合性能系数[IPLV(C)]实测值应大于或等于表1的规定值。

表 1 多联式空调(热泵)机组能效限定值

名义制冷量(CC)/ W	制冷综合性能系数[IPLV(C)]/ (W/W)
CC≤28 000	2.80
28 000<CC≤84 000	2.75
CC>84 000	2.70

5 能源效率等级的判定方法

5.1 根据产品的实测制冷综合性能系数[IPLV(C)],查表 2,判定该产品的能效等级,此能效等级不应低于该产品的额定能源效率等级。

表 2 能源效率等级对应的制冷综合性能系数指标 W/W

名义制冷量(CC)/ W	能效等级				
	5	4	3	2	1
CC≤28 000	2.80	3.00	3.20	3.40	3.60
28 000<CC≤84 000	2.75	2.95	3.15	3.35	3.55
CC>84 000	2.70	2.90	3.10	3.30	3.50

5.2 制冷综合性能系数[IPLV(C)]的标注值应在其额定能源效率等级对应的取值范围内。

6 节能评价值

多联式空调(热泵)机组的节能评价值为表 2 中能效等级的 2 级所对应的制冷综合性能系数[IPLV(C)]指标。

7 试验方法

7.1 制冷综合性能系数[IPLV(C)]的测试方法按照 GB/T 18837 的相关规定执行。制冷综合性能系数[IPLV(C)]实测值保留两位小数。

7.2 制冷综合性能系数[IPLV(C)]测试时,室内机的型式为适合 IPLV 检测、最少数量的最小静压室内机组合。

7.3 对于制冷量非连续可调的机组,制冷综合性能系数[IPLV(C)]需要作−7.5%的修正,以反映开停机的能耗损失。

7.4 对于模块型多联式空调(热泵)机组,以基本模块进行测试。

8 检验规则

8.1 能效限定值应作为机组出厂检验的抽检项目。

8.2 抽取一台样品,测试产品的制冷综合性能系数[IPLV(C)]。若不满足规定要求,再抽取二台样品,实测值均应满足规定要求,否则判定该批次为不合格。

9 能源效率等级标注

9.1 对模块型多联式空调(热泵)机组,应标出基本模块的 IPLV(C)值。

9.2 生产厂家应根据本标准的要求和测试结果,确定产品的额定能源效率等级、制冷综合性能系数[IPLV(C)],并在能效标识中标注。

9.3 生产厂家应在其产品的出厂文件上注明该产品的名义制冷量、制冷消耗功率、额定能源效率等级、所依据的标准号。

10 超前性能效指标

2011 年实施的多联式空调(热泵)机组能效标准技术要求见附录 A。

附 录 A
(规范性附录)
2011年实施的多联式空调(热泵)机组能效标准技术要求

A.1 制冷综合性能系数[IPLV(C)]限定值

表 A.1 2011年实施的机组综合性能系数[IPLV(C)]限定值

名义制冷量(CC)/W	制冷综合性能系数[IPLV(C)]/(W/W)
CC≤28 000	3.20
28 000<CC≤84 000	3.15
CC>84 000	3.10

ICS 91.060.10
Q 15

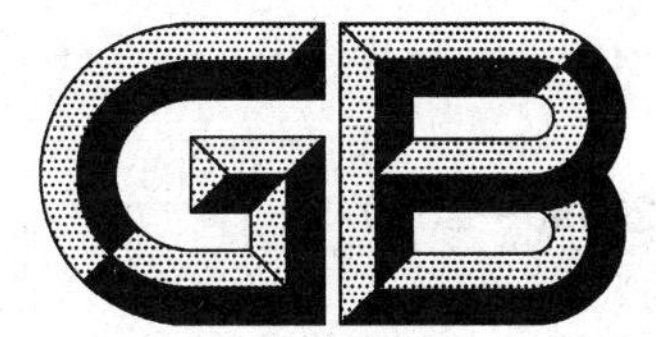

中华人民共和国国家标准

GB/T 23450—2009

建筑隔墙用保温条板

Heat insulation panels for partition wall used in buildings

2009-03-28 发布　　2010-01-01 实施

中华人民共和国国家质量监督检验检疫总局
中国国家标准化管理委员会　发布

前言

本标准由中国建筑材料联合会提出。

本标准由全国墙体屋面及道路用建筑材料标准化技术委员会(SAC/TC 285)归口。

本标准主要起草单位:国家建筑材料工业墙体屋面材料质量监督检验测试中心、西安天洋建材企业集团公司和国家住宅与居住环境工程技术研究中心。

本标准参加起草单位:深圳市富斯特建材有限公司、广州新绿环阻燃装饰材料有限公司、广州市建筑材料工业研究所有限公司。

本标准主要起草人:林玲、高宝林、薛天牢、李会强、李巍、付志洪、罗云峰、周炫。

本标准为首次发布。

建筑隔墙用保温条板

1 范围

本标准规定了建筑隔墙用保温条板(以下简称条板)产品的术语和定义、分类、要求、试验方法、检验规则和产品的标志、运输、贮存。

本标准适用于工业与民用建筑的非承重用保温隔墙板。

2 规范性引用文件

下列文件中的条款通过本标准的引用而成为本标准的条款。凡是注日期的引用文件,其随后所有的修改单(不包括勘误的内容)或修订版均不适用于本标准,然而,鼓励根据本标准达成协议的各方研究是否可使用这些文件的最新版本。凡是不注日期的引用文件,其最新版本适用于本标准。

GB/T 2828.1 计数抽样检验程序 第1部分:按接收质量限(AQL)检索的逐批检验抽样计划

GB 6566 建筑材料放射性核素限量

GB 8624 建筑材料及制品燃烧性能分级

GB/T 9978.1 建筑构件耐火试验方法 第1部分:通用要求

GB/T 13475 绝热 稳态传热性质的测定 标定和防护热箱法

GB/T 19889.3 声学 建筑和建筑构件隔声测量 第3部分:建筑构件空气声隔声的实验室测量

3 术语和定义

下列术语和定义适用于本标准。

建筑隔墙用保温条板 heat preservation panels for partition wall used in buildings

以纤维为增强材料,以水泥(或硅酸钙、石膏)为胶凝材料,两种或两种以上不同功能材料复合而成的具有保温性能的隔墙条板。

4 分类

4.1 规格尺寸

规格尺寸见表1。

表1 条板的规格尺寸

单位为毫米

长度 L	宽度 B	厚度 H
≤3 000	600	90,120,150
注:其他规格尺寸由供需双方协商确定。		

4.2 产品标记

4.2.1 标记方法

建筑隔墙用保温条板产品型号按图1所示标记。

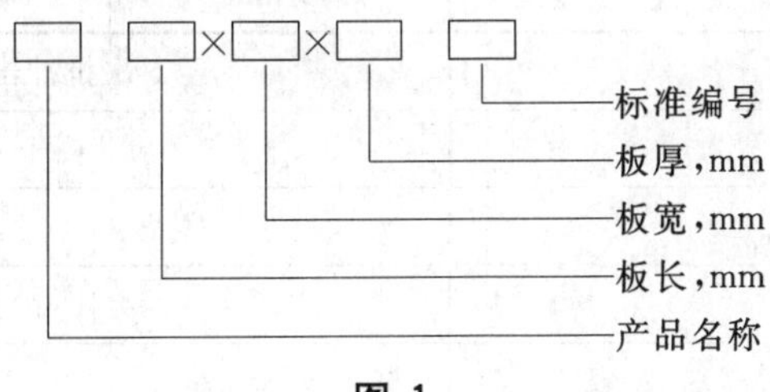

图1

4.2.2 标记示例

板长为 2 500 mm，宽为 600 mm，厚为 90 mm 的建筑隔墙用保温条板，标记为：

建筑隔墙用保温条板 2500×600×90 GB/T 23450—2009

5 要求

5.1 原材料一般要求

应使用性能稳定的原材料生产条板。条板生产企业应逐批验收进厂原材料，并对主要原材料的性能复检。用于生产隔墙用保温条板的所有胶凝材料、骨料、增强材料、水、外加剂、掺合料等均应符合相应国家标准、行业标准的有关规定。

5.2 外观质量

条板的外观质量应符合表 2 的规定。

表 2 外观质量

序 号	项 目	指 标
1	面层和夹芯层处裂缝	不允许
2	板的横向、纵向、侧向方向贯通裂缝	不允许
3	板面外露筋纤；飞边毛刺	不允许
4	板面裂缝，长度 50 mm～100 mm，宽度 0.5 mm～1.0 mm	≤2 处/板
5	缺棱掉角蜂窝，宽度×长度 10 mm×25 mm～20 mm×30 mm	≤2 处/板
注：序号 4、5 项中低于下限值的缺陷忽略不计，高于上限值的缺陷为不合格。		

5.3 尺寸允许偏差

条板尺寸允许偏差应符合表 3 的规定。

表 3 尺寸允许偏差 单位为毫米

序 号	项 目	允 许 偏 差
1	长度	±5
2	宽度	±2
3	厚度	±1
4	板面平整度	≤2
5	对角线差	≤6
6	侧向弯曲	≤L/1 000

5.4 物理性能

物理性能应符合表 4 的规定。

表 4 物理性能指标

序号	项 目	指 标		
		90 mm	120 mm	150 mm
1	抗冲击性能	经 5 次抗冲击试验后，板面无裂纹		
2	抗弯承载/(板自重倍数)	≥1.5		
3	抗压强度/MPa	≥3.5		
4	软化系数[a]	≥0.80		
5	面密度/(kg/m²)	≤85	≤100	≤110

表 4（续）

序号	项　　目	指　　标		
		90 mm	120 mm	150 mm
6	含水率/%	≤8		
7	干燥收缩值/(mm/m)	≤0.6		
8	空气声计权隔声量/dB	≥35	≥40	≥45
9	吊挂力/N	荷载 1 000 N 静置 24 h，板面无宽度超过 0.5 mm 的裂缝		
10	抗冻性[b]	不应出现可见的裂纹且表面无变化		
11	耐火极限/h	≥1		
12	燃烧性能	A_1 或 A_2 级		
13	传热系数/[W/(m^2·K)]	≤2.0		

[a] 石膏条板软化系数≥0.60。

[b] 夏热冬暖地区和石膏条板不检此项。

5.5 放射性核素限量

放射性核素限量应符合表 5 的规定。

表 5　放射性核素限量

项　　目	指　　标
制品中镭-226、钍-232、钾-40 放射性核素限量	实心板
I_{Ra}（内照射指数） I_γ（外照射指数）	≤1.0 ≤1.0

6 试验方法

6.1 试验环境及试验条件

试验应在常温常湿条件下进行。

6.2 外观质量

6.2.1 量具

钢直尺，精度 0.5 mm。

6.2.2 测量方法

对受测板，视距 0.5 m 左右，目测面层和夹芯层接口处有无裂缝；是否外露筋纤、是否有飞边毛刺；用钢直尺量测板面裂缝的长度，缺棱掉角、蜂窝的大小等数据，并做记录。

6.3 尺寸允许偏差

6.3.1 量具

钢卷尺精度为 1 mm；游标卡尺 0～150 mm；钢直尺精度 0.5 mm；内外卡钳，塞尺 0～10 mm；靠尺 2 m。

6.3.2 测量方法

6.3.2.1 长度

测量三处：

——板边两处：靠近两板边 100 mm 范围内，平行于该板边；

——板中一处：过两板端中点，如图 2 所示。

单位为毫米

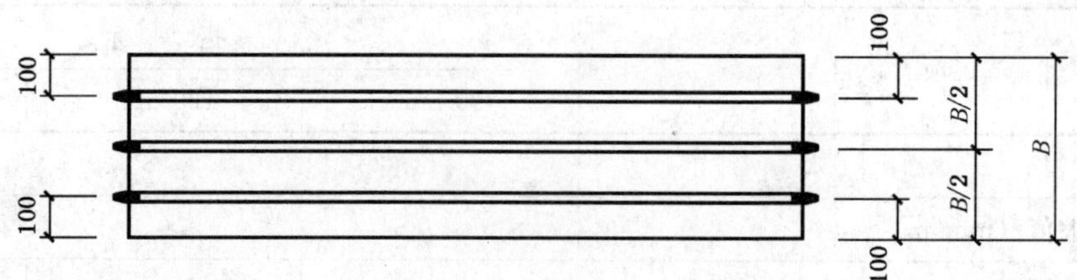

图 2　长度测量位置

用钢卷尺拉测，读数精确至 1 mm，取三处测量数据的最大值或最小值为实测值(取最大值和最小值与公称尺寸之差的绝对值大的，以下同)。

6.3.2.2　**宽度**

测量三处：

——板端两处：靠近两板端的 100 mm 范围内，平行于该板边；

——板中一处：过两板边中点，如图 3 所示。

单位为毫米

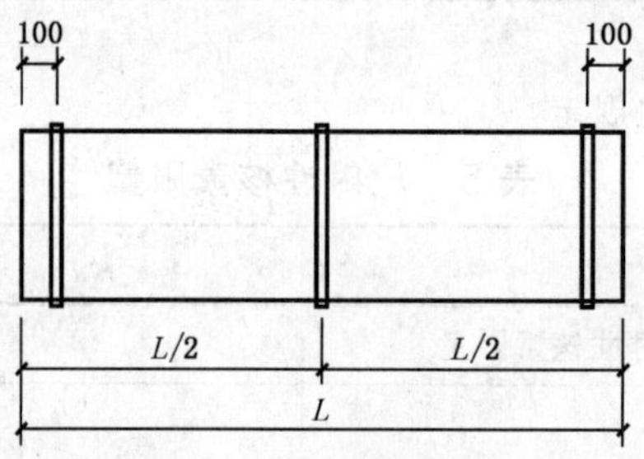

图 3　宽度测量位置

用钢卷尺配合直角尺拉测，读数精确至 1 mm，取三处测量数据的最大值或最小值为实测值。

6.3.2.3　**厚度**

6.3.2.3.1　在各距板两端 100 mm，两边 100 mm 及横向中线处布置测点，如图 4 所示共量测六处。

单位为毫米

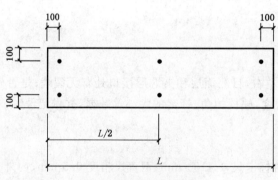

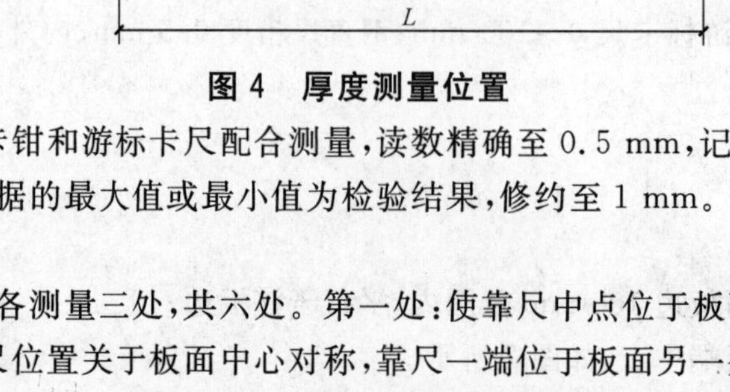

图 4　厚度测量位置

6.3.2.3.2　用钢直尺、外卡钳和游标卡尺配合测量，读数精确至 0.5 mm，记录测量数据。

6.3.2.3.3　取六处测量数据的最大值或最小值为检验结果，修约至 1 mm。

6.3.2.4　**板面平整度**

6.3.2.4.1　受检板两板面各测量三处，共六处。第一处：使靠尺中点位于板面中心，靠尺尺身重合于板面一条对角线；另二处：靠尺位置关于板面中心对称，靠尺一端位于板面另一条对角线端点，靠尺另一端交于对边板，如图 5 所示，条板另一面测量位置与图示位置关于条板中心对称。

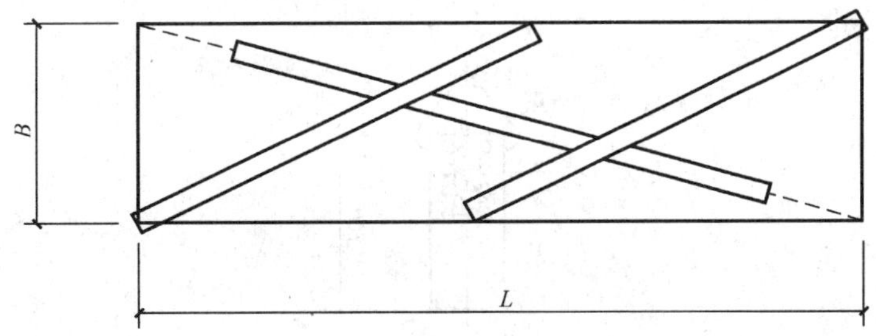

图5 板面平整度测量位置

6.3.2.4.2 用2 m靠尺和塞尺测量。记录每处靠尺与板面最大间隙的读数，读数精确至1 mm。取六处测量数据的最大值为检测结果，修约至1 mm。

6.3.2.5 **对角线差**

用钢卷尺测量两条对角线的长度，读数精确至1 mm，取两个测量数据的差值为检测结果。

6.3.2.6 **侧向弯曲**

将被测条板平放，沿板边拉直线，用塞尺或游标卡尺测量板边与直线的最大偏离值。取两条边测得值的最大值为检测结果，修约至0.5 mm。

6.4 **物理性能**

6.4.1 **抗冲击性能**

6.4.1.1 试验条板的长度尺寸不应小于2 m。

6.4.1.2 取三块为一组，按图6所示组装并固定，上下钢管中心间距为板长减去100 mm，即(L－100) mm。板缝用与板材材质相符的专用砂浆粘结，板与板之间挤紧，接缝处用玻璃纤维布搭接，并用砂浆压实、刮平。

单位为毫米

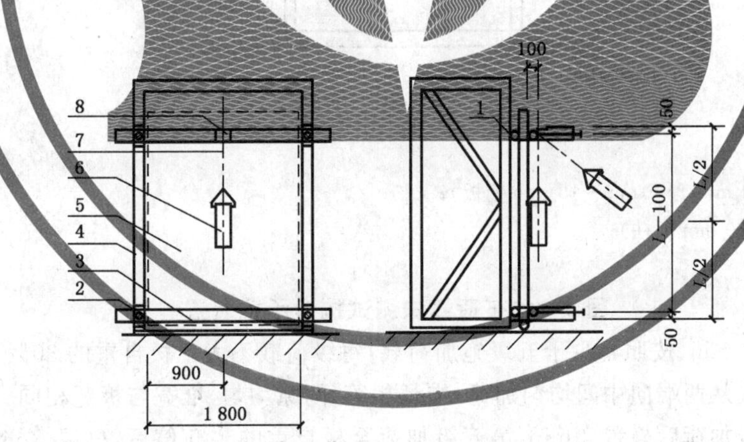

1——钢管(φ50 mm)；

2——横梁紧固装置；

3——固定横梁(10# 热轧等边角钢)；

4——固定架；

5——条板拼装的隔墙试件；

6——标准砂袋(如图7所示)；

7——吊绳(直径10 mm左右)；

8——吊环。

图6 抗冲击性能试验装置

6.4.1.3 24 h后将装有30 kg重，粒径2 mm以下细砂的标准砂袋(如图7所示)用直径10 mm左右的绳子固定在其中心距板面100 mm的钢环上，使砂袋垂悬状态时的重心位于L/2高度处(如图6所示)。

单位为毫米

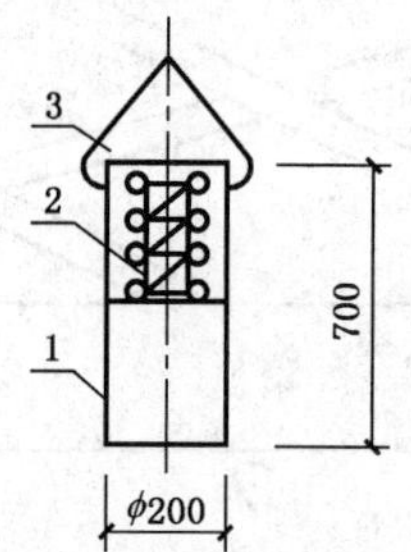

1——帆布；

2——注砂口；

3——砂袋吊带(厚 6 mm、宽 40 mm、长 70 mm)。

图7　标准砂袋

6.4.1.4　以绳长为半径沿圆弧将砂袋在与板面垂直的平面内拉开，使重心提高 500 mm(标尺测量)，然后自由摆动下落，冲击设定位置，反复 5 次。

6.4.1.5　目测板面有无裂缝，记录试验结果。

6.4.1.6　试验结果仅适用于所测条板长度尺寸以内的条板。

6.4.2　抗弯承载

6.4.2.1　试验条板的长度尺寸不应小于 2 m。

6.4.2.2　将完成面密度测试的条板支在支座长度大于板宽尺寸的两个平行支座(如图 8 所示)上，其一为固定铰支座，另一为滚动铰支座，支座中间间距调至($L-100$)mm，两端伸出长度相等。

单位为毫米

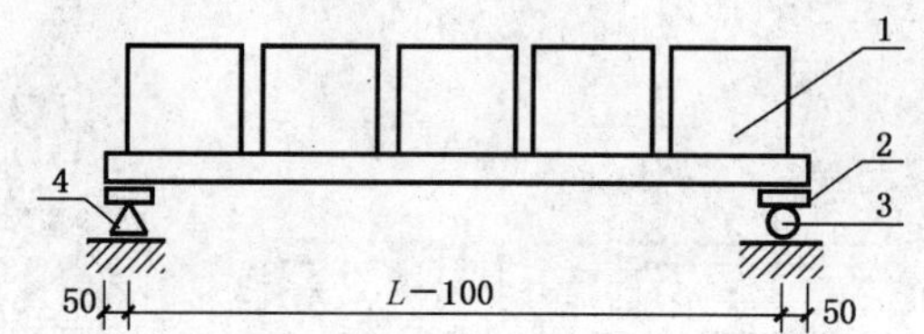

1——加载砝码；

2——承压板(宽 100 mm，厚 6 mm～15 mm 钢板)；

3——滚动铰支座(φ60 mm 钢柱)；

4——固定铰支座。

图8　均布荷载法测试抗弯承载装置

6.4.2.3　空载静置 2 min，按照不少于五级施加荷载，每级荷载不大于板自重的 30%。

6.4.2.4　用堆荷方式从两端向中间均匀加荷，堆长相等，间隙均匀，堆宽与板宽相同。

6.4.2.5　前四级每级加荷后静置 2 min，第五级加荷至板自重的 1.5 倍后，静置 5 min。此后，如继续施加荷载，按此分级加荷方式循环直至断裂破坏。若加载过程中条板折断或产生明显裂缝，则拿掉最后摆放的那块荷载块，停止加载。

6.4.2.6　记取第一级荷载至第五级加荷(或断裂破坏前一级荷载)荷载总合作为试验结果。

6.4.2.7　试验结果仅适用于所测条板长度尺寸以内的条板。

6.4.3　抗压强度

6.4.3.1　沿条板的板宽方向依次截取宽度为条板厚度尺寸、高度为 100 mm、长度为 100 mm 的单元体试件，三块为一组样本。

6.4.3.2　处理试件的上表面和下表面，使之成为相互平行的平面。可调制水泥砂浆处理上表面和下表面，并用水平尺调至水平。

6.4.3.3　表面经处理的试样，置于不低于 10 ℃的不通风室内养护 72 h，用钢直尺分别测量试件受压面长度、宽度尺寸各 2 个，取其平均值，修约至 1 mm。

6.4.3.4 将试件置于试验机承压板上，使试件的中心轴线与试验机压板的压力中心重合，以 0.05 MPa/s～0.10 MPa/s 的速度加荷，直至试件破坏。记录最大破坏荷载 P。

6.4.3.5 每个试件的抗压强度按式(1)计算，修约至 0.01 MPa。

$$R = \frac{P}{L \times B} \qquad \cdots\cdots(1)$$

式中：

R——试件的抗压强度，单位为兆帕(MPa)；

P——破坏荷载，单位为牛顿(N)；

L——试件受压面的长度，单位为毫米(mm)；

B——试件受压面的宽度，单位为毫米(mm)。

6.4.3.6 条板的抗压强度按 3 块试件抗压强度的算术平均值计算，修约至 0.1 MPa。如果其中一个试件的抗压强度(R_i)与 3 个试件抗压强度平均值(R)之差超过 20%R，则抗压强度值按另两个试件的抗压强度的算术平均值计算；如有两个试件与 R 之差超过规定，则试验结果无效，重新取样进行试验。

6.4.4 **软化系数**

6.4.4.1 取试验条板一块，沿板长方向截取试件，即厚度为条板厚度尺寸、宽度为 100 mm、长度为 100 mm 的试件，共六块，分为二组样本，每组三块。

6.4.4.2 处理试件的上表面和下表面，使之成为相互平行的平面。必要时可调制水泥砂浆处理上表面和下表面，并用水平尺调至水平。

6.4.4.3 试件处理后，在 60 ℃±2 ℃烘箱内烘干至恒重，然后将其中一组 3 块浸入 20 ℃±2 ℃的水中，试件完全被浸没。48 h 后取出，表面用湿毛巾抹干。然后同另一组未浸水的试块一起在压力机上按 6.4.3 的规定做抗压强度试验。

$$I = \frac{R_1}{R_0} \qquad \cdots\cdots(2)$$

式中：

I——软化系数；

R_1——饱和含水状态下试件的抗压强度平均值，单位为兆帕(MPa)；

R_0——绝干状态下试件的抗压强度平均值，单位为兆帕(MPa)。

6.4.5 **含水率**

6.4.5.1 从条板上沿板长方向截取试件三块为一组，试件宽度为 100 mm，长度与条板宽度尺寸相同、厚度与条板厚度尺寸相同。试件试验地点如远离取样处，则在取样后应立即用塑料袋将试件包装密封。

6.4.5.2 试件取样后立即称取其质量 m_1，精确至 0.1 kg，如试件为用塑料袋密封运至者，则在开封前先将试件连同包装袋一起称量；然后称量包装袋的质量，称前应观察袋内是否出现由试件析出的水珠，如有水珠，应将水珠擦干。计算两次称量所得质量的差值，作为试件取样时质量，修约至 0.1 kg。

6.4.5.3 将试件送入电热鼓风干燥箱内，烘干温度为 60 ℃±2 ℃，干燥 24 h。此后每隔 2 h 称量一次，直至前后两次称量值之差不超过后一次称量值的 0.2%为止。

6.4.5.4 试件在电热鼓风干燥箱内冷却至与室温之差不超过 20 ℃时取出，立即称量其绝干质量 m_0，精确至 0.1 kg。

6.4.5.5 试验数据计算与结果取值

每个试件的含水率按式(3)计算，修约至 0.1%。

$$W_1 = \frac{m_1 - m_0}{m_0} \times 100 \qquad \cdots\cdots(3)$$

式中：

W_1——试件的含水率，%；

m_1——试件的取样质量，单位为千克(kg)；

m_0——试件的绝干质量,单位为千克(kg)。

6.4.5.6 条板的含水率 W_1 以三个试件含水率的算术平均值表示,修约至1%。

6.4.6 **面密度**

6.4.6.1 取条板三块为一组进行试验,当条板的含水率达到表4的指标要求时,用磅秤对条板称量。

6.4.6.2 按照6.3的规定测量条板的长度和宽度,结果以平均值表示,修约至1 mm。

6.4.6.3 每块试验条板的面密度按式(4)计算,修约至0.1 kg/m²。

$$\rho = \frac{m}{L \times B} \qquad \cdots\cdots(4)$$

式中:

ρ——试验条板的面密度,单位为千克每平方米(kg/m²);

m——试验条板的质量,单位为千克(kg);

L——试验条板的长度尺寸,单位为米(m);

B——试验条板的宽度尺寸,单位为米(m)。

6.4.6.4 条板的面密度 ρ 以三个试件的算术平均值表示,修约至1 kg/m²。

6.4.7 **干燥收缩**

6.4.7.1 沿条板板长方向截取试件,即宽度为100 mm、长度为板宽、厚度为板厚的试件三件为一组,试件侧表面不应有可见裂纹、气孔、蜂窝等缺陷。

6.4.7.2 在每件试件两个端面中心各钻一个直径6 mm~10 mm、深度14 mm~16 mm的孔洞(如试件端面为凹槽,可做切平处理,之后钻孔),在孔洞内灌入水玻璃调合的水泥浆或其他刚性胶粘剂,采用精度0.01 mm的千分尺测量两个收缩头的长度 η_1 和 η_2,然后在孔洞内埋置如图9所示的收缩头,使每个收缩头的中心线均与试件的中心线重合,且使收缩头露在试件外的那部分测头的长度在4 mm~6 mm之间。

单位为毫米

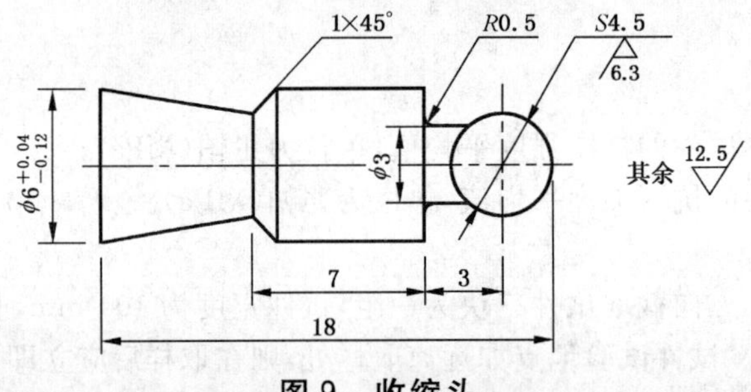

图9 收缩头

6.4.7.3 试件制备好放置1 d之后,检查测头是否安装牢固,否则重新安装。将制备好的试件浸没在20 ℃±2 ℃的水中,水面高出试件20 mm,浸泡72 h。

6.4.7.4 将试件从水中取出,用拧干的湿布抹去表面水分,并将测头擦干净,立刻用精度为0.01 mm的千分尺测定初始长度 L_1(含收缩头),或采用测量精度不低于0.01 mm的其他测量仪器,如:采用配有百分表的比长仪测量试件长度的变化量。

6.4.7.5 将试件放入温度20 ℃±1 ℃,相对湿度(50±5)%的恒温恒湿室内,进行收缩值测量,每天测量一次,直至达到干缩平衡,即连续3 d内任意2 d的测长读数波动值小于0.01 mm为止,量出试件干燥后的长度 L_2(含收缩头)。

6.4.7.6 试件干缩值按式(5)计算:

$$S = \frac{L_1 - L_2}{L_1 - (\eta_1 + \eta_2)} \times 1\,000 \qquad \cdots\cdots(5)$$

式中:

S——干燥收缩值,单位为毫米每米(mm/m);

L_1——试件初始长度，单位为毫米(mm)；

L_2—试件干燥后长度，单位为毫米(mm)；

$(\eta_1+\eta_2)$——两个收缩头长度之和，单位为毫米(mm)。

6.4.7.7　取三块试件干燥收缩值的算术平均值为检测结果，修约至0.01 mm/m。

6.4.8　吊挂力

6.4.8.1　取试验条板一块，在板高1 800 mm处，切深乘以高乘以宽为50 mm×40 mm×90 mm的孔洞，清残灰后，用水泥水玻璃浆(或其他粘结剂)粘结如图10所示的钢板吊挂件。吊挂件孔与板面间距为100 mm。24 h后，检查吊挂件安装是否牢固，否则重新安装。

单位为毫米

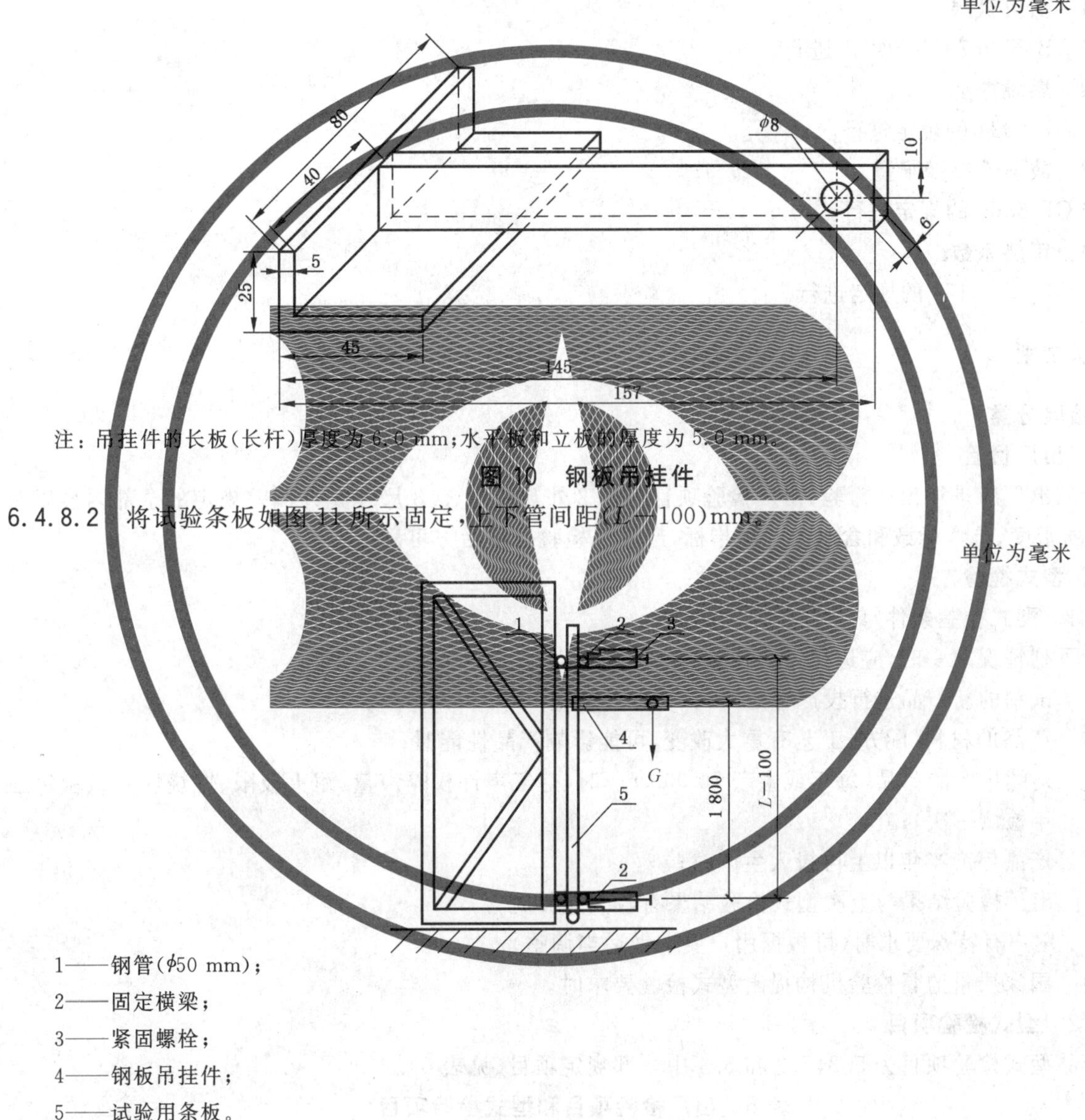

注：吊挂件的长板(长杆)厚度为6.0 mm；水平板和立板的厚度为5.0 mm。

图10　钢板吊挂件

6.4.8.2　将试验条板如图11所示固定，上下管间距(L—100)mm。

单位为毫米

1——钢管(φ50 mm)；

2——固定横梁；

3——紧固螺栓；

4——钢板吊挂件；

5——试验用条板。

图11　吊挂力试验装置

6.4.8.3　通过钢板吊挂件的圆孔，分二级施加荷载，第一级加荷500 N，静置5 min。第二级再加荷500 N。静置24 h。观察吊挂区周围板面有无宽度超过0.5 mm以上的裂缝。

6.4.9　抗冻性

6.4.9.1　设备：低温试验箱或冷库，温度可降至－20 ℃；水箱或水池。

6.4.9.2　试样：试样数量为3块；试样尺寸为300 mm×板宽×板厚。

6.4.9.3　试验步骤：将试样放入常温水池中浸泡48 h，水面高于试件100 mm，试件间隔50 mm，取出后用拧干的湿毛巾擦去表面附着水，将试样侧立放入低温试验箱内。试样之间、试样与低温试验箱侧壁之间的距离不应小于 20 mm。待低温试验箱温度重新降到−15 ℃开始计时，并在−15 ℃～−20 ℃范围内保持 4 h，然后取出试样，再放入长度不小于 1 000 mm、宽度不小于 500 mm、深度不小于 500 mm 的常温水池中，水面高于试件 100 mm，试件间隔 50 mm，融 2 h。如此为一个循环，共进行 15 次冻融循环。

6.4.9.4 15 次冻融循环后，取出试样，擦去表面水，检查并记录试样可见裂纹及表面变化。

6.4.10 空气声计权隔声量

按 GB/T 19889.3 的规定进行。

6.4.11 耐火极限

按 GB/T 9978.1 的规定进行。

6.4.12 燃烧性能

按 GB 8624 的规定进行。

6.4.13 放射性核素限量

按 GB 6566 的规定进行。

6.4.14 传热系数

按 GB/T 13475 的规定进行。

7 检验规则

7.1 检验分类

7.1.1 出厂检验

产品出厂应进行出厂检验，出厂检验项目为 5.2 外观质量、5.3 尺寸允许偏差规定的全部内容以及 5.4 中面密度、抗弯承载和含水率三项指标，产品经检验合格后方可出厂。

7.1.2 型式检验

7.1.2.1 型式检验条件

有下列情况之一时，应进行型式检验：

a） 试制的新产品进行投产鉴定时；

b） 产品的材料、配方、工艺有重大改变，可能影响产品性能时；

c） 连续生产的产品，每年或生产 70 000 m^2 时（空气声计权隔声量，耐火极限、燃烧性能试验每三年检测一次）；

d） 产品停产半年以上再投入生产时；

e） 出厂检验结果与上次型式检验结果有较大差异时；

f） 用户有特殊要求时（可根据用户要求做适当调整）；

g） 国家质量监督检验机构提出型式检验要求时。

7.1.2.2 型式检验项目

产品型式检验项目为 5.2、5.3 和 5.4 中全部规定项目（见表 6）。

表 6 出厂检验项目和型式检验项目

检验分类	检验项目
出厂检验	5.2 和 5.3 中全部规定、5.4 表 4 中序号 2、5、6 三项规定
型式检验	5.2、5.3、5.4、5.5 规定的全部项目

7.2 组批规则

同类别、同规格的条板为一检验批，不足 151 块，按 151～280 块的批量算，详见表 7。

表 7　外观质量和尺寸允许偏差项目检验抽样方案

批量范围 N	样　本	样本大小		合格判定数		不合格判定数	
		n_1	n_2	Ac_1	Ac_2	Re_1	Re_2
151～280	1	8		0		2	
	2		8		1		2
281～500	1	13		0		3	
	2		13		3		4
501～1 200	1	20		1		3	
	2		20		4		5
1 201～3 200	1	32		2		5	
	2		32		6		7
3 201～10 000	1	50		3		6	
	2		50		9		10
10 001～35 000	1	80		5		9	
	2		80		12		13

7.3　出厂检验及型式检验抽样方法

7.3.1　出厂检验抽样

产品出厂检验外观质量和尺寸允许偏差检验按 GB/T 2828.1 中正常二次抽样方案进行，项目样本按表 7 进行抽样。

面密度、抗弯承载、含水率的样本从外观质量和尺寸允许偏差项目检验合格的产品中随机抽取，抽样方案按表 8 相应项目进行。

表 8　物理性能项目和放射性核素限量检验抽样方案

序　　号	项　　目	第一样本	第二样本
1	抗冲击性能/组	1	2
2	抗弯承载/块	1	2
3	抗压强度/组	1	2
4	软化系数/组	1	2
5	面密度/组	1	2
6	含水率/组	1	2
7	干燥收缩值/组	1	2
8	燃烧性能/块	1	2
9	空气声计权隔声量/件	6	2×6
10	吊挂力/块	1	2
11	耐火极限/件	7	2×7
12	传热系数/件	1	2
13	放射性核素限量/组	1	2

7.3.2　型式检验抽样

产品进行型式检验时，外观质量和尺寸允许偏差项目样本按表 7 进行抽样，物理性能项目及放射性核素限量项目样本从外观质量和尺寸允许偏差项目检验合格的产品中随机抽取，抽样方案见表 8。

7.4 判定规则

7.4.1 外观质量与尺寸允许偏差项目检验判定规则

7.4.1.1 根据样本检验结果，若受检板的外观质量、尺寸允许偏差项目均符合 5.2 和 5.3 中相应规定时，则判该板是合格板；若受检板外观质量、尺寸允许偏差项目中有一项或一项以上不符合 5.2 和 5.3 中相应规定时，则判该板是不合格板。

7.4.1.2 根据样本检验结果，若在第一样本(n_1)中不合格数(d_1)小于或等于表 9 第一合格判定数(Ac_1)，则判该批外观质量与尺寸允许偏差项目是合格批；若在第一样本(n_1)中不合格数(d_1)大于或等于表 9 第一不合格判定数(Re_1)，则判该批外观质量与尺寸允许偏差项目是不合格批。

若在第一样本(n_1)中不合格数(d_1)大于第一合格判定数(Ac_1)，同时又小于第一不合格判定数(Re_1)，则抽第二样本(n_2)进行检验。

根据第一样本和第二样本的检验结果，若在第一和第二样本中不合格数总和(d_1+d_2)小于或等于第二合格判定数(Ac_2)，则判该批外观质量与尺寸允许偏差项目是合格批。若在第一和第二样本中不合格数总和(d_1+d_2)大于或等于第二不合格判定数(Re_2)，则判该批外观质量与尺寸允许偏差项目是不合格批。判定规则见表 9。

表 9 判定规则

$d_1 \leqslant Ac_1$	合格
$d_1 \geqslant Re_1$	不合格
$Ac_1 < d_1 < Re_1$	抽第二样本进行检验
$(d_1+d_2) \leqslant Ac_2$	合格
$(d_1+d_2) \geqslant Re_2$	不合格

7.4.2 物理性能及放射性核素限量检验判定规则

7.4.2.1 出厂检验物理性能检验项目判定规则

7.4.2.1.1 根据试验结果，若面密度、抗弯承载和出厂含水率项目均符合 5.4 中相应规定时，则判该批产品为合格批；若两项以上检验均不符合 5.4 中相应规定，则判该批产品为批不合格。

7.4.2.1.2 若在此三个项目检验中发现有一个项目不合格，则按表 7 对该不合格项目抽第二样本进行检验。第二样本检验，若无不合格，则判该批产品为合格批；若仍不合格，则判该批产品为批不合格。

7.4.2.2 型式检验物理性能项目及放射性核素限量判定规则

7.4.2.2.1 根据样本检验结果，若在第一样本全部项目中发现的不合格项目数为 0，则判该型式检验合格；若在第一样本全部项目中发现的不合格项目数大于或等于 2，则判该型式检验不合格。

7.4.2.2.2 若在第一样本全部项目中发现的不合格项目数为 1，则抽第二样本对该不合格项目进行检验。

7.4.2.2.3 第二样本检验，若无不合格，则判该型式检验合格；若仍有不合格，则判该型式检验不合格。

8 标志、运输和贮存

8.1 标志

应在出厂的条板板面上标明产品名称、生产厂名、生产日期。出厂产品应带有质量合格证书和警示语标志。

8.1.1 合格证书应具下列内容：

a) 产品名称、产品标记、商标、生产日期；

b) 生产厂名、详细地址；

c) 主要技术参数；

d） 产品检验报告单中应有检验人员代号、检验部门印章；

e） 产品说明书和出厂合格证。

8.1.2 警示语标志应按8.2、8.3要求编写。

8.2 运输

条板短距离可用推车或叉车运输；长距离可使用车船等货运方式运输。长距离运输应打捆，每捆厚度大约1 m，轻吊轻落。运输过程中用绳索绞紧，支撑合理，防止撞击，避免破损和变形，对石膏条板必要时应有篷布遮盖，防止雨淋。

8.3 贮存

8.3.1 贮存场所及贮存条件

条板产品在常温条件下贮存，环境条件应保持干燥通风。存放场地应坚实平整、搬抬方便。可库房存放，不宜露天存放。若露天贮存应采取措施，防止浸蚀介质和雨水浸害。条板产品成型后，水泥基条板在工厂内存放时间不应少于28 d，石膏基不应少于30 d，蒸压制品不应少于7 d。

8.3.2 贮存方式

条板产品应按型号、规格分类贮存。存放场地应平整，下部用方木或砖垫高。侧立堆放的条板，板面与铅垂直夹角不应大于15°；堆长不超过4 m，堆层两层，水平堆放的条板，堆高不超过2 m。

8.3.3 贮存期限

条板产品贮存超过6个月，应翻换板面朝向和侧边位置；贮存期限超过12个月，产品在出厂或使用前应按本标准进行抽检。

ICS 27.200
J 73

中华人民共和国国家标准

GB 25131—2010

蒸气压缩循环冷水(热泵)机组 安全要求

Safety requirements for water chillers(heat pump)using the vapor compression cycle

2010-09-26 发布　　2011-06-01 实施

中华人民共和国国家质量监督检验检疫总局
中国国家标准化管理委员会　发布

前　言

本标准的第3章、第4章、第5章、第6章是强制性条款，其余是推荐性条款。

本标准由中国机械工业联合会提出。

本标准由全国冷冻空调设备标准化技术委员会(SAC/TC 238)归口。

本标准负责起草单位：合肥通用机械研究院、浙江海滨建设集团有限公司、广东省吉荣空调设备公司、南京天加空调设备有限公司、广东美的商用空调设备有限公司、杭州锦江百浪新能源有限公司。

本标准参加起草单位：深圳麦克维尔空调有限公司、烟台冰轮股份有限公司、宁波奥克斯电气有限公司、上海一冷开利空调设备有限公司、青岛海尔空调电子有限公司、约克(无锡)空调冷冻设备有限公司、重庆美的通用制冷设备有限公司、特灵空调系统(中国)有限公司、大金空调(上海)有限公司。

本标准主要起草人员：张明圣、朱贞涛、杭国涛、赵薰、梁路军、田明力、方建军、胡庆红、周鸿钧、高维丽、姜春雨、汤成忠、徐峰、胡祥华、袁剩勇、张维加、史剑春。

本标准由全国冷冻空调设备标准化技术委员会负责解释。

本标准是首次制定。

蒸气压缩循环冷水(热泵)机组
安全要求

1 范围

本标准规定了冷水(热泵)机组(以下简称“机组”)的安全要求及判定。

本标准适用于电动机驱动的采用蒸气压缩制冷循环的冷水(热泵)机组。

其他液体冷却机组也可参照执行。

2 规范性引用文件

下列文件中的条款通过本标准的引用而成为本标准的条款。凡是注日期的引用文件,其随后所有的修改单(不包括勘误的内容)或修订版均不适用于本标准,然而,鼓励根据本标准达成协议的各方研究是否可使用这些文件的最新版本。凡是不注日期的引用文件,其最新版本适用于本标准。

GB 4208—2008 外壳防护等级(IP 代码)(IEC 60529:2001,IDT)

GB 4343.1 电磁兼容 家用电器、电动工具和类似器具的要求 第1部分:发射(GB 4343.1—2009,IEC/CISPR 14-1:2005,IDT)

GB 4706.1—2005 家用和类似用途电器的安全 通用要求(IEC 60335-1:2001,IDT)

GB/T 5013.4 额定电压 450/750 V 及以下橡皮绝缘电缆 第4部分:软线和软电缆(GB 5013.4—2008,IEC 60245-4:2004,IDT)

GB/T 5023.3 额定电压 450/750 V 及以下聚氯乙烯绝缘电缆 第3部分:固定布线用无护套电缆(GB 5023.3—2008,IEC 60227-3:1997,IDT)

GB 5226.1—2008 机械安全 机械电气设备 第1部分:通用技术条件(IEC 60204-1:2005,IDT)

GB 9237—2001 制冷和供热用机械制冷系统 安全要求(eqv ISO 5149:1993)

GB/T 15706.2—2007 机械安全 基本概念与设计通则 第2部分:技术原则(ISO 12100-2:2003,IDT)

GB 17625.1 电磁兼容 限值 谐波电流发射限值(设备每相输入电流≤16 A)(GB 17625.1—2003,IEC 61000-3-2:2001,IDT)

GB 50171 电气装置安装工程盘柜及二次回路接线施工及验收规范

JB/T 4750 制冷装置用压力容器

IEC 60364-6-61:1986 建筑物电气装置 第6部分:检验—第61章:按照第1号修正案(1993)修正过的初始检验

3 危险一览表

机组的危险因素见表1。

表1 危险一览表

序号	危 险	有关条款	
		要 求	判 定
1	机械危险		
1.1	机组不稳定性	4.2	5.2
1.2	强度缺陷	4.2	5.2

表 1(续)

序号	危　险	有关条款	
		要　求	判　定
1.3	刺伤危险	4.3.3	5.3.3
1.4	缠绕危险	4.3.6	5.3.6
1.5	零、部件抛射危险	4.3.6	5.3.6
1.6	破裂或爆炸危险	4.8.2, 4.9.1	5.8.2,5.9.1
2	电气危险	4.4	5.4
2.1	电击	4.4.1,4.4.2,4.4.3	5.4.1,5.4.2,5.4.3
2.2	过载	4.3.7	5.3.7
3	噪声导致干扰语言通讯、听觉信号的危险	4.5	5.5
4	压力容器及超压的危险	4.6	5.6
5	制冷剂腐蚀材料的危险	4.7.1	5.7.1
6	材料可燃性及毒性的危险	4.7.2	5.7.2
7	制冷剂和润滑油充注种类有误或充注量有误	4.8.1	5.8.1
8	制冷剂泄漏导致窒息、爆炸危险	4.8.2	5.8.2
9	试验介质有误产生的爆炸危险	4.9.1.2	5.9.1.2
10	维修更换或补充制冷剂有误的爆炸危险	4.9.2.2	5.9.2.2
注：本标准不包括机组可能产生的所有危险。			

4　安全要求

4.1　一般要求

应针对表1的危险进行机组的设计与制造，确保机组在正常使用时不给人员、财产和环境带来危害。

4.2　机组的稳定性及机械强度

4.2.1　机组的设计应保证在正常运输、安装和使用时具有可靠的稳定性，不允许由于振动、风力或其他可预见的外力而翻倒。

4.2.2　离心式冷水机组应指明不发生喘振而能正常工作的工况范围。

4.3　结构和安全防护装置

4.3.1　设置于室外的风冷机组，其外壳防潮要求按 GB 4208 的分类，至少应为 IPX4。

4.3.2　机组的室外机在遭受雨淋或雪霜落入时，不应对带电部件产生危险。

4.3.3　机组不应有在正常使用或维修期间，能对用户造成危险的粗糙或锐利的棱边及外露的尖端。

4.3.4　机组的可操作部件(如手柄、旋钮等)应以可靠的方式固定，在正常使用中不应出现松动。用来指示开关位置的可操作部件，如果其位置的错误可能引起危险的话，则应不可能将其固定在错误的位置上。

4.3.5　机组的可操作部件应符合规定要求。除采用安全特低电压的结构外，在正常使用中可操作部件，即使绝缘失效，也不能带电。在正常使用中用手连续握持的部件，其结构应使操作者的手在按正常使用抓握时，不可能与金属部件接触。

4.3.6　对于外露的旋转轴与电动机轴的联接部位(联轴器)的零件(如螺栓、螺母、垫片)或风机的叶片等可能飞出的部件，应设置固定式防护装置(如防护罩或遮栏)。防护装置应具有足够的强度、刚度、耐腐蚀性、抗疲劳性和较高的防穿透能力。

4.3.7　对于过电流、过载或其他参数(如压力、温度等)超过规定范围时，应设置过电流、过载保护器或各种控制器等安全保护装置。

机组至少应设置：

——电动机过载保护；

——高压和/或低压保护；

——高温和/或低温保护；

——对采用强制供油的压缩机需设置油压差保护；

——对相序有要求的机组还应设置相序保护。

上述各种保护均按相应的使用说明书上所规定的参数值设定。

4.3.8 制冷量大于等于 150 kW 的机组应安装急停装置。急停装置应置于明显且易于识别和操作的位置。当急停装置的操纵器复位时，只有允许自动起动，机组才能自动启动。

4.3.9 机组在启动、正常运行时，均应有准确可靠的信号显示。

4.3.10 当机组出现过载或高、低压以及高、低温超过限值等故障时应能报警或停机。

4.3.11 机组的控制系统应设有水流断流联锁保护，当发生断流故障时机组应能报警和停机。

4.4 电气设备

4.4.1 防触电保护

4.4.1.1 机组的结构和外壳应对意外触及带电部件有足够的防护。在正常使用的工作状态下，即使不用工具能打开盖子或门和取下可拆卸的部件后，也应能防止人与带电部分的意外接触。

4.4.1.2 对需要检查、调节、操作或维护的电气设备和控制元件，应集中安装在具有规定防护等级的电气控制箱内，控制箱的防护要求按 GB 4208 的分类，应不低于 IP22，并有接地保护。机组的面壳、旋钮或开关内的旋转轴均不应带电。

4.4.2 绝缘电阻

机组带电部位和可能接地的非带电部位之间的绝缘电阻值，额定电压单相交流 220 V、三相交流 380 V 时应不小于 2 MΩ；额定电压三相交流 3 000 V、6 000 V 时应不小于 5 MΩ；额定电压三相交流 10 000 V 时应不小于 10 MΩ。

4.4.3 耐电压

在绝缘电阻试验后，机组带电部位和非带电部位之间加上 5.4.3 规定的试验电压时，应无击穿和闪络。

4.4.4 绕组温升限值

机组在制冷和热泵制热名义工况下，连续运行至稳定状态时，电动机绕组温升限值不应超过表 2 的规定。

表 2 绕组的温升限值

单位为摄氏度

绝缘等级	A	E	B	F	H
绕组温升限值	60	75	80	105	125
注：封闭式压缩机用电动机绕组温升限值，在表中的数值上加 5 ℃。					

4.4.5 防潮

机组应能防止水浸入电器元件，室外机主要不应受雨水的浸入。置于室外侧的机组，例如风冷机组、风冷热泵机组、蒸发冷却式机组在进行淋水试验后，绝缘电阻及耐电压应符合 4.4.2 及 4.4.3 的要求。

4.4.6 内部布线

4.4.6.1 机组内部布线槽应平滑、无锐边。布线应加以保护，不应接触毛刺、换热器翅片等，以免损坏布线绝缘。

4.4.6.2 内部通过绝缘线的金属软管或金属孔的表面特别是内表面应平整、圆滑或带有绝缘衬套，金属孔应有绝缘护圈。

4.4.6.3 机组内部布线必须牢固地固定，并有效地防止布线与运动部件接触。

4.4.6.4 黄/绿双色导线只能用于接地导线并接到接地端子，不能接到其他端子上。

4.4.6.5 铝线不应用于机组内部布线。

4.4.6.6 机组内部布线的绝缘应能经受住在正常使用中可能出现的电气应力。

4.4.7 电源连接和外部导线用接线端子

4.4.7.1 对额定电压在600 V以下的机组，采用单一电源供电方式。如果需要用其他电源供给电气设备的某些部分(如电子电路)，这些电源宜取自组成为机组电气设备一部分的器件(如变压器)。对压缩机使用额定电压在3 000 V以上高压电机的机组，则需要不同的高、低压引入电源。它们的连接均应符合相关的规定。

4.4.7.2 对固定安装的机组，电源线可以直接连到电源切断开关的电源端子上，或提供一组符合标准规定的电源接线端子，其应允许连接符合要求的标称横截面积和电压等级的固定布线电缆。

4.4.7.3 机组的电源切断开关应符合相应标准的技术规范和安全要求。

4.4.7.4 机组外部导线用接线端子应符合相关规定要求，使所有连接，尤其是保护接地电路的连接牢固，没有意外松脱的危险。

4.4.7.5 连接到固定供电线路的接线端子应被可靠的固定，使其在夹紧装置被拧紧或松开时接线端子不松动，爬电距离和电气间隙不应小于4.4.9中规定的值。

4.4.7.6 接线端子的结构应使其有足够的接触压力把导线夹持在金属表面之间，而不损伤导线。

4.4.7.7 只有提供的端子适用于焊接工艺要求才允许焊接连接。

4.4.7.8 只有专门设计的端子，才允许一个端子连接两根或多根导线。但一个端子只应连接一根保护导线。

4.4.7.9 机组应根据配电系统和有关安装标准连接外部保护接地系统或外部保护导线，该连接的端子应设置在各引入电源有关相线端子的邻近处。这种端子的尺寸应适合与表3规定截面积的外部铜保护导线相连接。

每个引入电源点，连接外部保护导线的端子应使用字母标志PE来指明。而用于把机组元部件连往保护接地电路的其他端子，应使用⏚或字母PE标记，优先用图形符号，或用黄绿组合的双色来标记。

表3 外部保护铜导线的最小截面积

单位为平方毫米

机组供电相线的截面积 S	外部保护导线的最小截面积 S_p
$S \leqslant 16$	S
$16 < S \leqslant 35$	16
$S > 35$	$S/2$

4.4.8 接地装置

4.4.8.1 机组应具有符合规定要求的保护接地装置。配用电机机座或电动机-压缩机组与保护接地装置之间，应有永久、可靠的电气连接。机组电气设备和控制元件宜集中固定安装在电气控制柜中，并与保护接地装置之间可靠地连接，保护接地电路按GB 5226.1—2008中8.2的规定。

4.4.8.2 保护接地端子除作保护接地用途外，不得兼作其他用途。保护接地螺钉和接地点也不应作为其他机械紧固用。

4.4.8.3 当机组安装及电气连接完成时，按IEC 60364-6-61:1986中6.2、6.3的规定，通过回路阻抗测试检验保护接地电路的连续性。测试按5.4.8.3的要求进行。

4.4.8.4 对于额定电流不大于25 A以及制冷量不大于24.36 kW的户用冷水(热泵)机组，或接地电阻测试设备能满足1.5倍额定电流的条件，接地端子和保护接地电路之间的连接，也可按GB 4706.1—2005中27.5的规定进行接地电阻的试验。

4.4.9 **爬电距离和电气间隙**

4.4.9.1 机组不同极性带电部件之间和带电部件与易触及的金属部件之间的爬电距离和电气间隙应不小于表4所示的值。

表4 最小爬电距离和电气间隙

电压(峰值)/ V	电气间隙/ mm	爬电距离/ mm
>250~480 >480~600	3 3.5	4 4.5
注：对于电气柜中裸露的带电导体和端子(例如：母线、电器之间的连接、电缆接头)，其爬电距离和电气间隙可参照GB 50171的相关规定执行。		

4.4.9.2 对于额定电压大于3 000 V的高压机组，其电气间隙和爬电距离按有关标准执行。

4.4.10 **电磁兼容性**

机组的电气设备系统产生的电磁干扰，不应超过其预期使用场合允许的水平。设备对电磁干扰应有足够的抗扰能力，以保证电气设备系统在预期使用环境中可以正确运行。

4.5 **噪声和振动**

4.5.1 机组在设计和制造时应力求降低噪声值和减小振动值。

4.5.2 机组的噪声值不应超过相应机组标准的规定值。

4.6 **压力容器**

4.6.1 压力容器的设计、制造、标志和试验按JB/T 4750的规定执行。

4.6.2 可以贮存液体制冷剂，并能与制冷系统其他部件隔断的压力容器应使用安全泄压器件来进行超压保护，泄压器件按GB 9237—2001中5.3.2的有关规定。

4.7 **材料**

4.7.1 机组所使用的钢铁材料、有色金属及其合金、非金属材料按GB 9237—2001中5.2的有关规定。

4.7.2 使用的隔热材料应具有阻燃、无毒、无臭等性能，粘结剂应无毒，粘贴或固定应牢固。

4.8 **制冷剂及润滑油**

制冷剂的分类按照GB 9237—2001中4.3的规定。

4.8.1 **制冷剂和润滑油充注**

4.8.1.1 制冷剂的编号应与铭牌相符，制冷剂和润滑油的性能应符合有关标准的规定。

4.8.1.2 用户不得任意更换制冷剂的种类。需要更换制冷剂时，应按使用说明书的规定执行，并设置证明更换制冷剂的新铭牌。

4.8.1.3 向机组充注制冷剂和润滑油时，应仔细称重并达到规定量。

4.8.2 **制冷剂蒸气的散发**

4.8.2.1 机组应避免制冷剂泄漏。

4.8.2.2 从机组抽出的制冷剂只能注入经检查合格的贮液瓶中，除了由于允许的少量泄漏、不凝性气体的排放、放油或其他偶然发生排出制冷剂外，制冷剂不得排入大气或下水道、河流、湖泊等地。

4.8.2.3 机房应保持良好的通风，以防止制冷剂意外泄漏而发生窒息或爆炸危险。

4.9 **试验运行和维护**

4.9.1 **试验运行**

4.9.1.1 机组的气密性试验、真空试验和水侧的液压试验应符合相应标准的要求。

4.9.1.2 不应把氧气、任何可燃气体或可燃气体混合物用到系统中做试验。

4.9.2 维护

4.9.2.1 每个机组都应按其大小和型式进行管理和维修,操作人员应接受足够的培训。

4.9.2.2 增添或更换制冷剂时应充分注意气瓶内的物质,以避免充入不合格的物质而引起剧烈爆炸或其他意外事故。

5 安全要求的判定

5.1 一般要求

应通过相应的措施确保4.1的要求得到充分的关注。

5.2 机组的稳定性及机械强度

5.2.1 对4.2.1由设计计算和制造保证。

5.2.2 对4.2.2检查使用说明书中是否指明了不发生喘振而能正常工作的工况范围。

5.3 结构和安全防护装置

5.3.1 分别按照GB 4208—2008中第12章或第14章的要求进行试验,并符合其相应规定。

5.3.2 对4.3.2的规定,按5.4.5的要求进行检查,应符合其相应的规定。

5.3.3 对4.3.3的规定,通过视检确定其是否合格。

5.3.4 对4.3.4的规定,通过视检和手动试验确定其是否合格。

5.3.5 对4.3.5的规定,通过视检和手动试验确定其是否合格。

5.3.6 检查联轴器和风机叶轮(片)的防护罩或遮栏应为固定式(须用工具借助紧固件才能进行安装和拆卸),并安装牢固。

5.3.7 对安全保护装置

a) 电动机过载保护,检查过载保护器的产品合格证明书应与铭牌相符,并模拟动作,机组应停机;

b) 高压和/或低压保护,如使用高压安全阀,则检查其产品合格证明书应与铭牌相符;如使用易熔塞,则检查其复验报告,并查看易熔塞的不熔化部分是否打印有以“℃”为单位的温度标记;如使用高压控制器或高压开关,则使其模拟动作,机组应停机;

c) 高温和/或低温保护,检查温度控制器的产品合格证明书应与铭牌相符,并使其模拟动作,机组应停机;

d) 设置油压差保护的机组,检查压差控制器的产品合格证明书应与铭牌相符,并使其模拟动作,机组应停机;

e) 设置相序保护的机组,检查相序保护器的产品合格证明书应与铭牌相符。

5.3.8 当机组接触电源后,驱动急停装置的操纵器,机组电源应立即切断。待操纵器复位时,机组不应重新启动,而只是在允许启动时,按启动按钮才能启动。

5.3.9 检查机组在启动、运行时,是否有准确可靠的信号显示。

5.3.10 使过载保护器、压力控制器或温度控制器动作,在模拟机组故障时,机组应能立即停机,并能发出听觉和(或)视觉警告信号。

5.4 电气设备

5.4.1 防触电保护

在正确的安装状态下,机组应首先通过视检确定其是否符合要求,再用GB 4208—2008中表6所示的试验指和GB 4208—2008中第12章的要求进行防触电保护试验,试验指应不能触及到带电部件。

5.4.2 绝缘电阻试验

按表5的规定,用绝缘电阻计测量机组带电部位与可能接地的非带电部位之间的绝缘电阻,并应符合4.4.2的规定。

注:在控制电路的电压范围内,在对地电压为直流30 V以下的控制回路中应用的电子器件,可免去该项耐电压试验。

表 5 绝缘电阻计额定电压

单位为伏特

输入电压值	绝缘电阻计额定试验电压
$V \leqslant 500$	500
$500 < V \leqslant 3\,000$	1 000
$>3\,000$	2 500

5.4.3 耐电压试验

机组经 5.4.2 绝缘电阻试验后，或 5.4.5 防潮试验后，按以下方法进行耐电压试验：

a) 在机组带电部位和非带电金属部位之间加上一个频率为 50 Hz 的基本正弦波电压，试验电压值为(1 000 V+2 倍额定电压值)，试验时间为 1 min；试验时间也可采用 1 s，但试验电压值应为 1.2 倍的(1 000 V+2 倍额定电压值)。

b) 电机已由生产商进行耐电压试验并出具检测报告的，可不再进行该项目测试。

c) 已进行耐电压试验的部件可不再进行试验。

d) 在控制电路的电压范围内，在对地电压为直流 30 V 以下的控制回路中应用的电子器件，可免去该项试验。

5.4.4 绕组温升试验

机组可在一种合适的冷却介质温度下，按有关规定进行制冷或热泵制热试验的同时，用电阻法测量电动机绕组的温度，其绕组温升的限值应符合表 2 的规定。

5.4.5 防潮试验

在常规状态下，对机组室外侧按 GB 4208—2008 中第 14 章的有关规定进行淋水绝缘试验，然后再按 5.4.2 进行绝缘电阻试验和按 5.4.3 进行耐电压试验，应分别符合 4.4.2 和 4.4.3 的规定。

在进行淋水绝缘试验以后，视检外壳内部。进入外壳的水不应将爬电距离和电气间隙减少到 4.4.9 规定的最小值以下。

5.4.6 内部布线

5.4.6.1 对内部布线槽和布线的规定，通过视检判断其是否合格。

5.4.6.2 对内部通过绝缘线的金属软管或金属孔的规定，通过视检判断其是否合格。

5.4.6.3 对 4.4.6.3 的规定，通过视检判断其是否合格。

5.4.6.4 对黄/绿双色导线使用和连接的规定，通过视检判断其是否合格。

5.4.6.5 对 4.4.6.5 的规定，通过视检判断其是否合格。

5.4.6.6 内部布线的绝缘性能应符合 GB/T 5023.3 或 GB/T 5013.4 所规定的软线绝缘或符合下述的电气强度试验的绝缘：

在导线和包裹在绝缘层外面的金属箔之间施加 2 000 V 电压，持续 15 min，不应击穿。

注：该试验仅对承受电网电压的布线适用。

5.4.7 电源连接和外部导线用接线端子

5.4.7.1 对电源供电方式的规定，通过视检判断其是否合格。

5.4.7.2 对电源线连接的规定，通过视检，必要时进行适当的连接，判断其是否合格。

5.4.7.3 对电源开关的规定，通过视检和手动试验，判断其是否合格。

5.4.7.4 对外部导线用接线端子的规定，通过视检和手动试验，判断其是否合格。

5.4.7.5 对连接到固定供电线路的接线端子的规定，通过视检和手动试验及测量，判断其是否合格。

5.4.7.6 对接线端子结构的规定，通过视检和手动试验，必要时进行适当的连接，判断其是否合格。

5.4.7.7 对 4.4.7.7 的规定，通过视检判断其是否合格。

5.4.7.8 对 4.4.7.8 的规定，通过视检判断其是否合格。

5.4.7.9 对外部保护接地系统或外部保护导线的连接，通过视检和测量判断其是否合格。

5.4.8 接地装置

5.4.8.1 对机组保护接地装置的规定,通过视检和手动试验判断其是否合格。

5.4.8.2 对机组保护接地端子及保护接地螺钉的规定,通过视检和手动试验判断其是否合格。

5.4.8.3 对保护接地电路连续性的试验,采用来自PELV(保安特低电压)电源的50 Hz或60 Hz的12 V电压、至少10 A电流和至少10 s时间的验证。试验在PE端子(见4.4.7.9)和保护接地电路部件的有关点间进行。PE端子和各测试点间的实测电压降不超过表6的规定值。

表6 保护接地电路连续性的检验

被测保护导线支路最小有效截面积/mm^2	最大的实测电压降(对应测试电流为10 A的值)/V
1.0	3.3
1.5	2.6
2.5	1.9
4.0	1.4
>6.0	1.0

5.4.9 爬电距离和电气间隙

通过视检和测量确定其是否合格。

5.4.10 电磁兼容性

对于设备每相输入电流不大于16 A以及制冷量不大于24.36 kW的户用型冷水(热泵)机组,按GB 4343.1和GB 17625.1的规定进行检验。对制冷量大于24.36 kW的机组,可按相关规定或供需双方达成的协议进行考核。

5.5 噪声

机组噪声值的测定按相应标准的规定执行,其测得值不应超过相应标准的规定。

5.6 压力容器

5.6.1 对压力容器检查其产品质量证明文件、标牌和制造许可证编号,应准确无误。

5.6.2 压力容器上配备的泄压器件应符合GB 9237—2001中5.7.4的要求,泄压器件的布置应符合GB 9237—2001中5.7.6的有关规定。

5.7 材料

5.7.1 对材料的选取,按规定程序批准的设计图样和技术文件检查,应符合4.7.1的要求。

5.7.2 对隔热材料应取样做燃烧试验和粘贴试验,应符合4.7.2的要求。

5.8 制冷剂和润滑油

5.8.1 对于制冷剂和润滑油的充注,应查看制冷剂和润滑油的合格证明书并称重确定是否符合要求;如更换了制冷剂则应检查机组是否设置新铭牌。

5.8.2 对于制冷剂蒸气的散发,除按5.9.1.1的规定进行气密性试验合格外,还应按GB 9237—2001中6.1.3的规定,检查机房的通风面积是否满足要求。

5.9 试验运行和维护

5.9.1 试验运行

5.9.1.1 机组的气密性试验、真空试验和水侧的液压试验均应按相应标准规定的试验方法进行。其试验结果应符合相应标准的规定。

5.9.1.2 机组进行气密性试验时,应认真检查气瓶外侧的颜色标志,并按有关规定在室外进行检查,确认不是氧气、任何可燃气体或可燃气体混合物方可使用(直接用空气压缩机充气的除外)。

5.9.2 维护

机组的维护保养及修理按GB 9237—2001中7.1.3和7.1.4的有关规定。

6 使用信息

机组的使用信息由文字、图表、标记、信号或符号组成，它是机组供应的一个组成部分。

机组的制造单位提供的使用信息应符合 GB/T 15706.2—2007 中 6.1 的要求。

机组的使用信息配置在机组自身上（如信号、警告装置、标志、铭牌等）和随机文件（尤其在使用说明书）中。

6.1 信号和警告装置

视觉信号（如闪光灯）、听觉信号（如报警器）用于即将发生危险的情况。

视觉信号或听觉信号用于即将发生危险的情况。

信号应符合以下要求：

——在危险情况出现前发出；

——含义确切、易于识别，并能与所用的其他信号相区别；

——能及时准确地察觉到。

信号和警告装置的设计、配置应便于检查。

6.2 标志、符号、文字警告

标志、符号和文字警告应符合 GB/T 15706.2—2007 中 6.4 的有关要求，其中标志至少应包括：

——制造单位的名称；

——机组型号；

——机组制造编号；

——主要性能数据；

——机组的重量及制冷剂的充灌量；

——制冷剂的识别。

6.3 安装及使用说明书

6.3.1 安装说明书应给出安装机组的准备工作所需的所有资料。

6.3.2 使用说明书应包括保证机组安全运行的内容。

6.4 维修说明书

机组的技术文件中应包含有一份详述调整、维护、预防性检查和修理方法的维修说明书。维修记录有关建议应为该说明书的一部分。

ICS 27.010
F 01

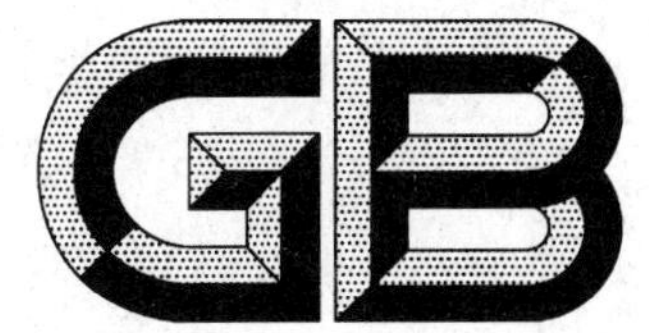

中华人民共和国国家标准

GB/T 26759—2011

中央空调水系统节能控制装置技术规范

The technical specification for energy-saving control device for water system of central air-conditioning

2011-07-20 发布

2011-11-01 实施

中华人民共和国国家质量监督检验检疫总局
中国国家标准化管理委员会 发布

前　言

本标准按照GB/T 1.1—2009给出的规则起草。

本标准的附录A为资料性附录。

本标准由全国能源基础与管理标准化技术委员会(SAC/TC 20)提出并归口。

本标准起草单位:贵州汇通华城楼宇科技有限公司、中国标准化研究院、中国建筑科学研究院、贵阳市质量技术监督局、深圳市汇川技术股份有限公司、武汉市建筑设计院、中国建筑西北设计研究院有限公司、华森建筑与工程设计顾问有限公司、深圳大学建筑设计研究院、中铁第四勘察设计院集团有限公司、中国人民解放军后勤工程学院建筑设计研究院、上海裕生智能节能设备有限公司、华南理工大学、广西华蓝设计(集团)有限公司、深圳天圳自动化技术有限公司、贵州省建筑设计研究院、中国建筑西南设计研究院有限公司、四川省建筑设计院。

本标准主要起草人:李玉街、蔡小兵、成建宏、王虹、郭林、罗敏、柏子平、李蔚、周敏、王红朝、郑文国、车轮飞、刘学义、施永权、刘金平、廖瑞海、杨俊、吴国庆、邓长彬、戎向阳。

中央空调水系统节能控制装置技术规范

1 范围

本标准规定了中央空调水系统节能控制装置(以下简称节能控制装置)的技术要求、基本功能、试验规范及标志、包装、运输、贮存等。

本标准适用于中央空调水系统节能控制装置的设计、生产、试验和使用。

2 规范性引用文件

下列文件对于本文件的应用是必不可少的。凡是注日期的引用文件,仅注日期的版本适用于本文件。凡是不注日期的引用文件,其最新版本(包括所有的修改单)适用于本文件。

GB/T 191 包装储运图示标志

GB/T 3047.1 高度进制为 20 mm 的面板、架和柜的基本尺寸系列

GB/T 3797 电气控制设备

GB/T 4205 人机界面 标志标识的基本和安全规则 操作规则

GB 4208 外壳防护等级(IP 代码)(GB 4208—2008,IEC 60529:2001,IDT)

GB 7251.1—2005 低压成套开关设备和控制设备 第 1 部分:型式试验和部分型式试验成套设备(IEC 60439-1:1999,IDT)

GB/Z 17625.6 电磁兼容 限值 对额定电流大于 16 A 的设备在低压供电系统中产生的谐波电流的限制(GB/Z 17625.6—2003,IEC/TR 61000-3-4:1998,IDT)

JB/T 3085 电力传动控制装置的产品包装与运输规程

JGJ 176 公共建筑节能改造技术规范

3 术语和定义

下列术语和定义适用于本文件。

3.1

中央空调水系统 water system of central air-conditioning

中央空调系统中以水(包括盐水、乙二醇等)为介质的冷(热)量输送和分配系统,一般包括冷冻水(热水)系统和冷却水系统。

3.2

中央空调水系统节能控制装置 energy-saving control device for water system of central air-conditioning

应用现代计算机技术、自动控制技术、变频调速技术、系统集成技术等,对中央空调水系统的运行进行优化控制以提高空调系统能源利用效率的一种自动化控制装置。

3.3

智能控制单元 intelligent control unit

安装于节能控制装置的控制柜(箱)中,实现节能控制装置与被控对象间模拟量或数字量的数据交换、且能独立控制被控对象的电路功能组合。

3.4

系统节能率　system energy-saving rate

在环境条件相近、运行工况和运行时间相同的情况下，同一空调系统应用节能控制装置所节约的能耗量与未应用节能控制装置的能耗量之比的百分数(%)。

4　技术要求

4.1　正常使用条件

节能控制装置均为室内安装，并能在规定的条件下正常工作。

4.1.1　环境温度和相对湿度

环境温度为－5 ℃～40 ℃，而且在 24 h 内其平均温度不超过 35 ℃。

在最高温度为 40 ℃时，相对湿度不应超过 50%。在较低温度时，允许有较大的相对湿度，但无凝露。

4.1.2　污染等级

安装场所空气中不得有过量的尘埃、酸、盐、腐蚀性及爆炸性气体，也无危害绝缘的气体和蒸气。如果没有其他规定，一般应按 GB 7251.1—2005 中 6.1.2.3 规定的污染等级 2 环境中使用。

4.1.3　海拔

当节能控制装置安装场地的海拔不超过 1 000 m 时，可按其额定输出功率使用；当节能控制装置安装场地的海拔超过 1 000 m 时，需要对节能控制装置降额使用(以 1 000 m 为基准，海拔每超过 100 m 相应降额 1%使用)。

4.1.4　安装条件

节能控制装置的安装场所应无剧烈震动或冲击，并应留有维修空间。对于垂直安装的设备，安装倾斜度≤3°。

4.1.5　供电电源

应符合以下规定：

a)　交流电压偏差范围不超过输入额定电压的±10%，短时(0.5 s 以内)电压波动范围为输入额定电压的－15%～10%；

b)　交流电源频率波动不超过额定频率的±2%；

c)　电压的相对谐波分量不超过 10%。

4.2　一般要求

4.2.1　元、器件

节能控制装置所用的元、器件，应符合相关的标准。制造商应尽可能采用标准元、器件。所有元、器件的选用应符合设计要求。

4.2.2　控制单元

节能控制装置中所用的控制单元，应符合 GB/T 3797 规定的要求。

4.2.3 操作机构

节能控制装置应有操作机构,操作机构的运动方向应符合 GB/T 4205 的规定,开关或按钮应设在操作者易于发现和操作的位置。

4.2.4 人机接口

节能控制装置的人机接口宜采用计算机显示和输入操作的方式,并提供全中文(英文备选)的软件界面,以及直观的图形和图表,使操作人员易懂、易学、易用。

4.3 技术性能

4.3.1 输出频率调节范围

节能控制装置输出电压和电流的频率值应能调节,频率调节范围由节能控制装置制造商产品技术文件规定。

4.3.2 输出额定容量

在额定输出频率和额定输出电流下工作时,节能控制装置输出容量应不小于额定输出容量。

4.3.3 过载能力

节能控制装置在额定输出电流下连续工作时,允许施加非周期性过载。过载能力为在110%的额定输出电流下持续时间不小于60 s。

4.4 控制柜(箱)的要求

4.4.1 柜(箱)体

4.4.1.1 机柜的外形尺寸按 GB/T 3047.1 的规定。

4.4.1.2 柜(箱)体的防护按 GB 4208 的规定。柜(箱)体的外壳防护等级应在产品技术文件中作出明确规定,一般不得低于IP20。

4.4.1.3 柜(箱)体的结构应牢固,应能承受运输和正常使用条件下可能遇到的机械、电气、热应力以及潮湿等影响。

4.4.1.4 所有黑色金属件应有可靠的防护层,各紧固处应有防松措施。

4.4.1.5 机柜表面应平整无凹凸现象,涂层美观,颜色均匀,不得有起泡、裂纹和流痕等现象。

4.4.1.6 机柜(箱)的门应能在不小于90°的角度内灵活启闭。

4.4.1.7 机柜顶部应加装吊环或吊钩等,以便吊运。

4.4.2 抽屉和插件

4.4.2.1 抽屉和插件应能方便地抽出,所有接、插点均应保证电气接触可靠。

4.4.2.2 抽屉和插件应使用刚度好的导轨支撑,以保证接插准确且能在各种所需位置上固定牢靠。必要时,在各种位置上应装设机械锁紧机构。

4.4.2.3 需要更换的抽屉和插件应具有互换性。

4.4.2.4 不同功能的抽屉和插件,应有明确的符号加以区分,以免插错。必要时应有防误插措施。

4.4.2.5 印制板、插件等部件,在焊接完成后,不应有脱焊、虚焊、元件松脱等现象。

4.4.3 元、器件安装

4.4.3.1 元、器件应按其说明书规定的使用条件、飞弧距离、隔弧板的移动距离等进行安装。

4.4.3.2 载流部件之间的连接应保证有足够的和持久的接触压力。

4.4.3.3 操作器件应安装在操作者易于操作的位置。

4.4.4 布线

4.4.4.1 线缆连接方式可以采用压接、绕接、焊接或插接，并应符合相关标准的规定。

a) 所有接线点的连接必须牢固。通常，一个端子上只能连接一根导线，将两根或多根导线连接到一个端子上只有在端子是为此用途而设计的情况下才允许。

b) 连接在覆板或门上的电器元件和测量仪器上的导线，应使覆板和门的移动不会对导线产生任何机械损伤。

c) 线缆的端部应标出编号，编号应清晰、牢固、完整、不褪色。

4.4.4.2 主电路母线与绝缘导线如果用颜色作为标记，宜按表1执行。

表1 主电路母线与绝缘导线颜色标记

电路类型	相序	颜色标记
交流	L1 相	黄色
	L2 相	绿色
	L3 相	红色
	中性线	淡蓝色
	保护接地线	黄和绿双色交替标注
直流	正极	棕色
	负极	蓝色
	接地中性线	淡蓝色

4.4.4.3 主电路的相序排列，以设备正视方向为准，可参照表2的规定。

表2 主电路的相序排列

相序	垂直排列	水平排列	前后排列
L1 相	左方	上方	远方
L2 相	中间	中间	中间
L3 相	右方	下方	近方
正极	左方	上方	远方
负极	右方	下方	近方
中性线(接地中性线)	最右方	最下方	最近方

4.4.5 冷却

机柜(箱)可以采用自然冷却或强迫风冷。为保证正常的冷却，需要在安装场所采取特别措施时，制造商应提供必要的资料(包括散热量)。采用空气自然冷却时，散热器周围应留有足够的空间，以保证元、器件所需要的冷却条件。

4.4.6 温升

机柜内部各部件的温升用热电偶法或其他校验过的等效方法测量，不应超过表3的规定。连接到发热件(如变频器、管形电阻、板形电阻等)的导线,应从下方或侧方引出,并需剥去适当长度的绝缘层,换套耐热瓷珠,使导线的绝缘端部耐高温性能提高。

表 3 机柜内部各部件的温升

机柜内的部件	材料与被除数覆层	温升/K
电气元、器件	—	符合元、器件的各自标准
连接于一般低压电器的母线连接处的母线	紫铜、无被覆层 紫铜、搪锡 紫铜、镀银 铝、超声波搪锡	60 65 70 55
与半导体器件相接的塑料绝缘导线或橡皮绝缘导线	—	45
可接近的外壳和覆板	金属表面 绝缘表面	30 40
手动操作器件	金属 绝缘材料	15 25
用于连接外部绝缘导线的端子	—	70
分散排列的插头与插座	—	由组成元、器件的温升极限而定
注 1:除非另有规定,那些可以接触但在正常情况下不需要触及的外壳和覆板,允许其温升提高 10 K。 注 2:那些只有在机柜打开后才能接触到的操作部件,由于不经常操作,允许有比较高的温升。		

4.4.7 电气间隙与爬电距离

控制柜(箱)中各带电电路之间以及带电零部件与导电零部件或接地零部件之间的电气间隙和爬电距离,应符合以下规定:

a) 单相电源电路在空气中的最小电气间隙≥3 mm;

b) 三相电源电路在空气中的最小电气间隙≥8 mm;

c) 单相电源电路爬电距离的最小值≥4 mm;

d) 三相电源电路爬电距离的最小值≥14 mm。

4.4.8 绝缘电阻与介电性能

4.4.8.1 绝缘电阻

控制柜(箱)中带电回路之间,以及带电回路与裸露导电部件之间,应用相应绝缘电压等级(至少 500 V)的绝缘测量仪器进行绝缘测量。测得的绝缘电阻按额定电压至少为 1 000 Ω/V。

4.4.8.2 冲击耐受电压

控制柜(箱)的冲击耐受电压应符合 GB/T 3797 的规定。

4.4.8.3 工频耐受电压

控制柜(箱)的工频耐受电压应符合 GB/T 3797 的规定。

4.4.9 电气保护

4.4.9.1 防直接电击保护

应采取保护措施防止意外触及电压超过 50 V 的带电部件。对于装在控制柜(箱)内的电器元件,可采取以下一种或几种措施:

a) 对带电部件应具有相应的防护措施,避免开门后人体意外地触及带电部件。

b) 切断电路时,电荷能量大于 0.1 J 的电容器应具有放电回路。在有可能产生电击的电容器上应有警示标志。

c) 旋钮和操作手柄等部件应安全可靠地同已连接到保护电路上的部件进行电气连接。

4.4.9.2 接地故障保护

接地故障保护的设置应防止人身间接电击以及电气火灾、线路损坏等事故。

4.4.9.3 短路保护

当输出端发生相间短路时,应保证控制柜(箱)及其部件的热稳定和机械稳定。必要时,应能发出相应的报警及联动信号。短路消除后,不用更换任何元件,控制柜(箱)应能重新正常工作。

4.4.9.4 过载保护

当被控对象不允许过载运行时,控制柜(箱)应有过载保护。

4.4.9.5 断相保护

当节能控制装置三相输入电源断相时,控制柜(箱)应有断相保护。

4.4.9.6 安全接地保护

控制柜(箱)的金属壳体上,应有专用保护接地端子,连接接地线的螺栓和接地端子不能用作其他用途。当保护线(PE 线)所用材质与相线相同时,PE 线最小截面应符合表 4 的规定。

表 4 与控制柜(箱)接地点连接的保护导线截面

相线芯线截面积 S/mm^2	接地保护导体(PE 线)的最小截面积/mm^2
$S \leqslant 16$	S
$16 < S \leqslant 35$	16
$S > 35$	$S/2$

4.4.9.7 雷击电磁脉冲防护

控制柜(箱)引至室外的电源线或信号线,应采取防雷击电磁脉冲措施。

4.4.10 控制电路

控制电路的设计应做到在各种情况下(即使操作错误)确保人身安全。当电器故障或操作错误时,不应使被控设备受到损坏。

对可能危及人身安全、设备损坏的情况,应设置联锁控制功能,使事故立即停止或采取其他应急措施。

4.4.11 噪声

在正常工作时所产生的噪声，用声级计测量应不大于 70 dB(A)。

注：对于不需要经常操作、监视的设备，经制造商和用户协议，其噪声值可以高于上述值。

4.5 电磁兼容性

4.5.1 低频干扰

节能控制装置在下述扰动条件下，应能正常工作：

a) 交流电压波动为额定电压的±10%，短时(0.5 s 内)电压波动为额定电压的−15%～10%；

b) 交流电源频率波动为额定频率的±2%。

4.5.2 高频干扰

节能控制装置在表 5 所示的高频干扰项目中，工作特性不应有明显变化和误动作。

表 5 节能控制装置的高频干扰要求

干扰项目	要求	结果判定
浪涌 1.2/50 μs ～ 8/20 μs	线对线 1 kV；线对地 2 kV	工作特性不应有明显变化和误动作，对不会造成危害的设备允许工作特性有变化，但应能自行恢复
快速瞬变电脉冲群	电源端 2 kV；信号和控制端 1 kV	
射频电磁场	10 V/m	
静电放电	空气放电 8 kV 或接触放电 6 kV	

4.5.3 电磁干扰发射

节能控制装置的设计应使其发射的传导或辐射无线电频率干扰，不对电网和环境造成污染而干扰其他设备。表 6 给出了节能控制装置允许发射的传导扰动电压极限值。表 7 给出了节能控制装置允许发射的电磁辐射干扰极限值。

表 6 节能控制装置允许发射的传导扰动电压极限值

频带 f/MHz	准峰值/dBμV	平均值/dBμV
0.15≤f<0.5	79	66
0.5≤f<5.0	73	60
5.0≤f<30.0	73	60

表 7 节能控制装置允许发射的电磁辐射干扰极限值

频带 f/MHz	电场强度分量/(dBμV/m)	测量距离/m
30≤f<230	30	30
230≤f<1 000	37	

4.6 谐波污染

节能控制装置所使用变频器的谐波电流发射值应符合 GB/Z 17625.6 的有关规定。

4.7 系统节能率

系统节能率应在具体的工程项目应用中现场测试确定，测试方法可参见附录A。

5 基本功能

5.1 组态功能

节能控制装置的控制软件宜能根据中央空调系统设备（冷热源主机、冷冻水泵、热水泵、冷却水泵、冷却塔、电动阀门等）的配置，以组态方式灵活添加或修改受控设备对象，并设置其属性，确保控制系统的通用性和可扩展性。

5.2 控制功能

5.2.1 节能控制

节能控制装置提供以下功能，对中央空调水系统进行节能控制：

a） 冷冻水（热水）变流量运行控制。节能控制装置应能根据空调负荷的变化动态调整冷冻水（热水）流量，保持冷冻水（热水）系统始终处于经济运行状态。

b） 冷却水变流量运行控制。节能控制装置应能动态调整冷却水流量，使制冷主机能耗和冷却水输送能耗之和最低，保持制冷系统始终处于经济运行状态。

c） 冷（热）量动态分配控制。节能控制装置宜具有冷（热）量动态分配控制功能，能够通过对冷冻水（热水）各个环路负荷的实时检测，动态分配和控制各个环路的冷冻水（热水）流量，使各个环路实现冷（热）量供需平衡和空调效果均衡。

5.2.2 工作模式

节能控制装置宜提供供冷工作模式与供热工作模式，供冷和供热两种工作模式可以独立工作，也可以同时工作，以适应不同中央空调系统使用的需求。

5.2.3 控制模式

在供冷和供热两种工作模式下，节能控制装置均应提供“远程控制”和“就地控制”两种控制模式。

5.2.3.1 远程控制

在远程控制模式下，至少应提供以下几种控制功能：

a） 远程自动控制。节能控制装置宜提供运用现代控制技术（如模糊控制）构建的控制模型，对中央空调水系统进行节能控制（但不排斥对冷热源主机也进行控制），以实现中央空调系统的高效节能运行。

远程自动控制宜包括以下几种模式，以供不同需求的用户选用：

1） 自动控制-时序控制。节能控制装置提供一种基于预设时间表来对设备进行启停控制和优化运行的模式。在此模式下，节能控制装置自动按照由用户设置的设备运行时间表对设备进行启停操作和优化运行控制。

2） 自动控制-主机联动。当冷热源主机提供控制接口时，节能控制装置提供一种水系统设备与冷热源主机进行组合联动和优化运行的控制模式。在此模式下，与冷热源主机联动的设备（包括冷冻水泵、热水泵、冷却水泵、冷却塔风机和水阀等）将自动按照设定的顺序启停并自动优化运行。

3） 自动控制-主机群控。当冷热源主机提供控制接口时，节能控制装置提供一种既满足当前空调负荷需求又使主机维持高效运行的控制方式。在有多台冷热源主机并联运行的情况下，应能实现主机运行台数的优化控制，使主机尽可能在高效状态下运行。

b） 远程手动控制。由操作人员按照自己的运行经验或管理要求在节能控制装置的上位机（或工作站）上对中央空调系统进行控制，包括启停控制和运行控制（即运行参数调节），以实现特殊需求或管理节能。

c） 第三方控制。节能控制装置应提供符合国际标准通信协议的软件接口，以便实现与第三方控制系统（如建筑设备管理系统）之间的通信，必要时，使中央空调系统的运行控制也可由第三方控制系统进行控制。

5.2.3.2 就地控制

就地控制模式一般宜提供以下两种控制功能：

a） 分布式控制。当节能控制装置的上位机或通信发生故障时，节能控制装置自动转入“分布式控制”运行模式。由各个控制柜（箱）中的智能控制单元应用内置的控制算法独立控制设备的运行。

b） 手动控制。操作人员可在控制柜（箱）上进行操作，根据自己的经验控制设备的运行。

5.3 参数设置功能

5.3.1 运行参数设置

节能控制装置的控制软件中应能对系统运行参数值进行设置，包括自动控制时的初始参数设置和远程手动控制参数设置。

5.3.2 保护参数设置

节能控制装置的控制软件中宜能对下列保护参数值进行设置：

a） 冷冻水低流量保护下限值；

b） 冷冻水低温保护下限值；

c） 冷冻水（热水）低压差保护下限值；

d） 冷冻水（热水）高压差保护上限值；

e） 冷却水出水高温保护上限值；

f） 冷却水进水低温保护下限值。

5.4 监测与显示功能

5.4.1 冷热源主机的监测

5.4.1.1 主机运行状态：运行、停止、故障、运行模式。

5.4.1.2 各台主机冷（热）负荷、能耗。

5.4.1.3 主机冷冻水（热水）的进出口温度。

5.4.1.4 主机冷却水的进出口温度。

5.4.2 冷冻水（热水）系统的监测

5.4.2.1 运行状态监测：水泵及变频器的运行、停止、故障；节能控制装置的远程/就地控制模式。

5.4.2.2 运行参量监测：供回水压差、供回水温度、总流量、水泵电机运行频率、累计运行时间、累计耗电量、累计供冷（热）量、分时耗电量、分时供冷（热）量、电动阀阀位等。

5.4.3 冷却水系统的监测

5.4.3.1 运行状态监测:水泵及变频器的运行、停止、故障;节能控制装置的远程/就地控制模式。

5.4.3.2 运行参量监测:供回水温度、室外温湿度、冷却水泵电机运行频率、累计运行时间、累计耗电量、分时耗电量、电动阀阀位等。

5.4.4 冷却塔的监测

5.4.4.1 运行状态监测:风机及变频器的运行、停止、故障;节能控制装置的远程/就地控制模式。

5.4.4.2 运行参量监测:冷却塔风机电机运行频率、累计运行时间、累计耗电量、分时耗电量等。

5.4.5 系统能效比曲线

节能控制装置应能根据中央空调系统能效比的变化情况正确绘制系统能效比曲线,并能查询和显示。

5.4.6 负载曲线

节能控制装置应能根据各受控设备功率消耗的变化情况正确绘制各设备的负载曲线,并能查询和显示。

5.4.7 供冷(热)量曲线

节能控制装置应能根据各制冷(采暖)设备及制冷(采暖)系统实际输出的冷(热)量正确绘制各制冷(采暖)设备或制冷(采暖)系统的逐时供冷(热)量曲线,并能查询和显示。

5.5 数据处理功能

5.5.1 数据记录

5.5.1.1 能耗记录

节能控制装置应对包括各受控设备(如冷冻水泵、热水泵、冷却水泵、冷却塔风机等)和冷热源主机在内的能耗进行记录。

5.5.1.2 操作记录

节能控制装置应对操作人员、操作内容、操作行为发生日期和时间等进行记录。

5.5.1.3 故障记录

节能控制装置应对故障发生日期和时间、故障设备及故障类型等进行记录。

5.5.1.4 基本参数记录

节能控制装置应对冷热源主机进出口温度及能耗、冷冻水(热水)流量等进行记录。

5.5.2 数据的存贮、输出与删除

5.5.2.1 数据的存贮

节能控制装置应对所记录的数据进行存贮,存贮时间不得少于1年。

5.5.2.2 数据的输出

节能控制装置对所记录的数据应能灵活生成必要的数据报表、曲线，提供数据下载、查询。

5.5.2.3 数据的删除

节能控制装置所存贮历史数据的删除，可采用定数删除、定时删除或人工删除。

5.6 安全保护功能

5.6.1 冷冻水低流量保护

当制冷机组冷冻水流量低于设定的下限值时，节能控制装置自动采取措施以保障制冷机组蒸发器的安全运行。

5.6.2 冷冻水低温保护

当制冷机组蒸发器的出水(即冷冻水的供水)温度低于设定的下限值时，节能控制装置自动采取措施以保障制冷机组蒸发器的安全运行。

5.6.3 冷冻水(热水)低压差保护

当冷冻水(热水)供回水压差 Δp 小于设定的下限值时，节能控制装置应自动采取措施以保障末端空调设备所需的水流量。

5.6.4 冷冻水(热水)高压差保护

当冷冻水(热水)供回水压差 Δp 大于设定的上限值时，节能控制装置应自动采取措施以保障空调系统的安全运行。

5.6.5 冷却水出水高温保护

当制冷机组冷凝器的冷却水出水温度高于其设定的上限值时，节能控制装置应自动采取措施以保障制冷机组的安全运行。

5.6.6 冷却水进水低温保护

当制冷机组冷凝器(或吸收器)的冷却水进水温度低于其设定的下限值时，节能控制装置应自动采取措施以保障制冷机组的正常运行。

5.7 故障报警功能

5.7.1 故障报警分类

节能控制装置应设有短路、接地故障、过载、缺相故障、参数越限报警。

5.7.2 故障报警方式

5.7.2.1 声光提示报警

节能控制装置应设置报警电铃，以发出声音报警。

节能控制装置应设置相应的故障指示灯，以灯光提示报警。

5.7.2.2 显示器画面报警

在声光报警的同时，节能控制装置上位机的显示器还应弹出报警窗口，显示相应的报警信息。

5.7.3 故障报警的处置

所有报警直至引发报警的条件消失（如运行参数恢复正常）或经操作人员检视并处理后，方可消除报警。

节能控制装置应对所有故障报警信息进行记录并存储，以供分析原因及排查故障。

5.8 系统管理功能

5.8.1 用户验证与管理

节能控制装置应具有"用户验证"和"用户管理"功能，以实现对用户操作人员的管理，防止无关人员的随意操作，确保中央空调系统运行管理的安全性。

"用户验证"用于对操作人员的身份进行验证，只有在其用户名、密码验证通过后方可对系统设备进行操作。

"用户管理"用于对用户操作人员进行管理，如添加用户、修改用户和删除用户等。

5.8.2 设备维护管理

节能控制装置宜能根据中央空调系统设备的累计运行时间及运行参数变化，在显示器上对冷热源主机、冷冻水泵、热水泵、冷却水泵、冷却塔风机等设备给出维护提示；用户对设备进行维护后，可在设备维修记录表上对维护情况进行记录，以备今后追溯或查询。

6 试验规范

6.1 试验分类

节能控制装置的性能试验，包括型式试验、出厂试验和现场交收试验三类。

6.1.1 型式试验

6.1.1.1 型式试验要求

通过型式试验以验证给定型式的节能控制装置是否符合本标准的技术要求。

在下列情况应进行型式试验：

a) 新产品试制定型；

b) 已定型的产品当设计、工艺或关键材料、器件更改有可能影响到产品性能时。

6.1.1.2 型式试验项目

型式试验包括：

a) 电气间隙与爬电距离检查；

b) 绝缘电阻与介电性能试验；

c) 技术性能试验；

d) 电气保护有效性试验；

e) 控制电路试验；

f) 温升试验；

g） 噪声试验；

h） 电磁兼容性试验；

i） 防护等级试验；

j） 环境试验；

k） 基本功能试验。

这些试验可按任意次序在同一样机上或在同一型式的不同样机上进行。

6.1.2 出厂试验

出厂试验是用以检查节能控制装置的工艺、材料、功能是否合格的试验。

节能控制装置在出厂前都必须进行出厂试验，出厂试验检查合格后应开具产品合格证。

出厂试验中，如有不符合本标准的项目，则该产品为不合格品，须返修并经再次试验合格后，方可发放合格证。

出厂试验项目包括：

a） 一般检查；

b） 外壳防护等级；

c） 电气间隙与爬电距离检查；

d） 绝缘电阻试验；

e） 电气保护有效性试验；

f） 基本功能试验。

这些试验可按任意次序进行。

6.1.3 现场交收试验

现场交收试验是用以检查节能控制装置的安装、功能及节能效果是否合格的试验。

现场交收试验项目包括：

a） 安装检查，包括外观检查、接线检查、通电操作等；

b） 电气间隙与爬电距离检查；

c） 绝缘电阻试验；

d） 基本功能试验；

e） 节能率测试。

6.2 试验条件

除另有规定外，本标准中的试验宜在以下的环境条件下进行：

a） 环境温度，5 ℃～35 ℃；

b） 相对湿度，不高于75％；

c） 大气压，860 hPa～1 060 hPa。

6.3 试验方法

6.3.1 一般检查

节能控制装置应做如下项目检查：

a） 检查控制柜（箱）的结构尺寸和安装尺寸，应符合设计图纸要求；

b） 检查控制柜（箱）体的外形及面板，表面应平整，漆层应均匀；

c） 检查控制柜（箱）内部各种元、器件的型号和规格，应符合设计图纸要求，安装应牢固、端正，位号应正确；

d) 检查控制柜(箱)排风机型号，排风量和排风方向正确；

e) 检查控制柜(箱)门开启角度，应不小于 90°，并应开、关灵活；

f) 检查插件的插接，应插接可靠，接触良好；

g) 检查开关、按钮、锁扣、延时器件等，运动部件的动作应灵活，动作效果应正确；

h) 检查辅助电路导线的连接、规格、线号、颜色和布置等，应符合本标准的规定；

i) 检查主电路的母排、母线的规格、尺寸、线号，应符合接线图要求，颜色、相序、布置等应符合本标准的规定；

j) 检查人机交互界面，应美观大方，操作简便，反应快捷；

k) 检查控制柜(箱)的标志，应符合本标准的规定。

6.3.2 外壳防护等级试验

根据 GB 4208 的规定，通过直观检查或测量，控制柜(箱)的外壳防护等级应符合 4.4.1.2 的要求。

6.3.3 电气间隙与爬电距离检查

检查和测量控制柜(箱)中电位不等的裸导体之间，以及带电的裸导体与裸露导电部件之间的最小电气间隙和爬电距离，应符合 4.4.7 的规定。

6.3.4 绝缘电阻与介电性能试验

6.3.4.1 绝缘电阻试验

应用电压至少为 500 V 的兆欧表，检查控制柜(箱)的电源进线的相间、相地之间和电源出线的相间、相地之间的绝缘电阻，应符合 4.4.8.1 的规定。

试验时，对控制柜(箱)内不能承受 500 V 电压的部件和元件，应先将其短接或断开其连接。

6.3.4.2 介电性能试验

进行介电性能试验时，对控制柜(箱)内不能承受试验电压的部件和元件，应先将其短接或断开其连接。

6.3.4.2.1 冲击耐受电压试验

冲击耐受电压试验按 GB/T 3797 规定的试验方法进行，试验过程中不应有破坏性放电现象。

6.3.4.2.2 工频耐受电压试验

工频耐受电压试验按 GB/T 3797 规定的试验方法进行，试验过程中不应有击穿或闪络现象。

6.3.5 技术性能试验

6.3.5.1 频率调节范围试验

在规定的电源条件下，节能控制装置输出端接与其额定输出功率相等的电机负载运行时，测试能够保障负载连续稳定运行的输出频率下限值 f_L 和上限值 f_H，从下限值 f_L 到上限值 f_H 即为输出频率调节范围。

6.3.5.2 输出额定容量试验

在规定的电源条件下，节能控制装置输出端接电机负载(或等效负载)，在输出额定频率时，调节负载,使输出电流等于额定输出电流,测量其输出容量应符合 4.3.2 的要求。

6.3.5.3 过载能力试验

在规定的电源条件下,节能控制装置输出端接电机负载(或等效负载),调节负载,使输出电流达到其额定输出电流的 110%,测量其过载能力应符合 4.3.3 的要求。

6.3.6 电气保护有效性试验

6.3.6.1 短路保护试验

将控制柜(箱)中变频器的输出端相间短路,控制柜(箱)应不能启动,同时发出相应的报警。短路消除后,不用更换任何元件,控制柜(箱)应能重新启动工作。

6.3.6.2 过载保护试验

节能控制装置在带载运行时,逐步增加负载,当负载电流超过预设过载保护电流值时,检查节能控制装置能否自动保护停机并发出相应的报警,以确保节能控制装置和被控对象的安全运行。

6.3.6.3 安全接地保护试验

检查控制柜(箱)内部需要接地的部件和机控制柜(箱)接地端子之间的电连续性,用电阻测量仪器进行测试,控制柜(箱)接地端子与任何需要接地的部件之间的电阻必须≤0.1 Ω。

6.3.7 控制回路有效性试验

人为设计一个或多个操作错误,检查节能控制装置是否实现自动保护,确保设备不受到损坏。

6.3.8 温升试验

温升试验只对含有发热件的控制柜(箱)进行。

温升试验时,对控制柜(箱)施加额定输出功率并维持足够的时间,使内部各部位的温度达到热平衡的稳定值(如果温度的变化小于 1 ℃/h,则认为温升已达到稳定)。

用热电偶或温度计测量 4.4.6 规定的各测试部位的温度,其温升应符合表 3 的规定。

环境温度应在试验周期的最后四分之一期间内测量,至少用两个热电偶或温度计均匀地布置在控制柜(箱)的周围,高度约为控制柜(箱)的二分之一处,并在离开控制柜(箱)1 m 远的地方安放,还应防止空气流动和热辐射对热电偶和温度计的影响。

6.3.9 噪声试验

噪声试验只对强迫风冷的控制柜(箱)进行。试验时,控制柜(箱)输出端接额定负荷。

噪声试验应在周围 2 m 内没有声音反射面的场所进行。测量应在正对控制柜(箱)操作面 1 m 处,测量时测试设备应正对被试控制柜(箱)噪声源。噪声试验方法按 GB/T 3797 进行,噪声指标应符合 4.4.11 的规定。

6.3.10 电磁兼容性试验

6.3.10.1 低频干扰试验

按照 GB/T 3797 的有关规定进行。

6.3.10.2 高频干扰试验

按照 GB/T 3797 的有关规定进行。

6.3.10.3 电磁干扰发射试验

按照 GB/T 3797 的有关规定进行。

6.3.11 谐波污染试验

按照 GB/Z 17625.6 的有关规定进行。

6.3.12 环境试验

6.3.12.1 环境温度试验

按照 GB/T 3797 的有关规定进行。

6.3.12.2 湿热试验

按照 GB/T 3797 的有关规定进行。

6.3.13 基本功能试验

节能控制装置基本功能的试验方法,由制造商的产品技术文件规定。

6.3.14 系统节能率测试

节能控制装置节能率的测试,可按照附录 A 规定的方法进行。

7 标志、包装、运输、贮存

7.1 标志

节能控制装置产品铭牌应包括以下内容:

a) 产品名称、型号;
b) 产品主要参数;
c) 制造厂名;
d) 生产日期;
e) 注册商标等。

7.2 包装

7.2.1 产品包装必须符合 JB/T 3085 有关包装运输规范要求,保证产品在运输、存放过程中不受机械损伤,并有防雨、防尘能力。

7.2.2 包装箱表面的标志,应使用不褪色的油漆或油墨,准确、清晰、牢固地喷刷在箱体两侧面。发货标志应包括:

a) 产品名称、型号及数量;
b) 出厂编号及箱号(或合同号);
c) 包装箱外形尺寸(长×宽×高);
d) 净重与毛重;
e) 到站(港)及收货单位;
f) 发站(港)及发货单位。

7.2.3 包装储运图示标志应符合 GB/T 191 的有关规定。

7.3 运输

产品在运输过程中不应有剧烈振动、撞击和倒放。运输温度应在－15 ℃～55 ℃范围内。

7.4 贮存

产品不得暴晒及淋雨，应存放在空气流通、周围介质温度在－15 ℃～55 ℃范围内，空气最大相对湿度不超过 90％及无腐蚀性气体的场所，贮存期不超过 3 个月。

附　录　A
（资料性附录）
节能率测试方法

A.1　测试方法

节能控制装置在工程应用中的节能率测试，可采用能耗比较法。即在空调负荷基本相同的条件下，将空调系统采用与不采用节能控制装置交替运行相同的天数，分别对其能耗进行测试、记录和对比，通过计算得到节能率。

A.2　测试条件

为使节能测试的数据具有可比性，在交替运行的能耗测试过程中，应尽量满足以下条件：

a)　运行的空调设备（冷热源主机、水泵及风机）应一致。

b)　运行（开机、停机）时间应一致，且每天测试过程中，不能只在部分时间段运行，应覆盖空调系统正常运行的全部时间。

c)　负荷情况应基本一致，即室外气候条件和空调的使用情况应基本相同。

d)　运行工况应一致。在夏季制冷模式下，制冷主机的冷冻水出水温度应为额定出水温度（如 7 ℃）±1 ℃，且主机的输出功率不应大于其额定功率；在冬季供热模式下，热源主机的热水出水温度应为额定出水温度（如 60 ℃）±2 ℃。

e)　测量仪表应一致，即空调系统变流量与定流量交替运行时测量各设备能耗的电能表应尽可能采用同一只表。

注：当测试条件差异较大时，为减小测试误差，可以参照 JGJ 176 中 10.2.1 的规定，视运行工况的差异情况在测试的节能率上加一个“调整量”。调整量有正有负，调整量的正负和大小可由参与测试的各方代表商定。

A.3　能耗数据记录及节能计算方法

A.3.1　运行参数记录

在节能测试过程中，每间隔一定的时间段应按表 A.5 对空调系统的运行参数进行记录和整理，以便对系统运行情况进行分析。

A.3.2　测试时间相同时的能耗记录及计算

在进行节能测试时，如果空调系统定流量和变流量运行时间完全相同，可按表 A.1 的格式对各自的能耗数据进行记录，按表 A.2 进行数据汇总和计算，得出使用节能控制装置后中央空调系统的节能率。

A.3.2.1　表 A.1 中“实际能耗”，即为该设备的电能表“终止读数”与“起始读数”之差再乘以电流互感器变比 k。

A.3.2.2　表 A.2 中“总能耗”，为表 A.1 中相应运行方式下记录的能耗的总和，按主机、辅机和空调系统（包括主机和辅机）分类求和。

A.3.2.3 按表 A.2 中的节能计算方法，分别计算出主机节能率 $r_{主机}$、辅机节能率 $r_{辅机}$ 和系统综合节能率 $r_{综合}$。

A.3.3 测试时间不相同时的能耗记录及计算

在进行节能率测试时，可能会因为一些不确定的因素导致空调系统定流量和变流量运行时间不完全相同，对于这种情况，则可按表 A.3 的格式对各自的能耗数据进行记录，按表 A.4 进行数据汇总和计算，得出使用节能控制装置后中央空调系统的节能率。

A.3.3.1 表 A.3 中“实际能耗”，即为该设备的电能表“终止读数”与“起始读数”之差再乘以电流互感器变比 k。

A.3.3.2 表 A.3 中“运行时间”，为各运行设备的当天运行时间。

A.3.3.3 表 A.4 中“总能耗”，为表 A.3 中相应运行方式下记录的“实际能耗”的总和，分别按主机、辅机、空调系数(包括主机和辅机)分类求和。

A.3.3.4 表 A.4 中“总运行时间”，为表 A.3 中相应运行方式下记录的“运行时间”的总和，分别按主机、辅机、空调系数分类求和。

A.3.3.5 按表 A.4 中的节能计算方法，分别计算出主机节能率 $r_{主机}$、辅机节能率 $r_{辅机}$ 和系统综合节能率 $r_{综合}$。

A.4 测试分析与总结

节能率测试完毕，应整理好各种测试数据与记录，进行测试分析与总结，编制《测试报告》，《测试报告》应包含以下内容：

a) 测试说明。在进行节能率测试前，用户和制造商双方人员应对节能测试过程(如测试时间安排、投入运行的空调设备等)及相关事宜进行协商，并以书面形式记录归档保存。

b) 测试记录及测试结果。在《测试报告》中应包含每天的测试记录：《中央空调系统节能率测试数据记录表》、《中央空调系统节能率测试计算表》、《中央空调系统节能率测试运行参数记录表》等。

c) 测试分析及总结。在《测试报告》中应包含测试分析及总结，主要分析系统运行情况是否正常、测试结果是否准确、系统运行及节能效果可否改进等。

表 A.1 中央空调系统节能率测试数据记录表(一)(设备种类:□ 主机 □ 辅机)

运行工况	设备名称	计量表编号	起始读数	终止读数	电流互感器变比	实际能耗/(kW·h)	运行工况	设备名称	计量表编号	起始读数	终止读数	电流互感器变比	实际能耗/(kW·h)
运行工况:第 天(月 日 时至 月 日 时) □变流量 □定流量							运行工况:第 天(月 日 时至 月 日 时) □变流量 □定流量						
	合计							合计					
测试人员:用户代表(签名) 年 月 日							测试人员:用户代表(签名) 年 月 日						
测试人员:制造商代表(签名) 年 月 日							测试人员:制造商代表(签名) 年 月 日						
注:若冷热源主机采用非电能的其他能源(如:燃油、燃气等)时,则表中的能耗单位应相应进行调整。													

表 A.2　中央空调系统节能率测试计算表(一)

主　机		辅　机		空调系统	
定流量总能耗/(kW·h)		定流量总能耗/(kW·h)		定流量总能耗/(kW·h)	
变流量总能耗/(kW·h)		变流量总能耗/(kW·h)		变流量总能耗/(kW·h)	
节能量/(kW·h)		节能量/(kW·h)		节能量/(kW·h)	
节能率($r_{主机}$)		节能率($r_{辅机}$)		节能率($r_{综合}$)	
测试人员:用户代表(签名)　　年　月　日 (用户盖章)			测试人员:制造商代表(签名)　　年　月　日 (制造商盖章)		

注 1:若冷热源主机采用非电能的其他能源(如:燃油、燃气等)时,则表中的能耗单位应相应进行调整。

注 2:节能量＝定流量总能耗－变流量总能耗;节能率＝节能量÷定流量总能耗。

表 A.3 中央空调系统节能率测试数据记录表(二)(设备种类:□ 主机 □ 辅机)

运行工况	设备名称	计量表编号	起始读数	终止读数	电流互感器变比	实际能耗/(kW·h)	运行时间/h	运行工况	设备名称	计量表编号	起始读数	终止读数	电流互感器变比	实际能耗/(kW·h)	运行时间/h
第 天(月 日 时至 月 日 时) 运行工况:□变流量 □定流量								第 天(月 日 时至 月 日 时) 运行工况:□变流量 □定流量							
	合计								合计						
测试人员:用户代表(签名) 年 月 日								测试人员:用户代表(签名) 年 月 日							
测试人员:制造商代表(签名) 年 月 日								测试人员:制造商代表(签名) 年 月 日							
注:若冷热源主机采用非电能的其他能源(如:燃油、燃气等)时,则表中的能耗单位应相应进行调整。															

表 A.4　中央空调系统节能率测试计算表(二)

主机		辅机		空调系统	
定流量总能耗/(kW·h)		定流量总能耗/(kW·h)		定流量总能耗/(kW·h)	
定流量总运行时间/h		定流量总运行时间/h		定流量总运行时间/h	
定流量单位时间能耗/(kW·h/h)		定流量单位时间能耗/(kW·h/)h		定流量单位时间能耗/(kW·h/h)	
变流量总能耗/(kW·h)		变流量总能耗/(kW·h)		变流量总能耗/(kW·h)	
变流量总运行时间/h		变流量总运行时间/h		变流量总运行时间/h	
变流量单位时间能耗/(kW·h/h)		变流量单位时间能耗/(kW·h/h)		变流量单位时间能耗/(kW·h/h)	
单位时间节能量/(kW·h/h)		单位时间节能量/(kW·h/h)		单位时间节能量/(kW·h/h)	
主机节能率($r_{主机}$)		辅机节能率($r_{辅机}$)		系统节能率($r_{综合}$)	
测试人员:用户代表(签名)　　　年　月　日 (用户盖章)			测试人员:制造商代表(签名)　　　年　月　日 (制造商盖章)		
注1:若冷热源主机采用非电能的其他能源(如:燃油、燃气等)时,则表中的能耗单位应相应进行调整。 注2:单位时间能耗=总能耗÷总运行时间;单位时间节能量=定流量单位时间能耗−变流量单位时间能耗;节能率=单位时间节能量÷定流量单位时间能耗。					

表 A.5 中央空调系统节能率测试运行参数记录表

测试时间： 年 月 日 时至 年 月 日 时　　运行工况：□变流量　□ 定流量
主机冷冻水(热水)出口温度设置值 ℃　　室外温度： ℃ 相对湿度： % 晴雨：

参 数	记录时间												
	0:00	2:00	4:00	6:00	8:00	10:00	12:00	14:00	16:00	18:00	20:00	22:00	24:00
××#主机冷冻水(热水)出口温度/℃													
××#主机冷冻水(热水)进口温度/℃													
××#主机冷却水出口温度/℃													
××#主机冷却水进口温度/℃													
××#主机电流/A													
××#主机冷冻水(热水)流量/(m^3/h)													
总管流量计/(m^3/h)													
冷冻水(热水)供回水总管压差/Pa													
冷冻水(热水)总管供水温度/℃													
冷冻水(热水)总管回水温度/℃													
冷却水总管供水温度/℃													

表 A.5（续）

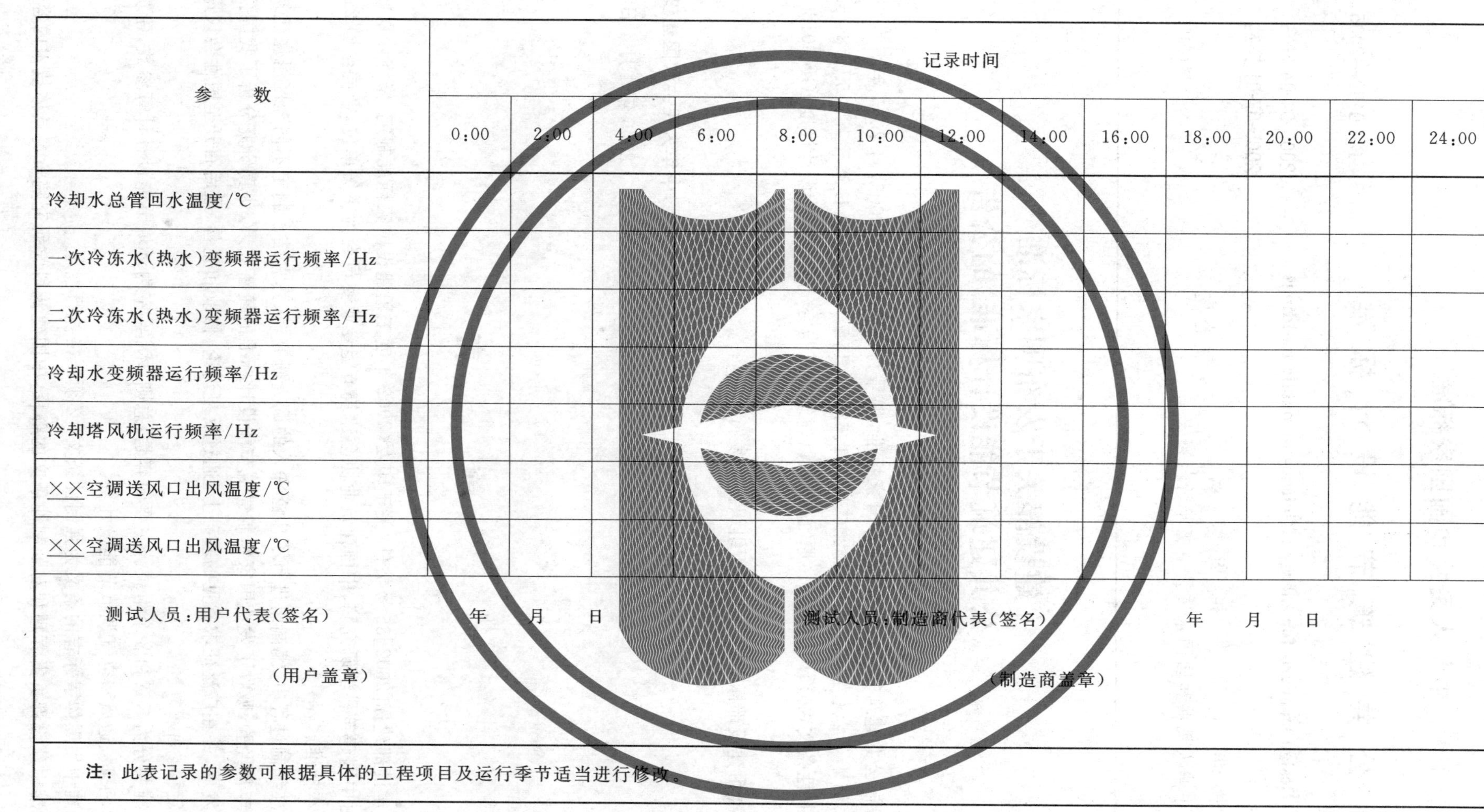

参　数	记录时间												
	0:00	2:00	4:00	6:00	8:00	10:00	12:00	14:00	16:00	18:00	20:00	22:00	24:00
冷却水总管回水温度/℃													
一次冷冻水(热水)变频器运行频率/Hz													
二次冷冻水(热水)变频器运行频率/Hz													
冷却水变频器运行频率/Hz													
冷却塔风机运行频率/Hz													
××空调送风口出风温度/℃													
××空调送风口出风温度/℃													
测试人员:用户代表(签名)　　年　月　日 （用户盖章）	测试人员:制造商代表(签名)　　年　月　日 （制造商盖章）												
注：此表记录的参数可根据具体的工程项目及运行季节适当进行修改。													

中华人民共和国国家标准

公共建筑节能设计标准

GB 50189—2005

Design standard for energy efficiency of public buildings

2005-04-04 发布
2005-07-01 实施

中华人民共和国建设部
中华人民共和国国家质量监督检验检疫总局
联合发布

建设部关于发布国家标准《公共建筑节能设计标准》的公告

现批准《公共建筑节能设计标准》为国家标准，编号为 GB 50189—2005，自 2005 年 7 月 1 日起实施。其中，第 4.1.2、4.2.2、4.2.4、4.2.6、5.1.1、5.4.2(1、2、3、5、6)、5.4.3、5.4.5、5.4.8、5.4.9 条(款)为强制性条文，必须严格执行。原《旅游旅馆建筑热工与空气调节节能设计标准》GB 50189—93 同时废止。

本标准由建设部标准定额研究所组织出版发行。

中华人民共和国建设部

2005 年 4 月 4 日

前　　言

根据建设部建标[2002]85 号文件"关于印发《2002 年度工程建设国家标准制定、修订计划》的通知"的要求，由中国建筑科学研究院、中国建筑业协会建筑节能专业委员会为主编单位，会同全国 21 个单位共同编制本标准。

在标准编制过程中，编制组进行了广泛深入的调查研究，认真总结了制定不同地区居住建筑节能设计标准的丰富经验，吸收了发达国家编制建筑节能设计标准的最新成果，认真研究分析了我国公共建筑的现状和发展，并在广泛征求意见的基础上，通过反复讨论、修改和完善，最后召开全国性会议邀请有关专家审查定稿。

本标准共分为 5 章和 3 个附录。主要内容是：总则，术语，室内环境节能设计计算参数，建筑与建筑热工设计，采暖、通风和空气调节节能设计等。

本标准中用黑体字标志的条文为强制性条文，必须严格执行。

本标准由建设部负责管理和对强制性条文的解释，中国建筑科学研究院负责具体技术内容的解释。

本标准在执行过程中，请各单位注意总结经验，积累资料，随时将有关意见和建议反馈给中国建筑科学研究院（北京市北三环东路30号，邮政编码100013），以供今后修订时参考。

本标准主编单位、参编单位和主要起草人：

主编单位：中国建筑科学研究院
中国建筑业协会建筑节能专业委员会

参编单位：中国建筑西北设计研究院
中国建筑西南设计研究院
同济大学
中国建筑设计研究院
上海建筑设计研究院有限公司
上海市建筑科学研究院
中南建筑设计院
中国有色工程设计研究总院
中国建筑东北设计研究院
北京市建筑设计研究院
广州市设计院
深圳市建筑科学研究院
重庆市建设技术发展中心
北京振利高新技术公司
北京金易格幕墙装饰工程有限责任公司
约克（无锡）空调冷冻科技有限公司
深圳市方大装饰工程有限公司
秦皇岛耀华玻璃股份有限公司
特灵空调器有限公司
开利空调销售服务（上海）有限公司
乐意涂料（上海）有限公司
北京兴立捷科技有限公司

主要起草人：郎四维 林海燕 涂逢祥 陆耀庆 冯 雅 龙惟定 潘云钢 寿炜炜 刘明明
蔡路得 罗 英 金丽娜 卜一秋 郑爱军 刘俊跃 彭志辉 黄振利 班广生
盛 萍 曾晓武 鲁大学 余中海 杨利明 张 盐 周 辉 杜 立

1 总则

1.0.1 为贯彻国家有关法律法规和方针政策，改善公共建筑的室内环境，提高能源利用效率，制定本标准。

1.0.2 本标准适用于新建、改建和扩建的公共建筑节能设计。

1.0.3 按本标准进行的建筑节能设计，在保证相同的室内环境参数条件下，与未采取节能措施前相比，全年采暖、通风、空气调节和照明的总能耗应减少50%。公共建筑的照明节能设计应符合国家现行标准《建筑照明设计标准》GB 50034—2004的有关规定。

1.0.4 公共建筑的节能设计，除应符合本标准的规定外，尚应符合国家现行有关标准的规定。

2 术语

2.0.1 透明幕墙 transparent curtain wall

可见光可直接透射入室内的幕墙。

2.0.2　可见光透射比　visible transmittance

透过透明材料的可见光光通量与投射在其表面上的可见光光通量之比。

2.0.3　综合部分负荷性能系数　integrated part load value (IPLV)

用一个单一数值表示的空气调节用冷水机组的部分负荷效率指标，它基于机组部分负荷时的性能系数值、按照机组在各种负荷下运行时间的加权因素，通过计算获得。

2.0.4　围护结构热工性能权衡判断　building envelope trade-off option

当建筑设计不能完全满足规定的围护结构热工设计要求时，计算并比较参照建筑和所设计建筑的全年采暖和空气调节能耗，判定围护结构的总体热工性能是否符合节能设计要求。

2.0.5　参照建筑　reference building

对围护结构热工性能进行权衡判断时，作为计算全年采暖和空气调节能耗用的假想建筑。

3　室内环境节能设计计算参数

3.0.1　集中采暖系统室内计算温度宜符合表3.0.1-1的规定；空气调节系统室内计算参数宜符合表3.0.1-2的规定。

表3.0.1-1　集中采暖系统室内计算温度

建筑类型及房间名称	室内温度/℃	建筑类型及房间名称	室内温度/℃
1　办公楼：		6　体育：	
门厅、楼(电)梯	16	比赛厅(不含体操)、练习厅	16
办公室	20	休息厅	18
会议室、接待室、多功能厅	18	运动员、教练员更衣、休息	20
走道、洗手间、公共食堂	16	游泳馆	26
车库	5	7　商业：	
2　餐饮：		营业厅(百货、书籍)	18
餐厅、饮食、小吃、办公	18	鱼肉、蔬菜营业厅	14
洗碗间	16	副食(油、盐、杂货)、洗手间	16
制作间、洗手间、配餐	16	办公	20
厨房、热加工间	10	米面贮藏	5
干菜、饮料库	8	百货仓库	10
3　影剧院：		8　旅馆：	
门厅、走道	14	大厅、接待	16
观众厅、放映室、洗手间	16	客房、办公室	20
休息厅、吸烟室	18	餐厅、会议室	18
化妆	20	走道、楼(电)梯间	16
4　交通：		公共浴室	25
民航候机厅、办公室	20	公共洗手间	16
候车厅、售票厅	16	9　图书馆：	
公共洗手间	16	大厅	16
5　银行：		洗手间	16
营业大厅	18	办公室、阅览	20
走道、洗手间	16	报告厅、会议室	18
办公室	20	特藏、胶卷、书库	14
楼(电)梯	14		

表 3.0.1-2 空气调节系统室内计算参数

参数		冬季	夏季
温度/℃	一般房间	20	25
	大堂、过厅	18	室内外温差≤10
风速(υ)/(m/s)		0.10≤υ≤0.20	0.15≤υ≤0.30
相对湿度/%		30～60	40～65

3.0.2 公共建筑主要空间的设计新风量，应符合表 3.0.2 的规定。

表 3.0.2 公共建筑主要空间的设计新风量

建筑类型与房间名称			新风量/[m³/(h·p)]
旅游旅馆	客房	5 星级	50
		4 星级	40
		3 星级	30
	餐厅、宴会厅、多功能厅	5 星级	30
		4 星级	25
		3 星级	20
		2 星级	15
	大堂、四季厅	(4～5)星级	10
	商业、服务	(4～5)星级	20
		(2～3)星级	30
	美容、理发、康乐设施		30
旅店	客房	一～三级	30
		四级	20
文化娱乐	影剧院、音乐厅、录像厅		20
	游艺厅、舞厅(包括卡拉 OK 歌厅)		30
	酒吧、茶座、咖啡厅		10
体育馆			20
商场(店)、书店			20
饭馆(餐厅)			20
办公			30
学校	教室	小学	11
		初中	14
		高中	17

4 建筑与建筑热工设计

4.1 一般规定

4.1.1 建筑总平面的布置和设计，宜利用冬季日照并避开冬季主导风向，利用夏季自然通风。建筑的主朝向宜选择本地区最佳朝向或接近最佳朝向。

4.1.2 严寒、寒冷地区建筑的体形系数应小于或等于0.40。当不能满足本条文的规定时，必须按本标准第4.3节的规定进行权衡判断。

4.2 围护结构热工设计

4.2.1 各城市的建筑气候分区应按表4.2.1确定。

表 4.2.1 主要城市所处气候分区

气候分区	代表性城市
严寒地区A区	海伦、博克图、伊春、呼玛、海拉尔、满洲里、齐齐哈尔、富锦、哈尔滨、牡丹江、克拉玛依、佳木斯、安达
严寒地区B区	长春、乌鲁木齐、延吉、通辽、通化、四平、呼和浩特、抚顺、大柴旦、沈阳、大同、本溪、阜新、哈密、鞍山、张家口、酒泉、伊宁、吐鲁番、西宁、银川、丹东
寒冷地区	兰州、太原、唐山、阿坝、喀什、北京、天津、大连、阳泉、平凉、石家庄、德州、晋城、天水、西安、拉萨、康定、济南、青岛、安阳、郑州、洛阳、宝鸡、徐州
夏热冬冷地区	南京、蚌埠、盐城、南通、合肥、安庆、九江、武汉、黄石、岳阳、汉中、安康、上海、杭州、宁波、宜昌、长沙、南昌、株洲、永州、赣州、韶关、桂林、重庆、达县、万州、涪陵、南充、宜宾、成都、贵阳、遵义、凯里、绵阳
夏热冬暖地区	福州、莆田、龙岩、梅州、兴宁、英德、河池、柳州、贺州、泉州、厦门、广州、深圳、湛江、汕头、海口、南宁、北海、梧州

4.2.2 根据建筑所处城市的建筑气候分区，围护结构的热工性能应分别符合表4.2.2-1、表4.2.2-2、表4.2.2-3、表4.2.2-4、表4.2.2-5以及表4.2.2-6的规定，其中外墙的传热系数为包括结构性热桥在内的平均值 K_m。当建筑所处城市属于温和地区时，应判断该城市的气象条件与表4.2.1中的哪个城市最接近，围护结构的热工性能应符合那个城市所属气候分区的规定。当本条文的规定不能满足时，必须按本标准第4.3节的规定进行权衡判断。

表 4.2.2-1 严寒地区A区围护结构传热系数限值

围护结构部位		体形系数≤0.3 传热系数 K/[W/(m²·K)]	0.3<体形系数≤0.4 传热系数 K/[W/(m²·K)]
屋面		≤0.35	≤0.30
外墙(包括非透明幕墙)		≤0.45	≤0.40
底面接触室外空气的架空或外挑楼板		≤0.45	≤0.40
非采暖房间与采暖房间的隔墙或楼板		≤0.6	≤0.6
单一朝向外窗(包括透明幕墙)	窗墙面积比≤0.2	≤3.0	≤2.7
	0.2<窗墙面积比≤0.3	≤2.8	≤2.5
	0.3<窗墙面积比≤0.4	≤2.5	≤2.2
	0.4<窗墙面积比≤0.5	≤2.0	≤1.7
	0.5<窗墙面积比≤0.7	≤1.7	≤1.5
屋顶透明部分		≤2.5	

表 4.2.2-2 严寒地区 B 区围护结构传热系数限值

围护结构部位		体形系数≤0.3 传热系数 K/[W/(m^2·K)]	0.3<体形系数≤0.4 传热系数 K/[W/(m^2·K)]
屋面		≤0.45	≤0.35
外墙(包括非透明幕墙)		≤0.50	≤0.45
底面接触室外空气的架空或外挑楼板		≤0.50	≤0.45
非采暖房间与采暖房间的隔墙或楼板		≤0.8	≤0.8
单一朝向外窗(包括透明幕墙)	窗墙面积比≤0.2	≤3.2	≤2.8
	0.2<窗墙面积比≤0.3	≤2.9	≤2.5
	0.3<窗墙面积比≤0.4	≤2.6	≤2.2
	0.4<窗墙面积比≤0.5	≤2.1	≤1.8
	0.5<窗墙面积比≤0.7	≤1.8	≤1.6
屋顶透明部分		≤2.6	

表 4.2.2-3 寒冷地区围护结构传热系数和遮阳系数限值

围护结构部位		体形系数≤0.3 传热系数 K/[W/(m^2·K)]		0.3<体形系数≤0.4 传热系数 K/[W/(m^2·K)]	
屋面		≤0.55		≤0.45	
外墙(包括非透明幕墙)		≤0.60		≤0.50	
底面接触室外空气的架空或外挑楼板		≤0.60		≤0.50	
非采暖空调房间与采暖空调房间的隔墙或楼板		≤1.5		≤1.5	
外窗(包括透明幕墙)		传热系数 K/[W/(m^2·K)]	遮阳系数 SC(东、南、西向/北向)	传热系数 K/[W/(m^2·K)]	遮阳系数 SC(东、南、西向/北向)
单一朝向外窗(包括透明幕墙)	窗墙面积比≤0.2	≤3.5	—	≤3.0	—
	0.2<窗墙面积比≤0.3	≤3.0	—	≤2.5	—
	0.3<窗墙面积比≤0.4	≤2.7	≤0.70/—	≤2.3	≤0.70/—
	0.4<窗墙面积比≤0.5	≤2.3	≤0.60/—	≤2.0	≤0.60/—
	0.5<窗墙面积比≤0.7	≤2.0	≤0.50/—	≤1.8	≤0.50/—
屋顶透明部分		≤2.7	≤0.50	≤2.7	≤0.50
注:有外遮阳时,遮阳系数=玻璃的遮阳系数×外遮阳的遮阳系数;无外遮阳时,遮阳系数=玻璃的遮阳系数。					

表 4.2.2-4 夏热冬冷地区围护结构传热系数和遮阳系数限值

围护结构部位	传热系数 K/[W/(m^2·K)]	
屋面	≤0.70	
外墙(包括非透明幕墙)	≤1.0	
底面接触室外空气的架空或外挑楼板	≤1.0	
外窗(包括透明幕墙)	传热系数 K/[W/(m^2·K)]	遮阳系数 SC(东、南、西向/北向)

续表 4.2.2-4

围护结构部位		传热系数 K/[W/(m^2·K)]	
单一朝向外窗(包括透明幕墙)	窗墙面积比≤0.2	≤4.7	—
	0.2<窗墙面积比≤0.3	≤3.5	≤0.55/—
	0.3<窗墙面积比≤0.4	≤3.0	≤0.50/0.60
	0.4<窗墙面积比≤0.5	≤2.8	≤0.45/0.55
	0.5<窗墙面积比≤0.7	≤2.5	≤0.40/0.50
屋顶透明部分		≤3.0	≤0.40
注：有外遮阳时，遮阳系数＝玻璃的遮阳系数×外遮阳的遮阳系数；无外遮阳时，遮阳系数＝玻璃的遮阳系数。			

表 4.2.2-5 夏热冬暖地区围护结构传热系数和遮阳系数限值

围护结构部位		传热系数 K/[W/(m^2·K)]	
屋面		≤0.90	
外墙(包括非透明幕墙)		≤1.5	
底面接触室外空气的架空或外挑楼板		≤1.5	
外窗(包括透明幕墙)		传热系数 K/[W/(m^2·K)]	遮阳系数 SC（东、南、西向/北向）
单一朝向外窗(包括透明幕墙)	窗墙面积比≤0.2	≤6.5	—
	0.2<窗墙面积比≤0.3	≤4.7	≤0.50/0.60
	0.3<窗墙面积比≤0.4	≤3.5	≤0.45/0.55
	0.4<窗墙面积比≤0.5	≤3.0	≤0.40/0.50
	0.5<窗墙面积比≤0.7	≤3.0	≤0.35/0.45
屋顶透明部分		≤3.5	≤0.35
注：有外遮阳时，遮阳系数＝玻璃的遮阳系数×外遮阳的遮阳系数；无外遮阳时，遮阳系数＝玻璃的遮阳系数。			

表 4.2.2-6 不同气候区地面和地下室外墙热阻限值

气候分区	围护结构部位	热阻 R/[(m^2·K)/W]
严寒地区 A 区	地面：周边地面	≥2.0
	非周边地面	≥1.8
	采暖地下室外墙(与土壤接触的墙)	≥2.0
严寒地区 B 区	地面：周边地面	≥2.0
	非周边地面	≥1.8
	采暖地下室外墙(与土壤接触的墙)	≥1.8
寒冷地区	地面：周边地面 非周边地面	≥1.5
	采暖、空调地下室外墙(与土壤接触的墙)	≥1.5
夏热冬冷地区	地面	≥1.2
	地下室外墙(与土壤接触的墙)	≥1.2
夏热冬暖地区	地面	≥1.0
	地下室外墙(与土壤接触的墙)	≥1.0
注：周边地面系指距外墙内表面 2 m 以内的地面； 地面热阻系指建筑基础持力层以上各层材料的热阻之和； 地下室外墙热阻系指土壤以内各层材料的热阻之和。		

4.2.3 外墙与屋面的热桥部位的内表面温度不应低于室内空气露点温度。

4.2.4 建筑每个朝向的窗(包括透明幕墙)墙面积比均不应大于0.70。当窗(包括透明幕墙)墙面积比小于0.40时,玻璃(或其他透明材料)的可见光透射比不应小于0.4。当不能满足本条文的规定时,必须按本标准第4.3节的规定进行权衡判断。

4.2.5 夏热冬暖地区、夏热冬冷地区的建筑以及寒冷地区中制冷负荷大的建筑,外窗(包括透明幕墙)宜设置外部遮阳,外部遮阳的遮阳系数按本标准附录A确定。

4.2.6 屋顶透明部分的面积不应大于屋顶总面积的20%,当不能满足本条文的规定时,必须按本标准第4.3节的规定进行权衡判断。

4.2.7 建筑中庭夏季应利用通风降温,必要时设置机械排风装置。

4.2.8 外窗的可开启面积不应小于窗面积的30%;透明幕墙应具有可开启部分或设有通风换气装置。

4.2.9 严寒地区建筑的外门应设门斗,寒冷地区建筑的外门宜设门斗或应采取其他减少冷风渗透的措施。其他地区建筑外门也应采取保温隔热节能措施。

4.2.10 外窗的气密性不应低于《建筑外窗气密性能分级及其检测方法》GB 7107规定的4级。

4.2.11 透明幕墙的气密性不应低于《建筑幕墙物理性能分级》GB/T 15225规定的3级。

4.3 围护结构热工性能的权衡判断

4.3.1 首先计算参照建筑在规定条件下的全年采暖和空气调节能耗,然后计算所设计建筑在相同条件下的全年采暖和空气调节能耗,当所设计建筑的采暖和空气调节能耗不大于参照建筑的采暖和空气调节能耗时,判定围护结构的总体热工性能符合节能要求。当所设计建筑的采暖和空气调节能耗大于参照建筑的采暖和空气调节能耗时,应调整设计参数重新计算,直至所设计建筑的采暖和空气调节能耗不大于参照建筑的采暖和空气调节能耗。

4.3.2 参照建筑的形状、大小、朝向、内部的空间划分和使用功能应与所设计建筑完全一致。在严寒和寒冷地区,当所设计建筑的体形系数大于本标准第4.1.2条的规定时,参照建筑的每面外墙均应按比例缩小,使参照建筑的体形系数符合本标准第4.1.2条的规定。当所设计建筑的窗墙面积比大于本标准第4.2.4条的规定时,参照建筑的每个窗户(透明幕墙)均应按比例缩小,使参照建筑的窗墙面积比符合本标准第4.2.4条的规定。当所设计建筑的屋顶透明部分的面积大于本标准第4.2.6条的规定时,参照建筑的屋顶透明部分的面积应按比例缩小,使参照建筑的屋顶透明部分的面积符合本标准第4.2.6条的规定。

4.3.3 参照建筑外围护结构的热工性能参数取值应完全符合本标准第4.2.2条的规定。

4.3.4 所设计建筑和参照建筑全年采暖和空气调节能耗的计算必须按照本标准附录B的规定进行。

5 采暖、通风和空气调节节能设计

5.1 一般规定

5.1.1 施工图设计阶段,必须进行热负荷和逐项逐时的冷负荷计算。

5.1.2 严寒地区的公共建筑,不宜采用空气调节系统进行冬季采暖,冬季宜设热水集中采暖系统。对于寒冷地区,应根据建筑等级、采暖期天数、能源消耗量和运行费用等因素,经技术经济综合分析比较后确定是否另设置热水集中采暖系统。

5.2 采暖

5.2.1 集中采暖系统应采用热水作为热媒。

5.2.2 设计集中采暖系统时,管路宜按南、北向分环供热原则进行布置并分别设置室温调控装置。

5.2.3 集中采暖系统在保证能分室(区)进行室温调节的前提下,可采用下列任一制式;系统的划分和布置应能实现分区热量计量。

1 上/下分式垂直双管;

2 下分式水平双管；

3 上分式垂直单双管；

4 上分式全带跨越管的垂直单管；

5 下分式全带跨越管的水平单管。

5.2.4 散热器宜明装，散热器的外表面应刷非金属性涂料。

5.2.5 散热器的散热面积，应根据热负荷计算确定。确定散热器所需散热量时，应扣除室内明装管道的散热量。

5.2.6 公共建筑内的高大空间，宜采用辐射供暖方式。

5.2.7 集中采暖系统供水或回水管的分支管路上，应根据水力平衡要求设置水力平衡装置。必要时，在每个供暖系统的入口处，应设置热量计量装置。

5.2.8 集中热水采暖系统热水循环水泵的耗电输热比（EHR），应符合下式要求：

$$EHR = N / Q\eta \tag{5.2.8-1}$$

$$EHR \leqslant 0.0056(14 + \alpha\Sigma L)/\Delta t \tag{5.2.8-2}$$

式中：

N——水泵在设计工况点的轴功率（kW）；

Q——建筑供热负荷（kW）；

η——考虑电机和传动部分的效率（%）；

当采用直联方式时，$\eta=0.85$；

当采用联轴器连接方式时，$\eta=0.83$；

Δt——设计供回水温度差（℃）。系统中管道全部采用钢管连接时，取 $\Delta t=25$℃；系统中管道有部分采用塑料管材连接时，取 $\Delta t=20$℃；

ΣL——室外主干线（包括供回水管）总长度（m）；

当 $\Sigma L \leqslant 500$ m 时，$\alpha=0.0115$；

当 $500 < \Sigma L < 1000$ m 时，$\alpha=0.0092$；

当 $\Sigma L \geqslant 1000$ m 时，$\alpha=0.0069$。

5.3 通风与空气调节

5.3.1 使用时间、温度、湿度等要求条件不同的空气调节区，不应划分在同一个空气调节风系统中。

5.3.2 房间面积或空间较大、人员较多或有必要集中进行温、湿度控制的空气调节区，其空气调节风系统宜采用全空气空气调节系统，不宜采用风机盘管系统。

5.3.3 设计全空气空气调节系统并当功能上无特殊要求时，应采用单风管送风方式。

5.3.4 下列全空气空气调节系统宜采用变风量空气调节系统：

1 同一个空气调节风系统中，各空调区的冷、热负荷差异和变化大、低负荷运行时间较长，且需要分别控制各空调区温度；

2 建筑内区全年需要送冷风。

5.3.5 设计变风量全空气空气调节系统时，宜采用变频自动调节风机转速的方式，并应在设计文件中标明每个变风量末端装置的最小送风量。

5.3.6 设计定风量全空气空气调节系统时，宜采取实现全新风运行或可调新风比的措施，同时设计相应的排风系统。新风量的控制与工况的转换，宜采用新风和回风的焓值控制方法。

5.3.7 当一个空气调节风系统负担多个使用空间时，系统的新风量应按下列公式计算确定：

$$Y = X/(1 + X - Z) \tag{5.3.7-1}$$

$$Y = V_{ot}/V_{st} \tag{5.3.7-2}$$

$$X = V_{on}/V_{st} \tag{5.3.7-3}$$

$$Z = V_{oc}/V_{sc} \tag{5.3.7-4}$$

式中：

Y——修正后的系统新风量在送风量中的比例；

V_{ot}——修正后的总新风量(m^3/h)；

V_{st}——总送风量，即系统中所有房间送风量之和(m^3/h)；

X——未修正的系统新风量在送风量中的比例；

V_{on}——系统中所有房间的新风量之和(m^3/h)；

Z——需求最大的房间的新风比；

V_{oc}——需求最大的房间的新风量(m^3/h)；

V_{sc}——需求最大的房间的送风量(m^3/h)。

5.3.8 在人员密度相对较大且变化较大的房间，宜采用新风需求控制。即根据室内 CO_2 浓度检测值增加或减少新风量，使 CO_2 浓度始终维持在卫生标准规定的限值内。

5.3.9 当采用人工冷、热源对空气调节系统进行预热或预冷运行时，新风系统应能关闭；当采用室外空气进行预冷时，应尽量利用新风系统。

5.3.10 建筑物空气调节内、外区应根据室内进深、分隔、朝向、楼层以及围护结构特点等因素划分。内、外区宜分别设置空气调节系统并注意防止冬季室内冷热风的混合损失。

5.3.11 对有较大内区且常年有稳定的大量余热的办公、商业等建筑，宜采用水环热泵空气调节系统。

5.3.12 设计风机盘管系统加新风系统时，新风宜直接送入各空气调节区，不宜经过风机盘管机组后再送出。

5.3.13 建筑顶层、或者吊顶上部存在较大发热量、或者吊顶空间较高时，不宜直接从吊顶内回风。

5.3.14 建筑物内设有集中排风系统且符合下列条件之一时，宜设置排风热回收装置。排风热回收装置(全热和显热)的额定热回收效率不应低于60%。

1 送风量大于或等于 3000 m^3/h 的直流式空气调节系统，且新风与排风的温度差大于或等于8℃；

2 设计新风量大于或等于 4 000 m^3/h 的空气调节系统，且新风与排风的温度差大于或等于8℃；

3 设有独立新风和排风的系统。

5.3.15 有人员长期停留且不设置集中新风、排风系统的空气调节区(房间)，宜在各空气调节区(房间)分别安装带热回收功能的双向换气装置。

5.3.16 选配空气过滤器时，应符合下列要求：

1 粗效过滤器的初阻力小于或等于 50 Pa(粒径大于或等于 5.0 μm，效率：$80\% > E \geqslant 20\%$)；终阻力小于或等于 100 Pa；

2 中效过滤器的初阻力小于或等于 80 Pa(粒径大于或等于 1.0 μm，效率：$70\% > E \geqslant 20\%$)；终阻力小于或等于 160 Pa；

3 全空气空气调节系统的过滤器，应能满足全新风运行的需要。

5.3.17 空气调节风系统不应设计土建风道作为空气调节系统的送风道和已经过冷、热处理后的新风送风道。不得已而使用土建风道时，必须采取可靠的防漏风和绝热措施。

5.3.18 空气调节冷、热水系统的设计应符合下列规定：

1 应采用闭式循环水系统；

2 只要求按季节进行供冷和供热转换的空气调节系统，应采用两管制水系统；

3 当建筑物内有些空气调节区需全年供冷水，有些空气调节区则冷、热水定期交替供应时，宜采用分区两管制水系统；

4 全年运行过程中，供冷和供热工况频繁交替转换或需同时使用的空气调节系统，宜采用四管制水系统；

5 系统较小或各环路负荷特性或压力损失相差不大时，宜采用一次泵系统；在经过包括设备的适应性、控制系统方案等技术论证后，在确保系统运行安全可靠且具有较大的节能潜力和经济性的前提下，一次泵可采用变速调节方式；

6 系统较大、阻力较高、各环路负荷特性或压力损失相差悬殊时，应采用二次泵系统；二次泵宜根据流量需求的变化采用变速变流量调节方式；

7 冷水机组的冷水供、回水设计温差不应小于5℃。在技术可靠、经济合理的前提下宜尽量加大冷水供、回水温差；

8 空气调节水系统的定压和膨胀，宜采用高位膨胀水箱方式。

5.3.19 选择两管制空气调节冷、热水系统的循环水泵时，冷水循环水泵和热水循环水泵宜分别设置。

5.3.20 空气调节冷却水系统设计应符合下列要求：

1 具有过滤、缓蚀、阻垢、杀菌、灭藻等水处理功能；

2 冷却塔应设置在空气流通条件好的场所；

3 冷却塔补水总管上设置水流量计量装置。

5.3.21 空气调节系统送风温差应根据焓湿图($h-d$)表示的空气处理过程计算确定。空气调节系统采用上送风气流组织形式时，宜加大夏季设计送风温差，并应符合下列规定：

1 送风高度小于或等于5 m时，送风温差不宜小于5℃；

2 送风高度大于5 m时，送风温差不宜小于10℃；

3 采用置换通风方式时，不受限制。

5.3.22 建筑空间高度大于或等于10 m、且体积大于10 000 m^3 时，宜采用分层空气调节系统。

5.3.23 有条件时，空气调节送风宜采用通风效率高、空气龄短的置换通风型送风模式。

5.3.24 在满足使用要求的前提下，对于夏季空气调节室外计算湿球温度较低、温度的日较差大的地区，空气的冷却过程，宜采用直接蒸发冷却、间接蒸发冷却或直接蒸发冷却与间接蒸发冷却相结合的二级或三级冷却方式。

5.3.25 除特殊情况外，在同一个空气处理系统中，不应同时有加热和冷却过程。

5.3.26 空气调节风系统的作用半径不宜过大。风机的单位风量耗功率(W_s)应按下式计算，并不应大于表5.3.26中的规定。

$$W_s = P/(3\,600\eta_t) \quad (5.3.26)$$

式中：

W_s——单位风量耗功率[W/(m^3/h)]；

P——风机全压值(Pa)；

η_t——包含风机、电机及传动效率在内的总效率(%)。

表5.3.26 风机的单位风量耗功率限值 W/(m^3/h)

系统型式	办公建筑		商业、旅馆建筑	
	粗效过滤	粗、中效过滤	粗效过滤	粗、中效过滤
两管制定风量系统	0.42	0.48	0.46	0.52
四管制定风量系统	0.47	0.53	0.51	0.58
两管制变风量系统	0.58	0.64	0.62	0.68
四管制变风量系统	0.63	0.69	0.67	0.74
普通机械通风系统	0.32			

注：1 普通机械通风系统中不包括厨房等需要特定过滤装置的房间的通风系统；

2 严寒地区增设预热盘管时，单位风量耗功率可增加0.035 W/(m^3/h)；

3 当空气调节机组内采用湿膜加湿方法时，单位风量耗功率可增加0.053 W/(m^3/h)。

5.3.27 空气调节冷热水系统的输送能效比(ER)应按下式计算，且不应大于表5.3.27中的规定值。

$$ER = 0.002342H/(\Delta T \cdot \eta) \quad (5.3.27)$$

式中：

H——水泵设计扬程(m)；

ΔT——供回水温差(℃)；

η——水泵在设计工作点的效率(%)。

表5.3.27 空气调节冷热水系统的最大输送能效比(ER)

管道类别	两管制热水管道			四管制热水管道	空调冷水管道
	严寒地区	寒冷地区/夏热冬冷地区	夏热冬暖地区		
ER	0.005 77	0.004 33	0.008 65	0.006 73	0.024 1
注：两管制热水管道系统中的输送能效比值，不适用于采用直燃式冷热水机组作为热源的空气调节热水系统。					

5.3.28 空气调节冷热水管的绝热厚度，应按现行国家标准《设备及管道保冷设计导则》GB/T 15586的经济厚度和防表面结露厚度的方法计算，建筑物内空气调节冷热水管亦可按本标准附录C的规定选用。

5.3.29 空气调节风管绝热层的最小热阻应符合表5.3.29的规定。

表5.3.29 空气调节风管绝热层的最小热阻

风管类型	最小热阻[(m²·K)/W]
一般空调风管	0.74
低温空调风管	1.08

5.3.30 空气调节保冷管道的绝热层外，应设置隔汽层和保护层。

5.4 空气调节与采暖系统的冷热源

5.4.1 空气调节与采暖系统的冷、热源宜采用集中设置的冷(热)水机组或供热、换热设备。机组或设备的选择应根据建筑规模、使用特征，结合当地能源结构及其价格政策、环保规定等按下列原则经综合论证后确定：

1 具有城市、区域供热或工厂余热时，宜作为采暖或空调的热源；

2 具有热电厂的地区，宜推广利用电厂余热的供热、供冷技术；

3 具有充足的天然气供应的地区，宜推广应用分布式热电冷联供和燃气空气调节技术，实现电力和天然气的削峰填谷，提高能源的综合利用率；

4 具有多种能源(热、电、燃气等)的地区，宜采用复合式能源供冷、供热技术；

5 具有天然水资源或地热源可供利用时，宜采用水(地)源热泵供冷、供热技术。

5.4.2 除了符合下列情况之一外，不得采用电热锅炉、电热水器作为直接采暖和空气调节系统的热源：

1 电力充足、供电政策支持和电价优惠地区的建筑；

2 以供冷为主，采暖负荷较小且无法利用热泵提供热源的建筑；

3 无集中供热与燃气源，用煤、油等燃料受到环保或消防严格限制的建筑；

4 夜间可利用低谷电进行蓄热、且蓄热式电锅炉不在日间用电高峰和平段时间启用的建筑；

5 利用可再生能源发电地区的建筑；

6 内、外区合一的变风量系统中需要对局部外区进行加热的建筑。

5.4.3 锅炉的额定热效率，应符合表5.4.3的规定。

表 5.4.3　锅炉额定热效率

锅炉类型	热效率/%
燃煤(Ⅱ类烟煤)蒸汽、热水锅炉	78
燃油、燃气蒸汽、热水锅炉	89

5.4.4　燃油、燃气或燃煤锅炉的选择，应符合下列规定：

1　锅炉房单台锅炉的容量，应确保在最大热负荷和低谷热负荷时都能高效运行；

2　锅炉台数不宜少于2台，当中、小型建筑设置1台锅炉能满足热负荷和检修需要时，可设1台；

3　应充分利用锅炉产生的多种余热。

5.4.5　电机驱动压缩机的蒸气压缩循环冷水(热泵)机组，在额定制冷工况和规定条件下，性能系数(*COP*)不应低于表5.4.5的规定。

表 5.4.5　冷水(热泵)机组制冷性能系数

类型		额定制冷量/kW	性能系数/(W/W)
水冷	活塞式/涡旋式	<528 528～1 163 >1 163	3.8 4.0 4.2
	螺杆式	<528 528～1 163 >1 163	4.10 4.30 4.60
	离心式	<528 528～1 163 >1 163	4.40 4.70 5.10
风冷或蒸发冷却	活塞式/涡旋式	≤50 >50	2.40 2.60
	螺杆式	≤50 >50	2.60 2.80

5.4.6　蒸气压缩循环冷水(热泵)机组的综合部分负荷性能系数(*IPLV*)不宜低于表5.4.6的规定。

表 5.4.6　冷水(热泵)机组综合部分负荷性能系数

类型		额定制冷量/(kW)	综合部分负荷性能系数/(W/W)
水冷	螺杆式	<528 528～1 163 >1 163	4.47 4.81 5.13
	离心式	<528 528～1 163 >1 163	4.49 4.88 5.42
注：*IPLV*值是基于单台主机运行工况。			

5.4.7　水冷式电动蒸气压缩循环冷水(热泵)机组的综合部分负荷性能系数(*IPLV*)宜按下式计算和检测条件检测：

$$IPLV=2.3\%\times A+41.5\%\times B+46.1\%\times C+10.1\%\times D$$

式中：

A——100%负荷时的性能系数(W/W)，冷却水进水温度30℃；

B——75%负荷时的性能系数(W/W),冷却水进水温度26℃;

C——50%负荷时的性能系数(W/W),冷却水进水温度23℃;

D——25%负荷时的性能系数(W/W),冷却水进水温度19℃。

5.4.8 名义制冷量大于7 100 W、采用电机驱动压缩机的单元式空气调节机、风管送风式和屋顶式空气调节机组时,在名义制冷工况和规定条件下,其能效比(*EER*)不应低于表5.4.8的规定。

表5.4.8 单元式机组能效比

<table>
<tr><th colspan="2">类　型</th><th>能效比/(W/W)</th></tr>
<tr><td rowspan="2">风冷式</td><td>不接风管</td><td>2.60</td></tr>
<tr><td>接风管</td><td>2.30</td></tr>
<tr><td rowspan="2">水冷式</td><td>不接风管</td><td>3.00</td></tr>
<tr><td>接风管</td><td>2.70</td></tr>
</table>

5.4.9 蒸汽、热水型溴化锂吸收式冷水机组及直燃型溴化锂吸收式冷(温)水机组应选用能量调节装置灵敏、可靠的机型,在名义工况下的性能参数应符合表5.4.9的规定。

表5.4.9 溴化锂吸收式机组性能参数

<table>
<tr><th rowspan="3">机型</th><th colspan="3">名义工况</th><th colspan="3">性能参数</th></tr>
<tr><th rowspan="2">冷(温)水进/出口温度/℃</th><th rowspan="2">冷却水进/出口温度/℃</th><th rowspan="2">蒸汽压力/MPa</th><th rowspan="2">单位制冷量蒸汽耗量/[kg/(kW·h)]</th><th colspan="2">性能系数/(W/W)</th></tr>
<tr><th>制冷</th><th>供热</th></tr>
<tr><td rowspan="4">蒸汽双效</td><td>18/13</td><td rowspan="4">30/35</td><td>0.25</td><td rowspan="2">≤1.40</td><td></td><td></td></tr>
<tr><td rowspan="3">12/7</td><td>0.4</td><td></td><td></td></tr>
<tr><td>0.6</td><td>≤1.31</td><td></td><td></td></tr>
<tr><td>0.8</td><td>≤1.28</td><td colspan="2"></td></tr>
<tr><td rowspan="2">直燃</td><td>供冷 12/7</td><td>30/35</td><td></td><td></td><td>≥1.10</td><td></td></tr>
<tr><td>供热出口60</td><td></td><td></td><td></td><td></td><td>≥0.90</td></tr>
<tr><td colspan="7">注:直燃机的性能系数为:制冷量(供热量)/[加热源消耗量(以低位热值计)+电力消耗量(折算成一次能)]。</td></tr>
</table>

5.4.10 空气源热泵冷、热水机组的选择应根据不同气候区,按下列原则确定:

1 较适用于夏热冬冷地区的中、小型公共建筑;

2 夏热冬暖地区采用时,应以热负荷选型,不足冷量可由水冷机组提供;

3 在寒冷地区,当冬季运行性能系数低于1.8或具有集中热源、气源时不宜采用。

注:冬季运行性能系数系指冬季室外空气调节计算温度时的机组供热量(W)与机组输入功率(W)之比。

5.4.11 冷水(热泵)机组的单台容量及台数的选择,应能适应空气调节负荷全年变化规律,满足季节及部分负荷要求。当空气调节冷负荷大于528 kW时不宜少于2台。

5.4.12 采用蒸汽为热源,经技术经济比较合理时应回收用汽设备产生的凝结水。凝结水回收系统应采用闭式系统。

5.4.13 对冬季或过渡季存在一定量供冷需求的建筑,经技术经济分析合理时应利用冷却塔提供空气调节冷水。

5.5 监测与控制

5.5.1 集中采暖与空气调节系统,应进行监测与控制,其内容可包括参数检测、参数与设备状态显示、自动调节与控制、工况自动转换、能量计量以及中央监控与管理等,具体内容应根据建筑功能、相关标准、系统类型等通过技术经济比较确定。

5.5.2 间歇运行的空气调节系统，宜设自动启停控制装置；控制装置应具备按预定时间进行最优启停的功能。

5.5.3 对建筑面积 20 000 m^2 以上的全空气调节建筑，在条件许可的情况下，空气调节系统、通风系统，以及冷、热源系统宜采用直接数字控制系统。

5.5.4 冷、热源系统的控制应满足下列基本要求：

1 对系统冷、热量的瞬时值和累计值进行监测，冷水机组优先采用由冷量优化控制运行台数的方式；

2 冷水机组或热交换器、水泵、冷却塔等设备连锁启停；

3 对供、回水温度及压差进行控制或监测；

4 对设备运行状态进行监测及故障报警；

5 技术可靠时，宜对冷水机组出水温度进行优化设定。

5.5.5 总装机容量较大、数量较多的大型工程冷、热源机房，宜采用机组群控方式。

5.5.6 空气调节冷却水系统应满足下列基本控制要求：

1 冷水机组运行时，冷却水最低回水温度的控制；

2 冷却塔风机的运行台数控制或风机调速控制；

3 采用冷却塔供应空气调节冷水时的供水温度控制；

4 排污控制。

5.5.7 空气调节风系统（包括空气调节机组）应满足下列基本控制要求：

1 空气温、湿度的监测和控制；

2 采用定风量全空气空气调节系统时，宜采用变新风比焓值控制方式；

3 采用变风量系统时，风机宜采用变速控制方式；

4 设备运行状态的监测及故障报警；

5 需要时，设置盘管防冻保护；

6 过滤器超压报警或显示。

5.5.8 采用二次泵系统的空气调节水系统，其二次泵应采用自动变速控制方式。

5.5.9 对末端变水量系统中的风机盘管，应采用电动温控阀和三档风速结合的控制方式。

5.5.10 以排除房间余热为主的通风系统，宜设置通风设备的温控装置。

5.5.11 地下停车库的通风系统，宜根据使用情况对通风机设置定时启停（台数）控制或根据车库内的 CO 浓度进行自动运行控制。

5.5.12 采用集中空气调节系统的公共建筑，宜设置分楼层、分室内区域、分用户或分室的冷、热量计量装置；建筑群的每栋公共建筑及其冷、热源站房，应设置冷、热量计量装置。

附 录 A

建筑外遮阳系数计算方法

A.0.1 水平遮阳板的外遮阳系数和垂直遮阳板的外遮阳系数应按下列公式计算确定：

水平遮阳板： $SD_H = a_h PF^2 + b_h PF + 1$ （A.0.1-1）

垂直遮阳板： $SD_V = a_V PF^2 + b_V PF + 1$ （A.0.1-2）

遮阳板外挑系数： $PF = \frac{A}{B}$ （A.0.1-3）

式中：

SD_H——水平遮阳板夏季外遮阳系数；

SD_V——垂直遮阳板夏季外遮阳系数；

a_h、b_h、a_v、b_v——计算系数，按表 A.0.1 取定；

PF——遮阳板外挑系数，当计算出的 $PF>1$ 时，取 $PF=1$；

A——遮阳板外挑长度(图 A.0.1)；

B——遮阳板根部到窗对边距离(图 A.0.1)。

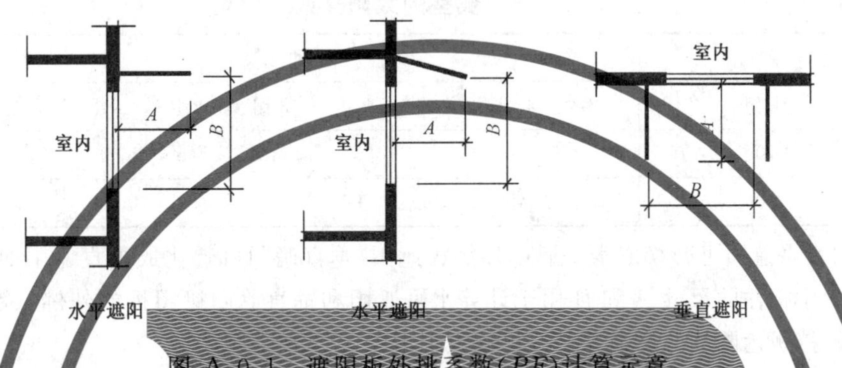

图 A.0.1 遮阳板外挑系数(PF)计算示意

A.0.2 水平遮阳板和垂直遮阳板组合成的综合遮阳，其外遮阳系数值应取水平遮阳板和垂直遮阳板的外遮阳系数的乘积。

表 A.0.1 水平和垂直外遮阳计算系数

气候区	遮阳装置	计算系数	东	东南	南	西南	西	西北	北	东北
寒冷地区	水平遮阳板	a_h	0.35	0.53	0.63	0.37	0.35	0.35	0.29	0.52
		b_h	−0.76	−0.95	−0.99	−0.68	−0.78	−0.66	−0.54	−0.92
	垂直遮阳板	a_v	0.32	0.39	0.43	0.44	0.31	0.42	0.47	0.41
		b_v	−0.63	−0.75	−0.78	−0.85	−0.61	−0.83	−0.89	−0.79
夏热冬冷地区	水平遮阳板	a_h	0.35	0.48	0.47	0.36	0.36	0.36	0.30	0.48
		b_h	−0.75	−0.83	−0.79	−0.68	−0.76	−0.68	−0.58	−0.83
	垂直遮阳板	a_v	0.32	0.42	0.42	0.42	0.33	0.41	0.44	0.43
		b_v	−0.65	−0.80	−0.80	−0.82	−0.66	−0.82	−0.84	−0.83
夏热冬暖地区	水平遮阳板	a_h	0.35	0.42	0.41	0.36	0.36	0.36	0.32	0.43
		b_h	−0.73	−0.75	−0.72	−0.67	−0.72	−0.69	−0.61	−0.78
	垂直遮阳板	a_v	0.34	0.42	0.41	0.41	0.36	0.40	0.32	0.43
		b_v	−0.68	−0.81	−0.72	−0.82	−0.72	−0.81	−0.61	−0.83
注：其他朝向的计算系数按上表中最接近的朝向选取。										

A.0.3 窗口前方所设置的并与窗面平行的挡板(或花格等)遮阳的外遮阳系数应按下式计算确定：

$$SD = 1-(1-\eta)(1-\eta^*) \qquad (A.0.3)$$

式中：

η——挡板轮廓透光比。即窗洞口面积减去挡板轮廓由太阳光线投影在窗洞口上所产生的阴影面积后的剩余面积与窗洞口面积的比值。挡板各朝向的轮廓透光比按该朝向上的 4 组典型太阳光线入射角，采用平行光投射方法分别计算或实验测定，其轮廓透光比取 4 个透光比的平均值。典型太阳入射角按表 A.0.3 选取。

η^*——挡板构造透射比。

混凝土、金属类挡板取 $\eta^*=0.1$；

厚帆布、玻璃钢类挡板取，$\eta^*=0.4$；

深色玻璃、有机玻璃类挡板取 $\eta^*=0.6$；

浅色玻璃、有机玻璃类挡板取 $\eta^*=0.8$；

金属或其他非透明材料制作的花格、百叶类构造取 $\eta^*=0.15$。

表 A.0.3 典型的太阳光线入射角 (°)

窗口朝向	南				东、西				北			
	1组	2组	3组	4组	1组	2组	3组	4组	1组	2组	3组	4组
太阳高度角	0	0	60	60	0	0	45	45	0	30	30	30
太阳方位角	0	45	0	45	75	90	75	90	180	180	135	−135

A.0.4 幕墙的水平遮阳可转换成水平遮阳加挡板遮阳，垂直遮阳可转化成垂直遮阳加挡板遮阳，如图 A.0.4 所示。图中标注的尺寸 A 和 B 用于计算水平遮阳和垂直遮阳遮阳板的外挑系数 PF，C 为挡板的高度或宽度。挡板遮阳的轮廓透光比 η 可以近似取为 1。

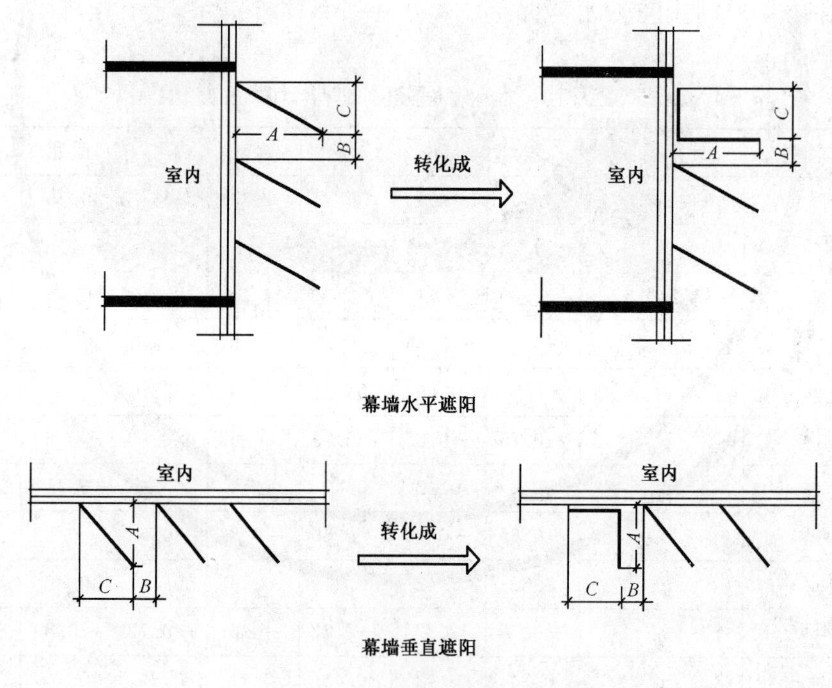

图 A.0.4 幕墙遮阳计算示意

附 录 B
围护结构热工性能的权衡计算

B.0.1 假设所设计建筑和参照建筑空气调节和采暖都采用两管制风机盘管系统，水环路的划分与所设计建筑的空气调节和采暖系统的划分一致。

B.0.2 参照建筑空气调节和采暖系统的年运行时间表应与所设计建筑一致。当设计文件没有确定所设计建筑空气调节和采暖系统的年运行时间表时，可按风机盘管系统全年运行计算。

B.0.3 参照建筑空气调节和采暖系统的日运行时间表应与所设计建筑一致。当设计文件没有确定所设计建筑空气调节和采暖系统的日运行时间表时，可按表B.0.3确定风机盘管系统的日运行时间表。

表B.0.3 风机盘管系统的日运行时间表

类　别		系统工作时间
办公建筑	工作日	7∶00～18∶00
	节假日	—
宾馆建筑	全年	1∶00～24∶00
商场建筑	全年	8∶00～21∶00

B.0.4 参照建筑空气调节和采暖区的温度应与所设计建筑一致。当设计文件没有确定所设计建筑空气调节和采暖区的温度时，可按表B.0.4确定空气调节和采暖区的温度。

表B.0.4 空气调节和采暖房间的温度 (℃)

建筑类别			时间											
建筑类别			1	2	3	4	5	6	7	8	9	10	11	12
办公建筑	工作日	空调	37	37	37	37	37	37	28	26	26	26	26	26
		采暖	12	12	12	12	12	12	18	20	20	20	20	20
	节假日	空调	37	37	37	37	37	37	37	37	37	37	37	37
		采暖	12	12	12	12	12	12	12	12	12	12	12	12
宾馆建筑	全年	空调	25	25	25	25	25	25	25	25	25	25	25	25
		采暖	22	22	22	22	22	22	22	22	22	22	22	22
商场建筑	全年	空调	37	37	37	37	37	37	37	28	25	25	25	25
		采暖	12	12	12	12	12	12	12	16	18	18	18	18
			时间											
建筑类别			13	14	15	16	17	18	19	20	21	22	23	24
办公建筑	工作日	空调	26	26	26	26	26	26	37	37	37	37	37	37
		采暖	20	20	20	20	20	20	12	12	12	12	12	12
	节假日	空调	37	37	37	37	37	37	37	37	37	37	37	37
		采暖	12	12	12	12	12	12	12	12	12	12	12	12
宾馆建筑	全年	空调	25	25	25	25	25	25	25	25	25	25	25	25
		采暖	22	22	22	22	22	22	22	22	22	22	22	22
商场建筑	全年	空调	25	25	25	25	25	25	25	25	37	37	37	37
		采暖	18	18	18	18	18	18	18	18	12	12	12	12

B.0.5 参照建筑各个房间的照明功率应与所设计建筑一致。当设计文件没有确定所设计建筑各个房间的照明功率时，可按表B.0.5-1确定照明功率。参照建筑和所设计建筑的照明开关时间按表B.0.5-2确定。

表 B.0.5-1 照明功率密度值 （W/m²）

建筑类别	房间类别	照明功率密度
办公建筑	普通办公室	11
	高档办公室、设计室	18
	会议室	11
	走 廊	5
	其 他	11
宾馆建筑	客 房	15
	餐 厅	13
	会议室、多功能厅	18
	走 廊	5
	门 厅	15
商场建筑	一般商店	12
	高档商店	19

表 B.0.5-2 照明开关时间表 （%）

建筑类别		时间											
建筑类别		1	2	3	4	5	6	7	8	9	10	11	12
办公建筑	工作日	0	0	0	0	0	0	10	50	95	95	95	80
	节假日	0	0	0	0	0	0	0	0	0	0	0	0
宾馆建筑	全年	10	10	10	10	10	10	30	30	30	30	30	30
商场建筑	全年	10	10	10	10	10	10	10	50	60	60	60	60
		时间											
建筑类别		13	14	15	16	17	18	19	20	21	22	23	24
办公建筑	工作日	80	95	95	95	95	30	30	0	0	0	0	0
	节假日	0	0	0	0	0	0	0	0	0	0	0	0
宾馆建筑	全年	30	30	50	50	60	90	90	90	90	80	10	10
商场建筑	全年	60	60	60	60	80	90	100	100	100	10	10	10

B.0.6 参照建筑各个房间的人员密度应与所设计建筑一致。当不能按照设计文件确定设计建筑各个房间的人员密度时，可按表 B.0.6-1 确定人员密度。参照建筑和所设计建筑的人员逐时在室率按表 B.0.6-2确定。

表 B.0.6-1 不同类型房间人均占有的使用面积 （m²/人）

建筑类别	房间类别	人均占有的使用面积
办公建筑	普通办公室	4
	高档办公室	8
	会议室	2.5
	走 廊	50
	其 他	20

表 B.0.6-1（续） （m^2/人）

建筑类别	房间类别	人均占有的使用面积
宾馆建筑	普通客房	15
	高档客房	30
	会议室、多功能厅	2.5
	走　廊	50
	其　他	20
商场建筑	一般商店	3
	高档商店	4

表 B.0.6-2 房间人员逐时在室率 （%）

建筑类别		时间											
建筑类别		1	2	3	4	5	6	7	8	9	10	11	12
办公建筑	工作日	0	0	0	0	0	0	10	50	95	95	95	80
	节假日	0	0	0	0	0	0	0	0	0	0	0	0
宾馆建筑	全年	70	70	70	70	70	70	70	70	50	50	50	50
商场建筑	全年	0	0	0	0	0	0	0	20	50	80	80	80
		时间											
建筑类别		13	14	15	16	17	18	19	20	21	22	23	24
办公建筑	工作日	80	95	95	95	95	30	30	0	0	0	0	0
	节假日	0	0	0	0	0	0	0	0	0	0	0	0
宾馆建筑	全年	50	50	50	50	50	50	70	70	70	70	70	70
商场建筑	全年	80	80	80	80	80	80	80	70	50	0	0	0

B.0.7 参照建筑各个房间的电器设备功率应与所设计建筑一致。当不能按设计文件确定设计建筑各个房间的电器设备功率时，可按表 B.0.7-1 确定电器设备功率。参照建筑和所设计建筑电器设备的逐时使用率按表 B.0.7-2 确定。

表 B.0.7-1 不同类型房间电器设备功率 （W/m^2）

建筑类别	房间类别	电器设备功率
办公建筑	普通办公室	20
	高档办公室	13
	会议室	5
	走　廊	0
	其　他	5
宾馆建筑	普通客房	20
	高档客房	13
	会议室、多功能厅	5
	走　廊	0
	其　他	5
商场建筑	一般商店	13
	高档商店	13

表 B.0.7-2 电器设备逐时使用率 （%）

建筑类别		时间											
建筑类别		1	2	3	4	5	6	7	8	9	10	11	12
办公建筑	工作日	0	0	0	0	0	0	10	50	95	95	95	50
	节假日	0	0	0	0	0	0	0	0	0	0	0	0
宾馆建筑	全年	0	0	0	0	0	0	0	0	0	0	0	0
商场建筑	全年	0	0	0	0	0	0	0	30	50	80	80	80
		时间											
建筑类别		13	14	15	16	17	18	19	20	21	22	23	24
办公建筑	工作日	50	95	95	95	95	30	30	0	0	0	0	0
	节假日	0	0	0	0	0	0	0	0	0	0	0	0
宾馆建筑	全年	0	0	0	0	0	80	80	80	80	80	0	0
商场建筑	全年	80	80	80	80	80	80	80	70	50	0	0	0

B.0.8 参照建筑与所设计建筑的空气调节和采暖能耗应采用同一个动态计算软件计算。

B.0.9 应采用典型气象年数据计算参照建筑与所设计建筑的空气调节和采暖能耗。

附 录 C
建筑物内空气调节冷、热水管的经济绝热厚度

C.0.1 建筑物内空气调节冷、热水管的经济绝热厚度可按表 C.0.1 选用。

表 C.0.1 建筑物内空气调节冷、热水管的经济绝热厚度

绝热材料 / 管道类型	离心玻璃棉		柔性泡沫橡塑	
	公称管径/mm	厚度/mm	公称管径/mm	厚度/mm
单冷管道（管内介质温度7℃～常温）	≤DN32	25	按防结露要求计算	
	DN40～DN100	30		
	≥DN125	35		
热或冷热合用管道（管内介质温度5℃～60℃）	≤DN40	35	≤DN50	25
	DN50～DN100	40	DN70～DN150	28
	DN125～DN250	45	≥DN200	32
	≥DN300	50		
热或冷热合用管道（管内介质温度0℃～95℃）	≤DN50	50	不适宜使用	
	DN70～DN150	60		
	≥DN200	70		

注：1 绝热材料的导热系数 λ：

离心玻璃棉：$\lambda=0.033+0.000\ 23t_m$ [W/(m·K)]

柔性泡沫橡塑：$\lambda=0.033\ 75+0.000\ 137\ 5t_m$ [W/(m·K)]

式中 t_m——绝热层的平均温度（℃）。

2 单冷管道和柔性泡沫橡塑保冷的管道均应进行防结露要求验算。

本标准用词说明

1 为便于在执行本标准条文时区别对待，对要求严格程度不同的用词说明如下：

1）表示很严格，非这样做不可的：

正面词采用“必须”，反面词采用“严禁”；

2）表示严格，在正常情况下均应这样做的：

正面词采用“应”，反面词采用“不应”或“不得”；

3）表示允许稍有选择，在条件许可时首先应这样做的：

正面词采用“宜”，反面词采用“不宜”；

表示有选择，在一定条件下可以这样做的：

采用“可”。

2 标准中指明应按其他有关标准执行时，写法为：“应符合…的规定（或要求）”或“应按……执行”。

中华人民共和国国家标准

公 共 建 筑 节 能 设 计 标 准　　GB 50189—2005

条 文 说 明

1　总则

1.0.1　我国建筑用能已超过全国能源消费总量的1/4,并将随着人民生活水平的提高逐步增加到1/3以上。公共建筑用能数量巨大,浪费严重。制定并实施公共建筑节能设计标准,有利于改善公共建筑的热环境,提高暖通空调系统的能源利用效率,从根本上扭转公共建筑用能严重浪费的状况,为实现国家节约能源和保护环境的战略,贯彻有关政策和法规作出贡献。

我国已经编制了北方严寒和寒冷地区、中部夏热冬冷地区和南方夏热冬暖地区的居住建筑节能设计标准,并已先后发布实施。按照节能工作从居住建筑向公共建筑发展的部署,编制出公共建筑节能设计标准,以适应节能工作不断进展的需要。

1.0.2　建筑划分为民用建筑和工业建筑。民用建筑又分为居住建筑和公共建筑。公共建筑则包含办公建筑(包括写字楼、政府部门办公楼等),商业建筑(如商场、金融建筑等),旅游建筑(如旅馆饭店、娱乐场所等),科教文卫建筑(包括文化、教育、科研、医疗、卫生、体育建筑等),通信建筑(如邮电、通讯、广播用房)以及交通运输用房(如机场、车站建筑等)。目前中国每年竣工建筑面积约为20亿m^2,其中公共建筑约有4亿m^2。在公共建筑中,尤以办公建筑、大中型商场,以及高档旅馆饭店等几类建筑,在建筑的标准、功能及设置全年空调采暖系统等方面有许多共性,而且其采暖空调能耗特别高,采暖空调节能潜力也最大。

在公共建筑(特别是大型商场、高档旅馆酒店、高档办公楼等)的全年能耗中,大约50%～60%消耗于空调制冷与采暖系统,20%～30%用于照明。而在空调采暖这部分能耗中,大约20%～50%由外围护结构传热所消耗(夏热冬暖地区大约20%,夏热冬冷地区大约35%,寒冷地区大约40%,严寒地区大约50%)。从目前情况分析,这些建筑在围护结构、采暖空调系统,以及照明方面,共有节约能源50%的潜力。

对全国新建、扩建和改建的公共建筑,本标准提出了节能要求,并从建筑、热工以及暖通空调设计方面提出控制指标和节能措施。

1.0.3　各类公共建筑的节能设计,必须根据当地的具体气候条件,首先保证室内热环境质量,提高人民的生活水平;与此同时,还要提高采暖、通风、空调和照明系统的能源利用效率,实现国家的可持续发展战略和能源发展战略,完成本阶段节能50%的任务。

公共建筑能耗应该包括建筑围护结构以及采暖、通风、空调和照明用能源消耗。本标准所要求的50%的节能率也同样包含上述范围的节能成效。由于已发布《建筑照明设计标准》GB 50034—2004,建筑照明节能的具体指标及技术措施执行该标准的规定。

本标准提出的50%节能目标,是有其比较基准的。即以20世纪80年代改革开放初期建造的公共建筑作为比较能耗的基础,称为"基准建筑(Baseline)"。"基准建筑"围护结构、暖通空调设备及系统、照明设备的参数,都按当时情况选取。在保持与目前标准约定的室内环境参数的条件下,计算"基准建筑"全年的暖通空调和照明能耗,将它作为100%。我们再将这"基准建筑"按本标准的规定进行参数调整,即围护结构、暖通空调、照明参数均按本标准规定设定,计算其全年的暖通空调和照明能耗,应该相当于

50%。这就是节能50%的内涵。

"基准建筑"围护结构的构成、传热系数、遮阳系数，按照以往20世纪80年代传统做法，即外墙K值取1.28 W/(m^2·K)(哈尔滨)；1.70 W/(m^2·K)(北京)；2.00 W/(m^2·K)(上海)；2.35 W/(m^2·K)(广州)。屋顶K值取0.77 W/(m^2·K)(哈尔滨)；1.26 W/(m^2·K)(北京)；1.50 W/(m^2·K)(上海)；1.55 W/(m^2·K)(广州)。外窗K值取3.26 W/(m^2·K)(哈尔滨)；6.40 W/(m^2·K)(北京)；6.40 W/(m^2·K)(上海)；6.40 W/(m^2·K)(广州)，遮阳系数SC均取0.80。采暖热源设定燃煤锅炉，其效率为0.55；空调冷源设定为水冷机组，离心机能效比4.2，螺杆机能效比3.8；照明参数取25 W/m^2。

本标准节能目标50%由改善围护结构热工性能，提高空调采暖设备和照明设备效率来分担。照明设备效率节能目标参数按《建筑照明设计标准》GB 50034—2004确定。本标准中对围护结构、暖通空调方面的规定值，就是在设定"基准建筑"全年采暖空调和照明的能耗为100%情况下，调整围护结构热工参数，以及采暖空调设备能效比等设计要素，直至按这些参数设计建筑的全年采暖空调和照明的能耗下降到50%，即定为标准规定值。

当然，这种全年采暖空调和照明的能耗计算，只可能按照典型模式运算，而实际情况是极为复杂的。因此，不能认为所有公共建筑都在这样的模式下运行。

通过编制标准过程中的计算、分析，按本标准进行建筑设计，由于改善了围护结构热工性能，提高了空调采暖设备和照明设备效率，从北方至南方，围护结构分担节能率约25%～13%；空调采暖系统分担节能率约20%～16%；照明设备分担节能率约7%～18%。由此可见，执行本标准后，全国总体节能率可达到50%。

1.0.4 本标准对公共建筑的建筑、热工以及采暖、通风和空调设计中应该控制的、与能耗有关的指标和应采取的节能措施作出了规定。但公共建筑节能涉及的专业较多，相关专业均制定有相应的标准，并作出了节能规定。在进行公共建筑节能设计时，除应符合本标准外，尚应符合国家现行的有关标准的规定。

2 术语

2.0.1 透明幕墙专指可见光可以直接透过它而进入室内的幕墙。除玻璃外透明幕墙的材料也可以是其他透明材料。在本标准中，设置在常规的墙体外侧的玻璃幕墙不作为透明幕墙处理。

2.0.3 空调系统运行时，除了通过运行台数组合来适应建筑冷量需求和节能外，在相当多的情况下，冷水机组处于部分负荷运行状态，为了控制机组部分负荷运行时的能耗，有必要对冷水机组的部分负荷时的性能系数作出一定的要求。参照国外的一些情况，本标准提出了用综合部分负荷性能系数(IPLV)来评价。它用一个单一数值表示的空气调节用冷水机组的部分负荷效率指标，基于机组部分负荷时的性能系数值、按照机组在各种负荷下运行时间的加权因素，通过计算获得。根据国家标准《蒸气压缩循环冷水(热泵)机组工商业用和类似用途的冷水(热泵)机组》GB/T 18430.1—2001确定部分负荷下运行的测试工况；根据建筑类型、我国气候特征确定部分负荷下运行时间的加权值。

2.0.4 围护结构热工性能权衡判断是一种性能化的设计方法。为了降低空气调节和采暖能耗，本标准对建筑物的体形系数、窗墙比以及围护结构的热工性能规定了许多刚性的指标。所设计的建筑有时不能同时满足所有这些规定的指标，在这种情况下，可以通过不断调整设计参数并计算能耗，最终达到所设计建筑全年的空气调节和采暖能耗不大于参照建筑的能耗的目的。这种过程在本标准中称之为权衡判断。

2.0.5 参照建筑是进行围护结构热工性能权衡判断时，作为计算全年采暖和空调能耗用的假想建筑，参照建筑的形状、大小、朝向以及内部的空间划分和使用功能与所设计建筑完全一致，但围护结构热工参数和体形系数、窗墙比等重要参数应符合本标准的刚性规定。

3 室内环境节能设计计算参数

3.0.1 目前,业主、设计人员往往在取用室内设计参数时选用过高的标准,要知道,温湿度取值的高低,与能耗多少有密切关系,在加热工况下,室内计算温度每降低1℃,能耗可减少5%～10%;在冷却工况下,室内计算温度每升高1℃,能耗可减少8%～10%。为了节省能源,应避免冬季采用过高的室内温度,夏季采用过低的室内温度,特规定了建议的室内设计参数值,供设计人员参考。

本条文中列出的参数用于提醒设计人员取用合适的设计计算参数,并应用于冷(热)负荷计算。至于在应用权衡判断法计算参照建筑和所设计建筑的全年能耗时,可以应用此设计计算参数。如果计算资料不全,也可以应用附录C中约定的参数于参照建筑和所设计建筑中,因为权衡判断法计算只是用于获得围护结构的热工限值,并不表示建筑使用时的实际运行情况。

本条文中的参数参考《采暖通风与空气调节设计规范》GB 50019—2003和《全国民用建筑工程设计技术措施——暖通空调·动力》中有关内容,并根据工程实际应用情况提出的建议性意见,目的是从确保室内舒适环境的前提下,选取合理设计计算参数,达到节能的效果。

3.0.2 空调系统需要的新风主要有两个用途:一是稀释室内有害物质的浓度,满足人员的卫生要求;二是补充室内排风和保持室内正压。前者的指示性物质是CO_2,使其日平均值保持在0.1%以内;后者通常根据风平衡计算确定。

参考美国采暖制冷空调工程师学会标准ASHRAE 62—2001《Ventilation for acceptable indoor air quality》第6.1.3.4条,对于出现最多人数的持续时间少于3 h的房间,所需新风量可按室内的平均人数确定,该平均人数不应少于最多人数的1/2。例如,一个设计最多容纳人数为100人的会议室,开会时间不超过3h,假设平均人数为60人,则该会议室的新风量可取:$30\ m^3/(h\cdot p)\times 60\ p=1\ 800\ m^3/h$,而不是按$30\ m^3/(h\cdot p)\times 100\ p=3\ 000\ m^3/h$计算。另外假设平均人数为40人,则该会议室的新风量可取:$30\ m^3/(h\cdot p)\times 50\ p=1\ 500\ m^3/h$。

由于新风量的大小不仅与能耗、初投资和运行费用密切相关,而且关系到保证人体的健康。本标准给出的新风量,汇总了国内现行有关规范和标准的数据,并综合考虑了众多因素,一般不应随意增加或减少。

4 建筑与建筑热工设计

4.1 一般规定

4.1.1 建筑的规划设计是建筑节能设计的重要内容之一,要对建筑的总平面布置、建筑平、立、剖面形式、太阳辐射、自然通风等气候参数对建筑能耗的影响进行分析。也就是说在冬季最大限度地利用自然能来取暖,多获得热量和减少热损失;夏季最大限度地减少得热并利用自然能来降温冷却,以达到节能的目的。

朝向选择的原则是冬季能获得足够的日照并避开主导风向,夏季能利用自然通风并防止太阳辐射。然而建筑的朝向、方位以及建筑总平面设计应考虑多方面的因素,尤其是公共建筑受到社会历史文化、地形、城市规划、道路、环境等条件的制约,要想使建筑物的朝向对夏季防热、冬季保温都很理想是有困难的,因此,只能权衡各个因素之间的得失轻重,选择出这一地区建筑的最佳朝向和较好的朝向。通过多方面的因素分析、优化建筑的规划设计,采用本地区建筑最佳朝向或适宜的朝向,尽量避免东西向日晒。

4.1.2 强制性条文。严寒和寒冷地区建筑体形的变化直接影响建筑采暖能耗的大小。建筑体形系数越大,单位建筑面积对应的外表面面积越大,传热损失就越大。但是,体形系数的确定还与建筑造型、平面布局、采光通风等条件相关。体形系数限值规定过小,将制约建筑师的创造性,可能使建筑造型呆板,平面布局困难,甚至损害建筑功能。因此,如何合理地确定建筑形状,必须考虑本地区气候条件,冬、夏季太阳辐射强度、风环境、围护结构构造形式等各方面的因素。应权衡利弊,兼顾不同类型的建筑造型,尽可能地减少房间的外围护面积，使体形不要太复杂，凹凸面不要过多，以达到节能的目的。

在严寒和寒冷地区，如果所设计建筑的体形系数不能满足规定的要求，突破了0.40这个限值，则必须按本标准第4.3节的规定对该建筑进行权衡判断。进行权衡判断时，参照建筑的体形系数必须符合本条文的规定。

在夏热冬冷和夏热冬暖地区，建筑体形系数对空调和采暖能耗也有一定的影响，但由于室内外的温差远不如严寒和寒冷地区大，尤其是对部分内部发热量很大的商场类建筑，还有个夜间散热问题，所以不对体形系数提出具体的要求。

4.2 围护结构热工设计

4.2.1 本标准采用《民用建筑热工设计规范》GB 50176—93的气候分区，其中又将严寒地区细分成A、B两个区。

4.2.2 强制性条文。由于我国幅员辽阔，各地气候差异很大。为了使建筑物适应各地不同的气候条件，满足节能要求，应根据建筑物所处的建筑气候分区，确定建筑围护结构合理的热工性能参数。编制本标准时，建筑围护结构的传热系数限值系按如下方法确定的：采用DOE-2程序，将"基准"建筑模型置于我国不同地区进行能耗分析，以现有的建筑能耗基数上再节约50%作为节能标准的目标，不断降低建筑围护结构的传热系数(同时也考虑采暖空调系统的效率提高和照明系统的节能)，直至能耗指标的降低达到上述目标为止，这时的传热系数就是建筑围护结构传热系数的限值。确定建筑围护结构传热系数的限值时也从工程实践的角度考虑了可行性、合理性。

外墙的传热系数采用平均传热系数，即按面积加权法求得的传热系数，主要是必须考虑围护结构周边混凝土梁、柱、剪力墙等"热桥"的影响，以保证建筑在冬季采暖和夏季空调时，通过围护结构的传热量不超过标准的要求，不至于造成建筑耗热量或耗冷量的计算值偏小，使设计的建筑物达不到预期的节能效果。

北方严寒、寒冷地区主要考虑建筑的冬季防寒保温，建筑围护结构传热系数对建筑的采暖能耗影响很大。因此，在严寒、寒冷地区对围护结构传热系数的限值要求较高，同时为了便于操作，按气候条件细分成三片，以规定性指标作为节能设计的主要依据。

夏热冬冷地区既要满足冬季保温又要考虑夏季的隔热，不同于北方采暖建筑主要考虑单向的传热过程。上海、南京、武汉、重庆、成都等地节能居住建筑试点工程的实际测试数据和DOE-2程序能耗分析的结果都表明，在这一地区当改变围护结构传热系数时，随着K值的减少，能耗指标的降低并非按线性规律变化，对于公共建筑(办公楼、商场、宾馆等)当屋面K值降为0.8 W/(m^2·K)，外墙平均K值降为1.1 W/(m^2·K)时，再减小K值对降低建筑能耗已不明显，如图4.2.2所示。因此，本标准考虑到以上因素，认为屋面K值定为0.7 W/(m^2·K)，外墙K值为1.0 W/(m^2·K)，在目前情况下对整个地区都是比较适合的。

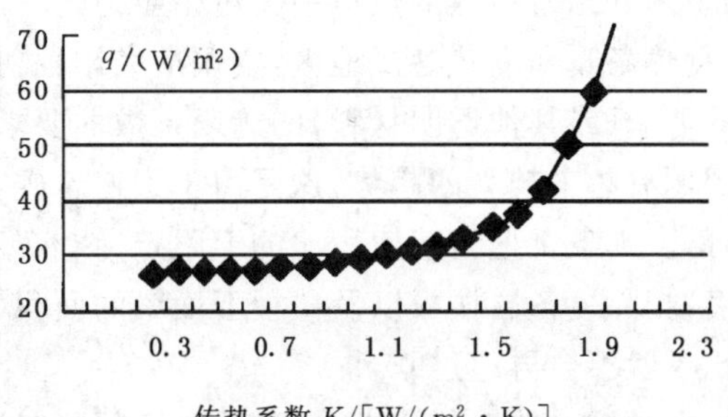

图4.2.2 外墙传热系数变化对能耗指标的影响

夏热冬暖地区主要考虑建筑的夏季隔热，太阳辐射对建筑能耗的影响很大。太阳辐射通过窗进入室内的热量是造成夏季室内过热的主要原因，同时还要考虑在自然通风条件下建筑热湿过程的双向传递，不能简单地采用降低墙体、屋面、窗户的传热系数，增加保温隔热材料厚度来达到节约能耗的目的，因此，在围护结构传热系数的限值要求上也就有所不同。

对于非透明幕墙，如金属幕墙、石材幕墙等幕墙，没有透明玻璃幕墙所要求的自然采光、视觉通透等功能要求，从节能的角度考虑，应该作为实墙对待。此类幕墙采取保温隔热措施也较容易实现。

在表 4.2.2-6 中对地面和地下室外墙的热阻 R 作出了规定。

在北方严寒和寒冷地区，如果建筑物地下室外墙的热阻过小，墙的传热量会很大，内表面尤其是墙角部位容易结露。同样，如果与土壤接触的地面热阻过小，地面的传热量也会很大，地表面也容易结露或产生冻脚现象。因此，从节能和卫生的角度出发，要求这些部位必须达到防止结露或产生冻脚的热阻值。

在夏热冬冷、夏热冬暖地区，由于空气湿度大，墙面和地面容易返潮。在地面和地下室外墙做保温层增加地面和地下室外墙的热阻，提高这些部位内表面温度，可减少地表面和地下室外墙内表面温度与室内空气温度间的温差，有利于控制和防止地面和墙面的返潮。因此对地面和地下室外墙的热阻作出了规定。

4.2.3　由于围护结构中窗过梁、圈梁、钢筋混凝土抗震柱、钢筋混凝土剪力墙、梁、柱等部位的传热系数远大于主体部位的传热系数，形成热流密集通道，即为热桥。本条规定的目的主要是防止冬季采暖期间热桥内外表面温差小，内表面温度容易低于室内空气露点温度，造成围护结构热桥部位内表面产生结露；同时也避免夏季空调期间这些部位传热过大增加空调能耗。内表面结露，会造成围护结构内表面材料受潮，影响室内环境。因此，应采取保温措施，减少围护结构热桥部位的传热损失。

4.2.4　**强制性条文**。每个朝向窗墙面积比是指每个朝向外墙面上的窗、阳台门及幕墙的透明部分的总面积与所在朝向建筑的外墙面的总面积(包括该朝向上的窗、阳台门及幕墙的透明部分的总面积)之比。

窗墙面积比的确定要综合考虑多方面的因素，其中最主要的是不同地区冬、夏季日照情况(日照时间长短、太阳总辐射强度、阳光入射角大小)、季风影响、室外空气温度、室内采光设计标准以及外窗开窗面积与建筑能耗等因素。一般普通窗户(包括阳台门的透明部分)的保温隔热性能比外墙差很多，窗墙面积比越大，采暖和空调能耗也越大。因此，从降低建筑能耗的角度出发，必须限制窗墙面积比。

由于我国幅员辽阔，南北方、东西部地区气候差异很大。窗、透明幕墙对建筑能耗高低的影响主要有两个方面，一是窗和透明幕墙的热工性能影响到冬季采暖、夏季空调室内外温差传热；另外就是窗和幕墙的透明材料(如玻璃)受太阳辐射影响而造成的建筑室内的得热。冬季，通过窗口和透明幕墙进入室内的太阳辐射有利于建筑的节能，因此，减小窗和透明幕墙的传热系数抑制温差传热是降低窗口和透明幕墙热损失的主要途径之一；夏季，通过窗口透明幕墙进入室内的太阳辐射成为空调降温的负荷，因此，减少进入室内的太阳辐射以及减小窗或透明幕墙的温差传热都是降低空调能耗的途径。由于不同纬度、不同朝向的墙面太阳辐射的变化很复杂，墙面日辐射强度和峰值出现的时间是不同的，因此，不同纬度地区窗墙面积比也应有所差别。

在严寒和寒冷地区，采暖期室内外温差传热的热量损失占主导地位。因此，对窗和幕墙的传热系数的要求高于南方地区。反之，在夏热冬暖和夏热冬冷地区，空调期太阳辐射得热所引起的负荷可能成为了主要矛盾，因此，对窗和幕墙的玻璃(或其他透明材料)的遮阳系数的要求高于北方地区。

近年来公共建筑的窗墙面积比有越来越大的趋势，这是由于人们希望公共建筑更加通透明亮，建筑立面更加美观，建筑形态更为丰富。本条文把窗墙面积比的上限定为 0.7 已经是充分考虑了这种趋势。某个立面即使是采用全玻璃幕墙，扣除掉各层楼板以及楼板下面梁的面积(楼板和梁与幕墙之间的间隙必须放置保温隔热材料)，窗墙比一般不会再超过 0.7。

但是，与非透明的外墙相比，在可接受的造价范围内，透明幕墙的热工性能相差得较多。因此，不宜提倡在建筑立面上大面积应用玻璃(或其他透明材料的)幕墙。如果希望建筑的立面有玻璃的质感，提倡使用非透明的玻璃幕墙，即玻璃的后面仍然是保温隔热材料和普通墙体。

当建筑师追求通透、大面积使用透明幕墙时，要根据建筑所处的气候区和窗墙比选择玻璃(或其他透明材料)，使幕墙的传热系数和玻璃(或其他透明材料)的遮阳系数符合本标准第 4.2.2 条的几个表的规定。虽然玻璃等透明材料本身的热工性能很差，但近年来这些行业的技术发展很快，镀膜玻璃（包括Low-E 玻璃）、中空玻璃等产品丰富多彩，用这些高性能玻璃组成幕墙的技术也已经很成熟，如采用Low-E 中空玻璃、填充惰性气体、暖边间隔技术和“断热桥”型材龙骨或双层皮通风式幕墙完全可以把玻璃幕墙的传热系数由普通单层玻璃的 6.0 W/(m²·K)以上降到 1.5 W/(m²·K)。在玻璃间层中设百叶或格栅则可使玻璃幕墙具有良好的遮阳隔热性能。

在第 4.2.2 条的几个表中对严寒地区的窗户（或透明幕墙）和寒冷地区北向的窗户（或透明幕墙），未提出遮阳系数的限制值，此时应选用遮阳系数大的玻璃（或其他透明材料），以利于冬季充分利用太阳辐射热。对窗墙比比较小的情况，也未提出遮阳系数的限制，此时选用玻璃（或其他透明材料）应更多地考虑室内的采光效果。

第 4.2.2 条的几个表对幕墙的热工性能的要求是按窗墙面积比的增加而逐步提高的，当窗墙面积比较大时，对幕墙的热工性能的要求比目前实际应用的幕墙要高，这当然会造成幕墙造价有所增加，但这是既要建筑物具有通透感又要保证节约采暖空调系统消耗的能源所必须付出的代价。

本标准允许采用“面积加权”的原则，使某朝向整个玻璃（或其他透明材料）幕墙的热工性能达到第 4.2.2 条的几个表中的要求。例如某宾馆大厅的玻璃幕墙没有达到要求，可以通过提高该朝向墙面上其他玻璃（或其他透明材料）热工性能的方法，使该朝向整个墙面的玻璃（或其他透明材料）幕墙达标。

本条规定对公共建筑达到节能的目标是关键性的、非常重要的。如果所设计的建筑满足不了规定性指标的要求，突破了限值，则必须按本标准第 4.3 节的规定对该建筑进行权衡判断。权衡判断时，参照建筑的窗墙面积比、窗的传热系数等必须遵守本条规定。

4.2.5 公共建筑的窗墙面积比较大，因而太阳辐射对建筑能耗的影响很大。为了节约能源，应对窗口和透明幕墙采取外遮阳措施，尤其是南方办公建筑和宾馆更要重视遮阳。

大量的调查和测试表明，太阳辐射通过窗进入室内的热量是造成夏季室内过热的主要原因。日本、美国、欧洲以及香港等国家和地区都把提高窗的热工性能和阳光控制作为夏季防热以及建筑节能的重点，窗外普遍安装有遮阳设施。我国现有的窗户传热系数普遍偏大，空气渗透严重，而且大多数建筑无遮阳设施。因此，在第 4.2.2 条的几个表中对外窗和透明幕墙的遮阳系数应作出明确的规定。当窗和透明幕墙设有外部遮阳时，表中的遮阳系数应该是外部遮阳系数和玻璃（或其他透明材料）遮阳系数的乘积。

以夏热冬冷地区 6 层砖混结构试验建筑为例，南向四层一房间大小为 6.1 m(进深)×3.9 m(宽)×2.8 m(高)，采用 1.5 m×1.8 m 单框铝合金窗在夏季连续空调时，计算不同负荷逐时变化曲线，可以看出通过实体墙的传热量仅占整个墙面传热量的 30%，通过窗的传热量所占比例最大，而且在通过窗的传热中，主要是太阳辐射得热，温差传热部分并不大，如图 4.2.5-1、图 4.2.5-2 所示。因此，应该把窗的遮阳作为夏季节能措施一个重点来考虑。

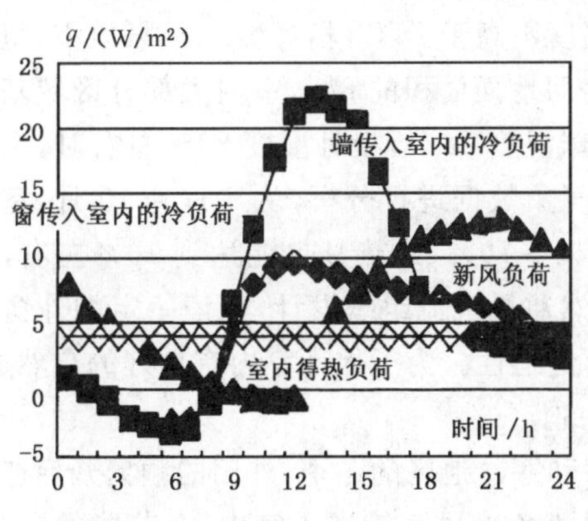

图 4.2.5-1 不同负荷变化曲线

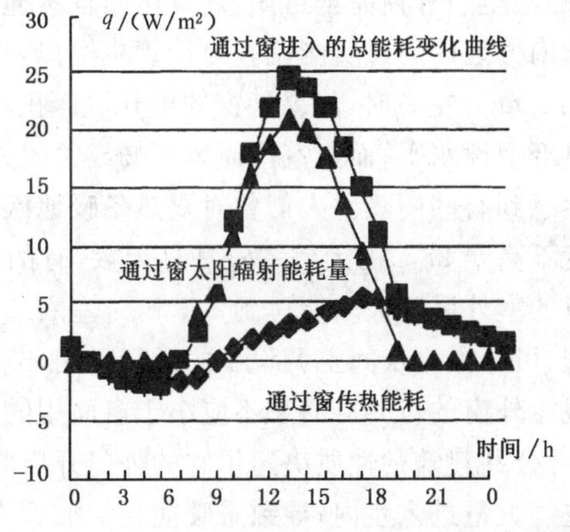

图 4.2.5-2 窗的能耗指标变化曲线

由于我国幅员辽阔，南北方如广州、武汉、北京等地区、东西部如上海、重庆、西安、兰州、乌鲁木齐等地气候条件各不相同，因此在附录B中对外窗和透明幕墙遮阳系数的要求也有所不同。

夏季，南方水平面太阳辐射强度可高达1 000 W/m² 以上，在这种强烈的太阳辐射条件下，阳光直射到室内，将严重地影响建筑室内热环境，增加建筑空调能耗。因此，减少窗的辐射传热是建筑节能中降低窗口得热的主要途径。应采取适当遮阳措施，防止直射阳光的不利影响。而且夏季不同朝向墙面辐射日变化很复杂，不同朝向墙面日辐射强度和峰值出现的时间不同，因此，不同的遮阳方式直接影响到建筑能耗的大小。

在严寒地区，阳光充分进入室内，有利于降低冬季采暖能耗。这一地区采暖能耗在全年建筑总能耗中占主导地位，如果遮阳设施阻挡了冬季阳光进入室内，对自然能源的利用和节能是不利的。因此，遮阳措施一般不适用于北方严寒地区。

在夏热冬冷地区，窗和透明幕墙的太阳辐射得热在夏季增大了空调负荷，冬季则减小了采暖负荷，应根据负荷分析确定采取何种形式的遮阳。一般而言，外卷帘或外百叶式的活动遮阳实际效果比较好。

4.2.6 **强制性条文**。夏季屋顶水平面太阳辐射强度最大，屋顶的透明面积越大，相应建筑的能耗也越大，因此对屋顶透明部分的面积和热工性能应予以严格的限制。

由于公共建筑形式的多样化和建筑功能的需要，许多公共建筑设计有室内中庭，希望在建筑的内区有一个通透明亮，具有良好的微气候及人工生态环境的公共空间。但从目前已经建成工程来看，大量的建筑中庭的热环境不理想且能耗很大，主要原因是中庭透明材料的热工性能较差，传热损失和太阳辐射得热过大。1988年8月深圳建筑科学研究所对深圳一公共建筑中庭进行现场测试，中庭四层内走廊气温达到40℃以上，平均热舒适值 $PMV \geqslant 2.63$，即使采用空调室内也无法达到人们所要求的舒适温度。

对于那些需要视觉、采光效果而加大屋顶透明面积的建筑，如果所设计的建筑满足不了规定性指标的要求，突破了限值，则必须按本标准第4.3节的规定对该建筑进行权衡判断。权衡判断时，参照建筑的屋顶透明部分面积和热工性能必须符合本条的规定。

4.2.7 建筑中庭空间高大，在炎热的夏季，中庭内的温度很高。应考虑在中庭上部的侧面开设一些窗户或其他形式的通风口，充分利用自然通风，达到降低中庭温度的目的。必要时，应考虑在中庭上部的侧面设置排风机加强通风，改善中庭热环境。

4.2.8 公共建筑一般室内人员密度比较大，建筑室内空气流动，特别是自然、新鲜空气的流动，是保证建筑室内空气质量符合国家有关标准的关键。无论在北方地区还是在南方地区，在春、秋季节和冬、夏季的某些时段普遍有开窗加强房间通风的习惯，这也是节能和提高室内热舒适性的重要手段。外窗的可开启面积过小会严重影响建筑室内的自然通风效果，本条规定是为了使室内人员在较好的室外气象条件下，可以通过开启外窗通风来获得热舒适性和良好的室内空气品质。

近来有些建筑为了追求外窗的视觉效果和建筑立面的设计风格，外窗的可开启率有逐渐下降的趋势，有的甚至使外窗完全封闭，导致房间自然通风不足，不利于室内空气流通和散热，不利于节能。例如在我国南方地区通过实测调查与计算机模拟：当室外干球温度不高于28℃，相对湿度80%以下，室外风速在1.5 m/s左右时，如果外窗的可开启面积不小于所在房间地面面积的8%，室内大部分区域基本能达到热舒适性水平；而当室内通风不畅或关闭外窗，室内干球温度26℃，相对湿度80%左右时，室内人员仍然感到有些闷热。人们曾对夏热冬暖地区典型城市的气象数据进行分析，从5月到10月，室外平均温度不高于28℃的天数占每月总天数，有的地区高达60%～70%，最热月也能达到10%左右，对应时间段的室外风速大多能达到1.5 m/s左右。所以做好自然通风气流组织设计，保证一定的外窗可开启面积，可以减少房间空调设备的运行时间，节约能源，提高舒适性。为了保证室内有良好的自然通风，明确规定外窗的可开启面积不应小于窗面积的30%是必要的。

4.2.9 公共建筑的性质决定了它的外门开启频繁。在严寒和寒冷地区的冬季，外门的频繁开启造成室外冷空气大量进入室内，导致采暖能耗增加。设置门斗可以避免冷风直接进入室内，在节能的同时，也提高门厅的热舒适性。除了严寒和寒冷地区之外，其他气候区也存在着相类似的现象，因此也应该采取各种可行的节能措施。

4.2.10 公共建筑一般室内热环境条件比较好，为了保证建筑的节能，要求外窗具有良好的气密性能，以抵御夏季和冬季室外空气过多地向室内渗漏，因此对外窗的气密性能要有较高的要求。

4.2.11 目前国内的幕墙工程，主要考虑幕墙围护结构的结构安全性、日光照射的光环境、隔绝噪声、防止雨水渗透以及防火安全等方面的问题，较少考虑幕墙围护结构的保温隔热、冷凝等热工节能问题。为了节约能源，必须对幕墙的热工性能有明确的规定。这些规定已经体现在条文 4.2.2 中。

由于透明幕墙的气密性能对建筑能耗也有较大的影响，为了达到节能目标，本条文对透明幕墙的气密性也作了明确的规定。

4.3 围护结构热工性能的权衡判断

4.3.1 公共建筑的设计往往着重考虑建筑外形立面和使用功能，有时难以完全满足第 4 章条款的要求，尤其是玻璃幕墙建筑的“窗墙比”和对应的玻璃热工性能很可能突破第 4.2.2 条的限制。为了尊重建筑师的创造性工作，同时又使所设计的建筑能够符合节能设计标准的要求，引入建筑围护结构的总体热工性能是否达到要求的权衡判断。权衡判断不拘泥于建筑围护结构各个局部的热工性能，而是着眼于总体热工性能是否满足节能标准的要求。

4.3.2 权衡判断是一种性能化的设计方法，具体做法就是先构想出一栋虚拟的建筑，称之为参照建筑，然后分别计算参照建筑和实际设计的建筑的全年采暖和空调能耗，并依照这两个能耗的比较结果作出判断。当实际设计的建筑的能耗大于参照建筑的能耗时，调整部分设计参数(例如提高窗户的保温隔热性能，缩小窗户面积等等)，重新计算所设计建筑的能耗，直至设计建筑的能耗不大于参照建筑的能耗为止。

每一栋实际设计的建筑都对应一栋参照建筑。与实际设计的建筑相比，参照建筑除了在实际设计建筑不满足本标准的一些重要规定之处作了调整外，其他方面都相同。参照建筑在建筑围护结构的各个方面均应完全符合本节能设计标准的规定。

4.3.3 建筑形状、大小、朝向以及内部的空间划分和使用功能都与采暖和空调能耗直接相关，因此在这些方面参照建筑必须与所设计建筑完全一致。在形状、朝向、内部空间划分和使用功能等都确定的条件下，建筑的体形系数和外立面的窗墙面积比对采暖和空调能耗影响很大，因此参照建筑的体形系数和窗墙面积比分别符合第 4.1.2 条和第 4.2.4 条的规定是非常重要的。当所设计建筑的体形系数大于第 4.1.2 条的规定时，本条规定要缩小参照建筑每面外墙尺寸只是一种计算措施，并不真正去调整所设计建筑的体形系数。当所设计建筑的体形系数小于第 4.1.2 条的规定时，参照建筑不作体形系数的调整。当所设计建筑的窗墙面积比小于第 4.2.4 条的规定时，参照建筑也不作窗墙面积比的调整。

4.3.4 权衡判断的核心是对参照建筑和实际所设计的建筑的采暖和空调能耗进行比较并作出判断。用动态方法计算建筑的采暖和空调能耗是一个非常复杂的过程，很多细节都会影响能耗的计算结果。因此，为了保证计算的准确性，必须作出许多具体的规定。

需要指出的是，实施权衡判断时，计算出的并非是实际的采暖和空调能耗，而是某种“标准”工况下的能耗。本标准在规定这种“标准”工况时尽量使它接近实际工况。

5 采暖、通风和空气调节节能设计

5.1 一般规定

5.1.1 **强制性条文**。目前，有些设计人员错误地利用设计手册中供方案设计或初步设计时估算冷、热负荷用的单位建筑面积冷、热负荷指标，直接作为施工图设计阶段确定空调的冷、热负荷的依据。由于总负荷偏大，从而导致了装机容量偏大、管道直径偏大、水泵配置偏大、末端设备偏大的“四大”现象。其结果是初投资增高、能量消耗增加，给国家和投资人造成巨大损失，因此必须作出严格规定。国家标准《采暖通风与空气调节设计规范》GB 50019—2003 中 6.2.1 条已经对空调冷负荷必须进行逐时计算列为强制性条文，这里再重复列出，是为了要求设计人员必须执行。

5.1.2 严寒地区，由于采暖期长，不论是从节省能耗或节省运行费用来看，通常都是采用热水集中采暖系统更为合适。

寒冷地区公共建筑的冬季采暖问题，关系到很多因素，因此要求结合实际工程通过具体的分析比较、优选确定。

5.2 采暖

5.2.1 国家节能指令第四号明确规定："新建采暖系统应采用热水采暖"。实践证明，采用热水作为热媒，不仅对采暖质量有明显的提高，而且便于进行节能调节。因此，明确规定应以热水为热媒。

5.2.2 在采暖系统南、北向分环布置的基础上，各向选择(2～3)个房间作为标准间，取其平均温度作为控制温度，通过温度调控调节流经各向的热媒流量或供水温度，不仅具有显著的节能效果，而且，还可以有效的平衡南、北向房间因太阳辐射导致的温度差异，从根本上克服"南热北冷"的问题。

5.2.3 选择供暖系统制式的原则，是在保持散热器有较高散热效率的前提下，保证系统中除楼梯间以外的各个房间(供暖区)，能独立进行温度调节。

由于公共建筑往往分区出售或出租，由不同单位使用；因此，在设计和划分系统时，应充分考虑实现分区热量计量的灵活性、方便性和可能性，确保实现按用热量多少进行收费。

5.2.4 散热器暗装在罩内时，不但散热器的散热量会大幅度减少；而且，由于罩内空气温度远远高于室内空气温度，从而使罩内墙体的温差传热损失大大增加。为此，应避免这种错误做法。

散热器暗装时，还会影响温控阀的正常工作。如工程确实需要暗装时(如幼儿园)，则必须采用带外置式温度传感器的温控阀，以保证温控阀能根据室内温度进行工作。

实验证明：散热器外表面涂刷非金属性涂料时，其散热量比涂刷金属性涂料时能增加10%左右。

另外，散热器的单位散热量、金属热强度指标(散热器在热媒平均温度与室内空气温度差为1℃时，每1 kg重散热器每小时所放散的热量)和单位散热量的价格这三项指标，是评价和选择散热器的主要依据，特别是金属热强度指标，是衡量同一材质散热器节能性和经济性的重要标志。

5.2.5 散热器的安装数量，应与设计负荷相适应，不应盲目增加。有些人以为散热器装得越多就越安全，殊不知实际效果并非如此；盲目增加散热器数量，不但浪费能源，还很容易造成系统热力失匀和水力失调，使系统不能正常供暖。

扣除室内明装管道的散热量，也是防止供热过多的措施之一。

5.2.6 公共建筑内的高大空间，如大堂、候车(机)厅、展厅等处的采暖，如果采用常规的对流采暖方式供暖时，室内沿高度方向会形成很大的温度梯度，不但建筑热损耗增大，而且人员活动区的温度往往偏低，很难保持设计温度。采用辐射供暖时，室内高度方向的温度梯度很小；同时，由于有温度和辐射照度的综合作用，既可以创造比较理想的热舒适环境，又可以比对流采暖时减少15%左右的能耗，因此，应该提倡。

5.2.7 量化管理是节约能源的重要手段，按照用热量的多少来计收采暖费用，既公平合理，更有利于提高用户的节能意识。设置水力平衡配件后，可以通过对系统水力分布的调整与设定，保持系统的水力平衡，保证获得预期的供暖效果。

5.2.8 本条的来源为《民用建筑节能设计标准》JGJ 26—95。但根据实际情况做了如下改动：

1 从实际情况来看，水泵功率采用在设计工况点的轴功率对公式的使用更为方便、合理，因此，将《民用建筑节能设计标准》JGJ 26—95中"水泵铭牌轴功率"修改为"水泵在设计工况点的轴功率"。

2 《民用建筑节能设计标准》JGJ 26—95中采用的是典型设计日的平均值指标。考虑到设计时确定供热水泵的全日运行小时数和供热负荷逐时计算存在较大的难度，因此在这里采用了设计状态下的指标。

3 规定了设计供/回水温度差Δt的取值要求，防止在设计过程中由于Δt区值偏小而影响节能效果。通常采暖系统宜采用95/70℃的热水；由于目前常用的几种采暖用塑料管对水温的要求通常不能高于80℃，因此对于系统中采用了塑料管时，系统的供/回水温度一般为80/60℃。考虑到地板辐射采暖系统的Δt不宜大于10℃，且地板辐射采暖系统在公共建筑中采用得不是很普遍，因此本条不针对地板辐射采暖系统。

5.3 通风与空气调节

5.3.1 温、湿度要求不同的空调区不应划分在同一个空调风系统中是空调风系统设计的一个基本要求，这也是多数设计人员都能够理解和考虑到的。但在实际工程设计中，一些设计人员有时忽视了不同空调区在使用时间等要求上的区别，出现把使用要求不同(比如明显地不同时使用)的空调区划分在同一空调风系统中的情况，不仅给运行与调节造成困难，同时也增大了能耗，为此强调应根据使用要求来划分空调风系统。

5.3.2 全空气空调系统具有易于改变新、回风比例，必要时可实现全新风运行从而获得较大的节能效益和环境效益，且易于集中处理噪声、过滤净化和控制空调区的温、湿度，设备集中，便于维修和管理等优点。并且在商场、影剧院、营业式餐厅、展厅、候机(车)楼、多功能厅、体育馆等建筑中，其主体功能房间空间较大、人员较多，通常也不需要再去分区控制各区域温度，因此宜采用全空气空调系统。

5.3.3 单风管送风方式与双风管送风方式相比，不仅占用建筑空间少、初投资省，而且不会像双风管方式那样因为有冷、热风混合过程而造成能量损失，因此，当功能上无特殊要求时，应采用单风管送风方式。

5.3.4 变风量空调系统具有控制灵活、节能等特点，它能根据空调区负荷的变化，自动改变送风量；随着系统送风量的减少，风机的输送能耗相应减少。当全年内区需要送冷风时，它还可以通过直接采用低温全新风冷却的方式来节能。

5.3.5 风机的变风量途径和方法很多，考虑到变频调节通风机转速时的节能效果最好，所以推荐采用。本条文提到的风机是指空调机组内的系统送风机(也可能包括回风机)而不是变风量末端装置内设置的风机。对于末端装置所采用的风机来说，若采用变频方式时，应采取可靠的防止对电网造成电磁污染的技术措施。变风量空调系统在运行过程中，随着送风量的变化，送至空调区的新风量也相应改变。为了确保新风量能符合卫生标准的要求，同时为了使初调试能够顺利进行，根据满足最小新风量的原则，规定应在提供给甲方的设计文件中标明每个变风量末端装置必需的最小送风量。

5.3.6 空调系统设计时不仅要考虑到设计工况，而且应考虑全年运行模式。在过渡季，空调系统采用全新风或增大新风比运行，都可以有效地改善空调区内空气的品质，大量节省空气处理所需消耗的能量，应该大力推广应用。但要实现全新风运行，设计时必须认真考虑新风取风口和新风管所需的截面积，妥善安排好排风出路，并应确保室内必须保持的正压值。

应明确的是："过渡季"指的是与室内、外空气参数相关的一个空调工况分区范围，其确定的依据是通过室内、外空气参数的比较而定的。由于空调系统全年运行过程中，室外参数总是处于一个不断变化的动态过程之中，即使是夏天，在每天的早晚也有可能出现"过渡季"工况(尤其是全天 24 h 使用的空调系统)，因此，不要将"过渡季"理解为一年中自然的春、秋季节。

5.3.7 本条文系参考美国采暖制冷空调工程师学会标准 ASHRAE 62—2001"Ventilation for Acceptable Indoor Air Quality"中第 6.3.1.1 条的内容。考虑到一些设计采用新风比最大的房间的新风比作为整个空调系统的新风比，这将导致系统新风比过大，浪费能源。采用上述计算公式将使得各房间在满足要求的新风量的前提下，系统的新风比最小，因此本条规定可以节约空调风系统的能耗。

举例说明式(5.3.7)的用法：

假定一个全空气空调系统为下表中的几个房间送风：

房间用途	在室人数	新风量/(m^3/h)	总风量/(m^3/h)	新风比/%
办公室	20	680	3 400	20
办公室	4	136	1 940	7
会议室	50	1 700	5 100	33
接待室	6	156	3 120	5
合　计	80	2 672	13 560	20

如果为了满足新风量需求最大的会议室，则须按该会议室的新风比设计空调风系统。其需要的总新风量变成：13 560×33%=4 475(m^3/h)，比实际需要的新风量(2 672 m^3/h)增加了67%。

现用式(5.3.7)计算，在上面的例子中，V_{ot}=未知；V_{st}=13 560 m^3/h；V_{on}=2 672 m^3/h；V_{oc}=1 700 m^3/h；V_{sc}=5 100 m^3/h。因此可以计算得到：

$$Y=V_{ot}/V_{st}=V_{ot}/13\ 560$$

$$X=V_{on}/V_{st}=2\ 672/13\ 560=19.7\%$$

$$Z=V_{oc}/V_{sc}=1\ 700/5\ 100=33.3\%$$

代入方程 $Y=\dfrac{X}{1+X-Z}$中，得到

$$V_{ot}/13\ 560=0.197/(1+0.197-0.333)=0.228$$

可以得出 V_{ot}=3 092 m^3/h。

5.3.8 二氧化碳并不是污染物，但可以作为室内空气品质的一个指标值。ASHRAE 62—2001 标准的第6.2.1条中阐述了“如果通风能够使室内 CO_2 浓度高出室外在 7×10^{-4} m^3/m^3 以内，人体生物散发方面的舒适性(气味)标准是可以满足的。”考虑到我国室内空气品质标准中没有采纳“室外 CO_2 浓度+7×10^{-4} m^3/m^3=室内允许浓度”的定义方法，因此参照 ASHRAE 62—2001 的条文作了调整。当房间内人员密度变化较大时，如果一直按照设计的较大的人员密度供应新风，将浪费较多的新风处理用冷、热量。我国有的建筑已采用了新风需求控制(如上海浦东国际机场候机大厅)。要注意的是，如果只变新风量、不变排风量，有可能造成部分时间室内负压，反而增加能耗，因此排风量也应适应新风量的变化以保持房间的正压。

5.3.9 采用人工冷、热源进行预热或预冷运行时新风系统应能关闭，其目的在于减少处理新风的冷、热负荷，节省能量消耗；在夏季的夜间或室外温度较低的时段，直接采用室外温度较低的空气对建筑进行预冷，是节省能耗的一个有效方法，应该推广应用。

5.3.10 建筑物外区和内区的负荷特性不同。外区由于与室外空气相邻，围护结构的负荷随季节改变有较大的变化；内区则由于远离围护结构，室外气候条件的变化对它几乎没有影响，常年需要供冷。冬季内、外区对空调的需求存在很大的差异，因此宜分别设计和配置空调系统。这样，不仅可以方便运行管理，获得最佳的空调效果，而且还可以避免冷热抵消，节省能源的消耗，减少运行费用。

对于办公建筑来说，办公室内、外区的划分标准与许多因素有关，其中房间分隔是一个重要的因素，设计中需要灵活处理。例如，如果在进深方向有明确的分隔，则分隔处一般为内、外区的分界线；房间开窗的大小、房间朝向等因素也对划分有一定影响。在设计没有明确分隔的大开间办公室时，根据国外有关资料介绍，通常可将距外围护结构(3～5)m 的范围内划为外区，其所包容的为内区。为了设计尽可能满足不同的使用需求，也可以将上述从(3～5)m 的范围作为过渡区，在空调负荷计算时，内、外区都计算此部分负荷，这样只要分隔线在(3～5)m 之间变动，都是能够满足要求的。

5.3.11 水环热泵空调系统具有在建筑物内部进行冷热量转移的特点。对于冬季的建筑供热来说实际上是利用了建筑内部的发热量，从而减少了外部供给建筑的供热量需求，是一种节能的系统形式。但其运行节能的必要条件是在冬季建筑内部有较为稳定、可观的余热。在实际设计中，应进行供冷、余热和供热需求的热平衡计算，以确定是否设置辅助热源及其大小，并通过适当的经济技术比较后确定是否采用此系统。

5.3.12 如果新风经过风机盘管后送出，风机盘管的运行与否对新风量的变化有较大影响，易造成浪费或新风不足。

5.3.13 由于屋顶传热量较大，或者当吊顶内发热量较大以及高大吊顶空间(吊顶至楼板底的高度超过1.0 m)时，若采用吊顶内回风，使空调区域加大、空调能耗上升，不利于节能。

5.3.14 空调区域(或房间)排风中所含的能量十分可观，加以回收利用可以取得很好的节能效益和环境效益。长期以来，业内人士往往单纯地从经济效益方面来权衡热回收装置的设置与否，若热回收装置

投资的回收期稍长一些，就认为不值得采用。时至今日，人们考虑问题的出发点已提高到了保护全球环境这个高度，而节省能耗就意味着保护环境，这是人类面临的头等大事。在考虑其经济效益的同时，更重要的是必须考虑节能效益和环境效益。因此，设计时应优先考虑，尤其是当新风与排风采用专门独立的管道输送时，非常有利于设置集中的热回收装置。

除了考虑设计状态下新风与排风的温度差之外，过渡季使用空调的时间占全年空调总时间的比例也是影响排风热回收装置设置与否的重要因素之一。过渡季时间越长，相对来说全年回收的冷、热量越小。因此，还应根据当地气象条件，通过技术经济的合理分析来决定。

根据国内对一些热回收装置的实测，质量较好的热回收装置的效率普遍在60%以上。

5.3.15 采用双向换气装置，让新风与排风在装置中进行显热或全热交换，可以从排出空气中回收55%以上的热量和冷量，有较大的节能效果，因此应该提倡。人员长期停留的房间一般是指连续使用超过3 h的房间。

5.3.16 粗、中效空气过滤器的参数引自国家标准《空气过滤器》GB/T 14295—1993。

由于全空气空调系统要考虑到空调过渡季全新风运行的节能要求，因此对其过滤器应有同样的要求——满足全新风运行的需要。

5.3.17 在现有的许多空调工程设计中，由于种种原因一些工程采用了土建风道（指用砖、混凝土、石膏板等材料构成的风道）。从实际调查结果来看，这种方式带来了相当多的隐患，其中最突出的问题就是漏风严重，而且由于大部分是隐蔽工程无法检查，导致系统调试不能正常进行，处理过的空气无法送到设计要求的地点，能量浪费严重。因此作出较严格的规定。

在工程设计中，也会因受条件限制或为了结合建筑的需求，存在一些用砖、混凝土、石膏板等材料构成的土建风道、回风竖井的情况；此外，在一些下送风方式（如剧场等）的设计中，为了管道的连接及与室内设计配合，有时也需要采用一些局部的土建式封闭空腔作为送风静压箱。因此本条文对这些情况不作严格限制。

同时由于混凝土等墙体的蓄热量大，没有绝热层的土建风道会吸收大量的送风能量，会严重影响空调效果，因此对这类土建风道或送风静压箱提出严格的防漏风和绝热要求。

5.3.18 闭式循环系统不仅初投资比开式系统少，输送能耗也低，所以推荐采用。

在季节变化时只是要求相应作供冷/采暖空调工况转换的空调系统，采用两管制水系统，工程实践已充分证明完全可以满足使用要求，因此予以推荐。

规模（进深）大的建筑，由于存在负荷特性不同的外区和内区，往往存在需要同时分别供冷和供暖的情况，常规的两管制显然无法同时满足以上要求。这时，若采用分区两管制系统（分区两管制水系统，是一种根据建筑物的负荷特性，在冷热源机房内预先将空调水系统分为专供冷水和冷热合用的两个两管制系统的空调水系统制式），就可以在同一时刻分别对不同区域进行供冷和供热，这种系统的初投资比四管制低，管道占用空间也少，因此推荐采用。

采用一次泵方式时，管路比较简单，初投资也低，因此推荐采用。过去，一次泵与冷水机组之间都采用定流量循环，节能效果不大。近年来，随着制冷机的改进和控制技术的发展，通过冷水机组的水量已经允许在较大幅度范围内变化，从而为一次泵变流量运行创造了条件。为了节省更多的能量，也可采用一次泵变流量调节方式。但为了确保系统及设备的运行安全可靠，必须针对设计的系统进行充分的论证，尤其要注意的是设备（冷水机组）的变水量运行要求和所采用的控制方案及相关参数的控制策略。

当系统较大、阻力较高，且各环路负荷特性相差较大，或压力损失相差悬殊（差额大于50 kPa）时，如果采用一次泵方式，水泵流量和扬程要根据主机流量和最不利环路的水阻力进行选择，配置功率都比较大；部分负荷运行时，无论流量和水流阻力有多小，水泵（一台或多台）也要满负荷配合运行，管路上多余流量与压头只能采用旁通和加大阀门阻力予以消耗，因此输送能量的利用率较低，能耗较高。若采用二次泵方式，二次水泵的流量与扬程可以根据不同负荷特性的环路分别配置，对于阻力较小的环路来说可以降低二次泵的设置扬程（举例来说，在空调冷、热水泵中，扬程差值超过50 kPa时，通常来说其配电机的安装容量会变化一档；同时，对于水阻力相差 50kPa 的环路来说，相当于输送距离 100 m 或送回管道长度在 200 m 左右），做到“量体裁衣”，极大地避免了无谓的浪费。而且二次泵的设置不影响制冷主机规定流量的要求，可方便地采用变流量控制和各环路的自由启停控制，负荷侧的流量调节范围也可以更大；尤其当二次泵采用变频控制时，其节能效果更好。

冷水机组的冷水供、回水设计温差通常为 5℃。近年来许多研究结果表明：加大冷水供、回水设计温差对输送系统减少的能耗，大于由此导致的设备传热效率下降所增加的能耗，因此对于整个空调系统来说具有一定的节能效益，目前有的实际工程已用到 8℃温差，从其运行情况看也反映良好的节能效果。由于加大冷水供、回水温差需要设备的运行参数发生变化（不能按通常的 5℃温差选择），因此采用此方法时，应进行技术经济的分析比较后确定。

采用高位膨胀水箱定压，具有安全、可靠、消耗电力相对较少、初投资低等优点，因此推荐优先采用。

5.3.19 通常，空调系统冬季和夏季的循环水量和系统的压力损失相差很大，如果勉强合用，往往使水泵不能在高效率区运行，或使系统工作在小温差、大流量工况之下，导致能耗增大，所以一般不宜合用。但若冬、夏季循环水泵的运行台数及单台水泵的流量、扬程与冬、夏系统工况相吻合，冷水循环泵可以兼作热水循环泵使用。

5.3.20 做好冷却水系统的水处理，对于保证冷却水系统尤其是冷凝器的传热，提高传热效率有重要意义。

在目前的一些工程设计中，只片面考虑建筑外立面美观等原因，将冷却塔安装区域用建筑外装修进行遮挡，忽视了冷却塔通风散热的基本安装要求，对冷却效果产生了非常不利的影响，由此导致了冷却能力下降，冷水机组不能达到设计的制冷能力，只能靠增加冷水机组的运行台数等非节能方式来满足建筑空调的需求，加大了空调系统的运行能耗。因此，强调冷却塔的工作环境应在空气流通条件好的场所。

冷却塔的“飘水”问题是目前一个较为普遍的现象，过多的“飘水”导致补水量的增大，增加了补水能耗。在补水总管上设置水流量计量装置的目的就是要通过对补水量的计量，让管理者主动地建立节能意识，同时为政府管理部门监督管理提供一定的依据。

5.3.21 空调系统的送风温度通常应以 *h-d* 图的计算为准。对于湿度要求不高的舒适性空调而言，降低一些湿度要求，加大送风温差，可以达到很好的节能效果。送风温差加大一倍，送风量可减少一半左右，风系统的材料消耗和投资相应可减 40%左右，动力消耗则下降 50%左右。送风温差在（4～8）℃之间时，每增加 1℃，送风量约可减少 10%～15%。而且上送风气流在到达人员活动区域时已与房间空气进行了比较充分的混合，温差减小，可形成较舒适环境，该气流组织形式有利于大温差送风。由此可见，采用上送风气流组织形式空调系统时，夏季的送风温差可以适当加大。

采用置换通风方式时，由于要求的送风温差较小，故不受本条文限制。

5.3.22 分层空调是一种仅对室内下部空间进行空调、而对上部空间不进行空调的特殊空调方式，与全室性空调方式相比，分层空调夏季可节省冷量 30%左右，因此，能节省运行能耗和初投资。但在冬季供暖工况下运行时并不节能，此点特别提请设计人员注意。

5.3.23 研究表明：置换通风系统是一种通风效率高，既带来较高的空气品质，又有利于节能的有效通风方式。置换通风是将经过处理或未经过处理的空气，以低风速、低紊流度、小温差的方式直接送入室内人员活动区的下部。置换通风型送风模式比混合式通风模式节能，根据有关资料统计，对于高大空间来说，其节约制冷能耗费 20%～50%。

置换通风在北欧已经普遍采用。最早是用于工业厂房解决室内的污染控制问题，然后转向民用，如办公室、会议厅、剧院等，目前我国在一些建筑中已有所应用。

5.3.24 空气进行蒸发冷却时，一般都是利用循环水进行喷淋，由于不需要人工冷源，所以能耗较少，是一种节能的空调方式。在新疆、甘肃、宁夏、内蒙等地区，夏季空调室外计算湿球温度普遍较低，温度的日较差大，适宜采用蒸发冷却。

近几年，此项技术在西北地区得到了广泛应用，且取得了良好的节能效果；同时，在技术上已由单独直接蒸发冷却的一级系统，发展到间接与直接蒸发冷却相结合的二级系统，以及两级间接蒸发与直接蒸发冷却结合的三级系统，都取得了很好的效果。

5.3.25　在空气处理过程中，同时有冷却和加热过程出现，肯定是既不经济，也不节能的，设计中应尽量避免。对于夏季具有高温高湿特征的地区来说，若仅用冷却过程处理，有时会使相对湿度超出设定值，如果时间不长，一般是可以允许的；如果对相对湿度的要求很严格，则宜采用二次回风或淋水旁通等措施，尽量减少加热用量。但对于一些散湿量较大、热湿比很小的房间等特殊情况，如室内游泳池等，冷却后再热可能是需要的方式之一。

对于置换通风方式，由于要求送风温差较小，当采用一次回风系统时，如果系统的热湿比较小，有可能会使处理后的送风温度过低，若采用再加热显然不利于充分利用置换通风方式所带来的节能的优点。因此，置换通风方式适用于热湿比较大的空调系统，或者可采用二次回风的处理方式。

5.3.26　考虑到目前国产风机的总效率都能达到52%以上，同时考虑目前许多空调机组已开始配带中效过滤器的因素，根据办公建筑中的两管制定风量空调系统、四管制定风量空调系统、两管制变风量空调系统、四管制变风量空调系统的最高全压标准分别为900 Pa、1 000 Pa、1 200 Pa、1 300 Pa，商业、旅馆建筑中分别为980 Pa、1 080 Pa、1 280 Pa、1 380 Pa，以及普通机械通风系统600 Pa，计算出上述W_s的限值。但考虑到许多地区目前在空调系统中还是采用粗效过滤的实际情况，所以同时也列出这类空调送风系统的单位风量耗功率的数值要求。在实际工程中，风系统的全压不应超过前述要求，实际上是要求通风系统的作用半径不宜过大，如果超过，则应对风机的效率应提出更高的要求。

对于规格较小的风机，虽然风机效率与电机效率有所下降，但由于系统管道较短和噪声处理设备的减少，风机压头可以适当减少。据计算，由于这个原因，小规格风机同样可以满足大风机所要求的W_s值。

由于空调机组中湿膜加湿器以及严寒地区空调机组中通常设有的预热盘管，风阻力都会大一些，因此给出了的单位风量耗功率（W_s）的增加值。

需要注意的是，为了确保单位风量耗功率设计值的确定，要求设计人员在图纸设备表上都注明空调机组采用的风机全压与要求的风机最低总效率。

5.3.27

1　本条引自《旅游旅馆建筑热工与空气调节节能设计标准》GB 50189—93，转引时，将原条文中的“水输送系数”（WTF），改用输送能效比（ER）表示，两者的关系为：$ER=1/WTF$。

2　本条文适用于独立建筑物内的空调水系统，最远环路总长度一般在（200～500）m范围内。区域管道或总长度过长的水系统可参照执行，目的是为了降低管道的输配能耗。

3　考虑到在多台泵并联的系统中，单台泵运行时往往会超流量，水泵电机的配置功率会适当放大的情况，在输送能效比（ER）的计算公式中，采用水泵电机铭牌功率显然不能准确地反映出设计的合理性，因此这里采用水泵轴功率计算，公式中的效率亦采用水泵在设计工作点的效率。

4　考虑到冷水泵的扬程一般不超过36 m，其效率为70%以上，供回水温差为5℃时，计算出冷水的$ER=0.024\ 1$。

5　考虑在两管制系统中，为了使自控阀门对供热时的控制性能有所保证，自控阀门的冷、热水设计流量值之比以不超过3∶1为宜。热水供回水温差最大为15℃。

6　严寒地区按设计冷/热量之比平均为1∶2考虑；寒冷地区和夏热冬冷地区按设计冷/热量之比平均为1∶1考虑；夏热冬暖地区按设计冷/热量之比平均为2∶1考虑。

7　在由于直燃机的水温差较小（与冷水温差差不多），因此这里明确两管制热水管道系统中的输送能效比值计算“不适用于采用直燃式冷热水机组作为热源的空调热水系统”。

5.3.28　本条文为空调冷热水管道绝热计算的基本原则，也作为附录C的引文。

附录C是建筑物内的空调冷热水管道绝热厚度表。该表是从节能角度出发，按经济厚度的原则制定的；但由于全国各地的气候条件差异很大，对于保冷管道防结露厚度的计算结果也会相差较大，因此除了经济厚度外，还必须对冷管道进行防结露厚度的核算，对比后取其大值。

为了方便设计人员选用，附录C针对目前空调水管道常使用的介质温度和最常用的两种绝热材料制定的，直接给出了厚度。如使用条件不同或绝热材料不同，设计人员应自行计算或按供应厂家提供的技术资料确定。

按照附录C的绝热厚度的要求，每100 m冷水管的平均温升可控制在0.06℃以内；每100 m热水管的平均温降也控制在0.12℃以内，相当于一个500 m长的供回水管路，控制管内介质的温升不超过0.3℃(或温降不超过0.6℃)，也就是不超过常用的供、回水温差的6%左右。如果实际管道超过500 m，设计人员应按照空调管道(或管网)能量损失不大于6%的原则，通过计算采用更好(或更厚)的保温材料以保证达到减少管道冷(热)损失的效果。

5.3.29 风管表面积比水管道大得多，其管壁传热引起的冷热量的损失十分可观，往往会占空调送风冷量的5%以上，因此空调风管的绝热是节能工作中非常重要的一项内容。

由于离心玻璃棉是目前空调风管绝热最常用的材料，因此这里将它用作为制定空调风管绝热最小热阻时的计算材料。按国家玻璃棉标准，离心玻璃棉属2b号，密度在(32～48)kg/m^{3}时，70℃时的导热系数≤0.046 W/(m·K)，一般空调风管绝热材料使用的平均温度为20℃，可以推算得到20℃时的导热系数为0.0377 W/(m·K)。按管内温度15℃时，计算经济厚度为28 mm，计算热阻是0.74(m^2·K/W)；低温空调风管管内温度按5℃计算，得到导热系数为0.036 6 W/(m·K)，计算经济厚度为39 mm，计算热阻是1.08(m^2·K/W)。如果离心玻璃棉导热系数性能好的话，导热系数可以达到0.033和0.031，厚度为24 mm和33 mm。

5.3.30 保冷管道的绝热层外的隔汽层是防止凝露的有效手段，保证绝热效果，保护层是用来保护隔汽层的。如果绝热材料本身就是具有隔汽性的闭孔材料，就可认为是隔汽层和保护层。

5.4 空气调节与采暖系统的冷热源

5.4.1 空调采暖系统在公共建筑中是能耗大户，而空调冷热源机组的能耗又占整个空凋，采暖系统的大部分。当前各种机组、设备品种繁多，电制冷机组、溴化锂吸收式机组及蓄冷蓄热设备等各具特色。但采用这些机组和设备时都受到能源、环境、工程状况使用时间及要求等多种因素的影响和制约，为此必须客观全面地对冷热源方案进行分析比较后合理确定。

1 发展城市热源是我国城市供热的基本政策，北方城市发展较快，较为普遍，夏热冬冷地区少部分城市也在规划中，有的已在实施，具有城市或区域热源时应优先采用。我国工业余热的资源也存在潜力，应充分利用。

2 《中华人民共和国节约能源法》明确提出："推广热电联产，集中供热，提高热电机组的利用率，发展热能梯级利用技术，热、电、冷联产技术和热、电、煤气三联供技术，提高热能综合利用率"。大型热电冷联产是利用热电系统发展供热、供电和供冷为一体的能源综合利用系统。冬季用热电厂的热源供热，夏季采用溴化锂吸收式制冷机供冷，使热电厂冬夏负荷平衡，高效经济运行。

3 原国家计委、原国家经贸委、建设部、国家环保总局联合发布的《关于发展热电联产的规定》(计基础[2000]1268号文)中指出："以小型燃气发电机组和余热锅炉等设备组成的小型热电联产系统，适用于厂矿企业、写字楼、宾馆、商场、医院、银行、学校等分散的公用建筑。它具有效率高、占地小、保护环境、减少供电线路损和应急突发事件等综合功能，在有条件的地区应逐步推广"。分布式热电冷联供系统以天然气为燃料，为建筑或区域提供电力、供冷、供热(包括供热水)三种需求，实现天然气能源的梯级利用，能源利用效率可达到80%以上，大大减少SO_2、固体废弃物、温室气体、NO_x和TSP的排放，减少占地面积和耗水量，还可应对突发事件确保安全供电，在国际上已经得到广泛应用。我国已有少量项目应用了分布式热电冷联供技术，取得较好的社会和经济效益。目前国家正在制定的《国家十一五规划》、《国家中长期能源规划》、《国家中长期科技规划》，都把分布式燃气热电冷联供作为发展的重点。

大量电力驱动空调的使用是导致高峰期电力超负荷的主要原因之一。同时由于空调负荷分布极不均衡、全年工作时间短、平均负荷率低，如果为满足高峰期电力需求大规模建设电厂，将会导致发输配电设备的利用率低、电网的技术和经济指标差、供电的成本提高。随着国家西气东输等天然气工程的建设，夏季天然气出现大量富余，北京冬季供气高峰和夏季低谷的供气量相差7～8倍。为平衡负荷，不得不投巨资建设调峰储气库，天然气输配管网和设施也必须按最大供应能力建设，在夏季供气低谷时，造成管网资源的闲置和浪费。可见燃气与电力都存在峰谷差的难题。但是燃气峰谷与电力峰谷有极大的互补性。发展燃气空调和楼宇冷热电三联供可降低电网夏季高峰负荷，填补夏季燃气的低谷，同时降低电力和燃气的峰谷差，平衡能源利用负荷，实现资源的优化配置，是科学合理地利用能源的双赢措施。

在应用分布式热电冷联供技术时，必须进行科学论证，从负荷预测、技术、经济、环保等多方面对方案做可行性分析。

4 当具有电、城市供热、天然气，城市煤气等能源中两种以上能源时，可采用几种能源合理搭配作为空调冷热源。如“电＋气”、“电＋蒸汽”等，实际上很多工程都通过技术经济比较后采用了这种复合能源方式，投资和运行费用都降低，取得了较好的经济效益。城市的能源结构若是几种共存，空调也可适应城市的多元化能源结构，用能源的峰谷季节差价进行设备选型，提高能源的一次能效，使用户得到实惠。

5 水源热泵是一种以低位热能作能源的中小型热泵机组，具有可利用地下水、地表水或工业废水作为热源供暖和供冷，采暖运行时的性能系数 *COP* 一般大于4，优于空气源热泵，并能确保采暖质量。水源热泵需要稳定的水量，合适的水温和水质，在取水这一关键问题上还存在一些技术难点，目前也没有合适的规范、标准可参照，在设计上应特别注意。采用地下水时，必须确保有回灌措施和确保水源不被污染，并应符合当地的有关保护水资源的规定。

采用地下埋管换热器的地源热泵可省去水质处理、回灌和设置板式换热器等装置。埋管换热器可以分为立式和卧式。我国对这一新技术还处于开发研究阶段，当前设计上还缺乏可靠的土壤热物性有关数据和正确的计算方法。在工程实施中宜由小型建筑起步，不断总结完善设计与施工的经验。

5.4.2 **强制性条文**。合理利用能源、提高能源利用率、节约能源是我国的基本国策。用高品位的电能直接用于转换为低品位的热能进行采暖或空调，热效率低，运行费用高，是不合适的。国家有关强制性标准中早有“不得采用直接电加热的空调设备或系统”的规定。近些年来由于空调，采暖用电所占比例逐年上升，致使一些省市冬夏季尖峰负荷迅速增长，电网运行日趋困难，造成电力紧缺。2003年夏季，全国20多个省、市不同程度出现了拉闸限电；入冬以后，全国大范围缺电现象愈演愈烈。而盲目推广电锅炉、电采暖，将进一步劣化电力负荷特性，影响民众日常用电，制约国民经济发展，为此必须严格限制。考虑到国内各地区的具体情况，在只有符合本条所指的特殊情况时方可采用。但前提条件是：该地区确实电力充足且电价优惠或者利用如太阳能、风能等装置发电的建筑。

要说明的是，对于内、外区合一的变风量系统，作了放宽。目前在一些南方地区，采用变风量系统时，可能存在个别情况下需要对个别的局部外区进行加热，如果为此单独设置空调热水系统可能难度较大或者条件受到限制或者投入较高。

5.4.3 **强制性条文**。本条中各款提出的是选择锅炉时应注意的问题，以便能在满足全年变化的热负荷前提下，达到高效节能要求。当前，我国多数燃煤锅炉运行效率低、热损失大。为此，在设计中要选用机械化、自动化程度高的锅炉设备，配套优质高效的辅机，减少炉膛未完全燃烧和排烟系统热损失，杜绝热力管网中的“跑、冒、滴、漏”，使锅炉在额定工况下产生最大热量而且平稳运行。利用锅炉余热的途径有：在炉尾烟道设置省煤器或空气预热器，充分利用排烟余热；尽量使用锅炉连续排污器，利用“二次汽”再生热量；重视分汽缸凝结水回收余压汽热量，接至给水箱以提高锅炉给水温度。燃气燃油锅炉由于新技术和智能化管理，效率较高，余热利用相对减少。

5.4.4 本条中各款提出的是选择锅炉时应注意的问题，以便能在满足全年变化的热负荷前提下，达到高效节能运行的要求。

5.4.5 **强制性条文**。随着建筑业的持续增长，空调的进一步普及，我国已成为冷水机组的制造大国。

大部分世界级品牌都已在中国成立合资或独资企业，大大提高了机组的质量水平，产品已广泛应用于各类公共建筑。而我国的行业标准已显落后，成为高能耗机组的保护伞，影响部分国内机组的技术进步和市场竞争力，为此提出额定制冷量时最低限度的制冷性能系数(*COP*)值。由国家标准化管理委员会、国家发展和改革委员会主办，中国标准化研究院承办，全国能源基础与管理标准化技术委员会、中国家用电器协会、中国制冷空调工业协会和全国冷冻设备标准化技术委员会协办的"空调能效国家标准新闻发布会"已于 2004 年 9 月 16 日在北京召开，会议发布了国家标准《冷水机组能效限定值及能源效率等级》GB 19577—2004，《单元式空气调节机能效限定值及能源效率等级》GB 19576—2004 等三个产品的强制性国家能效标准，这给本标准在确定能效最低值时提供了依据。能源效率等级判定方法，目的是配合我国能效标识制度的实施。能源效率等级划分的依据：一是拉开档次，鼓励先进，二是兼顾国情，以及对市场产生的影响，三是逐步与国际接轨。根据我国能效标识管理办法(征求意见稿)和消费者调查结果，建议依据能效等级的大小，将产品分成 1、2、3、4、5 五个等级。能效等级的含义 1 等级是企业努力的目标；2 等级代表节能型产品的门槛(最小寿命周期成本)；3、4 等级代表我国的平均水平；5 等级产品是未来淘汰的产品。目的是能够为消费者提供明确的信息，帮助其购买的选择，促进高效产品的市场。以下摘录国家标准《冷水机组能效限定值及能源效率等级》GB 19577—2004 中"表 2 能源效率等级指标"。

类　型	额定制冷量 *CC*/(kW)	能效等级(*COP*)/(W/W)				
		1	2	3	4	5
风冷式或蒸发冷却式	*CC*≤50	3.20	3.00	2.80	2.60	2.40
	50＜*CC*	3.40	3.20	3.00	2.80	2.60
水冷式	*CC*≤528	5.00	4.70	4.40	4.10	3.80
	528＜*CC*≤1 163	5.50	5.10	4.70	4.30	4.00
	1 163＜*CC*	6.10	5.60	5.10	4.60	4.20

本标准确定表 5.4.5 中制冷性能系数(*COP*)值考虑了以下因素：国家的节能政策；我国产品现有与发展水平；鼓励国产机组尽快提高技术水平。同时，从科学合理的角度出发，考虑到不同压缩方式的技术特点，对其制冷性能系数分别作了不同要求。活塞/涡旋式采用第 5 级，水冷离心式采用第 3 级，螺杆机则采用第 4 级。至于确定名义工况时的参数，则根据国家标准《蒸气压缩循环冷水(热泵)机组工商业用和类似用途的冷水(热泵)机组》GB/T 18430.1—2001 中的规定，即：1. 使用侧：制冷进/出口水温 12/7℃；2. 热源侧(或放热侧)：水冷式冷却水进出口水温 30/35℃，风冷式制冷空气干球温度 35℃，蒸发冷却式空气湿球温度 24℃；3. 使用侧和水冷式热源侧污垢系数 0.086 m^2 · C/kW。

5.4.6、5.4.7　空调系统运行时，除了通过运行台数组合来适应建筑冷量需求和节能外，在相当多的情况下，冷水机组处于部分负荷运行状态，为了控制机组部分负荷运行时的能耗，有必要对冷水机组的部分负荷时的性能系数作出一定的要求。参照国外的一些情况，本标准提出了用 *IPLV* 来评价的方法。

蒸气压缩循环冷水(热泵)机组综合部分负荷性能系数计算的根据：取我国典型公共建筑模型，计算出我国 19 个城市气候条件下，典型建筑的空调系统供冷负荷以及各负荷段的机组运行小时数，参照美国空调制冷协会 ARI 550/590—1998《采用蒸气压缩循环的冷水机组》标准中综合部分负荷性能 *IPLV* 系数的计算方法，对我国 4 个气候区分别统计平均，得到全国统一的 *IPLV* 系数值。

建议的部分负荷检测条件：水冷式蒸气压缩循环冷水(热泵)机组属制冷量可调节系统，机组应在 100%负荷、75%负荷、50%负荷、25%负荷的卸载级下进行标定，这些标定点用于计算 *IPLV* 系数。

部分负荷额定性能工况条件应符合 GB/T 18430.1—2001《蒸气压缩循环冷水(热泵)机组工商业用和类似用途的冷水(热泵)机组》标准中第 4.6 节、5.3.5 条的规定。

当冷水机组无法依要求做出 100%、75%、50%、25%冷量时，参见 ARI 550/590—1998 标准采取间接法，将该机部分负荷下的效率值描点绘图，点跟点之间再连成直线，再在线上用内插法求出标准负荷点。要注意的是，不宜将直线作外插延伸。

5.4.8 **强制性条文**。近几年单元式空调机竞争激烈，主要表现在价格上而不是在提高产品质量上。当前，中国市场上空调机产品的能效比值高低相差达40%，落后的产品标准已阻碍了空调行业的健康发展，本条规定了单元式空调机最低性能系数(*COP*)限值，就是为了引导技术进步，鼓励设计师和业主选择高效产品，同时促进生产厂家生产节能产品，尽快与国际接轨。表5.4.8中名义制冷量时能效比(*EER*)值，相当于国家标准《单元式空气调节机能效限定值及能源效率等级》GB 19576—2004中“表2 能源效率等级指标”的第4级(见下表)。按照国家标准《单元式空气调节机能效限定值及能源效率等级》GB 19576—2004所定义的机组范围，此表暂不适用多联式空调(热泵)机组和变频空调机。

类型		能效等级(*EER*)/(W/W)				
		1	2	3	4	5
风冷式	不接风管	3.20	3.00	2.80	2.60	2.40
	接风管	2.90	2.70	2.50	2.30	2.10
水冷式	不接风管	3.60	3.40	3.20	3.00	2.80
	接风管	3.30	3.10	2.90	2.70	2.50

5.4.9 **强制性条文**。表5.4.9中的参数取自国家标准《蒸气和热水型溴化锂吸收式冷水机组》GB/T 18431和《直燃型溴化锂吸收式冷(温)水机组》GB/T 18362，在设计选择溴化锂吸收式机组时，其性能参数应优于其规定值。

5.4.10 本条提出了空气源热泵经济合理应用，节能运行的基本原则：

1 和水冷机组相比，空气源热泵耗电较高，价格也高。但其具备供热功能，对不具备集中热源的夏热冬冷地区来说较为适合，尤其是机组的供冷、供热量和该地区建筑空调夏、冬冷热负荷的需求量较匹配，冬季运行效率较高。从技术经济、合理使用电力方面考虑，日间使用的中、小型公共建筑最为合适；

2 在夏热冬暖地区使用时，因需热量小和供热时间短，以需热量选择空气源热泵冬季供热，夏季不足冷量可采用投资低、效率高的水冷式冷水机组补足，可节约投资和运行费用。

3 寒冷地区使用时必须考虑机组的经济性与可靠性，当在室外温度较低的工况下运行，致使机组制热*COP*太低，失去热泵机组节能优势时就不宜采用。

5.4.11 在大中型公共建筑中，冷水(热泵)机组的台数和容量的选择，应根据冷(热)负荷大小及变化规律而定，单台机组制冷量的大小应合理搭配，当单机容量调节下限的制冷量大于建筑物的最小负荷时，可选1台适合最小负荷的冷水机组，在最小负荷时开启小型制冷系统满足使用要求，这已在许多工程中取得很好的节能效果。提出空调冷负荷大于528 kW以上的公共建筑(一般为3 000 m^2～6 000 m^2)时机组设置不宜少于2台，除可提高安全可靠性外，也可达到经济运行的目的。当特殊原因仅能设置1台时，应采用多台压缩机分路联控的机型。

5.4.12 目前一些采暖，空调用汽设备的凝结水未采取回收措施或由于设计不合理和管理不善，造成大量的热量损失。为此应认真设计凝结水回收系统，做到技术先进，设备可靠，经济合理。凝结水回收系统一般分为重力、背压和压力凝结水回收系统，可按工程的具体情况确定。从节能和提高回收率考虑，应优先采用闭式系统即凝结水与大气不直接相接触的系统。

5.4.13 一些冬季或过渡季需要供冷的建筑，当室外条件许可时，采用冷却塔直接提供空调冷水的方式，减少了全年运行冷水机组的时间，是一种值得推广的节能措施。通常的系统做法是：当采用开式冷却塔时，用被冷却塔冷却后的水作为一次水，通过板式换热器提供二次空调冷水(如果是闭式冷却塔，则不通过板式换热器，直接提供)，再由阀门切换到空调冷水系统之中向空调机组供冷水，同时停止冷水机组的运行。不管采用何种形式的冷却塔，都应按当地过渡季或冬季的气候条件，计算空调末端需求的供水温度及冷却水能够提供的水温，并得出增加投资和回收期等数据，当技术经济合理时可以采用。

5.5 监测与控制

5.5.1 为了节省运行中的能耗，供热与空调系统应配置必要的监测与控制。但实际情况错综复杂，作为一个总的原则，设计时要求结合具体工程情况通过技术经济比较确定具体的控制内容。

5.5.2 对于间歇运行的空调系统，在保证使用期间满足要求的前提下，应尽量提前系统运行的停止时间和推迟系统运行的启动时间，这是节能的重要手段。

5.5.3 DDC控制系统从20世纪80年代后期开始进入我国，已经经过约20年的实践，证明其在设备及系统控制、运行管理等方面具有较大的优越性且能够较大的节约能源，大多数工程项目的实际应用过程中都取得了较好的效果。就目前来看，多数大、中型工程也是以此为基本的控制系统形式的。

5.5.4

1 目前许多工程采用的是总回水温度来控制，但由于冷水机组的最高效率点通常位于该机组的某一部分负荷区域，因此采用冷量控制的方式比采用温度控制的方式更有利于冷水机组在高效率区域运行而节能，是目前最合理和节能的控制方式。但是，由于计量冷量的元器件和设备价格较高，因此规定在有条件时(如采用了DDC控制系统时)，优先采用此方式。同时，台数控制的基本原则是：(1)让设备尽可能处于高效运行；(2)让相同型号的设备的运行时间尽量接近以保持其同样的运行寿命(通常优先启动累计运行小时数最少的设备)；(3)满足用户侧低负荷运行的需求。

2 设备的连锁启停主要是保证设备的运行安全性。

3 目前绝大多数空调水系统控制是建立在变流量系统的基础上的，冷热源的供、回水温度及压差控制在一个合理的范围内是确保采暖空调系统的正常运行的前提，当供、回水温度过小或压差过大的话，将会造成能源浪费，甚至系统不能正常工作，必须对它们加以控制与监测。回水温度主要是用于监测(回水温度的高低由用户侧决定)和高(低)限报警。对于冷冻水而言，其供水温度通常是由冷水机组自身所带的控制系统进行控制，对于热水系统来说，当采用换热器供热时，供水温度应在自动控制系统中进行控制；如果采用其他热源装置供热，则要求该装置应自带供水温度控制系统。在冷却水系统中，冷却水的供水温度对制冷机组的运行效率影响很大，同时也会影响到机组的正常运行，故必须加以控制。机组冷却水总供水温度可以采用：(1)控制冷却塔风机的运行台数(对于单塔多风机设备)；(2)控制冷却塔风机转速(特别适用于单塔单风机设备)；(3)通过在冷却水供、回水总管设置旁通电动阀等方式进行控制。其中方法(1)节能效果明显，应优先采用。如环境噪声要求较高(如夜间)时，可优先采用方法(2)，它在降低运行噪声的同时，同样具有很好的节能效果，但投资稍大。在气候越来越凉，风机全部关闭后，冷却水温仍然下降时，可采用方法(3)进行旁通控制。在气候逐渐变热时，则反向进行控制。

4 设备运行状态的监测及故障报警是冷、热源系统监控的一个基本内容。

5 当楼宇自控系统与冷冻机控制系统可实施集成的条件时，可以根据室外空气的状态，在一定范围内对冷水机组的出水温度进行再设定优化控制。

由于工程的情况不同，上述内容可能无法完全包含一个具体的工程中的监控内容(如一次水供回水温度及压差、定压补水装置、软化装置等等)，因此设计人还要根据具体情况确定一些应监控的参数和设备。

5.5.5 机房群控是冷、热源设备节能运行的一种有效方式。例如：离心式、螺杆式冷水机组在某些部分负荷范围运行时的效率高于设计工作点的效率，因此简单地按容量大小来确定运行台数并不一定是最节能的方式；在许多工程中，采用了冷、热源设备大、小搭配的设计方案，这时采用群控方式，合理确定运行模式对节能是非常有利的。又如，在冰蓄冷系统中，根据负荷预测调整制冷机和系统的运行策略，达到最佳移峰、节省运行费用的效果，这些均需要进行机房群控才能实现。

由于工程情况的不同，这里只是原则上提出群控的要求和条件。具体设计时，应根据负荷特性、设备容量、设备的部分负荷效率、自控系统功能以及投资等多方面进行经济技术分析后确定群控方案。同时，也应该将冷水机组、水泵、冷却塔等相关设备综合考虑。

5.5.6 从节能的观点来看，较低的冷却水进水温度有利于提高冷水机组的能效比，因此尽可能降低冷却水温对于节能是有利的。但为了保证冷水机组能够正常运行，提高系统运行的可靠性，通常冷却水进水温度有最低水温限制的要求。为此，必须采取一定的冷却水水温控制措施。通常有三种做法：(1)调节冷却塔风机运行台数；(2)调节冷却塔风机转速；(3)供、回水总管上设置旁通电动阀，通过调节旁通流量保证进入冷水机组的冷却水温高于最低限值。在(1)、(2)两种方式中，冷却塔风机的运行总能耗也得以降低。

在停止冷水机组运行期间，当采用冷却塔供应空调冷水时，为了保证空调末端所必需的冷水供水温度，应对冷却塔出水温度进行控制。

冷却水系统在使用时，由于水分的不断蒸发，水中的离子浓度会越来越大。为了防止由于高离子浓度带来的结垢等种种弊病，必须及时排污。排污方法通常有定期排污和控制离子浓度排污。这两种方法都可以采用自动控制方法，其中控制离子浓度排污方法在使用效果与节能方面具有明显优点。

5.5.7

1 空气温、湿度控制和监测是空调风系统控制的一个基本要求。在新风系统中，通常控制送风温度和送风(或典型房间——取决于新风系统的加湿控制方式)的相对湿度。在带回风的系统中，通常控制回风(或室内)温度和相对湿度，如不具备湿度控制条件(如夏季使用两管制供水系统)时，舒适性空调的相对湿度可不作控制。在温、湿度同时控制的过程中，应考虑到人体的舒适性范围，防止由于单纯追求某一项指标而发生冷、热相互抵消的情况。当技术可靠时，可考虑夜间(或节假日)对室内温度进行自动再设定控制。

2 在大多数民用建筑中，如果采用双风机系统(设有回风机)，其目的通常是为了节能而更多的利用新风(直至全新风)。因此，系统应采用变新风比焓值控制方式。其主要内容是：根据室内、外焓值的比较，通过调节新风、回风和排风阀的开度，最大限度的利用新风来节能。技术可靠时，可考虑夜间对室内温度进行自动再设定控制。目前也有一些工程采用“单风机空调机组加上排风机”的系统形式，通过对新风、排风阀的控制以及排风机的转速控制也可以实现变新风比控制的要求。

3 变风量采用风机变速是最节能的方式。尽管风机变速的做法投资有一定增加，但对于采用变风量系统的工程而言，这点投资应该是有保证的，其节能所带来的效益能够较快地回收投资。风机变速可以采用的方法有定静压控制法、变静压控制法和总风量控制法，第一种方法的控制最简单，运行最稳定，但节能效果不如后两种；第二种方法是最节能的办法，但需要较强的技术和控制软件的支持；第三种介于第一、二种之间。就一般情况来说，采用第一种方法已经能够节省较大的能源。但如果为了进一步节能，在经过充分论证控制方案和技术可靠时，可采用变静压控制模式。

5.5.8 设计二次泵系统的条件在前面已经有所要求，通常是一个规模较大的系统。二次泵采用变速控制方式比采用水泵台数控制的方法更节能，但没有自动控制系统是不可能按设计意图实现的。在此情况下，配备一套较为完善的水泵变速控制系统是非常必要的。通常采用的变频调速控制方法所增加的费用对于整个工程而言是微不足道的，而且回收周期也非常短，值得推广。

一般情况下，二次泵转速可采用定压差方式进行控制。压差信号的取得方法通常有两种：(1)取二次水泵环路中主供、回水管道的压力信号。由于信号点的距离近，该方法易于实施。(2)取二次水泵环路中各个远端支管上有代表性的压差信号。如有一个压差信号未能达到设定要求时，提高二次泵的转速，直到满足为止；反之，如所有的压差信号都超过设定值，则降低转速。显然，方法(2)所得到的供回水压差更接近空调末端设备的使用要求，因此在保证使用效果的前提下，它的运行节能效果较前一种更好，但信号传输距离远，要有可靠的技术保证。

当技术可靠时，也可采用变压差方式——根据空调机组(或其他末端设备)的水阀开度情况，对控制压差进行再设定，尽可能在满足要求的情况下降低二次泵的转速以达到节能的目的。

5.5.9 风机盘管采用温控阀是为了保证各末端能够“按需供水”，以实现整个水系统为变水量系统。因此，直接采用风速开关对室内温度进行控制的方式是不合适的。至于其温控阀是采用双位式还是可调式(前者投资较少，后者控制精度较高)，应根据工程的实际要求确定。一般来说，普通的舒适性空调要求情况下采用双位阀即可，只有对室温控制精度要求特别高时，才采用可调式温控阀。

5.5.10 在以排除房间发热量为主的通风系统中，根据房间温度控制通风设备运行台数或转速，可避免在气候凉爽或房间发热量不大的情况下通风设备满负荷运行的状况发生，既可节约电能，又能延长设备的使用年限。

5.5.11 对于居住区、办公楼等每日车辆出入明显有高峰时段的地下车库，采用每日、每周时间程序控制风机启停的方法，节能效果明显。在有多台风机的情况下，也可以根据不同的时间启停不同的运行台数的方式进行控制。

采用CO浓度自动控制风机的启停（或运行台数），有利于在保持车库内空气质量的前提下节约能源，但由于CO浓度探测设备比较贵，因此适用于高峰时段不确定的地下车库在汽车升、停过程中，通过对其主要排放污染物CO浓度的监测来控制通风设备的运行。由于目前还没有关于地库空气质量的相关标准，因此建议采用CO浓度控制方式时，CO浓度取$(3\sim5)\times10^{-6}\,m^3/m^3$。

5.5.12 集中空调系统的冷量和热量计量和我国北方地区的采暖热计量一样，是一项重要的建筑节能措施。设置能量计量装置不仅有利于管理与收费，用户也能及时了解和分析用能情况，加强管理，提高节能意识和节能的积极性，自觉采取节能措施。目前在我国出租型公共建筑中，集中空调费用多按照用户承租建筑面积的大小，用面积分摊方法收取，这种收费方法的效果是用与不用一个样、用多用少一个样，使用户产生“不用白不用”的心理，使室内过热或过冷，造成能源浪费，不利于用户健康，还会引起用户与管理者之间的矛盾。公共建筑集中空调系统，冷、热量的计量也可作为收取空调使用费的依据之一，空调按用户实际用量收费是今后的一个发展趋势。它不仅能够降低空调运行能耗，也能够有效地提高公共建筑的能源管理水平。

我国已有不少单位和企业，对集中空调系统的冷热量计量原理和装置进行了广泛的研究和开发，并与建筑自动化(BA)系统和合理的收费制度结合，开发了一些可用于实际工程的产品。当系统负担有多栋建筑时，应针对每栋建筑设置能量计量装置；同时，为了加强对系统的运行管理，要求在能源站房（如冷冻机房、热交换站或锅炉房等）应同样设置能量计量装置。但如果空调系统只是负担一栋独立的建筑，则能量计量装置可以只设于能源站房内。

当实际情况要求并且具备相应的条件时，推荐按不同楼层、不同室内区域、不同用户或房间设置冷、热量计量装置的做法。

二、砌　体

ICS 91.100.30
Q 14

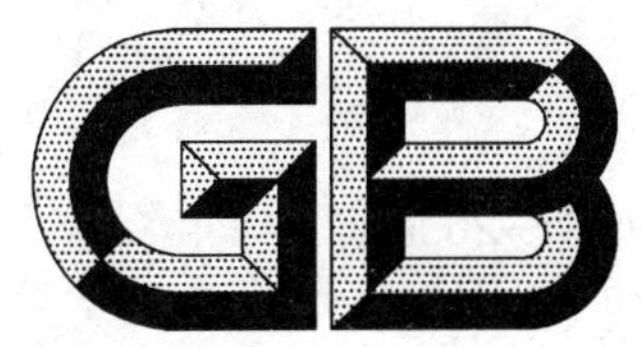

中华人民共和国国家标准

GB 11968—2006
代替 GB/T 11968—1997

蒸压加气混凝土砌块

Autoclaved aerated concrete blocks

2006-02-20 发布　　2006-12-01 实施

中华人民共和国国家质量监督检验检疫总局
中国国家标准化管理委员会　发布

前　言

本标准的第 6 章为强制性的，其余为推荐性的。

本标准参考了德国 DIN 4165：1996-11《蒸压加气混凝土砌块和精密砌块》、日本 JIS A 5416：1997《蒸压加气混凝土板》、英国 BS EN 771-4：2003《蒸压加气混凝土建筑砌块》、俄罗斯 ГОСТ 25485《多孔混凝土技术条件》、ГОСТ 21520《多孔混凝土小型墙砌块》、法国 NFP 14-306《蒸压加气混凝土墙砌块》等相关标准。

本标准代替 GB/T 11968—1997《蒸压加气混凝土砌块》。本标准与 GB/T 11968—1997 相比，主要差异在于：

——取消了一等品等级，相应提高了优等品和合格品的尺寸允许偏差要求。

——对砌块外观质量提出更高的要求，规定了缺棱掉角个数和裂纹条数，同时不允许砌块出现平面弯曲缺陷。

——提高了优等品的抗冻性要求。

本标准由中国建筑材料工业协会提出。

本标准由全国水泥制品标准化技术委员会归口。

本标准负责起草单位：中国新型建筑材料公司常州建筑材料研究设计所、中国加气混凝土协会。

本标准参加起草单位：北京市建筑设计研究院、国家建筑材料工业硅酸盐建筑制品质量监督检验测试中心、北京市加气混凝土厂、北京市现代建筑材料公司、上海伊通有限公司、南通市支云硅酸盐制品有限公司、东莞虎门摩天建材实业公司、新疆建工集团红雁建材有限责任公司、武汉市春笋新型墙体材料有限公司。

本标准主要起草人：陶有生、鲍俊海、齐子刚、程安宁、姜勇、徐白露、郑华道。

本标准所代替标准的历次版本发布为：

——GB 11968—1989、GB/T 11968—1997。

本标准委托中国新型建筑材料公司常州建筑材料研究设计所负责解释。

蒸压加气混凝土砌块

1 范围

本标准规定了蒸压加气混凝土砌块的术语和定义、产品分类、原材料、要求、检验方法、检验规则及产品质量说明书、堆放、运输。

本标准适用于民用与工业建筑物承重和非承重墙体及保温隔热使用的蒸压加气混凝土砌块(以下简称砌块、代号为 ACB)。

2 规范性引用文件

下列标准包含的条款,通过在本标准中引用而成为本标准的条款。凡是注明日期的引用文件,其随后所有的修改单(不包括勘误的内容)或修订版均不适用于本标准,然而,鼓励根据本标准达成协议的各方,研究是否可使用这些文件的最新版本。凡是不注明日期的引用文件,其最新版本均适用于本标准。

GB 175 硅酸盐水泥、普通硅酸盐水泥

GB 6566 建筑材料放射性核素限量

GB/T 10294 绝热材料稳态热阻及有关特性的测定 防护热板法

GB/T 11969—1997 加气混凝土性能试验方法总则

GB/T 11970—1997 加气混凝土体积密度、含水率和吸水率试验方法

GB/T 11971—1997 加气混凝土力学性能试验方法

GB/T 11972—1997 加气混凝土干燥收缩试验方法

GB/T 11973—1997 加气混凝土抗冻性试验方法

JC/T 407 加气混凝土用铝粉膏

JC/T 409 硅酸盐建筑制品用粉煤灰

JC/T 621 硅酸盐建筑制品用生石灰

JC/T 622 硅酸盐建筑制品用砂

3 术语和定义

下列术语及标准定义适用于本标准。

干密度 dry density

砌块试件在 105℃温度下烘至恒质测得的单位体积的质量。

4 产品分类

4.1 规格

砌块的规格尺寸见表 1。

表 1 砌块的规格尺寸

单位为毫米

长度 L	宽度 B	高度 H
600	100 120 125 150 180 200 240 250 300	200 240 250 300
注:如需要其他规格,可由供需双方协商解决。		

4.2 砌块按强度和干密度分级。

强度级别有:A1.0,A2.0,A2.5,A3.5,A5.0,A7.5,A10 七个级别。

干密度级别有:B03,B04,B05,B06,B07,B08 六个级别。

4.3 砌块等级

砌块按尺寸偏差与外观质量、干密度、抗压强度和抗冻性分为:优等品(A)、合格品(B)二个等级。

4.4 砌块产品标记

示例:强度级别为 A3.5、干密度级别为 B05、优等品、规格尺寸为 600 mm×200 mm×250 mm 的蒸压加气混凝土砌块,其标记为:

ACB A3.5 B05 600×200×250A GB 11968

5 原材料

5.1 水泥应符合 GB 175 的规定。

5.2 生石灰应符合 JC/T 621 的规定。

5.3 粉煤灰应符合 JC/T 409 的规定。

5.4 砂应符合 JC/T 622 的规定。

5.5 铝粉应符合 JC/T 407 的规定。

5.6 石膏、外加剂应符合相应标准规定。

5.7 掺用工业废渣时,废渣的放射性水平应符合 GB 6566 的规定。

6 要求

6.1 砌块的尺寸允许偏差和外观质量应符合表 2 的规定。

6.2 砌块的抗压强度应符合表 3 的规定。

6.3 砌块的干密度应符合表 4 的规定。

6.4 砌块的强度级别应符合表 5 的规定。

6.5 砌块的干燥收缩、抗冻性和导热系数(干态)应符合表 6 的规定。

表 2 尺寸偏差和外观

项目				指标	
				优等品(A)	合格品(B)
尺寸允许偏差/mm		长度	L	±3	±4
		宽度	B	±1	±2
		高度	H	±1	±2
缺棱掉角	最小尺寸不得大于/mm			0	30
	最大尺寸不得大于/mm			0	70
	大于以上尺寸的缺棱掉角个数,不多于/个			0	2
裂纹长度	贯穿一棱二面的裂纹长度不得大于裂纹所在面的裂纹方向尺寸总和的			0	1/3
	任一面上的裂纹长度不得大于裂纹方向尺寸的			0	1/2
	大于以上尺寸的裂纹条数,不多于/条			0	2
爆裂、粘模和损坏深度不得大于/mm				10	30
平面弯曲				不允许	
表面疏松、层裂				不允许	
表面油污				不允许	

表 3 砌块的立方体抗压强度

单位为兆帕斯卡

强度级别	立方体抗压强度	
	平均值不小于	单组最小值不小于
A1.0	1.0	0.8
A2.0	2.0	1.6
A2.5	2.5	2.0
A3.5	3.5	2.8
A5.0	5.0	4.0
A7.5	7.5	6.0
A10.0	10.0	8.0

表 4 砌块的干密度

单位为千克每立方米

干密度级别		B03	B04	B05	B06	B07	B08
干密度	优等品(A)≤	300	400	500	600	700	800
	合格品(B)≤	325	425	525	625	725	825

表 5 砌块的强度级别

干密度级别		B03	B04	B05	B06	B07	B08
强度级别	优等品(A)	A1.0	A2.0	A3.5	A5.0	A7.5	A10.0
	合格品(B)			A2.5	A3.5	A5.0	A7.5

表 6 干燥收缩、抗冻性和导热系数

干密度级别			B03	B04	B05	B06	B07	B08
干燥收缩值[a]	标准法/(mm/m) ≤		0.50					
	快速法/(mm/m) ≤		0.80					
抗冻性	质量损失/% ≤		5.0					
	冻后强度/MPa ≥	优等品(A)	0.8	1.6	2.8	4.0	6.0	8.0
		合格品(B)			2.0	2.8	4.0	6.0
导热系数(干态)/[W/(m·K)] ≤			0.10	0.12	0.14	0.16	0.18	0.20

[a] 规定采用标准法、快速法测定砌块干燥收缩值，若测定结果发生矛盾不能判定时，则以标准法测定的结果为准。

7 检验方法

7.1 尺寸、外观检测方法

7.1.1 量具：采用钢直尺、钢卷尺、深度游标卡尺，最小刻度为 1 mm。

7.1.2 尺寸测量：长度、高度、宽度分别在两个对应面的端部测量，各量二个尺寸(见图 1)。测量值大于规格尺寸的取最大值，测量值小于规格尺寸的取最小值。

7.1.3 缺棱掉角：缺棱或掉角个数，目测；测量砌块破坏部分对砌块的长、高、宽三个方向的投影面积尺寸(见图 2)。

7.1.4 裂纹：裂纹条数，目测；长度以所在面最大的投影尺寸为准，如图 3 中 l。若裂纹从一面延伸至另一面，则以两个面上的投影尺寸之和为准，如图 3 中$(b+h)$和$(l+h)$。

7.1.5 平面弯曲:测量弯曲面的最大缝隙尺寸(见图4)。

7.1.6 爆裂、粘模和损坏深度:将钢直尺平放在砌块表面,用深度游标卡尺垂直于钢直尺,测量其最大深度。

7.1.7 砌块表面油污、表面疏松、层裂:目测。

7.2 物理力学性能试验方法

7.2.1 立方体抗压强度的试验按 GB/T 11971—1997 的规定进行。

7.2.2 干密度的试验按 GB/T 11970—1997 的规定进行。

7.2.3 干燥收缩值的试验按 GB/T 11972—1997 的规定进行。

7.2.4 抗冻性的试验按 GB/T 11973—1997 的规定进行。

7.2.5 导热系数的试验按 GB/T 10294 的规定进行。取样方法按 GB/T 11969—1997 的规定进行。

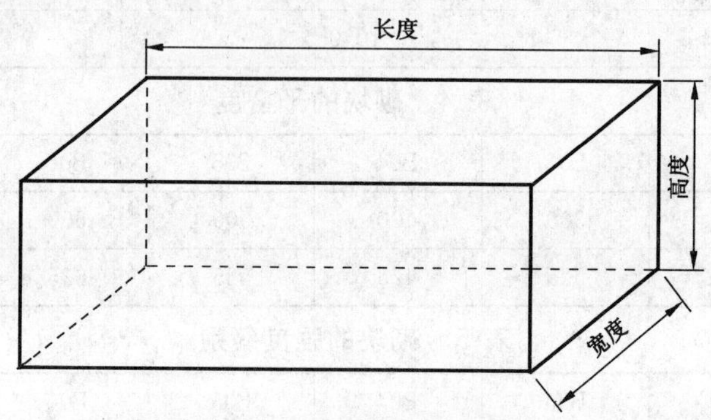

图1 尺寸测量示意图

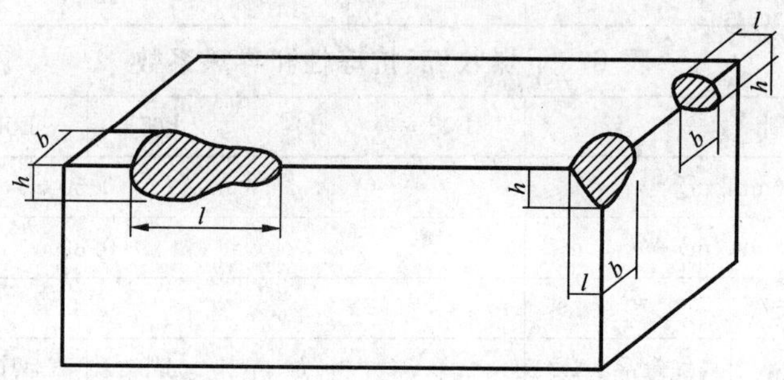

l——长度方向的投影尺寸;

h——高度方向的投影尺寸;

b——宽度方向的投影尺寸。

图2 缺棱掉角测量示意图

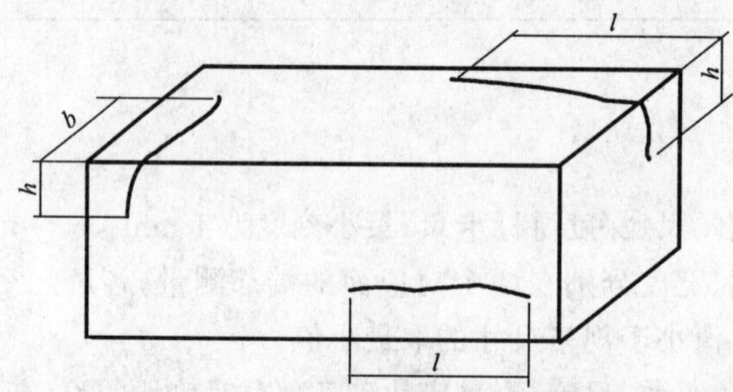

l——长度方向的投影尺寸;

h——高度方向的投影尺寸;

b——宽度方向的投影尺寸。

图3 裂纹长度测量示意图

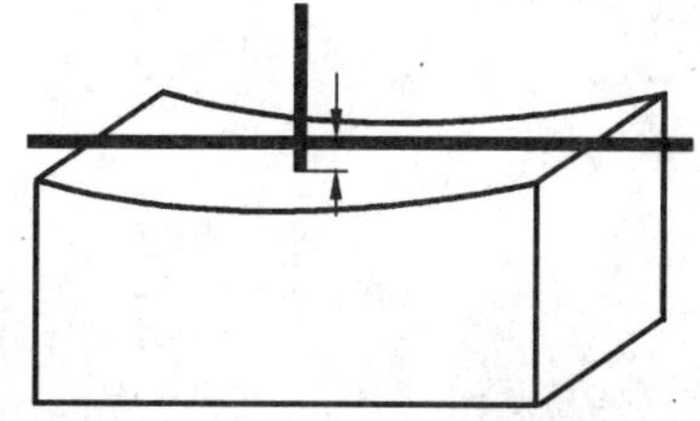
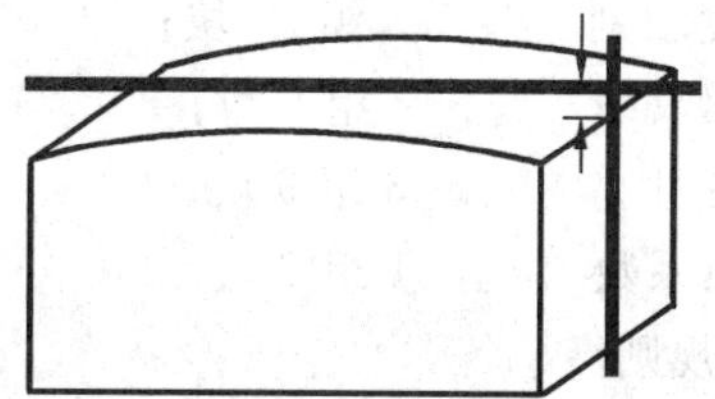

图 4 平面弯曲测量示意图

8 检验规则

8.1 检验分类

检验分为出厂检验和型式检验。

8.2 出厂检验

8.2.1 检验项目

出厂检验的项目包括:尺寸偏差、外观质量、立方体抗压强度、干密度。

8.2.2 抽样规则

8.2.2.1 同品种、同规格、同等级的砌块,以10 000块为一批,不足10 000块亦为一批,随机抽取50块砌块,进行尺寸偏差、外观检验。

8.2.2.2 从外观与尺寸偏差检验合格的砌块中,随机抽取6块砌块制作试件,进行如下项目检验:

a) 干密度　　3组9块;

b) 强度级别　　3组9块。

8.2.3 判定规则

8.2.3.1 若受检的50块砌块中,尺寸偏差和外观质量不符合表2规定的砌块数量不超过5块时,判定该批砌块符合相应等级;若不符合表2规定的砌块数量超过5块时,判定该批砌块不符合相应等级。

8.2.3.2 以3组干密度试件的测定结果平均值判定砌块的干密度级别,符合表4规定时则判定该批砌块合格。

8.2.3.3 以3组抗压强度试件测定结果按表3判定其强度级别。当强度和干密度级别关系符合表5规定,同时,3组试件中各个单组抗压强度平均值全部大于表5规定的此强度级别的最小值时,判定该批砌块符合相应等级;若有1组或1组以上此强度级别的最小值时,判定该批砌块不符合相应等级。

8.2.3.4 出厂检验中受检验产品的尺寸偏差、外观质量、立方体抗压强度、干密度各项检验全部符合相应等级的技术要求规定时,判定为相应等级;否则降等或判定为不合格。

8.3 型式检验

8.3.1 有下列情况之一时,进行型式检验:

a) 新厂生产试制定型鉴定;

b) 正式生产后,原材料、工艺等有较大改变,可能影响产品性能时;

c) 正常生产时,每年应进行一次检查;

d) 产品停产三个月以上,恢复生产时;

e) 出厂检验结果与上次型式检验有较大差异时;

f) 国家质量监督机构提出进行型式检验的要求时。

8.3.2 型式检验项目包括:第6章中的所有指标。

8.3.3 抽样规则

8.3.3.1 在受检验的一批产品中,随机抽取80块砌块,进行尺寸偏差和外观检验。

8.3.3.2 从外观与尺寸偏差检验合格的砌块中,随机抽取17块砌块制作试件,进行如下项目检验:

a) 干密度　　　3组9块；

b) 强度级别　　5组15块；

c) 干燥收缩　　3组9块；

d) 抗冻性　　　3组9块；

e) 导热系数　　1组2块。

8.3.4 判定规则

8.3.4.1 若受检的80块砌块中，尺寸偏差和外观质量不符合表2规定的砌块数量不超过7块时，判定该批砌块符合相应等级；若不符合表2规定的砌块数量超过7块时，判定该批砌块不符合相应等级。

8.3.4.2 以3组干密度试件的测定结果平均值判定砌块的干密度级别，符合表4规定时则判定该批砌块合格。

8.3.4.3 以5组抗压强度试件测定结果按表3判定其强度级别。当强度和干密度级别关系符合表5规定，同时，5组试件中各个单组抗压强度平均值全部大于表5规定的此强度级别的最小值时，判定该批砌块符合相应等级；若有1组或1组以上此强度级别的最小值时，判定该批砌块不符合相应等级。

8.3.4.4 干燥收缩测定结果，当其单组最大值符合表6规定时，判定该项合格。

8.3.4.5 抗冻性测定结果，当质量损失单组最大值和冻后强度单组最小值符合表6规定的相应等级时，判定该批砌块符合相应等级，否则判定不符合相应等级。

8.3.4.6 导热系数符合表6的规定，判定此项指标合格，否则判定该批砌块不合格。

8.3.4.7 型式检验中受检验产品的尺寸偏差、外观质量、立方体抗压强度、干密度、干燥收缩值、抗冻性、导热系数各项检验全部符合相应等级的技术要求规定时，判定为相应等级；否则降等或判定为不合格。

9 产品质量证明书

出厂产品应有产品质量证明书。证明书应包括：生产厂名、厂址、商标、产品标记、本批产品主要技术性能和生产日期。

10 堆放和运输

10.1 砌块应存放5天以上方可出厂。砌块贮存堆放应做到：场地平整，同品种、同规格、同等级，做好标记，整齐稳妥，宜有防雨措施。

10.2 产品运输时，宜成垛绑扎或有其他包装。保温隔热用产品必须捆扎加塑料薄膜封包。运输装卸时，宜用专用机具，严禁摔、掷、翻斗车自翻自卸货。

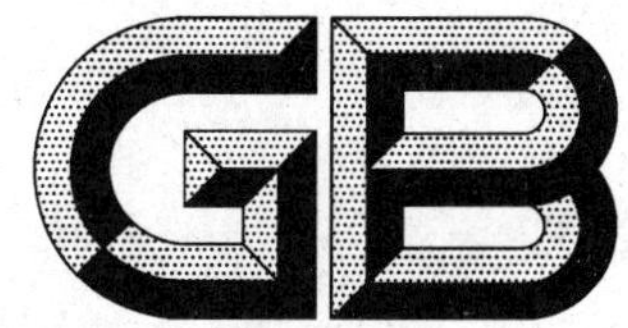

中华人民共和国国家标准

GB 50003—2011

砌体结构设计规范

Code for design of masonry structures

2011-07-26 发布　　　　2012-08-01 实施

中华人民共和国住房和城乡建设部
中华人民共和国国家质量监督检验检疫总局　联合发布

中华人民共和国住房和城乡建设部
公　　告

第 1094 号

关于发布国家标准《砌体结构设计规范》的公告

现批准《砌体结构设计规范》为国家标准，编号为 GB 50003—2011，自 2012 年 8 月 1 日起实施。其中，第 3.2.1、3.2.2、3.2.3、6.2.1、6.2.2、6.4.2、7.1.2、7.1.3、7.3.2(1、2)、9.4.8、10.1.2、10.1.5、10.1.6条(款)为强制性条文，必须严格执行。原《砌体结构设计规范》GB 50003—2001 同时废止。

本规范由我部标准定额研究所组织中国建筑工业出版社出版发行。

中华人民共和国住房和城乡建设部

2011 年 7 月 26 日

前　言

本规范是根据原建设部《关于印发〈2007 年工程建设标准规范制订、修订计划(第一批)〉的通知》(建标[2007]125 号)的要求,由中国建筑东北设计研究院有限公司会同有关单位在《砌体结构设计规范》GB 50003—2001 的基础上进行修订而成的。

修订过程中,编制组按“增补、简化、完善”的原则,在考虑了我国的经济条件和砌体结构发展现状,总结了近年来砌体结构应用的新经验,调查了我国汶川、玉树地震中砌体结构的震害,进行了必要的试验研究及在借鉴砌体结构领域科研的成熟成果基础上,增补了在节能减排、墙材革新的环境下涌现出来部分新型砌体材料的条款,完善了有关砌体结构耐久性、构造要求、配筋砌块砌体构件及砌体结构构件抗震设计等有关内容,同时还对砌体强度的调整系数等进行了必要的简化。

修订内容在全国范围内广泛征求了有关设计、科研、教学、施工、企业及相关管理部门的意见和建议,经多次反复讨论、修改、充实,最后经审查定稿。

本规范共分 10 章和 4 个附录,主要技术内容包括:总则,术语和符号,材料,基本设计规定,无筋砌体构件,构造要求,圈梁、过梁、墙梁及挑梁,配筋砖砌体构件,配筋砌块砌体构件,砌体结构构件抗震设计等。

本规范主要修订内容是:增加了适应节能减排、墙材革新要求、成熟可行的新型砌体材料,并提出相应的设计方法;根据试验研究,修订了部分砌体强度的取值方法,对砌体强度调整系数进行了简化;增加了提高砌体耐久性的有关规定;完善了砌体结构的构造要求;针对新型砌体材料墙体存在的裂缝问题,增补了防止或减轻因材料变形而引起墙体开裂的措施;完善和补充了夹心墙设计的构造要求;补充了砌体组合墙平面外偏心受压计算方法;扩大了配筋砌块砌体结构的应用范围,增加了框支配筋砌块剪力墙房屋的设计规定;根据地震震害,结合砌体结构特点,完善了砌体结构的抗震设计方法,补充了框架填充墙的抗震设计方法。

本规范中以黑体字标志的条文是强制性条文,必须严格执行。

本规范由住房和城乡建设部负责管理和对强制性条文的解释,中国建筑东北设计研究院有限公司负责具体技术内容的解释。在执行过程中,请各单位结合工程实践,认真总结经验,并将意见和建议寄交中国建筑东北设计研究院有限公司《砌体结构设计规范》管理组(地址:沈阳市和平区光荣街 65 号,邮编:110003,Email:gaoly@masonry.cn),以便今后修订时参考。

本规范主编单位、参编单位、参加单位、主要起草人及主要审查人:

主 编 单 位:中国建筑东北设计研究院有限公司

参 编 单 位:中国机械工业集团公司

湖南大学

长沙理工大学

浙江大学

哈尔滨工业大学

西安建筑科技大学

重庆市建筑科学研究院

同济大学

北京市建筑设计研究院

重庆大学

云南省建筑技术发展中心

广州市民用建筑科研设计院
沈阳建筑大学
郑州大学
陕西省建筑科学研究院
中国地震局工程力学研究所
南京工业大学
四川省建筑科学研究院

参 加 单 位:贵州开磷磷业有限责任公司

主要起草人:高连玉　徐　建　苑振芳　施楚贤　梁建国　严家熺　唐岱新　林文修　梁兴文　龚绍熙　周炳章　吴明舜　金伟良　刘　斌　薛慧立　程才渊　李　翔　骆万康　杨伟军　胡秋谷　王凤来　何建罡　张兴富　赵成文　黄　靓　王庆霖　刘立新　谢丽丽　刘　明　肖小松　秦士洪　雷　波　姜　凯　佘祖国　熊立红　侯汝欣　岳增国　郭樟根

主要审查人:周福霖　孙伟民　马建勋　王存贵　由世岐　陈正祥　张友亮　张京街　顾祥林

1 总 则

1.0.1 为了贯彻执行国家的技术经济政策，坚持墙材革新、因地制宜、就地取材，合理选用结构方案和砌体材料，做到技术先进、安全适用、经济合理、确保质量，制定本规范。

1.0.2 本规范适用于建筑工程的下列砌体结构设计，特殊条件下或有特殊要求的应按专门规定进行设计：

1 砖砌体：包括烧结普通砖、烧结多孔砖、蒸压灰砂普通砖、蒸压粉煤灰普通砖、混凝土普通砖、混凝土多孔砖的无筋和配筋砌体；

2 砌块砌体：包括混凝土砌块、轻集料混凝土砌块的无筋和配筋砌体；

3 石砌体：包括各种料石和毛石的砌体。

1.0.3 本规范根据现行国家标准《建筑结构可靠度设计统一标准》GB 50068 规定的原则制订。设计术语和符号按照现行国家标准《建筑结构设计术语和符号标准》GB/T 50083 的规定采用。

1.0.4 按本规范设计时，荷载应按现行国家标准《建筑结构荷载规范》GB 50009 的规定执行；墙体材料的选择与应用应按现行国家标准《墙体材料应用统一技术规范》GB 50574 的规定执行；混凝土材料的选择应符合现行国家标准《混凝土结构设计规范》GB 50010 的要求；施工质量控制应符合现行国家标准《砌体结构工程施工质量验收规范》GB 50203、《混凝土结构工程施工质量验收规范》GB 50204 的要求；结构抗震设计应符合现行国家标准《建筑抗震设计规范》GB 50011 的有关规定。

1.0.5 砌体结构设计除应符合本规范规定外，尚应符合国家现行有关标准的规定。

2 术语和符号

2.1 术 语

2.1.1 砌体结构 masonry structure

由块体和砂浆砌筑而成的墙、柱作为建筑物主要受力构件的结构。是砖砌体、砌块砌体和石砌体结构的统称。

2.1.2 配筋砌体结构 reinforced masonry structure

由配置钢筋的砌体作为建筑物主要受力构件的结构。是网状配筋砌体柱、水平配筋砌体墙、砖砌体和钢筋混凝土面层或钢筋砂浆面层组合砌体柱(墙)、砖砌体和钢筋混凝土构造柱组合墙和配筋砌块砌体剪力墙结构的统称。

2.1.3 配筋砌块砌体剪力墙结构 reinforced concrete masonry shear wall structure

由承受竖向和水平作用的配筋砌块砌体剪力墙和混凝土楼、屋盖所组成的房屋建筑结构。

2.1.4 烧结普通砖 fired common brick

由煤矸石、页岩、粉煤灰或黏土为主要原料，经过焙烧而成的实心砖。分烧结煤矸石砖、烧结页岩砖、烧结粉煤灰砖、烧结黏土砖等。

2.1.5 烧结多孔砖 fired perforated brick

以煤矸石、页岩、粉煤灰或黏土为主要原料，经焙烧而成、孔洞率不大于 35%，孔的尺寸小而数量多，主要用于承重部位的砖。

2.1.6 蒸压灰砂普通砖 autoclaved sand-lime brick

以石灰等钙质材料和砂等硅质材料为主要原料，经坯料制备、压制排气成型、高压蒸汽养护而成的实心砖。

2.1.7 蒸压粉煤灰普通砖 autoclaved flyash-lime brick

以石灰、消石灰(如电石渣)或水泥等钙质材料与粉煤灰等硅质材料及集料(砂等)为主要原料,掺加适量石膏,经坯料制备、压制排气成型、高压蒸汽养护而成的实心砖。

2.1.8 混凝土小型空心砌块 concrete small hollow block

由普通混凝土或轻集料混凝土制成,主规格尺寸为390 mm×190 mm×190 mm、空心率为25%～50%的空心砌块。简称混凝土砌块或砌块。

2.1.9 混凝土砖 concrete brick

以水泥为胶结材料,以砂、石等为主要集料,加水搅拌、成型、养护制成的一种多孔的混凝土半盲孔砖或实心砖。多孔砖的主规格尺寸为240 mm×115 mm×90 mm、240 mm×190 mm×90 mm、190 mm×190 mm×90 mm等;实心砖的主规格尺寸为240 mm×115 mm×53mm、240 mm×115 mm×90 mm等。

2.1.10 混凝土砌块(砖)专用砌筑砂浆 mortar for concrete small hollow block

由水泥、砂、水以及根据需要掺入的掺和料和外加剂等组分,按一定比例,采用机械拌和制成,专门用于砌筑混凝土砌块的砌筑砂浆。简称砌块专用砂浆。

2.1.11 混凝土砌块灌孔混凝土 grout for concrete small hollow block

由水泥、集料、水以及根据需要掺入的掺和料和外加剂等组分,按一定比例,采用机械搅拌后,用于浇注混凝土砌块砌体芯柱或其他需要填实部位孔洞的混凝土。简称砌块灌孔混凝土。

2.1.12 蒸压灰砂普通砖、蒸压粉煤灰普通砖专用砌筑砂浆 mortar for autoclaved silicate brick

由水泥、砂、水以及根据需要掺入的掺和料和外加剂等组分,按一定比例,采用机械拌和制成,专门用于砌筑蒸压灰砂砖或蒸压粉煤灰砖砌体,且砌体抗剪强度应不低于烧结普通砖砌体的取值的砂浆。

2.1.13 带壁柱墙 pilastered wall

沿墙长度方向隔一定距离将墙体局部加厚,形成的带垛墙体。

2.1.14 混凝土构造柱 structural concrete column

在砌体房屋墙体的规定部位,按构造配筋,并按先砌墙后浇灌混凝土柱的施工顺序制成的混凝土柱。通常称为混凝土构造柱,简称构造柱。

2.1.15 圈梁 ring beam

在房屋的檐口、窗顶、楼层、吊车梁顶或基础顶面标高处,沿砌体墙水平方向设置封闭状的按构造配筋的混凝土梁式构件。

2.1.16 墙梁 wall beam

由钢筋混凝土托梁和梁上计算高度范围内的砌体墙组成的组合构件。包括简支墙梁、连续墙梁和框支墙梁。

2.1.17 挑梁 cantilever beam

嵌固在砌体中的悬挑式钢筋混凝土梁。一般指房屋中的阳台挑梁、雨篷挑梁或外廊挑梁。

2.1.18 设计使用年限 design working life

设计规定的时期。在此期间结构或结构构件只需进行正常的维护便可按其预定的目的使用,而不需进行大修加固。

2.1.19 房屋静力计算方案 static analysis scheme of building

根据房屋的空间工作性能确定的结构静力计算简图。房屋的静力计算方案包括刚性方案、刚弹性方案和弹性方案。

2.1.20 刚性方案 rigid analysis scheme

按楼盖、屋盖作为水平不动铰支座对墙、柱进行静力计算的方案。

2.1.21 刚弹性方案 rigid-elastic analysis scheme

按楼盖、屋盖与墙、柱为铰接,考虑空间工作的排架或框架对墙、柱进行静力计算的方案。

2.1.22 弹性方案 elastic analysis scheme

按楼盖、屋盖与墙、柱为铰接，不考虑空间工作的平面排架或框架对墙、柱进行静力计算的方案。

2.1.23 上柔下刚多层房屋 upper flexible and lower rigid complex multistorey building

在结构计算中，顶层不符合刚性方案要求，而下面各层符合刚性方案要求的多层房屋。

2.1.24 屋盖、楼盖类别 types of roof or floor structure

根据屋盖、楼盖的结构构造及其相应的刚度对屋盖、楼盖的分类。根据常用结构，可把屋盖、楼盖划分为三类，而认为每一类屋盖和楼盖中的水平刚度大致相同。

2.1.25 砌体墙、柱高厚比 ratio of height to sectional thickness of wall or column

砌体墙、柱的计算高度与规定厚度的比值。规定厚度对墙取墙厚，对柱取对应的边长，对带壁柱墙取截面的折算厚度。

2.1.26 梁端有效支承长度 effective support length of beam end

梁端在砌体或刚性垫块界面上压应力沿梁跨方向的分布长度。

2.1.27 计算倾覆点 calculating overturning point

验算挑梁抗倾覆时，根据规定所取的转动中心。

2.1.28 伸缩缝 expansion and contraction joint

将建筑物分割成两个或若干个独立单元，彼此能自由伸缩的竖向缝。通常有双墙伸缩缝、双柱伸缩缝等。

2.1.29 控制缝 control joint

将墙体分割成若干个独立墙肢的缝，允许墙肢在其平面内自由变形，并对外力有足够的抵抗能力。

2.1.30 施工质量控制等级 category of construction quality control

根据施工现场的质保体系、砂浆和混凝土的强度、砌筑工人技术等级综合水平划分的砌体施工质量控制级别。

2.1.31 约束砌体构件 confined masonry member

通过在无筋砌体墙片的两侧、上下分别设置钢筋混凝土构造柱、圈梁形成的约束作用提高无筋砌体墙片延性和抗力的砌体构件。

2.1.32 框架填充墙 infilled wall in concrete frame structure

在框架结构中砌筑的墙体。

2.1.33 夹心墙 cavity wall with insulation

墙体中预留的连续空腔内填充保温或隔热材料，并在墙的内叶和外叶之间用防锈的金属拉结件连接形成的墙体。

2.1.34 可调节拉结件 adjustable tie

预埋在夹心墙内、外叶墙的灰缝内，利用可调节特性，消除内外叶墙因竖向变形不一致而产生的不利影响的拉结件。

2.2 符 号

2.2.1 材料性能

MU——块体的强度等级；

M——普通砂浆的强度等级；

Mb——混凝土块体(砖)专用砌筑砂浆的强度等级；

Ms——蒸压灰砂普通砖、蒸压粉煤灰普通砖专用砌筑砂浆的强度等级；

C——混凝土的强度等级；

Cb——混凝土砌块灌孔混凝土的强度等级；

f_1——块体的抗压强度等级值或平均值；

f_2——砂浆的抗压强度平均值；

f、f_k——砌体的抗压强度设计值、标准值；

f_g——单排孔且对穿孔的混凝土砌块灌孔砌体抗压强度设计值（简称灌孔砌体抗压强度设计值）；

f_{vg}——单排孔且对穿孔的混凝土砌块灌孔砌体抗剪强度设计值（简称灌孔砌体抗剪强度设计值）；

f_t、$f_{t,k}$——砌体的轴心抗拉强度设计值、标准值；

f_{tm}、$f_{tm,k}$——砌体的弯曲抗拉强度设计值、标准值；

f_v、$f_{v,k}$——砌体的抗剪强度设计值、标准值；

f_{VE}——砌体沿阶梯形截面破坏的抗震抗剪强度设计值；

f_n——网状配筋砖砌体的抗压强度设计值；

f_y、f'_y——钢筋的抗拉、抗压强度设计值；

f_c——混凝土的轴心抗压强度设计值；

E——砌体的弹性模量；

E_c——混凝土的弹性模量；

G——砌体的剪变模量。

2.2.2 作用和作用效应

N——轴向力设计值；

N_l——局部受压面积上的轴向力设计值、梁端支承压力；

N_0——上部轴向力设计值；

N_t——轴心拉力设计值；

M——弯矩设计值；

M_r——挑梁的抗倾覆力矩设计值；

M_{ov}——挑梁的倾覆力矩设计值；

V——剪力设计值；

F_1——托梁顶面上的集中荷载设计值；

Q_1——托梁顶面上的均布荷载设计值；

Q_2——墙梁顶面上的均布荷载设计值；

σ_0——水平截面平均压应力。

2.2.3 几何参数

A——截面面积；

A_b——垫块面积；

A_c——混凝土构造柱的截面面积；

A_l——局部受压面积；

A_n——墙体净截面面积；

A_0——影响局部抗压强度的计算面积；

A_s、A'_s——受拉、受压钢筋的截面面积；

a——边长、梁端实际支承长度距离；

a_i——洞口边至墙梁最近支座中心的距离；

a_0——梁端有效支承长度；

a_s、a'_s——纵向受拉、受压钢筋重心至截面近边的距离；

b——截面宽度、边长；

b_c——混凝土构造柱沿墙长方向的宽度；

b_f——带壁柱墙的计算截面翼缘宽度、翼墙计算宽度；
b'_f——T形、倒L形截面受压区的翼缘计算宽度；
b_s——在相邻横墙、窗间墙之间或壁柱间的距离范围内的门窗洞口宽度；
c、d——距离；
e——轴向力的偏心距；
H——墙体高度、构件高度；
H_i——层高；
H_0——构件的计算高度、墙梁跨中截面的计算高度；
h——墙厚、矩形截面较小边长、矩形截面的轴向力偏心方向的边长、截面高度；
h_b——托梁高度；
h_0——截面有效高度、垫梁折算高度；
h_T——T形截面的折算厚度；
h_w——墙体高度、墙梁墙体计算截面高度；
l——构造柱的间距；
l_0——梁的计算跨度；
l_n——梁的净跨度；
I——截面惯性矩；
i——截面的回转半径；
s——间距、截面面积矩；
x_0——计算倾覆点到墙外边缘的距离；
u_{max}——最大水平位移；
W——截面抵抗矩；
y——截面重心到轴向力所在偏心方向截面边缘的距离；
z——内力臂。

2.2.4 计算系数

α——砌块砌体中灌孔混凝土面积和砌体毛面积的比值、修正系数、系数；
α_M——考虑墙梁组合作用的托梁弯矩系数；
β——构件的高厚比；
$[\beta]$——墙、柱的允许高厚比；
β_V——考虑墙梁组合作用的托梁剪力系数；
γ——砌体局部抗压强度提高系数、系数；
γ_a——调整系数；
γ_f——结构构件材料性能分项系数；
γ_0——结构重要性系数；
γ_G——永久荷载分项系数；
γ_{RE}——承载力抗震调整系数；
δ——混凝土砌块的孔洞率、系数；
ζ——托梁支座上部砌体局压系数；
ζ_c——芯柱参与工作系数；
ζ_s——钢筋参与工作系数；
η_i——房屋空间性能影响系数；
η_c——墙体约束修正系数；
η_N——考虑墙梁组合作用的托梁跨中轴力系数；

λ——计算截面的剪跨比；

μ——修正系数、剪压复合受力影响系数；

μ_1——自承重墙允许高厚比的修正系数；

μ_2——有门窗洞口墙允许高厚比的修正系数；

μ_c——设构造柱墙体允许高厚比提高系数；

ξ——截面受压区相对高度、系数；

ξ_b——受压区相对高度的界限值；

ξ_1——翼墙或构造柱对墙梁墙体受剪承载力影响系数；

ξ_2——洞口对墙梁墙体受剪承载力影响系数；

ρ——混凝土砌块砌体的灌孔率、配筋率；

ρ_s——按层间墙体竖向截面计算的水平钢筋面积率；

φ——承载力的影响系数、系数；

φ_n——网状配筋砖砌体构件的承载力的影响系数；

φ_0——轴心受压构件的稳定系数；

φ_{com}——组合砖砌体构件的稳定系数；

ψ——折减系数；

ψ_M——洞口对托梁弯矩的影响系数。

3 材　　料

3.1 材料强度等级

3.1.1 承重结构的块体的强度等级，应按下列规定采用：

1 烧结普通砖、烧结多孔砖的强度等级：MU30、MU25、MU20、MU15 和 MU10；

2 蒸压灰砂普通砖、蒸压粉煤灰普通砖的强度等级：MU25、MU20 和 MU15；

3 混凝土普通砖、混凝土多孔砖的强度等级：MU30、MU25、MU20 和 MU15；

4 混凝土砌块、轻集料混凝土砌块的强度等级：MU20、MU15、MU10、MU7.5 和 MU5；

5 石材的强度等级：MU100、MU80、MU60、MU50、MU40、MU30 和 MU20。

注：1 用于承重的双排孔或多排孔轻集料混凝土砌块砌体的孔洞率不应大于 35%；

2 对用于承重的多孔砖及蒸压硅酸盐砖的折压比限值和用于承重的非烧结材料多孔砖的孔洞率、壁及肋尺寸限值及碳化、软化性能要求应符合现行国家标准《墙体材料应用统一技术规范》GB 50574 的有关规定；

3 石材的规格、尺寸及其强度等级可按本规范附录 A 的方法确定。

3.1.2 自承重墙的空心砖、轻集料混凝土砌块的强度等级，应按下列规定采用：

1 空心砖的强度等级：MU10、MU7.5、MU5 和 MU3.5；

2 轻集料混凝土砌块的强度等级：MU10、MU7.5、MU5 和 MU3.5。

3.1.3 砂浆的强度等级应按下列规定采用：

1 烧结普通砖、烧结多孔砖、蒸压灰砂普通砖和蒸压粉煤灰普通砖砌体采用的普通砂浆强度等级：M15、M10、M7.5、M5 和 M2.5；蒸压灰砂普通砖和蒸压粉煤灰普通砖砌体采用的专用砌筑砂浆强度等级：Ms15、Ms10、Ms7.5、Ms5.0；

2 混凝土普通砖、混凝土多孔砖、单排孔混凝土砌块和煤矸石混凝土砌块砌体采用的砂浆强度等级：Mb20、Mb15、Mb10、Mb7.5 和 Mb5；

3 双排孔或多排孔轻集料混凝土砌块砌体采用的砂浆强度等级：Mb10、Mb7.5 和 Mb5；

4 毛料石、毛石砌体采用的砂浆强度等级：M7.5、M5 和 M2.5。

注：确定砂浆强度等级时应采用同类块体为砂浆强度试块底模。

3.2 砌体的计算指标

3.2.1 龄期为 28 d 的以毛截面计算的砌体抗压强度设计值，当施工质量控制等级为 B 级时，应根据块体和砂浆的强度等级分别按下列规定采用：

1 烧结普通砖、烧结多孔砖砌体的抗压强度设计值，应按表 3.2.1-1 采用。

表 3.2.1-1 烧结普通砖和烧结多孔砖砌体的抗压强度设计值(MPa)

砂浆强度等级	砂浆强度等级					砂浆强度
	M15	M10	M7.5	M5	M2.5	0
MU30	3.94	3.27	2.93	2.59	2.26	1.15
MU25	3.60	2.98	2.68	2.37	2.06	1.05
MU20	3.22	2.67	2.39	2.12	1.84	0.94
MU15	2.79	2.31	2.07	1.83	1.60	0.82
MU10	—	1.89	1.69	1.50	1.30	0.67

注：当烧结多孔砖的孔洞率大于 30%时，表中数值应乘以 0.9。

2 混凝土普通砖和混凝土多孔砖砌体的抗压强度设计值，应按表 3.2.1-2 采用。

表 3.2.1-2 混凝土普通砖和混凝土多孔砖砌体的抗压强度设计值(MPa)

砖强度等级	砂浆强度等级					砂浆强度
	Mb20	Mb15	Mb10	Mb7.5	Mb5	0
MU30	4.61	3.94	3.27	2.93	2.59	1.15
MU25	4.21	3.60	2.98	2.68	2.37	1.05
MU20	3.77	3.22	2.67	2.39	2.12	0.94
MU15	—	2.79	2.31	2.07	1.83	0.82

3 蒸压灰砂普通砖和蒸压粉煤灰普通砖砌体的抗压强度设计值，应按表 3.2.1-3 采用。

表 3.2.1-3 蒸压灰砂普通砖和蒸压粉煤灰普通砖砌体的抗压强度设计值(MPa)

砖强度等级	砂浆强度等级				砂浆强度
	M15	M10	M7.5	M5	0
MU25	3.60	2.98	2.68	2.37	1.05
MU20	3.22	2.67	2.39	2.12	0.94
MU15	2.79	2.31	2.07	1.83	0.82

注：当采用专用砂浆砌筑时，其抗压强度设计值按表中数值采用。

4 单排孔混凝土砌块和轻集料混凝土砌块对孔砌筑砌体的抗压强度设计值，应按表 3.2.1-4 采用。

表 3.2.1-4 单排孔混凝土砌块和轻集料混凝土砌块对孔砌筑砌体的抗压强度设计值(MPa)

砌块强度等级	砂浆强度等级					砂浆强度
	Mb20	Mb15	Mb10	Mb7.5	Mb5	0
MU20	6.30	5.68	4.95	4.44	3.94	2.33
MU15	—	4.61	4.02	3.61	3.20	1.89
MU10	—	—	2.79	2.50	2.22	1.31
MU7.5	—	—	—	1.93	1.71	1.01
MU5	—	—	—	—	1.19	0.70

注：1 对独立柱或厚度为双排组砌的砌块砌体，应按表中数值乘以 0.7；

2 对 T 形截面墙体、柱，应按表中数值乘以 0.85。

5 单排孔混凝土砌块对孔砌筑时，灌孔砌体的抗压强度设计值 f_g，应按下列方法确定：

1） 混凝土砌块砌体的灌孔混凝土强度等级不应低于 Cb20，且不应低于 1.5 倍的块体强度等级。灌孔混凝土强度指标取同强度等级的混凝土强度指标。

2） 灌孔混凝土砌块砌体的抗压强度设计值 f_g，应按下列公式计算：

$$f_g = f + 0.6\alpha f_c \qquad (3.2.1\text{-}1)$$

$$\alpha = \delta\rho \qquad (3.2.1\text{-}2)$$

式中：

f_g——灌孔混凝土砌块砌体的抗压强度设计值，该值不应大于未灌孔砌体抗压强度设计值的 2 倍；

f——未灌孔混凝土砌块砌体的抗压强度设计值，应按表 3.2.1-4 采用；

f_c——灌孔混凝土的轴心抗压强度设计值；

α——混凝土砌块砌体中灌孔混凝土面积与砌体毛面积的比值；

δ——混凝土砌块的孔洞率；

ρ——混凝土砌块砌体的灌孔率，系截面灌孔混凝土面积与截面孔洞面积的比值，灌孔率应根据受力或施工条件确定，且不应小于 33%。

6 双排孔或多排孔轻集料混凝土砌块砌体的抗压强度设计值，应按表 3.2.1-5 采用。

表 3.2.1-5 双排孔或多排孔轻集料混凝土砌块砌体的抗压强度设计值(MPa)

砌块强度等级	砂浆强度等级			砂浆强度
	Mb10	Mb7.5	Mb5	0
MU10	3.08	2.76	2.45	1.44
MU7.5	—	2.13	1.88	1.12
MU5	—	—	1.31	0.78
MU3.5	—	—	0.95	0.56

注：1 表中的砌块为火山渣、浮石和陶粒轻集料混凝土砌块；

2 对厚度方向为双排组砌的轻集料混凝土砌块砌体的抗压强度设计值，应按表中数值乘以 0.8。

7 块体高度为 180 mm～350 mm 的毛料石砌体的抗压强度设计值，应按表 3.2.1-6 采用。

表 3.2.1-6　毛料石砌体的抗压强度设计值(MPa)

毛料石强度等级	砂浆强度等级			砂浆强度
	M7.5	M5	M2.5	0
MU100	5.42	4.80	4.18	2.13
MU80	4.85	4.29	3.73	1.91
MU60	4.20	3.71	3.23	1.65
MU50	3.83	3.39	2.95	1.51
MU40	3.43	3.04	2.64	1.35
MU30	2.97	2.63	2.29	1.17
MU20	2.42	2.15	1.87	0.95

注：对细料石砌体、粗料石砌体和干砌勾缝石砌体，表中数值应分别乘以调整系数 1.4、1.2 和 0.8。

8　毛石砌体的抗压强度设计值，应按表 3.2.1-7 采用。

表 3.2.1-7　毛石砌体的抗压强度设计值(MPa)

毛石强度等级	砂浆强度等级			砂浆强度
	M7.5	M5	M2.5	0
MU100	1.27	1.12	0.98	0.34
MU80	1.13	1.00	0.87	0.30
MU60	0.98	0.87	0.76	0.26
MU50	0.90	0.80	0.69	0.23
MU40	0.80	0.71	0.62	0.21
MU30	0.69	0.61	0.53	0.18
MU20	0.56	0.51	0.44	0.15

3.2.2　龄期为 28 d 的以毛截面计算的各类砌体的轴心抗拉强度设计值、弯曲抗拉强度设计值和抗剪强度设计值，应符合下列规定：

1　当施工质量控制等级为 B 级时，强度设计值应按表 3.2.2 采用：

表 3.2.2　沿砌体灰缝截面破坏时砌体的轴心抗拉强度设计值、弯曲抗拉强度设计值和抗剪强度设计值(MPa)

强度类别	破坏特征及砌体种类		砂浆强度等级			
			≥M10	M7.5	M5	M2.5
轴心抗拉	沿齿缝	烧结普通砖、烧结多孔砖	0.19	0.16	0.13	0.09
		混凝土普通砖、混凝土多孔砖	0.19	0.16	0.13	—
		蒸压灰砂普通砖、蒸压粉煤灰普通砖	0.12	0.10	0.08	—
		混凝土和轻集料混凝土砌块	0.09	0.08	0.07	—
		毛石	—	0.07	0.06	0.04

续表 3.2.2

强度类别	破坏特征及砌体种类		砂浆强度等级			
			≥M10	M7.5	M5	M2.5
弯曲抗拉	沿齿缝	烧结普通砖、烧结多孔砖	0.33	0.29	0.23	0.17
		混凝土普通砖、混凝土多孔砖	0.33	0.29	0.23	—
		蒸压灰砂普通砖、蒸压粉煤灰普通砖	0.24	0.20	0.16	—
		混凝土和轻集料混凝土砌块	0.11	0.09	0.08	—
		毛石	—	0.11	0.09	0.07
	沿齿缝	烧结普通砖、烧结多孔砖	0.17	0.14	0.11	0.08
		混凝土普通砖、混凝土多孔砖	0.17	0.14	0.11	—
		蒸压灰砂普通砖、蒸压粉煤灰普通砖	0.12	0.10	0.08	—
		混凝土和轻集料混凝土砌块	0.08	0.06	0.05	—
抗剪	烧结普通砖、烧结多孔砖		0.17	0.14	0.11	0.08
	混凝土普通砖、混凝土多孔砖		0.17	0.14	0.11	—
	蒸压灰砂普通砖、蒸压粉煤灰普通砖		0.12	0.10	0.08	—
	混凝土和轻集料混凝土砌块		0.09	0.08	0.06	—
	毛石		—	0.19	0.16	0.11

注：1 对于用形状规则的块体砌筑的砌体，当搭接长度与块体高度的比值小于1时，其轴心抗拉强度设计值 f_t 和弯曲抗拉强度设计值 f_{tm} 应按表中数值乘以搭接长度与块体高度比值后采用；

2 表中数值是依据普通砂浆砌筑的砌体确定，采用经研究性试验且通过技术鉴定的专用砂浆砌筑的蒸压灰砂普通砖、蒸压粉煤灰普通砖砌体，其抗剪强度设计值按相应普通砂浆强度等级砌筑的烧结普通砖砌体采用；

3 对混凝土普通砖、混凝土多孔砖、混凝土和轻集料混凝土砌块砌体，表中的砂浆强度等级分别为：≥Mb10、Mb7.5及Mb5。

2 单排孔混凝土砌块对孔砌筑时，灌孔砌体的抗剪强度设计值 f_{vg}，应按下式计算：

$$f_{vg}=0.2f_g^{0.55} \qquad (3.2.2)$$

式中：

f_g——灌孔砌体的抗压强度设计值（MPa）。

3.2.3 下列情况的各类砌体，其砌体强度设计值应乘以调整系数 γ_a：

1 对无筋砌体构件，其截面面积小于0.3 m^2 时，γ_a 为其截面面积加0.7；对配筋砌体构件，当其中砌体截面面积小于0.2 m^2 时，γ_a 为其截面面积加0.8；构件截面面积以“m^2”计；

2 当砌体用强度等级小于M5.0的水泥砂浆砌筑时，对第3.2.1条各表中的数值，γ_a 为0.9；对第3.2.2条表3.2.2中数值，γ_a 为0.8；

3 当验算施工中房屋的构件时，γ_a 为1.1。

3.2.4 施工阶段砂浆尚未硬化的新砌砌体的强度和稳定性，可按砂浆强度为零进行验算。对于冬期施工采用掺盐砂浆法施工的砌体，砂浆强度等级按常温施工的强度等级提高一级时，砌体强度和稳定性可不验算。配筋砌体不得用掺盐砂浆施工。

3.2.5 砌体的弹性模量、线膨胀系数和收缩系数、摩擦系数分别按下列规定采用。砌体的剪变模量按砌体弹性模量的 0.4 倍采用。烧结普通砖砌体的泊松比可取 0.15。

1　砌体的弹性模量，按表 3.2.5-1 采用：

表 3.2.5-1　砌体的弹性模量(MPa)

砌体种类	砂浆强度等级			
	≥M10	M7.5	M5	M2.5
烧结普通砖、烧结多孔砖砌体	1600f	1600f	1600f	1390f
混凝土普通砖、混凝土多孔砖砌体	1600f	1600f	1600f	—
蒸压灰砂普通砖、蒸压粉煤灰普通砖砌体	1060f	1060f	1060f	—
非灌孔混凝土砌块砌体	1700f	1600f	1500f	—
粗料石、毛料石、毛石砌体	—	5650	4000	2250
细料石砌体	—	17000	12000	6750

注：1　轻集料混凝土砌块砌体的弹性模量，可按表中混凝土砌块砌体的弹性模量采用；

2　表中砌体抗压强度设计值不按 3.2.3 条进行调整；

3　表中砂浆为普通砂浆，采用专用砂浆砌筑的砌体的弹性模量也按此表取值；

4　对混凝土普通砖、混凝土多孔砖、混凝土和轻集料混凝土砌块砌体，表中的砂浆强度等级分别为：≥Mb10、Mb7.5 及 Mb5；

5　对蒸压灰砂普通砖和蒸压粉煤灰普通砖砌体，当采用专用砂浆砌筑时，其强度设计值按表中数值采用。

2　单排孔且对孔砌筑的混凝土砌块灌孔砌体的弹性模量，应按下列公式计算：

$$E = 2000 f_g \quad (3.2.5)$$

式中：

f_g——灌孔砌体的抗压强度设计值。

3　砌体的线膨胀系数和收缩率，可按表 3.2.5-2 采用。

表 3.2.5-2　砌体的线膨胀系数和收缩率

砌体类别	线膨胀系数 (10^{-6}/℃)	收缩率 (mm/m)
烧结普通砖、烧结多孔砖砌体	5	−0.1
蒸压灰砂普通砖、蒸压粉煤灰普通砖砌体	8	−0.2
混凝土普通砖、混凝土多孔砖、混凝土砌块砌体	10	−0.2
轻集料混凝土砌块砌体	10	−0.3
料石和毛石砌体	8	—

注：表中的收缩率系由达到收缩允许标准的块体砌筑 28 d 的砌体收缩系数。当地方有可靠的砌体收缩试验数据时，亦可采用当地的试验数据。

4　砌体的摩擦系数，可按表 3.2.5-3 采用。

表 3.2.5-3　砌体的摩擦系数

材料类别	摩擦面情况	
	干燥	潮湿
砌体沿砌体或混凝土滑动	0.70	0.60
砌体沿木材滑动	0.60	0.50

续表 3.2.5-3

材料类别	摩擦面情况	
	干燥	潮湿
砌体沿钢滑动	0.45	0.35
砌体沿砂或卵石滑动	0.60	0.50
砌体沿粉土滑动	0.55	0.40
砌体沿黏性土滑动	0.50	0.30

4 基本设计规定

4.1 设计原则

4.1.1 本规范采用以概率理论为基础的极限状态设计方法，以可靠指标度量结构构件的可靠度，采用分项系数的设计表达式进行计算。

4.1.2 砌体结构应按承载能力极限状态设计，并满足正常使用极限状态的要求。

4.1.3 砌体结构和结构构件在设计使用年限内及正常维护条件下，必须保持满足使用要求，而不需大修或加固。设计使用年限可按现行国家标准《建筑结构可靠度设计统一标准》GB 50068 的有关规定确定。

4.1.4 根据建筑结构破坏可能产生的后果（危及人的生命、造成经济损失、产生社会影响等）的严重性，建筑结构应按表 4.1.4 划分为三个安全等级，设计时应根据具体情况适当选用。

表 4.1.4 建筑结构的安全等级

安全等级	破坏后果	建筑物类型
一级	很严重	重要的房屋
二级	严重	一般的房屋
三级	不严重	次要的房屋

注：1 对于特殊的建筑物，其安全等级可根据具体情况另行确定；

2 对抗震设防区的砌体结构设计，应按现行国家标准《建筑抗震设防分类标准》GB 50223 根据建筑物重要性区分建筑物类别。

4.1.5 砌体结构按承载能力极限状态设计时，应按下列公式中最不利组合进行计算：

$$\gamma_0(1.2S_{Gk}+1.4\gamma_L S_{Q1k}+\gamma_L\sum_{i=2}^{n}\gamma_{Qi}\psi_{ci}S_{Qik})\leqslant R(f,a_k\cdots) \qquad (4.1.5\text{-}1)$$

$$\gamma_0(1.35S_{Gk}+1.4\gamma_L\sum_{i=1}^{n}\psi_{ci}S_{Qik})\leqslant R(f,a_k\cdots) \qquad (4.1.5\text{-}2)$$

式中：

γ_0——结构重要性系数。对安全等级为一级或设计使用年限为 50a 以上的结构构件，不应小于 1.1；对安全等级为二级或设计使用年限为 50a 的结构构件，不应小于 1.0；对安全等级为三级或设计使用年限为 1a～5a 的结构构件，不应小于 0.9；

γ_L——结构构件的抗力模型不定性系数。对静力设计，考虑结构设计使用年限的荷载调整系数，设计使用年限为 50a，取 1.0；设计使用年限为 100a，取 1.1；

S_{Gk}——永久荷载标准值的效应；

S_{Q1k}——在基本组合中起控制作用的一个可变荷载标准值的效应；

S_{Qik}——第 i 个可变荷载标准值的效应；

$R(\cdot)$——结构构件的抗力函数；

γ_{Qi}——第 i 个可变荷载的分项系数；

ψ_{ci}——第 i 个可变荷载的组合值系数。一般情况下应取 0.7；对书库、档案库、储藏室或通风机房、电梯机房应取 0.9；

f——砌体的强度设计值，$f=f_k/\gamma_f$；

f_k——砌体的强度标准值，$f_k=f_m-1.645\sigma_f$；

γ_f——砌体结构的材料性能分项系数，一般情况下，宜按施工质量控制等级为 B 级考虑，取 $\gamma_f=1.6$；当为 C 级时，取 $\gamma_f=1.8$；当为 A 级时，取 $\gamma_f=1.5$；

f_m——砌体的强度平均值，可按本规范附录 B 的方法确定；

σ_f——砌体强度的标准差；

a_k——几何参数标准值。

注：1 当工业建筑楼面活荷载标准值大于 4 kN/m² 时，式中系数 1.4 应为 1.3；

2 施工质量控制等级划分要求，应符合现行国家标准《砌体结构工程施工质量验收规范》GB 50203 的有关规定。

4.1.6 当砌体结构作为一个刚体，需验算整体稳定性时，应按下列公式中最不利组合进行验算：

$$\gamma_0(1.2S_{G2k}+1.4\gamma_L S_{Q1k}+\gamma_L\sum_{i=2}^{n}S_{Qik})\leqslant 0.8S_{G1k} \tag{4.1.6-1}$$

$$\gamma_0(1.35S_{G2k}+1.4\gamma_L\sum_{i=1}^{n}\psi_{ci}S_{Qik})\leqslant 0.8S_{G1k} \tag{4.1.6-2}$$

式中：

S_{G1k}——起有利作用的永久荷载标准值的效应；

S_{G2k}——起不利作用的永久荷载标准值的效应。

4.1.7 设计应明确建筑结构的用途，在设计使用年限内未经技术鉴定或设计许可，不得改变结构用途、构件布置和使用环境。

4.2 房屋的静力计算规定

4.2.1 房屋的静力计算，根据房屋的空间工作性能分为刚性方案、刚弹性方案和弹性方案。设计时，可按表 4.2.1 确定静力计算方案。

表 4.2.1 房屋的静力计算方案

屋盖或楼盖类别		刚性方案	刚弹性方案	弹性方案
1	整体式、装配整体和装配式无檩体系钢筋混凝土屋盖或钢筋混凝土楼盖	$s<32$	$32\leqslant s\leqslant 72$	$s>72$
2	装配式有檩体系钢筋混凝土屋盖、轻钢屋盖和有密铺望板的木屋盖或木楼盖	$s<20$	$20\leqslant s\leqslant 48$	$s>48$
3	瓦材屋面的木屋盖和轻钢屋盖	$s<16$	$16\leqslant s\leqslant 36$	$s>36$

注：1 表中 s 为房屋横墙间距，其长度单位为“m”；

2 当屋盖、楼盖类别不同或横墙间距不同时，可按本规范第 4.2.7 条的规定确定房屋的静力计算方案；

3 对无山墙或伸缩缝处无横墙的房屋，应按弹性方案考虑。

4.2.2 刚性和刚弹性方案房屋的横墙，应符合下列规定：

1 横墙中开有洞口时，洞口的水平截面面积不应超过横墙截面面积的 50%；

2 横墙的厚度不宜小于 180 mm；

3 单层房屋的横墙长度不宜小于其高度，多层房屋的横墙长度不宜小于 $H/2$（H 为横墙总高度）。

注：1 当横墙不能同时符合上述要求时，应对横墙的刚度进行验算。如其最大水平位移值 $u_{max}\leqslant\frac{H}{4\,000}$ 时，仍可视

作刚性或刚弹性方案房屋的横墙；

2 凡符合注1刚度要求的一段横墙或其他结构构件(如框架等)，也可视作刚性或刚弹性方案房屋的横墙。

4.2.3 弹性方案房屋的静力计算，可按屋架或大梁与墙(柱)为铰接的、不考虑空间工作的平面排架或框架计算。

4.2.4 刚弹性方案房屋的静力计算，可按屋架、大梁与墙(柱)铰接并考虑空间工作的平面排架或框架计算。房屋各层的空间性能影响系数，可按表4.2.4采用，其计算方法应按本规范附录C的规定采用。

表 4.2.4 房屋各层的空间性能影响系数 η_i

屋盖或楼盖类别	横墙间距 s(m)														
	16	20	24	28	32	36	40	44	48	52	56	60	64	68	72
1	—	—	—	—	0.33	0.39	0.45	0.50	0.55	0.60	0.64	0.68	0.71	0.74	0.77
2	—	0.35	0.45	0.54	0.61	0.68	0.73	0.78	0.82	—	—	—	—	—	—
3	0.37	0.49	0.60	0.68	0.75	0.81	—	—	—	—	—	—	—	—	—

注：i 取 1～n，n 为房屋的层数。

4.2.5 刚性方案房屋的静力计算，应按下列规定进行：

1 单层房屋：在荷载作用下，墙、柱可视为上端不动铰支承于屋盖，下端嵌固于基础的竖向构件；

2 多层房屋：在竖向荷载作用下，墙、柱在每层高度范围内，可近似地视作两端铰支的竖向构件；在水平荷载作用下，墙、柱可视作竖向连续梁；

3 对本层的竖向荷载，应考虑对墙、柱的实际偏心影响，梁端支承压力 N_l 到墙内边的距离，应取梁端有效支承长度 a_0 的0.4倍(图4.2.5)。由上面楼层传来的荷载 N_u，可视作作用于上一楼层的墙、柱的截面重心处；

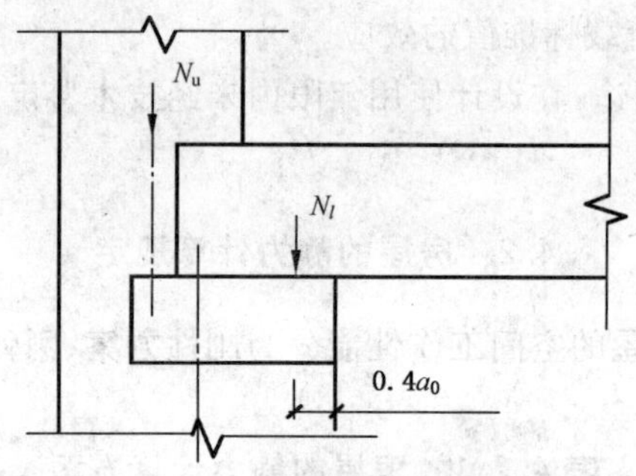

图 4.2.5 梁端支承压力位置

注：当板支撑于墙上时，板端支承压力 N_l 到墙内边的距离可取板的实际支承长度 a 的0.4倍。

4 对于梁跨度大于9 m的墙承重的多层房屋，按上述方法计算时，应考虑梁端约束弯矩的影响。可按梁两端固结计算梁端弯矩，再将其乘以修正系数 γ 后，按墙体线性刚度分到上层墙底部和下层墙顶部，修正系数 γ 可按下式计算：

$$\gamma=0.2\sqrt{\frac{a}{h}} \qquad (4.2.5)$$

式中：

a——梁端实际支承长度；

h——支承墙体的墙厚，当上下墙厚不同时取下部墙厚，当有壁柱时取 h_T。

4.2.6 刚性方案多层房屋的外墙，计算风荷载时应符合下列要求：

1 风荷载引起的弯矩，可按下式计算：

$$M=\frac{wH_i^2}{12} \qquad (4.2.6)$$

式中：

w——沿楼层高均布风荷载设计值(kN/m);

H_i——层高(m)。

2 当外墙符合下列要求时,静力计算可不考虑风荷载的影响:

1) 洞口水平截面面积不超过全截面面积的 2/3;

2) 层高和总高不超过表 4.2.6 的规定;

3) 屋面自重不小于 0.8 kN/m²。

表 4.2.6 外墙不考虑风荷载影响时的最大高度

基本风压值(kN/m²)	层高(m)	总高(m)
0.4	4.0	28
0.5	4.0	24
0.6	4.0	18
0.7	3.5	18

注:对于多层混凝土砌块房屋,当外墙厚度不小于 190 mm、层高不大于 2.8 m、总高不大于 19.6 m、基本风压不大于 0.7 kN/m² 时,可不考虑风荷载的影响。

4.2.7 计算上柔下刚多层房屋时,顶层可按单层房屋计算,其空间性能影响系数可根据屋盖类别按本规范表 4.2.4 采用。

4.2.8 带壁柱墙的计算截面翼缘宽度 b_f,可按下列规定采用:

1 多层房屋,当有门窗洞口时,可取窗间墙宽度;当无门窗洞口时,每侧翼墙宽度可取壁柱高度(层高)的 1/3,但不应大于相邻壁柱间的距离;

2 单层房屋,可取壁柱宽加 2/3 墙高,但不应大于窗间墙宽度和相邻壁柱间的距离;

3 计算带壁柱墙的条形基础时,可取相邻壁柱间的距离。

4.2.9 当转角墙段角部受竖向集中荷载时,计算截面的长度可从角点算起,每侧宜取层高的 1/3。当上述墙体范围内有门窗洞口时,则计算截面取至洞边,但不宜大于层高的 1/3。当上层的竖向集中荷载传至本层时,可按均布荷载计算,此时转角墙段可按角形截面偏心受压构件进行承载力验算。

4.3 耐久性规定

4.3.1 砌体结构的耐久性应根据表 4.3.1 的环境类别和设计使用年限进行设计。

表 4.3.1 砌体结构的环境类别

环境类别	条　件
1	正常居住及办公建筑的内部干燥环境
2	潮湿的室内或室外环境,包括与无侵蚀性土和水接触的环境
3	严寒和使用化冰盐的潮湿环境(室内或室外)
4	与海水直接接触的环境,或处于滨海地区的盐饱和的气体环境
5	有化学侵蚀的气体、液体或固态形式的环境,包括有侵蚀性土壤的环境

4.3.2 当设计使用年限为 50a 时,砌体中钢筋的耐久性选择应符合表 4.3.2 的规定。

表 4.3.2 砌体中钢筋耐久性选择

环境类别	钢筋种类和最低保护要求	
	位于砂浆中的钢筋	位于灌孔混凝土中的钢筋
1	普通钢筋	普通钢筋
2	重镀锌或有等效保护的钢筋	当采用混凝土灌孔时,可为普通钢筋;当采用砂浆灌孔时应为重镀锌或有等效保护的钢筋

续表 4.3.2

环境类别	钢筋种类和最低保护要求	
	位于砂浆中的钢筋	位于灌孔混凝土中的钢筋
3	不锈钢或有等效保护的钢筋	重镀锌或有等效保护的钢筋
4 和 5	不锈钢或等效保护的钢筋	不锈钢或等效保护的钢筋

注：1 对夹心墙的外叶墙，应采用重镀锌或有等效保护的钢筋；

2 表中的钢筋即为国家现行标准《混凝土结构设计规范》GB 50010 和《冷轧带肋钢筋混凝土结构技术规程》JGJ 95 等标准规定的普通钢筋或非预应力钢筋。

4.3.3 设计使用年限为 50a 时，砌体中钢筋的保护层厚度，应符合下列规定：

1 配筋砌体中钢筋的最小混凝土保护层应符合表 4.3.3 的规定；

2 灰缝中钢筋外露砂浆保护层的厚度不应小于 15 mm；

3 所有钢筋端部均应有与对应钢筋的环境类别条件相同的保护层厚度；

4 对填实的夹心墙或特别的墙体构造，钢筋的最小保护层厚度，应符合下列规定：

1） 用于环境类别 1 时，应取 20 mm 厚砂浆或灌孔混凝土与钢筋直径较大者；

2） 用于环境类别 2 时，应取 20 mm 厚灌孔混凝土与钢筋直径较大者；

3） 采用重镀锌钢筋时，应取 20 mm 厚砂浆或灌孔混凝土与钢筋直径较大者；

4） 采用不锈钢筋时，应取钢筋的直径。

表 4.3.3 钢筋的最小保护层厚度

环境类别	混凝土强度等级			
	C20	C25	C30	C35
	最低水泥含量（kg/m^3）			
	260	280	300	320
1	20	20	20	20
2	—	25	25	25
3	—	40	40	30
4	—	—	40	40
5	—	—	—	40

注：1 材料中最大氯离子含量和最大碱含量应符合现行国家标准《混凝土结构设计规范》GB 50010 的规定；

2 当采用防渗砌体块体和防渗砂浆时，可以考虑部分砌体（含抹灰层）的厚度作为保护层，但对环境类别 1、2、3，其混凝土保护层的厚度相应不应小于 10 mm、15 mm 和 20 mm；

3 钢筋砂浆面层的组合砌体构件的钢筋保护层厚度宜比表 4.3.3 规定的混凝土保护层厚度数值增加 5 mm～10 mm；

4 对安全等级为一级或设计使用年限为 50a 以上的砌体结构，钢筋保护层的厚度应至少增加 10 mm。

4.3.4 设计使用年限为 50a 时，夹心墙的钢筋连接件或钢筋网片、连接钢板、锚固螺栓或钢筋，应采用重镀锌或等效的防护涂层，镀锌层的厚度不应小于 290 g/m^2；当采用环氧涂层时，灰缝钢筋涂层厚度不应小于 290 μm，其余部件涂层厚度不应小于 450 μm。

4.3.5 设计使用年限为 50a 时，砌体材料的耐久性应符合下列规定：

1 地面以下或防潮层以下的砌体、潮湿房间的墙或环境类别 2 的砌体，所用材料的最低强度等级应符合表 4.3.5 的规定：

表 4.3.5 地面以下或防潮层以下的砌体、潮湿房间的墙所用材料的最低强度等级

潮湿程度	烧结普通砖	混凝土普通砖、蒸压普通砖	混凝土砌块	石材	水泥砂浆
稍潮湿的	MU15	MU20	MU7.5	MU30	M5
很潮湿的	MU20	MU20	MU10	MU30	M7.5
含水饱和的	MU20	MU25	MU15	MU40	M10

注：1 在冻胀地区，地面以下或防潮层以下的砌体，不宜采用多孔砖，如采用时，其孔洞应用不低于 M10 的水泥砂浆预先灌实。当采用混凝土空心砌块时，其孔洞应采用强度等级不低于 Cb20 的混凝土预先灌实；

2 对安全等级为一级或设计使用年限大于 50a 的房屋，表中材料强度等级应至少提高一级。

2 处于环境类别 3～5 等有侵蚀性介质的砌体材料应符合下列规定：

1） 不应采用蒸压灰砂普通砖、蒸压粉煤灰普通砖；

2） 应采用实心砖，砖的强度等级不应低于 MU20，水泥砂浆的强度等级不应低于 M10；

3） 混凝土砌块的强度等级不应低于 MU15，灌孔混凝土的强度等级不应低于 Cb30，砂浆的强度等级不应低于 Mb10；

4） 应根据环境条件对砌体材料的抗冻指标、耐酸、碱性能提出要求，或符合有关规范的规定。

5 无筋砌体构件

5.1 受压构件

5.1.1 受压构件的承载力，应符合下式的要求：

$$N\leqslant\varphi fA \qquad (5.1.1)$$

式中：

N——轴向力设计值；

φ——高厚比 β 和轴向力的偏心距 e 对受压构件承载力的影响系数；

f——砌体的抗压强度设计值；

A——截面面积。

注：1 对矩形截面构件，当轴向力偏心方向的截面边长大于另一方向的边长时，除按偏心受压计算外，还应对较小边长方向，按轴心受压进行验算；

2 受压构件承载力的影响系数 φ，可按本规范附录 D 的规定采用；

3 对带壁柱墙，当考虑翼缘宽度时，可按本规范第 4.2.8 条采用。

5.1.2 确定影响系数 φ 时，构件高厚比 β 应按下列公式计算：

对矩形截面

$$\beta=\gamma_{\beta}\frac{H_0}{h} \qquad (5.1.2\text{-}1)$$

对 T 形截面

$$\beta=\gamma_{\beta}\frac{H_0}{h_T} \qquad (5.1.2\text{-}2)$$

式中：

γ_{β}——不同材料砌体构件的高厚比修正系数，按表 5.1.2 采用；

H_0——受压构件的计算高度，按本规范表 5.1.3 确定；

h——矩形截面轴向力偏心方向的边长，当轴心受压时为截面较小边长；

h_T——T 形截面的折算厚度，可近似按 $3.5i$ 计算，i 为截面回转半径。

表 5.1.2 高厚比修正系数 γ_β

砌体材料类别	γ_β
烧结普通砖、烧结多孔砖	1.0
混凝土普通砖、混凝土多孔砖、混凝土及轻集料混凝土砌块	1.1
蒸压灰砂普通砖、蒸压粉煤灰普通砖、细料石	1.2
粗料石、毛石	1.5

注：对灌孔混凝土砌块砌体，γ_β 取 1.0。

5.1.3 受压构件的计算高度 H_0，应根据房屋类别和构件支承条件等按表 5.1.3 采用。表中的构件高度 H，应按下列规定采用：

1 在房屋底层，为楼板顶面到构件下端支点的距离。下端支点的位置，可取在基础顶面。当埋置较深且有刚性地坪时，可取室外地面下 500 mm 处；

2 在房屋其他层，为楼板或其他水平支点间的距离；

3 对于无壁柱的山墙，可取层高加山墙尖高度的 1/2；对于带壁柱的山墙可取壁柱处的山墙高度。

表 5.1.3 受压构件的计算高度 H_0

<table>
<tr><td colspan="3" rowspan="2">房 屋 类 别</td><td colspan="2">柱</td><td colspan="3">带壁柱墙或周边拉接的墙</td></tr>
<tr><td>排架方向</td><td>垂直排架方向</td><td>$s>2H$</td><td>$2H\geqslant s>H$</td><td>$s\leqslant H$</td></tr>
<tr><td rowspan="3">有吊车的单层房屋</td><td rowspan="2">变截面柱上段</td><td>弹性方案</td><td>$2.5H_u$</td><td>$1.25H_u$</td><td colspan="3">$2.5H_u$</td></tr>
<tr><td>刚性、刚弹性方案</td><td>$2.0H_u$</td><td>$1.25H_u$</td><td colspan="3">$2.0H_u$</td></tr>
<tr><td colspan="2">变截面柱下段</td><td>$1.0H_l$</td><td>$0.8H_l$</td><td colspan="3">$1.0H_l$</td></tr>
<tr><td rowspan="5">无吊车的单层和多层房屋</td><td rowspan="2">单跨</td><td>弹性方案</td><td>$1.5H$</td><td>$1.0H$</td><td colspan="3">$1.5H$</td></tr>
<tr><td>刚弹性方案</td><td>$1.2H$</td><td>$1.0H$</td><td colspan="3">$1.2H$</td></tr>
<tr><td rowspan="2">多跨</td><td>弹性方案</td><td>$1.25H$</td><td>$1.0H$</td><td colspan="3">$1.25H$</td></tr>
<tr><td>刚弹性方案</td><td>$1.10H$</td><td>$1.0H$</td><td colspan="3">$1.1H$</td></tr>
<tr><td colspan="2">刚性方案</td><td>$1.0H$</td><td>$1.0H$</td><td>$1.0H$</td><td>$0.4s+0.2H$</td><td>$0.6s$</td></tr>
</table>

注：1 表中 H_u 为变截面柱的上段高度；H_l 为变截面柱的下段高度；

2 对于上端为自由端的构件，$H_0=2H$；

3 独立砖柱，当无柱间支撑时，柱在垂直排架方向的 H_0 应按表中数值乘以 1.25 后采用；

4 s 为房屋横墙间距；

5 自承重墙的计算高度应根据周边支承或拉接条件确定。

5.1.4 对有吊车的房屋，当荷载组合不考虑吊车作用时，变截面柱上段的计算高度可按本规范表5.1.3 规定采用；变截面柱下段的计算高度，可按下列规定采用：

1 当 $H_u/H\leqslant 1/3$ 时，取无吊车房屋的 H_0；

2 当 $1/3<H_u/H<1/2$ 时，取无吊车房屋的 H_0 乘以修正系数，修正系数 μ 可按下式计算：

$$\mu=1.3-0.3I_u/I_l \qquad (5.1.4)$$

式中：

I_u——变截面柱上段的惯性矩；

I_l——变截面柱下段的惯性矩。

3 当 $H_u/H\geqslant 1/2$ 时，取无吊车房屋的 H_0。但在确定 β 值时，应采用上柱截面。

注：本条规定也适用于无吊车房屋的变截面柱。

5.1.5 按内力设计值计算的轴向力的偏心距 e 不应超过 $0.6y$。y 为截面重心到轴向力所在偏心方向截面边缘的距离。

5.2 局部受压

5.2.1 砌体截面中受局部均匀压力时的承载力，应满足下式的要求：

$$N_l \leqslant \gamma f A_l \qquad (5.2.1)$$

式中：

N_l——局部受压面积上的轴向力设计值；

γ——砌体局部抗压强度提高系数；

f——砌体的抗压强度设计值，局部受压面积小于 0.3 m^2，可不考虑强度调整系数 γ_a 的影响；

A_l——局部受压面积。

5.2.2 砌体局部抗压强度提高系数 γ，应符合下列规定：

1 γ 可按下式计算：

$$\gamma = 1 + 0.35\sqrt{\frac{A_0}{A_l} - 1} \qquad (5.2.2)$$

式中：

A_0——影响砌体局部抗压强度的计算面积。

2 计算所得 γ 值，尚应符合下列规定：

1） 在图 5.2.2(a)的情况下，$\gamma \leqslant 2.5$；

2） 在图 5.2.2(b)的情况下，$\gamma \leqslant 2.0$；

3） 在图 5.2.2(c)的情况下，$\gamma \leqslant 1.5$；

4） 在图 5.2.2(d)的情况下，$\gamma \leqslant 1.25$；

5） 按本规范第 6.2.13 条的要求灌孔的混凝土砌块砌体，在 1)、2) 款的情况下，尚应符合 $\gamma \leqslant 1.5$。未灌孔混凝土砌块砌体，$\gamma = 1.0$；

6） 对多孔砖砌体孔洞难以灌实时，应按 $\gamma = 1.0$ 取用；当设置混凝土垫块时，按垫块下的砌体局部受压计算。

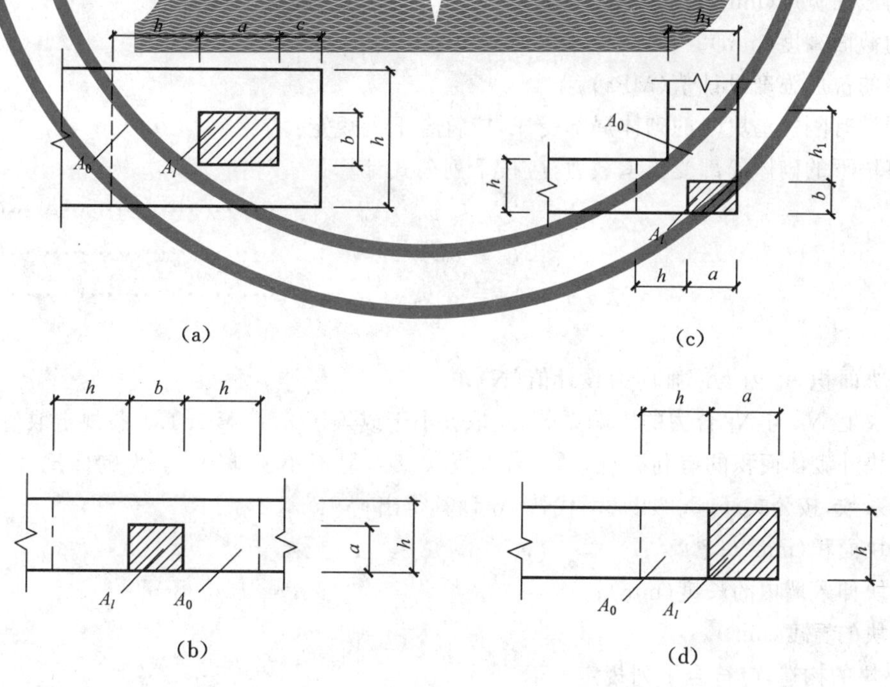

图 5.2.2 影响局部抗压强度的面积 A_0

5.2.3 影响砌体局部抗压强度的计算面积，可按下列规定采用：

1 在图 5.2.2(a)的情况下，$A_0=(a+c+h)h$；

2 在图 5.2.2(b)的情况下，$A_0=(b+2h)h$；

3 在图 5.2.2(c)的情况下，$A_0=(a+h)h+(b+h_1-h)h_1$；

4 在图 5.2.2(d)的情况下，$A_0=(a+h)h$；

式中：

a、b——矩形局部受压面积 A_l 的边长；

h、h_1——墙厚或柱的较小边长，墙厚；

c——矩形局部受压面积的外边缘至构件边缘的较小距离，当大于 h 时，应取为 h。

5.2.4 梁端支承处砌体的局部受压承载力，应按下列公式计算：

$$\psi N_0+N_l\leqslant \eta\gamma fA_l \quad (5.2.4\text{-}1)$$

$$\psi=1.5-0.5\frac{A_0}{A_l} \quad (5.2.4\text{-}2)$$

$$N_0=\sigma_0 A_l \quad (5.2.4\text{-}3)$$

$$A_l=a_0 b \quad (5.2.4\text{-}4)$$

$$a_0=10\sqrt{\frac{h_c}{f}} \quad (5.2.4\text{-}5)$$

式中：

ψ——上部荷载的折减系数，当 A_0/A_l 大于或等于 3 时，应取 ψ 等于 0；

N_0——局部受压面积内上部轴向力设计值(N)；

N_l——梁端支承压力设计值(N)；

σ_0——上部平均压应力设计值(N/mm^2)；

η——梁端底面压应力图形的完整系数，应取 0.7，对于过梁和墙梁应取 1.0；

a_0——梁端有效支承长度(mm)；当 a_0 大于 a 时，应取 a_0 等于 a，a 为梁端实际支承长度(mm)；

b——梁的截面宽度(mm)；

h_c——梁的截面高度(mm)；

f——砌体的抗压强度设计值(MPa)。

5.2.5 在梁端设有刚性垫块时的砌体局部受压，应符合下列规定：

1 刚性垫块下的砌体局部受压承载力，应按下列公式计算：

$$N_0+N_l\leqslant \varphi\gamma_1 fA_b \quad (5.2.5\text{-}1)$$

$$N_0=\sigma_0 A_b \quad (5.2.5\text{-}2)$$

$$A_b=a_b b_b \quad (5.2.5\text{-}3)$$

式中：

N_0——垫块面积 A_b 内上部轴向力设计值(N)；

φ——垫块上 N_0 与 N_l 合力的影响系数，应取 β 小于或等于 3，按第 5.1.1 条规定取值；

γ_1——垫块外砌体面积的有利影响系数，γ_1 应为 0.8γ，但不小于 1.0。γ 为砌体局部抗压强度提高系数，按公式(5.2.2)以 A_b 代替 A_l 计算得出；

A_b——垫块面积(mm^2)；

a_b——垫块伸入墙内的长度(mm)；

b_b——垫块的宽度(mm)。

2 刚性垫块的构造，应符合下列规定：

1） 刚性垫块的高度不应小于 180 mm，自梁边算起的垫块挑出长度不应大于垫块高度 t_b；

2） 在带壁柱墙的壁柱内设刚性垫块时(图 5.2.5)，其计算面积应取壁柱范围内的面积，而不应计算翼缘部分，同时壁柱上垫块伸入翼墙内的长度不应小于 120 mm；

3） 当现浇垫块与梁端整体浇筑时，垫块可在梁高范围内设置。

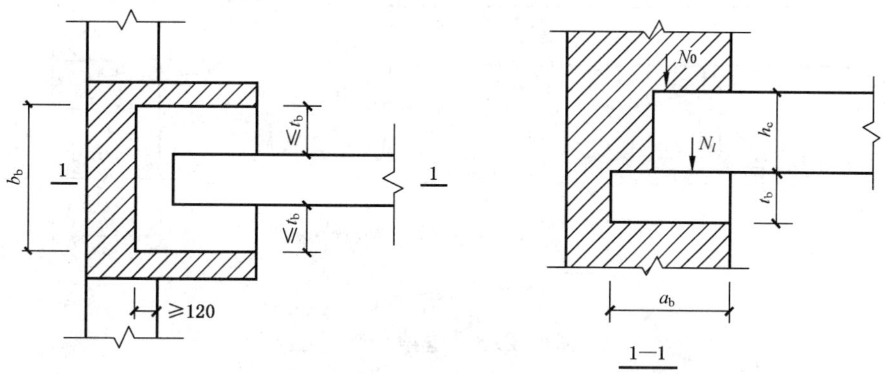

图 5.2.5 壁柱上设有垫块时梁端局部受压

3 梁端设有刚性垫块时，垫块上 N_l 作用点的位置可取梁端有效支承长度 a_0 的 0.4 倍。a_0 应按下式确定：

$$a_0=\delta_1\sqrt{\frac{h_c}{f}} \qquad (5.2.5\text{-}4)$$

式中：

δ_1——刚性垫块的影响系数，可按表 5.2.5 采用。

表 5.2.5 系数 δ_1 值表

σ_0/f	0	0.2	0.4	0.6	0.8
δ_1	5.4	5.7	6.0	6.9	7.8

注：表中其间的数值可采用插入法求得。

5.2.6 梁下设有长度大于 πh_0 的垫梁时，垫梁上梁端有效支承长度 a_0 可按公式(5.2.5-4)计算。垫梁下的砌体局部受压承载力，应按下列公式计算：

$$N_0+N_l\leqslant 2.4\delta_2 f b_b h_0 \qquad (5.2.6\text{-}1)$$

$$N_0=\pi b_b h_0 \sigma_0/2 \qquad (5.2.6\text{-}2)$$

$$h_0=2\sqrt[3]{\frac{E_c I_c}{Eh}} \qquad (5.2.6\text{-}3)$$

式中：

N_0——垫梁上部轴向力设计值(N)；

b_b——垫梁在墙厚方向的宽度(mm)；

δ_2——垫梁底面压应力分布系数，当荷载沿墙厚方向均匀分布时可取 1.0，不均匀分布时可取 0.8；

h_0——垫梁折算高度(mm)；

E_c、I_c——分别为垫梁的混凝土弹性模量和截面惯性矩；

E——砌体的弹性模量；

h——墙厚(mm)。

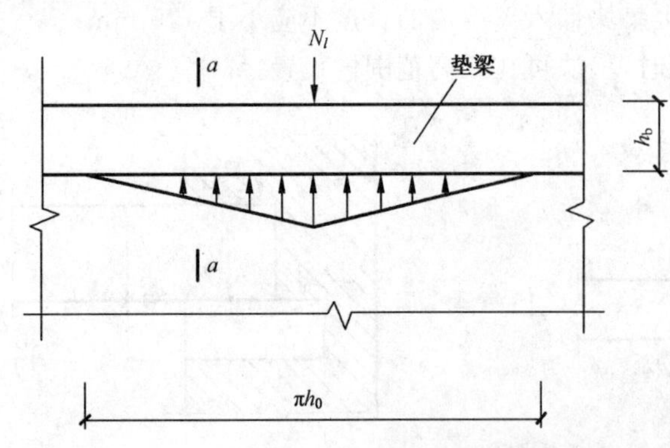

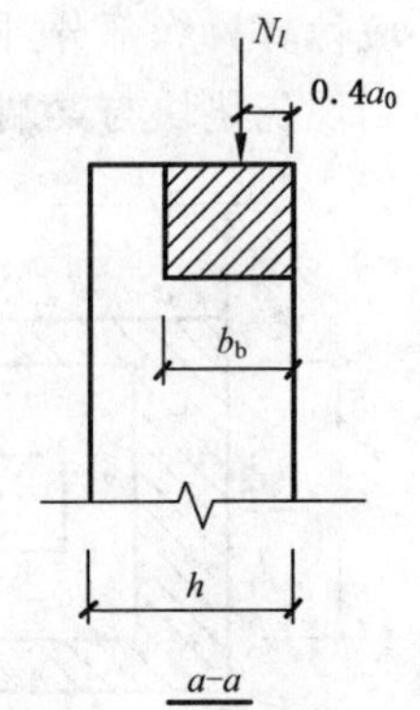

图 5.2.6 垫梁局部受压

5.3 轴心受拉构件

5.3.1 轴心受拉构件的承载力,应满足下式的要求:

$$N_t \leqslant f_t A \quad (5.3.1)$$

式中:

N_t——轴心拉力设计值;

f_t——砌体的轴心抗拉强度设计值,应按表 3.2.2 采用。

5.4 受弯构件

5.4.1 受弯构件的承载力,应满足下式的要求:

$$M \leqslant f_{tm} W \quad (5.4.1)$$

式中:

M——弯矩设计值;

f_{tm}——砌体弯曲抗拉强度设计值,应按表 3.2.2 采用;

W——截面抵抗矩。

5.4.2 受弯构件的受剪承载力,应按下列公式计算:

$$V \leqslant f_v b z \quad (5.4.2\text{-}1)$$

$$z = I/S \quad (5.4.2\text{-}2)$$

式中:

V——剪力设计值;

f_v——砌体的抗剪强度设计值,应按表 3.2.2 采用;

b——截面宽度;

z——内力臂,当截面为矩形时取 z 等于 $2h/3$(h 为截面高度);

I——截面惯性矩;

S——截面面积矩。

5.5 受剪构件

5.5.1 沿通缝或沿阶梯形截面破坏时受剪构件的承载力,应按下列公式计算:

$$V \leqslant (f_v + \alpha\mu\sigma_0) A \quad (5.5.1\text{-}1)$$

当 $\gamma_G = 1.2$ 时,

$$\mu = 0.26 - 0.082 \frac{\sigma_0}{f} \quad (5.5.1\text{-}2)$$

当 $\gamma_G = 1.35$ 时,

$$\mu = 0.23 - 0.065 \frac{\sigma_0}{f} \quad (5.5.1\text{-}3)$$

式中：

V——剪力设计值；

A——水平截面面积；

f_v——砌体抗剪强度设计值，对灌孔的混凝土砌块砌体取 f_{vg}；

α——修正系数；当 $\gamma_G=1.2$ 时，砖（含多孔砖）砌体取 0.60，混凝土砌块砌体取 0.64；当 $\gamma_G=1.35$ 时，砖（含多孔砖）砌体取 0.64，混凝土砌块砌体取 0.66；

μ——剪压复合受力影响系数；

f——砌体的抗压强度设计值；

σ_0——永久荷载设计值产生的水平截面平均压应力，其值不应大于 $0.8f$。

6 构造要求

6.1 墙、柱的高厚比验算

6.1.1 墙、柱的高厚比应按下式验算：

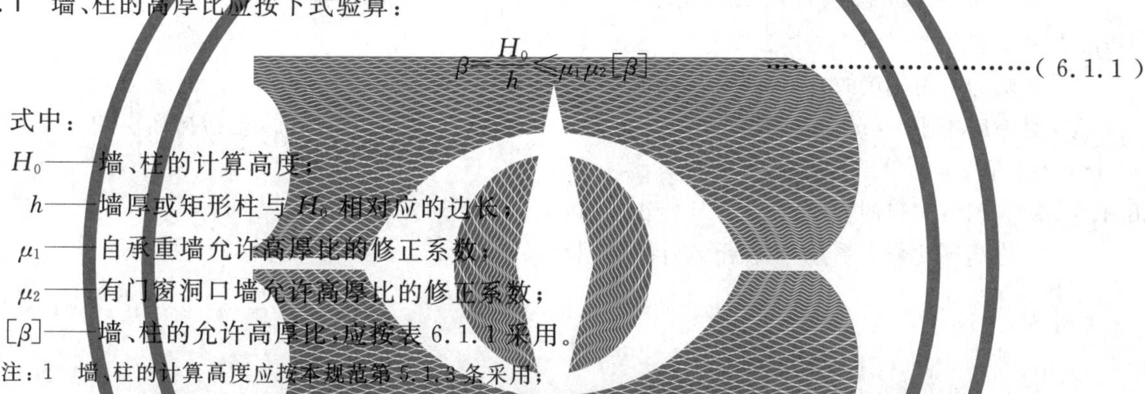

$$\beta=\frac{H_0}{h}\leqslant\mu_1\mu_2[\beta] \qquad (6.1.1)$$

式中：

H_0——墙、柱的计算高度；

h——墙厚或矩形柱与 H_0 相对应的边长；

μ_1——自承重墙允许高厚比的修正系数；

μ_2——有门窗洞口墙允许高厚比的修正系数；

$[\beta]$——墙、柱的允许高厚比，应按表 6.1.1 采用。

注：1 墙、柱的计算高度应按本规范第 5.1.3 条采用；

2 当与墙连接的相邻两墙间的距离 $s\leqslant\mu_1\mu_2[\beta]h$ 时，墙的高度可不受本条限制；

3 变截面柱的高厚比可按上、下截面分别验算，其计算高度可按第 5.1.4 条的规定采用。验算上柱的高厚比时，墙、柱的允许高厚比可按表 6.1.1 的数值乘以 1.3 后采用。

表 6.1.1 墙、柱的允许高厚比[β]值

砌体类型	砂浆强度等级	墙	柱
无筋砌体	M2.5	22	15
	M5.0 或 Mb5.0、Ms5.0	24	16
	≥M7.5 或 Mb7.5、Ms7.5	26	17
配筋砌块砌体	—	30	21

注：1 毛石墙、柱的允许高厚比应按表中数值降低 20%；

2 带有混凝土或砂浆面层的组合砖砌体构件的允许高厚比，可按表中数值提高 20%，但不得大于 28；

3 验算施工阶段砂浆尚未硬化的新砌砌体构件高厚比时，允许高厚比对墙取 14，对柱取 11。

6.1.2 带壁柱墙和带构造柱墙的高厚比验算，应按下列规定进行：

1 按公式（6.1.1）验算带壁柱墙的高厚比，此时公式中 h 应改用带壁柱墙截面的折算厚度 h_T，在确定截面回转半径时，墙截面的翼缘宽度，可按本规范第 4.2.8 条的规定采用；当确定带壁柱墙的计算高度 H_0 时，s 应取与之相交相邻墙之间的距离。

2 当构造柱截面宽度不小于墙厚时，可按公式（6.1.1）验算带构造柱墙的高厚比，此时公式中 h 取墙厚；当确定带构造柱墙的计算高度 H_0 时，s 应取相邻横墙间的距离；墙的允许高厚比 $[\beta]$ 可乘以修正系数 μ_c，μ_c 可按下式计算：

$$\mu_c = 1 + \gamma \frac{b_c}{l} \qquad \cdots\cdots\cdots(6.1.2)$$

式中：

γ——系数。对细料石砌体，$\gamma=0$；对混凝土砌块、混凝土多孔砖、粗料石、毛料石及毛石砌体，$\gamma=1.0$；其他砌体，$\gamma=1.5$；

b_c——构造柱沿墙长方向的宽度；

l——构造柱的间距。

当 $b_c/l>0.25$ 时取 $b_c/l=0.25$，当 $b_c/l<0.05$ 时取 $b_c/l=0$。

注：考虑构造柱有利作用的高厚比验算不适用于施工阶段。

3 按公式(6.1.1)验算壁柱间墙或构造柱间墙的高厚比时，s 应取相邻壁柱间或相邻构造柱间的距离。设有钢筋混凝土圈梁的带壁柱墙或带构造柱墙，当 $b/s\geqslant 1/30$ 时，圈梁可视作壁柱间墙或构造柱间墙的不动铰支点(b 为圈梁宽度)。当不满足上述条件且不允许增加圈梁宽度时，可按墙体平面外等刚度原则增加圈梁高度，此时，圈梁仍可视为壁柱间墙或构造柱间墙的不动铰支点。

6.1.3 厚度不大于 240 mm 的自承重墙，允许高厚比修正系数 μ_1，应按下列规定采用：

1 墙厚为 240 mm 时，μ_1 取 1.2；墙厚为 90 mm 时，μ_1 取 1.5；当墙厚小于 240 mm 且大于 90 mm 时，μ_1 按插入法取值。

2 上端为自由端墙的允许高厚比，除按上述规定提高外，尚可提高 30%。

3 对厚度小于 90 mm 的墙，当双面采用不低于 M10 的水泥砂浆抹面，包括抹面层的墙厚不小于 90 mm 时，可按墙厚等于 90 mm 验算高厚比。

6.1.4 对有门窗洞口的墙，允许高厚比修正系数，应符合下列要求：

1 允许高厚比修正系数，应按下式计算：

$$\mu_2 = 1 - 0.4\frac{b_s}{s} \qquad \cdots\cdots\cdots(6.1.4)$$

式中：

b_s——在宽度 s 范围内的门窗洞口总宽度；

s——相邻横墙或壁柱之间的距离。

2 当按公式(6.1.4)计算的 μ_2 的值小于 0.7 时，μ_2 取 0.7；当洞口高度等于或小于墙高的 1/5 时，μ_2 取 1.0。

3 当洞口高度大于或等于墙高的 4/5 时，可按独立墙段验算高厚比。

6.2 一般构造要求

6.2.1 预制钢筋混凝土板在混凝土圈梁上的支承长度不应小于 80 mm，板端伸出的钢筋应与圈梁可靠连接，且同时浇筑；预制钢筋混凝土板在墙上的支承长度不应小于 100 mm，并应按下列方法进行连接：

1 板支承于内墙时，板端钢筋伸出长度不应小于 70 mm，且与支座处沿墙配置的纵筋绑扎，用强度等级不应低于 C25 的混凝土浇筑成板带；

2 板支承于外墙时，板端钢筋伸出长度不应小于 100 mm，且与支座处沿墙配置的纵筋绑扎，并用强度等级不应低于 C25 的混凝土浇筑成板带；

3 预制钢筋混凝土板与现浇板对接时，预制板端钢筋应伸入现浇板中进行连接后，再浇筑现浇板。

6.2.2 墙体转角处和纵横墙交接处应沿竖向每隔 400 mm～500 mm 设拉结钢筋，其数量为每 120 mm 墙厚不少于 1 根直径 6 mm 的钢筋；或采用焊接钢筋网片，埋入长度从墙的转角或交接处算起，对实心砖墙每边不小于 500 mm，对多孔砖墙和砌块墙不小于 700 mm。

6.2.3 填充墙、隔墙应分别采取措施与周边主体结构构件可靠连接，连接构造和嵌缝材料应能满足传力、变形、耐久和防护要求。

6.2.4 在砌体中留槽洞及埋设管道时，应遵守下列规定：

1 不应在截面长边小于 500 mm 的承重墙体、独立柱内埋设管线；

2 不宜在墙体中穿行暗线或预留、开凿沟槽，当无法避免时应采取必要的措施或按削弱后的截面验算墙体的承载力。

注：对受力较小或未灌孔的砌块砌体，允许在墙体的竖向孔洞中设置管线。

6.2.5 承重的独立砖柱截面尺寸不应小于 240 mm×370 mm。毛石墙的厚度不宜小于 350 mm，毛料石柱较小边长不宜小于 400 mm。

注：当有振动荷载时，墙、柱不宜采用毛石砌体。

6.2.6 支承在墙、柱上的吊车梁、屋架及跨度大于或等于下列数值的预制梁的端部，应采用锚固件与墙、柱上的垫块锚固：

1 对砖砌体为 9 m；

2 对砌块和料石砌体为 7.2 m。

6.2.7 跨度大于 6 m 的屋架和跨度大于下列数值的梁，应在支承处砌体上设置混凝土或钢筋混凝土垫块；当墙中设有圈梁时，垫块与圈梁宜浇成整体。

1 对砖砌体为 4.8 m；

2 对砌块和料石砌体为 4.2 m；

3 对毛石砌体为 3.9 m。

6.2.8 当梁跨度大于或等于下列数值时，其支承处宜加设壁柱，或采取其他加强措施：

1 对 240 mm 厚的砖墙为 6 m；对 180 mm 厚的砖墙为 4.8 m；

2 对砌块、料石墙为 4.8 m。

6.2.9 山墙处的壁柱或构造柱宜砌至山墙顶部，且屋面构件应与山墙可靠拉结。

6.2.10 砌块砌体应分皮错缝搭砌，上下皮搭砌长度不应小于 90 mm。当搭砌长度不满足上述要求时，应在水平灰缝内设置不小于 2 根直径不小于 4 mm 的焊接钢筋网片（横向钢筋的间距不应大于 200 mm，网片每端应伸出该垂直缝不小于 300 mm）。

6.2.11 砌块墙与后砌隔墙交接处，应沿墙高每 400 mm 在水平灰缝内设置不少于 2 根直径不小于 4 mm、横筋间距不应大于 200 mm 的焊接钢筋网片（图 6.2.11）。

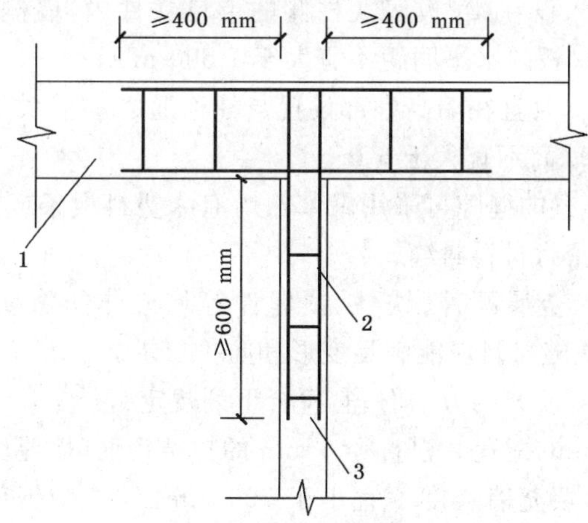

1——砌块墙；

2——焊接钢筋网片；

3——后砌隔墙

图 6.2.11 砌块墙与后砌隔墙交接处钢筋网片

6.2.12 混凝土砌块房屋，宜将纵横墙交接处，距墙中心线每边不小于 300 mm 范围内的孔洞，采用不低于 Cb20 混凝土沿全墙高灌实。

6.2.13 混凝土砌块墙体的下列部位，如未设圈梁或混凝土垫块，应采用不低于 Cb20 混凝土将孔洞灌实：

1 搁栅、檩条和钢筋混凝土楼板的支承面下，高度不应小于 200 mm 的砌体；

2 屋架、梁等构件的支承面下，长度不应小于 600 mm，高度不应小于 600 mm 的砌体；

3 挑梁支承面下，距墙中心线每边不应小于 300 mm，高度不应小于 600 mm 的砌体。

6.3 框架填充墙

6.3.1 框架填充墙墙体除应满足稳定要求外，尚应考虑水平风荷载及地震作用的影响。地震作用可按现行国家标准《建筑抗震设计规范 GB 50011 中非结构构件的规定计算。

6.3.2 在正常使用和正常维护条件下，填充墙的使用年限宜与主体结构相同，结构的安全等级可按二级考虑。

6.3.3 填充墙的构造设计，应符合下列规定：

1 填充墙宜选用轻质块体材料，其强度等级应符合本规范第 3.1.2 条的规定；

2 填充墙砌筑砂浆的强度等级不宜低于 M5(Mb5、Ms5)；

3 填充墙墙体墙厚不应小于 90 mm；

4 用于填充墙的夹心复合砌块，其两肢块体之间应有拉结。

6.3.4 填充墙与框架的连接，可根据设计要求采用脱开或不脱开方法。有抗震设防要求时宜采用填充墙与框架脱开的方法。

1 当填充墙与框架采用脱开的方法时，宜符合下列规定：

1） 填充墙两端与框架柱，填充墙顶面与框架梁之间留出不小于 20 mm 的间隙；

2） 填充墙端部应设置构造柱，柱间距宜不大于 20 倍墙厚且不大于 4 000 mm，柱宽度不小于 100 mm。柱竖向钢筋不宜小于 $\phi 10$，箍筋宜为 $\phi^{R}5$，竖向间距不宜大于 400 mm。竖向钢筋与框架梁或其挑出部分的预埋件或预留钢筋连接，绑扎接头时不小于 $30d$，焊接时(单面焊)不小于 $10d$(d 为钢筋直径)。柱顶与框架梁(板)应预留不小于 15 mm 的缝隙，用硅酮胶或其他弹性密封材料封缝。当填充墙有宽度大于 2 100 mm 的洞口时，洞口两侧应加设宽度不小于 50 mm 的单筋混凝土柱；

3） 填充墙两端宜卡入设在梁、板底及柱侧的卡口铁件内，墙侧卡口板的竖向间距不宜大于 500 mm，墙顶卡口板的水平间距不宜大于 1 500 mm；

4） 墙体高度超过 4 m 时宜在墙高中部设置与柱连通的水平系梁。水平系梁的截面高度不小于 60 mm。填充墙高不宜大于 6 m；

5） 填充墙与框架柱、梁的缝隙可采用聚苯乙烯泡沫塑料板条或聚氨酯发泡材料充填，并用硅酮胶或其他弹性密封材料封缝；

6） 所有连接用钢筋、金属配件、铁件、预埋件等均应作防腐防锈处理，并应符合本规范第 4.3 节的规定。嵌缝材料应能满足变形和防护要求。

2 当填充墙与框架采用不脱开的方法时，宜符合下列规定：

1） 沿柱高每隔 500 mm 配置 2 根直径 6 mm 的拉结钢筋(墙厚大于 240 mm 时配置 3 根直径 6 mm)，钢筋伸入填充墙长度不宜小于 700 mm，且拉结钢筋应错开截断，相距不宜小于 200 mm。填充墙墙顶应与框架梁紧密结合。顶面与上部结构接触处宜用一皮砖或配砖斜砌楔紧；

2） 当填充墙有洞口时，宜在窗洞口的上端或下端、门洞口的上端设置钢筋混凝土带，钢筋混凝土带应与过梁的混凝土同时浇筑，其过梁的断面及配筋由设计确定。钢筋混凝土带的混凝土强度等级不小于 C20。当有洞口的填充墙尽端至门窗洞口边距离小于 240 mm 时，宜采用钢筋混凝土门窗框；

3） 填充墙长度超过 5 m 或墙长大于 2 倍层高时，墙顶与梁宜有拉接措施，墙体中部应加设构造柱；墙高度超过 4 m 时宜在墙高中部设置与柱连接的水平系梁，墙高超过 6 m 时，宜沿墙高每 2 m 设置与柱连接的水平系梁，梁的截面高度不小于 60 mm。

6.4 夹 心 墙

6.4.1 夹心墙的夹层厚度，不宜大于 120 mm。

6.4.2 外叶墙的砖及混凝土砌块的强度等级，不应低于 MU10。

6.4.3 夹心墙的有效面积，应取承重或主叶墙的面积。高厚比验算时，夹心墙的有效厚度，按下式计算：

$$h_l=\sqrt{h_1^2+h_2^2} \quad (6.4.3)$$

式中：

h_l——夹心复合墙的有效厚度；

h_1、h_2——分别为内、外叶墙的厚度。

6.4.4 夹心墙外叶墙的最大横向支承间距，宜按下列规定采用：设防烈度为 6 度时不宜大于 9 m，7 度时不宜大于 6 m，8、9 度时不宜大于 3 m。

6.4.5 夹心墙的内、外叶墙，应由拉结件可靠拉结，拉结件宜符合下列规定：

1 当采用环形拉结件时，钢筋直径不应小于 4 mm，当为 Z 形拉结件时，钢筋直径不应小于 6 mm；拉结件应沿竖向梅花形布置，拉结件的水平和竖向最大间距分别不宜大于 800 mm 和 600 mm；对有振动或有抗震设防要求时，其水平和竖向最大间距分别不宜大于 800 mm 和 400 mm；

2 当采用可调拉结件时，钢筋直径不应小于 4 mm，拉结件的水平和竖向最大间距均不宜大于 400 mm。叶墙间灰缝的高差不大于 3 mm，可调拉结件中孔眼和扣钉间的公差不大于 1.5 mm；

3 当采用钢筋网片作拉结件时，网片横向钢筋的直径不应小于 4 mm；其间距不应大于 400 mm；网片的竖向间距不宜大于 600 mm；对有振动或有抗震设防要求时，不宜大于 400 mm；

4 拉结件在叶墙上的搁置长度，不应小于叶墙厚度的 2/3，并不应小于 60 mm；

5 门窗洞口周边 300 mm 范围内应附加间距不大于 600 mm 的拉结件。

6.4.6 夹心墙拉结件或网片的选择与设置，应符合下列规定：

1 夹心墙宜用不锈钢拉结件。拉结件用钢筋制作或采用钢筋网片时，应先进行防腐处理，并应符合本规范 4.3 的有关规定；

2 非抗震设防地区的多层房屋，或风荷载较小地区的高层的夹芯墙可采用环形或 Z 形拉结件；风荷载较大地区的高层建筑房屋宜采用焊接钢筋网片；

3 抗震设防地区的砌体房屋（含高层建筑房屋）夹心墙应采用焊接钢筋网作为拉结件。焊接网应沿夹心墙连续通长设置，外叶墙至少有一根纵向钢筋。钢筋网片可计入内叶墙的配筋率，其搭接与锚固长度应符合有关规范的规定；

4 可调节拉结件宜用于多层房屋的夹心墙，其竖向和水平间距均不应大于 400 mm。

6.5 防止或减轻墙体开裂的主要措施

6.5.1 在正常使用条件下，应在墙体中设置伸缩缝。伸缩缝应设在因温度和收缩变形引起应力集中、砌体产生裂缝可能性最大处。伸缩缝的间距可按表 6.5.1 采用。

表 6.5.1 砌体房屋伸缩缝的最大间距(m)

屋盖或楼盖类别		间 距
整体式或装配整体式钢筋混凝土结构	有保温层或隔热层的屋盖、楼盖	50
	无保温层或隔热层的屋盖	40

续表 6.5.1

屋盖或楼盖类别		间　距
装配式无檩体系钢筋混凝土结构	有保温层或隔热层的屋盖、楼盖	60
	无保温层或隔热层的屋盖	50
装配式有檩体系钢筋混凝土结构	有保温层或隔热层的屋盖	75
	无保温层或隔热层的屋盖	60
瓦材屋盖、木屋盖或楼盖、轻钢屋盖		100

注：1　对烧结普通砖、烧结多孔砖、配筋砌块砌体房屋，取表中数值；对石砌体、蒸压灰砂普通砖、蒸压粉煤灰普通砖、混凝土砌块、混凝土普通砖和混凝土多孔砖房屋，取表中数值乘以 0.8 的系数，当墙体有可靠外保温措施时，其间距可取表中数值；

2　在钢筋混凝土屋面上挂瓦的屋盖应按钢筋混凝土屋盖采用；

3　层高大于 5 m 的烧结普通砖、烧结多孔砖、配筋砌块砌体结构单层房屋，其伸缩缝间距可按表中数值乘以1.3；

4　温差较大且变化频繁地区和严寒地区不采暖的房屋及构筑物墙体的伸缩缝的最大间距，应按表中数值予以适当减小；

5　墙体的伸缩缝应与结构的其他变形缝相重合，缝宽度应满足各种变形缝的变形要求；在进行立面处理时，必须保证缝隙的变形作用。

6.5.2　房屋顶层墙体，宜根据情况采取下列措施：

1　屋面应设置保温、隔热层；

2　屋面保温（隔热）层或屋面刚性面层及砂浆找平层应设置分隔缝，分隔缝间距不宜大于 6 m，其缝宽不小于 30 mm，并与女儿墙隔开；

3　采用装配式有檩体系钢筋混凝土屋盖和瓦材屋盖；

4　顶层屋面板下设置现浇钢筋混凝土圈梁，并沿内外墙拉通，房屋两端圈梁下的墙体内宜设置水平钢筋；

5　顶层墙体有门窗等洞口时，在过梁上的水平灰缝内设置 2～3 道焊接钢筋网片或 2 根直径 6 mm 钢筋，焊接钢筋网片或钢筋应伸入洞口两端墙内不小于 600 mm；

6　顶层及女儿墙砂浆强度等级不低于 M7.5（Mb7.5、Ms7.5）；

7　女儿墙应设置构造柱，构造柱间距不宜大于 4 m，构造柱应伸至女儿墙顶并与现浇钢筋混凝土压顶整浇在一起；

8　对顶层墙体施加竖向预应力。

6.5.3　房屋底层墙体，宜根据情况采取下列措施：

1　增大基础圈梁的刚度；

2　在底层的窗台下墙体灰缝内设置 3 道焊接钢筋网片或 2 根直径 6 mm 钢筋，并应伸入两边窗间墙内不小于 600 mm。

6.5.4　在每层门、窗过梁上方的水平灰缝内及窗台下第一和第二道水平灰缝内，宜设置焊接钢筋网片或 2 根直径 6 mm 钢筋，焊接钢筋网片或钢筋应伸入两边窗间墙内不小于 600 mm。当墙长大于 5 m 时，宜在每层墙高度中部设置 2～3 道焊接钢筋网片或 3 根直径 6 mm 的通长水平钢筋，竖向间距为500 mm。

6.5.5　房屋两端和底层第一、第二开间门窗洞处，可采取下列措施：

1　在门窗洞口两边墙体的水平灰缝中，设置长度不小于 900 mm、竖向间距为 400 mm 的 2 根直径 4 mm 的焊接钢筋网片。

2　在顶层和底层设置通长钢筋混凝土窗台梁，窗台梁高宜为块材高度的模数，梁内纵筋不少于 4 根，直径不小于 10 mm，箍筋直径不小于 6 mm，间距不大于 200 mm，混凝土强度等级不低于 C20。

3 在混凝土砌块房屋门窗洞口两侧不少于一个孔洞中设置直径不小于 12 mm 的竖向钢筋，竖向钢筋应在楼层圈梁或基础内锚固，孔洞用不低于 Cb20 混凝土灌实。

6.5.6 填充墙砌体与梁、柱或混凝土墙体结合的界面处（包括内、外墙），宜在粉刷前设置钢丝网片，网片宽度可取 400 mm，并沿界面缝两侧各延伸 200 mm，或采取其他有效的防裂、盖缝措施。

6.5.7 当房屋刚度较大时，可在窗台下或窗台角处墙体内、在墙体高度或厚度突然变化处设置竖向控制缝。竖向控制缝宽度不宜小于 25 mm，缝内填以压缩性能好的填充材料，且外部用密封材料密封，并采用不吸水的、闭孔发泡聚乙烯实心圆棒（背衬）作为密封膏的隔离物（图 6.5.7）。

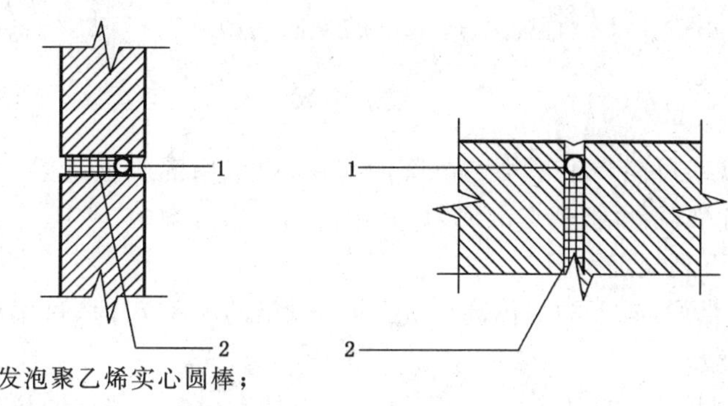

1——不吸水的、闭孔发泡聚乙烯实心圆棒；
2——柔软、可压缩的填充物

图 6.5.7 控制缝构造

6.5.8 夹心复合墙的外叶墙宜在建筑墙体适当部位设置控制缝，其间距宜为 6 m～8 m。

7 圈梁、过梁、墙梁及挑梁

7.1 圈 梁

7.1.1 对于有地基不均匀沉降或较大振动荷载的房屋，可按本节规定在砌体墙中设置现浇混凝土圈梁。

7.1.2 厂房、仓库、食堂等空旷单层房屋应按下列规定设置圈梁：

1 砖砌体结构房屋，檐口标高为 5 m～8 m 时，应在檐口标高处设置圈梁一道；檐口标高大于 8 m 时，应增加设置数量；

2 砌块及料石砌体结构房屋，檐口标高为 4 m～5 m 时，应在檐口标高处设置圈梁一道；檐口标高大于 5 m 时，应增加设置数量；

3 对有吊车或较大振动设备的单层工业房屋，当未采取有效的隔振措施时，除在檐口或窗顶标高处设置现浇混凝土圈梁外，尚应增加设置数量。

7.1.3 住宅、办公楼等多层砌体结构民用房屋，且层数为 3 层～4 层时，应在底层和檐口标高处各设置一道圈梁。当层数超过 4 层时，除应在底层和檐口标高处各设置一道圈梁外，至少应在所有纵、横墙上隔层设置。多层砌体工业房屋，应每层设置现浇混凝土圈梁。设置墙梁的多层砌体结构房屋，应在托梁、墙梁顶面和檐口标高处设置现浇钢筋混凝土圈梁。

7.1.4 建筑在软弱地基或不均匀地基上的砌体结构房屋，除按本节规定设置圈梁外，尚应符合现行国家标准《建筑地基基础设计规范》GB 50007 的有关规定。

7.1.5 圈梁应符合下列构造要求：

1 圈梁宜连续地设在同一水平面上，并形成封闭状；当圈梁被门窗洞口截断时，应在洞口上部增设相同截面的附加圈梁。附加圈梁与圈梁的搭接长度不应小于其中到中垂直间距的 2 倍，且不得小于 1 m；

2 纵、横墙交接处的圈梁应可靠连接。刚弹性和弹性方案房屋，圈梁应与屋架、大梁等构件可靠连接；

3 混凝土圈梁的宽度宜与墙厚相同，当墙厚不小于 240 mm 时，其宽度不宜小于墙厚的 2/3。圈梁高度不应小于 120 mm。纵向钢筋数量不应少于 4 根，直径不应小于 10 mm，绑扎接头的搭接长度按受拉钢筋考虑，箍筋间距不应大于 300 mm；

4 圈梁兼作过梁时，过梁部分的钢筋应按计算面积另行增配。

7.1.6 采用现浇混凝土楼(屋)盖的多层砌体结构房屋，当层数超过 5 层时，除应在檐口标高处设置一道圈梁外，可隔层设置圈梁，并应与楼(屋)面板一起现浇。未设置圈梁的楼面板嵌入墙内的长度不应小于 120 mm，并沿墙长配置不少于 2 根直径为 10 mm 的纵向钢筋。

7.2 过　梁

7.2.1 对有较大振动荷载或可能产生不均匀沉降的房屋，应采用混凝土过梁。当过梁的跨度不大于 1.5 m 时，可采用钢筋砖过梁；不大于 1.2 m 时，可采用砖砌平拱过梁。

7.2.2 过梁的荷载，应按下列规定采用：

1 对砖和砌块砌体，当梁、板下的墙体高度 h_w 小于过梁的净跨 l_n 时，过梁应计入梁、板传来的荷载，否则可不考虑梁、板荷载；

2 对砖砌体，当过梁上的墙体高度 h_w 小于 $l_n/3$ 时，墙体荷载应按墙体的均布自重采用，否则应按高度为 $l_n/3$ 墙体的均布自重来采用；

3 对砌块砌体，当过梁上的墙体高度 h_w 小于 $l_n/2$ 时，墙体荷载应按墙体的均布自重采用，否则应按高度为 $l_n/2$ 墙体的均布自重采用。

7.2.3 过梁的计算，宜符合下列规定：

1 砖砌平拱受弯和受剪承载力，可按 5.4.1 条和 5.4.2 条计算；

2 钢筋砖过梁的受弯承载力可按式(7.2.3)计算，受剪承载力，可按本规范第 5.4.2 条计算；

$$M \leqslant 0.85 h_0 f_y A_s \qquad (7.2.3)$$

式中：

M——按简支梁计算的跨中弯矩设计值；

h_0——过梁截面的有效高度，$h_0 = h - a_s$；

a_s——受拉钢筋重心至截面下边缘的距离；

h——过梁的截面计算高度，取过梁底面以上的墙体高度，但不大于 $l_n/3$；当考虑梁、板传来的荷载时，则按梁、板下的高度采用；

f_y——钢筋的抗拉强度设计值；

A_s——受拉钢筋的截面面积。

3 混凝土过梁的承载力，应按混凝土受弯构件计算。验算过梁下砌体局部受压承载力时，可不考虑上层荷载的影响；梁端底面压应力图形完整系数可取 1.0，梁端有效支承长度可取实际支承长度，但不应大于墙厚。

7.2.4 砖砌过梁的构造，应符合下列规定：

1 砖砌过梁截面计算高度内的砂浆不宜低于 M5(Mb5、Ms5)；

2 砖砌平拱用竖砖砌筑部分的高度不应小于 240 mm；

3 钢筋砖过梁底面砂浆层处的钢筋，其直径不应小于 5 mm，间距不宜大于 120 mm，钢筋伸入支座砌体内的长度不宜小于 240 mm，砂浆层的厚度不宜小于 30 mm。

7.3 墙　梁

7.3.1 承重与自承重简支墙梁、连续墙梁和框支墙梁的设计，应符合本节规定。

7.3.2 采用烧结普通砖砌体、混凝土普通砖砌体、混凝土多孔砖砌体和混凝土砌块砌体的墙梁设计应符合下列规定：

1 墙梁设计应符合表 7.3.2 的规定：

表 7.3.2 墙梁的一般规定

墙梁类别	墙体总高度 (m)	跨度 (m)	墙体高跨比 h_w/l_{0i}	托梁高跨比 h_b/l_{0i}	洞宽比 b_h/l_{0i}	洞高 h_h
承重墙梁	≤18	≤9	≥0.4	≥1/10	≤0.3	$\leqslant 5h_w/6$ 且 $h_w-h_h\geqslant 0.4$ m
自承重墙梁	≤18	≤12	≥1/3	≥1/15	≤0.8	—

注：墙体总高度指托梁顶面到檐口的高度，带阁楼的坡屋面应算到山尖墙 1/2 高度处。

2 墙梁计算高度范围内每跨允许设置一个洞口，洞口高度，对窗洞取洞顶至托梁顶面距离。对自承重墙梁，洞口至边支座中心的距离不应小于 $0.1l_{0i}$，门窗洞上口至墙顶的距离不应小于 0.5 m。

3 洞口边缘至支座中心的距离，距边支座不应小于墙梁计算跨度的 0.15 倍，距中支座不应小于墙梁计算跨度的 0.07 倍。托梁支座处上部墙体设置混凝土构造柱、且构造柱边缘至洞口边缘的距离不小于 240 mm 时，洞口边至支座中心距离的限值可不受本规定限制。

4 托梁高跨比，对无洞口墙梁不宜大于 1/7，对靠近支座有洞口的墙梁不宜大于 1/6。配筋砌块砌体墙梁的托梁高跨比可适当放宽，但不宜小于 1/14；当墙梁结构中的墙体均为配筋砌块砌体时，墙体总高度可不受本规定限制。

7.3.3 墙梁的计算简图，应按图 7.3.3 采用。各计算参数应符合下列规定：

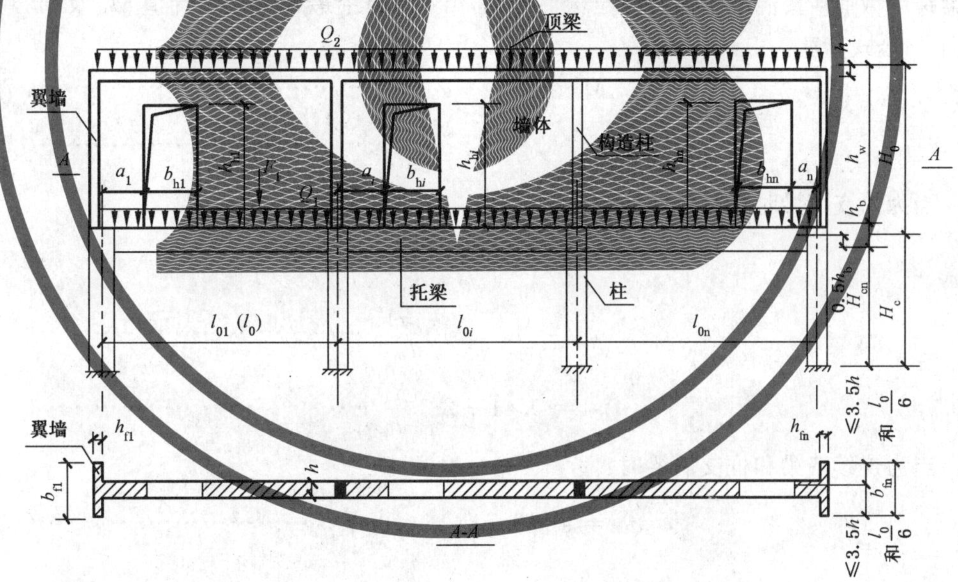

$l_0(l_{0i})$——墙梁计算跨度；

h_w——墙体计算高度；

h——墙体厚度；

H_0——墙梁跨中截面计算高度；

b_{f1}——翼墙计算宽度；

H_c——框架柱计算高度；

b_{hi}——洞口宽度；

h_{hi}——洞口高度；

a_i——洞口边缘至支座中心的距离；

Q_1、F_1——承重墙梁的托梁顶面的荷载设计值；

Q_2——承重墙梁的墙梁顶面的荷载设计值

图 7.3.3 墙梁计算简图

1 墙梁计算跨度，对简支墙梁和连续墙梁取净跨的 1.1 倍或支座中心线距离的较小值；框支墙梁支座中心线距离，取框架柱轴线间的距离；

2 墙体计算高度，取托梁顶面上一层墙体（包括顶梁）高度，当 h_w 大于 l_0 时，取 h_w 等于 l_0（对连续墙梁和多跨框支墙梁，l_0 取各跨的平均值）；

3 墙梁跨中截面计算高度，取 $H_0=h_w+0.5h_b$；

4 翼墙计算宽度，取窗间墙宽度或横墙间距的 2/3，且每边不大于 3.5 倍的墙体厚度和墙梁计算跨度的 1/6；

5 框架柱计算高度，取 $H_c=H_{cn}+0.5h_b$；H_{cn} 为框架柱的净高，取基础顶面至托梁底面的距离。

7.3.4 墙梁的计算荷载，应按下列规定采用：

1 使用阶段墙梁上的荷载，应按下列规定采用：

1） 承重墙梁的托梁顶面的荷载设计值，取托梁自重及本层楼盖的恒荷载和活荷载；

2） 承重墙梁的墙梁顶面的荷载设计值，取托梁以上各层墙体自重，以及墙梁顶面以上各层楼（屋）盖的恒荷载和活荷载；集中荷载可沿作用的跨度近似化为均布荷载；

3） 自承重墙梁的墙梁顶面的荷载设计值，取托梁自重及托梁以上墙体自重。

2 施工阶段托梁上的荷载，应按下列规定采用：

1） 托梁自重及本层楼盖的恒荷载；

2） 本层楼盖的施工荷载；

3） 墙体自重，可取高度为 $l_{0\max}/3$ 的墙体自重，开洞时尚应按洞顶以下实际分布的墙体自重复核；$l_{0\max}$ 为各计算跨度的最大值。

7.3.5 墙梁应分别进行托梁使用阶段正截面承载力和斜截面受剪承载力计算、墙体受剪承载力和托梁支座上部砌体局部受压承载力计算，以及施工阶段托梁承载力验算。自承重墙梁可不验算墙体受剪承载力和砌体局部受压承载力。

7.3.6 墙梁的托梁正截面承载力，应按下列规定计算：

1 托梁跨中截面应按混凝土偏心受拉构件计算，第 i 跨跨中最大弯矩设计值 M_{bi} 及轴心拉力设计值 N_{bti} 可按下列公式计算：

$$M_{bi}=M_{1i}+\alpha_M M_{2i} \qquad (7.3.6\text{-}1)$$

$$N_{bti}=\eta_N\frac{M_{2i}}{H_0} \qquad (7.3.6\text{-}2)$$

1） 当为简支墙梁时：

$$\alpha_M=\psi_M\left(1.7\frac{h_b}{l_0}-0.03\right) \qquad (7.3.6\text{-}3)$$

$$\psi_M=4.5-10\frac{a}{l_0} \qquad (7.3.6\text{-}4)$$

$$\eta_N=0.44+2.1\frac{h_w}{l_0} \qquad (7.3.6\text{-}5)$$

2） 当为连续墙梁和框支墙梁时：

$$\alpha_M=\psi_M\left(2.7\frac{h_b}{l_{0i}}-0.08\right) \qquad (7.3.6\text{-}6)$$

$$\psi_M=3.8-8.0\frac{a_i}{l_{0i}} \qquad (7.3.6\text{-}7)$$

$$\eta_N=0.8+2.6\frac{h_w}{l_{0i}} \qquad (7.3.6\text{-}8)$$

式中：

M_{1i}——荷载设计值 Q_1、F_1 作用下的简支梁跨中弯矩或按连续梁、框架分析的托梁第 i 跨跨中最大弯矩；

M_{2i}——荷载设计值 Q_2 作用下的简支梁跨中弯矩或按连续梁、框架分析的托梁第 i 跨跨中最大弯矩；

α_M——考虑墙梁组合作用的托梁跨中截面弯矩系数，可按公式（7.3.6-3）或（7.3.6-6）计算，但对自承重简支墙梁应乘以折减系数 0.8；当公式（7.3.6-3）中的 $h_b/l_0>1/6$ 时，取 $h_b/l_0=$

1/6；当公式(7.3.6-3)中的 $h_b/l_{0i}>1/7$ 时，取 $h_b/l_{0i}=1/7$；当 $\alpha_M>1.0$ 时，取 $\alpha_M=1.0$；

η_N——考虑墙梁组合作用的托梁跨中截面轴力系数，可按公式(7.3.6-5)或(7.3.6-8)计算，但对自承重简支墙梁应乘以折减系数 0.8；当 $h_w/l_{0i}>1$ 时，取 $h_w/l_{0i}=1$；

ψ_M——洞口对托梁跨中截面弯矩的影响系数，对无洞口墙梁取 1.0，对有洞口墙梁可按公式(7.3.6-4)或(7.3.6-7)计算；

a_i——洞口边缘至墙梁最近支座中心的距离，当 $a_i>0.35l_{0i}$ 时，取 $a_i=0.35l_{0i}$。

2 托梁支座截面应按混凝土受弯构件计算，第 j 支座的弯矩设计值 M_{bj} 可按下列公式计算：

$$M_{bj}=M_{1j}+\alpha_M M_{2j} \tag{7.3.6-9}$$

$$\alpha_M=0.75-\frac{a_i}{l_{0i}} \tag{7.3.6-10}$$

式中：

M_{1j}——荷载设计值 Q_1、F_1 作用下按连续梁或框架分析的托梁第 j 支座截面的弯矩设计值；

M_{2j}——荷载设计值 Q_2 作用下按连续梁或框架分析的托梁第 j 支座截面的弯矩设计值；

α_M——考虑墙梁组合作用的托梁支座截面弯矩系数，无洞口墙梁取 0.4，有洞口墙梁可按公式(7.3.6-10)计算。

7.3.7 对多跨框支墙梁的框支边柱，当柱的轴向压力增大对承载力不利时，在墙梁荷载设计值 Q_2 作用下的轴向压力值应乘以修正系数 1.2。

7.3.8 墙梁的托梁斜截面受剪承载力应按混凝土受弯构件计算，第 j 支座边缘截面的剪力设计值 V_{bj} 可按下式计算：

$$V_{bj}=V_{1j}+\beta_v V_{2j} \tag{7.3.8}$$

式中：

V_{1j}——荷载设计值 Q_1、F_1 作用下按简支梁、连续梁或框架分析的托梁第 j 支座边缘截面剪力设计值；

V_{2j}——荷载设计值 Q_2 作用下按简支梁、连续梁或框架分析的托梁第 j 支座边缘截面剪力设计值；

β_v——考虑墙梁组合作用的托梁剪力系数，无洞口墙梁边支座截面取 0.6，中间支座截面取 0.7；有洞口墙梁边支座截面取 0.7，中间支座截面取 0.8；对自承重墙梁，无洞口时取 0.45，有洞口时取 0.5。

7.3.9 墙梁的墙体受剪承载力，应按公式(7.3.9)验算，当墙梁支座处墙体中设置上、下贯通的落地混凝土构造柱，且其截面不小于 240 mm×240 mm 时，可不验算墙梁的墙体受剪承载力。

$$V_2\leqslant\xi_1\xi_2\left(0.2+\frac{h_b}{l_{0i}}+\frac{h_t}{l_{0i}}\right)fhh_w \tag{7.3.9}$$

式中：

V_2——在荷载设计值 Q_2 作用下墙梁支座边缘截面剪力的最大值；

ξ_1——翼墙影响系数，对单层墙梁取 1.0，对多层墙梁，当 $b_f/h=3$ 时取 1.3，当 $b_f/h=7$ 时取 1.5，当 $3<b_f/h<7$ 时，按线性插入取值；

ξ_2——洞口影响系数，无洞口墙梁取 1.0，多层有洞口墙梁取 0.9，单层有洞口墙梁取 0.6；

h_t——墙梁顶面圈梁截面高度。

7.3.10 托梁支座上部砌体局部受压承载力，应按公式(7.3.10-1)验算，当墙梁的墙体中设置上、下贯通的落地混凝土构造柱，且其截面不小于 240 mm×240 mm 时，或当 b_f/h 大于等于 5 时，可不验算托梁支座上部砌体局部受压承载力。

$$Q_2\leqslant\zeta fh \tag{7.3.10-1}$$

$$\zeta=0.25+0.08\frac{b_f}{h} \tag{7.3.10-2}$$

式中：

ζ——局压系数。

7.3.11 托梁应按混凝土受弯构件进行施工阶段的受弯、受剪承载力验算，作用在托梁上的荷载可按本规范第7.3.4条的规定采用。

7.3.12 墙梁的构造应符合下列规定：

1 托梁和框支柱的混凝土强度等级不应低于C30；

2 承重墙梁的块体强度等级不应低于MU10，计算高度范围内墙体的砂浆强度等级不应低于M10(Mb10)；

3 框支墙梁的上部砌体房屋，以及设有承重的简支墙梁或连续墙梁的房屋，应满足刚性方案房屋的要求；

4 墙梁的计算高度范围内的墙体厚度，对砖砌体不应小于240 mm，对混凝土砌块砌体不应小于190 mm；

5 墙梁洞口上方应设置混凝土过梁，其支承长度不应小于240 mm；洞口范围内不应施加集中荷载；

6 承重墙梁的支座处应设置落地翼墙，翼墙厚度，对砖砌体不应小于240 mm，对混凝土砌块砌体不应小于190 mm，翼墙宽度不应小于墙梁墙体厚度的3倍，并与墙梁墙体同时砌筑。当不能设置翼墙时，应设置落地且上、下贯通的混凝土构造柱；

7 当墙梁墙体在靠近支座1/3跨度范围内开洞时，支座处应设置落地且上、下贯通的混凝土构造柱，并应与每层圈梁连接；

8 墙梁计算高度范围内的墙体，每天可砌筑高度不应超过1.5 m，否则，应加设临时支撑；

9 托梁两侧各两个开间的楼盖应采用现浇混凝土楼盖，楼板厚度不应小于120 mm，当楼板厚度大于150 mm时，应采用双层双向钢筋网，楼板上应少开洞，洞口尺寸大于800 mm时应设洞口边梁；

10 托梁每跨底部的纵向受力钢筋应通长设置，不应在跨中弯起或截断；钢筋连接应采用机械连接或焊接；

11 托梁跨中截面的纵向受力钢筋总配筋率不应小于0.6%；

12 托梁上部通长布置的纵向钢筋面积与跨中下部纵向钢筋面积之比值不应小于0.4；连续墙梁或多跨框支墙梁的托梁支座上部附加纵向钢筋从支座边缘算起每边延伸长度不应小于$l_0/4$；

13 承重墙梁的托梁在砌体墙、柱上的支承长度不应小于350 mm；纵向受力钢筋伸入支座的长度应符合受拉钢筋的锚固要求；

14 当托梁截面高度h_b大于等于450 mm时，应沿梁截面高度设置通长水平腰筋，其直径不应小于12 mm，间距不应大于200 mm；

15 对于洞口偏置的墙梁，其托梁的箍筋加密区范围应延到洞口外，距洞边的距离大于等于托梁截面高度h_b(图7.3.12)，箍筋直径不应小于8 mm，间距不应大于100 mm。

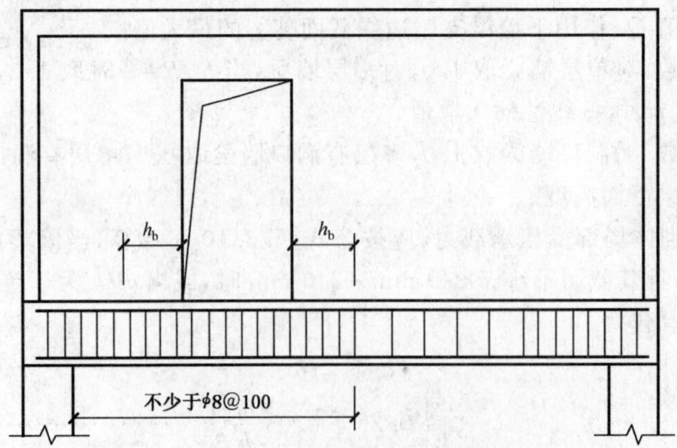

图7.3.12 偏开洞时托梁箍筋加密区

7.4 挑　梁

7.4.1 砌体墙中混凝土挑梁的抗倾覆，应按下列公式进行验算：

$$M_{ov} \leqslant M_r \quad \cdots\cdots(7.4.1)$$

式中：

M_{ov}——挑梁的荷载设计值对计算倾覆点产生的倾覆力矩；

M_r——挑梁的抗倾覆力矩设计值。

7.4.2 挑梁计算倾覆点至墙外边缘的距离可按下列规定采用：

1 当 l_1 不小于 $2.2h_b$ 时（l_1 为挑梁埋入砌体墙中的长度，h_b 为挑梁的截面高度），梁计算倾覆点到墙外边缘的距离可按式（7.4.2-1）计算，且其结果不应大于 $0.13l_1$。

$$x_0 = 0.3h_b \quad \cdots\cdots(7.4.2\text{-}1)$$

式中：

x_0——计算倾覆点至墙外边缘的距离（mm）；

2 当 l_1 小于 $2.2h_b$ 时，梁计算倾覆点到墙外边缘的距离可按下式计算：

$$x_0 = 0.13l_1 \quad \cdots\cdots(7.4.2\text{-}2)$$

3 当挑梁下有混凝土构造柱或垫梁时，计算倾覆点到墙外边缘的距离可取 $0.5x_0$。

7.4.3 挑梁的抗倾覆力矩设计值，可按下式计算：

$$M_r = 0.8G_r(l_2 - x_0) \quad \cdots\cdots(7.4.3)$$

式中：

G_r——挑梁的抗倾覆荷载，为挑梁尾端上部45°扩展角的阴影范围（其水平长度为 l_3）内本层的砌体与楼面恒荷载标准值之和（图7.4.3）；当上部楼层无挑梁时，抗倾覆荷载中可计及上部楼层的楼面永久荷载；

l_2——G_r 作用点至墙外边缘的距离。

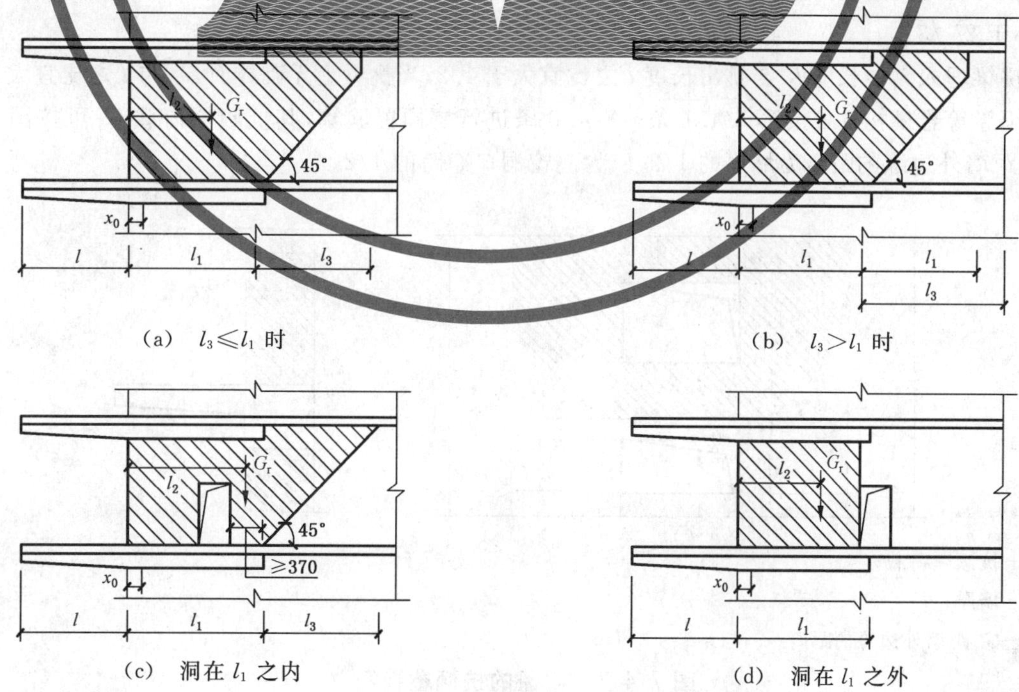

(a) $l_3 \leqslant l_1$ 时　(b) $l_3 > l_1$ 时

(c) 洞在 l_1 之内　(d) 洞在 l_1 之外

图7.4.3 挑梁的抗倾覆荷载

7.4.4 挑梁下砌体的局部受压承载力，可按下式验算(图 7.4.4)：

$$N_l \leqslant \eta\gamma f A_l \qquad (7.4.4)$$

式中：

N_l——挑梁下的支承压力，可取 $N_l=2R$，R 为挑梁的倾覆荷载设计值；

η——梁端底面压应力图形的完整系数，可取 0.7；

γ——砌体局部抗压强度提高系数，对图 7.4.4a 可取 1.25；对图 7.4.4b 可取 1.5；

A_l——挑梁下砌体局部受压面积，可取 $A_l=1.2bh_b$，b 为挑梁的截面宽度，h_b 为挑梁的截面高度。

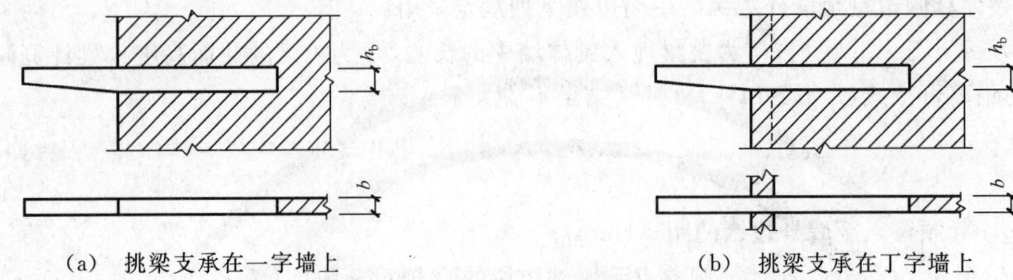

(a) 挑梁支承在一字墙上　　(b) 挑梁支承在丁字墙上

图 7.4.4 挑梁下砌体局部受压

7.4.5 挑梁的最大弯矩设计值 M_{max} 与最大剪力设计值 V_{max}，可按下列公式计算：

$$M_{max}=M_0 \qquad (7.4.5\text{-}1)$$

$$V_{max}=V_0 \qquad (7.4.5\text{-}2)$$

式中：

M_0——挑梁的荷载设计值对计算倾覆点截面产生的弯矩；

V_0——挑梁的荷载设计值在挑梁墙外边缘处截面产生的剪力。

7.4.6 挑梁设计除应符合现行国家标准《混凝土结构设计规范》GB 50010 的有关规定外，尚应满足下列要求：

1 纵向受力钢筋至少应有 1/2 的钢筋面积伸入梁尾端，且不少于 2ϕ12。其余钢筋伸入支座的长度不应小于 $2l_1/3$；

2 挑梁埋入砌体长度 l_1 与挑出长度 l 之比宜大于 1.2；当挑梁上无砌体时，l_1 与 l 之比宜大于 2。

7.4.7 雨篷等悬挑构件可按第 7.4.1 条～7.4.3 条进行抗倾覆验算，其抗倾覆荷载 G_r 可按图 7.4.7 采用，G_r 距墙外边缘的距离为墙厚的 1/2，l_3 为门窗洞口净跨的 1/2。

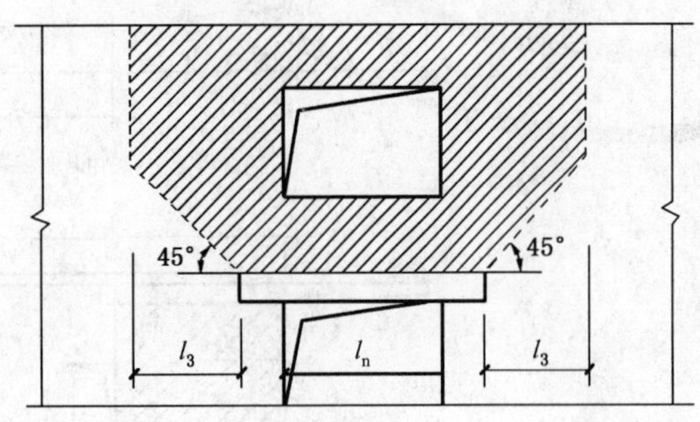

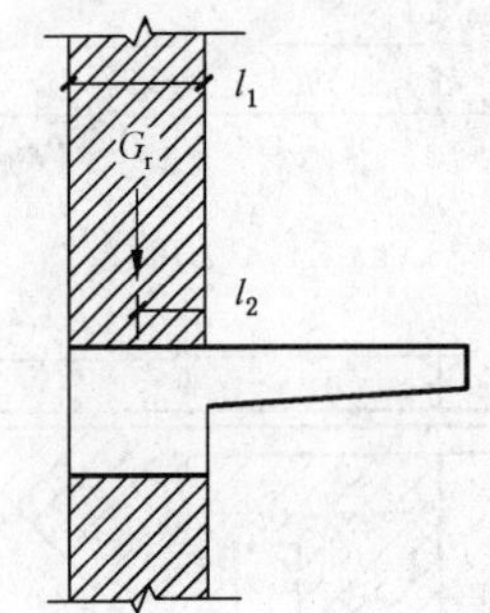

G_r——抗倾覆荷载；

l_1——墙厚；

l_2——G_r 距墙外边缘的距离

图 7.4.7 雨篷的抗倾覆荷载

8　配筋砖砌体构件

8.1　网状配筋砖砌体构件

8.1.1　网状配筋砖砌体受压构件，应符合下列规定：

1　偏心距超过截面核心范围（对于矩形截面即 $e/h>0.17$），或构件的高厚比 $\beta>16$ 时，不宜采用网状配筋砖砌体构件；

2　对矩形截面构件，当轴向力偏心方向的截面边长大于另一方向的边长时，除按偏心受压计算外，还应对较小边长方向按轴心受压进行验算；

3　当网状配筋砖砌体构件下端与无筋砌体交接时，尚应验算交接处无筋砌体的局部受压承载力。

8.1.2　网状配筋砖砌体（图 8.1.2）受压构件的承载力，应按下列公式计算：

$$N \leqslant \varphi_n f_n A \qquad (8.1.2\text{-}1)$$

$$f_n = f + 2\left(1 - \frac{2e}{y}\right)\rho f_y \qquad (8.1.2\text{-}2)$$

$$\rho = \frac{(a+b)A_s}{abs_n} \qquad (8.1.2\text{-}3)$$

式中：

N——轴向力设计值；

φ_n——高厚比和配筋率以及轴向力的偏心距对网状配筋砖砌体受压构件承载力的影响系数，可按附录 D.0.2 的规定采用；

f_n——网状配筋砖砌体的抗压强度设计值；

A——截面面积；

e——轴向力的偏心距；

y——自截面重心至轴向力所在偏心方向截面边缘的距离；

ρ——体积配筋率；

f_y——钢筋的抗拉强度设计值，当 f_y 大于 320 MPa 时，仍采用 320 MPa；

a、b——钢筋网的网格尺寸；

A_s——钢筋的截面面积；

s_n——钢筋网的竖向间距。

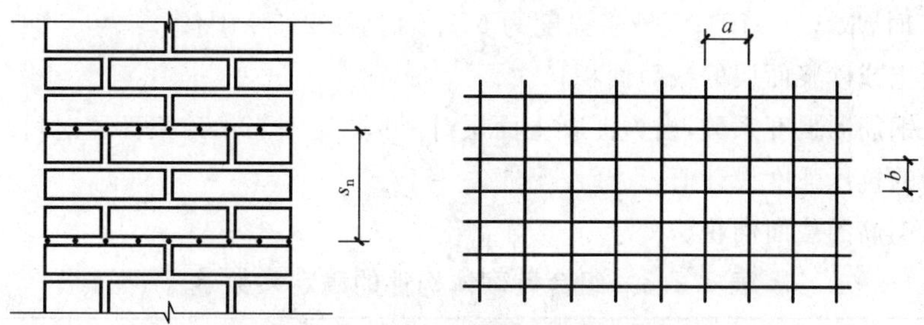

图 8.1.2　网状配筋砖砌体

8.1.3　网状配筋砖砌体构件的构造应符合下列规定：

1　网状配筋砖砌体中的体积配筋率，不应小于 0.1%，并不应大于 1%；

2　采用钢筋网时，钢筋的直径宜采用 3 mm～4 mm；

3　钢筋网中钢筋的间距，不应大于 120 mm，并不应小于 30 mm；

4 钢筋网的间距,不应大于五皮砖,并不应大于 400 mm;

5 网状配筋砖砌体所用的砂浆强度等级不应低于 M7.5;钢筋网应设置在砌体的水平灰缝中,灰缝厚度应保证钢筋上下至少各有 2 mm 厚的砂浆层。

8.2 组合砖砌体构件

Ⅰ 砖砌体和钢筋混凝土面层或钢筋砂浆面层的组合砌体构件

8.2.1 当轴向力的偏心距超过本规范第 5.1.5 条规定的限值时,宜采用砖砌体和钢筋混凝土面层或钢筋砂浆面层组成的组合砖砌体构件(图 8.2.1)。

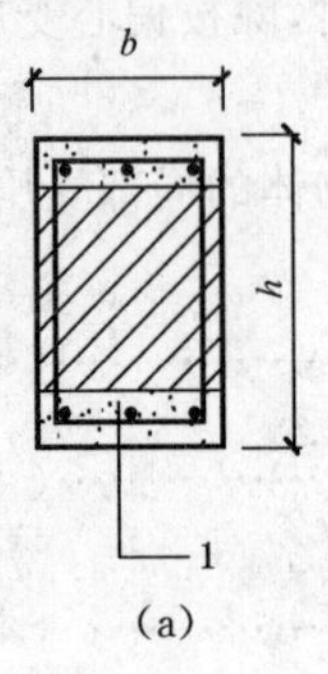

(a)

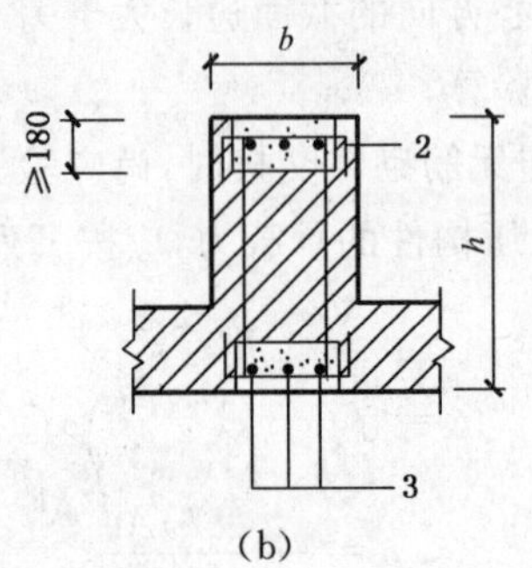

(b)

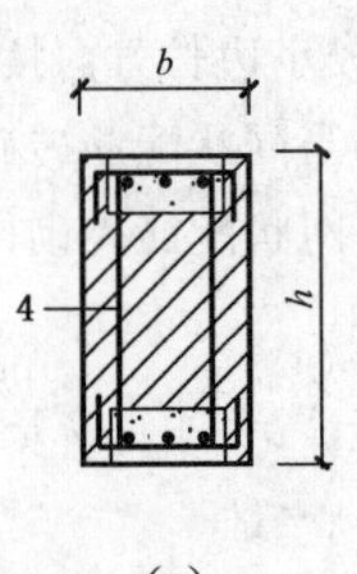

(c)

1——混凝土或砂浆;
2——拉结钢筋;
3——纵向钢筋;
4——箍筋

图 8.2.1 组合砖砌体构件截面

8.2.2 对于砖墙与组合砌体一同砌筑的 T 形截面构件(图 8.2.1b),其承载力和高厚比可按矩形截面组合砌体构件计算(图 8.2.1c)。

8.2.3 组合砖砌体轴心受压构件的承载力,应按下式计算:

$$N \leqslant \varphi_{com}(fA + f_c A_c + \eta_s f'_y A'_s) \qquad (8.2.3)$$

式中:

φ_{com}——组合砖砌体构件的稳定系数,可按表 8.2.3 采用;

A——砖砌体的截面面积;

f_c——混凝土或面层水泥砂浆的轴心抗压强度设计值,砂浆的轴心抗压强度设计值可取为同强度等级混凝土的轴心抗压强度设计值的 70%,当砂浆为 M15 时,取 5.0 MPa;当砂浆为 M10 时,取 3.4 MPa;当砂浆强度为 M7.5 时,取 2.5 MPa;

A_c——混凝土或砂浆面层的截面面积;

η_s——受压钢筋的强度系数,当为混凝土面层时,可取 1.0;当为砂浆面层时可取 0.9;

f'_y——钢筋的抗压强度设计值;

A'_s——受压钢筋的截面面积。

表 8.2.3 组合砖砌体构件的稳定系数 φ_{com}

高厚比	配筋率 ρ(%)					
β	0	0.2	0.4	0.6	0.8	≥1.0
8	0.91	0.93	0.95	0.97	0.99	1.00
10	0.87	0.90	0.92	0.94	0.96	0.98
12	0.82	0.85	0.88	0.91	0.93	0.95
14	0.77	0.80	0.83	0.86	0.89	0.92

续表 8.2.3

高厚比 β	配筋率 ρ(%)					
	0	0.2	0.4	0.6	0.8	≥1.0
16	0.72	0.75	0.78	0.81	0.84	0.87
18	0.67	0.70	0.73	0.76	0.79	0.81
20	0.62	0.65	0.68	0.71	0.73	0.75
22	0.58	0.61	0.64	0.66	0.68	0.70
24	0.54	0.57	0.59	0.61	0.63	0.65
26	0.50	0.52	0.54	0.56	0.58	0.60
28	0.46	0.48	0.50	0.52	0.54	0.56

注：组合砖砌体构件截面的配筋率 $\rho=A'_s/bh$。

8.2.4 组合砖砌体偏心受压构件的承载力，应按下列公式计算：

$$N \leqslant fA' + f_c A'_c + \eta_s f'_y A'_s - \sigma_s A_s \qquad (8.2.4\text{-}1)$$

或

$$Ne_N \leqslant fS_s + f_c S_{c,s} + \eta_s f'_y A'_s (h_0 - a'_s) \qquad (8.2.4\text{-}2)$$

此时受压区的高度 x 可按下列公式确定：

$$fS_N + f_c S_{c,N} + \eta_s f'_y A'_s e'_N - \sigma_s A_s e_N = 0 \qquad (8.2.4\text{-}3)$$

$$e_N = e + e_a + (h/2 - a_s) \qquad (8.2.4\text{-}4)$$

$$e'_N = e + e_a - (h/2 - a'_s) \qquad (8.2.4\text{-}5)$$

$$e_a = \frac{\beta^2 h}{2200}(1 - 0.022\beta) \qquad (8.2.4\text{-}6)$$

式中：

A'——砖砌体受压部分的面积；

A'_c——混凝土或砂浆面层受压部分的面积；

σ_s——钢筋 A_s 的应力；

A_s——距轴向力 N 较远侧钢筋的截面面积；

S_s——砖砌体受压部分的面积对钢筋 A_s 重心的面积矩；

$S_{c,s}$——混凝土或砂浆面层受压部分的面积对钢筋 A_s 重心的面积矩；

S_N——砖砌体受压部分的面积对轴向力 N 作用点的面积矩；

$S_{c,N}$——混凝土或砂浆面层受压部分的面积对轴向力 N 作用点的面积矩；

e_N、e'_N——分别为钢筋 A_s 和 A'_s 重心至轴向力 N 作用点的距离(图 8.2.4)；

e——轴向力的初始偏心距，按荷载设计值计算，当 e 小于 $0.05h$ 时，应取 e 等于 $0.05h$；

e_a——组合砖砌体构件在轴向力作用下的附加偏心距；

h_0——组合砖砌体构件截面的有效高度，取 $h_0=h-a_s$；

a_s、a'_s——分别为钢筋 A_s 和 A'_s 重心至截面较近边的距离。

图 8.2.4 组合砖砌体偏心受压构件

8.2.5 组合砖砌体钢筋 A_s 的应力 σ_s（单位为 MPa，正值为拉应力，负值为压应力）应按下列规定计算：

1 当为小偏心受压，即 $\xi>\xi_b$ 时，

$$\sigma_s = 650 - 800\xi \qquad (8.2.5\text{-}1)$$

2 当为大偏心受压，即 $\xi\leqslant\xi_b$ 时，

$$\sigma_s = f_y \qquad (8.2.5\text{-}2)$$

$$\xi = x/h_0 \qquad (8.2.5\text{-}3)$$

式中：

σ_s——钢筋的应力，当 $\sigma_s>f_y$ 时，取 $\sigma_s=f_y$；

当 $\sigma_s<f'_y$ 时，取 $\sigma_s=f'_y$；

ξ——组合砖砌体构件截面的相对受压区高度；

f_y——钢筋的抗拉强度设计值。

3 组合砖砌体构件受压区相对高度的界限值 ξ_b，对于 HRB400 级钢筋，应取 0.36；对于 HRB335 级钢筋，应取 0.44；对于 HPB300 级钢筋，应取 0.47。

8.2.6 组合砖砌体构件的构造应符合下列规定：

1 面层混凝土强度等级宜采用 C20。面层水泥砂浆强度等级不宜低于 M10。砌筑砂浆的强度等级不宜低于 M7.5；

2 砂浆面层的厚度，可采用 30 mm～45 mm。当面层厚度大于 45 mm 时，其面层宜采用混凝土；

3 竖向受力钢筋宜采用 HPB300 级钢筋，对于混凝土面层，亦可采用 HRB335 级钢筋。受压钢筋一侧的配筋率，对砂浆面层，不宜小于 0.1%，对混凝土面层，不宜小于 0.2%。受拉钢筋的配筋率，不应小于 0.1%。竖向受力钢筋的直径，不应小于 8 mm，钢筋的净间距，不应小于 30 mm；

4 箍筋的直径，不宜小于 4 mm 及 0.2 倍的受压钢筋直径，并不宜大于 6 mm。箍筋的间距，不应大于 20 倍受压钢筋的直径及 500 mm，并不应小于 120 mm；

5 当组合砖砌体构件一侧的竖向受力钢筋多于 4 根时，应设置附加箍筋或拉结钢筋；

6 对于截面长短边相差较大的构件如墙体等，应采用穿通墙体的拉结钢筋作为箍筋，同时设置水平分布钢筋。水平分布钢筋的竖向间距及拉结钢筋的水平间距，均不应大于 500 mm（图 8.2.6）；

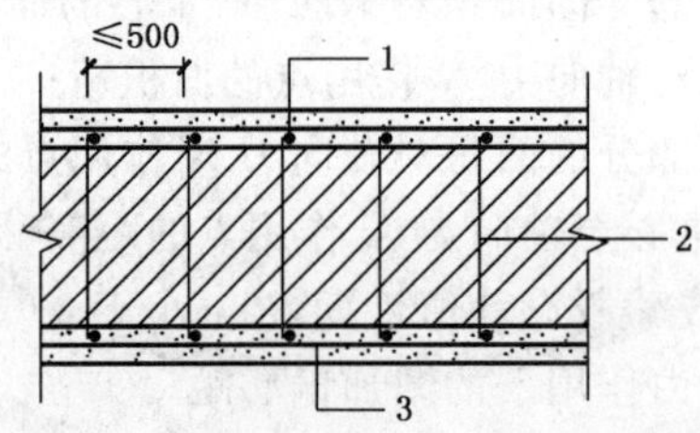

1——竖向受力钢筋；

2——拉结钢筋；

3——水平分布钢筋

图 8.2.6 混凝土或砂浆面层组合墙

7 组合砖砌体构件的顶部和底部，以及牛腿部位，必须设置钢筋混凝土垫块。竖向受力钢筋伸入垫块的长度，必须满足锚固要求。

Ⅱ 砖砌体和钢筋混凝土构造柱组合墙

8.2.7 砖砌体和钢筋混凝土构造柱组合墙（图 8.2.7）的轴心受压承载力，应按下列公式计算：

$$N \leqslant \varphi_{com}[fA + \eta(f_c A_c + f'_y A'_s)] \qquad (8.2.7\text{-}1)$$

$$\eta = \left[\frac{1}{\frac{l}{b_c} - 3}\right]^{\frac{1}{4}} \qquad (8.2.7\text{-}2)$$

式中：

φ_{com}——组合砖墙的稳定系数，可按表8.2.3采用；

η——强度系数，当l/b_c小于4时，取l/b_c等于4；

l——沿墙长方向构造柱的间距；

b_c——沿墙长方向构造柱的宽度；

A——扣除孔洞和构造柱的砖砌体截面面积；

A_c——构造柱的截面面积。

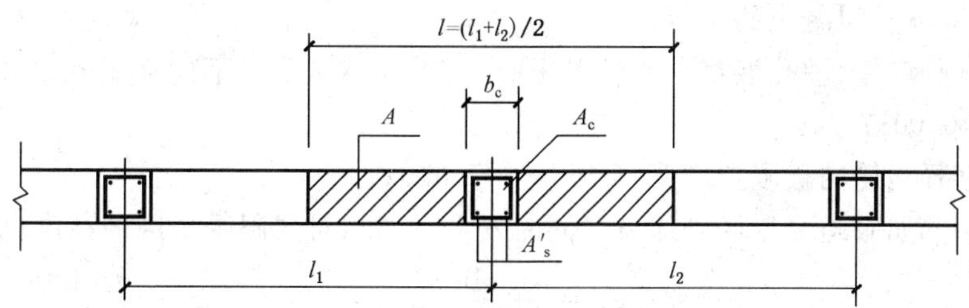

图8.2.7 砖砌体和构造柱组合墙截面

8.2.8 砖砌体和钢筋混凝土构造柱组合墙，平面外的偏心受压承载力，可按下列规定计算：

1 构件的弯矩或偏心距可按本规范第4.2.5条规定的方法确定；

2 可按本规范第8.2.4条和8.2.5条的规定确定构造柱纵向钢筋，但截面宽度应改为构造柱间距l；大偏心受压时，可不计受压区构造柱混凝土和钢筋的作用，构造柱的计算配筋不应小于第8.2.9条规定的要求。

8.2.9 组合砖墙的材料和构造应符合下列规定：

1 砂浆的强度等级不应低于M5，构造柱的混凝土强度等级不宜低于C20；

2 构造柱的截面尺寸不宜小于240 mm×240 mm，其厚度不应小于墙厚，边柱、角柱的截面宽度宜适当加大。柱内竖向受力钢筋，对于中柱，钢筋数量不宜少于4根、直径不宜小于12 mm；对于边柱、角柱，钢筋数量不宜少于4根、直径不宜小于14 mm。构造柱的竖向受力钢筋的直径也不宜大于16 mm。其箍筋，一般部位宜采用直径6 mm、间距200 mm，楼层上下500 mm范围内宜采用直径6 mm、间距100 mm。构造柱的竖向受力钢筋应在基础梁和楼层圈梁中锚固，并应符合受拉钢筋的锚固要求；

3 组合砖墙砌体结构房屋，应在纵横墙交接处、墙端部和较大洞口的洞边设置构造柱，其间距不宜大于4 m。各层洞口宜设置在相应位置，并宜上下对齐；

4 组合砖墙砌体结构房屋应在基础顶面、有组合墙的楼层处设置现浇钢筋混凝土圈梁。圈梁的截面高度不宜小于240 mm；纵向钢筋数量不宜少于4根、直径不宜小于12 mm，纵向钢筋应伸入构造柱内，并应符合受拉钢筋的锚固要求；圈梁的箍筋直径宜采用6 mm、间距200 mm；

5 砖砌体与构造柱的连接处应砌成马牙槎，并应沿墙高每隔500 mm设2根直径6 mm的拉结钢筋，且每边伸入墙内不宜小于600 mm；

6 构造柱可不单独设置基础，但应伸入室外地坪下500 mm，或与埋深小于500 mm的基础梁相连；

7 组合砖墙的施工顺序应为先砌墙后浇混凝土构造柱。

9 配筋砌块砌体构件

9.1 一般规定

9.1.1 配筋砌块砌体结构的内力与位移，可按弹性方法计算。各构件应根据结构分析所得的内力，分别按轴心受压、偏心受压或偏心受拉构件进行正截面承载力和斜截面承载力计算，并应根据结构分析所得的位移进行变形验算。

9.1.2 配筋砌块砌体剪力墙，宜采用全部灌芯砌体。

9.2 正截面受压承载力计算

9.2.1 配筋砌块砌体构件正截面承载力，应按下列基本假定进行计算：

1 截面应变分布保持平面；

2 竖向钢筋与其毗邻的砌体、灌孔混凝土的应变相同；

3 不考虑砌体、灌孔混凝土的抗拉强度；

4 根据材料选择砌体、灌孔混凝土的极限压应变：当轴心受压时不应大于0.002；偏心受压时的极限压应变不应大于0.003；

5 根据材料选择钢筋的极限拉应变，且不应大于0.01；

6 纵向受拉钢筋屈服与受压区砌体破坏同时发生时的相对界限受压区的高度，应按下式计算：

$$\xi_b = \frac{0.8}{1 + \frac{f_y}{0.003E_s}} \qquad (9.2.1)$$

式中：

ξ_b——相对界限受压区高度 ξ_b 为界限受压区高度与截面有效高度的比值；

f_y——钢筋的抗拉强度设计值；

E_s——钢筋的弹性模量。

7 大偏心受压时受拉钢筋考虑在 $h_0-1.5x$ 范围内屈服并参与工作。

9.2.2 轴心受压配筋砌块砌体构件，当配有箍筋或水平分布钢筋时，其正截面受压承载力应按下列公式计算：

$$N \leqslant \varphi_{0g}(f_g A + 0.8f'_y A'_s) \qquad (9.2.2\text{-}1)$$

$$\varphi_{0g} = \frac{1}{1+0.001\beta^2} \qquad (9.2.2\text{-}2)$$

式中：

N——轴向力设计值；

f_g——灌孔砌体的抗压强度设计值，应按第3.2.1条采用；

f'_y——钢筋的抗压强度设计值；

A——构件的截面面积；

A'_s——全部竖向钢筋的截面面积；

φ_{0g}——轴心受压构件的稳定系数；

β——构件的高厚比。

注：1 无箍筋或水平分布钢筋时，仍应按式(9.2.2)计算，但应取 $f'_y A'_s=0$；

2 配筋砌块砌体构件的计算高度 H_0 可取层高。

9.2.3 配筋砌块砌体构件，当竖向钢筋仅配在中间时，其平面外偏心受压承载力可按本规范式(5.1.1)进行计算，但应采用灌孔砌体的抗压强度设计值。

9.2.4 矩形截面偏心受压配筋砌块砌体构件正截面承载力计算，应符合下列规定：

1 相对界限受压区高度的取值，对HPB300级钢筋取 ξ_b 等于0.57，对HRB335级钢筋取 ξ_b 等于0.55，对HRB400级钢筋取 ξ_b 等于0.52；当截面受压区高度 x 小于等于 $\xi_b h_0$ 时，按大偏心受压计算；当 x 大于 $\xi_b h_0$ 时，按为小偏心受压计算。

2 大偏心受压时应按下列公式计算(图9.2.4)：

$$N \leqslant f_g bx + f'_y A'_s - f_y A_s - \sum f_{si} A_{si} \qquad (9.2.4\text{-}1)$$

$$Ne_N \leqslant f_g bx(h_0 - x/2) + f'_y A'_s(h_0 - a'_s) - \sum f_{si} S_{si} \qquad (9.2.4\text{-}2)$$

式中：

N——轴向力设计值；

f_g——灌孔砌体的抗压强度设计值；

f_y、f'_y——竖向受拉、压主筋的强度设计值；

b——截面宽度；

f_{si}——竖向分布钢筋的抗拉强度设计值；

A_s、A'_s——竖向受拉、压主筋的截面面积；

A_{si}——单根竖向分布钢筋的截面面积；

S_{si}——第 i 根竖向分布钢筋对竖向受拉主筋的面积矩；

e_N——轴向力作用点到竖向受拉主筋合力点之间的距离，可按第 8.2.4 条的规定计算；

a'_s——受压区纵向钢筋合力点至截面受压区边缘的距离，对 T 形、L 形、工形截面，当翼缘受压时取 100 mm，其他情况取 300 mm；

a_s——受拉区纵向钢筋合力点至截面受拉区边缘的距离，对 T 形、L 形、工形截面，当翼缘受压时取 300 mm，其他情况取 100 mm。

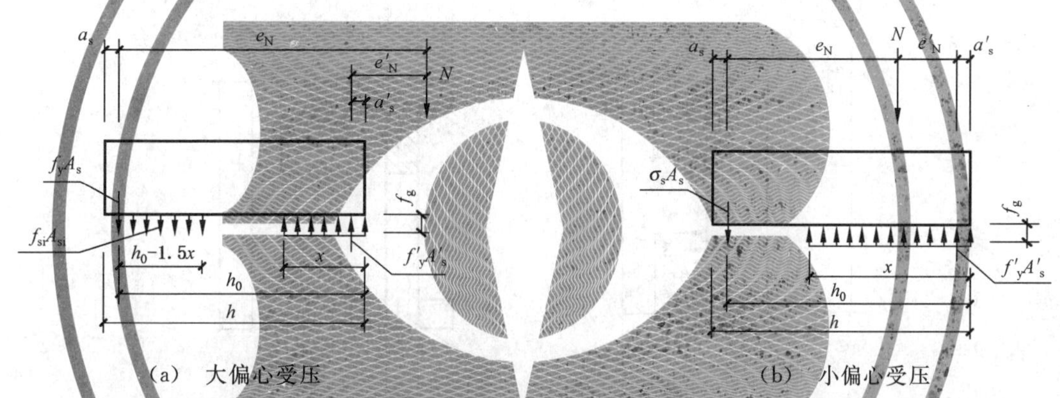

（a） 大偏心受压　　（b） 小偏心受压

图 9.2.4 矩形截面偏心受压正截面承载力计算简图

3 当大偏心受压计算的受压区高度 x 小于 $2a'_s$ 时，其正截面承载力可按下式进行计算：

$$Ne'_N \leqslant f_yA_s(h_0 - a'_s) \quad \text{……（9.2.4-3）}$$

式中：

e'_N——轴向力作用点至竖向受压主筋合力点之间的距离，可按本规范第 8.2.4 条的规定计算。

4 小偏心受压时，应按下列公式计算(图 9.2.4)：

$$N \leqslant f_gbx + f'_yA'_s - \sigma_sA_s \quad \text{……（9.2.4-4）}$$

$$Ne_N \leqslant f_gbx(h_0 - x/2) + f'_yA'_s(h_0 - a'_s) \quad \text{……（9.2.4-5）}$$

$$\sigma_s = \frac{f_y}{\xi_b - 0.8}\left(\frac{x}{h_0} - 0.8\right) \quad \text{……（9.2.4-6）}$$

注：当受压区竖向受压主筋无箍筋或无水平钢筋约束时，可不考虑竖向受压主筋的作用，即取 $f'_yA'_s=0$。

5 矩形截面对称配筋砌块砌体小偏心受压时，也可近似按下列公式计算钢筋截面面积：

$$A_s = A'_s = \frac{Ne_N - \xi(1-0.5\xi)f_gbh_0^2}{f'_y(h_0 - a'_s)} \quad \text{……（9.2.4-7）}$$

$$\xi = \frac{x}{h_0} = \frac{N - \xi_bf_gbh_0}{\dfrac{Ne_N - 0.43f_gbh_0^2}{(0.8-\xi_b)(h_0 - a'_s)} + f_gbh_0} + \xi_b \quad \text{……（9.2.4-8）}$$

注：小偏心受压计算中未考虑竖向分布钢筋的作用。

9.2.5 T 形、L 形、工形截面偏心受压构件，当翼缘和腹板的相交处采用错缝搭接砌筑和同时设置中距不大于 1.2 m 的水平配筋带（截面高度大于等于 60 mm，钢筋不少于 2ϕ12）时，可考虑翼缘的共同工作，翼缘的计算宽度应按表 9.2.5 中的最小值采用，其正截面受压承载力应按下列规定计算：

1 当受压区高度 x 小于等于 h'_f 时，应按宽度为 b'_f 的矩形截面计算；

2 当受压区高度 x 大于 h'_f 时，则应考虑腹板的受压作用，应按下列公式计算：

1） 当为大偏心受压时，

$$N \leqslant f_g[bx+(b'_f-b)h'_f]+f'_yA'_s-f_yA_s-\sum f_{si}A_{si} \qquad (9.2.5\text{-}1)$$

$$Ne_N \leqslant f_g[bx(h_0-x/2)+(b'_f-b)h'_f(h_0-h'_f/2)]+f'_yA'_s(h_0-a'_s)-\sum f_{si}S_{si} \qquad (9.2.5\text{-}2)$$

2） 当为小偏心受压时，

$$N \leqslant f_g[bx+(b'_f-b)h'_f]+f'_yA'_s-\sigma_sA_s \qquad (9.2.5\text{-}3)$$

$$Ne_N \leqslant f_g[bx(h_0-x/2)+(b'_f-b)h'_f(h_0-h'_f/2)]+f'_yA'_s(h_0-a'_s) \qquad (9.2.5\text{-}4)$$

式中：

b'_f——T 形、L 形、工形截面受压区的翼缘计算宽度；

h'_f——T 形、L 形、工形截面受压区的翼缘厚度。

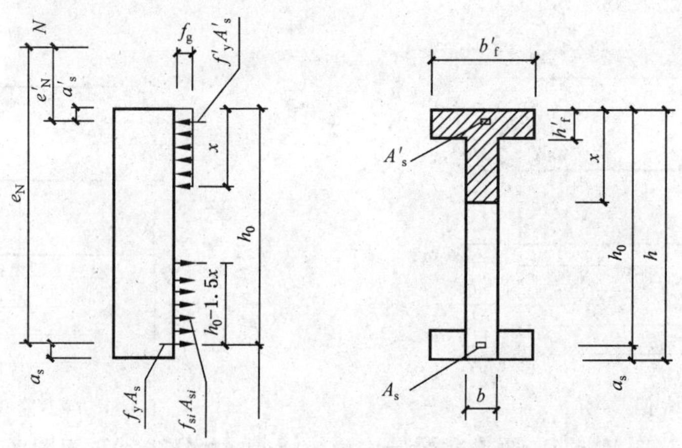

图 9.2.5 T 形截面偏心受压构件正截面承载力计算简图

表 9.2.5 T 形、L 形、工形截面偏心受压构件翼缘计算宽度 b'_f

考虑情况	T、I 形截面	L 形截面
按构件计算高度 H_0 考虑	$H_0/3$	$H_0/6$
按腹板间距 L 考虑	L	$L/2$
按翼缘厚度 h'_f 考虑	$b+12h'_f$	$b+6h'_f$
按翼缘的实际宽度 b'_f 考虑	b'_f	b'_f

9.3 斜截面受剪承载力计算

9.3.1 偏心受压和偏心受拉配筋砌块砌体剪力墙，其斜截面受剪承载力应根据下列情况进行计算：

1 剪力墙的截面，应满足下式要求：

$$V \leqslant 0.25f_gbh_0 \qquad (9.3.1\text{-}1)$$

式中：

V——剪力墙的剪力设计值；

b——剪力墙截面宽度或 T 形、倒 L 形截面腹板宽度；

h_0——剪力墙截面的有效高度。

2 剪力墙在偏心受压时的斜截面受剪承载力，应按下列公式计算：

$$V \leqslant \frac{1}{\lambda - 0.5}\left(0.6 f_{vg} b h_0 + 0.12 N \frac{A_w}{A}\right) + 0.9 f_{yh} \frac{A_{sh}}{s} h_0 \qquad \cdots\cdots\cdots\cdots (9.3.1\text{-}2)$$

$$\lambda = M/Vh_0 \qquad \cdots\cdots\cdots\cdots (9.3.1\text{-}3)$$

式中：

f_{vg}——灌孔砌体的抗剪强度设计值，应按第3.2.2条的规定采用；

M、N、V——计算截面的弯矩、轴向力和剪力设计值，当N大于$0.25 f_g bh$时取$N=0.25 f_g bh$；

A——剪力墙的截面面积，其中翼缘的有效面积，可按表9.2.5的规定确定；

A_w——T形或倒L形截面腹板的截面面积，对矩形截面取A_w等于A；

λ——计算截面的剪跨比，当λ小于1.5时取1.5，当λ大于或等于2.2时取2.2；

h_0——剪力墙截面的有效高度；

A_{sh}——配置在同一截面内的水平分布钢筋或网片的全部截面面积；

s——水平分布钢筋的竖向间距；

f_{yh}——水平钢筋的抗拉强度设计值。

3 剪力墙在偏心受拉时的斜截面受剪承载力应按下列公式计算：

$$V \leqslant \frac{1}{\lambda - 0.5}\left(0.6 f_{vg} b h_0 - 0.22 N \frac{A_w}{A}\right) + 0.9 f_{yh} \frac{A_{sh}}{s} h_0 \qquad \cdots\cdots\cdots\cdots (9.3.1\text{-}4)$$

9.3.2 配筋砌块砌体剪力墙连梁的斜截面受剪承载力，应符合下列规定：

1 当连梁采用钢筋混凝土时，连梁的承载力应按现行国家标准《混凝土结构设计规范》GB 50010的有关规定进行计算；

2 当连梁采用配筋砌块砌体时，应符合下列规定：

1）连梁的截面，应符合下列规定：

$$V_b \leqslant 0.25 f_g b h_0 \qquad \cdots\cdots\cdots\cdots (9.3.2\text{-}1)$$

2）连梁的斜截面受剪承载力应按下列公式计算：

$$V_b \leqslant 0.8 f_{vg} b h_0 + f_{yv} \frac{A_{sv}}{s} h_0 \qquad \cdots\cdots\cdots\cdots (9.3.2\text{-}2)$$

式中：

V_b——连梁的剪力设计值；

b——连梁的截面宽度；

h_0——连梁的截面有效高度；

A_{sv}——配置在同一截面内箍筋各肢的全部截面面积；

f_{yv}——箍筋的抗拉强度设计值；

s——沿构件长度方向箍筋的间距。

注：连梁的正截面受弯承载力应按现行国家标准《混凝土结构设计规范》GB 50010受弯构件的有关规定进行计算，当采用配筋砌块砌体时，应采用其相应的计算参数和指标。

9.4 配筋砌块砌体剪力墙构造规定

Ⅰ 钢 筋

9.4.1 钢筋的选择应符合下列规定：

1 钢筋的直径不宜大于25 mm，当设置在灰缝中时不应小于4 mm，在其他部位不应小于10 mm；

2 配置在孔洞或空腔中的钢筋面积不应大于孔洞或空腔面积的6%。

9.4.2 钢筋的设置，应符合下列规定：

1 设置在灰缝中钢筋的直径不宜大于灰缝厚度的1/2；

2 两平行的水平钢筋间的净距不应小于50 mm；

3 柱和壁柱中的竖向钢筋的净距不宜小于40 mm（包括接头处钢筋间的净距）。

9.4.3 钢筋在灌孔混凝土中的锚固，应符合下列规定：

1 当计算中充分利用竖向受拉钢筋强度时，其锚固长度 l_a，对 HRB335 级钢筋不应小于 $30d$；对 HRB400 和 RRB400 级钢筋不应小于 $35d$；在任何情况下钢筋（包括钢筋网片）锚固长度不应小于 300 mm；

2 竖向受拉钢筋不应在受拉区截断。如必须截断时，应延伸至按正截面受弯承载力计算不需要该钢筋的截面以外，延伸的长度不应小于 $20d$；

3 竖向受压钢筋在跨中截断时，必须伸至按计算不需要该钢筋的截面以外，延伸的长度不应小于 $20d$；对绑扎骨架中末端无弯钩的钢筋，不应小于 $25d$；

4 钢筋骨架中的受力光圆钢筋，应在钢筋末端作弯钩，在焊接骨架、焊接网以及轴心受压构件中，不作弯钩；绑扎骨架中的受力带肋钢筋，在钢筋的末端不做弯钩。

9.4.4 钢筋的直径大于 22 mm 时宜采用机械连接接头，接头的质量应符合国家现行有关标准的规定；其他直径的钢筋可采用搭接接头，并应符合下列规定：

1 钢筋的接头位置宜设置在受力较小处；

2 受拉钢筋的搭接接头长度不应小于 $1.1l_a$，受压钢筋的搭接接头长度不应小于 $0.7l_a$，且不应小于 300 mm；

3 当相邻接头钢筋的间距不大于 75 mm 时，其搭接长度应为 $1.2l_a$。当钢筋间的接头错开 $20d$ 时，搭接长度可不增加。

9.4.5 水平受力钢筋（网片）的锚固和搭接长度应符合下列规定：

1 在凹槽砌块混凝土带中钢筋的锚固长度不宜小于 $30d$，且其水平或垂直弯折段的长度不宜小于 $15d$ 和 200 mm；钢筋的搭接长度不宜小于 $35d$；

2 在砌体水平灰缝中，钢筋的锚固长度不宜小于 $50d$，且其水平或垂直弯折段的长度不宜小于 $20d$ 和 250 mm；钢筋的搭接长度不宜小于 $55d$；

3 在隔皮或错缝搭接的灰缝中为 $55d+2h$，d 为灰缝受力钢筋的直径，h 为水平灰缝的间距。

Ⅱ 配筋砌块砌体剪力墙、连梁

9.4.6 配筋砌块砌体剪力墙、连梁的砌体材料强度等级应符合下列规定：

1 砌块不应低于 MU10；

2 砌筑砂浆不应低于 Mb7.5；

3 灌孔混凝土不应低于 Cb20。

注：对安全等级为一级或设计使用年限大于 50a 的配筋砌块砌体房屋，所用材料的最低强度等级应至少提高一级。

9.4.7 配筋砌块砌体剪力墙厚度、连梁截面宽度不应小于 190 mm。

9.4.8 配筋砌块砌体剪力墙的构造配筋应符合下列规定：

1 应在墙的转角、端部和孔洞的两侧配置竖向连续的钢筋，钢筋直径不应小于 12 mm；

2 应在洞口的底部和顶部设置不小于 2ϕ10 的水平钢筋，其伸入墙内的长度不应小于 $40d$ 和 600 mm；

3 应在楼（屋）盖的所有纵横墙处设置现浇钢筋混凝土圈梁，圈梁的宽度和高度应等于墙厚和块高，圈梁主筋不应少于 4ϕ10，圈梁的混凝土强度等级不应低于同层混凝土块体强度等级的 2 倍，或该层灌孔混凝土的强度等级，也不应低于 C20；

4 剪力墙其他部位的竖向和水平钢筋的间距不应大于墙长、墙高的 1/3，也不应大于 900 mm；

5 剪力墙沿竖向和水平方向的构造钢筋配筋率均不应小于 0.07%。

9.4.9 按壁式框架设计的配筋砌块砌体窗间墙除应符合本规范第 9.4.6 条～9.4.8 条规定外，尚应符合下列规定：

1 窗间墙的截面应符合下列要求规定：

1） 墙宽不应小于 800 mm；

2） 墙净高与墙宽之比不宜大于 5。

2 窗间墙中的竖向钢筋应符合下列规定：

1） 每片窗间墙中沿全高不应少于 4 根钢筋；

2） 沿墙的全截面应配置足够的抗弯钢筋；

3） 窗间墙的竖向钢筋的配筋率不宜小于 0.2%，也不宜大于 0.8%。

3 窗间墙中的水平分布钢筋应符合下列规定：

1） 水平分布钢筋应在墙端部纵筋处向下弯折射 90°，弯折段长度不小于 15d 和 150 mm；

2） 水平分布钢筋的间距：在距梁边 1 倍墙宽范围内不应大于 1/4 墙宽，其余部位不应大于1/2 墙宽；

3） 水平分布钢筋的配筋率不宜小于 0.15%。

9.4.10 配筋砌块砌体剪力墙，应按下列情况设置边缘构件：

1 当利用剪力墙端部的砌体受力时，应符合下列规定：

1） 应在一字墙的端部至少 3 倍墙厚范围内的孔中设置不小于 ϕ12 通长竖向钢筋；

2） 应在 L、T 或＋字形墙交接处 3 或 4 个孔中设置不小于 ϕ12 通长竖向钢筋；

3） 当剪力墙的轴压比大于 0.6f_g 时，除按上述规定设置竖向钢筋外，尚应设置间距不大于 200 mm、直径不小于 6 mm 的钢箍。

2 当在剪力墙墙端设置混凝土柱作为边缘构件时，应符合下列规定：

1） 柱的截面宽度宜不小于墙厚，柱的截面高度宜为 1～2 倍的墙厚，并不应小于 200 mm；

2） 柱的混凝土强度等级不宜低于该墙体块体强度等级的 2 倍，或不低于该墙体灌孔混凝土的强度等级，也不应低于 Cb20；

3） 柱的竖向钢筋不宜小于 4ϕ12，箍筋不宜小于 ϕ6、间距不宜大于 200 mm；

4） 墙体中的水平钢筋应在柱中锚固，并应满足钢筋的锚固要求；

5） 柱的施工顺序宜为先砌砌块墙体，后浇捣混凝土。

9.4.11 配筋砌块砌体剪力墙中当连梁采用钢筋混凝土时，连梁混凝土的强度等级不宜低于同层墙体块体强度等级的 2 倍，或同层墙体灌孔混凝土的强度等级，也不应低于 C20；其他构造尚应符合现行国家标准《混凝土结构设计规范》GB 50010 的有关规定。

9.4.12 配筋砌块砌体剪力墙中当连梁采用配筋砌块砌体时，连梁应符合下列规定：

1 连梁的截面应符合下列规定：

1） 连梁的高度不应小于两皮砌块的高度和 400 mm；

2） 连梁应采用 H 型砌块或凹槽砌块组砌，孔洞应全部浇灌混凝土。

2 连梁的水平钢筋宜符合下列规定：

1） 连梁上、下水平受力钢筋宜对称、通长设置，在灌孔砌体内的锚固长度不宜小于 40d 和 600 mm；

2） 连梁水平受力钢筋的含钢率不宜小于 0.2%，也不宜大于 0.8%。

3 连梁的箍筋应符合下列规定：

1） 箍筋的直径不应小于 6 mm；

2） 箍筋的间距不宜大于 1/2 梁高和 600 mm；

3） 在距支座等于梁高范围内的箍筋间距不应大于 1/4 梁高，距支座表面第一根箍筋的间距不应大于 100 mm；

4) 箍筋的面积配筋率不宜小于0.15%；

5) 箍筋宜为封闭式，双肢箍末端弯钩为135°；单肢箍末端的弯钩为180°，或弯90°加12倍箍筋直径的延长段。

Ⅲ 配筋砌块砌体柱

9.4.13 配筋砌块砌体柱(图9.4.13)除应符合本规范第9.4.6条的要求外，尚应符合下列规定：

1 柱截面边长不宜小于400 mm，柱高度与截面短边之比不宜大于30；

2 柱的竖向受力钢筋的直径不宜小于12 mm，数量不应少于4根，全部竖向受力钢筋的配筋率不宜小于0.2%；

3 柱中箍筋的设置应根据下列情况确定：

1) 当纵向钢筋的配筋率大于0.25%，且柱承受的轴向力大于受压承载力设计值的25%时，柱应设箍筋；当配筋率小于等于0.25%时，或柱承受的轴向力小于受压承载力设计值的25%时，柱中可不设置箍筋；

2) 箍筋直径不宜小于6 mm；

3) 箍筋的间距不应大于16倍的纵向钢筋直径、48倍箍筋直径及柱截面短边尺寸中较小者；

4) 箍筋应封闭，端部应弯钩或绕纵筋水平弯折90°，弯折段长度不小于$10d$；

5) 箍筋应设置在灰缝或灌孔混凝土中。

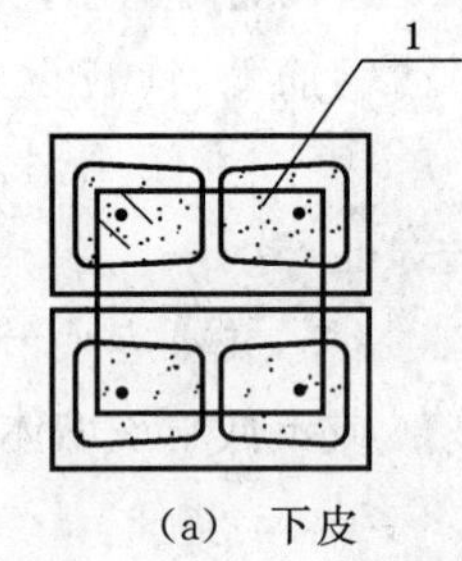

(a) 下皮

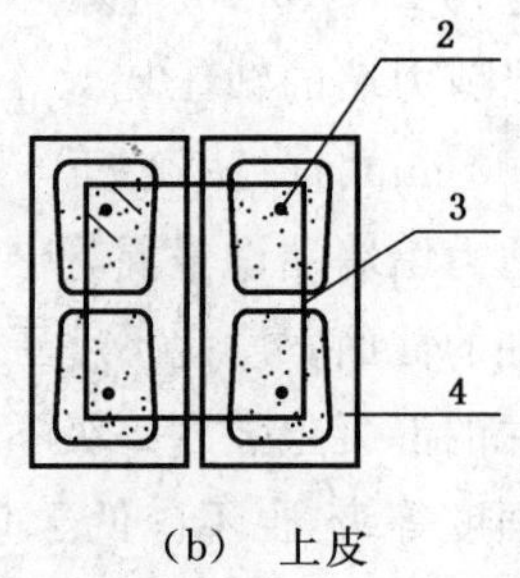

(b) 上皮

1——灌孔混凝土；
2——钢筋；
3——箍筋；
4——砌块

图9.4.13 配筋砌块砌体柱截面示意

10 砌体结构构件抗震设计

10.1 一般规定

10.1.1 抗震设防地区的普通砖(包括烧结普通砖、蒸压灰砂普通砖、蒸压粉煤灰普通砖、混凝土普通砖)、多孔砖(包括烧结多孔砖、混凝土多孔砖)和混凝土砌块等砌体承重的多层房屋，底层或底部两层框架-抗震墙砌体房屋，配筋砌块砌体抗震墙房屋，除应符合本规范第1章至第9章的要求外，尚应按本章规定进行抗震设计，同时尚应符合现行国家标准《建筑抗震设计规范》GB 50011、《墙体材料应用统一技术规范》GB 50574的有关规定。甲类设防建筑不宜采用砌体结构，当需采用时，应进行专门研究并采取高于本章规定的抗震措施。

注：本章中"配筋砌块砌体抗震墙"指全部灌芯配筋砌块砌体。

10.1.2 本章适用的多层砌体结构房屋的总层数和总高度，应符合下列规定：

1 房屋的层数和总高度不应超过表10.1.2的规定；

表 10.1.2 多层砌体房屋的层数和总高度限值(m)

房屋类别		最小墙厚度(mm)	设防烈度和设计基本地震加速度											
			6		7				8				9	
			0.05g		0.10g		0.15g		0.20g		0.30g		0.40g	
			高度	层数	高度	层数	高度	层数	高度	层数	高度	层数	高度	层数
多层砌体房屋	普通砖	240	21	7	21	7	21	7	18	6	15	5	12	4
	多孔砖	240	21	7	21	7	18	6	18	6	15	5	9	3
	多孔砖	190	21	7	18	6	15	5	15	5	12	4	—	—
	混凝土砌块	190	21	7	21	7	18	6	18	6	15	5	9	3
底部框架-抗震墙砌体房屋	普通砖 多孔砖	240	22	7	22	7	19	6	16	5	—	—	—	—
	多孔砖	190	22	7	19	6	16	5	13	4	—	—	—	—
	混凝土砌块	190	22	7	22	7	19	6	16	5	—	—	—	—

注：1 房屋的总高度指室外地面到主要屋面板板顶或檐口的高度，半地下室从地下室室内地面算起，全地下室和嵌固条件好的半地下室应允许从室外地面算起；对带阁楼的坡屋面应算到山尖墙的1/2高度处；

2 室内外高差大于0.6 m时，房屋总高度应允许比表中的数据适当增加，但增加量应少于1.0 m；

3 乙类的多层砌体房屋仍按本地区设防烈度查表，其层数应减少一层且总高度应降低3 m；不应采用底部框架-抗震墙砌体房屋。

2 各层横墙较少的多层砌体房屋，总高度应比表10.1.2中的规定降低3 m，层数相应减少一层；各层横墙很少的多层砌体房屋，还应再减少一层；

注：横墙较少是指同一楼层内开间大于4.2 m的房间占该层总面积的40%以上；其中，开间不大于4.2 m的房间占该层总面积不到20%且开间大于4.8 m的房间占该层总面积的50%以上为横墙很少。

3 抗震设防烈度为6、7度时，横墙较少的丙类多层砌体房屋，当按现行国家标准《建筑抗震设计规范》GB 50011规定采取加强措施并满足抗震承载力要求时，其高度和层数应允许仍按表10.1.2中的规定采用；

4 采用蒸压灰砂普通砖和蒸压粉煤灰普通砖的砌体房屋，当砌体的抗剪强度仅达到普通黏土砖砌体的70%时，房屋的层数应比普通砖房屋减少一层，总高度应减少3 m；当砌体的抗剪强度达到普通黏土砖砌体的取值时，房屋层数和总高度的要求同普通砖房屋。

10.1.3 本章适用的配筋砌块砌体抗震墙结构和部分框支抗震墙结构房屋最大高度应符合表10.1.3的规定。

表 10.1.3 配筋砌块砌体抗震墙房屋适用的最大高度(m)

结构类型 最小墙厚(mm)		设防烈度和设计基本地震加速度					
		6度	7度		8度		9度
		0.05g	0.10g	0.15g	0.20g	0.30g	0.40g
配筋砌块砌体抗震墙	190 mm	60	55	45	40	30	24
部分框支抗震墙		55	49	40	31	24	—

注：1 房屋高度指室外地面到主要屋面板板顶的高度(不包括局部突出屋顶部分)；

2 某层或几层开间大于 6.0 m 以上的房间建筑面积占相应层建筑面积 40% 以上时，表中数据相应减少 6 m；

3 部分框支抗震墙结构指首层或底部两层为框支层的结构，不包括仅个别框支墙的情况；

4 房屋的高度超过表内高度时，应根据专门研究，采取有效的加强措施。

10.1.4 砌体结构房屋的层高，应符合下列规定：

1 多层砌体结构房屋的层高，应符合下列规定：

1） 多层砌体结构房屋的层高，不应超过 3.6 m；

注：当使用功能确有需要时，采用约束砌体等加强措施的普通砖房屋，层高不应超过 3.9 m。

2） 底部框架-抗震墙砌体房屋的底部，层高不应超过 4.5 m；当底层采用约束砌体抗震墙时，底层的层高不应超过 4.2 m。

2 配筋混凝土空心砌块抗震墙房屋的层高，应符合下列规定：

1） 底部加强部位（不小于房屋高度的 1/6 且不小于底部二层的高度范围）的层高（房屋总高度小于 21 m 时取一层），一、二级不宜大于 3.2 m，三、四级不应大于 3.9 m；

2） 其他部位的层高，一、二级不应大于 3.9 m，三、四级不应大于 4.8 m。

10.1.5 考虑地震作用组合的砌体结构构件，其截面承载力应除以承载力抗震调整系数 γ_{RE}，承载力抗震调整系数应按表 10.1.5 采用。当仅计算竖向地震作用时，各类结构构件承载力抗震调整系数均应采用 1.0。

表 10.1.5 承载力抗震调整系数

结构构件类别	受力状态	γ_{RE}
两端均设有构造柱、芯柱的砌体抗震墙	受剪	0.9
组合砖墙	偏压、大偏拉和受剪	0.9
配筋砌块砌体抗震墙	偏压、大偏拉和受剪	0.85
自承重墙	受剪	1.0
其他砌体	受剪和受压	1.0

10.1.6 配筋砌块砌体抗震墙结构房屋抗震设计时，结构抗震等级应根据设防烈度和房屋高度按表 10.1.6采用。

表 10.1.6 配筋砌块砌体抗震墙结构房屋的抗震等级

<table>
<tr><th colspan="2" rowspan="2">结构类型</th><th colspan="7">设防烈度</th></tr>
<tr><th colspan="2">6</th><th colspan="2">7</th><th colspan="2">8</th><th>9</th></tr>
<tr><td rowspan="2">配筋砌块砌体抗震墙</td><td>高度（m）</td><td>≤24</td><td>>24</td><td>≤24</td><td>>24</td><td>≤24</td><td>>24</td><td>≤24</td></tr>
<tr><td>抗震墙</td><td>四</td><td>三</td><td>三</td><td>二</td><td>二</td><td>一</td><td>一</td></tr>
<tr><td rowspan="3">部分框支抗震墙</td><td>非底部加强部位抗震墙</td><td>四</td><td>三</td><td>三</td><td>二</td><td>二</td><td colspan="2" rowspan="3">不应采用</td></tr>
<tr><td>底部加强部位抗震墙</td><td>三</td><td>二</td><td>二</td><td>一</td><td>一</td></tr>
<tr><td>框支框架</td><td colspan="2">二</td><td>二</td><td>一</td><td>一</td></tr>
</table>

注：1 对于四级抗震等级，除本章有规定外，均按非抗震设计采用；

2 接近或等于高度分界时，可结合房屋不规则程度及场地、地基条件确定抗震等级。

10.1.7 结构抗震设计时，地震作用应按现行国家标准《建筑抗震设计规范》GB 50011 的规定计算。结构的截面抗震验算，应符合下列规定：

1 抗震设防烈度为6度时，规则的砌体结构房屋构件，应允许不进行抗震验算，但应有符合现行国家标准《建筑抗震设计规范》GB 50011和本章规定的抗震措施；

2 抗震设防烈度为7度和7度以上的建筑结构，应进行多遇地震作用下的截面抗震验算。6度时，下列多层砌体结构房屋的构件，应进行多遇地震作用下的截面抗震验算。

1） 平面不规则的建筑；

2） 总层数超过三层的底部框架-抗震墙砌体房屋；

3） 外廊式和单面走廊式底部框架-抗震墙砌体房屋；

4） 托梁等转换构件。

10.1.8 配筋砌块砌体抗震墙结构应进行多遇地震作用下的抗震变形验算，其楼层内最大的层间弹性位移角不宜超过1/1 000。

10.1.9 底部框架-抗震墙砌体房屋的钢筋混凝土结构部分，除应符合本章规定外，尚应符合现行国家标准《建筑抗震设计规范》GB 50011—2010第6章的有关要求；此时，底部钢筋混凝土框架的抗震等级，6、7、8度时应分别按三、二、一级采用；底部钢筋混凝土抗震墙和配筋砌块砌体抗震墙的抗震等级，6、7、8度时应分别按三、三、二级采用。多层砌体房屋局部有上部砌体墙不能连续贯通落地时，托梁、柱的抗震等级，6、7、8度时应分别按三、三、二级采用。

10.1.10 配筋砌块砌体短肢抗震墙及一般抗震墙设置，应符合下列规定：

1 抗震墙宜沿主轴方向双向布置，各向结构刚度、承载力宜均匀分布。高层建筑不宜采用全部为短肢墙的配筋砌块砌体抗震墙结构，应形成短肢抗震墙与一般抗震墙共同抵抗水平地震作用的抗震墙结构。9度时不宜采用短肢墙；

2 纵横方向的抗震墙宜拉通对齐；较长的抗震墙可采用楼板或弱连梁分为若干个独立的墙段，每个独立墙段的总高度与长度之比不宜小于2，墙肢的截面高度也不宜大于8 m；

3 抗震墙的门窗洞口宜上下对齐，成列布置；

4 一般抗震墙承受的第一振型底部地震倾覆力矩不应小于结构总倾覆力矩的50%，且两个主轴方向，短肢抗震墙截面面积与同一层所有抗震墙截面面积比例不宜大于20%；

5 短肢抗震墙宜设翼缘。一字形短肢墙平面外不宜布置与之单侧相交的楼面梁；

6 短肢墙的抗震等级应比表10.1.6的规定提高一级采用；已为一级时，配筋应按9度的要求提高；

7 配筋砌块砌体抗震墙的墙肢截面高度不宜小于墙肢截面宽度的5倍。

注：短肢抗震墙是指墙肢截面高度与宽度之比为5～8的抗震墙，一般抗震墙是指墙肢截面高度与宽度之比大于8的抗震墙。L形，T形，+形等多肢墙截面的长短肢性质应由较长一肢确定。

10.1.11 部分框支配筋砌块砌体抗震墙房屋的结构布置，应符合下列规定：

1 上部的配筋砌块砌体抗震墙与框支层落地抗震墙或框架应对齐或基本对齐；

2 框支层应沿纵横两方向设置一定数量的抗震墙，并均匀布置或基本均匀布置。框支层抗震墙可采用配筋砌块砌体抗震墙或钢筋混凝土抗震墙，但在同一层内不应混用；

3 矩形平面的部分框支配筋砌块砌体抗震墙房屋结构的楼层侧向刚度比和底层框架部分承担的地震倾覆力矩，应符合现行国家标准《建筑抗震设计规范》GB 50011—2010第6.1.9条的有关要求。

10.1.12 结构材料性能指标，应符合下列规定：

1 砌体材料应符合下列规定：

1） 普通砖和多孔砖的强度等级不应低于MU10，其砌筑砂浆强度等级不应低于M5；蒸压灰砂普通砖、蒸压粉煤灰普通砖及混凝土砖的强度等级不应低于MU15，其砌筑砂浆强度等级不应低于Ms5(Mb5)；

2） 混凝土砌块的强度等级不应低于MU7.5，其砌筑砂浆强度等级不应低于Mb7.5；

3） 约束砖砌体墙，其砌筑砂浆强度等级不应低于M10或Mb10；

4） 配筋砌块砌体抗震墙，其混凝土空心砌块的强度等级不应低于 MU10，其砌筑砂浆强度等级不应低于 Mb10。

2 混凝土材料，应符合下列规定：

1） 托梁，底部框架-抗震墙砌体房屋中的框架梁、框架柱、节点核芯区、混凝土墙和过渡层底板，部分框支配筋砌块砌体抗震墙结构中的框支梁和框支柱等转换构件、节点核芯区、落地混凝土墙和转换层楼板，其混凝土的强度等级不应低于 C30；

2） 构造柱、圈梁、水平现浇钢筋混凝土带及其他各类构件不应低于 C20，砌块砌体芯柱和配筋砌块砌体抗震墙的灌孔混凝土强度等级不应低于 Cb20。

3 钢筋材料应符合下列规定：

1） 钢筋宜选用 HRB400 级钢筋和 HRB335 级钢筋，也可采用 HPB300 级钢筋；

2） 托梁、框架梁、框架柱等混凝土构件和落地混凝土墙，其普通受力钢筋宜优先选用 HRB400 钢筋。

10.1.13 考虑地震作用组合的配筋砌体结构构件，其配置的受力钢筋的锚固和接头，除应符合本规范第 9 章的要求外，尚应符合下列规定：

1 纵向受拉钢筋的最小锚固长度 l_{ae}，抗震等级为一、二级时，l_{ae} 取 $1.15l_a$，抗震等级为三级时，l_{ae} 取 $1.05l_a$，抗震等级为四级时，l_{ae} 取 $1.0l_a$，l_a 为受拉钢筋的锚固长度，按第 9.4.3 条的规定确定。

2 钢筋搭接接头，对一、二级抗震等级不小于 $1.2l_a+5d$；对三、四级不小于 $1.2l_a$。

3 配筋砌块砌体剪力墙的水平分布钢筋沿墙长应连续设置，两端的锚固应符合下列规定：

1） 一、二级抗震等级剪力墙，水平分布钢筋可绕主筋弯 180°弯钩，弯钩端部直段长度不宜小于 $12d$；水平分布钢筋亦可弯入端部灌孔混凝土中，锚固长度不应小于 $30d$，且不应小于250 mm；

2） 三、四级剪力墙，水平分布钢筋可弯入端部灌孔混凝土中，锚固长度不应小于 $20d$，且不应小于 200 mm；

3） 当采用焊接网片作为剪力墙水平钢筋时，应在钢筋网片的弯折端部加焊两根直径与抗剪钢筋相同的横向钢筋，弯入灌孔混凝土的长度不应小于 150 mm。

10.1.14 砌体结构构件进行抗震设计时，房屋的结构体系、高宽比、抗震横墙的间距、局部尺寸的限值、防震缝的设置及结构构造措施等，除满足本章规定外，尚应符合现行国家标准《建筑抗震设计规范》GB 50011的有关规定。

10.2 砖砌体构件

Ⅰ 承载力计算

10.2.1 普通砖、多孔砖砌体沿阶梯形截面破坏的抗震抗剪强度设计值，应按下式确定：

$$f_{vE}=\zeta_N f_v \qquad (10.2.1)$$

式中：

f_{vE}——砌体沿阶梯形截面破坏的抗震抗剪强度设计值；

f_v——非抗震设计的砌体抗剪强度设计值；

ζ_N——砖砌体抗震抗剪强度的正应力影响系数，应按表 10.2.1 采用。

表 10.2.1 砖砌体强度的正应力影响系数

砌体类型	σ_0/f_v						
	0.0	1.0	3.0	5.0	7.0	10.0	12.0
普通砖、多孔砖	0.80	0.99	1.25	1.47	1.65	1.90	2.05

注：σ_0 为对应于重力荷载代表值的砌体截面平均压应力。

10.2.2 普通砖、多孔砖墙体的截面抗震受剪承载力，应按下列公式验算：

1 一般情况下，应按下式验算：

$$V \leqslant f_{vE}A/\gamma_{RE} \quad \cdots\cdots(10.2.2\text{-}1)$$

式中：

V——考虑地震作用组合的墙体剪力设计值；

f_{vE}——砖砌体沿阶梯形截面破坏的抗震抗剪强度设计值；

A——墙体横截面面积；

γ_{RE}——承载力抗震调整系数，应按表 10.1.5 采用。

2 采用水平配筋的墙体，应按下式验算：

$$V \leqslant \frac{1}{\gamma_{RE}}(f_{vE}A + \zeta_s f_{yh} A_{sh}) \quad \cdots\cdots(10.2.2\text{-}2)$$

式中：

ζ_s——钢筋参与工作系数，可按表 10.2.2 采用；

f_{yh}——墙体水平纵向钢筋的抗拉强度设计值；

A_{sh}——层间墙体竖向截面的总水平纵向钢筋面积，其配筋率不应小于 0.07%且不大于 0.17%。

表 10.2.2 钢筋参与工作系数(ζ_s)

墙体高宽比	0.4	0.6	0.8	1.0	1.2
ζ_s	0.10	0.12	0.14	0.15	0.12

3 墙段中部基本均匀的设置构造柱，且构造柱的截面不小于 240 mm×240 mm(当墙厚 190 mm 时，亦可采用 240 mm×190 mm)，构造柱间距不大于 4 m 时，可计入墙段中部构造柱对墙体受剪承载力的提高作用，并按下式进行验算：

$$V \leqslant \frac{1}{\gamma_{RE}}[\eta_c f_{vE}(A - A_c) + \zeta_c f_t A_c + 0.08 f_{yc} A_{sc} + \zeta_s f_{yh} A_{sh}] \quad \cdots\cdots(10.2.2\text{-}3)$$

式中：

A_c——中部构造柱的横截面面积(对横墙和内纵墙，$A_c>0.15A$ 时，取 $0.15A$；对外纵墙，$A_c>0.25A$ 时，取 $0.25A$)；

f_t——中部构造柱的混凝土轴心抗拉强度设计值；

A_{sc}——中部构造柱的纵向钢筋截面总面积，配筋率不应小于 0.6%，大于 1.4%时取 1.4%；

f_{yh}、f_{yc}——分别为墙体水平钢筋、构造柱纵向钢筋的抗拉强度设计值；

ζ_c——中部构造柱参与工作系数，居中设一根时取 0.5，多于一根时取 0.4；

η_c——墙体约束修正系数，一般情况取 1.0，构造柱间距不大于 3.0 m 时取 1.1；

A_{sh}——层间墙体竖向截面的总水平纵向钢筋面积，其配筋率不应小于 0.07%且不大于 0.17%，水平纵向钢筋配筋率小于 0.07%时取 0。

10.2.3 无筋砖砌体墙的截面抗震受压承载力，按第 5 章计算的截面非抗震受压承载力除以承载力抗震调整系数进行计算；网状配筋砖墙、组合砖墙的截面抗震受压承载力，按第 8 章计算的截面非抗震受压承载力除以承载力抗震调整系数进行计算。

Ⅱ 构造措施

10.2.4 各类砖砌体房屋的现浇钢筋混凝土构造柱(以下简称构造柱)，其设置应符合现行国家标准《建筑抗震设计规范》GB 50011 的有关规定，并应符合下列规定：

1 构造柱设置部位应符合表 10.2.4 的规定；

2 外廊式和单面走廊式的房屋，应根据房屋增加一层的层数，按表 10.2.4 的要求设置构造柱，且单面走廊两侧的纵墙均应按外墙处理；

3　横墙较少的房屋，应根据房屋增加一层的层数，按表10.2.4的要求设置构造柱。当横墙较少的房屋为外廊式或单面走廊式时，应按本条2款要求设置构造柱；但6度不超过四层、7度不超过三层和8度不超过二层时应按增加二层的层数对待；

4　各层横墙很少的房屋，应按增加二层的层数设置构造柱；

5　采用蒸压灰砂普通砖和蒸压粉煤灰普通砖的砌体房屋，当砌体的抗剪强度仅达到普通黏土砖砌体的70%时(普通砂浆砌筑)，应根据增加一层的层数按本条1～4款要求设置构造柱；但6度不超过四层、7度不超过三层和8度不超过二层时应按增加二层的层数对待；

6　有错层的多层房屋，在错层部位应设置墙，其与其他墙交接处应设置构造柱；在错层部位的错层楼板位置应设置现浇钢筋混凝土圈梁；当房屋层数不低于四层时，底部1/4楼层处错层部位墙中部的构造柱间距不宜大于2 m。

表10.2.4　砖砌体房屋构造柱设置要求

<table>
<tr><th colspan="4">房屋层数</th><th colspan="2" rowspan="2">设置部位</th></tr>
<tr><th>6度</th><th>7度</th><th>8度</th><th>9度</th></tr>
<tr><td>≤五</td><td>≤四</td><td>≤三</td><td></td><td rowspan="3">楼、电梯间四角，楼梯斜梯段上下端对应的墙体处；
外墙四角和对应转角；
错层部位横墙与外纵墙交接处；
大房间内外墙交接处；
较大洞口两侧</td><td>隔12 m或单元横墙与外纵墙交接处；
楼梯间对应的另一侧内横墙与外纵墙交接处</td></tr>
<tr><td>六</td><td>五</td><td>四</td><td>二</td><td>隔开间横墙(轴线)与外墙交接处；
山墙与内纵墙交接处</td></tr>
<tr><td>七</td><td>六、七</td><td>五、六</td><td>三、四</td><td>内墙(轴线)与外墙交接处；
内墙的局部较小墙垛处；
内纵墙与横墙(轴线)交接处</td></tr>
</table>

注：1　较大洞口，内墙指不小于2.1 m的洞口；外墙在内外墙交接处已设置构造柱时允许适当放宽，但洞侧墙体应加强；

2　当按本条第2～5款规定确定的层数超出表10.2.4范围，构造柱设置要求不应低于表中相应烈度的最高要求且宜适当提高。

10.2.5　多层砖砌体房屋的构造柱应符合下列构造规定：

1　构造柱的最小截面可为180 mm×240 mm(墙厚190 mm时为180 mm×190 mm)；构造柱纵向钢筋宜采用4ϕ12，箍筋直径可采用6 mm，间距不宜大于250 mm，且在柱上、下端适当加密；当6、7度超过六层、8度超过五层和9度时，构造柱纵向钢筋宜采用4ϕ14，箍筋间距不应大于200 mm；房屋四角的构造柱应适当加大截面及配筋；

2　构造柱与墙连接处应砌成马牙槎，沿墙高每隔500 mm设2ϕ6水平钢筋和ϕ4分布短筋平面内点焊组成的拉结网片或ϕ4点焊钢筋网片，每边伸入墙内不宜小于1 m。6、7度时，底部1/3楼层，8度时底部1/2楼层，9度时全部楼层，上述拉结钢筋网片应沿墙体水平通长设置；

3　构造柱与圈梁连接处，构造柱的纵筋应在圈梁纵筋内侧穿过，保证构造柱纵筋上下贯通；

4　构造柱可不单独设置基础，但应伸入室外地面下500 mm，或与埋深小于500 mm的基础圈梁相连；

5　房屋高度和层数接近本规范表10.1.2的限值时，纵、横墙内构造柱间距尚应符合下列规定：

1)　横墙内的构造柱间距不宜大于层高的二倍；下部1/3楼层的构造柱间距适当减小；

2)　当外纵墙开间大于3.9 m时，应另设加强措施。内纵墙的构造柱间距不宜大于4.2 m。

10.2.6　约束普通砖墙的构造，应符合下列规定：

1　墙段两端设有符合现行国家标准《建筑抗震设计规范》GB 50011要求的构造柱，且墙肢两端及中部构造柱的间距不大于层高或3.0 m，较大洞口两侧应设置构造柱；构造柱最小截面尺寸不宜小于240 mm×240 mm(墙厚190 mm时为240 mm×190 mm)，边柱和角柱的截面宜适当加大；构造柱的纵筋和箍筋设置宜符合表 10.2.6 的要求。

2 墙体在楼、屋盖标高处均设置满足现行国家标准《建筑抗震设计规范》GB 50011 要求的圈梁，上部各楼层处圈梁截面高度不宜小于 150 mm；圈梁纵向钢筋应采用强度等级不低于 HRB335 的钢筋，6、7 度时不小于 4ϕ10；8 度时不小于 4ϕ12；9 度时不小于 4ϕ14；箍筋不小于 ϕ6。

表 10.2.6 构造柱的纵筋和箍筋设置要求

位置	纵向钢筋			箍筋		
	最大配筋率（%）	最小配筋率（%）	最小直径（mm）	加密区范围（mm）	加密区间距（mm）	最小直径（mm）
角柱	1.8	0.8	14	全高	100	6
边柱			14	上端 700		
中柱	1.4	0.6	12	下端 500		

10.2.7 房屋的楼、屋盖与承重墙构件的连接，应符合下列规定：

1 钢筋混凝土预制楼板在梁、承重墙上必须具有足够的搁置长度。当圈梁未设在板的同一标高时，板端的搁置长度，在外墙上不应小于 120 mm，在内墙上，不应小于 100 mm，在梁上不应小于 80 mm，当采用硬架支模连接时，搁置长度允许不满足上述要求；

2 当圈梁设在板的同一标高时，钢筋混凝土预制楼板端头应伸出钢筋，与墙体的圈梁相连接。当圈梁设在板底时，房屋端部大房间的楼盖，6 度时房屋的屋盖和 7～9 度时房屋的楼、屋盖，钢筋混凝土预制板应相互拉结，并应与梁、墙或圈梁拉结；

3 当板的跨度大于 4.8 m 并与外墙平行时，靠外墙的预制板侧边应与墙或圈梁拉结；

4 钢筋混凝土预制楼板侧边之间应留有不小于 20 mm 的空隙，相邻跨预制楼板板缝宜贯通，当板缝宽度不小于 50 mm 时应配置板缝钢筋；

5 装配整体式钢筋混凝土楼、屋盖，应在预制板叠合层上双向配置通长的水平钢筋，预制板应与后浇的叠合层有可靠的连接。现浇板和现浇叠合层应跨越承重内墙或梁，伸入外墙内长度应不小于 120 mm和 1/2 墙厚；

6 现浇或装配整体式钢筋混凝土楼、屋盖与墙体有可靠连接的房屋，应允许不另设圈梁，但楼板沿抗震墙体周边均应加强配筋并应与相应的构造柱钢筋可靠连接。

10.3 混凝土砌块砌体构件

Ⅰ 承载力计算

10.3.1 混凝土砌块砌体沿阶梯形截面破坏的抗震抗剪强度设计值，应按下式计算：

$$f_{vE}=\zeta_N f_v \qquad (10.3.1)$$

式中：

f_{vE}——砌体沿阶梯形截面破坏的抗震抗剪强度设计值；

f_v——非抗震设计的砌体抗剪强度设计值；

ζ_N——砌块砌体抗震抗剪强度的正应力影响系数，应按表 10.3.1 采用。

表 10.3.1 砌块砌体抗震抗剪强度的正应力影响系数

砌体类别	σ_0/f_v						
	1.0	3.0	5.0	7.0	10.0	12.0	≥16.0
混凝土砌块	1.23	1.69	2.15	2.57	3.02	3.32	3.92

注：σ_0 为对应于重力荷载代表值的砌体截面平均压应力。

10.3.2 设置构造柱和芯柱的混凝土砌块墙体的截面抗震受剪承载力，可按下式验算：

$$V \leqslant \frac{1}{\gamma_{RE}}[f_{vE}A + (0.3f_{t1}A_{c1} + 0.3f_{t2}A_{c2} + 0.05f_{y1}A_{s1} + 0.05f_{y2}A_{s2})\zeta_c] \quad \cdots\cdots(10.3.2)$$

式中：

f_{t1}——芯柱混凝土轴心抗拉强度设计值；

f_{t2}——构造柱混凝土轴心抗拉强度设计值；

A_{c1}——墙中部芯柱截面总面积；

A_{c2}——墙中部构造柱截面总面积，$A_{c2}=bh$；

A_{s1}——芯柱钢筋截面总面积；

A_{s2}——构造柱钢筋截面总面积；

f_{y1}——芯柱钢筋抗拉强度设计值；

f_{y2}——构造柱钢筋抗拉强度设计值；

ζ_c——芯柱和构造柱参与工作系数，可按表 10.3.2 采用。

表 10.3.2　芯柱和构造柱参与工作系数

灌孔率 ρ	$\rho<0.15$	$0.15\leqslant\rho<0.25$	$0.25\leqslant\rho<0.5$	$\rho\geqslant0.5$
ζ_c	0	1.0	1.10	1.15

注：灌孔率指芯柱根数（含构造柱和填实孔洞数量）与孔洞总数之比。

10.3.3　无筋混凝土砌块砌体抗震墙的截面抗震受压承载力，应按本规范第 5 章计算的截面非抗震受压承载力除以承载力抗震调整系数进行计算。

Ⅱ　构造措施

10.3.4　混凝土砌块房屋应按表 10.3.4 的要求设置钢筋混凝土芯柱。对外廊式和单面走廊式的房屋、横墙较少的房屋、各层横墙很少的房屋，尚应分别按本规范第 10.2.4 条第 2、3、4 款关于增加层数的对应要求，按表 10.3.4 的要求设置芯柱。

表 10.3.4　混凝土砌块房屋芯柱设置要求

<table>
<tr><th colspan="4">房屋层数</th><th rowspan="2">设置部位</th><th rowspan="2">设置数量</th></tr>
<tr><th>6 度</th><th>7 度</th><th>8 度</th><th>9 度</th></tr>
<tr><td>≤五</td><td>≤四</td><td>≤三</td><td></td><td>外墙四角和对应转角；
楼、电梯间四角；楼梯斜梯段上下端对应的墙体处；
大房间内外墙交接处；
错层部位横墙与外纵墙交接处；
隔 12 m 或单元横墙与外纵墙交接处</td><td rowspan="2">外墙转角，灌实 3 个孔；
内外墙交接处，灌实 4 个孔；
楼梯斜段上下端对应的墙体处，灌实 2 个孔</td></tr>
<tr><td>六</td><td>五</td><td>四</td><td>一</td><td>同上；
隔开间横墙（轴线）与外纵墙交接处</td></tr>
<tr><td>七</td><td>六</td><td>五</td><td>二</td><td>同上；
各内墙（轴线）与外纵墙交接处；
内纵墙与横墙（轴线）交接处和洞口两侧</td><td>外墙转角，灌实 5 个孔；
内外墙交接处，灌实 4 个孔；
内墙交接处，灌实 4～5 个孔；
洞口两侧各灌实 1 个孔</td></tr>
<tr><td></td><td>七</td><td>六</td><td>三</td><td>同上；
横墙内芯柱间距不宜大于 2 m</td><td>外墙转角，灌实 7 个孔；
内外墙交接处，灌实 5 个孔；
内墙交接处，灌实 4～5 个孔；
洞口两侧各灌实 1 个孔</td></tr>
</table>

注：1　外墙转角、内外墙交接处、楼电梯间四角等部位，应允许采用钢筋混凝土构造柱替代部分芯柱。

2 当按10.2.4条第2～4款规定确定的层数超出表10.3.4范围，芯柱设置要求不应低于表中相应烈度的最高要求且宜适当提高。

10.3.5 混凝土砌块房屋混凝土芯柱，尚应满足下列要求：

1 混凝土砌块砌体墙纵横墙交接处、墙段两端和较大洞口两侧宜设置不少于单孔的芯柱；

2 有错层的多层房屋，错层部位应设置墙，墙中部的钢筋混凝土芯柱间距宜适当加密，在错层部位纵横墙交接处宜设置不少于4孔的芯柱；在错层部位的错层楼板位置尚应设置现浇钢筋混凝土圈梁；

3 为提高墙体抗震受剪承载力而设置的芯柱，宜在墙体内均匀布置，最大间距不宜大于2.0 m。当房屋层数或高度等于或接近表10.1.2中限值时，纵、横墙内芯柱间距尚应符合下列要求：

1） 底部1/3楼层横墙中部的芯柱间距，7、8度时不宜大于1.5 m；9度时不宜大于1.0 m；

2） 当外纵墙开间大于3.9 m时，应另设加强措施。

10.3.6 梁支座处墙内宜设置芯柱，芯柱灌实孔数不少于3个。当8、9度房屋采用大跨梁或井字梁时，宜在梁支座处墙内设置构造柱；并应考虑梁端弯矩对墙体和构造柱的影响。

10.3.7 混凝土砌块砌体房屋的圈梁，除应符合现行国家标准《建筑抗震设计规范》GB 50011要求外，尚应符合下述构造要求：

圈梁的截面宽度宜取墙宽且不应小于190 mm，配筋宜符合表10.3.7的要求，箍筋直径不小于ϕ6；基础圈梁的截面宽度宜取墙宽，截面高度不应小于200 mm，纵筋不应少于4ϕ14。

表10.3.7 混凝土砌块砌体房屋圈梁配筋要求

配 筋	烈 度		
	6、7	8	9
最小纵筋	4ϕ10	4ϕ12	4ϕ14
箍筋最大间距(mm)	250	200	150

10.3.8 楼梯间墙体构件除按规定设置构造柱或芯柱外，尚应通过墙体配筋增强其抗震能力，墙体应沿墙高每隔400 mm水平通长设置ϕ4点焊拉结钢筋网片；楼梯间墙体中部的芯柱间距，6度时不宜大于2 m；7、8度时不宜大于1.5 m；9度时不宜大于1.0 m；房屋层数或高度等于或接近表10.1.2中限值时，底部1/3楼层芯柱间距适当减小。

10.3.9 混凝土砌块房屋的其他抗震构造措施，尚应符合本规范第10.2节和现行国家标准《建筑抗震设计规范》GB 50011有关要求。

10.4 底部框架-抗震墙砌体房屋抗震构件

Ⅰ 承载力计算

10.4.1 底部框架-抗震墙砌体房屋中的钢筋混凝土抗震构件的截面抗震承载力应按国家现行标准《混凝土结构设计规范》GB 50010和《建筑抗震设计规范》GB 50011的规定计算。配筋砌块砌体抗震墙的截面抗震承载力应按本规范第10.5节的规定计算。

10.4.2 底部框架-抗震墙砌体房屋中，计算由地震剪力引起的柱端弯矩时，底层柱的反弯点高度比可取0.55。

10.4.3 底部框架-抗震墙砌体房屋中，底部框架、托梁和抗震墙组合的内力设计值尚应按下列要求进行调整：

1 柱的最上端和最下端组合的弯矩设计值应乘以增大系数，一、二、三级的增大系数应分别按1.5、1.25和1.15采用。

2 底部框架梁或托梁尚应按现行国家标准《建筑抗震设计规范》GB 50011—2010第6章的相关规定进行内力调整。

3 抗震墙墙肢不应出现小偏心受拉。

10.4.4 底层框架-抗震墙砌体房屋中嵌砌于框架之间的砌体抗震墙，应符合本规范第 10.4.8 条的构造要求，其抗震验算应符合下列规定：

1 底部框架柱的轴向力和剪力，应计入砌体墙引起的附加轴向力和附加剪力，其值可按下列公式确定：

$$N_f = V_w H_f / l \quad \cdots\cdots(10.4.4\text{-}1)$$

$$V_f = V_w \quad \cdots\cdots(10.4.4\text{-}2)$$

式中：

N_f——框架柱的附加轴压力设计值；

V_w——墙体承担的剪力设计值，柱两侧有墙时可取二者的较大值；

H_f、l——分别为框架的层高和跨度；

V_f——框架柱的附加剪力设计值。

2 嵌砌于框架之间的砌体抗震墙及两端框架柱，其抗震受剪承载力应按下式验算：

$$V \leqslant \frac{1}{\gamma_{REc}} \sum (M_{yc}^{u} + M_{yc}^{l}) / H_0 + \frac{1}{\gamma_{REw}} \sum f_{vE} A_{w0} \quad \cdots\cdots(10.4.4\text{-}3)$$

式中：

V——嵌砌砌体墙及两端框架柱剪力设计值；

γ_{REc}——底层框架柱承载力抗震调整系数，可采用 0.8；

M_{yc}^{u}、M_{yc}^{l}——分别为底层框架柱上下端的正截面受弯承载力设计值，可按现行国家标准《混凝土结构设计规范》GB 50010 非抗震设计的有关公式取等号计算；

H_0——底层框架柱的计算高度，两侧均有砌体墙时取柱净高的 2/3，其余情况取柱净高；

γ_{REw}——嵌砌砌体抗震墙承载力抗震调整系数，可采用 0.9；

A_{w0}——砌体墙水平截面的计算面积，无洞口时取实际截面的 1.25 倍，有洞口时取截面净面积，但不计入宽度小于洞口高度 1/4 的墙肢截面面积。

10.4.5 由重力荷载代表值产生的框支墙梁托梁内力应按本规范第 7.3 节的有关规定计算。重力荷载代表值应按现行国家标准《建筑抗震设计规范》GB 50011 的有关规定计算。但托梁弯矩系数 α_M、剪力系数 β_V 应予增大；当抗震等级为一级时，增大系数取为 1.15；当为二级时，取为 1.10；当为三级时，取为 1.05；当为四级时，取为 1.0。

Ⅱ 构 造 措 施

10.4.6 底部框架-抗震墙砌体房屋中底部抗震墙的厚度和数量，应由房屋的竖向刚度分布来确定。当采用约束普通砖墙时其厚度不得小于 240 mm；配筋砌块砌体抗震墙厚度，不应小于 190 mm；钢筋混凝土抗震墙厚度，不宜小于 160 mm；且均不宜小于层高或无支长度的 1/20。

10.4.7 底部框架-抗震墙砌体房屋的底部采用钢筋混凝土抗震墙或配筋砌块砌体抗震墙时，其截面和构造应符合现行国家标准《建筑抗震设计规范》GB 50011 的有关规定。配筋砌块砌体抗震墙尚应符合下列规定：

1 墙体的水平分布钢筋应采用双排布置；

2 墙体的分布钢筋和边缘构件，除应满足承载力要求外，可根据墙体抗震等级，按 10.5 节关于底部加强部位配筋砌块砌体抗震墙的分布钢筋和边缘构件的规定设置。

10.4.8 6 度设防的底层框架-抗震墙房屋的底层采用约束普通砖墙时，其构造除应同时满足 10.2.6 要求外，尚应符合下列规定：

1 墙长大于 4 m 时和洞口两侧，应在墙内增设钢筋混凝土构造柱。构造柱的纵向钢筋不宜少于 4ϕ14；

2 沿墙高每隔 300 mm 设置 2ϕ8 水平钢筋与 ϕ4 分布短筋平面内点焊组成的通长拉结网片，并锚入框架柱内；

3 在墙体半高附近尚应设置与框架柱相连的钢筋混凝土水平系梁，系梁截面宽度不应小于墙厚，截面高度不应小于 120 mm，纵筋不应小于 4ϕ12，箍筋直径不应小于 ϕ6，箍筋间距不应大于 200 mm。

10.4.9 底部框架-抗震墙砌体房屋的框架柱和钢筋混凝土托梁，其截面和构造除应符合现行国家标准《建筑抗震设计规范》GB 50011 的有关要求外，尚应符合下列规定：

1 托梁的截面宽度不应小于 300 mm，截面高度不应小于跨度的 1/10，当墙体在梁端附近有洞口时，梁截面高度不宜小于跨度的 1/8；

2 托梁上、下部纵向贯通钢筋最小配筋率，一级时不应小于 0.4%，二、三级时分别不应小于 0.3%；当托墙梁受力状态为偏心受拉时，支座上部纵向钢筋至少应有 50%沿梁全长贯通，下部纵向钢筋应全部直通到柱内；

3 托梁箍筋的直径不应小于 10 mm，间距不应大于 200 mm；梁端在 1.5 倍梁高且不小于 1/5 净跨范围内，以及上部墙体的洞口处和洞口两侧各 500 mm 且不小于梁高的范围内，箍筋间距不应大于 100 mm；

4 托梁沿梁高每侧应设置不小于 1ϕ14 的通长腰筋，间距不应大于 200 mm。

10.4.10 底部框架-抗震墙砌体房屋的上部墙体，对构造柱或芯柱的设置及其构造应符合多层砌体房屋的要求，同时应符合下列规定：

1 构造柱截面不宜小于 240 mm×240 mm(墙厚 190 mm 时为 240 mm×190 mm)，纵向钢筋不宜少于 4ϕ14，箍筋间距不宜大于 200 mm；

2 芯柱每孔插筋不应小于 1ϕ14；芯柱间应沿墙高设置间距不大于 400 mm 的 ϕ4 焊接水平钢筋网片；

3 顶层的窗台标高处，宜沿纵横墙通长设置的水平现浇钢筋混凝土带；其截面高度不小于60 mm，宽度不小于墙厚，纵向钢筋不少于 2ϕ10，横向分布筋的直径不小于 6 mm 且其间距不大于 200 mm。

10.4.11 过渡层墙体的材料强度等级和构造要求，应符合下列规定：

1 过渡层砌体块材的强度等级不应低于 MU10，砖砌体砌筑砂浆强度的等级不应低于 M10，砌块砌体砌筑砂浆强度的等级不应低于 Mb10；

2 上部砌体墙的中心线宜同底部的托梁、抗震墙的中心线相重合。当过渡层砌体墙与底部框架梁、抗震墙不对齐时，应另设置托墙转换梁，并且应对底层和过渡层相关结构构件另外采取加强措施；

3 托梁上过渡层砌体墙的洞口不宜设置在框架柱或抗震墙边框柱的正上方；

4 过渡层应在底部框架柱、抗震墙边框柱、砌体抗震墙的构造柱或芯柱所对应处设置构造柱或芯柱，并宜上下贯通。过渡层墙体内的构造柱间距不宜大于层高；芯柱除按本规范第 10.3.4 条和 10.3.5 条规定外，砌块砌体墙体中部的芯柱宜均匀布置，最大间距不宜大于 1 m；

构造柱截面不宜小于 240 mm×240 mm(墙厚 190 mm 时为 240 mm×190 mm)，其纵向钢筋，6、7 度时不宜少于 4ϕ16，8 度时不宜少于 4ϕ18。芯柱的纵向钢筋，6、7 度时不宜少于每孔 1ϕ16，8 度时不宜少于每孔 1ϕ18。一般情况下，纵向钢筋应锚入下部的框架柱或混凝土墙内；当纵向钢筋锚固在托墙梁内时，托墙梁的相应位置应加强；

5 过渡层的砌体墙，凡宽度不小于 1.2 m 的门洞和 2.1 m 的窗洞，洞口两侧宜增设截面不小于 120 mm×240 mm(墙厚 190 mm 时为 120 mm×190 mm)的构造柱或单孔芯柱；

6 过渡层砖砌体墙，在相邻构造柱间应沿墙高每隔 360 mm 设置 2ϕ6 通长水平钢筋与 ϕ4 分布短筋平面内点焊组成的拉结网片或 ϕ4 点焊钢筋网片；过渡层砌块砌体墙，在芯柱之间沿墙高应每隔 400 mm设置 ϕ4 通长水平点焊钢筋网片；

7 过渡层的砌体墙在窗台标高处，应设置沿纵横墙通长的水平现浇钢筋混凝土带。

10.4.12 底部框架-抗震墙砌体房屋的楼盖应符合下列规定：

1 过渡层的底板应采用现浇钢筋混凝土楼板，且板厚不应小于 120 mm，并应采用双排双向配筋，配筋率分别不应小于 0.25%；应少开洞、开小洞，当洞口尺寸大于 800 mm 时，洞口周边应设置边梁；

2　其他楼层，采用装配式钢筋混凝土楼板时均应设现浇圈梁，采用现浇钢筋混凝土楼板时应允许不另设圈梁，但楼板沿抗震墙体周边均应加强配筋并应与相应的构造柱、芯柱可靠连接。

10.4.13　底部框架-抗震墙砌体房屋的其他抗震构造措施，应符合本章其他各节和现行国家标准《建筑抗震设计规范》GB 50011 的有关要求。

10.5　配筋砌块砌体抗震墙

Ⅰ 承载力计算

10.5.1　考虑地震作用组合的配筋砌块砌体抗震墙的正截面承载力应按本规范第 9 章的规定计算，但其抗力应除以承载力抗震调整系数。

10.5.2　配筋砌块砌体抗震墙承载力计算时，底部加强部位的截面组合剪力设计值 V_w，应按下列规定调整：

1　当抗震等级为一级时，$V_w=1.6V$　……………………（10.5.2-1）

2　当抗震等级为二级时，$V_w=1.4V$　……………………（10.5.2-2）

3　当抗震等级为三级时，$V_w=1.2V$　……………………（10.5.2-3）

4　当抗震等级为四级时，$V_w=1.0V$　……………………（10.5.2-4）

式中：

V——考虑地震作用组合的抗震墙计算截面的剪力设计值。

10.5.3　配筋砌块砌体抗震墙的截面，应符合下列规定：

1　当剪跨比大于 2 时：

$$V_w \leqslant \frac{1}{\gamma_{RE}} 0.2 f_g b h_0 \quad \text{……（10.5.3-1）}$$

2　当剪跨比小于或等于 2 时：

$$V_w \leqslant \frac{1}{\gamma_{RE}} 0.15 f_g b h_0 \quad \text{……（10.5.3-2）}$$

10.5.4　偏心受压配筋砌块砌体抗震墙的斜截面受剪承载力，应按下列公式计算：

$$V_w \leqslant \frac{1}{\gamma_{RE}} \left[\frac{1}{\lambda - 0.5} \left(0.48 f_{vg} b h_0 + 0.10 N \frac{A_w}{A} \right) + 0.72 f_{yh} \frac{A_{sh}}{s} h_0 \right] \quad \text{……（10.5.4-1）}$$

$$\lambda = \frac{M}{V h_0} \quad \text{……（10.5.4-2）}$$

式中：

f_{vg}——灌孔砌块砌体的抗剪强度设计值，按本规范第 3.2.2 条的规定采用；

M——考虑地震作用组合的抗震墙计算截面的弯矩设计值；

N——考虑地震作用组合的抗震墙计算截面的轴向力设计值，当时 $N>0.2f_gbh$，取 $N=0.2f_gbh$；

A——抗震墙的截面面积，其中翼缘的有效面积，可按第 9.2.5 条的规定计算；

A_w——T 形或Ⅰ字形截面抗震墙腹板的截面面积，对于矩形截面取 $A_w=A$；

λ——计算截面的剪跨比，当 $\lambda \leqslant 1.5$ 时，取 $\lambda=1.5$；当 $\lambda \geqslant 2.2$ 时，取 $\lambda=2.2$；

A_{sh}——配置在同一截面内的水平分布钢筋的全部截面面积；

f_{yh}——水平钢筋的抗拉强度设计值；

f_g——灌孔砌体的抗压强度设计值；

s——水平分布钢筋的竖向间距；

γ_{RE}——承载力抗震调整系数。

10.5.5　偏心受拉配筋砌块砌体抗震墙，其斜截面受剪承载力，应按下列公式计算：

$$V_w \leqslant \frac{1}{\gamma_{RE}}\left[\frac{1}{\lambda-0.5}\left(0.48 f_{vg} b h_0 - 0.17 N \frac{A_w}{A}\right) + 0.72 f_{yh} \frac{A_{sh}}{s} h_0\right] \qquad \cdots\cdots(10.5.5)$$

注：当 $0.48 f_{vg} b h_0 - 0.17 N \frac{A_w}{A} < 0$ 时，取 $0.48 f_{vg} b h_0 - 0.17 N \frac{A_w}{A} = 0$。

10.5.6 配筋砌块砌体抗震墙跨高比大于 2.5 的连梁应采用钢筋混凝土连梁，其截面组合的剪力设计值和斜截面承载力，应符合现行国家标准《混凝土结构设计规范》GB 50010 对连梁的有关规定；跨高比小于或等于 2.5 的连梁可采用配筋砌块砌体连梁，采用配筋砌块砌体连梁时，应采用相应的计算参数和指标；连梁的正截面承载力应除以相应的承载力抗震调整系数。

10.5.7 配筋砌块砌体抗震墙连梁的剪力设计值，抗震等级一、二、三级时应按下式调整，四级时可不调整：

$$V_b = \eta_v \frac{M_b^l + M_b^r}{l_n} + V_{Gb} \qquad \cdots\cdots(10.5.7)$$

式中：

V_b——连梁的剪力设计值；

η_v——剪力增大系数，一级时取 1.3；二级时取 1.2；三级时取 1.1；

M_b^l、M_b^r——分别为梁左、右端考虑地震作用组合的弯矩设计值；

V_{Gb}——在重力荷载代表值作用下，按简支梁计算的截面剪力设计值；

l_n——连梁净跨。

10.5.8 抗震墙采用配筋混凝土砌块砌体连梁时，应符合下列规定：

1 连梁的截面应满足下式的要求：

$$V_b = \frac{1}{\gamma_{RE}}(0.15 f_g b h_0) \qquad \cdots\cdots(10.5.8\text{-}1)$$

2 连梁的斜截面受剪承载力应按下式计算：

$$V_b \leqslant \frac{1}{\gamma_{RE}}\left(0.56 f_{vg} b h_0 + 0.7 f_{yv} \frac{A_{sv}}{s} h_0\right) \qquad \cdots\cdots(10.5.8\text{-}2)$$

式中：

A_{sv}——配置在同一截面内的箍筋各肢的全部截面面积；

f_{yv}——箍筋的抗拉强度设计值。

Ⅱ 构 造 措 施

10.5.9 配筋砌块砌体抗震墙的水平和竖向分布钢筋应符合下列规定，抗震墙底部加强区的高度不小于房屋高度的 1/6，且不小于房屋底部两层的高度。

1 抗震墙水平分布钢筋的配筋构造应符合表 10.5.9-1 的规定：

表 10.5.9-1 抗震墙水平分布钢筋的配筋构造

抗震等级	最小配筋率（%）		最大间距（mm）	最小直径（mm）
	一般部位	加强部位		
一级	0.13	0.15	400	$\phi8$
二级	0.13	0.13	600	$\phi8$
三级	0.11	0.13	600	$\phi8$
四级	0.10	0.10	600	$\phi6$

注：1 水平分布钢筋宜双排布置，在顶层和底部加强部位，最大间距不应大于 400 mm；

2 双排水平分布钢筋应设不小于 $\phi6$ 拉结筋，水平间距不应大于 400 mm。

2 抗震墙竖向分布钢筋的配筋构造应符合表 10.5.9-2 的规定：

表 10.5.9-2　抗震墙竖向分布钢筋的配筋构造

抗震等级	最小配筋率(%)		最大间距(mm)	最小直径(mm)
	一般部位	加强部位		
一级	0.15	0.15	400	ϕ12
二级	0.13	0.13	600	ϕ12
三级	0.11	0.13	600	ϕ12
四级	0.10	0.10	600	ϕ12

注：竖向分布钢筋宜采用单排布置，直径不应大于 25 mm，9 度时配筋率不应小于 0.2%。在顶层和底部加强部位，最大间距应适当减小。

10.5.10　配筋砌块砌体抗震墙除应符合本规范第 9.4.11 的规定外，应在底部加强部位和轴压比大于 0.4 的其他部位的墙肢设置边缘构件。边缘构件的配筋范围：无翼墙端部为 3 孔配筋；“L”形转角节点为 3 孔配筋；“T”形转角节点为 4 孔配筋；边缘构件范围内应设置水平箍筋；配筋砌块砌体抗震墙边缘构件的配筋应符合表 10.5.10 的要求。

表 10.5.10　配筋砌块砌体抗震墙边缘构件的配筋要求

抗震等级	每孔竖向钢筋最小量		水平箍筋最小直径	水平箍筋最大间距(mm)
	底部加强部位	一般部位		
一级	1ϕ20(4ϕ16)	1ϕ18(4ϕ16)	ϕ8	200
二级	1ϕ18(4ϕ16)	1ϕ16(4ϕ14)	ϕ6	200
三级	1ϕ16(4ϕ12)	1ϕ14(4ϕ12)	ϕ6	200
四级	1ϕ14(4ϕ12)	1ϕ12(4ϕ12)	ϕ6	200

注：1　边缘构件水平箍筋宜采用横筋为双筋的搭接点焊网片形式；

2　当抗震等级为二、三级时，边缘构件箍筋应采用 HRB400 级或 RRB400 级钢筋；

3　表中括号中数字为边缘构件采用混凝土边框柱时的配筋。

10.5.11　宜避免设置转角窗，否则，转角窗开间相关墙体尽端边缘构件最小纵筋直径应比表 10.5.10 的规定值提高一级，且转角窗开间的楼、屋面应采用现浇钢筋混凝土楼、屋面板。

10.5.12　配筋砌块砌体抗震墙在重力荷载代表值作用下的轴压比，应符合下列规定：

1　一般墙体的底部加强部位，一级(9 度)不宜大于 0.4，一级(8 度)不宜大于 0.5，二、三级不宜大于 0.6，一般部位，均不宜大于 0.6；

2　短肢墙体全高范围，一级不宜大于 0.50，二、三级不宜大于 0.60；对于无翼缘的一字形短肢墙，其轴压比限值应相应降低 0.1；

3　各向墙肢截面均为 3～5 倍墙厚的独立小墙肢，一级不宜大于 0.4，二、三级不宜大于 0.5；对于无翼缘的一字形独立小墙肢，其轴压比限值应相应降低 0.1。

10.5.13　配筋砌块砌体圈梁构造，应符合下列规定：

1　各楼层标高处，每道配筋砌块砌体抗震墙均应设置现浇钢筋混凝土圈梁，圈梁的宽度应为墙厚，其截面高度不宜小于 200 mm；

2　圈梁混凝土抗压强度不应小于相应灌孔砌块砌体的强度，且不应小于 C20；

3　圈梁纵向钢筋直径不应小于墙中水平分布钢筋的直径，且不应小于 4ϕ12；基础圈梁纵筋不应小于 4ϕ12；圈梁及基础圈梁箍筋直径不应小于 ϕ8，间距不应大于 200 mm；当圈梁高度大于 300 mm 时，应沿梁截面高度方向设置腰筋，其间距不应大于 200 mm，直径不应小于 ϕ10；

4　圈梁底部嵌入墙顶砌块孔洞内，深度不宜小于 30 mm；圈梁顶部应是毛面。

10.5.14　配筋砌块砌体抗震墙连梁的构造，当采用混凝土连梁时，应符合本规范第 9.4.12 条的规定和现行国家标准《混凝土结构设计规范》GB 50010 中有关地震区连梁的构造要求；当采用配筋砌块砌体连梁时，除应符合本规范第 9.4.13 条的规定以外，尚应符合下列规定：

1 连梁上下水平钢筋锚入墙体内的长度，一、二级抗震等级不应小于 $1.1l_a$，三、四级抗震等级不应小于 l_a，且不应小于 600 mm；

2 连梁的箍筋应沿梁长布置，并应符合表 10.5.14 的规定：

表 10.5.14 连梁箍筋的构造要求

抗震等级	箍筋加密区			箍筋非加密区	
	长度	箍筋最大间距	直径	间距(mm)	直径
一级	$2h$	100 mm，$6d$，$1/4h$ 中的小值	$\phi10$	200	$\phi10$
二级	$1.5h$	100 mm，$8d$，$1/4h$ 中的小值	$\phi8$	200	$\phi8$
三级	$1.5h$	150 mm，$8d$，$1/4h$ 中的小值	$\phi8$	200	$\phi8$
四级	$1.5h$	150 mm，$8d$，$1/4h$ 中的小值	$\phi8$	200	$\phi8$

注：h 为连梁截面高度；加密区长度不小于 600 mm。

3 在顶层连梁伸入墙体的钢筋长度范围内，应设置间距不大于 200 mm 的构造箍筋，箍筋直径应与连梁的箍筋直径相同；

4 连梁不宜开洞。当需要开洞时，应在跨中梁高 1/3 处预埋外径不大于 200 mm 的钢套管，洞口上下的有效高度不应小于 1/3 梁高，且不应小于 200 mm，洞口处应配补强钢筋并在洞周边浇筑灌孔混凝土，被洞口削弱的截面应进行受剪承载力验算。

10.5.15 配盘砌块砌体抗震墙房屋的基础与抗震墙结合处的受力钢筋，当房屋高度超过 50 m 或一级抗震等级时宜采用机械连接或焊接。

附录A　石材的规格尺寸及其强度等级的确定方法

A.0.1　石材按其加工后的外形规则程度，可分为料石和毛石，并应符合下列规定：

1　料石：

1）　细料石：通过细加工，外表规则，叠砌面凹入深度不应大于10 mm，截面的宽度、高度不宜小于200 mm，且不宜小于长度的1/4。

2）　粗料石：规格尺寸同上，但叠砌面凹入深度不应大于20 mm。

3）　毛料石：外形大致方正，一般不加工或仅稍加修整，高度不应小于200 mm，叠砌面凹入深度不应大于25 mm。

2　毛石：形状不规则，中部厚度不应小于200 mm。

A.0.2　石材的强度等级，可用边长为70 mm的立方体试块的抗压强度表示。抗压强度取三个试件破坏强度的平均值。试件也可采用表A.0.2所列边长尺寸的立方体，但应对其试验结果乘以相应的换算系数后方可作为石材的强度等级。

表A.0.2　石材强度等级的换算系数

立方体边长(mm)	200	150	100	70	50
换算系数	1.43	1.28	1.14	1	0.86

A.0.3　石砌体中的石材应选用无明显风化的天然石材。

附录B 各类砌体强度平均值的计算公式和强度标准值

B.0.1 各类砌体的强度平均值应符合下列规定：

1 各类砌体的轴心抗压强度平均值应按表B.0.1-1中计算公式确定：

表B.0.1-1 轴心抗压强度平均值 f_m(MPa)

砌体种类	$f_m = k_1 f_1^{\alpha}(1+0.07f_2)k_2$		
	k_1	α	k_2
烧结普通砖、烧结多孔砖、蒸压灰砂普通砖、蒸压粉煤灰普通砖、混凝土普通砖、混凝土多孔砖	0.78	0.5	当 $f_2<1$ 时，$k_2=0.6+0.4f_2$
混凝土砌块、轻集料混凝土砌块	0.46	0.9	当 $f_2=0$ 时，$k_2=0.8$
毛料石	0.79	0.5	当 $f_2<1$ 时，$k_2=0.6+0.4f_2$
毛石	0.22	0.5	当 $f_2<2.5$ 时，$k_2=0.4+0.24f_2$

注：1 k_2 在表列条件以外时均等于1；

2 式中 f_1 为块体(砖、石、砌块)的强度等级值；f_2 为砂浆抗压强度平均值。单位均以MPa计；

3 混凝土砌块砌体的轴心抗压强度平均值，当 $f_2>10$ MPa时，应乘系数 $1.1-0.01f_2$，MU20的砌体应乘系数0.95，且满足 $f_1\geqslant f_2$，$f_1\leqslant 20$ MPa。

2 各类砌体的轴心抗拉强度平均值、弯曲抗拉强度平均值和抗剪强度平均值应按表B.0.1-2中计算公式确定：

表B.0.1-2 轴心抗拉强度平均值 $f_{t,m}$、弯曲抗拉强度平均值 $f_{tm,m}$ 和抗剪强度平均值 $f_{v,m}$(MPa)

砌体种类	$f_{t,m}=k_3\sqrt{f_2}$	$f_{tm,m}=k_4\sqrt{f_2}$		$f_{v,m}=k_5\sqrt{f_2}$
	k_3	k_4		k_5
		沿齿缝	沿通缝	
烧结普通砖、烧结多孔砖、混凝土普通砖、混凝土多孔砖	0.141	0.250	0.125	0.125
蒸压灰砂普通砖、蒸压粉煤灰普通砖	0.09	0.18	0.09	0.09
混凝土砌块	0.069	0.081	0.056	0.069
毛料石	0.075	0.113	—	0.188

B.0.2 各类砌体的强度标准值按表B.0.2-1～表B.0.2-5采用：

表B.0.2-1 烧结普通砖和烧结多孔砖砌体的抗压强度标准值 f_k(MPa)

砖强度等级	砂浆强度等级					砂浆强度
	M15	M10	M7.5	M5	M2.5	0
MU30	6.30	5.23	4.69	4.15	3.61	1.84
MU25	5.75	4.77	4.28	3.79	3.30	1.68

续表 B.0.2-1

砖强度等级	砂浆强度等级					砂浆强度
	M15	M10	M7.5	M5	M2.5	0
MU20	5.15	4.27	3.83	3.39	2.95	1.50
MU15	4.46	3.70	3.32	2.94	2.56	1.30
MU10	—	3.02	2.71	2.40	2.09	1.07

表 B.0.2-2 混凝土砌块砌体的抗压强度标准值 f_k(MPa)

砖块强度等级	砂浆强度等级					砂浆强度
	Mb20	Mb15	Mb10	Mb7.5	Mb5	0
MU20	10.08	9.08	7.93	7.11	6.30	3.73
MU15	—	7.38	6.44	5.78	5.12	3.03
MU10	—	—	4.47	4.01	3.55	2.10
MU7.5	—	—	—	3.10	2.74	1.62
MU5	—	—	—	—	1.90	1.13

表 B.0.2-3 毛料石砌体的抗压强度标准值 f_k(MPa)

料石强度等级	砂浆强度等级			砂浆强度
	M7.5	M5	M2.5	0
MU100	8.67	7.68	6.68	3.41
MU80	7.76	6.87	5.98	3.05
MU60	6.72	5.95	5.18	2.64
MU50	6.13	5.43	4.72	2.41
MU40	5.49	4.86	4.23	2.16
MU30	4.75	4.20	3.66	1.87
MU20	3.88	3.43	2.99	1.53

表 B.0.2-4 毛石砌体的抗压强度标准值 f_k(MPa)

毛石强度等级	砂浆强度等级			砂浆强度
	M7.5	M5	M2.5	0
MU100	2.03	1.80	1.56	0.53
MU80	1.82	1.61	1.40	0.48
MU60	1.57	1.39	1.21	0.41
MU50	1.44	1.27	1.11	0.38
MU40	1.28	1.14	0.99	0.34
MU30	1.11	0.98	0.86	0.29
MU20	0.91	0.80	0.70	0.24

表 B.0.2-5 沿砌体灰缝截面破坏时的轴心抗拉强度标准值 $f_{t,k}$、弯曲抗拉强度标准值 $f_{tm,k}$ 和抗剪强度标准值 $f_{v,k}$（MPa）

强度类别	破坏特征	砌体种类	砂浆强度等级			
			≥M10	M7.5	M5	M2.5
轴心抗拉	沿齿缝	烧结普通砖、烧结多孔砖、混凝土普通砖、混凝土多孔砖	0.30	0.26	0.21	0.15
		蒸压灰砂普通砖、蒸压粉煤灰普通砖	0.19	0.16	0.13	—
		混凝土砌块	0.15	0.13	0.10	—
		毛石	—	0.12	0.10	0.07
弯曲抗拉	沿齿缝	烧结普通砖、烧结多孔砖、混凝土普通砖、混凝土多孔砖	0.53	0.46	0.38	0.27
		蒸压灰砂普通砖、蒸压粉煤灰普通砖	0.38	0.32	0.26	—
		混凝土砌块	0.17	0.15	0.12	—
		毛石	—	0.18	0.14	0.10
	沿通缝	烧结普通砖、烧结多孔砖、混凝土普通砖、混凝土多孔砖	0.27	0.23	0.19	0.13
		蒸压灰砂普通砖、蒸压粉煤灰普通砖	0.19	0.16	0.13	—
		混凝土砌块	—	0.10	0.08	—
抗剪		烧结普通砖、烧结多孔砖、混凝土普通砖、混凝土多孔砖	0.27	0.23	0.19	0.13
		蒸压灰砂普通砖、蒸压粉煤灰普通砖	0.19	0.16	0.13	—
		混凝土砌块	0.15	0.13	0.10	—
		毛石	—	0.29	0.24	0.17

附录C 刚弹性方案房屋的静力计算方法

C.0.1 水平荷载(风荷载)作用下,刚弹性方案房屋墙、柱内力分析可按以下方法计算,并将两步结果叠加,得出最后内力:

1 在平面计算简图中,各层横梁与柱连接处加水平铰支杆,计算其在水平荷载(风荷载)作用下无侧移时的内力与各支杆反力 R_i(图 C.0.1a)。

2 考虑房屋的空间作用,将各支杆反力 R_i 乘以由表 4.2.4 查得的相应空间性能影响系数 η_i,并反向施加于节点上,计算其内力(图 C.0.1b)。

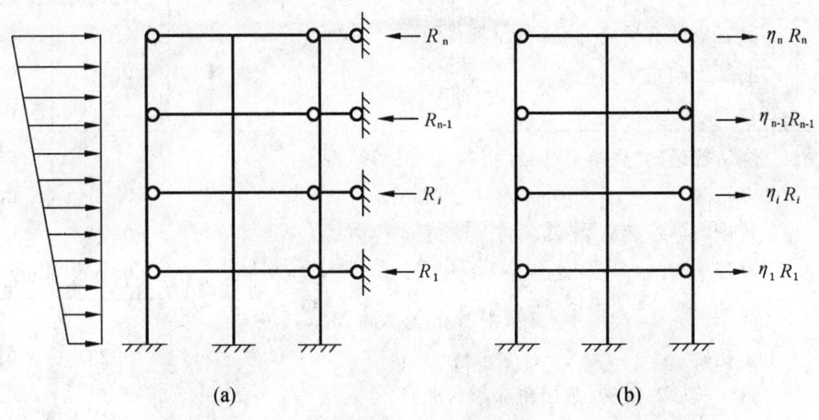

图 C.0.1 刚弹性方案房屋的静力计算简图

附录D 影响系数 φ 和 φ_n

D.0.1 无筋砌体矩形截面单向偏心受压构件(图D.0.1)承载力的影响系数 φ，可按表D.0.1-1～表D.0.1-3采用或按下列公式计算，计算T形截面受压构件的 φ 时，应以折算厚度 h_T 代替公式(D.0.1-2)中的 h。$h_T=3.5i$，i 为T形截面的回转半径。

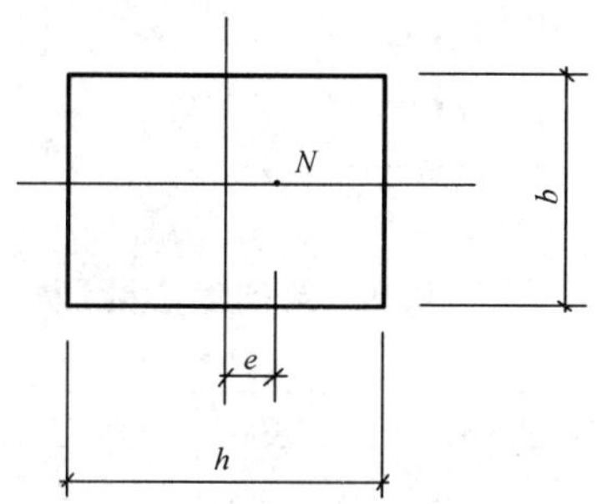

图D.0.1 单向偏心受压

当 $\beta\leqslant 3$ 时：

$$\varphi=\frac{1}{1+12\left(\frac{e}{h}\right)^2} \quad \text{(D.0.1-1)}$$

当 $\beta>3$ 时：

$$\varphi=\frac{1}{1+12\left[\frac{e}{h}+\sqrt{\frac{1}{12}\left(\frac{1}{\varphi_0}-1\right)}\right]^2} \quad \text{(D.0.1-2)}$$

$$\varphi_0=\frac{1}{1+\alpha\beta^2} \quad \text{(D.0.1-3)}$$

式中：

e——轴向力的偏心距；

h——矩形截面的轴向力偏心方向的边长；

φ_0——轴心受压构件的稳定系数；

α——与砂浆强度等级有关的系数，当砂浆强度等级大于或等于M5时，α 等于0.001 5；当砂浆强度等级等于M2.5时，α 等于0.002；当砂浆强度等级 f_2 等于0时，α 等于0.009；

β——构件的高厚比。

D.0.2 网状配筋砖砌体矩形截面单向偏心受压构件承载力的影响系数 φ_n，可按表D.0.2采用或按下列公式计算：

$$\varphi_n=\frac{1}{1+12\left[\frac{e}{h}+\sqrt{\frac{1}{12}\left(\frac{1}{\varphi_{0n}}-1\right)}\right]^2} \quad \text{(D.0.2-1)}$$

$$\varphi_{0n}=\frac{1}{1+(0.0015+0.45\rho)\beta^2} \quad \text{(D.0.2-2)}$$

式中：

φ_{0n}——网状配筋砖砌体受压构件的稳定系数；

ρ——配筋率(体积比)。

D.0.3 无筋砌体矩形截面双向偏心受压构件(图D.0.3)承载力的影响系数，可按下列公式计算，当一个方向的偏心率(e_b/b 或 e_h/h)不大于另一个方向的偏心率的5%时,可简化按另一个方向的单向偏心受压,按本规范第 D.0.1 条的规定确定承载力的影响系数。

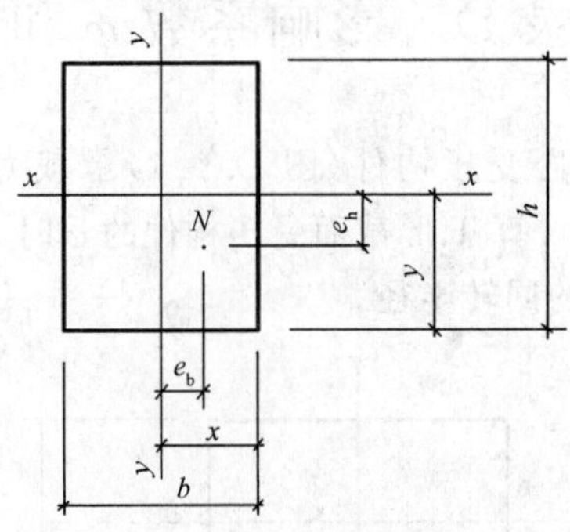

图 D.0.3 双向偏心受压

$$\varphi=\frac{1}{1+12\left[\left(\frac{e_b+e_{ib}}{b}\right)^2+\left(\frac{e_h+e_{ih}}{h}\right)^2\right]} \qquad \text{(D.0.3-1)}$$

$$e_{ib}=\frac{b}{\sqrt{12}}\sqrt{\frac{1}{\varphi_0}-1}\left(\frac{\frac{e_b}{b}}{\frac{e_b}{b}+\frac{e_h}{h}}\right) \qquad \text{(D.0.3-2)}$$

$$e_{ih}=\frac{h}{\sqrt{12}}\sqrt{\frac{1}{\varphi_0}-1}\left(\frac{\frac{e_h}{h}}{\frac{e_b}{b}+\frac{e_h}{h}}\right) \qquad \text{(D.0.3-3)}$$

式中:

e_b、e_h——轴向力在截面重心 x 轴、y 轴方向的偏心距,e_b、e_h 宜分别不大于 $0.5x$ 和 $0.5y$;

x、y——自截面重心沿 x 轴、y 轴至轴向力所在偏心方向截面边缘的距离;

e_{ib}、e_{ih}——轴向力在截面重心 x 轴、y 轴方向的附加偏心距。

表 D.0.1-1 影响系数 φ(砂浆强度等级≥M5)

β	$\frac{e}{h}$ 或 $\frac{e}{h_T}$						
	0	0.025	0.5	0.075	0.1	0.125	0.15
≤3	1	0.99	0.97	0.94	0.89	0.84	0.79
4	0.98	0.95	0.90	0.85	0.80	0.74	0.69
6	0.95	0.91	0.86	0.81	0.75	0.69	0.64
8	0.91	0.86	0.81	0.76	0.70	0.64	0.59
10	0.87	0.82	0.76	0.71	0.65	0.60	0.55
12	0.82	0.77	0.71	0.66	0.60	0.55	0.51
14	0.77	0.72	0.66	0.61	0.56	0.51	0.47
16	0.72	0.67	0.61	0.56	0.52	0.47	0.44
18	0.67	0.62	0.57	0.52	0.48	0.44	0.40
20	0.62	0.57	0.53	0.48	0.44	0.40	0.37
22	0.58	0.53	0.49	0.45	0.41	0.38	0.35
24	0.54	0.49	0.45	0.41	0.38	0.35	0.32
26	0.50	0.46	0.42	0.38	0.35	0.33	0.30
28	0.46	0.42	0.39	0.36	0.33	0.30	0.28
30	0.42	0.39	0.36	0.33	0.31	0.28	0.26

续表 D.0.1-1

β	$\frac{e}{h}$或$\frac{e}{h_T}$					
	0.175	0.2	0.225	0.25	0.275	0.3
≤3	0.73	0.68	0.62	0.57	0.52	0.48
4	0.64	0.58	0.53	0.49	0.45	0.41
6	0.59	0.54	0.49	0.45	0.42	0.38
8	0.54	0.50	0.46	0.42	0.39	0.36
10	0.50	0.46	0.42	0.39	0.36	0.33
12	0.47	0.43	0.39	0.36	0.33	0.31
14	0.43	0.40	0.36	0.34	0.31	0.29
16	0.40	0.37	0.34	0.31	0.29	0.27
18	0.37	0.34	0.31	0.29	0.27	0.25
20	0.34	0.32	0.29	0.27	0.25	0.23
22	0.32	0.30	0.27	0.25	0.24	0.22
24	0.30	0.28	0.26	0.24	0.22	0.21
26	0.28	0.26	0.24	0.22	0.21	0.19
28	0.26	0.24	0.22	0.21	0.19	0.18
30	0.24	0.22	0.21	0.20	0.18	0.17

表 D.0.1-2 影响系数 φ（砂浆强度等级 M2.5）

β	$\frac{e}{h}$或$\frac{e}{h_T}$						
	0	0.025	0.05	0.075	0.1	0.125	0.15
≤3	1	0.99	0.97	0.94	0.89	0.84	0.79
4	0.97	0.94	0.89	0.84	0.78	0.73	0.67
6	0.93	0.89	0.84	0.78	0.73	0.67	0.62
8	0.89	0.84	0.78	0.72	0.67	0.62	0.57
10	0.83	0.78	0.72	0.67	0.61	0.56	0.52
12	0.78	0.72	0.67	0.61	0.56	0.52	0.47
14	0.72	0.66	0.61	0.56	0.51	0.47	0.43
16	0.66	0.61	0.56	0.51	0.47	0.43	0.40
18	0.61	0.56	0.51	0.47	0.43	0.40	0.36
20	0.56	0.51	0.47	0.43	0.39	0.36	0.33
22	0.51	0.47	0.43	0.39	0.36	0.33	0.31
24	0.46	0.43	0.39	0.36	0.33	0.31	0.28
26	0.42	0.39	0.36	0.33	0.31	0.28	0.26
28	0.39	0.36	0.33	0.30	0.28	0.26	0.24
30	0.36	0.33	0.30	0.28	0.26	0.24	0.22

β	$\frac{e}{h}$或$\frac{e}{h_T}$					
	0.175	0.2	0.225	0.25	0.275	0.3
≤3	0.73	0.68	0.62	0.57	0.52	0.48
4	0.62	0.57	0.52	0.48	0.44	0.40
6	0.57	0.52	0.48	0.44	0.40	0.37
8	0.52	0.48	0.44	0.40	0.37	0.34
10	0.47	0.43	0.40	0.37	0.34	0.31

续表 D.0.1-2

β	$\frac{e}{h}$或$\frac{e}{h_T}$					
	0.175	0.2	0.225	0.25	0.275	0.3
12	0.43	0.40	0.37	0.34	0.31	0.29
14	0.40	0.36	0.34	0.31	0.29	0.27
16	0.36	0.34	0.31	0.29	0.26	0.25
18	0.33	0.31	0.29	0.26	0.24	0.23
20	0.31	0.28	0.26	0.24	0.23	0.21
22	0.28	0.26	0.24	0.23	0.21	0.20
24	0.26	0.24	0.23	0.21	0.20	0.18
26	0.24	0.22	0.21	0.20	0.18	0.17
28	0.22	0.21	0.20	0.18	0.17	0.16
30	0.21	0.20	0.18	0.17	0.16	0.15

表 D.0.1-3 影响系数 φ(砂浆强度 0)

β	$\frac{e}{h}$或$\frac{e}{h_T}$						
	0	0.025	0.5	0.075	0.1	0.125	0.15
≤3	1	0.99	0.97	0.94	0.89	0.84	0.79
4	0.87	0.82	0.77	0.71	0.66	0.60	0.55
6	0.76	0.70	0.65	0.59	0.54	0.50	0.46
8	0.63	0.58	0.54	0.49	0.45	0.41	0.38
10	0.53	0.48	0.44	0.41	0.37	0.34	0.32
12	0.44	0.40	0.37	0.34	0.31	0.29	0.27
14	0.36	0.33	0.31	0.28	0.26	0.24	0.23
16	0.30	0.28	0.26	0.24	0.22	0.21	0.19
18	0.26	0.24	0.22	0.21	0.19	0.18	0.17
20	0.22	0.20	0.19	0.18	0.17	0.16	0.15
22	0.19	0.18	0.16	0.15	0.14	0.14	0.13
24	0.16	0.15	0.14	0.13	0.13	0.12	0.11
26	0.14	0.13	0.13	0.12	0.11	0.11	0.10
28	0.12	0.12	0.11	0.11	0.10	0.10	0.09
30	0.11	0.10	0.10	0.09	0.09	0.09	0.08

β	$\frac{e}{h}$或$\frac{e}{h_T}$					
	0.175	0.2	0.225	0.25	0.275	0.3
≤3	0.73	0.68	0.62	0.57	0.52	0.48
4	0.51	0.46	0.43	0.39	0.36	0.33
6	0.42	0.39	0.36	0.33	0.30	0.28
8	0.35	0.32	0.30	0.28	0.25	0.24
10	0.29	0.27	0.25	0.23	0.22	0.20
12	0.25	0.23	0.21	0.20	0.19	0.17
14	0.21	0.20	0.18	0.17	0.16	0.15
16	0.18	0.17	0.16	0.15	0.14	0.13
18	0.16	0.15	0.14	0.13	0.12	0.12
20	0.14	0.13	0.12	0.12	0.11	0.10

续表 D.0.1-3

β	$\frac{e}{h}$或$\frac{e}{h_T}$					
	0.175	0.2	0.225	0.25	0.275	0.3
22	0.12	0.12	0.11	0.10	0.10	0.09
24	0.11	0.10	0.10	0.09	0.09	0.08
26	0.10	0.09	0.09	0.08	0.08	0.07
28	0.09	0.08	0.08	0.08	0.07	0.07
30	0.08	0.07	0.07	0.07	0.07	0.06

表 D.0.2 影响系数 φ_n

ρ (%)	β \ e/h	0	0.05	0.10	0.15	0.17
0.1	4	0.97	0.89	0.78	0.67	0.63
	6	0.93	0.84	0.73	0.62	0.58
	8	0.89	0.78	0.67	0.57	0.53
	10	0.84	0.72	0.62	0.52	0.48
	12	0.78	0.67	0.56	0.48	0.44
	14	0.72	0.61	0.52	0.44	0.41
	16	0.67	0.56	0.47	0.40	0.37
0.3	4	0.96	0.87	0.76	0.65	0.61
	6	0.91	0.80	0.69	0.59	0.55
	8	0.84	0.74	0.62	0.53	0.49
	10	0.78	0.67	0.56	0.47	0.44
	12	0.71	0.60	0.51	0.43	0.40
	14	0.64	0.54	0.46	0.38	0.36
	16	0.58	0.49	0.41	0.35	0.32
0.5	4	0.94	0.85	0.74	0.63	0.59
	6	0.88	0.77	0.66	0.56	0.52
	8	0.81	0.69	0.59	0.50	0.46
	10	0.73	0.62	0.52	0.44	0.41
	12	0.65	0.55	0.46	0.39	0.36
	14	0.58	0.49	0.41	0.35	0.32
	16	0.51	0.43	0.36	0.31	0.29
0.7	4	0.93	0.83	0.72	0.61	0.57
	6	0.86	0.75	0.63	0.53	0.50
	8	0.77	0.66	0.56	0.47	0.43
	10	0.68	0.58	0.49	0.41	0.38
	12	0.60	0.50	0.42	0.36	0.33
	14	0.52	0.44	0.37	0.31	0.30
	16	0.46	0.38	0.33	0.28	0.26
0.9	4	0.92	0.82	0.71	0.60	0.56
	6	0.83	0.72	0.61	0.52	0.48
	8	0.73	0.63	0.53	0.45	0.42
	10	0.64	0.54	0.46	0.38	0.36
	12	0.55	0.47	0.39	0.33	0.31
	14	0.48	0.40	0.34	0.29	0.27
	16	0.41	0.35	0.30	0.25	0.24

续表 D.0.2

ρ (%)	e/h \ β	0	0.05	0.10	0.15	0.17
1.0	4	0.91	0.81	0.70	0.59	0.55
	6	0.82	0.71	0.60	0.51	0.47
	8	0.72	0.61	0.52	0.43	0.41
	10	0.62	0.53	0.44	0.37	0.35
	12	0.54	0.45	0.38	0.32	0.30
	14	0.46	0.39	0.33	0.28	0.26
	16	0.39	0.34	0.28	0.24	0.23

本规范用词说明

1　为便于在执行本规范条文时区别对待，对要求严格程度不同的用词说明如下：

1）　表示很严格，非这样做不可的：
正面词采用“必须”，反面词采用“严禁”；

2）　表示严格，在正常情况下均应这样做的：
正面词采用“应”，反面词采用“不应”或“不得”；

3）　表示允许稍有选择，在条件许可时首先应这样做的：
正面词采用“宜”，反面词采用“不宜”；

4）　表示有选择，在一定条件下可以这样做的，采用“可”。

2　本规范中指明应按其他有关标准执行的写法为“应符合……的规定”或“应按……执行”。

引用标准名录

1《建筑地基基础设计规范》GB 50007

2《建筑结构荷载规范》GB 50009

3《混凝土结构设计规范》GB 50010

4《建筑抗震设计规范》GB 50011

5《建筑结构可靠度设计统一标准》GB 50068

6《建筑结构设计术语和符号标准》GB/T 50083

7《砌体结构工程施工质量验收规范》GB 50203

8《混凝土结构工程施工质量验收规范》GB 50204

9《建筑抗震设防分类标准》GB 50223

10《墙体材料应用统一技术规范》GB 50574

11《冷轧带肋钢筋混凝土结构技术规程》JGJ 95

中华人民共和国国家标准

砌体结构设计规范

GB 50003—2011

条文说明

修订说明

本修订是根据原建设部《关于印发〈2007年工程建设标准规范制定、修订计划（第一批）〉的通知》（建标[2007]125号）的要求，由中国建筑东北设计研究院有限公司会同有关设计、研究、施工、研究、教学和相关企业等单位，于2007年9月开始对《砌体结构设计规范》GB 50003—2001（以下简称2001规范）进行全面修订。

为了做好对2001规范的修订工作，更好的保证规范修订的先进性，与时俱进地将砌体结构领域的创新成果、成熟材料与技术充分体现的标准当中，砌体结构设计规范国家标准管理组在向原建设部提出修订申请的同时，还向2001规范参编单位及参编人征集了修订意见和建议，如2007年1月23日在南京召开了有2001规范修订主要参编人参加的修订方案及内容研讨会；2007年10月25日在江苏宿迁召开了有2001规范各章节主要编制人参加的规范修订预备会议。两次会议结合2001规范使用过程中存在的问题、近年来我国砌体结构的相关研究成果及国外研究动态，认真讨论了该规范的修订内容，确定了本次规范的修订原则为"增补、简化、完善"。这些准备工作为修订工作的正式启动奠定了基础。

2007年12月7日《砌体结构设计规范》GB 50003—2001编制组成立暨第一次修订工作会议在湖南长沙召开。修订组负责人对修订组人员的构成、前期准备工作、修订大纲草案、人员分组情况进行了详细报告。与会代表经过认真讨论，拟定了《砌体结构设计规范》修订大纲，并确定本次修订的重点是：

1）在本规范执行过程中，有关部门和技术人员反映的问题较多、较突出且急需修改的内容；

2）增补近年来砌体结构领域成熟的新材料、新成果、新技术；

3）简化砌体结构设计计算方法；

4）补充砌体结构的裂缝控制措施和耐久性要求。

修订期间，各章、节负责人进行了大量、系统的调研、试验、研究工作。在认真总结了2001规范在应用过程中的经验的同时，针对近十年来我国的经济建设高速发展而带来建筑结构体系的新变化；针对我国科学发展、节能减排、墙材革新、低碳绿色等基本战略的推进而涌现出来的砌体结构基本理论及工程应用领域的累累硕果及应用经验进行了必要的修订。修订期间我国经受了汶川、玉树大地震，编制组成员第一时间奔赴震区进行了砌体结构震害调查，在此基础上进行了多次专门针对砌体结构抗震设计部分修订的研讨会。如2008年10月8日～9日在上海同济大学召开了砌体结构构件抗震设计（第10章）修订研讨会；2009年8月1日～2日在北京召开修订阶段工作通报会，重点研究了砌体结构构件抗震设计的修订内容。2009年9月还在重庆召开了构造部分（第6章）修订初稿研讨会。

《砌体结构设计规范》（修订）征求意见稿自2010年4月20日在国家工程建设标准化信息网上公示后，编制组将征集到的意见和建议进行了汇总和梳理，于2010年7月23日在哈尔滨又召开专门会议进行研究。会后编制组将征求意见稿又进行了必要的修改与完善。

2010年12月4日～5日，由住房和城乡建设部标准定额司主持，召开了《砌体结构设计规范》修订送审稿审查会。会议认为，修订送审稿继续保持2001版规范的基本规定是合适的，所增加、完善的新内容反映了我国砌体结构领域研究的创新成果和工程应用的实践经验，比2001版规范更加全面、更加细致、更加科学。新版规范的颁布与实施将使我给砌体结构设计提高到新的水平。

2001规范的主编单位：中国建筑东北设计研究院

2001规范的参编单位：湖南大学、哈尔滨建筑大学、浙江大学、同济大学、机械工业部设计研究院、西安建筑科技大学、重庆建筑科学研究院、郑州工业大学、重庆建筑大学、北京市建筑设计研究院、四川省建筑科学研究院、云南省建筑技术发展中心、长沙交通学院、广州市民用建筑科研设计院、沈阳建筑工程学院、中国建筑西南设计研究院、陕西省建筑科学研究院、合肥工业大学、深圳艺蓁工程设计有限公司、长沙中盛建筑勘察设计有限公司等

2001 规范主要起草人：苑振芳　施楚贤　唐岱新　严家熺　龚绍熙　徐　建　胡秋谷　王庆霖
周炳章　林文修　刘立新　骆万康　梁兴文　侯汝欣　刘　斌　何建罡
吴明舜　张　英　谢丽丽　梁建国　金伟良　杨伟军　李　翔　王凤来
刘　明　姜洪斌　何振文　雷　波　吴存修　肖亚明　张宝印　李　岗
李建辉

为便于广大设计、施工、科研、学校等单位有关人员在使用本规范时能正确理解和执行条文规定，《砌体结构设计规范》编制组按章、节、条顺序编制了本规范的条文说明，对条文规定的目的、依据以及执行中需注意的有关事项进行了说明。但是，本条文说明不具备与规范正文同等的法律效力，仅供使用者作为理解和把握规范规定的参考。

1 总 则

1.0.1、1.0.2 本规范的修订是依据国家有关政策，特别是近年来墙材革新、节能减排产业政策的落实及低碳、绿色建筑的发展，将近年来砌体结构领域的创新成果及成熟经验纳入本规范。砌体结构类别和应用范围也较2001规范有所扩大，增加的主要内容有：

1 混凝土普通砖、混凝土多孔砖等新型材料砌体；

2 组合砖墙，配筋砌块砌体剪力墙结构；

3 抗震设防区的无筋和配筋砌体结构构件设计。

为了使新增加的内容做到技术先进、性能可靠、适用可行，以中国建筑东北设计研究有限公司为主编单位的编制组近年来进行了大量的调查及试验研究，针对我国实施墙材革新、建筑节能，发展循环经济、低碳绿色建材的特点及21世纪涌现出来的新技术、新装备进行了实践与创新。如对利用新工艺、新设备生产的蒸压粉煤灰砖（蒸压灰砂砖）等硅酸盐砖、混凝土砖等非烧结块材砌体进行了全面、系统的试验与研究，编制出中国工程建设协会标准《蒸压粉煤灰砖建筑技术规程》CECS256和《混凝土砖建筑技术规程》CECS257，也为一些省、市编制了相应的地方标准，使得高品质墙材产品与建筑应用得到有效整合。

近年来，组合砖墙、配筋砌块砌体剪力墙结构及抗震设防区的无筋和配筋砌体结构构件设计研究取得了一定进展，湖南大学、哈尔滨工业大学、同济大学、北京市建筑设计研究院、中国建筑东北设计研究院有限公司等单位的研究取得了不菲的成绩，此次修订，充分引用了这些成果。

应当指出，为确保砌块结构、混凝土砖结构、蒸压粉煤灰（灰砂）砖砌体结构，特别是配筋砌块砌体剪力墙结构的工程质量及整体受力性能，应采用工作性能好、粘结强度较高的专用砌筑砂浆及高流态、低收缩、高强度的专用灌孔混凝土。即随着新型砌体材料的涌现，必须有与其相配套的专用材料。随着我国预拌砂浆的行业的兴起及各类专用砂浆的推广，各类砌体结构性能明显得到改善和提高。近年来，与新型墙材砌体相配套的专用砂浆标准相继问世，如《混凝土小型空心砌块砌筑砂浆》JC860、《混凝土小型空心砌块灌孔混凝土》JC861和《砌体结构专用砂浆应用技术规程》CECS等。

1.0.3～1.0.5 由于本规范较大地扩充了砌体材料类别和其相应的结构体系，因而列出了尚需同时参照执行的有关标准规范，包括施工及验收规范。

2 术语和符号

2.1 术 语

2.1.5 研究表明，孔洞率大于35％的多孔砖，其折压比较低，且砌体开裂提前呈脆性破坏，故应对空洞率加以限制。

2.1.6、2.1.7 根据近年来蒸压灰砂普通砖、蒸压粉煤灰普通砖制砖工艺及设备的发展现状和建筑应用需求，蒸压砖定义中增加了压制排气成型、高压蒸汽养护的内容，以区分新旧制砖工艺，推广、采用新工艺、新设备，体现了标准的先进性。

2.1.12 蒸压灰砂普通砖、蒸压粉煤灰普通砖等蒸压硅酸盐砖是半干压法生产的，制砖钢模十分光亮，在高压成型时会使砖质地密实、表面光滑，吸水率也较小，这种光滑的表面影响了砖与砖的砌筑与粘结，使墙体的抗剪强度较烧结普通砖低1/3，从而影响了这类砖的推广和应用。故采用工作性好、粘结力高、耐候性强且方便施工的专用砌筑砂浆（强度等级宜为Ms15、Ms10、Ms7.5、Ms5四种，s为英文单词蒸汽压力Steam pressure及硅酸盐Silicate的第一个字母）已成为推广、应用蒸压硅酸盐砖的关键。

根据现行国家标准《建筑抗震设计规范》GB 50011—2010第10.1.24条：“采用蒸压灰砂普通砖和

蒸压粉煤灰普通砖的砌体房屋，当砌体的抗剪强度仅达到普通黏土砖砌体的70%时，房屋的层数应比普通砖房屋减少一层，总高度应减少3 m；当砌体的抗剪强度达到普通黏土砖砌体的取值时，房屋层数和总高度的要求同普通砖房屋。”本规范规定：该类砌体的专用砌筑砂浆必须保证其砌体抗剪强度不低于烧结普通砖砌体的取值。

需指出，以提高砌体抗剪强度为主要目标的专用砌筑砂浆的性能指标，应按现行国家标准《墙体材料应用统一技术规范》GB 50574规定，经研究性试验确定。当经研究性试验结果的砌体抗剪强度高于普通砂浆砌筑的烧结普通砖砌体的取值时，仍按烧结普通砖砌体的取值。

3 材　　料

3.1 材料强度等级

3.1.1 材料强度等级的合理限定，关系到砌体结构房屋安全、耐久，一些建筑由于采用了规范禁用的劣质墙材，使墙体出现的裂缝、变形，甚至出现了楼歪歪、楼垮垮案例，对此必须严加限制。鉴于一些地区近年来推广、应用混凝土普通砖及混凝土多孔砖，为确保结构安全，在大量试验研究的基础上，增补了混凝土普通砖及混凝土多孔砖的强度等级要求。

砌块包括普通混凝土砌块和轻集料混凝土砌块。轻集料混凝土砌块包括煤矸石混凝土砌块和孔洞率不大于35%的火山渣、浮石和陶粒混凝土砌块。

非烧结砖的原材料及其配比、生产工艺及多孔砖的孔型、肋及壁的尺寸等因素都会影响砖的品质，进而会影响到砌体质量，调查发现不同地区或不同企业的非烧结砖的上述因素不尽一致，块型及肋、壁尺寸大相径庭，考虑到砌体耐久性要求，删除了强度等级为MU10的非烧结砖作为承重结构的块体。

对蒸压灰砂砖和蒸压粉煤灰砖等蒸压硅酸盐砖列出了强度等级。根据建材标准指标，蒸压灰砂砖、蒸压粉煤灰砖等蒸压硅酸盐砖不得用于长期受热200 ℃以上、受急冷急热和有酸性介质侵蚀的建筑部位。

对于蒸压粉煤灰砖和掺有粉煤灰15%以上的混凝土砌块，我国标准《砌墙砖试验方法》GB/T 2542和《混凝土小型空心砌块试验方法》GB/T 4111确定碳化系数均采用人工碳化系数的试验方法。现行国家标准《墙体材料应用统一技术规范》GB 50574规定的碳化系数不应小于0.85，按原规范块体强度应乘系数$1.15\times0.85=0.98$，接近1.0，故取消了该系数。

为了保证承重类多孔砖（砌块）的结构性能，其孔洞率及肋、壁的尺寸也必须符合《墙体材料应用统一技术规范》GB 50574的规定。

鉴于蒸压多孔灰砂砖及蒸压粉煤灰多孔砖的脆性大、墙体延性也相应较差以及缺少系统的试验数据。故本规范仅对蒸压普通硅酸盐砖砌体作出规定。

实践表明，蒸压灰砂砖和蒸压粉煤灰砖等硅酸盐墙材制品的原材料配比及生产工艺状况（如掺灰量的不同、养护制度的差异等）将直接影响着砖的脆性（折压比），砖越脆墙体开裂越早。根据中国建筑东北设计研究院有限公司及沈阳建筑大学试验结果，制品中不同的粉煤灰掺量，其抗折强度相差甚多，即脆性特征相差较大，因此规定合理的折压比将有利于提高砖的品质，改善砖的脆性，也提高墙体的受力性能。

同样，含孔洞块材的砌体试验也表明：仅用含孔洞块材的抗压强度作为衡量其强度指标是不全面的，多孔砖或空心砖（砌块）孔型、孔的布置不合理将导致块体的抗折强度降低很大，降低了墙体的延性，墙体容易开裂。当前，制砖企业或模具制造企业随意确定砖型、孔型及砖的细部尺寸现象较为普遍，已发生影响墙体质量的案例，对此必须引起重视。国家标准《墙体材料应用统一技术规范》GB 50574，明确规定需控制用于承重的蒸压硅酸盐砖和承重多孔砖的折压比。

3.1.2　原规范未对用于自承重墙的空心砖、轻质块体强度等级进行规定，由于这类砌体用于填充墙的范围越来越广，一些强度低、性能差的低劣块材被用于工程，出现了墙体开裂及地震时填充墙脆性垮塌严重的现象。为确保自承重墙体的安全，本次修订，按国家标准《墙体材料应用统一技术规范》GB 50574，增补了该条。

3.1.3　采用混凝土砖(砌块)砌体以及蒸压硅酸盐砖砌体时，应采用与块体材料相适应且能提高砌筑工作性能的专用砌筑砂浆；尤其对于块体高度较高的普通混凝土砖空心砌块，普通砂浆很难保证竖向灰缝的砌筑质量。调查发现，一些砌块建筑墙体的灰缝不饱满，有的出现了“瞎缝”，影响了墙体的整体性。本条文规定采用混凝土砖(砌块)砌体时，应采用强度等级不小于 Mb5.0 的专用砌筑砂浆(b 为英文单词“砌块”或“砖”brick 的第一个字母)。蒸压硅酸盐砖则由于其表面光滑，与砂浆粘结力较差，砌体沿灰缝抗剪强度较低，影响了蒸压硅酸盐砖在地震设防区的推广与应用。因此，为了保证砂浆砌筑时的工作性能和砌体抗剪强度不低于用普通砂浆砌筑的烧结普通砖砌体，应采用粘结性强度高、工作性能好的专用砂浆砌筑。

强度等级 M2.5 的普通砂浆，可用于砌体检测与鉴定。

3.2　砌体的计算指标

3.2.1　砌体的计算指标是结构设计的重要依据，通过大量、系统的试验研究，本条作为强制性条文，给出了科学、安全的砌体计算指标。与 3.1.1 相对应，本条文增加了混凝土多孔砖、蒸压灰砂砖、蒸压粉煤灰砖和轻骨料混凝土砌块砌体的抗压强度指标，并对单排孔且孔对孔砌筑的混凝土砌块砌体灌孔后的强度作了修订。根据长沙理工大学等单位的大量试验研究结果，混凝土多孔砖砌体的抗压强度试验值与按烧结黏土砖砌体计算公式的计算值比值平均为 1.127，偏安全地取烧结黏土砖的抗压强度值。

根据目前应用情况，表 3.2.1-4 增补砂浆强度等级 Mb20，其砌体取值采用原规范公式外推得到。因水泥煤渣混凝土砌块问题多，属淘汰品，取消了水泥煤渣混凝土砌块。

1　本条文说明可参照 2001 规范的条文说明。

2　近年来混凝土普通砖及混凝土多孔砖在各地大量涌现，尤其在浙江、上海、湖南、辽宁、河南、江苏、湖北、福建、安徽、广西、河北、内蒙古、陕西等省市区得到迅速发展，一些地区颁布了当地的地方标准。为了统一设计技术，保障结构质量与安全，中国建筑东北设计研究院有限公司会同长沙理工大学、沈阳建筑大学、同济大学等单位进行了大量、系统的试验和研究，如：混凝土砖砌体基本力学性能试验研究；借助试验及有限元方法分析了肋厚对砌体性能的影响研究和砖的抗折性能；混凝土多孔砖砌体受压承载力试验；混凝土多孔砖墙低周反复荷载的拟静力试验；混凝土多孔砖砌体结构模型房屋的子结构拟动力和拟静力试验；混凝土多孔砖砌体底框房屋模型房屋拟静力试验；混凝土多孔砖砌体结构模型房屋振动台试验等。并编制了《混凝土多孔砖建筑技术规范》CECS257，其中主要成果为本次修订的依据。

3　蒸压灰砂砖砌体强度指标系根据湖南大学、重庆市建筑科学研究院和长沙市城建科研所的蒸压灰砂砖砌体抗压强度试验资料，以及《蒸压灰砂砖砌体结构设计与施工规程》CECS 20:90 的抗压强度指标确定的。根据试验统计，蒸压灰砂砖砌体抗压强度试验值 f'' 和烧结普通砖砌体强度平均值公式 f_m 的比值(f''/f_m)为 0.99，变异系数为 0.205。将蒸压灰砂砖砌体的抗压强度指标取用烧结普通砖砌体的抗压强度指标。

蒸压粉煤灰砖砌体强度指标依据四川省建筑科学研究院、长沙理工大学、沈阳建筑大学和中国建筑东北设计研究院有限公司的蒸压粉煤灰砖砌体抗压强度试验资料，并参考其他有关单位的试验资料，粉煤灰砖砌体的抗压强度相当或略高于烧结普通砖砌体的抗压强度。本次修订将蒸压粉煤灰砖的抗压强度指标取用烧结普通砖砌体的抗压强度指标。遵照国家标准《墙体材料应用统一技术规范》GB 50574“墙体不应采用非蒸压硅酸盐砖”的规定，本次修订仍未列入蒸养粉煤灰砖砌体。

应该指出，蒸压灰砂砖砌体和蒸压粉煤灰砖砌体的抗压强度指标系采用同类砖为砂浆强度试块底模时的抗压强度指标。当采用黏土砖底模时砂浆强度会提高，相应的砌体强度达不到规范要求的强度指标，砌体抗压强度降低10%左右。

4 随着砌块建筑的发展，补充收集了近年来混凝土砌块砌体抗压强度试验数据，比2001规范有较大的增加，共116组818个试件，遍及四川、贵州、广西、广东、河南、安徽、浙江、福建八省。本次修订，按以上试验数据采用原规范强度平均值公式拟合，当材料强度 $f_1 \geqslant 20$ MPa、$f_2 > 15$ MPa时，以及当砂浆强度高于砌块强度时，88规范强度平均值公式的计算值偏高，应用88规范强度平均值公式在该范围不安全，表明在该范围的强度平均值公式不能应用。当删除了这些试验数据后按94组统计，抗压强度试验值 f' 和抗压强度平均值公式的计算值 f_m 的比值为1.121，变异系数为0.225。

为适应砌块建筑的发展，本次修订增加了MU20强度等级。根据现有高强砌块砌体的试验资料，在该范围其砌体抗压强度试验值仍较强度平均值公式的计算值偏低。本次修订采用降低砂浆强度对2001规范抗压强度平均值公式进行修正，修正后的砌体抗压强度平均值公式为：

$$f_m = 0.46 f_1^{0.9}(1+0.07f_2)(1.1-0.01f_2)(f_2 > 10\ \text{MPa})$$

对MU20的砌体适当降低了强度值。

5 对单排孔且对孔砌筑的混凝土砌块灌孔砌体，建立了较为合理的抗压强度计算方法。GBJ 3—88灌孔砌体抗压强度提高系数 φ_1 按下式计算：

$$\varphi_1 = \frac{0.8}{1-\delta} \leqslant 1.5 \qquad (1)$$

该式规定了最低灌孔混凝土强度等级为C15，且计算方便。收集了广西、贵州、河南、四川、广东共20组82个试件的试验数据和近期湖南大学4组18个试件以及哈尔滨建筑大学4组24个试件的试验数据，试验数据反映GBJ 3—88的 φ_1 值偏低，且未考虑不同灌孔混凝土强度对 φ_1 的影响，根据湖南大学等单位的研究成果，经研究采用下式计算：

$$f_{gm} = f_m + 0.63\alpha f_{cu,m}(\rho \geqslant 33\%) \qquad (2)$$

$$f_g = f + 0.6\alpha f_c \qquad (3)$$

同时为了保证灌孔混凝土在砌块孔洞内的密实，灌孔混凝土应采用高流动性、高粘结性、低收缩性的细石混凝土。由于试验采用的块体强度、灌孔混凝土强度，一般在MU10～MU20、C10～C30范围，同时少量试验表明高强度灌孔混凝土砌体达不到公式(2)的 f_{gm}，经对试验数据综合分析，本次修订对灌实砌体强度提高系数作了限制 $f_g/f \leqslant 2$。同时根据试验试件的灌孔率(ρ)均大于33%，因此对公式灌孔率适用范围作了规定。灌孔混凝土强度等级规定不应低于Cb20。灌孔混凝土性能应符合《混凝土小型空心砌块灌孔混凝土》JC 861的规定。

6 多排孔轻集料混凝土砌块在我国寒冷地区应用较多，特别是我国吉林和黑龙江地区已开始推广应用，这类砌块材料目前有火山渣混凝土、浮石混凝土和陶粒混凝土，多排孔砌块主要考虑节能要求，排数有二排、三排和四排，孔洞率较小，砌块规格各地不一致，块体强度等级较低，一般不超过MU10，为了多排孔轻集料混凝土砌块建筑的推广应用，《混凝土砌块建筑技术规程》JGJ/T 145列入了轻集料混凝土砌块建筑的设计和施工规定。规范应用了JGJ/T 14收集的砌体强度试验数据。

规范应用的试验资料为吉林、黑龙江两省火山渣、浮石、陶粒混凝土砌块砌体强度试验数据48组243个试件，其中多排孔单砌砌体试件共17组109个试件，多排孔组砌砌体21组70个试件，单排孔砌体10组64个试件。多排孔单砌砌体强度试验值 f' 和公式平均值 f_m 比值为1.615，变异系数为0.104。多排孔组砌砌体强度试验值 f' 和公式平均值 f_m 比值为1.003，变异系数为0.202。从统计参数分析，多排孔单砌强度较高，组砌后明显降低，考虑多排孔砌块砌体强度和单排孔砌块砌体强度有差别，同时偏于安全考虑，本次修订对孔洞率不大于35%的双排孔或多排孔轻骨料混凝土砌块砌体的抗压强度设计值，按单排孔混凝土砌块砌体强度设计值乘以1.1采用。对组砌的砌体的抗压强度设计值乘以0.8采用。

值得指出的是，轻集料砌块的建筑应用，应采用以强度等级和密度等级双控的原则，避免只重视块体强度而忽视其耐久性。调查发现，当前许多企业，以生产陶粒砌块为名，代之以大量的炉渣等工业废弃物，严重降低了块材质量，为建筑工程质量埋下隐患。应遵照国家标准《墙体材料应用统一技术规范》GB 50574，对轻集料砌块强度等级和密度等级双控的原则进行质量控制。

7、8 除毛料石砌体和毛石砌体的抗压强度设计值作了适当降低外，条文未作修改。

本条中砌筑砂浆等级为0的砌体强度，为供施工验算时采用。

3.2.2 沿砌体灰缝截面破坏时砌体的轴心抗拉强度设计值、弯曲抗拉强度设计值和抗剪强度设计值是涉及砌体结构设计安全的重要指标。本条文也增加了混凝土砖、混凝土多孔砖沿砌体灰缝截面破坏时砌体的轴心抗拉强度设计值、弯曲抗拉强度设计值和抗剪强度设计值。

近年来长沙理工大学、沈阳建筑大学、中国建筑东北设计研究院有限公司等单位对混凝土砖、混凝土多孔砖沿砌体灰缝截面破坏时砌体的轴心抗拉强度、弯曲抗拉强度和抗剪强度进行了系统的试验研究，研究成果表明，混凝土砖、混凝土多孔砖的上述强度均高于烧结普通砖砌体，为可靠，本次修订不作提高。

蒸压灰砂砖砌体抗剪强度系根据湖南大学、重庆市建筑科学研究院和长沙市城建科研所的通缝抗剪强度试验资料，以及《蒸压灰砂砖砌体结构设计与施工规程》CECS 20:90的抗剪强度指标确定的。灰砂砖砌体的抗剪强度各地区的试验数据有差异，主要原因是各地区生产的灰砂砖所用砂的细度和生产工艺(半干压法压制成型)不同，以及采用的试验方法和砂浆试块采用的底模砖不同引起。本次修订以双剪试验方法和以灰砂砖作砂浆试块底模的试验数据为依据，并考虑了灰砂砖砌体通缝抗剪强度的变异。根据试验资料，蒸压灰砂砖砌体的抗剪强度设计值较烧结普通砖砌体的抗剪强度有较大的降低。用普通砂浆砌筑的蒸压灰砂砖砌体的抗剪强度取砖砌体抗剪强度的0.70倍。

蒸压粉煤灰砖砌体抗剪强度取值依据四川省建筑科学研究院、沈阳建筑大学和长沙理工大学的研究报告，其抗剪强度较烧结普通砖砌体的抗剪强度有较大降低，用普通砂浆砌筑的蒸压粉煤灰砖砌体抗剪强度设计值取烧结普通砖砌体抗剪强度的0.70倍。

为有效提高蒸压硅酸盐砖砌体的抗剪强度，确保结构的工程质量，应积极推广、应用专用砌筑砂浆。表中的砌筑砂浆为普通砂浆，当该类砖采用专用砂浆砌筑时，其砌体沿砌体灰缝截面破坏时砌体的轴心抗拉强度设计值、弯曲抗拉强度设计值和抗剪强度设计值按普通烧结砖砌体的采用。当专用砂浆的砌体抗剪强度高于烧结普通砖砌体时，其砌体抗剪强度仍取烧结普通砖砌体的强度设计值。

轻集料混凝土砌块砌体的抗剪强度指标系根据黑龙江、吉林等地区抗剪强度试验资料。共收集16组89个试验数据，试验值f'和混凝土砌块抗剪强度平均值$f_{v,m}$的比值为1.41。对于孔洞率小于或等于35%的双排孔或多排孔砌块砌体的抗剪强度按混凝土砌块砌体抗剪强度乘以1.1采用。

单排孔且孔对孔砌筑混凝土砌块灌孔砌体的通缝抗剪强度是本次修订中增加的内容，主要依据湖南大学36个试件和辽宁建筑科学研究院66个试件的试验资料，试件采用了不同的灌孔率。砂浆强度和砌块强度，通过分析灌孔后通缝抗剪强度和灌孔率。灌孔砌体的抗压强度有关，回归分析的抗剪强度平均值公式为：

$$f_{vg,m} = 0.32 f_{g,m}^{0.55}$$

试验值$f'_{v,m}$和公式值$f_{vg,m}$的比值为1.061，变异系数为0.235。

灌孔后的抗剪强度设计值公式为：$f_{vg}=0.208 f_g^{0.55}$，取$f_{vg}=0.20 f_g^{0.55}$。

需指出，承重单排孔混凝土空心砌块砌体对穿孔(上下皮砌块孔与孔相对)是保证混凝土砌块与砌筑砂浆有效粘结、成型混凝土芯柱所必需的条件。目前我国多数企业生产的砌块对此均欠考虑，生产的块材往往不能满足砌筑时的孔对孔，其砌体通缝抗剪能力必然比按规范计算结构有所降低。工程实践表明，由于非对穿孔墙体砂浆的有效粘结面少、墙体的整体性差，已成为空心砌块建筑墙体渗、漏、裂的主要原因，也成为震害严重的原因之一(玉树震害调查表明，用非对穿孔空心砌块砌墙及专用砂浆的缺失，成为当地空心砌块建筑毁坏的原因之一)。故必须对此予以强调，要求设备制作企业在空心砌块模具的加工时，就应对块材的应用情况有所了解。

3.2.3 因砌体强度设计值调整系数关系到结构的安全，故将本条定为强制性条文。水泥砂浆调整系数在73及88规范中基本参照苏联规范，由专家讨论确定的调整系数。四川省建筑科学研究院对大孔洞率条型孔多孔砖砌体力学性能试验表明，中、高强度水泥砂浆对砌体抗压强度和砌体抗剪强度无不利影响。试验表明，当 $f_2 \geqslant 5$ MPa时，可不调整。本规范仍保持2001规范的取值，偏于安全。

3.2.5 全国65组281个灌孔混凝土砌块砌体试件试验结果分析表明，2001规范中单排孔对孔砌筑的灌孔混凝土砌块砌体弹性模量取值偏低，低估了灌孔混凝土砌块砌体墙的水平刚度，对框支灌孔混凝土砌块砌体剪力墙和灌孔混凝土砌块砌体房屋的抗震设计偏于不安全。由理论和试验结果分析、统计，并参照国外有关标准的取值，取 $E=2\ 000\ f_g$。

因为弹性模量是材料的基本力学性能，与构件尺寸等无关，而强度调整系数主要是针对构件强度与材料强度的差别进行的调整，故弹性模量中的砌体抗压强度值不需用3.2.3条进行调整。

本条增加了砌体的收缩率，因国内砌体收缩试验数据少。本次修订主要参考了块体的收缩、长沙理工大学的试验数据，并参考了ISO/TC 179/SCI的规定，经分析确定的。砌体的收缩和块体的上墙含水率、砌体的施工方法等有密切关系。如当地有可靠的砌体收缩率的试验数据，亦可采用当地试验数据。

长沙理工大学、郑州大学等单位的试验结果表明，混凝土多孔砖的力学指标抗压强度和弹性模量与烧结砖相同，混凝土多孔砖的其他物理指标与混凝土砌块相同，如摩擦系数和线膨胀系数是参考本规范中混凝土小砌块砌体取值的。

4 基本设计规定

4.1 设计原则

4.1.1～4.1.5 根据《建筑结构可靠度设计统一标准》GB 50068，结构设计仍采用概率极限状态设计原则和分项系数表达的计算方法。本次修订，根据我国国情适当提高了建筑结构的可靠度水准；明确了结构和结构构件的设计使用年限的含意、确定和选择；并根据建设部关于适当提高结构安全度的指示，在第4.1.5条作了几个重要改变：

1 针对以自重为主的结构构件，永久荷载的分项系数增加了1.35的组合，以改进自重为主构件可靠度偏低的情况；

2 引入了《施工质量控制等级》的概念。

长期以来，我国设计规范的安全度未和施工技术、施工管理水平等挂钩，而实际上它们对结构的安全度影响很大。因此为保证规范规定的安全度，有必要考虑这种影响。发达国家在设计规范中明确地提出了这方面的规定，如欧共体规范、国际标准。我国在学习国外先进管理经验的基础上，并结合我国的实际情况，首先在《砌体工程施工及验收规范》GB 50203—98中规定了砌体施工质量控制等级。它根据施工现场的质保体系、砂浆和混凝土的强度、砌筑工人技术等级方面的综合水平划为A、B、C三个等级。但因当时砌体规范尚未修订，它无从与现行规范相对应，故其规定的A、B、C三个等级，只能与建筑物的重要性程度相对应。这容易引起误解。而实际的内涵是在不同的施工控制水平下，砌体结构的安全度不应该降低，它反映了施工技术、管理水平和材料消耗水平的关系。因此本规范引入了施工质量控制等级的概念，考虑到一些具体情况，砌体规范只规定了B级和C级施工质量控制等级。当采用C级时，砌体强度设计值应乘第3.2.3条的 γ_a，$\gamma_a=0.89$；当采用A级施工质量控制等级时，可将表中砌体强度设计值提高5%。施工质量控制等级的选择主要根据设计和建设单位商定，并在工程设计图中明确设计采用的施工质量控制等级。

因此本规范中的A、B、C三个施工质量控制等级应按《砌体结构工程施工质量验收规范》GB 50203中对应的等级要求进行施工质量控制。

但是考虑到我国目前的施工质量水平，对一般多层房屋宜按B级控制。对配筋砌体剪力墙高层建筑,设计时宜选用B级的砌体强度指标,而在施工时宜采用A级的施工质量控制等级。这样做是有意提高这种结构体系的安全储备。

4.1.6 在验算整体稳定性时,永久荷载效应与可变荷载效应符号相反,而前者对结构起有利作用。因此,若永久荷载分项系数仍取同号效应时相同的值,则将影响构件的可靠度。为了保证砌体结构和结构构件具有必要的可靠度,故当永久荷载对整体稳定有利时,取 $\gamma_G=0.8$。本次修订增加了永久荷载控制的组合项。

4.2 房屋的静力计算规定

取消上刚下柔多层房屋的静力计算方案及原附录的计算方法。这是考虑到这种结构存在着显著的刚度突变,在构造处理不当或偶发事件中存在着整体失效的可能性。况且通过适当的结构布置,如增加横墙,可成为符合刚性方案的结构,既经济又安全的砌体结构静力方案。

4.2.5 第3款,计算表明,因屋盖梁下砌体承受的荷载一般较楼盖梁小,承载力裕度较大,当采用楼盖梁的支承长度后,对其承载力影响很小。这样做以简化设计计算。板下砌体的受压和梁下砌体受压是不同的。板下是大面积接触,且板的刚度要比梁的小得多,而所受荷载也要小得多,故板下砌体应力分布要平缓得多。根据《国际标准》ISO 9652-1 规定:楼面活荷载不大于 5 kN/m² 时,偏心距 $e=0.05(l_1-l_2)\leqslant h/3$。式中 l_1、l_2 分别为墙两侧板的跨度,h 墙厚。当墙厚小于 200 mm 时,该偏心距应乘以折减系数 $h/200$;当双向板跨比达到1:2时,板的跨度可取短边长的2/3。考虑到我国砌体房屋多年的工程经验和梁传荷载下支承压力方法的一致性原则,则取 $0.4a$ 是安全的也是对规范的补充。

第4款,即对于梁跨度大于9 m的墙承重的多层房屋,应考虑梁端约束弯矩影响的计算。

试验表明上部荷载对梁端的约束随局压应力的增大呈下降趋势,在砌体局压临破坏时约束基本消失。但在使用阶段对于跨度比较大的梁,其约束弯矩对墙体受力影响应予考虑。根据三维有限元分析,$a/h=0.75$,$l=5.4$ m,上部荷载 $\sigma_0/f_m=0.1$、0.2、0.3、0.4 时,梁端约束弯矩与按框架分析的梁端弯矩的比值分别为0.28、0.377、0.449、0.511。为了设计方便,将其替换为梁端约束弯矩与梁固端弯矩的比值 K,分别为8.3%、12.2%、16.6%、21.4%。为此拟合成公式4.2.5予以反映。

本方法也适用于上下墙厚不同的情况。

4.2.6 根据表4.2.6所列条件(墙厚240 mm)验算表明,由风荷载引起的应力仅占竖向荷载的5%以下,可不考虑风荷载影响。

4.3 耐久性规定

砌体结构的耐久性包括两个方面,一是对配筋砌体结构构件的钢筋的保护,二是对砌体材料保护。原规范中虽均有反映,但比较分散,而且对砌体耐久性的要求或保护措施相对比较薄弱一些。因此随着人们对工程结构耐久性要求的关注,有必要对砌体结构的耐久性进行增补和完善并单独作为一节。砌体结构的耐久性与钢筋混凝土结构既有相同处但又有一些优势。相同处是指砌体结构中的钢筋保护增加了砌体部分,而比混凝土结构的耐久性好,无筋砌体尤其是烧结类砖砌体的耐久性更好。本节耐久性规定主要根据工程经验并参照国内外有关规范增补的:

1 关于环境类别

环境类别主要根据国际标准《配筋砌体结构设计规范》ISO 9652-3 和英国标准 BS 5628。其分类方法和我国《混凝土结构设计规范》GB 50010 很接近。

2 配筋砌体中钢筋的保护层厚度要求,英国规范比美国规范更严,而国际标准有一定灵活性表现在:

1) 英国规范认为砖砌体或其他材料具有吸水性,内部允许存在渗流,因此就钢筋的防腐要求而论,砌体保护层几乎起不到防腐作用,可忽略不计。另外砂浆的防腐性能通常较相同厚度的密实混凝土防腐性能差,因此在相同暴露情况下,要求的保护层厚度通常比混凝土截面保护层大。

2） 国际标准与英国标准要求相同，但在砌体块体和砂浆满足抗渗性能要求条件下钢筋的保护层可考虑部分砌体厚度。

3） 据 UBC 砌体规范 2002 版本，其对环境仅有室内正常环境和室外或暴露于地基土中两类，而后者的钢筋保护层，当钢筋直径大于 No. 5($\phi=16$)不小于 2 英寸(50.8 mm)，当不大于 No. 5 时不小于 1.5 英寸(38.1 mm)。在条文解释中，传统的钢筋是不镀锌的，砌体保护层可以延缓钢筋的锈蚀速度，保护层厚度是指从砌体外表面到钢筋最外层的距离。如果横向钢筋围着主筋，则应从箍筋的最外边缘测量。砌体保护层包括砌块、抹灰层、面层的厚度。在水平灰缝中，钢筋保护层厚度是指从钢筋的最外缘到抹灰层外表面的砂浆和面层总厚度。

4） 本条的 5 类环境类别对应情况下钢筋混凝土保护层厚度采用了国际标准的规定，并在环境类别 1～3 时给出了采用防渗块材和砂浆时混凝土保护的低限值，并参照国外规范规定了某些钢筋的防腐镀(涂)层的厚度或等效的保护。随着新防腐材料或技术的发展也可采用性价比更好、更节能环保的钢筋防护材料。

5） 砌体中钢筋的混凝土保护层厚度要求基本上同混凝土规范，但适用的环境条件也根据砌体结构复合保护层的特点有所扩大。

3 无筋砌体

无筋高强度等级砖石结构经历数百年和上千年考验其耐久性是不容置疑的。对非烧结块材、多孔块材的砌体处于冻胀或某些侵蚀环境条件下其耐久性易于受损，故提高其砌体材料的强度等级是最有效和普遍采用的方法。

地面以下或防潮层以下的砌体采用多孔砖或混凝土空心砌块时，应将其孔洞预先用不低于 M10 的水泥砂浆或不低于 Cb20 的混凝土灌实，不应随砌随灌，以保证灌孔混凝土的密实度及质量。

鉴于全国范围内的蒸压灰砂砖、蒸压粉煤灰砖等蒸压硅酸盐砖的制砖工艺、制造设备等有着较大的差异，砖的品质不尽一致；又根据国家现行的材料标准，本次修订规定，环境类别为 3～5 等有侵蚀性介质的情况下，不应采用蒸压灰砂砖和蒸压粉煤灰砖。

5 无筋砌体构件

5.1 受压构件

5.1.1、5.1.5 无筋砌体受压构件承载力的计算，具有概念清楚、方便技术的特点，即：

1 轴向力的偏心距按荷载设计值计算。在常遇荷载情况下，直接采用其设计值代替标准值计算偏心距，由此引起承载力的降低不超过 6%。

2 承载力影响系数 φ 的公式，不仅符合试验结果，且计算简化。

综合上述 1 和 2 的影响，新规范受压构件承载力与原规范的承载力基本接近，略有下调。

3 计算公式按附加偏心距分析方法建立，与单向偏心受压构件承载力的计算公式相衔接，并与试验结果吻合较好。湖南大学 48 根短柱和 30 根长柱的双向偏心受压试验表明，试验值与本方法计算值的平均比值，对于短柱为 1.236，长柱为 1.329，其变异系数分别为 0.103 和 0.163。而试验值与苏联规范计算值的平均比值，对于短柱为 1.439，对于长柱为 1.478，其变异系数分别为 0.163 和 0.225。此外，试验表明，当 $e_b>0.3b$ 和 $e_h>0.3h$ 时，随着荷载的增加，砌体内水平裂缝和竖向裂缝几乎同时产生，甚至水平裂缝较竖向裂缝出现早，因而设计双向偏心受压构件时，对偏心距的限值较单向偏心受压时偏心距的限值规定得小些是必要的。分析还表明，当一个方向的偏心率(如 e_b/b)不大于另一个方向的偏心率(如 e_h/h)的 5%时，可简化按另一方向的单向偏心受压(如 e_h/h)计算，其承载力的误差小于 5%。

5.2 局部受压

5.2.4 关于梁端有效支承长度 a_0 的计算公式,规范提供了 $a_0=38\sqrt{\frac{N_l}{bf\tan\theta}}$,和简化公式 $a_0=10\sqrt{\frac{h_c}{f}}$,如果前式中 $\tan\theta$ 取 1/78,则也成了近似公式,而且 $\tan\theta$ 取为定值后反而与试验结果有较大误差。考虑到两个公式计算结果不一样,容易在工程应用上引起争端,为此规范明确只列后一个公式。这在常用跨度梁情况下和精确公式误差约为 15%,不致影响局部受压安全度。

5.2.5 试验和有限元分析表明,垫块上表面 a_0 较小,这对于垫块下局压承载力计算影响不是很大(有垫块时局压应力大为减小),但可能对其下的墙体受力不利,增大了荷载偏心距,因此有必要给出垫块上表面梁端有效支承长度 a_0 计算方法。根据试验结果,考虑与现浇垫块局部承载力相协调,并经分析简化也采用公式(5.2.4-5)的形式,只是系数另外作了具体规定。

对于采用与梁端现浇成整体的刚性垫块与预制刚性垫块下局压有些区别,但为简化计算,也可按后者计算。

5.2.6 梁搁置在圈梁上则存在出平面不均匀的局部受压情况,而且这是大多数的受力状态。经过计算分析考虑了柔性垫梁不均匀局压情况,给出 $\delta_2=0.8$ 的修正系数。

此时 a_0 可近似按刚性垫块情况计算。

5.5 受剪构件

5.5.1 根据试验和分析,砌体沿通缝受剪构件承载力可采用复合受力影响系数的剪摩理论公式进行计算。

1 公式(5.5.1-1)~公式(5.5.1-3)适用于烧结的普通砖、多孔砖、蒸压的灰砂砖和粉煤灰砖以及混凝土砌块等多种砌体构件水平抗剪计算。该式系由重庆建筑大学在试验研究基础上对包括各类砌体的国内 19 项试验数据进行统计分析的结果。此外,因砌体竖缝抗剪强度很低,可将阶梯形截面近似按其水平投影的水平截面来计算。

2 公式(5.5.1)的模式系基于剪压复合受力相关性的两次静力试验,包括 M2.5、M5.0、M7.5 和 M10 等四种砂浆与 MU10 页岩砖共 231 个数据统计回归而得。此相关性亦为动力试验所证实。研究结果表明:砌体抗剪强度并非如摩尔和库仑两种理论随 σ_0/f_m 的增大而持续增大,而是在 $\sigma_0/f_m=0\sim0.6$ 区间增长逐步减慢;而当 $\sigma_0/f_m>0.6$ 后,抗剪强度迅速下降,以致 $\sigma_0/f_m=1.0$ 时为零。整个过程包括了剪摩、剪压和斜压等三个破坏阶段与破坏形态。当按剪摩公式形式表达时,其剪压复合受力影响系数 μ 非定值而为斜直线方程,并适用于 $\sigma_0/f_m=0\sim0.8$ 的近似范围。

3 根据国内 19 份不同试验共 120 个数据的统计分析,实测抗剪承载力与按有关公式计算值之比值的平均值为 0.960,标准差为 0.220,具有 95%保证率的统计值为 0.598(≈0.6)。又取 $\gamma_1=1.6$ 而得出(5.5.1)公式系列。

4 式中修正系数 α 系通过对常用的砖砌体和混凝土空心砌块砌体,当用于四种不同开间及楼(屋)盖结构方案时可能导致的最不利承重墙,采用(5.5.1)公式与抗震设计规范公式抗剪强度之比较分析而得出的,并根据 $\gamma_G=1.2$ 和 1.35 两种荷载组合以及不同砌体类别而取用不同的 α 值。引入 α 系数意在考虑试验与工程实验的差异,统计数据有限以及与现行两本规范衔接过渡,从而保持大致相当的可靠度水准。

5 简化公式中 σ_0 定义为永久荷载设计值引起的水平截面压应力。根据不同的荷载组合而有与 $\gamma_G=1.2$ 和 1.35 相应的(5.5.1-2)及(5.5.1-3)等不同 μ 值计算公式。

6 构造要求

6.1 墙、柱的高厚比验算

6.1.1 由于配筋砌体的使用越来越普遍，本次修订增加了配筋砌体的内容，因此本节也相应增加了配筋砌体高厚比的限值。由于配筋砌体的整体性比无筋砌体好，刚度较无筋砌体大，因此在无筋砌体高厚比最高限值为28的基础上作了提高，配筋砌体高厚比最高限值为30。

6.1.2 墙中设混凝土构造柱时可提高墙体使用阶段的稳定性和刚度，设混凝土构造柱墙在使用阶段的允许高厚比提高系数 μ_c，是在对设混凝土构造柱的各种砖墙、砌块墙和石砌墙的整体稳定性和刚度进行分析后提出的偏下限公式。为与组合砖墙承载力计算相协调，规定 $b_c/l>0.25$（即 $l/b_c<4$ 时取 $l/b_c=4$）；当 $b_c/l<0.05$（即 $l/b_c>20$）时，表明构造柱间距过大，对提高墙体稳定性和刚度作用已很小。

由于在施工过程中大多是先砌筑墙体后浇筑构造柱，应注意采取措施保证设构造柱墙在施工阶段的稳定性。

对壁柱间墙或带构造柱墙的高厚比验算，是为了保证壁柱间墙和带构造柱墙的局部稳定。如高厚比验算不能满足公式(6.1.1)要求时，可在墙中设置钢筋混凝土圈梁。当圈梁宽度 b 与相邻壁柱间或相邻构造柱间的距离 s 的比值 $b/s\geqslant 1/30$ 时，圈梁可视作不动铰支点。当相邻壁柱间的距离 s 较大，为满足上述要求，圈梁宽度 $b<s/30$ 时，可按等刚度原则增加圈梁高度。

6.1.3 用厚度小于90 mm的砖或块材砌筑的隔墙，当双面用较高强度等级的砂浆抹灰时，经部分地区工程实践证明，其稳定性满足使用要求。本次修订时增加了对于厚度小于90 mm的墙，当抹灰层砂浆强度等级等于或大于M5时，包括抹灰层的墙厚达到或超过90 mm时，可按 $h=90$ mm验算高厚比的规定。

6.1.4 对有门窗洞口的墙[β]的修正系数 μ_2，系根据弹性稳定理论并参照实践经验拟定的。根据推导，μ_2 尚与门窗高度有关，按公式(6.1.4)算得的 μ_2，约相当于门窗洞高为墙高2/3时的数值。当洞口高度等于或小于墙高1/5时，可近似采用 μ_2 等于1.0。当洞口高度大于或等于墙高的4/5时，门窗洞口墙的作用已较小。因此，在本次修编中，对当洞口高度大于或等于墙高的4/5时，作了较严格的要求，按独立墙段验算高厚比。这在某些仓库建筑中会遇到这种情况。

6.2 一般构造要求

6.2.1 本条是强制性条文，汶川地震灾害的经验表明，预制钢筋混凝土板之间有可靠连接，才能保证楼面板的整体作用，增加墙体约束，减小墙体竖向变形，避免楼板在较大位移时坍塌。

该条是保整结构安全与房屋整体性的主要措施之一，应严格执行。

6.2.2 工程实践表明，墙体转角处和纵横墙交接处设拉结钢筋是提高墙体稳定性和房屋整体性的重要措施之一。该项措施对防止墙体温度或干缩变形引起的开裂也有一定作用。调查发现，一些开有大（多）孔洞的块材墙体，其设于墙体灰缝内的拉结钢筋大多放到了孔洞处，严重影响了钢筋的拉结。研究表明，由于多孔砖孔洞的存在，钢筋在多孔砖砌体灰缝内的锚固承载力小于同等条件下在实心砖砌体灰缝内的锚固承载力。根据试验数据和可靠性分析，对于孔洞率不大于30%的多孔砖，墙体水平灰缝拉结筋的锚固长度应为实心砖墙体的1.4倍。为保障墙体的整体性能与安全，特制定此条文，并将其定为强制性条文。

6.2.4 在砌体中留槽及埋设管道对砌体的承载力影响较大，故本条规定了有关要求。

6.2.6 同2001规范相应条文关于梁下不同材料支承墙体时的规定。

6.2.8 对厚度小于或等于240 mm的墙，当梁跨度大于或等于本条规定时，其支承处宜加设壁柱。如设壁柱后影响房间的使用功能。也可采用配筋砌体或在墙中设钢筋混凝土柱等措施对墙体予以加强。

6.2.11 本条根据工程实践将砌块墙与后砌隔墙交接处的拉结钢筋网片的构造具体化，并加密了该网片沿墙高设置的间距(400 mm)。

6.2.12 为增强混凝土砌块房屋的整体性和抗裂能力和工程实践经验提出了本规定。为保证灌实质量，要求其坍落度为 160 mm～200 mm 的专用灌孔混凝土(Cb)。

6.2.13 混凝土小型砌块房屋在顶层和底层门窗洞口两边易出现裂缝，规定在顶层和底层门窗洞口两边 200 mm 范围内的孔洞用混凝土灌实，为保证灌实质量，要求混凝土坍落度为 160 mm～200 mm。

6.3 框架填充墙

6.3.1 本条系新增加内容。主要基于以往历次大地震，尤其是汶川地震的震害情况表明，框架(含框剪)结构填充墙等非结构构件均遭到不同程度破坏，有的损害甚至超出了主体结构，导致不必要的经济损失，尤其高级装饰条件下的高层建筑的损失更为严重。同样也曾发生过受较大水平风荷载作用而导则墙体毁坏并殃及地面建筑、行人的案例。这种现象应引起人们的广泛关注，防止或减轻该类墙体震害及强风作用的有效设计方法和构造措施已成为工程界的急需和共识。

现行国家标准《建筑抗震设计规范》GB 50011 已对属非结构构件的框架填充墙的地震作用的计算有详细规定，本规范不再列出。

6.3.3

1 填充墙选用轻质砌体材料可减轻结构重量、降低造价、有利于结构抗震；

2 填充墙体材料强度等级不应过低，否则，当框架稍有变形时，填充墙体就可能开裂，在意外荷载或烈度不高的地震作用时，容易遭到损坏，甚至造成人员伤亡和财产损失；

4 目前有些企业自行研制、开发了夹心复合砌块，即两叶薄型混凝土砌块中间夹有保温层(如EPS、XPS 等)，并将其用于框架结构的填充墙。虽然墙的整体宽度一般均大于 90 mm，但每片混凝土薄块仅为 30 mm～40 mm。由于保温夹层较软，不能对混凝土块构成有效的侧限，因此当混凝土梁(板)变形并压紧墙时，单叶墙会因高厚比过大而出现失稳崩坏，故内外叶间必须有可靠的拉结。

6.3.4 震害经验表明：嵌砌在框架和梁中间的填充墙砌体，当强度和刚度较大，在地震发生时，产生的水平地震作用力，将会顶推框架梁柱，易造成柱节点处的破坏，所以强度过高的填充墙并不完全有利于框架结构的抗震。本条规定填充墙与框架柱、梁连接处构造，可根据设计要求采用脱开或不脱开的方法。

1 填充墙与框架柱、梁脱开是为了减小地震时填充墙对框架梁、柱的顶推作用，避免混凝土框架的损坏。本条除规定了填充墙与框架柱、梁脱开间隙的构造要求，同时为保证填充墙平面外的稳定性，规定了在填充墙两端的梁、板底及柱(墙)侧增设卡口铁件的要求。

需指出的是，设于填充墙内的构造柱施工时，不需预留马牙槎。柱顶预留的不小于 15 mm 的缝隙，则为了防止楼板(梁)受弯变形后对柱的挤压。

2 本款为填充墙与框架采用不脱开的方法时的相应的作法。

调查表明，由于混凝土柱(墙)深入填充墙的拉结钢筋断于同一截面位置，当墙体发生竖向变形时，该部位常常产生裂缝。故本次修订规定埋入填充墙内的拉结筋应错开截断。

6.4 夹 心 墙

为适应我国建筑节能要求，作为高效节能墙体的多叶墙，即夹心墙的设计，在这次修编中，根据我国的试验并参照国外规范的有关规定新增加的一节。2001 规范将“夹心墙”定名为“夹芯墙”，为了与国家标准《墙体材料应用统一技术规范》GB 50574 及相关标准相一致，本次修订改为夹心墙。

6.4.1 通过必要的验证性试验，本次修订将 2001 规范规定的夹心墙的夹层厚度不宜大于 100 mm 改为 120 mm，扩大了适用范围，也为夹心墙内设置空气间层提供了方便。

6.4.2 夹心墙的外叶墙处于环境恶劣的室外，当采用低强度的外叶墙时，易因劣化、脱落而毁物伤人。

故对其块体材料的强度提出了较高的要求。本条为强制性条文,应严格执行。

6.4.5 我国的一些科研单位,如中国建筑科学研究院、哈尔滨建筑大学、湖南大学、南京工业大学等先后作了一定数量的夹心墙的静、动力试验(包括钢筋拉结和丁砖拉结等构造方案),并提出了相应的构造措施和计算方法。试验表明,在竖向荷载作用下,拉结件能协调内、外叶墙的变形,夹心墙通过拉结件为内叶墙提供了一定的支持作用,提高了内叶墙的承载力和增加了叶墙的稳定性,在往复荷载作用下,钢筋拉结件能在大变形情况下防止外叶墙失稳破坏,内外叶墙变形协调,共同工作。因此钢筋拉结件对防止已开裂墙体在地震作用下不致脱落、倒塌有重要作用。另外不同拉接方案对比试验表明,采用钢筋拉结件的夹心墙片,不仅破坏较轻,并且其变形能力和承载能力的发挥也较好。本次修订引入了国外应用较为普遍的可调拉结件,这种拉结件预埋在夹心墙内、外叶墙的灰缝内,利用可调节特性,消除内外叶墙因竖向变形不一致而产生的不利影响,宜采用。

6.4.6 叶墙的拉结件或钢筋网片采用热镀锌进行防腐处理时,其镀层厚度不应小于 290 g/m^2。采用其他材料涂层应具有等效防腐性能。

6.5 防止或减轻墙体开裂的主要措施

6.5.1 为防止墙体房屋因长度过大由于温差和砌体干缩引起墙体产生竖向整体裂缝,规定了伸缩缝的最大间距。考虑到石砌体、灰砂砖和混凝土砌块与砌体材料性能的差异,根据国内外有关资料和工程实践经验对上述砌体伸缩缝的最大间距予以折减。

按表 6.5.1 设置的墙体伸缩缝,一般不能同时防止由于钢筋混凝土屋盖的温度变形和砌体干缩变形引起的墙体局部裂缝。

6.5.2

1 屋面设置保温、隔热层的规定不仅适用与设计,也适用于施工阶段,调查发现,一些砌体结构工程的混凝土屋面由于未对板材采取应有的防晒(冻)措施,混凝土构件在裸露环境下所产生的温度应力将顶层墙体拉裂现象,故也应对施工期的混凝土屋盖应采取临时的保温、隔热措施。

2～8 为了防止和减轻由于钢筋混凝土屋盖的温度变化和砌体干缩变形以及其他原因引起的墙体裂缝,本次修编将国内外比较成熟的一些措施列出,使用者可根据自己的具体情况选用。

对顶层墙体施加预应力的具体方法和构造措施如下:

① 在顶层端开间纵墙墙体布置后张无粘结预应力钢筋,预应力钢筋可采用热轧 HRB400 钢筋,间距宜为 400 mm～600 mm,直径宜为 16 mm～18 mm,预应力钢筋的张拉控制应力宜为 0.50～0.65 f_{yk},在墙体内产生 0.35 MPa～0.55 MPa 的有效压应力,预应力总损失可取 25%;

② 采用后张法施加预应力,预应力钢筋可采用扭矩扳手或液压千斤顶张拉,扭矩扳手使用前需进行标定,施加预应力时,砌体抗压强度及混凝土立方体抗压强度不宜低于设计值的 80%;

③ 预应力钢筋下端(固定端)可以锚固于下层楼面圈梁内,锚固长度不宜小于 30 d,预应力钢筋上端(张拉端)可采用螺丝端杆锚具锚固于屋面圈梁上,屋面圈梁应进行局部承压验算;

④ 预应力钢筋应采取可靠的防锈措施,可直接在钢筋表面涂刷防腐涂料、包缠防腐材料等措施。

防止墙体裂缝的措施尚在不断总结和深化,故不限于所列方法。当有实践经验时,也可采用其他措施。

6.5.4 本条原是考虑到蒸压灰砂砖、混凝土砌块和其他非烧结砖砌体的干缩变形较大,当实体墙长超过 5 m 时,往往在墙体中部出现两端小、中间大的竖向收缩裂缝,为防止或减轻这类裂缝的出现,而提出的一条措施。该项措施也适合于其他墙体材料设计时参考使用,因此此次修编,去掉了墙体材料的限制。

6.5.5 本条原是根据混凝土砌块房屋在这些部位易出现裂缝,并参照一些工程设计经验和标通图,提出的有关措施。该项措施也可供其他墙体材料设计时参考使用,因此此次修编,去掉了混凝土砌块房屋的限制。

6.5.6 由于填充墙与框架柱、梁的缝隙采用了聚苯乙烯泡沫塑料板条或聚氨酯发泡材料充填，且用硅酮胶或其他弹性密封材料封缝，为防止该部位裂缝的显现，亦采用耐久、耐看的缝隙装饰条进行建筑构造处理。

6.5.7 关于控制缝的概念主要引自欧、美规范和工程实践。它主要针对高收缩率砌体材料，如非烧结砖和混凝土砌块，其干缩率为0.2 mm/m～0.4 mm/m，是烧结砖的2～3倍。因此按对待烧结砖砌体结构的温度区段和抗裂措施是远远不够的。在本规范6.2节的不少条的措施是针对这个问题的，亦显然是不完备的。按照欧美规范，如英国规范规定，对黏土砖砌体的控制间距为10 m～15 m，对混凝土砌块和硅酸盐砖(本规范指的是蒸压灰砂砖、粉煤灰砖等)砌体一般不应大于6 m；美国混凝土协会(ACI)规定，无筋砌体的最大控制缝间距为12 m～18 m，配筋砌体的控制缝不超过30 m。这远远超过我国砌体规范温度区段的间距。这也是按本规范的温度区段和有关抗裂构造措施不能消除在砌体房屋中裂缝的一个重要原因。控制缝是根据砌体材料的干缩特性，把较长的砌体房屋的墙体划分成若干个较小的区段，使砌体因温度、干缩变形引起的应力或裂缝很小，而达到可以控制的地步，故称控制缝(control joint)。控制缝为单墙设缝，不同我国普遍采用的双墙温度缝。该缝沿墙长方向能自己伸缩，而在墙体出平面则能承受一定的水平力。因此该缝材料还对防水密封有一定要求。关于在房屋纵墙上，按本条规定设缝的理论分析是这样的；房屋墙体刚度变化、高度变化均会引起变形突变，正是裂缝的多发处，而在这些位置设置控制缝就解决了这个问题，但随之提出的问题是，留控制缝后对砌体房屋的整体刚度有何影响，特别是对房屋的抗震影响如何，是个值得关注的问题。哈尔滨工业大学对一般七层砌体住宅，在顶层按10 m左右在纵墙的门或窗洞部位设置控制缝进行了抗震分析，其结论是：控制缝引起的墙体刚度降低很小，至少在低烈度区，如不大于7度情况下，是安全可靠的。控制缝在我国因系新作法，在实施上需结合工程情况设置控制缝和适合的嵌缝材料。这方面的材料可参见《现代砌体结构—全国砌体结构学术会议论文集》(中国建筑工业出版社2000)。本条控制缝宽度取值是参照美国规范ACI 530.1-05/ASCE 6-05/TMS 602-05的规定。

6.5.8 根据夹心墙热效应及叶墙间的变形性差异(内叶墙受到外叶墙保护、内、外叶墙间变形不同)使外叶墙更易产生裂缝的特点，规定了这种墙体设置控制缝的间距。

7 圈梁、过梁、墙梁及挑梁

7.1 圈 梁

7.1.2、7.1.3 该两条所表述的圈梁设置涉及砌体结构的安全，故将其定为强制性条文。根据近年来工程反馈信息和住房商品化对房屋质量要求的不断提高，加强了多层砌体房屋圈梁的设置和构造。这有助于提高砌体房屋的整体性、抗震和抗倒塌能力。

7.1.6 由于预制混凝土楼、屋盖普遍存在裂缝，许多地区采用了现浇混凝土楼板，为此提出了本条的规定。

7.2 过 梁

7.2.1 本条强调过梁宜采用钢筋混凝土过梁。

7.2.3 砌有一定高度墙体的钢筋混凝土过梁按受弯构件计算严格说是不合理的。试验表明过梁也是偏拉构件。过梁与墙梁并无明确分界定义，主要差别在于过梁支承于平行的墙体上，且支承长度较长；一般跨度较小，承受的梁板荷载较小。当过梁跨度较大或承受较大梁板荷载时，应按墙梁设计。

7.3 墙 梁

7.3.1 本条较原规范的规定更为明确。

7.3.2 墙梁构造限值尺寸，是墙梁构件结构安全的重要保证，本条规定墙梁设计应满足的条件。关于墙体总高度、墙梁跨度的规定，主要根据工程经验。$\frac{h_w}{l_{0i}}\geqslant0.4(\frac{1}{3})$的规定是为了避免墙体发生斜拉破坏。托梁是墙梁的关键构件，限制$\frac{h_b}{l_{0i}}$不致过小不仅从承载力方面考虑，而且较大的托梁刚度对改善墙体抗剪性能和托梁支座上部砌体局部受压性能也是有利的，对承重墙梁改为$\frac{h_b}{h_{0i}}\geqslant\frac{1}{10}$。但随着$\frac{h_b}{l_{0i}}$的增大，竖向荷载向跨中分布，而不是向支座集聚，不利于组合作用充分发挥，因此，不应采用过大的$\frac{h_b}{l_{0i}}$。洞宽和洞高限制是为了保证墙体整体性并根据试验情况作出的。偏开洞口对墙梁组合作用发挥是极不利的，洞口外墙肢过小，极易剪坏或被推出破坏，限制洞距 a_i 及采取相应构造措施非常重要。对边支座为$a_i\geqslant0.15l_{0i}$；增加中支座 $a_i\geqslant0.07l_{0i}$的规定。此外，国内、外均进行过混凝土砌块砌体和轻质混凝土砌块砌体墙梁试验，表明其受力性能与砖砌体墙梁相似。故采用混凝土砌块砌体墙梁可参照使用。而大开间墙梁模型拟动力试验和深梁试验表明，对称开两个洞的墙梁和偏开一个洞的墙梁受力性能类似。对多层房屋的纵向连续墙梁每跨对称开两个窗洞时也可参照使用。

本次修订主要作了以下修改：

1） 近几年来，混凝土普通砖砌体、混凝土多孔砖砌体和混凝土砌块砌体在工程中有较多应用，故增加了由这三种砌体组成的墙梁。

2） 对于多层房屋的墙梁，要求洞口设置在相同位置并上、下对齐，工程中很难做到，故取消了此规定。

7.3.3 本条给出与第 7.3.1 条相应的计算简图。计算跨度取值系根据墙梁为组合深梁，其支座应力分布比较均匀而确定的。墙体计算高度仅取一层层高是偏于安全的，分析表明，当$h_w>l_0$时，主要是$h_w=l_0$范围内的墙体参与组合作用。H_0取值基于轴拉力作用于托梁中心，h_f限值系根据试验和弹性分析并偏于安全确定的。

7.3.4 本条分别给出使用阶段和施工阶段的计算荷载取值。承重墙梁在托梁顶面荷载作用下不考虑组合作用，仅在墙梁顶面荷载作用下考虑组合作用。有限元分析及 2 个两层带翼墙的墙梁试验表明，当$\frac{b_f}{l_0}=0.13\sim0.3$时，在墙梁顶面已有 30%～50%上部楼面荷载传至翼墙。墙梁支座处的落地混凝土构造柱同样可以分担 35%～65%的楼面荷载。但本条不再考虑上部楼面荷载的折减，仅在墙体受剪和局压计算中考虑翼墙的有利作用，以提高墙梁的可靠度，并简化计算。1～3 跨 7 层框支墙梁的有限元分析表明，墙梁顶面以上各层集中力可按作用的跨度近似化为均布荷载（一般不超过该层该跨荷载的 30%），再按本节方法计算墙梁承载力是安全可靠的。

7.3.5 试验表明，墙梁在顶面荷载作用下主要发生三种破坏形态，即：由于跨中或洞口边缘处纵向钢筋屈服，以及由于支座上部纵向钢筋屈服而产生的正截面破坏；墙体或托梁斜截面剪切破坏以及托梁支座上部砌体局部受压破坏。为保证墙梁安全可靠地工作，必须进行本条规定的各项承载力计算。计算分析表明，自承重墙梁可满足墙体受剪承载力和砌体局部受压承载力的要求，无需验算。

7.3.6 试验和有限元分析表明，在墙梁顶面荷载作用下，无洞口简支墙梁正截面破坏发生在跨中截面，托梁处于小偏心受拉状态；有洞口简支墙梁正截面破坏发生在洞口内边缘截面，托梁处于大偏心受拉状态。原规范基于试验结果给出考虑墙梁组合作用，托梁按混凝土偏心受拉构件计算的设计方法及相应公式。其中，内力臂系数 γ 基于 56 个无洞口墙梁试验，采用与混凝土深梁类似的形式，$\gamma=0.1(4.5+l_0/H_0)$，计算值与试验值比值的平均值 $\mu=0.885$，变异系数 $\delta=0.176$，具有一定的安全储备，但方法过于繁琐。本规范在无洞口和有洞口简支墙梁有限元分析的基础上，直接给出托梁弯矩和轴力计算公式。既保持考虑墙梁组合作用，托梁按混凝土偏心受拉构件设计的合理模式，又简化了计算，并提高了可靠度。托梁弯矩系数 α_M 计算值与有限元值之比：对无洞口墙梁 $\mu=1.644$，$\delta=0.101$；对有洞口墙梁 $\mu=$

2.705，δ=0.381 托梁轴力系数 η_N 计算值与有限元值之比，μ=1.146，δ=0.023；对有洞口墙梁，μ=1.153，δ=0.262。对于直接作用在托梁顶面的荷载 Q_1、F_1 将由托梁单独承受而不考虑墙梁组合作用，这是偏于安全的。

连续墙梁是在 21 个连续墙梁试验基础上，根据 2 跨、3 跨、4 跨和 5 跨等跨无洞口和有洞口连续墙梁有限元分析提出的。对于跨中截面，直接给出托梁弯矩和轴拉力计算公式，按混凝土偏心受拉构件设计，与简支墙梁托梁的计算模式一致。对于支座截面，有限元分析表明其为大偏心受压构件，忽略轴压力按受弯构件计算是偏于安全的。弯矩系数 α_M 是考虑各种因素在通常工程应用的范围变化并取最大值，其安全储备是较大的。在托梁顶面荷载 Q_1、F_1 作用下，以及在墙梁顶面荷载 Q_2 作用下均采用一般结构力学方法分析连续托梁内力，计算较简便。

单跨框支墙梁是在 9 个单跨框支墙梁试验基础上，根据单跨无洞口和有洞口框支墙梁有限元分析，对托梁跨中截面直接给出弯矩和轴拉力公式，并按混凝土偏心受拉构件计算，也与简支墙梁托梁计算模式一致。框支墙梁在托梁顶面荷载 q_1，F_1 和墙梁顶面荷载 q_2 作用下分别采用一般结构力学方法分析框架内力，计算较简便。本规范在 19 个双跨框支墙梁试验基础上，根据 2 跨、3 跨和 4 跨无洞口和有洞口框支墙梁有限元分析，对托梁跨中截面也直接给出弯矩和轴拉力按混凝土偏心受拉构件计算，与单跨框支墙梁协调一致。托梁支座截面也按受弯构件计算。

为简化计算，连续墙梁和框支墙梁采用统一的 α_M 和 η_N 表达式。边跨跨中 α_M 计算值与有限元值之比，对连续墙梁，无洞口时，μ=1.251，δ=0.095，有洞口时，μ=1.302，δ=0.198；对框支墙梁，无洞口时，μ=2.1，δ=0.182，有洞口时，μ=1.615，δ=0.252。η_N 计算值与有限元值之比，对连续墙梁，无洞口时，μ=1.129，δ=0.039，有洞口时，μ=1.269，δ=0.181；对框支墙梁，无洞口时，μ=1.047，δ=0.181，有洞口时，μ=0.997，δ=0.135。中支座 α_M 计算值与有限元值之比，对连续墙梁，无洞口时，μ=1.715，δ=0.245，有洞口时，μ=1.826，δ=0.332；对框支墙梁，无洞口时，μ=2.017，δ=0.251，有洞口时，μ=1.844，δ=0.295。

7.3.7 有限元分析表明，多跨框支墙梁存在边柱之间的大拱效应，使边柱轴压力增大，中柱轴压力减少，故在墙梁顶面荷载 Q_2 作用下当边柱轴压力增大不利时应乘以 1.2 的修正系数。框架柱的弯矩计算不考虑墙梁组合作用。

7.3.8 试验表明，墙梁发生剪切破坏时，一般情况下墙体先于托梁进入极限状态而剪坏。当托梁混凝土强度较低，箍筋较少时，或墙体采用构造框架约束砌体的情况下托梁可能稍后剪坏。故托梁与墙体应分别计算受剪承载力。本规范规定托梁受剪承载力统一按受弯构件计算。剪力系数 β_V 按不同情况取值且有较大提高。因而提高了可靠度，且简化了计算。简支墙梁 β_V 计算值与有限元值之比，对无洞口墙梁 μ=1.102，δ=0.078；对有洞口墙梁 μ=1.397，δ=0.123。β_v 计算值与有限元值之比，对连续墙梁边支座，无洞口时 μ=1.254、δ=0.135，有洞口时 μ=1.404、δ=0.159；中支座，无洞口时 μ=1.094、δ=0.062，有洞口时 μ=1.098、δ=0.162。对框支墙梁边支座，无洞口时 μ=1.693，δ=0.131，有洞口时 μ=2.011，δ=0.31；中支座，无洞口时 μ=1.588、δ=0.093，有洞口时 μ=1.659、δ=0.187。

7.3.9 试验表明：墙梁的墙体剪切破坏发生于 $h_w/l_0<0.75\sim0.80$，托梁较强，砌体相对较弱的情况下。当 $h_w/l_0<0.35\sim0.40$ 时发生承载力较低的斜拉破坏，否则，将发生斜压破坏。原规范根据砌体在复合应力状态下的剪切强度，经理论分析得出墙体受剪承载力公式并进行试验验证。并按正交设计方法找出影响显著的因素 h_b/l_0 和 a/l_0；根据试验资料回归分析，给出 $V_2\leqslant\xi_2(0.2+h_b/l_0)hh_wf$。计算值与 47 个简支无洞口墙梁试验结果比较，$\mu$=1.062，$\delta$=0.141；与 33 个简支有洞口墙梁试验结果比较，μ=0.966，δ=0.155。工程实践表明，由于此式给出的承载力较低，往往成为墙梁设计中的控制指标。试验表明，墙梁顶面圈梁（称为顶梁）如同放在砌体上的弹性地基梁，能将楼层荷载部分传至支座，并和托梁一起约束墙体横向变形，延缓和阻滞斜裂缝开展，提高墙体受剪承载力。本规范根据 7 个设置顶梁的连续墙梁剪切破坏试验结果，给出考虑顶梁作用的墙体受剪承载力公式（7.3.9），计算值与试验值之比，μ=0.844，δ=0.084。工程实践表明，墙梁顶面以上集中荷载占各层荷载比值不大，且经各层传递至墙

梁顶面已趋均匀，故将墙梁顶面以上各层集中荷载均除以跨度近似化为均布荷载计算。由于翼墙或构造柱的存在，使多层墙梁楼盖荷载向翼墙或构造柱卸荷而减少墙体剪力，改善墙体受剪性能，故采用翼墙影响系数 ξ_1。为了简化计算，单层墙梁洞口影响系数 ξ_2 不再采用公式表达，与多层墙梁一样给出定值。

7.3.10 试验表明，当 $h_w/l_0>0.75\sim0.80$，且无翼墙，砌体强度较低时，易发生托梁支座上方因竖向正应力集中而引起的砌体局部受压破坏。为保证砌体局部受压承载力，应满足 $\sigma_{ymax}h\leqslant\gamma fh$（$\sigma_{ymax}$ 为最大竖向压应力，γ 为局压强度提高系数）。令 $C=\sigma_{ymax}h/Q_2$ 称为应力集中系数，则上式变为 $Q_2\leqslant\gamma fh/C$。令 $\zeta=\gamma/C$，称为局压系数，即得到(7.3.10-1)式。根据 16 个发生局压破坏的无翼墙墙梁试验结果，$\zeta=0.31\sim0.414$；若取 $\gamma=1.5$，$C=4$，则 $\zeta=0.37$。翼墙的存在，使应力集中减少，局部受压有较大改善；当 $b_f/h=2\sim5$ 时，$C=1.33\sim2.38$，$\zeta=0.475\sim0.747$。则根据试验结果确定(7.3.10-2)式。近年来采用构造框架约束砌体的墙梁试验和有限元分析表明，构造柱对减少应力集中，改善局部受压的作用更明显，应力集中系数可降至 1.6 左右。计算分析表明，当 $b_f/h\geqslant5$ 或设构造柱时，可不验算砌体局部受压承载力。

7.3.11 墙梁是在托梁上砌筑砌体墙形成的。除应限制计算高度范围内墙体每天的可砌高度，严格进行施工质量控制外；尚应进行托梁在施工荷载作用下的承载力验算，以确保施工安全。

7.3.12 为保证托梁与上部墙体共同工作，保证墙梁组合作用的正常发挥，本条对墙梁基本构造要求作了相应的规定。

本次修订，增加了托梁上部通长布置的纵向钢筋面积与跨中下部纵向钢筋面积之比值不应小于0.4的规定。

7.4 挑 梁

7.4.2 对 88 规范中规定的计算倾覆点，针对 $l_1\geqslant2.2h_b$ 时的两个公式，经分析采用近似公式（$x_0=0.3h_b$），和弹性地基梁公式（$x_0=0.25\sqrt[4]{h_b^3}$）相比，当 $h_b=250\text{ mm}\sim500\text{ mm}$ 时，$\mu=1.051$，$\delta=0.064$；并对挑梁下设有构造柱时的计算倾覆点位置作了规定（取 $0.5x_0$）。

8 配筋砖砌体构件

本章规定了二类配筋砌体构件的设计方法。第一类为网状配筋砖砌体构件。第二类为组合砖砌体构件，又分为砖砌体和钢筋混凝土面层或钢筋砂浆面层组成的组合砖砌体构件；砖砌体和钢筋混凝土构造柱组成的组合砖墙。

8.1 网状配筋砖砌体构件

8.1.2 原规范中网状配筋砖砌体构件的体积配筋率 ρ 有配筋百分率$\left(\rho=\dfrac{V_s}{V}100\right)$和配筋率$\left(\rho=\dfrac{V_s}{V}\right)$两种表述，为避免混淆，方便使用，现统一采用后者，即体积配筋率 $\rho=\dfrac{V_s}{V}$。由此，网状配筋砖砌体矩形截面单向偏心受压构件承载力的影响系数，改按下式计算：

$$\varphi_{on}=\frac{1}{1+(0.0015+0.45\rho)\beta^2}$$

此外，工程上很少采用连弯钢筋网，因而删去了对连弯钢筋网的规定。

8.2 组合砖砌体构件

Ⅰ 砖砌体和钢筋混凝土面层或钢筋砂浆面层的组合砌体构件

8.2.2 对于砖墙与组合砌体一同砌筑的T形截面构件，通过分析和比较表明，高厚比验算和截面受压承载力均按矩形截面组合砌体构件进行计算是偏于安全的，亦避免了原规范在这两项计算上的不一致。

8.2.3～8.2.5 砖砌体和钢筋混凝土面层或钢筋砂浆面层组合的砌体构件，其受压承载力计算公式的建立，详见88规范的条文说明。本次修订依据《混凝土结构设计规范》GB 50010中混凝土轴心受压强度设计值，对面层水泥砂浆的轴心抗压强度设计值作了调整；按钢筋强度的取值，对受压区相对高度的界限值，作了相应的补充和调整。

Ⅱ 砖砌体和钢筋混凝土构造柱组合墙

8.2.7 在荷载作用下，由于构造柱和砖墙的刚度不同，以及内力重分布的结果，构造柱分担墙体上的荷载。此外，构造柱与圈梁形成"弱框架"，砌体受到约束，也提高了墙体的承载力。设置构造柱砖墙与组合砖砌体构件有类似之处，湖南大学的试验研究表明，可采用组合砖砌体轴心受压构件承载力的计算公式，但引入强度系数以反映前者与后者的差别。

8.2.8 对于砖砌体和钢筋混凝土构造柱组合墙平面外的偏心受压承载力，本条的规定是一种简化、近似的计算方法且偏于安全。

8.2.9 有限元分析和试验结果表明，设有构造柱的砖墙中，边柱处于偏心受压状态，设计时宜适当增大边柱截面及增大配筋。如可采用240 mm×370 mm，配4ϕ14钢筋。

在影响设置构造柱砖墙承载力的诸多因素中，柱间距的影响最为显著。理论分析和试验结果表明，对于中间柱，它对柱每侧砌体的影响长度约为1.2 m；对于边柱，其影响长度约为1 m。构造柱间距为2 m左右时，柱的作用得到充分发挥。构造柱间距大于4 m时，它对墙体受压承载力的影响很小。

为了保证构造柱与圈梁形成一种"弱框架"，对砖墙产生较大的约束，因而本条对钢筋混凝土圈梁的设置作了较为严格的规定。

9 配筋砌块砌体构件

9.1 一般规定

9.1.1 本条规定了配筋砌块剪力墙结构内力及位移分析的基本原则。

9.2 正截面受压承载力计算

9.2.1、9.2.4 国外的研究和工程实践表明，配筋砌块砌体的力学性能与钢筋混凝土的性能非常相近，特别在正截面承载力的设计中，配筋砌体采用了与钢筋混凝土完全相同的基本假定和计算模式。如国际标准《配筋砌体设计规范》，《欧共体配筋砌体结构统一规则》EC6和美国建筑统一法规（UBC）——《砌体规范》均对此作了明确的规定。我国哈尔滨工业大学、湖南大学、同济大学等的试验结果也验证了这种理论的适用性。但是在确定灌孔砌体的极限压应变时，采用了我国自己的试验数据。

9.2.2 由于配筋灌孔砌体的稳定性不同于一般砌体的稳定性，根据欧拉公式和灌心砌体受压应力-应变关系，考虑简化并与一般砌体的稳定系数相一致，给出公式（9.2.2-2）的。该公式也与试验结果拟合较好。

9.2.3 按我国目前混凝土砌块标准，砌块的厚度为190 mm，标准块最大孔洞率为46%，孔洞尺寸120 mm×120 mm的情况下，孔洞中只能设置一根钢筋。因此配筋砌块砌体墙在平面外的受压承载力，按无筋砌体构件受压承载力的计算模式是一种简化处理。

9.2.5 表9.2.5中翼缘计算宽度取值引自国际标准《配筋砌体设计规范》，它和钢筋混凝土T形及倒L形受弯构件位于受压区的翼缘计算宽度的规定和钢筋混凝土剪力墙有效翼缘宽度的规定非常接近。但保证翼缘和腹板共同工作的构造是不同的。对钢筋混凝土结构，翼墙和腹板是由整浇的钢筋混凝土进行连接的；对配筋砌块砌体，翼墙和腹板是通过在交接处块体的相互咬砌、连接钢筋（或连接铁件），或配筋带进行连接的，通过这些连接构造，以保证承受腹板和翼墙共同工作时产生的剪力。

9.3 斜截面受剪承载力计算

9.3.1 试验表明，配筋灌孔砌块砌体剪力墙的抗剪受力性能，与非灌实砌块砌体墙有较大的区别：由于灌孔混凝土的强度较高，砂浆的强度对墙体抗剪承载力的影响较少，这种墙体的抗剪性能更接近于钢筋混凝土剪力墙。

配筋砌块砌体剪力墙的抗剪承载力除材料强度外，主要与垂直正应力、墙体的高宽比或剪跨比，水平和垂直配筋率等因素有关：

1 正应力 σ_0，也即轴压比对抗剪承载力的影响，在轴压比不大的情况下，墙体的抗剪能力、变形能力随 σ_0 的增加而增加。湖南大学的试验表明，当 σ_0 从 1.1 MPa 提高到 3.95 MPa 时，极限抗剪承载力提高了 65%，但当 $\sigma_0>0.75f_m$ 时，墙体的破坏形态转为斜压破坏，σ_0 的增加反而使墙体的承载力有所降低。因此应对墙体的轴压比加以限制。国际标准《配筋砌体设计规范》，规定 $\sigma_0=N/bh_0\leqslant 0.4f$，或 $N\leqslant 0.4bhf$。本条根据我国试验，控制正应力对抗剪承载力的贡献不大于 0.12 N，这是偏于安全的，而美国规范为 0.25 N。

2 剪力墙的高宽比或剪跨比（λ）对其抗剪承载力有很大的影响。这种影响主要反映在不同的应力状态和破坏形态，小剪跨比试件，如 $\lambda\leqslant 1$，则趋于剪切破坏，而 $\lambda>1$，则趋于弯曲破坏，剪切破坏的墙体的抗侧承载力远大于弯曲破坏墙体的抗侧承载力。

关于两种破坏形式的界限剪跨比（λ），尚与正应力 σ_0 有关。目前收集到的国内外试验资料中，大剪跨比试验数据较少。根据哈尔滨建筑大学所作的 7 个墙片数据认为 $\lambda=1.6$ 可作为两种破坏形式的界限值。根据我国沈阳建工学院、湖南大学、哈尔滨建筑大学、同济大学等试验数据，统计分析提出的反映剪跨比影响的关系式，其中的砌体抗剪强度，是在综合考虑混凝土砌块、砂浆和混凝土注芯率基础上，用砌体的抗压强度的函数（$\sqrt{f_g}$）表征的。这和无筋砌体的抗剪模式相似。国际标准和美国规范也均采用这种模式。

3 配筋砌块砌体剪力墙中的钢筋提高了墙体的变形能力和抗剪能力。其中水平钢筋（网）在通过斜截面上直接受拉抗剪，但它在墙体开裂前几乎不受力，墙体开裂直至达到极限荷载时所有水平钢筋均参与受力并达到屈服。而竖向钢筋主要通过销栓作用抗剪，极限荷载时该钢筋达不到屈服，墙体破坏时部分竖向钢筋可屈服。据试验和国外有关文献，竖向钢筋的抗剪贡献为 $0.24f_{yv}A_{sv}$，本公式未直接反映竖向钢筋的贡献，而是通过综合考虑正应力的影响，以无筋砌体部分承载力的调整给出的。根据 41 片墙体的试验结果：

$$V_{g,m}=\frac{1.5}{\lambda+0.5}(0.143\sqrt{f_{g,m}}+0.246N_k)+f_{yh,m}\frac{A_{sh}}{s}h_0 \quad\cdots\cdots(4)$$

$$V_g=\frac{1.5}{\lambda+0.5}(0.13\sqrt{f_g}bh_0+0.12N\frac{A_w}{A})+0.9f_{yh}\frac{A_{sh}}{s}h_0 \quad\cdots\cdots(5)$$

试验值与按上式计算值的平均比值为 1.188，其变异系数为 0.220。现取偏下限值，即将上式乘 0.9，并根据设定的配筋砌体剪力墙的可靠度要求，得到上列的计算公式。

上列公式较好地反映了配筋砌块砌体剪力墙抗剪承载力主要因素。从砌体规范本身来讲是较理想的系统表达式。但考虑到我国规范体系的理论模式的一致性要求，经与《混凝土结构设计规范》GB 50010和《建筑抗震设计规范》GB 50011 协调，最终将上列公式改写成具有钢筋混凝土剪力墙的模式，但又反映砌体特点的计算表达式。这些特点包括：

① 砌块灌孔砌体只能采用抗剪强度 f_{vg}，而不能像混凝土那样采用抗拉强度 f_t。

② 试验表明水平钢筋的贡献是有限的，特别是在较大剪跨比的情况下更是如此。因此根据试验并参照国际标准，对该项的承载力进行了降低。

③ 轴向力或正应力对抗剪承载力的影响项，砌体规范根据试验和计算分析，对偏压和偏拉采用了不同的系数：偏压为+0.12，偏拉为−0.22。我们认为钢筋混凝土规范对两者不加区别是欠妥的。

现将上式中由抗压强度模式表达的方式改为抗剪强度模式的转换过程进行说明，以帮助了解该公式的形成过程：

① 由 $f_{vg}=0.208f_g^{0.55}$ 则有 $f_g^{0.55}=\frac{1}{0.208}f_{vg}$；

② 根据公式模式的一致性要求及公式中砌体项采用 $\sqrt{f_g}$ 时，对高强砌体材料偏低的情况，也将 $\sqrt{f_g}$ 调为 $f_g^{0.55}$；

③ 将 $f_g^{0.55}=\frac{1}{0.208}f_{vg}$ 代入公式(2)中，则得到砌体项的数值 $\frac{0.13}{0.208}f_{vg}=0.625f_{vg}$，取 $0.6f_{vg}$；

④ 根据计算，将式(2)中的剪跨比影响系数，由 $\frac{1.5}{\lambda+0.5}$ 改为 $\frac{1}{\lambda-0.5}$，则完成了如公式(9.3.1-2)的全部转换。

9.3.2 本条主要参照国际标准《配筋砌体设计规范》、《钢筋混凝土高层建筑结构设计与施工规程》和配筋混凝土砌块砌体剪力墙的试验数据制定的。

配筋砌块砌体连梁，当跨高比较小时，如小于2.5，即所谓"深梁"的范围，而此时的受力更像小剪跨比的剪力墙，只不过 σ_0 的影响很小；当跨高比大于2.5时，即所谓的"浅梁"范围，而此时受力则更像大剪跨比的剪力墙。因此剪力墙的连梁除满足正截面承载力要求外，还必须满足受剪承载力要求，以避免连梁产生受剪破坏后导致剪力墙的延性降低。

对连梁截面的控制要求，是基于这种构件的受剪承载力应该具有一个上限值，根据我国的试验，并参照混凝土结构的设计原则，取为 $0.25\ f_g bh_0$。在这种情况下能保证连梁的承载能力发挥和变形处在可控的工作状态之内。

另外，考虑到连梁受力较大、配筋较多时，配筋砌块砌体连梁的布筋和施工要求较高，此时只要按材料的等强原则，也可将连梁部分设计成混凝土的，国内的一些试点工程也是这样做的，虽然在施工程序上增加一定的模板工作量，但工程质量是可保证的。故本条增加了这种选择。

9.4 配筋砌块砌体剪力墙构造规定

Ⅰ 钢 筋

9.4.1～9.4.5 从配筋砌块砌体对钢筋的要求看，和钢筋混凝土结构对钢筋的要求有很多相同之处，但又有其特点，如钢筋的规格要受到孔洞和灰缝的限制；钢筋的接头宜采用搭接或非接触搭接接头，以便于先砌墙后插筋、就位绑扎和浇灌混凝土的施工工艺。

对于钢筋在砌体灌孔混凝土中锚固的可靠性，人们比较关注，为此我国沈阳建筑大学和北京建筑工程学院作了专门锚固试验，表明，位于灌孔混凝土中的钢筋，不论位置是否对中，均能在远小于规定的锚固长度内达到屈服。这是因为灌孔混凝土中的钢筋处在周边有砌块壁形成约束条件下的混凝土所至，这比钢筋在一般混凝土中的锚固条件要好。国际标准《配筋砌体设计规范》ISO 9652 中有砌块约束的混凝土内的钢筋锚固粘结强度比无砌块约束（不在块体孔内）的数值（混凝土强度等级为C10～C25情况下），对光圆钢筋高出85%～20%；对带肋钢筋高出140%～64%。

试验发现对于配置在水平灰缝中的受力钢筋，其握裹条件较灌孔混凝土中的钢筋要差一些，因此在保证足够的砂浆保护层的条件下，其搭接长度较其他条件下要长。

Ⅱ 配筋砌块砌体剪力墙、连梁

9.4.6 根据配筋砌块剪力墙用于中高层结构需要较多层更高的材料等级作的规定。

9.4.7 这是根据承重混凝土砌块的最小厚度规格尺寸和承重墙支承长度确定的。最通常采用的配筋砌块砌体墙的厚度为190 mm。

9.4.8 这是确保配筋砌块砌体剪力墙结构安全的最低构造钢筋要求。它加强了孔洞的削弱部位和墙体的周边，规定了水平及竖向钢筋的间距和构造配筋率。

剪力墙的配筋比较均匀，其隐函的构造含钢率约为0.05%～0.06%。据国外规范的背景材料，该构造配筋率有两个作用：一是限制砌体干缩裂缝，二是能保证剪力墙具有一定的延性，一般在非地震设防地区的剪力墙结构应满足这种要求。对局部灌孔砌体，为保证水平配筋带（国外叫系梁）混凝土的浇筑密实，提出竖筋间距不大于600 mm，这是来自我国的工程实践。

9.4.9 本条参照美国建筑统一法规——《砌体规范》的内容。和钢筋混凝土剪力墙一样，配筋砌块砌体剪力墙随着墙中洞口的增大，变成一种由抗侧力构件（柱）与水平构件（梁）组成的体系。随窗间墙与连接构件的变化，该体系近似于壁式框架结构体系。试验证明，砌体壁式框架是抵抗剪力与弯矩的理想结构。如比例合适、构造合理，此种结构具有良好的延性。这种体系必须按强柱弱梁的概念进行设计。

对于按壁式框架设计和构造，混凝土砌块剪力墙（肢），必须采用H型或凹槽砌块组砌，孔洞全部灌注混凝土，施工时需进行严格的监理。

9.4.10 配筋砌块砌体剪力墙的边缘构件，即剪力墙的暗柱，要求在该区设置一定数量的竖向构造钢筋和横向箍筋或等效的约束件，以提高剪力墙的整体抗弯能力和延性。美国规范规定，只有在墙端的应力大于0.4 f'_m，同时其破坏模式为弯曲形的条件下才应设置。该规范未给出弯曲破坏的标准。但规定了一个“塑性铰区”，即从剪力墙底部到等于墙长的高度范围，即我国混凝土剪力墙结构底部加强区的范围。

根据我国哈尔滨建筑大学、湖南大学作的剪跨比大于1的试验表明：当$\lambda=2.67$时呈现明显的弯曲破坏特征；$\lambda=2.18$时，其破坏形态有一定程度的剪切破坏成分；$\lambda=1.6$时，出现明显的X形裂缝，仍为压区破坏，剪切破坏成分呈现得十分明显，属弯剪型破坏。可将$\lambda=1.6$作为弯剪破坏的界限剪跨比。据此本条将$\lambda=2$作为弯曲破坏对应的剪跨比。其中的0.4 $f'_{g,m}$，换算为我国的设计值约为0.8 f_g。

关于边缘构件构造配筋，美国规范未规定具体数字，但其条文说明借用混凝土剪力墙边缘构件的概念，只是对边缘构件的设置原则仍有不同观点。本条是根据工程实践和参照我国有关规范的有关要求，及砌块剪力墙的特点给出的。

另外，在保证等强设计的原则，并在砌块砌筑、混凝土浇筑质量保证的情况下，给出了砌块砌体剪力墙端采用混凝土柱为边缘构件的方案。这种方案虽然在施工程序上增加模板工序，但能集中设置竖向钢筋，水平钢筋的锚固也易解决。

9.4.11 本条和第9.3.2条相对应，规定了当采用混凝土连梁时的有关技术要求。

9.4.12 本条是参照美国规范和混凝土砌块的特点以及我国的工程实践制定的。

混凝土砌块砌体剪力墙连梁由H型砌块或凹槽砌块组砌，并应全部浇注混凝土，是确保其整体性和受力性能的关键。

Ⅲ 配筋砌块砌体柱

9.4.13 本条主要根据国际标准《配筋砌体设计规范》制定的。

采用配筋混凝土砌块砌体柱或壁柱，当轴向荷载较小时，可仅在孔洞配置竖向钢筋，而不需配置箍筋，具有施工方便、节省模板，在国外应用很普遍；而当荷载较大时，则按照钢筋混凝土柱类似的方式设置构造箍筋。从其构造规定看，这种柱是预制装配整体式钢筋混凝土柱，适用于荷载不太大砌块墙（柱）的建筑，尤其是清水墙砌块建筑。

10 砌体结构构件抗震设计

10.1 一般规定

10.1.1 鉴于对于常规的砖、砌块砌体，抗震设计时本章规定不能满足甲类设防建筑的特殊要求，因此明确说明甲类设防建筑不宜采用砌体结构，如需采用，应采用质量很好的砖砌体，并应进行专门研究和采取高于本章规定的抗震措施。

10.1.2 多层砌体结构房屋的总层数和总高度的限定，是此类房屋抗震设计的重要依据，故将此条定为强制性条文。

坡屋面阁楼层一般仍需计入房屋总高度和层数；坡屋面下的阁楼层，当其实际有效使用面积或重力荷载代表值小于顶层30％时，可不计入房屋总高度和层数，但按局部突出计算地震作用效应。对不带阁楼的坡屋面，当坡屋面坡度大于45°时，房屋总高度宜算到山尖墙的1/2高度处。

嵌固条件好的半地下室应同时满足下列条件，此时房屋的总高度应允许从室外地面算起，其顶板可视为上部多层砌体结构的嵌固端：

1） 半地下室顶板和外挡土墙采用现浇钢筋混凝土；

2） 当半地下室开有窗洞处并设置窗井，内横墙延伸至窗井外挡土墙并与其相交；

3） 上部外墙均与半地下室墙体对齐，与上部墙体不对齐的半地下室内纵、横墙总量分别不大于30％；

4） 半地下室室内地面至室外地面的高度应大于地下室净高的二分之一，地下室周边回填土压实系数不小于0.93。

采用蒸压灰砂普通砖和蒸压粉煤灰普通砖砌体的房屋，当砌体的抗剪强度达到普通黏土砖砌体的取值时，按普通砖砌体房屋的规定确定层数和总高度限值；当砌体的抗剪强度介于普通黏土砖砌体抗剪强度的70％～100％之间时，房屋的层数和总高度限值宜比普通砖砌体房屋酌情适当减少。

10.1.3 国内外有关试验研究结果表明，配筋砌块砌体抗震墙结构的承载能力明显高于普通砌体，其竖向和水平灰缝使其具有较大的耗能能力，受力性能和计算方法都与钢筋混凝土抗震墙结构相似。在上海、哈尔滨、大庆等地都成功建造过18层的配筋砌块砌体抗震墙住宅房屋。通过这些试点工程的试验研究和计算分析，表明配筋砌块砌体抗震墙结构在8层～18层范围时具有很强的竞争力，相对现浇钢筋混凝土抗震墙结构房屋，土建造价要低5％～7％。本次规范修订从安全、经济诸方面综合考虑，并对近年来的试验研究和工程实践经验的分析、总结，将适用高度在原规范基础上适当增加，同时补充了7度(0.15g)、8度(0.30g)和9度的有关规定。当横墙较少时，类似多层砌体房屋，也要求其适用高度有所降低。当经过专门研究，有可靠试验依据，采取必要的加强措施，房屋高度可以适当增加。

根据试验研究和理论分析结果，在满足一定设计要求并采取适当抗震构造措施后，底部为部分框支抗震墙的配筋混凝土砌块抗震墙房屋仍具有较好的抗震性能，能够满足6度～8度抗震设防的要求，但考虑到此类结构形式的抗震性能相对不利，因此在最大适用高度限制上给予了较为严格的规定。

10.1.4 已有的试验研究表明，抗震墙的高度对抗震墙出平面偏心受压强度和变形有直接关系，因此本条规定配筋砌块砌体抗震墙房屋的层高主要是为了保证抗震墙出平面的承载力、刚度和稳定性。由于砌块的厚度一般为190 mm，因此当房屋的层高为3.2 m～4.8 m时，与普通钢筋混凝土抗震墙的要求基本相当。

10.1.5 承载力抗震调整系数是结构抗震的重要依据，故将此条定为强制性条文。2001规范10.2.4条中提到普通砖、多孔砖墙体的截面抗震受压承载力计算方法，其承载力抗震调整系数详本表，但原来本表并没有给出，此次修订补充了各种构件受压状态时的承载力抗震调整系数。砌体受压状态时承载力抗震调整系数宜取1.0。

表中配筋砌块砌体抗震墙的偏压、大偏拉和受剪承载力抗震调整系数与抗震规范中钢筋混凝土墙相同，为0.85。对于灌孔率达不到100％的配筋砌块砌体，如果承载力抗震调整系数采用0.85，抗力偏大，因此建议取1.0。对两端均设有构造柱、芯柱的砌块砌体抗震墙，受剪承载力抗震调整系数取0.9。

2001规范中，砖砌体和钢筋混凝土面层或钢筋砂浆面层的组合砖墙、砖砌体和钢筋混凝土构造柱的组合墙，偏压、大偏拉和受剪状态时承载力抗震调整系数如按抗震规范中钢筋混凝土墙取为0.85，数值偏小，故此次修订时将两种组合砖墙在偏压、大偏拉和受剪状态下承载力抗震调整系数调整为0.9。

10.1.6 配筋砌块砌体结构的抗震等级是考虑了结构构件的受力性能和变形性能，同时参照了钢筋混凝土房屋的抗震设计要求而确定的，主要是根据抗震设防分类、烈度和房屋高度等因素划分配筋砌块砌体结构的不同抗震等级。考虑到底部为部分框支抗震墙的配筋混凝土砌块抗震墙房屋的抗震性能相对不利并影响安全，规定对于8度时房屋总高度大于24 m及9度时不应采用此类结构形式。

10.1.7 根据现行《建筑抗震设计规范》GB 50011，补充了结构的构件截面抗震验算的相关规定，进一步明确6度时对规则建筑局部托墙梁及支承其的柱子等重要构件尚应进行截面抗震验算。

多层砌体房屋不符合下列要求之一时可视为平面不规则，6度时仍要求进行多遇地震作用下的构件截面抗震验算。

1） 平面轮廓凹凸尺寸，不超过典型尺寸的50％；

2） 纵横向砌体抗震墙的布置均匀对称，沿平面内基本对齐；且同一轴线上的门、窗间墙宽度比较均匀；墙面洞口的面积，6、7度时不宜大于墙面总面积的55％，8、9度时不宜大于50％；

3） 房屋纵横向抗震墙体的数量相差不大；横墙的间距和内纵墙累计长度满足现行《建筑抗震设计规范》GB 50011的要求；

4） 有效楼板宽度不小于该层楼板典型宽度的50％，或开洞面积不大于该层楼面面积的30％；

5） 房屋错层的楼板高差不超过500 mm。

6度且总层数不超过三层的底层框架-抗震墙砌体房屋，由于地震作用小，根据以往设计经验，底层的抗震验算均满足要求，因此可以不进行包括底层在内的截面抗震验算。如果外廊式和单面走廊式的多层房屋采用底层框架-抗震墙，其高宽比较大且进深大多为一跨，单跨底层框架-抗震墙的安全冗余度小于多跨，此时应对其进行抗震验算。

10.1.8 作为中高层、高层配筋砌块砌体抗震墙结构应和钢筋混凝土抗震墙结构一样需对地震作用下的变形进行验算，参照钢筋混凝土抗震墙结构和配筋砌体材料结构的特点，规定了层间弹性位移角的限值。

配筋砌块砌体抗震墙存在水平灰缝和垂直灰缝，在地震作用下具有较好的耗能能力，而且灌孔砌体的强度和弹性模量也要低于相对应的混凝土，其变形比普通钢筋混凝土抗震墙大。根据同济大学、哈尔滨工业大学、湖南大学等有关单位的试验研究结果，综合参考了钢筋混凝土抗震墙弹性层间位移角限值，规定了配筋砌块砌体抗震墙结构在多遇地震作用下的弹性层间位移角限值为1/1 000。

10.1.9 补充了多层砌体房屋局部有上部砌体墙不能连续贯通落地时，托墙梁、柱的抗震等级，考虑其对整体建筑抗震性能的影响相对小，因此比底部框架-抗震墙砌体房屋中托墙梁、柱的抗震等级适当降低。

10.1.10 根据房屋抗震设计的规则性要求，提出配筋混凝土砌块房屋平面和竖向布置简单、规则、抗震墙拉通对直的要求，从结构体型的设计上保证房屋具有较好的抗震性能。对墙肢长度的要求，是考虑到抗震墙结构应具有延性，高宽比大于2的延性抗震墙，可避免脆性的剪切破坏，要求墙段的长度（即墙段截面高度）不宜大于8 m。当墙很长时，可通过开设洞口将长墙分成长度较小、较均匀的超静定次数较高的联肢墙，洞口连梁宜采用约束弯矩较小的弱连梁（其跨高比宜大于6）。

由于配筋砌块砌体抗震墙的竖向钢筋设置在砌块孔洞内（距墙端约100 mm），墙肢长度很短时很难充分发挥作用，尽管短肢抗震墙结构有利于建筑布置，能扩大使用空间，减轻结构自重，但是其抗震性能较差，因此一般抗震墙不能过少、墙肢不宜过短，不应设计多数为短肢抗震墙的建筑，而要求设置足够数量的一般抗震墙，形成以一般抗震墙为主、短肢抗震墙与一般抗震墙相结合的共同抵抗水平力的结构，保证房屋的抗震能力。本条文参照有关规定，对短肢抗震墙截面面积与同一层内所有抗震墙截面面积比例作了规定。

一字形短肢抗震墙延性及平面外稳定均十分不利，因此规定不宜布置单侧楼面梁与之平面外垂直或斜交，同时要求短肢抗震墙应尽可能设置翼缘，保证短肢抗震墙具有适当的抗震能力。

10.1.11 对于部分框支配筋砌块砌体抗震墙房屋，保持纵向受力构件的连续性是防止结构纵向刚度突变而产生薄弱层的主要措施，对结构抗震有利。在结构平面布置时，由于配筋砌块砌体抗震墙和钢筋混凝土抗震墙在承载力、刚度和变形能力方面都有一定差异，因此应避免在同一层面上混合使用。与框支层相邻的上部楼层担负结构转换，在地震时容易遭受破坏，因此除在计算时应满足有关规定之外，在构造上也应予以加强。框支层抗震墙往往要承受较大的弯矩、轴力和剪力，应选用整体性能好的基础，否则抗震墙不能充分发挥作用。

10.1.12 此次修订将本规范抗震设计所用的各种结构材料的性能指标最低要求进行了汇总和补充。

由于本次修订规范普遍对砌体材料的强度等级作了上调，以利砌体建筑向轻质高强发展。砌体结构构件抗震设计对材料的最低强度等级要求，也应随之提高。

配筋砌块砌体抗震墙的灌孔混凝土强度与混凝土砌块块材的强度应该匹配，才能充分发挥灌孔砌体的结构性能，因此砌块的强度和灌孔混凝土的强度不应过低，而且低强度的灌孔混凝土其和易性也较差，施工质量无法保证。试验结果表明，砂浆强度对配筋砌块砌体抗震墙的承载能力影响不大，但考虑到浇灌混凝土时砌块砌体应具有一定的强度，因此砌筑砂浆的强度等级宜适当高一些。

10.1.13 参照钢筋混凝土结构并结合配筋砌体的特点，提出的受力钢筋的锚固和接头要求。

根据我国的试验研究，在配筋砌体灌孔混凝土中的钢筋锚固和搭接，远远小于本条规定的长度就能达到屈服或流限，不比在混凝土中锚固差，一种解释是位于砌块灌孔混凝土中的钢筋的锚固受到的周围材料的约束更大些。

配筋砌块砌体抗震墙水平钢筋端头锚固的要求是根据国内外试验研究成果和经验提出的。配筋砌块砌体抗震墙的水平钢筋，当采用围绕墙端竖向钢筋180°加$12d$延长段锚固时，对施工造成较大的难度，而一般作法是将该水平钢筋在末端弯钩锚于灌孔混凝土中，弯入长度为200 mm，在试验中发现这样的弯折锚固长度已能保证该水平钢筋能达到屈服。因此，考虑不同的抗震等级和施工因素，给出该锚固长度规定。对焊接网片，一般钢筋直径较细均在$\phi5$以下，加上较密的横向钢筋锚固较好，末端弯折并锚入混凝土的做法更增加网片的锚固作用。

底部框架-抗震墙砌体房屋中，底部配筋砌体墙边框梁、柱混凝土强度不低于C30，因此建议抗震墙中水平或竖向钢筋在边框梁、柱中的锚固长度，按现行国家标准《混凝土结构设计规范》GB 50010的规定确定。

10.2 砖砌体构件

Ⅰ 承载力计算

10.2.1 本次修订，对表内数据作了调整，使f_{vE}与σ的函数关系基本不变。

10.2.2 砌体结构体系按照构件配筋率大小分为无筋砌体结构体系和配筋砌体结构体系。无筋砌体结构体系中，因为构造原因，有的墙片四周设置了钢筋混凝土约束构件。对于普通砖、多孔砖砌体构件，当构造柱间距大于3.0 m时，只考虑周边约束构件对无筋墙体的变形性能提高作用，不考虑其对强度的提高。

当在墙段中部基本均匀设置截面不小于240 mm×240 mm(墙厚190 mm时为240 mm×190 mm)且间距不大于4 m的构造柱时，可考虑构造柱对墙体受剪承载力的提高作用。墙段中部均匀设置构造柱时本条所采用的公式，考虑了砌体受混凝土柱的约束、作用于墙体上的垂直压应力、构造柱混凝土和纵向钢筋参与受力等影响因素，较为全面，公式形式合理，概念清楚。

10.2.3 作用于墙顶的轴向集中压力，其影响范围在下部墙体逐渐向两边扩散，考虑影响范围内构造柱的作用，进行砖砌体和钢筋混凝土构造柱的组合墙的截面抗震受压承载力验算时，可计入墙顶轴向集中压力影响范围内构造柱的提高作用。

Ⅱ 构造措施

10.2.4 对于抗震规范没有涵盖的层数较少的部分房屋，建议在外墙四角等关键部位适当设置构造柱。对6度时三层及以下房屋，建议楼梯间墙体也应设置构造柱以加强其抗倒塌能力。

当砌体房屋有错层部位时，宜对错层部位墙体采取增加构造柱等加强措施。本条适用于错层部位所在平面位置可能在地震作用下对错层部位及其附近结构构件产生较大不利影响，甚至影响结构整体抗震性能的砌体房屋，必要时尚应对结构其他相关部位采取有效措施进行加强。对于局部楼板板块略降标高处，不必按本条采取加强措施。错层部位两侧楼板板顶高差大于1/4层高时，应按规定设置防震缝。

10.2.6　根据抗震规范相关规定，提出约束普通砖墙构造要求。

10.2.7　当采用硬架支模连接时，预制楼板的搁置长度可以小于条文中的规定。硬架支模的施工方法是，先架设梁或圈梁的模板，再将预制楼板支承在具有一定刚度的硬支架上，然后浇筑梁或圈梁、现浇叠合层等的混凝土。

采用预制楼板时，预制板端支座位置的圈梁顶应尽可能设在板顶的同一标高或采用L形圈梁，便于预制楼板端头钢筋伸入圈梁内。

当板的跨度大于4.8 m并与外墙平行时，靠外墙的预制板侧边应与墙或圈梁拉结，可在预制板顶面上放置间距不少于300 mm，直径不少于6 mm的短钢筋，短钢筋一端钩在靠外墙预制板的内侧纵向板间缝隙内，另一端锚固在墙或圈梁内。

10.3　混凝土砌块砌体构件

Ⅰ　承载力计算

10.3.1　本次修订，对表内数据作了调整，但 f_{vE} 与 σ_0 的函数关系基本不变。根据有关试验资料，当 $\sigma_0/f_v \geqslant 16$ 时，砌块砌体的正应力影响系数如仍按剪摩公式线性增加，则其值偏高，偏于不安全。因此当 σ_0/f_v 大于16时，砌块砌体的正应力影响系数都按 $\sigma_0/f_v=16$ 时取3.92。

10.3.2　对无筋砌块砌体房屋中的砌体构件，灌芯对砌体抗剪强度提高幅度很大，当灌芯率 $\rho \geqslant 0.15$ 时，适当考虑灌芯和插筋对抗剪承载力的提高作用。

Ⅱ　构造措施

10.3.4、10.3.5　为加强砌块砌体抗震性能，应按《建筑抗震设计规范》GB 50011—2010第7.4.1条及其他条文和本规范其他条文要求的部位设置芯柱。除此之外，对其他部位砌块砌体墙，考虑芯柱间距过大时芯柱对砌块砌体墙抗震性能的提高作用很小，因此明确提出其他部位砌块砌体墙的最低芯柱密度设置要求。

当房屋层数或高度等于或接近表10.1.2中限值时，对底部芯柱密度需要适当加大的楼层范围，按6、7度和8、9度不同烈度分别加以规定。

10.3.7　由于各层砌块砌体均配置水平拉结筋，因此对圈梁高度和纵筋适当比砖砌体房屋作了调整。对圈梁的纵筋根据不同烈度进行了进一步规定。

10.3.8　楼梯间为逃生时重要通道，但该处又是结构薄弱部位，因此其抗倒塌能力应特别注意加强。本次修订通过设置楼梯间周围墙体的配筋，增强其抗震能力。

10.4　底部框架-抗震墙砌体房屋抗震构件

Ⅰ　承载力计算

10.4.2　汶川地震震害调查中发现，底部框架-抗震墙砌体房屋底层柱是在柱顶和柱底同时发生破坏，进一步验证了底层柱反弯点在层高一半附近，底层柱的反弯点高度比取0.55还是合理的。

10.4.3　参照抗震规范关于钢筋混凝土部分框支抗震墙结构的规定，应对底部框架柱上下端的弯矩设计值进行适当放大，避免地震作用下底部框架柱上下端很快形成塑性铰造成倒塌。

考虑底部抗震墙已承担全部地震剪力，不必再按抗震规范对底部加强部位抗震墙的组合弯矩计算值进行放大，因此只建议按一般部位抗震墙进行强剪弱弯的调整。

Ⅱ 构造措施

10.4.8 补充了墙体半高附近尚应设置与框架柱相连的钢筋混凝土水平系梁的最小截面尺寸和最小配筋量限值。

底层墙体构造柱的纵向钢筋直径不宜小于过渡层的构造柱，因此补充规定底层墙体构造柱的纵向钢筋不应少于4ϕ14。

当底层层高较高时，门窗等大洞口顶距地高度不超过层高的1/2.5时，可将钢筋混凝土水平系梁设置在洞顶标高，洞口顶处可与洞口过梁合并。

10.4.9 考虑托墙梁在上部墙体未破坏前可能受拉，适当加大了梁上、下部纵向贯通钢筋最小配筋率。

10.4.11 过渡层即与底部框架-抗震墙相邻的上一砌体楼层。本次修订，加强了过渡层砌体墙的相关要求。过渡层构造柱纵向钢筋配置的最小要求，增加了6度时的加强要求。

上部墙体与底部框架梁、抗震墙不对齐时，需设置支承在框架梁或抗震墙上的托墙转换次梁，其对底部框架梁或抗震墙以及过渡层相关墙体都会产生影响，应予以考虑。

对于上部墙体为砌块砌体墙时，对应下部钢筋混凝土框架柱或抗震墙边框柱及构造柱的位置，过渡层砌块墙体宜设置构造柱。当底部采用配筋砌块砌体抗震墙时，过渡层砌块墙体中部的芯柱宜与底部墙体芯柱对齐，上下贯通。

10.4.12 为加强过渡层底板抗剪能力，参考抗震规范关于转换层楼板的要求，补充了该楼板配筋要求。

10.5 配筋砌块砌体抗震墙

Ⅰ 承载力计算

10.5.2 在配筋砌块砌体抗震墙房屋抗震设计计算中，抗震墙底部的荷载作用效应最大，因此应根据计算分析结果，对底部截面的组合剪力设计值采用按不同抗震等级确定剪力放大系数的形式进行调整，以使房屋的最不利截面得到加强。

10.5.3～10.5.5 规定配筋砌块砌体抗震墙的截面抗剪能力限制条件，是为了规定抗震墙截面尺寸的最小值，或者说是限制了抗震墙截面的最大名义剪应力值。试验研究结果表明，抗震墙的名义剪应力过高，灌孔砌体会在早期出现斜裂缝，水平抗剪钢筋不能充分发挥作用，即使配置很多水平抗剪钢筋，也不能有效地提高抗震墙的抗剪能力。

配筋砌块砌体抗震墙截面应力控制值，类似于混凝土抗压强度设计值，采用“灌孔砌块砌体”的抗压强度，它不同于砌体抗压强度，也不同于混凝土抗压强度。配筋砌块砌体抗震墙反复加载的受剪承载力比单调加载有所降低，其降低幅度和钢筋混凝土抗震墙很接近。因此，将静力承载力乘以降低系数0.8，作为抗震设计中偏心受压时抗震墙的斜截面受剪承载力计算公式。根据湖南大学等单位不同轴压比(或不同的正应力)的墙片试验表明，限制正应力对砌体的抗侧能力的贡献在适当的范围是合适的。如国际标准《配筋砌体设计规范》，限制$N \leqslant 0.4fbh$，美国规范为$0.25N$，我国混凝土规范为$0.2f_c bh$。本规范从偏于安全亦取$0.2f_g bh$。

钢筋混凝土抗震墙在偏心受压和偏心受拉时斜截面承载力计算公式中N项取用了相同系数，我们认为欠妥。此时N虽为作用效应，但属抗力项，当N为拉力时应偏于安全取小。根据可靠度要求，配筋砌块抗震墙偏心受拉时斜截面受剪承载力取用了与偏心受压不同的形式。

10.5.6 配筋砌块砌体由于受其块型、砌筑方法和配筋方式的影响，不适宜做跨高比较大的梁构件。而在配筋砌块砌体抗震墙结构中，连梁是保证房屋整体性的重要构件，为了保证连梁与抗震墙节点处在弯曲屈服前不会出现剪切破坏和具有适当的刚度和承载能力，对于跨高比大于2.5的连梁宜采用受力性能更好的钢筋混凝土连梁，以确保连梁构件的“强剪弱弯”。对于跨高比小于2.5的连梁(主要指窗下墙部分)，则还是允许采用配筋砌块砌体连梁。

配筋砌体抗震墙的连梁的设计原则是作为抗震墙结构的第一道防线，即连梁破坏应先于抗震墙，而对连梁本身则要求其斜截面的抗剪能力高于正截面的抗弯能力，以体现“强剪弱弯”的要求。对配筋砌块连梁，试算和试设计表明，对高烈度区和对较高的抗震等级(一、二级)情况下，连梁超筋的情况比较多，而对砌块连梁在孔中配置钢筋的数量又受到限制。在这种情况下，一是减小连梁的截面高度(应在满足弹塑性变形要求的情况下)，二是连梁设计成混凝土的。本条是参照建筑抗震设计规范和砌块抗震墙房屋的特点规定的剪力调整幅度。

10.5.7 抗震墙的连梁的受力状况，类似于两端固定但同时存在支座有竖向和水平位移的梁的受力，也类似层间抗震墙的受力，其截面控制条件类同抗震墙。

10.5.8 多肢配筋砌块砌体抗震墙的承载力和延性与连梁的承载力和延性有很大关系。为了避免连梁产生受剪破坏后导致抗震墙延性降低，本条规定跨高比大于2.5的连梁，必须满足受剪承载力要求。对跨高比小于2.5的连梁，已属混凝土深梁。在较高烈度和一级抗震等级出现超筋的情况下，宜采取措施，使连梁的截面高度减小，来满足连梁的破坏先于与其连接的抗震墙，否则应对其承载力进行折减。考虑到当连梁跨高比大于2.5时，相对截面高度较小，局部采用混凝土连梁对砌块建筑的施工工作量增加不多，只要按等强设计原则，其受力仍能得到保证，也易于设计人员的接受。此次修订将原规范10.4.8、10.4.9合并，并取跨高比≤2.5之表达式。

Ⅱ 构造措施

10.5.9 本条是在参照国内外配筋砌块砌体抗震墙试验研究和经验的基础上规定的。美国UBC砌体部分和美国抗震规范规定，对不同的地震设防烈度，有不同的最小含钢率要求。如在7度以内，要求在墙的端部、顶部和底部，以及洞口的四周配置竖向和水平构造钢筋，钢筋的间距不应大于3 m。该构造钢筋的面积为130 mm^2，约一根$\phi12$～$\phi14$钢筋，经折算其隐含的构造含钢率约为0.06%；而对≥8度时，抗震墙应在竖向和水平方向均匀设置钢筋，每个方向钢筋的间距不应大于该方向长度的1/3和1.20 m，最小钢筋面积不应小于0.07%，两个方向最小含钢率之和也不应小于0.2%。根据美国规范条文解释，这种最小含钢率是抗震墙最小的延性和抗裂要求。

抗震设计时，为保证出现塑性铰后抗震墙具有足够的延性，该范围内应当加强构造措施，提高其抗剪力破坏的能力。由于抗震墙底部塑性铰出现都有一定范围，因此对其作了规定。一般情况下单个塑性铰发展高度为墙底截面以上墙肢截面高度h_w的范围。

为什么配筋混凝土砌块砌体抗震墙的最小构造含钢率比混凝土抗震墙的小呢，根据背景解释：钢筋混凝土要求相当大的最小含钢率，因为它在塑性状态浇筑，在水化过程中产生显著的收缩。而在砌体施工时，作为主要部分的块体，尺寸稳定，仅在砌体中加入了塑性的砂浆和灌孔混凝土。因此在砌体墙中可收缩的材料要比混凝土中少得多。这个最小含钢率要求，已被规定为混凝土的一半。但在美国加利福尼亚建筑师办公室要求则高于这个数字，它规定，总的最小含钢率不小于0.3%，任一方向不小于0.1%(加利福尼亚是美国高烈度区和地震活跃区)。根据我国进行的较大数量的不同含钢率(竖向和水平)的伪静力墙片试验表明，配筋能明显提高墙体在水平反复荷载作用下的变形能力。也就是说在本条规定的这种最小含钢率情况下，墙体具有一定的延性，裂缝出现后不会立即发生剪坏倒塌。本规范仅在抗震等级为四级时将μ_{min}定为0.07%，其余均≥0.1%，比美国规范要高一些，也约为我国混凝土规范最小含钢率的一半以上。由于配筋砌块砌体建筑的总高度在本规程已有限制，所以其最小构造配筋率比现浇混凝土抗震墙有一定程度的减小。此次修订对最小配筋率作了适当微调。

10.5.10 在配筋砌块砌体抗震墙结构中，边缘构件无论是在提高墙体强度和变形能力方面的作用都非常明显，因此参照混凝土抗震墙结构边缘构件设置的要求，结合配筋砌块砌体抗震墙的特点，规定了边缘构件的配筋要求。

在配筋砌块砌体抗震墙端部设置水平箍筋是为了提高对砌体的约束作用及墙端部混凝土的极限压应变，提高墙体的延性。根据工程经验，水平箍筋放置于砌体灰缝中，受灰缝高度限制(一般灰缝高度为10 mm)，水平箍筋直径不小于6 mm，且不应大于8 mm比较合适；当箍筋直径较大时，将难以保证砌体结构灰缝的砌筑质量，会影响配筋砌块砌体强度；灰缝过厚则会给现场施工和施工验收带来困难，也会影响砌体的强度。抗震等级为一级水平箍筋最小直径为$\phi8$，二～四级为$\phi6$，为了适当弥补钢筋直径减小造成的损失，本条文注明抗震等级为一、二、三级时，应采用 HRB335 或 RRB335 级钢筋。亦可采用其他等效的约束件如等截面面积，厚度不大于 5 mm 的一次冲压钢圈，对边缘构件，将具有更强约束作用。

通过试点工程，这种约束区的最小配筋率有相当的覆盖面。这种含钢率也考虑能在约 120 mm×120 mm 孔洞中放得下：对含钢率为 0.4%、0.6%、0.8%，相应的钢筋直径为 3ϕ14、3ϕ18、3ϕ20，而约束箍筋的间距只能在砌块灰缝或带凹槽的系梁块中设置，其间距只能最小为 200 mm。对更大的钢筋直径并考虑到钢筋在孔洞中的接头和墙体中水平钢筋，很容易造成浇灌混凝土的困难。当采用 290 mm 厚的混凝土空心砌块时，这个问题就可解决了，但这种砌块的重量过大，施工砌筑有一定难度，故我国目前的砌块系列也在 190 mm 范围以内。另外，考虑到更大的适应性，增加了混凝土柱作边缘构件的方案。

10.5.11 转角窗的设置将削弱结构的抗扭能力，配筋砌块砌体抗震墙较难采取措施（如：墙加厚，梁加高），故建议避免转角窗的设置。但配筋砌块砌体抗震墙结构受力特性类似于钢筋混凝土抗震墙结构，若需设置转角窗，则应适当增加边缘构件配筋，并且将楼、屋面板做成现浇板以增强整体性。

10.5.12 配筋砌块砌体抗震墙在重力荷载代表值作用下的轴压比控制是为了保证配筋砌块砌体在水平荷载作用下的延性和强度的发挥，同时也是为了防止墙片截面过小、配筋率过高，保证抗震墙结构延性。本条文对一般墙、短肢墙、一字形短肢墙的轴压比限值作了区别对待，由于短肢墙和无翼缘的一字形短肢墙的抗震性能较差，因此对其轴压比限值应该作更为严格的规定。

10.5.13 在配筋砌块砌体抗震墙和楼盖的结合处设置钢筋混凝土圈梁，可进一步增加结构的整体性，同时该圈梁也可作为建筑竖向尺寸调整的手段。钢筋混凝土圈梁作为配筋砌块砌体抗震墙的一部分，其强度应和灌孔砌块砌体强度基本一致，相互匹配，其纵筋配筋量不应小于配筋砌块砌体抗震墙水平筋数量，其间距不应大于配筋砌块砌体抗震墙水平筋间距，并宜适当加密。

10.5.14 本条是根据国内外试验研究成果和经验，并参照钢筋混凝土抗震墙连梁的构造要求和砌块的特点给出的。配筋混凝土砌块砌体抗震墙的连梁，从施工程序考虑，一般采用凹槽或 H 型砌块砌筑，砌筑时按要求设置水平构造钢筋，而横向钢筋或箍筋则需砌到楼层高度和达到一定强度后方能在孔中设置。这是和钢筋混凝土抗震墙连梁不同之点。

三、建筑外门与外窗

ICS 91.060.50
Q 70

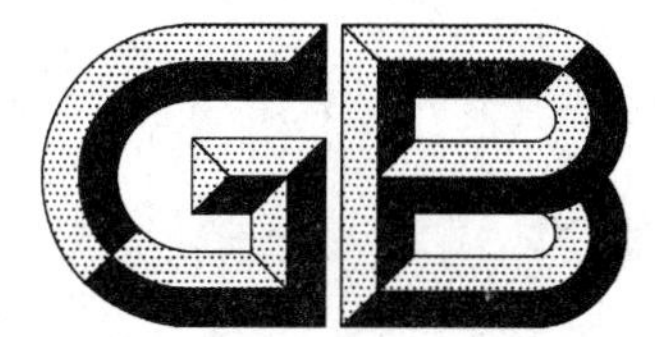

中华人民共和国国家标准

GB/T 7106—2008
代替 GB/T 7106～7108—2002、GB/T 13685～13686—1992

建筑外门窗气密、水密、抗风压性能分级及检测方法

Graduations and test methods of air permeability, watertightness, wind load resistance performance for building external windows and doors

(ISO 6612:1980(E) Windows and door height windows—Wind resistance tests, ISO 6613:1980(E) Windows and door height windows—Air permeability test, NEQ)

2008-07-30 发布　　　　2009-03-01 实施

中华人民共和国国家质量监督检验检疫总局
中国国家标准化管理委员会
发布

前 言

本标准与 ISO 6612—1980《窗和门上高窗——抗风压试验》、ISO 6613—1980《窗和门上高窗——空气渗透性试验》的一致性程度为非等效。

本标准抗风压性能检测方法在变形、反复加压及安全检测的要求及程序上与 ISO 6612—1980 要求一致，增加了 P_1、P_2、P_3 的倍数关系以及加压速度的要求；本标准气密性能检测方法在检测原理、检测装置及试件空气渗透量的检测及计算方法上与 ISO 6613—1980 要求一致，增加了分级检测的压力差、压力换算方法、加压速度等要求。

本标准代替 GB/T 7106—2002《建筑外窗抗风压性能分级及检测方法》、GB/T 7107—2002《建筑外窗气密性能分级及检测方法》、GB/T 7108—2002《建筑外窗水密性能分级及检测方法》、GB/T 13685—1992《建筑外门的风压变形性能分级及其检测方法》和 GB/T 13686—1992《建筑外门的空气渗透性能和雨水渗漏性能分级及其检测方法》。

和 GB/T 7106—2002、GB/T 7107—2002、GB/T 7108—2002、GB/T 13685—1992 和 GB/T 13686—1992 相比，本标准主要修改内容如下：

——将建筑外窗、外门的气密、水密、抗风压性能分级及检测方法标准合一。

——外门的性能分级、检测方法均与外窗统一。

——修改了水密、抗风压性能最高级别的表示方法。

——明确了单扇单锁点门窗抗风压性能检测的测点布置及挠度计算方法。

——明确了采用不同玻璃时外门窗杆件及玻璃最大允许挠度的检测方法。

——修改了气密性能检测的精度要求。

——修改了气密性能分级表。

——增加了气密性能检测装置、淋水系统的校准方法。

——附录中增加了检测报告示例。

本标准的附录 A、附录 B、附录 C 为资料性附录。

本标准由中华人民共和国住房和城乡建设部提出。

本标准由住房和城乡建设部建筑制品与构配件产品标准技术委员会归口。

本标准负责起草单位：中国建筑科学研究院。

本标准参加起草单位：广东省建筑科学研究院、河南省建筑科学研究院、福建省建筑科学研究院、国家建筑材料测试中心、广州市建筑科学研究院、江苏省建筑工程质量检测中心有限公司、上海市建筑科学研究院有限公司、江生罗克迪(上海)贸易有限公司、北京金易格幕墙装饰工程有限责任公司、福建省南平铝业有限公司、广东省东莞市坚朗五金制品有限公司。

本标准主要起草人：王洪涛、刘会涛、张士翔、纪卫明、陈德威、刘海波、刘晓松、张云龙、左蔚雯、卢嘉志、班广生、谢光宇、杜万明。

本标准所代替标准的历次版本发布情况为：

——GB/T 7106—1986、GB/T 7106—2002；

——GB/T 7107—1986、GB/T 7107—2002；

——GB/T 7108—1986、GB/T 7108—2002；

——GB/T 13685—1992；

——GB/T 13686—1992。

建筑外门窗气密、水密、抗风压性能分级及检测方法

1 范围

本标准规定了建筑外门窗气密、水密及抗风压性能的术语和定义、分级、检测装置、检测准备、气密性能检测、水密性能检测、抗风压性能检测及检测报告。

本标准适用于建筑外窗及外门的气密、水密、抗风压性能分级及试验室检测。检测对象只限于门窗试件本身，不涉及门窗与其他结构之间的接缝部位。

2 规范性引用文件

下列文件中的条款通过本标准的引用而成为本标准的条款。凡是注日期的引用文件，其随后所有的修改单(不包括勘误的内容)或修订版均不适用于本标准，然而，鼓励根据本标准达成协议的各方研究是否可使用这些文件的最新版本。凡是不注日期的引用文件，其最新版本适用于本标准。

GB/T 5823 建筑门窗术语

GB 50009 建筑结构荷载规范

GB/T 50178 建筑气候区划标准

3 术语和定义

GB/T 5823 确定的以及下列术语和定义适用于本标准。

3.1

外门窗 external windows and doors

建筑外门及外窗的统称。

3.2

压力差 pressure difference

外门窗室内、外表面所受到的空气绝对压力差值。当室外表面所受的压力高于室内表面所受的压力时，压力差为正值；反之为负值。

3.3

气密性能 air permeability performance

外门窗在正常关闭状态时，阻止空气渗透的能力

3.3.1

标准状态 standard condition

温度为 293 K(20 ℃)、压力为 101.3 kPa(760 mm Hg)、空气密度为 1.202 kg/m^3 的试验条件。

3.3.2

试件空气渗透量 volume of air flow through specimen

在标准状态下，单位时间通过整窗(门)试件的空气量。

3.3.3

附加空气渗透量 volume of extraneous air leakage

除试件本身的空气渗透量以外，通过设备和试件与测试箱连接部分的空气渗透量。

3.3.4

开启缝长　length of opening joint

外窗开启扇或外门扇开启缝隙周长的总和，以内表面测定值为准。如遇两扇相互搭接时，其搭接部分的两段缝长按一段计算。

3.3.5

单位开启缝长空气渗透量　volume of air flow through the unit joint length of the opening part

在标准状态下，单位时间通过单位开启缝长的空气量。

3.3.6

试件面积　external area of specimen

外门窗框外侧范围内的面积，不包括安装用附框的面积。以室内表面测定值为准。

3.3.7

单位面积空气渗透量　volume of air flow through a unit area

在标准状态下，单位时间通过外门窗试件单位面积的空气量。

3.4

水密性能　watertightness performance

外门窗正常关闭状态时，在风雨同时作用下，阻止雨水渗漏的能力。

3.4.1

严重渗漏　serious water leakage

雨水从试件室外侧持续或反复渗入外门窗试件室内侧，发生喷溅或流出试件界面的现象。

3.4.2

严重渗漏压力差值　pressure difference under serious water leakage

外门窗试件发生严重渗漏时的压力差值。

3.4.3

淋水量　volume of water spray

外门窗试件表面保持连续水膜时单位面积所需的水流量。

3.5

抗风压性能　wind load resistance performance

外门窗正常关闭状态时在风压作用下不发生损坏（如：开裂、面板破损、局部屈服、粘结失效等）和五金件松动、开启困难等功能障碍的能力。

3.5.1

面法线位移　frontal displacement

试件受力构件或面板表面上任意一点沿面法线方向的线位移量。

3.5.2

面法线挠度　frontal deflection

试件受力构件或面板表面上某一点沿面法线方向的线位移量的最大差值。

3.5.3

相对面法线挠度　relative frontal deflection

面法线挠度和两端测点间距离 l 的比值。

3.5.4

允许挠度　allowable deflection

主要构件在正常使用极限状态时的面法线挠度的限值（符号为 f_0）。

3.5.5

变形检测　distortion test

为了确定主要构件在变形量为40%允许挠度时的压力差（符号为 P_1）而进行的检测。

3.5.6

反复变形检测 repeated pressure test

为了确定主要构件在变形量为60%允许挠度时的压力差(符号为 P_2)反复作用下不发生损坏及功能障碍而进行的检测。

3.6

定级检测 grade test

为确定外门窗抗风压性能指标值 P_3 和水密性能指标值 ΔP 而进行的检测。

3.7

工程检测 engineering test

为确定外门窗是否满足工程设计要求的抗风压和水密性能而进行的检测。

4 分级

4.1 气密性能

4.1.1 分级指标

采用在标准状态下,压力差为10 Pa时的单位开启缝长空气渗透量 q_1 和单位面积空气渗透量 q_2 作为分级指标。

4.1.2 分级指标值

分级指标绝对值 q_1 和 q_2 的分级见表1。

表1 建筑外门窗气密性能分级表

分 级	1	2	3	4	5	6	7	8
单位缝长分级指标值 q_1/[m³/(m·h)]	$4.0 \geq q_1 > 3.5$	$3.5 \geq q_1 > 3.0$	$3.0 \geq q_1 > 2.5$	$2.5 \geq q_1 > 2.0$	$2.0 \geq q_1 > 1.5$	$1.5 \geq q_1 > 1.0$	$1.0 \geq q_1 > 0.5$	$q_1 \leq 0.5$
单位面积分级指标值 q_2/[m³/(m²·h)]	$12 \geq q_2 > 10.5$	$10.5 \geq q_2 > 9.0$	$9.0 \geq q_2 > 7.5$	$7.5 \geq q_2 > 6.0$	$6.0 \geq q_2 > 4.5$	$4.5 \geq q_2 > 3.0$	$3.0 \geq q_2 > 1.5$	$q_2 \leq 1.5$

4.2 水密性能

4.2.1 分级指标

采用严重渗漏压力差值的前一级压力差值作为分级指标。

4.2.2 分级指标值

分级指标值 ΔP 的分级见表2。

表2 建筑外门窗水密性能分级表

单位为帕

分 级	1	2	3	4	5	6
分级指标 ΔP	$100 \leq \Delta P < 150$	$150 \leq \Delta P < 250$	$250 \leq \Delta P < 350$	$350 \leq \Delta P < 500$	$500 \leq \Delta P < 700$	$\Delta P \geq 700$
注:第6级应在分级后同时注明具体检测压力差值。						

4.3 抗风压性能

4.3.1 分级指标

采用定级检测压力差值 P_3 为分级指标。

4.3.2 分级指标值

分级指标值 P_3 的分级见表3。

表 3　建筑外门窗抗风压性能分级表

单位为千帕

分　级	1	2	3	4	5	6	7	8	9
分级指标值 P_3	$1.0 \leqslant P_3 < 1.5$	$1.5 \leqslant P_3 < 2.0$	$2.0 \leqslant P_3 < 2.5$	$2.5 \leqslant P_3 < 3.0$	$3.0 \leqslant P_3 < 3.5$	$3.5 \leqslant P_3 < 4.0$	$4.0 \leqslant P_3 < 4.5$	$4.5 \leqslant P_3 < 5.0$	$P_3 \geqslant 5.0$
注：第 9 级应在分级后同时注明具体检测压力差值。									

5　检测装置

5.1　组成

检测装置由压力箱、试件安装系统、供压系统、淋水系统及测量系统（包括空气流量、压力差及位移测量装置）组成。检测装置的构成如图 1 所示。

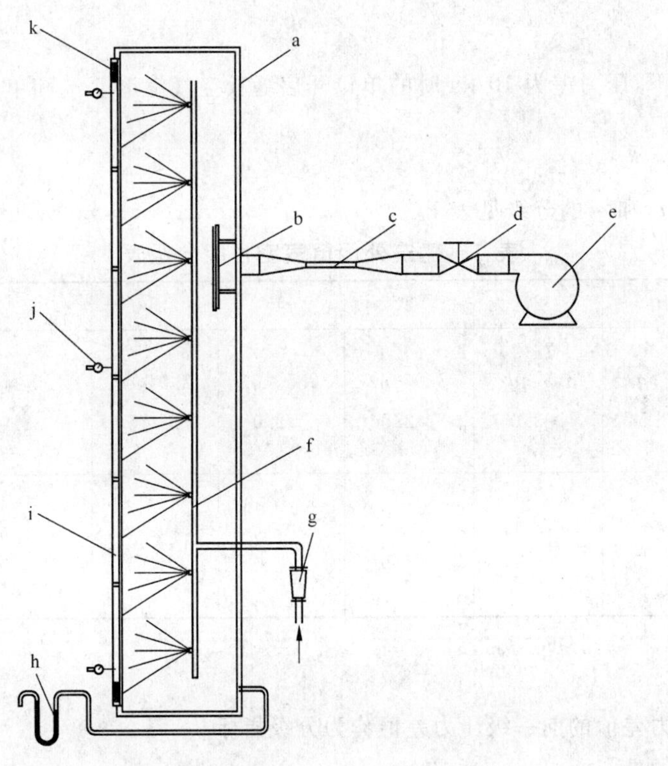

a——压力箱；
b——进气口挡板；
c——风速仪；
d——压力控制装置；
e——供风设备；
f——淋水装置；
g——水流量计；
h——差压计；
i——试件；
j——位移计；
k——安装框架。

图 1　检测装置示意图

5.2 要求

5.2.1 压力箱的开口尺寸应能满足试件安装的要求，箱体开口部位的构件在承受检测过程中可能出现的最大压力差作用下开口部位的最大挠度值不应超过 5 mm 或 l/1 000，同时应具有良好的密封性能且以不影响观察试件的水密性为最低要求。

5.2.2 试件安装系统包括试件安装框及夹紧装置。应保证试件安装牢固，不应产生倾斜及变形，同时保证试件可开启部分的正常开启。

5.2.3 供压系统应具备施加正负双向的压力差的能力，静态压力控制装置应能调节出稳定的气流，动态压力控制装置应能稳定的提供 3 s～5 s 周期的波动风压，波动风压的波峰值、波谷值应满足检测要求。供压和压力控制能力应满足本标准第 7、8、9 章的要求。

5.2.4 淋水系统的喷淋装置应满足在窗试件的全部面积上形成连续水膜并达到规定淋水量的要求。喷嘴布置应均匀，各喷嘴与试件的距离宜相等且不小于 500 mm；装置的喷水量应能调节，并有措施保证喷水量的均匀性。

5.2.5 测量系统包括空气流量、压力差及位移测量装置，并应满足以下要求：

a) 差压计的两个探测点应在试件两侧就近布置，差压计的误差应小于示值的 2%。

b) 空气流量测量系统的测量误差应小于示值的 5%，响应速度应满足波动风压测量的要求。

c) 位移计的精度应达到满量程的 0.25%，位移测量仪表的安装支架在测试过程中应牢固，并保证位移的测量不受试件及其支承设施的变形、移动所影响。

5.3 校准

5.3.1 **空气流量测量系统的校准**

空气流量测量系统的校准方法参见附录 A，校准周期不应大于 6 个月。

5.3.2 **淋水系统的校准**

淋水系统的校准方法参见附录 B，校准周期不应大于 6 个月。

6 检测准备

6.1 试件要求

试件应为按所提供图样生产的合格产品或研制的试件，不得附有任何多余的零配件或采用特殊的组装工艺或改善措施。

试件必须按照设计要求组合、装配完好，并保持清洁、干燥。

6.2 试件数量

相同类型、结构及规格尺寸的试件，应至少检测三樘。

6.3 试件安装要求

6.3.1 试件应安装在安装框架上。

6.3.2 试件与安装框架之间的连接应牢固并密封。安装好的试件要求垂直，下框要求水平，下部安装框不应高于试件室外侧排水孔。不应因安装而出现变形。

6.3.3 试件安装后，表面不可沾有油污等不洁物。

6.3.4 试件安装完毕后，应将试件可开启部分开关 5 次。最后关紧。

6.4 检测顺序

宜按照气密、水密、抗风压变形 P_1、抗风压反复受压 P_2、安全检测 P_3 的顺序进行。

6.5 检测安全要求

当进行抗风压性能检测或较高压力的水密性能检测时应采取适当的安全措施。

7 气密性能检测

7.1 检测步骤

检测加压顺序见图 2。

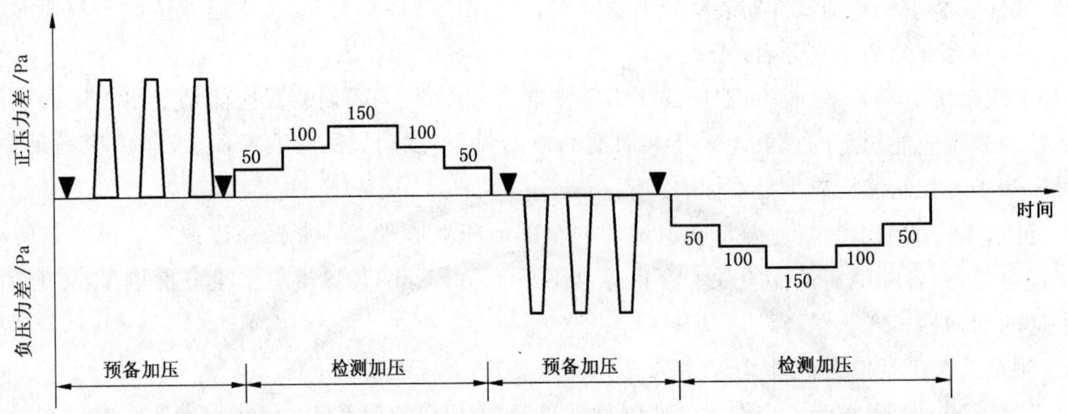

注：图中符号▼表示将试件的可开启部分开关不少于 5 次。

图 2 气密检测加压顺序示意图

7.2 预备加压

在正、负压检测前分别施加三个压力脉冲。压力差绝对值为 500 Pa，加载速度约为 100 Pa/s。压力稳定作用时间为 3 s，泄压时间不少于 1 s。待压力差回零后，将试件上所有可开启部分开关 5 次，最后关紧。

7.3 渗透量检测

7.3.1 附加空气渗透量检测

检测前应采取密封措施，充分密封试件上的可开启部分缝隙和镶嵌缝隙，或用不透气的盖板将箱体开口部盖严，然后按照图 2 检测加压部分逐级加压，每级压力作用时间约为 10 s，先逐级正压，后逐级负压。记录各级测量值。

7.3.2 总渗透量检测

去除试件上所加密封措施或打开密封盖板后进行检测，检测程序同 7.3.1。

7.4 检测值的处理

7.4.1 计算

分别计算出升压和降压过程中在 100 Pa 压差下的两个附加空气渗透量测定值的平均值$\bar{q}_f$和两个总渗透量测定值的平均值 $\bar{q}_z$，则窗试件本身 100 Pa 压力差下的空气渗透量 q_t（m^3/h）即可按式（1）计算：

$$q_t = \bar{q}_z - \bar{q}_f \qquad \cdots\cdots(1)$$

然后，再利用式（2）将 q_t换算成标准状态下的渗透量 q'（m^3/h）值。

$$q' = \frac{293}{101.3} \times \frac{q_t \cdot P}{T} \qquad \cdots\cdots(2)$$

式中：

q'——标准状态下通过试件空气渗透量值，m^3/h；

P——试验室气压值，kPa；

T——试验室空气温度值，K；

q_t——试件渗透量测定值，m^3/h。

将 q'值除以试件开启缝长度 l，即可得出在 100 Pa 下，单位开启缝长空气渗透量 q'_1[$m^3/(m \cdot h)$]

值，即：

$$q_1' = \frac{q'}{l} \qquad \cdots\cdots(3)$$

或将 q' 值除以试件面积 A，得到在 100 Pa 下，单位面积的空气渗透量 $m^3/(m^2 \cdot h)$ 值，即：

$$q_2' = \frac{q'}{A} \qquad \cdots\cdots(4)$$

正压、负压分别按(1)～(4)式进行计算。

7.4.2 分级指标值的确定

为了保证分级指标值的准确度，采用由 100 Pa 检测压力差下的测定值 $\pm q_1'$ 值或 $\pm q_2'$ 值，按式(5)或式(6)换算为 10 Pa 检测压力差下的相应值 $\pm q_1$ [$m^3/(m \cdot h)$]值，或 $\pm q_2$ [$m^3/(m^2 \cdot h)$]值。

$$\pm q_1 = \frac{\pm q_1'}{4.65} \qquad \cdots\cdots(5)$$

$$\pm q_2 = \frac{\pm q_2'}{4.65} \qquad \cdots\cdots(6)$$

式中：

q_1'——100 Pa 作用压力差下单位缝长空气渗透量值，$m^3/(m \cdot h)$；

q_1——10 Pa 作用压力差下单位缝长空气渗透量值，$m^3/(m \cdot h)$；

q_2'——100 Pa 作用压力差下单位面积空气渗透量值，$m^3/(m^2 \cdot h)$；

q_2——10 Pa 作用压力差下单位面积空气渗透量值，$m^3/(m^2 \cdot h)$。

将三樘试件的 $\pm q_1$ 值或 $\pm q_2$ 值分别平均后对照表 1 确定按照缝长和按面积各自所属等级。最后取两者中的不利级别为该组试件所属等级。正、负压测值分别定级。

8 水密性能检测

8.1 检测方法

检测分为稳定加压法和波动加压法，检测加压顺序分别见图 3 和图 4。工程所在地为热带风暴和台风地区的工程检测，应采用波动加压法；定级检测和工程所在地为非热带风暴和台风地区的工程检测，可采用稳定加压法。已进行波动加压法检测可不再进行稳定加压法检测。水密性能最大检测压力峰值应小于抗风压定级检测压力差值 P_3。热带风暴和台风地区的划分按照 GB 50178 的规定执行。

8.2 预备加压

检测加压前施加三个压力脉冲，压力差绝对值为 500 Pa，加载速度约为 100 Pa/s。压力稳定作用时间为 3 s，泄压时间不少于 1 s。待压力差回零后，将试件上所有可开启部分开关 5 次，最后关紧。

8.3 稳定加压法

按照图 3、表 4 顺序加压，并按以下步骤操作：

a) 淋水：对整个门窗试件均匀地淋水，淋水量为 2 L/(m^2.min)。

b) 加压：在淋水的同时施加稳定压力。定级检测时，逐级加压至出现严重渗漏为止。工程检测时，直接加压至水密性能指标值，压力稳定作用时间为 15 min 或产生严重渗漏为止。

c) 观察记录：在逐级升压及持续作用过程中，观察并参照表 6 记录渗漏状态及部位。

表 4 稳定加压顺序表

加压顺序	1	2	3	4	5	6	7	8	9	10	11
检测压力/Pa	0	100	150	200	250	300	350	400	500	600	700
持续时间/min	10	5	5	5	5	5	5	5	5	5	5

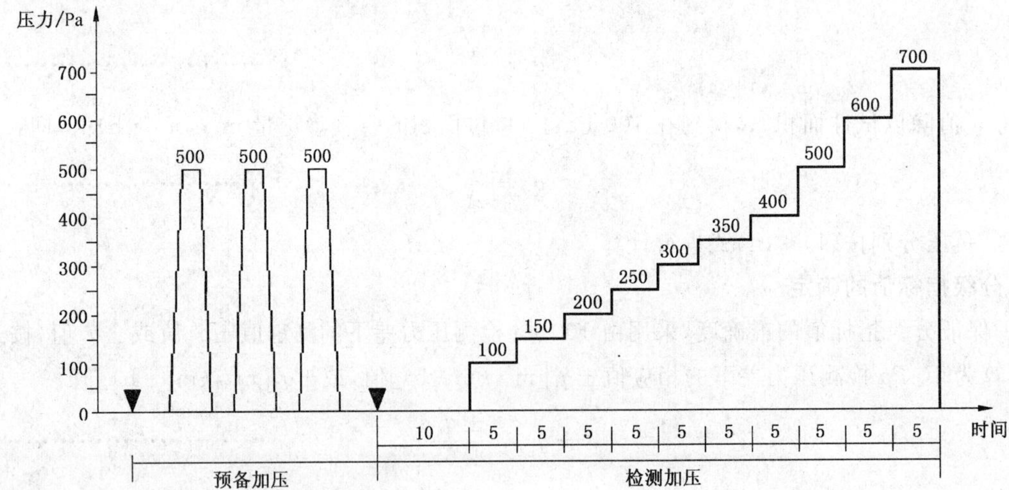

注：图中符号▼表示将试件的可开启部分开关5次。

图3　稳定加压顺序示意图

8.4　波动加压法

按照图4、表5顺序加压，并按以下步骤操作：

a)　淋水：对整个门窗试件均匀地淋水，淋水量为3 L/(m² · min)。

b)　加压：在稳定淋水的同时施加波动压力，波动压力的大小用平均值表示，波幅为平均值的0.5倍。定级检测时，逐级加压至出现严重渗漏。工程检测时，直接加压至水密性能指标值，加压速度约100 Pa/s，波动压力作用时间为15 min或产生严重渗漏为止。

c)　观察记录：在逐级升压及持续作用过程中，观察并参照表6记录渗漏状态及部位。

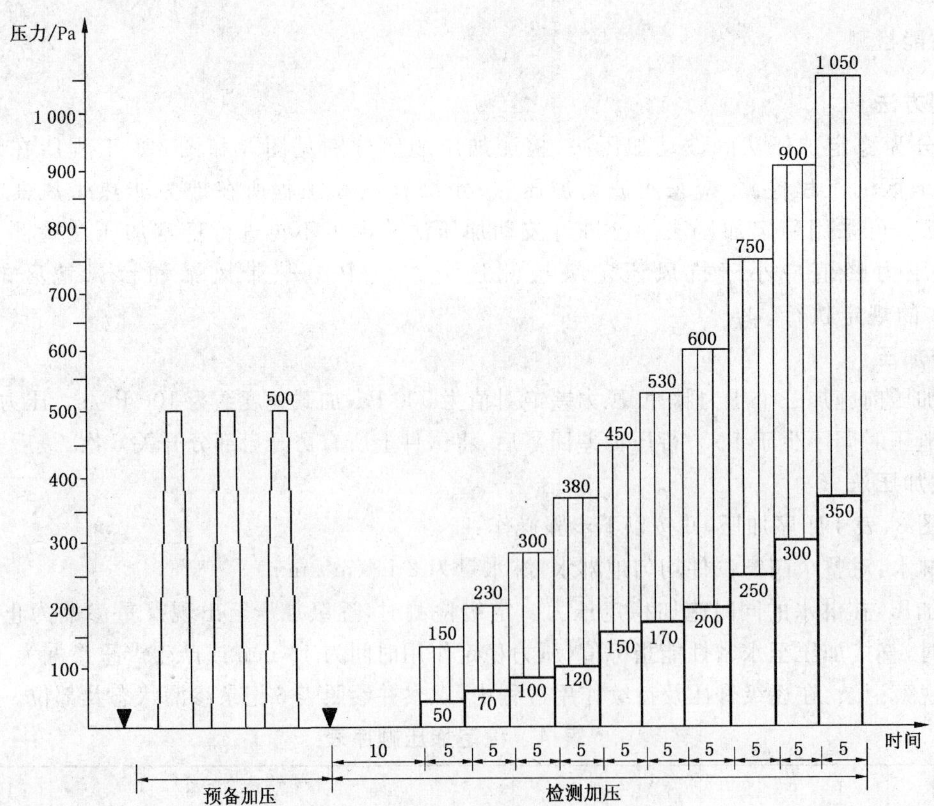

注：图中▼符号表示将试件的可开启部分开关5次。

图4　波动加压示意图

表 5 波动加压顺序表

加压顺序		1	2	3	4	5	6	7	8	9	10	11
波动压力值/Pa	上限值	0	150	230	300	380	450	530	600	750	900	1 050
	平均值	0	100	150	200	250	300	350	400	500	600	700
	下限值	0	50	70	100	120	150	170	200	250	300	350
波动周期/s		3～5										
每级加压时间/min		5										

表 6 渗漏状态符号表

渗漏状态	符号
试件内侧出现水滴	○
水珠联成线,但未渗出试件界面	□
局部少量喷溅	△
持续喷溅出试件界面	▲
持续流出试件界面	●
注 1：后两项为严重渗漏。 注 2：稳定加压和波动加压检测结果均采用此表。	

8.5 分级指标值的确定

记录每个试件的严重渗漏压力差值。以严重渗漏压力差值的前一级检测压力差值作为该试件水密性能检测值。如果工程水密性能指标值对应的压力差值作用下未发生渗漏,则此值作为该试件的检测值。

三试件水密性能检测值综合方法为:一般取三樘检测值的算术平均值。如果三樘检测值中最高值和中间值相差两个检测压力等级以上时,将该最高值降至比中间值高两个检测压力等级后,再进行算术平均。如果 3 个检测值中较小的两值相等时,其中任意一值可视为中间值。

9 抗风压性能检测

9.1 检测项目

9.1.1 变形检测

检测试件在逐步递增的风压作用下,测试杆件相对面法线挠度的变化,得出检测压力差 P_1。

9.1.2 反复加压检测

检测试件在压力差 P_2(定级检测时)或 P'_2(工程检测时)的反复作用下,是否发生损坏和功能障碍。

9.1.3 定级检测或工程检测

检测试件在瞬时风压作用下,抵抗损坏和功能障碍的能力。

定级检测是为了确定产品的抗风压性能分级的检测,检测压力差为 P_3;工程检测是考核实际工程的外门窗能否满足工程设计要求的检测,检测压力差为 P'_3。

9.2 检测方法

9.2.1 检测加压顺序

检测加压顺序见图 5。

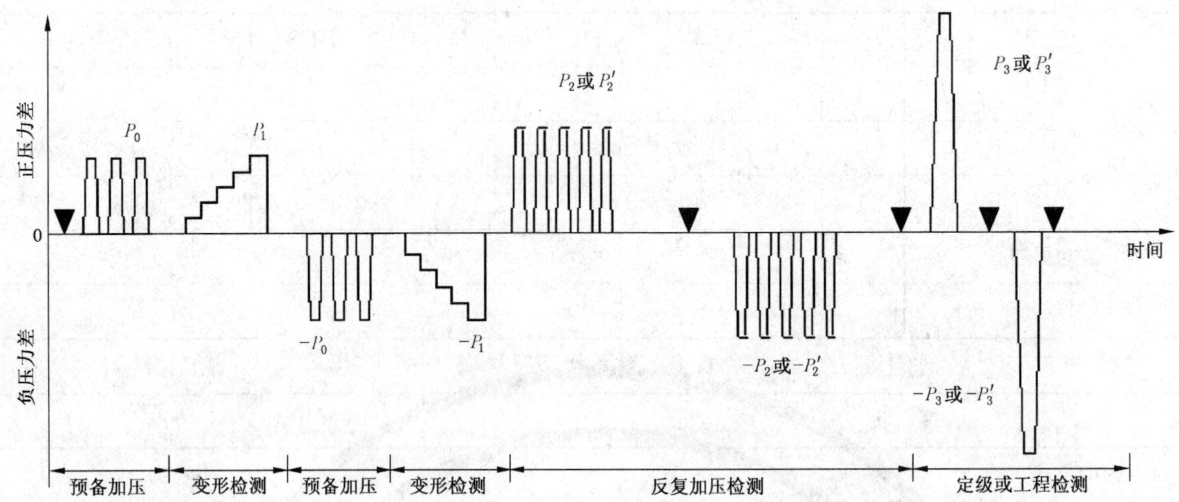

注：图中符号▼表示将试件的可开启部分开关5次。

图5 检测加压顺序示意图

9.2.2 确定测点和安装位移计

将位移计安装在规定位置上。测点位置规定如下：

a) 对于测试杆件：测点布置见图6。中间测点在测试杆件中点位置，两端测点在距该杆件端点向中点方向10 mm处。当试件的相对挠度最大的杆件难以判定时，也可选取两根或多根测试杆件（见图7），分别布点测量。

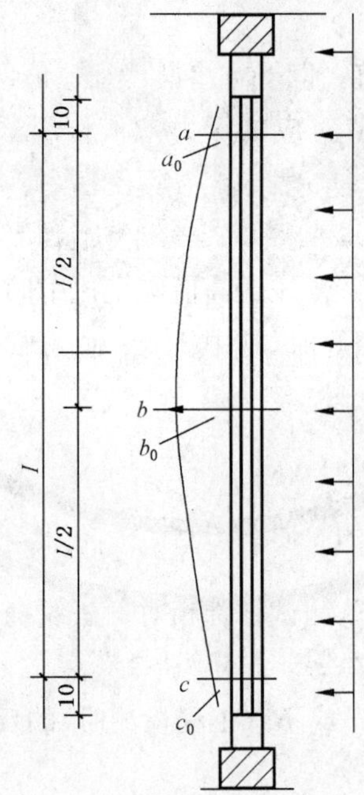

注：a_0、b_0、c_0——三测点初始读数值（mm）；

a、b、c——三测点在压力差作用过程中的稳定读数值（mm）；

l——测试杆件两端测点a、c之间的长度（mm）。

图6 测试杆件测点分布图

b) 对于单扇固定扇：测点布置见图8。

c) 对于单扇平开窗（门）：当采用单锁点时，测点布置见图9，取距锁点最远的窗（门）扇自由边（非铰链边）端点的角位移值δ为最大挠度值，当窗（门）扇上有受力杆件时应同时测量该杆件的最大相对挠度，取两者中的不利者作为抗风压性能检测结果；无受力杆件外开单扇平开窗(门)只进行负压检测，无受力杆件内开单扇平开窗(门)只进行正压检测；当采用多点锁时，按照单扇固定扇的方法进行检测。

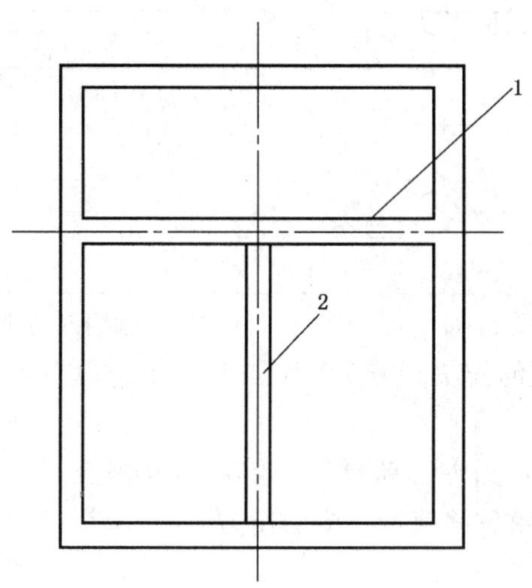

注：1、2为检测杆件。

图7　多测试杆件分布图

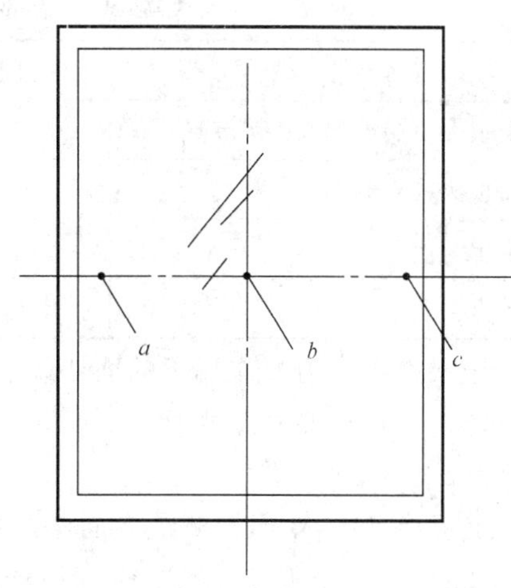

注：a、b、c为测点。

图8　单扇固定扇测点分布图

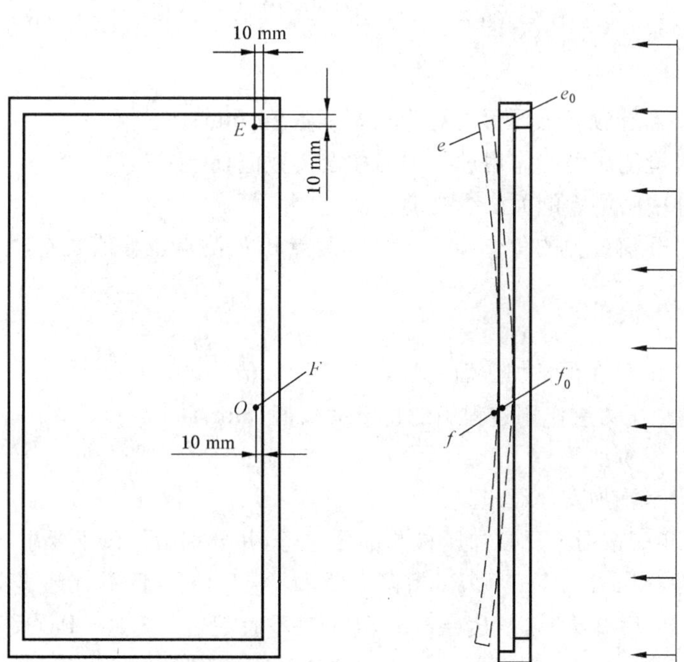

注1：e_0、f_0测点初始读数值(mm)；

注2：e、f测点在压力作用过程中的稳定读数值(mm)。

图9　单扇单锁点平开窗(门)位移计布置图

9.2.3　预备加压程序

在进行正、负变形检测前，分别提供三个压力脉冲，压力差P_0绝对值为500 Pa，加载速度约为100 Pa/s，压力稳定作用时间为3 s，泄压时间不少于1 s。

9.2.4　变形检测

9.2.4.1　先进行正压检测，后进行负压检测，并符合以下要求：

a) 检测压力逐级升、降。每级升降压力差值不超过 250 Pa，每级检测压力差稳定作用时间约为 10 s。不同类型试件变形检测时对应的最大面法线挠度(角位移值)应符合表 7 的要求。检测压力绝对值最大不宜超过 2 000 Pa。

表 7 不同类型试件变形检测对应的最大面法线挠度(角位移值)

试 件 类 型	主要构件(面板)允许挠度	变形检测最大面法线挠度(角位移值)
窗(门)面板为单层玻璃或夹层玻璃	$\pm l/120$	$\pm l/300$
窗(门)面板为中空玻璃	$\pm l/180$	$\pm l/450$
单扇固定扇	$\pm l/60$	$\pm l/150$
单扇单锁点平开窗(门)	20 mm	10 mm

b) 记录每级压力差作用下的面法线挠度值(角位移值)，利用压力差和变形之间的相对线性关系求出变形检测时最大面法线挠度(角位移)对应的压力差值，作为变形检测压力差值，标以 $\pm P_1$。

c) 工程检测中，变形检测最大面法线挠度所对应的压力差已超过 $P'_3/2.5$ 时，检测至 $P'_3/2.5$ 为止；对于单扇单锁点平开窗(门)，当 10 mm 自由角位移值所对应的压力差超过 $P'_3/2$ 时，检测至 $P'_3/2$ 为止。

d) 当检测中试件出现功能障碍或损坏时，以相应压力差值的前一级压力差分级指标值为 P_3。

9.2.4.2 求取杆件或面板的面法线挠度可按公式(7)进行：

$$B=(b-b_0)-\frac{(a-a_0)+(c-c_0)}{2} \qquad \cdots\cdots(7)$$

式中：

a_0、b_0、c_0——为各测点在预备加压后的稳定初始读数值，mm；

a、b、c——为某级检测压力差作用过程中的稳定读数值，mm；

B——为杆件中间测点的面法线挠度。

9.2.4.3 单扇单锁点平开窗(门)的角位移值 δ 为 E 测点和 F 测点位移值之差，可按公式(8)计算。

$$\delta=(e-e_0)-(f-f_0) \qquad \cdots\cdots(8)$$

式中：

e_0、f_0——为测点 E 和 F 在预备加压后的稳定初始读数值，mm；

e、f——为某级检测压力差作用过程中的稳定读数值，mm。

9.2.5 反复加压检测

检测前可取下位移计，施加安全设施。

定级检测和工程检测应按图 5 反复加压检测部分进行，并分别满足以下要求：

——定级检测时，检测压力从零升到 P_2 后降至零，$P_2=1.5P_1$，且不宜超过 3 000 Pa，反复 5 次。再由零降至 $-P_2$ 后升至零，$-P_2=-1.5P_1$，且不宜超过 $-3\ 000$ Pa，反复 5 次。加压速度为 300 Pa/s～500 Pa/s，泄压时间不少于 1 s，每次压力差作用时间为 3 s。

——工程检测时，当工程设计值小于 2.5 倍 P_1 时以 0.6 倍工程设计值进行反复加压检测。

反复加压后，将试件可开启部分开关 5 次，最后关紧。记录试验过程中发生损坏(指玻璃破裂、五金件损坏、窗扇掉落或被打开以及可以观察到的不可恢复的变形等现象)和功能障碍(指外门窗的启闭功能发生障碍、胶条脱落等现象)的部位。

9.2.6 定级检测或工程检测

9.2.6.1 定级检测时，使检测压力从零升至 P_3 后降至零，$P_3=2.5P_1$，对于单扇单锁点平开窗(门)，$P_3=2.0P_1$；再降至 $-P_3$ 后升至零，$-P_3=2.5(-P_1)$，对于单扇单锁点平开窗(门)，$-P_3=2(-P_1)$。加压速度为 300 Pa/s～500 Pa/s，泄压时间不少于 1 s，持续时间为 3 s。正、负加压后各将试件可开关部分开关5次，最后关紧。试验过程中发生损坏和功能障碍时，记录发生损坏和功能障碍的部位，并记录试件破坏时的压力差值。

9.2.6.2　工程检测时，当工程设计值 P'_3 小于或等于 $2.5P_1$（对于单扇平开窗或门，P'_3 小于或等于 $2.0P_1$）时，才按工程检测进行。压力加至工程设计值 P'_3 后降至零，再降至 $-P'_3$ 后升至零。加压速度为300 Pa/s～500 Pa/s，泄压时间不少于1 s，持续时间为3 s。加正、负压后各将试件可开关部分开关5次，最后关紧。试验过程中发生损坏和功能障碍时，记录发生损坏和功能障碍的部位，并记录试件破坏时的压力差值。当工程设计值 P'_3 大于 $2.5P_1$（对于单扇平开窗或门，P'_3 大于 $2.0P_1$）时，以定级检测取代工程检测。

9.3　检测结果的评定

9.3.1　变形检测的评定

以试件杆件或面板达到变形检测最大面法线挠度时对应的压力差值为 $\pm P_1$；对于单扇单锁点平开窗（门），以角位移值为10 mm时对应的压力差值为 $\pm P_1$。

9.3.2　反复加压检测的评定

如果经检测，试件未出现功能障碍和损坏，注明 $\pm P_2$ 值或 $\pm P'_2$ 值。如果经检测试件出现功能障碍或损坏，记录出现的功能障碍、损坏情况及其发生部位，并以试件出现功能障碍或损坏时压力差值的前一级压力差分级指标值定级；工程检测时，如果出现功能障碍或损坏时的压力差值低于或等于工程设计值时，该外窗（门）判为不满足工程设计要求。

9.3.3　定级检测的评定

试件经检测未出现功能障碍或损坏时，注明 $\pm P_3$ 值，按 $\pm P_3$ 中绝对值较小者定级。如果经检测，试件出现功能障碍或损坏，记录出现功能障碍或损坏的情况及其发生的部位，并以试件出现功能障碍或损坏所对应的压力差值的前一级分级指标值进行定级。

9.3.4　工程检测的评定

试件未出现功能障碍或损坏时，注明 $\pm P'_3$ 值，并与工程的风荷载标准值 W_k 相比较，大于或等于 W_k 时可判定为满足工程设计要求，否则判为不满足工程设计要求。

工程的风荷载标准值 W_k 的确定方法见GB 50009。

9.3.5　三试件综合评定

定级检测时，以三试件定级值的最小值为该组试件的定级值。工程检测时，三试件必须全部满足工程设计要求。

10　检测报告

检测报告格式参见附录C，检测报告至少应包括下列内容：

a)　试件的名称、系列、型号、主要尺寸及图样（包括试件立面、剖面和主要节点，型材和密封条的截面、排水构造及排水孔的位置、主要受力构件的尺寸以及可开启部分的开启方式和五金件的种类、数量及位置）。工程检测时宜说明工程名称、工程地点、工程概况、工程设计要求，既有建筑门窗的已用年限。

b)　玻璃品种、厚度及镶嵌方法。

c)　明确注出有无密封条。如有密封条则应注出密封条的材质。

d)　明确注出有无采用密封胶类材料填缝。如采用则应注出密封材料的材质。

e)　五金配件的配置。

f)　气密性能单位缝长及面积的计算结果，正负压所属级别。未定级时说明是否符合工程设计要求。

g)　水密性能最高未渗漏压差值及所属级别。注明检测的加压方法，出现渗漏时的状态及部位。

以一次加压(按符合设计要求)或逐级加压(按定级)检测结果进行定级。未定级时说明是否符合工程设计要求。

h) 抗风压性能定级检测给出 P_1、P_2、P_3 值及所属级别。工程检测给出 P_1、P_2'、P_3'值,并说明是否满足工程设计要求。主要受力构件的挠度和状况,以压力差和挠度的关系曲线图表示检测记录值。

附 录 A
（资料性附录）
空气流量测量系统校准方法

A.1 适用范围

本校验方法适用于建筑外门窗气密性能检测装置的空气流量测量系统的校准。

A.2 原理

采用固定规格的标准试件安装在压力箱开口部位，利用空气流量测量系统测量不同开孔数量的空气流量。

A.3 标准试件

标准试件采用 3 mm 不锈钢板加工，外形尺寸应符合图 A.1 的要求，表面加工应平整，测孔内应清洁，不能有划痕及毛刺等。

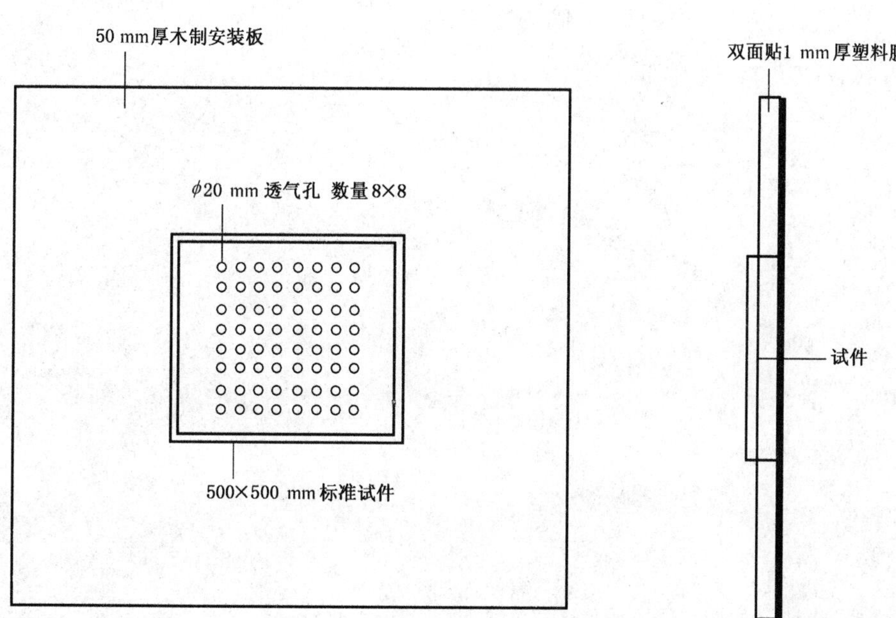

图 A.1 标准试件及安装

A.4 安装框技术要求

A.4.1 安装框应采用不透气的材料，本身具有足够刚度。

A.4.2 安装框四周与压力箱相交部分应平整，以保证接缝的高度气密性。

A.4.3 安装框上标准试件的镶嵌口应平整，标准试件采用机械连接后用密封胶密封。

A.5 校准条件

A.5.1 试验室内环境温度应在 20 ℃±5.0 ℃ 范围内，检测前仪器通电预热时间不少于 1 h。

A.5.2 空气流量测量系统所用差压计、流量计应在正常检定周期内。

A.6 校准方法

A.6.1 将全部开孔用胶带密封，按本标准 7.2 试验要求顺序加压，记录相应压力下的风速值并换算为标准状态下的空气渗透量值作为附加空气渗透量。

A.6.2 按照 1、2、4、8、16、32 个孔的顺序，依次打开密封胶带，分别按本标准 7.2 试验要求顺序加压，记录相应压力下的风速值并换算为标准状态下的总空气渗透量值。

A.6.3 重复上述 A.6.1、A.6.2 步骤 2 次，得到 3 次校准结果。

A.7 结果的处理

A.7.1 按本标准 7.3 中公式(1)计算各开孔下的空气渗透量，按公式(2)换算为标准空气渗透量。三次测值取算术平均值。正、负压分别计算。

A.7.2 以检测装置第一次的校准记录为初始值。分别计算不同开孔数量时的空气流量差值。当误差超过 5%时应进行修正。

A.8 校准周期

不应大于 6 个月。

附　录　B
（资料性附录）
淋水系统校准方法

B.1　适用范围

本校验方法适用于建筑外门窗水密性能检测装置的淋水系统的校准。

B.2　原理

采用固定规格的集水箱安装在压力箱开口不同部位，收集淋水系统的喷水量，校准不同区域的淋水量及均匀性。

B.3　集水箱

如图B.1所示。集水箱应只接收喷到样品表面的水而将试件上部流下的水排除。集水箱应为边长为610 mm的正方形，内部分成四个边长为305 mm的正方形。每个区域设置导向排水管，将收集到的水排入可以测量体积的容器。

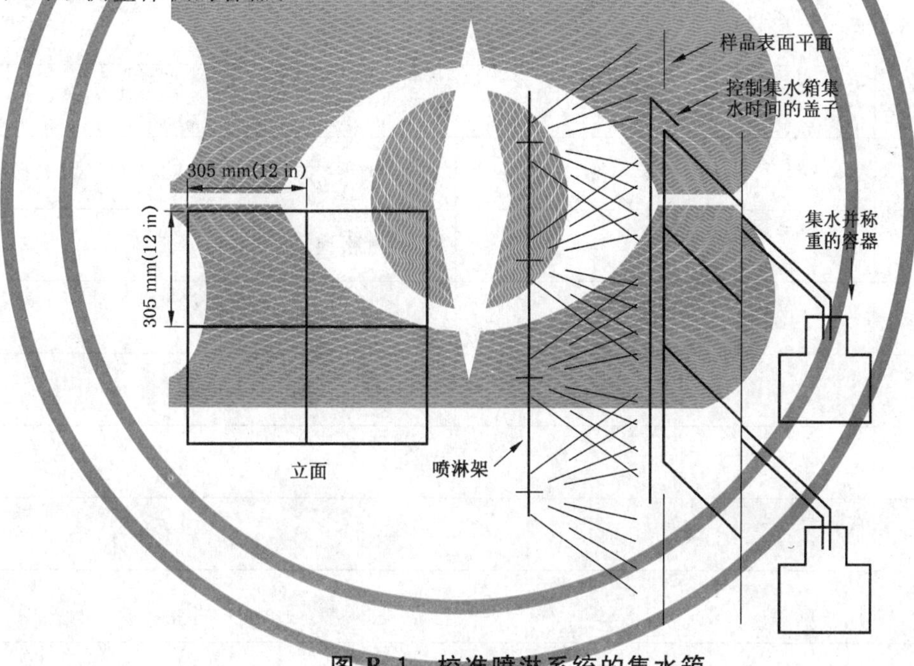

图B.1　校准喷淋系统的集水箱

B.4　方法

B.4.1　集水箱的开口面放置于试件外样品表面应处位置±50 mm范围内，平行于喷淋系统。用一个边长大约为760 mm的方形盖子在集水箱开口部位，开启喷淋系统，按照压力箱全部开口范围设定总流量达到2 L/(min·m^2)，流入每个区域（四个分区）的水分开收集。四个喷淋区域总淋水量最少为0.74 L/min，对任一个分区，淋水量应在0.15 L/min至0.37 L/min范围内。

B.4.2　喷淋系统应在压力箱开口部位的高度及宽度的每四等分的交点上都进行校准。

B.4.3　不符合要求时应对喷淋装置进行调整后再次进行校准。

B.5　校准周期

不应大于6个月。

附 录 C
（资料性附录）
检测报告示例

C.1 建筑外窗(门)气密、水密、抗风压性能检测报告示例

建筑外窗(门)气密、水密、抗风压性能检测报告

报告编号：　　　　　　　　　　　　　　　　　　　　　　　　　　　　共　　页第　页

<table>
<tr><td colspan="2">委托单位</td><td colspan="3"></td></tr>
<tr><td colspan="2">地　　址</td><td></td><td>电　话</td><td></td></tr>
<tr><td colspan="2">送样/抽样日期</td><td colspan="3"></td></tr>
<tr><td colspan="2">抽样地点</td><td colspan="3"></td></tr>
<tr><td colspan="2">工程名称</td><td colspan="3"></td></tr>
<tr><td colspan="2">生产单位</td><td colspan="3"></td></tr>
<tr><td rowspan="2">样品</td><td>名称</td><td></td><td>状　　态</td><td></td></tr>
<tr><td>商标</td><td></td><td>规格型号</td><td></td></tr>
<tr><td rowspan="4">检测</td><td>项目</td><td></td><td>数　　量</td><td></td></tr>
<tr><td>地点</td><td></td><td>日　　期</td><td></td></tr>
<tr><td>依据</td><td colspan="3"></td></tr>
<tr><td>设备</td><td colspan="3"></td></tr>
<tr><td colspan="5">检测结论</td></tr>
<tr><td colspan="5">气密性能：正压属国标 GB/T ×××××第　　级
负压属国标 GB/T ×××××第　　级
水密性能：属国标 GB/T ××× 第　　级
（采用××加压方法检测）
抗风压性能：属国标 GB/T ××××× 第　　级

按照产品标准 ×××××判为合格（定级时注明）
满足工程设计要求（当工程检测时注明）
（检测报告专用章）</td></tr>
</table>

批准：　　　　　　　　　　　审核：　　　　　　主检：

报告日期：

C.2 建筑外窗(门)产品质量检测报告示例

建筑外窗(门)产品质量检测报告

报告编号：　　　　　　　　　　　　　　　　　　　　　　　　　　共　页　第　页

可开启部分缝长：m		面积：m^2	
面板品种		安装方式	
面板镶嵌材料		框扇密封材料	
检测室温度℃		检测室气压 kPa	
面板最大尺寸 mm	宽：	长：	厚：
工程设计值	气密：　$m^3/(h \cdot m)$ $m^3/(h \cdot m^2)$	水密静压：　Pa 水密动压：　Pa	抗风压(正压)：　kPa 抗风压(负压)：　kPa

检测结果

气密性能：单位缝长每小时渗透量为正压______负压______$m^3/(h \cdot m)$

单位面积每小时渗透量为正压______负压______$m^3/(h \cdot m^2)$

稳定加压法：发生严重渗漏的最高压力为______Pa

未发生渗漏的最高压力为______Pa

波动加压法：发生严重渗漏的最高压力为______Pa

未发生渗漏的最高压力为______Pa

抗风压性能：变形检测结果为：　正压______kPa

(单玻 1/300，双玻 1/450)负压______kPa

反复加压检测结果为：　正压______kPa

负压______kPa

安全检测结果为：(单玻 1/120，双玻 1/180)

正压______kPa

(3 s 阵风风压)负压______kPa

工程检验结果：正压______kPa

负压______kPa

ICS 91.060.50
P 32

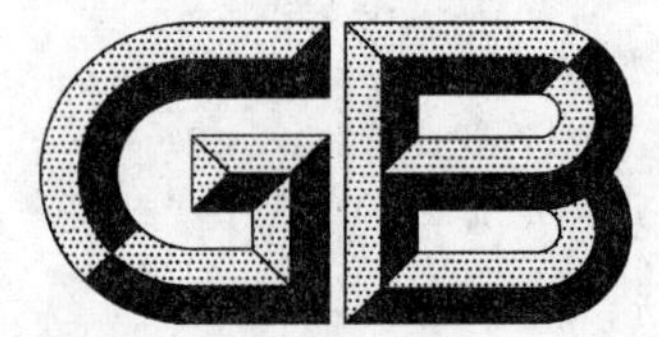

中华人民共和国国家标准

GB/T 8478—2008
代替 GB/T 8478—2003,GB/T 8479—2003

铝合金门窗

Aluminium windows and doors

2008-08-07 发布　　2009-04-01 实施

中华人民共和国国家质量监督检验检疫总局
中国国家标准化管理委员会　发布

前　言

本标准主要参考 JIS A 4702—2000《门》、JIS A 4706—2000《窗》，还参考了 EN 14351-1：2006《门窗　产品标准　性能特征　第1部分　无防火和/或防漏烟特征的窗和外人行门》、ANSI/AAMA/NWWDA 101/I. S. 2-97《铝合金、聚氯乙烯(PVC)塑料和木窗及玻璃门的推荐性规范》。

本标准代替 GB/T 8478—2003《铝合金门》和 GB/T 8479—2003《铝合金窗》。

本标准与 GB/T 8478—2003、GB/T 8479—2003 相比主要变化如下：

——将上述两项标准合为一项标准，名称为《铝合金门窗》；

——修改了标准的适用范围和不适用范围；

——本标准第3章术语和定义中增加了遮阳性能、主要受力杆件、主型材等术语和定义；

——原标准第4章标题由"分类、规格、代号"改为本标准的"分类、命名和标记"，其中增加了按"用途"划分为外墙、内墙用的分类；按"性能区分"的分类名称改为"类型"，其中增加了"遮阳型"门窗；按"开启形式区分"的分类名称改为"品种"，其中增加了"折叠平开、平开推拉、提升推拉、折叠推拉、推拉下悬、提拉"等新的门窗开启形式；增加了产品系列；将按洞口尺寸的"规格型号"改为按门窗宽、高构造尺寸表示的"规格"，增加了产品的"命名"，修改了标记方法；

——将原标准第5章"材料"的内容调整为本标准第5章"要求"中的第5.1条材料，其中增加了第5.1.7条"铝门窗组装机械联接应采用不锈钢紧固件。不应使用铝及铝合金抽芯铆钉做门窗受力联接用紧固件"的要求；

——原标准第6.1条外观改为本标准第5.2条外观，其中增加了门窗框扇铝合金型材及玻璃表面的外观要求；

——原标准第6.2条尺寸偏差改为本标准第5.3尺寸，其中增加了单樘门窗和组合门窗的尺寸规格要求；

——原标准第6.2条尺寸偏差中表4尺寸允许偏差内容调整到本标准表7门窗及装配尺寸偏差中，其中：门窗宽、高及其对边尺寸之差的尺寸范围由"≤2 000 和＞2 000"两档范围，改为"＜2 000、≥2 000 至＜3 500、≥3 500"的三档范围；取消了门、窗框对角线尺寸之差；将门和窗宽、高及其对边尺寸之差两项合并统一要求并适当调整；将"同一平面高低差"名称改为"框、扇杆件接缝高低差"，并按相同截面型材和不同截面型材两档允许偏差分别要求为 0.3 和 0.5；将"装配间隙"名称改为"框、扇杆件接缝装配间隙"，其允许偏差要求由 0.2 调整为 0.3；

——原标准第6.3条玻璃与槽口配合中的表5、表6取消，由本标准第5.3.2.2条"玻璃镶嵌构造尺寸应符合 JGJ 113 规定的玻璃最小安装尺寸要求"取代；

——GB/T 8479—2003 第6.3 c)项"隐框窗玻璃装配要求"内容，由本标准第5.3.2.3条"隐框窗玻璃结构粘结装配尺寸"取代，其中增加了"每个开启窗扇下梃处宜设置两个承受玻璃重力的铝合金或不锈钢托条"的要求；

——本标准抗风压性能要求修改了原标准门窗主要受力杆件相对面法线挠度要求，由"支承单层、夹层玻璃 $L/120$、支承中空玻璃 $L/180$，且其最大值不应超过 15 mm"，分别修改为"$L/100$、$L/150$和 20 mm"；

——本标准空气声隔声性能由原标准 R_w 单一指标值，修改为"外门、外窗以"计权隔声量和交通噪声频谱修正量之和(R_w+C_{tr})" 作为分级指标；内门、内窗以"计权隔声量和粉红噪声频谱修正量之和(R_w+C)" 作为分级指标；

——本标准第5.6.6条增加了门窗遮阳性能，以遮阳系数 SC 为指标和分级；

——本标准第 5.6.12 条增加了平开旋转类门的抗静扭曲性能；

——本标准第 6.7 条增加了表 16 门窗性能检验试件分组、数量及试验顺序；

——原标准第 8 章检验规则出厂检验项目中的“启闭力、玻璃与槽口配合”两项取消，其型式检验保留；

——本标准第 7 章检验规则增加了第 7.3.3 条型式检验取样方法的要求，并相应增加了资料性附录 B 铝合金门窗型式检验典型试件立面形式及规格；

——本标准第 8 章修改了产品标志要求的内容，增加了产品合格证书及使用说明书要求的内容，并相应增加了资料性附录 C 铝合金门窗产品使用说明书的主要内容；

——本标准附录 A 更新和补充了常用材料标准。

本标准附录 A、附录 B、附录 C 为资料性附录。

本标准由中华人民共和国住房和城乡建设部提出。

本标准由住房和城乡建设部建筑制品与构配件产品标准化技术委员会归口。

本标准负责起草单位：广东省建筑科学研究院、中国建筑科学研究院。

本标准参加起草单位：深圳市新山幕墙技术咨询有限公司、广东金刚幕墙工程有限公司、中国建筑金属结构协会、中国建筑装饰协会幕墙工程委员会、深圳金粤幕墙装饰工程有限公司、广州铝质装饰工程有限公司、北京金易格幕墙装饰工程有限责任公司、北京嘉寓门窗幕墙股份有限公司、武汉特凌节能门窗有限公司、国家建筑材料测试中心、上海市建筑科学研究院有限公司、河南省建筑科学研究院、中信集团渤海铝幕墙装饰有限公司、深圳市泰然铝合金工程有限公司、深圳华加日铝业有限公司、中山盛兴股份有限公司、优铝胜门窗技术(上海)有限公司、广东坚美铝型材厂有限公司、福建省南平铝业有限公司、广东亚洲铝厂有限公司、深圳南玻工程玻璃有限公司、广东省东莞市坚朗五金制品有限公司、诺托·弗朗克建筑五金北京有限公司、广州市白云化工实业有限公司、杭州之江有机硅化工有限公司、泰诺风保泰(苏州)隔热材料有限公司。

本标准主要起草人：石民祥、杨仕超、王洪涛、杜继予、黄庆文、黄圻、宋协昌、王春、谭国湘、班广生、陈其泽、尹昌波、刘海波、徐勤、郐强、姜涤新、粟曙、麦华健、姜清海、卢嘉志、卢继延、谢光宇、雷武临、许武毅、杜万明、河红、张冠琦、刘明、王积刚、廖学权。

本标准所代替标准的历次版本发布情况为：

——GB/T 8478—1987、GB/T 8480—1987、GB/T 8482—1987、GB/T 8478—2003。

——GB/T 8479—1987、GB/T 8481—1987、GB/T 8479—2003。

铝 合 金 门 窗

1 范围

本标准规定了铝合金门窗的术语和定义、分类、命名和标记、要求、试验方法、检验规则、产品标志、合格证书、使用说明书、包装、运输和贮存。

本标准适用于手动启闭操作的建筑外墙和室内隔墙用窗和人行门,以及垂直屋顶窗。非手动启闭操作的墙体用门、窗以及垂直天窗可参照使用。

本标准不适用于天窗、非垂直屋顶窗、卷帘门窗和转门。

本标准不适用于防火门窗、逃生门窗、排烟窗、防射线屏蔽门窗等特种门窗。

2 规范性引用文件

下列文件中的条款通过本标准的引用而成为本标准的条款。凡是注日期的引用文件,其随后所有的修改单(不包括勘误的内容)或修订版均不适用于本标准,然而,鼓励根据本标准达成协议的各方研究是否可使用这些文件的最新版本。凡是不注日期的引用文件,其最新版本适用于本标准。

GB/T 191 包装储运图示标志

GB/T 2680 建筑玻璃 可见光透射比、太阳光直接透射比、太阳能总透射比、紫外线透射比及有关窗玻璃参数的测定

GB/T 4956 磁性金属基体上非磁性覆盖层厚度测量 磁性法

GB/T 5237(所有部分) 铝合金建筑型材

GB/T 5823 建筑门窗术语

GB/T 5824 建筑门窗洞口尺寸系列

GB/T 7106 建筑外门窗气密、水密、抗风压性能分级及其检测方法

GB/T 8484 建筑外门窗保温性能分级及检测方法

GB/T 8485 建筑门门窗空气声隔声性能分级及其检测方法

GB/T 14155—2008 整樘门 软重物体撞击试验

GB/T 9158—1988 建筑用窗承受机械力的检测方法

GB 9969.1 工业产品使用说明书 总则

GB 11614 浮法玻璃

GB/T 11976 建筑外窗采光性能分级及检测方法

GB/T 13306 标牌

GB/T 14436 工业产品保证文件 总则

GB/T 12967.6—2008 铝及铝合金阳极氧化膜检测方法 第6部分:目视观察法检验着色阳极氧化膜色差和外观质量

GB/T 15519 化学转化膜 钢铁黑色氧化膜 规范和试验方法

GB 16776 建筑用硅酮结构密封胶

JG/T 192 建筑门窗反复启闭性能检测方法

JGJ 113 建筑玻璃应用技术规程

JGJ/T 151 建筑门窗玻璃幕墙热工计算规程

ISO 8275:1985 整樘门 垂直荷载试验方法

ISO 9381:2005 平开门和旋转门 抗静扭曲性的测定

3 术语和定义

GB/T 5823、GB/T 5824 确立的以及下列术语和定义适用于本标准。

3.1

铝合金门窗　aluminium windows and doors

采用铝合金建筑型材制作框、扇杆件结构的门、窗的总称。

3.2

遮阳性能　solar shading property

门窗在夏季阻隔太阳辐射热的能力。遮阳性能用遮阳系数 *SC* 表示。

3.3

遮阳系数　shading coefficient of window

SC

在给定条件下，太阳辐射透过外门、窗所形成的室内得热量与相同条件下透过相同面积的 3 mm 厚透明玻璃所形成的太阳辐射得热量之比。

注：给定条件是指玻璃太阳光光谱测试条件和整樘门窗遮阳系数的计算条件。

3.4

主要受力杆件　major load-bearing frame member

门窗立面内承受并传递门窗自身重力及水平风荷载等作用力的中横框、中竖框、扇梃等主型材，以及组合门窗拼樘框型材。

3.5

主型材　major profiles

组成门窗框、扇杆件系统的基本构架，在其上装配开启扇或玻璃、辅型材、附件的门窗框和扇梃型材，以及组合门窗拼樘框型材。

3.6

辅型材　supplemental profile

门窗框、扇杆件系统中，镶嵌或固定于主型材杆件上，起到传力或某种功能作用的附加型材(如玻璃压条、披水条等)。

3.7

型材截面主要受力部位　major load-bearing parts of profile cross section

门窗型材横截面中承受垂直和水平方向荷载作用力的腹板、翼缘及固定其他杆件、零配件的连接受力部位。

注：型材截面主要受力部位为 GB/T 5237.1 中规定的 A 和 B 两类壁厚。

3.8

门窗附件　fittings for windows and doors

门窗组装用的配件和零件。

3.9

双金属腐蚀　bimetallic corrosion

由不同金属构成电极而形成的电偶腐蚀。

[GB/T 10123—2001，定义 3.14]

3.10

验证　verification

通过提供客观证据对规定要求已得到满足的认定。

[GB/T 19000—2000，定义 3.8.4]

4 分类、命名和标记

4.1 分类和代号

4.1.1 用途

门、窗按外围护和内围护用,划分为两类:

a) 外墙用,代号为 W;

b) 内墙用,代号为 N。

4.1.2 类型

门、窗按使用功能划分的类型和代号及其相应性能项目分别见表 1、表 2。

表 1 门的功能类型和代号

性能项目 \ 种类	普通型		隔声型		保温型		遮阳型
代号	PT		GS		BW		ZY
	外门	内门	外门	内门	外门	内门	外门
抗风压性能(P_3)	◎		◎		◎		◎
水密性能(ΔP)	◎		◎		◎		◎
气密性能(q_1;q_2)	◎	○	◎	○	◎	○	◎
空气声隔声性能(R_w+C_{tr};R_w+C)			◎	◎			
保温性能(K)					◎	◎	
遮阳性能(SC)							◎
启闭力	◎	◎	◎	◎	◎	◎	◎
反复启闭性能	◎	◎	◎	◎	◎	◎	◎
耐撞击性能[a]	◎	◎	◎	◎	◎	◎	◎
抗垂直荷载性能[a]	◎	◎	◎	◎	◎	◎	◎
抗静扭曲性能[a]	◎	◎	◎	◎	◎	◎	◎

注 1:◎为必需性能;○为选择性能。

注 2:地弹簧门不要求气密、水密、抗风压、隔声、保温性能。

[a] 耐撞击、抗垂直荷载和抗静扭曲性能为平开旋转类门必需性能。

表 2 窗的功能类别和代号

性能项目 \ 种类	普通型		隔声型		保温型		遮阳型
代号	PT		GS		BW		ZY
	外窗	内窗	外窗	内窗	外窗	内窗	外窗
抗风压性能(P_3)	◎		◎		◎		◎
水密性能(ΔP)	◎		◎		◎		◎
气密性能(q_1/q_2)	◎		◎		◎		◎
空气声隔声性能(R_w+C_{tr}/R_w+C)			◎	◎			
保温性能(K)					◎	◎	

表 2（续）

性能项目	种类	普通型		隔声型		保温型		遮阳型
	代号	PT		GS		BW		ZY
		外窗	内窗	外窗	内窗	外窗	内窗	外窗
遮阳性能（SC）								◎
采光性能（T_r）		○		○		○		○
启闭力		◎	◎	◎	◎	◎	◎	◎
反复启闭性能		◎	◎	◎	◎	◎	◎	◎
注：◎为必需性能；○为选择性能								

4.1.3 品种

按开启形式划分门、窗品种与代号，并分别符合表3、表4的要求。

表 3 门的开启形式品种与代号

	平开旋转类			推拉平移类			折叠类	
开启形式	（合页）平开	地弹簧平开	平开下悬	（水平）推拉	提升推拉	推拉下悬	折叠平开	折叠推拉
代号	P	DHP	PX	T	ST	TX	ZP	ZT

表 4 窗的开启形式品种与代号

开启类别	平开旋转类							
开启形式	（合页）平开	滑轴平开	上悬	下悬	中悬	滑轴上悬	平开下悬	立转
代号	P	HZP	SX	XX	ZX	HSX	PX	LZ

开启类别	推拉平移类					折叠类
开启形式	（水平）推拉	提升推拉	平开推拉	推拉下悬	提拉	折叠推拉
代号	T	ST	PT	TX	TL	ZT

4.1.4 产品系列

以门、窗框在洞口深度方向的设计尺寸——门、窗框厚度构造尺寸（代号为C_2，单位为毫米）划分。

门、窗框厚度构造尺寸符合1/10 M（10 mm）的建筑分模数数列值的为基本系列；基本系列中按5 mm进级插入的数值为辅助系列。

门、窗框厚度构造尺寸小于某一基本系列或辅助系列值时，按小于该系列值的前一级标示其产品系列。（如门、窗框厚度构造尺寸为72 mm时，其产品系列为70系列；门、窗框厚度构造尺寸为69 mm时，其产品系列为65系列）

4.1.5 规格

以门窗宽、高的设计尺寸——门、窗的宽度构造尺寸（B_2）和高度构造尺寸（A_2）的千、百、十位数字，前后顺序排列的六位数字表示。例如，门窗的B_2、A_2分别为1 150 mm和1 450 mm时，其尺寸规格型号为115145。

4.2 命名和标记

4.2.1 命名方法

按门窗用途（可省略）、功能、系列、品种、产品简称（铝合金门，代号LM；铝合金窗，代号LC）的顺序命名。

4.2.2 标记方法

按产品的简称、命名代号——尺寸规格型号、物理性能符号与等级或指标值（抗风压性能P_3—水密

性能 ΔP—气密性能 q_1/q_2—空气声隔声性能 R_wC_{tr}/R_wC—保温性能 K—遮阳性能 SC—采光性能 T_r)、标准代号的顺序进行标记。

4.2.3 命名与标记示例

示例 1:命名——(外墙用)普通型 50 系列平开铝合金窗,该产品规格型号为 115145,抗风压性能 5 级,水密性能 3 级,气密性能 7 级,其标记为:

铝合金窗 WPT50PLC-115145($P_3$5－ΔP3－$q_1$7)GB/T 8478—2008。

示例 2:命名——(外墙用)保温型 65 系列平开铝合金门,该产品规格型号 085205,抗风压性能 6 级,水密性能 5 级,气密性能 8 级,其标记为:

铝合金门 WBW65PLM-085205($P_3$6－ΔP5—$q_1$8) GB/T 8478—2008。

示例 3:命名——(内墙用)隔声型 80 系列提升推拉铝合金门,该产品规格型号 175205,隔声性能 4 级的产品,其标记为:

铝合金门 NGS80STLM-175205(R_w＋C4) GB/T 8478—2008。

示例 4:命名——(外墙用)遮阳型 50 系列滑轴平开铝合金窗,该产品规格型号 115145,抗风压性能 6 级,水密性能 4 级,气密性能 7 级,遮阳性能 SC 值为 0.5 的产品,其标记为:

铝合金窗 WZY50HZPLC-115145($P_3$6－ΔP4－$q_1$7－SC0.5) GB/T 8478—2008。

5 要求

5.1 材料

5.1.1 一般要求

铝合金门窗所用材料及附件应符合有关标准的规定,常用材料标准参见附录 A。也可采用不低于附录 A 标准要求的性能和质量的其他材料。不同金属材料接触面应采取防止双金属腐蚀的措施。

5.1.2 铝合金型材

5.1.2.1 基材壁厚及尺寸偏差

5.1.2.1.1 外门窗框、扇、拼樘框等主要受力杆件所用主型材壁厚应经设计计算或试验确定。主型材截面主要受力部位基材最小实测壁厚,外门不应低于 2.0 mm;外窗不应低于 1.4 mm。

5.1.2.1.2 有装配关系的型材,尺寸偏差应选用 GB/T 5237.1 规定的高精级或超高精级。

5.1.2.2 表面处理

铝合金型材表面处理层厚度要求应符合表 5 的规定。

表 5 铝合金型材表面处理层厚度要求

品种	阳极氧化 阳极氧化加电解着色 阳极氧化加有机着色	电泳涂漆		粉末喷涂	氟碳漆喷涂
表面处理层厚度	膜厚级别	膜厚级别		装饰面上涂层 最小局部厚度 μm	装饰面平均膜厚 μm
	AA15	B (有光或哑光 透明漆)	S (有光或哑光 有色漆)	≥40	≥30(二涂) ≥40(三涂)

5.1.3 钢材

铝合金门窗所用钢材宜采用奥氏体不锈钢材料。采用其他黑色金属材料,应根据使用需要,采取热浸镀锌、锌电镀、黑色氧化、防锈涂料等防腐处理。

5.1.4 玻璃

铝门窗玻璃应采用符合 GB 11614 规定的建筑级浮法玻璃或以其为原片的各种加工玻璃。玻璃的品种、厚度和最大许用面积应符合 JGJ 113 有关规定。

5.1.5 密封及弹性材料

铝门窗玻璃镶嵌、杆件连接及附件装配所用密封胶应与所接触的各种材料相容,并与所需粘接的基材粘接。隐框窗用的硅酮结构密封胶应具有与所接触的各种材料、附件相容性，与所需粘接基材的粘结性。

玻璃支承块、定位块等弹性材料应符合 JGJ 113 中玻璃安装材料的有关规定。

5.1.6 五金配件

铝门窗框扇连接、锁固用功能性五金配件应满足整樘门窗承载能力的要求，其反复启闭性能应满足门窗反复启闭性能要求。

5.1.7 紧固件

铝门窗组装机械联接应采用不锈钢紧固件。不应使用铝及铝合金抽芯铆钉做门窗受力联接用紧固件。

5.2 外观

5.2.1 产品表面不应有铝屑、毛刺、油污或其他污迹；密封胶缝应连续、平滑，连接处不应有外溢的胶粘剂；密封胶条应安装到位，四角应镶嵌可靠，不应有脱开的现象。

5.2.2 门窗框扇铝合金型材表面没有明显的色差、凹凸不平、划伤、擦伤、碰伤等缺陷。在一个玻璃分格内，铝合金型材表面擦伤、划伤应符合表 6 的规定。

表 6 门窗框扇铝合金型材表面擦伤、划伤要求

项目	要求	
	室外侧	室内侧
擦伤、划伤深度	不大于表面处理层厚度	
擦伤总面积，mm^2	≤500	≤300
划伤总长度，mm	≤150	≤100
擦伤和划伤处数	≤4	≤3

5.2.3 铝合金型材表面在许可范围内的擦伤和划伤，可采用相应的方法进行修补，修补后应与原涂层的颜色和光泽基本一致。

5.2.4 玻璃表面应无明显色差、划痕和擦伤。

5.3 尺寸

5.3.1 规格

5.3.1.1 单樘门窗

单樘门、窗的宽、高尺寸规格，应根据门、窗洞口宽、高标志尺寸或构造尺寸，按照实际应用的门、窗洞口装饰面材料厚度、附框和安装缝隙尺寸确定。应优先设计采用基本门窗。

5.3.1.2 组合门窗

由两樘或两樘以上的单樘门、窗采用拼樘框连接组合的门、窗，其宽、高构造尺寸应与 GB/T 5824 规定的洞口宽、高标志尺寸相协调。

5.3.2 门窗及装配尺寸

5.3.2.1 门窗及框扇装配尺寸偏差

门窗尺寸及形状允许偏差和框扇组装尺寸偏差应符合表 7 的规定。

表 7 门窗及装配尺寸偏差

单位为毫米

项目	尺寸范围	允许偏差	
		门	窗
门窗宽度、高度构造内侧尺寸	<2 000	±1.5	
	≥2 000 <3 500	±2.0	
	≥ 3 500	±2.5	

表 7（续） 单位为毫米

项目	尺寸范围	允许偏差	
		门	窗
门窗宽度、高度构造内侧尺寸对边尺寸之差	<2 000	≤2.0	
	≥2 000 <3 500	≤3.0	
	≥ 3 500	≤4.0	
门窗框与扇搭接宽度		±2.0	±1.0
框、扇杆件接缝高低差	相同截面型材	≤0.3	
	不同截面型材	≤0.5	
框、扇杆件装配间隙		≤0.3	

5.3.2.2 **玻璃镶嵌构造尺寸**

门窗框、扇玻璃镶嵌构造尺寸应符合 JGJ 113 规定的玻璃最小安装尺寸要求。

5.3.2.3 **隐框窗玻璃结构粘接装配尺寸**

隐框窗扇梃与硅酮结构密封胶的粘结宽度、厚度应符合设计要求。每个开启窗扇下梃处宜设置两个承受玻璃重力的铝合金或不锈钢托条，其厚度不应小于 2 mm，长度不应小于 50 mm。

5.4 **装配质量**

5.4.1 门窗框、扇杆件连接牢固，装配间隙应进行有效的密封，紧固件就位平正，并进行密封处理。

5.4.2 门窗附件安装牢固，开启扇五金配件运转灵活，无卡滞。紧固件就位平正，并进行密封处理。

5.5 **构造**

5.5.1 门窗框、扇杆件的连接构造可靠，人接触的部位应平整，具有使用的安全性。

5.5.2 门窗附件的安装连接构造可靠，并具有更换和维修的方便性。长期承受荷载和门窗反复启闭作用的五金配件，其本身构造应便于其易损零件的更换。

5.6 **性能**

5.6.1 **抗风压性能**

5.6.1.1 **性能分级**

外门窗的抗风压性能分级及指标值 P_3 应符合表 8 的规定。

表 8 外门窗抗风压性能分级 单位为千帕

分级	1	2	3	4	5	6	7	8	9
分级指标值 P_3	$1.0 \leq P_3 < 1.5$	$1.5 \leq P_3 < 2.0$	$2.0 \leq P_3 < 2.5$	$2.5 \leq P_3 < 3.0$	$3.0 \leq P_3 < 3.5$	$3.5 \leq P_3 < 4.0$	$4.0 \leq P_3 < 4.5$	$4.5 \leq P_3 < 5.0$	$P_3 \geq 5.0$
注：第 9 级应在分级后同时注明具体检测压力差值。									

5.6.1.2 **性能要求**

外门窗在各性能分级指标值风压作用下，主要受力杆件相对（面法线）挠度应符合表 9 的规定；风压作用后，门窗不应出现使用功能障碍和损坏。

表 9 门窗主要受力杆件相对面法线挠度要求 单位为毫米

支承玻璃种类	单层玻璃、夹层玻璃	中空玻璃
相对挠度	$L/100$	$L/150$
相对挠度最大值	20	
注：L 为主要受力杆件的支承跨距。		

5.6.2 水密性能

5.6.2.1 性能分级

外门窗的水密性能分级及指标值应符合表10的规定。

表10 外门窗水密性能分级

单位为帕

分级	1	2	3	4	5	6
分级指标值 ΔP	$100 \leqslant \Delta P < 150$	$150 \leqslant \Delta P < 250$	$250 \leqslant \Delta P < 350$	$350 \leqslant \Delta P < 500$	$500 \leqslant \Delta P < 700$	$\Delta P \geqslant 700$
注：第6级应在分级后同时注明具体检测压力差值。						

5.6.2.2 性能要求

外门窗试件在各性能分级指标值作用下，不应发生水从试件室外侧持续或反复渗入试件室内侧、发生喷溅或流出试件界面的严重渗漏现象。

5.6.3 气密性能

5.6.3.1 性能分级

门窗的气密性能分级及指标绝对值应符合表11的规定。

注：门窗的气密性能指标即单位开启缝长或单位面积空气渗透量可分为正压和负压下测量的正值和负值。

表11 门窗气密性能分级

分级	1	2	3	4	5	6	7	8
单位开启缝长分级指标值 q_1 ($m^3/(m \cdot h)$)	$4.0 \geqslant q_1 > 3.5$	$3.5 \geqslant q_1 > 3.0$	$3.0 \geqslant q_1 > 2.5$	$2.5 \geqslant q_1 > 2.0$	$2.0 \geqslant q_1 > 1.5$	$1.5 \geqslant q_1 > 1.0$	$1.0 \geqslant q_1 > 0.5$	$q_1 \leqslant 0.5$
单位面积分级指标值 q_2 ($m^3/(m^2 \cdot h)$)	$12 \geqslant q_2 > 10.5$	$10.5 \geqslant q_2 > 9.0$	$9.0 \geqslant q_2 > 7.5$	$7.5 \geqslant q_2 > 6.0$	$6.0 \geqslant q_2 > 4.5$	$4.5 \geqslant q_2 > 3.0$	$3.0 \geqslant q_2 > 1.5$	$q_2 \leqslant 1.5$

5.6.3.2 性能要求

门窗试件在标准状态下，压力差为10 Pa时的单位开启缝长空气渗透量 q_1 和单位面积空气渗透量 q_2 不应超过表11中各分级相应的指标值。

5.6.4 空气声隔声性能

5.6.4.1 性能指标

外门、外窗以"计权隔声量和交通噪声频谱修正量之和(R_w+C_{tr})"作为分级指标；内门、内窗以"计权隔声量和粉红噪声频谱修正量之和(R_w+C)"作为分级指标。

5.6.4.2 性能分级

门、窗的空气声隔声性能分级及指标值应符合表12的规定。

表12 门窗的空气声隔声性能分级

单位为分贝

分级	外门、外窗的分级指标值	内门、内窗的分级指标值
1	$20 \leqslant R_w+C_{tr} < 25$	$20 \leqslant R_w+C < 25$
2	$25 \leqslant R_w+C_{tr} < 30$	$25 \leqslant R_w+C < 30$
3	$30 \leqslant R_w+C_{tr} < 35$	$30 \leqslant R_w+C < 35$
4	$35 \leqslant R_w+C_{tr} < 40$	$35 \leqslant R_w+C < 40$
5	$40 \leqslant R_w+C_{tr} < 45$	$40 \leqslant R_w+C < 45$
6	$R_w+C_{tr} \geqslant 45$	$R_w+C \geqslant 45$
注：用于对建筑内机器、设备噪声源隔声的建筑内门窗，对中低频噪声宜用外门窗的指标值进行分级；对中高频噪声仍可采用内门窗的指标值进行分级。		

5.6.5 **保温性能**

5.6.5.1 **性能指标**

门、窗保温性能指标以门、窗传热系数 K 值[$W/(m^2 \cdot K)$]表示。

5.6.5.2 **性能分级**

门、窗保温性能分级及指标值分别应符合表 13 的规定。

表 13 门窗保温性能分级

单位为瓦每平方米开

分级	1	2	3	4	5
分级指标值	$K \geqslant 5.0$	$5.0 > K \geqslant 4.0$	$4.0 > K \geqslant 3.5$	$3.5 > K \geqslant 3.0$	$3.0 > K \geqslant 2.5$
分级	6	7	8	9	10
分级指标值	$2.5 > K \geqslant 2.0$	$2.0 > K \geqslant 1.6$	$1.6 > K \geqslant 1.3$	$1.3 > K \geqslant 1.1$	$K < 1.1$

5.6.6 **遮阳性能**

5.6.6.1 **性能指标**

门窗遮阳性能指标——遮阳系数 SC 为采用 JGJ/T 151 规定的夏季标准计算条件，并按该规程计算所得值。

5.6.6.2 **性能分级**

门窗遮阳性能分级及指标值 SC 应符合表 14 的规定。

表 14 门窗遮阳性能分级

分级	1	2	3	4	5	6	7
分级指标值 SC	$0.8 \geqslant SC > 0.7$	$0.7 \geqslant SC > 0.6$	$0.6 \geqslant SC > 0.5$	$0.5 \geqslant SC > 0.4$	$0.4 \geqslant SC > 0.3$	$0.3 \geqslant SC > 0.2$	$SC \leqslant 0.2$

5.6.7 **采光性能(外窗)**

5.6.7.1 **性能分级**

外窗采光性能以透光折减系数 T_r 表示，其分级及指标值应符合表 15 的规定。

表 15 外窗采光性能分级

分级	1	2	3	4	5
分级指标值 T_r	$0.20 \leqslant T_r < 0.30$	$0.30 \leqslant T_r < 0.40$	$0.40 \leqslant T_r < 0.50$	$0.50 \leqslant T_r < 0.60$	$T_r \geqslant 0.60$
注：T_r 值大于 0.60 时应给出具体值。					

5.6.7.2 **性能要求**

有天然采光要求的外窗，其透光折减系数 T_r 不应小于 0.45。同时有遮阳性能要求的外窗，应综合考虑遮阳系数的要求确定。

5.6.8 **启闭力**

5.6.8.1 门、窗应在不超过 50 N 的启、闭力作用下，能灵活开启和关闭。

5.6.8.2 带有自动关闭装置(如闭门器、地弹簧)的门和提升推拉门、以及折叠推拉窗和无提升力平衡装置的提拉窗等门窗，其启闭力性能指标由供需双方协商确定。

5.6.9 **反复启闭性能**

5.6.9.1 **性能指标**

门的反复启闭次数不应少于 10 万次；窗的反复启闭次数不应少于 1 万次。

带闭门器的平开门、地弹簧门以及折叠推拉、推拉下悬、提升推拉、提拉等门、窗的反复启闭次数由供需双方协商确定。

5.6.9.2 **性能要求**

门、窗在反复启闭性能试验后，应启闭无异常，使用无障碍。

5.6.10 **耐撞击性能**(玻璃面积占门扇面积不超过 50%的平开旋转类门)

30 kg 砂袋 170 mm 高度落下，撞击锁闭状态的门扇把(拉)手处 1 次，未出现明显变形，启闭无异常，使用无障碍，除钢化玻璃外，不允许有玻璃脱落现象。

5.6.11 抗垂直荷载性能(平开旋转类门)

门扇在开启状态下施加500 N垂直静载15 min，卸载3 min后残余下垂量小于3 mm，启闭无异常，使用无障碍。

5.6.12 抗静扭曲性能(平开旋转类门)

门扇在开启状态下施加500 N水平方向静荷载5 min，卸载3 min后未出现明显变形，启闭无异常，使用无障碍。

6 试验方法

6.1 材料

6.1.1 材料及附件的质量验证

铝合金门窗所用材料及附件进厂时，检查产品合格证或质量保证书等随行技术文件，验证其所标示的性能和质量指标值与本标准附录A所示相应标准(或合同要求)的符合性。

6.1.2 铝合金型材

6.1.2.1 基材壁厚及尺寸偏差

基材壁厚采用分辨率为0.5 μm的膜厚检测仪和精度为0.02 mm的游标卡尺在型材的不同部位分别测量表面处理层膜厚和型材壁厚(总厚度)，测点不应少于3点。基材的实测壁厚为型材壁厚与膜厚之差并经计算求得，精确到0.01 mm，取平均值。

型材尺寸偏差检验按GB/T 5237.1的规定执行。

6.1.2.2 表面处理层厚度

采用分辨率为0.5 μm的膜厚检测仪在型材的不同部位测量，测点不应少于3点，取平均值。

6.1.3 钢材

钢材表面热浸镀锌、锌电镀及防锈涂料处理层厚度检验按GB/T 4956的规定进行；钢铁黑色氧化膜质量检验按GB/T 15519规定进行。

6.1.4 玻璃

玻璃的品种、厚度及质量按6.1.1的规定进行验证。

6.1.5 密封材料

硅酮结构密封胶的相容性与粘结性试验按GB 16776的规定进行。

6.1.6 五金配件与紧固件

五金配件承载能力及反复启闭性能和紧固件的材质与力学性能，按6.1.1的规定进行验证。

6.2 外观

按GB/T 14952.3—1994第7章规定的观察条件，采用钢直尺及目视观察法检验。

6.3 尺寸

采用钢卷尺、钢直尺、游标卡尺、深度尺、塞尺检验。

6.4 装配质量

采用目视观察和手试方法检查。

6.5 构造

采用目视观察和手试方法检查。

6.6 性能

6.6.1 抗风压性能、水密性能、气密性能

按GB/T 7106的规定，以气密、水密、抗风压性能的顺序进行试验。

6.6.2 空气声隔声性能

按GB/T 8485的规定进行试验。

6.6.3 保温性能

按GB/T 8484的规定进行试验；或按JGJ/T 151规定，在冬季标准计算条件下计算门窗传热系数。

6.6.4 **遮阳性能**

在按 GB/T 2680 规定实测门窗单片玻璃太阳光光谱透射比、反射比等参数基础上，按 JGJ/T 151 规定，在夏季标准计算条件下计算门窗遮阳系数 *SC* 值。

6.6.5 **采光性能**(外窗)

按 GB/T 11976 的规定进行试验。

6.6.6 **启闭力**

按 GB/T 9158—1988 的规定进行试验，测定试件锁闭装置的锁紧力和松开力，以及门窗扇在开启和关闭过程中所需力的最大值，以锁紧力、松开力、开启力和关闭力的最大值为门窗的启闭力性能值。

6.6.7 **反复启闭性能**

门窗反复启闭性能试验按 JG/T 192 的规定进行。

6.6.8 **耐撞击性能**(平开旋转类门)

按 GB/T 14155—2008 的规定进行整樘门的软重物体撞击试验，撞击门扇把(拉)手处或门扇中横梃处。

6.6.9 **抗垂直荷载性能**(平开旋转类门)

按 ISO 8275:1985 的规定进行整樘门的抗垂直荷载性能试验。

6.6.10 **抗静扭曲性能**(平开旋转类门)

按 ISO 9381:2005 的规定进行试验。

6.7 **性能检验试件分组、数量及试验顺序**

门窗性能检验试件分组、数量和试验顺序见表 16。

表 16 门窗性能检验试件分组、数量及试验顺序

试件分组	1			2	3		4(平开旋转类门)		
试验项目及顺序	隔声	采光(外窗)	1) 气密 2) 水密 3) 抗风压	保温	启闭力	反复启闭	耐撞击	抗垂直荷载	抗静扭曲
试件数量樘	3	1	3	1	3	1	1	1	1
试件合计樘	3			1	3		3		

7 检验规则

7.1 **检验类别与项目**

7.1.1 产品检验分为出厂检验和型式检验。

7.1.2 出厂检验项目为 5.2 外观、5.3.2.1 门窗及框扇装配尺寸偏差和 5.4 装配质量。

7.1.3 型式检验项目为 5.2 外观、5.3 尺寸、5.4 装配质量、5.5 构造和 5.6 性能的全部项目。

7.2 **出厂检验**

7.2.1 **组批与抽样规则**

7.2.1.1 外观和装配质量为全数检验。

7.2.1.2 门窗及框扇装配尺寸偏差检验，从每个出厂检验(交货)批中的不同品种、系列、规格分别随机抽取 10%且不得少于 3 樘。

7.2.2 **判定与复验规则**

抽检产品检验结果全部符合本标准要求时，判该批产品合格。

抽检产品检验结果如有多于 1 樘不符合本标准要求时，判该批产品不合格。

抽检项目中如有 1 樘(不多于 1 樘)不合格，可再从该批产品中抽取双倍数量产品进行重复检验。重复检验的结果全部达到本标准要求时判定该项目合格，复检项目全部合格，判定该批产品合格，否则判定该批产品不合格。

7.3 型式检验

7.3.1 检验时机

当遇到下列情况之一时，应进行型式检验：

a) 新产品或老产品转厂生产的试制定型鉴定；

b) 正式生产后，产品的原材料、构造或生产工艺有较大改变，可能影响产品性能时；

c) 停产半年以上重新恢复生产时；

d) 出厂检验结果与上次型式检验结果有较大差异时；

e) 国家质量监督机构提出进行型式检验的要求时；

f) 正常生产时应每两年至少进行一次型式检验。

7.3.2 组批与抽样规则

从产品出厂检验合格的检验批中，按表16规定的数量随机抽取。

7.3.3 取样方法

产品型式检验应选取各种用途、类型、品种、系列中常用的门窗立面形式和尺寸规格的单樘基本门、窗作为代表该产品性能的典型试件。铝合金门窗型式检验典型试件立面形式及规格参见附录B。

7.3.4 判定与复验规则

抽检产品全部符合5.2～5.6项目要求，该产品型式检验合格。

外观、门窗及框扇装配尺寸偏差、装配质量检验项目的判定和复验应符合7.2.2的规定。

性能检验项目中若有不合格项，可再从该批产品中抽取双倍试件对该不合格项进行重复检验，重复检验结果全部达到本标准要求时判定该项目合格，否则判定该批产品不合格。

8 产品标志、合格证书、使用说明书

8.1 产品标志

8.1.1 基本标志内容

铝合金门、窗产品标志应包括下列内容：

a) 产品名称或商标；

b) 产品执行的标准编号；

c) 制造商名称、生产日期或批号；

d) 生产许可证标记和编号。

8.1.2 警示标志和说明

门窗结构复杂、开启方法比较特殊，使用不当会造成产品本身损坏或使用安全的产品，应设置简明有效的使用警示标志和说明(包括文字及图示)。

8.1.3 标志方法

8.1.3.1 本章8.1.1 a)～d)要求的产品标志内容应采用铝质、不锈钢标牌或其他材料标牌标示，标牌的印制应符合GB/T 13306的规定。

8.1.3.2 门的产品标牌应固定在上框、中横框等明显部位。

8.1.3.3 窗的产品标牌应固定在上框、中横框、窗扇梃侧面等适当部位(开启后可看到)。

8.1.3.4 产品使用警示标志和说明应在门、窗的把手或执手等启闭装置附近粘贴醒目的警示说明标签。

8.2 产品合格证书

8.2.1 每个出厂检验或交货批应有产品合格证书。产品合格证书的编制应符合GB/T 14436规定。

8.2.2 门窗批量产品合格证书应包括下列内容：

a) 产品名称、商标及标记(包括执行的产品标准编号)；

b) 产品型式检验的物理性能和力学性能参数值；

c) 产品批量(樘数、面积)、尺寸规格型号；

d） 门窗框扇铝合金型材表面处理种类、色泽、膜厚；

e） 玻璃及镀膜的品种、色泽及玻璃厚度；

f） 门窗的生产日期、检验日期、出厂日期，检验员签名及制造商的质量检验印章；

g） 生产许可证标记和编号；

h） 质量认证或节能性能标识等其他标志；

i） 制造商名称、地址及质量问题受理部门联系电话；

j） 用户名称及地址。

8.3 产品使用说明书

8.3.1 门窗结构比较复杂、开启形式比较特殊、不易安装使用的产品，每批门窗出厂或交货时应有产品使用说明书。产品使用说明书的编制应符合 GB 9969.1 规定。

8.3.2 门窗产品使用说明书应包括产品说明、安装说明、使用说明和维护保养说明等主要方面，具体内容参见附录 C。

9 包装、运输、贮存

9.1 包装

9.1.1 应根据门窗铝合金型材、玻璃和附件的表面处理情况，采取合适的无腐蚀作用材料包装。

9.1.2 包装箱应有足够的承载能力，确保运输中不受损坏。

9.1.3 包装箱内的各类部件，避免发生相互碰撞、窜动。

9.1.4 包装储运图示标志及使用方法应符合 GB/T 191 的规定。

9.2 运输

9.2.1 在运输过程中避免包装箱发生相互碰撞。

9.2.2 搬运过程中应轻拿轻放，严禁摔、扔、碰击。

9.2.3 运输工具应有防雨措施，并保持清洁无污染。

9.3 贮存

9.3.1 产品应放置通风、干燥的地方。严禁与酸、碱、盐类物质接触并防止雨水侵入。

9.3.2 产品严禁与地面直接接触，底部垫高大于 100 mm。

9.3.3 产品放置应用非金属垫块垫平，立放角度不小于 70°。

附 录 A
（资料性附录）
常用材料标准

A.1 铝合金型材

GB/T 5237.1—2008 铝合金建筑型材 第1部分 基材
GB/T 5237.2—2008 铝合金建筑型材 第2部分 阳极氧化型材
GB/T 5237.3—2008 铝合金建筑型材 第3部分 电泳涂漆型材
GB/T 5237.4—2008 铝合金建筑型材 第4部分 粉末喷涂型材
GB/T 5237.5—2008 铝合金建筑型材 第5部分 氟碳漆喷涂型材
GB/T 5237.6—2004 铝合金建筑型材 第6部分 隔热型材
JG/T 133—2000 建筑用铝型材 铝板氟碳涂层
JG/T 174—2005 建筑用硬质塑料隔热条
JG/T 175—2005 建筑用隔热铝合金型材 穿条式

A.2 钢材

GB/T 700—2006 碳素结构钢
GB/T 707—1988 热轧槽钢 尺寸、外形、重量及允许偏差
GB/T 708—2006 冷轧钢板和钢带的尺寸、外形、重量及允许偏差
GB/T 716—1991 碳素结构钢冷轧钢带
GB/T 912—1989 碳素结构钢和低合金结构钢热轧薄钢板及钢带
GB/T 2518—2004 连续热镀锌钢板及钢带
GB/T 3280—2007 不锈钢冷轧钢板和钢带
GB/T 4239—1991 不锈钢和耐热钢冷轧钢带
GB/T 6725—2002 冷弯型钢
GB/T 6728—2002 结构用冷弯空心型钢 尺寸、外形、重量及允许偏差
GB/T 9787—1988 热轧等边角钢 尺寸、外形、重量及允许偏差
GB/T 9788—1988 热轧不等边角钢 尺寸、外形、重量及允许偏差
GB/T 9799—1997 金属覆盖层 钢铁上的锌电镀层
GB/T 11253—2007 碳素结构钢冷轧薄钢板及钢带
GB/T 13912—2002 金属覆盖层 钢铁制件热浸镀锌层技术要求及试验方法

A.3 玻璃

GB 9962—1999 夹层玻璃
GB 11614—1999 浮法玻璃
GB/T 11944—2002 中空玻璃
GB 15763.1—2001 建筑用安全玻璃 防火玻璃
GB 15763.2—2005 建筑用安全玻璃 第2部分:钢化玻璃
GB 17841—1999 幕墙用钢化玻璃与半钢化玻璃
GB/T 18701—2002 着色玻璃
GB/T 18915.1—2002 镀膜玻璃 第1部分：阳光控制镀膜玻璃

GB/T 18915.2—2002　镀膜玻璃　第 2 部分：低辐射镀膜玻璃
JC 433—1991　夹丝玻璃
JC/T 511—2002　压花玻璃

A.4　密封材料

GB/T 5574—1994　工业用橡胶板
GB/T 14683—2003　硅酮建筑密封胶
GB/T 16589—1996　硫化橡胶分类　橡胶材料
GB 16776—2005　建筑用硅酮结构密封胶
HG/T 3100—2004　硫化橡胶和热塑性橡胶　建筑用预成型密封垫的分类、要求及试验方法
JC/T 187—2006　建筑门窗用密封胶条
JC/T 483—2006　聚硫建筑密封胶
JC/T 485—2007　建筑窗用弹性密封胶
JC/T 635—1996　建筑门窗密封毛条技术条件

A.5　五金配件

JG/T 124—2007　建筑门窗五金件　传动机构用执手
JG/T 125—2007　建筑门窗五金件　合页(铰链)
JG/T 126—2007　建筑门窗五金件　传动锁闭器
JG/T 127—2007　建筑门窗五金件　滑撑
JG/T 128—2007　建筑门窗五金件　撑挡
JG/T 129—2007　建筑门窗五金件　滑轮
JG/T 130—2007　建筑门窗五金件　单点锁闭器
JG/T 168—2004　建筑门窗内平开下悬五金系统
JG/T 212—2007　建筑门窗五金件　通用要求
JG/T 213—2007　建筑门窗五金件　旋压执手
JG/T 214—2007　建筑门窗五金件　插销
JG/T 215—2007　建筑门窗五金件　多点锁闭器
QB/T 2475—2000　叶片插芯门锁
QB/T 2476—2000　球形门锁
QB/T 2697—2005　地弹簧
QB/T 2698—2005　闭门器

A.6　连接件与紧固件

GB/T 13821—1992　锌合金压铸件
GB/T 15114—1994　铝合金压铸件
GB/T 41—2000　六角螺母　C 级
GB/T 65—2000　开槽圆柱头螺钉
GB 95—2002　平垫圈　C 级
GB 97.1—2002　平垫圈　A 级
GB/T 818—2000　十字槽盘头螺钉
GB/T 819.1—2000　十字槽沉头螺钉　第 1 部分　钢 4.8 级
GB/T 845—1985　十字槽盘头自攻螺钉

GB/T 846—1985　十字槽沉头自攻螺钉
GB/T 859—1987　轻型弹簧垫圈
GB/T 5780—2000　六角头螺栓　C级
GB/T 5781—2000　六角头螺栓　全螺纹　C级
GB/T 6170—2000　1型六角螺母
GB/T 6172.1—2000　六角薄螺母
GB/T 12615—2004　封闭型扁圆头抽芯铆钉
GB/T 12616—2004　封闭型沉头抽芯铆钉 11 级
GB/T 12617—2006　开口型沉头抽芯铆钉
GB/T 12618—2006　开口型扁圆头抽芯铆钉
GB 12619—1990　抽芯铆钉　技术条件
GB/T 12619 AMD 1—1994　抽芯铆钉　技术条件　第1号修改单
GB/T 15856.1—2002　十字槽盘头自钻自攻螺钉
GB/T 15856.2—2002　十字槽沉头自钻自攻螺钉
GB/T 3098.1—2000　紧固件机械性能　螺栓、螺钉和螺柱
GB/T 3098.2—2000　紧固件机械性能　螺母　粗牙螺纹
GB/T 3098.4—2000　紧固件机械性能　螺母　细牙螺纹
GB/T 3098.5—2000　紧固件机械性能　自攻螺钉
GB/T 3098.6—2000　紧固件机械性能　不锈钢螺栓、螺钉和螺柱
GB/T 3098.10—2000　紧固件机械性能　有色金属制造的螺栓、螺钉、螺柱和螺母
GB/T 3098.11—2002　紧固件机械性能　自钻自攻螺钉
GB/T 3098.15—2000　紧固件机械性能　不锈钢螺母
GB/T 3098.19—2004　紧固件机械性能　抽芯铆钉

附 录 B
（资料性附录）
铝合金门窗型式检验典型试件立面形式及规格

表 B.1 铝合金门型式检验典型试件立面形式及规格

序号	门立面形式和宽、高构造尺寸 mm	适用门型
1	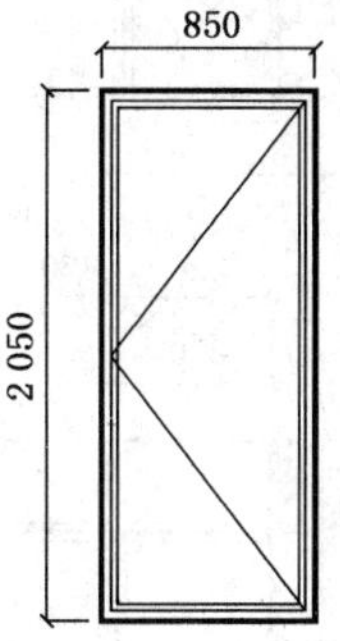 850 2 050	单扇平开类 （合页）平开门（PM） 弹簧门（THM） 地弹簧门（DHM） 平开下悬门（PXM）
2	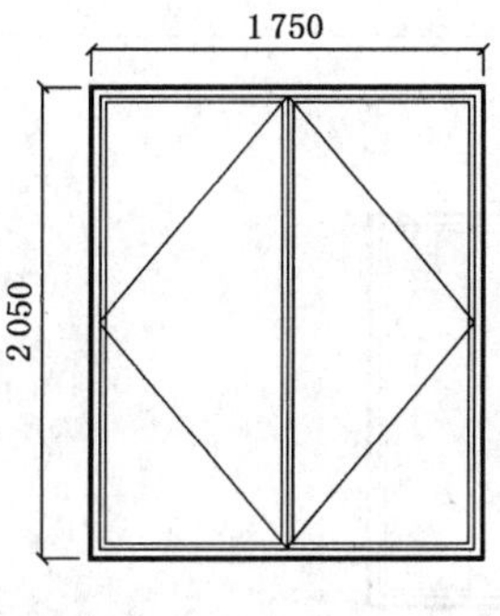 1 750 2 050	双扇平开类[a] （合页）平开门（YPM） 平开下悬门（PXM） 弹簧门（THM） 地弹簧门（DHM）
3	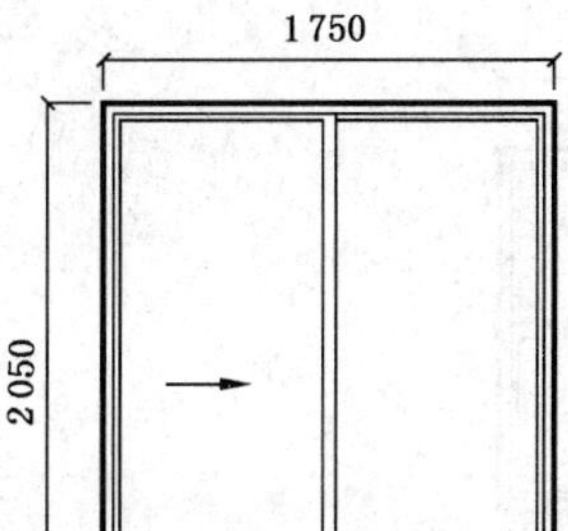 1 750 2 050	双扇推拉类[b] 推拉门（TM） 提升推拉门（STM） 下悬推拉门（XTM） 折叠推拉门（TZM）
[a] 其中一扇可为固定扇。 [b] 可为两个活动扇。		

表 B.2 铝合金窗型式检验典型试件立面形式及规格

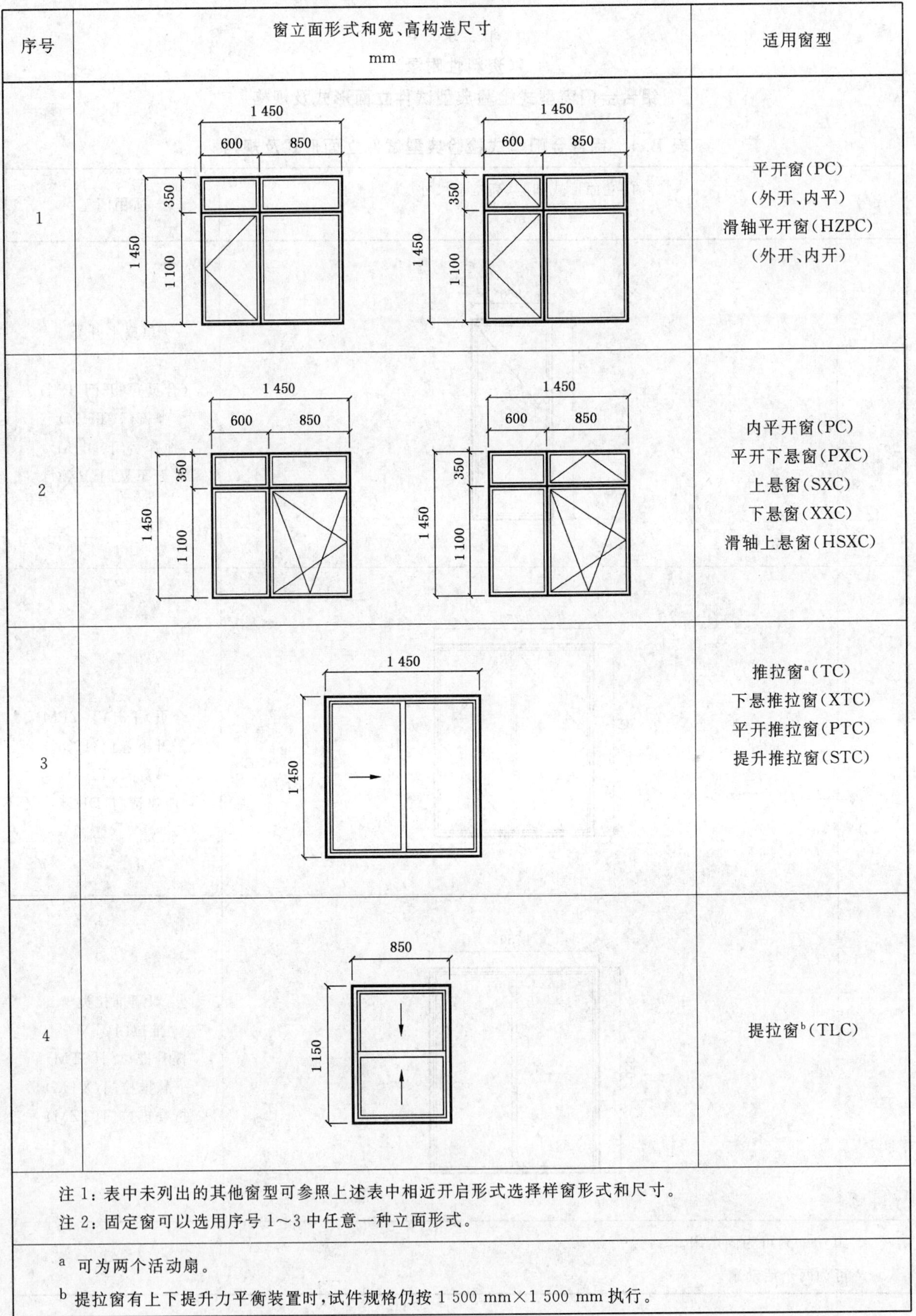

序号	窗立面形式和宽、高构造尺寸 mm	适用窗型
1	1 450；600，850；1 450；350，1 100	平开窗(PC) (外开、内平) 滑轴平开窗(HZPC) (外开、内开)
2	1 450；600，850；1 450；350，1 100	内平开窗(PC) 平开下悬窗(PXC) 上悬窗(SXC) 下悬窗(XXC) 滑轴上悬窗(HSXC)
3	1 450；1 450	推拉窗[a](TC) 下悬推拉窗(XTC) 平开推拉窗(PTC) 提升推拉窗(STC)
4	850；1150	提拉窗[b](TLC)

注 1：表中未列出的其他窗型可参照上述表中相近开启形式选择样窗形式和尺寸。

注 2：固定窗可以选用序号 1～3 中任意一种立面形式。

[a] 可为两个活动扇。

[b] 提拉窗有上下提升力平衡装置时，试件规格仍按 1 500 mm×1 500 mm 执行。

附　录　C
（资料性附录）
铝合金门窗产品使用说明书的主要内容

a） 产品说明，应包括：

——产品名称、特点（包括材料及附件）及主要用途和适用范围，设计使用年限；

——产品命名和标记代号的组成及其代表意义；

——产品型式检验的门、窗物理性能和力学性能参数值。

b） 安装说明，应包括：

——门窗安装条件和安装技术要求，包括安装程序、方法、所用材料及器具；

——安装调整注意事项，安装验收检验项目和方法；

——安装施工时应采取的安全技术措施。

c） 使用说明，应包括：

——门窗正确的开启和关闭操作方法，易出现的错误操作和防范措施等，宜以图文并茂的形式表述清楚；

——使用时的注意事项，包括不允许在开启扇上额外悬挂或施加重物、启闭障碍物等；

——清洁门窗的正确清洗方法和正确使用清洁材料，以及清洁门窗时应注意的安全问题等。

d） 维护保养说明，应包括：

——开启扇的启闭机构需定期进行润滑、调整和紧固的要求；

——五金配件、紧固件、密封胶条、密封毛条等易损件需及时检查和更换的要求；

——玻璃出现破损情况时应采取的措施及更换时的安全措施等注意事项。

参 考 文 献

［1］ GB/T 10123—2001 金属和合金的腐蚀 基本术语和定义
［2］ GB/T 19000—2000 质量管理体系 基础和术语

ICS 91.060.50
Q 70

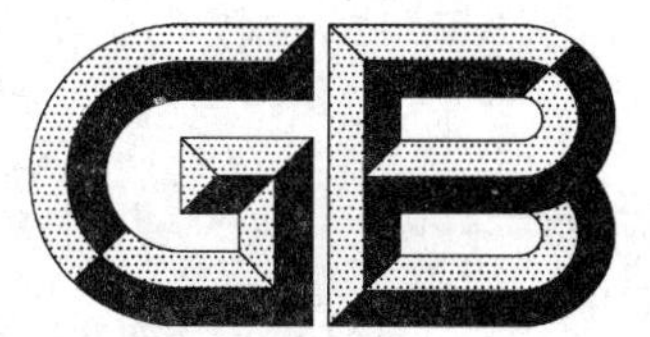

中华人民共和国国家标准

GB/T 8484—2008
代替 GB/T 8484—2002,GB/T 16729—1997

建筑外门窗保温性能分级及检测方法

Graduation and test method for thermal insulating properties of doors and windows

2008-07-30 发布 2009-03-01 实施

中华人民共和国国家质量监督检验检疫总局
中国国家标准化管理委员会 发布

前　言

本标准代替 GB/T 8484—2002《建筑外窗保温性能分级及检测方法》和 GB/T 16729—1997《建筑外门保温性能分级及其检测方法》。

本标准与 GB/T 8484—2002 和 GB/T 16729—1997 相比主要变化如下：

——增加了影响建筑物室内环境质量的建筑外门窗抗结露因子检测内容；

——明确了对于有保温要求的其他类型门、窗和玻璃可参照执行；

——删除了热阻的定义；

——增加了抗结露因子的定义；

——增加了热流系数的定义；

——增加了玻璃门的定义；

——对外门、窗保温性能分级指标值进行调整、合并；

——增加了玻璃门、外窗抗结露因子的分级规定；

——增加了抗结露因子检测原理、检测装置与试件安装、检测程序的规定，以及抗结露因子 CRF 值的计算方法；

——根据与建筑门窗能效标识相协调的原则，对检测装置的冷、热箱空气温度设定范围进行了修改；

——增加了规范性附录“热流系数标定”(见附录 A)；

——增加了规范性附录“抗结露因子试验测点布置”(见附录 C)；

——增加了资料性附录“玻璃传热系数检测方法”供参考(参见附录 E)；

——增加了资料性附录 “窗框传热系数检测方法”供参考(参见附录 F)。

本标准的附录 A、附录 B、附录 C 和附录 D 为规范性附录，附录 E 和附录 F 为资料性附录。

本标准由中华人民共和国住房和城乡建设部提出。

本标准由住房和城乡建设部建筑制品与构配件产品标准化技术委员会归口。

本标准主要起草单位：中国建筑科学研究院。

本标准参加起草单位：上海建筑科学研究院有限公司、广东省建筑科学研究院、清华大学建筑学院、新疆大学建筑工程学院、河南省建筑科学研究院、上海建筑门窗检测站、中国建筑材料检验认证中心、山东省建筑科学研究院、泰诺风保泰(苏州)隔热材料有限公司、深圳南玻工程玻璃有限公司、福建省南平铝业有限公司、中信渤海铝业幕墙装饰有限公司、广东省东莞市坚朗五金制品有限公司、郑州中原应用技术研究开发有限公司、江生罗克迪(上海)贸易有限公司、苏州罗普斯金铝业有限公司、北京新立基真空玻璃技术有限公司、广州市白云化工实业有限公司。

本标准主要起草人：刘月莉、林波荣、杨仕超、刘明明、王万江、栾景阳、刘海波、施伯年、孙洪明、潘振、黄日勇、谢光宇、许武毅、杜万明、姜涤新、崔洪、江裕生、顾泰昌、蔡强、马跃、蒋毅、高汉民、班广生。

本标准所代替标准的历次版本发布情况为：

——GB/T 8484—1987、GB/T 8484—2002；

——GB/T 16729—1997。

建筑外门窗保温性能分级及检测方法

1 范围

本标准规定了建筑外门、外窗保温性能分级及检测方法。

本标准适用于建筑外门、外窗(包括天窗)传热系数和抗结露因子的分级及检测。有保温要求的其他类型的建筑门、窗和玻璃可参照执行。

2 规范性引用文件

下列文件中的条款通过本标准的引用而成为本标准的条款。凡是注日期的引用文件,其随后所有的修改单(不包括勘误的内容)或修订版均不适用于本标准,然而,鼓励根据本标准达成协议的各方研究是否使用这些文件的最新版本。凡是不注明日期的引用文件,其最新版本适用于本标准。

GB/T 4132—1996 绝热材料与相关术语

GB/T 13475 建筑构件稳态热传递性质的测定 标定和防护热箱法

3 术语和定义

下列术语和定义适用于本标准。

3.1

门窗传热系数 door and window thermal transmittance

表征门窗保温性能的指标。表示在稳定传热条件下,外门窗两侧空气温差为 1 K,单位时间内,通过单位面积的传热量。

3.2

热导率 thermal conductance

在稳定传热状态下,通过一定厚度标准板的热流密度除以标准板两表面的温度差。

3.3

抗结露因子 condensation resistance factor

预测门、窗阻抗表面结露能力的指标。是在稳定传热状态下,门、窗热侧表面与室外空气温度差和室内、外空气温度差的比值。

3.4

总的半球发射率 total hemispherical emissivity

表面的总的半球发射密度与相同温度黑体的总的半球发射密度之比。

同义词:辐射率、黑度。

3.5

热流系数 thermal current coefficient

在稳定传热状态下,标定热箱中箱体或试件框两表面温差为 1 K 时的传热量。

3.6

玻璃门 glass door

玻璃为主要构成材料的外门。

4 分级

4.1 外门、外窗传热系数分级

外门、外窗传热系数 K 值分为 10 级,见表 1。

表 1 外门、外窗传热系数分级 W/(m² · K)

分级	1	2	3	4	5
分级指标值	$K \geqslant 5.0$	$5.0 > K \geqslant 4.0$	$4.0 > K \geqslant 3.5$	$3.5 > K \geqslant 3.0$	$3.0 > K \geqslant 2.5$
分级	6	7	8	9	10
分级指标值	$2.5 > K \geqslant 2.0$	$2.0 > K \geqslant 1.6$	$1.6 > K \geqslant 1.3$	$1.3 > K \geqslant 1.1$	$K < 1.1$

4.2 玻璃门、外窗抗结露因子分级

玻璃门、外窗抗结露因子 *CRF* 值分为 10 级，见表 2。

表 2 玻璃门、外窗抗结露因子分级

分级	1	2	3	4	5
分级指标值	$CRF \leqslant 35$	$35 < CRF \leqslant 40$	$40 < CRF \leqslant 45$	$45 < CRF \leqslant 50$	$50 < CRF \leqslant 55$
分级	6	7	8	9	10
分级指标值	$55 < CRF \leqslant 60$	$60 < CRF \leqslant 65$	$65 < CRF \leqslant 70$	$70 < CRF \leqslant 75$	$CRF > 75$

5 检测方法

5.1 原理

5.1.1 传热系数检测原理

本标准基于稳定传热原理，采用标定热箱法检测建筑门、窗传热系数。试件一侧为热箱，模拟采暖建筑冬季室内气候条件，另一侧为冷箱，模拟冬季室外气温和气流速度。在对试件缝隙进行密封处理，试件两侧各自保持稳定的空气温度、气流速度和热辐射条件下，测量热箱中加热器的发热量，减去通过热箱外壁和试件框的热损失（两者均由标定试验确定，标定试验应符合附录 A 的规定），除以试件面积与两侧空气温差的乘积，即可计算出试件的传热系数 *K* 值。

5.1.2 抗结露因子检测原理

基于稳定传热传质原理，采用标定热箱法检测建筑门、窗抗结露因子。试件一侧为热箱，模拟采暖建筑冬季室内气候条件，同时控制相对湿度不大于 20%；另一侧为冷箱，模拟冬季室外气候条件。在稳定传热状态下，测量冷热箱空气平均温度和试件热侧表面温度，计算试件的抗结露因子。抗结露因子是由试件框表面温度的加权值或玻璃的平均温度与冷箱空气温度（t_c）的差值除以热箱空气温度（t_h）与冷箱空气温度（t_c）的差值计算得到，再乘以 100 后，取所得的两个数值中较低的一个值。

5.2 检测装置

5.2.1 检测装置的组成

检测装置主要由热箱、冷箱、试件框、控湿系统和环境空间五部分组成，如图 1 所示。

5.2.2 热箱

5.2.2.1 热箱内净尺寸不宜小于 2 100 mm×2 400 mm（宽×高），进深不宜小于 2 000 mm。

5.2.2.2 热箱外壁结构应由均质材料组成，其热阻（定义见 GB/T 4132—1996，以下均相同）值不得小于 3.5 $m^2 \cdot K/W$。

5.2.2.3 热箱内表面的总的半球发射率 ε 值应大于 0.85。

5.2.3 冷箱

5.2.3.1 冷箱内净尺寸应与试件框外边缘尺寸相同，进深以能容纳制冷、加热及气流组织设备为宜。

5.2.3.2 冷箱外壁应采用不吸湿的保温材料，其热阻值不得小于 3.5 $m^2 \cdot K/W$，内表面应采用不吸水、耐腐蚀的材料。

5.2.3.3 冷箱通过安装在冷箱内的蒸发器或引入冷空气进行降温。

5.2.3.4 利用隔风板和风机进行强迫对流，形成沿试件表面自上而下的均匀气流，隔风板与试件框冷

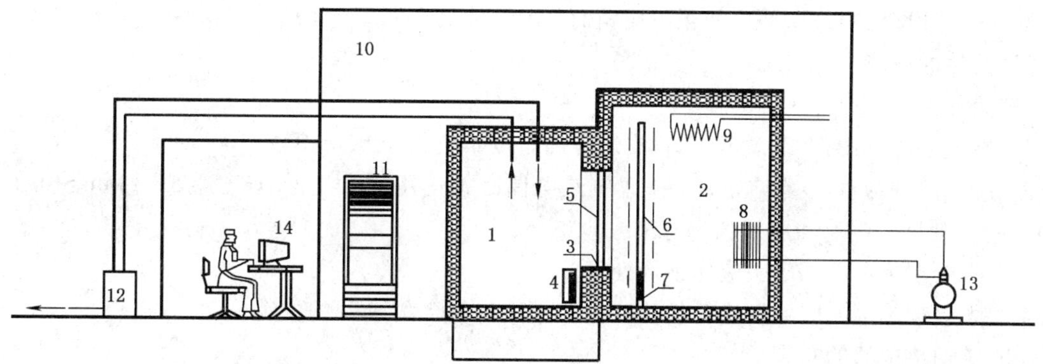

1——热箱；
2——冷箱；
3——试件框；
4——电加热器；
5——试件；
6——隔风板；
7——风机；
8——蒸发器；
9——加热器；
10——环境空间；
11——空调器；
12——控湿装置；
13——冷冻机；
14——温度控制与数据采集系统。

图1 检测装置构成

侧表面距离宜能调节。

5.2.3.5 隔风板应采用热阻值不小于 1.0 $m^2 \cdot K/W$ 的挤塑聚苯板，隔风板面向试件的表面，其总的半球发射率 ε 值应大于 0.85。隔风板的宽度与冷箱内净宽度相同。

5.2.3.6 蒸发器下部应设置排水孔或盛水盘。

5.2.4 试件框

5.2.4.1 试件框外缘尺寸不应小于热箱开口部处的内缘尺寸。

5.2.4.2 试件框应采用不吸湿、均质的保温材料，热阻值不小于 7.0 $m^2 \cdot K/W$，其密度应为 20 kg/m^3～40 kg/m^3。

5.2.4.3 安装试件的洞口要求如下：

a) 安装外窗试件的洞口不应小于 1 500 mm×1 500 mm。洞口下部应留有高度不小于 600 mm、宽度不小于 300 mm 的平台。平台及洞口周边的面板应采用不吸水、导热系数不大于 0.25 W/(m·K)的材料。

b) 安装外门试件的洞口不宜小于 1 800 mm×2 100 mm。洞口周边的面板应采用不吸水、导热系数小于 0.25 W/(m·K)的材料。

5.2.5 环境空间

5.2.5.1 检测装置应放在装有空调设备的试验室内，保证热箱外壁内、外表面面积加权平均温差小于 1.0 K。试验室空气温度波动不应大于 0.5 K。

5.2.5.2 试验室围护结构应有良好的保温性能和热稳定性，应避免太阳光透过窗户进入室内。试验室墙体及顶棚内表面应进行绝热处理。

5.2.5.3 热箱外壁与周边壁面之间至少应留有500 mm的空间。

5.3 感温元件的布置

5.3.1 感温元件

5.3.1.1 感温元件采用铜-康铜热电偶，测量不确定度不应大于0.25 K。

5.3.1.2 感温元件为铜-康铜热电偶，铜-康铜热电偶必须使用同批生产、丝径为0.2 mm～0.4 mm的铜丝和康铜丝制作。铜丝和康铜丝应有绝缘包皮。

5.3.1.3 铜-康铜热电偶感应头应作绝缘处理。

5.3.1.4 铜-康铜热电偶应定期进行校验。校验方法应符合附录B的规定。

5.3.2 铜-康铜热电偶的布置

5.3.2.1 空气温度测点要求如下：

a) 应在热箱空间内设置两层热电偶作为空气温度测点，每层均匀布4个测点。
b) 冷箱空气温度测点应布置在符合GB/T 13475规定的平面内，与试件安装洞口对应的面积上均匀布9点。
c) 测量空气温度的热电偶感应头，均应进行热辐射屏蔽。
d) 测量热、冷箱空气温度的热电偶可分别并联。

5.3.2.2 表面温度测点要求如下：

a) 热箱每个外壁的内、外表面分别对应布6个温度测点。
b) 试件框热侧表面温度测点不宜少于20个。试件框冷侧表面温度测点不宜少于14个点。
c) 热箱外壁及试件框每个表面温度测点的热电偶可分别并联。
d) 测量表面温度的热电偶感应头应连同至少100 mm长的铜、康铜引线一起，紧贴在被测表面上。粘贴材料的总的半球发射率ε值应与被测表面的ε值相近。

5.3.2.3 凡是并联的热电偶，各热电偶引线电阻必须相等。各点所代表被测面积应相同。

5.4 热箱加热装置

5.4.1 热箱采用交流稳压电源供加热器加热。检测外窗时，窗洞口平台板至少应高于加热器顶部50 mm。

5.4.2 计量加热功率Q的功率表的准确度等级不得低于0.5级，且应根据被测值大小转换量程，使仪表示值处于满量程的70%以上。

5.5 控湿装置

5.5.1 采用除湿系统控制热箱空气湿度。保证在整个测试过程中，热箱内相对湿度小于20%。

5.5.2 设置一个湿度计测量热箱内空气相对湿度，湿度计的测量精度不应低于3%。

5.6 风速

5.6.1 冷箱风速应使用热球风速仪进行测量，测点位置与冷箱空气温度测点位置相同。

5.6.2 不必每次试验都测定冷箱风速。当风机型号、安装位置、数量及隔风板位置发生变化时，应重新进行测量。

5.7 试件安装

5.7.1 被检试件为一件。试件的尺寸及构造应符合产品设计和组装要求，不得附加任何多余配件或特殊组装工艺。

5.7.2 试件安装位置：外表面应位于距试件框冷侧表面50 mm处。

5.7.3 试件与试件洞口周边之间的缝隙宜用聚苯乙烯泡沫塑料条填塞，并密封。

5.7.4 试件开启缝应采用透明塑料胶带双面密封。

5.7.5 当试件面积小于试件洞口面积时，应用与试件厚度相近，已知热导率Λ值的聚苯乙烯泡沫塑料板填堵。在聚苯乙烯泡沫塑料板两侧表面粘贴适量的铜-康铜热电偶，测量两表面的平均温差，计算通过该板的热损失。

5.7.6 当进行传热系数检测时，宜在试件热侧表面适当部位布置热电偶，作为参考温度点。

5.7.7 当进行抗结露因子检测时，应在试件窗框和玻璃热侧表面共布置 20 个热电偶供计算使用。热电偶的设置应符合附录 C 的规定。

5.8 检测条件

5.8.1 传热系数检测

5.8.1.1 热箱空气平均温度设定范围为 19 ℃～21 ℃，温度波动幅度不应大于 0.2 K。

5.8.1.2 热箱内空气为自然对流。

5.8.1.3 冷箱空气平均温度设定范围为－19 ℃～－21 ℃，温度波动幅度不应大于 0.3 K。

5.8.1.4 与试件冷侧表面距离符合 GB/T 13475 规定平面内的平均风速为 3.0 m/s±0.2 m/s。

注：气流速度系指在设定值附近的某一稳定值。

5.8.2 抗结露因子检测

5.8.2.1 热箱空气平均温度设定为 20 ℃±0.5 ℃，温度波动幅度不应大于±0.3 K。

5.8.2.2 热箱空气为自然对流，其相对湿度不大于 20%。

5.8.2.3 冷箱空气平均温度设定范围为－20 ℃±0.5 ℃，温度波动幅度不应大于±0.3 K。

5.8.2.4 与试件冷侧表面距离符合 GB/T 13475 规定平面内的平均风速为 3.0 m/s±0.2 m/s。

5.8.2.5 试件冷侧总压力与热侧静压力之差在 0 Pa±10 Pa 范围内。

5.9 检测程序

5.9.1 传热系数检测

5.9.1.1 检查热电偶是否完好。

5.9.1.2 启动检测装置，设定冷、热箱和环境空气温度。

5.9.1.3 当冷、热箱和环境空气温度达到设定值后，监控各控温点温度，使冷、热箱和环境空气温度维持稳定。达到稳定状态后，如果逐时测量得到热箱和冷箱的空气平均温度 t_h 和 t_c 每小时变化的绝对值分别不大于 0.1 ℃和 0.3 ℃；温差 $\Delta\theta_1$ 和 $\Delta\theta_2$ 每小时变化的绝对值分别不大于 0.1 K 和 0.3 K，且上述温度和温差的变化不是单向变化，则表示传热过程已达到稳定过程。

5.9.1.4 传热过程稳定之后，每隔 30 min 测量一次参数 t_h、t_c、$\Delta\theta_1$、$\Delta\theta_2$、$\Delta\theta_3$、Q，共测六次。

5.9.1.5 测量结束之后，记录热箱内空气相对湿度 φ，试件热侧表面及玻璃夹层结露或结霜状况。

5.9.2 抗结露因子检测

5.9.2.1 检查热电偶是否完好。

5.9.2.2 启动检测设备和冷、热箱的温度自控系统，设定冷、热箱和环境空气温度。

5.9.2.3 调节压力控制装置，使热箱静压力和冷箱总压力之间的净压差在 0 Pa±10 Pa 范围内。

5.9.2.4 当冷、热箱空气温度达到设定值后，每隔 30 min 测量各控温点温度，检查是否稳定。如果逐时测量得到热箱和冷箱的空气平均温度 t_h 和 t_c 每小时变化的绝对值与标准条件相比不超过±0.3 ℃，总热量输入变化不超过±2%，则表示抗结露因子检测已经处于稳定状态。

5.9.2.5 当冷、热箱空气温度达到稳定后，启动热箱控湿装置，保证热箱内的空气相对湿度 φ 不大于 20%。

5.9.2.6 热箱内的空气相对湿度 φ 满足要求后，每隔 5 min 测量一次参数 t_h、t_c、t_1、t_2、…、t_{20}、φ，共测六次。

5.9.2.7 测量结束之后，记录试件热侧表面结露或结霜状况。

5.10 数据处理

5.10.1 传热系数

5.10.1.1 各参数取六次测量的平均值。

5.10.1.2 试件传热系数 K 值[W/(m²·K)]按式(1)计算：

$$K=\frac{Q-M_1\cdot\Delta\theta_1-M_2\cdot\Delta\theta_2-S\cdot\Lambda\cdot\Delta\theta_3}{A\cdot(t_h-t_c)} \quad\cdots\cdots(1)$$

式中：

Q——加热器加热功率，W；

M_1——由标定试验确定的热箱外壁热流系数，W/K（见附录 A）；

M_2——由标定试验确定的试件框热流系数，W/K（见附录 A）；

$\Delta\theta_1$——热箱外壁内、外表面面积加权平均温度之差，K；

$\Delta\theta_2$——试件框热侧冷侧表面面积加权平均温度之差，K；

S——填充板的面积，m^2；

Λ——填充板的热导率，$W/(m^2 \cdot K)$；

$\Delta\theta_3$——填充板热侧表面与冷侧表面的平均温差，K；

A——试件面积，m^2；按试件外缘尺寸计算，如试件为采光罩，其面积按采光罩水平投影面积计算；

t_h——热箱空气平均温度，℃；

t_c——冷箱空气平均温度，℃。

$\Delta\theta_1$、$\Delta\theta_2$的计算见附录 D。如果试件面积小于试件洞口面积时，式(1)中分子 $S \cdot \Lambda \cdot \Delta\theta_3$ 项为聚苯乙烯泡沫塑料填充板的热损失。

5.10.1.3　试件传热系数 K 值取两位有效数字。

5.10.2　抗结露因子

5.10.2.1　各参数取六次测量的平均值。

5.10.2.2　试件抗结露因子 CRF 值按式(2)、式(3)计算：

$$CRF_g = \frac{t_g - t_c}{t_h - t_c} \times 100 \qquad \cdots\cdots(2)$$

$$CRF_f = \frac{t_f - t_c}{t_h - t_c} \times 100 \qquad \cdots\cdots(3)$$

式中：

CRF_g——试件玻璃的抗结露因子；

CRF_f——试件框的抗结露因子；

t_h——热箱空气平均温度，℃；

t_c——冷箱空气平均温度，℃；

t_g——试件玻璃热侧表面平均温度，℃；

t_f——试件的框热侧表面平均温度的加权值，℃。

试件抗结露因子 CRF 值取 CRF_g 与 CRF_f 中较低值。试件抗结露因子 CRF 值取 2 位有效数字。

5.10.2.3　试件的框热侧表面平均温度的加权值 t_f 由 14 个规定位置的内表面温度平均值(t_{fp})和 4 个位置非确定的、相对较低的框温度平均值(t_{fr})计算得到。

t_f 可通过式(4)计算得到：

$$t_f = t_{fp}(1 - W) + W \cdot t_{fr} \qquad \cdots\cdots(4)$$

式中：

W——加权系数，由 t_{fp} 和 t_{fr} 之间的比例关系确定，其式(5)计算：

$$W = \frac{t_{fp} - t_{fr}}{t_{fp} - (t_c + 10)} \times 0.4 \qquad \cdots\cdots(5)$$

其中，t_c 为冷箱的空气平均温度，10 为温度的修正系数，0.4 为温度修正系数取 10 时的加权因子。

6　检测报告

检测报告应包括以下内容：

a)　委托和生产单位；

b） 试件名称、编号、规格、玻璃品种、玻璃及两层玻璃间空气层厚度、窗框面积与窗面积之比；

c） 检测依据、检测设备、检测项目、检测类别和检测时间，以及报告日期；

d） 检测条件：热箱空气平均温度 t_h 和空气相对湿度 φ、冷箱空气平均温度 t_c 和气流速度；

e） 检测结果如下：

1） 传热系数：试件传热系数 K 值和保温性能等级；试件热侧表面温度、结露和结霜情况；

2） 抗结露因子：试件的 CRF 值（CRF_g 与 CRF_f 中较低值）和等级；试件玻璃表面（或框表面）的抗结露因子 CRF 值（CRF_g 和 CRF_f 中的另外一个数值），以及 t_f、t_{fp}、t_{fr}、W、t_g 的值；试件热侧玻璃表面和框表面的温度、结露情况；

f） 测试人、审核人及负责人签名；

g） 检测单位。

附　录　A
（规范性附录）
热流系数标定

A.1　标定内容

热箱外壁热流系数 M_1 和试件框热流系数 M_2。

A.2　标准试件

A.2.1　标准试件的材料要求

标准试件应使用材质均匀、不透气、内部无空气层、热性能稳定的材料制作。宜采用经过长期存放、厚度为 50 mm±2 mm 左右的聚苯乙烯泡沫塑料板，其密度为 20 kg/m^3～22 kg/m^3。

A.2.2　标准试件的热导率

标准试件热导率 Λ[$W/(m^2 \cdot K)$] 值，应在与标定试验温度相近的温差条件下，采用单向防护热板仪进行测定。

A.3　标定方法

A.3.1　单层窗(包括单框单层玻璃窗、单框中空玻璃窗和单框多层玻璃窗)及外门

A.3.1.1　用与试件洞口面积相同的标准试件安装在洞口上，位置与单层窗(及外门)安装位置相同。标准试件周边与洞口之间的缝隙用聚苯乙烯泡沫塑料条塞紧，并密封。在标准试件两表面分别均匀布置 9 个铜-康铜热电偶。

A.3.1.2　标定试验应在与保温性能试验相同的冷、热箱空气温度、风速等条件下，改变环境温度，进行两种不同工况的试验。当传热过程达到稳定之后，每隔 30 min 测量一次有关参数，共测六次，取各测量参数的平均值，按式(A.1)、式(A.2)联解求出热流系数 M_1 和 M_2。

$$\begin{cases} Q-M_1 \cdot \Delta\theta_1 - M_2 \cdot \Delta\theta_2 = S_b \cdot \Lambda_b \cdot \Delta\theta_3 & \cdots\cdots(A.1) \\ Q'-M_1 \cdot \Delta\theta_1' - M_2 \cdot \Delta\theta_2' = S_b \cdot \Lambda_b \cdot \Delta\theta_3' & \cdots\cdots(A.2) \end{cases}$$

式中：

Q、Q'——分别为两次标定试验的热箱加热器加热功率，W；

$\Delta\theta_1$、$\Delta\theta_1'$——分别为两次标定试验的热箱外壁内、外表面面积加权平均温差，K；

$\Delta\theta_2$、$\Delta\theta_2'$——分别为两次标定试验的试件框热侧与冷侧表面面积加权平均温差，K；

$\Delta\theta_3$、$\Delta\theta_3'$——分别为两次标定试验的标准试件两表面之间平均温差，K；

Λ_b——标准试件的热导率，$W/(m^2 \cdot K)$；

S_b——标准试件面积，m^2。

Q、$\Delta\theta_1$、$\Delta\theta_2$、$\Delta\theta_3$ 为第一次标定试验测量的参数，右上角标有“′”的参数，为第二次标定试验测量的参数。$\Delta\theta_1$、$\Delta\theta_2$、$\Delta\theta_3$ 及 $\Delta\theta_1'$、$\Delta\theta_2'$、$\Delta\theta_3'$ 的计算公式见附录 C。

A.3.2　双层窗

A.3.2.1　双层窗热流系数 M_1 值与单层窗标定结果相同。

A.3.2.2　双层窗的热流系数 M_2 应按下面方法进行标定：在试件洞口上安装两块标准试件。第一块标准试件的安装位置与单层窗标定试验的标准试件位置相同，并在标准试件两侧表面分别均匀布置 9 个铜-康铜热电偶。第二块标准试件安装在距第一块标准试件表面不小于 100 mm 的位置。标准试件周边与试件洞口之间的缝隙按 A.3.1 要求处理，并按 A.3.1 规定的试验条件进行标定试验，将测定的参数 Q、$\Delta\theta_1$、$\Delta\theta_2$、$\Delta\theta_3$ 及标定单层窗的热流系数 M_1 值代入式(A.1)，计算双层窗的热流系数 M_2。

A.3.3 标定试验的规定

A.3.3.1 两次标定试验应在标准板两侧空气温差相同或相近的条件下进行，$\Delta\theta_1$ 和 $\Delta\theta_1'$ 的绝对值不应小于 4.5 K，且 $|\Delta\theta_1-\Delta\theta_1'|$ 应大于 9.0 K，$\Delta\theta_2$、$\Delta\theta_2'$ 尽可能相同或相近。

A.3.3.2 热流系数 M_1 和 M_2 应每年定期标定一次。如试验箱体构造、尺寸发生变化，必须重新标定。

A.3.4 标定试验的误差分析

新建门窗保温性能检测装置，应进行热流系数 M_1 和 M_2 标定误差和门、窗传热系数 K 值检测误差分析。

附 录 B
（规范性附录）
铜-康铜热电偶的校验

B.1 铜-康铜热电偶的筛选

外门窗保温性能检测装置上使用的铜-康铜热电偶必须进行筛选。取被筛选的热电偶与分辨率为1/100 ℃的铂电阻温度计捆在一起，插入油温为20 ℃的广口保温瓶中。另一支热电偶插入装有冰、水混合物的广口保温瓶中，作为零点。热电偶与温度计的感应头应在同一平面上。感应头插入液体的深度不宜小于200 mm。瓶中液体经充分搅拌搁置10 min后，用不低于0.05级的低电阻直流电位差计或数字多用表测量热电偶的热电势 e_i。取全部热电偶的热电势平均值，将任意一个热电偶的热电势与平均值相减，如果绝对值小于等于4 μV，则该热电偶满足要求。

B.2 铜-康铜热电偶的校验采用比对试验方法

外门窗保温性能检测装置上使用的铜-康铜热电偶，应进行比对试验。

B.2.1 热电偶比对试验方法

B.2.1.1 从经过筛选的铜-康铜热电偶中任选一支送计量部门检定，建立热电势 e_j 与温差 Δt 的关系式(B.1)、式(B.2)：

$\Delta t<0$ ℃时

$$e_j = a_{10} + a_{11}\Delta t + a_{12}\Delta t^2 + a_{13}\Delta t^3 \quad \cdots\cdots(B.1)$$

$\Delta t>0$ ℃时

$$e_j = a_{20} + a_{21}\Delta t + a_{22}\Delta t^2 + a_{23}\Delta t^3 \quad \cdots\cdots(B.2)$$

式中：

a——铜-康铜热电偶温差与热电势的转换系数。

B.2.1.2 被比对的热电偶感应头应与分辨率为1/100 ℃的铂电阻温度计感应头捆在同一平面上，插入广口保温瓶中，瓶中油温与试件检测时所处的温度相近。另一支热电偶插入装有冰、水混合物的广口保温瓶中，作为零点。感应头插入液体的深度不宜小于200 mm。瓶中液体经充分搅拌搁置10 min后，用不低于0.05级的低电阻直流电位差计或多用数字表计测量热电偶的热电势 e_c 和两个保温瓶中液体之间的温度差 Δt。

B.2.1.3 按式(B.1)或式(B.2)计算在温差 Δt 时热电偶的热电势 e_j，如果 e_j 与用低电阻直流电位差计或多用数字表计测量热电偶的热电势 e_c 之差的绝对值小于等于4 μV，则该热电偶满足测温要求。

B.2.2 固定测温点和非固定测温点的比对试验

B.2.2.1 非固定测温点（试件和填充板表面测温点）的热电偶，应按B.2.1规定的方法，定期进行比对试验。

B.2.2.2 固定测温点热电偶的比对试验（热箱外壁和试件框表面测温点及冷、热箱空气测温点）热电偶的比对试验方法如下：

a) 取经过比对的热电偶，按与固定测温点相同的粘贴方法粘贴在固定测温点旁，作为临时固定点；
b) 在与外门窗保温性能检测条件相近的情况下，用不低于0.05级的低电阻直流电位差计或多用数字表计测量固定点和临时固定点热电偶的热电势；
c) 如果固定点和临时固定点热电偶的热电势之差绝对值小于或等于4 μV，则固定点热电偶合格，否则应予以更换。

B.2.3 热电偶的比对试验

热电偶比对试验应定期进行，每年一次。

附 录 C
（规范性附录）
抗结露因子试验测点布置

C.1 抗结露因子检测温度测点的设置

C.1.1 抗结露因子试验中，框和玻璃内表面共设置 20 个温度测点。框上布置 14 个点，玻璃上布置 6 个点。

C.1.2 根据试件的窗型不同，其温度测点设置的位置也不同。固定框和开启扇框上均应布置温度测点。

C.1.3 玻璃上温度测点设置应考虑玻璃中心及转角部位。玻璃角部测点距边框 15 mm。边框转角处测点距上下边框为 150 mm（或 300 mm，根据边框的尺寸确定）见图 C.1～图 C.4。

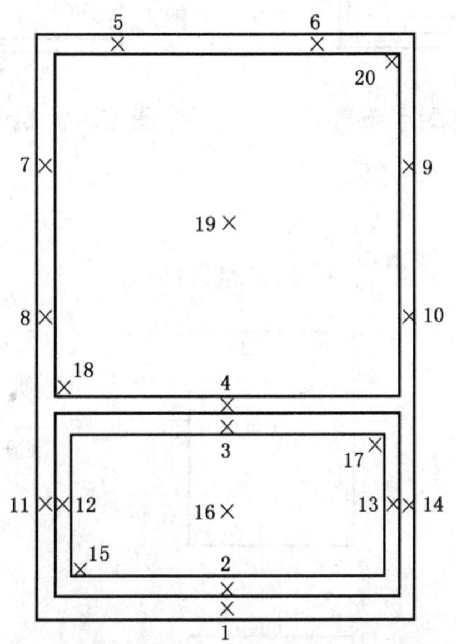

图 C.1 抗结露因子检测温度测点布置 1

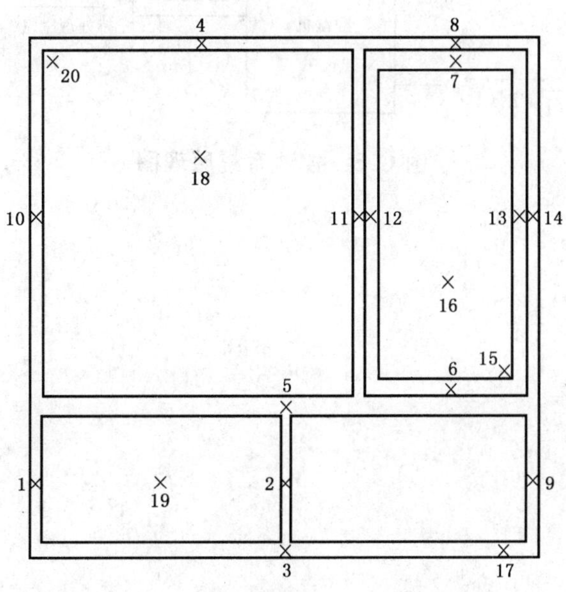

图 C.2 抗结露因子检测温度测点布置 2

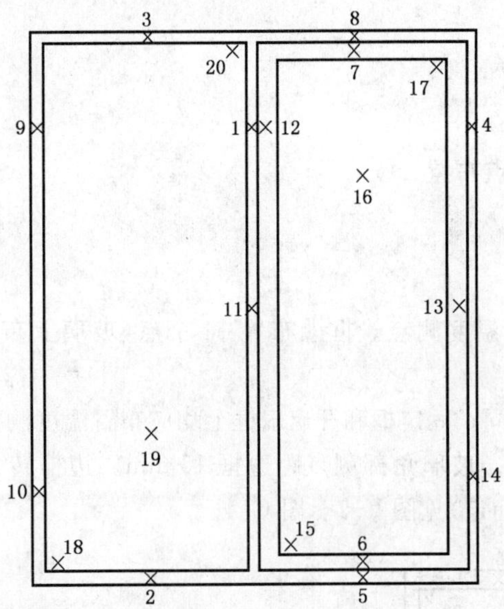

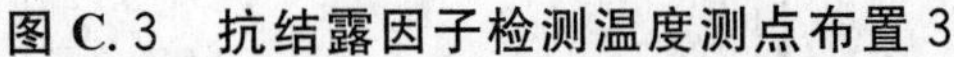

图 C.3 抗结露因子检测温度测点布置 3

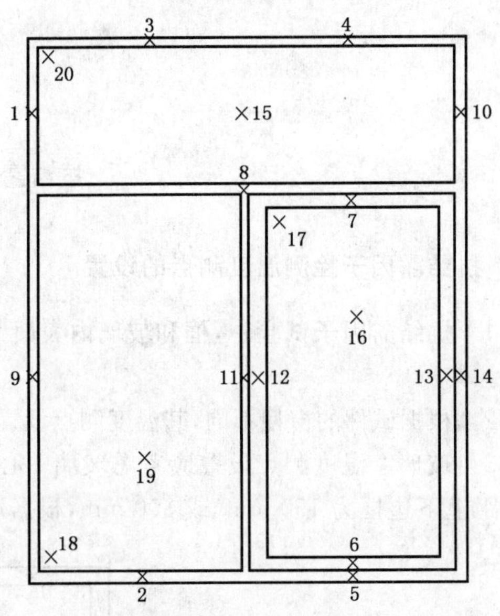

图 C.4 抗结露因子检测温度测点布置 4

C.2 控湿系统

控湿系统主要由除湿机和压缩机组成,控湿原理见图 C.5。

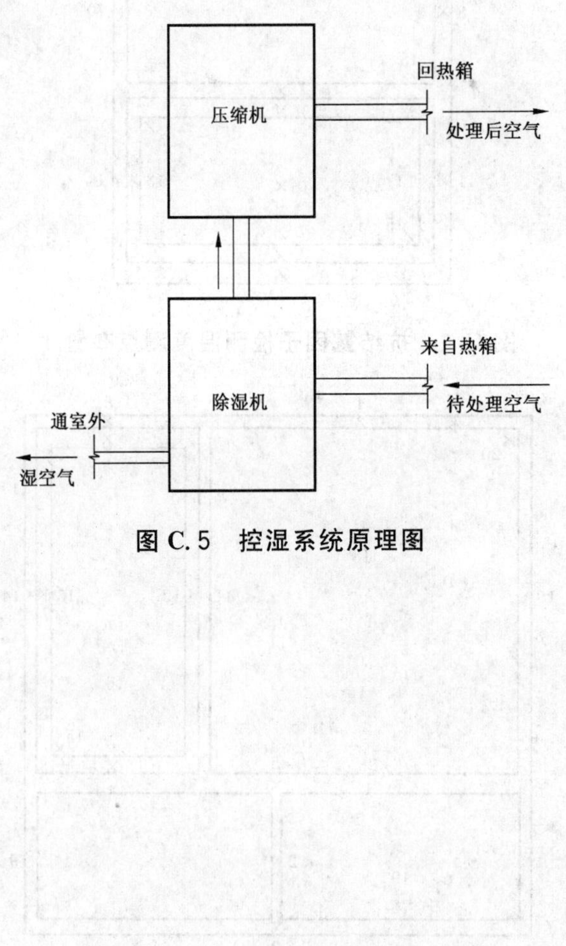

图 C.5 控湿系统原理图

附 录 D
（规范性附录）
加权平均温度的计算

热箱外壁内、外表面面积加权平均温度之差 $\Delta\theta_1$ 及试件框热侧、冷侧表面面积加权平均温度之差 $\Delta\theta_2$，按式(D.1)～式(D.6)进行计算：

$$\Delta\theta_1 = \tau_i - \tau_o \quad \cdots\cdots (D.1)$$

$$\Delta\theta_2 = \tau_h - \tau_c \quad \cdots\cdots (D.2)$$

$$\tau_i = \frac{\tau_{i1}\cdot s_1 + \tau_{i2}\cdot s_2 + \tau_{i3}\cdot s_3 + \tau_{i4}\cdot s_4 + \tau_{i5}\cdot s_5}{s_1 + s_2 + s_3 + s_4 + s_5} \quad \cdots\cdots (D.3)$$

$$\tau_o = \frac{\tau_{o1}\cdot s_6 + \tau_{o2}\cdot s_7 + \tau_{o3}\cdot s_8 + \tau_{o4}\cdot s_9 + \tau_{o5}\cdot s_{10}}{s_6 + s_7 + s_8 + s_9 + s_{10}} \quad \cdots\cdots (D.4)$$

$$\tau_h = \frac{\tau_{h1}\cdot s_{11} + \tau_{h2}\cdot s_{12} + \tau_{h3}\cdot s_{13} + \tau_{h4}\cdot s_{14}}{s_{11} + s_{12} + s_{13} + s_{14}} \quad \cdots\cdots (D.5)$$

$$\tau_c = \frac{\tau_{c1}\cdot s_{11} + \tau_{c2}\cdot s_{12} + \tau_{c3}\cdot s_{13} + \tau_{c4}\cdot s_{14}}{s_{11} + s_{12} + s_{13} + s_{14}} \quad \cdots\cdots (D.6)$$

式中：

τ_i、τ_o——热箱外壁内、外表面加权平均温度，℃；

τ_h、τ_c——试件框热侧表面与冷侧表面加权平均温度，℃；

τ_{i1}、τ_{i2}、τ_{i3}、τ_{i4}、τ_{i5}——分别为热箱五个外壁的内表面平均温度，℃；

s_1、s_2、s_3、s_4、s_5——分别为热箱五个外壁的内表面面积，m^2；

τ_{o1}、τ_{o2}、τ_{o3}、τ_{o4}、τ_{o5}——分别为热箱五个外壁的外表面平均温度，℃；

s_6、s_7、s_8、s_9、s_{10}——分别为热箱五个外壁的外表面面积，m^2；

τ_{h1}、τ_{h2}、τ_{h3}、τ_{h4}——分别为试件框热侧表面平均温度，℃；

τ_{c1}、τ_{c2}、τ_{c3}、τ_{c4}——分别为试件框冷侧表面平均温度，℃；

s_{11}、s_{12}、s_{13}、s_{14}——垂直于热流方向划分的试件框面积（见图 D.1），m^2。

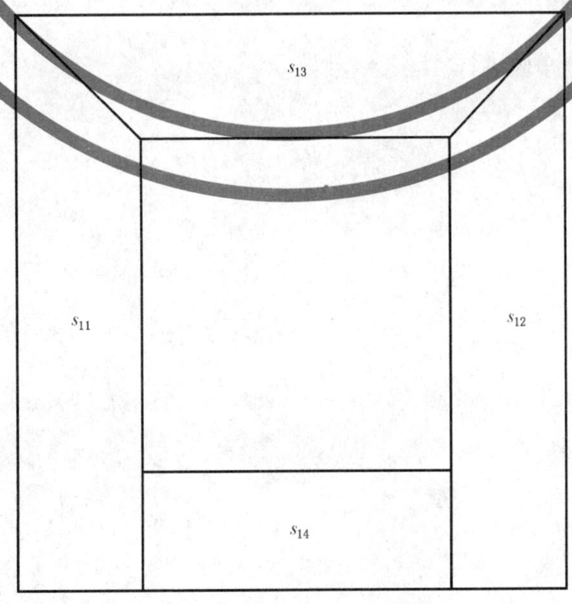

图 D.1 试件框面积划分示意图

附 录 E
（资料性附录）
玻璃传热系数的检测方法

E.1 检测设备

玻璃传热系数检测原理及检测设备同本标准5.1和5.2。

E.2 试件的要求

E.2.1 试件宜为800 mm×1 250 mm的玻璃板块；尺寸允许偏差：±2 mm；

E.2.2 试件构造应符合产品设计和制作要求，不得附加任何多余配件或特殊组装工艺；

E.2.3 试件应完好：无裂纹，无缺角，无明显变形，周边密封无破损等现象。

E.3 试件的安装

E.3.1 检测洞口的要求

E.3.1.1 安装试件的洞口尺寸不应小于820 mm×1 270 mm。当洞口尺寸大于820 mm×1 270 mm时，多余部分应用已知热导率Λ值的膨胀聚苯乙烯板填堵。

E.3.1.2 洞口距热箱下部内表面应留有不小于600 mm高的平台。

E.3.2 试件的固定

E.3.2.1 试件通过检测辅助装置进行固定，检测辅助装置见图E.1、图E.2。热箱及冷箱两侧分别安装可调节支架，用于固定洞口中的玻璃试件。可调节支架上共设置三个可调支撑触点(见图E.3、图E.4)，支撑触点应采用导热系数较小的材料制作。

E.3.2.2 支撑触点与试件的接触面应平整，接触面积应尽量小，触点应可拆卸；试件与填堵膨胀聚苯乙烯板间的缝隙可用聚乙烯泡沫塑料条填塞。缝隙较小不易填塞时，可用聚氨脂发泡填充。用透明胶带将接缝处双面密封。

E.4 玻璃传热系数检测步骤

按照门窗传热系数检测步骤进行。

E.5 玻璃传热系数的计算

同门窗传热系数计算。

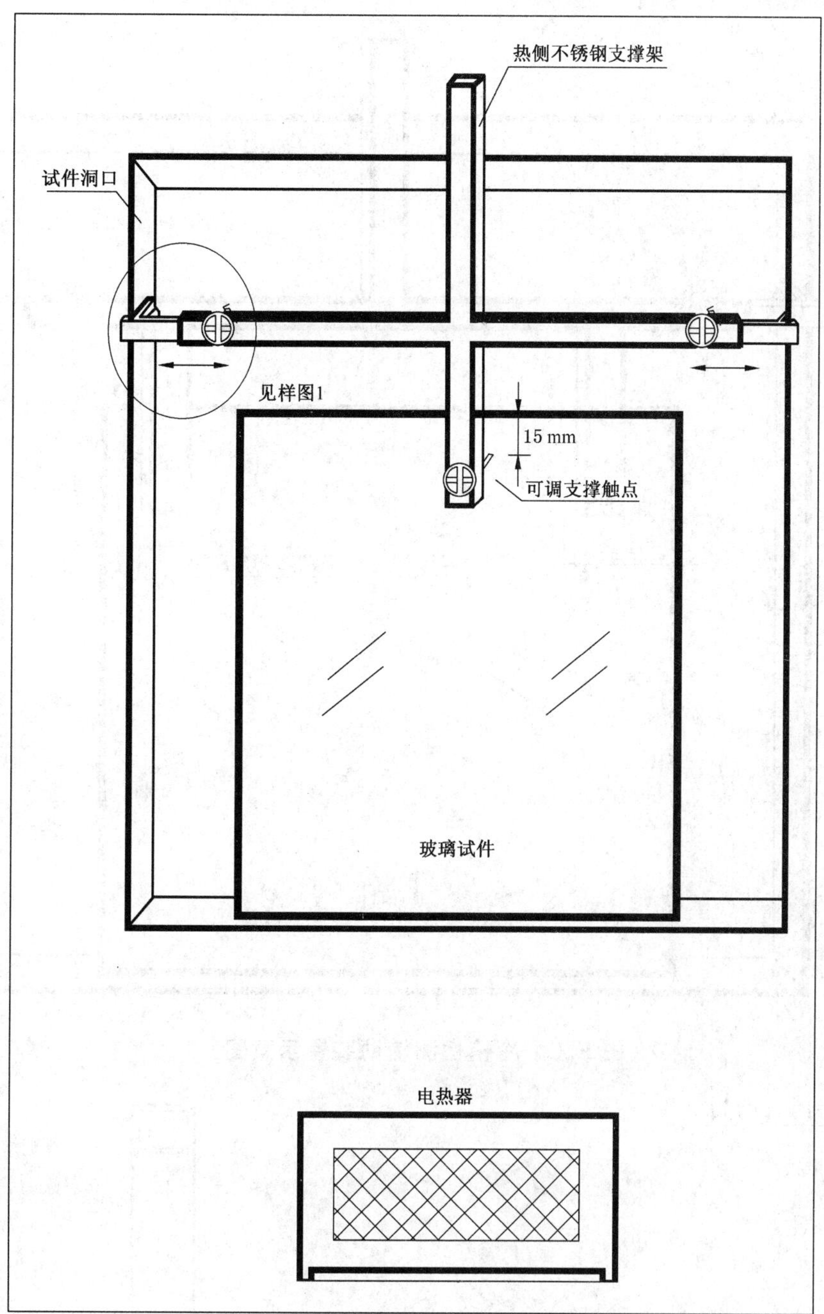

图 E.1　热箱检测辅助装置示意图

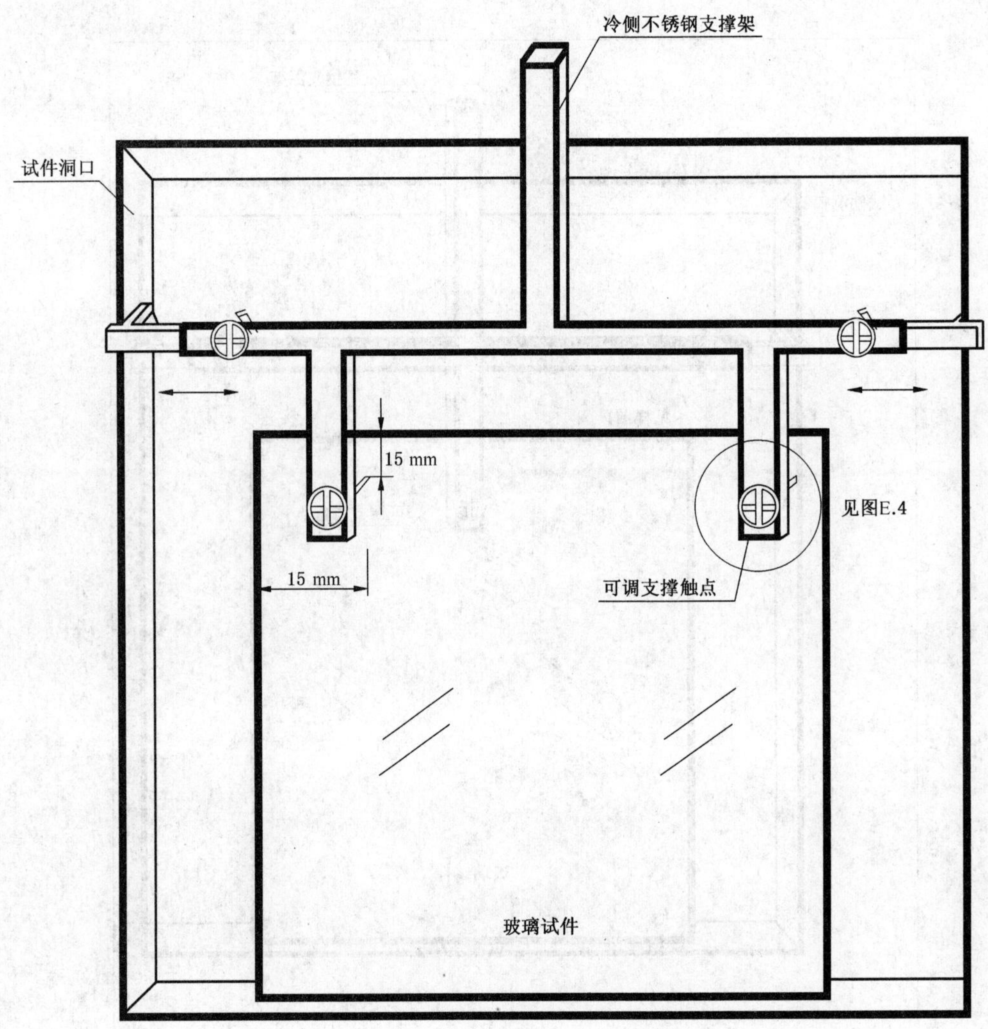

图 E.2　冷箱检测辅助装置示意图

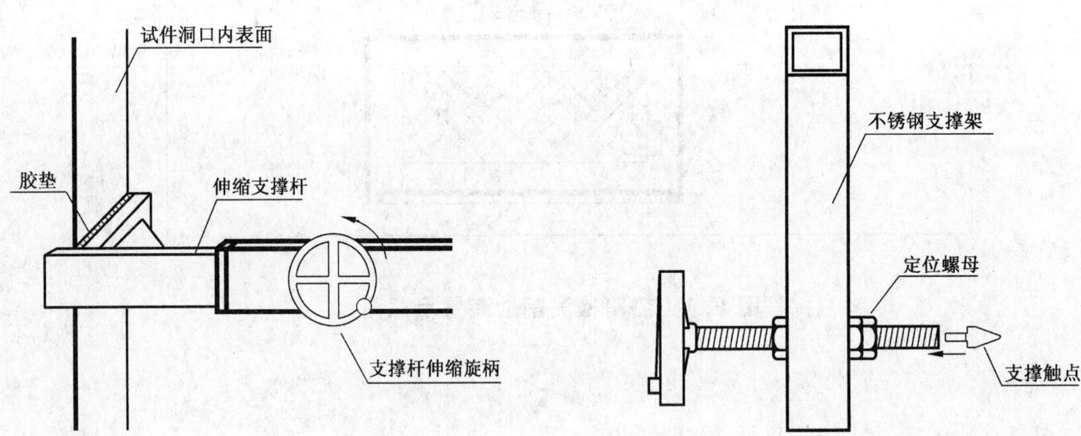

图 E.3　可调节支架固定方式示意图

图 E.4　可调支撑触点示意图

附　录　F
（资料性附录）
窗框传热系数的检测方法

F.1　检测设备

采用标定热箱法检测门窗框保温性能，检测设备同本标准5.2。

F.2　门窗整框的传热系数检测

F.2.1　试件要求及安装

F.2.1.1　试件应满足下列要求：

a)　窗整框试件的标准尺寸是1 500 mm×1 500 mm。

b)　应采用填充用绝热板（密度应不小于30 kg/m^3）替换门和窗上所有的透光或透明部位。

c)　绝热填充板插入框内长度应小于15 mm，若条件不允许，则应在检测报告中注明实际插入深度。

F.2.1.2　门窗整框试件的安装要求如下：

a)　试件安装要求如图F.1所示。试件置放于试件框洞口上，且宜居中安放。

b)　框内表面应尽可能与试件框热侧面板相平齐，任何部分都不应突出试件框面板的热侧及冷侧表面。

c)　试件安装时缝隙的填堵同本标准5.7.3、5.7.4和5.7.5。

F.2.2　填充板上热电偶布置

填充用绝热板和填充板上热电偶的设置应满足图F.2要求。

F.3　框型材传热系数检测

F.3.1　试件要求及安装

F.3.1.1　试件应满足下列要求：

a)　试件的长度应为1 500 mm，当试件由几种型材组成时，应进行整个单元的测试（包括铰链、胶等）。

b)　扇和框型材断面应至少有两个铰链连接，且型材断面的安装不得形成热桥，见图F.3。

c)　若框型材的面积小于试件框洞口面积的30%时，应安装两个（或多个）框型材，以保证框的总面积大于等于洞口面积的30%。框与框之间的距离宜为150 mm，见图F.4。

F.3.1.2　门窗框型材试件安装要求如下：

a)　门窗系统的框、竖框和横梁型材应垂直安装。

b)　框型材试件的内表面应尽可能与试件框热侧面板相平齐，任何部分都不应突出试件框面板的热侧及冷侧表面，见图F.4。

F.3.2　热电偶的布置

测试用热电偶的布置应满足本标准5.3的规定。

F.4　检测步骤

按照门窗传热系数检测步骤进行。

F.5　传热系数的计算

F.5.1　门窗整框的传热系数

F.5.1.1　各参数取六次测量的平均值。

F.5.1.2　窗整框传热系数 K_f 值(W/(m^2·K))按式(F.1)计算：

$$K_f=\frac{Q-M_1\cdot\Delta\theta_1-M_2\cdot\Delta\theta_2-S_1\cdot\Lambda_1\cdot\Delta\theta_3-S_2\cdot\Lambda_2\cdot\Delta\theta_4}{A\cdot\Delta t}\qquad\cdots\cdots\cdots\cdots(F.1)$$

式中：

Q——加热器加热功率,W；

M_1——由标定试验确定的热箱外壁热流系数,W/K(见附录A)；

M_2——由标定试验确定的试件框热流系数,W/K(见附录A)；

$\Delta\theta_1$——热箱外壁内、外表面面积加权平均温度之差,K；

$\Delta\theta_2$——试件框热侧冷侧表面面积加权平均温度之差,K；

S_1——填充板的面积,m^2；

Λ_1——填充板的热导率,W/(m^2·K)；

$\Delta\theta_3$——填充板两表面的平均温差,K；

S_2——填充用绝热板的面积和,m^2；

Λ_2——填充用绝热板的热导率,W/(m^2·K)；

$\Delta\theta_4$——填充用绝热板两表面的平均温差,K；

A——试件面积,m^2；按试件外缘尺寸计算；

Δt——热箱空气平均温度 t_h 与冷箱空气平均温度 t_c 之差,K。

$\Delta\theta_1$、$\Delta\theta_2$ 的计算见附录C；$S_1\cdot\Lambda\cdot\Delta\theta_3$ 项为聚苯乙烯泡沫塑料填充板的热损失；$S_2\cdot\Lambda\cdot\Delta\theta_4$ 项为填充用绝热板的热损失。

F.5.2　窗框型材的传热系数

窗框型材的传热系数的计算方法同本标准5.10.1。传热系数 K 值取两位有效数字。

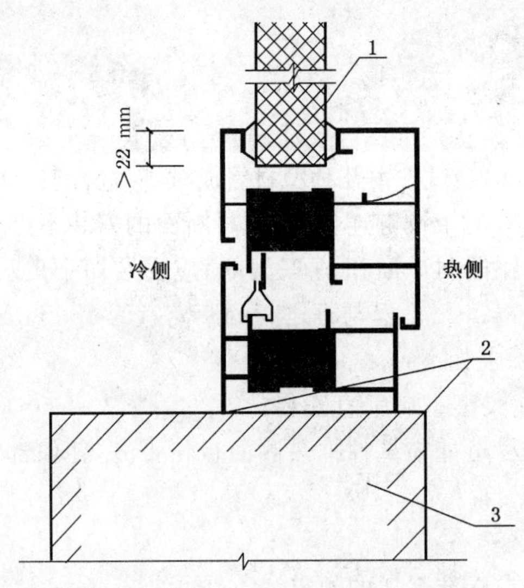

1——填充用绝热板；

2——胶带；

3——试件框。

图 F.1　门窗整框试件安装示意

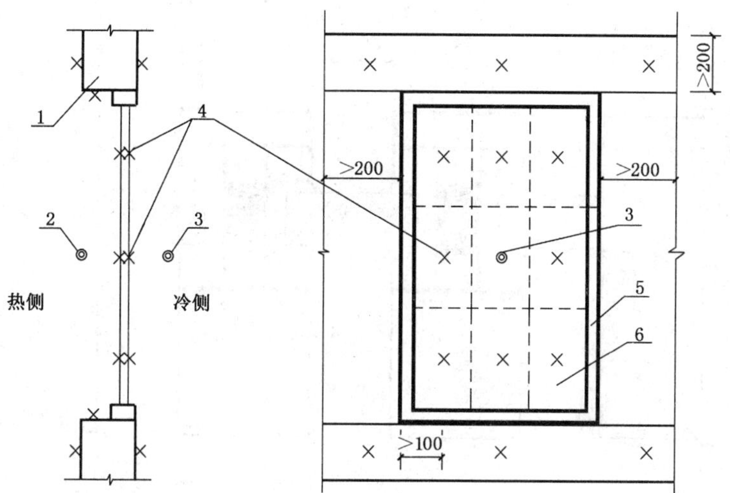

1——试件框；
2——冷箱空气温度点；
3——热箱空气温度点；
4——表面温度点；
5——整框试件；
6——填充用绝热板。

图 F.2　窗和门整框测量中空气温度和表面温度测点布置示意

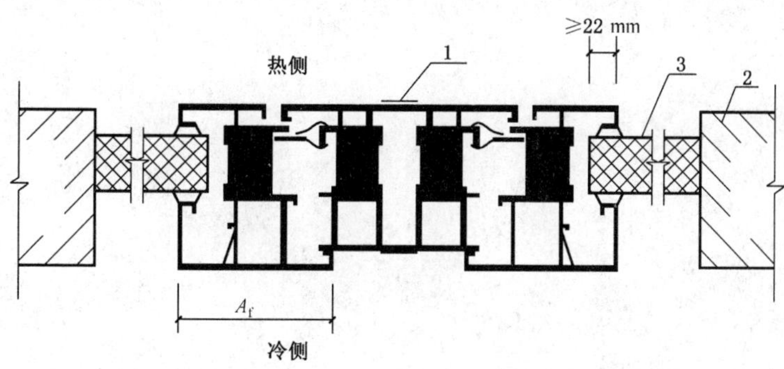

1——胶带；
2——试件框；
3——填充用绝热板。

图 F.3　扇和框的连接

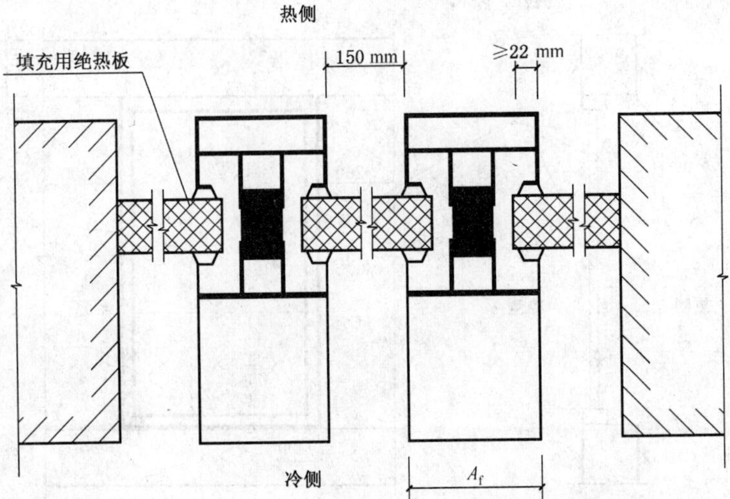

图 F.4　2 个以上窗框型材安装断面示意图

ICS 91.060.50
P 32

中华人民共和国国家标准

GB/T 8485—2008
代替 GB/T 16730—1997,GB/T 8485—2002

建筑门窗空气声隔声性能分级及检测方法

The graduation and test method for airborne sound insulating properties of windows and doors

2008-07-30 发布　　　　2009-03-01 实施

中华人民共和国国家质量监督检验检疫总局
中国国家标准化管理委员会　发布

前　言

本标准中的隔声性能检测方法主要参考了ISO 140-3：1995《声学——建筑和建筑构件隔声测量——第3部分：建筑构件空气声隔声的实验室测量》，本标准的隔声量检测方法与ISO国际标准中的方法一致。

本标准代替GB/T 16730—1997《建筑用门空气声隔声性能分级及其检测方法》和GB/T 8485—2002《建筑外窗空气声隔声性能分级及检测方法》。

本标准与GB/T 16730—1997、GB/T 8485—2002相比主要变化如下：

——将上述两项标准合为一项标准，名称为《建筑门窗空气声隔声性能分级及检测方法》；

——分别规定了外门窗和内门窗的分级指标值，统一了门和窗的隔声性能分级顺序，本标准中"1"级为最低隔声性能级别，本标准与GB/T 8485—2002的分级顺序一致，与GB/T 16730—1997的分级顺序相反(GB/T 16730—1997中"Ⅰ"级为最高隔声性能级别)，本标准与原标准的隔声性能分级对照表列在本标准的附录C中；

——分级指标值中，引入了噪声频谱修正量，采用计权隔声量和交通噪声频谱修正量之和作为外门窗分级指标值，采用计权隔声量和粉红噪声频谱修正量之和作为内门窗分级指标值；

——计算三樘试件的隔声性能平均值时，采用能量平均法取代原标准的算术平均法；

——具体规定了填隙墙的隔声要求，并参照ASTM E90-04，增加了填隙墙间接传声影响的检验与修正的内容，列为附录A。

本标准的附录A为规范性附录，附录B和附录C为资料性附录。

本标准由中华人民共和国住房和城乡建设部提出。

本标准由住房和城乡建设部建筑制品与构配件产品标准化技术委员会归口。

本标准负责起草单位：中国建筑科学研究院。

本标准参加起草单位：上海市建筑科学研究院有限公司、广东省建筑科学研究院、河南省建筑科学研究院、福建省南平铝业有限公司、东莞市坚朗五金制品有限公司、郑州中原应用技术研究开发有限公司、国家建筑材料测试中心、深圳南玻工程玻璃有限公司、深圳市朗斯建材颜料有限公司。

本标准主要起草人：谭华、丁国强、王洪涛、杨仕超、刘会涛、刘新生、谢光宇、杜万明、崔洪、刘海波、许武毅。

本标准所代替标准的历次版本发布情况为：

——GB/T 16730—1997；

——GB/T 8485—1987、GB/T 8485—2002。

建筑门窗空气声隔声性能分级及检测方法

1 范围

本标准规定了建筑门窗空气声隔声性能的分级、检测方法和检测报告。

本标准适用于建筑门窗的空气声隔声性能分级及检测。其他有隔声要求的门窗可参照使用。

2 规范性引用文件

下列文件中的条款，通过本标准的引用而成为本标准的条款。凡是注日期的引用文件，其随后所有的修改单(不包括勘误的内容)或修订版均不适用于本标准。然而，鼓励根据本标准达成协议的各方研究是否可使用这些文件的最新版本。凡是不注日期的引用文件，其最新版本适用于本标准。

GB/T 3947 声学名词术语

GB/T 5823 建筑门窗术语

GB/T 15173—1994 声校准器(eqv IEC 60942:1988)

GB/T 19889.1 声学 建筑和建筑构件隔声测量 第1部分：侧向传声受抑制的实验室测试设施要求(GB/T 19889.1—2005，ISO 140-1，IDT)

GB/T 19889.3—2005 声学 建筑和建筑构件隔声测量 第3部分：建筑构件空气声隔声的实验室测量(ISO 140-3，IDT)

GB/T 50121 建筑隔声评价标准

3 术语和定义

GB/T 3947 和 GB/T 5823 中确立的术语以及下列术语和定义适用于本标准。

3.1

声透射系数 sound transmission coefficient

τ

透过试件的透射声功率与入射到试件上的入射声功率之比值，用式(1)表示：

$$\tau = \frac{W_\tau}{W_i} \qquad (1)$$

式中：

W_τ——透过试件的透射声功率，单位为瓦(W)；

W_i——入射到试件上的入射声功率，单位为瓦(W)。

3.2

隔声量 sound reduction index

R

入射到试件上的声功率与透过试件的透射声功率之比值，取以10为底的对数乘以10，单位为分贝(dB)。

隔声量 R 与声透射系数 τ 有下列关系式：

$$R = 10\lg\frac{1}{\tau} \qquad (2)$$

或

$$\tau = 10^{-R/10} \qquad (3)$$

3.3

计权隔声量　weighted sound reduction index

R_w

将测得的试件空气声隔声量频率特性曲线与GB/T 50121规定的空气声隔声基准曲线按照规定的方法相比较而得出的单值评价量,单位为分贝(dB)。

3.4

粉红噪声频谱修正量　pink noise spectrum adaptation term

C

将计权隔声量值转换为试件隔绝粉红噪声时试件两侧空间的A计权声压级差所需的修正值,单位为分贝(dB)。

注:根据GB/T 50121,用评价量 R_w+C 表征试件对类似粉红噪声频谱的噪声(中高频噪声)的隔声性能。

3.5

交通噪声频谱修正量　traffic noise spectrum adaptation term

C_{tr}

将计权隔声量值转换为试件隔绝交通噪声时试件两侧空间的A计权声压级差所需的修正值,单位为分贝(dB)。

注:根据GB/T 50121,用评价量 R_w+C_{tr} 表征试件对类似交通噪声频谱的噪声(中低频噪声)的隔声性能。

3.6

测试洞口　test opening

隔声实验室测试设施本身的洞口,一般为10 m^2。

3.7

试件洞口　opening for the specimen

根据试件的尺寸,在测试洞口内构筑的供试件安装的洞口。

3.8

填隙墙　filler wall

填充测试洞口与试件洞口之间空隙的墙。

4 分级

4.1 分级指标

外门、外窗以“计权隔声量和交通噪声频谱修正量之和(R_w+C_{tr})”作为分级指标;内门、内窗以“计权隔声量和粉红噪声频谱修正量之和(R_w+C)”作为分级指标。

4.2 分级表

建筑门窗的空气声隔声性能分级见表1。

表1　建筑门窗的空气声隔声性能分级　　单位为分贝

分　　级	外门、外窗的分级指标值	内门、内窗的分级指标值
1	$20\leqslant R_w+C_{tr}<25$	$20\leqslant R_w+C<25$
2	$25\leqslant R_w+C_{tr}<30$	$25\leqslant R_w+C<30$
3	$30\leqslant R_w+C_{tr}<35$	$30\leqslant R_w+C<35$
4	$35\leqslant R_w+C_{tr}<40$	$35\leqslant R_w+C<40$
5	$40\leqslant R_w+C_{tr}<45$	$40\leqslant R_w+C<45$
6	$R_w+C_{tr}\geqslant 45$	$R_w+C\geqslant 45$
注:用于对建筑内机器、设备噪声源隔声的建筑内门窗,对中低频噪声宜用外门窗的指标值进行分级;对中高频噪声仍可采用内门窗的指标值进行分级。		

5 检测

5.1 检测项目

检测试件在下列中心频率：100、125、160、200、250、315、400、500、630、800、1 000、1 250、1 600、2 000、2 500、3 150、4 000、5 000(Hz)1/3 倍频程的隔声量。

5.2 检测装置

检测装置由实验室和测量设备两部分组成，如图 1 所示。

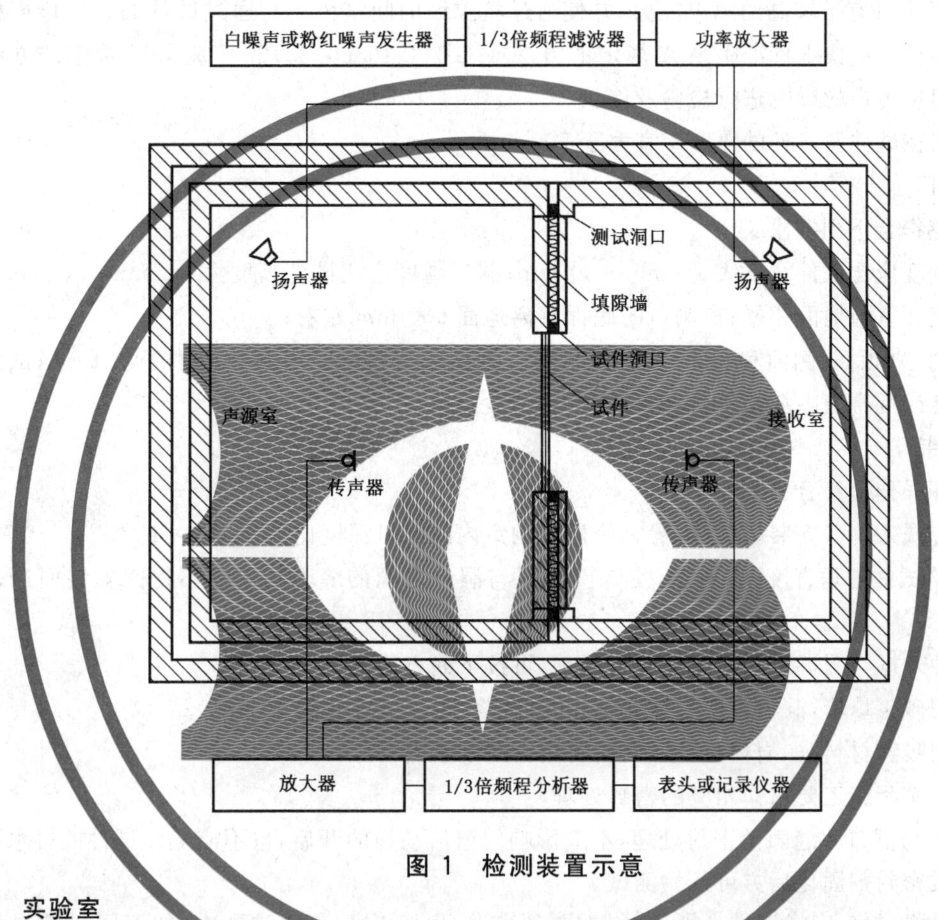

图 1 检测装置示意

5.2.1 实验室

实验室由两间相邻的混响室（声源室和接收室）组成，两室之间为测试洞口。

实验室应符合 GB/T 19889.1 规定的技术要求。

5.2.2 测量设备

测量设备包括声源系统和接收系统。声源系统由白噪声或粉红噪声发生器、1/3 倍频程滤波器、功率放大器和扬声器组成；接收系统由传声器、放大器、1/3 倍频程分析器和记录仪器等组成。

测量设备应符合 GB/T 19889.3—2005 中第 4 章、第 6 章的规定。

5.3 试件及安装

5.3.1 试件取样

同一型号规格的试件取三樘。试件应和图纸一致，不可附加任何多余的零配件，或采用特殊的组装工艺和改善措施。

5.3.2 试件检查与处理

当存放试件的环境温度为 5 ℃以下时，安装前应将门窗移至室内，在不低于 15 ℃的环境下放置 24 h。

在试件安装前应预先检验试件的重量、总面积、活动扇面积、门窗扇的结构和厚度，核对密封材料的材质，检查密封材料状况。

5.3.3 填隙墙

当试件尺寸小于实验室测试洞口尺寸时，应在测试洞口内构筑填隙墙，以适合试件的安装和检验。

填隙墙应符合下列要求：

a) 填隙墙应采用砖、混凝土等重质材料建造。推荐采用两层重墙，并在两墙体之间的空腔内填充岩棉(或玻璃棉)，空腔与试件洞口交接处用声反射性的弹性材料加以密封；

b) 填隙墙应具有足够高的隔声能力，并使通过填隙墙的间接传声与通过试件的直接传声相比可忽略不计。应按本标准附录 A 规定的方法或 GB/T 19889.3—2005 附录 B 规定的方法对填隙墙间接传声的影响进行检验及修正；

c) 填隙墙在试件洞口处的厚度不宜大于 500 mm。

5.3.4 试件洞口

试件洞口应符合下列要求：

a) 洞口宽度应比试件宽度大 20 mm～30 mm；洞口高度应比试件高度大 20 mm～30 mm。门洞口的底面宜与地面相平；窗洞口的底面宜离地面 900 mm 左右；

b) 洞口内壁(顶面、侧面和底面)的表面材料在测试频段内的吸声系数应小于 0.1。当试件洞口是由砖或混凝土砌块构筑时，洞口内壁可用砂浆抹灰找平。

5.3.5 试件安装

试件安装和操作应符合下列要求：

a) 试件应嵌入洞口安装，试件位置宜使两混响室内的洞口深度比值接近 2∶1。

b) 应调整试件的垂直度、水平度，使试件外框与洞口之间的缝隙均匀。不得因安装而造成试件变形。

c) 对试件外框与洞口之间缝隙的密封处理，可按下列方法之一：

——用砂浆填堵，洞口内壁宜抹 25 mm 厚砂浆(覆盖试件框约 10 mm)；

——用吸声材料(如岩棉)填堵，两面再用密封剂密封；

——按实际施工要求作相应的密封处理。

d) 试件框与洞口间缝隙的密封处理，不应影响门窗活动扇的开启，也不应盖住试件的排水孔。

e) 砂浆或密封剂固化后方可开始测试。

f) 在开始测试前，应将试件上所有活动扇，正常启闭 10 次。在此过程中，如有密封件损坏或脱落，均不得采取任何补救措施。

g) 使用试件上的启闭装置关闭活动扇。

5.4 隔声量检测

5.4.1 测量设备的校准

检测前应采用符合 GB/T 15173—1994 规定的 1 级精度要求的声校准器对测量设备进行校准。

5.4.2 平均声压级和混响时间的测量

按 GB/T 19889.3—2005 第 6 章的规定，分别测量声源室内平均声压级 L_1、接收室内平均声压级 L_2 和接收室的混响时间 T。测量的频率范围应符合本标准 5.1 的规定。

5.4.3 背景噪声的修正

接收室内任一频带的信号声压级和背景噪声叠加后的总声压级宜比背景噪声级高 15 dB 以上，且不应低于 6 dB。当总声压级与背景噪声级的差值大于或等于 15 dB 时，不需要对背景噪声进行修正；当差值大于或等于 6 dB 但小于 15 dB 时，应按式(4)计算接收室的信号声压级：

$$L = 10\lg(10^{L_{sb}/10} - 10^{L_b/10}) \quad \cdots\cdots(4)$$

式中：

L——修正后的信号声压级，单位为分贝(dB)；

L_{sb}——信号和背景噪声叠加后的总声压级，单位为分贝(dB)；

L_{b}——背景噪声声压级，单位为分贝(dB)。

5.4.4 隔声量的计算

试件在各1/3倍频带的隔声量R按式(5)计算：

$$R = L_1 - L_2 + 10\lg \frac{S}{A} \quad \cdots\cdots(5)$$

式中：

L_1——声源室内平均声压级，单位为分贝(dB)；

L_2——接收室内平均声压级，单位为分贝(dB)；

S——试件洞口的面积，单位为平方米(m^2)；

A——接收室内吸声量，单位为平方米(m^2)。

式(5)中接收室的吸声量A由式(6)确定：

$$A = \frac{0.16V}{T} \quad \cdots\cdots(6)$$

式中：

V——接收室的容积，单位为立方米(m^3)；

T——接收室的混响时间，单位为秒(s)。

注：如果在任一频带，通过填隙墙的间接传声与透过试件的直接传声相比不可忽略，还应对试件在该频带的隔声量测试结果进行填隙墙传声影响的修正[见5.3.3b)]。

5.5 计权隔声量、频谱修正量和隔声性能等级的确定

5.5.1 单樘试件计权隔声量和频谱修正量的确定

按GB/T 50121规定的方法，用所测试件各频带的隔声量确定该樘试件的计权隔声量、粉红噪声频谱修正量和交通噪声频谱修正量。

5.5.2 三樘试件平均隔声量的计算

各1/3倍频带，三樘试件的平均隔声量$\overline{R_j}$($j = 1,2\cdots18$，与本标准5.1规定的检测频带对应)按式(7)计算：

$$\overline{R_j} = 10\lg \frac{3}{\sum_{i=1}^{3} 10^{-R_{ij}/10}} \quad \text{dB} \quad \cdots\cdots(7)$$

式中：

R_{ij}——第i樘试件在第j个1/3倍频带的隔声量，i=1,2,3。

5.5.3 三樘试件的平均计权隔声量和频谱修正量的确定

按GB/T 50121规定的方法，用三樘试件各频带的平均隔声量$\overline{R_j}$(见5.5.2)确定本组试件的平均计权隔声量R_w、粉红噪声频谱修正量C和交通噪声谱修正量C_{tr}。

5.5.4 隔声性能等级的确定

根据本标准5.5.3确定的三樘试件的平均计权隔声量R_w、粉红噪声频谱修正量C和交通噪声谱修正量C_{tr}，计算R_w+C和R_w+C_{tr}，并以此作为本型号试件隔声性能的分级指标值。

对照表1确定本型号试件的隔声性能等级。

当试件不足三樘时，检测结果不得作为该型号试件的分级指标值。

6 检测报告

检测报告应包括下列内容：

a) 委托单位的名称和地址；

b) 试件的生产厂名、品种、型号、规格及有关的图示(试件的立面和剖面等)；

c) 试件的单位面积重量、总面积、可开启面积、密封条状况、密封材料的材质、五金件中锁点、锁座的数量和安装位置、门窗玻璃或镶板的种类、结构、厚度、装配或镶嵌方式；

d) 试件安装情况、试件周边的密封处理和试件洞口的说明；

e) 检测依据和仪器设备；

f) 接收室温度和相对湿度、声源室和接收室的容积；

g) 用表格和曲线图的形式给出每一樘试件的隔声量与频率的关系，以及该组试件平均隔声量与频率的关系。曲线图的横坐标(对数刻度)表示频率，纵坐标表示隔声量(保留一位小数)，并宜采用以下尺度：5 mm 表示一个 1/3 倍频程；20 mm 表示 10 dB(表格和曲线图的示例见附录 B)；

h) 对高隔声量(隔声等级 6 级)的特殊试件，如果个别频带隔声量测量受间接传声或背景噪声的影响只能测出低限值时，测量结果按 R' 不小于若干分贝(dB)的形式给出；

i) 每樘试件的计权隔声量、频谱修正量及该组试件的平均计权隔声量 R_w、频谱修正量 C 和 C_{tr}；

j) 试件的隔声性能等级(试件不足三樘时，无此项)；

k) 检测单位的名称和地址、检测报告编号、检测日期、主检和审核人员签名及检测单位盖章。

附 录 A
（规范性附录）
填隙墙间接传声影响的检验与修正

A.1 通则

供试件安装的填隙墙应具有足够高的隔声能力，否则部分声能可能会透过填隙墙而产生间接传声。对于由试件和填隙墙组成的复合构件，试件、填隙墙和复合构件的声透射系数与面积有下列关系：

$$\tau_s = (\tau_c S_c - \tau_f S_f)/S_s \qquad \text{(A.1)}$$

式中：

τ_s——试件的声透射系数；

τ_f——填隙墙的声透射系数；

τ_c——复合构件的声透射系数；

S_s——试件面积；

S_f——填隙墙面积；

S_c——复合构件的面积($S_c = S_s + S_f$)。

A.2 检验步骤和修正方法

应按下列步骤、方法对填隙墙传声影响进行检验和修正：

a) 根据经验预估试件隔声能力的大致范围，建造一预计可忽略其传声影响的填隙墙，并预留试件洞口。再用和填隙墙完全相同的材料和构造封堵试件洞口；

b) 测量封堵试件洞口后的整个填隙墙的隔声量，用式(3)计算填隙墙的声透射系数 τ_f；

c) 撤去填隙墙试件洞口内的封堵材料，安装上试件，并保持填隙墙的其余部分不变；

d) 测量试件和填隙墙组成的复合构件的综合隔声量，用式(3)计算声透射系数 τ_c；

e) 计算所有测试频带内的下列差值：$10\lg(\tau_c S_c) - 10\lg(\tau_f S_f)$；

   1) 当差值大于或等于 15 dB 时，填隙墙的传声可忽略；

   2) 当差值大于或等于 6 dB 但小于 15 dB 时，应进行填隙墙传声影响的修正。修正方法：按式(A.1)计算出 τ_s，再由式(A.2)计算出试件的隔声量；

   3) 当差值小于 6 dB 时，则不满足测量要求。在此情况下，应采取使填隙墙的传声显著降低的措施改造或重建填隙墙，然后重复上述检验步骤，直至满足测量要求。

某些具有很高隔声量(隔声等级 6 级)的特殊试件，要使填隙墙在所有测试频带内满足上述 e)的差值要求很困难。此时，在不满足差值要求的频带内，R'的低限值(相当于采用 6 dB 差值时的修正)按下式计算：

$$R' = 10\lg\frac{S_s}{0.75\tau_c S_c} \quad \text{dB} \qquad \text{(A.2)}$$

附 录 B
(资料性附录)
试件隔声量与频率关系的图表表述格式

本附录给出了用表格和曲线图表述试件隔声量与频率关系的示例。

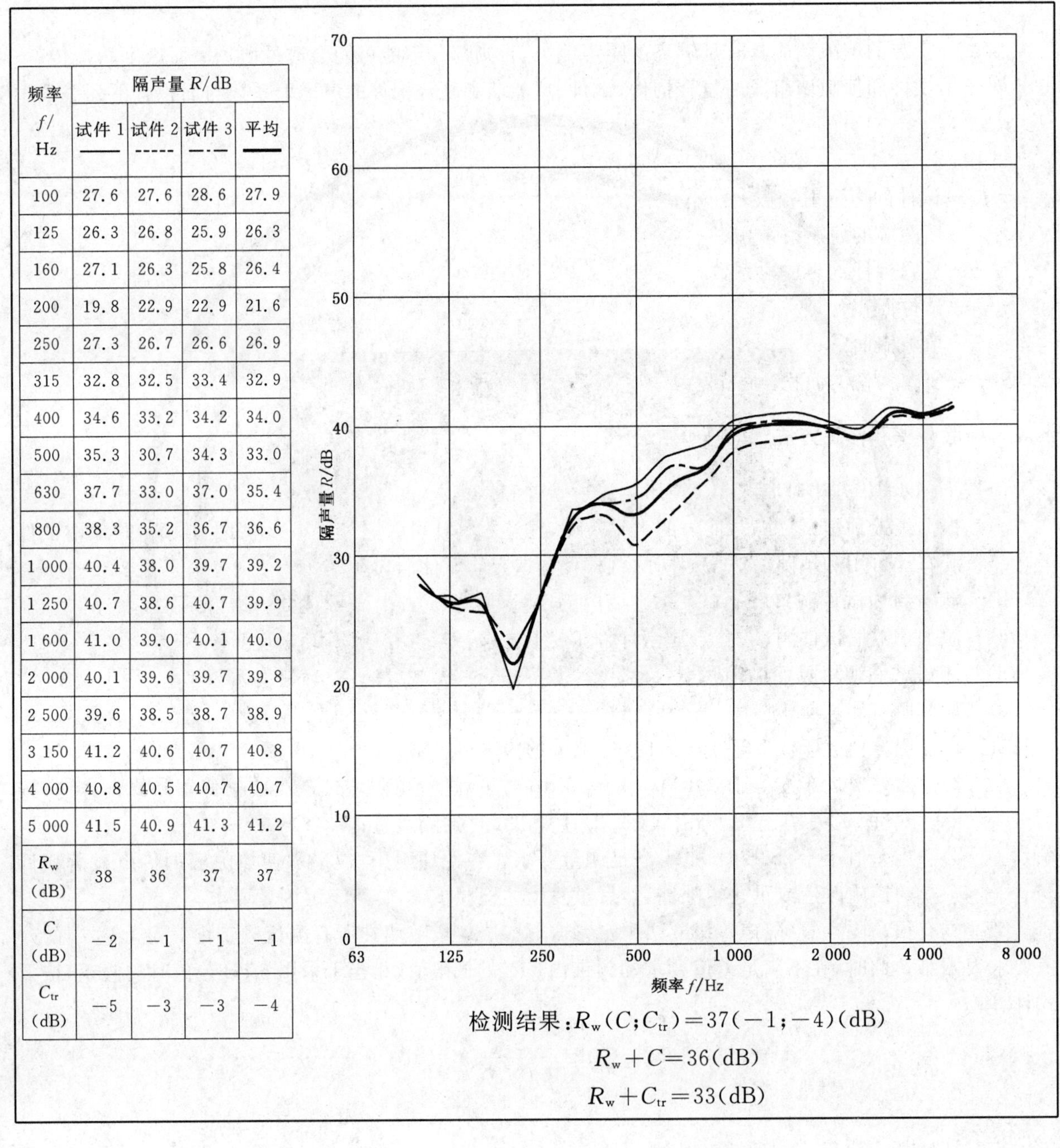

频率 f/Hz	隔声量 R/dB			
	试件 1 ——	试件 2 -----	试件 3 -·-·-	平均 ▬▬
100	27.6	27.6	28.6	27.9
125	26.3	26.8	25.9	26.3
160	27.1	26.3	25.8	26.4
200	19.8	22.9	22.9	21.6
250	27.3	26.7	26.6	26.9
315	32.8	32.5	33.4	32.9
400	34.6	33.2	34.2	34.0
500	35.3	30.7	34.3	33.0
630	37.7	33.0	37.0	35.4
800	38.3	35.2	36.7	36.6
1 000	40.4	38.0	39.7	39.2
1 250	40.7	38.6	40.7	39.9
1 600	41.0	39.0	40.1	40.0
2 000	40.1	39.6	39.7	39.8
2 500	39.6	38.5	38.7	38.9
3 150	41.2	40.6	40.7	40.8
4 000	40.8	40.5	40.7	40.7
5 000	41.5	40.9	41.3	41.2
R_w (dB)	38	36	37	37
C (dB)	−2	−1	−1	−1
C_{tr} (dB)	−5	−3	−3	−4

检测结果：$R_w(C;C_{tr})=37(-1;-4)$(dB)

$R_w+C=36$(dB)

$R_w+C_{tr}=33$(dB)

附　录　C
（资料性附录）
GB/T 8485—2008 与 GB/T 8485—2002、GB/T 16730—1997 的隔声性能分级对照表

GB/T 8485—2008《建筑门窗空气声隔声性能分级及检测方法》中的分级表(见表 C.1)：

表 C.1

dB

分　级	外门、外窗的分级指标值	内门、内窗的分级指标值
1	$20 \leqslant R_w + C_{tr} < 25$	$20 \leqslant R_w + C < 25$
2	$25 \leqslant R_w + C_{tr} < 30$	$25 \leqslant R_w + C < 30$
3	$30 \leqslant R_w + C_{tr} < 35$	$30 \leqslant R_w + C < 35$
4	$35 \leqslant R_w + C_{tr} < 40$	$35 \leqslant R_w + C < 40$
5	$40 \leqslant R_w + C_{tr} < 45$	$40 \leqslant R_w + C < 45$
6	$R_w + C_{tr} \geqslant 45$	$R_w + C \geqslant 45$
注：用于对建筑内机器、设备噪声源隔声的建筑内门窗，对中低频噪声宜用外门窗的指标值进行分级；对中高频噪声仍可采用内门窗的指标值进行分级。		

GB/T 8485—2002《 建筑外窗空气声隔声性能分级及检测方法》中的分级表(见表 C.2)：

表 C.2

dB

分　级	分级指标值
1	$20 \leqslant R_w < 25$
2	$25 \leqslant R_w < 30$
3	$30 \leqslant R_w < 35$
4	$35 \leqslant R_w < 40$
5	$40 \leqslant R_w < 45$
6	$45 \leqslant R_w$

GB/T 16730—1997《 建筑用门空气声隔声性能分级及其检测方法》中的分级表(见表 C.3)：

表 C.3

dB

分　级	分级指标值
Ⅰ	$R_w \geqslant 45$
Ⅱ	$45 > R_w \geqslant 40$
Ⅲ	$40 > R_w \geqslant 35$
Ⅳ	$35 > R_w \geqslant 30$
Ⅴ	$30 > R_w \geqslant 25$
Ⅵ	$25 > R_w \geqslant 20$

ICS 91.060.50
Q 74

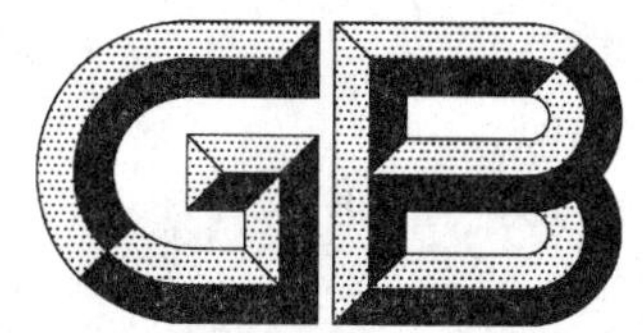

中华人民共和国国家标准

GB/T 11793—2008
代替 GB/T 11793.1—1989,GB/T 11793.2—1989,GB/T 11793.3—1989

未增塑聚氯乙烯(PVC-U)塑料门窗力学性能及耐候性试验方法

Test methods on mechanical and weathering properties for unplasticized polyvinyl chloride (PVC-U) doors and windows

2008-12-24 发布

2009-10-01 实施

中华人民共和国国家质量监督检验检疫总局
中国国家标准化管理委员会 发布

前 言

本标准代替 GB/T 11793.1—1989《PVC 塑料窗建筑物理性能分级》、GB/T 11793.2—1989《PVC 塑料窗力学性能、耐候性技术条件》、GB/T 11793.3—1989《塑料窗力学性能、耐候性试验方法》。

本标准与 GB/T 11793.1—1989、GB/T 11793.2—1989、GB 11793.3—1989 主要差异如下：

——删除了 GB/T 11793.1—1989、GB/T 11793.2—1989 的内容，保留了 GB/T 11793.3—1989 的主要内容；

——增加了力学性能试验项目顺序的要求；

——增加了未增塑聚氯乙烯(PVC-U)塑料门的相关试验方法；

——增加了的锁紧器(执手)开关力试验；

——将开关疲劳试验修改为反复启闭性能试验；

——修改了力学性能中焊接角破坏力的试验及结果的计算方法；

——人工老化试验由老化时间 1 000 h 修改为试样累计接收辐射能量 M 类为 8 GJ/m^2，S 类为 12 GJ/m^2；老化后的试验修改为双 V 简支梁冲击强度及颜色变化分光光度计测定法；

——自然气候老化试验由曝晒两年修改为试样累计接收波长范围在 300 nm～800 nm 之间的紫外光及可见光的辐射能量：M 类为 8 GJ/m^2，S 类为 12 GJ/m^2；老化后的试验调整为双 V 简支梁冲击强度及颜色变化分光光度计测定法；

——增加了附录 A《测定人工老化试验的辐射强度和暴露时间的计算方法》、附录 B《我国主要的气候类型》。

本标准的附录 A、附录 B 为资料性附录。

本标准由中华人民共和国住房和城乡建设部提出。

本标准由住房和城乡建设部建筑制品及构配件产品标准化技术委员会归口。

本标准主要起草单位：中国建筑科学研究院。

本标准参加起草单位：维卡塑料(上海)有限公司、国家化学建筑材料测试中心(建工测试部)。

本标准主要起草人：黄家文、陈祺、金谦、李鑫、李丛笑。

本标准所代替标准的历次版本发布情况为：

——GB/T 11793.1—1989；

——GB/T 11793.2—1989；

——GB/T 11793.3—1989。

未增塑聚氯乙烯(PVC-U)塑料门窗力学性能及耐候性试验方法

1 范围

本标准规定了未增塑聚氯乙烯(PVC-U)塑料门窗(以下简称塑料门窗)力学性能及耐候性的术语和定义、试验方法及试验报告。

本标准适用于未增塑聚氯乙烯(PVC-U)型材制作的建筑用门窗的力学性能以及耐候性检测。

2 规范性引用文件

下列文件中的条款通过本标准的引用而成为本标准的条款。凡是注日期的引用文件,其随后所有的修改单(不包括勘误的内容)或修订版均不适用于本标准,然而,鼓励根据本标准达成协议的各方研究是否可使用这些文件的最新版本。凡是不注日期的引用文件,其最新版本适用于本标准。

GB/T 2918 塑料试样状态调节和试验的标准环境

GB/T 3681—2000 塑料大气暴露试验方法

GB/T 14155—2008 整樘门 软重物体撞击试验

GB/T 22632—2008 门扇 抗硬物撞击性能检测方法

GB/T 16422.2—1999 塑料实验室光源暴露试验方法 第2部分:氙弧灯

JG/T 192—2006 建筑门窗反复启闭性能检测方法

ISO 179-1:2000 塑料——简支梁冲击强度的测定

3 术语和定义

下列术语和定义适用于本标准。

3.1

开启限位器 restricted opening device

限制窗扇开启度的装置。

3.2

自然气候老化 natural weathering

材料安装在固定角度或随季节变化角度的试验架上在自然环境中的长期暴露。

3.3

门窗反复启闭性能 repeated opening and closing performance of windows and doors

门窗在多次开启和关闭作用下,保持正常使用功能的能力,以不发生影响正常使用的变形、故障和损坏的反复启闭次数表示。

4 窗的力学性能试验方法

4.1 试验项目及进行顺序

各类塑料窗的力学性能试验项目见表1;试验项目的进行顺序应按照锁紧器(执手)开关力、窗的开关力、悬端吊重、翘曲或弯曲、扭曲、对角线变形、撑挡、开启限位器、反复起闭性能、大力关闭依次进行。

表 1　各类塑料窗的力学性能试验项目

检测项目	平开窗			悬转窗				推拉窗	
	垂直轴		滑轴平开窗	上悬窗	下悬窗	中悬窗	立转窗	左右推拉窗	上下推拉窗
	内开	外开							
锁紧器（执手）开关力	√	√	√	√	√	√	√	—	—
窗的开关力	√	√	√	√	√	√	√	√	√
悬端吊重	√	√	√	—	—	—	√	—	—
翘曲或弯曲变形	√	√	√	√	√	√	√	√	√
扭曲	—	—	—	—	—	—	—	√	√
对角线变形	—	—	—	—	—	—	—	√	√
撑挡	—	√	—	√	√	√	√	—	√
开启限位器	—	√	—	√	√	√	√	—	√
反复启闭性能	√	√	√	√	√	√	√	√	—
大力关闭	√	√	√	√	√	√	√	—	—
焊接角破坏力	√	√	√	√	√	√	√	√	√
注：表中符号“√”表示需要检测的项目，符号“—”表示不需检测的项目。									

4.2　试验装置

塑料窗的力学性能试验装置如下：

a)　窗试件的固定装置：能保证窗体竖直、稳定地被固定，不会因为试样上施加外力而发生任何方向的位移，并不应妨碍窗扇开关方向的自由度；

b)　加力和测力装置：除特殊说明外，加力装置应保证试验负荷能连续无冲击施加在试样上，并能保持设定值，其力值准确度不低于 0.5 级，满量程不应超过 1 000 N，测力装置示值精度为 1 N；

c)　测量位移（变形）的装置，包括位移测定器及使其定位的装置：位移测量过程中测量装置本身不会发生任何方向的位移，测量装置不应对试样施加影响试验结果的外力，测量精度不低于 0.1 mm，并具有试验数据实时记录功能；

d)　窗的反复启闭性能试验装置：应满足 JG/T 192—2006 中第五章的规定；

e)　焊接角破坏力测定装置：力值测量精度为±1%，测量范围为 0 kN～20 kN，能保证试验负荷能以 50 mm/min±5 mm/min 的速度平稳、连续、无冲击地施加到试样上；并能显示记录试样破坏前（含破坏时）的能承受的最大应力，应具有防止试样破碎飞溅伤人的保护装置。

4.3　试样

4.3.1　试样的工艺及规格要求

如无特殊说明，不应附加多余的零配件，或采用特殊的组装工艺；试样的规格型号和镶嵌方式应符合有关的标准或设计要求。

4.3.2 试样制备

试样采用3樘相同规格、型号的成品塑料窗；焊接角应从未进行镶嵌工艺的半成品窗框、扇的焊接件上用机加工的方式取得相同规格、型号的5个试件。

4.3.3 状态调节

试样应放置在18 ℃～28 ℃间进行状态调节至少24 h后，然后再进行各项性能试验。

4.4 试验项目

4.4.1 锁紧器(执手)开关力试验

4.4.1.1 原理

测量实际使用条件下，锁紧器或执手的开启力值。

4.4.1.2 试验步骤

在锁紧器的手柄上，距其转动轴心100 mm处，挂一个量程为0 N～150 N的测力弹簧秤，沿垂直手柄的运动方向以顺或者逆时针方向加力，直到手柄移动使门扇松开或者紧闭，记录测量过程中所显示的最大力值，取3樘试样中试验数值的最大值，作为锁紧器(执手)的开力或关力。

4.4.2 窗的开关力试验

4.4.2.1 原理

测量实际使用条件下，移动窗扇的所需要的力值。

4.4.2.2 试验步骤

打开窗扇的锁闭装置，使用带有最大示值功能、示值精度为1 N的弹簧秤，钩住窗的执手处，用手通过弹簧秤拉动窗扇，使其开启或关闭，读取开启或关闭过程弹簧秤显示的最大读数；取3樘试样中试验数值最大值作为本试验的结果。

4.4.3 悬端吊重试验

4.4.3.1 原理

悬端吊重试验是测定开着的窗户在受到外加垂直荷载作用时的性能。

4.4.3.2 试验步骤

在开启角度为90°±5°的窗扇自由端的扇框型材中心线上，施加500 N的垂直向下负荷，保持5 s后立即卸荷，卸荷60 s后，记录窗扇自由端扇框型材中心线上测试点的位置初始读数 L_0，读数精确到0.01 mm。进行第二次加荷(500 N)，保持60 s。记录此时的测试点的读数 L_1，立即卸荷，60 s后，记录测量仪器上的读数 L_2，单位均为mm，检查窗户开关功能是否正常，并记录。

4.4.3.3 结果和表示

负载变形按式(1)计算、残余变形按式(2)计算：

$$\text{负载变形} = L_1 - L_0 \qquad (1)$$

$$\text{残余变形} = L_2 - L_0 \qquad (2)$$

式中：

L_0——测试点的位置初始读数，单位为毫米(mm)；

L_1——第二次加荷60 s时，测试点的读数，单位为毫米(mm)；

L_2——第二次加荷并卸荷60 s后测试点的读数，单位为毫米(mm)。

4.4.4 翘曲或弯曲变形试验

4.4.4.1 原理

翘曲或弯曲变形试验是模拟窗扇的一角被卡住时，强行开窗或人依靠在打开着的窗扇上以及受风力时，窗扇产生变形的情况。

4.4.4.2 试验步骤

各类塑料窗的翘曲或弯曲变形试验步骤如下：

a) 平开窗及悬窗的翘曲变形是将窗扇的锁闭打开，并使窗扇的一角卡住。在窗扇执手处施加

300 N 的负荷，保持 5 s 后卸除，卸除负荷 60 s 后记录执手处测量位移装置上的初始读数 L_0，精确到 0.01 mm，再进行第二次加荷(300 N)，保持 60 s，记录测量位移装置上的初始读数 L_1，立即卸荷，卸荷 60 s 后，记录测量装置上读数 L_2，单位均为 mm。检查窗户开关功能是否正常，试件是否破坏，并记录；

b) 推拉窗的弯曲变形试验时将窗扇处于半开状态，负荷的位置应处于窗扇开启边竖挺的中点，负荷方向垂直于窗平面。施加 300 N 的负荷，保持 5 s 后卸除，卸除负荷 60 s 后记录测量位移装置上的初始读数 L_0，精确到 0.01 mm，再进行第二次加荷(300 N)，保持 60 s，记录测量位移装置上的初始读数 L_1，立即卸荷，卸荷 60 s 后，记录测量装置上读数 L_2，单位均为 mm。检查窗户开关功能是否正常，试件是否破坏，并记录。

4.4.4.3 **结果和表示**

负载变形按式(1)计算、残余变形按式(2)计算。

4.4.5 **扭曲变形试验**

4.4.5.1 **原理**

扭曲变形试验是模拟推拉窗在使用过程中，当窗扇突然受阻而强行推拉时，见图 1，窗扇框执手处受扭曲变形的情况，见图 2。

图 1 扭曲试验状态图

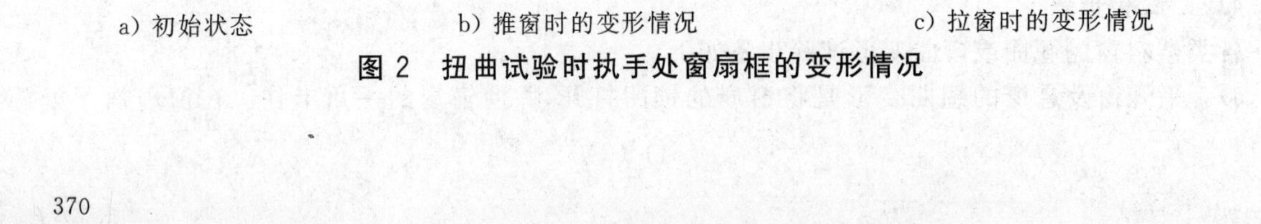

a) 初始状态　　b) 推窗时的变形情况　　c) 拉窗时的变形情况

图 2 扭曲试验时执手处窗扇框的变形情况

4.4.5.2 试验步骤

在推拉窗扇框执手处,施加 200 N 与开关方向一致的负荷,加、卸荷步骤及变形记录依照 4.4.3.2,测定第二次加荷及卸荷后执手处的负载变形及残余变形,单位为 mm,精确到 0.01 mm。检查并记录窗户开关功能是否正常。对于没有外凸执手的推拉窗可不作扭曲试验。

4.4.5.3 结果和表示

负载变形按式(1)计算、残余变形按式(2)计算。

4.4.6 对角线变形试验

4.4.6.1 原理

对角线变形试验是测定推拉窗在开关过程中,窗扇受阻时其对角线的变形情况。

4.4.6.2 试验步骤

试验是在窗扇的一角被卡住的情况下,在窗扇的执手处,施加与推拉方向一致的负荷 200 N,加、卸荷步骤及变形记录依照 4.4.3.2,测定第二次加荷时及卸荷后窗扇对角线的变形,单位为 mm,精确到 0.1 mm。检查窗户开关功能是否正常。

4.4.7 撑挡试验

4.4.7.1 原理

撑挡试验是测定撑挡受力(如阵风吹袭窗扇)时的承受能力。

4.4.7.2 试验步骤

试验时,窗扇处于稳定的开启状态,在执手处施加垂直于执手 200 N 负荷,依照 4.4.3.2 的规定进行加、卸荷及变形的记录。测定撑挡处在荷载作用下的变形及卸荷后的残余变形,单位为 mm,精确到 0.01 mm。

4.4.7.3 结果表示

负载变形按式(1)计算、残余变形按式(2)计算。

4.4.8 开启限位器试验

4.4.8.1 原理

开启限位器试验是模拟关闭着的窗扇被阵风吹开时,检验窗扇开启限位器遭受猛然开启力作用的承受能力。

4.4.8.2 试验步骤

试验时,窗扇先处于关闭状态,施加 10 N 的开启力将窗扇拉开,限位器则受到 10 N 的负荷以及窗扇惯性冲击。重复该步骤 10 次,检查并记录试验过程中及试验后窗扇机器限位器的损坏情况。

4.4.9 窗的反复启闭性能试验

依照 JG/T 192—2006 第 9 章进行。

4.4.10 大力关闭试验

4.4.10.1 原理

大力关闭试验是模拟开着的窗,当撑挡没有锁紧或因功能失效时,在阵风吹袭下窗扇与框发生猛烈碰撞时的承受能力。

4.4.10.2 试验步骤

试验时将窗扇开启 45°±5°,松开撑挡,使窗扇在负荷作用下猛力关闭,重复该步骤 10 次,观察并记录试样有无损坏。试验负荷应通过定滑轮作用在窗扇的执手处,其大小应相当于七级风的作用力的一半即为 75 Pa 乘以窗扇的面积。

4.4.11 焊接角破坏力试验

4.4.11.1 原理

焊接角破坏力试验是为了测定窗扇和窗框的角隅部位的断裂强度。

4.4.11.2 **试验步骤**

试样只清理90°角的外缘，试样支撑面的中心长度 a 为400 mm±2 mm，支撑部分加工成45°角，见图3。

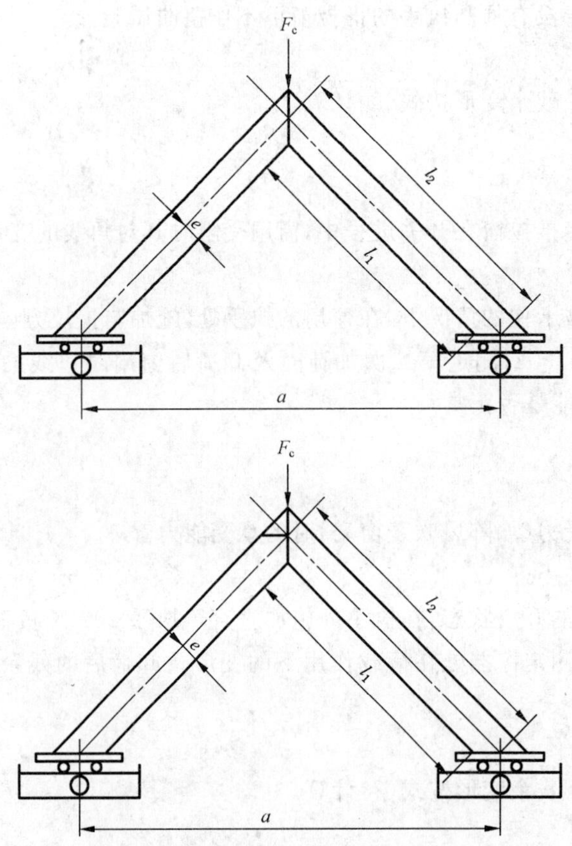

图3 焊接角破坏力试验示意图

按照图3所示，将试样的两端放在活动支撑座上，向焊接头或者T型接头处施加压力，直至断裂为止，记录最大力值 F。

4.4.11.3 **结果和表示**

根据生产商或者相关单位提供的型材截面图进行焊接角最小破坏力的计算，计算方法见公式(3)：

$$F_c = (4 \times \sigma_{min} \cdot W)/(a - 2^{1/2} e) \quad \cdots\cdots(3)$$

其中

$$W = I/e \quad \cdots\cdots(4)$$

式中：

F_c——焊接角最小破坏力，单位为牛顿(N)；

σ_{min}——型材最小破坏应力，设定为35 MPa；

a——试样支撑面的中心长度，单位为毫米(mm)；

e——临界线AA′与中性轴ZZ′的距离，单位为毫米(mm)，见图4；

W——应力方向的倾倒矩，单位为立方毫米(mm^3)，计算方法见公式(4)；

I——型材横断面ZZ′轴的惯性矩，T型焊接的试样应使用两面中惯性矩的较小的值，单位为四次方毫米(mm^4)。

记录每个试样的实测焊接角破坏力 F，并计算5个试样的算术平均值 $\overline{F}$，计算结果与焊接角最小破坏力 F_c 进行比较。

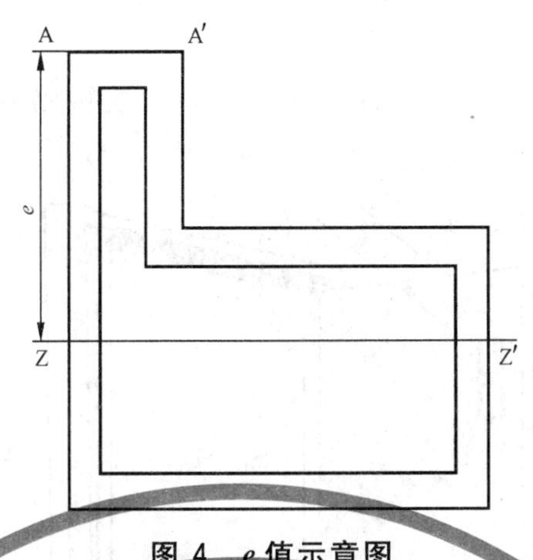

图 4 *e* 值示意图

5 门的力学性能试验方法

5.1 试验项目及进行顺序

各类塑料门的力学性能试验项目见表 2；试验项目的进行顺序应按照锁紧器(执手)开关力、门的开关力、悬端吊重、垂直荷载、翘曲或弯曲、扭曲、反复起闭性能、大力关闭依次进行、软物冲击、硬物冲击。

表 2 各类塑料门的力学性能试验项目

试验项目	平开门	平开下悬门	推拉下悬门	折叠门	推拉门	地弹簧门
锁紧器(执手)开关力	√	√	√	√	—	—
门的开关力	√	√	√	√	√	√
悬端吊重	√	√	—	√	—	√
垂直荷载	√	—	—	—	—	√
翘曲或弯曲变形	—	—	√	—	—	—
扭曲	—	—	√	—	—	—
反复启闭性	√	√	√	√	√	√
大力关闭	√	√	—	—	—	—
软重物体撞击	√	√	√	√	√	√
硬物冲击	√	√	√	√	√	√
焊接角破坏力	√	√	√	√	√	√
注：表中符号“√”表示需要检测的项目，符号“—”表示不需检测的项目。						

5.2 试验装置

各类塑料门的力学性能试验装置如下：

a) 门试件的固定装置、加力和测力装置、测量位移(变形)的装置、反复启闭性能测定装置、焊接角破坏力测定装置同 4.2 中的要求；

b) 垂直荷载试验装置，如图 5：
其中百分表精度为 0.01 mm，荷载为五等砝码；

c) 软重物体撞击试验装置应符合 GB/T 14155—2008 中第 5 章的要求；

d) 硬物冲击试验装置应符合 GB/T 22632—2008 中第 2 章的要求。

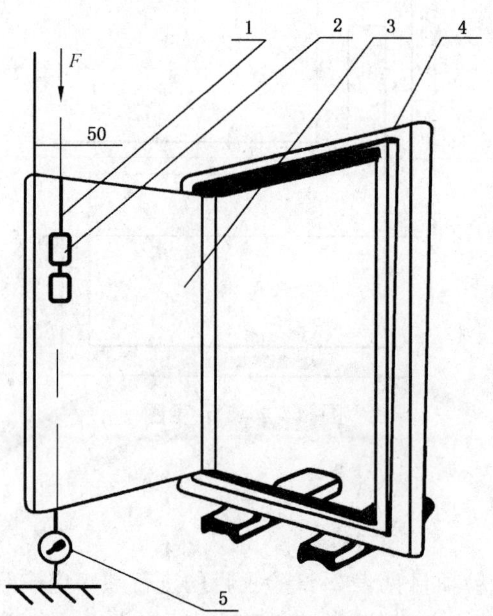

1——绳子；

2——砝码；

3——试样；

4——试验架；

5——百分表。

图 5 垂直荷载试验装置图

5.3 试样

试样要求同 4.3。

5.4 试验项目

5.4.1 锁紧器(执手)开关力、门的开关力、悬端吊重、翘曲或弯曲变形、扭曲变形、反复启闭性能、大力关闭、焊接角破坏力试验方法同 4.4.1、4.4.2、4.4.3、4.4.4、4.4.5、4.4.9、4.4.10、4.4.11。

5.4.2 垂直荷载试验

5.4.2.1 原理

在处于开启状态的门扇顶端的拟定位置施加一垂直荷载，以测定在垂直方向的变形量。

5.4.2.2 试验步骤

将试样牢固的安装在试验架上，门扇应开关、转动正常。门窗开启角度为 45°或 90°，调整百分表零位，根据具体产品标准的要求，选择负载 F，用绳子将砝码悬挂在门扇开启的两侧，F 的作用力距门扇开启边缘为 50 mm，加荷 15 min 时，记录百分表的数值，为门扇的垂直方向变形量，精确到 0.01 mm；卸载 3 min 时，记录百分表的数值，为门扇的残余变形量，精确到 0.01 mm。

5.4.2.3 结果和表征

取 3 樘试样中的试验数据最大值作为试验结果。

5.4.3 软物冲击试验

试验依照 GB/T 14155—2008 中第 6 章要求进行。

5.4.4 硬物冲击试验

试验依照 GB/T 22632—2008 中第 4 章要求进行。

6 耐候性试验方法

6.1 耐候性试验的种类

耐候性试验分为人工老化试验、自然气候老化试验以及实际使用条件下的老化试验。一般情况，可以根据具体条件选用前两种方法中的一种，或者同时使用前两种方法进行试验。试验条件的确定可以参考附录 A 及附录 B 中的内容。当需要检验实际使用条件下的老化情况时，可选用第三种老化试验方法。

6.2 人工老化试验

6.2.1 试验装置

人工老化及老化后试验装置如下：

a) 人工老化试验装置应符合 GB/T 16422.2—1999 中第 5 章的规定；

b) 摆锤冲击试验仪应符合 ISO 179-1:2000 中第 5 章的规定；

c) 分光光度计使用 CIE 标准光源 D65(包括镜子反射率)，测定条件 8/*d* 或 *d*/8(两者都没有滤光器)的分光光度计。

6.2.2 试样制备

试样制备方法如下：

a) 样品应选用与力学性能试验所用样品一致的塑料窗(门)。试样使用机械加工的方式从成品窗(门)框、扇框接收阳光曝晒的可视面上截取。试样数量应保证能够加工足够的耐候性试验所需的比对试验试样要求。试样宜加工成简支梁冲击试验及颜色变化样品后挂入耐候性试验箱。

b) 简支梁冲击强度试样规格：采用双 V 型缺口，长度 l 为 50 mm±1 mm，宽度 b 为 6.0 mm±0.2 mm，厚度 h 取型材的原厚，缺口半径为 r_N 为 0.25 mm±0.05 mm，缺口剩余宽度 b_N 为 3 mm±0.1 mm，试样数量不少于 6 个。

c) 颜色变化试样规格：长×宽：50 mm×40 mm，数量不少于 2 个。

6.2.3 试验步骤

6.2.3.1 老化试验

人工老化试验依照 GB/T 16422.2—1999 中 A 法的规定进行。黑板温度：65 ℃±3 ℃，相对湿度：(50±5)%，每次喷水时间：18 min±0.5 min，两次喷水之间的无水时间：102 min±0.5 min。曝晒面为可视面，累计接收辐射能量 M 类为 8 GJ/m²，S 类为 12 GJ/m²。对照用样品应贮存在 GB/T 2918 中规定的标准实验室环境中。经过老化试验后的样品分别进行简支梁冲击强度试验和颜色变化试验。

6.2.3.2 老化后的简支梁冲击试验

按照 ISO 179-1 规定进行，其中试验跨距(L)为 $40^{+0.5}_{0}$ mm，冲击方向见图 6，冲击强度按式(5)计算：

$$a_{cN}=\frac{E_c}{h\times b_N}\times 10^3 \qquad (5)$$

式中：

a_{cN}——冲击强度，单位为千焦耳每平方米(kJ/m²)；

E_c——试样断裂时吸收的已校准的能量，单位为焦耳(J)；

h——试样厚度，单位为毫米(mm)；

b_N——试样缺口底部剩余宽度，单位为毫米(mm)；

试验结果以一组数据的算术平均值表示，$\bar{a}_{cN}$。

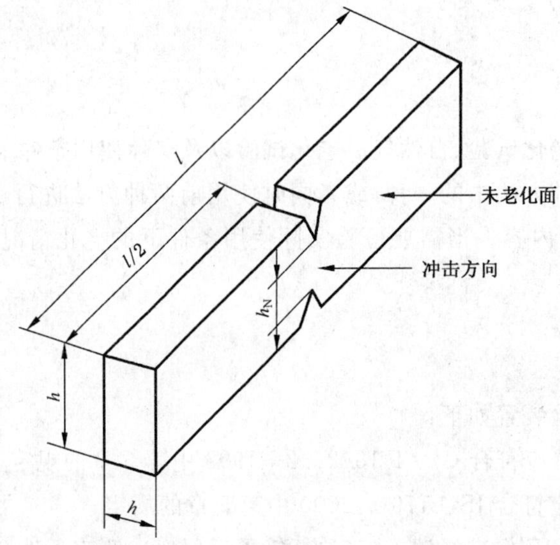

图 6　双 V 缺口试样及冲击方向

6.2.3.3　老化后的颜色变化

使用未经过耐候性试验的试样作为标准样，经过老化试验后的样品在取出老化箱后的 24 h 内根据产品标准的具体要求用分光光度计进行测量，每个试样测量两点，取平均值，计算出 ΔE^* 和 Δb^* 或只测量并计算出 ΔE^*。

6.3　自然气候老化试验方法

6.3.1　试验装置

试验装置应符合 GB/T 3681—2000 中第 5 章的规定。

6.3.2　试样制备

样品应选用与力学性能试验所用样品一致的塑料窗。试样使用机械加工的方式从成品窗(门)框、扇框接受阳光曝晒的可视面上截取。试样数量应保证能够加工足够的耐候性试验所需的比对试验试样要求。试样宜加工成简支梁冲击试验及颜色变化样品后进行耐候性试验。

6.3.3　试验步骤

6.3.3.1　老化试验

试样架、测定太阳辐射能量仪器应按 GB/T 3681—2000 的规定安置妥当。耐候性试验及辐射能量测定应按照 GB/T 3681—2000 规定进行。对照的样品应该在正常的试验条件下贮存于暗处，宜贮存在 GB/T 2918 中规定的标准实验室环境中。

试样累计接收波长范围在 300 nm～800 nm 之间的紫外光及可见光的辐射能量：M 类为 8 GJ/m²，S 类为 12 GJ/m² 后，需要进行简支梁冲击强度试验和颜色变化试验。

6.3.3.2　老化后的简支梁冲击强度试验

按照 6.2.3.2 规定进行。

6.3.3.3　老化后的颜色变化试验

按照 6.2.3.3 对定进行。

6.4　实际使用条件下的老化试验

6.4.1　试样制备

在同一建筑物的不同朝向和楼层上，选取安装完成的规格、型号完全相同的 5 樘窗(门)作为试样，并进行标记。按照 4.4.2 测定每樘试样的窗(门)的开关力。

6.4.2　试验步骤

经过不少于两年的实际使用后，测定每樘样品窗(门)的开关力，对照使用前的数值检查整窗的开关功能是否正常。

7 试验报告

试验报告应包括以下资料：

a) 试样来源的详细说明，如生产企业名称等；

b) 样品名称、类型、开启方式、规格尺寸以及整窗的立面、破面和型材断面图；

c) 五金件的种类及数量；

d) 玻璃的种类、厚度及镶嵌方式；

e) 密封条种类和材质；

f) 试验条件；

g) 试验仪器名称；

h) 自然气候老化试验的暴露方式(倾斜和方位定向)；暴露场地的位置和详细说明(例如纬度、经度、高度、每年的气候特征)；引自附录的气候类型，给出参考依据；遮盖物、背衬，支持架和连接物；测定暴露阶段的方法；总太阳辐射量、紫外总辐射量，包括测量使用的方法；试样清洗细节；

i) 试验结果；

j) 试验日期及试验人员。

附 录 A
（资料性附录）
测定人工老化试验的辐射强度和暴露时间的计算方法

A.1 适用范围

附录A描述了暴露时间的计算方法，人工老化试验中用暴露时间来评价耐温和气候以及恶劣气候的能力。其中温和气候用M(moderate)表示，恶劣气候条件用S(severe)表示。

A.2 计算

A.2.1 气候带的划分根据年平均水平面接受太阳能量以及一年中最热月份的平均温度来确定。

A.2.2 为了便于计算，年太阳能量作以下假设：

——对于温和气候，年太阳能估计为4 GJ/m^2/年；

——对于恶劣气候，年太阳能估计为6 GJ/m^2/年。

A.2.3 为了将以上数据与实际人工老化试验中的数据进行比较，不必将表A.1中能量的全部考虑在内，而是考虑其中波长在300 nm～800 nm中的紫外及可见光部分所包含的能量。该波长范围的能量为60%的太阳能量。另外，考虑到不是所有时间段内的辐射都是在夏季较高的温度下发生的，其对作用面的破坏较小，因此使用一个相关系数67%。波长范围在300 nm～800 nm间的建议辐射能量，见表A.1。

表A.1 波长范围300 nm～800 nm间的建议辐射能量

气候类型	温和气候(M)/(GJ/m^2)	恶劣气候(S)/(GJ/m^2)
1年当量	1.6	2.4
5年当量	8.0	12

A.2.4 对于具有能测量波长范围300 nm～800 nm的时均辐照度装置的人工老化试验装置，暴露时间见表A.2。

表A.2 波长范围300 nm～800 nm间的建议暴露时间

气候类型	温和气候(M)/h	恶劣气候(S)/h
1年当量	4.4×105/I	6.6×105/I
5年当量	2.2×105/I	3.3×105/I
注：其中I=550 W/m^2。		

考虑到5年的辐射当量，以下暴露时间是必要的：

——对于温和气候(M)：暴露时间约4 000 h；

——对于恶劣气候(S)：暴露时间约6 000 h。

附 录 B
（资料性附录）
我国主要的气候类型

我国主要的气候类型及分布见表B.1。

表B.1 我国主要的气候类型

气候类型	特征	地区
热带气候	气候炎热、湿度大 年太阳辐射总量5 400 MJ/m^2～5 800 MJ/m^2 年积温大于等于8 000 ℃ 年降水量大于1 500 mm	雷州半岛以南 海南岛 台湾南部地区
亚热带气候	湿热程度亚于热带，阴雨天多 年太阳辐射总量3 300 MJ/m^2～5 000 MJ/m^2 年积温8 000 ℃～4 500 ℃ 年降水量1 000 mm～1 500 mm	长江流域以南 四川盆地 台湾北部等地
温带气候	气候温和，没有湿热月 年太阳辐射总量4 600 MJ/m^2～5 800 MJ/m^2 年积温4 500 ℃～1 600 ℃ 年降水量600 mm～700 mm	秦岭、淮河以北 黄河流域 东北南部等地
寒温带气候	气候寒冷，冬季长 年太阳辐射总量5 400 MJ/m^2～5 800 MJ/m^2 年积温小于1 600 ℃ 年降水量400 mm～600 mm	东北北部 内蒙古北部 新疆北部部分地区
高原气候	气候变化大，气压低，紫外辐射强烈 年太阳辐射总量6 700 MJ/m^2～9 200 MJ/m^2 年积温小于2 000 ℃ 年降水量小于400 mm	青海、西藏等地
沙漠气候	气候极端干燥，风沙大，夏热冬冷，温差大 年太阳辐射总量6 300 MJ/m^2～6 700 MJ/m^2 年积温小于4 000 ℃ 年降水量小于100 mm	新疆南部塔里木盆地 内蒙古西部等沙漠地区

前　言

本标准是对GB/T 11976—1989《建筑外窗采光性能分级及其检测方法》的修订。

本标准保留了原标准的适用部分，并将原标准中的采光性能分级的6级改为现标准的5级，取消了原标准的采光性能分级中的Ⅰ级，并将原标准的Ⅵ、Ⅴ、Ⅳ、Ⅲ、Ⅱ级改为现标准的1、2、3、4、5级。同时对检测装置的光源室、接收室及光源作了更详细的规定，使其更具适用性。将原标准的窗采光性能分级表作为本标准提示的附录。

附录A为提示的附录。

本标准自实施之日起代替GB/T 11976—1989。

本标准由建设部提出。

本标准由建设部建筑制品与构配件产品标准化技术委员会归口。

本标准负责起草单位：中国建筑科学研究院。

本标准参加起草单位：北京科搏华建筑采光技术开发有限责任公司。

本标准主要起草人：林若慈、张建平、汪家郴。

本标准委托中国建筑科学研究院建筑物理研究所负责解释。

中华人民共和国国家标准

GB/T 11976—2002

代替 GB/T 11976—1989

建筑外窗采光性能分级及检测方法

Graduation and test method of daylighting properties for windows

1 范围

本标准规定了建筑外窗采光性能分级及检测方法。

本标准适用于各种框用材料和透光材料的建筑外窗，以及各种采光板和采光罩。

2 引用标准

下列标准所包含的条文，通过在本标准中引用而构成为本标准的条文。本标准出版时，所示版本均为有效。所有标准都会被修订，使用本标准的各方应探讨使用下列标准最新版本的可能性。

JJG 245—1994 光照度计

JJG 247—1994 总光通量白炽标准灯

3 定义

本标准采用下列定义。

3.1 采光性能 daylighting properties

建筑外窗在漫射光照射下透过光的能力。

3.2 漫射光照度(E_0) diffusion illuminance

安装窗试件前，在接收室内表面上测得的透过窗洞口的光照度。

3.3 透射漫射光照度(E_W) transmitted diffusion illuminance

安装窗试件后，在接收室内表面上测得的透过窗试件的光照度。

3.4 透光折减系数(T_r) transmitting rebate factor

透射漫射光照度(E_W)与漫射光照度(E_0)之比。

4 分级

4.1 分级指标

采用窗的透光折减系数 T_r 作为采光性能的分级指标。

4.2 分级指标值

窗的采光性能分级指标值及分级应按照表 1 的规定。

中华人民共和国国家质量监督检验检疫总局 2002-04-28 批准　　　　2002-12-01 实施

表 1 建筑外窗采光性能分级

分　　级	采光性能分级指标值
1	$0.20 \leqslant T_r < 0.30$
2	$0.30 \leqslant T_r < 0.40$
3	$0.40 \leqslant T_r < 0.50$
4	$0.50 \leqslant T_r < 0.60$
5	$T_r \geqslant 0.60$*

* T_r 值大于 0.60 时，应给出具体数值。

5 检测

5.1 检测项目

检测窗的透光折减系数 T_r 值。

5.2 检测装置

检测装置由光源室、光源、接收室、试件框和检测仪表五部分组成(见图 1)。

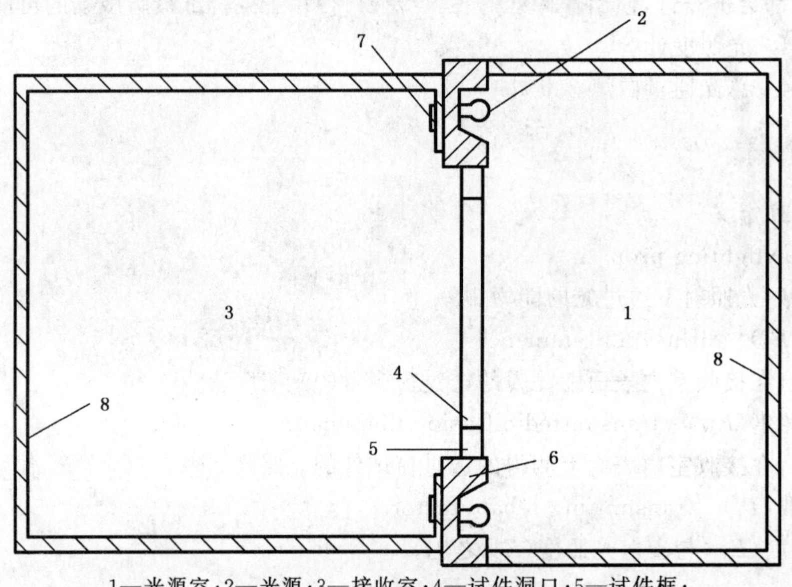

1—光源室；2—光源；3—接收室；4—试件洞口；5—试件框；
6—灯槽；7—接收器；8—漫反射层

图 1 检测装置示意图

5.2.1 光源室

5.2.1.1 内表面应采用漫反射、光谱选择性小的涂料，其反射比应不小于 0.8。

5.2.1.2 试件表面上的照度宜不小于 1000 lx，各点的照度差不应超过 1%。

5.2.1.3 光源室应采用球体或正方体，以及满足 5.2.1.1 条和 5.2.1.2 条要求的其他形状，其最大开口面积应小于室内表面积的 10%。

5.2.2 光源

5.2.2.1 光源应采用具有连续光谱的电光源，且应对称布置，并应有控光装置。

5.2.2.2 光源应由稳压装置供电，其电压波动应不大于 0.5%。

5.2.2.3 光源应按 JJG 247—1994 附录 1 所述方法进行稳定性检查。

5.2.2.4 光源安装位置应保证不得有直射光落到试件表面。

5.2.3 接收室

5.2.3.1 接收室应为球体或正方体，其开口面积同光源室。

5.2.3.2 对接收室内表面的要求应与光源室相同。

5.2.4 试件框

5.2.4.1 试件框厚度应等于实际墙厚度。

5.2.4.2 试件框与两室开口相连接部分不应漏光。

5.2.5 光接收器

5.2.5.1 光接收器应具有 $V(\lambda)$修正，其光谱响应应与国际照明委员会的明视觉光谱光视效率一致。

5.2.5.2 光接收器应具有余弦修正器，光接收器应符合 JJG 245 规定的一级照度计要求。

5.2.5.3 光接收器应均匀设置在接收室开口周边内侧，数量不少于 4 个，且应对各光接受器的示值进行统一校准。

5.2.6 检测仪表

应采用一级及以上的照度计。

5.3 试件

5.3.1 试件数量

试件数量一般可为一件。

5.3.2 对试件的要求

5.3.2.1 试件必须和产品设计、加工和实际使用要求完全一致，不得有多余附件或采用特殊加工方法。

5.3.2.2 试件必须装修完好、无缺损、无污染。

5.3.3 试件安装

5.3.3.1 试件应备有相应的安装外框，外框应有足够的刚度，在检测中不应发生变形。

5.3.3.2 窗试件应安装在框厚中线位置，安装后的试件要求垂直、平行、无扭曲或弯曲现象。

5.3.3.3 试件与试件框连接处不应有漏光缝隙。

5.4 检测方法

5.4.1 检测程序

5.4.1.1 试件安装应按 5.3.3 条执行。

5.4.1.2 关闭接收室，开启检测仪表，待光源点燃 15 min 后，采集各光接收器数据 E_{wi}。采集次数不得少于 3 次。

5.4.1.3 打开接收室，卸下窗试件，保留堵塞缝隙材料，合上接收室，采集各光接收器数据 E_{0i}。采集次数应与 E_{wi}采集次数相同。

5.4.2 数据处理

可按式(1)计算出 T_r 值：

$$T_r = \frac{\sum_{j=1}^{m}\sum_{i=1}^{n}\frac{E_{wij}}{E_{0ij}}}{m \times n} \qquad \cdots\cdots(1)$$

式中：E_w——安装窗试件后，光接收器的漫射光照度；

E_0——窗试件卸下后，光接受器的漫射光照度；

i——光接受器序号；

j——数据采集次数序号；

n——光接收器个数；

m——数据采集次数。

5.5 检测报告

5.5.1 试件类型、尺寸和构造简图。

5.5.2 采光材料特性，如玻璃的种类、厚度和颜色。

5.5.3 窗框材料及颜色。

5.5.4 检测条件:光源类型,漫射光照射试件。

5.5.5 检测结果:窗的透光折减系数 T_r、所属级别。

5.5.6 检测人和审核人签名。

5.5.7 检测单位名称,检测日期。

附 录 A
（提示的附录）
GB/T 11976—1989 窗的采光性能分级表

原建筑外窗采光性能分级如表 A1 所示。

表 A1 窗的采光性能分级

分 级	透光折减系数 T_r
Ⅰ	$T_r \geqslant 0.70$
Ⅱ	$0.70 > T_r \geqslant 0.60$
Ⅲ	$0.60 > T_r \geqslant 0.50$
Ⅳ	$0.50 > T_r \geqslant 0.40$
Ⅴ	$0.40 > T_r \geqslant 0.30$
Ⅵ	$0.30 > T_r \geqslant 0.20$

中华人民共和国建筑工业行业标准

JG/T 177—2005
代替 JG/T 3015.1—1994
JG/T 3015.2—1994

自　动　门

Automatic door

2005-09-16 发布　　　　2005-12-01 实施

中华人民共和国建设部　　发 布

前　言

本标准代替 JG/T 3015.1—1994《推拉自动门》和 JG/T 3015.2—1994《平开自动门》。

本标准与 JG/T 3015.1—1994、JG/T 3015.2—1994 的主要差异如下：

——将上述两项标准合为一项标准，名称为《自动门》；

——完善产品类别划分；

——增加自动折叠门、自动旋转门相关内容；

——增加自动门启闭装置的试验方法(附录 A)；

——增加自动门的标记方法及标记示例；

——取消原标准中基本门洞口的规格型号(原标准 3.2.2 条)；

——取消原标准中门的基本立面型式(原标准 3.3 条)。

本标准的附录 A 为规范性附录。

本标准由建设部标准定额研究所提出。

本标准由建设部建筑制品与构配件产品标准化技术委员会归口。

本标准主要起草单位：中国建筑装饰协会。

本标准参加编制单位：纳博克自动门(北京)有限公司、中国建筑标准设计研究院、北京宝盾门业技术有限公司、北京凯必盛自动门技术有限公司。

本标准主要起草人：陈庆元、曹颖奇、王琪、戴建国、刘达民、林自立、张爱宁、杜文凯。

本标准代替标准的历次版本发布情况为：

——JG/T 3015.1—1994、JG/T 3015.2—1994。

自 动 门

1 范围

本标准规定了建筑用各种自动门的分类、规格、代号、材料、要求、试验方法、检验规则和标志、包装、运输、贮存。

本标准适用于推拉自动门(弧形自动门)、平开自动门、折叠自动门、旋转自动门。

其他自动门可参照执行。有特殊要求的自动门,还应参见其相关标准。

2 规范性引用文件

下列文件中的条款通过本标准的引用而成为本标准的条款。凡是注日期的引用文件,其随后所有的修改单(不包括勘误的内容)或修改版均不适用于本标准。然而,鼓励根据本标准达成协议的各方研究是否可使用这些文件的最新版本。凡是不注日期的引用文件,其最新版本适用于本标准。

GB 156 标准电压

GB 4208 外壳防护等级(IP 代码)

GB 4706.1 家用和类似用途电器的安全 第一部分:通用要求

GB/T 191 包装储运图示标志

GB/T 2423.1 电工电子产品环境试验 第2部分:试验方法 试验 A:低温

GB/T 2423.3 电工电子产品基本环境试验规程 试验 Ca:恒定湿热试验方法

GB/T 3797 电气控制设备

GB/T 5237 铝合金建筑型材

GB/T 5823 建筑门窗术语

GB/T 6388 运输包装收发货标志

GB/T 7106 建筑外窗抗风压性能分级及检测方法

GB/T 7107 建筑外窗气密性能分级及检测方法

GB/T 8484 建筑外窗保温性能分级及检测方法

GB/T 12754 彩色涂层钢板及钢带

GB/T 13306 标牌

GB/T 14436 工业产品保证文件 总则

JGJ 113 建筑玻璃应用技术规程

JG/T 73 不锈钢建筑型材

JG/T 122 建筑木门、木窗

3 术语和定义

GB/T 5823 确定的以及下列术语和定义适用于本标准。

3.1

自动门 automatic door

由各种信号控制自动启闭出入口并具备运行装置、感应装置及门体部件的总称。

3.2

运行装置 running device

由驱动器和控制器组成自动启闭装置。

3.3

感应装置　induction device

自动探测或人工操作感知传递信息的装置。

3.4

门体　door body

对门框、固定扇和启闭扇的总称。

3.5

折叠自动门　folding automatic door

由运行装置、感应装置控制的可将门扇折叠打开和关闭的门,门扇可折叠成两页或多页。

3.6

旋转自动门　revolving automatic door

两扇至四扇绕中心轴由信号控制旋转的门。

3.7

固定扇　fixed casement

旋转门外周呈圆弧形固定不动部分和推拉门中与门扇平行设置的不动部分。

3.8

门右框　right member of door frame

站在旋转门出入口外面向门内观测,位于右侧面的固定扇边框。

3.9

华盖　canopy

旋转门固定扇上部安装运行装置的部分。

3.10

门扇边缘　casement's edge

平开门扇和旋转门扇,远离转轴中心的边梃。

3.11

启闭力　minimum force for opening and closing

通电状态下,为开启和关闭运行状态的门扇,需要的最小外力。

3.12

手动开启力　minimum force for manual opening

断电状态下,运行装置的传动部分与门扇相连且处于静止状态,以手动打开门所需要最小的力。

3.13

闭扇保持力　minimum retention for closing

平开门在通电状态下,使关闭状态的门扇开启,需要的最小外力。

3.14

危险区域　danger area

旋转门出入口处门扇夹人危险区,距门右框 700 mm 的扇面内。

3.15

反转停止距离　reverse stop distance

向关闭方向运行的门扇从受到开启信号的位置到完全停止,并开始反向运行位置间的距离。

3.16

制动距离　brake distance

旋转门扇开始制动到门扇完全停止,门扇边缘的移动距离。

3.17

接触型感应器　contact inductor

当人或物与其接触时，可以向与其连通的控制器传递电信号的装置。

3.18

非接触型感应器　non-contact inductor

可以感知人或物的存在并可向与其连通的控制器传递电信号的装置。

4　分类、规格、代号

自动门由运行装置、感应装置、门体三部分组成。

4.1　按启闭形式分类

启闭形式与代号见表1规定。

表1　启闭形式与代号

启闭形式	推拉门	平开门	折叠门	旋转门
代　　号	T(H)DM	PDM	ZDM	XDM

注1：推拉门可细分为单开、双开、重叠单开、重叠双开。

注2：T(H)DM为弧形门，门扇沿弧形轨道平滑移动。可分为半弧单向、半弧双向、全弧双层双向。

注3：平开门可细分为单扇单向、双扇单向、单扇双向、双扇双向。

注4：折叠门可细分为2扇折叠、4扇折叠。

注5：旋转门结构可细分为有中心轴式、圆导轨悬挂式、中心展示区式等。

4.2　按门体材料分类

门体材料与代号见表2规定。

表2　门体材料与代号

门体材料	安全玻璃	不锈钢饰面	铝合金型材	彩色涂层钢材	木　　材
代　　号	B1	B	L	G	M

4.3　按感应装置分类

感应装置与代号见表3规定。

表3　感应装置与代号

<table>
<tr><td rowspan="2">感应装置类别</td><td colspan="2">动体感应型</td><td colspan="3">静体感应型</td><td colspan="4">接触型</td><td rowspan="2">其　他</td></tr>
<tr><td>红外线感应式</td><td>微波感应式</td><td>柔垫式</td><td>光电感应式</td><td>超声波式</td><td>橡胶开关</td><td>脚踏开关</td><td>按钮开关</td><td>磁卡开关</td></tr>
<tr><td>代　　号</td><td>D1</td><td>D2</td><td>J1</td><td>J2</td><td>J3</td><td>C1</td><td>C2</td><td>C3</td><td>C4</td><td>Q</td></tr>
</table>

注1：动体感应型：对速度大于50 mm/s的物体产生感知的感应装置。

注2：静体感应型：对速度小于50 mm/s的物体产生感知的感应装置。

注3：除柔垫式和接触型感应装置外，其余均为非接触型感应装置。

4.4　按运行装置分类

4.4.1　运行装置与代号见表4规定。

表4　运行装置与代号

运行装置	电动式	气动式	液压式	组合式
代　　号	D	K	Y	Z(X-X)

4.4.2 运行装置安装位置与代号见表5规定。

表5 运行装置安装位置与代号

位　置	推　拉　门		其他门·内藏	
	内　藏	外　挂	上驱动	下驱动
代　号	N	W	S	X

4.5 按门扇数量分类

门扇数量与代号见表6规定

表6 门扇数量与代号

扇　数	一　扇	二　扇	三　扇	四　扇
符　号	1	2	3	4

4.6 规格

4.6.1 推拉门、平开门、折叠门根据门体实际尺寸确定。

4.6.2 旋转门根据固定扇的内径确定。

4.7 标记示例

4.7.1 标记方法

由启闭型式、门体材料、感应装置、运行装置、安装位置、启闭门扇数量、门体规格(以分米表示)标记代号组成。

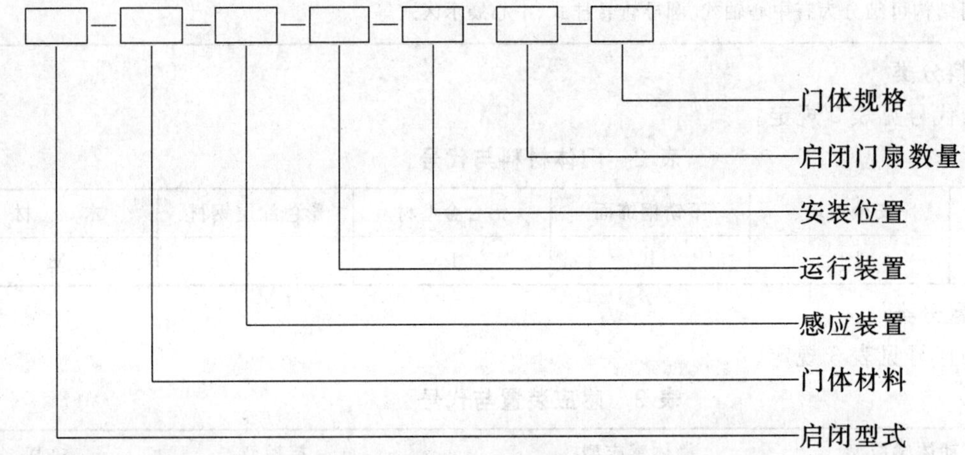

4.7.2 示例

示例1　不锈钢安全玻璃单扇推拉红外线感应内藏电动式自动门体宽为1 200 mm,高为2 400 mm:

TDM—BB1—D1—D—N—1—12×24

示例2　铝合金安全玻璃红外线感应电动上驱动三翼旋转门,内径为3 600 mm,高度为2 500 mm,扇高2 200 mm:

XDM—LB1—D1—D—S—3—ϕ36×25(22)

5 材料

5.1 门体材料

门体材料采用建筑铝合金型材、不锈钢、彩色涂层钢板、木材,也可采用其他材料。

5.1.1 门用建筑铝合金型材应符合GB/T 5237的规定、门用不锈钢应符合JG/T 73的规定、门用彩色涂层钢板应符合GB/T 12754的规定、门用木材应符合JG/T 122的规定,所有材料还应符合其他现行国家、行业标准的规定。

5.1.2 门体外饰不锈钢厚度不应小于 1 mm。门体与选用的材料除不锈钢或耐蚀材料外,均应经防锈、防腐蚀处理,不允许不同材料发生接触性腐蚀。

5.1.3 门的受力构件(包括固定部件、运动部件、紧固件)必须采用具有足够强度的适用材料,并经计算确定。

5.1.4 门的结构应具有足够刚度,确保安装后门能启闭自如。运行中部件和组件不应脱落,正常使用产生的作用力不应导致门扇和其他构件发生非弹性变形或出轨危险。

5.1.5 门体及配套材料应满足室内环境要求,必须无公害,释放物应符合国家现行标准的规定。

5.2 玻璃

玻璃应根据使用功能要求选取适当的品种。

玻璃厚度、面积应经计算确定,计算方法按 JGJ 113 规定。

5.3 密封材料

密封材料应按功能要求、密封材料特性、型材特点选用。

5.4 五金件、附件、紧固件

5.4.1 五金件、附件、紧固件应满足功能要求。

5.4.2 五金件、附件安装位置正确、齐全、牢固,启闭灵活,无噪音。承受反复运动的五金件、附件应便于更换。

5.5 电控材料

门用电控材料应符合 GB/T 3797 规定。

6 要求

6.1 外观质量

产品表面不应有毛刺、油污或其他污迹,表面平整,没有明显的色差、划伤、擦伤、磕伤及影响使用功能和损坏耐久性方面的缺陷。

6.2 基本要求

a) 处于关闭状态的门扇与周边间隙要保持一致。门体应具备安装运行装置及感应装置所需的尺寸、形状、强度和刚度。

b) 运行装置应按规定位置安装,并采取避震措施减少机械震动噪音。当门扇启闭时,不应有异常噪音,且系统噪音不应大于 60 dB。

c) 感应装置应设置于可感应出入行人的位置(见 6.8.1)。固定和安装应经得起正负风压等外力所产生的振动。

d) "警告标志"等应贴在明显的规定位置。

e) 旋转门标识:

标识的范围应在固定玻璃扇或独立看板高度为 1 300 mm±300 mm 范围内。

标识的内容宜包括自动门商标,急停、低速按钮或操作面板、区域内定员、进入方向、警告提示。

6.3 旋转门门体特殊要求

a) 作为紧急出口时,其开口宽度不小于 900 mm。三、四翼旋转门门扇应能做到向外折叠,如有特殊要求,可设置反向折叠。折叠按钮设置在门扇距地面 1 000 mm～1 500 mm 高度内。门扇折叠耐受撞击力不应大于 590 N。两翼旋转门中部应设置与旋转可以切换、易于打开并限位固定的推拉门或平开门,打开时通道宽度不应小于门出入口宽度的 90%。

b) 旋转门固定扇应为独立承重结构,并且可耐受水平推力不小于 590 N。

c) 出现事故时,两翼旋转门门扇可在手动作用下倒转。

d) 旋转自动门的安全间隙:门扇边缘与固定扇不应小于 25 mm;门扇上框与顶棚不应小于

12 mm;门扇下梃边缘与地面不应小于 25 mm;间隙内安装缓冲材料或橡胶防护时,下梃间隙不应大于 50 mm。

6.4 尺寸偏差

尺寸允许偏差按表 7 规定。

表 7 尺寸允许偏差

项　　目	推拉自动门	平开自动门	折叠自动门	旋转自动门
上框、平梁水平度	≤1/1 000	≤1/1 000	≤1/1 000	—
上框、平梁弯曲度/mm	≤2	≤2	≤2	—
立框垂直度	≤1/1 000	≤1/1 000	≤1/1 000	≤1/1 000
导轨和平梁平行度/mm	≤2	—	≤2	≤2
门框固定扇内侧尺寸(对角线)/mm	≤2	≤2	≤2	≤2
动扇与框、横梁、固定扇、动扇间隙差	≤1/1 000	≤1/1 000	≤1/1 000	≤1/1 000
板材对接接缝平面度/mm	≤0.3	≤0.3	≤0.3	≤0.3
注:尺寸偏差可利用通用测量工具检测,如直尺、塞尺、铅垂、水准仪等。				

6.5 性能

6.5.1 自动门启闭力及启闭速度

a) 推拉自动门

推拉自动门宜满足表 8 的要求。

表 8 推拉自动门启闭力及启闭速度

启闭扇数	门扇重/kg	启闭力/N	开启速度/mm/s	关闭速度/mm/s	标准扇:宽×高/mm
单　扇	70～120	≤190	≤500	≤350	1 200×2 400
	≤70	≤130	≤500	≤350	900×2 100
双　扇	(70～120)×2	≤250	≤400	≤300	1 200×2 400
	≤70×2	≤160	≤400	≤300	900×2 100

b) 单扇平开自动门

单扇平开自动门应满足表 9 的要求。

表 9 单扇平开自动门启闭力及启闭角速度

启闭扇数	门扇重/kg	启闭力/N	开启角速度/°/s	关闭角速度/°/s	标准扇:宽×高/mm
单　扇	70～120	≤180	≤50	≤35	1 200×2 400
	≤70	≤150	≤50	≤35	900×2 100
注:双扇平开门按两个单扇考虑。					

c) 折叠自动门

折叠自动门应满足表 10 的要求。

表 10 折叠自动门启闭力及启闭速度

启闭扇数	洞口宽度/mm	启闭力/N	开启速度/mm/s	关闭速度/mm/s	标准扇:宽×高/mm
单折双扇	750～900	≤130	≤300	≤250	800×2 200
双折四扇	950～1 500	≤150	≤300	≤250	1 400×2 200
	1 500～2 400	≤180	≤350	≤350	1 800×2 200

d) 旋转自动门

旋转自动门应满足表 11 的要求。

表 11 旋转自动门旋转启动力及启闭速度

适用直径/mm	旋转启动力/N	最大开启速度/(mm/s)		标准扇高/mm
		正常行人	残障者	
2 100≤ϕ≤5 600	≤250	≤750	≤350	2 200

注 1：旋转自动门扇的运行方向一般采用逆时针旋转；

注 2：旋转门内径宜大于 2 100 mm，小于 5 600 mm；

注 3：该表限速指门扇边缘的线速度，不同内径的旋转门可据此计算每分钟许可的转数；

注 4：特殊类型的旋转门应将型式特点以及功能设置做详细说明。

6.5.2 速度调整功能

各种类型的自动门在允许速度内应可以调整和控制。

6.5.3 门的基本性能

自动门做为外门时，在非工作状态下，其抗风压性能应符合 GB/T 7106 的规定；当设计对其气密、保温性能有特殊要求时，应符合 GB/T 7107、GB/T 8484 的规定。

6.6 安全要求

6.6.1 一般安全要求

a) 自动门应充分发挥启闭功能，部件选型要确保运行装置、感应装置的可靠性。

b) 电源回路应有过载保护功能。

c) 作为逃生用自动门应配有备用电源。

d) 启闭方式及感应装置的选择方案，要充分确保出入行人的安全性。

e) 感应装置应采用双保险制(辅助感应装置)。

f) 推拉自动门移动扇与固定扇间距不大于 8 mm。

g) 当停电或切断电源开关时，手动开启力应符合表 12 的要求。

表 12 手动开启力

门的启闭方式	手动开启力
推拉自动门	≤100 N
平开自动门	≤100 N(门扇边梃着力点)
折叠自动门	≤100 N(垂直于门扇折叠处铰链推拉)
旋转自动门	150 N～300 N(门扇边梃着力点)

注 1：推拉自动门和平开自动门为双扇时，手动开启力仅为单扇的测值。

注 2：平开自动门在没有风力情况测定。

注 3：重叠推拉着力点在门扇前、侧结合部的门扇边缘。

6.6.2 旋转自动门的特定安全要求

a) 在旋转自动门同一侧墙壁面上，固定扇之外 3 000 mm 内应设置其他型式的门。三、四翼旋转自动门不应作为紧急出口。

b) 旋转自动门内和门外 3 000 mm 范围内，地面平整，防雨防滑。

6.7 适用环境、条件

自动门在下列条件下应能正常工作，并可保持标准寿命：

a) 使用时环境温度：－10℃～40℃，超出时应采取保、降温措施。

b) 使用时周围相对湿度不大于 75%。

c) 使用时风速：旋转门不大于 25 m/s，其他门不大于 10 m/s，超出时应有避风措施。

d) 自动门的额定电压为 220 V 50 Hz，在额定电压偏差±10%范围内运行无异常。

e) 在下列地面条件外的材料要保证感应装置可正常工作(除电子垫式感应开关外)：布制垫子、橡胶制垫子、铝合金装饰垫、不锈钢装饰垫。

6.8 感应装置

6.8.1 感应范围及灵敏度

a) 感应范围

地板表面、地板埋设、中横框外贴、天花板嵌入等类型感应器，其感应范围见图 1：

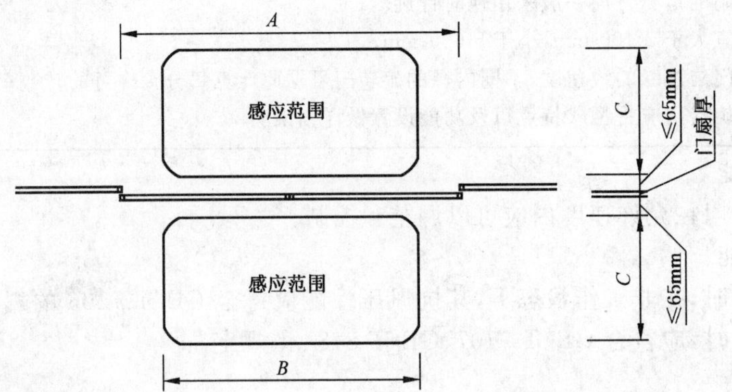

注：A——门扇开口宽度。

B——感应宽度，要求不小于 0.7 A。

C——感应纵深，要求不小于 0.5 A。

图 1 感应范围示意图

b) 感应灵敏度

应符合有关现行产品标准。

6.8.2 接点输出容量

继电器输出，接点输出电流应大于 0.03 A (DC 12 V～30 V，电阻负荷)。

6.8.3 输出保持时间

输出保持时间不小于 1 s。

6.8.4 旋转门感应装置

a) 非接触感应器感应高度应在 0～2 000 mm 区间并可以调整。出入口处感应控制系统应做到在出入口范围特别是在危险区域内无盲区。

b) 门右框和门扇边缘应设置缓冲材料并附设接触型感应器，感应高度在 0～2 000 mm 范围内。缓冲材料应具有高压缩性，接触型感应器在 40 mm×40 mm 范围内感受到不大于 45 N 的压力时即能指令门扇停止转动。

c) 在门扇运行前方，门扇下框接触型感应器触及到不大于 45 N 的压力时，即可指令门扇停止；门扇前方非接触性感应器应能做到感知距门扇前面 250 mm 行人时即开始指令门扇减速旋转直到停止。

6.8.5 使用寿命

感应装置应符合表 13 的要求

表 13 感应装置使用寿命

项　　目	机械寿命	电器寿命
柔垫式及其他开关	50 万次	50 万次
注 1：电器寿命指控制输出端施加规定电压，电流负荷，正常频率状态下，反复交替进行时的寿命。 注 2：机械寿命指控制输出端无负荷状态下，以机械通常使用频率使其运行时的寿命。		

6.9 运行装置

6.9.1 基本功能

必须确保自动门启闭动作平稳。在完成开启或关闭动作前，必须减速到安全速度，确保顺利完成开启或关闭动作。

6.9.2 旋转自动门的运行装置

a) 制动装置应设置离合器：控制系统设定感知事故信号，应先制动停止然后断电，离合器断开后应能反向手推转动门扇，便于施救。

b) 制动距离：制动距离设定原则上小于门扇边缘和门右框缓冲材料压缩之和，并且 200 mm～250 mm，视门直径而定。

c) 控制系统在接受感应器传入的停止信号时，应做到减速或停止，且门扇急停撞击力不大于 45 N。

d) 为了降低追尾和撞击的概率，速度设定应防撞制动速度不大于防夹制动速度。

e) 控制系统安全可靠，保证在故意、恶意操作或事故发生时，不易被破坏。

f) 安全机械按钮、紧急停止按钮和低速按钮应设置在内外出入口处，高为 1 000 mm～1 300 mm。

6.9.3 寿命

适用于表 6 和表 7 所示的门，在适用环境条件下正常启闭动作反复进行达到表 14 所示试验次数后，应与初期性能相比无显著变化，且零部件不应有影响功能的损伤。

表 14 驱动装置寿命

项　　目	试验次数
功能部件及消耗、磨损零件	50 万次
注 1：功能部件指电机、变速器、控制器。 注 2：消耗品指皮带、吊轮、从动轮、链条等传动件以及导轨、接触开关、限位开关、止摆器、垫圈、挡块等制动器具。 注 3：超出适用环境条件下使用时，使用寿命应相应折减。	

7 试验方法

试验项目、性能指标、试验内容及适用门的种类见表 15。

表 15 性能项目、试验项目及适用门的种类（以○表示适用）

项　目		性　能		试　验		适用门类			
		性能指标的定义	性能指标	试验内容	适用条款	推拉	平开	折叠	旋转
动作试验	启闭力	在门扇处于自动开启或关闭时，阻止门扇作启闭运行所需要的力。	承载能力指标	在行走区间内所规定的位置，门扇自动开启或关闭的瞬间，通过放在门扇边框的测力计，测出阻止门扇运行使其停止在原位时所测定的力。	A.4.1.1，A.4.1.2，A.4.1.3	○	○	○	○
	危险区域	旋转门出入口处门扇夹人危险区，距门右框 700 mm 的扇面内。	安全性能指标	当旋转门扇前沿转到距右门框 700 mm 范围内时，用 ϕ50 的圆棒沿右门框从距地面 80～1 500 mm 的范围内移动，门扇应停止转动。	A.4.18	—	—	—	○

表 15(续)

项目		性能		试验		适用门类			
		性能指标的定义	性能指标	试验内容	适用条款	推拉	平开	折叠	旋转
动作试验	停电、火警疏散位置	旋转门做为逃生门使用时的特殊要求。	安全性能指标	切断正在运行的两翼旋转门的电源,或触发火警信号,门扇应自动旋转到疏散位置停止。	A.4.19	—	—	—	○
	启闭速度	开启速度:从门扇全闭到达所规定的开口位置时的平均速度。 关闭速度:从门扇全开到达所规定的位置时的平均速度。	运行速度指标	开启速度:推拉门指从全闭状态到开口 600 mm 时的平均速度;平开自动门指开启到 60°的平均速度;旋转自动门指门扇边缘的平均线速度。 关闭速度:推拉自动门指从全开到走行 600 mm 时的平均速度;平开自动门是指关闭到 60°时的平均速度。	A.4.2.1,A.4.2.2,A.4.2.3	○	○	○	○
	手动开启力	在断电没有风力的情况下,用人力打开门扇所需要的力。	运行阻力指标	为了启动在任意位置的门扇,利用测力计测定门扇开始启动时的推力。	A.4.3.1,A.4.3.2,A.4.3.3	○	○	○	○
	制动距离	处于运行状态的旋转门扇从受到使其停转的信号的位置到其完全停止位置的距离。	控制制动能力指标	在旋转门扇运行到危险区域一半行程时,给停止信号,测定门扇边缘从设定位置到完全停止位置的距离。	A.4.5	—	—	—	○
	噪音	处于运行状态的门扇在运行过程中产生的系统噪音。	正常运行的环境卫生指标	当门扇运行时,距门扇前 1 000 mm位置将噪音计放置在 1 200～1 500 mm 的高度测得系统噪音最大值。	A.4.6	○	○	○	○
	闭扇保持力	为使保持关闭状态的平开门扇开启所需要的最小推力。	耐风压指标	在处于关闭状态的门扇上安装测力计,向开启的方向推,测出使门扇在开始启动时的推力。	A.4.7	—	○	—	—
	按钮折叠启动力	为门扇折叠安装的按钮,在启动折叠功能所需要的压力。	安全性能指标	在为门扇折叠安装的按钮上用测力计垂直施加压力,测定门扇达到折叠时的力。	A.4.8.1	—	—	—	○
	门扇折叠耐受力	为门扇折叠设置的强力合页,发生折叠所需要的冲击力。	安全性能指标	沿旋转门运行的方向,从距门扇边缘 760 mm 处,向门扇边缘分级施加冲击力,测定门扇发生折叠的冲击力。	A.4.8.2	—	—	—	○

表 15(续)

项目		性能		试验		适用门类			
		性能指标的定义	性能指标	试验内容	适用条款	推拉	平开	折叠	旋转
动作试验	固定扇耐受水平推力	三、四翼旋转门轴套和两翼旋转门中心钢架承受水平推力的能力。	门体刚度指标	在旋转门轴套或中心钢架的任一方向，用测力计施加水平推力，当固定扇产生 3/1 000 的位移，轴套不发生损伤，固定扇为弹性变形时，测定该水平推力。	A. 4. 8. 3	—	—	—	○
	门扇急停撞击力	门扇接受防撞信号减速至停止运行中对行人的撞击力。	防撞安全指标	测定运行状态的门扇受到防夹信号减速至停止过程中对门扇前 200 mm 远处的行人的撞击力。	A. 4. 8. 4	—	—	—	○
	接触型感应装置灵敏度	接触型感应装置传递接受外力产生防夹防撞信号的灵敏程度。	防夹安全指标	当旋转门处于运行状态时，用测力计对接触型感应装置施加拉力测定使转门旋转停止时的力。	A. 4. 8. 5	—	—	—	○
	接触型感应装置压缩量	接触型感应器缓冲材料受到外力冲击后产生压缩量的最大值。	制动距离的控制指标	对接触型感应装置施加冲击压力，测定缓冲材料的压缩最大值。	A. 4. 8. 6	—	—	—	○
	反转停止距离	向关闭方向运行的门扇，从受到使其反转的开启信号的位置到其停止位置的距离。	控制制动能力指标	在闭扇动作的一半行程位置给开启信号，测定此时的门扇位置到门扇停止并且开始反向运转位置的距离。	A. 4. 4	○	○	○	—
	感应器检测范围	感应器对进入的行人检测区域的范围。	感应器性能指标	使所规定的检测物体从垂直于门平面方向移动，测定感应器可以检测的区域。	A. 4. 9	○	○	○	○
	感应器静物检测时间	感应器在检测范围内，对静止的行人等检测的持续时间。	感应器灵敏度指标	在可检测静止物体的感应器的检测范围内，放置被检测物体，测出从静止开始到切断检测信号的时间。	A. 4. 10	○	○	○	○
电子试验	绝缘电阻	用于启闭装置的电器的绝缘电阻值。	电器安全性能指标	在为接地所设的试验框以及台架上安装驱动装置，测出各电源线与接地的绝缘电阻值。	A. 4. 11	○	○	○	○
	耐放射波临界距离	感应器从外部受到电波干扰时，保持正常性能的程度。	感应器抗干扰性能指标	从 x、y、z 三个方向，使可发射额定频率的无线电波天线逐渐接近，测出可以维持正常性能的最小距离。	A. 4. 12	○	○	○	○

表 15(续)

项目		性能		试验		适用门类			
		性能指标的定义	性能指标	试验内容	适用条款	推拉	平开	折叠	旋转
电子试验	耐电压	为启闭装置使用的电器部件规定的电压限值。	电器安全性能指标	把驱动装置安装在为试验所埋设的试验框以及台架上,在与绝缘试验相应的检测位置施加交流电压,确认起火或是击穿破坏的有无。	A.4.13	○	○	○	○
	电压拉偏	电器元件对电压偏差的适应性能。	电器安全性能指标	将门的工作电压拉偏±10%,观察门是否正常工作。	A.4.20	○	○	○	○
	温度上升	电器元件对温度上升的适应性能	电器安全性能指标	进行启闭试验和相同的开关动作,电动机以及部件的温度上升到约定的时间,测定绝缘电阻的同时,测定安全装置的温度。	A.4.14	○	○	○	○
耐久试验	反复启闭	开启装置在所规定的反复启闭试验中耐受的程度。	使用寿命指标	在所定的试验框以及台架上,安装组装后供试验用的门,按每分钟 4 次共计 500 000 次的进行反复启闭,确定有无异常。	A.4.15	○	○	○	○
耐候试验	防锈	耐受环境的影响的程度	气候适应能力	详见 A.4.16 保护等级 3 级	A.4.16	○	○	○	○
	防潮	耐受环境的影响的程度	气候适应能力	详见 A.4.17 保护等级 3 级	A.4.17	○	○	○	○
注:试验方法详见附录 A(规范性附录自动门启闭装置的试验方法)。									

8 检验规则

自动门产品的检验分为出厂检验、现场综合检验和型式检验。

产品检验合格后应有合格证,合格证应符合 GB/T 14436 的规定。

8.1 出厂检验

8.1.1 出厂检验项目

出厂检验项目见表 16。

8.1.2 判定规则

自动门出厂前应对每樘门进行检验,当某一项不合格时,应进行返修或更新直至合格为止,复检合格后方可出厂。

8.2 现场综合检验

8.2.1 现场综合检验项目

现场综合检验项目见表 16。

8.2.2 判定规则

当某一项不合格时,应进行返修或更新直至合格为止,复检合格后方可交复验收。

表 16 出厂检验、现场综合检验和型式检验项目

分类	序号	项目名称	出厂检验	现场综合检验	型式检验
运行装置	1	启闭力	○	○	○
	2	启闭速度	○	○	○
	3	反转停止距离	—	○	○
	4	制动距离	—	○	○
	5	噪音	—	○	○
	6	手动开启力	—	○	○
	7	闭扇保持力	—	○	○
	8	按钮折叠启动力	—	○	○
	9	门扇折叠耐受力	—	○	○
	10	固定扇耐受水平推力	—	○	○
	11	门扇急停撞击力	—	○	○
	12	反复启闭(使用寿命)	—	○	○
	13	电压拉偏	—	○	○
	14	运行耐电压	○	○	○
感应装置	15	接触型感应装置灵敏度	—	○	○
	16	接触型感应装置压缩量	—	○	○
	17	感应器检测范围	○	○	○
	18	感应器静物检测时间	○	○	○
	19	感应器绝缘电阻	○	—	○
	20	耐放射波临界距离	—	—	○
	21	感应器耐电压	○	—	○
	22	温度上升	—	—	○
	23	防锈	—	—	○
	24	防潮	—	—	○
门体	25	平梁水平度	○	—	○
	26	平梁弯曲度	○	—	○
	27	立框垂直度	—	○	○
	28	导轨和平梁平行度	—	○	○
	29	门框内侧尺寸	—	○	○
	30	活动扇与框、平梁、固定扇、活动扇间隙差	—	○	○
	31	危险区域检验	—	○	—
	32	停电、火警疏散位置检验	—	○	—
	33	外观质量	○	○	○
	34	抗风压性能	—	—	○
	35	气密性能	—	—	△
	36	保温性能	—	—	△

注："○"为必检项目,"△"为选检项目,"—"为非检项目。

8.3 型式检验

8.3.1 型式检验适用条件

有下列情况之一时，应进行型式检验：

a) 新产品或老产品转厂生产的试制定型鉴定；

b) 正常生产后，如结构、材料、工艺有较大改变，可能影响产品性能时；

c) 停产一年以上恢复生产时；

d) 国家质量监督机构提出进行型式检验要求时；

e) 正常生产时，每两年检测一次；

f) 发生重大质量事故时。

8.3.2 型式检验项目

型式检验项目见表16。

8.3.3 抽样方法和判定规则

从合格产品中随机抽检进行型式检验，同型号门(同一启闭型式的门视为同型号)每50樘以内抽检1樘。若检验项目合格，则判定为合格。当其中有一项不合格时，应加倍抽检，如该项仍不合格，允许返修、更新复检，直至合格。

9 标志、包装、运输、贮存

9.1 标志

9.1.1 在产品明显部位应标明下列标志：

a) 制造厂名与注册商标；

b) 产品名称、型号和标志；

c) 额定电压、电源频率及其他内容；

d) 产品应贴有标牌，标牌应符合 GB/T 13306 的规定；

e) 制造日期或编号。

9.1.2 包装箱的箱面标志应符合 GB/T 6388 的规定。

9.1.3 包装箱上应有“防雨”、“小心轻放”及“向上”等字样和标志，其图形应符合 GB 191 的规定。

9.2 包装

9.2.1 包装箱应有足够强度保证运输中不受损坏。

9.2.2 包装箱内应用无腐蚀作用的材料包装，防止在搬运途中，浸水及由振动、冲击产生的破损。

9.3 运输

9.3.1 运输过程中避免包装箱发生相互碰撞。

9.3.2 运输工具应有防雨措施，并保持清洁无污染。

9.3.3 运输装卸过程中应轻拿轻放，严禁摔、碰、撞。应保持几何形状不变，表面完好。

9.4 贮存

9.4.1 产品应放置在通风、干燥的地方，严禁与酸、碱、盐类物质接触并防止雨水侵入。

9.4.2 产品严禁直接置于地面，底部垫高不小于100 mm。

附　录　A
（规范性附录）
自动门启闭装置的试验方法

A.1　试验项目、性能指标、试验内容及适用门类

试验项目、性能指标、试验内容及适用门的种类见表15。

A.2　试验的一般条件

试验条件为常温、常湿，即温度在5℃～35℃，湿度45%～85%。

A.3　试验装置

A.3.1　试验用门系统以及装置

试验装置由试验用门系统以及门的启闭装置组成，试验用门系统安装用试验框以及台架，具有足够的刚度（参照图A.1～A.3）。折叠试验框及台架可利用推拉门做相应改装。

推拉门试验用门系统，包括悬挂部件和相当于使用地轨的无框门正常使用状态下所必备的部件。

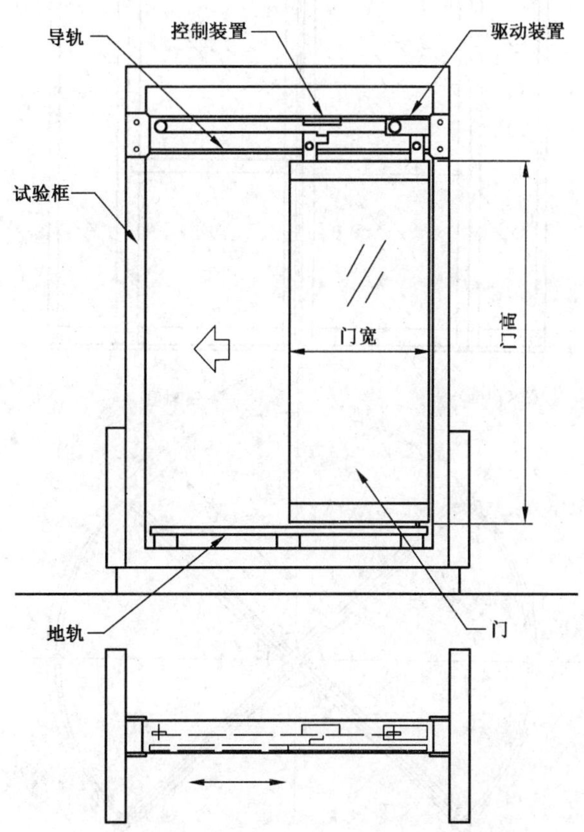

图A.1　推拉门的试验装置示意图

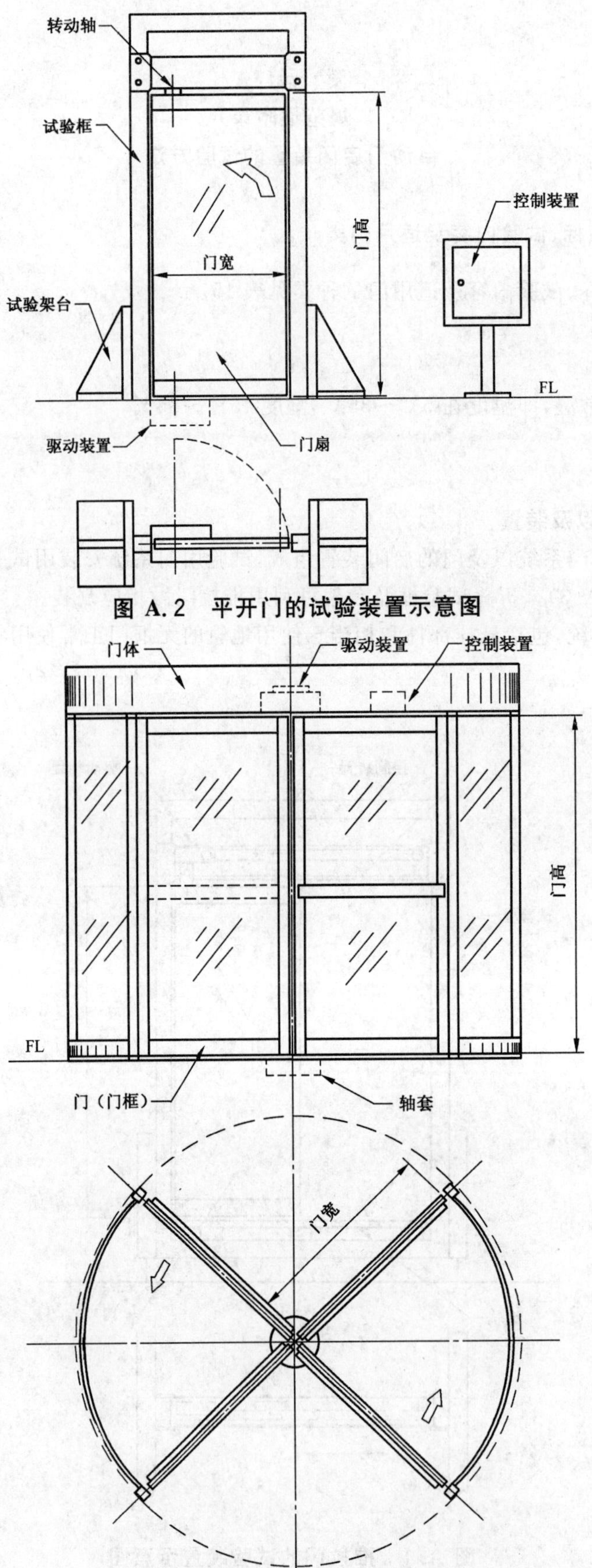

图 A.2 平开门的试验装置示意图

图 A.3 旋转门系统的试验装置示意图

A.3.2 检测仪器

检测仪器包括计量启闭次数的计数器，显示启闭力的测力计，电压表、电阻仪(具备 1/100 的计量精度)以及测温计。对于测力计，限定在量程的 15%～85%范围内使用。

A.3.3 试验用门

试验门的重量和尺寸原则上与常用制品相同，下表 A.1 规定的实验用门的重量可适当增减。

表 A.1 试验用门扇的重量和尺寸

适用试验的项目	尺寸(宽×高)/mm	重量/kg
轻量自动门	900×2 200	≤60
中量自动门	900×2 200	61～100
重量自动门	900×2 200	101～150
注：本规定以外的重量和尺寸，可与客户商定。		

A.3.4 启闭装置

试验用门体和启闭装置(感应部件、控制部件和驱动部件)，可在制品中选用并在试验用门安装后进行试验。

A.3.5 试验用件整备要求

表 A.2 试验用件的整备要求

要求 规格	调试要求	有关测力试验的着力点	启闭速变(反转停止及制动距离)观测点
推拉门	① 手动启闭正常确认 ② 自动门扇推拉 20 次正常	① 距门扇边缘下端 1 200 mm±50 mm处	门扇边缘内移 50 mm 划出垂直线(与地面标线校正)
平开门	① 手动启闭正常确认 ② 自动门扇启闭 20 次正常	① 门扇边缘内移 50 mm ② 门扇边缘下端 1 200 mm±50 mm处	门扇下梃前平面
折叠门	① 手动启闭正常确认 ② 自动门扇折叠启闭 20 次正常	① 自动时，同推拉门 ② 手动时，垂直门扇前面绞链	门扇边缘内移 50 mm 划出垂直线(与地面标线校正)
旋转门	① 手动开启正常确认 ② 门扇自动旋转 20 周正常	① 门扇边缘内移 50 mm ② 门扇边缘下端 1 200 mm±50 mm处	门扇下梃后平面

A.4 试验

A.4.1 启闭力试验

A.4.1.1 推拉门的启闭力试验

推拉门的启闭力试验。如图 A.1 所示那样首先在门框内安装门扇，在门上框内安装启闭装置。按 A.3.5 的整备要求，在距地面 1.2 m 高的着力点从开启或关闭的方向安装测力计，一方面启动启闭信号，一方面与启闭相反的方向推测力计，读出门扇开始运转瞬间测力计的读数。

A.4.1.2 平开门的启闭力试验

平开门的启闭力实验，如图 A.2 所示，在试验框内安装试验用门扇并安装启闭装置。在启闭角中心 30°以内的范围内，在距地面 1.2 m 高的着力点放置测力计，沿开启或关闭的方向启动自动启闭信号，一方面推测力计，一方面读出门扇开始运转瞬间测力计力(F)数值。同时，测出从旋转轴心到测定

位置的距离(L),按下式求出启闭力矩(T)

$$T = F \cdot L \qquad \cdots\cdots\cdots\cdots\cdots\cdots\cdots\cdots\cdots\cdots(\text{A}.1)$$

式中:

F——力,单位牛顿(N);

L——距离,单位米(m)。

A.4.1.3 旋转门的旋转开启力试验

旋转门的旋转开启力试验,如图 A.3 所示,进行试验体的安装,然后安装启闭装置。按 A.3.5 的整合要求,在距地面 1.2 m 高的着力点沿与门扇旋转相反的方向,使测力计与门扇平面垂直,向门施加驱动信号,读出门扇开始旋动瞬间测力计的读数。另外,测定门的旋转中心到按测力计处的距离(L),按下列方式求出力矩(T):

$$T = F \cdot L \qquad \cdots\cdots\cdots\cdots\cdots\cdots\cdots\cdots\cdots\cdots(\text{A}.2)$$

式中:

F——力,单位牛顿(N);

L——距离,单位米(m)。

A.4.2 启闭速度试验

A.4.2.1 推拉门的启闭速度试验

推拉门的启闭速度试验,采用 A.4.1.1 的试验装置,按以下方法测定开启速度和关闭速度。秒表要求精度 0.1 s。

a) 推拉门的开启速度试验

测定从门的全闭位置到开口宽 600 mm 时间(T)。

位置的确定:在门全闭位置,按 A.3.5 的整备要求的观测点,门扇开启后测定观测点移动 600 mm 的时间,按下列公式求门扇开启速度(V_q):

$$V_q = 600\ \text{mm}/T \qquad \cdots\cdots\cdots\cdots\cdots\cdots\cdots\cdots\cdots\cdots(\text{A}.3)$$

式中:

T——时间,单位秒(s)。

b) 推拉门的关闭速度试验

从门扇全开位置,开始关闭运行,测定观测点移动 600 mm 的时间(T),按下列公式求出门扇的关闭速度(V_b):

$$V_b = 600\ \text{mm}/T \qquad \cdots\cdots\cdots\cdots\cdots\cdots\cdots\cdots\cdots\cdots(\text{A}.4)$$

式中:

T——时间,单位秒(s)。

A.4.2.2 平开门的启闭速度试验

平开门的启闭速度采用 A.4.1.2 的试验装置,按 A.3.5 的整备要求的观测点,按以下的方法测定开启速度以及关闭速度。秒表精度为 0.1 s。

a) 平开门的开启速度试验

测定门从全闭开始到开口角度 60°的时间(T),按下列方式计算门扇开启速度(V_q):

$$V_q = 60^\circ/T \qquad \cdots\cdots\cdots\cdots\cdots\cdots\cdots\cdots\cdots\cdots(\text{A}.5)$$

式中:

T——时间,单位秒(s)。

b) 平开门的关闭速度试验

测定门从全开状态到旋转关闭 60°的时间(T),按下列方式计算门扇的关闭速度(V_b):

$$V_b = 60°/T \qquad (A.6)$$

式中：

T——时间，单位秒(s)。

A.4.2.3 旋转门的转速试验

旋转门的转速试验采用 A.4.1.3 的试验装置，按 A.3.5 的整备要求的观测点，测定相当于移动 1 周的时间(T)，按下列公式求出门端部线速度(V_s)。秒表的精度为 0.1 s。

$$V_s = \pi D/T \qquad (A.7)$$

式中：

D——旋转门扇部分的外径，单位毫米(mm)；

T——测出的相当于旋转一周的时间，单位秒(s)。

A.4.3 手动开启力试验

A.4.3.1 推拉门的手动开启力试验

推拉门的手动开启力试验，采用 A.4.1.1 的试验装置。在非通电的情况下，从停止在任意位置的门扇，按 A.3.5 的整备要求的着力点，沿门的开启方向慢慢推测力计，测出门扇开始启动时的力(F)。

A.4.3.2 平开门的手动开启力试验

平开门的手动开启力试验，采用 A.4.1.2 的试验装置，在非通电的状态下，按 A.3.5 的整备要求，从着力点垂直的沿门的开启方向慢慢的推测力计，测定门的开始启动时的力(F)。

A.4.3.3 旋转门的手动开启力试验

旋转门手动开启力试验，采用 A.4.1.3 的试验装置，按 A.3.5 的整备要求的着力点，垂直的沿门的开启方向安装推测力计，在非通电的状态下，慢慢推的同时测出门开始转动时的力(F)。

A.4.3.4 折叠门的手动开启力试验

折叠门的手动开启力可在门扇前面绞链处施加。

A.4.4 反转停止距离试验

反转停止距离试验，采用 A.4.1.1 以及 A.4.1.2 的试验装置，按 A.3.5 的整备要求的观测点，在关闭动作中处于全开位置移动到 1/2 开口宽度的位置时，给予打开信号，测出这时从标线的位置到反转时的距离；对于平开门在关闭动作到 45°的位置，给予开启信号测定从这个位置到反转的角度。

A.4.5 制动距离试验

采用 A.4.1.3 的试验装置，按 A.3.5 的整备要求的观测点，当门扇下梃后面运行到危险距离 1/2 的标线时，给以停止信号，测出该标线至完全停止时门扇下梃后面的距离。

A.4.6 噪音的测定

采用 A.4.1.1、A.4.1.2 和 A.4.1.3 的装置，按 A.3.5 的整备要求，在环境噪音低于 30 dB 的情况，测得的系统噪音的最大值。测定旋转门噪音时，噪音计在 1.5 m 高应随门扇等速运动。

A.4.7 闭扇保持力试验

平开门的闭扇保持力试验，采用 A.4.1.2 的试验装置，按 A.3.5 的整备要求的着力点，垂直沿门扇的开启方向慢慢的推测力计，测出门扇开始启动瞬间的力。并且，测出从旋转轴到测定位置的距离，按 A.4.1.2 的公式 A.1 求出闭扇保持力距。

A.4.8 旋转门的特定性能指标

A.4.8.1 按钮折叠启动力

采用 A.4.1.3 的试验装置，在非通电的情况下用测力计垂直向折叠按钮施加压力，当门扇可以折叠时读出测力计的数值。

A.4.8.2 门扇折叠耐受力

采用 A.4.1.3 的试验装置，在非通电的情况下沿旋转门运行的方向，按 A.3.5 的整备要求的着力点，从距门扇 760 mm 的地方放置冲击杆。冲击杆为 ϕ50 铝管，一端与着力点接触，一端与测力计联结，施加冲击力。力的分级为 590 N 的 85％、90％、95％、100％。如在某级顺利折叠，则按该力级的 95％力施加冲击力，记载使门扇折叠的最小冲击力。

A.4.8.3 固定扇耐受水平推力

采用 A.4.1.3 的试验装置，在非通电的情况下在轴套或中心钢架外侧，在出入口方向前后侧部件尺寸高度中心部位，放置测力计，慢慢施加外力到 360 N。在固定扇位移为 3/1 000 门体高度时，放下测力计，以施力点前后的垂直投影为据判定是否弹性位移。在局部没有损伤且发生了单位位移时，记录施加外力的数值。

A.4.8.4 门扇急停撞击力

采用 A.4.1.3 的试验装置，在门扇边缘运行的圆周线的任何部位划出相距 200 mm 标线。自动运行的门扇到达第一标线时给以停止信号，测定放置在第二标线上测力计感应的冲击力。

A.4.8.5 接触型感应装置的灵敏度

采用 A.4.1.3 的试验装置，在旋转门自动运行状态下，将测力计的着力点安放在 40 mm×40 mm×2 mm 的金属薄片上，在 1 200m m 的高度对安装在门右框、门扇边缘的接触型感应装置施加压力，测定当其传递停止信号时的压力。

A.4.8.6 接触型感应装置的压缩量

采用 A.4.1.3 的试验装置，在非通电的情况下用长 1 000 mm、肢 150 mm 的 L 形木标尺对接触型感应装置施加压力，当测力计压力达到 45 N 时，测出缓冲材料的最大压缩量。

A.4.9 感应器检测范围试验

a) 垫式开关的检测范围试验，使用被检测物体直径为 100 mm、重量为 10 kg 的钢制圆柱，在感应区域内，作圆周静态移动，确认感应信号，测出不感应时内侧尺寸。

b) 电磁垫式开关的检测范围，按所定的垫式开关型号埋设感应器，图 A.4 所示的被采用检测物体，静体检测时以 50 mm/s，动体检测时以 150 mm/s 的速度在地面上移动，调整输出检测信号的被检测物体的感应器朝向中央方向接触点的轨迹所描出的范围(图 A.5)。

c) 平梁上安装的感应器或是天棚上安装的感应器的检测范围试验，按图 A.7 所示位置在地面上方安装感应器，图 A.6 所示为被检测物体，静体检测型感应器以 50 mm/s，动体检测型感应器以 150 mm/s 的速度在地面上移动，调整出输出检测信号时被检测物体的感应器中央方向接触点的轨迹所描出的范围(图 A.7、图 A.8)。

单位为毫米

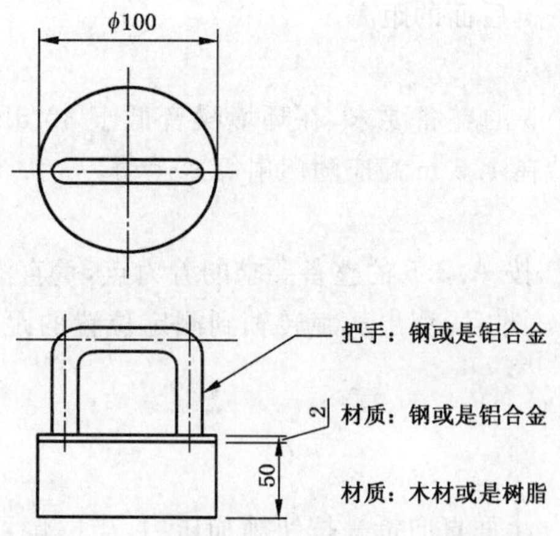

图 A.4 被检测物体(电子地面开关)

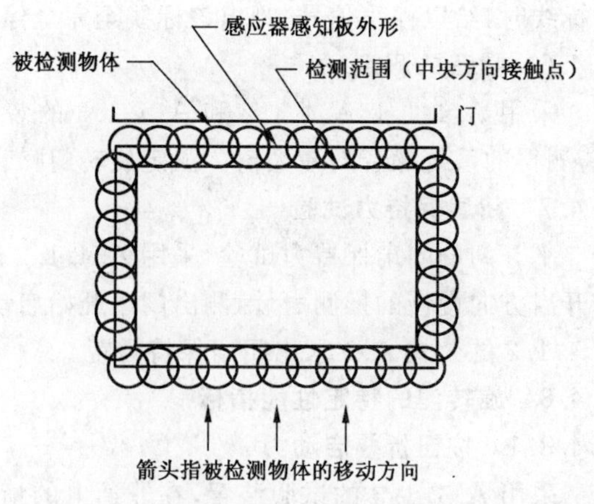

图 A.5 电子地面开关的检测范围测定示意图

单位为毫米

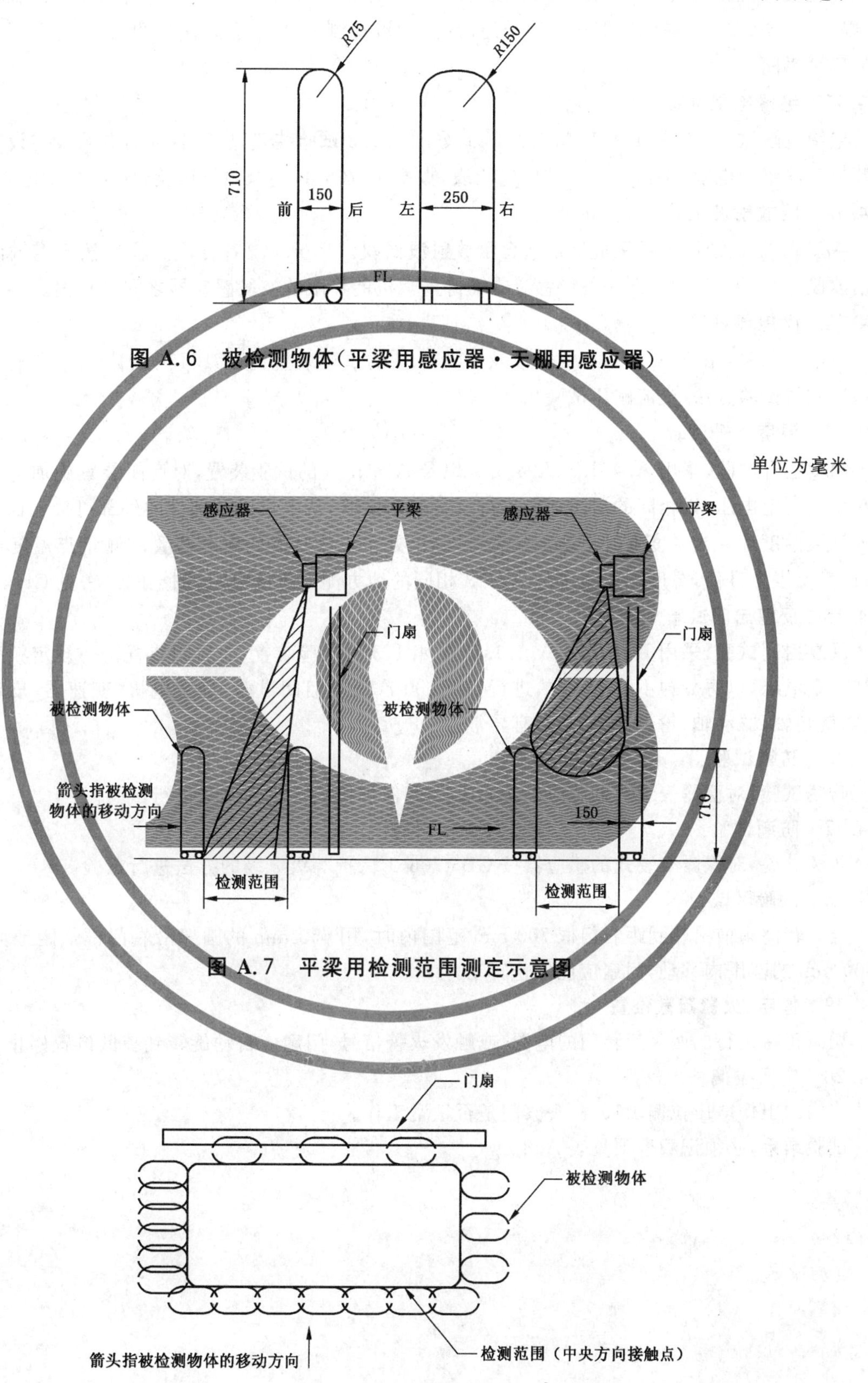

图 A.6　被检测物体（平梁用感应器·天棚用感应器）

图 A.7　平梁用检测范围测定示意图

图 A.8　平梁用感应器的检测范围测定示意图

A.4.10 静止物体检测时间试验

静止物体检测时间试验按图 A.4 或是图 A.6 所示的被检测物体，在静体检测型感应器的检测范围内，以 50 mm/s 进入，在感应器输出信号的情况下，被检测物体由运动停止，测出停止后到切断检测信号的延续时间。

A.4.11 绝缘电阻试验

绝缘电阻试验，用 A.4.1.1、A.4.1.2 以及 A.4.1.3 试验装置，启闭装置的电源线与设置启闭装置的装板间的绝缘电阻，用直流 500 V 的电压表，按 GB 4706.1(绝缘阻抗试验)规定的试验方法测定。

A.4.12 耐放射波试验

除热垫式开关外，全部感应器都适合耐放射波试验。从 x、y、z 各方向感应器按规定输出(放射波)发信波段，按 GB/T 3797 方法测定感应器维持正常机能界限的波段感应器之间的距离。

A.4.13 耐电压试验

耐电压试验，用 A.4.1.1、A.4.1 以及 A.4.1.3 的试验装置，按 GB 156 规定的额定电压确认对启闭装置进行试验方法(交流耐压试验)。

A.4.14 温度上升试验

温度上升试验，采用 A.4.1.1、A.4.1.2 以及 A.4.1.3 的试验装置，对启闭装置施加与规定频率相同频率的规定电压，以相同的启闭动作进行反复启闭试验，从电机以及部件的外部可接触面上的温度最高处安装温度计。当温度上升至稳定状态时，测出处于工作状态的安全装置的测量点温度以及周围温度，计算温度上升值，温度测定后按与 A.4.8 相同的地方测定绝缘电阻，测定的方法见 GB 4706.1。

A.4.15 反复启闭试验

反复启闭试验，采用 A.4.1.1、A.4.1.2、A.4.1.3 的试验装置，向启闭装置按与规定频率相同频率施加额定电压，以每分钟不少于 4 次，进行 500 000 次反复启闭试验，确定电机、变速器、皮带、吊门车、导轨、旋转轴、驱动轴、轮子、轴套是否有异常。

A.4.16 防锈试验

防锈试验，对裸露安装式的感应器按 GB 4208 保护等级 3 级的方法进行试验。

A.4.17 防潮试验

防潮试验，对裸露安装式的感应器按 GB 4706.1 保护等级 3 级的方法进行试验。

A.4.18 危险区域

当旋转门扇前沿转到距右门框 700 mm 范围内时，用 ϕ50 mm 的圆棒沿右门框从距地面 80 mm～1 500 mm 的范围内移动，门扇应能停止转动。

A.4.19 停电、火警疏散位置

切断正在运行的两翼旋转门的电源，或触发火警信号，门扇应自动旋转到疏散位置停止。

A.4.20 电压拉偏

将门的工作电压拉偏±10%，观察门是否正常工作。

试验结果，必须记载事项见表 A.3。

表 A.3　自动启闭装置试验结果记录表

<table>
<tr><td colspan="2">制造商</td><td colspan="2"></td><td>供货商</td><td colspan="3"></td></tr>
<tr><td colspan="2">启闭装置名称</td><td colspan="2"></td><td>适用范围</td><td colspan="3"></td></tr>
<tr><td colspan="2" rowspan="4">装置编号</td><td colspan="2" rowspan="4"></td><td rowspan="4">部件名称
及编号</td><td colspan="2">电机</td><td></td></tr>
<tr><td colspan="2">感应器</td><td></td></tr>
<tr><td colspan="2">控制器</td><td></td></tr>
<tr><td colspan="2">其他部件</td><td>详附安装图</td></tr>
<tr><td colspan="2" rowspan="2">试验用门</td><td>主要组件名称</td><td colspan="2"></td><td colspan="2">其他部件</td><td>详附设计图</td></tr>
<tr><td>尺寸、材质</td><td></td><td colspan="2">质量综合评定</td><td colspan="2">优　良　合格</td></tr>
<tr><td colspan="2" rowspan="2">试验一般条件</td><td colspan="2">时间：　年　月　日</td><td>场所</td><td colspan="3"></td></tr>
<tr><td colspan="2">温度：　℃</td><td>湿度</td><td colspan="3">%</td></tr>
<tr><td colspan="8">测　定　结　果</td></tr>
<tr><td>序号</td><td colspan="2">项　目</td><td>标　准　值</td><td colspan="2">测　定　值</td><td colspan="2">备　注</td></tr>
<tr><td>1</td><td colspan="2">启闭力</td><td></td><td colspan="2"></td><td colspan="2"></td></tr>
<tr><td>2</td><td colspan="2">启闭速度</td><td></td><td colspan="2"></td><td colspan="2"></td></tr>
<tr><td>3</td><td colspan="2">反转停止距离</td><td></td><td colspan="2"></td><td colspan="2"></td></tr>
<tr><td>4</td><td colspan="2">制动距离</td><td></td><td colspan="2"></td><td colspan="2"></td></tr>
<tr><td>5</td><td colspan="2">噪音</td><td></td><td colspan="2"></td><td colspan="2"></td></tr>
<tr><td>6</td><td colspan="2">手动开启力</td><td></td><td colspan="2"></td><td colspan="2"></td></tr>
<tr><td>7</td><td colspan="2">闭扇保持力</td><td></td><td colspan="2"></td><td colspan="2"></td></tr>
<tr><td>8</td><td colspan="2">按钮折叠启动力</td><td></td><td colspan="2"></td><td colspan="2"></td></tr>
<tr><td>9</td><td colspan="2">门扇折叠耐受力</td><td></td><td colspan="2"></td><td colspan="2"></td></tr>
<tr><td>10</td><td colspan="2">固定扇耐受水平推力</td><td></td><td colspan="2"></td><td colspan="2"></td></tr>
<tr><td>11</td><td colspan="2">门扇急停撞击力</td><td></td><td colspan="2"></td><td colspan="2"></td></tr>
<tr><td>12</td><td colspan="2">反复启闭次数</td><td></td><td colspan="2"></td><td colspan="2"></td></tr>
<tr><td>13</td><td colspan="2">电压拉偏</td><td></td><td colspan="2"></td><td colspan="2"></td></tr>
<tr><td>14</td><td colspan="2">运行耐电压</td><td></td><td colspan="2"></td><td colspan="2"></td></tr>
<tr><td>15</td><td colspan="2">接触型感应装置灵敏度</td><td></td><td colspan="2"></td><td colspan="2"></td></tr>
<tr><td>16</td><td colspan="2">接触型感应装置压缩量</td><td></td><td colspan="2"></td><td colspan="2"></td></tr>
<tr><td>17</td><td colspan="2">感应器检测范围</td><td></td><td colspan="2"></td><td colspan="2"></td></tr>
<tr><td>18</td><td colspan="2">感应器静物检测时间</td><td></td><td colspan="2"></td><td colspan="2"></td></tr>
<tr><td>19</td><td colspan="2">感应器绝缘电阻</td><td></td><td colspan="2"></td><td colspan="2"></td></tr>
<tr><td>20</td><td colspan="2">耐放射波临界距离</td><td></td><td colspan="2"></td><td colspan="2"></td></tr>
<tr><td>21</td><td colspan="2">感应器耐电压</td><td></td><td colspan="2"></td><td colspan="2"></td></tr>
<tr><td>22</td><td colspan="2">温度上升值</td><td></td><td colspan="2"></td><td colspan="2"></td></tr>
<tr><td>23</td><td colspan="2">防锈试验</td><td></td><td colspan="2"></td><td colspan="2"></td></tr>
<tr><td>24</td><td colspan="2">防潮试验</td><td></td><td colspan="2"></td><td colspan="2"></td></tr>
<tr><td>25</td><td colspan="2">危险区域</td><td></td><td colspan="2"></td><td colspan="2"></td></tr>
<tr><td>26</td><td colspan="2">停电、火警疏散位置</td><td></td><td colspan="2"></td><td colspan="2"></td></tr>
<tr><td>27</td><td colspan="2">抗风压性能</td><td></td><td colspan="2"></td><td colspan="2"></td></tr>
<tr><td>28</td><td colspan="2">气密性能</td><td></td><td colspan="2"></td><td colspan="2"></td></tr>
<tr><td>29</td><td colspan="2">保温性能</td><td></td><td colspan="2"></td><td colspan="2"></td></tr>
<tr><td>30</td><td colspan="2">试验中发生的特殊事项</td><td colspan="5"></td></tr>
<tr><td>31</td><td colspan="2">测定结果综合评定</td><td colspan="5">年　月　日</td></tr>
</table>

备注：

1. 对于感应器、控制器、电机以及其他组装部件应出示其性能指标及确认证明。

2. 试验结果判定以自动门标准指标为依据。

3. 试验结果作为日后在必要情况下考虑制造者责任依据。

制造商：　　　　　　　　　　　　　　　　试验单位：

试验委托代理人：　　　　　　　　　　　　试验人员：

（签字）　　　　　　　　　　　　　　　　责任者：

年　月　日　　　　　　　　　　　　　　　年　月　日

前　　言

本标准的附录 A 是提示的附录。

本标准的附录 B 是标准的附录。

本标准由建设部标准定额研究所提出。

本标准由建设部建筑制品与配件标准技术归口单位中国建筑标准设计研究所归口。

本标准主要起草单位：中国建筑金属结构协会、潍坊长城门窗集团公司、北京市门窗公司、长沙大吉门窗集团公司、四川彩色门窗有限公司。

本标准主要起草人：马美贞、王廷芬、张爱兰、柴曙光。

中华人民共和国建筑工业行业标准

平开、推拉彩色涂层钢板门窗

JG/T 3041—1997

Side hung or sliding colour coated sheet doors and windows

1 范围

本标准规定了平开、推拉彩色涂层钢板门窗(以下简称彩板门窗)的品种规格、技术要求、试验方法及检验规则等。

本标准适用于彩色涂层钢板型材加工制做的建筑用平开、推拉门窗,也适用于固定窗。

2 引用标准

下列标准包含的条文,通过在本标准中引用而构成为本标准的条文。在标准出版时,所示版本均为有效。所有标准都会被修订,使用本标准的各方应探讨使用下列标准最新版本的可能性。

GB 5823—86 建筑门窗术语

GB 5824—86 建筑门窗洞口尺寸系列

GB 6388—86 运输包装收发货标志

GB 7106—86 建筑外窗抗风压性能分级及其检测方法

GB 7107—86 建筑外窗空气渗透性能分级及其检测方法

GB 7108—86 建筑外窗雨水渗漏性能分级及其检测方法

GB 8484—87 建筑外窗保温性能分级及其检测方法

GB 8485—87 建筑外窗空气隔声性能分级及其检测方法

GB/T 12754—91 彩色涂层钢板及钢带

GB 13685—92 建筑外门的风压变形性能分级及其检测方法

GB 13686—92 建筑外门的空气渗透性能和雨水渗漏性能分级及其检测方法

GB/T 16729—1997 建筑外门保温性能分级及其检测方法

GB/T 16730—1997 建筑用门空气隔声性能分级及其检测方法

CJ/T 3035—95 城镇建设和建筑工业产品型号编制规则

3 分类、规格和型号

3.1 按使用型式分

a) 平开窗;b) 平开门;c) 推拉窗;d) 推拉门;e) 固定窗。

3.2 规格

3.2.1 门窗洞口尺寸应符合 GB 5824 中有关规定。

3.2.2 平开基本窗的洞口规格代号应符合表 1 规定。

中华人民共和国建设部1997-05-21批准 1997-10-01实施

表 1 mm

洞　　高	洞　　宽						
	600	900	1 200	1 500	1 800	2 100	2 400
	洞　口　代　号						
600	0606	0906	1206	1506	1806	2106	2406
900	0609	0909	1209	1509	1809	2109	2409
1200	0612	0912	1212	1512	1812	2112	2412
1500	0615	0915	1215	1515	1815	2115	2415
1800	0618	0918	1218	1518	1818	2118	2418

3.2.3　平开基本门的洞口规格代号应符合表 2 规定。

表 2 mm

洞　　高	洞　　宽			
	900	1 200	1 500	1 800
	洞　口　代　号			
2100	0921	1221	1521	1821
2400	0924	1224	1524	1824
2700	0927	1227	1527	1827

3.2.4　推拉基本窗的洞口规格代号应符合表 3 规定。

表 3 mm

洞　　高	洞　　宽						
	900	1 200	1 500	1 800	2100	2400	2700
	洞　口　代　号						
600	0906	1206	1506	1806	2106	2406	2706
900	0909	1209	1509	1809	2109	2409	2709
1200	0912	1212	1512	1812	2112	2412	2712
1500	0915	1215	1515	1815	2115	2415	2715
1800	0918	1218	1518	1518	2118	2418	2718

3.2.5　推拉基本门的洞口规格代号应符合表 4 规定。

表 4

mm

洞　高	洞　宽	
	1 500	1 800
	洞 口 代 号	
1 800	1518	1818
2 100	1521	1821
2 400	1524	1824

注：除表 1、表 2、表 3、表 4 中规定尺寸外，允许门窗间任意组合，自行编号，组合后的洞口尺寸应符合 GB 5824 的规定。

3.3 产品型号

产品型号由产品的名称代号、特性代号、主参数代号和改型序号组成。

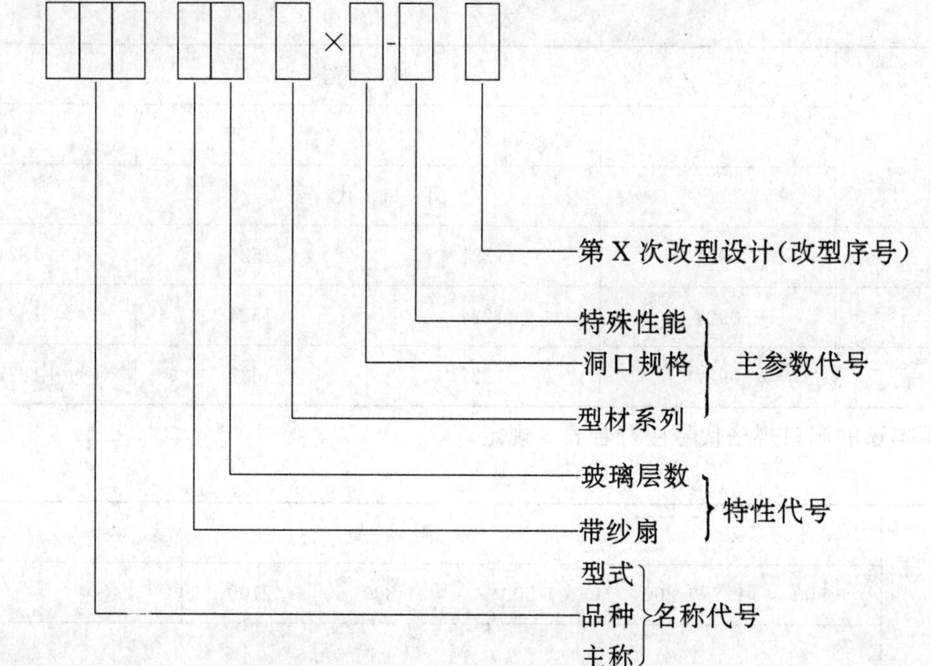

3.3.1 名称代号

平开窗 CCP　　平开门 MCP

推拉窗 CCT　　推拉门 MCT

固定窗 CCG

3.3.2 特性代号

玻璃层数 A.B.C(分别为一、二、三层)

带纱扇 S

3.3.3 主要参数代号

a）型材系列；

b）洞口规格见表 1、表 2、表 3、表 4；

c）特殊性能见表 9、表 10、表 11、表 12、表 13、表 14、表 15、表 16。

例 1:CCT・S A46×1 512-2D

　　CCT——彩板推拉窗；

S——带纱扇；

A——单层玻璃；

46——型材系列；

1 512——洞口宽度 1 500 mm，洞口高度为 1 200 mm；

2——抗风压 2 级；

D——第 4 次改型设计。

例 2：MCP·0921-3

MCP——彩板平开门；

0921——洞口尺寸宽度为 900 mm，洞口高度为 2 100 mm；

3——保温性能 3 级。

4 技术要求

4.1 材料

4.1.1 型材原材料应为建筑门窗外用彩色涂层钢板，涂料种类为外用聚酯，基材类型为镀锌平整钢带，其技术要求应符合 GB/T 12754 中的有关规定。

4.1.2 门窗常用辅助材料及配件应符合现行国家标准、行业标准中的有关规定，参照附录 A（提示的附录）。

4.2 外型尺寸

4.2.1 门窗的宽度、高度尺寸允许偏差应符合表 5 规定。

表 5

mm

宽度 B 高度 H			≤1 500	>1 500
等级	Ⅰ	允许偏差	+2.0 −1.0	+3.0 −1.0
	Ⅱ		+2.5 −1.0	+3.5 −1.0

4.2.2 门窗两对角线允许长度偏差应符合表 6 规定。

表 6

mm

对角线长度 L			≤2 000	>2 000
等级	Ⅰ	允许偏差	≤4	≤5
	Ⅱ		≤5	≤6

4.3 搭接量

4.3.1 平开门窗框与扇、梃与扇的搭接量应符合表 7 规定。

表 7

mm

搭接量	≥8		≥6 且<8	
等　级	Ⅰ	Ⅱ	Ⅰ	Ⅱ
允许偏差	±2	±3	±1.5	±2.5

4.3.2 推拉门窗安装时调整滑块或滚轮使之达到设计及使用要求。

4.4 联接与外观

4.4.1 门窗框、扇四角处交角缝隙不应大于 0.5 mm，平开门窗缝隙处用密封膏密封严密，不应出现透光。

4.4.2 门窗框、扇四角处交角同一平面高低差不应大于 0.3 mm。

4.4.3 门窗框、扇四角组装牢固，不应有松动、锤迹、破裂及加工变形等缺陷。

4.4.4 门窗各种零附件位置应准确，安装牢固；门窗启闭灵活，不应有阻滞、回弹等缺陷，并应满足使用功能。

4.4.5 平开窗分格尺寸允许偏差为±2 mm。

4.4.6 门窗装饰表面涂层不应有明显脱漆、裂纹，每樘门窗装饰表面局部擦伤、划伤等应符合表 8 规定。

表 8

项　　目	等　　级	
	Ⅰ	Ⅱ
擦伤、划伤深度	不大于面漆厚度	不大于底漆厚度
擦伤总面积，mm^2	≤500	≤1 000
每处擦伤面积，mm^2	≤100	≤150
划伤总长度，mm	≤100	≤150
注：有以上缺陷时必须修补		

4.4.7 门窗相邻构件漆膜不应有明显色差。

4.4.8 门窗橡胶密封条安装后接头严密，表面平整，玻璃密封条无咬边。

4.5 性能

4.5.1 彩板窗的抗风压性能、空气渗透性能和雨水渗漏性能应符合表 9 规定。

表 9

开启方式	等级	抗风压性能 Pa	空气渗透性能 $m^3/(m·h)$	雨水漏性能 Pa
平开	Ⅰ	≥3 000	≤0.5	≥350
	Ⅱ	≥2 000	≤1.5	≥250
推拉	Ⅰ	≥2 000	≤1.5	≥250
	Ⅱ	≥1 500	≤2.5	≥150

4.5.2 建筑外用的彩板门的抗风压性能、空气渗透性能和雨水渗漏性能按 GB 13685 及 GB 13686 规定方法检测，分级下限值应符合表 10、表 11、表 12 规定。

表 10 建筑外门抗风压性能分级下限值　Pa

等　级	Ⅰ	Ⅱ	Ⅲ	Ⅳ	Ⅴ	Ⅵ
≥	3 500	3 000	2 500	2 000	1 500	1 000

表 11 建筑外门空气渗透性能分级下限值 $m^3/(m \cdot h)$

等 级	Ⅰ	Ⅱ	Ⅲ	Ⅳ	Ⅴ
≤	0.5	1.5	2.5	4.0	6.0

表 12 建筑外门雨水渗漏性能分级下限值 Pa

等 级	Ⅰ	Ⅱ	Ⅲ	Ⅳ	Ⅴ	Ⅵ
≥	500	350	250	150	100	50

4.5.3 保温窗的外窗保温性能按 GB 8484 规定方法检测，分级值应符合表 13 规定，凡传阻 $R_0 \geq 0.25\ m^2 \cdot K/W$ 者为保温窗。

表 13 $m^2 \cdot K/W$

等 级	Ⅰ	Ⅱ	Ⅲ
传热阻 R_0 ≥	0.5	0.333	0.25

4.5.4 隔声窗外窗的空气隔声性能应按 GB 8485 规定的方法检测，分级值应符合表 14 规定，凡计权隔声量 $R_W \geq 25$ dB 者为隔声窗。

表 14 dB

等 级	Ⅱ	Ⅲ	Ⅳ	Ⅴ
计权隔声量 R_W ≥	40	35	30	25

4.5.5 建筑用门空气隔声性能应按 GB 16730 建筑用门空气隔声性能分级及其检测方法(报批稿)检测，分级值应符合表 15 规定。

表 15 dB

等 级	计权隔声量 R_W 值范围
Ⅰ	$R_W \geq 45$
Ⅱ	$45 > R_W \geq 40$
Ⅲ	$40 > R_W \geq 35$
Ⅳ	$35 > R_W \geq 30$
Ⅴ	$30 > R_W \geq 25$
Ⅵ	$25 > R_W \geq 20$

4.5.6 建筑外门保温性能按 GB 16729 建筑外门保温性能分级及其检测方法(报批稿)检测，分级值应符合表 16 规定。

表 16

等　级	传热系数　$K[W/(m^2 \cdot K)]$
Ⅰ	≤1.50
Ⅱ	>1.50 且≤2.50
Ⅲ	>2.50 且≤3.60
Ⅳ	>3.60 且≤4.80
Ⅴ	>4.80 且≤6.20

5 试验方法

5.1 彩板窗的抗风压性能

试验方法按 GB 7106 的规定进行。

5.2 彩板门的抗风压性能

试验方法按 GB 13685 的规定进行。

5.3 彩板窗的空气渗透性能

试验方法按 GB 7107 的规定进行。

5.4 彩板门的空气渗透性能

试验方法按 GB 13686 的规定进行。

5.5 彩板窗的雨水渗漏性能

试验方法按 GB 7108 的规定进行。

5.6 彩板门的雨水渗漏性能

试验方法按 GB 13686 的规定进行。

5.7 彩板窗的保温性能

试验方法按 GB 8484 的规定进行。

5.8 彩板窗的隔声性能

试验方法按 GB 8485 的规定进行。

5.9 彩板门的保温性能

试验方法按 GB/T 16729 建筑外门保温性能分级及其检测方法的规定进行。

5.10 彩板门的隔声性能

试验方法按 GB/T 16730 建筑用门空气隔声性能分级及其检测的规定进行。

6 检验规则

6.1 出厂检验

6.1.1 应在型式检验合格后的有效期内进行出厂检验,否则检验结果无效。

按供需双方协议要求,选定产品出厂检验的合格指标作为判定合格品的依据。

6.1.2 抽样方法:按合同号随机抽检 10%,且不少于 5 樘。

6.1.3 判定规则:根据表 17 的出厂检验项目及附录 B(标准的附录)项目分类进行检测,按品种不同,其关键项目、主要项目必须达到各自要求,一般项目必须三项以上(含三项)达到要求者为合格品。当其中有一樘不符合本标准要求时,应加倍抽检,若其中仍有一樘不符合要求时,则判定该批均为不合格应全部返修,复检合格后方可出厂。

6.1.4 彩板门窗出厂检验项目见表 17,项目分类、量具及检测方法见附录 B。

6.2 型式检验

6.2.1 有下列情况之一时，应进行型式检验：

a）新产品或老产品转厂生产的试制定型鉴定；

b）正式生产后，当结构、材料、工艺有较大改变，可能影响产品性能时；

c）正常生产时，定期每三年检测一次；

d）产品长期停产后，恢复生产时；

e）出厂检验结果与上次型式检验有较大差异时；

f）国家质量监督机构提出进行型式检验要求时。

6.2.2 型式检验项目见表17，按本标准规定的方法进行检测。

6.2.3 抽样方法：批量生产时，每三年由出厂检验合格的产品中随机抽取三樘进行型式检验。

6.2.4 型式检验判定规则：

根据表17规定的型式检验项目进行检验，按各项指标要求作为判定合格品的依据。当其中某项不符合技术要求时，应加倍抽样复检，如该项仍不合格，则判定该批产品为不合格品。

表17 出厂检验、型式检验项目

本标准中序号	项目内容	型式检验		出厂检验	
		平开门窗	推拉门窗	平开门窗	推拉门窗
4.5.1	抗风压	√	√	—	—
	空气渗透	√	√	—	—
	雨水渗漏	√	√	—	—
4.5.3 4.5.6	保温	√	√	—	—
4.5.4 4.5.5	隔声	√	√	—	—
4.4.3	框、扇四角组装质量	√	√	√	√
4.2.1	门窗的宽度、高度尺寸允许偏差	√	√	√	√
4.2.2	两对角线允许长度差	√	√	√	√
4.4.1	门窗框、扇四角交角缝隙	√	√	√	√
4.4.2	四角同一平面高低差	√	√	√	√
4.4.6	表面涂层局部擦伤划痕	√	√	√	√
4.3.1	平开门窗框与扇、梃与扇搭接量	√	—	√	—
4.3.2	推拉门窗滑块或滚轮调整	—	√	—	√
4.4.4	零附件安装	√	√	√	√
4.4.5	分格尺寸	√	—	√	—
4.4.7	相邻构件色差	√	√	√	√
4.4.8	密封条安装质量	√	√	√	√

7 标志、包装、运输、贮存

7.1 标志

7.1.1 在产品明显部位应注明下列产品标志：

a）产品名称；

b）产品型号或标记；

c）制造厂名或商标；

d）制造日期或编号；

e）标准代号。

7.1.2 包装箱和箱面标志应符合 GB 6388 的规定。

7.2 包装

7.2.1 产品应用无腐蚀作用的材料进行包装。

7.2.2 包装箱应具有足够强度，并有防潮措施。

7.2.3 箱内产品应保证其相互间不发生窜动。

7.2.4 产品装箱后，箱内须有产品检验合格证。

7.3 运输、贮存

7.3.1 装运产品的运输工具应有防雨措施，并保持清洁无污物。

7.3.2 门窗运输时应轻抬、缓放，防止挤压变形及玻璃破损。

7.3.3 产品应存放于仓库中或通风干燥的场地，严禁与腐蚀性介质接触，并防止雨水浸入。

7.3.4 产品存放时不应直接接触地面，底部应垫高 100 mm 以上。

附 录 A
（提示的附录）
常用辅助材料及其配件标准编号及名称

序 号	标准编号及名称	使用范围
1	GB 3274 普通碳素结构钢和低合金结构钢热轧原钢板技术条件	附件
2	GB 700 普通碳素结构钢技术条件	
3	GB 912 普通碳素结构钢和低合金结构钢薄钢板技术条件	
4	GB 699 优质碳素结构钢钢号和一般技术条件	
5	GB 4871 普通平板玻璃	
6	GB 7020 中空玻璃测试方法	
7	GB 531 橡胶邵尔 A 型硬度试验方法	
8	GB 12002 塑料窗用密封条	
9	JB 2702 锌合金、铝合金、铜合金压铸件技术条件	
10	GB 845 十字槽平圆头自攻螺钉	
11	GB 847 十字槽半沉头自攻螺钉	

附 录 B
（标准的附录）
彩板门窗检验项目、量具及检测方法

表 B1

序 号	项目分类	本标准中序号	项 目 内 容	检验量具和方法
1	关键项目	4.4.3	门窗框扇四角组装牢固，不应有松动、锤迹、破裂及加工变形等缺隙	门窗平放于工作台上手动目测组角部位

表 B1(完)

序　　号	项目分类	本标准中序号	项　目　内　容	检验量具和方法
2	主要项目	4.2.1	门窗的宽度、高度尺寸允许偏差	钢卷尺、钢板尺,测量位置:两端面
3		4.2.2	门窗两对角线允许长度差	钢卷尺、专用圆柱、测量位置:专用圆柱测内角
4		4.4.1	门窗框、扇四角处交角缝隙不大于 0.5 mm,平开门窗缝隙处用密封膏密封严密,不应出现透光现象	塞尺目测
5		4.4.2	门窗框、扇四角处交角同一平面高低差不应大于 0.3 mm	深度尺 测量位置:四角交角处
6		4.4.6	门窗装饰表面涂层不应有明显脱漆、裂漆,每樘门窗装饰表面局部擦伤、划伤不超过表 8 规定	目测
7	一般项目	4.3.1	平开门窗框与扇、梃与扇搭接量	深度尺、卡尺
8		4.3.2	推拉门窗安装时调整滑块使之达到设计及使用要求	目　测
9		4.4.4	门窗各零附件位置准确、安装牢固;门窗启闭灵活,不应有阻滞回弹等缺陷	手动、目测
10		4.4.5	平开窗分格尺寸允许偏差 ±2 mm	钢板尺
11		4.4.7	门窗相邻构件漆膜不应有明显色差	目　测
12		4.4.8	门窗橡胶密封条安装后接头严密,表面平整玻璃密封条无咬边	目　测

前　言

本标准由建设部标准定额研究所提出。

本标准由建设部建筑制品与设备标准技术归口单位中国建筑标准设计研究所归口。

本标准由中国建筑金属结构协会、河北省建设委员会负责起草。

本标准参加起草单位：河北省遵化市钟馗实业公司、深圳方大集团、河北省霸州市特种门窗厂、浙江省湖州钢铁股份有限公司、石家庄开启利门窗公司。

本标准主要起草人：刘敬涛、冯晓峰、李同泽、赵占明。

中华人民共和国建筑工业行业标准

单扇平开多功能户门

JG/T 3054—1999

Single side-hung multifunctional external door

1 范围

本标准规定了单扇平开多功能户门的产品分类、技术要求、试验方法、检验规则、标志、包装、运输及贮存。

本标准主要适用于住宅建筑用的单扇平开多功能户门。使用功能相近的其他建筑用的分室门也可参照使用。

2 引用标准

下列标准所包含的条文,通过在本标准中引用而构成为本标准的条文。本标准出版时,所示版本均为有效。所有标准都会被修订,使用本标准的各方应探讨使用下列标准最新版本的可能性。

GB/T 1720—1979 漆膜附着力测定法

GB/T 1732—1993 漆膜耐冲击性测定法

GB/T 5824—1986 建筑门窗洞口尺寸系列

GB/T 7633—1987 门和卷帘的耐火试验方法

GB/T 13685—1992 建筑外门的风压变形性能分级及其检测方法

GB/T 13686—1992 建筑外门的空气渗透性能和雨水渗漏性能分级及其检测方法

GB/T 16729—1997 建筑外门保温性能分级及其检测方法

GB/T 16730—1997 建筑用门空气声隔声性能分级及其检测方法

GB 17565—1998 防盗安全门通用技术条件

GB 50045—1995 高层民用建筑设计防火规范

GB J 118—1988 民用建筑隔声设计规范

JG/T 3017—1994 硬聚氯乙烯(PVC)内门

JG J 26—1995 居民建筑节能设计标准

CJ/T 3035—1995 城镇建设和建筑工业产品型号编制规则

3 定义

本标准采用下列定义。

3.1 多功能户门 multifunctional external door

具有防盗、防火、保温、隔声、通风等其中三种及其以上组合的使用功能的住宅各户所用的外门。

3.2 单扇平开多功能户门 single side-hung multifunctional external door

单扇门扇、开启方式为平开的多功能户门。

4 产品分类

4.1 分类

中华人民共和国建设部 1999-04-13 批准　　1999-10-01 实施

4.1.1 按组合使用功能分为10种，其代号及功能见表1。

4.1.2 按户门门扇结构分为两种：

a）整扇密闭型；

b）子母扇通风型。

4.2 规格

产品规格应符合GB/T 5824的规定，其基本规格及代号见表2。

表1 组合功能代号

代号	功能
A	防盗，防火，保温，隔声，通风
B	防盗，防火，保温，隔声
C	防盗，防火，隔声，通风
D	防盗，防火，隔声
E	防盗，保温，隔声，通风
F	防盗，保温，隔声
G	防盗，隔声，通风
H	防火，保温，隔声，通风
I	防火，保温，隔声
J	保温，隔声，通风

表2 基本规格及代号 mm

洞口宽 / 规格代号 / 洞口高	900	1 000
2 000	0920	1 020
2 100	0921	1 021
2 400	0924	1 024
2 500	0925	1 025
注：洞口高超过2 400 mm时，宜作上亮。		

4.3 产品型号

4.3.1 产品型号的编制应符合CJ/T 3035的规定，图示如下：

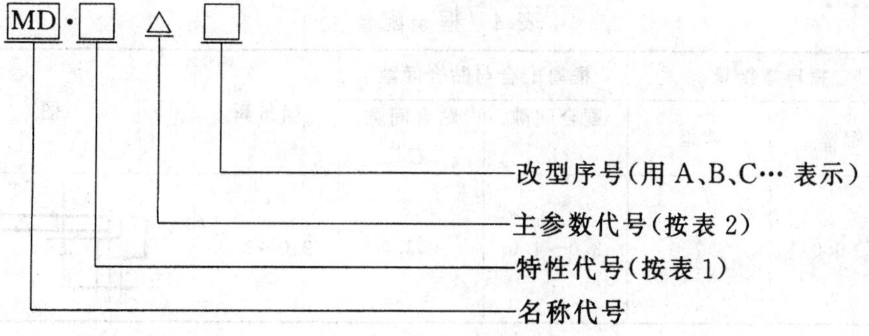

4.3.2 示例

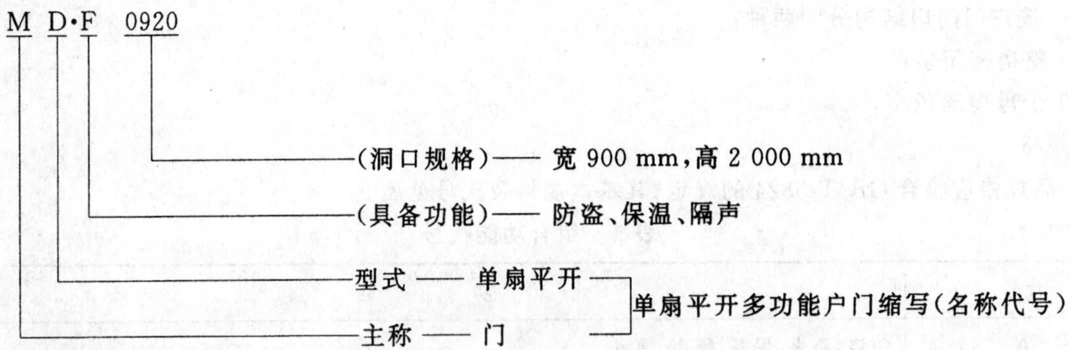

5 技术要求

5.1 主要构件材质和五金附件

门的主要构件的材质及合页、插销、门锁等五金附件应符合有关标准的规定,并与该门使用功能协调一致。

5.2 连接

各构件的连接(焊、铆、螺)应牢固可靠,不允许有未熔合、开裂、松动等缺陷。

5.3 五金附件安装

门锁、合页、插销、执手等五金件与门框、扇的连接位置应有加强措施、安装牢固、使用可靠。

5.4 密封胶条的安装

密封胶条的种类和质量应与该门的使用功能相协调,安装牢固,接口严密。

5.5 钢质表面涂层质量

5.5.1 涂层附着力不得低于 3 级。

5.5.2 涂层耐冲击不得低于 50 cm。

5.6 外观质量

5.6.1 门框、扇构件表面应平整光洁,无明显凹痕和机械损伤。

5.6.2 涂层均匀、色泽一致,无明显流挂、脱落、露底等缺陷。

5.6.3 铭牌标志应端正、牢固、清晰、美观。

5.7 尺寸偏差与形位公差

尺寸偏差与形位公差应符合表 3 的规定。

表 3 尺寸偏差与形位公差 mm

项目	门框槽口宽、高尺寸偏差	门框槽口对角线尺寸差	框扇相邻构件装配间隙	框扇相邻构件交角平面高低差	扇平面度 mm/m^2
技术要求	±2.0	≤3.0	≤0.5	≤0.7	≤3.0

5.8 框扇配合

框、扇(含子母扇)的配合应符合表 4 的规定。

表 4 框扇配合 mm

项目	框扇搭接量		框扇配合与贴合间隙		扇吊高	图示
	钢框	木框	配合间隙 C_1	贴合间隙 C_2		
技术要求	≥6.0	≥7.0	3.0～4.0	≤3.0	2.0～3.0	C_2 C_1 b b C_1

5.9 性能

5.9.1 使用功能

使用功能要求见表5。

表5 功能要求

功能项目			单位	技术要求	
防盗性能			min	≥15	GB 17565—1998
防火性能			h	≥0.6(丙级)GB 50045	
保温性能	采暖期室外平均温度	2.0～0℃	W/m²·K	≤2.7	JG J 26
		－0.1～－5.0℃		≤2.0	
		－5.1～－6.0℃		≤1.5	
隔声性能			dB	≥20	GB J 118
通风性能				按设计要求	
注：使用功能的组合按表1。					

5.9.2 基本物理性能

基本物理性能应符合表6的规定。

表6 基本物理性能

项目	单位	技术要求及等级					
		Ⅰ	Ⅱ	Ⅲ	Ⅳ	Ⅴ	Ⅵ
风压变形性能	Pa	3 500	3 000	2 500	2 000	1 500	1 000
空气渗透性能	m³/m·h	0.5	1.5	2.5	4.0	6.0	
雨水渗漏性能	Pa	500	350	250	150	100	50
注：性能项目和等级的选择根据门的使用场所确定。							

5.9.3 力学性能和耐水性能

力学性能和耐水性能应符合表7的规定。

表7 力学性能和耐水性能

项目	技术要求
软物冲击	试验后无损坏,启闭功能正常
悬端吊重	在500 N力作用下,残余变形不大于2 mm,试件不损坏,启闭正常
关闭力	≤50 N
胶合强度	≥0.8 MPa
耐水性能	≥24 h
注：胶合强度,耐水性能仅适用于木、塑贴面。	

6 试验方法

6.1 主要构件材质和五金附件

检查产品质量合格证或检验单,必要时抽样复查。

6.2 构件连接,附件安装、密封胶条安装及外观质量。

用目测、手试方法进行检查。

6.3 钢质表面涂层质量

6.3.1 涂层附着力按 GB/T 1720 的规定进行试验。

6.3.2 涂层耐冲击按 GB/T 1732 的规定进行试验。

6.4 尺寸偏差与形位公差

门框槽口宽、高尺寸偏差和对角线尺寸差用钢卷尺进行检查;相邻构件交角高底差用深度卡尺进行检查;门扇平面度用 1 m 直尺和塞尺进行检查;框扇相邻构件装配间隙用塞尺进行检查。

6.5 框扇配合

框扇配合间隙和贴合间隙在安装密封胶条前用塞尺进行检查;框扇搭接量和吊高用 150 mm 直尺进行检查。

6.6 性能

6.6.1 使用功能

6.6.1.1 防盗性能按 GB 17565—1998 中 7.1 进行试验。

6.6.1.2 防火性能按 GB/T 7633 进行试验。

6.6.1.3 保温性能按 GB/T 16729 进行试验。

6.6.1.4 隔声性能按 GB/T 16730 进行试验。

6.6.1.5 通风性能用目测、手试方法进行检查。

6.6.2 基本物理性能

6.6.2.1 风压变形性能按 GB/T 13685 的规定进行试验。

6.6.2.2 空气渗透性能和雨水渗漏性能按 GB/T 13686 的规定进行试验。

6.6.3 力学性能和耐水性能

6.6.3.1 软物冲击按 JG/T 3017—1994 中 4.6 进行试验。

6.6.3.2 悬端吊重按 JG/T 3017—1994 中 4.6 进行试验。

6.6.3.3 胶合强度的测定

用截面积为 20 mm×30 mm 的门用木块两块,与 0.8～1.0 mm 厚的冷轧钢板粘接,用测力计按图 1所示要求进行。

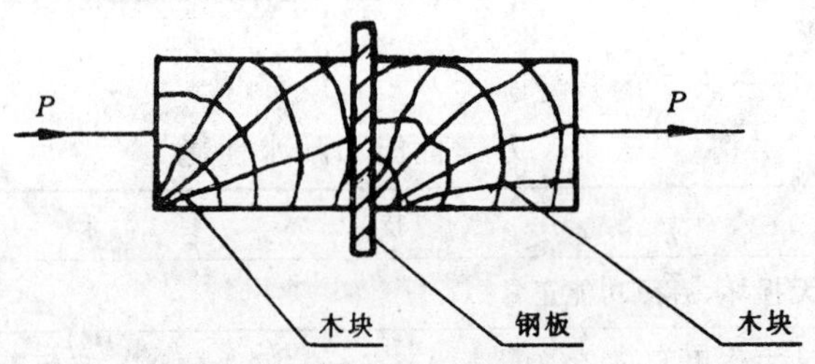

图 1 胶合强度测试图

6.6.3.4 关闭力的测定

试验用门按使用状态安装在试验装置上,呈关闭状态。将直径为 ϕ6 mm 的绳索一端固定在门的执手上,另一端绕过直径为 15～20 mm 的滑轮与加力装置固定,使荷载呈自由悬重状态。将门扇从关闭状态开启至使荷载上升 200 mm 的位置放开,靠荷载重力使其关闭。如此开关五次。然后用可调量为1 N 的荷载重复以上程序,确定门扇的最小关闭力(见图 2)。

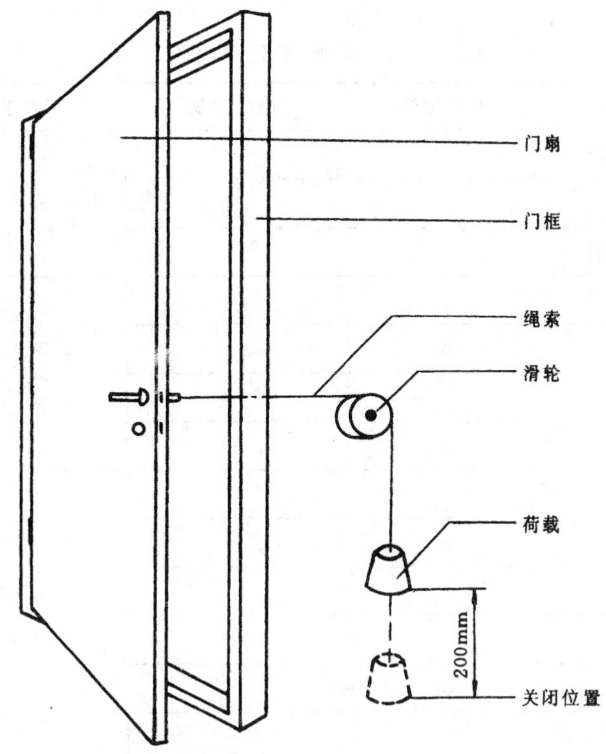

图 2 关闭力试验示意图

6.6.3.5 耐水性能试验

取门扇面积的 100 mm×100 mm 作为试件，浸入温度为 20℃±4℃的清水中，在 24 h 的时间内不得开胶。

7 检验规则

产品检验分出厂检验和型式检验。

7.1 出厂检验

7.1.1 检验条件：在型式检验合格的有效期内有效。

7.1.2 检验项目：见表 8。

7.1.3 抽样方法：按同一批量的 5%抽样，但不得少于 3 樘。

7.1.4 出厂检验判定规则：在出厂检验项目中，每樘户门有 14 项必须达到标准要求，则判定该樘产品为合格品。

当受检产品均达到合格品要求，则判定该批产品为合格品；如有一樘产品不合格，应加倍抽检，复验不合格项目，复验合格，则判定该批产品为合格品；当复验后仍有一樘产品不合格，则判定该批产品为不合格品。

7.1.5 产品检验合格后，应填写产品质量合格证。

7.2 型式检验

7.2.1 有下列情况之一时，应进行型式检验：

a）新产品或老产品转厂生产的试制定型鉴定；

b）正式生产后，当结构、材料、工艺有较大改变可能影响产品性能时；

c）正常生产时，每两年检验一次；

d）产品停产两年后恢复生产时；

e）出厂检验结果与上次型式检验有较大差异时；

f）国家质量监督机构提出进行型式检验的要求时。

7.2.2 检验项目：见表8。

表8 出厂检验和型式检验项目

序号	分类	项目名称	型式检验	出厂检验	技术要求条文	试验方法条文
1	关键项目	风压变形性能	√	—	5.9.2	6.6.2
2		空气渗透性能	√	—		
3		雨水渗漏性能	√	—		
4		防盗性能	√	—	5.9.1	6.6.1
5		防火性能	√	—		
6		保温性能	√	—		
7		隔声性能	√	—		
8	主要项目	软物冲击	√	—	5.9.3	6.6.3
9		悬端吊重	√	—		
10		关闭力	√	—		
11		耐水性能	√	—		
12		胶合强度	√	—		
13		涂膜附着力	√	—	5.5.1	6.3.1
14		涂膜耐冲击	√	—	5.5.2	6.3.2
15		连接	√	√	5.2	6.2
16	一般项目	宽度偏差	√	√	5.7	6.4
17		高度偏差	√	√		
18		对角线尺寸差	√	√		
19		装配间隙	√	√		
20		交角高低差	√	√		
21		扇平面度	√	√		
22		框扇搭接量	√	√	5.8	6.5
23		框扇配合间隙	√	√		
24		框扇贴合间隙	√	√		
25		通风性能	√	√	5.9.1	6.6.1.5
26		附件安装	√	√	5.3	6.2
27		密封胶条安装	√	√	5.4	
28		外观	√	√	5.6	

注：检验项目按该门的使用场所在合同中确定。

7.2.3 抽样方法：从出厂检验合格的同一批次同一型号的产品中随机抽取三樘产品。

7.2.4 型式检验判定规则：在型式检验项目中，每樘户门关键项目、主要项目必须达到标准要求；其他项目达到出厂检验合格品要求时，则判定该樘产品型式检验合格。当受检的三樘产品型式检验均为合格品，则判定该批产品型式检验合格。如有一樘型式检验不合格，应加倍抽检，复验不合格项目，复验合格，则判定该批产品型式检验合格；复验后仍有一樘产品不合格，则判定该批产品型式检验不合格。

8 标志、包装、运输及贮存

8.1 标志

在产品的明显部位应注明产品标志，其内容应包括：

a）制造厂名和商标；

b）产品名称；

c）产品型号及标准编号；

d）制造日期或编号。

8.2 包装

8.2.1 产品应用无腐蚀作用的软质材料进行包装。包装应牢固可靠，方便运输。

8.2.2 每批产品包装后，应附有产品清单、产品质量合格证和安装使用说明书。

8.3 运输

产品在装运过程中，应采取相应措施，确保产品完好无损。

8.4 贮存

8.4.1 产品应存放在通风、干燥、防雨、防腐蚀的场所。

8.4.2 产品应立放，立放角度不应小于70°，底部应垫以高度不小于100 mm的木块。

四、玻璃和幕墙

ICS 81.040
Q 33

中华人民共和国国家标准

GB/T 11944—2012
代替 GB/T 11944—2002

中空玻璃

Insulating glass unit

2012-12-31 发布　　2013-09-01 实施

中华人民共和国国家质量监督检验检疫总局
中国国家标准化管理委员会　发布

前　言

本标准按照 GB/T 1.1—2009 给出的规则起草。

本标准与 GB/T 11944—2002 相比,除编辑性修改外主要技术差异为:

——删除了中空玻璃规格的规定(见 2002 年版 4);

——增加了对叠差的要求(见 6.1.4);

——将胶层厚度改为胶层宽度,并修改了要求(见 6.1.5,2002 年版 5.2.4);

——修改了中空玻璃外观要求(见 6.2,2002 年版 5.3);

——删除了密封性能要求(见 2002 年版 5.4);

——删除了气候循环耐久性(见 2002 年版 5.7);

——删除了高温高湿耐久性要求(见 2002 年版 5.8);

——增加了水气密封耐久性要求(见 6.5);

——增加了充气中空玻璃初始气体含量的要求(见 6.6);

——增加了充气中空玻璃气体密封耐久性的要求(见 6.7);

——增加了 U 值的要求(见 6.8);

——修改了露点的试验方法(见 7.3,2002 年版的 6.4);

——增加了对中空玻璃失效原因及使用寿命的说明(见附录 A);

——增加了边部密封粘结性能的测试方法(见附录 B);

——增加了边部密封材料水气渗透率测试方法(见附录 C);

——增加了干燥剂水分含量测定方法(见附录 D);

——增加了中空玻璃光学现象及目视质量的说明(见附录 E);

本标准使用重新起草法参考 EN 1279:2002《建筑用中空玻璃》编制,与该标准的一致性程度为非等效。

本标准由中国建筑材料联合会提出。

本标准由全国建筑用玻璃标准化技术委员会(SAC/TC 255)归口。

本标准负责起草单位:秦皇岛玻璃工业研究设计院、国家玻璃质量监督检验中心、中国建筑材料检验认证中心。

本标准参加起草单位:上海耀华皮尔金顿玻璃股份有限公司、道康宁(中国)投资有限公司、中国南玻集团股份有限公司、杭州之江有机硅化工有限公司、信义玻璃集团有限公司、郑州中原应用技术研究开发有限公司、郑州富龙新材料科技有限公司、无锡赛利分子筛有限公司、成都硅宝科技股份有限公司、广州市白云化工实业有限公司、创奇公司、东营胜明玻璃有限公司。

本标准主要起草人:嵇书伟、刘志付、李勇、王立祥、董凤龙、李晓杰、石新勇、王铁华、王文开、刘明、孙大海、许武毅、李步春、李新达。

本标准所代替标准的历次版本发布情况为:

——GB 7020—1986;

——GB 11944—1989;

——GB/T 11944—2002。

中 空 玻 璃

1 范围

本标准规定了中空玻璃的术语和定义、分类、要求、试验方法、检验规则、包装、标志、运输和贮存。

本标准适用于建筑及建筑以外的冷藏、装饰和交通用中空玻璃，其他用途的中空玻璃可参照使用。

2 规范性引用文件

下列文件对于本文件的应用是必不可少的。凡是注日期的引用文件，仅注日期的版本适用于本文件。凡是不注日期的引用文件，其最新版本(包括所有的修改单)适用于本文件。

GB/T 1216 外径千分尺

GB/T 8170 数值修约规则与极限数值的表示和判定

GB/T 22476 中空玻璃稳态 U 值(传热系数)的计算及测定

3 术语和定义

下列术语和定义适用于本文件。

3.1

中空玻璃 insulating glass unit

两片或多片玻璃以有效支撑均匀隔开并周边粘接密封，使玻璃层间形成有干燥气体空间的玻璃制品。

注：制作中空玻璃的各种材料的质量与中空玻璃使用寿命密切相关，使用符合标准规范的材料生产的中空玻璃，其使用寿命一般不少于15年，参见附录A。

4 分类

4.1 按形状分类

平面中空玻璃；

曲面中空玻璃。

4.2 按中空腔内气体分类

普通中空玻璃：中空腔内为空气的中空玻璃；

充气中空玻璃：中空腔内充入氩气、氪气等气体的中空玻璃。

5 材料

5.1 玻璃

可采用平板玻璃、镀膜玻璃、夹层玻璃、钢化玻璃、防火玻璃、半钢化玻璃和压花玻璃等。所用玻璃应符合相应标准要求。

5.2 边部密封材料

中空玻璃边部密封材料应符合相应标准要求，应能够满足中空玻璃的水气和气体密封性能并能保持中空玻璃的结构稳定。密封胶的粘结性能、边部密封材料水气渗透率参见附录B、附录C。

5.3 间隔材料

间隔材料可为铝间隔条、不锈钢间隔条、复合材料间隔条、复合胶条等，并应符合相关标准和技术文件的要求。

5.4 干燥剂

干燥剂应符合相关标准要求。

6 要求

中空玻璃的性能及试验方法应符合表1中相应条款的规定。

表1 中空玻璃性能要求

项目	要求		试验方法
	普通中空玻璃	充气中空玻璃	
尺寸偏差	6.1	6.1	7.1
外观质量	6.2	6.2	7.2
露点	6.3	6.3	7.3
耐紫外线辐照性能	6.4	6.4	7.4
水气密封耐久性能	6.5	6.5	7.5
初始气体含量	—	6.6	7.6
气体密封耐久性能	—	6.7	7.7
U值	6.8	6.8	7.8

6.1 尺寸偏差

6.1.1 中空玻璃的长度及宽度允许偏差见表2。

表2 长(宽)度允许偏差　　　　单位为毫米

长(宽)度L	允许偏差
$L<1\ 000$	±2
$1\ 000\leqslant L<2\ 000$	+2、−3
$L\geqslant 2\ 000$	±3

6.1.2 中空玻璃的厚度允许偏差见表3。

表 3 厚度允许偏差

单位为毫米

公称厚度 D	允许偏差
$D<17$	±1.0
$17\leqslant D<22$	±1.5
$D\geqslant 22$	±2.0
注：中空玻璃的公称厚度为玻璃原片公称厚度与中空腔厚度之和。	

6.1.3 中空玻璃对角线差

矩形平面中空玻璃对角线差应不大于对角线平均长度的 0.2%。曲面和异形中空玻璃对角线差由供需双方商定。

6.1.4 叠差

平面中空玻璃的最大叠差应符合表 4 的规定。

表 4 允许叠差

单位为毫米

长(宽)度 L	允许叠差
$L<1\ 000$	2
$1\ 000\leqslant L<2\ 000$	3
$L\geqslant 2\ 000$	4
注：曲面和有特殊要求的中空玻璃的叠差由供需双方商定。	

6.1.5 中空玻璃的胶层厚度

中空玻璃外道密封胶宽度应≥5 mm；复合密封胶条的胶层宽度为 8 mm±2 mm；内道丁基胶层宽度应≥3 mm，特殊规格或有特殊要求的产品由供需双方商定。

6.2 外观质量

中空玻璃的外观质量应符合表 5 的规定。

表 5 中空玻璃外观质量

项　目	要　求
边部密封	内道密封胶应均匀连续，外道密封胶应均匀整齐，与玻璃充分粘结，且不超出玻璃边缘
玻璃	宽度≤0.2 mm、长度≤30 mm 的划伤允许 4 条/m^2，0.2 mm<宽度≤1 mm、长度≤50 mm 划伤允许 1 条/m^2；其他缺陷应符合相应玻璃标准要求
间隔材料	无扭曲，表面平整光洁；表面无污痕、斑点及片状氧化现象
中空腔	无异物
玻璃内表面	无妨碍透视的污迹和密封胶流淌

6.3 露点

中空玻璃的露点应<－40 ℃。

6.4 耐紫外线辐照性能

试验后，试样内表面应无结雾、水气凝结或污染的痕迹且密封胶无明显变形。

6.5 水气密封耐久性能

水分渗透指数 $I \leqslant 0.25$，平均值 $I_{av} \leqslant 0.20$。

6.6 初始气体含量

充气中空玻璃的初始气体含量应≥85%(V/V)。

6.7 气体密封耐久性能

充气中空玻璃经气体密封耐久性能试验后的气体含量应≥80%(V/V)。

6.8 *U* 值

由供需双方商定是否有必要进行本项试验。

7 试验方法

7.1 尺寸偏差

7.1.1 中空玻璃长、宽偏差、对角线差用精度为 1.0 mm 的钢卷尺或钢直尺测量；胶层宽度和叠差用精度为 0.5 mm 的钢卷尺或钢直尺测量。

7.1.2 中空玻璃厚度用符合 GB/T 1216 规定的精度为 0.01 mm 的外径千分尺或精度为 0.02 mm 的游标卡尺，在距玻璃边缘 15 mm 内的四边中点测量。测量结果的算术平均值即为厚度值。

7.1.3 使用最小刻度为 0.5 mm 的钢直尺沿玻璃周边测量，读取叠差最大值，如图 1 所示。

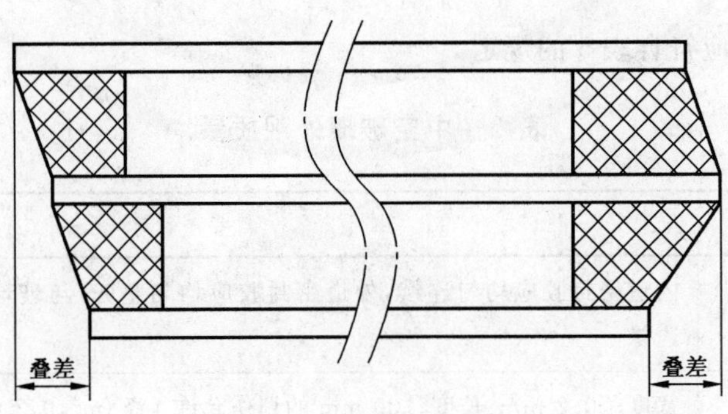

图 1 叠差示意图

7.1.4 内道密封胶的宽度在丁基胶最窄处测量，外道密封胶的宽度在内道密封胶与外道密封胶交界处至外道密封胶外边缘最窄处测量，如图 2 所示。复合密封胶条的宽度如图 3 所示。

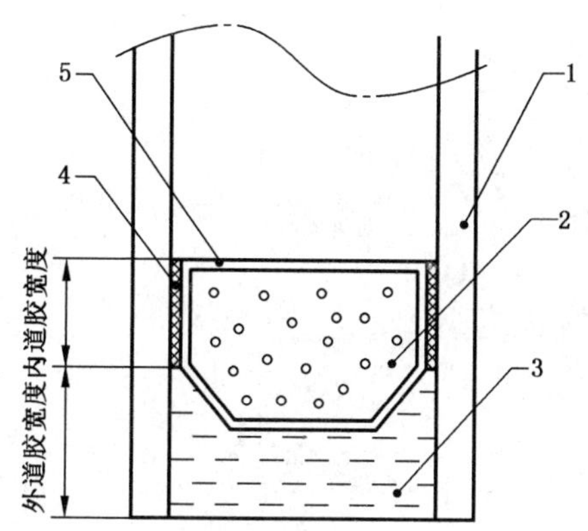

说明：

1——玻璃；

2——干燥剂；

3——外道密封胶；

4——内道密封胶；

5——间隔框。

图 2 胶层宽度示意

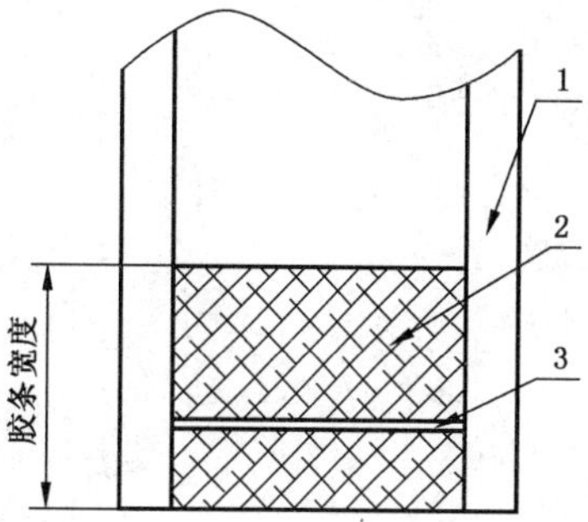

说明：

1——玻璃；

2——胶条；

3——支撑带。

图 3 胶条宽度示意

7.2 外观

用制品或试样进行检测，在较好的自然光或散射光背景光照条件下，距中空玻璃正面 600 mm 处，用肉眼进行观测。划伤宽度用放大 10 倍，精度为 0.1 mm 的读数显微镜测量；划伤的长度用精度为 0.5 mm 的钢直尺测量。

7.3 露点试验

7.3.1 试样

试样为制品或与制品相同材料、在同一工艺条件下制作的尺寸为 510 mm×360 mm 的试样，数量为 15 块。

7.3.2 试验条件

试验在 23 ℃±2 ℃，相对湿度 30%～75%的环境中进行。试验前全部试样在该环境中放置至少 24 h。

7.3.3 试验设备

露点仪应满足：测量面为铜质材料，ϕ(50 mm±1 mm)、厚度 0.5 mm；温度测量范围可以达到 −60 ℃，精度≤1 ℃(见图 4)。

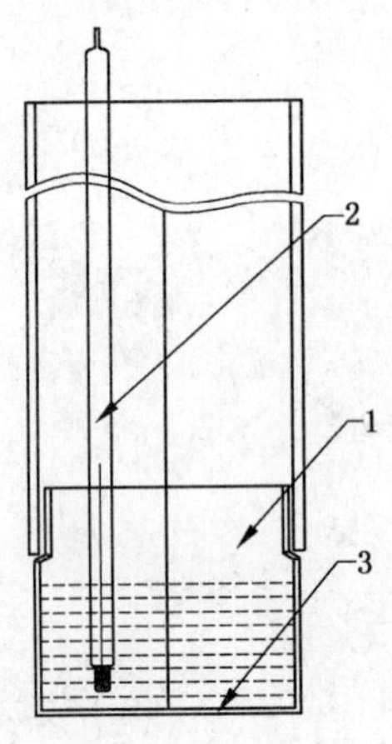

说明：
1——铜槽；
2——温度计；
3——测量面。

图4 露点仪示意图

7.3.4 试验步骤

向露点仪内注入深约25 mm的乙醇或丙酮，再加入干冰，使其温度降低到等于或低于－60 ℃开始露点测试，并在试验中保持该温度。

将试样水平放置，在上表面涂一层乙醇或丙酮，使露点仪与该表面紧密接触，停留时间按表6的规定。

表6 露点测试时间

原片玻璃厚度/mm	接触时间/min
≤4	3
5	4
6	5
8	7
≥10	10

移开露点仪，立刻观察玻璃试样的内表面有无结露或结霜。

如无结霜或结露，露点温度记为－60 ℃。

如结露或结霜，将试样放置到完全无结霜或结露后，提高露点仪温度继续测量，每次提高5 ℃，直至测量到－40 ℃，记录试样最高的结露温度，该温度为试样的露点温度。

对于两腔中空玻璃露点测试应分别测试中空玻璃的两个表面。

7.4 耐紫外线辐照试验

7.4.1 试样

试样为与制品相同材料、在同一工艺条件下制作的尺寸为510 mm×360 mm的平面中空玻璃试样，数量为2块。

两腔中空玻璃的试样为4块。

7.4.2 试验设备

紫外线试验箱箱体尺寸为560 mm×560 mm×560 mm，内装由紫铜板制成的ϕ150 mm的冷却盘两个，如图 5 所示。光源为功率 300 W、在 315 nm～380 nm 波长范围内辐照强度≥40 W/m^2 的紫外灯。试验箱内温度控制在 50 ℃±3 ℃。辐照强度达不到时应更换紫外灯。

单位为毫米

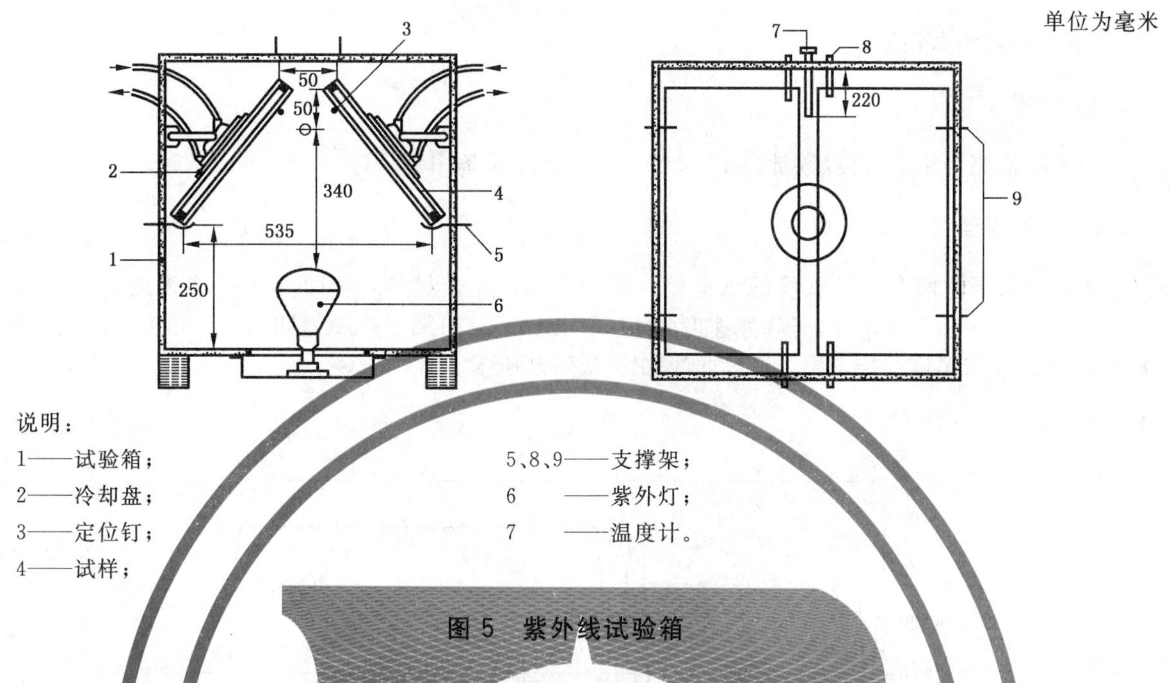

说明：

1——试验箱；

2——冷却盘；

3——定位钉；

4——试样；

5、8、9——支撑架；

6 ——紫外灯；

7 ——温度计。

图 5 紫外线试验箱

7.4.3 试验步骤

在试验箱内放 2 块试样，试样中心与光源相距 300 mm，在每块试样表面各放置冷却盘，然后连续通水冷却，进口水温保持在 16 ℃±2 ℃，冷却板进出口水温相差不得超过 2 ℃。连续照射 168 h 后，将试样移出，散射光背景光照条件下(如图 6 所示)距试样 600 mm 观察。如果观察到玻璃内表面出现冷凝现象，将试样放到 23 ℃±2 ℃温度下存放一周，擦净表面观察。

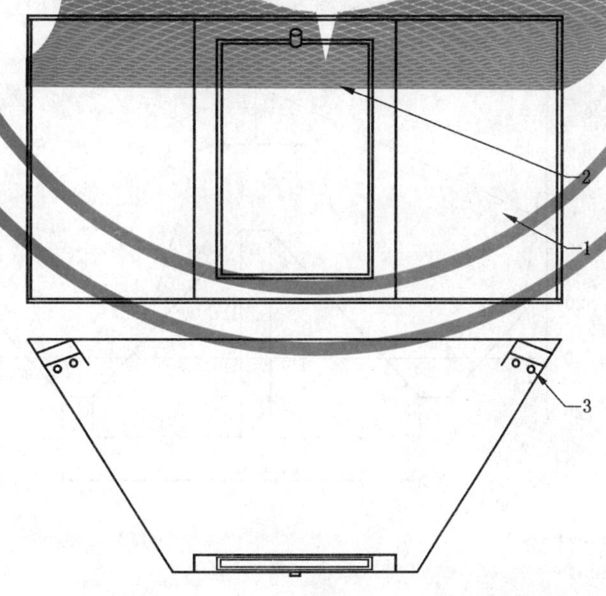

说明：

1——箱体；

2——试样；

3——日光灯。

图 6 观察箱示意图

对于两腔中空玻璃，如果两个腔的结构和材料相同，应先将试样分别拆成两个单腔中空玻璃，然后进行试验；如果结构或材料不同，应先将试样拆成不同的两组试样，然后分别进行试验。

7.5 水气密封耐久性试验

7.5.1 试样

经7.3检测合格的试样，数量为15块(11块试验、4块备用)。

7.5.2 试验设备

能够提供下述两个阶段试验的试验箱。第1阶段：56个循环，每12 h为一个温度循环，温度从−18 ℃±2 ℃～53 ℃±1 ℃，升降温速度为14 ℃/h±2 ℃/h；第2阶段：温度在58 ℃±1 ℃、相对湿度大于95%的环境温度保持7周。温度曲线如图7、图8所示。

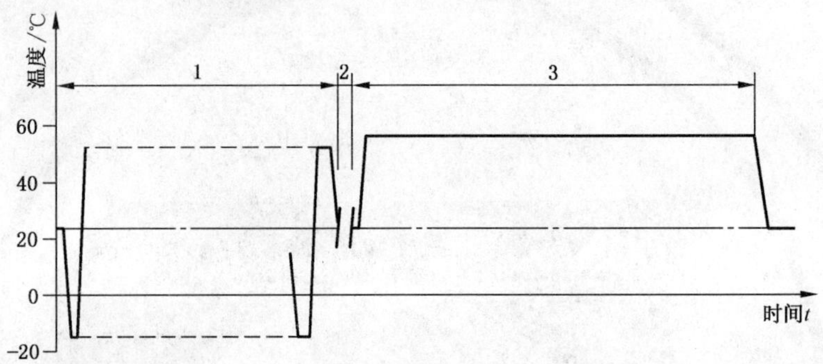

说明：

1——第1阶段高低温循环试验；

2——使用两个试验箱时，将试样从第一阶段试验箱移到第二阶段试验箱的最大时间间隔为4 h；

3——第2阶段恒温恒湿试验。

图7 水气密封耐久性试验温度曲线

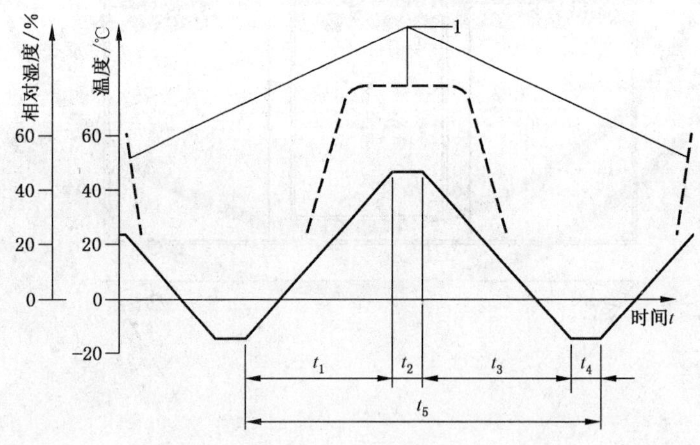

说明：

t_1——加热阶段(5 h±1 min)；

t_2——保温阶段(1 h±1 min)；

t_3——制冷阶段(5 h±1 min)；

t_4——保温阶段(1 h±1 min)；

t_5——一个循环周期(12 h)；

1——试验箱温度大于23 ℃时(虚线范围内)相对湿度应≥95%。

图8 高低温循环阶段温度随时间以及湿度随时间的变化曲线

7.5.3 试验程序

试验试样按露点温度由高到低的顺序编号，露点温度等于或低于－60 ℃时随机编号，对于两腔中空玻璃任取一面的露点温度排序，按表7的规定选择试样进行试验。

表7 加速耐久性试验的试样分配

试样编号	试验内容
7、8、9、10	干燥剂初始水分含量的测定
4、5、6、11、12	水气密封耐久性试验和干燥剂最终水分含量测定
2、3、13、14	备用试样
1、15	干燥剂标准水分含量的测定

按附录D分别测定4块试样的干燥剂初始水分含量 T_i，取其平均值为干燥剂初始水分含量。

按附录D分别测定1、15号试样的干燥剂标准水分含量 T_c，取其平均值为干燥剂标准水分含量。

将5块水气密封耐久性试样垂直放入试验箱，试样间距离应不小于15 mm。试验过程中允许1块试样破坏，取1块备用试样重新试验。

水气密封耐久性试验后，按附录D测定干燥剂最终水分含量 T_f。

水分渗透指数按式 $I=\frac{T_f-T_i}{T_c-T_i}$ 计算5块试样的 I 值和5块试样 I 值的平均值 I_{av}，计算结果修约至小数点后3位。

两腔中空玻璃分别计算两腔的水分渗透指数。

7.6 初始气体含量

7.6.1 试样

3块充气中空玻璃制品或3块未经水气密封耐久性试验的与制品相同材料、在同一工艺条件下制作的规格为510 mm×360 mm的试样。

7.6.2 试验条件

试验在23 ℃±2 ℃，相对湿度30%～75%的环境中进行。试验前全部试样在该环境放置至少24 h。

7.6.3 试验设备

顺磁性氧分析仪，仪器分辨率在0.1%，精度应≤±1.0%（V/V）。其他符合要求的仪器也可使用。

7.6.4 试验过程

7.6.4.1 仪器校准

试验前应对氧分析仪进行校准，校准分别使用已经确定氧气浓度的干燥空气和纯度为99.99%以上的氩气或氪气。其他仪器在试验前也应进行校准。

7.6.4.2 取气

试样竖直放置，用尖锥在试样中部将间隔框穿透，立即将排空气体的气密注射器穿过胶垫插入中空玻璃中，如图9所示，将中空腔中的气体抽入注射器，然后再把注射器里的气体推入中空腔，如此反复进行两次后，将20 mL气体试样抽入注射器。

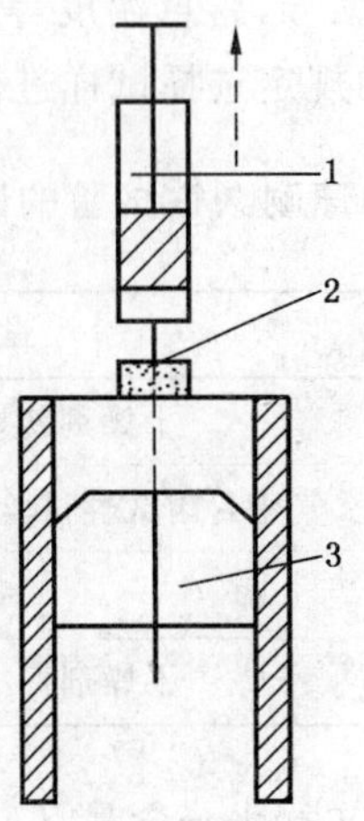

说明：
1——气密注射器；
2——胶垫；
3——中空玻璃间隔框。

图9 取气示意图

7.6.4.3 测量

将取好气体试样的注射器插入仪器进气口，然后将气体缓慢注入分析仪，显示器数值稳定后即为测量结果。

两腔中空玻璃分别测量。

7.7 气体密封耐久性能

7.7.1 试样

4块与制品相同材料在同一工艺条件下制作的规格为510 mm×360 mm的充气中空玻璃试样(3块试验、1块备用)。

7.7.2 试验设备

符合7.5.2温度变化要求的试验箱、顺磁性氧分析仪。

7.7.3 试验过程

将3块试样垂直放入试验箱，试样间的距离应不小于15 mm。试验过程中允许1块试样破坏，更换备份试样重新试验。试验首先按7.5.2第一阶段的试验方法，进行28个高低温循环试验，然后按第二阶段的试验方法进行4周的恒温恒湿试验。试验后将试样在温度23 ℃±2 ℃，相对湿度30%～75%的环境中放置至少24 h，按7.6测量气体含量。

两腔中空玻璃分别测量。

7.8 *U*值

中空玻璃*U*值按GB/T 22476方法计算或测定。

8 检验规则

8.1 检验分类

8.1.1 型式检验

型式检验包括技术要求中的全部检验项目。

有下列情况之一时,应进行型式检验:

a) 生产过程中,如结构、材料、工艺有较大改变,可能影响产品性能时;

b) 正常生产时,定期或积累一定产量后,应周期性进行一次检验;

c) 产品长期停产后,恢复生产时;

d) 出厂检验结果与上次型式检验有较大差异时;

e) 国家质量监督机构提出型式检验时。

8.1.2 出厂检验

出厂检验包括外观质量、尺寸偏差、露点、充气中空玻璃的初始气体含量。若要求增加其他检验项目由供需双方商定。

8.2 组批与抽样

8.2.1 组批:采用相同材料、在同一工艺条件下生产的中空玻璃500块为一批。

8.2.2 抽样:产品的外观质量、尺寸偏差按表8从交货批中随机抽样进行检验。

表8 抽样方案表

单位为块

批量范围	抽检数	合格判定数	不合格判定数
2～8	2	0	1
9～15	3	0	1
16～25	5	1	2
26～50	8	1	2
51～90	13	2	3
91～150	20	3	4
151～280	32	5	6
281～500	50	7	8

产品的露点和充气中空玻璃初始气体含量在交货批中,随机抽取性能要求的数量进行检验。

对于产品所要求的其他技术性能,若用制品检验时,根据检验项目所要求的数量从该批产品中随机抽取。若用试样进行检验时,应采用相同材料、在同一工艺条件下制作的试样。当检验项目为非破坏性试验时可继续进行其他项目的检测。

8.3 判定规则

8.3.1 外观质量、尺寸偏差

若不合格品数等于或大于表8的不合格判定数,则认为该批产品的外观质量、尺寸偏差不合格。

8.3.2 露点

取15块试样进行露点检测,全部合格该项性能合格。

8.3.3 耐紫外线辐照

取2块试样进行耐紫外线辐照试验,2块试样均合格该项性能合格。

8.3.4 水气密封耐久性能

取5块试样进行水气密封耐久性试验,水分渗透指数均合格该项性能合格。

8.3.5 初始气体含量

取3块试样进行初始气体含量试验,3块试样均合格该项性能合格。

8.3.6 气体密封耐久性能

取3块试样进行气体密封耐久性试验,3块试样均合格该项性能合格。

8.3.7 批次合格判定

型式检验时,若上述各项有一项不合格,则认为该批产品不合格。

出厂检验时,若出厂检验项目有一项不合格,则认为该批产品不合格。

9 包装、标志、运输和贮存

9.1 包装

中空玻璃可采用木箱、集装箱或集装架包装,包装箱应符合国家有关标准规定。玻璃之间以及玻璃与包装箱之间应用不易划伤玻璃的间隔材料隔开。

9.2 标志

标志应符合国家有关标准的规定,应包括产品名称、厂名、厂址、商标、规格、数量、生产日期、执行标准。且应标明“朝上、轻搬正放、防雨、防潮、小心破碎”等字样。

9.3 运输

产品运输应符合国家有关规定。

运输时,不得平放,长度方向应与运输车辆运动方向一致,应有防雨措施。

9.4 贮存

产品应垂直放置,贮存于干燥的室内。

附　录　A
（资料性附录）
中空玻璃失效原因及使用寿命

在中空玻璃构件中，间隔条、干燥剂、密封胶（或复合型材料）与玻璃形成了中空玻璃的边部密封系统。边部密封系统的质量决定了中空玻璃的使用寿命。

中空玻璃腔体内有目视可见的水气产生，即为中空玻璃失效。

由于环境中的水气会不断从中空玻璃的边部向中空腔内渗透，边部密封系统中的干燥剂会因不断吸附水分子而最终丧失水气吸附能力，导致中空玻璃中空腔内水气含量升高而失效。

由于环境温度的变化，中空玻璃中空腔内气体始终处于热胀或冷缩状态，使密封胶长期处于受力状态，同时环境中的紫外线、水和潮气的作用都会加速密封胶的老化，从而加快水气进入中空腔内的速度，最终使中空玻璃失效。

中空玻璃失效，即为中空玻璃使用寿命的终止。

中空玻璃的使用寿命与边部材料（如间隔条、干燥剂、密封胶）的质量和中空玻璃的制作工艺有直接关系。中空玻璃使用寿命的长短，也受安装状况、使用环境的影响。

中空玻璃的预期使用寿命至少应为 15 年。

附 录 B
（资料性附录）
边部密封粘结性能

B.1 要求

中空玻璃用外道密封材料应有足够的内聚力和粘结力，试样的拉伸试验在图 B.1 所示的 *OAB* 测试区域内，应无玻璃与密封胶的粘接破坏且无密封胶内聚破坏，见图 B.2。

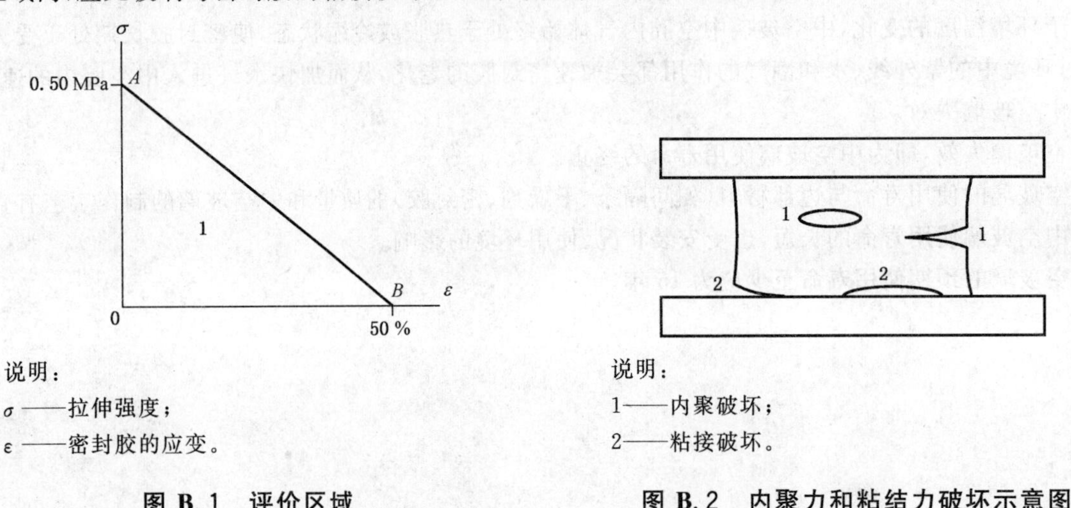

说明：

σ ——拉伸强度；

ε ——密封胶的应变。

图 B.1 评价区域

说明：

1——内聚破坏；

2——粘接破坏。

图 B.2 内聚力和粘结力破坏示意图

B.2 试验方法

B.2.1 试样

测试试样由玻璃-密封材料-玻璃构成，如图 B.3 所示。

分别用两块尺寸为 75 mm×12 mm×6 mm 的玻璃，制成如图 B.3 所示的试样 4 组，每组数量为 7 个。试样在温度 23 ℃±2 ℃，相对湿度 50%±5%的环境下放置 21 天，之后按 B.2.2 老化试验分别处理 4 组试样。

单位为毫米

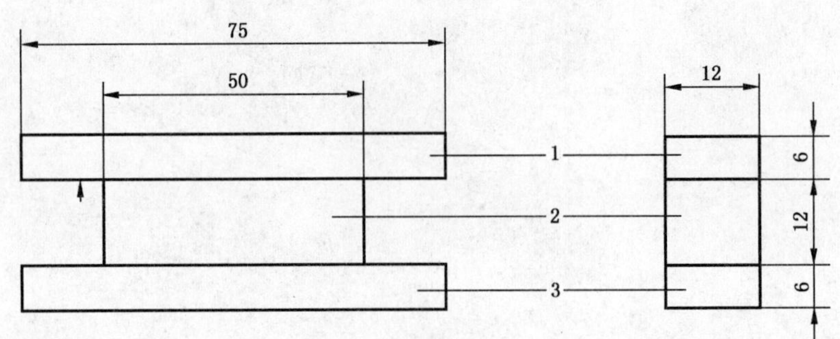

说明：

1、3——玻璃；

2 ——密封胶。

图 B.3 粘结性能试样示意图

B.2.2 试样老化试验过程

B.2.2.1 标准条件

将一组试样在温度 23 ℃±2 ℃、湿度 50%±5%的环境下放置至少 168 h。

B.2.2.2 水浸

将一组试样在 20 ℃±5 ℃的去离子水中浸泡 168 h 后，在 23 ℃±2 ℃环境下放置 24 h。

B.2.2.3 紫外线辐照

将一组试样放置在波长 315 nm～380 nm 辐照强度为(40±5) W/m^2 紫外线灯下暴露 96 h，紫外线灯光应垂直于玻璃表面，光源与试样的距离为 300 mm。之后将试样在 23 ℃±2 ℃环境下放置 24 h。

B.2.2.4 热暴露

将一组试样放置在 60 ℃±2 ℃的烘箱中保温 168 h 后，在 23 ℃±2 ℃环境下放置 24 h。

B.2.3 试验设备

电子万能材料试验机。

B.2.4 试验程序

在进行拉伸试验前，记录试样粘接面积和拉伸前的初始长度。以(5±0.25)mm/min 的速度进行拉伸试验，记录最大拉伸负荷及密封胶变形量，计算最大应力值。试验环境温度为 23 ℃±2 ℃。

记录应力/应变曲线与图 B.1 中的 *AB* 线相交时应力和应变值，忽略 7 个结果中的最大值和最小值，计算剩余 5 个应力和应变测量值的算术平均值。

如果应力/应变曲线与图 B.1 中的 *AB* 线相交时应力值小于最大应力值，试样无内聚力和粘结力的破坏。

B.2.5 应用

在更换密封胶时，应进行边部密封粘结性能试验，对应于每一个相应的测试条件，新密封材料应力曲线在与 *AB* 线上的交点与原密封材料测试时交点的应力值在 20% 的变化范围或相差不应超过 0.02 MPa，且试样无内聚力和粘结力的破坏。

否则，更换密封胶后应进行中空玻璃水气密封耐久性和气体密封耐久性检测。

附 录 C
（资料性附录）
边部密封材料水气渗透率

C.1 术语和定义

水气渗透率

一定厚度的材料在特定的温度和湿度条件下，单位面积试样 24 h 透过水分的量。

C.2 试验方法

C.2.1 试验设备

C.2.1.1 测试盘

测试盘应选用非腐蚀性轻质材料，盘口面积约为 100 cm^2。如图 C.1 所示。

图 C.1 测试盘示意图

C.2.1.2 天平

精度为 1×10^{-4} g 的电子天平。

C.2.2 试验程序

将需要测试的密封材料制成厚度为 2 mm±0.1 mm 薄片、直径与盘口尺寸一致的试样，在测试盘中装入水分含量＜5％的分子筛，分子筛的表面到试样的距离≤6 mm，将试样安装到测试盘上，立即称量其质量，然后将测试盘放到 23 ℃±2 ℃、湿度≥90％的测试箱。定期对测试盘称量，两次连续称量之间的时间差不能超过 1％。每次称量后均需摇动干燥剂，以使吸附均匀。记录称量的间隔时间和增加的质量，直到前后两次质量增量相差≤5％时，认为是吸附平衡。

C.3 结果的计算和分析

C.3.1 结果计算

C.3.1.1 图解

用质量与时间的坐标图分析测量结果。当坐标中至少 6 个测量点可以连成一直线时，可以认为测量达到了稳定状态，这条直线的斜率就是水气渗透率。

C.3.1.2 计算

水气渗透率 $MVTR=\frac{G}{t \cdot A}$ $(g \cdot m^{-2} \cdot d^{-1})$

t ——平衡后连续两次测量的间隔时间，单位为天(d)；

G ——t 时间内的质量增加量，单位为克(g)；

A ——测试盘口面积，单位为平方米(m^2)。

C.3.2 应用

当更换密封胶时，应进行密封胶水气渗透率测试。

对于水分渗透指数 I 值<0.1 的中空玻璃，在其他生产条件都不变的情况下，密封胶的水气渗透率与原密封胶相比，应≤20%。

对于水分渗透指数 I 值介于 0.1～0.2 之间的中空玻璃，在其他生产条件都不变的情况下，密封胶的水气渗透率应不大于原密封胶。

否则，更换密封胶后应进行中空玻璃水气密封耐久性检测。

当密封胶的水气渗透率>15 $g \cdot m^{-2} \cdot d^{-1}$，外道密封胶的宽度应≥7 mm；当密封胶的水气渗透率≤15 $g \cdot m^{-2} \cdot d^{-1}$，外道密封胶的宽度应≥5 mm。

附 录 D
（规范性附录）
干燥剂水分含量测定

D.1 高温干燥法测定水分含量

D.1.1 适用范围

本方法适用于灌装在中空玻璃金属槽型间隔框内的块状、颗粒状干燥剂。

D.1.2 试验设备

能加热到 950 ℃的电阻炉、精度为 1×10^{-4} g 的电子天平、干燥器、洁净干燥的坩埚若干个。

D.1.3 试验环境条件

试验在 23 ℃±2 ℃，相对湿度 30%～75%的环境中进行。

D.1.4 试验程序

D.1.4.1 干燥剂初始水分含量测定

D.1.4.1.1 干燥剂的取出

方法一：将玻璃与密封材料割开，去除第一层玻璃，使间隔框暴露，必要时可用同样方法去除第二层玻璃。在距充装干燥剂的间隔框角部约 60 mm 处锯开，将最初的 3 g～5 g 干燥剂弃掉后，取出 20 g～30 g 干燥剂。操作过程应在 5 min 内完成。

方法二：在距充装干燥剂的间隔框角部约 60 mm 处，除去密封胶约 10 mm，暴露间隔框，用电钻在间隔框外壁上打一直径≥6 mm 的孔(孔不要穿透间隔框内壁)，将最初的 3 g～5 g 干燥剂弃掉后，取出 20 g～30 g 干燥剂。操作过程应在 5 min 内完成。

D.1.4.1.2 测定

将从中空玻璃中取出的干燥剂装入已恒重的坩埚(质量为 m_0)中，2 min 之内称量其总质量 m_i。之后将该坩埚放入电阻炉中，在 60 min±20 min 内，A 类干燥剂升温至 950 ℃±20 ℃，B 类干燥剂升温至 350 ℃±10 ℃，并在相应温度下保持 120 min±5 min，取出后在干燥器中冷却到室温，然后称量其总质量 m_r。干燥剂初始水分含量按下式计算：

干燥剂初始水分含量 $$T_i=\frac{m_i-m_r}{m_r-m_0}$$

计算结果修约至小数点后 4 位。

中空玻璃干燥剂初始水分含量为 4 块中空玻璃试样的算术平均值。

D.1.4.2 干燥剂最终水分含量测定

将经过水气密封耐久性试验的 5 块中空玻璃试样按 D.1.4.1.1 将干燥剂取出，再按 D.1.4.1.2 的方法分别测量坩埚质量 m_0、焙烧前质量 m_f 和焙烧后质量 m_r。干燥剂最终水分含量按下式计算：

干燥剂最终水分含量 $$T_f=\frac{m_f-m_r}{m_r-m_0}$$

计算结果修约至小数点后4位。

分别计算5块试样的最终水分含量。

D.1.4.3 干燥剂标准水分含量测定

D.1.4.3.1 配置饱和溶液

在干燥器中加入适量去离子水，不断加入氯化钙晶体，并搅拌，直至出现未能溶解的氯化钙晶体为止。

在整个测试过程中，要保证溶液中持续有未溶解的氯化钙晶体。

将配置好的饱和溶液在干燥器中放置24 h后使用。

D.1.4.3.2 测定

按D.1.4.1.1方法将2块中空玻璃的干燥剂取出，装入已恒重的坩埚(质量为m_0)中，将该坩埚放入盛有饱和氯化钙溶液的干燥器中，置于溶液上方约20 mm处。放置4周后称量其质量，再放置1周后再称量，如果两次的质量差不超过0.005 g，则达到恒定质量，后者质量记为m_c，如果质量差超过0.005 g，再继续放置一周，直至质量恒定。

按D.1.4.1.2的方法测量焙烧后质量m_r。干燥剂标准水分含量按下式计算：

干燥剂标准水分含量 $T_c=\frac{m_c-m_r}{m_r-m_0}$

计算结果修约至小数点后4位。

中空玻璃干燥剂标准水分含量为2块中空玻璃试样的算术平均值。

D.2 卡尔费休法测定水分含量

D.2.1 适用范围

适用于干燥剂混合在有机材料中的复合间隔条、U型条的干燥材料、TPS、超级间隔条等。

D.2.2 试验设备

卡尔费休干燥炉、容积法微量水分测定仪、氮气(N_2+Ar含量>99.995%，$H_2O<5\times10^{-6}V/V$)和精度为1×10^{-4} g的电子天平。

D.2.3 试验程序

D.2.3.1 初始和最终水分含量测定

D.2.3.1.1 将卡尔费休干燥炉与容积法微量水分测试仪连接，连接长度不大于200 mm，检查有无漏气。

D.2.3.1.2 取0.01 mL蒸馏水，对卡尔费休试剂进行标定，并记录标定结果。

D.2.3.1.3 准备一张折角的网架，如图D.1所示，称量其质量，记为m_0。

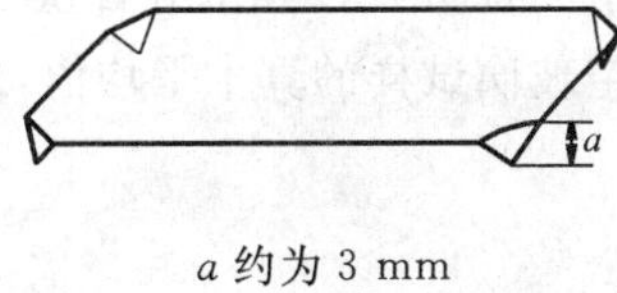

a约为3 mm

图D.1 试样放置网架

D.2.3.1.4 打开中空玻璃，按图D.2所示，从边部的中心取面向中空玻璃腔内部大约0.5 g含有干燥剂的密封胶。

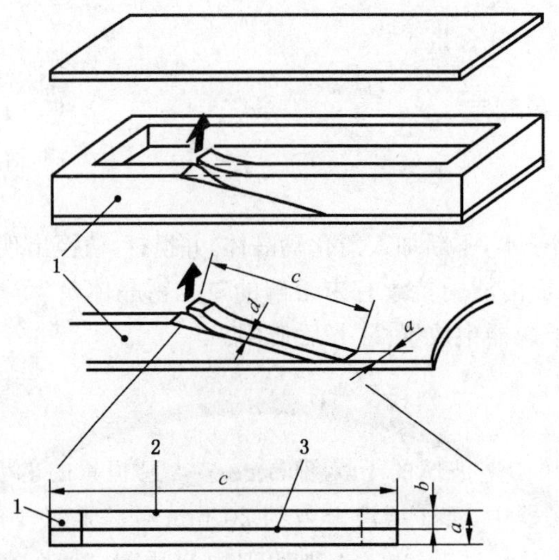

说明：

1——含有干燥剂的密封材料；

2——面向中空玻璃腔的密封材料；

3——将密封胶从中部分开。

图 D.2 干燥剂与有机密封材料混合时的取样方法示意图

D.2.3.1.5 对于带有防水气渗透材料的取样，应先将有机材料与水分渗透阻隔材料分开。取样方法同 D.2.3.1.2。

D.2.3.1.6 将取好的试样放到网架上，如图 D.3 所示，称量总质量。当进行初始水分测量时，把这一质量记为 m_i，当进行最终水分测量时，把这一质量记为 m_f。取样过程应在 15 min 内完成。

D.2.3.1.7

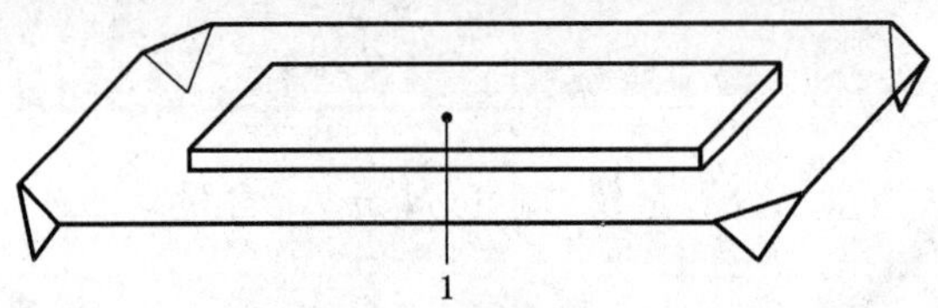

说明：

1——取好的试样。

图 D.3 试样放置图

D.2.3.1.8 将取好的试样连同网架一起放入卡尔费休干燥炉中，炉温控制在 200 ℃±5 ℃，保持氮气流速(200±20)mL/min。

D.2.3.1.9 根据试样质量 m_i-m_0、m_f-m_0 分别计算水分含量 T_i 和 T_f。结果修约至小数点后 4 位。

D.2.3.1.10 初始水分含量为 4 块中空玻璃试样的算术平均值，最终水分含量分别测定 5 块中空玻璃试样。

D.2.3.2 标准水分含量测定

D.2.3.2.1 按 D.2.3.1.4 方法从 2 块中空玻璃试样上各取一条约 2 g 的试样，放到已知质量 m_0 的网架上。

D.2.3.2.2 试样连同网架放在氯化镁饱和溶液干燥器中，置于溶液上方约 20 mm 处，再将干燥器放入温度 55 ℃±2 ℃试验箱内。每 3 周称量一次试样连同网架的质量，当两次称量值差不超过 2×10^{-4} g 时，认为吸附饱和，该质量记为 m_c。

D.2.3.2.3 将试样连同网架一起放入卡尔费休干燥炉中，按 D.2.3.1.8 试验，根据饱和后的试样质量 m_c-m_0 计算水分含量 T_c。结果修约至小数点后 4 位。

D.2.3.2.4 标准水分含量为 2 块中空玻璃试样的算术平均值。

附 录 E
（资料性附录）
中空玻璃光学现象及目视质量的说明

E.1 布鲁斯特阴影

在中空玻璃表面几乎完全平行且玻璃表面质量高时，中空玻璃表面由于光的干涉和衍射会出现布鲁斯特阴影。这些阴影是直线，颜色不同，是由于光谱的分解产生。如果光源来自太阳，颜色由红到蓝。这种现象不是缺陷，是中空玻璃结构所固有的。选用不同厚度的两片玻璃制成的中空玻璃能够减轻这一现象。

E.2 牛顿环

中空玻璃由于制造或环境条件等原因，其两块玻璃在中心部相接触或接近相接触时，会出现一系列由于光干涉产生的彩色同心圆环，这种光学效应称作牛顿环。其中心是在两块玻璃的接触点或接近的点。这些环基本上都是圆形的或椭圆形的。

E.3 由温度和大气压力变化引起的玻璃挠曲

由于温度、环境或海拔高度的变化，会使中空玻璃中空腔内的气体产生收缩或膨胀，从而引起玻璃的挠曲变形，导致反射影像变形。这种挠曲变形是不能避免的，随时间和环境的变化会有所变化。挠曲变形的程度既取决于玻璃的刚度和尺寸，也取决于间隙的宽度。当中空玻璃尺寸小、中空腔薄、单片玻璃厚度大时，挠曲变形可以明显减小。

E.4 外部冷凝

中空玻璃的外部冷凝在室内外均可发生。如果在室内，主要原因是室外温度过低，室内湿度过大。如果是在室外发生冷凝，主要是由于夜间通过红外线辐射使玻璃外表面上的热量散发到室外，使外片玻璃温度低于环境温度，加之外部环境湿度较大造成的。这些现象不是中空玻璃缺陷，而是由于气候条件和中空玻璃结构造成的。

ICS 91.060.10
P 32

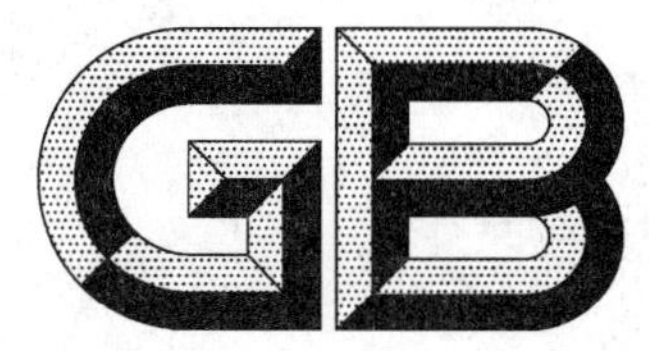

中华人民共和国国家标准

GB/T 15227—2007
代替 GB/T 15226—1994
GB/T 15227—1994
GB/T 15228—1994

建筑幕墙气密、水密、抗风压性能检测方法

Test method of air permeability, watertightness, wind load resistance performance for curtain walls

2007-09-11 发布　　2008-02-01 实施

中华人民共和国国家质量监督检验检疫总局
中国国家标准化管理委员会　发布

前　　言

本标准代替GB/T 15226—1994《建筑幕墙空气渗透性能检测方法》、GB/T 15227—1994《建筑幕墙风压变形性能检测方法》和GB/T 15228—1994《建筑幕墙雨水渗漏性能检测方法》。

——本标准对GB/T 15226—1994《建筑幕墙空气渗透性能检测方法》的主要修订内容如下：

1. 标准名称中的“空气渗透”性能改为“气密”性能；
2. 增加检测负压差下空气渗透量的内容；
3. 对检测装置的主要组成部分及主要仪器测量精度提出具体要求；
4. 减少检测时的加压级数；
5. 增加幕墙整体气密性能检测方法；
6. 增加对附加渗透量的测量方法，提出附加渗透量的限值；
7. 增加单位面积空气渗透量的计算方法。

——本标准对GB/T 15228—1994《建筑幕墙雨水渗漏性能检测方法》的主要修订内容如下：

1. 标准名称中的“雨水渗漏”性能改为“水密”性能；
2. 对检测装置的主要组成部分及主要仪器测量精度提出具体要求；
3. 增加对升压速度的要求；
4. 波动加压的波幅采用四分之一检测压力值；
5. 对波动加压的使用范围作出规定；
6. 提出水密性能工程检测方法的规定。

——本标准对GB/T 15227—1994《建筑幕墙风压变形性能检测方法》的主要修订内容如下：

1. 标准名称中的“风压变形”性能改为“抗风压”性能；
2. 增加工程检测方法；
3. 预备加压由原来的250 Pa改为施加500 Pa脉冲加压3次；
4. 反复加压取消按级递增，直接加至反复加压的最大压力差，反复10次；
5. 对检测装置的主要组成部分及主要仪器测量误差提出具体要求；
6. 对单元式幕墙、全玻幕墙、点支承幕墙的检测提出要求；
7. 增加幕墙面板、支承构件或结构的挠度检测方法。

本标准的附录A、附录B、附录C为资料性附录。

本标准由中华人民共和国建设部提出。

本标准由建设部建筑制品与构配件产品标准化技术委员会归口。

本标准负责起草单位：中国建筑科学研究院。

本标准参加起草单位：广东省建筑科学研究院、上海市建筑科学研究院（集团）有限公司、河南省建筑科学研究院、厦门市建筑科学研究院、广州市建筑科学研究院、江苏省建筑科学研究院有限公司、浙江省建筑科学设计研究院有限公司、上海建筑门窗质量检测站、湖北正格幕墙检测有限公司、深圳市三鑫特种玻璃技术股份有限公司、上海杰思工程实业有限公司、山东省建筑科学研究院。

本标准主要起草人：姜红、王洪涛、杨仕超、陆津龙、谈恒玉、姜仁、刘新生、蔡永泰、刘晓松、张云龙、杨燕萍、施伯年、李善廷、张桂先、刘海韵、田华强、徐勤、赖卫中、邬强。

本标准所代替的标准的历次版本发布情况为：

——GB/T 15226—1994；GB/T 15227—1994；GB/T 15228—1994。

建筑幕墙气密、水密、抗风压性能检测方法

1 范围

本标准规定了建筑幕墙气密、水密及抗风压性能检测方法的术语和定义、检测及检测报告。

本标准适用于建筑幕墙气密、水密及抗风压性能的检测。检测对象只限于幕墙试件本身，不涉及幕墙与其他结构之间的接缝部位。

2 规范性引用文件

下列文件中的条款通过本标准的引用而成为本标准的条款。凡是注日期的引用文件，其随后所有的修改单(不包括勘误的内容)或修订版均不适用于本标准，然而，鼓励根据本标准达成协议的各方研究是否可使用这些文件的最新版本。凡是不注日期的引用文件，其最新版本适用于本标准。

GB/T 21086 建筑幕墙

GB 50178 建筑气候区划

3 术语和定义

下列术语和定义适用于本标准。

3.1

气密性能 air permeability performance

幕墙可开启部分在关闭状态时，可开启部分以及幕墙整体阻止空气渗透的能力。

3.1.1

压力差 pressure difference

幕墙试件室内、外表面所受到的空气绝对压力差值。当室外表面所受的压力高于室内表面所受的压力时，压力差为正值；反之为负值。

3.1.2

标准状态 standard condition

标准状态是指温度为293 K(20℃)、压力为101.3 kPa(760 mmHg)、空气密度为1.202 kg/m^3 的试验条件。

3.1.3

总空气渗透量 volume of air flow

在标准状态下，单位时间通过整个幕墙试件的空气渗透量。

3.1.4

附加空气渗透量 volume of extraneous air leakage

除幕墙试件本身的空气渗透量以外，单位时间通过设备和试件与测试箱连接部分的空气渗透量。

3.1.5

开启缝长 length of opening joint

幕墙试件上开启扇周长的总和，以室内表面测定值为准。

3.1.6

单位开启缝长空气渗透量 volume of air flow through the unit joint length of the opening part

幕墙试件在标准状态下，单位时间通过单位开启缝长的空气渗透量。

3.1.7

试件面积　area of specimen

幕墙试件周边与箱体密封的缝隙所包容的平面或曲面面积。以室内表面测定值为准。

3.1.8

单位面积空气渗透量　volume of air flow through a unit area

在标准状态下，单位时间通过幕墙试件单位面积的空气量。

3.2

水密性能　watertightness performance

幕墙可开启部分为关闭状态时，在风雨同时作用下，阻止雨水渗漏的能力。

3.2.1

严重渗漏　serious water leakage

雨水从幕墙试件室外侧持续或反复渗入试件室内侧，发生喷溅或流出试件界面的现象。

3.2.2

严重渗漏压力差值　pressure difference under serious water leakage

幕墙试件发生严重渗漏时的压力差值。

3.2.3

淋水量　volume of water spray

喷淋到单位面积幕墙试件表面的水流量。

3.3

抗风压性能　wind load resistance performance

幕墙可开启部分处于关闭状态时，在风压作用下，幕墙变形不超过允许值且不发生结构损坏(如：裂缝、面板破损、局部屈服、粘结失效等)及五金件松动、开启困难等功能障碍的能力。

3.3.1

面法线位移　frontal displacement

幕墙试件受力构件或面板表面上任意一点沿面法线方向的线位移量。

3.3.2

面法线挠度　frontal deflection

幕墙试件受力构件或面板表面上某一点沿面法线方向的线位移量的最大差值。

3.3.3

相对面法线挠度　relative frontal deflection

面法线挠度和两端测点间距离 l 的比值。

3.3.4

允许挠度　allowable deflection

主要构件在正常使用极限状态时的面法线挠度的限值。

3.3.5

定级检测　grade testing

为确定幕墙抗风压性能指标值而进行的检测。

3.3.6

工程检测　engineering testing

为确定幕墙是否满足工程设计要求的抗风压性能而进行的检测。

4 检测

检测宜按照气密、抗风压变形 P_1、水密、抗风压反复受压 P_2、安全检测 P_3 的顺序进行。

4.1 气密性能

4.1.1 检测项目

幕墙试件的气密性能，检测 100 Pa 压力差作用下可开启部分的单位缝长空气渗透量和整体幕墙试件(含可开启部分)单位面积空气渗透量。

4.1.2 检测装置

4.1.2.1 检测装置由压力箱、供压系统、测量系统及试件安装系统组成。检测装置的构成如图 1 所示。

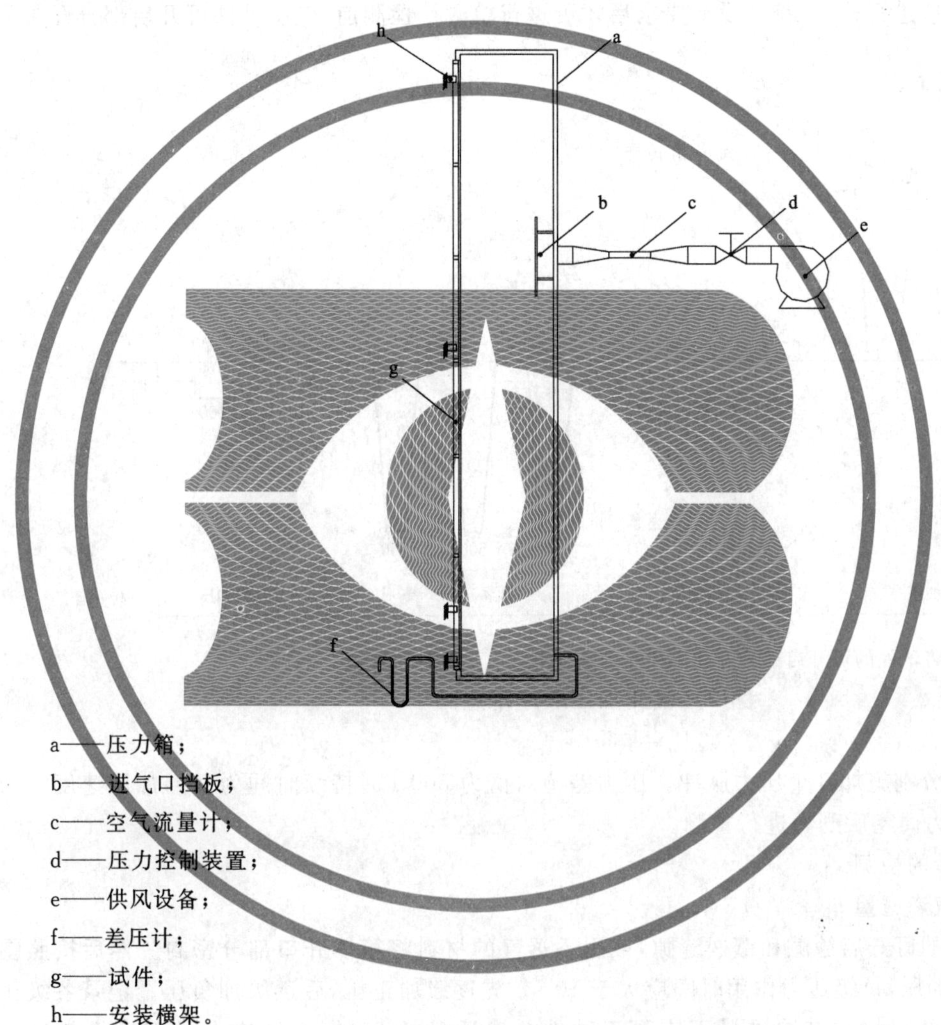

a——压力箱；
b——进气口挡板；
c——空气流量计；
d——压力控制装置；
e——供风设备；
f——差压计；
g——试件；
h——安装横架。

图 1 气密性能检测装置示意

4.1.2.2 压力箱的开口尺寸应能满足试件安装的要求，箱体应能承受检测过程中可能出现的压力差。

4.1.2.3 支承幕墙的安装横架应有足够的刚度，并固定在有足够刚度的支承结构上。

4.1.2.4 供风设备应能施加正负双向的压力差，并能达到检测所需要的最大压力差；压力控制装置应能调节出稳定的压力差。

4.1.2.5 差压计的两个探测点应在试件两侧就近布置，差压计的精度应达到示值的 2%。

4.1.2.6 空气流量计的测量误差不应大于示值的 5%。

4.1.3 试件要求

4.1.3.1 试件规格、型号和材料等应与生产厂家所提供图样一致，试件的安装应符合设计要求，不得加设任何特殊附件或采取其他措施，试件应干燥。

4.1.3.2　试件宽度至少应包括一个承受设计荷载的垂直构件。试件高度至少应包括一个层高，并在垂直方向上应有两处或两处以上和承重结构连接，试件组装和安装的受力状况应和实际情况相符。

4.1.3.3　单元式幕墙应至少包括一个与实际工程相符的典型十字缝，并有一个完整单元的四边形成与实际工程相同的接缝。

4.1.3.4　试件应包括典型的垂直接缝、水平接缝和可开启部分，并使试件上可开启部分占试件总面积的比例与实际工程接近。

4.1.4　检测方法

4.1.4.1　检测前准备

试件安装完毕后应进行检查，符合设计要求后才可进行检测。检测前，应将试件可开启部分开关不少于5次，最后关紧。

检测压差顺序见图2。

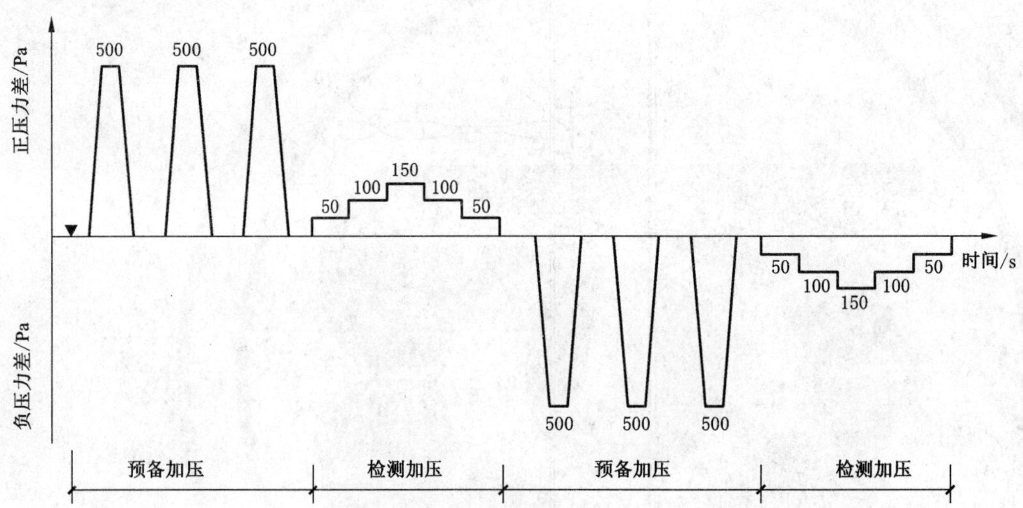

注：图中符号▼表示将试件的可开启部分开关不少于5次。

图2　检测加压顺序示意图

4.1.4.2　预备加压

在正负压检测前分别施加3个压力脉冲。压力差绝对值为500 Pa，持续时间为3 s，加压速度宜为100 Pa/s。然后待压力回零后开始进行检测。

4.1.4.3　空气渗透量的检测

4.1.4.3.1　附加空气渗透量 q_f

充分密封试件上的可开启缝隙和镶嵌缝隙，或用不透气的材料将箱体开口部分密封。然后按照图2检测加压顺序逐级加压，每级压力作用时间应大于10 s。先逐级加正压，后逐级加负压。记录各级压差下的检测值。箱体的附加空气渗透量不应高于试件总渗透量的20%，否则应在处理后重新进行检测。

4.1.4.3.2　总渗透量 q_z

去除试件上所加密封措施后进行检测。检测程序同4.1.4.3.1。

4.1.4.3.3　固定部分空气渗透量 q_g

将试件上的可开启部分的开启缝隙密封起来后进行检测。检测程序同4.1.4.3.1。

注：允许对4.1.4.3.2、4.1.4.3.3检测顺序进行调整。

4.1.5　检测值的处理

4.1.5.1　计算

a)　分别计算出正压检测升压和降压过程中在100 Pa压差下的两次附加渗透量检测值的平均值

$\overline{q_f}$、两个总渗透量检测值的平均值 $\overline{q_z}$，两个固定部分渗透量检测值的平均值 $\overline{q_g}$，则 100 Pa 压差下整体幕墙试件(含可开启部分)的空气渗透量 q_t 和可开启部分空气渗透量 q_k 即可按式(1)计算：

$$q_t = \overline{q_z} - \overline{q_f} \qquad q_k = q_t - \overline{q_g} \tag{1}$$

式中：

q_t——整体幕墙试件(含可开启部分)的空气渗透量，m^3/h；

$\overline{q_z}$——两次总渗透量检测值的平均值，m^3/h；

$\overline{q_f}$——两个附加渗透量检测值的平均值，m^3/h；

q_k——试件可开启部分空气渗透量值，m^3/h；

$\overline{q_g}$——两个固定部分渗透量检测值的平均值，m^3/h。

b) 利用式(2)将 q_t 和 q_k 分别换算成标准状态的渗透量 q_1 值和 q_2 值。

$$q_1 = \frac{293}{101.3} \times \frac{q_t \cdot P}{T} \qquad q_2 = \frac{293}{101.3} \times \frac{q_k \cdot P}{T} \tag{2}$$

式中：

q_1——标准状态下通过整体幕墙试件(含可开启部分)的空气渗透量，m^3/h；

q_2——标准状态下通过试件可开启部分空气渗透量值，m^3/h；

P——试验室气压值，kPa；

T——试验室空气温度值，K。

c) 将 q_1 值除以试件总面积 A，即可得出在 100 Pa 压差作用下，整体幕墙试件(含可开启部分)单位面积的空气渗透量 q'_1 值，即式(3)：

$$q'_1 = \frac{q_1}{A} \tag{3}$$

式中：

q'_1——在 100 Pa 下，整体幕墙试件(含可开启部分)单位面积的空气渗透量，$m^3/(m^2 \cdot h)$；

A——试件总面积，m^2。

d) 将 q_2 值除以试件可开启部分开启缝长 l，即可得出在 100 Pa 压差作用下，幕墙试件可开启部分单位开启缝长的空气渗透量 q'_2 值，即式(4)：

$$q'_2 = \frac{q_2}{l} \tag{4}$$

式中：

q'_2——在 100 Pa 压差作用下，试件可开启部分单位缝长的空气渗透量，$m^3/(m \cdot h)$；

l——试件可开启部分开启缝长，m。

e) 负压检测时的结果，也采用同样的方法，分别按式(1)～式(4)进行计算。

4.1.5.2 分级指标值的确定

采用由 100 Pa 检测压力差作用下的计算值 $\pm q'_1$ 值或 $\pm q'_2$ 值，按式(5)或式(6)换算为 10 Pa 压力差作用下的相应值 $\pm q_A$ 值或 $\pm q_l$ 值。以试件的 $\pm q_A$ 和 $\pm q_l$ 值确定按面积和按缝长各自所属的级别，取最不利的级别定级。

$$\pm q_A = \frac{\pm q'_1}{4.65} \tag{5}$$

$$\pm q_l = \frac{\pm q'_2}{4.65} \tag{6}$$

式中：

q'_1——100 Pa 压力差作用下试件单位面积空气渗透量值，$m^3/(m^2 \cdot h)$；

q_A——10 Pa 压力差作用下试件单位面积空气渗透量值，$m^3/(m^2 \cdot h)$；

q'_2——100 Pa 压力差作用下单位开启缝长空气渗透量值，$m^3/(m \cdot h)$；

q_l——10 Pa 压力差作用下单位开启缝长空气渗透量值，$m^3/(m \cdot h)$。

4.2 水密性能

4.2.1 检测项目

幕墙试件的水密性能，检测幕墙试件发生严重渗漏时的最大压力差值。

4.2.2 检测装置

4.2.2.1 检测装置由压力箱、供压系统、测量系统、淋水装置及试件安装系统组成。检测装置的构成如图 3 所示。

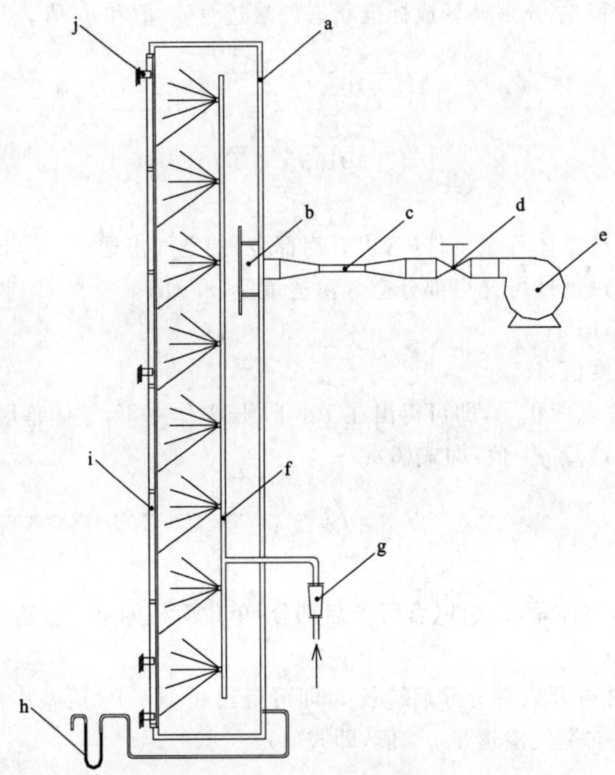

a——压力箱；
b——进气口挡板；
c——空气流量计；
d——压力控制装置；
e——供风设备；
f——淋水装置；
g——水流量计；
h——差压计；
i——试件；
j——安装横架。

图 3 水密性能检测装置示意

4.2.2.2 压力箱的开口尺寸应能满足试件安装的要求；箱体应具有好的水密性能，以不影响观察试件的水密性为最低要求；箱体应能承受检测过程中可能出现的压力差。

4.2.2.3 支承幕墙的安装横架应有足够的刚度和强度，并固定在有足够刚度和强度的支承结构上。

4.2.2.4 供风设备应能施加正负双向的压力差，并能达到检测所需要的最大压力差；压力控制装置应能调节出稳定的压力差，并能稳定的提供 3 s～5 s 周期的波动风压，波动风压的波峰值、波谷值应满足检测要求。

4.2.2.5 差压计的两个探测点应在试件两侧就近布置，精度应达到示值的 2%，供风系统的响应速度应满足波动风压测量的要求。差压计的输出信号应由图表记录仪或可显示压力变化的设备记录。

4.2.2.6 喷淋装置应能以不小于 4 L/(m^2 · min)的淋水量均匀地喷淋到试件的室外表面上，喷嘴应布置均匀，各喷嘴与试件的距离宜相等；装置的喷水量应能调节，并有措施保证喷水量的均匀性。

4.2.3 试件要求

4.2.3.1 试件规格、型号和材料等应与生产厂家所提供图样一致，试件的安装应符合设计要求，不得加设任何特殊附件或采取其他措施，试件应干燥。

4.2.3.2 试件宽度至少应包括一个承受设计荷载的垂直承力构件。试件高度至少应包括一个层高，并在垂直方向上要有两处或两处以上和承重结构相连接。试件的组装和安装时的受力状况应和实际使用情况相符。

4.2.3.3 单元式幕墙至少应包括一个与实际工程相符的典型十字缝，并有一个完整单元的四边形成与实际工程相同的接缝。

4.2.3.4 试件应包括典型的垂直接缝、水平接缝和可开启部分，并且使试件上可开启部分占试件总面积的比例与实际工程接近。

4.2.4 检测方法

4.2.4.1 检测前准备

试件安装完毕后应进行检查，符合设计要求后才可进行检测。检查前，应将试件可开启部分开关不少于 5 次，最后关紧。

检测可分别采用稳定加压法或波动加压法。工程所在地为热带风暴和台风地区的工程检测，应采用波动加压法；定级检测和工程所在地为非热带风暴和台风地区的工程检测，可采用稳定加压法。已进行波动加压法检测可不再进行稳定加压法检测。热带风暴和台风地区的划分按照 GB 50178 的规定执行。

水密性能最大检测压力峰值应不大于抗风压安全检测压力值。

4.2.4.2 稳定加压法

按照图 4、表 1 的顺序加压，并按以下步骤操作：

a) 预备加压：施加三个压力脉冲。压力差绝对值为 500 Pa。加压速度约为 100 Pa/s，压力差持续作用时间为 3 s，泄压时间不少于 1 s。待压力差回零后，将试件所有可开启部分开关不少于 5 次，最后关紧。

表 1 稳定加压顺序表

加压顺序	1	2	3	4	5	6	7	8
检测压力差/Pa	0	250	350	500	700	1 000	1 500	2 000
持续时间/min	10	5	5	5	5	5	5	5
注：水密设计指标值超过 2 000 Pa 时，按照水密设计压力值加压。								

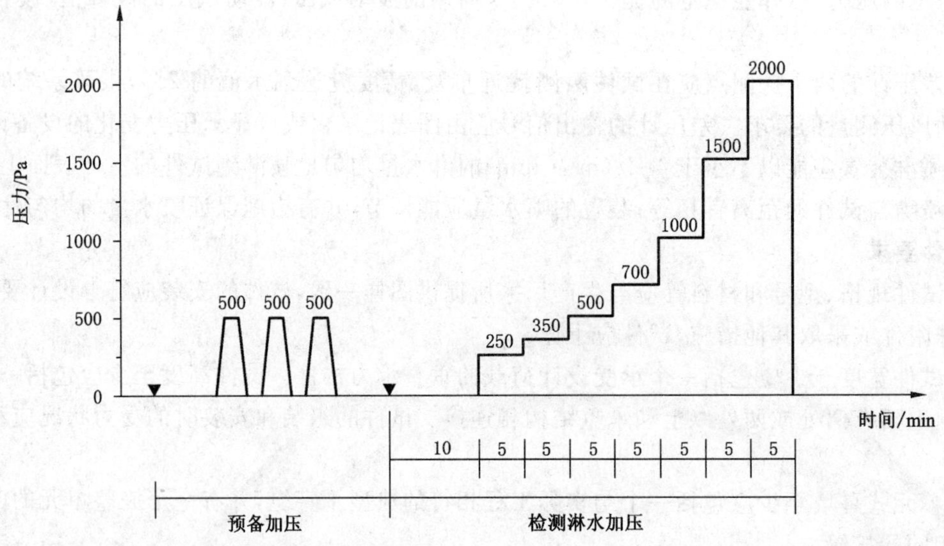

注：图中符号▼表示将试件的可开启部分开关5次。

图4 稳定加压顺序示意图

b) 淋水：对整个幕墙试件均匀地淋水，淋水量为3 L/(m² · min)。

c) 加压：在淋水的同时施加稳定压力。定级检测时，逐级加压至幕墙固定部位出现严重渗漏为止。工程检测时，首先加压至可开启部分水密性能指标值，压力稳定作用时间为15 min或幕墙可开启部分产生严重渗漏为止，然后加压至幕墙固定部位水密性能指标值，压力稳定作用时间为15 min或产生幕墙固定部位严重渗漏为止；无开启结构的幕墙试件压力稳定作用时间为30 min或产生严重渗漏为止。

d) 观察记录：在逐级升压及持续作用过程中，观察并参照表3记录渗漏状态及部位。

4.2.4.3 波动加压法

按照图5、表2顺序加压，并按以下步骤操作：

表2 波动加压顺序表

加压顺序		1	2	3	4	5	6	7	8
波动压力差值	上限值/Pa	—	313	438	625	875	1 250	1 875	2 500
	平均值/Pa	0	250	350	500	700	1 000	1 500	2 000
	下限值/Pa	—	187	262	375	525	750	1 125	1 500
波动周期/s		—	3～5						
每级加压时间/min		10	5						

注：水密设计指标值超过2 000 Pa时，以该压力差为平均值、波幅为实际压力差的1/4。

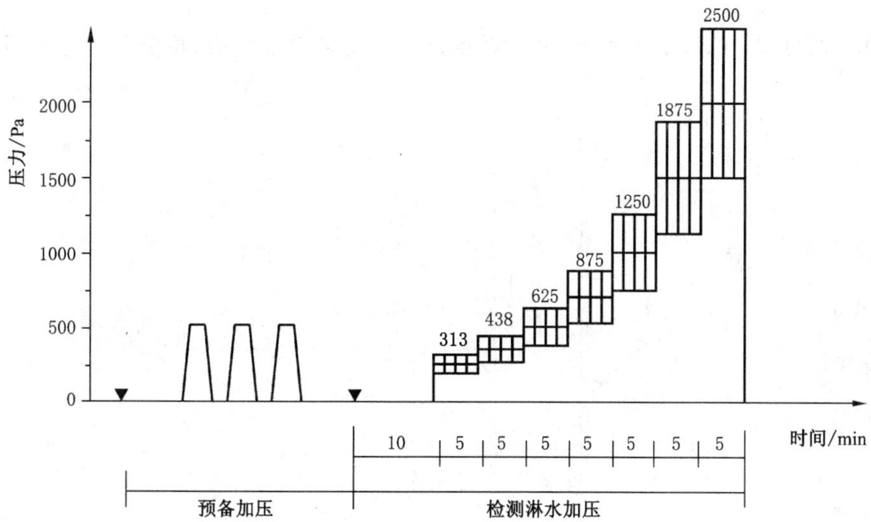

注：图中▼符号表示将试件的可开启部分开关5次。

图5 波动加压示意图

a) 预备加压：施加三个压力脉冲。压力差值为500 Pa。加载速度约为100 Pa/s，压力差稳定作用时间为3 s，泄压时间不少于1 s。待压力差回零后，将试件所有可开启部分开关不少于5次，最后关紧。

b) 淋水：对整个幕墙试件均匀地淋水，淋水量为4 L/(m^2·min)。

c) 加压：在稳定淋水的同时施加波动压力。定级检测时，逐级加压至幕墙试件固定部位出现严重渗漏。工程检测时，首先加压至可开启部分水密性能指标值，波动压力作用时间为15 min或幕墙试件可开启部分产生严重渗漏为止，然后加压至幕墙固定部位水密性能指标值，波动压力作用时间为15 min或幕墙固定部位产生严重渗漏为止；无开启结构的幕墙试件压力作用时间为30 min或产生严重渗漏为止。

d) 观察记录：在逐级升压及持续作用过程中，观察并参照表3记录渗漏状态及部位。

表3 渗漏状态符号表

渗 漏 状 态	符号
试件内侧出现水滴	○
水珠联成线，但未渗出试件界面	□
局部少量喷溅	△
持续喷溅出试件界面	▲
持续流出试件界面	●

注1：后两项为严重渗漏。
注2：稳定加压和波动加压检测结果均采用此表。

4.2.5 分级指标值的确定

以未发生严重渗漏时的最高压力差值作为分级指标值。

4.3 抗风压性能

4.3.1 检测项目

幕墙试件的抗风压性能，检测变形不超过允许值且不发生结构损坏的最大压力差值。包括：变形检测、反复加压检测、安全检测。幕墙试件的主要构件在风荷载标准值作用下最大允许相对面法线挠度 f_0 参见附录A。

4.3.2 检测装置

4.3.2.1 检测装置由压力箱、供压系统、测量系统及试件安装系统组成，检测装置的构成如图6所示。

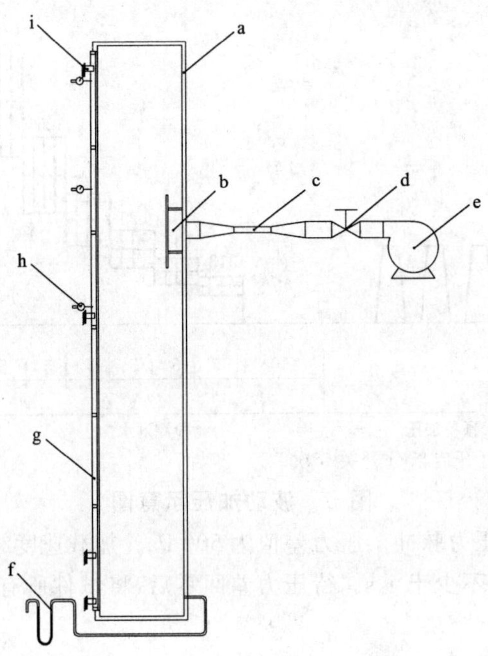

a——压力箱；

b——进气口挡板；

c——风速仪；

d——压力控制装置；

e——供风设备；

f——差压计；

g——试件；

h——位移计；

i——安装横架。

图6 抗风压性能检测装置示意

4.3.2.2 压力箱的开口尺寸应能满足试件安装的要求，箱体应能承受检测过程中可能出现的压力差。

4.3.2.3 试件安装系统用于固定幕墙试件并将试件与压力箱开口部位密封，支承幕墙的试件安装系统宜与工程实际相符，并具有满足试验要求的面外变形刚度和强度。

4.3.2.4 构件式幕墙、单元式幕墙应通过连接件固定在安装横架上，在幕墙自重的作用下，横架的面内变形不应超过5 mm；安装横架在最大试验风荷载作用下面外变形应小于其跨度的1/1 000。

4.3.2.5 点支承幕墙和全玻璃幕墙宜有独立的安装框架，在最大检测压力差的作用下，安装框架的变形不得影响幕墙的性能。吊挂处在幕墙重力作用下的面内变形不应大于5 mm；采用张拉索杆体系的点支承幕墙在最大预拉力作用下，安装框架的受力部位在预拉力方向的最大变形应小于3 mm。

4.3.2.6 供风设备应能施加正负双向的压力，并能达到检测所需要的最大压力差；压力控制装置应能调节出稳定的压力差，并应能在规定的时间达到检测压力差。

4.3.2.7 差压计的两个探测点应在试件两侧就近布置，精度应达到示值的1%，响应速度应满足波动风压测量的要求。差压计的输出信号应由图表记录仪或可显示压力变化的设备记录。

4.3.2.8 位移计的精度应达到满量程的0.25%；位移计的安装支架在测试过程中应有足够的紧固性，并应保证位移的测量不受试件及其支承设施的变形、移动所影响。

4.3.2.9 试件的外侧应设置安全防护网或采取其他安全措施。

4.3.3 **试件要求**

4.3.3.1 试件规格、型号和材料等应与生产厂家所提供图样一致，试件的安装应符合设计要求，不得加设任何特殊附件或采取其他措施。

4.3.3.2 试件应有足够的尺寸和配置，代表典型部分的性能。

4.3.3.3 试件必须包括典型的垂直接缝和水平接缝。试件的组装、安装方向和受力状况应和实际相符。

4.3.3.4 构件式幕墙试件宽度至少应包括一个承受设计荷载的典型垂直承力构件。试件高度不宜少于一个层高，并应在垂直方向上有两处或两处以上与支承结构相连接。

4.3.3.5 单元式幕墙试件应至少有一个与实际工程相符的典型十字接缝，并应有一个完整单元的四边形成与实际工程相同的接缝。

4.3.3.6 全玻璃幕墙试件应有一个完整跨距高度，宽度应至少有两个完整的玻璃宽度或3个玻璃肋。

4.3.3.7 点支承幕墙试件应满足以下要求：

a) 至少应有4个与实际工程相符的玻璃板块或一个完整的十字接缝，支承结构至少应有一个典型承力单元。

b) 张拉索杆体系支承结构应按照实际支承跨度进行测试，预张拉力应与设计相符，张拉索杆体系宜检测拉索的预张力。

c) 当支承跨度大于8 m时，可用玻璃及其支承装置的性能测试和支承结构的结构静力试验模拟幕墙系统的检测。玻璃及其支承装置的性能测试至少应检测4块与实际工程相符的玻璃板块及一个典型十字接缝。

d) 采用玻璃肋支承的点支承幕墙同时应满足全玻璃幕墙的规定。

4.3.4 **检测方法**

检测压差顺序见图7。

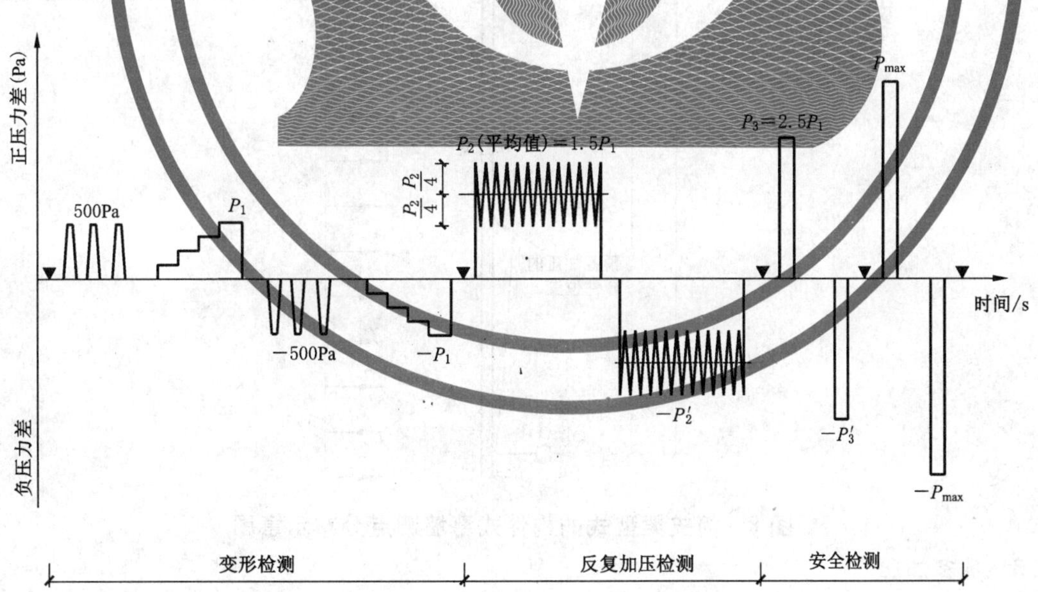

注1：当工程有要求时，可进行P_{max}的检测（$P_{max}>P_3$）。

注2：图中符号▼表示将试件的可开启部分开关5次。

图7 检测加压顺序示意图

4.3.4.1 **试件安装**

试件安装完毕，应经检查，符合设计图样要求后才可进行检测。检测前应将试件可开启部分开关不少于5次，最后关紧。

4.3.4.2 **位移计安装**

位移计宜安装在构件的支承处和较大位移处，测点布置要求为：

a) 采用简支梁型式的构件式幕墙测点布置见图8，两端的位移计应靠近支承点。

b) 单元式幕墙采用拼接式受力杆件且单元高度为一个层高时，宜同时检测相邻板块的杆件变形，取变形大者为检测结果；当单元板块较大时其内部的受力杆件也应布置测点。

c) 全玻璃幕墙玻璃板块应按照支承于玻璃肋的单向简支板检测跨中变形；玻璃肋按照简支梁检测变形。

d) 点支承幕墙应检测面板的变形，测点应布置在支点跨距较长方向玻璃上。

e) 点支承幕墙支承结构应分别测试结构支承点和挠度最大节点的位移，承受荷载的受力杆件多于一个时可分别检测，变形大者为检测结果；支承结构采用双向受力体系时应分别检测两个方向上的变形。

f) 其他类型幕墙的受力支承构件根据有关标准规范的技术要求或设计要求确定。

g) 点支承玻璃幕墙支承结构的结构静力试验应取一个跨度的支承单元，支承单元的结构应与实际工程相同，张拉索杆体系的预张拉力应与设计相符；在玻璃支承装置位置同步施加与风荷载方向一致且大小相同的荷载，测试各个玻璃支承点的变形。

h) 几种典型幕墙的位移计布置参见图8及附录B。

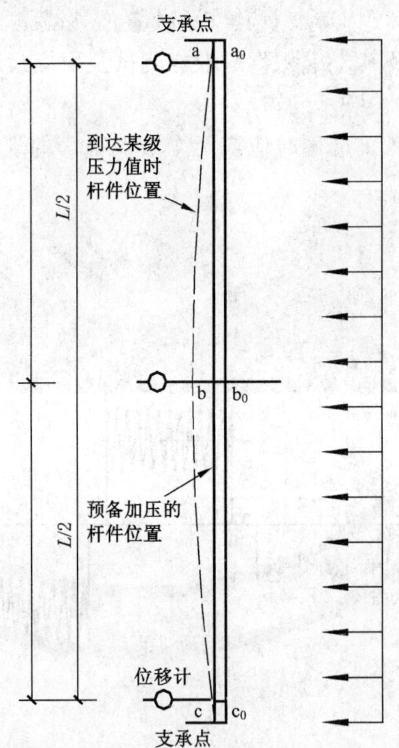

图8 简支梁型式的构件式幕墙测点分布示意图

4.3.4.3 **预备加压**

在正负压检测前分别施加3个压力脉冲。压力差绝对值为500 Pa，加压速度约为100 Pa/s，持续时间为3 s，待压力差回零后开始进行检测。

4.3.4.4 **变形检测**

4.3.4.4.1 **定级检测时的变形检测**

定级检测时检测压力分级升降。每级升、降压力差不超过250 Pa，加压级数不少于4个，每级压力差持续时间不少于10 s。压力的升、降直到任一受力构件的相对面法线挠度值达到 $f_0/2.5$ 或最大检测压力达到2 000 Pa时停止检测，记录每级压力差作用下各个测点的面法线位移量，并计算面法线挠度

值 f_{max}。采用线性方法推算出面法线挠度对应于 $f_0/2.5$ 时的压力值 $\pm P_1$。以正负压检测中绝对值较小的压力差值作为 P_1 值。

4.3.4.4.2 工程检测时的变形检测

工程检测时检测压力分级升降。每级升、降压力差不超过风荷载标准值的 10%，每级压力作用时间不少于 10 s。压力的升、降达到幕墙风荷载标准值的 40%时停止检测，记录每级压力差作用下各个测点的面法线位移量。

4.3.4.5 反复加压检测

以检测压力差 P_2（$P_2=1.5\ P_1$）为平均值，以平均值的 1/4 为波幅，进行波动检测，先后进行正负压检测。波动压力周期为 5 s～7 s，波动次数不少于 10 次。记录反复检测压力值 $\pm P_2$，并记录出现的功能障碍或损坏的状况和部位。

4.3.4.6 安全检测

4.3.4.6.1 安全检测的条件

当反复加压检测未出现功能障碍或损坏时，应进行安全检测。安全检测过程中施加正、负压力差后分别将试件可开关部分开关不少于 5 次，最后关紧。升、降压速度为300 Pa/s～500 Pa/s，压力持续时间不少于 3 s。

4.3.4.6.2 定级检测时的安全检测

使检测压力升至 P_3（$P_3=2.5\ P_1$），随后降至零，再降到 $-P_3$，然后升至零，升、降压速度为 300 Pa/s～500 Pa/s。记录面法线位移量、功能障碍或损坏的状况和部位。

4.3.4.6.3 工程检测时的安全检测

P_3 对应于设计要求的风荷载标准值。检测压力差升至 P_3，随后降至零，再降到 $-P_3$，然后升至零。记录面法线位移量、功能障碍或损坏的状况和部位。当有特殊要求时，可进行压力差为 P_{max} 的检测，并记录在该压力差作用下试件的功能状态。

4.3.5 检测结果的评定

4.3.5.1 计算

变形检测中求取受力构件的面法线挠度的方法，按式(7)计算：

$$f_{max}=(b-b_0)-\frac{(a-a_0)+(c-c_0)}{2} \quad\cdots\cdots(7)$$

式中：

f_{max}——面法线挠度值，mm；

a_0、b_0、c_0——各测点在预备加压后的稳定初始读数值，mm；

a、b、c——为某级检测压力作用过程中各测点的面法线位移，mm。

4.3.5.2 评定

4.3.5.2.1 变形检测的评定

定级检测时，注明相对面法线挠度达到 $f_0/2.5$ 时的压力差值 $\pm P_1$。

工程检测时，在 40%风荷载标准值作用下，相对面法线挠度应小于或等于 $f_0/2.5$，否则应判为不满足工程使用要求。

4.3.5.2.2 反复加压检测的评定

经检测，试件未出现功能障碍和损坏时，注明 $\pm P_2$ 值；检测中试件出现功能障碍和损坏时，应注明出现的功能障碍、损坏情况以及发生部位，并以发生功能障碍和损坏时压力差的前一级检测压力值作为安全检测压力 $\pm P_3$ 值进行评定。

4.3.5.2.3 安全检测的评定

定级检测时，经检测试件未出现功能性障碍和损坏，注明相对面法线挠度达到 f_0 时的压力差值 $\pm P_3$，并按 $\pm P_3$ 的绝对值较小值作为幕墙抗风压性能的定级值；检测中试件出现功能障碍和损坏时，应注明出现功能性障碍或损坏的情况及其发生部位，并应以试件出现功能障碍或损坏所对应的压力差值的前一级压力差值作为定级值。

工程检测时，在风荷载标准值作用下对应的相对面法线挠度小于或等于允许挠度 f_0，且检测时未出现功能性障碍和损坏，应判为满足工程使用要求；在风荷载标准值作用下对应的相对面法线挠度大于允许挠度 f_0 或试件出现功能障碍和损坏，应注明出现功能障碍或损坏的情况及其发生部位，并应判为不满足工程使用要求。

5 检测报告

检测报告格式参见附录 C，检测报告至少应包括下列内容：

a) 试件的名称、系列、型号、主要尺寸及图样(包括试件立面、剖面和主要节点，型材和密封条的截面、排水构造及排水孔的位置、试件的支承体系、主要受力构件的尺寸以及可开启部分的开启方式和五金件的种类、数量及位置)。
b) 面板的品种、厚度、最大尺寸和安装方法。
c) 密封材料的材质和牌号。
d) 附件的名称、材质和配置。
e) 试件可开启部分与试件总面积的比例。
f) 点支式玻璃幕墙的拉索预拉力设计值。
g) 水密检测的加压方法，出现渗漏时的状态及部位。定级检测时应注明所属级别，工程检测时应注明检测结论。
h) 检测用的主要仪器设备。
i) 检测室的温度和气压。
j) 试件单位面积和单位开启缝长的空气渗透量正负压计算结果及所属级别。
k) 主要受力构件在变形检测、反复受荷检测、安全检测时的挠度和状况。
l) 对试件所做的任何修改应注明。
m) 检测日期和检测人员。

附 录 A
（资料性附录）
幕墙试件的主要构件在风荷载标准值作用下最大允许相对面法线挠度 f_0

表 A.1

幕墙类型	材 料	最大挠度发生部位	最大允许相对面法线挠度 f_0
有框幕墙	杆件	跨中	铝合金型材 1/180 钢型材 1/250
	玻璃面板	短边边长中点	1/60
全玻幕墙	支承结构	钢架钢梁的跨中	1/250
	玻璃面板	玻璃面板中心	1/60
	玻璃肋	玻璃肋跨中	1/200
点支承玻璃幕墙	支承结构	钢管、桁架及空腹桁架跨中	1/250
		张拉索杆体系跨中	1/200
	玻璃面板	玻璃面板中心(四点支承时)	1/60

附 录 B
（资料性附录）
典型幕墙的位移计布置示例

B.1 全玻璃幕墙玻璃面板位移计的布置

全玻璃幕墙玻璃面板位移计布置见图B.1。

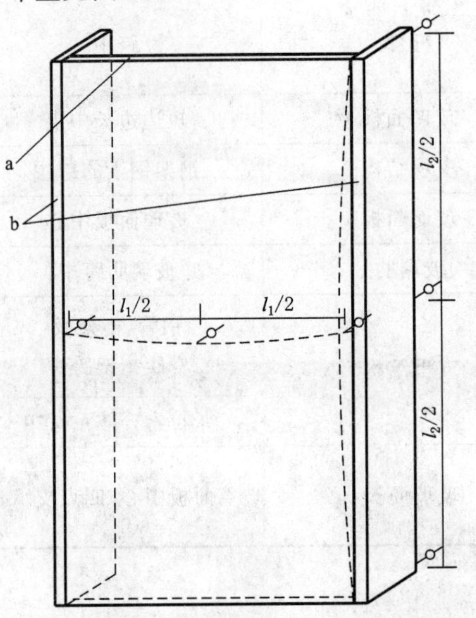

a——玻璃面板；

b——玻璃肋。

注：图中⌀表示安装的位移计。

图B.1 全玻璃幕墙玻璃面板位移计布置示意图

B.2 点支承幕墙玻璃面板位移计的布置

点支承幕墙玻璃面板位移计布置见图B.2。

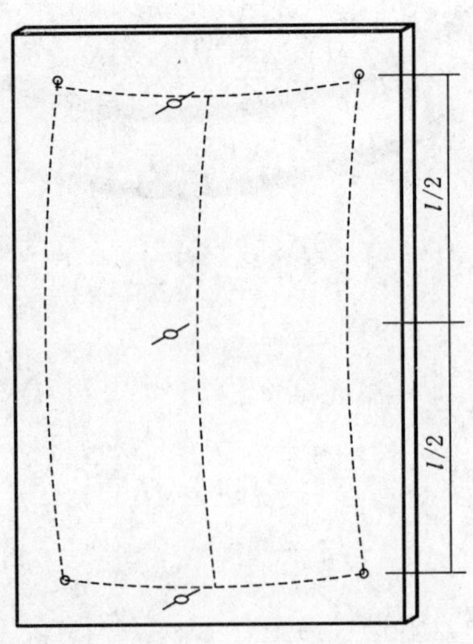

注1：图中⌀表示安装的位移计。

注2：四点支承，取玻璃面板的长边为l。

图B.2 点支承幕墙玻璃面板位移计布置示意图

B.3 点支承幕墙支承体系位移计的布置

点支承幕墙支承体系位移计布置见图 B.3。

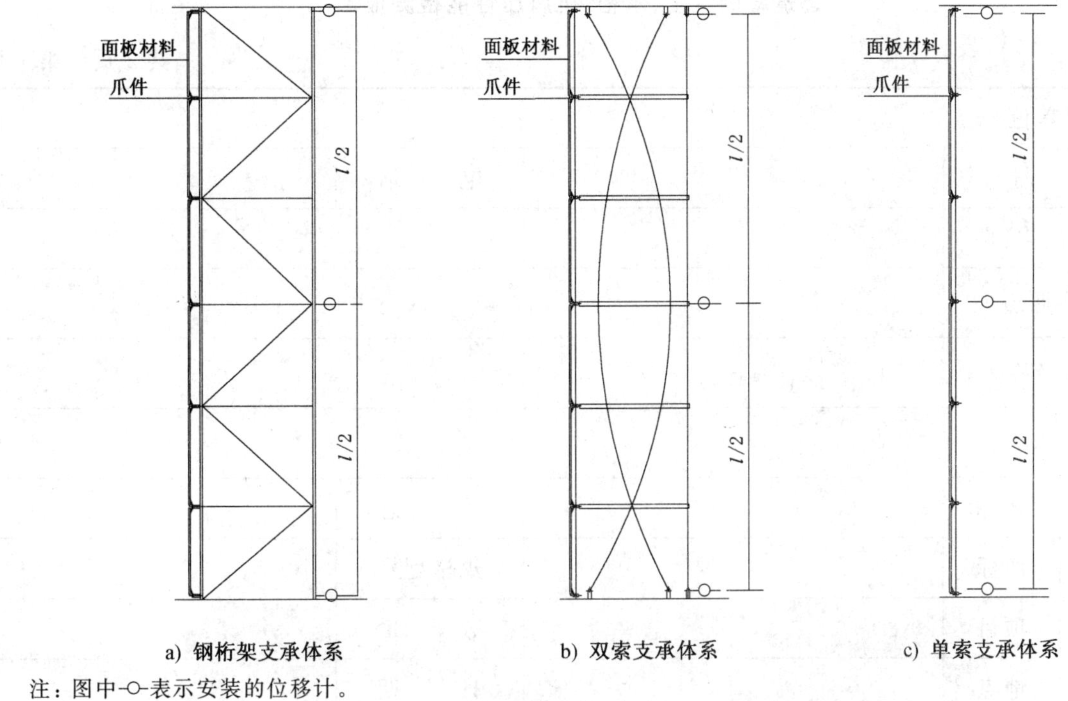

注：图中-○-表示安装的位移计。

图 B.3 点支承幕墙支承体系位移计布置示意图

B.4 自平衡索杆结构加载及测点的分布

自平衡索杆结构加载及测点分布见图 B.4。

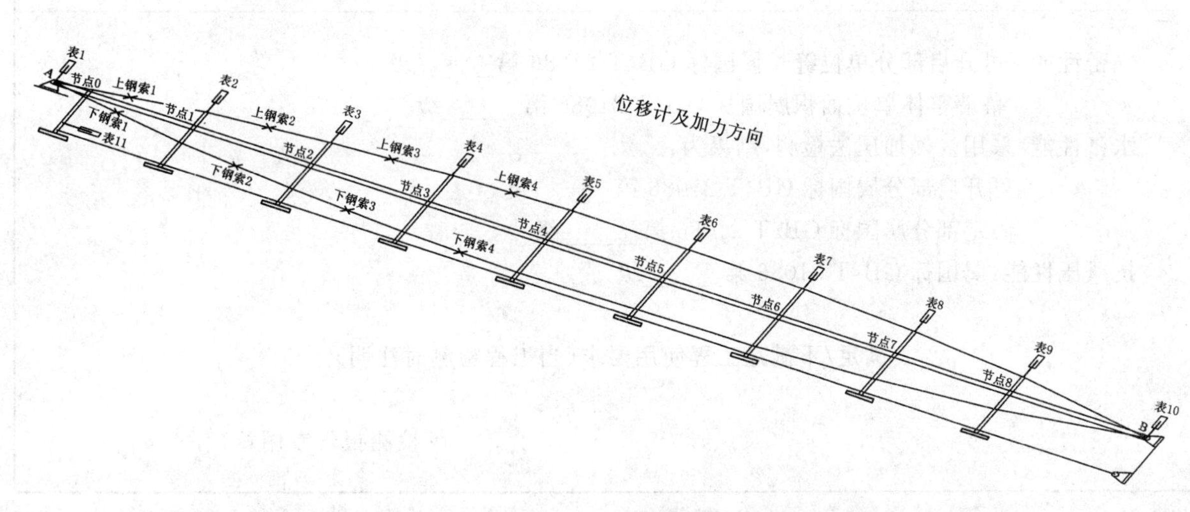

图 B.4 自平衡索杆结构加载及测点分布示意图

附　录　C
（资料性附录）
建筑幕墙气密、水密、抗风压性能检测报告

报告编号：　　　　　　　　　　　　　　　　　　　　　　　　　　共2页　第1页

委托单位				
地　　址			电　　话	
送样/抽样日期				
抽样地点				
工程名称				
生产单位				
样品	名称		状　　态	
	商标		规格型号	
检测	项目		数　　量	
	地点		日　　期	
	依据			
	设备			
检测结论				

气密性能：可开启部分单位缝长属国标 GB/T 21086 第______级

幕墙整体单位面积属国标 GB/T 21086 第______级

水密性能：采用××加压法检测，结果为：

可开启部分属国标 GB/T 21086 第______级

固定部分属国标 GB/T 21086 第______级

抗风压性能：属国标 GB/T 21086 第______级

满足/不满足工程使用要求（当工程检测时注明）

（检测报告专用章）

批准：　　　　　　　　　　　　审核：　　　　　　　　　　　　主检：

报告日期：

报告编号：　　　　　　　　　　　　　　　　　　　　　　　　　　　　共 2 页　第 2 页

可开启部分缝长/m		面积/m^2		可开启面积与试件总面积比	
面板品种		安装方式			
面板镶嵌材料		框扇密封材料			
型材		附件			
检测室温度/℃		检测室气压/kPa			
面板最大尺寸/mm	宽：	长：		厚：	
工程设计值	气密：$m^3/(h \cdot m)$ $m^3/(h \cdot m^2)$	水密：固定 Pa 可开启 Pa		抗风压： kPa	

检测结果

气密性能：可开启部分单位缝长每小时渗透量为________$m^3/(h \cdot m)$

幕墙整体单位面积每小时渗透量为________$m^3/(h \cdot m^2)$

稳定加压法：固定部分保持未发生渗漏的最高压力为________Pa

可开启部分保持未发生渗漏的最高压力为________Pa

波动加压法：固定部分保持未发生渗漏的最高压力为________Pa

可开启部分保持未发生渗漏的最高压力为________Pa

抗风压性能：变形检测结果为：正压________kPa

负压________kPa

反复加压检测结果为：正压________kPa

负压________kPa

安全检测结果为：正压________kPa

（3 s 阵风风压）负压________kPa

工程检验结果：正压________kPa

负压________kPa

备注：

ICS 91.100.99
Q 18

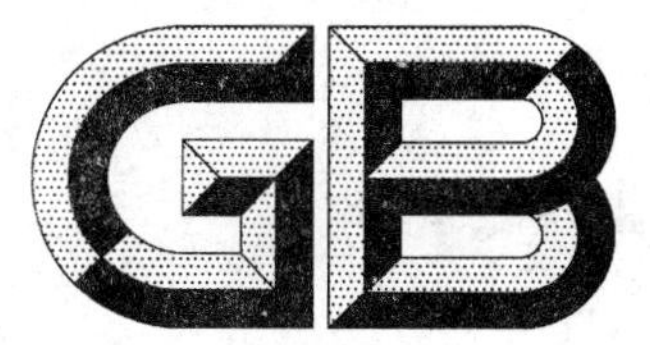

中华人民共和国国家标准

GB/T 17748—2008
代替 GB/T 17748—1999

建筑幕墙用铝塑复合板

Aluminium-plastic composite panel for curtain wall

2008-05-12 发布　　2008-11-01 实施

中华人民共和国国家质量监督检验检疫总局
中国国家标准化管理委员会　发布

前 言

本标准代替 GB/T 17748—1999《铝塑复合板》。

本标准与 GB/T 17748—1999 标准相比主要技术内容改变如下：

——本标准的名称更改为《建筑幕墙用铝塑复合板》；

——取消了原标准中的内墙板部分的内容(原标准的 4.1、4.3、5.1、5.2 和 5.6)，内墙板部分以《普通装饰用铝塑板》为名称另行制订标准；

——取消了原标准中的分级要求(原标准的 4.3、5.5)、面密度和耐洗刷性的要求及试验方法(原标准中的 5.6、6.11.3、6.14)；

——增加了阻燃型产品的分类、代号、要求和试验方法(本标准的 4.1、4.2、6.1.4、7.7.21)；

——增加了铝材厚度、耐硝酸性能要求和试验方法(本标准的 6.1.3、6.1.4、7.5、7.7.9)；

——修改了涂层厚度、耐沾污性、光泽度偏差、耐碱性、耐人工气候老化、耐盐雾性、剥离强度、贯穿阻力、剪切强度、耐温差性、热变形温度的技术指标(原标准的 5.6、本标准的 6.1.4)；

——修改了耐碱性、耐溶剂性、剥离强度、耐温差性试验方法(原标准的 6.11.1、6.11.2、6.17、6.18，本标准的 7.7.8、7.7.10、7.7.16、7.7.17)；

——修改了耐冲击性、弯曲强度和弯曲弹性模量、热变形温度试验方法的描述(原标准的 6.9、6.15、6.20，本标准的 7.7.5、7.7.14、7.7.19)。

本标准的附录 A、附录 B、附录 C 为资料性附录。

本标准由中国建筑材料联合会提出。

本标准由全国轻质与装饰装修建筑材料标准化技术委员会(SAC/TC 195)归口。

本标准负责起草单位：中国建筑材料检验认证中心、国家建筑材料测试中心、建筑材料工业技术监督研究中心。

本标准参加起草单位：江西泓泰企业集团有限公司、上海华源复合新材料有限公司、上海加铝复合板有限公司、浙江墙煌建材有限公司、杜邦中国集团有限公司、常州中化勤丰塑料有限公司、东阿蓝天七色建材有限公司、东莞华尔泰装饰材料有限公司、湖南华天铝业有限公司、江阴利泰装饰材料有限公司、深圳方大意德新材料有限公司、云南金盛新型材料有限公司、张家港泰普奇装饰材料有限公司、华阳化工(深圳)有限公司、佛山市高明高丽塑铝板有限公司、富而盛化工(东莞)有限公司、广东利凯尔实业有限公司、广州市未来之窗建筑材料限公司、泓泰机械制造(江阴)有限公司、江阴华泓建材工业有限公司、隆标集团有限公司、上海雅泰实业集团有限公司、江阴天虹板业有限公司、宁波市红杉高新板业有限公司、北京盛安建材工业有限公司、海宁市中大塑业有限公司、苏州多彩铝业责任有限公司、佛山市雅达利装饰材料有限公司、中国吉祥集团、中国建筑材料联合会铝塑复合材料分会。

本标准主要起草人：胡云林、武庆涛、蒋荃、高锐、刘婷婷、徐晓鹏、刘玉军、乔亚铃、穆秀君、刘武强。

本标准委托中国建筑材料检验认证中心负责解释。

本标准于 1999 年首次发布。

建筑幕墙用铝塑复合板

1 范围

本标准规定了建筑幕墙用铝塑复合板(以下简称幕墙板)的术语和定义、分类、规格尺寸及标记、材料、要求、试验方法、检验规则、标志、包装、运输、贮存及随行文件。

标准主要适用于建筑幕墙用的铝塑复合板,其他用途的铝塑复合板也可参照本标准。

2 规范性引用文件

下列文件中的条款通过本标准的引用而成为本标准的条款。凡是注日期的引用文件,其随后所有的修改单(不包括勘误的内容)或修订版均不适用于本标准,然而,鼓励根据本标准达成协议的各方研究是否可使用这些文件的最新版本。凡是不注日期的引用文件,其最新版本适用于本标准。

GB/T 191 包装储运图示标志(GB/T 191—2000,EQV ISO 780:1997)

GB/T 1634.2 塑料 负荷变形温度的测定 第2部分:塑料、硬橡胶和长纤维增强复合材料(GB/T 1634.2—2004,IDT ISO 75-2:2003)

GB/T 1720 漆膜附着力测定法

GB/T 1732 漆膜耐冲击性测定法

GB/T 1740 漆膜耐湿热测定法

GB/T 1766—1995 色漆和清漆 涂层老化的评级方法(NEQ ISO 4628-1:1980)

GB/T 1771 色漆和清漆 耐中性盐雾性能的测定(GB/T 1771—2007,IDT ISO 7253:1996)

GB/T 2918 塑料试样状态调节和试验的标准环境(GB/T 2918—1998,IDT ISO 291:1997)

GB/T 3880.2 一般工业用铝及铝合金板、带材 第2部分:力学性能

GB/T 4957 非磁性金属基体上非导电覆盖层厚度测量 涡流法(GB/T 4957—2003,IDT ISO 2360:1982)

GB/T 6388 运输包装收发货标志

GB/T 6739 色漆和清漆 铅笔法测定漆膜硬度(GB/T 6739—2006,IDT ISO 15184:1998)

GB 8624 建筑材料及制品燃烧性能分级

GB/T 9286 色漆和清漆 漆膜的划格试验(GB/T 9286—1998,EQV ISO 2409:1992)

GB/T 9754 色漆和清漆 不含金属颜料的色漆漆膜的20°、60°和85°镜面光泽的测定(GB/T 9754—2007,IDT ISO 2813:1994)

GB/T 9780 建筑涂料涂层耐沾污性试验方法

GB 11115 低密度聚乙烯树脂

GB 11116 高密度聚乙烯树脂

GB/T 11942 彩色建筑材料色度测量方法

GB/T 15182 线型低密度聚乙烯树脂

GB/T 16259 彩色建筑材料人工气候加速颜色老化试验方法

3 术语和定义

下列术语和定义适用于本标准。

3.1

铝塑复合板 aluminium-plastic composite panel

简称铝塑板，是指以塑料为芯层，两面为铝材的三层复合板材，并在产品表面覆以装饰性和保护性的涂层或薄膜(若无特别注明则通称为涂层)作为产品的装饰面。

3.2

建筑幕墙用铝塑复合板 aluminium-plastic composite panel for curtain wall

用作建筑幕墙材料的铝塑复合板。

3.3

波纹 wave

产品装饰面上非装饰性的波浪形纹路或凹凸。

3.4

疵点 spot

产品装饰面层的局部缺陷。

3.5

鼓泡 bubble

产品铝材或装饰面层的局部凸起。

4 分类、规格尺寸及标记

4.1 分类

按幕墙板的燃烧性能分为普通型和阻燃型。

4.2 规格尺寸

幕墙板的常见规格尺寸如下：

长度：2 000、2 440、3 000、3 200 等，单位为 mm。

宽度：1 220、1 250、1 500 等，单位为 mm。

最小厚度：4，单位为 mm。

幕墙板的长度和宽度也可由供需双方商定。

4.3 标记

4.3.1 代号

普通型，代号为 G；

阻燃型，代号为 FR；

氟碳树脂涂层装饰面，代号为 FC。

4.3.2 标记方法

按幕墙板的产品名称、分类、装饰面、规格尺寸、铝材厚度以及标准编号顺序进行标记。

4.3.3 标记示例

规格为 2 440 mm×1 220 mm×4 mm、铝材厚度为 0.50 mm、表面为氟碳树脂涂层的阻燃型幕墙板，其标记为：

示例 建筑幕墙用铝塑复合板 FR FC 2 440×1 220×4 0.50 GB/T 17748—2008

5 材料

5.1 铝材

幕墙板应采用材质性能应符合 GB/T 3880.2 要求的 3×××系列、5×××系列或耐腐蚀性及力学性能更好的其他系列铝合金。

铝材应经过清洗和化学预处理，以清除铝材表面的油污、脏物和因与空气接触而自然形成的松散的氧化层，并形成一层化学转化膜，以利于铝材与涂层和芯层的牢固粘接。

5.2 涂层

幕墙板涂层材质宜采用耐候性能优异的氟碳树脂，也可采用其他性能相当或更优异的材质。

注 1：目前最广泛采用的是耐候性优异的聚偏二氟乙烯氟碳树脂(PVDF)，但纯 PVDF 树脂不宜在铝材上直接涂装，而要适当加入一些其他材料，以改变其涂装性能，即构成通常所称的 70%氟碳树脂。

注 2：70%氟碳树脂，是指生产铝塑板涂层所用油漆的各种原材料中，PVDF 占树脂原料质量分数的 70%。由于油漆中还有颜料等成分以及氟碳树脂涂层下通常有一层非氟碳树脂材质的底涂，因此铝塑板总涂层中 PVDF 的最终含量(质量分数)大约为 25%～45%。

5.3 芯材

普通型幕墙板芯材所用原料的材质性能应符合 GB 11115、GB 11116、GB/T 15182 或其他相应的国家或行业标准要求。芯材与铝材之间的复合用粘结膜可参考附录 A。

注 1：芯材原料的品质与铝塑板的产品质量密切相关。劣质废旧塑料中往往含有大量有害杂质及严重老化的塑料，对铝塑板的质量是极为不利的。

注 2：聚氯乙烯通常被认为不宜用作芯材，因为其在高温下易分解产生强烈的有毒和腐蚀性的物质。

6 要求

6.1 外观质量

幕墙板外观应整洁，非装饰面无影响产品使用的损伤，装饰面外观质量应符合表 1 的要求。

表 1 外观质量

缺陷名称[a]	技术要求
压痕	不允许
印痕	不允许
凹凸	不允许
正反面塑料外露	不允许
漏涂	不允许
波纹	不允许
鼓泡	不允许
疵点	最大尺寸≤3 mm 不超过 3 个/m^2
划伤	不允许
擦伤	不允许
色差[b]	目测不明显，仲裁时色差 $\Delta E \leqslant 2$

[a] 对于表中未涉及到的表面缺陷，本着不影响需方使用要求为原则由供需双方商定。

[b] 装饰性的花纹和色彩除外。

6.2 尺寸允许偏差

幕墙板的尺寸允许偏差应符合表 2 的要求，特殊规格的尺寸允许偏差可由供需双方商定。

表 2 尺寸允许偏差

项目	技术要求
长度/mm	±3
宽度/mm	±2
厚度/mm	±0.2
对角线差/mm	≤5
边直度/(mm/m)	≤1
翘曲度/(mm/m)	≤5

6.3 铝材厚度及涂层厚度

幕墙板的铝材厚度及涂层厚度应符合表 3 的要求。

表 3 铝材厚度及涂层厚度

<table>
<tr><th colspan="3">项　目</th><th>技术要求</th></tr>
<tr><td rowspan="2">铝材厚度/mm</td><td colspan="2">平均值</td><td>≥0.50</td></tr>
<tr><td colspan="2">最小值</td><td>≥0.48</td></tr>
<tr><td rowspan="4">涂层厚度[a]/μm</td><td rowspan="2">二涂</td><td>平均值</td><td>≥25</td></tr>
<tr><td>最小值</td><td>≥23</td></tr>
<tr><td rowspan="2">三涂</td><td>平均值</td><td>≥32</td></tr>
<tr><td>最小值</td><td>≥30</td></tr>
<tr><td colspan="4">a 幕墙板涂层多数为底涂加面涂的二涂工艺，底涂厚度一般为 5 μm，面涂厚度一般不小于 18 μm，一些特殊涂层品种还要增加罩面保护层，以提高涂层的耐化学腐蚀能力和阻隔紫外线的能力，即采用底涂加面涂加罩面的三涂工艺。</td></tr>
</table>

6.4 性能

幕墙板的性能应符合表 4 的要求。

表 4 性能

<table>
<tr><th colspan="2">项　目</th><th>技术要求</th></tr>
<tr><td colspan="2">表面铅笔硬度</td><td>≥HB</td></tr>
<tr><td colspan="2">涂层光泽度偏差</td><td>≤10</td></tr>
<tr><td colspan="2">涂层柔韧性/T</td><td>≤2</td></tr>
<tr><td rowspan="2">涂层附着力[a]/级</td><td>划格法</td><td>0</td></tr>
<tr><td>划圈法</td><td>1</td></tr>
<tr><td colspan="2">耐冲击性/(kg·cm)</td><td>≥50</td></tr>
<tr><td colspan="2">涂层耐磨耗性/(L/μm)</td><td>≥5</td></tr>
<tr><td colspan="2">涂层耐盐酸性</td><td>无变化</td></tr>
<tr><td colspan="2">涂层耐油性</td><td>无变化</td></tr>
<tr><td colspan="2">涂层耐碱性</td><td>无鼓泡、凸起、粉化等异常，色差 ΔE≤2</td></tr>
<tr><td colspan="2">涂层耐硝酸性</td><td>无鼓泡、凸起、粉化等异常，色差 ΔE≤5</td></tr>
<tr><td colspan="2">涂层耐溶剂性</td><td>不露底</td></tr>
<tr><td colspan="2">涂层耐沾污性/%</td><td>≤5</td></tr>
<tr><td rowspan="3">耐人工气候老化</td><td>色差 ΔE</td><td>≤4.0</td></tr>
<tr><td>失光等级/级</td><td>不次于 2</td></tr>
<tr><td>其他老化性能/级</td><td>0</td></tr>
<tr><td colspan="2">耐盐雾性/级</td><td>不次于 1</td></tr>
<tr><td colspan="2">弯曲强度/MPa</td><td>≥100</td></tr>
</table>

表 4（续）

<table>
<tr><td colspan="3">项　　目</td><td>技术要求</td></tr>
<tr><td colspan="3">弯曲弹性模量/MPa</td><td>≥2.0×10⁴</td></tr>
<tr><td colspan="3">贯穿阻力/kN</td><td>≥7.0</td></tr>
<tr><td colspan="3">剪切强度/MPa</td><td>≥22.0</td></tr>
<tr><td rowspan="2">剥离强度/(N・mm/mm)</td><td colspan="2">平均值</td><td>≥130</td></tr>
<tr><td colspan="2">最小值</td><td>≥120</td></tr>
<tr><td rowspan="4">耐温差性</td><td colspan="2">剥离强度下降率/%</td><td>≤10</td></tr>
<tr><td rowspan="2">涂层附着力[a]/级</td><td>划格法</td><td>0</td></tr>
<tr><td>划圈法</td><td>1</td></tr>
<tr><td colspan="2">外观</td><td>无变化</td></tr>
<tr><td colspan="3">热膨胀系数/℃⁻¹</td><td>≤4.00×10⁻⁵</td></tr>
<tr><td colspan="3">热变形温度/℃</td><td>≥95</td></tr>
<tr><td colspan="3">耐热水性</td><td>无异常</td></tr>
<tr><td colspan="3">燃烧性能[b]/级</td><td>不低于 C</td></tr>
<tr><td colspan="4">a 划圈法为仲裁方法。
b 燃烧性能仅针对阻燃型铝塑板。</td></tr>
</table>

7　试验方法

7.1　试验环境

试验前，试样应在 GB/T 2918 规定的标准环境下放置 24 h。除特殊规定外，试验也应在该条件下进行。

7.2　试件的制备

制备试件时应考虑到产品装饰面性能在纵、横方向上要求具有一致性，除装饰面性能外产品在纵、横方向和正背面上的其他要求也具有一致性。试件的制取位置应在距产品边部 50 mm 以里的区域内，试件的尺寸及数量见表 5。

表 5　试件尺寸及数量

<table>
<tr><td rowspan="2">试验项目</td><td colspan="2">试件尺寸/mm</td><td rowspan="2">试件数量/块</td></tr>
<tr><td>纵向</td><td>横向</td></tr>
<tr><td>外观质量</td><td colspan="2">整张板</td><td>3</td></tr>
<tr><td>尺寸允许偏差</td><td colspan="2">整张板</td><td>3</td></tr>
<tr><td>铝材厚度</td><td colspan="2">100×100</td><td>3</td></tr>
<tr><td>涂层厚度</td><td colspan="2">500×500</td><td>3</td></tr>
<tr><td>表面铅笔硬度</td><td colspan="2">50×75</td><td>3</td></tr>
<tr><td>涂层光泽度偏差</td><td colspan="2">500×500</td><td>3</td></tr>
<tr><td rowspan="2">涂层柔韧性</td><td>25</td><td>200</td><td>3</td></tr>
<tr><td>200</td><td>25</td><td>3</td></tr>
</table>

表 5（续）

试验项目		试件尺寸/mm		试件数量/块
		纵向	横向	
涂层附着力	划格法	50×75		3
	划圈法	50×75		3
耐冲击性		50×75		3
涂层耐磨耗性		100×200		3
涂层耐盐酸		100×100		3
涂层耐油性		100×100		3
涂层耐碱性		100×100		3
涂层耐硝酸		100×100		3
涂层耐溶剂性		100×430		2
涂层耐沾污性		100×200		3
耐人工气候老化		100×100		3
耐盐雾性		100×100		3
弯曲强度		50	200	12
		200	50	12
弯曲弹性模量		50	200	12
		200	50	12
贯穿阻力		50×50		6
剪切强度		50×50		6
剥离强度		25	350	12
		350	25	12
耐温差性		350×350		4
热膨胀系数		200×200		3
热变形温度		25	120	12
		120	25	12
耐热水性		200×200		3
燃烧性能		1 500×1 000		5
		1 500×500		5

7.3 外观质量

目测试验应在非阳光直射的自然光条件下进行。

将板按同一生产方向并排侧立拼成一面，板与水平面夹角为70°±10°，距拼成的板面中心 3 m 处目测。

对目测到的各种缺陷，使用最小分度值为 1 mm 的直尺测量其最大尺寸，该最大尺寸不得超过表 1 中缺陷规定的上限。抽取和摆放试样者不参与目测试验。

当对色差的目测结果有争议时，色差仲裁试验按 GB/T 11942 的方法进行，试验中应保持试件生产方向的一致性。

7.4 尺寸允许偏差

7.4.1 厚度

用最小分度值为0.01 mm的厚度测量器具,测量从板边向内至少20 mm处的厚度,这些测量点至少应包括四角部位和四边中点部位在内的多处的厚度。以全部测量值与标称值之间的极限值误差作为试验结果。

7.4.2 长度(宽度)

长度在板宽的两边,宽度在板长的两边用最小分度值为1 mm的钢卷尺测量。以长度(宽度)的全部测量值与标称值之间的极限值误差作为试验结果。

7.4.3 对角线差

用最小分度值为1 mm的钢卷尺测量并计算同一张板上两对角线长度之差值。以测得的全部差值中的最大值作为试验结果。

7.4.4 边直度

将板平放于水平台上,用1 000 mm长的钢直尺的侧边与板边相靠,再用塞尺测量板的边沿与钢直尺的侧边之间的最大间隙。以各边全部测量值中的最大值作为试验结果。

7.4.5 翘曲度

将板凹面向上平放于水平台上,用1 000 mm长的钢直尺侧立于板上面,再用一最小分度值为0.5 mm的直尺测量钢直尺与板之间的最大缝隙高度。以全部测量值中的最大值作为试验结果。

7.5 铝材厚度

将从试样上取下的铝材作为试件。用最小分度值为0.001 mm的厚度测量器具测量铝材的厚度(不应包含涂层等的厚度)。测量应在足够多的地方进行,但在每块试件上至少要测量四角和中心五个部位。以全部测量值的最小值和算术平均值作为试验结果。

7.6 涂层厚度

涂层厚度是指涂层的总厚度,按照GB/T 4957的规定在试件上足够多的地方进行试验,但在每块试件上至少要测量四角和中心五个部位。以全部测量值的最小值和算术平均值作为试验结果。

7.7 性能

7.7.1 表面铅笔硬度

按照GB/T 6739的规定进行,试验后试件表面应无犁沟和划伤。取全部测量值中的最小值作为试验结果。

7.7.2 涂层光泽度偏差

按照GB/T 9754的规定在试件上足够多的地方测量光泽度值,但在每块试件上至少要测量四角和中心五个部位。试验中应保持试件生产方向的一致性。以全部测量值中的极大值与极小值之差值作为试验结果。

7.7.3 涂层柔韧性

7.7.3.1 方法概述

涂层柔韧性是指把涂层铝材的涂层面朝外绕自身紧贴裹卷进行180°弯曲,测定涂层无开裂或脱落等破坏现象时的最小裹卷次数。

7.7.3.2 试验过程

将从试样上取下的涂层铝材作为试件,一端留出13 mm～20 mm的距离便于夹持,使试件涂层面朝外绕自身紧贴裹卷进行180°弯曲。首先弯曲超过90°,再用带有光滑钳口套的台钳夹紧成180°,中间不留空隙,称为0T。检查涂层(可用5～10倍的低倍放大镜)有无开裂或脱落,如有,再继续紧贴试件前次所裹卷部分再裹卷弯曲180°,中间不留空隙,称为1T,重复0T的步骤检查涂层。如此进行2T、3T……,直到涂层首次不产生开裂或脱落等破坏现象为止。T弯过程如图1所示。以全部试验值中T值最大者为试验结果。

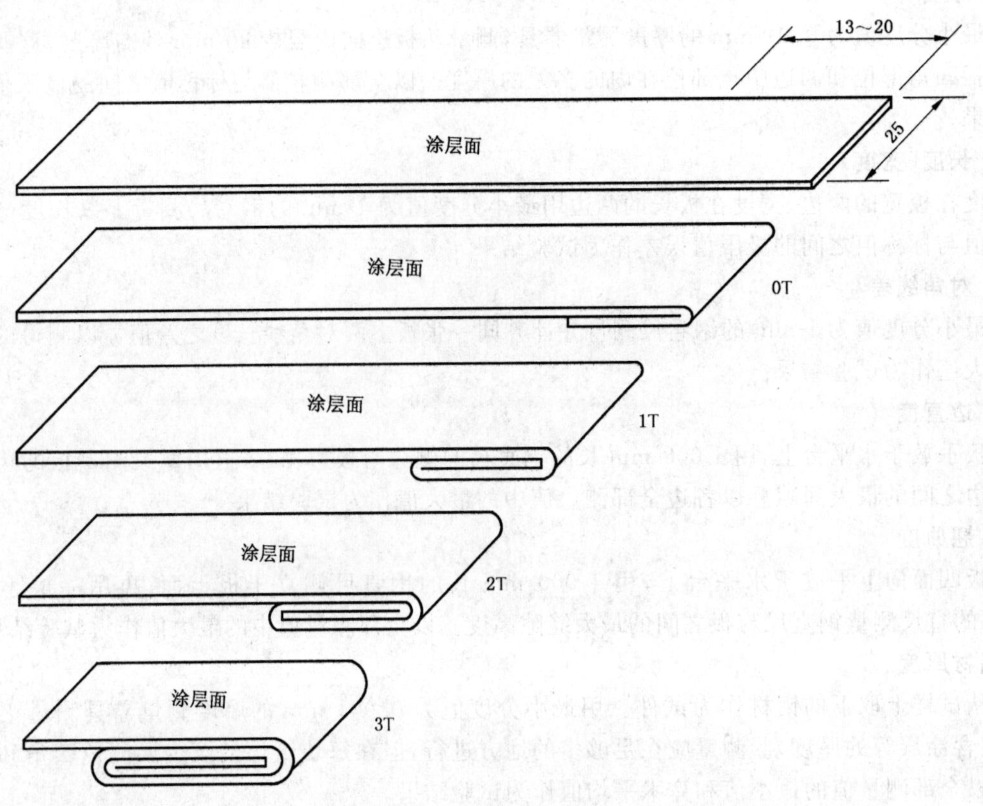

图 1　T弯过程示意图

7.7.4　涂层附着力

划格法试验按 GB/T 9286 的规定进行；划圈法试验按 GB/T 1720 的规定进行。仲裁时，按 GB/T 1720的规定进行试验。以全部试验值中的最小值作为试验结果。

7.7.5　耐冲击性

按 GB/T 1732 的规定进行试验，冲击锤的重量为 1 kg，冲头直径为 12.7 mm，试件装饰面朝上，通过调节不同的冲击高度，测量冲击后试件涂层既无开裂或脱落、正反面铝材也无明显裂纹的最大冲击高度，以该高度值乘以冲锤重量作为试验值。以全部试验值中的最低值作为试验结果。

7.7.6　涂层耐磨耗性

7.7.6.1　方法概述

耐磨耗性能是指用落砂冲刷磨损涂层的方法试验涂层的耐磨耗性能。通过导管将符合规定要求的试验用砂从规定的高度落到试件涂层上冲刷涂层，直至磨穿涂层并露出规定大小尺寸的铝材为止。以磨掉单位涂层厚度所用砂量作为该涂层的耐磨耗性。

7.7.6.2　试验用砂

应采用符合表 6 级配要求的石英砂。

表 6　石英砂级配

方孔筛孔径/mm	累计筛余量/%
0.65	＜3
0.40	40±5
0.25	＞94

7.7.6.3 **仪器要求**

仪器结构示意图如图2所示。导管内径19 mm,长914 mm,竖直放稳。试件与导管成45°角,管口到试件表面的最近点距离为25 mm。落砂流量为7 L/min±0.5 L/min。

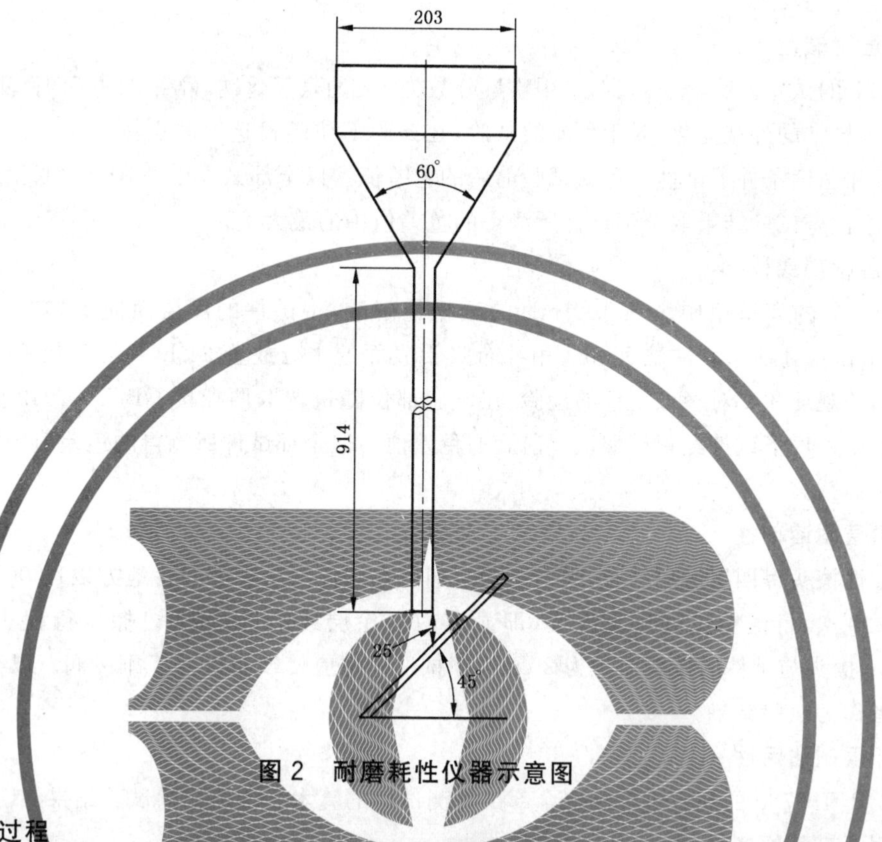

图2 耐磨耗性仪器示意图

7.7.6.4 **试验过程**

在每个试件表面划出三个直径25 mm的圆形区域作为待试验部位,按照GB/T 4957在每个区域内多次(至少三次)测量涂层厚度并求出算术平均值作为该区域的涂层厚度。

将试件安放到耐磨耗试验机上,使其中一个圆形区域的中心正好位于导管的正下方。在漏斗中不断加入试验用砂,通过导管中的落砂连续冲刷试件表面涂层,直至磨到露出直径为4 mm圆点的铝材为止,并计算总的用砂量。依次冲刷其余圆形区域。注意试件上的各圆形区域之间应有足够距离,以保证各区域之间的试验值不会产生相互影响。

7.7.6.5 **计算**

耐磨耗性按(1)式计算:

$$A = \frac{V}{T} \quad \cdots\cdots(1)$$

式中:

A——耐磨耗性,单位为升每微米(L/μm);

V——总的用砂量,单位为升(L);

T——圆形区域内的涂层厚度,单位为微米(μm)。

取全部耐磨耗性试验值的平均值作为试验结果。

7.7.7 **涂层耐盐酸性、耐油性**

将内径不小于50 mm的玻璃管的一端置于试件涂层表面,用不被所用化学试剂侵蚀且不腐蚀试件的密封材料将该端与涂层表面之间密封固定好,将化学试剂倒入管内,使试剂液面高度为20 mm±5 mm。

盖住管上端,使化学试剂不受挥发和空气的影响。静置到规定的时间后取下试件并用水冲去表面的化学试剂,目测试验处涂层有无变色、凸起、起泡、粉化等异常的外观变化。

化学试剂分别采用体积分数为5%的盐酸、20# 机油,静置时间24 h。以全部试件中外观异常变化最严重者作为试验结果。

7.7.8 涂层耐碱性

按7.7.7的试验方法,化学试剂采用质量分数为5%的氢氧化钠,静置24 h后,目测涂层有无凸起、起泡、粉化等异常的外观变化;对于色差的试验,在试验部位随机选取两点按GB/T 11942的规定测量在同一位置和角度条件下试件经耐碱试验前后的色差值。以全部试件中外观异常变化最严重者作为试验结果,其中色差试验结果取全部试件所测得的色差值中的最大值。

7.7.9 涂层耐硝酸性

在200 mL的广口瓶中装入100 mL的分析纯硝酸,将试件的涂层面向下扣在广口瓶的瓶口上30 min,取下试件在流水中冲洗1 min,用纱布吸干表面的水分放置24 h,目测涂层有无凸起、起泡、粉化等异常的外观变化。对轻微变色的检验,在试验部位随机选取两点按GB/T 11942的规定测量在同一位置和角度条件下试件经耐硝酸试验前后的色差值。取全部试件所测得的色差值中的最大值作为试验结果。

7.7.10 涂层耐溶剂性

用一柔性擦头裹四层医用纱布,吸饱丁酮溶剂后在试件涂层表面同一地方以1 000 g±10 g的压力来回擦拭200次,目测擦拭处有无露底(即显露内层涂层或铝材)现象。擦拭行程100 mm,频率为100次/min,擦头与试件的接触面积为2 cm^2,擦拭过程中应使纱布保持丁酮浸润。以全部试件中耐溶剂性最差者作为试验结果。

7.7.11 涂层耐沾污性

按照GB/T 9780的规定进行。取全部试件测试值的算术平均值作为试验结果。

7.7.12 耐人工气候老化

老化时间为4 000 h,累积总辐射能不小于8 000 MJ/m^2。黑板温度为55℃±3℃,相对湿度为65%±5%。其余按GB/T 16259的规定进行。

试验后试件不得有开胶现象。按GB/T 11942、GB/T 9754和GB/T 1766—1995测量试件相同位置相同方向涂层老化前后的色差、失光等级以及其他老化性能。色差和失光等级以全部试件试验值的算术平均值作为试验结果,其他老化性能以全部试件中的最差者为试验结果。

7.7.13 耐盐雾性

耐盐雾时间为4 000 h,按GB/T 1771的规定进行盐雾试验。试验后试件不得有开胶现象。按GB/T 1740的评级方法进行评级,以全部试件中性能最差者作为试验结果。

7.7.14 弯曲强度、弯曲弹性模量

7.7.14.1 材料试验机

能以恒定速率加载,示值相对误差不大于±1%、试验的最大荷载应在试验机示值的15%~90%之间。

7.7.14.2 试验过程

用游标卡尺测量试件中部的宽度和厚度,将试件居中放在弯曲装置上,按图3所示的三点弯曲方法进行加载直至达到最大载荷值,同时记录载荷-挠度曲线。跨距为170 mm,加载速度为7 mm/min,压辊及支辊的直径为10 mm。

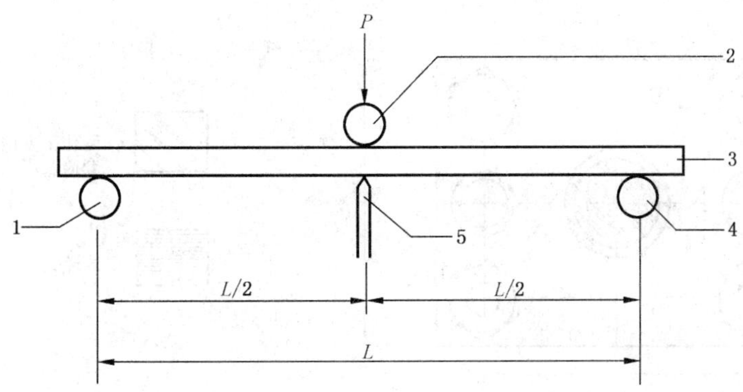

1——下支辊；

2——上压辊；

3——试样；

4——下支辊；

5——挠度测量。

图3 弯曲装置示意图

7.7.14.3 计算

弯曲强度和弯曲弹性模量分别按(2)、(3)式计算：

$$\sigma = 1.5 \times \frac{P_{max}L}{bh^2} \quad \cdots\cdots(2)$$

$$E = 0.25 \times \frac{L^3 \Delta P}{bh^3 \Delta L} \quad \cdots\cdots(3)$$

式中：

σ——弯曲强度，单位为兆帕(MPa)；

E——弯曲弹性模量，单位为兆帕(MPa)；

P_{max}——最大弯曲载荷，单位为牛顿(N)；

L——跨距，单位为毫米(mm)；

b——试件中部宽度，单位为毫米(mm)；

h——试件中部厚度，单位为毫米(mm)；

ΔP——载荷-挠度曲线上弹性段选定两点的载荷差值，单位为牛顿(N)；

ΔL——载荷-挠度曲线上与 ΔP 对应的挠度差值，单位为毫米(mm)。

以六个试件为一组，测量正面向上纵向、正面向上横向、背面向上纵向、背面向上横向各组试件的弯曲强度和弯曲弹性模量，分别以各组试件的测量值的算术平均值作为该组的试验结果。

7.7.15 贯穿阻力、剪切强度

7.7.15.1 材料试验机

能以恒定速率加载，示值相对误差不大于±1%，试验的最大荷载应在试验机示值的15%～90%之间。

7.7.15.2 剪切夹具

为冲孔剪切夹具，其构造能使试件卡紧在不动模块和可动模块之间，使得测试时试件不发生偏斜，如图4所示。

单位为毫米

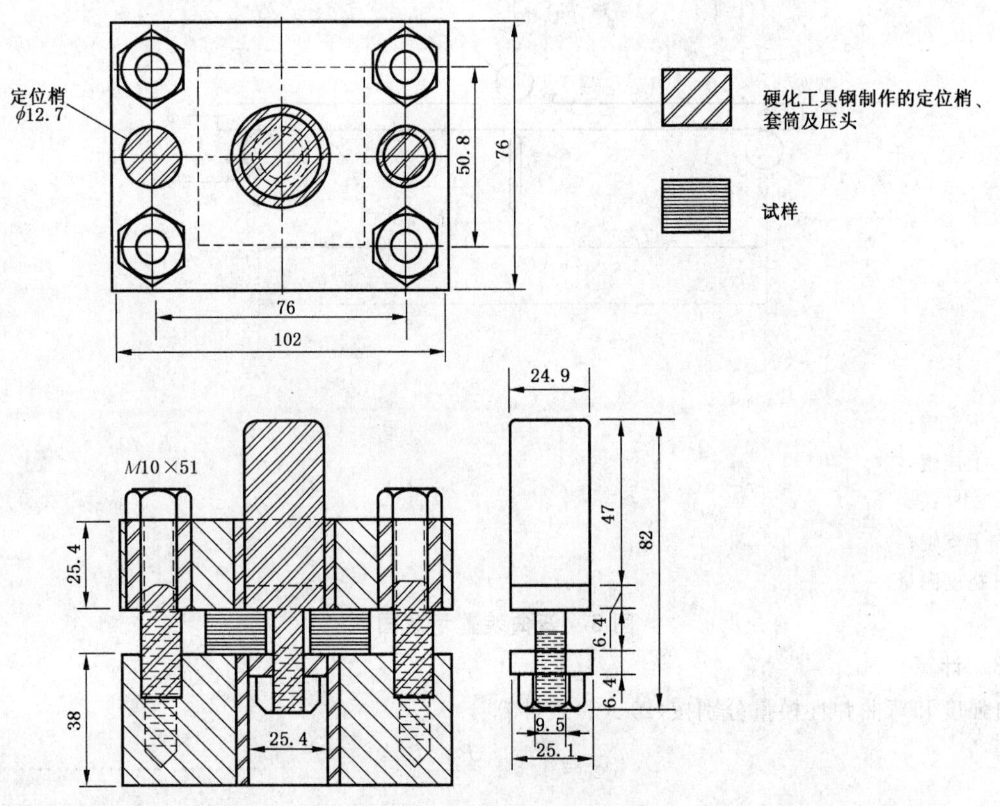

图 4　剪切夹具示意图

7.7.15.3　**试验过程**

用千分尺在离试件中心 13 mm 对称的四个点处测量试件的厚度并计算其算术平均值作为该试件的厚度。在试件中心钻一直径为 11 mm 的装配孔，把试件装在冲头上，用垫圈和螺母将其固定紧，装好夹具，拧紧螺栓，在冲头上以 1.25 mm/min 的速度施加载荷，记录试件所承受的最大载荷。

7.7.15.4　**计算**

最大载荷即为该试件的贯穿阻力。剪切强度按(4)式计算。

$$R = \frac{P}{\pi hd} \qquad (4)$$

式中：

R——剪切强度，单位为兆帕(MPa)；

P——最大载荷，单位为牛顿(N)；

h——试件厚度，单位为毫米(mm)；

d——冲孔直径，单位为毫米(mm)。

以全部试件试验值的算术平均值作为试验结果。

7.7.16　**剥离强度**

7.7.16.1　**材料试验机**

能以恒定速率加载，示值相对误差不大于±1%，试验的最大荷载应在试验机示值的 15%～90%之间。

7.7.16.2　**滚筒装置**

如图 5 所示，滚筒装置主要由滚筒、试件夹、试件夹的平衡配重、柔性加载带以及上下夹板所组成。滚筒中间段外径为 100 mm，滚筒两头缠绕加载带的凸缘的外径加上加载带的厚度应比滚筒中间段外径大 25 mm。

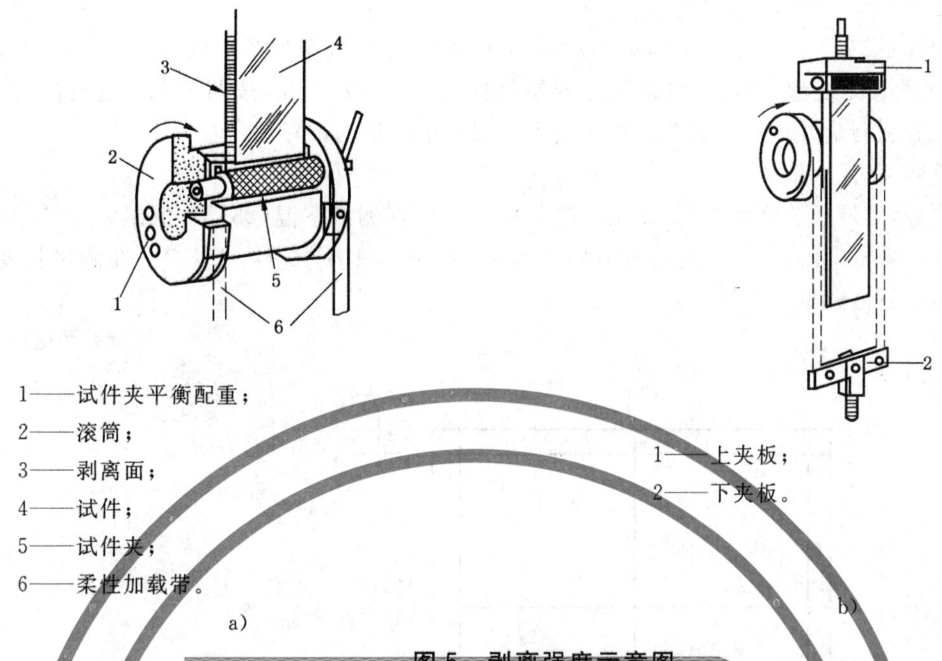

1——试件夹平衡配重；
2——滚筒；
3——剥离面；
4——试件；
5——试件夹；
6——柔性加载带。

a)

1——上夹板；
2——下夹板。

b)

图 5 剥离强度示意图

7.7.16.3 试验过程

在试件两端将待剥离面的铝材剥开一小段，其中一端剥开铝材后将后面的芯材和铝材截去，把留下的铝材夹在上夹板上并与试验机的上夹头相连；把另一端剥开的铝材用试件夹夹在滚筒上。使试件的长度轴线与滚筒的中心轴线垂直，试验机载荷清零，然后把下夹板与试验机的下夹头相连。

用游标卡尺测量试件的宽度，试验机以 25 mm/min 的速度进行拉伸，滚筒向上旋转爬升，铝材被剥离开并缠绕在滚筒上，直至试件剥开至少 150 mm，同时记录载荷—剥离距离曲线。使试验机返回直到滚筒回到剥离前的初始位置，重复试验机拉伸动作并运动同样的距离，同时记录拉伸载荷—拉伸距离曲线。根据所记录的曲线计算试件剥开 25 mm～150 mm 范围内对应的平均剥离载荷、最小剥离载荷和平均拉伸载荷。

7.7.16.4 计算

剥离强度的计算按式(5)、式(6)进行：

$$\overline{T}=\frac{(r_0-r_i)(F_p-F_0)}{b} \quad\cdots\cdots(5)$$

$$T_{min}=\frac{(r_0-r_i)(F_{min}-F_0)}{b} \quad\cdots\cdots(6)$$

式中：

$\overline{T}$——平均剥离强度，单位为牛顿毫米每毫米(N·mm/mm)；

T_{min}——最小剥离强度，单位为牛顿毫米每毫米(N·mm/mm)；

r_0——滚筒凸缘半径加上加载带厚度的一半，单位为毫米(mm)；

r_i——滚筒中间段半径加上被剥离层厚度的一半，单位为毫米(mm)；

F_0——按等距离方法计算的平均拉伸载荷，单位为牛顿(N)；

F_p——按等距离方法计算的平均剥离载荷，单位为牛顿(N)；

F_{min}——最小剥离载荷，单位为牛顿(N)；

b——试件宽度，单位为毫米(mm)。

以六个试件为一组，分别测量正面纵向、正面横向、背面纵向、背面横向各组试件中每个试件的平均剥离强度和最小剥离强度。分别以各组试件的平均剥离强度的算术平均值和最小剥离强度中的最小值作为该组的试验结果。

7.7.17　**耐温差性**

将试件在－40℃±2℃下恒温至少2 h，取出放入80℃±2℃下恒温至少2 h，此为一个循环，共进行50次循环。目测试件有无鼓泡、剥落、开胶、涂层开裂等外观上的异常变化，按照7.7.4进行附着力的试验；按照7.7.16分别测量并计算耐温差试验前后剥离强度平均值的下降率。

7.7.18　**热膨胀系数**

按图6所示位置，用最小分度值为0.02 mm的游标卡尺分别测量室温(23℃)、低温(－30℃)和高温(70℃)下试件各测量位置的长度(测量位置分别为AB、CD、EF、$A'B'$、$C'D'$、$E'F'$)。在测量长度前，试件应在相应的温度下恒温至少1 h。

单位为毫米

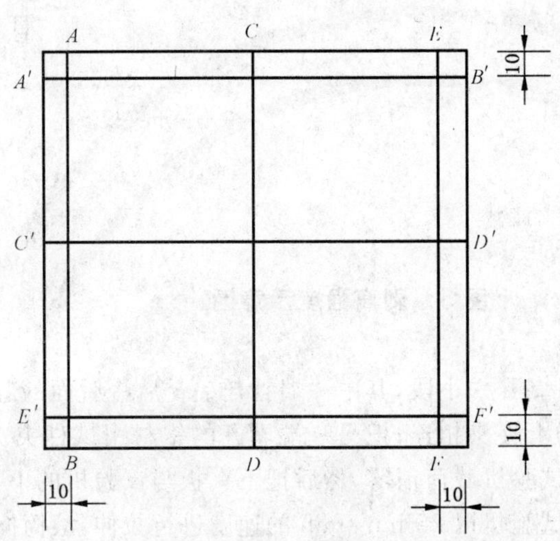

图6　热膨胀系数测量位置示意图

按(7)式分别计算各测量位置的热膨胀系数：

$$\alpha = \frac{L_2 - L_1}{L_0 \cdot (T_2 - T_1)} \quad \cdots\cdots(7)$$

式中：

α——热膨胀系数，单位为每摄氏度(℃$^{-1}$)；

L_0——室温下试件长度，单位为毫米(mm)；

L_1——低温下试件长度，单位为毫米(mm)；

L_2——高温下试件长度，单位为毫米(mm)；

T_1——低温温度，单位为摄氏度(℃)；

T_2——高温温度，单位为摄氏度(℃)。

测量纵向和横向全部位置的热膨胀系数，分别以纵向和横向的测量值的算术平均值作为试验结果。

7.7.19　**热变形温度**

以加热前后试件中点挠度的相对变化量达到0.25 mm时的温度作为试件的热变形温度。试件平放，所加试验载荷应使试件的最大弯曲正应力达到1.82 MPa，其计算方法按(8)式进行：

$$P = 1.213 \times \frac{bh^2}{L} \quad \cdots\cdots(8)$$

式中：

P——试验载荷，单位为牛顿(N)；

L——跨距，单位为毫米(mm)；

b——试件中部宽度，单位为毫米(mm)；

h——试件中部厚度，单位为毫米(mm)。

其余按 GB/T 1634.2 的规定进行试验。以六个试件为一组。分别测量正面向上纵向、正面向上横向、背面向上纵向、背面向上横向各组试件的热变形温度，分别以各组试件的测量值的算术平均值作为该组的试验结果。

7.7.20 耐热水性

将试件浸没在 98℃±2℃蒸馏水中恒温 2 h，试验中应避免试验过程中试件相互接触和窜动。然后让试件在该蒸馏水中自然冷却到室温，取出试件擦干，目测试件有无鼓泡、开胶、剥落、开裂及涂层变色等外观上的异常变化；按照 7.7.4 进行附着力的试验。以全部试件中性能最差的试验值作为试验结果。距离试件边缘不超过 10 mm 内的铝材与芯材的开胶可忽略不计。

7.7.21 燃烧性能

按 GB 8624 的规定进行。

8 检验规则

8.1 出厂检验

每批产品均应进行出厂检验。检验项目包括：规格尺寸允许偏差、外观质量、涂层厚度、光泽度偏差、表面铅笔硬度、涂层柔韧性、附着力、耐冲击性、耐溶剂性、剥离强度、耐热水性、耐酸性、耐碱性。

8.2 型式检验

型式检验项目包括第 6 章规定的全部技术要求。

有下列情形之一者，必须进行型式检验：

a) 新产品或老产品转厂的试制定型鉴定；

b) 正常生产时，每年进行一次型式检验，其中耐人工气候老化和耐盐雾性能的检验可以每两年进行一次；

c) 产品的原料改变、工艺有较大变化，可能影响产品性能时；

d) 产品停产半年后恢复生产时；

e) 出厂检验结果与上次型式检验有较大差异时；

f) 国家质量监督机构提出进行型式检验要求时。

8.3 组批与抽样规则

8.3.1 组批

8.3.1.1 出厂检验

以同一品种、同一规格、同一颜色的产品 3 000 m^2 为一批，不足 3 000 m^2 的按一批计算。

8.3.1.2 型式检验

以出厂检验合格的同一品种、同一规格、同一颜色的产品 3 000 m^2 为一批，不足 3 000 m^2 的按一批计算。

8.3.2 抽样

8.3.2.1 出厂检验

外观质量的检验可在生产线上连续进行，规格尺寸允许偏差的检验从同一检验批中随机抽取 3 张板进行，其余出厂检验项目按所检验项目的尺寸和数量要求随机抽取。

8.3.2.2 型式检验

从同一检验批中随机抽取三张板进行外观质量和尺寸偏差的检验，其余按各项目要求的尺寸和数量随机裁取。

8.4 判定规则

检验结果全部符合标准的指标要求时，判该批产品合格。若有不合格项，可再从该批产品中抽取双倍样品对不合格的项目进行一次复查，复查结果全部达到标准要求时判定该批产品合格，否则判定该批产品不合格。

9 标志、包装、运输、贮存及随行文件

9.1 标志

9.1.1 每张产品均应标明产品标记、颜色、生产或安装方向、厂名厂址、商标、批号、生产日期及质量检验合格标志。

9.1.2 产品若采用包装箱包装，其包装标志应符合 GB/T 191 及 GB/T 6388 的规定。在包装箱的明显部位应有如下标志：

a) 企业名称；

b) 产品名称；

c) 生产批号；

d) 内装数量；

e) 产品规格；

f) 执行标准。

9.2 包装

9.2.1 产品装饰面应覆有保护膜，保护膜的要求可参考附录 B。

9.2.2 包装箱应有足够的强度，以保证运输、搬运及堆垛过程中不会损坏，应避免产品在箱中窜动。

9.2.3 包装箱内应有产品合格证及装箱单。

合格证上应有如下内容：

a) 企业名称；

b) 检验结果；

c) 检验部门或人员标记；

d) 产品颜色。

装箱单应有如下内容：

a) 企业名称；

b) 产品名称、颜色；

c) 产品标记；

d) 生产批号；

e) 产品数量；

f) 包装日期。

9.3 运输

运输和搬运时应轻拿轻放，严禁摔扔，防止产品损伤。

9.4 贮存

产品应贮存在干燥通风处，避免高温及日晒雨淋，应按品种、规格、颜色分别堆放，并防止表面损伤。

9.5 随行文件

供方应向需方提供指导正确使用产品的应用指南，应用指南可参考附录 C。

随行文件宜包括：产品合格证、装箱单及产品应用指南。

附 录 A
(资料性附录)
铝塑复合板生产用粘结膜

A.1 术语和定义

下列术语和定义适用于本附录。

A.1.1 铝塑复合板生产复合用粘接薄膜(简称高分子膜) adhesive film

在铝塑复合板生产过程中用于塑料芯材和铝材之间起粘接作用的、由特种高分子材料(简称高分子料)和聚乙烯所生产的单层膜或多层共挤薄膜,其中特种高分子材料一般至少占50%。通常膜的两面在功能上有区分,一面为与塑料芯材的粘接面,一面为与铝材的粘接面。

A.1.2 高温粘接薄膜(简称高温膜) high temp. adhesive film

是铝塑复合板生产复合用粘接薄膜的一种。因其中特种高分子材料熔点较高,所生产的铝塑复合板的高温性能较好,但对铝塑复合板的复合工艺要求较高。

A.1.3 低温粘接薄膜(简称低温膜) low temp. adhesive film

是铝塑复合板生产复合用粘接薄膜的一种。因其中特种高分子材料熔点相对较低,所生产的铝塑复合板的高温性能相对较差,但对铝塑复合板的复合工艺要求相对较低。

A.2 技术要求

A.2.1 外观

高分子膜一般为缠绕在管芯上成卷供应,膜卷的长度、宽度和厚度规格由供需双方商定,但长度不应为负偏差,膜卷端面错位不大于2 mm,管芯两端与膜卷端面基本相平,与铝材粘结面的标记明显。其余外观质量要求见表A.1。

表 A.1 外观质量

项目		技术要求
“水纹”和“云雾”状缺陷		不影响使用
条纹		不影响使用
气泡,针孔及破裂		无
表面划痕及污染		无
“鱼眼”和“僵块”	>1 mm	无
	0.5 mm～1 mm/(个/m²)	≤20
	分散度/(个/dm²)	≤8
杂质	>0.5 mm	无
	0.3 mm～0.5 mm/(个/m²)	≤5
	分散度/(个/dm²)	≤3
平整度		表面无明显皱褶
暴筋		轻微
卷芯端部		无径向凹陷,缺口轻微

A.2.2 尺寸偏差

宽度及厚度尺寸偏差要求见表 A.2。

表 A.2 宽度及厚度尺寸偏差

单位为毫米

项目		技术要求
宽度		±5
厚度	0.030	0.000～+0.005
	0.035	
	0.040	
	0.045	
	0.050	±0.005
	0.060	
	0.070	
	0.080	
注：幕墙板生产宜采用厚度规格不小于 0.050 mm 的高分子膜。		

A.2.3 物理力学性能

高分子膜的物理力学性能要求见表 A.3。

表 A.3 物理力学性能

项目			技术要求
拉伸强度/MPa		纵向	≥10
		横向	
断裂伸长率/%		纵向	≥250
		横向	≥300
直角撕裂强度/N/mm		纵向	≥35
		横向	
剥离强度	滚筒剥离/(N·mm/mm)	平均值	≥130
		最小值	≥120
	180°剥离/(N/mm)	平均值	≥4.0
		最小值	≥3.0

A.3 试验方法

A.3.1 取样

至少去掉膜卷表面三层，再裁取 2 m 作为试验样品。

A.3.2 试验环境

试验前，试样应在 GB/T 2918 规定的标准环境下放置 24 h。除特殊规定外，试验也应在该条件下进行。

A.3.3 外观

膜卷端面错位采用最小分度值为 1 mm 的量具进行测量。其余外观质量的试验在非阳光直射的自然光条件下目测，对目测到的缺陷用小分度值为 0.02 mm 的量具测量其最大尺寸。

A.3.4 尺寸偏差

A.3.4.1 长度和宽度

按 GB/T 6673 的规定进行。

A.3.4.2 厚度

按 GB/T 6672 的规定进行。

A.3.5 物理力学性能

A.3.5.1 拉伸强度及断裂伸长率

按 GB/T 13022 的规定进行。

A.3.5.2 直角撕裂强度

按 GB/T 11999 的规定进行。

A.3.5.3 剥离强度

A.3.5.3.1 材料

待检薄膜:尺寸 350 mm×350 mm,数量二块;

铝材:尺寸 350 mm×350 mm 厚度和材质与铝塑板生产实际采用的铝材相同,数量二块,表面平整无氧化层,用丙酮洗净;

低密度聚乙烯塑料板:尺寸 350 mm×350 mm×3 mm,数量一块,压延法制造,表面平整,用丙酮洗净。

A.3.5.3.2 制样及试验

将上述材料按铝塑板生产的结构方式正确叠合放置,先将其在 165℃条件下(高温膜)或 135℃条件下(低温膜)热压 3 min,同时保持压缩后的厚度为 3 mm 加两层铝材的厚度,然后用 50 N/cm^2 的压力定型冷却至室温。

A.3.5.3.3 试验

按 7.7.16 的规定进行滚筒剥离强度试验或按 GB/T 2790 的规定进行 180°剥离强度试验。

附　录　B
（资料性附录）
保　护　膜

B.1　术语和定义

下列术语和定义适用于本附录。

保护膜　protecting film

在铝塑板产品的表面覆盖的一层压敏粘性的起保护作用的膜。

B.2　技术要求

保护膜的性能要求见表 B.1：

表 B.1　保护膜性能

项　目		技术要求
厚度/mm	建筑幕墙板用	≥0.08
	普通装饰板用	由供需双方商定
剥离强度/(N/mm)		0.15～0.50
拉伸强度/MPa		≥10
直角撕裂强度/(N/mm)		≥35
遗胶性/%		≤5
耐老化性[a]	外观	无异常
	色差 ΔE	≤2
	剥离强度/(N/mm)	0.15～0.50
	遗胶性/%	≤5
耐低温性	外观	无异常
	剥离强度/(N/mm)	0.15～0.50
	遗胶性/%	≤5
耐高温性	外观	无异常
	剥离强度/(N/mm)	0.15～0.50
	遗胶性/%	≤5
[a] 仅针对幕墙板及室外用铝塑板所用的保护膜。		

B.3　试验方法

B.3.1　厚度

按 GB/T 6672 的规定进行。

B.3.2　剥离强度

取一块尺寸为 350 mm×350 mm 的实际要保护的铝塑板，用丙酮洗净，加热到(80±5)℃，以 10 N/cm的压力用橡胶辊将一块同样尺寸的保护膜碾压贴到铝塑板表面，自然冷却到室温，然后按 GB/T 2790的规定进行 180°剥离强度的试验，剥离中保护膜应无断裂。

B.3.3 拉伸强度

按 GB/T 13022 的规定进行。

B.3.4 直角撕裂强度

按 GB/T 11999 的规定进行。

B.3.5 遗胶性

取四块尺寸为 100 mm×200 mm 的实际要保护的铝塑板，一块留作参照板，其余三块按 B.3.2 粘贴好保护膜后自然冷却到室温，撕去保护膜，对比参照板按 GB/T 9780 的规定进行贴保护膜前后铝塑板的耐沾污性的对比，按下式计算遗胶性。

$$R = 100 \times \frac{f_0 - f_1}{f_0} \qquad \text{(B.1)}$$

式中：

R——遗胶性，%；

f_0——未贴保护膜部分的反射系数；

f_1——贴过保护膜部分的反射系数。

取三块试件测试值的算术平均值作为试验结果。

B.3.6 耐老化性

取四块尺寸为 100 mm×100 mm 的实际要保护的铝塑板，一块留作参照板，其余三块按 B.3.2 的方法粘贴好保护膜进行老化试验。将贴保护膜的一面朝向紫外线光源，按 7.7.12 的方法进行 168 h 的老化试验。取出自然放置到室温，观察距离板边 10 mm 以里的保护膜有无鼓泡、剥落、脱落等异常；按 GB/T 2790 的规定测量剥离强度，剥离中保护膜应无断裂；撕去保护膜后对比参照板测量经老化试验前后铝塑板的色差及遗胶性，色差测量按 GB/T 11942 进行；遗胶性测量按 B.3.5 的方法进行。

B.3.7 耐低温性

取四块尺寸为 300 mm×300 mm 的实际要保护的铝塑板，一块留作参照板，其余三块按 B.3.2 的方法粘贴好保护膜，放置在(－35±2)℃下恒温 168 h。取出自然放置到室温，观察距离板边 10 mm 以里的保护膜有无鼓泡、剥落、脱落等异常；按 GB/T 2790 的规定测量剥离强度，剥离中保护膜应无断裂；撕去保护膜后按 B.3.5 的方法测量遗胶性。

B.3.8 耐高温性

取四块尺寸为 300 mm×300 mm 的实际要保护的铝塑板，一块留作参照板，其余三块按 B.3.2 的方法粘贴好保护膜，放置在(70±2)℃下恒温 168 h，取出自然放置到室温。观察距离板边 10 mm 以里的保护膜有无鼓泡、剥落、脱落等异常；按 GB/T 2790 的规定测量剥离强度，剥离中保护膜应无断裂；撕去保护膜后按 B.3.5 的方法测量遗胶性。

附 录 C
(资料性附录)
铝塑板应用指南

C.1 开槽

铝塑板在折边施工时,应在折边处开槽,根据折边要求,一般可开 V 型槽、U 型槽等,几种典型的开槽方式如图 C.1 所示。应使用铝塑板专用开槽机械,保证开槽深度不伤及对面铝材,并留有 0.3 mm 厚的塑料层。在开槽处可根据需要采用加边肋等加固措施。

单位为毫米

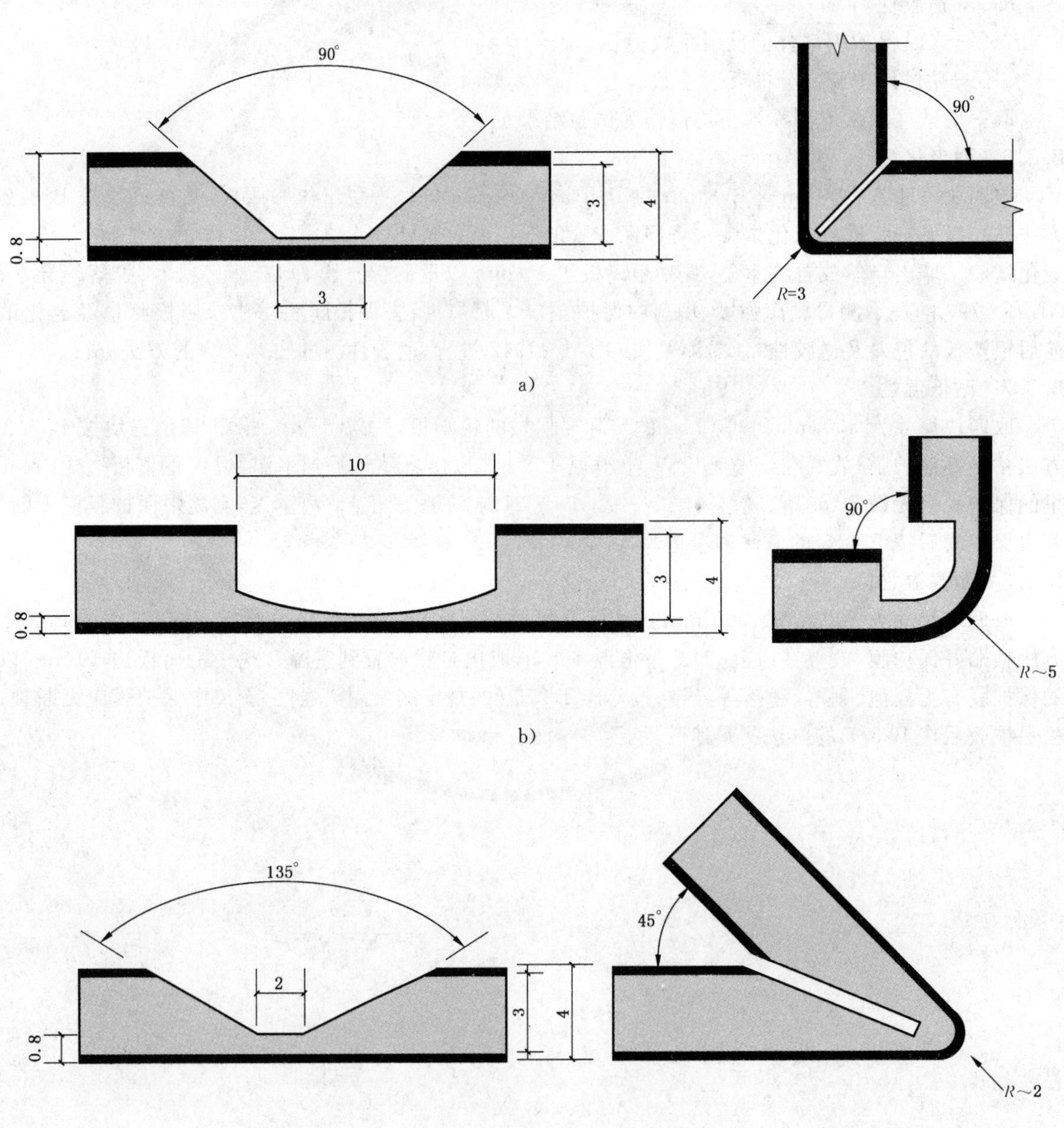

图 C.1 几种典型的加工开槽示意图

C.2 撕膜

铝塑板安装完毕后应及时撕掉保护膜，以减小因保护膜的老化而造成撕膜困难、严重遗胶或严重污染铝塑表面等的可能性。

C.3 表面漆膜的保护

应避免损伤表面漆膜。

C.4 安装方向

由于一般铝塑板表面的漆膜是用滚涂工艺生产的，涂层的颜色可能有一定方向性(特别是金属色)，从不同的角度观察，铝塑板的感观颜色可能会有一定差异，为避免这种差异，铝塑板应按同一生产方向安装。

C.5 清洗养护

铝塑复合板至少每年应进行一次清洗养护，去除表面污渍和有害物质，以保持板面整洁、保证产品正常使用寿命。宜采用中性清洗剂进行柔性清洗，清洗前应考虑清洗剂对铝塑板涂层有否不良影响。

C.6 储存条件

铝塑板应储存在干燥、阴凉、通风和平整处，储存温度不应超过 70℃。

C.7 折边与弯曲

对需要开槽折边应用的铝塑板应事先考虑好折边程序，不能进行反复折边；对需要进行不开槽而直接弯曲应用的铝塑板，其最小弯曲半径不宜小于 30 cm。

C.8 配套密封材料

铝塑板所用的密封材料应具有良好的耐候性并与铝塑板有良好的相容性。密封材料还应符合相应的国家或行业标准要求。由于劣质密封材料容易污染甚至腐蚀铝塑板，因此事先对所用密封材料与铝塑板的相容性进行试验是必要的。

C.9 设计安装

铝塑板的设计安装应执行有关设计安装规范，并充分考虑热胀冷缩的可能，以避免对工程和板面平整度产生不良的影响。

C.10 运输

铝塑板在搬运和运输过程中应码放平整、整齐、稳固，避免窜动、拖拉、划伤表面、冲撞及局部压伤。

参 考 文 献

[1] GB/T 2790—1995 胶粘剂 180°剥离强度试验方法 挠性材料对刚性材料
[2] GB/T 6672—2001 塑料薄膜和薄片厚度的测定 机械测量法
[3] GB/T 6673—2001 塑料薄膜与片材长度和宽度的测定
[4] GB/T 11999—1989 塑料和薄片耐撕裂性能试验方法 埃莱门多夫法
[5] GB/T 13022—1991 塑料薄膜拉伸性能试验方法
[6] AAMA 2605—2005 铝型材及铝板上超级性能有机涂层的自愿申明、性能要求及试验方法
[7] ASTM D 732—02 冲孔法测量塑料剪切强度试验方法
[8] ASTM D 968—05e1 用落砂法测量有机涂层耐磨耗性能试验方法
[9] ASTM D 1781—1998(2004) 胶粘剂滚筒剥离试验方法标准

ICS 81.040.20
Q 34

中华人民共和国国家标准

GB/T 17841—2008
代替 GB 17841—1999

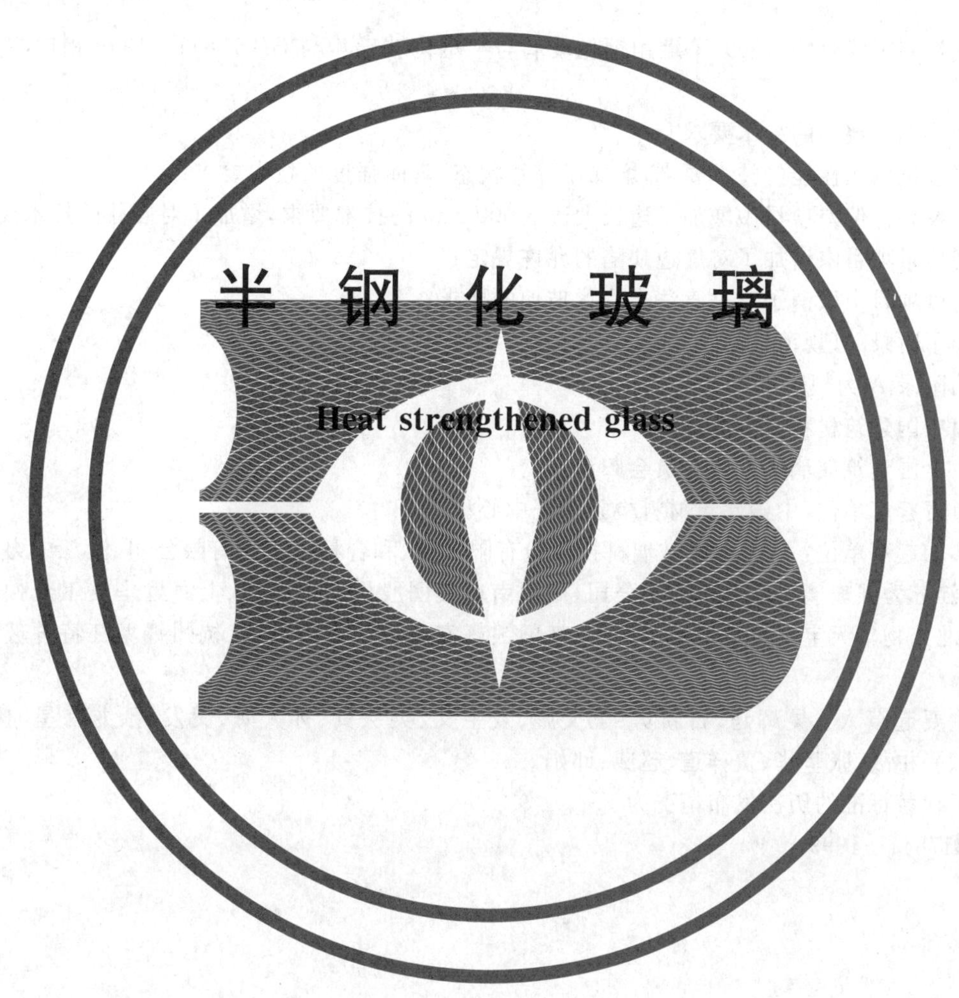

半钢化玻璃

Heat strengthened glass

2008-10-15 发布　　　　2009-06-01 实施

中华人民共和国国家质量监督检验检疫总局
中国国家标准化管理委员会　发布

前　言

本标准与 EN 1863-1:2000《建筑用玻璃—热增强钠钙硅酸盐玻璃　第1部分　定义和描述》和 EN 1863-2:2004《建筑用玻璃—热增强钠钙硅酸盐玻璃　第2部分　一致性评价/产品标准》的一致性程度为非等效。本标准同时参考了 ASTM C 1048-04《热处理平板玻璃-热增强玻璃、镀膜和普通钢化玻璃产品规范》。

本标准代替 GB 17841—1999《幕墙用钢化玻璃与半钢化玻璃》，与 GB 17841—1999 相比主要技术差异为：

——取消了钢化玻璃的技术要求；

——取消了抗风压性能的技术要求，增加了碎片状态、弯曲强度的技术要求；

——尺寸及允许偏差项目中增加了边长大于 3 000 mm 的技术要求，增加了对圆孔的技术要求；

——外观质量项目中增加了对爆边缺陷的允许规定；

——弯曲度项目中取消了对垂直法半钢化玻璃的要求；

——增加了附录 A(规范性附录)。

本标准的附录 A 为规范性附录。

本标准由中国建筑材料联合会提出。

本标准由全国建筑玻璃标准化委员会归口。

本标准负责起草单位：中国建筑材料检验认证中心。

本标准参加起草单位：广东金刚玻璃科技股份有限公司、和合科技集团有限公司、浙江中力控股集团有限公司、江苏秀强玻璃科技股份有限公司、中国南玻集团股份有限公司、上海耀华皮尔金顿玻璃股份有限公司、北京物华天宝安全玻璃有限公司、江门银辉安全玻璃有限公司、杭州钱塘江特种玻璃技术有限公司。

本标准主要起草人：吴辉廷、石新勇、王文彪、夏卫文、吴从真、孙大海、艾发智、龙霖星、杨宏斌、陈新盛、周健、平柏战、张坚华、贾祥道、赵威、邱娟。

本标准所代替标准的历次发布情况为：

——GB 17841—1999。

半 钢 化 玻 璃

1 范围

本标准规定了经热处理工艺制成的半钢化玻璃的术语和定义、分类、技术要求、试验方法、检验规则和标志、包装、运输、贮存。

本标准适用于经热处理工艺制成的建筑用半钢化玻璃。对于建筑以外用的半钢化玻璃，可根据其产品特点参照使用本标准。

2 规范性引用文件

下列文件中的条款通过本标准的引用而成为本标准的条款。凡是注日期的引用文件，其随后所有的修改单(不包括勘误的内容)或修订版均不适用于本标准，然而，鼓励根据本部分达成协议的各方研究是否可使用这些文件的最新版本。凡是不注日期的引用文件，其最新版本适用于本部分。

GB/T 1216　外径千分尺

GB/T 8170　数值修约规则

GB 15763.2—2005　建筑用安全玻璃 第2部分：钢化玻璃

3 术语和定义

下列术语和定义适用于本标准。

3.1

半钢化玻璃　heat strengthened glass

通过控制加热和冷却过程，在玻璃表面引入永久压应力层，使玻璃的机械强度和耐热冲击性能提高，并具有特定的碎片状态的玻璃制品。

4 分类

半钢化玻璃按生产工艺分类，分为：垂直法半钢化玻璃、水平法半钢化玻璃。

5 材料

生产半钢化玻璃所使用的原片，其质量应符合相应产品标准的要求。

6 要求

半钢化玻璃的各项性能及其试验方法应符合表1相应条款的规定。

表1　技术要求及试验方法条款

项目	技术要求	试验方法
厚度偏差	6.1	7.1
尺寸及允许偏差	6.2	7.2
边部质量	6.3	7.3
外观质量	6.4	7.4
弯曲度	6.5	7.5

表 1（续）

项目	技术要求	试验方法
弯曲强度	6.6	7.6
表面应力	6.7	7.7
碎片状态	6.8	7.8
耐热冲击	6.9	7.9

6.1　厚度偏差

制品的厚度偏差应符合所使用的原片玻璃对应标准的规定。

6.2　尺寸及允许偏差

6.2.1　边长允许偏差

矩形制品的边长允许偏差应符合表 2 的规定。

表 2　边长允许偏差　　单位为毫米

厚度	边长(L)			
	$L\leqslant1\,000$	$1\,000<L\leqslant2\,000$	$2\,000<L\leqslant3\,000$	$L>3\,000$
3、4、5、6	+1.0 −2.0	±3.0		±4.0
8、10、12	+2.0 −3.0			

6.2.2　对角线差

矩形制品的对角线差应符合表 3 的规定。

表 3　对角线差允许值　　单位为毫米

玻璃公称厚度	边长(L)			
	$L\leqslant1\,000$	$1\,000<L\leqslant2\,000$	$2\,000<L\leqslant3\,000$	$L>3\,000$
3、4、5、6	2.0	3.0	4.0	5.0
8、10、12	3.0	4.0	5.0	6.0

6.2.3　圆孔

6.2.3.1　概述

本条款只适用于公称厚度不小于 4 mm 的制品。圆孔的边部加工质量由供需双方商定。

6.2.3.2　孔径

孔径一般不小于玻璃的公称厚度，孔径的允许偏差应符合表 4 的规定。小于玻璃的公称厚度的孔的孔径允许偏差由供需双方商定。

表 4　孔径及其允许偏差　　单位为毫米

公称孔径(D)	允许偏差
$4\leqslant D\leqslant50$	±1.0
$50<D\leqslant100$	±2.0
$D>100$	供需双方商定

6.2.3.3　孔的位置

6.2.3.3.1　孔的边部距玻璃边部的距离 a 应不小于玻璃公称厚度的 2 倍。如图 1 所示。

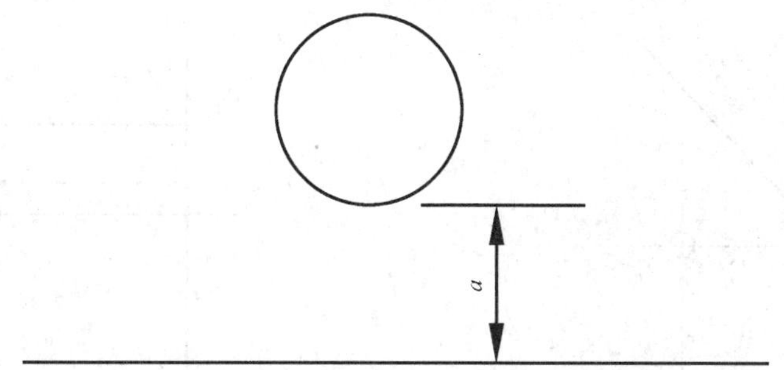

图 1　孔的边部距玻璃边部的距离示意图

6.2.3.3.2　两孔孔边之间的距离 b 应不小于玻璃公称厚度的 2 倍。如图 2 所示。

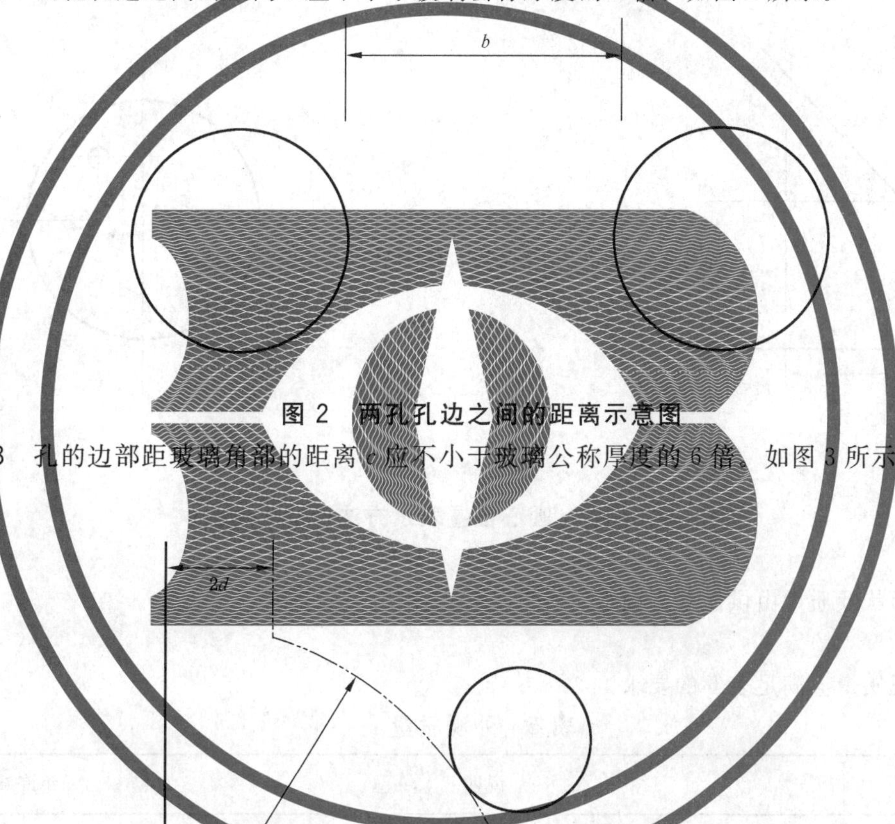

图 2　两孔孔边之间的距离示意图

6.2.3.3.3　孔的边部距玻璃角部的距离 c 应不小于玻璃公称厚度的 6 倍。如图 3 所示。

图 3　孔的边部距玻璃角部的距离示意图

注：如果某个孔的边部距玻璃边部的距离小于 35 mm，那么这个孔不应处在相对于玻璃角部对称的位置上(即圆孔的中心不能处于玻璃角部的对角线上)。具体位置由供需双方商定。

6.2.3.3.4　圆心位置表示方法及其允许偏差

圆孔圆心的位置的表达方法可参照图 4 进行。如图 4 建立坐标系，用圆孔的中心相对于玻璃的某个角或者某个虚拟的点的坐标(x,y)表达圆心的位置。

圆孔圆心的位置 x、y 的允许偏差与玻璃的边长允许偏差相同(见表 2)。

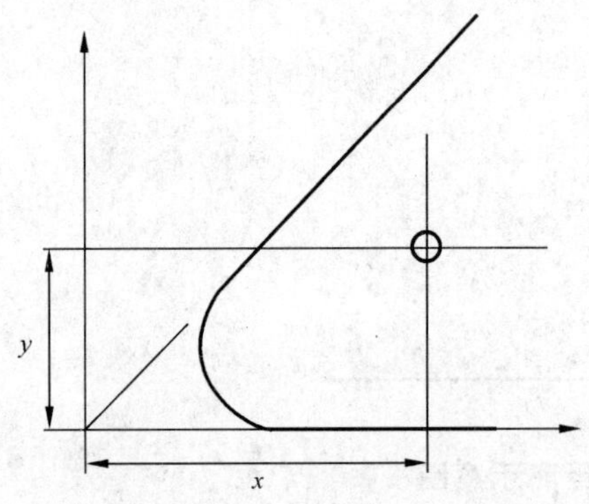

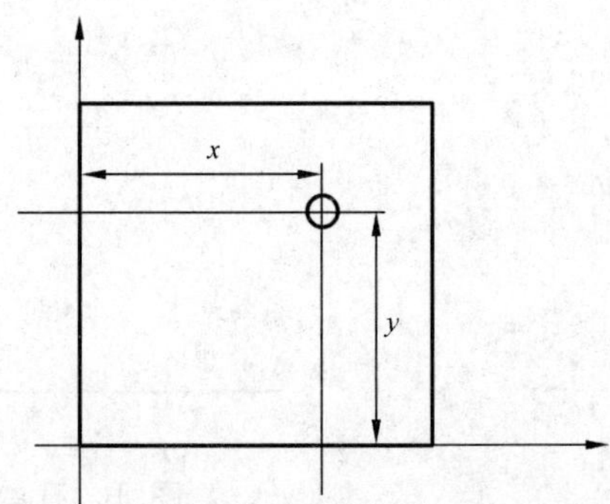

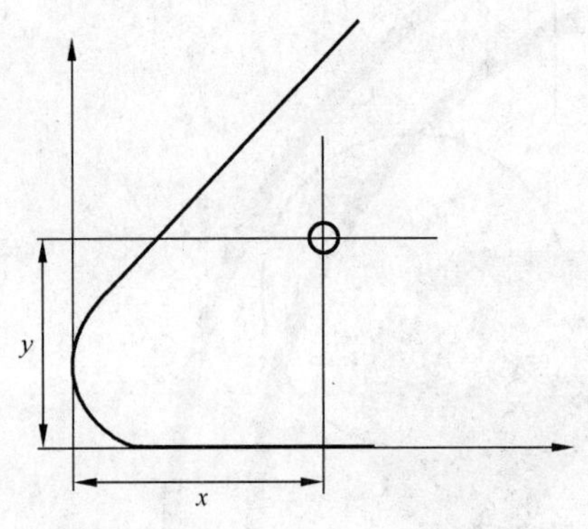

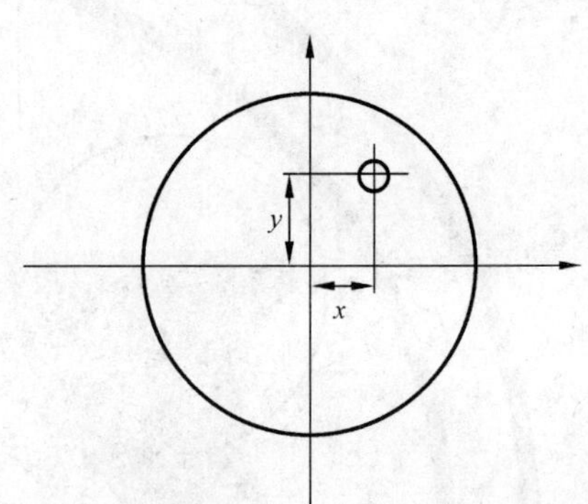

图 4　圆心位置表示方法

6.3　边部质量

边部加工形状及质量由供需双方商定。

6.4　外观质量

制品的外观质量应满足表 5 的要求。

表 5　外观质量

缺陷名称	说明	允许缺陷数
爆边	每米边长上允许有长度不超过 10 mm，自玻璃边部向玻璃板表面延伸深度不超过 2 mm，自板面向玻璃厚度延伸深度不超过厚度 1/3 的爆边个数	1 处
划伤	宽度≤0.1 mm，长度≤100 mm 每平方米面积内允许存在条数	4 条
	0.1＜宽度≤0.5 mm，长度≤100 mm 每平方米面积内允许存在条数	3 条
夹钳印	夹钳印与玻璃边缘的距离≤20 mm，边部变形量≤2 mm（见图 5）	
裂纹、缺角	不允许存在	

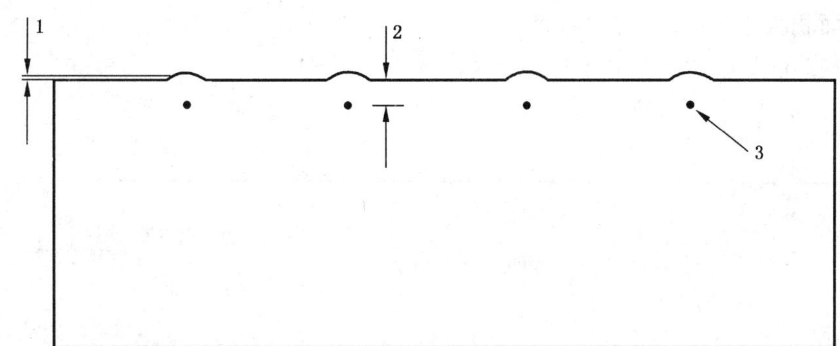

1——边部变形；

2——夹钳印与玻璃边缘的距离；

3——夹钳印。

图 5　夹钳印示意图

6.5　弯曲度

水平法生产的平型制品的弯曲度应满足表 6 的规定。垂直法生产的平型制品的弯曲度由供需双方商定。

表 6　弯曲度

缺陷种类	弯曲度	
	浮法玻璃	其他
弓形/(mm/mm)	0.3%	0.4%
波形/(mm/300 mm)	0.3	0.5

6.6　弯曲强度

本条款由供需双方商定采用，按 7.6 进行检验，以 95%的置信区间，5%的破损概率弯曲强度应满足表 7 的要求。

表 7　弯曲强度

原片玻璃种类	弯曲强度值/MPa
浮法玻璃、镀膜玻璃	≥70
压花玻璃	≥55

6.7　表面应力

按照 7.7 进行检验，表面应力值应满足表 8 的要求。

表 8　表面应力值

原片玻璃种类	表面应力
浮法玻璃、镀膜玻璃	24 MPa≤表面应力值≤60 MPa
压花玻璃	—

6.8　碎片状态

厚度小于等于 8 mm 的玻璃的碎片状态，按 7.8 进行检验，每片试样的破碎状态应满足 6.8.1 的要求。厚度大于 8 mm 的玻璃的碎片状态由供需双方商定。

6.8.1　碎片状态要求

6.8.1.1　碎片至少有一边延伸到非检查区域。

6.8.1.2　当有碎片的任何一边不能延伸到非检查区域时，此类碎片归类为“小岛”碎片和“颗粒”碎片(见图 6)。上述碎片应满足如下要求：

a)　不应有两个及两个以上小岛碎片；

b) 不应有面积大于 10 cm^2 的小岛碎片；

c) 所有"颗粒"碎片的面积之和不应超过 50 cm^2。

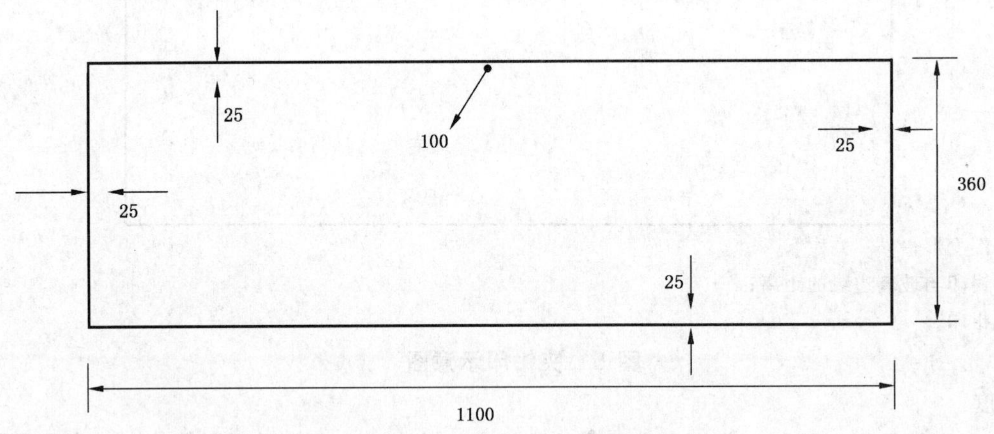

图 6 "非检查区域"示意图

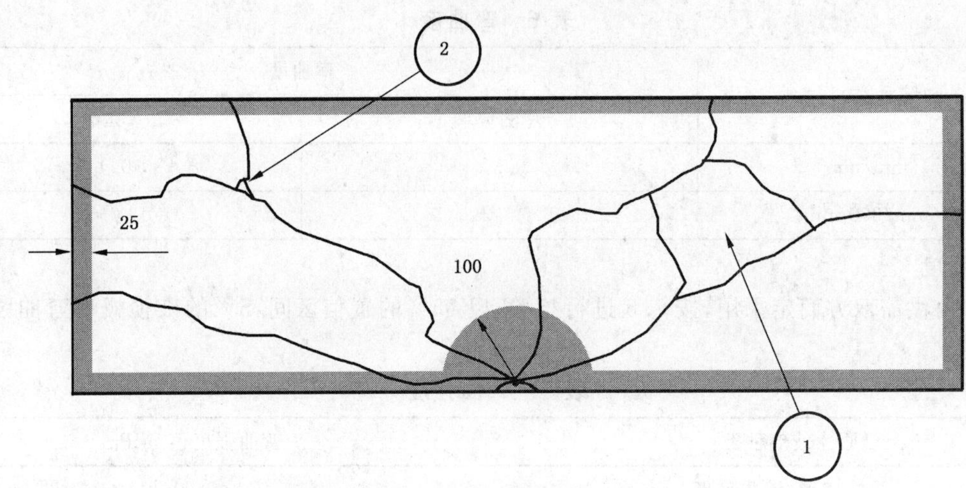

1 ——"小岛"碎片,"小岛"碎片为面积大于等于 1 cm^2 的碎片；

2 ——"颗粒"碎片,"颗粒"碎片为面积小于 1 cm^2 的碎片。

图 7 "小岛"和"颗粒"碎片示意图

6.8.2 碎片状态放行条款

6.8.2.1 碎片至少有一边延伸到非检查区域。

6.8.2.2 当有碎片的任何一边不能延伸到非检查区域时,此类碎片归类为"小岛"碎片和"颗粒"碎片。上述碎片应满足如下要求：

a) 不应有 3 个及 3 个以上"小岛"碎片。

b) 所有"小岛"碎片和"颗粒"碎片,总面积之和不应超过 500 cm^2。

6.9 耐热冲击

本条款应由供需双方商定采用。按照 7.9 进行检验,试样应耐 100 ℃温差不破坏。

7 试验方法

7.1 厚度检验

以制品为试样,使用符合 GB/T 1216 规定的外径千分尺或与此同等精度的器具,在距玻璃板边 15 mm内的四边中点测量。若有吊挂点,则应避免测量以吊挂点为中心 100 mm 半径圆区域内的边部。测量结果的算术平均值即为厚度值,并以毫米(mm)为单位按照 GB/T 8170 修约到小数点后 2 位。

7.2 尺寸及允许偏差

7.2.1 边长允许偏差检验

以制品为试样，使用最小刻度为 1 mm 的钢直尺或钢卷尺测量。

7.2.2 对角线差检验

以制品为试样，使用最小刻度为 1 mm 的钢直尺或钢卷尺测量玻璃两条对角线的长度，并求得其差值的绝对值。

7.2.3 圆孔

以制品为试样，使用最小刻度 0.02 mm 的游标卡尺或与此同等精度的器具对圆孔孔径进行测量。使用最小刻度为 1 mm 的钢直尺或钢卷尺测量圆孔的相对位置。

7.3 边部加工

以制品为试样，在良好的自然光及散射光照条件下，在距试样正面约 600 mm 处进行目视检查。

7.4 外观检验

以制品为试样，在良好的自然光及散射光照条件下，在距试样正面约 600 mm 处进行目视检查。缺陷尺寸使用放大 10 倍，精度为 0.1 mm 的读数显微镜测量；爆边、划伤、夹钳印等缺陷的长度使用最小刻度为 1 mm 的钢直尺或钢卷尺测量。

7.5 弯曲度测量

以制品为试样，将试样在室温下放置 4 h 以上，测量时把试样竖直放置，并在其长边下方的 1/4 处垫上两块垫块。用一直尺或金属线水平紧贴制品的两边或对角线方向，用塞尺测量直线边与玻璃之间的间隙，并以弧的高度与弦的长度之比的百分率表示弓形时的弯曲度。进行局部波形测量时，用一直尺或金属线沿平行玻璃边缘 25 mm 方向进行测量，测量长度 300 mm，用塞尺测得波谷或波峰的高，如图 8所示。

1——弓形变形；

2——玻璃边长或对角线长；

3——波形变形；

4——300 mm。

图 8 弓形和波形弯曲度示意图

7.6　**弯曲强度**

试验方法见附录 A。

7.7　**表面应力**

以制品为试样，取 3 块试样进行试验。试验方法和步骤按照 GB/T 15763.2—2005 中 6.8 进行。

7.8　**碎片状态试验**

7.8.1　**试样**

试样为与制品相同厚度、且与制品在同一工艺条件下制造的 5 片尺寸为 1 100 mm×360 mm 的长方形没有圆孔和开槽的平型试样。

7.8.2　**试验步骤**

7.8.2.1　将试样平放在试验台上，并用透明胶带纸或其他方式约束玻璃周边，以防止玻璃碎片溅开。

7.8.2.2　在试样的最长边中心线上距离周边 20 mm 的位置，用尖端曲率半径为 0.2 mm±0.05 mm 的小锤或冲头进行冲击，使试样破碎。

注：对垂直吊挂的玻璃冲击点不应在有吊挂钳的一边。

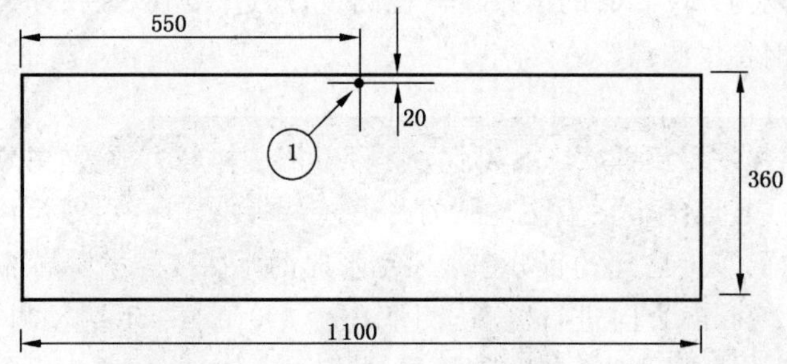

1——碎片冲击点。

图 9　冲击点示意图

7.8.2.3　破碎后 5 min 内完成曝光或拍照，"小岛"碎片和"颗粒"碎片的计数和称重也应在破碎后 5 min内结束。

7.8.2.4　检查时，应除去距离冲击点半径 100 mm 以及距玻璃边缘 25 mm 范围内的部分（以下简称"非检查区域"）。破碎后，如果有"小岛"和"颗粒"碎片，则"小岛"碎片和"颗粒"碎片的计数和称重也应在破碎后 5 min 内结束。

7.8.2.5　"小岛"和"颗粒"碎片面积的测量采用称重法。计算公式如下：

$$S = \frac{m}{d \times \rho} \qquad (1)$$

式中：

S——面积，单位为平方厘米（cm^2）；

m——质量，单位为克（g）；

d——玻璃厚度，单位为毫米（mm）；

ρ——玻璃的密度，取 2.5 g/cm^3。

7.9　**耐热冲击**

7.9.1　**试样**

试样为与制品相同厚度、且与制品在同一工艺条件下制造的 4 片尺寸为 300 mm×300 mm 的长方形没有圆孔和开槽的平型试样。

7.9.2　**试验步骤**

将试样置于 100 ℃±2 ℃的烘箱中，保温 4 h 以上，取出后立即将试样垂直浸入 0 ℃的冰水混合物中，应保证试样高度的 1/3 以上能浸入水中，5 min 后观察玻璃是否破坏。玻璃表面和边部的鱼鳞状玻璃不应视作破坏。

8 检验规则

8.1 检验项目

检验分为出厂检验和型式检验。

8.1.1 型式检验

检验项目为本标准规定的，除弯曲强度、耐热冲击外的全部技术要求。有下列情况之一时，应进行型式检验。

——新产品或老产品转厂生产的试制定型鉴定。

——试生产后，如结构、材料、工艺有较大改变，可能影响产品性能时。

——正常生产每满1年时。

——产品停产半年以上，恢复生产时。

——出厂检验结果与上次型式有较大差异时。

——质量监督部门提出进行型式检验的要求时。

8.1.2 出厂检验

外观质量、尺寸及允许偏差、弯曲度。若要求增加其他检验项目由供需双方商定。

8.2 组批抽样方法

8.2.1 产品的外观质量、尺寸及允许偏差、弯曲度按表9规定进行随机抽样。

表9 抽样表

单位为片

批量范围	样本大小	合格判定数	不合格判定数
1～8	2	0	1
9～15	3	0	1
16～25	5	1	2
26～50	8	1	2
51～90	13	2	3
91～150	20	3	4
151～280	32	5	6
281～500	50	7	8

8.2.2 对于产品所要求的其他技术性能，若用制品检验时，根据检测项目所要求的数量从该批产品中随机抽取；若用试样进行检验时，应采用同一工艺条件下制备的试样。当该批产品批量大于500块时，以每500块为1批分批抽取试样，当检验项目为非破坏性试验时可用它继续进行其他项目的检测。

8.3 判定规则

8.3.1 进行外观质量、尺寸及允许偏差、弯曲度时，如不合格品数小于或等于表9中的合格判定数，该项目合格；如不合格品数超过表9中的合格判定数，则认为该批产品的该项目不合格。

8.3.2 进行弯曲强度检验时，样品全部满足要求为合格，否则该项目不合格。

8.3.3 进行表面应力检验时，样品全部满足要求为合格，否则该项目不合格。

8.3.4 进行碎片检验时，样品全部满足6.8.1的要求，该项目合格；如有一块样品不能满足6.8.1的要求，但能满足6.8.2的要求，该项目也视为合格，否则该项目不合格。

8.3.5 进行耐热冲击检验时，样品全部满足要求为合格，否则该项目不合格。

8.3.6 全部检验项目中，如有一项不合格，则认为该批产品不合格。

9 标志、包装、运输、贮存

9.1 包装

玻璃的包装宜采用木箱或集装箱(架)包装,箱(架)应便于装卸、运输。每箱(架)宜装同一厚度、尺寸的玻璃。玻璃与玻璃之间、玻璃与箱(架)之间应采取防护措施,防止玻璃的破损和玻璃表面的划伤。

9.2 包装标志

包装标志应符合国家有关标准的规定,每个包装箱应标明“朝上、轻搬正放、小心破碎、防雨怕湿”等标志或字样。

9.3 运输

运输时,玻璃应固定牢固,防止滑动、倾倒,应有防雨措施。

9.4 贮存

产品应贮存在有防雨设施的场所。

附 录 A
（规范性附录）
弯曲强度试验方法

A.1 试验条件

环境温度：23 ℃±5 ℃，环境湿度：40%～70%。

A.2 试样

至少取 12 块试样进行试验。每块试样长度为 1 100 mm±5 mm，宽度为 360 mm±5 mm。制备试样时，切割刀口应在试样的同一表面，试样边部加工采取粗磨边的方式。

试验前 24 h 不得对试样进行任何加工或处理。如果试样表面贴有保护膜，应在试验前 24 h 去除。试验前，试样应在 A.1 规定的条件下放置至少 4 h。

A.3 试验装置

采用材料试验机进行试验。试验机应能连续、均匀地对试样加载，且能够将由于加载产生的震动降低至最小。试验机应装有加载测量装置，并在其量程内的误差应小于±2%。支撑辊和加载辊的直径为 50 mm，长度不少于 365 mm。支撑辊和加载辊均能围绕各辊轴线转动。

A.4 试验程序

A.4.1 测量试样宽度及厚度

在试样的两端和长边中心线分别测量试样宽度，取其算术平均值，精确至 1 mm。

测量厚度时，为避免由于测量而产生的表面破坏，测量应分别在试样的两端进行（至少应在试样的位于加载辊以外的部分进行测量）。分别测量四点，并取算术平均值，精确至 0.01 mm。也可在试验后测量破碎后的试样厚度，每块试样取 4 块碎片测量厚度，并取算术平均值，精确至 0.01 mm。

A.4.2 试样有切割刀口的表面朝上。为便于查找断裂源和防止碎片飞散，可在试样上表面粘贴薄膜。按图 A.1 所示放置试样。橡胶条的厚度为 3 mm，硬度为(40±10)IRHD。

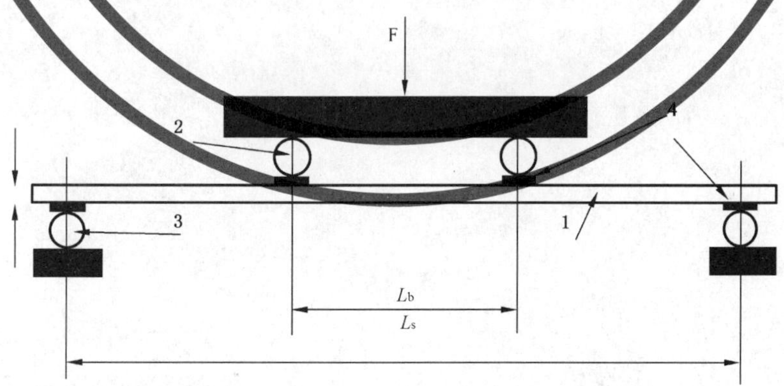

1——试样；
2——加载辊；
3——支撑辊；
4——橡胶条；
L_b＝200±1 mm；
L_s＝1 000±2 mm。

图 A.1 四点弯曲强度试验

A. 4. 3 加载

试验机以试样弯曲应力(2±0.4)MPa/s的递增速度对试样进行加载，直至试样破坏。记录每块试样破坏时的最大载荷、从开始加载至试样破坏的时间(精确至1s)以及试样的断裂源是否在加载辊之间。

A. 4. 4 数据处理

A. 4. 4. 1 断裂源应当在加载辊之间，即L_b之间，否则应以新试样替补上重新试验，以保证每组试样原来的数量。按公式(A.1)计算试样的弯曲强度。

$$\sigma_{bG}=F_{max}\frac{3(L_s-L_b)}{2Bh^2}+\sigma_{bg} \qquad (A.1)$$

式中：

σ_{bG}——弯曲强度，单位为兆帕(MPa)；

F_{max}——试样断裂时的最大载荷，单位为牛顿(N)；

L_s——两支撑辊轴心之间的距离，单位为毫米(mm)；

L_b——两加载辊轴心之间的距离，单位为毫米(mm)；

B——试样的宽度，单位为毫米(mm)；

h——试样的厚度，单位为毫米(mm)；

σ_{bg}——试样由于自重产生的弯曲强度，或通过公式(A.2)计算得到，单位为兆帕；

$$\sigma_{bg}=\frac{3\rho gL_s^2}{4h} \qquad (A.2)$$

式中：

ρ——试样密度，对于普通钠钙硅玻璃$\rho=2.5\times10^3\ kg/m^3$；

g——单位换算系数，9.8 N/kg；

L_s——两支撑辊轴心之间的距离，单位为米(m)；

h——试样的厚度，单位为米(m)。

前　　言

本标准是为了限制玻璃幕墙有害光反射而编制的。

本标准是与 JG 3035—1996《建筑幕墙》及 JGJ 102—1996《玻璃幕墙工程技术规范》相配套的标准。

本标准的附录 A、B、C 都是标准的附录。

本标准的附录 D 是提示的附录。

本标准由建设部提出。

本标准由建设部建筑制品与设备标准技术归口单位中国建筑标准设计研究所归口。

本标准负责起草单位:中国建筑科学研究院。

本标准参加起草单位:中国建筑金属结构协会、深圳中航幕墙有限公司、中南玻璃制品有限公司、深圳现代幕墙工程设计顾问有限公司、中国南玻集团公司、骏雄玻璃幕墙有限公司。

本标准主要起草人:林若慈、郑金峰、张建平、赵燕华、闭思廉、谢于深、张幼佩、肖小奇、许武毅。

本标准委托中国建筑标准设计研究所负责解释。

中华人民共和国国家标准

玻璃幕墙光学性能

GB/T 18091—2000

Optical properties of glass curtain walls

1 范围

本标准规定了玻璃幕墙的有害光反射及相关光学性能指标、技术要求、试验方法和检验规则。

本标准适用于玻璃幕墙。

2 引用标准

下列标准所包含的条文,通过在本标准中引用而构成为本标准的条文。本标准出版时,所示版本均为有效。所有标准都会被修订,使用本标准的各方应探讨使用下列标准最新版本的可能性。

GB/T 2680—1994 建筑玻璃 可见光透射比、太阳光直接透射比、太阳能总透射比、紫外线透射比及有关窗玻璃参数的测定

GB/T 5702—1985 光源显色性评价方法

GB/T 11942—1989 彩色建筑材料色度测量方法

GB/T 11976—1989 建筑外窗采光性能分级及其检测方法

JC 693—1998 热反射玻璃

JG 3035—1996 建筑幕墙

3 定义

本标准采用下列定义。

3.1 (光)反射比 luminous reflectance

被物体表面反射的光通量 Φ_ρ 与入射到物体表面的光通量 Φ_i 之比,用符号 ρ 表示。

3.2 (光)透射比 luminous transmittance

从物体透射出的光通量 Φ_τ 与入射到物体的光通量 Φ_i 之比,用符号 τ 表示。

3.3 色差 ΔE colour difference

以定量表示的色知觉差异。

3.4 颜色透视指数 colour rendering index

光源(D_{65})透过玻璃后的一般显色指数,用 R_a 表示。

3.5 透光折减系数 transmitting rebate factor

光通过窗框和采光材料与窗相组合的挡光部件后减弱的系数,用符号 T_r 表示。

3.6 玻璃幕墙的有害光反射 harmful luminous reflection of glass curtain walls

对人引起视觉累积损害或干扰的玻璃幕墙光反射,包括失能眩光或不舒适眩光。

3.7 失能眩光 disability glare

降低视觉对象的可见度,但并不一定产生不舒适感觉的眩光。

3.8 不舒适眩光 discomfort glare

产生不舒适感觉,但并不一定降低视觉对象可见度的眩光。

国家质量技术监督局 2000-05-08 批准 2000-10-01 实施

3.9 视场 visual field

当头和眼睛不动时，人眼能察觉到的空间角度范围。

3.10 畸变 deformation

物体经成像后变为扭曲的现象。

4 要求

玻璃幕墙的设置应符合城市规划的要求，应满足采光、保温、隔热等要求，还应符合有关光学性能的要求。

4.1 幕墙玻璃产品应符合下列光学性能：

4.1.1 一般幕墙玻璃产品应提供可见光透射比、可见光反射比、太阳光透射比、太阳光反射比、太阳能总透射比、遮蔽系数、色差。

对有特殊要求的博物馆、展览馆、图书馆、商厦的幕墙玻璃产品还应提供紫外线透射比、颜色透视指数。

幕墙玻璃的光学性能参数应符合附录A、附录B和附录C的规定。

4.1.2 为限制玻璃幕墙的有害光反射，玻璃幕墙应采用反射比不大于0.30的幕墙玻璃。

4.1.3 幕墙玻璃颜色的均匀性用(CIELAB系统)色差ΔE表示，同一玻璃产品的色差ΔE应不大于3CIELAB色差单位。本标准规定的色差为反射色差。

4.1.4 为减小玻璃幕墙的影像畸变，玻璃幕墙的组装与安装应符合JG 3035规定的平直度要求，所选用的玻璃应符合相应的现行国家、行业标准的要求。

4.1.5 对有采光功能要求的玻璃幕墙其透光折减系数一般不应低于0.20。

4.2 玻璃幕墙的设计与设置应符合以下规定：

4.2.1 在城市主干道、立交桥、高架路两侧的建筑物20 m以下，其余路段10 m以下不宜设置玻璃幕墙的部位如使用玻璃幕墙，应采用反射比不大于0.16的低反射玻璃。若反射比高于此值应控制玻璃幕墙的面积或采用其他材料对建筑立面加以分隔。

4.2.2 居住区内应限制设置玻璃幕墙。

4.2.3 历史文化名城中划定的历史街区、风景名胜区应慎用玻璃幕墙。

4.2.4 在T形路口正对直线路段处不应设置玻璃幕墙。在十字路口或多路交叉路口不宜设置玻璃幕墙。

4.2.5 道路两侧玻璃幕墙设计成凹形弧面时应避免反射光进入行人与驾驶员的视场内。凹形弧面玻璃幕墙的设计与设置应控制反射光聚焦点的位置，其幕墙弧面的曲率半径R_p一般应大于幕墙至对面建筑物立面的最大距离R_s，即R_p大于R_s。

4.2.6 南北向玻璃幕墙做成向后倾斜某一角度时，应避免太阳反射光进入行人与驾驶员的视场内，其向后与垂直面的倾角θ应大于$h/2$。当幕墙离地高度大于36 m时可不受此限制。h为当地夏至正午时的太阳高度角。中国主要城市夏至正午时的太阳高度角见附录D(提示的附录)。

5 试验方法

5.1 可见光透射比、可见光反射比、太阳光透射比、太阳光反射比、太阳能总透射比、遮蔽系数、紫外线透射比应按GB/T 2680的规定执行。

5.2 颜色透视指数应按GB/T 2680和GB/T 5702的规定执行。

5.3 透光折减系数应按GB/T 11976的规定执行。

5.4 色差检验

5.4.1 实验室色差检验应按GB/T 11942和JC 693的规定执行。

5.4.2 现场色差检验

5.4.2.1 目视：对色差进行目测时，以一面墙作为一个目测单元，并对各面墙逐个进行。当目测判定色差有问题或有争议时，应采用仪器进行检验。

5.4.2.2 仪器检验：在有色差问题的玻璃幕墙部位选取检验点。以2片幕墙玻璃作为一个色差检验组，每组选取5个检验点，每片至少包含一个检验点。色差分组检验，有色差问题的玻璃幕墙部位都应包含在检验组内。检验方法应按GB/T 11942和JC 693的规定执行。

5.5 影像畸变

5.5.1 玻璃幕墙出现影像畸变时应进行影像畸变检验。

5.5.2 对影像畸变进行目测时，以一面墙作为一个目测单元，并对各面墙逐个进行。当对目测判定影像畸变有争议时，应按JG 3035规定的方法对玻璃幕墙的组装允许偏差进行检验。

6 检验规则

6.1 检验类别

分为型式检验、出厂检验和现场检验。

6.2 检验项目

检验项目见表1。

表1 检验项目表

序号	项目类别	项目内容	判定依据	检验类别		
				型式检验	出厂检验	现场检验
一	幕墙玻璃					
1	主要	可见光透射比	4.1.1 附录A	✓		
2		可见光反射比	4.1.2 4.2.1	✓	✓	
3		太阳光透射比	4.1.1 附录A	✓		
4		太阳光反射比	4.1.1 附录A	✓		
5		太阳能总透射比	4.1.1 附录A	✓		
6		遮蔽系数	4.1.1 附录A	✓		
7		色差	4.1.3	✓	✓	
8	一般	紫外线透射比	4.1.1 附录B	✓		
9		颜色透视指数	4.1.1 附录C	✓		
二	玻璃幕墙					
1	主要	色差	4.1.3			✓
2		影像畸变	JG 3035			✓
3	一般	透光折减系数	4.1.5		✓	

6.3 型式检验

6.3.1 有下列情况之一时应进行型式检验：

a）新产品或老产品转厂生产的试制定型鉴定；

b）正式生产后，当材料、工艺有较大改变而可能影响产品性能时；

c）产品长期停产后，恢复生产时；

d）出厂检验结果与上次型式检验有较大差别时；

e）国家质量监督机构提出进行型式检验要求时。

6.3.2 判定规则

如在表1规定项目的检验结果中有一项不合格，应重新复检；如仍不合格，则应判定该幕墙玻璃为不合格。

6.4 出厂检验

6.4.1 幕墙玻璃的出厂检验：

6.4.1.1 检验项目见表1，应按本标准规定的方法进行检验。

6.4.1.2 抽样规则

检验抽样应按表2的规定进行随机抽样。

表2 抽样表

单位：片

批量范围	样本数	合格判定数	不合格判定数
50	8	1	2
50～90	13	2	3
91～150	20	3	4
151～280	32	5	6
281～500	50	7	8
501～1 000	80	10	11

6.4.1.3 判定规则

若不合格数等于或大于表2的不合格判定数，则认为该批产品不合格。

6.4.2 玻璃幕墙的出厂检验应按GB/T 11976的规定执行。

6.5 现场检验

6.5.1 色差检验和影像畸变检验应按本标准规定的方法进行检验。

6.5.2 判定规则

6.5.2.1 色差：检验组的色差ΔE大于3CIELAB色差单位的幕墙玻璃则为色差不合格。

6.5.2.2 影像畸变：应按JG 3035的规定检验后判定。

附 录 A
（标准的附录）
幕墙玻璃的光学性能参数

玻璃种类		可见光（380～780 nm）		太阳光（300～2 500 nm）		太阳能总透射比	遮蔽系数	色差 ΔE (CIELAB)
		透射比	反射比	透射比	反射比			
热反射镀膜玻璃	银灰色	≥0.14	≤0.30	0.12～0.20	0.23～0.28	0.25～0.35	0.30～0.35	<3
	灰色	≥0.14	≤0.30	0.10～0.28	0.14～0.30	0.18～0.38	0.26～0.48	<2
	金色	≥0.10	≤0.26	0.07～0.13	0.22～0.29	0.18～0.27	0.22～0.26	<2
	土色	≥0.10	≤0.23	0.08～0.12	0.25～0.30	0.15～0.25	0.20～0.25	<2
	银蓝	≥0.20	≤0.23	0.13～0.24	0.18～0.21	0.32～0.28	0.38～0.41	<2
	蓝色	≥0.10	≤0.30	0.10～0.22	0.19～0.23	0.27～0.38	0.38～0.43	<3
	绿色	≥0.10	≤0.30	0.09～0.13	0.16～0.20	0.10～0.30	0.25～0.31	<2
	浅茶色	≥0.14	≤0.26	0.13～0.26	0.10～0.34	0.33～0.50	0.32～0.50	<3
	茶色	≥0.10	≤0.29	0.10～0.18	0.12～0.38	0.28～0.35	0.36～0.80	<2
	蓝绿色	≥0.07	≤0.26	0.04～0.16	0.06～0.13	0.25～0.40	0.25～0.38	<3
	浅蓝色	≥0.09	≤0.30	0.08～0.30	0.07～0.24	0.13～0.30	0.24～0.49	<2
吸热玻璃	茶色	≥0.42	≤0.30			≤0.60		<2
	银灰	≥0.30	≤0.30	—	—	≤0.60	—	<2
	蓝色	≥0.45	≤0.30			≤0.60		<2
低辐射玻璃	无色透明	≥0.70	0.07～0.18	0.43～0.66	0.13～0.30	0.48～0.77	0.56～0.81	<2
	浅灰色	≥0.56	≤0.11	≤0.38	≤0.24	0.44～0.68	≤0.51	<2
	浅蓝色	≥0.50	≤0.23	≤0.45	≤0.28	0.40～0.49	≤0.57	<2
	绿色	≥0.30	≤0.30	≤0.15	≤0.15	0.28～0.40	0.31～0.44	<3
	蓝绿色	≥0.40	≤0.30	0.20～0.24	0.10～0.15	0.30～0.35	0.34～0.40	<3
复合玻璃	中空玻璃 夹层玻璃	复合玻璃产品若选用上述玻璃，其单片玻璃的性能应分别符合表中参数的规定，复合玻璃产品的参数应重新测定						

附 录 B
（标准的附录）
紫外线相对含量

光 源 类 型	紫外线相对含量（μW/lm）
蓝天（15 000 K）	1 600
北向天空光	800
直射阳光	400

注

1 对有紫外线要求的场所，幕墙玻璃的紫外线透射比宜小于 0.30。

2 对于博物馆，光源透过幕墙玻璃后的紫外线相对含量应小于 75 μW/lm。

附 录 C
（标准的附录）
透视指数

分　　级	透视指数(R_a)	评　　判
Ⅰ	$R_a \geqslant 80$	好
Ⅱ	$60 \leqslant R_a < 80$	较好
Ⅲ	$40 \leqslant R_a < 60$	一般
Ⅳ	$R_a < 40$	较差

附 录 D
（提示的附录）
中国主要城市夏至正午时的太阳高度角

城　　市	纬度（北纬）	太阳高度角 h	太阳方位角 A
齐齐哈尔	47°20″	$h=66°07″$	$A=0°$
长春	43°53″	$h=69°34″$	$A=0°$
北京	39°57″	$h=73°30″$	$A=0°$
济南	36°42″	$h=76°46″$	$A=0°$
郑州	34°43″	$h=78°44″$	$A=0°$
上海	31°12″	$h=82°15″$	$A=0°$
长沙	28°11″	$h=85°16″$	$A=0°$
昆明	25°02″	$h=88°25″$	$A=0°$
广州	23°00″	$h=89°33″$	$A=180°$
海口	20°02″	$h=86°35″$	$A=180°$

前　言

本标准是为了统一全国同类幕墙检测装置对幕墙平面内变形性能的检测方法而编制的。

本标准与 JG 3035—1996《建筑幕墙》中平面内变形性能表配套使用。在编制过程中，参考了国家标准 GBJ 11—1989《建筑抗震设计规范》、行业标准 JGJ/T 97—1995《工程抗震术语标准》、JGJ 101—1996《建筑抗震试验方法规程》、JGJ 102—1996《玻璃幕墙工程技术规范》。

本标准的附录 A 是标准的附录。

本标准由建设部标准定额研究所提出。

本标准由建设部建筑制品与设备标准技术归口单位中国建筑标准设计研究所归口。

本标准负责起草单位：中国建筑金属结构协会、中国建筑科学研究院建筑物理研究所。

本标准参加起草单位：深圳市富城幕墙装饰工程有限公司、沈阳远大铝业工程有限公司、上海申辽铝制品工程有限公司、广州铝质装饰工程有限公司。

本标准主要起草人：谈恒玉、崔永峰、王洪涛、姚耘晖、王双军、赵兴力、石民祥。

本标准于 2000 年 11 月首次发布。

本标准委托中国建筑科学研究院建筑物理研究所负责解释。

中华人民共和国国家标准

建筑幕墙平面内变形性能检测方法

GB/T 18250—2000

Test method for performance in plane deformation of curtain wall's

1 范围

本标准规定了采用拟静力法检测幕墙平面内变形性能的方法。

本标准适用于玻璃幕墙、金属幕墙、石材幕墙、包括其组合形式的各类幕墙产品平面内变形性能的定级检测和判定是否满足设计要求的检测。

2 引用标准

下列标准所包含的条文，通过在本标准中引用而构成为本标准的条文。本标准出版时，所示版本均为有效。所有标准都会被修订，使用本标准的各方应探讨使用下列标准最新版本的可能性。

JG 3035—1996 建筑幕墙

3 定义

本标准采用下列定义。

3.1 拟静力试验 pseudo static test

对幕墙试件进行多次低周反复作用的静力试验。用以模拟受地震作用或受风荷载时幕墙在楼层反复水平变位作用下的受力和变形过程。

3.2 层间位移 lateral displacement between stories

在地震作用和风力作用下，建筑物相邻两个楼层间的相对水平位移。

3.3 幕墙平面内变形性能 deformation performance in plane of curtain wall's

幕墙在楼层反复变位作用下保持其墙体及连接部位不发生危及人身安全的破损的平面内变形能力，用平面内层间位移角进行度量。

3.4 层间位移角 drift angle between stories

层间位移值和层高之比值。

4 检测方法

本标准采用拟静力法。

4.1 检测原理

使安装上试件的横架在幕墙平面内沿水平方向进行低周反复运动，模拟受地震或风荷载时幕墙产生平面内变形的作用。

4.2 检测装置

检测装置与试验加载设备应满足试件设计受力条件和支承方式的要求。其传力装置应具有足够的强度、刚度和整体稳定性。检测装置应具备安装试件所需的横梁和使幕墙在其平面内沿水平方向作低周

国家质量技术监督局2000-11-17批准　　2001-05-01实施

反复移动并检测其位移的能力。其提供反力部位的刚度宜比试体大10倍。加载装置的加载能力和行程应为试件的最大受力和极限变形的1.5倍。位移计的精度不得低于0.5% *FS*。

目前检测装置加载方式有使试件呈连续平行四边形方式和使试件对称变形方式两种。前者采用专门加载用的框架(图1),后者利用压力箱的边框支承活动梁(图2)。以第一种加载方式进行仲裁检测。

4.2.1 连续平行四边形法:

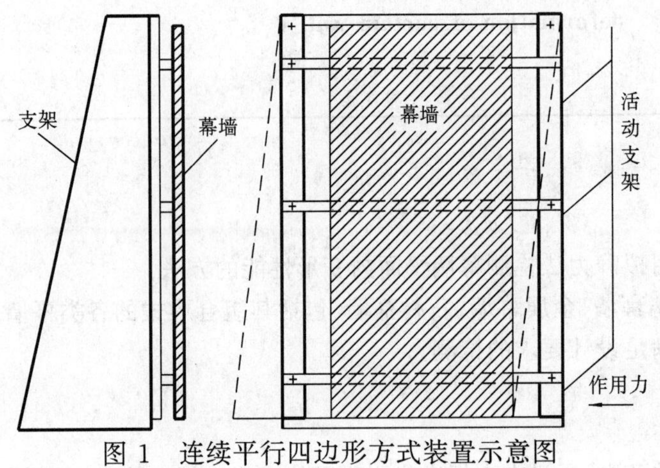

图1 连续平行四边形方式装置示意图

4.2.2 对称变形法:

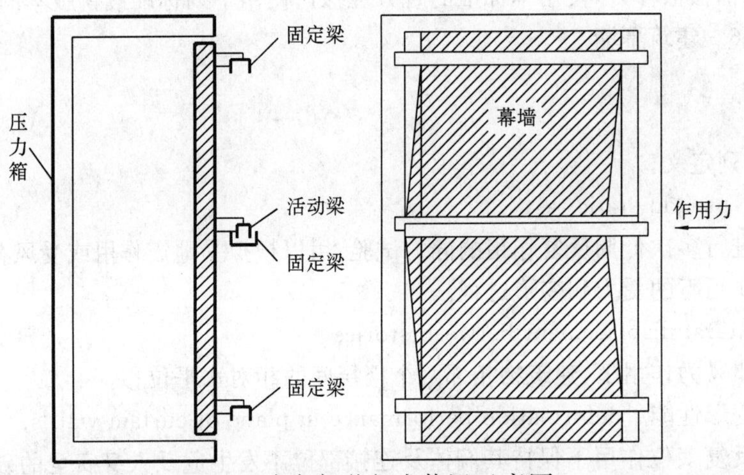

图2 对称变形方式装置示意图

4.3 试件应符合下列要求:

a) 试件应与所提供的图纸一致,是合格产品。试件的安装、镶嵌应符合设计要求,不得加设任何特殊附件或采取其他特殊措施。试件所用的杆件、镶嵌板和密封材料应与工程使用的相同。

b) 幕墙应为足尺试件,应按实际连接方法安装在刚性足够的模拟楼层的横梁上。试件的高度至少包括一个层高,宽度至少包括三根垂直承力杆件。其中至少有一根承受设计负荷。单元式幕墙试件应包括单元间的垂直缝和水平接缝,至少包括两根承受设计负荷的垂直承力杆件,其模拟楼层的横梁宜安装在专门加载用框架上。

c) 试件必须包括开启部分和典型的垂直接缝和水平接缝。

4.4 检测步骤

4.4.1 检查安装完毕后的试件,必须与设计条件相符。其安装允许偏差如下:

主要杆件垂直度:

杆件高度为5 m以下时,允许偏差为2 mm;

杆件高度为5 m以上时,允许偏差为3 mm。

横向构件水平度：

杆件长度≤2 000 mm 时，允许偏差为±2 mm；

杆件长度＞2 000 mm 时，允许偏差为±3 mm。

分格对角线差：

对角线长度≤2 000 mm 时，允许偏差为 3 mm；

对角线长度＞2 000 mm 时，允许偏差为 3.5 mm。

检查完毕后将试件的可开启部分开关五次后关紧。

4.4.2 安装位移计，并调零和检查接触良好。

4.4.3 预加载，位移角为附录 A（标准的附录）分级表中最低级的 50％。

4.4.4 按 JG 3035 规定中的分级值从最低级开始加载检测。每级使模拟相邻楼层在幕墙平面内沿水平方向作左右相对往复移动三个周期。从零开始到正位移，回零后到负位移再回零为一个周期（周期为 3 s～10 s）。检测中应保持反复加载的连续性和均匀性，加载和卸载的速度宜一致。

4.4.5 详细记录各级位移复位后，幕墙试件的破坏情况。

4.4.6 对于定级检测应进行到幕墙或其连接部位出现危及人身安全的破损（指面板破裂或脱落、连接件损坏或脱落、金属框或金属面板产生明显不可恢复的变形）时停止加载。以前一级位移角值为幕墙平面内变形性能的定级值。

4.4.7 对于判定是否达到设计要求的检测，应逐级检测到幕墙设计层间位移角为止。要求在设计层间位移角下，幕墙不出现危及人身安全的破损。

4.5 检测报告

检测报告应包括以下内容：

a）试件名称、类型、系列及规格尺寸。

b）生产厂家、委托单位及检测类别。

c）试件有关图示（包括外立面，纵、横剖面和节点）必须表示出试件的支承体系和可开启部分的开启方式。

d）型材、镶嵌材料的品种、材质、牌号、尺寸和镶嵌方法、密封材料和附件的品种材质和牌号。

e）层高和最大分格尺寸。

f）检测依据的标准和使用的仪器。

g）检测结果：给出试件开始损坏时的变形值以及保持不损坏的最大层间位移角（图示发生破损的部位）。

h）检测结论：定级检测时给出等级，工程检测时判定是否合格。

i）检测日期、主检人、审核人和负责人的签名。

附 录 A

（标准的附录）

平面内变形性能分级表

表 A1 平面内变形性能分级表

分级指标	等 级				
	Ⅰ	Ⅱ	Ⅲ	Ⅳ	Ⅴ
γ	$\gamma\geqslant\frac{1}{100}$	$\frac{1}{100}>\gamma\geqslant\frac{1}{150}$	$\frac{1}{150}>\gamma\geqslant\frac{1}{200}$	$\frac{1}{200}>\gamma\geqslant\frac{1}{300}$	$\frac{1}{300}>\gamma\geqslant\frac{1}{400}$
注：表中 $\gamma=\Delta/h$ 即层间位移角，式中 Δ 为层间位移量，h 为层高					

前　言

本标准与GBJ 11—1989《建筑抗震设计规范》、JGJ 102—1996《玻璃幕墙工程技术规范》、JG 3035—1996《建筑幕墙》配套使用。

本标准由中华人民共和国建设部提出。

本标准由建设部建筑制品与构配件产品标准化技术委员会归口。

本标准负责起草单位：中国建筑金属结构协会、同济大学。

本标准参加起草单位：深圳金粤铝制品有限公司、中山市盛兴幕墙有限公司、深圳西林实业股份有限公司。

本标准主要起草人：马锦明、张芹、崔永峰、万树春、姜清海、黄拥军。

本标准于2001年12月首次发布。

中华人民共和国国家标准

建筑幕墙抗震性能振动台试验方法

GB/T 18575—2001

Shaking table test method of earthquake resistant performance for building curtain wall

1 范围

本标准规定了用振动台法进行建筑幕墙抗震性能试验的范围、引用标准、定义和试验方法。

2 引用标准

下列标准所包含的条文，通过在本标准中引用而构成为本标准的条文。本标准出版时，所示版本均为有效。所有标准都会被修订，使用本标准的各方应探讨使用下列标准最新版本的可能性。

JGJ/T 97—1995 工程抗震术语标准

JGJ 101—1996 建筑抗震试验方法规程

3 定义

除 JGJ/T 97 规定外，本标准采用下列定义。

3.1 抗震试验 earthquake resistant test

用各种动力加载设备模拟实际动态作用施加于建筑幕墙试件上并测定其动态特性和地震反应的试验。

3.2 振动台试验 shaking table test

在振动台上对建筑幕墙试件进行地震反应试验。

3.3 建筑幕墙抗震承载能力 seismic bearing capacity of building curtain wall

建筑幕墙抵抗强地震作用的能力，其值为在规定的条件下建筑幕墙能抵抗的最大地震作用。

3.4 建筑幕墙抗震强度 earthquake resistant strength of building curtain wall

建筑幕墙抵抗地震破坏的能力，其值为在地震作用下，材料所能承受的最大应力。

3.5 建筑幕墙抗震变形能力 earthquake resistant deformability of building curtain wall

地震作用下，建筑幕墙所能承受的最大变形。

3.6 总位移角 angle of total displacement

总位移量和总高度之比。

4 试验方法

4.1 试验原理

将建筑幕墙试件安装在振动台上，利用模拟地震振动台输入一定波形的地震波，观测建筑幕墙试件在模拟地震作用下，各部位的地震反应。

4.2 试验装置

4.2.1 模拟地震振动台应具有三向六自由度，并可根据需要输出各种模拟地震波。

中华人民共和国国家质量监督检验检疫总局 2001-12-17 批准 2002-05-01 实施

4.2.2 安装框架

安装框架(以下简称框架)用于安装建筑幕墙试件。要求框架能产生预期的总位移角，满足试验要求。

4.3 试件要求

4.3.1 试件各组成部分应为生产厂家自检合格产品。试件的安装和镶嵌应符合设计要求。

4.3.2 试件应当为足尺试件。元件式(半单元式)幕墙试件的高度至少包括二个层高，宽度应至少有二个分格。单元式幕墙试件最少应包括上下两单元和左右两单元(2×2)。

4.3.3 试件必须包括典型的垂直接缝和水平接缝。当设计有要求时，也应包括开启部分。

4.4 测试仪器

4.4.1 测试仪器的频率响应、量程、分辨率均应符合 JGJ 101 的要求。

4.4.2 测试仪器应在试验前进行系统标定。

4.4.3 试验数据的记录宜采用电脑数据采集系统采集和记录。

4.4.4 量测用的传感器应具有良好的抗机械冲击性能，其重量和体积要小，以便于安装和拆卸，量测用的传感器的连接导线，应采用屏蔽电缆，量测仪器的输出阻抗和输出电平应与数据采集系统匹配。

4.5 试验

4.5.1 测点布置

在框架和幕墙试件各主要部位布置加速度传感器，在幕墙设计需要的部位设应变片。

4.5.2 试验步骤

a) 安装试件；

b) 安装加速度、应变片等传感器；

c) 输入 0.07～0.1g 白噪声，测试试件的自振频率、振型、阻尼比等动力特性。

d) 输入地震波，加速度幅值从 0.07g 开始，按 0.5 烈度的数量递增，详细记录各工况下试件的地震反应；

e) 当加速度幅值达到预定值或试件发生破坏时停止试验，详细检查并记录试件各部位的破坏情况；

f) 拆除试件。

4.5.3 试验数据

试验数据需包括：

a) 试件自振频率、振型、阻尼比等动力特性；

b) 不同工况下试件各层测点的最大加速度反应；

c) 不同工况下试件各层测点的最大位移、最大位移角，最大应变；

4.6 试验报告

试验报告应包括下列内容：

a) 试件名称、类型、规格尺寸；

b) 生产厂家、委托单位；

c) 试件的平面、立面、剖面和节点详图，必须表示出试件的支承体系和可开启部份的开启方式；

d) 型材、镶嵌材料的品种、尺寸和镶嵌方法，密封材料和附件的材质和牌号；

e) 试验依据的标准和所使用的设备、仪器；

f) 地震波的特性；

g) 各工况下试件的动力特性、加速度反应、位移反应、应变反应、发生破坏的部位；

h) 试验日期、试验人员、审批人员的签名。

ICS 81.040.20
Q 33

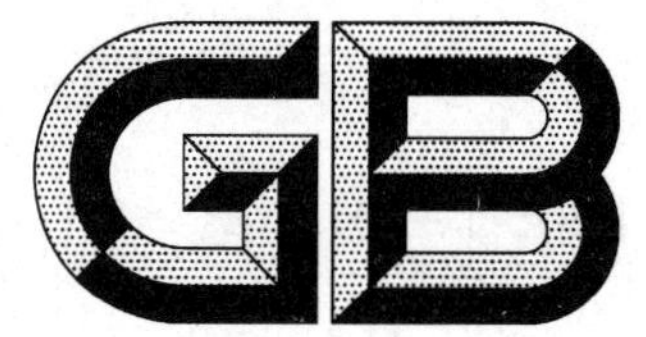

中华人民共和国国家标准

GB/T 18915.1—2013
代替 GB/T 18915.1—2002

镀膜玻璃　第1部分:阳光控制镀膜玻璃

Coated glass—Part 1:solar control coated glass

2013-12-31 发布　　2014-09-01 实施

中华人民共和国国家质量监督检验检疫总局
中国国家标准化管理委员会　发布

前言

本标准按照GB/T 1.1—2009给出的规则起草。

GB/T 18915《镀膜玻璃》分为两部分：

——第1部分：阳光控制镀膜玻璃；

——第2部分：低辐射镀膜玻璃。

本部分为GB/T 18915《镀膜玻璃》的第1部分。

本部分代替GB/T 18915.1—2002《镀膜玻璃　第1部分：阳光控制镀膜玻璃》。

本部分与GB/T 18915.1—2002相比主要变化如下：

——增加和修改了术语和定义中镀膜玻璃、阳光控制镀膜玻璃、针孔、斑点、斑纹、暗道的定义；

——删减了术语和定义中划伤的定义；

——删减了产品分类中阳光控制镀膜玻璃优等品与合格品的划分；

——增加了阳光控制镀膜玻璃按镀膜工艺划分为离线阳光控制镀膜玻璃、在线阳光控制镀膜玻璃；

——增加了表1；

——删减了钢化、半钢化阳光控制镀膜玻璃原片的边部处理要求；

——修改了外观质量的要求；

——修改了光学性能的要求；

——修改了颜色均匀性试验的要求与试样尺寸、批量色差试样抽取方法；

——修改了耐磨性测定的磨痕测量位置；

——修改了耐酸性、耐碱性测定的试样尺寸。

本标准由中国建筑材料联合会提出。

本标准由全国建筑用玻璃标准化技术委员会(SAC/TC 255)归口。

本标准负责起草单位：国家玻璃质量监督检验中心、秦皇岛玻璃工业研究设计院。

本标准参加起草单位：威海蓝星玻璃股份有限公司、中国南玻集团股份有限公司、格兰特工程玻璃(中山)有限公司。

本标准主要起草人：黄建斌、管世锋、刘志付、谭晓箭、魏德法、王烁、郦江东、韩颖、戚淑梅。

本部分所替代标准的历次版本发布情况为：

——GB/T 18915.1—2002。

镀膜玻璃　第1部分:阳光控制镀膜玻璃

1　范围

本部分规定了阳光控制镀膜玻璃的术语和定义、产品分类、要求、试验方法、检验规则及包装、标志、贮存和运输。

本部分适用于建筑用阳光控制镀膜玻璃,其他用途的阳光控制镀膜玻璃可参照本部分。

2　规范性引用文件

下列文件对于本文件的应用是必不可少的。凡是注日期的引用文件,仅注日期的版本适用于本文件。凡是不注日期的引用文件,其最新版本(包括所有的修改单)适用于本文件。

GB/T 2680　建筑玻璃　可见光透射比、太阳光直接透射比、太阳能总透射比、紫外线透射比及有关窗玻璃参数的测定

GB/T 5137.1　汽车安全玻璃试验方法　第1部分:力学性能试验

GB/T 6382.1　平板玻璃集装器具　架式集装器具及其试验方法

GB/T 6382.2　平板玻璃集装器具　箱式集装器具及其试验方法

GB/T 8170　数值修约规则与极限数值的表示和判定

GB 11614　平板玻璃

GB/T 11942　彩色建筑材料色度测量方法

GB 15763.2　建筑用安全玻璃　第2部分:钢化玻璃

GB/T 17841　半钢化玻璃

JC/T 513　平板玻璃木箱包装

3　术语和定义

下列术语和定义适用于本部分。

3.1

镀膜玻璃　coated glass

通过物理或化学方法,在玻璃表面涂覆一层或多层金属、金属化合物或非金属化合物的薄膜,以满足特定要求的玻璃制品。

3.2

阳光控制镀膜玻璃　solar control coated glass

通过膜层,改变其光学性能,对波长范围300 nm～2 500 nm的太阳光具有选择性反射和吸收作用的镀膜玻璃。

3.3

针孔　pinhole

从镀膜玻璃的膜面方向观察,由于玻璃未附着膜层或膜层较薄而造成的透明点状缺陷。

3.4

斑点　spot

从镀膜玻璃的膜面方向观察,与膜层整体相比,色泽较暗的点状缺陷。

3.5

斑纹 stain

从镀膜玻璃的玻璃面方向观察，膜层不均匀或膜层表面色泽发生变化引起的云状、放射状或条纹状的缺陷。

3.6

暗道 dark stripe

从镀膜玻璃的玻璃面方向观察，亮度或反射色异于整体的条状区域。

4 产品分类

4.1 阳光控制镀膜玻璃按镀膜工艺分为离线阳光控制镀膜玻璃和在线阳光控制镀膜玻璃。

4.2 阳光控制镀膜玻璃按其是否进行热处理或热处理种类进行分类：

a) 非钢化阳光控制镀膜玻璃：镀膜前后，未经钢化或半钢化处理；

b) 钢化阳光控制镀膜玻璃：镀膜后进行钢化加工或在钢化玻璃上镀膜；

c) 半钢化阳光控制镀膜玻璃：镀膜后进行半钢化加工或在半钢化玻璃上镀膜。

4.3 按阳光控制镀膜玻璃膜层耐高温性能的不同，分为可钢化阳光控制镀膜玻璃和不可钢化阳光控制镀膜玻璃。

5 要求

5.1 阳光控制镀膜玻璃的要求及试验方法

阳光控制镀膜玻璃的要求及试验方法对应章节见表1。

表1 要求及试验方法章节对应表

检测项目	要求	试验方法
尺寸偏差	5.2	6.1
厚度偏差	5.2	6.1
对角线差	5.2	6.1
弯曲度	5.2	6.2
外观质量	5.3	6.3
光学性能	5.4	6.4
颜色均匀性	5.5	6.5
耐磨性	5.6	6.6
耐酸性	5.7	6.7
耐碱性	5.8	6.8

5.2 尺寸偏差、厚度偏差、对角线差和弯曲度

5.2.1 非钢化阳光控制镀膜玻璃的尺寸偏差、厚度偏差、对角线差和弯曲度应符合GB 11614的要求。

5.2.2 钢化阳光控制镀膜玻璃的尺寸偏差、厚度偏差、对角线差和弯曲度应符合GB 15763.2的要求。

5.2.3 半钢化阳光控制镀膜玻璃的尺寸偏差、厚度偏差、对角线差和弯曲度应符合GB/T 17841的要求。

5.3 外观质量

5.3.1 阳光控制镀膜玻璃基片的外观质量应符合不同基片各自标准的要求。

a) 以平板玻璃作为基片时,其外观质量应满足 GB 11614 中一等品的要求。

b) 以钢化玻璃作为基片时,其外观质量应满足 GB 15763.2 的要求。

c) 以半钢化玻璃作为基片时,其外观质量应满足 GB/T 17841 的要求。

5.3.2 阳光控制镀膜玻璃的外观质量应符合表 2 的规定。

表 2 阳光控制镀膜玻璃的外观质量

缺陷名称	说明	要求
针孔	直径<0.8 mm	不允许集中
	0.8 mm≤直径<1.5 mm	中部:允许个数:2.0×S,个,且任意两缺陷之间的距离大于 300 mm。 边部:不允许集中
	1.5 mm≤直径≤2.5 mm	中部:不允许 边部允许个数:1.0×S,个
	直径>2.5 mm	不允许
斑点	1.0 mm≤直径<2.5 mm	中部:不允许 边部允许个数:2.0×S,个
	直径>2.5 mm	不允许
斑纹	目视可见	不允许
暗道	目视可见	不允许
膜面划伤	宽度≥0.1 mm 或长度>60 mm	不允许
玻璃面划伤	宽度≤0.5 mm、长度≤60 mm	允许条数:3.0×S,个
	宽度>0.5 mm 或长度>60 mm	不允许

注 1:集中是指在 ϕ100 mm 面积内超过 20 个。

注 2:S 是以 m^2 为单位的玻璃板面积,保留小数点后两位。

注 3:允许个数及允许条数为各系数与 S 相乘所得的数值,按 GB/T 8170 修约至整数。

注 4:玻璃板的边部是指距边 5%边长距离的区域,其他部分为中部,如图 1 所示。

注 5:对于可钢化阳光控制镀膜玻璃,其热加工后的外观质量要求可由供需双方商定。

5.4 光学性能

光学性能包括:紫外线透射比、可见光透射比、可见光反射比、太阳光直接透射比、太阳光直接反射比和太阳能总透射比,其要求应符合表 3 规定。

表 3 阳光控制镀膜玻璃的光学性能要求

检测项目	允许偏差最大值(明示标称值)	允许最大差值(未明示标称值)
光学性能	±1.5%	≤3.0%

注:对于明示标称值(系列值)的样品,以标称值作为偏差的基准,偏差的最大值应符合本表的规定;对于未明示标称值的产品,则取 3 块试样进行测试,3 块试样之间差值的最大值应符合本表的规定。

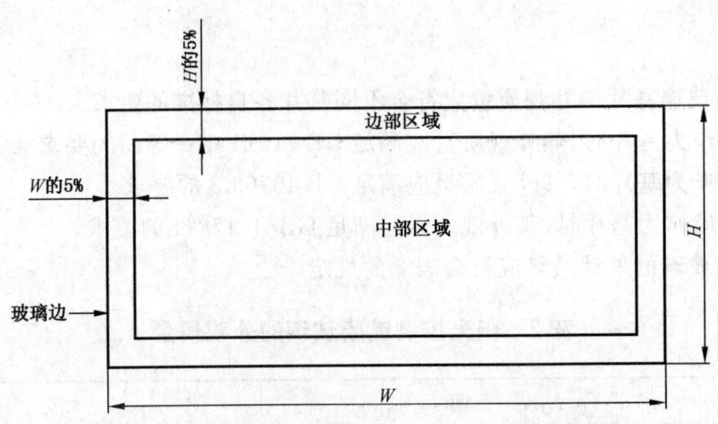

图 1 阳光控制镀膜玻璃外观质量检验区域划分

5.5 颜色均匀性

阳光控制镀膜玻璃的颜色均匀性，以 CIELAB 均匀色空间的色差 ΔE_{ab}^{*} 来表示。其色差应不大于 2.5。

5.6 耐磨性

试验前后试样的可见光透射比差值的绝对值应不大于 4%。

5.7 耐酸性

试验前后试样的可见光透射比差值的绝对值应不大于 4%，且膜层变化应均匀，不允许出现局部膜层脱落。

5.8 耐碱性

试验前后试样的可见光透射比差值的绝对值应不大于 4%，且膜层变化应均匀，不允许出现局部膜层脱落。

6 试验方法

6.1 尺寸偏差、厚度偏差、对角线差

尺寸偏差、厚度偏差、对角线差按 GB 11614 规定的方法进行测定。

6.2 弯曲度测定

6.2.1 非钢化阳光控制镀膜玻璃的弯曲度按 GB 11614 规定的方法进行测定。

6.2.2 钢化和半钢化阳光控制镀膜玻璃的弯曲度按 GB 15763.2 规定的方法进行测定。

6.3 外观质量的测定

6.3.1 针孔、斑点、划伤的测定

在不受外界光线影响的环境中，将试样垂直放置在距屏幕 600 mm 的位置。屏幕为黑色无光泽屏幕，安装有数支 40 W，间距为 300 mm 的荧光灯。观察者距离试样 600 mm，视线垂直于试样表面观察。

如图 2 所示。

针孔、斑点的直径和划伤的宽度用最小分格值 0.01 mm 的读数显微镜测定，缺陷间的最小间距和划伤的长度用分度值为 1 mm 的金属直尺测定。

单位为毫米

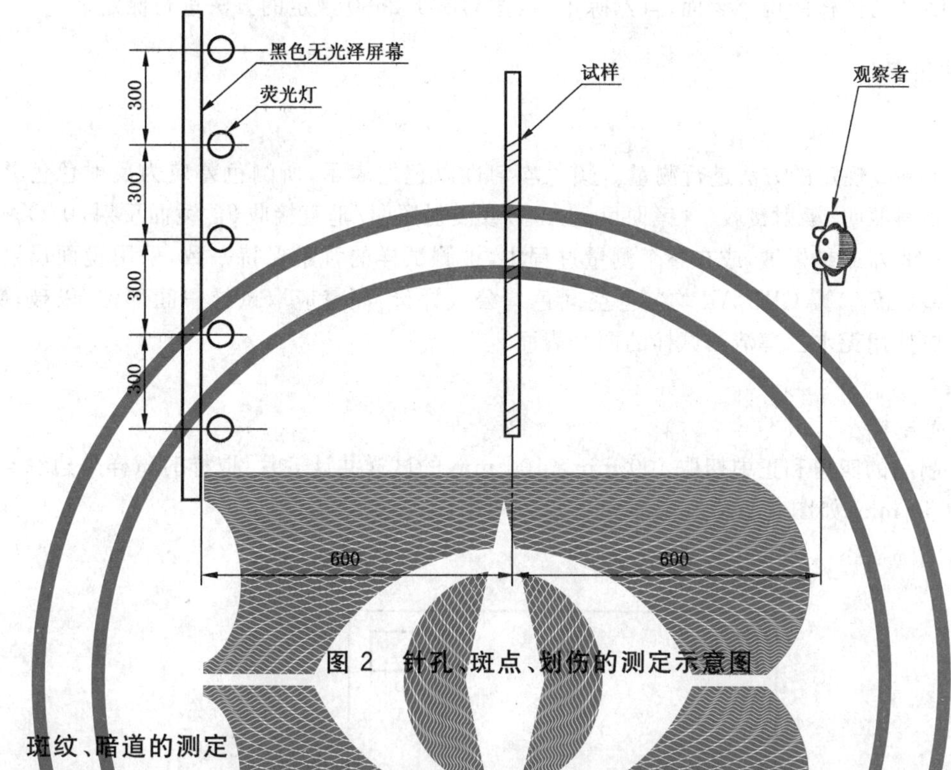

图 2 针孔、斑点、划伤的测定示意图

6.3.2 斑纹、暗道的测定

在自然散射光均匀照射下，将玻璃试样垂直放置，玻璃面面向观察者，观察者与试样的距离为 3 m，视线与玻璃表面法线成 30°角，目视观察，如图 3 所示。

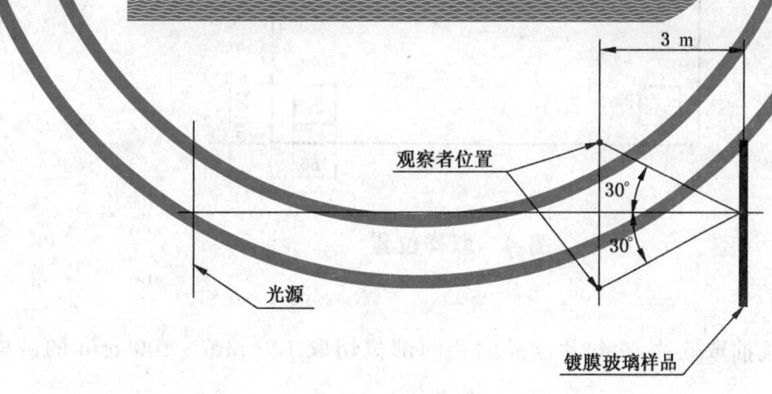

图 3 斑纹、暗道测定示意图

6.4 光学性能的测定

6.4.1 取样方法

对于非钢化的阳光控制镀膜玻璃，在每批制品中随机抽取 3 片制品，在制品中部的同一位置切取 100 mm×100 mm 的试样，共 3 块试样。对于先钢化或半钢化后再镀膜的阳光控制镀膜玻璃，可用以相同材料和镀膜工艺生产的非钢化的阳光控制镀膜玻璃代替来制取试样；对于先镀膜再半钢化的低辐射镀膜玻璃,直接制取适用的试样;对于先镀膜再钢化或半钢化的阳光控制镀膜玻璃,可用以相同材料和镀膜工艺生产的半钢化的阳光控制镀膜玻璃代替来制取适用的试样。

6.4.2 测定方法

使用无水乙醇清洁试样的两个表面,自然晾干后,按 GB/T 2680 规定的方法进行测定。

6.5 颜色均匀性测定

6.5.1 测量方法

依据 GB/T 11942 规定的方法进行测量。颜色均匀性以色差表示,所测色差应为反射色色差。照明与观测条件为垂直照明/漫射接收(含镜面反射,0/t)或漫射照明/垂直接收(含镜面反射,0/t)。被测试样的背面应装集光器或垫黑绒,或在整个测量过程中,被测试样的背景保持一致,采用镜面反射体作为工作部分。色差(ΔE^*_{ab})按 CIELAB 均匀色空间色差公式评价,测量应取试样中间部位,以玻璃面为测量面,测定前,应使用无水乙醇清洁试样的两个表面。

6.5.2 取样方法

6.5.2.1 单片色差取样

在任意一片制品的四角和正中切取 100 mm×100 mm 的试样共计 5 片,取样时试样外边缘与制品边缘的距离应为 50 mm(如图 4 所示)。

单位为毫米

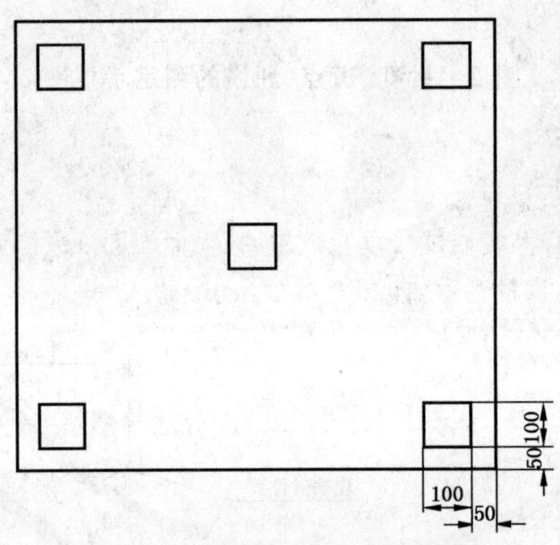

图 4 取样位置

6.5.2.2 批量色差取样

在同一批制品中随机抽取 5 片,在每片制品的相同部位切取 100 mm×100 mm 的试样,共计 5 块试样。

6.5.3 单片色差的测定

以在制品正中切取的试样为标准片,其余 4 片试样均与该试样进行反射颜色的比较测量,测得 4 个色差值(ΔE^*_{ab}),其中的最大值即为单片色差。

6.5.4 批量色差的测定

测量 5 块试样的 L^*、a^*、b^* 值,以其中 a^* 或 b^* 值最大或最小的试样作为标准片,其余试样均与该试样进行反射颜色的比较测量,测得 4 个色差值(ΔE^*_{ab}),其中的最大值即为批量色差。

6.5.5 当不能或不便对钢化或半钢化阳光控制镀膜玻璃按以上方式制取样品进行色差测定时,可任选一片制品,在 6.5.2.1 规定的取样位置,按照 6.5.3 的规定测定单片色差,被测位置的背面应垫黑绒布,保持背景的一致性。同样,可在 5 片制品的相同位置,按照 6.5.4 的规定测定批量色差。

6.6 耐磨性测定

6.6.1 取样方法

在同一批制品中任意抽取 3 片,在每片制品上切取 100 mm×100 mm 的试样,共计 3 块。对于钢化和半钢化阳光控制镀膜玻璃,在以相同工艺制造的非钢化阳光控制镀膜玻璃上切取试样。

6.6.2 试验设备

磨耗试验机应符合 GB/T 5137.1 的规定。

6.6.3 试验步骤

6.6.3.1 试验前,使用无水乙醇清洁试样的两个表面,自然晾干后,测量试样的可见光透射比。

6.6.3.2 以膜面为磨耗面,将试样安装在磨耗试验机的水平回转台上,试验前应保持磨轮表面清洁,旋转试样 200 次,试验后试样的磨痕宽度应不小于 10 mm。

6.6.3.3 试验后,用软布轻拭掉膜面上残留的磨屑后,用同一仪器测量磨痕上 4 点的可见光透射比(如图 5 所示),计算其平均值。

6.6.3.4 计算试验前后可见光透射比差值的绝对值。

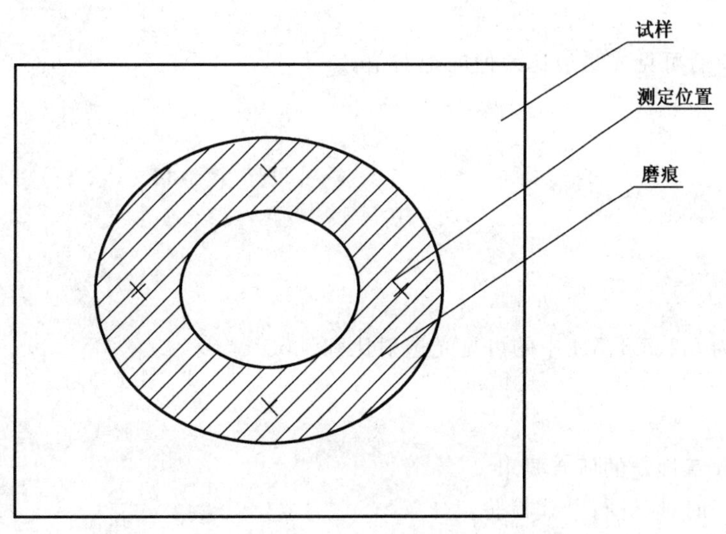

图 5 测定位置

6.7 耐酸性

6.7.1 取样方法

在同一批制品中任意抽取 3 片制品,在每片制品上切取 100 mm×100 mm 的试样,共计 3 块。对于钢化和半钢化阳光控制镀膜玻璃,由于无法切割,可以相同工艺制作尺寸尽量小的试样,共计 3 块试样;如无法制作试样,可任选 3 片制品,以每片制品的一个角部作为试样。

6.7.2 试验步骤

6.7.2.1 试验前,应使用无水乙醇清洁试样的两个表面,自然晾干后测量试样的可见光透射比。

6.7.2.2 使用合适的容器，将试样浸没在1 mol/L浓度的盐酸中，试样可竖直、倾斜或膜面向上平放在容器中，试样不应叠放在一起，膜面应与溶液充分接触，保持环境温度为23 ℃±2 ℃，浸渍时间为24 h。

6.7.2.3 取出试样，经水洗、自然晾干后，用同一仪器测量试验后其可见光透射比，目测观察膜面的变化情况并记录。

6.7.2.4 计算试验前后可见光透射比差值的绝对值。

6.8 耐碱性

6.8.1 取样方法

在同一批制品中任意抽取3片，在每片制品上切取100 mm×100 mm的试样，共计3块。对于钢化和半钢化阳光控制镀膜玻璃，由于无法切割，可以相同工艺制作尺寸尽量小的试样，共计3块试样；如无法制作试样，可任选3片制品，以每片制品的一个角部作为试样。

6.8.2 试验步骤

6.8.2.1 试验前，应使用无水乙醇清洁试样的两个表面，自然晾干后测量试样的可见光透射比。

6.8.2.2 使用合适的容器，将试样浸没在1 mol/L浓度的氢氧化钠溶液中，试样可竖直、倾斜或膜面向上平放在容器中，试样不应叠放在一起，膜面应与溶液充分接触，保持环境温度为23 ℃±2 ℃，浸渍时间为24 h。

6.8.2.3 取出试样，经水洗、自然晾干后，用同一仪器测量试验后其可见光透射比，目测观察膜面的变化情况并记录。

6.8.2.4 计算试验前后可见光透射比差值的绝对值。

7 检验规则

7.1 检验分类

7.1.1 出厂检验

出厂检验项目为5.2、5.3、5.4中的可见光透射比和5.5。

7.1.2 型式检验

检验项目为第5章规定的所有要求。

有下列情况之一时，应进行型式检验。

a) 正式生产后，结构、材料、工艺有较大改变，可能影响产品性能时；
b) 正常生产时，定期或积累一定产量后，周期性进行一次检验；
c) 产品长期停产后，恢复生产时；
d) 出厂检验结果与上次型式检验有较大差异时；
e) 国家质量监督机构提出型式检验的要求时。

7.2 组批与抽样

7.2.1 组批

同一工艺、同一厚度、可见光透射比标称值相同、稳定连续生产的产品可组为一批。

7.2.2 抽样

7.2.2.1 出厂检验时，企业可以根据生产状况制定合理的抽样方案抽取样品。

7.2.2.2 型式检验时，5.2、5.3 的检验抽样按表 4 进行。当产品批量大于 1 000 片时，以 1 000 片为一批分批抽取试样。

表 4 抽样表

批量范围/片	样本大小	合格判定数	不合格判定数
2～8	2	0	1
9～15	3	0	1
16～25	5	1	2
26～50	8	1	2
51～90	13	2	3
91～150	20	3	4
151～280	32	5	6
281～500	50	7	8
501～1 000	80	10	11

7.2.2.3 产品其他检验项目所需样品可从该批产品中随机抽取。

7.3 判定规则

7.3.1 对产品的尺寸偏差、厚度偏差、对角线差、弯曲度及外观质量进行测定时：每片玻璃的测定结果，上述指标均符合第 5 章的规定时，为合格。一批玻璃的测定结果，若不合格数不大于表 4 中规定的不合格判定数时，则判定该批产品上述指标合格，否则为不合格。

7.3.2 对产品的光学性能进行测定时，3 片试样均符合 5.4 的规定，则判定该批产品该项指标合格，否则为不合格。

7.3.3 对产品的颜色均匀性进行测定时，单片色差和批量色差均符合 5.5 规定，则判定该批产品该项指标合格，否则为不合格。

7.3.4 对产品的耐磨性进行测定时，3 片试样均符合 5.6 规定，则判定该批产品该项指标合格，否则为不合格。

7.3.5 对产品的耐酸性进行测定时，3 片试样均符合 5.7 规定，则判定该批产品该项指标合格，否则为不合格。

7.3.6 对产品的耐碱性进行测定时，3 片试样均符合 5.8 规定，则判定该批产品该项指标合格，否则为不合格。

7.3.7 综合判定

若上述各项中，全部项目经测定均合格，则判定该批产品合格，有一项指标不合格，则认为该批产品不合格。

8 包装、标志、贮存和运输

8.1 包装

8.1.1 包装用的木箱或集装箱、集装架应分别符合 JC/T 513、GB/T 6382.1、GB/T 6382.2 的规定。

8.1.2 包装箱内要垫缓冲材料，玻璃片之间应使用保护材料隔离。

8.2 标志

包装箱(架)上应有工厂名称、商标、产品名称、类别、规格、数量颜色、可见光透射比标称值(如果有)、生产日期、使用说明、膜面标识、轻放、易碎、防雨、防潮和堆放方向等标志。

8.3 贮存和运输

8.3.1 应在干燥通风的库房内贮存,应远离酸碱等腐蚀性化学品。

8.3.2 在贮存、运输和装卸时,应有防雨措施,应采取措施防止玻璃滑动、倾倒。

ICS 81.040.20
Q 33

中华人民共和国国家标准

GB/T 18915.2—2013
代替 GB/T 18915.2—2002

镀膜玻璃
第2部分：低辐射镀膜玻璃

Coated glass—Part 2：Low emissivity coated glass

2013-12-31 发布　　2014-09-01 实施

中华人民共和国国家质量监督检验检疫总局
中国国家标准化管理委员会　发布

前　言

本标准按照 GB/T 1.1—2009 给出的规则起草。

GB/T 18915《镀膜玻璃》分为两部分：

——第 1 部分：阳光控制镀膜玻璃；

——第 2 部分：低辐射镀膜玻璃。

本部分为 GB/T 18915《镀膜玻璃》的第 2 部分。

本部分代替 GB/T 18915.2—2002《镀膜玻璃　第 2 部分：低辐射镀膜玻璃》。

本部分与 GB/T 18915.2—2002 相比主要变化如下：

——修改了术语和定义中辐射率和低辐射镀膜玻璃的定义；

——直接引用 GB/T 18915.1 中的术语和定义；

——取消按外观质量的分类；

——按生产工艺分类修改为按镀膜工艺分类；

——增加了按膜层耐高温性能的分类；

——修改了外观质量要求；

——修改了颜色均匀性试验的试样尺寸、批量色差试样抽取方法；

——修改了先镀膜再钢化低辐射镀膜玻璃光学性能、辐射率测试的试样要求；

——修改了耐磨性测试的磨痕测量位置；

——修改了耐酸性、耐碱性测试的试样尺寸。

本标准由中国建筑材料联合会提出。

本标准由全国建筑用玻璃标准化技术委员会(SAC/TC 255)归口。

本标准负责起草单位：中国建筑材料检验认证中心、浙江中力控股集团有限公司、台玻成都玻璃有限公司。

本标准参加起草单位：中国南玻集团股份有限公司、上海耀华皮尔金顿玻璃股份有限公司、圣韩玻璃咨询(上海)有限公司、威海蓝星玻璃股份有限公司、金晶(集团)有限公司、深圳市三鑫特种玻璃技术股份有限公司、浙江东亚工程玻璃有限公司、江苏秀强玻璃科技有限公司、杭州春水镀膜玻璃有限公司。

本标准主要起草人：苗向阳、王睿、龙霖星、王茂良、李东彦、蔡焱森、周健、吕皓、刘起英、余光辉、姬文刚、李宗业、宋梅、杨学东、吴斌、汤传兴、吴洁、王赓。

本部分所替代标准的历次版本发布情况为：

——GB/T 18915.2—2002。

镀膜玻璃
第 2 部分:低辐射镀膜玻璃

1 范围

本部分规定了低辐射镀膜玻璃的术语和定义、产品分类、要求、试验方法、检验规则及包装、标志、贮存和运输。

本部分适用于建筑用低辐射镀膜玻璃,其他用途的低辐射镀膜玻璃可参照本部分。

2 规范性引用文件

下列文件对于本文件的应用是必不可少的。凡是注日期的引用文件,仅注日期的版本适用于本文件。凡是不注日期的引用文件,其最新版本(包括所有的修改单)适用于本文件。

GB/T 2680 建筑玻璃 可见光透射比、太阳光直接透射比、太阳能总透射比、紫外线透射比及有关窗玻璃参数的测定

GB/T 5137.1 汽车安全玻璃试验方法 第 1 部分:力学性能试验

GB/T 6382.1 平板玻璃集装器具 架式集装器具及其试验方法

GB/T 6382.2 平板玻璃集装器具 箱式集装器具及其试验方法

GB/T 8170 数值修约规则与极限数值的表示和判定

GB 11614 平板玻璃

GB 15763.2 建筑用安全玻璃 第 2 部分:钢化玻璃

GB/T 17841 半钢化玻璃

GB/T 18915.1 镀膜玻璃 第 1 部分:阳光控制镀膜玻璃

JC/T 513 平板玻璃木箱包装

3 术语和定义

GB/T 18915.1 界定的以及下列术语和定义适用于本部分。

3.1

辐射率 emissivity

热辐射体的辐射出射度与处在相同温度的普朗克辐射体的辐射出射度之比。

3.2

低辐射镀膜玻璃 low emissivity coated glass

对 4.5 μm～25 μm 红外线有较高反射比的镀膜玻璃,也称 Low-E 玻璃(Low-E coated glass)。

4 产品分类

4.1 低辐射镀膜玻璃按镀膜工艺分为离线低辐射镀膜玻璃和在线低辐射镀膜玻璃。

4.2 低辐射镀膜玻璃按膜层耐高温性能分为可钢化低辐射镀膜玻璃和不可钢化低辐射镀膜玻璃。

5 要求

5.1 低辐射镀膜玻璃的要求及试验方法

要求及试验方法对应章节见表1。

表1 要求及试验方法章节对应表

项目	要求		试验方法
	离线低辐射镀膜玻璃	在线低辐射镀膜玻璃	
尺寸偏差、厚度偏差、对角线差	5.2	5.2	6.1
弯曲度	5.2	5.2	6.2
外观质量	5.3	5.3	6.3
光学性能	5.4	5.4	6.4
颜色均匀性	5.5	5.5	6.5
辐射率	5.6	5.6	6.6
耐磨性	—	5.7	6.7
耐酸性	—	5.8	6.8
耐碱性	—	5.9	6.9

5.2 尺寸偏差、厚度偏差、对角线差和弯曲度

5.2.1 非钢化低辐射镀膜玻璃的尺寸偏差、厚度偏差、对角线差和弯曲度应符合 GB 11614 的要求。

5.2.2 钢化低辐射镀膜玻璃的尺寸偏差、厚度偏差、对角线差和弯曲度应符合 GB 15763.2 的要求。

5.2.3 半钢化低辐射镀膜玻璃的尺寸偏差、厚度偏差、对角线差和弯曲度应符合 GB/T 17841 的要求。

5.3 外观质量

5.3.1 低辐射镀膜玻璃基片的外观质量

低辐射镀膜玻璃以平板玻璃、钢化玻璃或半钢化玻璃作为基片时，基片的外观质量应分别满足 GB 11614 中一等品、GB 15763.2 和 GB/T 17841 的要求。

5.3.2 低辐射镀膜玻璃的外观质量

低辐射镀膜玻璃的外观质量应符合表2的规定。

表2 低辐射镀膜玻璃的外观质量

缺陷名称	说明	要求
针孔	直径<0.8 mm	不允许集中
	0.8 mm≤直径<1.5 mm	中部：允许 3.0×S，个，且任意两针孔之间的距离大于 300 mm 边部：不允许集中
	1.5 mm≤直径<2.5 mm	中部：不允许 边部：允许 2.0×S，个
	直径>2.5 mm	不允许

表 2(续)

缺陷名称	说 明	要 求
斑点	直径<1.0 mm	不允许集中
	1.0 mm≤直径≤2.5 mm	中部:不允许 边部:允许 3.0×S,个
	直径>2.5 mm	不允许
暗道	目视可见	不允许
膜面划伤	长度≤60 mm 且宽度<0.1 mm	不作要求
	长度≤60 mm 且 0.1 mm≤宽度≤0.3 mm	中部:允许 2.0×S,条 边部:任意二划伤间距不得小于 200 mm
	长度>60 mm 或宽度>0.3 mm	不允许
玻璃面划伤	长度≤60 mm 且宽度≤0.5 mm	允许 3.0×S,个
	长度>60 mm 或宽度>0.5	不允许
允许个数及允许条数为各系数与 S 相乘所得的数值,按 GB/T 8170 修约至整数。 注 1:S 是以 m^2 为单位的玻璃板面积,保留小数点后两位。 注 2:针孔或斑点集中是指在 ϕ100 mm 面积内针孔或斑点数超过 20 个。 注 3:玻璃板的边部是指距边 5%边长距离的区域,其他部分为中部,见图 1。 注 4:对于可钢化低辐射镀膜玻璃,其热加工后的外观质量要求由供需双方商定。		

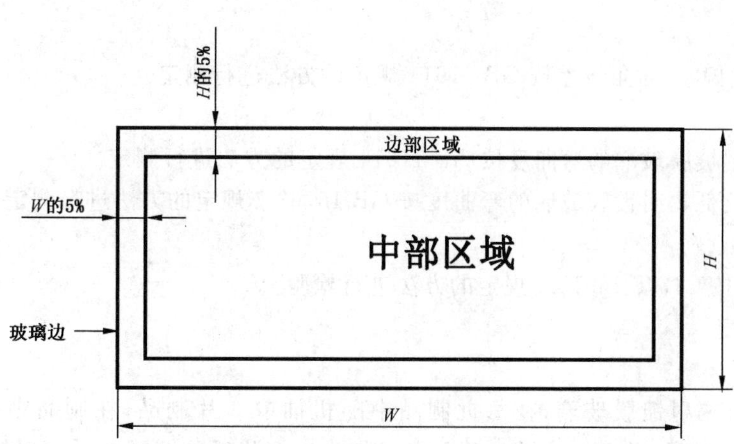

图 1 低辐射镀膜玻璃外观质量检验区域划分

5.4 光学性能

低辐射镀膜玻璃的光学性能包括:紫外线透射比、可见光透射比、可见光反射比、太阳光直接透射比、太阳光直接反射比和太阳能总透射比,其要求应符合表 3 的规定。

表 3 低辐射镀膜玻璃的光学性能要求

项目	允许偏差最大值(明示标称值)	允许最大差值(未明示标称值)
指标	±1.5%	≤3.0%
注：对于明示标称值(系列值)的样品,以标称值作为偏差的基准,偏差的最大值应符合本表的规定;对于未明示标称值的产品,则取 3 块试样进行测试,3 块试样之间差值的最大值应符合本表的规定。		

5.5 颜色均匀性

低辐射镀膜玻璃的颜色均匀性,以 CIELAB 均匀色空间的色差 ΔE_{ab}^* 来表示。其色差应不大于 2.5。

5.6 辐射率

低辐射镀膜玻璃的辐射率是指温度 293 K、波长 4.5 μm～25 μm 波段范围内膜面的半球辐射率。离线低辐射镀膜玻璃辐射率应小于 0.15;在线低辐射镀膜玻璃辐射率应小于 0.25。

5.7 耐磨性

试验前后试样的可见光透射比差值的绝对值应不大于 4%。

5.8 耐酸性

试验前后试样的可见光透射比差值的绝对值应不大于 4%。

5.9 耐碱性

试验前后试样的可见光透射比差值的绝对值应不大于 4%。

6 试验方法

6.1 尺寸偏差、厚度偏差、对角线差按 GB 11614 规定的方法进行测定。

6.2 弯曲度测定

6.2.1 非钢化低辐射镀膜玻璃的弯曲度按 GB 11614 规定的方法进行测定。

6.2.2 钢化和半钢化低辐射镀膜玻璃的弯曲度按 GB 15763.2 规定的方法进行测定。

6.3 外观质量的测定

以制品为试样,按 GB/T 18915.1 规定的方法进行检验。

6.4 光学性能的测定

6.4.1 取样方法

对于非钢化的低辐射镀膜玻璃,在每批制品中随机抽取 3 片制品,在制品中部的同一位置切取 100 mm×100 mm 的试样,共 3 块试样。对于先钢化或半钢化后再镀膜的低辐射镀膜玻璃,可用以相同材料和镀膜工艺生产的非钢化的低辐射镀膜玻璃代替来制取试样;对于先镀膜再半钢化的低辐射镀膜玻璃,直接制取适用的试样;对于先镀膜再钢化或半钢化的低辐射镀膜玻璃,可用以相同材料和镀膜工艺生产的半钢化的低辐射镀膜玻璃代替来制取适用的试样。

6.4.2 测定方法

使用无水乙醇清洁试样的两个表面,自然晾干后,按 GB/T 2680 规定的方法进行测定。

6.5 颜色均匀性测定

低辐射镀膜玻璃的颜色均匀性按照 GB/T 18915.1 规定的方法进行测定。

6.6 辐射率测定

6.6.1 试样的制备同 6.4.1。

6.6.2 按照 GB/T 2680 规定的方法测定辐射率。测量并计算 3 块试样的辐射率,结果精确至 0.01。

6.7 耐磨性测定

6.7.1 取样方法

在同一批制品中任意抽取 3 片,在每片制品上切取 100 mm×100 mm 的试样,共计 3 块。对于钢化和半钢化低辐射镀膜玻璃,在以相同工艺制造的非钢化低辐射镀膜玻璃上切取试样。

6.7.2 试验设备

磨耗试验机应符合 GB/T 5137.1 的规定。

6.7.3 试验步骤

6.7.3.1 试验前,使用无水乙醇清洁试样的两个表面,自然晾干后,测量试样的可见光透射比。

6.7.3.2 以膜面为磨耗面,将试样安装在磨耗试验机的水平回转台上,试验前应保持磨轮表面清洁,旋转试样 200 次,试验后试样的磨痕宽度应不小于 10 mm。

6.7.3.3 试验后,用软布轻拭掉膜面上残留的磨屑后,用同一仪器测量磨痕上 4 点的可见光透射比(如图 2 所示),计算其平均值。

6.7.3.4 计算试验前后可见光透射比差值的绝对值。

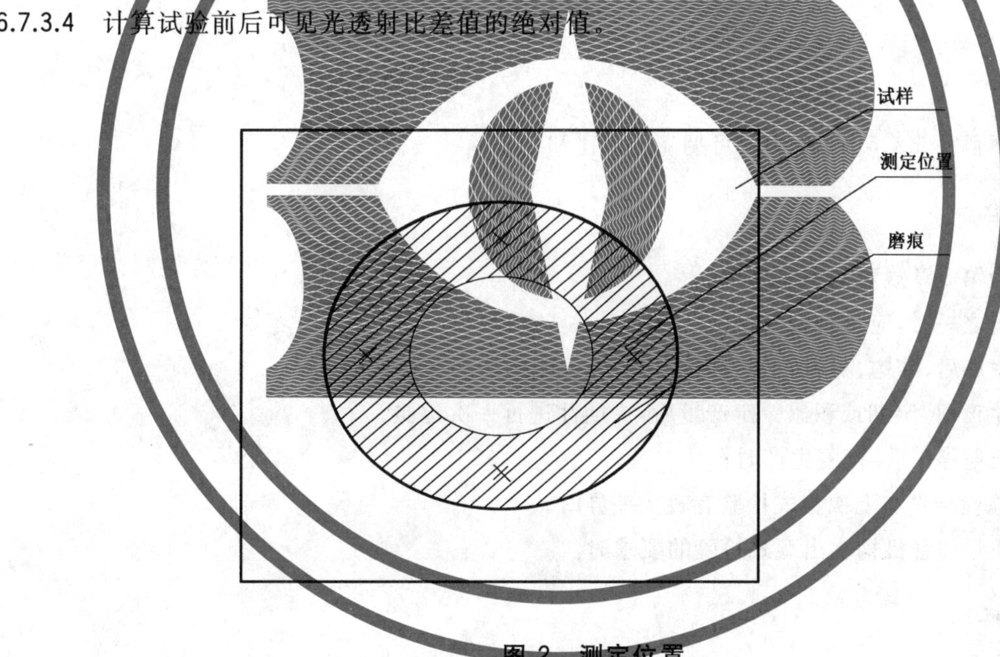

图 2 测定位置

6.8 耐酸性

6.8.1 取样方法

在同一批制品中任意抽取 3 片制品,在每片制品上切取 100 mm×100 mm 的试样,共计 3 块。对于钢化和半钢化低辐射镀膜玻璃,由于无法切割,可以相同工艺制作尺寸尽量小的试样,共计 3 块试样;如无法制作试样,可任选 3 片制品,以每片制品的一个角部作为试样。

6.8.2 试验步骤

6.8.2.1 试验前,应使用无水乙醇清洁试样的两个表面,自然晾干后测量试样的可见光透射比。

6.8.2.2 使用合适的容器,将试样浸没在 1 mol/L 浓度的盐酸中,试样可竖直、倾斜或膜面向上平放在容器中,试样不应叠放在一起,膜面应与溶液充分接触,保持环境温度为 23 ℃±2 ℃,浸渍时间为 24 h。

6.8.2.3 取出试样，经水洗、自然晾干后，用同一仪器测量试验后其可见光透射比。

6.8.2.4 计算试验前后可见光透射比差值的绝对值。

6.9 耐碱性

6.9.1 取样方法

同6.8.1。

6.9.2 试验步骤

6.9.2.1 试验前，应使用无水乙醇清洁试样的两个表面，自然晾干后测量试样的可见光透射比。

6.9.2.2 使用合适的容器，将试样浸没在1 mol/L浓度的氢氧化钠溶液中，试样可竖直、倾斜或膜面向上平放在容器中，试样不应叠放在一起，膜面应与溶液充分接触，保持环境温度为23 ℃±2 ℃，浸渍时间为24 h。

6.9.2.3 取出试样，经水洗、自然晾干后，用同一仪器测量试验后其可见光透射比。

6.9.2.4 计算试验前后可见光透射比差值的绝对值。

7 检验规则

7.1 检验分类

7.1.1 出厂检验

出厂检验项目为5.2、5.3、5.4中的可见光透射比和5.5。

7.1.2 型式检验

检验项目为第5章规定的所有要求。

有下列情况之一时，应进行型式检验。

a) 正式生产后，结构、材料、工艺有较大改变，可能影响产品性能时；

b) 正常生产时，定期或积累一定产量后，周期性进行一次检验；

c) 产品长期停产后，恢复生产时；

d) 出厂检验结果与上次型式检验有较大差异时；

e) 国家质量监督机构提出型式检验的要求时。

7.2 组批与抽样

7.2.1 组批

同一工艺、同一厚度、可见光透射比标称值相同、稳定连续生产的产品可组为一批。

7.2.2 抽样

7.2.2.1 出厂检验时，企业可以根据生产状况制定合理的抽样方案抽取样品。

7.2.2.2 型式检验时，5.2、5.3的检验抽样按表4进行。当产品批量大于1 000片时，以1 000片为一批分批抽取试样。

表 4　抽样表

批量范围/片	样本大小	合格判定数	不合格判定数
2～8	2	0	1
9～15	3	0	1
16～25	5	1	2
26～50	8	1	2
51～90	13	2	3
91～150	20	3	4
151～280	32	5	6
281～500	50	7	8
501～1 000	80	10	11

7.2.2.3　产品其他检验项目所需样品可从该批产品中随机抽取。

7.3　判定规则

7.3.1　对产品的尺寸偏差、厚度偏差、对角线差、弯曲度及外观质量进行测定时：

每片玻璃的测定结果，上述指标均符合第 5 章的规定时，为合格。一批玻璃的测定结果，若不合格数不大于表 4 中规定的不合格判定数时，则判定该批产品上述指标合格，否则为不合格。

7.3.2　对产品的光学性能进行测定时，3 片试样均符合 5.4 的规定，则判定该批产品该项指标合格，否则为不合格。

7.3.3　对产品的颜色均匀性进行测定时，单片色差和批量色差均符合 5.5 规定，则判定该批产品该项指标合格，否则为不合格。

7.3.4　对产品辐射率进行测定时，3 片试样均符合 5.6 规定，则判定该批产品该项指标合格，否则为不合格。

7.3.5　对产品的耐磨性进行测定时，3 片试样均符合 5.7 规定，则判定该批产品该项指标合格，否则为不合格。

7.3.6　对产品的耐酸性进行测定时，3 片试样均符合 5.8 规定，则判定该批产品该项指标合格，否则为不合格。

7.3.7　对产品的耐碱性进行测定时，3 片试样均符合 5.9 规定，则判定该批产品该项指标合格，否则为不合格。

7.3.8　综合判定：

若上述各项中，全部项目经测定均合格，则判定该批产品合格，有一项指标不合格，则认为该批产品不合格。

8　包装、标志、贮存和运输

8.1　包装

8.1.1　包装用木箱或集装箱、集装架应分别符合 JC/T 513、GB/T 6382.1 和 GB/T 6382.2 的要求。

8.1.2　包装箱内应垫缓冲材料，玻璃宜密封包装，必要时放置足量的干燥剂，玻璃之间用适当材料隔离。

8.2 标志

包装箱(架)上应有生产厂名、商标、产品名称、厚度、类别、规格、数量、生产日期、使用说明、膜面标识、轻放、易碎、防雨、堆放方向等标识、标志。

8.3 贮存和运输

8.3.1 应贮存在干燥的库房内。

8.3.2 在贮存、运输和装卸时应有防雨措施,并应采取措施防止玻璃滑动、倾倒。

ICS 91.060.10
P 32

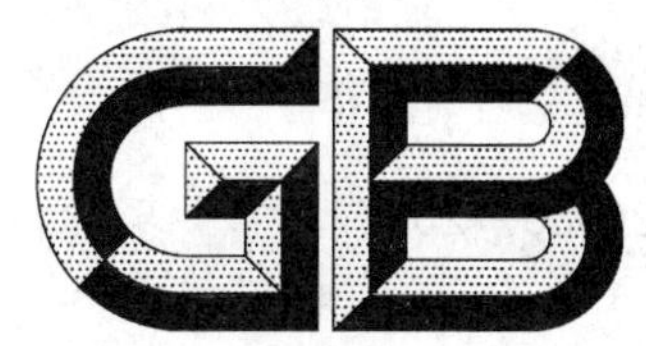

中华人民共和国国家标准

GB/T 21086—2007

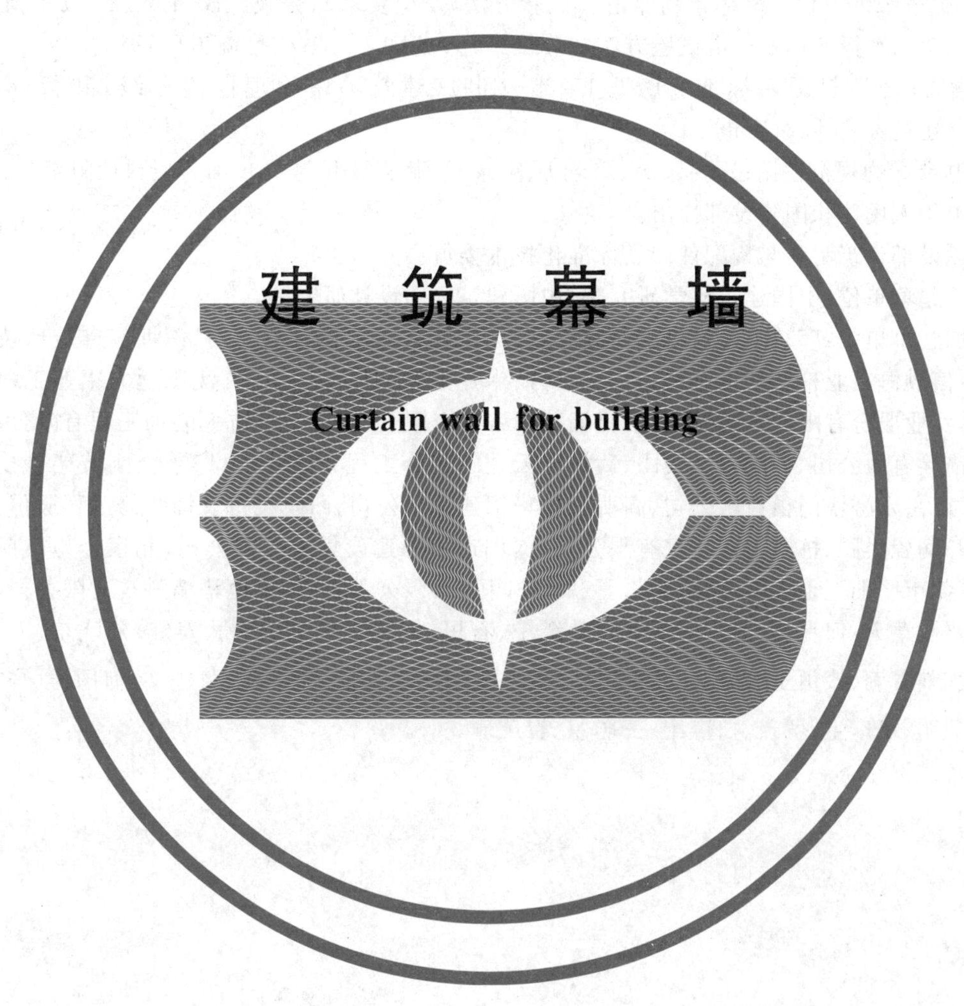

建筑幕墙

Curtain wall for building

2007-09-11 发布　　　　2008-02-01 实施

中华人民共和国国家质量监督检验检疫总局
中国国家标准化管理委员会　发布

前言

本标准是在建筑幕墙现有成熟技术的基础上结合建筑幕墙行业的发展趋势编写的，并参考了国内外有关建筑幕墙的标准和规范。本标准参考的国外标准和规范主要有 DIN18516.1～5—1999《外墙围护 后部通风》、prEN 13830—2000《幕墙 产品标准》、prEN 14091—2000《幕墙 耐撞击性能 性能要求》、prEN 13049—2000《窗 软体重物撞击 试验方法，安全要求和分级》、BS EN 12600—2002《建筑玻璃 摆锤试验 平板玻璃耐撞击试验方法和分级》和 JASS 14—1994《幕墙工程》等。

本标准自实施之日起国家标准 GB/T 15225—1994《建筑幕墙物理性能分级》和行业标准 JG 3035—1996《建筑幕墙》同时废止。

本标准的附录 F 为规范性附录，附录 A、附录 B、附录 C、附录 D 和附录 E 均为资料性附录。

本标准由中华人民共和国建设部提出。

本标准由建设部建筑制品与构配件产品标准化技术委员会归口。

本标准主要起草单位：中国建筑科学研究院、中国建筑标准设计研究院。

本标准参加起草单位：广东省建筑科学研究院、深圳中航幕墙工程有限公司、深圳三鑫玻璃技术股份有限公司、中信渤海铝业幕墙装饰有限公司、上海斯米克建筑陶瓷有限公司、沈阳远大铝业工程有限公司、深圳西林实业股份有限公司、深圳新山幕墙技术咨询有限公司、深圳市方大装饰工程有限公司、慧鱼（太仓）建筑锚栓有限公司、江苏合发集团、武汉凌云建筑装饰工程有限公司、广东金刚玻璃科技股份有限公司、南海市兴发幕墙门窗有限公司、高明市季华铝建有限公司、西安飞机装饰装修工程股份公司、德国（雅阁博陶）陶瓷集团、杭州之江化工有限公司、深圳市科源建设集团有限公司、北京金易格幕墙装饰有限公司、东莞市坚朗五金制品有限公司、喜利德（中国）有限公司、深圳安捷幕墙科技有限公司。

本标准主要起草人：何星华、姜仁、顾泰昌、杜继予、石民祥、闭思廉、王德勤、姜红、刘晓东、王双军、姜涤新、朱宗武、刘月莉、谈恒玉、韩广建、王洪涛、刘达民、黄政、方征、廖学权、黄庆文、何国祥、马文龙、林勇生、龙安、刘明、班广生、罗璇、白宝鲲、王聪慧、崔茂瑜。

本标准为首次发布。

建 筑 幕 墙

1 范围

本标准规定了建筑幕墙的术语和定义、分类、标记、通用要求和专项要求、试验方法、检验规则、标志、包装、运输与贮存。

本标准适用于以玻璃、石材、金属板、人造板材为饰面材料的构件式幕墙、单元式幕墙、双层幕墙，还适用于全玻幕墙、点支承玻璃幕墙。采光顶、金属屋面、装饰性幕墙和其他建筑幕墙可参照使用。

本标准不适用于混凝土板幕墙、面板直接粘贴在主体结构的外墙装饰系统，也不适用于无支承框架结构的外墙干挂系统。

2 规范性引用文件

下列文件中的条款通过本标准的引用而成为本标准的条款。凡是注日期的引用文件，其随后所有的修改单(不包括勘误的内容)或修订版均不适用于本标准，然而，鼓励根据本标准达成协议的各方研究是否可使用这些文件的最新版本。凡是不注日期的引用文件，其最新版本适用于本标准。

GB 191 包装储运图示标志

GB/T 2680 建筑玻璃 可见光透射比、太阳光直接透射比、太阳能总透射比、紫外线透射比及有关窗玻璃参数的测定

GB/T 3199 铝及铝合金加工产品 包装、标志、运输、存储

GB/T 3810.12 陶瓷砖试验方法 第12部分:抗冻性的测定(GB/T 3810.12—2006，ISO 10545-12:1995,IDT)

GB/T 4883 正态样本异常值的判定和处理

GB/T 6388 运输包装收发货标志

GB/T 6566 建筑材料放射性核素限量

GB/T 8478 铝合金门

GB/T 8479 铝合金窗

GB/T 8484 建筑外窗保温性能分级及检测方法

GB/T 8485 建筑外窗空气声隔声性能分级及检测方法

GB/T 9966.2 天然饰面石材试验方法 第2部分:干燥、水饱和弯曲强度试验方法

GB/T 9966.3 天然饰面石材试验方法 第3部分:体积密度、真密度、真气孔率、吸水率试验方法

GB/T 9966.7 天然饰面石材试验方法 第7部分:检测板材挂件组合单元挂装强度试验方法

GB/T 9966.8 天然饰面石材试验方法 第8部分:用均匀静态压差检测石材挂装系统结构强度试验方法

GB/T 11976 建筑外窗采光性能分级及检测方法

GB/T 15227 建筑幕墙气密、水密、抗风压性能检测方法

GB/T 18091 玻璃幕墙光学性能

GB/T 18250 建筑幕墙平面内变形性能检测方法

GB/T 18575 建筑幕墙抗震性能振动台试验方法

GB 50009 建筑结构荷载规范

GB 50011 建筑抗震设计规范

GB 50016 建筑设计防火规范

GB/T 50033 建筑采光设计标准
GB 50057 建筑物防雷设计规范
GB 50176 民用建筑热工设计规范
GB 50178 建筑气候区划标准
GB 50189 公共建筑节能设计标准
GB 50205 钢结构工程施工质量验收规范
GB 50210 建筑装饰装修工程质量验收规范
GB/T 50344 建筑结构检测技术标准
GBJ 118 民用建筑隔声设计规范
JGJ 26 民用建筑节能设计标准(采暖居住建筑部分)
JGJ 75 夏热冬暖地区居住建筑节能设计标准
JGJ 102 玻璃幕墙工程技术规范
JGJ 113 建筑玻璃应用技术规程
JGJ 126 外墙饰面砖工程施工及验收规程
JGJ 132—2001 采暖居住建筑节能检验标准
JGJ 133 金属与石材幕墙工程技术规范
JGJ 134 夏热冬冷地区居住建筑节能设计标准
JG 138 点支式玻璃幕墙支承装置
JG 139 吊挂式玻璃幕墙支承装置
JGJ/T 139 玻璃幕墙工程质量检验标准
JG/T 200 建筑用不锈钢绞线
JG/T 201 建筑幕墙用钢索套管接头

3 术语和定义

下列术语和定义适用于本标准。

3.1

建筑幕墙 curtain wall for building

由面板与支承结构体系(支承装置与支承结构)组成的、可相对主体结构有一定位移能力或自身有一定变形能力、不承担主体结构所受作用的建筑外围护墙。

3.2

构件式建筑幕墙 stick built curtain wall

现场在主体结构上安装立柱、横梁和各种面板的建筑幕墙。

3.3

单元式幕墙 unitized curtain wall

由各种墙面板与支承框架在工厂制成完整的幕墙结构基本单位,直接安装在主体结构上的建筑幕墙。

3.4

玻璃幕墙 glass curtain wall

面板材料是玻璃的建筑幕墙。

3.5

石材幕墙 natural stone curtain wall

面板材料是天然建筑石材的建筑幕墙。

3.6

金属板幕墙　metal panel curtain wall

面板材料外层饰面为金属板材的建筑幕墙。

3.7

人造板材幕墙　artificial panel curtain wall

面板材料为人造外墙板(包括瓷板、陶板和微晶玻璃等,不包括玻璃、金属板材)的建筑幕墙。

3.7.1

瓷板幕墙　porcelain panel curtain wall

以瓷板(吸水率平均值 $E\leqslant 0.5\%$ 干压陶瓷板)为面板的建筑幕墙。

3.7.2

陶板幕墙　terra-cotta panel curtain wall

以陶板(吸水率平均值 $3\%<E\leqslant 6\%$ 和 $6\%<E\leqslant 10\%$ 挤压陶瓷板)为面板的建筑幕墙。

3.7.3

微晶玻璃幕墙　crystallitic glass curtain wall

以微晶玻璃板(通体板材)为面板的建筑幕墙。

3.8

全玻幕墙　full glass curtain wall

由玻璃面板和玻璃肋构成的建筑幕墙。

3.9

点支承玻璃幕墙　point supported glass curtain wall

由玻璃面板、点支承装置和支承结构构成的建筑幕墙。

3.10

双层幕墙　double-skin facade

由外层幕墙、热通道和内层幕墙(或门、窗)构成,且在热通道内能够形成空气有序流动的建筑幕墙。

3.10.1

热通道　thermal chamber

可使空气在幕墙结构或系统内有序流动并具有特定功能的通道。

3.10.2

外通风双层幕墙　double-skin facade with outer skin ventilation

进、出通风口设在外层,通过合理配置进出风口使室外空气进入热通道并有序流动的双层幕墙。

3.10.3

内通风双层幕墙　double-skin facade with inner skin ventilation

进、出通风口设在内层,利用通风设备使室内空气进入热通道并有序流动的双层幕墙。

3.11

采光顶与金属屋面　transparent roof and metal roof

由透光面板或金属面板与支承体系(支承装置与支承结构)组成的,与水平方向夹角小于75°的建筑外围护结构。

3.12

封闭式建筑幕墙　sealed curtain wall

要求具有阻止空气渗透和雨水渗漏功能的建筑幕墙。

3.13

开放式建筑幕墙　open joint curtain wall

不要求具有阻止空气渗透或雨水渗漏功能的建筑幕墙。包括遮挡式和开缝式建筑幕墙。

4 产品分类和标记

4.1 分类和标记

4.1.1 按主要支承结构形式分类及标记代号(表 1)

表 1 建筑幕墙主要支承结构形式分类及标记代号

主要支承结构	构件式	单元式	点支承	全玻	双层
代号	GJ	DY	DZ	QB	SM

4.1.2 按密闭形式分类及标记代号(表 2)

表 2 幕墙密闭形式分类及标记代号

密闭形式	封闭式	开放式
代号	FB	KF

4.1.3 按面板材料分类及标记代号

a) 玻璃幕墙,代号为 BL;

b) 金属板幕墙,代号应符合 4.1.3.1 的要求;

c) 石材幕墙,代号为 SC;

d) 人造板材幕墙,代号应符合 4.1.3.2 的要求;

e) 组合面板幕墙,代号为 ZH。

4.1.3.1 金属板面板材料分类及标记代号(表 3)

表 3 金属板面板材料分类及标记代号

材料名称	单层铝板	铝塑复合板	蜂窝铝板	彩色涂层钢板	搪瓷涂层钢板	锌合金板	不锈钢板	铜合金板	钛合金板
代号	DL	SL	FW	CG	TG	XB	BG	TN	TB

4.1.3.2 人造板材材料分类及标记代号(表 4)

表 4 人造板材材料分类及标记代号

材料名称	瓷板	陶板	微晶玻璃
标记代号	CB	TB	WJ

4.1.4 面板支承形式、单元部件间接口形式分类及标记代号

4.1.4.1 构件式玻璃幕墙面板支承形式分类及标记代号(表 5)

表 5 构件式玻璃幕墙面板支承形式分类及标记代号

支承形式	隐框结构	半隐框结构	明框结构
代号	YK	BY	MK

4.1.4.2 石材幕墙、人造板材幕墙面板支承形式分类及标记代号(表 6)

表 6 石材幕墙、人造板材幕墙面板支承形式分类及标记代号

支承形式	嵌入	钢销	短槽	通槽	勾托	平挂	穿透	蝶形背卡	背栓
代号	QR	GX	DC	TC	GT	PG	CT	BK	BS

4.1.4.3 单元式幕墙单元部件间接口形式分类及标记代号(表 7)

表 7 单元式幕墙单元部件间接口形式分类及标记代号

接口形式	插接型	对接型	连接型
标记代号	CJ	DJ	LJ

4.1.4.4 点支承玻璃幕墙面板支承形式分类及标记代号(表 8)

表 8 点支承玻璃幕墙面板支承形式分类及标记代号

支承形式	钢结构	索杆结构	玻璃肋
标记代号	GG	RG	BLL

4.1.4.5 全玻幕墙面板支承形式分类及标记代号(表 9)

表 9 全玻幕墙面板支承形式分类及标记代号

支承形式	落地式	吊挂式
标记代号	LD	DG

4.1.5 双层幕墙分类及标记代号

按通风方式分类及标记代号应符合表 10 的规定。

表 10 双层幕墙通风方式分类及标记代号

通风方式	外通风	内通风
代 号	WT	NT

4.2 标记方法

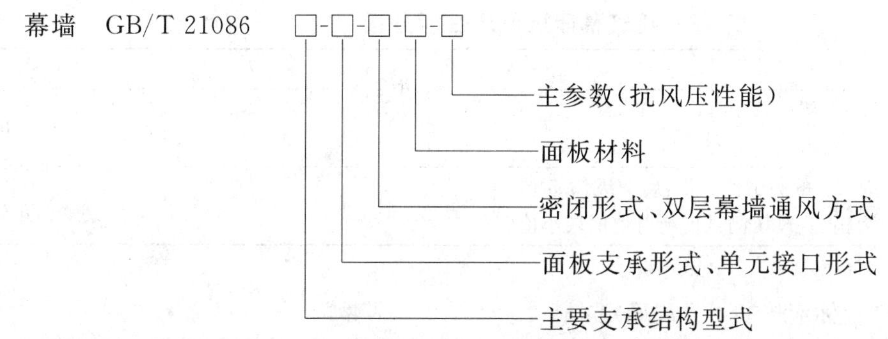

4.3 标记示例

幕墙 GB/T 21086 GJ-YK-FB-BL-3.5 (构件式-隐框-封闭-玻璃,抗风压性能 3.5 kPa)

幕墙 GB/T 21086 GJ-BS-FB-SC-3.5(构件式-背拴-封闭-石材,抗风压性能 3.5 kPa)

幕墙 GB/T 21086 GJ-YK-FB-DL-3.5 (构件式-隐框-封闭-单层铝板,抗风压性能 3.5 kPa)

幕墙 GB/T 21086 GJ-DC-FB-CB-3.5(构件式-短槽式-封闭-瓷板,抗风压性能 3.5 kPa)

幕墙 GB/T 21086 DY-DJ-FB-ZB-3.5 (单元式-对接型-封闭-组合,抗风压性能 3.5 kPa)

幕墙 GB/T 21086 DZ-SG-FB-BL-3.5 (点支式-索杆结构-封闭-玻璃,抗风压性能 3.5 kPa)

幕墙 GB/T 21086 QB-LD-FB-BL-3.5 (全玻-落地-封闭-玻璃,抗风压性能 3.5 kPa)

幕墙 GB/T 21086 SM-MK-NT-BL-3.5 (双层-明框-内通风-玻璃,抗风压性能 3.5 kPa)

5 建筑幕墙通用要求

5.1 性能及分级

5.1.1 抗风压性能

5.1.1.1 幕墙的抗风压性能指标应根据幕墙所受的风荷载标准值 W_k 确定,其指标值不应低于 W_k,且不应小于 1.0 kPa。W_k 的计算应符合 GB 50009 的规定。

5.1.1.2 在抗风压性能指标值作用下,幕墙的支承体系和面板的相对挠度和绝对挠度不应大于表 11 的要求。

表 11 幕墙支承结构、面板相对挠度和绝对挠度要求

支承结构类型		相对挠度(L 跨度)	绝对挠度/mm
构件式玻璃幕墙 单元式幕墙	铝合金型材	$L/180$	20(30)[a]
	钢型材	$L/250$	20(30)[a]
	玻璃面板	短边距/60	—
石材幕墙 金属板幕墙 人造板材幕墙	铝合金型材	$L/180$	—
	钢型材	$L/250$	—
点支承玻璃幕墙	钢结构	$L/250$	—
	索杆结构	$L/200$	—
	玻璃面板	长边孔距/60	—
全玻幕墙	玻璃肋	$L/200$	—
	玻璃面板	跨距/60	—

a 括号内数据适用于跨距超过 4 500 mm 的建筑幕墙产品。

5.1.1.3 开放式建筑幕墙的抗风压性能应符合设计要求。

5.1.1.4 抗风压性能分级指标 P_3 应符合本标准 5.1.1.1 的规定，并符合表 12 的要求。

表 12 建筑幕墙抗风压性能分级

分级代号	1	2	3	4	5	6	7	8	9
分级指标值 P_3/kPa	$1.0 \leqslant P_3 < 1.5$	$1.5 \leqslant P_3 < 2.0$	$2.0 \leqslant P_3 < 2.5$	$2.5 \leqslant P_3 < 3.0$	$3.0 \leqslant P_3 < 3.5$	$3.5 \leqslant P_3 < 4.0$	$4.0 \leqslant P_3 < 4.5$	$4.5 \leqslant P_3 < 5.0$	$P_3 \geqslant 5.0$

注 1：9 级时需同时标注 P_3 的测试值。如：属 9 级(5.5 kPa)。

注 2：分级指标值 P_3 为正、负风压测试值绝对值的较小值。

5.1.2 水密性能

5.1.2.1 幕墙水密性能指标应按如下方法确定：

a) GB 50178 中，III_A 和 IV_A 地区，即热带风暴和台风多发地区按式(1)计算，且固定部分不宜小于 1 000 Pa，可开启部分与固定部分同级。

$$P = 1\,000 \mu_z \mu_c w_0 \quad \cdots\cdots(1)$$

式中：

P——水密性能指标，单位：Pa；

μ_z——风压高度变化系数，应按 GB 50009 的有关规定采用；

μ_c——风力系数，可取 1.2；

w_0——基本风压(kN/m^2)，应按 GB 50009 的有关规定采用；

b) 其他地区可按 a)条计算值的 75%进行设计，且固定部分取值不宜低于 700 Pa，可开启部分与固定部分同级。

5.1.2.2 水密性能分级指标值应符合表 13 的要求。

表 13 建筑幕墙水密性能分级

分级代号		1	2	3	4	5
分级指标值 ΔP/Pa	固定部分	$500 \leqslant \Delta P < 700$	$700 \leqslant \Delta P < 1\,000$	$1\,000 \leqslant \Delta P < 1\,500$	$1\,500 \leqslant \Delta P < 2\,000$	$\Delta P \geqslant 2\,000$
	可开启部分	$250 \leqslant \Delta P < 350$	$350 \leqslant \Delta P < 500$	$500 \leqslant \Delta P < 700$	$700 \leqslant \Delta P < 1\,000$	$\Delta P \geqslant 1\,000$

注：5 级时需同时标注固定部分和开启部分△P 的测试值。

5.1.2.3 有水密性要求的建筑幕墙在现场淋水试验中，不应发生水渗漏现象。

5.1.2.4 开放式建筑幕墙的水密性能可不作要求。

5.1.3 **气密性能**

5.1.3.1 气密性能指标应符合 GB 50176、GB 50189、JGJ 132—2001、JGJ 134、JGJ 26 的有关规定，并满足相关节能标准的要求。一般情况可按表 14 确定。

表 14 建筑幕墙气密性能设计指标一般规定

地区分类	建筑层数、高度	气密性能分级	气密性能指标小于	
			开启部分 q_L ($m^3/m \cdot h$)	幕墙整体 q_A ($m^3/m^2 \cdot h$)
夏热冬暖地区	10 层以下	2	2.5	2.0
	10 层及以上	3	1.5	1.2
其他地区	7 层以下	2	2.5	2.0
	7 层及以上	3	1.5	1.2

5.1.3.2 开启部分气密性能分级指标 q_L 应符合表 15 的要求。

表 15 建筑幕墙开启部分气密性能分级

分级代号	1	2	3	4
分级指标值 q_L/[$m^3/(m \cdot h)$]	$4.0 \geqslant q_L > 2.5$	$2.5 \geqslant q_L > 1.5$	$1.5 \geqslant q_L > 0.5$	$q_L \leqslant 0.5$

5.1.3.3 幕墙整体（含开启部分）气密性能分级指标 q_A 应符合表 16 的要求。

表 16 建筑幕墙整体气密性能分级

分级代号	1	2	3	4
分级指标值 q_A/[$m^3/(m^2 \cdot h)$]	$4.0 \geqslant q_A > 2.0$	$2.0 \geqslant q_A > 1.2$	$1.2 \geqslant q_A > 0.5$	$q_A \leqslant 0.5$

5.1.3.4 开放式建筑幕墙的气密性能不作要求。

5.1.4 **热工性能**

5.1.4.1 建筑幕墙传热系数应按 GB 50176 的规定确定，并满足 GB 50189、JGJ 132—2001、JGJ 134、JGJ 26 和 JGJ 75 的要求。玻璃（或其他透明材料）幕墙遮阳系数应满足 GB 50189 和 JGJ 75 的要求。

5.1.4.2 幕墙传热系数应按相关规范进行设计计算。

5.1.4.3 幕墙在设计环境条件下应无结露现象。

5.1.4.4 对热工性能有较高要求的建筑，可进行现场热工性能试验。

5.1.4.5 幕墙传热系数分级指标 K 应符合表 17 的要求。

表 17 建筑幕墙传热系数分级

分级代号	1	2	3	4	5	6	7	8
分级指标值 K/[$(W/(m^2 \cdot k)$]	$K \geqslant 5.0$	$5.0 > K \geqslant 4.0$	$4.0 > K \geqslant 3.0$	$3.0 > K \geqslant 2.5$	$2.5 > K \geqslant 2.0$	$2.0 > K \geqslant 1.5$	$1.5 > K \geqslant 1.0$	$K < 1.0$
注：8 级时需同时标注 K 的测试值。								

5.1.4.6 玻璃幕墙的遮阳系数应符合：

a) 遮阳系数应按相关规范进行设计计算。

b) 玻璃幕墙的遮阳系数分级指标 SC 应符合表 18 的要求。

表 18 玻璃幕墙遮阳系数分级

分级代号	1	2	3	4	5	6	7	8
分级指标值 SC	0.9≥SC>0.8	0.8≥SC>0.7	0.7≥SC>0.6	0.6≥SC>0.5	0.5≥SC>0.4	0.4≥SC>0.3	0.3≥SC>0.2	SC≤0.2
注 1：8 级时需同时标注 SC 的测试值。 注 2：玻璃幕墙遮阳系数＝幕墙玻璃遮阳系数×外遮阳的遮阳系数×$\left(1-\frac{\text{非透光部分面积}}{\text{玻璃幕墙总面积}}\right)$								

5.1.4.7 开放式建筑幕墙的热工性能应符合设计要求。

5.1.5 空气声隔声性能

5.1.5.1 空气声隔声性能以计权隔声量作为分级指标，应满足室内声环境的需要，符合 GBJ 118 的规定。

5.1.5.2 空气声隔声性能分级指标 R_W 应符合表 19 的要求。

表 19 建筑幕墙空气声隔声性能分级

分级代号	1	2	3	4	5
分级指标值 R_W/dB	$25 \leqslant R_W < 30$	$30 \leqslant R_W < 35$	$35 \leqslant R_W < 40$	$40 \leqslant R_W < 45$	$R_W \geqslant 45$
注：5 级时需同时标注 R_W 测试值。					

5.1.5.3 开放式建筑幕墙的空气声隔声性能应符合设计要求。

5.1.6 平面内变形性能和抗震要求

5.1.6.1 抗震性能应满足 GB 50011 的要求。

5.1.6.2 平面内变形性能

a) 建筑幕墙平面内变形性能以建筑幕墙层间位移角为性能指标。在非抗震设计时，指标值应不小于主体结构弹性层间位移角控制值；在抗震设计时，指标值应不小于主体结构弹性层间位移角控制值的 3 倍。主体结构楼层最大弹性层间位移角控制值可按表 20 的规定执行。

表 20 主体结构楼层最大弹性层间位移角

结构类型		建筑高度 H/m		
		$H \leqslant 150$	$150 < H \leqslant 250$	$H > 250$
钢筋混凝土结构	框架	1/550	—	—
	板柱-剪力墙	1/800	—	—
	框架-剪力墙、框架-核心筒	1/800	线性插值	—
	筒中筒	1/1 000	线性插值	1/500
	剪力墙	1/1 000	线性插值	—
	框支层	1/1 000	—	—
多、高层钢结构		1/300		
注 1：表中弹性层间位移角＝Δ/ h，Δ 为最大弹性层间位移量，h 为层高。 注 2：线性插值系指建筑高度在 150 m～250 m 间，层间位移角取 1/800(1/1 000)与 1/500 线性插值。				

b) 平面内变形性能分级指标 γ 应符合表 21 的要求。

表 21 建筑幕墙平面内变形性能分级

分级代号	1	2	3	4	5
分级指标值 γ	$\gamma < 1/300$	$1/300 \leqslant \gamma < 1/200$	$1/200 \leqslant \gamma < 1/150$	$1/150 \leqslant \gamma < 1/100$	$\gamma \geqslant 1/100$
注：表中分级指标为建筑幕墙层间位移角。					

5.1.6.3 建筑幕墙应满足所在地抗震设防烈度的要求。对有抗震设防要求的建筑幕墙，其试验样品在设计的试验峰值加速度条件下不应发生破坏。幕墙具备下列条件之一时应进行振动台抗震性能试验或其他可行的验证试验：

a) 面板为脆性材料，且单块面板面积或厚度超过现行标准或规范的限制；

b) 面板为脆性材料，且与后部支承结构的连接体系为首次应用；

c) 应用高度超过标准或规范规定的高度限制；

d) 所在地区为9度以上(含9度)设防烈度。

5.1.7 耐撞击性能

5.1.7.1 耐撞击性能应满足设计要求。人员流动密度大或青少年、幼儿活动的公共建筑的建筑幕墙，耐撞击性能指标不应低于表22中2级。

5.1.7.2 撞击能量 E 和撞击物体的降落高度 H 分级指标和表示方法应符合表22的要求。

表22 建筑幕墙耐撞击性能分级

分级指标		1	2	3	4
室内侧	撞击能量 E/(N·m)	700	900	>900	—
	降落高度 H/mm	1 500	2 000	>2 000	—
室外侧	撞击能量 E/(N·m)	300	500	800	>800
	降落高度 H/mm	700	1 100	1 800	>1 800

注1：性能标注时应按：室内侧定级值/室外侧定级值。例如：2/3为室内2级，室外3级。

注2：当室内侧定级值为3级时标注撞击能量实际测试值，当室外侧定级值为4级时标注撞击能量实际测试值。例如：1 200/1 900室内1 200 N·m，室外1 900 N·m。

5.1.8 光学性能

5.1.8.1 有采光功能要求的幕墙，其透光折减系数不应低于0.45。有辨色要求的幕墙，其颜色透视指数不宜低于Ra80。

5.1.8.2 建筑幕墙采光性能分级指标透光折减系数 T_T 应符合表23的要求。

表23 建筑幕墙采光性能分级

分级代号	1	2	3	4	5
分级指标值 T_T	$0.2 \leq T_T < 0.3$	$0.3 \leq T_T < 0.4$	$0.4 \leq T_T < 0.5$	$0.5 \leq T_T < 0.6$	$T_T \geq 0.6$

注：5级时需同时标注 T_T 的测试值。

5.1.8.3 玻璃幕墙的光学性能应满足GB/T 18091的规定。

5.1.9 承重力性能

a) 幕墙应能承受自重和设计时规定的各种附件的重量，并能可靠地传递到主体结构。

b) 在自重标准值作用下，水平受力构件在单块面板两端跨距内的最大挠度不应超过该面板两端跨距的1/500，且不应超过3 mm。

5.2 一般功能要求

5.2.1 结构设计使用年限不宜低于25年。

5.2.2 建筑幕墙的防火、防雷功能应符合JGJ 102、JGJ 133的规定。

5.3 材料

5.3.1 幕墙所用材料执行标准参见本标准附录A，符合JGJ 102，JGJ 133和JGJ 113的规定，具有抗腐蚀能力，符合国家节约资源和环境保护要求。性能应满足设计要求。

5.3.2 金属材料

5.3.2.1 铝合金

a) 铝合金型材和板材执行标准参见本标准附录A，应符合其中A.1所列标准的规定，型材精度为高精级。表面处理层的厚度应满足表24的要求。

表24 铝合金型材表面处理要求

表面处理方法		膜层级别（涂层种类）	厚度 t/μm		检测方法
			平均膜厚	局部膜厚	
阳极氧化		AA15	$t \geqslant 15$	$t \geqslant 12$	测厚仪
电泳涂漆	阳极氧化膜	B	$t \geqslant 10$	$t \geqslant 8$	测厚仪
	漆膜	B	—	$t \geqslant 7$	测厚仪
	复合膜	B	—	$t \geqslant 16$	测厚仪
粉末喷涂		—	—	$40 \leqslant t \leqslant 120$	测厚仪
氟碳喷涂	二涂	—	$t \geqslant 30$	$t \geqslant 25$	测厚仪
	三涂		$t \geqslant 40$	$t \geqslant 35$	测厚仪

b) 铝合金隔热型材执行标准参见本标准附录A，应符合其中GB 5237.6的规定。

5.3.2.2 钢材

a) 幕墙构件与支承结构所选用的结构钢执行标准参见本标准附录A，应符合其中A.2所列标准的规定。

b) 不锈钢材宜采用奥氏体不锈钢，执行标准参见本标准附录A，应符合其中A.2所列标准的规定。

c) 不锈钢复合钢管、板材执行标准参见本标准附录A，应符合其中GB/T 8165的规定。

d) 钢材表面应具有抗腐蚀能力，并采取措施避免双金属的接触腐蚀。

5.3.3 密封材料

5.3.3.1 胶

a) 玻璃幕墙用硅酮结构密封胶、硅酮接缝密封胶及金属、石材用密封胶必须在有效期内使用。

b) 幕墙接缝密封胶执行标准参见本标准附录A，应符合其中A.3所列标准的规定，位移能力级别应符合设计位移量的要求，不宜小于20级。

c) 干挂石材幕墙用环氧胶粘剂执行标准参见本标准附录A，应符合其中A.3的相关标准的规定。

d) 所有与多孔性材料面板接触、粘结的密封胶、密封剂执行标准参见本标准附录A，应符合其中JC/T 883的规定，对面材的污染程度应符合设计的要求。

e) 中空玻璃用丁基密封胶和中空玻璃弹性密封胶执行标准参见本标准附录A，应符合其中A.3所列标准的规定。

f) 玻璃幕墙用硅酮结构密封胶的宽度、厚度尺寸应通过计算确定，结构胶厚度不宜小于6 mm且不宜大于12 mm，其宽度不宜小于7 mm且不大于厚度的2倍。

g) 硅酮结构密封胶、硅酮密封胶同相粘接的幕墙基材、饰面板、附件和其他材料应具有相容性，随批单元件切割粘结性达到合格要求。

5.3.3.2 橡胶密封条

幕墙用橡胶材料宜采用三元乙丙橡胶、氯丁橡胶或硅橡胶，执行标准参见本标准附录A，应符合其中HG/T 3099和GB/T 5574的规定。幕墙可开启部分用的密封胶条可参照附录A中JG/T 187。

5.3.4 五金配件

幕墙专用五金配件应符合相关标准的要求，主要五金配件的使用寿命应满足设计要求。

5.3.5 转接件与连接件

5.3.5.1 紧固件

紧固件规格和尺寸应根据设计计算确定，应有足够的承载力和可靠性。

5.3.5.2 转接件

a) 幕墙采用的转接件及其材料应满足设计要求,应具有足够的承载力和可靠性。

b) 宜具有三维位置可调能力。

5.3.5.3 金属挂装件

a) 石材连接用挂件执行标准参见本标准附录A,应符合其中JC 830.2的规定。

b) 背栓、蝶形背卡应符合相关标准的要求,材料型号、尺寸、机械性能应满足设计要求。背栓材料的耐火性、耐腐蚀性、耐久性应不低于后部支承结构所用材料的相应标准,应采用不低于316的不锈钢制作。

5.4 技术要求

采光顶与金属屋面技术要求可参照本标准附录B执行。

6 构件式玻璃幕墙专项要求

6.1 性能

应符合本标准5.1和5.2的要求,并满足设计要求。

6.2 材料

6.2.1 玻璃面板

a) 幕墙玻璃宜采用安全玻璃,执行标准参见本标准附录A,应符合其中A.4中所列标准的规定。

b) 幕墙玻璃的公称厚度应经过强度和刚度验算后确定,单片玻璃、中空玻璃的任一片玻璃厚度不宜小于6 mm。夹层玻璃的单片玻璃厚度不宜小于5 mm,夹层玻璃、中空玻璃的两片玻璃厚度差不应大于3 mm。

c) 幕墙玻璃边缘应进行磨边和倒角处理。

d) 幕墙玻璃的反射比不应大于0.3。

e) 幕墙用中空玻璃的间隔铝框可采用连续折弯型或插角型。中空玻璃气体层厚度不应小于9 mm,宜采用双道密封,其中明框玻璃幕墙的中空玻璃可采用丁基密封胶和聚硫密封胶,隐框和半隐框玻璃幕墙的中空玻璃应采用丁基密封胶和硅酮结构密封胶。

f) 幕墙用钢化玻璃宜经过热浸处理。

6.2.2 金属材料、密封材料、五金配件、转接件和连接件

应符合本标准5.3的要求。

6.3 组件制作工艺质量要求

6.3.1 幕墙框架竖向构件和横向构件的尺寸允许偏差应符合表25的要求。

表25 幕墙框架竖向构件和横向构件的尺寸允许偏差

单位为毫米

构 件	材 料	允许偏差	检测方法
主要竖向构件长度	铝型材	±1.0	钢卷尺
	钢型材	±2.0	钢卷尺
主要横向构件长度	铝型材	±0.5	钢卷尺
	钢型材	±1.0	钢卷尺
端头斜度	—	−15′	量角器

6.3.2 幕墙玻璃加工尺寸及形状允许偏差

6.3.2.1 玻璃面板边长尺寸允许偏差、对角线允许偏差应分别符合表26、表27的要求。

表26 玻璃面板边长尺寸允许偏差

单位为毫米

玻璃厚度	允许偏差		检测方法
	边长≤2 000	边长>2 000	
5～12	±1.5	±2.0	钢卷尺

表 27　玻璃面板对角线允许偏差　　单位为毫米

厚　度	允许偏差		检测方法
	长边边长≤2 000	长边边长>2 000	
5～12	≤2.0	≤3.0	钢卷尺

6.3.2.2　钢化玻璃与半钢化玻璃板的弯曲度要求应符合表 28 的要求。

表 28　钢化玻璃与半钢化玻璃面板弯曲度

弯曲变形种类	弯曲度最大值		检测方法
	水平法	垂直法	
弓形变形/(mm/mm)	0.3%	0.5%	钢直尺
波形变形/(mm/300 mm)	0.2%	0.3%	钢直尺

6.3.2.3　夹层玻璃板的边长尺寸允许偏差及对角线允许偏差应分别符合表 29、表 30 的要求。干法夹层玻璃的厚度允许偏差不能超过原片允许偏差和中间层允许偏差(中间层总厚度小于 2 mm 时其允许偏差不予考虑,中间层总厚度大于 2 mm 时其允许偏差为±0.2)之和。弯曲度不应超过 0.3%。

表 29　夹层玻璃板边长允许偏差　　单位为毫米

允许偏差		检测方法
边长≤2 000	边长>2 000	
±2.0	±2.5	钢卷尺

表 30　夹层玻璃对角线允许偏差　　单位为毫米

允许偏差		检测方法
长边长度≤2 000	长边长度>2 000	
≤2.5	≤3.5	钢卷尺

6.3.2.4　中空玻璃板的边长、厚度尺寸允许偏差及对角线允许偏差应分别符合表 31、表 32 和表 33 的要求。

表 31　中空玻璃板边长尺寸允许偏差　　单位为毫米

允许偏差			检测方法
边长<1 000	1 000≤边长<2 000	边长>2 000	
±2.0	+2.0 −3.0	±3.0	钢卷尺

表 32　中空玻璃面板厚度尺寸允许偏差　　单位为毫米

公称厚度(T)	允许偏差	检测方法
T<22	±1.5	卡尺
T≥22	±2.0	卡尺

表 33　中空玻璃面板对角线允许偏差　　单位为毫米

允许偏差		检测方法
边长≤2 000	边长>2 000	
≤2.5	≤3.5	钢卷尺

6.3.2.5　单向热弯玻璃的尺寸和形状允许偏差应符合表 34、表 35、表 36、表 37、表 38 的要求。

表 34　热弯玻璃面板高度允许偏差　　单位为毫米

允许偏差		检测方法
高度≤2 000	高度＞2 000	
±3.0	±5.0	平放状态，钢卷尺

表 35　热弯玻璃面板弧长允许偏差　　单位为毫米

允许偏差		检测方法
弧长≤1 500	弧长＞1 500	
±3.0	±5.0	钢卷尺

表 36　热弯玻璃面板弧长吻合度　　单位为毫米

吻合度		检测方法
弧长≤2 400	弧长＞2 400	
±3.0	±5.0	钢卷尺

表 37　热弯玻璃弧面弯曲偏差　　单位为毫米

允许偏差			检测方法
弧长≤1 200	1 200＜弧长≤2 400	弧长＞2 400	
2.0	3.0	5.0	钢卷尺

表 38　热弯玻璃弧面扭曲偏差　　单位为毫米

高度（H）	弧　　长		检测方法
	弧长≤2 400	弧长＞2 400	
H≤1 800	3.0	5.0	钢卷尺
1 800＜H≤2 400	5.0	5.0	钢卷尺
H＞2 400	5.0	6.0	钢卷尺

6.3.3　明框玻璃幕墙装配质量要求

6.3.3.1　玻璃面板与型材槽口的配合尺寸应符合表 39 及表 40 的要求。最小配合尺寸见图 1 和图 2。尺寸 c 应经过计算确定，满足玻璃面板温度变化和幕墙平面内变形的要求。

表 39　单层玻璃、夹层玻璃与槽口的配合尺寸　　单位为毫米

厚度	a	b	c	检测方法
6	≥3.5	≥15	≥5	卡尺
8～10	≥4.5	≥16	≥5	卡尺
12 以上	≥5.5	≥18	≥5	卡尺
注：夹层玻璃以总厚度计算。				

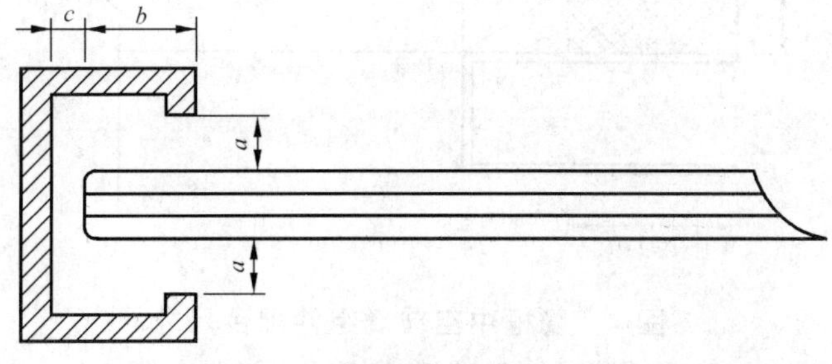

图 1　玻璃与槽口的配合尺寸

表 40　中空玻璃与槽口的配合尺寸

单位为毫米

厚度	a	b	c	检测方法
$6+d_a+6$	≥5	≥17	≥5	卡尺
$8+d_a+8$ 以上	≥6	≥18	≥5	卡尺
注：d_a 为空气层厚度。				

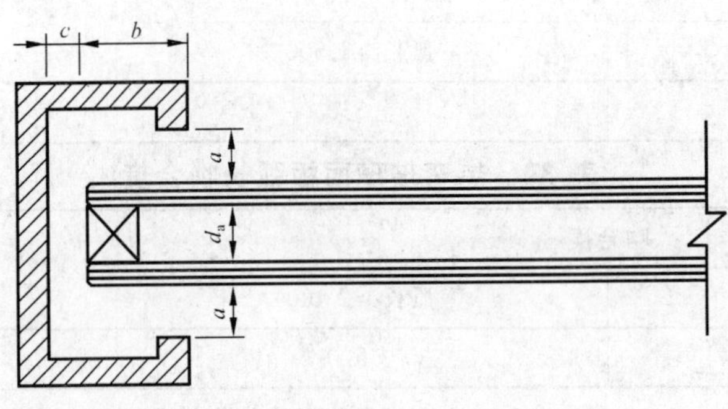

图 2　中空玻璃与槽口的配合尺寸

6.3.3.2　玻璃定位垫块位置、数量应满足承载要求，玻璃面板与槽口之间应进行可靠的密封。

6.3.4　隐框玻璃幕墙玻璃组件装配质量要求

6.3.4.1　隐框玻璃幕墙玻璃组件的结构胶宽度和厚度尺寸应符合设计要求，配合尺寸见图 3 和图 4。C_s，t_s 符合 5.3.3.1 的尺寸要求。

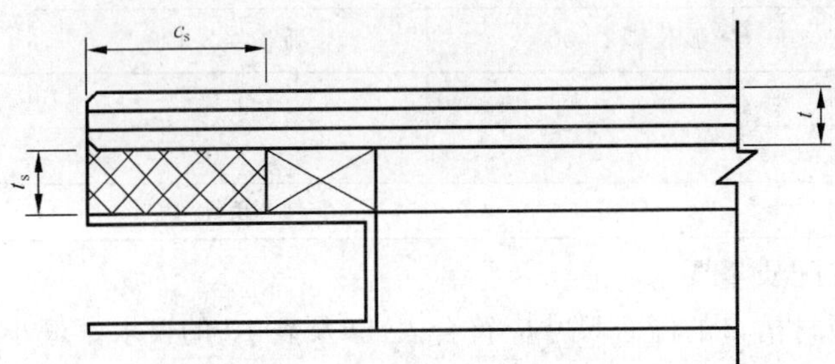

图 3　隐框单层玻璃、夹层玻璃组件配合尺寸

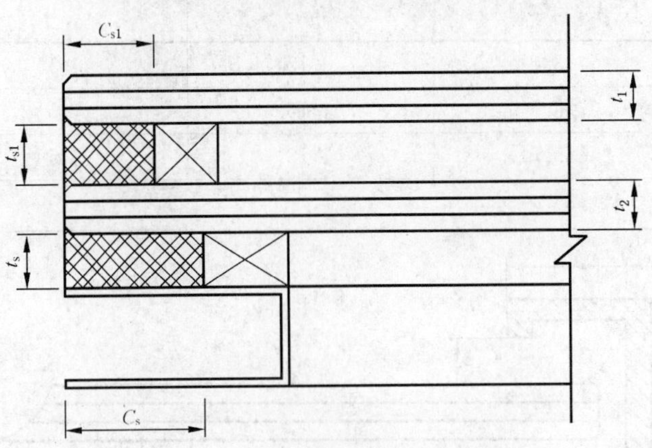

图 4　隐框中空玻璃组件配合尺寸

6.3.4.2　结构胶完全固化后，隐框玻璃幕墙玻璃组件的尺寸偏差应符合表 41 的要求。

表 41　隐框玻璃幕墙玻璃组件的尺寸偏差

单位为毫米

项　　目	尺寸范围	允许偏差	检测方法
框长宽尺寸	—	±1.0	钢卷尺
组件长宽尺寸	—	±2.5	钢卷尺
框接缝高度差	—	≤0.5	深度尺
框内侧对角线差及组件对角线差	长边≤2 000	≤2.5	钢卷尺
	长边>2 000	≤3.5	
框组装间隙	—	≤0.5	塞尺
胶缝宽度		$^{+2.0}_{0}$	卡尺或钢板尺
胶缝厚度	≥6	$^{+0.5}_{0}$	卡尺或钢板尺
组件周边玻璃与铝框位置差	—	≤1.0	深度尺
组件平面度	—	≤3.0	1 m 靠尺
组件厚度	—	±1.5	卡尺或钢板尺

6.4　组件组装质量要求

6.4.1　幕墙竖向和横向构件的组装允许偏差，应符合表 42 的要求。

表 42　幕墙竖向和横向构件的组装允许偏差

单位为毫米

项　　目	尺寸范围	允许偏差(不大于)		检测方法
		铝构件	钢构件	
相邻两竖向构件间距尺寸(固定端头)	—	±2.0	±3.0	钢卷尺
相邻两横向构件间距尺寸	间距≤2 000 mm	±1.5	±2.5	钢卷尺
	间距>2 000 mm	±2.0	±3.0	
分格对角线差	对角线长≤2 000 mm	3.0	4.0	钢卷尺或伸缩尺
	对角线长>2 000 mm	3.5	5.0	
竖向构件垂直度	高度≤30 m	10	15	经纬仪或铅垂仪
	高度≤60 m	15	20	
	高度≤90 m	20	25	
	高度≤150 m	25	30	
	高度>150 m	30	35	
相邻两横向构件的水平高差	—	1.0	2.0	钢板尺或水平仪
横向构件水平度	构件长≤2 000 mm	2.0	3.0	水平仪或水平尺
	构件长>2 000 mm	3.0	4.0	
竖向构件直线度	—	2.5	4.0	2 m 靠尺
竖向构件外表面平面度	相邻三立柱	2	3	经纬仪
	宽度≤20 m	5	7	
	宽度≤40 m	7	10	
	宽度≤60 m	9	12	
	宽度≥60 m	10	15	

表 42(续)

单位为毫米

项　　目	尺寸范围	允许偏差(不大于)		检测方法
		铝构件	钢构件	
同高度内横向构件的高度差	长度≤35 m	5	7	水平仪
	长度>35 m	7	9	

6.4.2　幕墙组装就位后允许偏差应符合表43的要求。

表 43　幕墙组装就位后允许偏差

单位为毫米

项　　目		允许偏差	检测方法
竖缝及墙面垂直度(幕墙高度 H)	H≤30 m	≤10	激光仪或经纬仪
	30 m<H≤60 m	≤15	
	60 m<H≤90 m	≤20	
	90 m<H≤150 m	≤25	
	H>150 m	≤30	
幕墙平面度		≤2.5	2 m 靠尺、钢板尺
竖缝直线度		≤2.5	2 m 靠尺、钢板尺
横缝直线度		≤2.5	2 m 靠尺、钢板尺
缝宽度(与设计值比较)		±2	卡尺
两相邻面板之间接缝高低差		≤1.0	深度尺

6.4.3　幕墙的附件应齐全并符合设计要求,幕墙和主体结构的连接应牢固可靠。

6.4.4　幕墙开启窗应符合设计要求,安装牢固可靠,启闭灵活。

6.4.5　幕墙外露框、压条、装饰构件、嵌条、遮阳板等应符合设计要求,安装牢固可靠。

6.5　外观质量

6.5.1　玻璃幕墙表面应平整,外露表面不应有明显擦伤、腐蚀、污染、斑痕。

6.5.2　每平方米玻璃的表面质量应符合表44要求。

表 44　每平方米玻璃的表面质量

项　　目	质量要求	检测方法
0.1 mm～0.3 mm 宽度划伤痕	长度<100 mm;不超过8条	观察
擦伤总面积	≤500 mm^2	钢直尺

6.5.3　一个分格铝合金型材表面质量应符合表45要求。

表 45　一个分格铝合金型材表面质量

项　　目	质量要求	检测方法
擦伤、划伤深度	不大于处理膜层厚度的2倍	观察
擦伤总面积	不大于 500 mm^2	钢直尺
划伤总长度	不大于 150	钢直尺
擦伤和划伤处数	不大于 4	观察

6.5.4　玻璃幕墙的外露框、压条、装饰构件、嵌条、遮阳板等应平整。

6.5.5　幕墙面板接缝应横平竖直,大小均匀,目视无明显弯曲扭斜,胶缝外应无胶渍。

7 石材幕墙专项要求

7.1 性能

应符合本标准5.1和5.2的要求，并满足设计要求。

7.2 材料

7.2.1 石材

7.2.1.1 幕墙用石材宜选用花岗石，可选用大理石、石灰石、石英砂岩等。

7.2.1.2 石材面板的性能应满足建筑物所在地的地理、气候、环境及幕墙功能的要求。执行标准参见本标准附录A，应符合其中A.5中相关标准的规定。

7.2.1.3 幕墙选用的石材的放射性应符合GB/T 6566中A级、B级和C级的要求。

7.2.1.4 石材面板弯曲强度标准值应符合表46的规定，应按照GB/T 9966.2的规定进行检测，宜参照本标准附录C的要求计算确定。

7.2.1.5 石材面板应符合表46的要求。

表46 石材面板的弯曲强度、吸水率、最小厚度和单块面积要求

项　目	天然花岗石	天然大理石	其他石材	
(干燥及水饱和) 弯曲强度标准值/MPa	≥8.0	≥7.0	≥8.0	8.0≥f≥4.0
吸水率/%	≤0.6	≤0.5	≤5	≤5
最小厚度/mm	≥25	≥35	≥35	≥40
单块面积/m^2	不宜大于1.5	不宜大于1.5	不宜大于1.5	不宜大于1.0

7.2.1.6 弯曲强度标准值小于8.0 MPa的石材面板，应采取附加构造措施保证面板的可靠性。

7.2.1.7 在严寒和寒冷地区，幕墙用石材面板的抗冻系数不应小于0.8。

7.2.1.8 石材表面宜进行防护处理。对于处在大气污染较严重或处在酸雨环境下的石材面板，应根据污染物的种类和污染程度及石材的矿物化学性质、物理性质选用适当的防护产品对石材进行保护。

7.2.2 胶

7.2.2.1 密封材料应符合本标准5.3.3.1的有关要求。

7.2.2.2 石材幕墙金属挂件与石材间粘接固定材料宜选用干挂石材用环氧胶粘剂，不应使用不饱和聚酯类胶粘剂。环氧胶粘材料执行标准参见本标准附录A，应符合其中JC 887的规定。

7.2.3 五金附件、转接件、连接件

7.2.3.1 幕墙所采用的五金附件、转接件、连接件应符合本标准5.3.4,5.3.5的要求。

7.2.3.2 板材挂装系统宜设置防脱落装置。

7.2.3.3 支承构件与板材的挂装组合单元的挂装强度，以及板材挂装系统结构强度，应满足设计要求。

7.2.4 金属材料和五金配件

应符合本标准5.3的要求。

7.3 组件制作工艺质量要求

7.3.1 石材面板加工工艺质量要求

7.3.1.1 板材外形尺寸允许误差应符合表47的要求。

表47 石材面板外形尺寸允许误差

单位为毫米

项　目	长度、宽度	对角线差	平面度	厚度	检测方法
亚光面、镜面板	±1.0	±1.5	1	+2.0 −1.0	卡尺
粗面板	±1.0	±1.5	2	+3.0 −1.0	卡尺

7.3.1.2 板材正面的外观应符合表48要求。

表48 每块板材正面外观缺陷的要求

项 目	规 定 内 容	质量要求
缺棱	长度不超过10 mm,宽度不超过1.2 mm(长度小于5 mm不计,宽度小于1.0不计),周边每米长允许个数(个)	1个
缺角	面积不超过5 mm×2 mm(面积小于2 mm×2 mm不计),每块板允许个数(个)	1个
色斑	面积不超过20 mm×30 mm,(面积小于10 mm×10 mm不计),每块板允许个数(个)	1个
色线	长度不超过两端顺延至板边总长的1/10,(长度小于40 mm的不计),每块板允许条数(条)	2条
裂纹		不允许
窝坑	粗面板的正面出现窝坑	不明显

7.3.1.3 石材面板宜在工厂加工,安装槽、孔的加工尺寸及允许误差应符合表49、表50的要求。

表49 石材面板孔加工尺寸及允许误差

单位为毫米

石材面板固定形式		孔径		孔中心线到板边的距离	孔底到板面保留厚度		检测方法
		孔类别	允许误差		最小尺寸	误差	
背栓式	M6	直孔	+0.4 −0.2	最小50	8.0	−0.4 +0.1	卡尺 深度尺
		扩孔	±0.3 软质石材+1/−0.3				
	M8	直孔	+0.4 −0.2				
		扩孔	±0.3 软质石材+1/−0.3				

表50 石材面板通槽(短平槽、弧形短槽)、短槽和碟形背卡槽允许偏差

单位为毫米

项 目	通槽(短平槽、弧形短槽)		短槽		碟形背卡		检测方法
	最小尺寸	允许偏差	最小尺寸	允许偏差	最小尺寸	允许偏差	
槽宽度	7.0	±0.5	7.0	±0.5	3	±0.5	卡尺
槽有效长度(短平槽槽底处)	—	±2	100	±2	180	—	卡尺
槽深(槽角度)	—	槽深/20	—	矢高/20	45°	+5° 0	卡尺 量角器
两(短平槽)槽中心线距离(背卡上下两组槽)	—	±2	—	±2	—	±2	卡尺
槽外边到板端边距离(碟形背卡外槽到与其平行板端边距离)	—	±2	不小于板材厚度和85,不大于180	±2	50	±2	卡尺
内边到板端边距离	—	±3	—	±3	—	—	卡尺
槽任一端侧边到板外表面距离	8.0	±0.5	8.0	±0.5	—	—	卡尺
槽任一端侧边到板内表面距离(含板厚偏差)	—	±1.5	—	±1.5	—	—	卡尺
槽深度(有效长度内)	16	±1.5	16	±1.5	垂直10	+2 0	深度尺

表 50（续）　　单位为毫米

项　　目	通槽(短平槽、弧形短槽)		短槽		碟形背卡		检测方法
	最小尺寸	允许偏差	最小尺寸	允许偏差	最小尺寸	允许偏差	
背卡的两个斜槽石材表面保留宽度	—	—	—	—	31	±2	卡尺
背卡的两个斜槽槽底石材保留宽度	—	—	—	—	13	±2	卡尺

7.3.1.4　异型材、板的加工应符合设计要求。

7.3.1.5　石板连接部位正反两面均不应出现崩缺、暗裂、窝坑等缺陷。

7.3.2　幕墙竖向构件和横向构件制作工艺质量

幕墙竖向构件和横向构件的加工允许偏差应符合本标准 6.3.1 的要求。

7.4　组件组装质量要求

7.4.1　石材面板挂装系统安装偏差应符合表 51 的规定。

表 51　石材面板挂装系统安装允许偏差　　单位为毫米

项　　目		通槽长勾	通槽短勾	短槽	背卡	背栓	检测方法
托板(转接件)标高		±1.0				—	卡尺
托板(转接件)前后高低差		≤1.0				—	卡尺
相邻两托板(转接件)高低差		≤1.0				—	卡尺
托板(转接件)中心线偏差		≤2.0				—	卡尺
勾锚入石材槽深度偏差		$^{+1.0}_{0}$				—	深度尺
短勾中心线与托板中心线偏差		—	≤2.0		—	—	卡尺
短勾中心线与短槽中心线偏差		—	≤2.0		—	—	卡尺
挂勾与挂槽搭接深度偏差		—	$^{+1.0}_{0}$		—	—	卡尺
插件与插槽搭接深度偏差		—	$^{+1.0}_{0}$		—	—	卡尺
挂勾(插槽)中心线偏差		—				≤2.0	钢直尺
挂勾(插槽)标高		—				±1.0	卡尺
背栓挂(插)件中心线与孔中心线偏差		—				≤1.0	卡尺
背卡中心线与背卡槽中心线偏差		—			≤1.0	—	卡尺
左右两背卡中心线偏差		—			≤3.0	—	卡尺
通长勾距板两端偏差		±1.0	—				卡尺
同一行石材上端水平偏差	相邻两板块	≤1.0					水平尺
	长度≤35 m	≤2.0					
	长度＞35 m	≤3.0					
同一列石材边部垂直偏差	相邻两板块	≤1.0					卡尺
	长度≤35 m	≤2.0					
	长度＞35 m	≤3.0					
石材外表面平整度	相邻两板块高低差	≤1.0					卡尺
相邻两石材缝宽(与设计值比)		±1.0					卡尺

7.4.2 幕墙竖向构件和横向构件的组装允许偏差应符合本标准 6.4.1 的要求。

7.4.3 幕墙组装就位后允许偏差应符合本标准 6.4.2 的要求。

7.4.4 石材面板安装到位后，横向构件不应发生明显的扭转变形，板块的支撑件或连接托板端头纵向位移应不大于 2 mm。

7.4.5 相邻转角板块的连接不应采用粘结方式。

7.5 外观质量

7.5.1 每平方米亚光面和镜面板材的正面质量应符合表 52 要求。

表 52 细面和镜面板材正面质量的要求

项　目	规　定　内　容
划伤	宽度不超过 0.3 mm(宽度小于 0.1 mm 不计)，长度小于 100 mm，不多于 2 条
擦伤	面积总和不超过 500 mm^2(面积小于 100 mm^2 不计)
注 1：石材花纹出现损坏的为划伤。 注 2：石材花纹出现模糊现象的为擦伤。	

7.5.2 石材幕墙面板接缝应符合 6.5.5 的要求。

7.6 可维护性要求

石材幕墙的面板宜采用便于各板块独立安装和拆卸的支承固定系统，不宜采用 T 型挂装系统。

8 金属板幕墙专项要求

8.1 性能

应符合本标准 5.1 和 5.2 的要求，并满足设计要求。

8.2 材料

8.2.1 面板材料

8.2.1.1 金属板幕墙可按建筑设计的要求，选用单层铝板、铝塑复合板、蜂窝铝板、彩色钢板、搪瓷涂层钢板、不锈钢板、锌合金板、钛合金板、铜合金板作为面板材料。面板与支承结构相连接时，应采取措施避免双金属接触腐蚀。

8.2.1.2 铝板幕墙的表面宜采用氟碳喷涂处理。单层铝板执行标准参见本标准附录 A，应符合其中 YS/T 429.2 的要求。

8.2.1.3 铝塑复合板执行标准参见本标准附录 A，应符合其中 GB/T 17748 的幕墙用铝塑板部分规定的技术要求。

8.2.1.4 蜂窝铝板夹层结构执行标准参见本标准附录 A，应符合其中 GJB 1719 的要求，铝蜂窝芯材用胶粘剂应符合 HB/T 7062 的要求。

8.2.1.5 单层铝板材料性能执行标准参见本标准附录 A，应符合其中 YS/T 429.1 的要求；滚涂用的铝卷材材料性能应符合 YS/T 431 的要求；铝塑复合板用铝带应符合 YS/T 432 的要求，并优先选用 3×××系列及 5×××系列铝合金板材。

8.2.1.6 彩色涂层钢板执行标准参见本标准附录 A，应符合其中 GB/T 12754 的要求。

8.2.1.7 搪瓷涂层钢板执行标准参见本标准附录 A，应符合其中 QB/T 1855 的要求，钢板宜采用主要化学成分(质量分数)如表 53 的结构钢板。钢板的内外表层应上底釉，外表面搪瓷瓷层厚度要求如表 54。

表 53 搪瓷涂层钢板用钢板主要化学成分

元素	碳	锰	磷	硫
质量分数/%	≤0.008	≤0.40	≤0.020	≤0.030

表 54 搪瓷涂层钢板外表搪瓷瓷层厚度

瓷　　层		瓷层厚度最大值/mm	检测方法
底釉		0.08～0.15	测厚仪
底釉＋层面釉	干法涂塘	0.12～0.30(总厚度)	测厚仪
	湿法涂塘	0.30～0.45(总厚度)	测厚仪

8.2.1.8 锌合金板的化学成分要求应符合表 55 的要求。产品表面应光滑、无水泡、无开裂纹。

表 55 锌合金板化学成分(质量分数)

元素	铜(Cu)	钛(Ti)	铝(Al)	锌(Zn)
质量分数/%	0.08～1.0	0.06～0.2	≤0.015	余留部分 且含锌量不低于 99.995

8.2.1.9 钛合金板执行标准参见本标准附录 A，应符合其中 GB/T 3621 的要求。

8.2.1.10 铜合金板材执行标准参见本标准附录 A，应符合其中 GB/T 2040 的要求。宜选用 TU1，TU2 牌号的无氧铜。

8.2.2 金属构件材料、密封材料、五金配件、转接件和连接件

应符合本标准 5.3 的要求。

8.3 组件制作工艺质量要求

8.3.1 金属板幕墙组件装配尺寸应符合表 56 的要求。

表 56 金属板幕墙组件装配尺寸允许偏差　　单位为毫米

项　　目	尺寸范围	允许偏差	检测方法
长度尺寸	≤2 000	±2.0	钢直尺或钢卷尺
	>2 000	±2.5	钢直尺或钢卷尺
对边尺寸	≤2 000	≤2.5	钢直尺或钢卷尺
	>2 000	≤3.0	钢直尺或钢卷尺
对角线尺寸	≤2 000	≤2.5	钢直尺或钢卷尺
	>2 000	≤3.0	钢直尺或钢卷尺
折弯高度		≤1.0	钢直尺或钢卷尺

8.3.2 金属板幕墙组件的板折边角的最小半径，应保证折边部位的金属内部结构及表面饰层不遭到破坏。

8.3.3 金属板幕墙组件的板折边角度允许偏差不大于 2°，组角处缝隙不大于 1 mm。

8.3.4 采用铝塑复合板幕墙时，铝塑复合板开槽和折边部位的塑料芯板应保留的厚度不得少于 0.3 mm。铝塑复合板切边部位不得直接处于外墙面。

8.3.5 金属板幕墙组件的加强边框和肋与面板及折边之间应采用正确的结构装配连接方法，连接孔中心到板边距离不宜小于 2.5d(d 为孔直径)，孔间中心距不宜小于 3d，并满足金属板幕墙组件承载和传递风荷载的要求。

8.3.6 封闭式金属板幕墙组件的角接缝和孔眼应进行密封处理。

8.3.7 2 mm 及以下厚度的单层铝板幕墙其内置加强框架与面板的连接，不应用焊钉连接结构。

8.3.8 搪瓷涂层钢板背衬材料的粘接应牢固可靠，不得有影响搪瓷涂层钢板性能和造型的缺陷。

8.3.9 金属板组件的板长度、宽度和板厚度设计，应确保金属板组件组装后的平面度允许偏差符合表 57 的要求。当建筑设计对板面造型另有要求时，金属板组件平面度的允许偏差应符合设计的要求。

表 57 金属板幕墙组件平面度允许偏差

板材厚度/mm	允许偏差(长边)/%	检测方法
≥2	≤0.2	钢直尺、塞尺
<2	≤0.5	钢直尺、塞尺

8.4 组件组装质量要求

8.4.1 幕墙的竖向构件和横向构件的组装允许偏差应符合本标准 6.4.1 的要求。

8.4.2 幕墙组装就位后允许偏差应符合本标准 6.4.2 的要求。

8.4.3 幕墙的附件应齐全并符合设计要求,幕墙和主体结构的连接应牢靠。

8.4.4 金属板幕墙组件采用插接或立边接缝系统进行组装时,插接用固定块及接缝用固定夹和滑动夹的固定部位应牢固可靠。

8.4.5 锌合金板背面未带防潮保护层时,锌合金板幕墙宜采用后部通风系统。

8.4.6 搪瓷涂层钢板幕墙的面板不应在施工现场进行切割和钻孔,搪瓷涂层应保持完好。

8.5 外观质量

8.5.1 金属板幕墙组件中金属面板表面处理层厚度应满足表 58 的要求。

表 58 金属面板表面的处理层厚度

单位为微米

表面处理方法	平均厚度 t		检测方法
氧化着色	$t\geqslant15$		测厚仪
静电粉末喷涂	$120\geqslant t\geqslant40$		测厚仪
氟碳喷涂	喷涂	$t\geqslant30$	测厚仪
	辊涂	$t\geqslant25$	
聚氨脂喷涂	$t\geqslant40$		测厚仪
搪瓷涂层	$450\geqslant t\geqslant120$		测厚仪

8.5.2 金属板外观应整洁,涂层不得有漏涂。装饰表面不得有明显压痕、印痕和凹凸等残迹。装饰表面每平米内的划伤、擦伤应符合表 59 的要求。

表 59 装饰表面划伤和擦伤的允许范围

项 目	要 求	检测方法
划伤深度	不大于表面处理厚度	目测观察
划伤总长度/mm	≤100	钢直尺
擦伤总面积/mm^2	≤300	钢直尺
划伤、擦伤总处数	≤4	目测观察

8.5.3 金属板幕墙面板接缝应符合 6.5.5 的要求。

9 人造板材幕墙专项要求

9.1 性能

应符合本标准 5.1 和 5.2 的要求,并满足设计要求。

9.2 材料

9.2.1 面板材料

9.2.1.1 人造板材幕墙用面板,可根据建筑设计要求选用瓷板、微晶玻璃和陶板。

9.2.1.2 瓷板执行标准参见本标准附录 A,应符合 JG/T 217 的规定。

9.2.1.3 微晶玻璃执行标准参见本标准附录 A,应符合其中 JC/T 872 的要求。

9.2.1.4 陶板执行标准参见本标准附录A,应符合其中GB/T 4100和JGJ 126的要求。在不同的气候分区中应用时应符合下列规定:

a) 在Ⅰ、Ⅵ、Ⅶ区吸水率不宜大于3%;在Ⅱ区吸水率不宜大于6%。

b) 在Ⅲ、Ⅳ、Ⅴ区,冰冻期一个月以上的地区吸水率不宜大于6%。

c) 在Ⅰ、Ⅵ、Ⅶ区,冻融循环应满足50次;在Ⅱ区,冻融循环应满足40次。抗冻性能试验按本标准14.16进行。

9.2.1.5 人造板材指标值应符合表60的要求。

表60 人造板材物理指标值

板材分类	吸水率/%	弯曲强度/MPa	断裂模数/MPa	湿胀系数/(mm/m)	抗冻性
瓷板	≤0.5	—	平均30,最小值不小于27	≤1.6%	满足GB/T 3810.12的要求
陶板	$3<E\leqslant 6$	—	≥20(单值≥18)[a]	≤1.6%	符合9.2.1.4要求
	$6<E\leqslant 10$	—	≥17.5(单值≥15)[a]	≤1.6%	
微晶玻璃板	≤0.1	≥30	—	—	—

[a] 对穿孔断面的板材或复杂形状板材,此值可根据国家认可的检测机构出据的检测数据适当降低。

9.2.2 胶

a) 人造板材幕墙用胶应符合本标准5.3.3.1的要求。

b) 人造板材幕墙金属挂件与人造板材粘接固定材料宜选用环氧系列胶粘剂,环氧型胶粘材料执行标准参见本标准附录A,应符合其中JC/T 887的规定。

9.2.3 五金附件、转接件、连接件

幕墙所采用的五金附件、转接件、连接件应符合本标准7.2.3的要求。

9.3 组件制作工艺质量要求

9.3.1 人造板材制作要求

9.3.1.1 人造板材单板面积、厚度应符合表61的要求。

表61 人造板材尺寸要求

板材类别	厚度/mm		单片面积/m^2	检测方法
	背栓式	其他连接方式		
瓷板	≥12	≥13	≤1.5	卡尺
陶板	≥15		—	卡尺
微晶玻璃板	≥20		≤1.5	卡尺

9.3.1.2 人造板材尺寸偏差应符合表62要求。

表62 人造板材尺寸偏差

人造板材分类		长度、宽度		对角线	平整度		厚度		检测方法
		允许偏差/%	允许最大偏差/mm	允许最大偏差/mm	允许偏差/%	允许最大偏差/mm	允许偏差/%	允许最大偏差/mm	
瓷板	平面板	±0.5	±1.5	±2.0	±0.3	±2.0	±5.0	±1.0	卡尺
	抛光板	±0.5	±1.5	±2.0	±0.2	±1.0	±5.0	±1.0	
	毛面板	±0.5	±1.5	±2.0	±0.3	±1.5 测背面	±5.0	±1.5	
	釉面板	±0.5	±1.5	±2.0	±0.3	±2.0	±5.0	±1.0	
陶板		±1.0	宽±2.0 长±1.0	+2.0 0	±0.5	±2.0	±10	±2.0	
微晶玻璃板		±0.5	±1.0	±1.5	±0.5	±1.5	±10	±2.0	

9.3.1.3 人造板材正面的外观缺陷应符合表63的要求。

表 63　人造板材正面外观缺陷允许值

项　目	质量要求			检测方法
	瓷板	陶板	微晶玻璃	
缺棱:长宽度不超过 10 mm×1 mm(长度小于 5 mm 不计)周边允许(个)	1	1	1	钢直尺
缺角:面积不超过 5 mm×2 mm(面积小于 2 mm×2 mm 不计)	1	2	1	钢直尺
色差,距板面 1 m 处肉眼观察	不明显	不明显	不明显	目测观察
裂纹(包括隐裂、釉面龟裂)	不允许	不允许	不允许	目测观察
窝坑(毛面除外)	不明显	不明显	不明显	目测观察

9.3.1.4　瓷板槽加工尺寸及允许误差应符合表 64 要求。

表 64　瓷板槽加工尺寸及允许偏差

单位为毫米

固定形式	槽宽度允许误差	槽长度	槽深度允许误差	槽边到端边距离	槽边到板面距离		检测方法
					最小尺寸	允许偏差	
短槽式	$^{+0.5}_{0.0}$	100～200	$^{+1.0}_{0.0}$	50～200	5	$^{+0.5}_{0.0}$	卡尺
通槽式	$^{+0.5}_{0.0}$	通长	$^{+1.0}_{0.0}$	通长	5	$^{+0.5}_{0.0}$	

9.3.1.5　微晶玻璃、瓷板孔加工尺寸及允许误差应符合表 65 要求。

表 65　微晶玻璃、瓷板孔加工允许偏差

单位为毫米

固定形式	孔径允许误差	扩孔直径允许误差	锚固深度		孔中心到板边距离	孔底距板面保留厚度	检测方法
			最小值	允许误差			
背栓式	$^{+0.4}_{0}$	±0.3	6	±0.2	最小 50	≥3.0	卡尺

9.3.2　构件加工允许偏差

人造板材幕墙竖向构件和横向构件尺寸允许偏差应符合本标准 6.3.1 的要求。

9.4　组件组装质量要求

9.4.1　幕墙支撑构件的组装允许偏差应符合本标准 6.4.1 的要求。

9.4.2　人造板材幕墙组装就位后允许偏差应满足表 66 的要求。

表 66　人造板材幕墙组装就位后允许偏差

项　目		允许偏差/mm		检测方法
竖缝及墙面垂直度(幕墙高度 H)	H≤30 m	≤10		激光仪或经纬仪
	30 m<H≤60 m	≤15		
	60 m<H≤90 m	≤20		
	90 m<H≤150 m	≤25		
	H>150 m	≤30		
幕墙平面度		平面、抛光面小于 2.5		2 m 靠尺、钢板尺
竖缝直线度		≤2.5		2 m 靠尺、钢板尺
横缝直线度		≤2.5		2 m 靠尺、钢板尺
缝宽度(与设计值比较)		≤2.0		卡尺
两相邻面板之间接缝高低差		表面抛光处理、平面、釉面	1.0	深度尺
		毛面	2.0	

9.5 外观质量

9.5.1 人造板材幕墙外露表面不应有明显擦伤、斑痕、破损。

9.5.2 人造板材幕墙外露表面每平方米内的划伤、擦伤应符合表 67 要求。

表 67 人造板材幕墙每平方米外露表面质量

项 目	质量要求	检测方法
明显擦伤、划伤	不允许	目测观察
单条长度≤100 m 的轻微划伤	不多于 2 条	钢直尺
轻微擦伤总面积/mm^2	≤300(面积小于 100 mm^2 不计)	钢直尺
注：轻微划伤、擦伤是指深度不超过表面处理深度，或站立在 3 m 距离处，不可见的擦伤或划伤。		

9.5.3 人造板材幕墙面板接缝应符合 6.5.5 的要求。

10 单元式幕墙专项要求

10.1 性能

10.1.1 应符合本标准 5.1 和 5.2 的要求，并满足设计要求。

10.1.2 宜参照附录 D 进行现场淋水试验。

10.2 材料

单元式幕墙的材料应符合本标准相关章节的要求。

10.3 组件装配工艺质量要求

10.3.1 单元框架的组装要求

10.3.1.1 单元框架的竖向和横向构件应有足够的刚度并连接可靠，单元部件应具有良好的整体刚度和结构牢固度，在组装和安装过程中不变形、不松动。

10.3.1.2 单元框架的构件连接和螺纹连接处应采取有效的防水和防松措施，工艺孔应采取防水措施。

10.3.1.3 单元主框架和单板副框架组件装配尺寸允许偏差应符合表 68 的要求。

表 68 单元框架组件装配尺寸允许偏差

单位为毫米

项 目	尺寸范围	允许偏差	检测方法
框架长、宽尺寸	≤2 000	±1.5	钢卷尺
	>2 000	±2.0	
分格长、宽尺寸	≤2 000	±1.5	钢直尺
	>2 000	±2.0	
对角线长度差	≤2 000	≤2.5	钢直尺
	>2 000	≤3.5	
同一平面高低差	—	≤0.5	深度尺
装配间隙	—	≤0.5	塞尺

10.3.2 面板固定装配要求

面板的固定装配应符合本标准第 6、7、8、9 章的要求。

10.3.3 密封胶条的装配要求

10.3.3.1 对接型单元部件四周的密封胶条应周圈形成闭合，且在四个角部应连接成一体。

10.3.3.2 插接型单元部件的密封胶条在两端头应留有防止胶条回缩的适当余量。

10.3.4 单元部件和单板组件的装配要求

单元部件和单板组件装配尺寸允许偏差应符合表 69 的要求。

表 69　单元部件和单板组件装配尺寸允许偏差

单位为毫米

项　　目	尺寸范围	允许偏差	检测方法
部件(组件)长度、宽度尺寸	≤2 000	±1.5	钢直尺
	>2 000	±2.0	
部件(组件)对角线长度差	≤2 000	≤2.5	钢直尺
	>2 000	≤3.5	
结构胶胶缝宽度	—	+1.0 0	卡尺或钢直尺
结构胶胶缝厚度	—	+0.5 0	卡尺或钢直尺
部件内单板间接缝宽度(与设计值比)	—	±1.0	卡尺或钢直尺
相邻两单板接缝面板高低差	—	≤1.0	深度尺
单元安装连接件水平、垂直方向装配位置	—	±1.0	钢直尺或钢卷尺

10.4　组件组装质量要求

10.4.1　单元锚固连接件的安装位置允许偏差为±1.0 mm。

10.4.2　单元部件连接

10.4.2.1　插接型单元部件之间应有一定的搭接长度，竖向搭接长度不应小于 10 mm，横向搭接长度不应小于 15 mm。

10.4.2.2　单元连接件和单元锚固连接件的连接应具有三维可调节性，三个方向的调整量不应小于 20 mm。

10.4.2.3　单元部件间十字接口处应采取防渗漏措施。

10.4.2.4　单元式幕墙的通气孔和排水孔处应采用透水材料封堵。

10.4.3　单元部件组装就位后幕墙的允许偏差应符合表 70 的要求。

表 70　单元式幕墙组装就位后允许偏差

项　　目		允许偏差/mm	检测方法
墙面垂直度 (幕墙高度 H)	$H \leqslant 30$ m	≤10	经纬仪
	30 m $< H \leqslant 60$ m	≤15	
	60 m $< H \leqslant 90$ m	≤20	
	90 m $< H \leqslant 150$ m	≤25	
	$H > 150$ m	≤30	
墙面平面度		≤2.5	2 m 靠尺
竖缝直线度		≤2.5	2 m 靠尺
横缝直线度		≤2.5	2 m 靠尺
单元间接缝宽度(与设计值比)		±2.0	钢直尺
相邻两单元接缝面板高低差		≤1.0	深度尺
单元对插配合间隙(与设计值比)		+1.0 0	钢直尺
单元对插搭接长度		±1.0	钢直尺

10.5　外观质量

10.5.1　面板外观质量应符合本标准第 6、7、8、9 章的要求。

10.5.2 幕墙外露表面耐候胶应与面板粘接牢固，幕墙面板接缝应符合 6.5.5 的要求。

11 点支承玻璃幕墙专项要求

11.1 性能

应符合本标准 5.1 和 5.2 的要求，并满足设计要求。

11.2 材料

11.2.1 玻璃面板

11.2.1.1 幕墙采用的玻璃应符合本标准 6.2.1 的相关要求。

11.2.1.2 点支承玻璃幕墙应采用钢化玻璃及其制品，采用浮头式连接时玻璃厚度不应小于 6 mm；采用沉头式连接件时玻璃厚度不应小于 8 mm。玻璃肋支承的点支承玻璃幕墙，其玻璃肋应采用钢化夹层玻璃。

11.2.2 金属材料、密封材料、五金配件、转接件和连接件

应符合本标准 5.3 的要求。

11.3 组装件要求

11.3.1 点支承玻璃幕墙支承装置

11.3.1.1 应符合 JG 138 的规定。

11.3.1.2 连接件与玻璃之间宜设置衬垫、衬套，厚度不宜小于 1 mm，选用的材料在幕墙设计使用年限内不应失效。

11.3.2 钢索

11.3.2.1 钢索宜使用钢绞线，受力索直径不宜小于 12 mm。

11.3.2.2 应符合 JG/T 200 和 JG/T 201 的规定。

11.4 组件制作工艺质量要求

11.4.1 玻璃面板加工应符合下列要求：

a) 玻璃面板边缘和孔洞边缘应进行磨边及倒角处理，磨边宜用细磨，倒角宽度宜不小于 1 mm。

b) 孔中心至玻璃边缘的距离不应小于 $2.5d$（d 为玻璃孔径），孔边与板边的距离不宜小于 70 mm；玻璃钻孔周边应进行可靠的密封处理，中空玻璃钻孔周边应采取多道密封措施。

c) 玻璃钻孔的允许偏差为：直孔直径 0～+0.5 mm，锥孔直径 0～+0.5 mm，夹层玻璃两孔同轴度为 2.5 mm。

d) 玻璃钻孔中心距偏差不应大于±1.5 mm。

e) 单片玻璃边长允许偏差应符合表 71 的要求。

表 71 单片玻璃边长允许偏差

单位为毫米

玻璃厚度	允许偏差（边长 L）			检测方法
	$L \leqslant 1\,000$	$1\,000 < L \leqslant 2\,000$	$2\,000 < L \leqslant 3\,000$	
6	±1	+1 −2	+1 −3	卡尺
8,10,12,15	+1 −2	+1 −3	+2 −3	卡尺
19	+1 −2	±2	±3	卡尺

f) 中空玻璃的边长允许偏差应符合表 72 要求。

表 72 中空玻璃的边长允许偏差

单位为毫米

长 度	允许偏差	检测方法
<1 000	±2	钢卷尺
1 000~2 000	+2 −3	钢卷尺
>2 000	±3	钢卷尺

g) 夹层玻璃的边长允许偏差应符合表 73 要求。

表 73 夹层玻璃的边长允许偏差

单位为毫米

总厚度 D	允许偏差		检测方法
	L≤1 200	1 200<L≤2 400	
12≤D<16	±2	±2.5	卡尺
16≤D<24	±2.5	±3	卡尺
注:总厚度 D 不包括胶片的厚度。			

11.4.2 支承结构构件加工的允许偏差应符合表 74 的要求。

表 74 构件加工允许偏差

名 称	项 目		指 标			检测方法
钢拉索	长度偏差/mm		<6 m	6 m~10 m	>10 m	专用拉伸测定仪
			±5	±8	±10	
	外观		表面光亮,无锈斑,钢绞线不允许有断丝及其他明显的机械损伤			目测
	钢索压管接头表面粗糙度		不宜大于 Ra3.2			
撑杆 腹杆 拉杆	长度偏差/mm		±2	安装偏差	±2	卡尺
	螺纹精度		内外螺纹为 6H/6g			
	外观	喷丸处理	表面均匀、整洁			目测
		抛光处理	Ra3.2			
其他钢构件	长度、外观及孔位		符合 GB 50205 的规定			—

11.5 组件组装质量要求

11.5.1 点支承幕墙组装质量应符合表 75 的要求。

表 75 点支承幕墙、全玻幕墙组装就位后允许偏差

项 目		允许偏差	检测方法
幕墙平面垂直度 (幕墙高度 H)	H≤30 m	≤10 mm	激光仪或经纬仪
	30 m<H≤60 m	≤15 mm	
	60 m<H≤90 m	≤20 mm	
	90 m<H≤150 m	≤25 mm	
	H>150 m	≤30 mm	
幕墙的平面度		≤2.5 mm	2 m 靠尺,钢板尺
竖缝的直线度		≤2.5 mm	2 m 靠尺,钢板尺

表 75（续）

项　　目	允许偏差	检测方法
横缝的直线度	≤2.5 mm	2 m靠尺，钢板尺
胶缝宽度（与设计值比较）	±2 mm	卡尺
两相邻面板之间的高低差	≤1.0 mm	深度尺
全玻幕墙玻璃面板与肋板夹角与设计值偏差	≤1°	量角器

11.5.2　点支承玻璃幕墙玻璃之间空隙宽度不应小于 10 mm，有密封要求时应采用硅酮建筑密封胶密封。

11.5.3　支承装置的安装偏差应符合表 76 的要求。

表 76　支承装置安装要求

名　　称		允许偏差/mm	检测方法
相邻两爪座水平间距		±2.5	激光仪或经纬仪
相邻两爪座垂直间距		±2.0	激光仪或经纬仪
相邻两爪座水平高低差		2	卡尺
爪座水平度		1/100	激光仪或经纬仪
同一标高内爪座高低差	间距不大于 35 m	≤5	激光仪或经纬仪
	间距大于 35 m	≤7	
单个分格爪座对角线差（与设计尺寸相比）		≤4	钢卷尺
爪座端面平面度（平面幕墙）		≤6.0	激光仪或经纬仪

11.6　外观质量

11.6.1　钢结构应焊缝平滑，防腐涂层应均匀、无破损，应符合 GB 50205 的规定。

11.6.2　大面应平整。胶缝宽度均匀、表面平滑。

11.6.3　不锈钢件光泽度应与设计相符，且无锈斑。

12　全玻幕墙专项要求

12.1　性能

应符合本标准 5.1 和 5.2 的要求，并满足设计要求。

12.2　材料

12.2.1　玻璃面板

12.2.1.1　幕墙采用的玻璃应符合本标准 6.2.1 的相关要求。

12.2.1.2　全玻幕墙的面板玻璃的厚度不宜小于 10 mm；夹层玻璃单片厚度不宜小于 8 mm；玻璃肋的厚度不应小于 12 mm，断面宽度不应小于 100 mm。

12.2.2　金属材料、密封材料、五金配件、转接件和连接件

应符合本标准 5.3 的要求。

12.3　组装件要求

12.3.1　吊挂式玻璃幕墙支承装置应符合 JG 139 的规定。

12.3.2　面板吊挂处和底部支承处应具有传递幕墙所受作用的能力。

12.4　组件制作工艺质量要求

单片玻璃边长允许偏差、中空玻璃的边长允许偏差、夹层玻璃的边长允许偏差应符合本标准11.4.1的要求。

12.5 组件组装质量要求

12.5.1 全玻幕墙组装质量应符合本标准表 75 的要求。

12.5.2 玻璃与周边结构或装修物的空隙不应小于 8 mm，密封胶填缝应均匀、密实、连续。

12.6 外观质量

全玻幕墙的外观质量应符合本标准 11.6 和 JGJ/T 139 的规定。

13 双层幕墙专项要求

13.1 性能

13.1.1 抗风压性能

13.1.1.1 双层幕墙抗风压性能内外层分别确定。内外层均有足够的抗风压性能，符合设计要求。内层采用门窗体系时应按 GB/T 8478、GB/T 8479 的规定执行。

13.1.1.2 双层幕墙在抗风压指标值作用下，主要受力构件的相对挠度应符合本标准 5.1.1 的要求，当采用门窗系统时应按 GB/T 8478、GB/T 8479 的规定执行。

13.1.2 水密性能和气密性能

双层幕墙水密性能和气密性能可内外层分别确定。内外层整体性能指标符合本标准 5.1.2、5.1.3 的要求。

13.1.3 热工性能、空气声隔声性能

双层幕墙热工性能、空气声隔声性能整体指标符合本标准 5.1.4、5.1.5 的要求。

13.1.4 平面内变形性能、抗震性能、耐撞击性能、光学性能和承重力性能

整体指标应分别符合本标准 5.1.6、5.1.7、5.1.8 和 5.1.9 的要求。

13.1.5 一般功能要求

内外层金属构件应相互连接形成导电通路，并和主体结构可靠连接，符合相关规范和 GB 50057 的规定。双层幕墙防火设计应符合相关规范和 GB 50016 的规定。

13.2 材料

13.2.1 金属构件

铝合金应符合：

a) 双层幕墙所用铝合金型材应符合本标准 5.3.2.1 的要求，采用单元式制作的双层幕墙主框架铝合金型材精度要求达到超高精级要求。

b) 热通道隔板采用铝合金板时其厚度不应小于 2 mm。

13.2.2 面板材料

玻璃应根据设计要求的功能分别选用适宜品种，应符合本标准 6.2.1 和 11.2.1 的要求。内层幕墙或窗门系统玻璃根据设计要求确定。

13.2.3 密封材料、五金配件、转接件和连接件

应符合本标准 5.3 的要求。

13.3 制作工艺质量要求

面板及构件加工尺寸允许偏差应符合本标准第 6、7、8、9、10、11 章的要求。

13.4 组装工艺质量要求

13.4.1 双层幕墙的组装要求应符合本标准第 6、7、8、9、11 章的要求。

13.4.2 采用单元式结构体系的双层幕墙组装要求应符合本标准第 10 章的要求。

13.5 组件组装质量要求

13.5.1 双层幕墙组装固定后的允许偏差应符合本标准第 6、7、8、9、11 章的要求。

13.5.2 采用单元式结构体系的双层幕墙组装固定后的允许偏差应符合本标准第 10 章的要求。

13.6 外观质量

13.6.1 双层幕墙组件和构件中，材料装饰表面处理应符合本标准第6、7、8、9、11章的要求。

13.6.2 双层幕墙外观质量应符合本标准第6、7、8、9、10、11、12章的相关要求。

13.7 构造应符合下列要求

a) 幕墙热通道尺寸应能够形成有效的空气流动，进出风口分开设置。

b) 宜在幕墙热通道内设置遮阳系统。

c) 外通风双层幕墙进风口和出风口宜设置防虫网和空气过滤装置，宜设置电动或手动的调控装置控制幕墙热通道的通风量，能有效开启和关闭。

d) 外通风双层幕墙内层幕墙或门窗宜采用中空玻璃。内通风双层幕墙外层幕墙宜采用中空玻璃。

e) 外层幕墙悬挑较多时与主体结构的连接部件应进行承载力和刚度校核，幕墙结构体系应能承受附加检修荷载。

f) 双层幕墙的内侧及热通道内的构配件应易于清洁和维护。

g) 内通风双层幕墙应与建筑暖通系统结合设计。

14 试验方法

14.1 抗风压性能试验按GB/T 15227的规定进行。点支承幕墙抗风压性能试验样品应与幕墙工程实际结构受力单元状况相同。

14.2 水密性能试验按GB/T 15227的规定进行。水密性能定级检验应在抗风压性能、平面变形性能检验之前进行。现场淋水试验参照附录D的要求进行。

14.3 气密性能试验按GB/T 15227的规定进行。气密性能定级检验应在水密性能试验和平面内变形性能检验之前进行。

14.4 热工性能试验参照GB/T 8484的规定进行。现场热工性能参照附录E的要求进行。

14.5 空气声隔声性能试验参照GB/T 8485的规定进行。幕墙试件面积宜为10 m^2。

14.6 平面内变形性能试验按GB/T 18250的规定进行，平面内变形性能检验应在抗风压性能检验之后进行。振动台试验应按GB/T 18575的规定进行。

14.7 耐撞击性能应按附录F的要求进行。

14.8 光学性能

幕墙采光性能试验参照GB/T 11976规定进行，其他光学性能检验按照GB/T 2680、GB/T 18091规定的检测方法进行。

14.9 防雷检验应测量幕墙框架与主体结构之间的电阻，幕墙表面潮湿或其他可能影响测试结果的情况下，不宜进行电阻的测量。

14.10 结构胶的相容性和粘结性试验、结构胶随批单元件切割粘结性试验执行标准参见本标准附录A，应符合其中GB 16776的规定。

14.11 材料与零配件的要求，组件制作工艺、组装质量和外观质量的检验按本标准表77的有关规定执行。

14.12 石材弯曲强度应按照GB/T 9966.2的规定进行，试验标准值的计算可参照附录C的方法进行。吸水率应按照GB/T 9966.3的规定进行。

14.13 支承构件与石材面板、人造板材的挂装强度试验应按照GB/T 9966.7的规定进行。

14.14 均匀静态压差检测石材、人造板材挂装系统结构承载力试验应按照GB/T 9966.8的规定进行。

14.15 石材面板抗冻系数试验执行标准参见本标准附录A，应符合其中JC 830.1的规定。

14.16 陶板抗冻性应按GB/T 3810.12的方法进行试验，其中低温环境温度采用(−30±2)℃，保持2 h后放入不低于10℃的清水中融化，2 h为一个循环。

15 检验规则

15.1 检验类别

分为型式检验、中间检验、交收检验。

15.2 检验项目

表 77 检验项目综合表

序号	项目名称	要求的章条号	检测方法章条号	检验类别		
				型式检验	中间检验	交收检验
一	**幕墙性能**					
1	抗风压性能	5.1.1	14.1	√		√
2	水密性能	5.1.2	14.2	√		√
3	现场淋水试验	5.1.2.3	14.2		△	△
4	气密性能	5.1.3	14.3	√		√
5	热工性能	5.1.4	14.4	√		△
6	空气声隔声性能	5.1.5	14.5	√		△
7	平面内变形性能	5.1.6.2	14.6	√		○
8	振动台抗震性能	5.1.6.3	14.6	△		△
9	耐撞击性能	5.1.7	14.7	△		△
10	光学性能	5.1.8	14.8			△
11	承重力性能	5.1.9	5.1.9			△
12	防雷功能	5.2.2	14.9		△	△
二	**材料检验**					
13	金属材料	5.3.2	5.3.2		√	
14 密封材料	a 材料检验	5.3.3	5.3.3		√	
	b 结构胶的相容性和粘结性试验	5.3.3.1	14.10		√	
	c 结构胶随批单元件切割粘结性试验	5.3.3.1	14.10		√	
15	五金配件	5.3.4	5.3.4		△	
16	转接件与连接件	5.3.5	5.3.5		△	
三	**构件式玻璃幕墙特定检验项目**					
17 材料与零配件	a 玻璃	6.2.1	6.2.1		√	
18 组件制作工艺质量	a 组件制作	6.3	6.3		△	
	b 组件装配	6.3.3，6.3.4	6.3.3，6.3.4		△	
19	组件组装质量	6.4	6.4			√
20	外观质量	6.5	6.5			√

表 77（续）

序　号	项　目　名　称		要求的章条号	检测方法章条号	检验类别		
					型式检验	中间检验	交收检验
四	石材幕墙特定检验项目						
21 材料与零配件	a	石材	7.2.1	7.2.1		√	
	b	挂装组合单元挂装强度试验	7.2.3.3	14.13		√	
	c	石材挂装系统结构结构强度试验	7.2.3.3	14.14		√	
	d	抗冻系数	7.2.1.7	14.15		△	
22 组件制作工艺质量	a	石材加工技术要求	7.3.1	7.3.1		△	
	b	构件加工允许偏差	7.3.2	7.3.2		△	
23 组件组装质量	a	构件组装允许偏差	7.4.1	7.4.1			√
	b	组装允许偏差	7.4	7.4			√
24	外观质量		7.5	7.5			√
五	金属板幕墙特定检验项目						
25	面板材料		8.2.1	8.2.1		√	
26	组件制作工艺质量		8.3	8.3		△	
27	组件组装质量		8.4	8.4			√
28	外观质量		8.5	8.5			√
六	人造板材幕墙特定检验项目						
29 材料与零配件	a	面板材料	9.2.1	9.2.1，14.16		√	
	b	挂件与人造板材组合单元挂装强度试验	9.2.3	14.13		√	
	c	挂件与人造板材组合单元结构强度试验	9.2.3	14.14		√	
30	组件制作工艺质量		9.3	9.3		△	
31	组件组装质量		9.4	9.4			√
32	外观质量		9.5	9.4			√
七	单元式幕墙特定检验项目						
33 组件制作工艺质量	a	单元框架和单元框架组件装配尺寸允许偏差	10.3.1	10.3.1		△	
	b	单元部件、单板组件装配尺寸允许偏差	10.3.4	10.3.4		△	
34	组件组装质量		10.4	10.4			√
35	外观质量		10.5	10.5			√
八	点支承幕墙特定检验项目						
36 材料与零配件	a	玻璃面板	11.2.1	11.2.1		√	
	b	支承结构与支承装置	11.3.1	11.3.1		△	
	c	钢绞线	11.3.2	11.3.2		△	

表 77（续）

序 号		项 目 名 称	要求的章条号	检测方法章条号	检验类别		
					型式检验	中间检验	交收检验
37		组件制作工艺质量	11.4	11.4		△	
38		组件组装质量	11.5	11.5			√
39		外观质量	11.6	11.6			√
九		全玻幕墙特定检验项目					
40 材料与零配件	a	玻璃面板	12.2.1	12.2.1		√	
	b	支承装置	12.3	12.3		△	
41		组件制作工艺质量	12.4	12.4		△	
42		组件组装质量	12.5	12.5			√
43		外观质量	12.6	12.6			√
十		双层幕墙特定检验项目					
44		材料	13.2	13.2		√	
45		组件制作工艺质量	13.3	13.3		△	
46		组装工艺质量要求	13.4	13.4		△	
47		组件组装质量	13.5	13.5			√
48		外观质量	13.6	13.6			√
49		构造要求	13.7	13.7		△	

注：√ 必检项目

△ 非必检项目，根据设计或用户要求可定为必检项目

○ 有抗震设防要求或用于多、高层钢结构时为必检项目，否则为非必检项目

15.3 型式检验

15.3.1 检验项目应符合表 77 中型式检验栏目的要求。

15.3.2 有下列情况之一时应进行型式检验：

a) 新产品或老产品转厂生产的试制定型鉴定；

b) 正式生产后，当结构、材料、工艺有较大改变而可能影响产品性能时；

c) 正常生产时每两年检验一次；

d) 产品停产两年后，恢复生产时；

e) 交收检验结果与上次型式检验有较大差别时；

f) 国家质量监督机构提出进行型式检验要求时。

15.3.3 判定规则

按照表 77 规定的型式检验的检验项目，确定建筑幕墙的各项性能等级，并不得低于本标准规定的最低要求。

15.4 中间检验

15.4.1 检验项目应符合表 77 中间检验栏目的要求。

15.4.2 抽样

15.4.2.1 抽样检验采用 GB/T 50344 一般项目的一次正常检验方式的规定。

15.4.2.2 检验批内检验对象应为同类对象，且规格相同。检验批宜按照相关规范划分。

15.4.2.3 按检验批检验的项目，应进行随机抽样，且最小样本容量应符合表78的规定。

表78 抽样检验的最小样本容量

检验批容量	检验类别		检验批容量	检验类别	
	A	B		A	B
2～8	2	2	151～280	13	32
9～15	2	3	281～500	20	50
16～25	3	5	501～1 200	32	80
26～50	5	8	1 201～3 200	50	125
51～90	5	13	3 201～10 000	80	200
91～150	8	20	10 001～35 000	125	315
注：A——适用于一般质量的检验； B——适用于严格检验。					

15.4.2.4 石材弯曲强度试验的检验批容量不应大于8 000件，同一种挂装组合单元挂装承载力试验的检验批容量不应大于30 000件，检验类别均属表78中B类。

15.4.2.5 同一种石材挂装系统结构承载力试验的检验批容量不应大于5 000件，每批抽样不少于9件，检验类别属表78中B类。

15.4.2.6 胶的相容性试验、粘结试验、切开剥离试验执行标准参见本标准附录A，应符合其中GB 16776的规定。

15.4.3 判定规则

15.4.3.1 抽样检验时，检验批的合格判定应符合下列规定：

a) 抽样结果的判定应符合表79的规定。

表79 抽样结果的判定

样本容量	合格判定数	不合格判定数	样本容量	合格判定数	不合格判定数
2～5	1	2	32	7	8
8	2	3	50	10	11
13	3	4	80	14	15
20	5	6	≥125	21	22

b) 满足合格判定数，且不合格值不影响安全和正常使用，则可判定检验批合格。

c) 结构胶厚度、宽度检验应全部合格才判定检验批合格。

15.4.3.2 检验批中的异常数据，可予以舍弃。异常数据的舍弃应符合GB/T 4883或其他标准的规定。

15.5 交收检验

15.5.1 检验项目应符合表77中交收检验栏目的要求。

15.5.2 抽样

15.5.2.1 幕墙试验样品应具有代表性，工程中不同结构类型的幕墙可分别或以组合形式进行必检项目的检验。

15.5.2.2 对于应用高度不超过24 m，且总面积不超过300 m^{2}的建筑幕墙产品，交收检验时表77中幕墙性能必检项目可采用同类产品的型式试验结果，但型式试验结果必须满足：

a) 型式试验样品必须能够代表该幕墙产品。

b) 型式试验样品性能指标不低于该幕墙的性能指标。

15.5.2.3 检验批宜按照GB 50210的规定划分。

15.5.2.4 组件组装质量的检验，每个检验批每100 m^{2}应至少抽查一处，且每个检验批不得少于10处。

15.5.2.5 外观质量的检验，可选用全数检验方案。

15.5.3 判定规则

15.5.3.1 表 77 规定交收检验项目的检验结果中，抗风压性能检验结果不合格，则该幕墙应判定为不合格。其他必检项目(非抽样检验的项目)不合格，应重新单项复检，如仍不合格，则该幕墙应判定为不合格。

15.5.3.2 抽样检验的项目中，应有 80％抽样实测值合格，且不合格值不影响安全和正常使用，则可判定检验批合格。

16 标志、使用说明书

16.1 标志

在幕墙适当部位标明下列标志：

a) 制造厂名；

b) 产品名称和标志；

c) 制作日期和编号。

16.2 使用说明书

使用说明书应包括：

a) 制造厂名、产品名称、日期；

b) 各项物理性能指标；

c) 幕墙的主要结构特点，易损零部件及主要部分面板更换方法；

d) 日常与定期的维护、保养及清洁要求；

e) 保修范围、内容、保修期；

f) 双方的责任和义务；

g) 维修费用。

17 包装、运输、贮存

17.1 包装

17.1.1 幕墙部件应使用无腐蚀作用的材料包装。

17.1.2 包装箱应有足够的牢固程度，在吊装、运输过程中不应发生损坏，铝合金材料包装应符合 GB/T 3199的规定。

17.1.3 包装箱上的标志应符合 GB/T 6388 的规定。

17.1.4 包装箱上应有明显的“怕湿”、“小心轻放”、“向上”等标志，其图型应符合 GB 191 的规定。

17.1.5 石材面板和人造板材的包装应符合其产品标准的规定。

17.2 运输

17.2.1 部件在运输过程中应保证不会发生相互碰撞。

17.2.2 部件搬运时应轻拿轻放，严禁摔、扔、碰撞。

17.2.3 幕墙部件及单元部件运输中，应采用有足够承载力和刚度的专用货架，并采用可靠的措施将单元部件与构架衬垫固定，保证幕墙单元部件相互隔开，单元部件与货架之间不会相互位移、摩擦、碰撞或挤压变形，单元部件的构件连接不松动。

17.3 贮存

17.3.1 部件应放在通风、干燥的地方，严禁与酸碱等类物质接触，并要严防雨水渗入。

17.3.2 部件不允许直接接触地面，应用不透水的材料在部件底部垫高 100 mm 以上。

17.3.3 幕墙单元部件、已装配好的石材、人造板材部件贮存时，应放置在专用货架上，并采取防止构件变形的支承防护措施。部件之间不得相互层叠堆放。

17.3.4 单元部件的存放，应按生产和安装的顺序编号并明确标识，合理摆放，不宜频繁起吊移位和翻转倾覆。

17.3.5 石材幕墙板材标志宜按工程立面图编号进行。

附 录 A
（资料性附录）
常用材料标准

A.1 铝合金材料

GB/T 3190 变形铝及铝合金化学成分
GB 3880 一般工业用铝及铝合金板、带材
GB 5237(所有部分) 铝合金建筑型材
GB/T 8013 铝及铝合金阳极氧化与有机聚合物膜
JG/T 133 建筑用铝型材、铝板氟碳涂层

A.2 钢材及表面处理

GB/T 699 优质碳素结构钢
GB/T 700 碳素结构钢
GB/T 912 碳素结构钢和低合金结构钢热轧薄钢板及钢带
GB/T 1220 不锈钢棒
GB/T 1591 低合金高强度结构钢
GB 2518 连续热镀锌钢板和钢带
GB/T 3274 碳素结构钢和低合金结构钢热轧厚钢板及钢带
GB/T 3280 不锈钢冷轧钢板和钢带
GB/T 4172 焊接结构用耐候钢
GB/T 4226 不锈钢冷加工棒
GB/T 4237 不锈钢热轧钢板和钢带
GB/T 8162 结构用无缝钢管
GB/T 8165 不锈钢复合钢板和钢带
GB/T 12754 彩色涂层钢板及钢带
GB/T 13237 优质碳素结构钢冷轧薄钢板和钢带
GB/T 13912 金属覆盖层 钢铁制件热浸镀锌层 技术要求及试验方法
GB/T 18592 金属覆盖层 钢铁制品热浸镀铝 技术条件
JG/T 73 不锈钢建筑型材
JG/T 133 建筑用铝型材、铝板氟碳涂层

A.3 密封材料

GB/T 5574 工业用橡胶板
GB/T 13477.20 建筑密封材料试验方法 污染性的测定
GB 16776 建筑用硅酮结构密封胶
HG/T 3099 建筑橡胶密封垫预成型实心硫化的结构密封垫用材料规范
JG/T 187 建筑门窗用密封胶条
JC/T 486 中空玻璃用弹性密封胶
JC/T 882 幕墙玻璃接缝用密封胶
JC/T 883 石材用建筑密封胶

JC/T 884　彩色涂层钢板用建筑密封胶
JC/T 887　干挂石材幕墙用环氧胶粘剂
JC/T 914　中空玻璃用丁基热熔密封胶
JC/T 989　非结构承载用石材粘胶剂

A.4　玻璃

GB 9962　夹层玻璃
GB 11614　浮法玻璃
GB/T 11944　中空玻璃
GB 15763.1　建筑用安全玻璃　防火玻璃
GB 15763.2　建筑用安全玻璃　第 2 部分　钢化玻璃
GB 17841　幕墙用钢化玻璃与半钢化玻璃
GB/T 18701　着色玻璃
GB/T 18915.1　镀膜玻璃　第 1 部分　阳光控制镀膜玻璃
GB/T 18915.2　镀膜玻璃　第 2 部分　低辐射镀膜玻璃
JG/T 915　热弯玻璃

A.5　天然石材

GB/T 13891　建筑饰面材料镜向光泽度测定方法
GB/T 18601　天然花岗石建筑板材
GB/T 19766　天然大理石建筑板材
JC/T 202　天然大理石荒料
JC/T 204　天然花岗石荒料
JC 830.1　干挂饰面石材及其金属挂件　第 1 部分:干挂饰面石材
JC 830.2　干挂饰面石材及其金属挂件　第 2 部分:金属挂件

A.6　有色金属板材

QB/T 1855　非接触食物搪瓷制品
GB/T 2040　铜及铜合金板材
GB/T 3621　钛及钛合金板
GB/T 5213　冲压用冷轧薄钢板和钢带
GB/T 17748　铝塑复合板
GJB/T 1719　铝蜂窝夹层结构通用规范
HB/T 7062　铝蜂窝芯材用胶粘接规范
YS/T 429.1　铝幕墙板　板基
YS/T 429.2　铝幕墙板　氟碳喷漆铝单板
YS/T 431　铝及铝合金彩色涂层板、带材
YS/T 432　铝塑复合板用铝带

A.7　人造板材

GB/T 4100　陶瓷砖
GB/T 9195　陶瓷砖和卫生陶瓷分类和术语
JC/T 872　建筑装饰用微晶玻璃
JG/T 217　建筑幕墙用瓷板

附 录 B
（资料性附录）
采光顶与金属屋面要求

B.1 范围

本附录提出了建筑采光顶与金属屋面的要求。

B.2 要求

B.2.1 性能

B.2.1.1 结构力学性能

B.2.1.1.1 采光顶和金属屋面抗风压性能指标应按 GB 50009 的规定计算确定，不应低于采光顶和金属屋面所在地的风荷载标准值 ω_k，且不应小于 1.5 kPa。

B.2.1.1.2 采光顶和金属屋面所承受的活荷载、积灰荷载、施工及检修荷载应按 GB 50009 的有关规定采用。根据实际使用条件，应考虑采光顶和金属屋面在最不利条件下所承受的附加荷载，如积水荷载、冰荷载等，并进行适当组合。

B.2.1.1.3 在风荷载、雪荷载、结构自重荷载、地震作用及屋面活荷载组合作用下，以及在长期荷载单独作用下，采光顶和金属屋面构件相对挠度最大限值应符合表 B.1 规定：

表 B.1 采光顶金属屋面构件的挠度要求

		铝合金型材（L 为跨距）	钢型材（L 为跨距）	四边支承玻璃面板（a 为玻璃短边长度）	点支承玻璃面板（b 为长边跨距）
相对挠度	采光顶	$L/180$	$L/250$	$a/60$	$b/60$
	金属屋面	$L/180$	$L/250$		—

B.2.1.2 水密性能

B.2.1.2.1 采光顶和金属屋面水密性能指标值应按如下方法确定：

a) 在 GB 50178 中，$Ⅲ_A$ 和 $Ⅳ_A$ 地区，即热带风暴和台风多发地区按下式计算，且固定部分不宜小于 1 500 Pa，可开启部分与固定部分同级。

$$P = 1\,000\ \mu_z \mu_c \omega_0 \quad \cdots\cdots\cdots\cdots (B.1)$$

式中：

P——水密性能指标；

μ_z——风压高度变化系数，应按 GB 50009 的有关规定采用；

μ_c——风力系数，可取 1.2；

ω_0——基本风压（kN/m^2），应按 GB 50009 的有关规定采用。

b) 其他地区可按第 a）中计算值的 75%进行设计，且固定部分取值不宜低于 1 000 Pa，可开启部分与固定部分同级。

B.2.1.2.2 采光顶和金属屋面水密性能分级指标应符合本标准 5.1.2 表 13 的要求。

B.2.1.2.3 采光顶和金属屋面宜构成内、外两层防水系统，即使外部发生渗漏，其内部也能可靠地将水排出。

B.2.1.2.4 有水密性要求的采光顶和金属屋面，在现场淋水试验中，不应发生水渗漏现象。现场淋水试验方法参照本标准附录 D。

B.2.1.3 采光顶和金属屋面的气密性能应符合本标准 5.1.3 的要求。

B.2.1.4 热工性能

B.2.1.4.1 采光顶和金属屋面的热工性能应符合本标准5.1.4的要求。

B.2.1.4.2 应根据工程所在地的气候条件及建筑物理环境进行结露计算。并在构造设计时采取措施防止结露水滴落。

B.2.1.4.3 采光顶宜采取室内或室外的遮阳措施,必要时进行热工性能权衡判断。

B.2.1.5 采光顶和金属屋面的隔声性能、耐撞击性能应分别符合本标准5.1.5、5.1.7的要求。

B.2.1.6 光学性能

B.2.1.6.1 光学性能应符合本标准5.1.8的要求,并应符合GB/T 50033的要求。

B.2.1.6.2 采光顶的透光折减系数 T_T 不应低于0.4。

B.2.1.6.3 采光顶的室内采光均匀度不应小于0.7。

B.2.1.6.4 透光面板宜采取适当措施,以减少眩光对室内光环境造成的影响。

B.2.1.7 一般功能要求

B.2.1.7.1 采光顶和金属屋面的防雷设计应符合GB 50057的有关规定,自身的防雷体系应和主体结构的防雷体系有可靠的连接。

B.2.1.7.2 由金属材料构成的金属屋面,应按GB 50057的要求采取防直击雷、防雷电感应和防雷电波侵入措施。

B.2.1.7.3 若采光顶和金属屋面或其部分构件按滚球法计算,不在建筑物接闪器保护范围之内,则此采光顶和金属屋面或其部分构件应按GB 50057的要求装设接闪器,并与建筑物防雷引下线可靠连接。

B.2.2 材料

B.2.2.1 防水、保温材料

B.2.2.1.1 采光顶和金属屋面边界封修所使用的防水卷材宜采用PVC卷材、氯丁树脂卷材,其厚度不应小于1.2 mm。

B.2.2.1.2 金属屋面边界封修所使用的金属防水板材应采用不锈钢板、铝板、镀锌钢板、钛板、铜板或锌板,其厚度不应小于0.8 mm。

B.2.2.1.3 保温隔热材料应采用玻璃棉、保温岩棉或同类产品组成的材料,并应有可靠的固定及防潮措施。

B.2.2.2 金属材料、密封材料、五金配件、转接件和连接件应符合本标准5.3的要求。

B.2.3 安全可接近性

B.2.3.1 人员流动密度大或幼儿活动的公共建筑的采光顶和金属屋面,在人体可能接触的部位,耐撞击性能指标不应低于本标准5.1.7表22规定的2级。

B.2.3.2 采光顶的玻璃应采用安全玻璃。当玻璃底端距地面高度大于5 m时,必须采用夹层玻璃;采用中空玻璃时,中空玻璃应由夹胶玻璃和钢化玻璃组成,且夹胶玻璃应朝向室内侧。

B.2.4 防积水和防积灰

B.2.4.1 采光顶和金属屋面的排水坡度不宜小于3%。并要防止由于单块面板及其支撑构件在长期荷载作用下产生的挠度变形而导致积水。

B.2.4.2 采光顶和金属屋面外表面,沿排水方向不宜设置突起构件。当设置有突起构件时,应采取有效措施,避免积灰和影响排水。

B.2.4.3 采光顶和金属屋面底部宜设置排水天沟。若天沟总长度大于5 m,则天沟底部应有不小于1%的排水坡度。

B.2.5 可维护性

B.2.5.1 采光顶和金属屋面构件应易于安装和更换。

B.2.5.2 不透光屋面的外表面及透光屋面的内外表面宜设置清洗和维护设施。

附 录 C
（资料性附录）
石材弯曲强度试验值的标准值计算方法

C.1 范围

本附录规定了石材弯曲强度试验值的标准值的计算方法。

C.2 符号和定义

C.2.1 试验值：$x_1, x_2, x_3, \cdots, x_n$

C.2.2 试验值数量：n

C.2.3 试验值的算术平均数：$\bar{x} = \frac{1}{n}\sum_{i=1}^{n} x_i$

C.2.4 试验值的标准差：$s = \sqrt{\frac{1}{n-1}\sum_{i=1}^{n}(x_i - \bar{x})^2}$

C.2.5 特异系数：$v = \frac{s}{x}$

C.2.6 试验值对数的算术平均数：$\bar{x}_{\ln} = \frac{1}{n}\sum_{i=1}^{n} \ln x_i$

C.2.7 试验值对数的标准差：$s_{\ln} = \sqrt{\frac{1}{n-1}\sum_{i=1}^{n}(\ln x_i - \bar{x}_{\ln})^2}$

C.3 试验值的标准值按下式计算：

$$X_{5\%} = e^{\bar{x}_{\ln}} - k \cdot s_{\ln}$$

式中：

k——系数，其取值见表 C.1。

表 C.1 系数 k 的取值

数据个数	3	5	8	10	15	20	30	40	50	∞
k	3.15	2.46	2.19	2.10	1.99	1.93	1.87	1.83	1.81	1.64
注：k 值为置信系数。										

C.4 石材弯曲强度检验报告应包括全部被测样品的试验值、平均值、标准差和标准值。

C.5 计算示例

试验测得 10 项数据如表 C.2。

表 C.2 试验数据及其对数

测试数据	8 000	8 150	8 200	8 300	8 350	8 400	8 600	8 750	8 900	9 150
对数	8.99	9.01	9.01	9.02	9.03	9.04	9.06	9.08	9.09	9.12

计算结果：a） 测试数据平均值和对数平均值 $\bar{x} = 8\,480$　　$\bar{x}_{\ln} = 9.045$

b） 测试数据标准差和对数的标准差 $s = 363$　　$s_{\ln} = 0.0424$

c） 标准值计算值 $X_{5\%} = 7\,751.2$。

附 录 D
（资料性附录）
现场淋水试验方法

D.1 范围

本附录适用于各类建筑幕墙的现场淋水试验，通过现场检验，对有渗漏的部位进行修补，最后达到完全阻止水渗透的目的。

D.2 测试范围

幕墙的待测部位应具有典型性和代表性，应包括垂直的和水平的接缝，或其他有可能出现渗漏的部位。幕墙的室内部分应便于观察渗漏状况。

D.3 试验步骤

D.3.1 应采用喷嘴（如 B-25，型号为 #6.030）。此喷嘴与 19.05 mm 的水管连在一起，且配有一控制阀和一个压力计。喷嘴处的水压应为 200 kPa 至 235 kPa。

D.3.2 在幕墙的室外侧，选定长度为 1.5 m 的接缝，在距幕墙表面约 0.7 m 处，沿与幕墙表面垂直的方向对准待测接缝进行喷水，连续往复喷水 5 min。同时在室内侧检查任何可能的渗水。如果在 5 min 内未发现有任何漏水，则转入下一个待测的部位。

D.3.3 依次对选定的测试部位进行喷水，喷水顺序宜从下方横料的接缝开始，后是相邻的横料与竖料间的接缝，再后是竖料的接缝，直至试完待测区域内的所有部位。

D.3.4 对有渗水现象出现的部位，应记录其位置。如果无法确定漏水的确切位置，则可采取下述步骤进行确定：

a) 待幕墙自然变干之后，自上而下地进行检查，并用防水胶带将非检查部位的接缝从室外侧进行密封。
b) 重复 D.3.2 和 D.3.3 步骤进行重复试验。
c) 如果无任何漏水，则可认为此接缝合格，不必再用胶带密封。如果漏水，则此接缝应重新用胶带进行密封，防止在以后的试验中干扰其他部位的试验。
d) 按照先下后上的检验原则，对待测范围内的所有接缝重复进行上述检验，直到找到漏水部位的确切位置。

D.4 修补和再测试

D.4.1 对有漏水现象的部位，应进行修补。待充分干燥后，进行再次测试，直到无任何漏水为止。

D.4.2 在完成所有修补工作，且充分干燥后，应按照 D.3 的步骤重新检测所有接缝。如果仍有漏水，则须进行进一步的修补和再测试，直到所有接缝都能满足要求。

附　录　E
（资料性附录）
热工性能现场检测方法

E.1　范围

本附录规定了建筑幕墙热工缺陷和热桥部位内表面温度的检测方法。

E.2　现场检验仪器仪表

E.2.1　检测仪器仪表主要包括：热流计、温度传感器、数据采集记录仪表及红外摄像仪。

E.2.2　热流计及温度传感器应符合 JGJ 132—2001 4.4.2 和 4.4.3 的规定。

E.2.3　红外摄像仪的各项性能指标应符合 JGJ 132—2001 中 4.6.2 的规定。

E.2.4　数据采集记录仪表及数据存储方式应符合 JGJ 132—2001 中 4.4.4 的规定。

E.3　建筑幕墙热工缺陷

E.3.1　建筑幕墙的热工缺陷应采用红外摄像法进行定性检测。

E.3.2　检测应在供热（供冷）系统运行状态下进行，且建筑幕墙不应处于直射阳光下。

E.3.3　使用红外摄像仪对建筑幕墙进行检测时，应首先进行普测，然后对可疑部位进行详细检测。

E.3.4　应对实测热像图进行分析并判断是否存在热工缺陷以及缺陷的类型和严重程度。可通过与参考热图像的对比进行判断。

E.4　建筑幕墙热桥部位内表面温度

E.4.1　建筑气候分区属严寒地区和寒冷地区的建筑物应进行建筑幕墙热桥部位内表面温度的检测。

E.4.2　进行热桥部位内表面温度检测时，温度传感器的选用、安装方法及检测仪器仪表均应符合 JGJ 132—2001第 4.4 条中有关规定。

E.4.3　检测宜选在最冷月进行，并应避开气温剧烈变化的天气，检测持续时间不应少于 96 h。检测期间室内空气温度应保持基本稳定，温度测量数据应每 30 min 记录一次。

E.4.4　室内、外计算温度下热桥部位的内表面温度应按式(E.1)进行计算：

$$\theta_{\mathrm{i}} = t_{\mathrm{di}} - \frac{t_{\mathrm{im}} - \theta_{\mathrm{im}}}{t_{\mathrm{im}} - t_{\mathrm{em}}}(t_{\mathrm{di}} - t_{\mathrm{de}}) \qquad \cdots\cdots\cdots\cdots (\mathrm{E.1})$$

式中：

θ_{i}——室内外计算温度下热桥部位内表面温度(℃)；

θ_{im}——检测持续时间内热桥部位内表面温度逐次测量值的算术平均值(℃)；

t_{im}——检测持续时间内室内空气温度逐次测量值的算术平均值(℃)；

t_{em}——测持续时间内室内外空气温度逐次测量值的算术平均值(℃)；

t_{di}——室内计算温度(℃)，应根据具体设计图纸确定或按国家标准 GB 50176 的规定采用；

t_{de}——冬季室外计算温度(℃)，应根据具体设计图纸确定或按 GB 50176 的规定采用。

附　录　F
（规范性附录）
耐撞击性能试验方法

F.1　范围

本附录规定了用软体重物撞击试件表面检验建筑幕墙耐撞击性能的试验方法。

F.2　设备

F.2.1　试验框架

试验框架应足够坚固，能承受试验载荷，且不影响试验结果，并应具有满足试验安装的夹紧装置。试验设备示意见图F.1。

F.2.2　撞击物体

撞击物体是总质量为(50±0.1)kg的软体重物，由两个轮胎、两个重块和其他连接件组成，轮胎内压力宜为(0.35±0.02) MPa。符合图F.2的规定。

F.2.3　设备

a）悬挂装置的挂点应足够坚固，并能调整以满足不同撞击位置的需要。悬挂撞击物体的钢丝绳宜为直径为5 mm的不锈钢钢丝绳。在最大降落高度处，悬挂钢丝绳与挂点水平面的水平夹角不宜小于14°。

b）撞击物体和悬挂钢丝绳在自由状态时，轮胎外缘与试件表面的距离宜大于5 mm，且小于15 mm。撞击物体的几何中心应位于被测撞击点以50 mm为半径的圆形范围内。

c）撞击物体释放装置应能准确定位撞击物体的提升高度，保持撞击物体中心线和悬挂钢丝绳中心线在同一条直线上，并确保撞击物体被释放后能够自由下落。

F.3　试验环境

试验样品应在15℃～30℃温度范围、25%～75%相对湿度的非破坏性环境中存放和试验。

F.4　程序

试验过程中，试验样品应在正常的使用状态，开启部分应在闭合状态。

F.4.1　撞击能量

撞击能量按式(F.1)计算：

$$E = 9.8m \cdot h \qquad \text{(F.1)}$$

式中：

E——撞击能量(N·m)；

m——撞击物体的质量(kg)；

h——撞击物体有效下落高度(m)，为图F.1中C。

F.4.2　确定撞击点

可选择建筑师指定的任何部位进行撞击试验，一般可选择如下部位进行试验：

a）立柱相邻连接点的中点；

b）横梁的中点；

c）立柱和横梁连接点上方100 mm；

d）楼面上部800 mm以下部位幕墙面板的中心。

F.4.3 试验过程

a) 试验宜从较低降落高度进行，然后逐级增加高度，观察并记录试件的状况，测量试件的残余变形。降落高度的误差为±20 mm。应避免因弹性多次反复撞击。

b) 对室内侧耐撞击有要求的试件，应进行室内侧耐撞击试验。

F.4.4 结果判定

违反下列情况之一应判定为不合格：

a) 幕墙应能吸收撞击能量，保持原有性能；

b) 撞击力消失后，幕墙应能恢复，不应发生永久变形；

c) 撞击力不应导致幕墙零部件脱落；

d) 幕墙面板应能达到其产品标准规定的耐撞击性能。

F.5 试验报告

试验报告应包含以下信息：

a) 测试依据；

b) 试件的委托单位；

c) 试件类型、规格尺寸、材料、形状和结构，以及五金件位置的全部相关详细情况；

d) 试验室的存放和试验条件；

e) 试验中发生破坏的详细情况；

f) 定级结果的表述(包括试件双面检验的定级)；

g) 试验室的名称和地点；

h) 检测人员签字；

i) 试验日期。

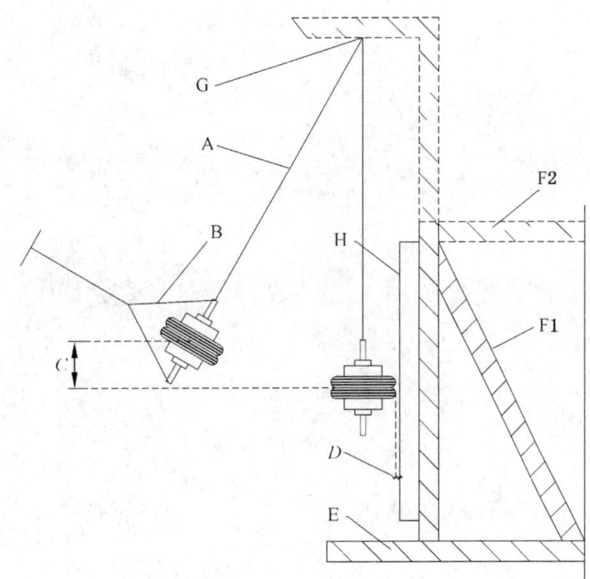

A——悬挂钢丝绳；
B——释放装置；
C——降落高度；
D——软体重物与试件间的距离；
E——机座；
F1——支撑件；
F2——操作支撑件；
G——挂点；
H——试件。

图 F.1 软体重物撞击试验原理

单位为毫米

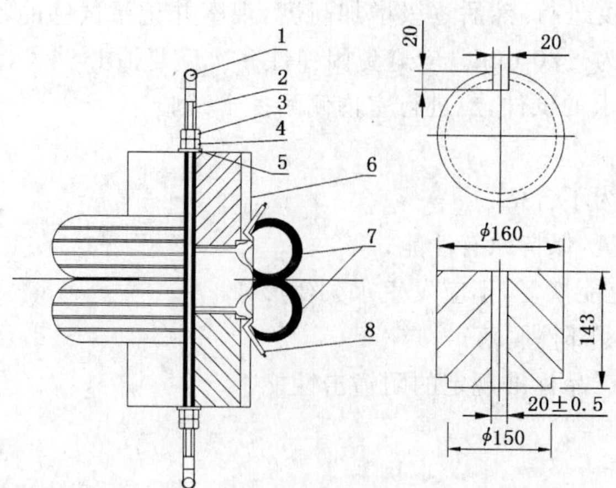

1——吊环；
2——螺杆；
3——锁紧六角螺母；
4——六角螺母；
5——调整垫；
6——重块；
7——轮胎；
8——轮圈。

图 F.2 软体重物结构

ICS 29.035.099
K 15

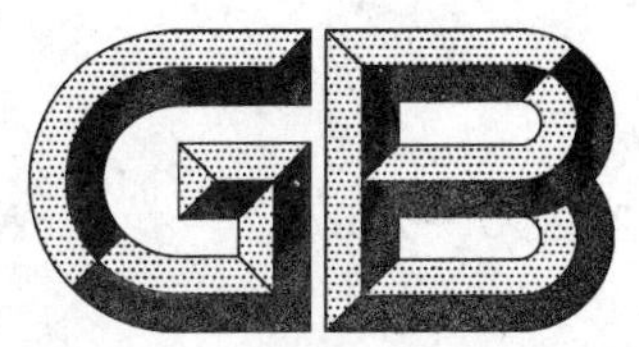

中华人民共和国国家标准化指导性技术文件

GB/Z 21213—2007

无卤阻燃高强度玻璃布层压板

High strength laminated sheet based on halongen-free flame-resistant resins and glass cloth

2007-12-03 发布

中华人民共和国国家质量监督检验检疫总局
中国国家标准化管理委员会 发布

前　言

本指导性技术文件参考了 IEC 60893-3-2:2003《绝缘材料　电气用热固性树脂工业硬质层压板　第3部分:单项材料规范　对环氧树脂硬质层压板的要求》(英文版)。

本指导性技术文件由中国电器工业协会提出。

本指导性技术文件由全国绝缘材料标准化技术委员会(SAC/TC 51)归口。

本指导性技术文件起草单位:东方绝缘材料股份有限公司。

本指导性技术文件主要起草人:刘锋、赵平。

本指导性技术文件为首次制定。

无卤阻燃高强度玻璃布层压板

1 范围

本指导性技术文件规定了无卤阻燃高强度玻璃布层压板的要求、试验方法、检验规则、标志、包装、运输和贮存。

本指导性技术文件适用于经偶联剂处理的无碱玻璃布为补强材料，浸以温度指数为155的无卤阻燃树脂，经热压而成的无卤阻燃高强度玻璃布层压板。

无卤阻燃高强度玻璃布层压板具有高的热态机械强度保持率，适用于温度指数为155的电机、电器设备，用作绝缘结构零部件，并可在潮湿环境和变压器油中使用。

2 规范性引用文件

下列文件中的条款通过本指导性技术文件的引用而成为本指导性技术文件的条款。凡是注日期的引用文件，其随后所有的修改单（不包括勘误的内容）或修订版均不适用于本指导性技术文件，然而，鼓励根据本指导性技术文件达成协议的各方研究是否可使用这些文件的最新版本。凡是不注日期的引用文件，其最新版本适用于本指导性技术文件。

GB/T 1410—2006 固体绝缘材料体积电阻率和表面电阻率试验方法(IEC 60093:1980,IDT)

GB/T 5130—1997 电气用热固性树脂工业硬质层压板试验方法(eqv IEC 60893-2:1992)

GB/T 11020—2005 固体非金属材料暴露在火焰源时的燃烧性试验方法清单(IEC 60707:1999,IDT)

GB/T 11026.1—2003 电气绝缘材料 耐热性 第1部分：老化程序和试验结果的评定(IEC 60216.1:2001,IDT)

3 要求

3.1 外观

板材表面光滑、无气泡、皱纹、裂纹并适当避免其他缺陷，例如：擦伤、压痕、污点，允许有少量斑点。

3.2 尺寸

3.2.1 宽度和长度的允许偏差应符合表1的规定。

表1 宽度和长度

单位为毫米

宽度和长度	偏差
450～990	±15
>990～1 980	±25

3.2.2 标称厚度及其允许偏差应符合表2的规定。

3.3 平直度

平直度应符合表3的规定。

3.4 性能要求

性能要求应符合表4的规定。

表 2　标称厚度及其允许偏差

单位为毫米

标称厚度	偏　差	标称厚度	偏　差	标称厚度	偏　差
0.5	±0.12	3.0	±0.37	16	±1.12
0.6	±0.13	4.0	±0.45	20	±1.30
0.8	±0.16	5.0	±0.52	25	±1.50
1.0	±0.18	6.0	±0.60	30	±1.70
1.2	±0.20	8.0	±0.72	35	±1.95
1.6	±0.24	10	±0.82	40	±2.10
2.0	±0.28	12	±0.94	45	±2.30
2.5	±0.33	14	±1.02	50	±2.45
注 1：其他允许偏差可由供需双方协商。 注 2：对于标称厚度不在所列的优选厚度之一者，其允许偏差应采用下一个较大的优选厚度的偏差。					

表 3　平直度

单位为毫米

厚　度 d	直尺长度	
	1 000	500
$3.0 \leqslant d \leqslant 6.0$	10	2.5
$6.1 \leqslant d \leqslant 8.0$	8	2.0
$8.1 \leqslant d$	6	1.5

表 4　性能要求

序号	性　能		单位	适合试验用的板材标称厚度/mm	要求
1	垂直层向弯曲强度	常　态	MPa	$1.6 \leqslant d \leqslant 10$	≥400
		155℃±2℃			≥250
2	平行层向冲击强度	简支梁，缺口	kJ/m²	≥4	≥37
3	平行层向剪切强度		MPa	≥5	≥30
4	拉伸强度		MPa	≥1.6	≥300
5	垂直层向电气强度	90℃±2℃油中	MV/m	≤3	见表 5
6	平行层向击穿电压	90℃±2℃油中	kV	≥5	≥30
7	相对电容率	1 MHz	—	≤3	≤5.5
8	介质损耗因数	1 MHz	—	≤3	≤0.05
9	平行层向绝缘电阻	常　态	MΩ	全部	$\geqslant 1.0 \times 10^6$
		浸水 24 h 后			$\geqslant 1.0 \times 10^2$
10	体积电阻率	常　态	MΩ·m	全部	$\geqslant 1.0 \times 10^5$
		155℃±2℃			$\geqslant 1.0 \times 10^3$
11	燃烧性		级	≥3	FV0
12	密度		g/cm³	全部	1.7～1.9
13	吸水性		mg	全部	见表 6
14	温度指数		—	≥3	155

表5 垂直层向电气强度

试样平均厚度/mm	电气强度/MV/m	试样平均厚度/mm	电气强度/MV/m	试样平均厚度/mm	电气强度/MV/m
0.4	≥16.9	1.0	≥14.2	2.2	≥11.4
0.5	≥16.1	1.2	≥13.7	2.4	≥11.1
0.6	≥15.6	1.4	≥13.2	2.5	≥10.9
0.7	≥15.2	1.6	≥12.7	2.6	≥10.8
0.8	≥14.8	1.8	≥12.2	2.8	≥10.5
0.9	≥14.5	2.0	≥11.8	3.0	≥10.2

注1：垂直层向电气强度可任选20 s逐级升压和1 min耐压试验要求中的一种。对符合二者之一要求的材料，应视其垂直层向电气强度是符合本指导性技术文件要求的。

注2：如果测得的试样厚度算术平均值介于表中两厚度值之间，其指标值应按内插法求取。如果测得的试样厚度算术平均值小于0.4 mm，则其要求值取≥16.9。如果标称厚度为3 mm，并且测得的试样厚度算术平均值大于3 mm，则其要求值取≥10.2。

表6 吸水性

试样平均厚度/mm	吸水性/mg	试样平均厚度/mm	吸水性/mg	试样平均厚度/mm	吸水性/mg
0.5	≤17	2.5	≤21	12	≤38
0.6	≤17	3.0	≤22	14	≤41
0.8	≤18	4.0	≤23	16	≤46
1.0	≤18	5.0	≤25	20	≤52
1.2	≤19	6.0	≤27	25	≤61
1.6	≤19	8.0	≤31	单面加工至22.5	≤73
2.0	≤20	10	≤34		

注1：如果测得的试样厚度算术平均值介于表中两厚度值之间，其要求值应按内插法求取；如果测得的试样厚度算术平均值小于0.5 mm，则其要求值取≤17 mg；如果标称厚度为25 mm并测得的厚度算术平均值大于25 mm，则其要求值取≤61 mg。

注2：标称厚度大于25 mm的板材，则应从单面加工至22.5 mm且加工面应比较光滑。

4 试验方法

4.1 外观

用肉眼观察。

4.2 试样预处理及试验环境条件

按GB/T 5130—1997的第3章进行。

4.3 宽度与长度

用刻度1 mm的直尺或卷尺，沿板宽或长各测三点，分别取平均值。

4.4 厚度

按GB/T 5130—1997的4.1进行。

4.5 平直度

按GB/T 5130—1997的4.2进行。

4.6 垂直层向弯曲强度

按 GB/T 5130—1997 的 5.1 进行。

4.7 冲击强度

按 GB/T 5130—1997 的 5.5.1 进行。

4.8 平行层向剪切强度

按 GB/T 5130—1997 的 5.6 进行。

4.9 拉伸强度

按 GB/T 5130—1997 的 5.7 进行。

4.10 垂直层向电气强度和平行层向击穿电压

按 GB/T 5130—1997 的 6.1 进行。

4.11 相对电容率及介质损耗因数

按 GB/T 5130—1997 的 6.2 进行。

4.12 平行层向绝缘电阻

按 GB/T 5130—1997 的 6.3 进行。

4.13 体积电阻率

按 GB/T 1410—2006 进行。

4.14 燃烧性

按 GB/T 11020—2005 的第 9 章进行。

4.15 密度

按 GB/T 5130—1997 的 8.1 进行。

4.16 吸水性

按 GB/T 5130—1997 的 8.2 进行。

4.17 温度指数

按 GB/T 11026.1—2003 进行，以弯曲强度为诊断性能，以其下降到起始(23℃±2℃时)值的 50% 作为寿命终点。

5 检验规则

5.1 无卤阻燃高强度玻璃布层压板须进行出厂检验或型式检验。

5.2 型式检验项目为本指导性技术文件第 3 章中的除温度指数外的所有项目，每三个月至少进行一次，当改变原材料和工艺时亦须进行。

5.3 同一原材料和工艺生产的层压板(同一设备)不超过 5 t 为一批。每批须进行出厂检验，出厂检验项目为 3.1、3.2、3.3 及性能要求表 4 中的第 1 项、第 5 项，其中 3.1、3.2、3.3 为逐张检验。

5.4 试验结果如有一项不符合产品技术要求时，则应由该批另两张板中各取一组试样重复该项试验，若仍有一组不符合要求时，则该批产品为不合格。

5.5 温度指数为产品鉴定项目。

6 标志、包装、运输和贮存

6.1 标志

层压板上应标明制造厂名称，产品型号、规格、批号和制造日期。包装箱上应标明制造厂名称、产品型号及名称、毛重及净重和出厂日期。

6.2 包装

层压板采用衬有纸板的木条箱包装，产品与产品之间应垫纸，经供需双方协商也可采用其他包装。

6.3 运输

层压板在运输过程中应防止机械损伤、受潮和日光照射。

6.4 贮存

层压板应存放在温度不超过40℃的干燥而洁净的室内,不得靠近火源、暖气和受日光照射。

层压板贮存期由出厂之日起为18个月,超过贮存期按标准检验,合格仍可使用。

ICS 29.035.99
K 15

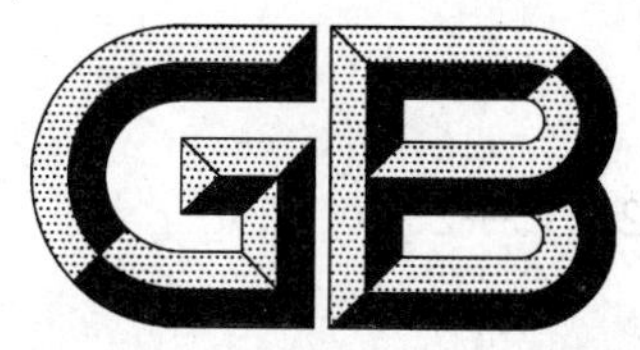

中华人民共和国国家标准化指导性技术文件

GB/Z 21215—2007

改性二苯醚玻璃布层压板

Rigid laminated sheet based on modified diphenyl ether resins and glass cloth

2007-12-03 发布

中华人民共和国国家质量监督检验检疫总局
中国国家标准化管理委员会 发布

前言

本指导性技术文件参考了 IEC 60893-3-7:2003《绝缘材料　电气用热固性树脂工业硬质层压板　第 3 部分:单项材料规范　第 7 篇:对聚酰亚胺树脂硬质层压板的要求》。

本指导性技术文件由中国电器工业协会提出。

本指导性技术文件由全国绝缘材料标准化技术委员会(SAC/TC 51)归口。

本指导性技术文件起草单位:东方绝缘材料股份有限公司。

本指导性技术文件主要起草人:刘锋、赵平。

本指导性技术文件为首次制定。

改性二苯醚玻璃布层压板

1 范围

本指导性技术文件规定了改性二苯醚玻璃布层压板的要求、试验方法、检验规则、包装、运输和贮存。

本指导性技术文件适用于经偶联剂处理的无碱玻璃布为补强材料，浸以温度指数为180的改性二苯醚树脂，经热压而成的改性二苯醚玻璃布层压板。

改性二苯醚玻璃布层压板适用于温度指数为180的电机、干式变压器和其他电器设备，用作绝缘结构零部件。

2 规范性引用文件

下列文件中的条款通过本指导性技术文件的引用而成为本指导性技术文件的条款。凡是注日期的引用文件，其随后所有的修改单(不包括勘误的内容)或修订版均不适用于本指导性技术文件，然而，鼓励根据本指导性技术文件达成协议的各方研究是否可使用这些文件的最新版本。凡是不注日期的引用文件，其最新版本适用于本指导性技术文件。

GB/T 5130—1997 电气用热固性树脂工业硬质层压板试验方法(eqv IEC 60893-2:1992)

GB/T 11026.1—2003 电气绝缘材料 耐热性 第1部分：老化程序和试验结果的评定(IEC 60216-1:2001,IDT)

3 要求

3.1 外观

板材表面应光滑、无气泡、皱纹、裂纹并适当避免其他缺陷，例如：擦伤、压痕、污点等，允许有少量斑点。

3.2 尺寸

3.2.1 宽度和长度的允许偏差应符合表1的规定。

表1 宽度和长度

单位为毫米

宽度和长度	偏差
450～990	±15
＞990～1 980	±25

3.2.2 标称厚度及其允许偏差应符合表2的规定。

表2 标称厚度及其允许偏差

单位为毫米

标称厚度	偏差	标称厚度	偏差	标称厚度	偏差	标称厚度	偏差
0.5	±0.12	2.0	±0.28	8.0	±0.72	25	±1.50
0.6	±0.13	2.5	±0.33	10	±0.82	30	±1.70
0.8	±0.16	3.0	±0.37	12	±0.94	35	±1.95
1.0	±0.18	4.0	±0.45	14	±1.02	40	±2.10
1.2	±0.20	5.0	±0.52	16	±1.12	45	±2.30
1.6	±0.24	6.0	±0.60	20	±1.30	50	±2.45

注1：其他允许偏差可由供需双方协商。

注2：对于标称厚度不在所列的优选厚度之一者，其允许偏差应采用下一个较大的优选厚度的偏差。

3.3 平直度

平直度应符合表3的规定。

表3 平直度

单位为毫米

厚 度 d	直尺长度	
	1 000	500
$3.0 \leqslant d \leqslant 6.0$	10	2.5
$6.1 \leqslant d \leqslant 8.0$	8	2.0
$8.1 \leqslant d$	6	1.5

3.4 性能要求

性能要求应符合表4的规定。

表4 性能要求

序号	性能		单位	适合试验用的板材标称厚度/mm	要求
1	垂直层向弯曲强度	常态	MPa	$1.6 \leqslant d \leqslant 10$	≥500
		180℃±2℃			≥320
2	平行层向冲击强度	简支梁,缺口	kJ/m²	≥4	≥42
3	平行层向剪切强度		MPa	≥5	≥28
4	拉伸强度		MPa	≥1.6	≥320
5	垂直层向电气强度 90℃±2℃油中	板厚 0.5 mm～1.0 mm	MV/m	≤3	≥20
		板厚 1.1 mm～2.0 mm			≥18
		板厚 2.1 mm～3.0 mm			≥16
6	平行层向击穿电压	90℃±2℃油中	kV	≥3	≥35
7	介质损耗因数	1MHz	—	≤3	≤0.05
8	相对电容率	1MHz	—	≤3	≤5.5
9	浸水后绝缘电阻		MΩ	全部	$\geqslant 1.0 \times 10^2$
10	密度		g/cm³	全部	1.7～1.9
11	吸水性		mg	全部	见表5
12	温度指数		—	≥3	180

表5 吸水性

试样平均厚度/mm	吸水性/mg	试样平均厚度/mm	吸水性/mg	试样平均厚度/mm	吸水性/mg
0.5	≤17	2.5	≤21	12	≤38
0.6	≤17	3.0	≤22	14	≤41
0.8	≤18	4.0	≤23	16	≤46
1.0	≤18	5.0	≤25	20	≤52
1.2	≤17	6.0	≤27	25	≤61
1.6	≤19	8.0	≤31	单面加工至22.5	≤73
2.0	≤20	10	≤34		

注1：如果测得的试样厚度算术平均值介于表中两厚度值之间，其要求值应按内插法求取；如果测得的试样厚度算术平均值小于0.5 mm，则其要求值取≤17 mg；如果标称厚度为25 mm并测得的厚度算术平均值大于25 mm，则其要求值取≤61 mg。

注2：标称厚度大于25 mm的板材，则应从单面加工至22.5 mm且加工面应比较光滑。

4 试验方法

4.1 外观

用肉眼观察。

4.2 试样预处理及试验环境条件

按 GB/T 5130—1997 第 3 章进行。

4.3 宽度与长度

用刻度 1 mm 的直尺或卷尺，沿板宽或长各测三点，分别取平均值。

4.4 厚度

按 GB/T 5130—1997 的 4.1 进行。

4.5 平直度

按 GB/T 5130—1997 的 4.2 进行。

4.6 垂直层向弯曲强度

按 GB/T 5130—1997 的 5.1 进行。

4.7 冲击强度

按 GB/T 5130—1997 的 5.5.1 进行。

4.8 平行层向剪切强度

按 GB/T 5130—1997 的 5.6 进行。

4.9 拉伸强度

按 GB/T 5130—1997 的 5.7 进行。

4.10 垂直层向电气强度和平行层向击穿电压

按 GB/T 5130—1997 的 6.1 进行。

4.11 相对电容率及介质损耗因数

按 GB/T 5130—1997 的 6.2 进行。

4.12 浸水后绝缘电阻

按 GB/T 5130—1997 的 6.3 进行。

4.13 密度

按 GB/T 5130—1997 的 8.1 进行。

4.14 吸水性

按 GB/T 5130—1997 的 8.2 进行。

4.15 温度指数

按 GB/T 11026.1—2003 进行，以弯曲强度为诊断性能，以其下降到起始(23℃±2℃时)值的 50% 作为寿命终点。

5 检验规则

5.1 改性二苯醚玻璃布层压板须进行出厂检验或型式检验。

5.2 型式检验项目为本标准第 3 章中的除温度指数外的所有项目，每三个月至少进行一次，当改变原材料和工艺时亦须进行。

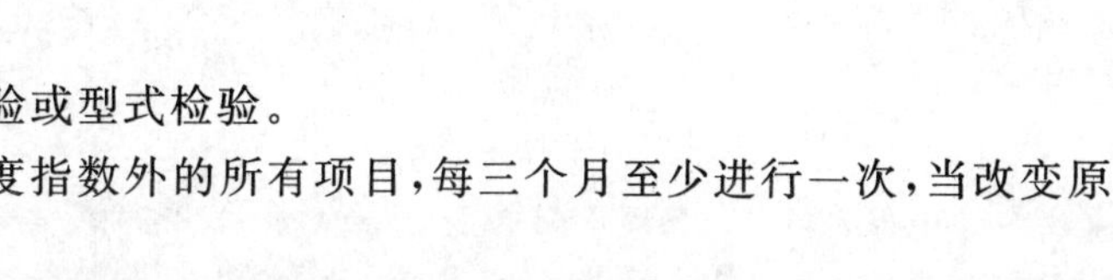

5.3 同一原材料和工艺生产的层压板(同一设备)不超过 5 t 为一批。每批须进行出厂检验，出厂检验项目为 3.1、3.2、3.3 及性能要求表 4 中的第 1 项、第 5 项，其中 3.1、3.2、3.3 为逐张检验。

5.4 试验结果如有一项不符合产品技术要求时，则应由该批另两张板中各取一组试样重复该项试验，若仍有一组不符合要求时，则该批产品为不合格。

5.5 温度指数为产品鉴定项目。

6 标志、包装、运输和贮存

6.1 标志

层压板上应标明制造厂名称，产品型号、规格、批号和制造日期。包装箱上应标明制造厂名称、产品型号及名称、毛重及净重和出厂日期。

6.2 包装

层压板采用衬有纸板的木条箱包装，产品与产品之间应垫纸，经供需双方协商也可采用其他包装。

6.3 运输

层压板在运输过程中应防止机械损伤、受潮和日光照射。

6.4 贮存

层压板应存放在温度不超过40℃的干燥而洁净的室内，不得靠近火源、暖气和受日光照射。

层压板贮存期由出厂之日起为18个月，超过贮存期按标准检验，合格仍可使用。

五、墙体材料与检测方法

ICS 91.120.10
Q 25

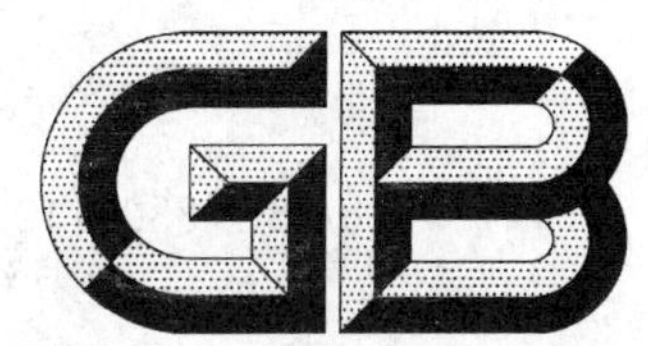

中华人民共和国国家标准

GB/T 10294—2008/ISO 8302:1991
代替 GB/T 10294—1988

绝热材料稳态热阻及有关特性的测定 防护热板法

Thermal insulation—Determination of steady-state thermal resistance and related properties—Guarded hot plate apparatus

(ISO 8302:1991,IDT)

2008-06-30 发布

2009-04-01 实施

中华人民共和国国家质量监督检验检疫总局
中国国家标准化管理委员会
发布

前　言

本标准等同采用 ISO 8302:1991《绝热——稳态热阻及有关特性的测定——防护热板法》(英文版)。

本标准代替 GB/T 10294—1988《绝热材料稳态热阻及有关特性的测定　防护热板法》。

本标准与 GB/T 10294—1988 相比主要变化如下：

——增加了引言；

——增加了热均质材料、热各向同性体、试件的平均导热系数、试件的热传递系数、材料的表观导热系数、稳态传热性质、室内温度、操作者、数据使用者、装置设计者等定义；

——增加了更为详细的符号和单位汇总表(见 1.4)；

——增加了影响传热性质的因素(见 1.5.1)；

——在原理中归纳了装置、构造和测试参数(见 1.6)；

——归纳了由于装置产生的限制(见 1.7)；

——归纳了由于试件产生的限制(见 1.8)；

——增加了热电偶用于测量 21 K～170 K 的温度时，标准误差的限制(见 2.1.4.1.4)；

——增加了热电偶的连接形式及其产生的测量误差(见 2.1.4.1.2)；

——增加了厚度测量的详细方法(见 2.1.4.2)；

——增加了对热电偶的连接方式的说明(见 2.1.4.1.2)；

——增加了在设计流体冷却的金属板时应注意的问题(见 2.1.2)；

——说明平整度测定的最小值为 25 μm(见 2.4.1)；

——增加了测定与温差的关系(见 3.4.3)；

——测定报告有所细化，如"对于在试件和装置面板间插入薄片材料或者使用了水汽密封袋的试验，在测定报告中应标明的参数(见 3.6.14)"；

——增列了本标准阐述的装置性能和试验条件的极限数值(见附录 A)；

——根据经验给出了对 E 型和 T 型热电偶建议的(专用级)误差极限(见表 B.1)；

——增加了保护型热电偶的推荐使用温度上限(见表 B.2)；

——实验室环境的条件发生变化，7.2.2 第二段中"293±1 K"改为"296 K±1 K"；

——增加了附录 NA。

本标准的附录 A 为规范性附录，附录 B、附录 C、附录 D 和附录 NA 为资料性附录。

请注意本标准的某些内容有可能涉及专利，本标准的发布机构不应承担识别这些专利的责任。

本标准由中国建筑材料工业联合会提出。

本标准由全国绝热材料标准化技术委员会(SAC/TC 191)归口。

本标准负责起草单位：南京玻璃纤维研究设计院。

本标准主要起草人：张游、曹声諳、王佳庆、王玉梅、葛敦世、曾乃全、成钢。

本标准所代替标准的历次版本发布情况为：

——GB/T 10294—1988。

引　言

0.1 标准结构

本标准分为三个章节，叙述了使用和设计防护热板装置所需要的所有信息：

1 概述；

2 装置和误差分析；

3 试验过程。

操作者若以试验为目的，可能仅注意第3章，但为了得到准确的结果，操作者还需要熟悉另外两章，他必须对概述有较深刻的认识。第2章直接针对装置的设计者，但为了制造出好的装置，他也要关注其他两章。这样，本标准方法将会较好地达到目的。

0.2 传热与测量的性质

大部分传热性质的试验是针对低密度的多孔材料进行的。在这种情况下，材料内部的真实传热情况可能包含辐射、固相和气相热传导和(在某些情况的)对流传热三种方式的复杂组合，以及它们的交互作用和传质(尤其是含湿材料)。对于这些材料，通过测量热流量、温度差及尺寸，利用公式计算得到的试件的传热性质(常误称为导热系数)，可能并不是材料自身的固有性质。根据ISO 9288，该性能应被称作"传递系数"，因为它可能取决于测试条件(传递系数在其他地方常被称为表观导热系数或有效导热系数)。在相同的测试平均温度下，传递系数可能在很大程度上取决于试件的厚度或温差。

辐射传热是传递系数受试件厚度影响的首要因素。因此，不仅材料本身性质会影响试验结果，而且与试件接触的表面的热辐射特性亦会影响试验结果。辐射传热还导致传递系数与温度差有关。当温差超过限定的范围时，各种材料及各种测试平均温度的这种影响可用实验检测。因此，当同时提供接触表面的辐射特性时，热阻就能较好地描述试件的热性能。当试件中存在有对流的可能性时(如低温下轻质的矿物棉材料)，装置的方向、试件的厚度、温差等都可影响传递系数和热阻。对于这种情况，虽然在第3章试验过程中未包括这些试验条件的细节，也至少要详尽描述试件的几何形状和边界条件。另外，评估测量结果时，尤其在实际应用测量结果时应有足够的相关知识。

在测量过程中试件含湿量对传热的影响也是一个复杂的因素。因此，干燥试件仅需根据标准程序进行试验。对于含湿材料的试验，需有其他注意事项，本标准不包括这些内容。

当按本标准方法确定的传热性质用于预测实际使用情况下的特定材料的热品质时，尽管其他因素如施工工艺会产生影响，但对所提及的物理原理的知识也是极为重要的。

0.3 所需背景

为了得到正确的结果，防护热板装置的设计和正确的操作，以及试验结果的解释是一项复杂的工作，需要格外引起注意。建议防护热板装置的设计者、操作者、试验结果的使用者应对被评估的材料、产品和系统内的传热机理应有完整的知识，并有相关的电气和温度测量经验，特别是对弱电信号测量有一定的了解。也应具备良好的实验室实践技能。

设计者，操作者和数据的使用者对上述各领域知识要求的深度可能不同。

0.4 设计、尺寸和国家标准

世界各地存在着很多不同的符合各自国家标准的防护热板装置设计，并且不断研究、发展以提高设备和测量技术。因此,要求一种特定设计或尺寸的装置是不实际的,尤其是总体要求可能相差很大时。

0.5 指南

由于发现不同形式的装置得到可比较的结果,本标准给新装置的设计者提供的温度和几何尺寸的范围都足够大。建议新装置的设计者仔细阅读附录D中参考文献。在新装置完工后,建议采用现有的、热阻不同的一种或多种参考材料进行试验。

为了获得准确结果,本标准仅对设计和操作防护热板装置提出必需的强制性要求。

附录A列出了本标准阐述的装置性能和试验条件的极限数值。

本标准还包含推荐的操作程序和实践知识,以及建议的试件尺寸,这些会提高一般测量水平,有助于改善实验室间对比和合作测量程序。

绝热材料稳态热阻及有关特性的测定
防护热板法

1 概述

1.1 范围

本标准规定了使用防护热板装置测定板状试件稳态传热性质的方法以及传热性质的计算。

本方法是测量传热性质的绝对法或仲裁法，只需要测量尺寸、温度和电功率。

符合本标准试验方法的报告，试件的热阻不应小于 0.1 $m^2 \cdot K/W$，且厚度不超过 1.7.4 的要求。

试件的热阻下限可以低到 0.02 $m^2 \cdot K/W$，但不一定在全部范围内达到 1.5.3 所述的准确度。

如果试件仅满足 1.8.1 的要求，试验结果表示试件的热导率和热阻或传递系数。

如果试件满足 1.8.2 的要求，试验结果可表示被测试件的平均可测导热系数。

如果试件满足 1.8.3 的要求，试验结果可表示被测材料的导热系数或表观导热系数。

1.2 规范性引用文件

下列文件中的条款通过本标准的引用而成为本标准的条款。凡是注日期的引用文件，其随后所有的修改单(不包括勘误的内容)或修订版均不适用于本标准，然而，鼓励根据本标准达成协议的各方研究是否可使用这些文件的最新版本。凡是不注日期的引用文件，其最新版本适用于本标准。

ISO 7345:1987　绝热——物理量和定义

ISO 9229:1991　绝热——材料、产品和体系——词汇

ISO 9251:1987　绝热——传热条件和材料性能——词汇

ISO 9288:1989　绝热——辐射传热——物理量和定义

ISO 9346:1987　绝热——传质——物理量和定义

1.3 术语、定义、符号和单位

ISO 7345 或 ISO 9251 确立的以及下列术语和定义适用于本标准：

物理量	符　号	单　位
热流量	Φ	W
热流密度	q	W/m^2
热阻[1]	R	$m^2 \cdot K/W$
热导率	Λ	$W/(m^2 \cdot K)$
导热系数[2]	λ	$W/(m \cdot K)$
热阻系数	γ	$m \cdot K/W$
孔隙率	ξ	
局部孔隙率	ξ_p	

1) 某些情况下，可能需要考虑温差被热流量除，没有特殊的符号来表示此物理量，有时也被称为阻值。

2) 在大多数情况下，$\vec{q}$ 和 grad$T$ 的方向不同($\vec{\vec{\lambda}}$不是由单一常数 λ 确定，而是由常数矩阵确定)。此外，试件内部位置变化、温度变化以及时间变化都会引起导热系数的变化。

多孔体　porous medium

均质体　homogeneous medium

均质多孔体　homogeneous porous medium

非均质体　heterogeneous medium

各向同性体　isotropic medium

各向异性体　anisotropic medium

稳定体　stable medium

1.3.1

热均质体　thermally homogeneous medium

导热系数($\vec{\vec{\lambda}}$)不是物体内部位置的函数,但可以是方向、时间和温度的函数。

1.3.2

热的各向同性体　thermally isotropic medium

导热系数($\vec{\vec{\lambda}}$)不是方向的函数,但可以是物体内部位置、时间和温度的函数,每一点的($\vec{\vec{\lambda}}$)由单一的λ值确定。

1.3.3

热稳定体　thermally stable medium

导热系数λ或($\vec{\vec{\lambda}}$)不是时间的函数,但可以是物体内的坐标、温度和方向的函数。

1.3.4

试件的平均导热系数　mean thermal conductivity of a specimen

由热均质和各向同性(或具有垂直于表面的对称轴的各向异性)的、在测量的精度和测量时间内是热稳定的、且导热系数λ或($\vec{\vec{\lambda}}$)为常数(或与温度成线性函数关系)的材料制成由两个平行的等温表面和与表面垂直的边缘形成的板状物体,在边缘绝热的边界条件下,在稳定状态下确定的传热性质。

1.3.5

试件的传递系数　transfer factor of a specimen

传递系数 $T=\frac{qd}{\Delta T}=\frac{d}{R}$,单位为 W/(m·K)。它取决于试验条件,表征试件与传导和辐射复合传热的关系。也常称为试件的测量、等效、表观或有效导热系数。

1.3.6

材料的表观导热系数　thermal transmissivity of a material

表观导热系数 $\lambda_t=\frac{\Delta d}{\Delta R}$,单位为 W/(m·K)。这里 $\Delta d/\Delta R$ 与厚度 d 无关。它与试验条件无关,表征绝热材料与传导和辐射复合传热的关系。表观导热系数可看作是在传导和辐射复合传热情况下,传递系数在厚试件中达到的极限值,也常称为材料的等效或有效导热系数。

1.3.7

稳态传热性质　steady-state heat transfer property

与下列性能之一有关的通用术语:热阻、传递系数、导热系数、热阻系数、表观导热系数、热导率和平均导热系数。

1.3.8

室温　room temperature

通用术语,指人在该环境的温度下感到舒适的测量平均试验温度。

1.3.9

环境温度　ambient temperature

通用术语,指试件边缘或整个装置周边的温度。对于封闭装置为箱内温度,不封闭的装置则为实验室温度。

1.3.10

操作者　operator

负责试验操作和出具试验结果报告的人。

1.3.11

数据使用者　data user

应用和解释测量结果以判定材料或系统性能的人。

1.3.12

设计者　designer

为满足装置在指定试验条件下要求的预定性能，研究装置的构造细节和为验证装置的预期准确度而确定试验程序的人。

1.4　符号和单位(见表1)

表1　符号和单位

符　号	描　述	单　位
A	在选定的等温面上测得的计量面积	m^2
A_g	隔缝面积	m^2
A_m	计量区域面积	m^2
b	从隔缝中心线算起的防护宽度	m
c	不平衡系数	m
c_p	热板的比热容	J/(kg·K)
c_s	试件的比热容	J/(kg·K)
d	试件的平均厚度	m
$d_1, d_2, \cdots, d_5$	指定试件 s_1, s_2, s_3, s_4, s_5 的厚度	m
d_p	金属板的厚度	m
e	边缘数量	—
E_A	计量面积的误差	—
E_d	厚度误差	—
E_e	边缘热损失误差	—
E_E	电功率值的误差	—
E_g	不平衡误差	—
E_s	不对称误差	—
E_T	温度差的误差	—
E_Φ	热流量的误差	—
g	隔缝宽度	m
h_t	单位温度差下的热流密度	$W/(m^2 \cdot K)$
$2l$	隔缝中心到隔缝中心的计量部分边长	m
m_c	状态调节后的相对质量变化	—
m_d	干燥后状态调节产生的相对质量变化	—
m_r	干燥后相对质量变化	—

表 1（续）

符　号	描　述	单　位
m_w	试验后相对质量变化	—
M_1	来样时试件质量	kg
M_2	干燥后试件质量	kg
M_3	状态调节后试件质量	kg
M_4	试验后试件质量	kg
M_5	试验前试件质量	kg
P	周长	m
q	热流密度	W/m^2
q_e	边缘热流密度	W/m^2
γ	热阻系数	m·K/W
R	热阻	$m^2 \cdot K/W$
R_e	边缘绝热热阻	$m^2 \cdot K/W$
t	时间	s
T	传递系数	W/(m·K)
T_1	试件热面温度	K
T_2	试件冷面温度	K
T_a	环境温度（试件周边的温度）	K
T_e	试件的边缘温度	K
T_m	平均温度，通常为$(T_1+T_2)/2$	K
V	体积	m^3
y	加热单元厚度	m
Z_1	边缘结构的误差参数	—
Z_2	周围温度的误差参数	—
Z_3	不平衡的误差参数	—
Δd	厚度的增量	m
ΔR	热阻的增量	$m^2 \cdot K/W$
ΔT	温差，通常为(T_1-T_2)	K
ΔT_g	隔缝的温差	K
Δt	时间间隔	s
ΔT	传递系数的增量	W/(m·K)
ε	辐射率	—
λ	导热系数	W/(m·K)
λ_g	隔缝材料的导热系数	W/(m·K)
λ_t	表观导热系数	W/(m·K)
Λ	热导率	$W/(m^2 \cdot K)$

表 1(续)

符　号	描　　述	单　位
ξ	孔隙率	—
ξ_p	局部孔隙率	—
Φ	热流量	W
Φ_e	边缘热损失的热流量	W
Φ_{e1}	边缘热流量	W
Φ_g	不平衡热流量	W
Φ_T	试验时流经试件的热流量	W
Φ_W	各种导线引起的热流量	W
ϕ_0	单位温度不平衡引起的隔缝热流量	W/K
ρ_d	干试件的密度	kg/m^3
ρ_p	装置的热板或冷板的密度	kg/m^3
ρ_s	经状态调节后的试件的密度	W/m^2
σ_n	斯蒂芬-波尔兹曼常数	5.67 $W/(m^2 \cdot K^4)$

1.5 意义

1.5.1 影响传热性质的因素

试件的传热性质可能：

——由于材料或其样品成分的改变而改变；

——受含湿量和其他因素的影响；

——随时间而改变；

——随平均温度而改变；

——取决于热经历。

因此必须认识到，在特定应用下选用代表材料传热性质的典型数值时，应考虑以上影响因素，不应未作任何变化而应用到所有使用情况。

例如，使用本试验方法得到的是经干燥处理试件的热性能，然而实际使用时可能是不现实的。

更基本的是材料的传热性质与许多因素如平均温度和温度差有关。这些关系应在典型的使用条件下测量或者试验。

1.5.2 取样

确定材料传热性质需有足够数量的试验信息。只有样品能代表材料，且试件能代表样本时，才能以单次试验结果确定材料的传热性质。选择样品的步骤一般应在材料规范中规定。试样的选择也可在材料规范中做部分规定。因为取样超出本标准方法的范围，当材料规范不包含取样时，应参考有关的文件。

1.5.3 准确度和重复性

评价本方法的准确度是复杂的，它与装置的设计、相关的测量仪器和被测试件的类型有关。然而按照本标准方法建立装置和操作，当试验平均温度接近室温时，测量传热性质的准确度能达到±2%。

装置设计时足够的注意，经过广泛的检查并与别的类似装置相互参照测量后，在装置的整个工作范围内，应能达到大约±5%的准确度。用单独的装置，在工作范围的极端值，通常较易得到这个准确度。试件保留在装置内，不改变试验条件，随后测量的重现性通常远优于1%。对同一参考试件，取出后经过较长一段时间重新安装，试验的重复性通常优于±1%。数值增大是由于试验条件的微小变化，例如热和冷板对试件的压力(影响接触热阻)、试件周围空气的相对湿度(影响试件的含湿量)等。

这些重现性水平是确定方法误差所要求的和质量控制所希望的。

1.6 原理

1.6.1 装置原理

防护热板装置的原理是:在稳态条件下,在具有平行表面的均匀板状试件内,建立类似于以两个平行的温度均匀的平面为界的无限大平板中存在的一维的均匀热流密度。

1.6.2 装置类型

根据原理可建造两种型式的防护热板装置:

a) 双试件式(和一个中间加热单元);

b) 单试件式。

1.6.2.1 双试件装置

双试件式装置中,由两个几乎相同的试件中夹一个加热单元,加热单元由一个圆或方形的中间加热器和两块金属面板组成。热流量由加热单元分别经两侧试件传给两侧冷却单元(圆或方形的、均温的平板组件)(图 1a))。

1.6.2.2 单试件装置

单试件装置中,加热单元的一侧用绝热材料和背防护单元代替试件和冷却单元(图 1b))。绝热材料的两表面应控制温差为零。只要满足本标准中其他所有适用的要求,用单试件装置可以实现准确的测量和按本标准方法出报告,但报告中应详细说明与通常双试件装置的热板的变化。

1.6.3 加热和冷却单元

加热单元由分离的计量部分和围绕计量部分的防护部分组成,它们之间有一隔缝,在计量部分形成一维均匀的稳态热流密度。冷却单元可以是连续的平板,但最好与加热单元类似。

1.6.4 边缘绝热和辅助防护单元

边缘绝热和(或)辅助防护单元的引入是必要的,尤其是当试验温度低于或高于室温时。

1.6.5 防护热板装置的定义

“防护热板”术语应用于整个已装配的装置,因此,又叫做“防护热板装置”。装有试件的装置的总体特征见图 1。

1.6.6 热流密度的测量

当在计量单元达到稳定传热状态后,测量热流量 Φ 以及此热流量流过的计量面的面积 A,即可确定热流密度 q。

1.6.7 温度差的测量

试件两侧的温度差 ΔT,由固定于金属板表面和(或)在试件表面适当位置的温度传感器测量。

1.6.8 热阻或传递系数的测量

当满足 1.8.1 的条件,热阻 R 可由 q、A 和 ΔT 计算得出,若已测定试件厚度 d,还可计算出传递系数 T。

1.6.9 导热系数的计算

当满足 1.8.2 的条件,已测定试件的厚度 d,可计算出试件的平均导热系数 λ。

1.6.10 装置的适用范围

本方法的应用范围,受装置在试件中维持一维稳态均匀热流密度的能力和以要求的准确度测量功率、温度和尺寸的能力所限制。

1.6.11 试件的范围

本方法的应用亦受试件的形状、厚度和结构的均匀一致(当使用双试件装置时)、试件表面平整和平行度的限制。

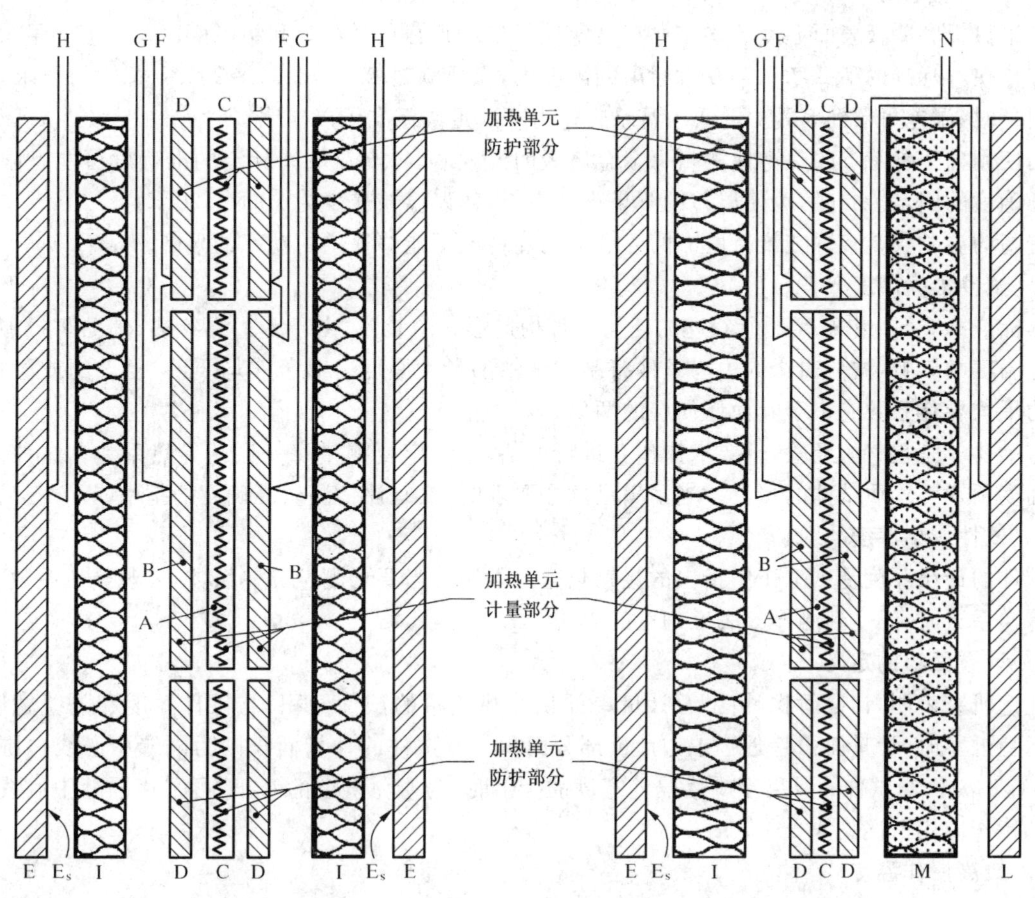

a) 双试件装置　　　b) 单试件装置

A——计量加热器；
B——计量面板；
C——防护加热器；
D——防护面板；
E——冷却单元；
E_s——冷却单元面板；
F——温差热电偶；
G——加热单元表面热电偶；
H——冷却单元表面热电偶；
I——试件；
L——背防护加热器；
M——背防护绝热层；
N——背防护单元温差热电偶。

图 1　双试件和单试件防护热板装置的一般特点

1.7　由于装置产生的限制

1.7.1　接触热阻的限制

当试验硬质(材料非常硬,以至于在热板和冷板的压力下也不可改变形状)高热导率的试件时,即使试件和装置表面有很小的不均匀性(表面不完全平整)就可导致试件与热板、冷板之间的接触热阻分布不均。

这将造成试件内部热流分布不均匀和热场变形,且难于精确测量表面温度。当试件热阻低于 0.1 $m^2 \cdot K/W$ 时,表面温度的测量需要使用特殊的方法。金属板的表面应机械加工或切削平整、平行且不能有应力。

1.7.2　热阻的上限

可测热阻的上限受供给加热单元的功率的稳定性、测量功率仪表的精确度以及试件和加热单元的计量部分和防护部分之间由于温度不平衡误差引起的热量损失(或吸热)程度的限制(见后面的分析)。

1.7.3 温差的限制

如果热板和冷板表面温度的均匀性和稳定性、仪表的噪声、分辨率和精确度以及温度测量中的限制均能维持在本标准的第2章和第3章给出的限度内,只要满足2.1.4.1.2~2.1.4.1.4的要求,采用温差法测量时,温差可低到5 K。更低的温差应作为不满足本标准予以申明。

当使用独立参考点的热电偶测量每个金属板的温度时,每支热电偶标定的准确度可能是限制温差测量准确度的因素。此时,为使温差的测量误差最小,建议温差最少为10 K~20 K。

更高的温差仅受装置在维持所需的温度均匀性情况下能够提供的功率的限制。

1.7.4 试件最大厚度

本标准第2章(或3.2.1)所叙述的任何一种构造形式的装置,由于受边缘绝热、辅助防护加热单元和环境温度的影响,试件边缘的边界条件将制约试件的最大厚度。对于非均质的、复合的或层状试件,每层的平均导热系数应小于其他任何层的两倍。

这个要求是粗略的经验,只要求操作者进行评估,不一定要测量每一层的导热系数。这种情况下,其准确度预期与均质试件的接近。当不满足这个要求时,没有评估测量准确度的指南。

1.7.5 试件最小厚度

试件的最小厚度受1.7.1中指出的接触热阻的限制。当要求测量导热系数、表观导热系数、热阻系数或传递系数时,还受到测厚仪表准确度的限制。

1.7.6 计量面积的定义

理论研究表明,计量面积(由中心计量单元供给热流量的试件面积)与试件厚度和隔缝宽度有关。当厚度趋近零时,计量面积趋近于中心计量部分面积。厚试件的计量面积则为隔缝中心线包围的面积(见2.1.1.3)。当试件的厚度至少为隔缝宽度的十倍时,为避免复杂的修正,可采用隔缝中心线包围的面积。特殊应用情况见3.1c)。

1.7.7 最高操作温度

加热和冷却单元的最高运行温度受表面氧化、热应力及其他能降低板面平整度和均质性的因素的限制,还受电绝缘材料的电阻率变化限制。绝缘材料的电阻率的变化影响所有电气测量的精确度。

1.7.8 真空状态

在真空状态下使用防护热板装置时应格外注意。如在高真空条件下运行,应仔细选择装置使用的材料,避免材料过量释放气体。在安装加热器和温度传感器的引线时应非常细心,使附加的热流量和测温误差最小。否则,在真空条件下,尤其是较低温度时会产生严重误差。

1.7.9 装置尺寸

防护热板装置的总尺寸受试件尺寸控制。试件的尺寸(或直径)通常为0.2 m~1 m。小于0.3 m的试件可能不代表整个材料的性质。当试件大于0.5 m时,要维持试件和金属板的表面平整度、温度均匀性、平衡时间以及装置的总造价在可接受的限度内都将发生困难。

为便于实验室之间比较和总体上改进合作测量,推荐的标准尺寸系列如下:

a) 直径(或边长)为0.3 m;
b) 直径(或边长)为0.5 m;
c) 直径(或边长)为0.2 m(仅用于测定均质材料);
d) 直径(或边长)为1.0 m(用于测定厚度超过0.5 m装置允许厚度的试件)。

1.8 试件的限制

1.8.1 热阻、热导率或传递系数

1.8.1.1 试件均匀性

测量非均质试件热阻或热导率时,试件内部和计量区域表面的热流密度可能既非单向又不均匀。试件中会存在热场变形,导致严重误差。试样靠近计量区域的部位,尤其靠近计量区域边缘时影响最大。在这种情况下很难给出本方法适用性的指南。主要问题是边缘热损失误差和不平衡误差等不能预测的误差,随着试件中不均匀性位置的变化以不能预料的方式变化,因而使3.4中提出的所有检查可能受到系统误差的影响,系统误差会掩盖不同试验的真实差别。

在某些试件中,在微小距离上可能会出现结构变化。这对于许多绝热材料是真实的。

另一些试件,在与热板和冷板接触的试样两个表面之间可能存在直接的热短路。当与试件两表面接触的导热较快的材料被热阻低的通道连接时,影响最大。

1.8.1.2 温差的影响

热阻或热导率经常是试件两侧温差的函数。在报告中必须说明报告值适用的温差范围或者清楚地注明报告值用单一温差测定的。

1.8.2 试件的平均导热系数

为测定试件的平均导热系数(或表观导热系数)(见1.3.4),应满足1.8.1的要求。试件应是ISO 9251中定义的均质或均质多孔体。均质多孔体试件内任何非均质性的尺寸应小于试件厚度的十分之一。此外,在任意平均温度,其热阻应与试件两侧的温差无关。

材料的热阻取决于所有相关的热传递过程。热传导、辐射和对流是主要机理,然而这三者之间相互作用会产生非线性影响。因此,尽管对这些机理研究得十分透彻,但实际分析或测量时仍很困难。

所有传热过程的程度与试件两侧的温差有关。许多材料、制品和系统在典型的使用温度差时,可能呈现复杂的关系。在这种情况下,使用一个典型的使用温度差进行测定,然后在一定温差范围内测定近似关系是合适的。在较宽的温差范围内可能是线性关系。

某些试件虽然符合均质性的要求,但却是各向异性。如试件内平行于试件表面方向测定的导热系数分量与垂直于表面的方向测定的导热系数分量不同。对于这种试件,可能造成较大的不平衡误差和边缘热损失误差。如两个测定值的比值小于2,并在装置内对各向异性试件分别测定不平衡误差和边缘热损失误差,则可以按本标准方法出试验报告。

1.8.3 材料的导热系数、表观导热系数或热阻系数

1.8.3.1 总则

为测定材料的导热系数或热阻系数,必须满足1.8.2的要求。此外,为保证材料是均质或均质多孔,且测量结果能代表整个材料、产品或系统,必须有足够的抽样。试件的厚度应大于当厚度进一步增加时材料、产品或系统的传递系数变化不大于2%时的厚度。

1.8.3.2 与试件厚度的关系

所有的传热过程中,只有传导产生的热阻与试件厚度成正比。其他传热过程具有较复杂的关系。试件越薄、密度越小,热阻与传导以外的传热过程越有关系。由于传递系数与试件厚度有关,所以不满足导热系数和热阻系数(两者都是材料的固有特性)定义的要求。对于这些材料,可能希望测定应用条件下的热阻。可以相信所有材料都有一个热传递系数与厚度有关的厚度下限。低于此厚度时,试件可能有独特的传热性质,但不是材料的性质。因此,需通过测量确定这个最小厚度。

1.8.3.3 可确定材料传热性质的最小厚度的确立

如果不知道此最小厚度,则需要估计此最小厚度。

无确定的方法时,3.4.2中指出的粗略过程可用于确定最小厚度和观察材料在可能使用的厚度范围内是否出现最小厚度。

重要的是要区别测量时在面板下放置测温传感器引起的附加热阻、不良的试件表面引起的附加热阻和由试件内部传导与辐射传热模式结合引起的附加热阻。三者都能以同样方式影响测量结果,并且三者经常是叠加的。

1.8.4 翘曲

对于热膨胀系数大的材料要特别注意,有温度梯度时将会过度翘曲。这将损坏装置和引起附加的

接触热阻。后者造成严重的测量误差。测量这种材料，可能需要专门设计的装置。

2 装置和误差评估

2.1 装置的描述和设计要求

本章叙述的主要是双试件装置的要求。用于单试件装置的设计要求能容易地确定。

2.1.1 加热单元

2.1.1.1 概述

加热单元包括计量单元和防护单元两部分。计量单元由一个计量加热器和计量面板组成。防护单元由一个(或多个)防护加热器及相应数量的防护面板组成。面板通常由高导热系数的金属制成。

加热单元和冷却单元面板的工作面不应与试件及环境发生化学反应。工作表面应加工成平面，表面平整度应定期检查。

在任何操作条件下，工作面的平整度均应优于 0.025%。例如在图 2 中，假定一个理想平面与板的表面在 P 点接触，表面上任何其他点 B 与理想平面的距离 AB 与 A 点到参考接触点 P 的距离 AP 之比应小于 0.025/100。

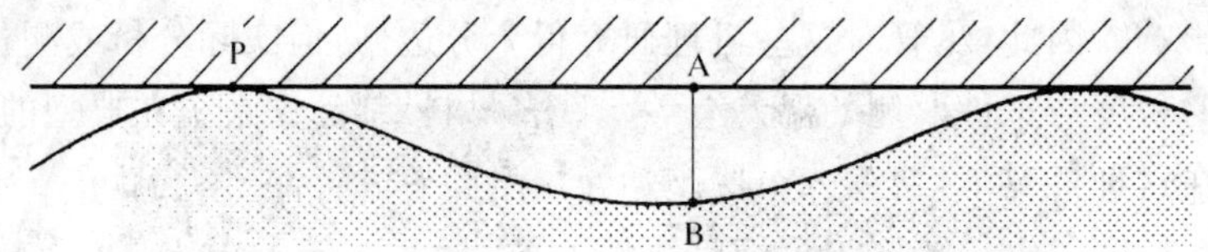

图 2 表面偏离真实平面

2.1.1.2 材料

选择加热单元的材料时应考虑其在最高工作温度时的性能。设计加热单元时应保证提供预期使用所需的热流密度和适宜的特性。加热单元的结构应使加热单元工作时每个表面的温度不均匀性不大于试件两侧温差的 2%。

对于双试件装置，计量单元和防护单元的两个表面的平均温度之间的差值应小于 0.2 K，至少在试件的热阻大于 0.1 $m^2 \cdot K/W$，并且试验平均温度接近室温时应满足以上要求。

加热单元的结构应保证工作表面在工作温度下不会翘曲或变形。

在工作温度下，所有面板的工作表面的总半球辐射率应大于 0.8。

2.1.1.3 隔缝和计量面积

加热单元的计量单元与防护单元之间应有隔缝。隔缝在面板平面上所占的面积不应超过计量单元面积的 5%。

加热器加热丝的间距和分割计量单元与相邻的防护单元的隔缝的设计应满足 2.1.1.2 中板面温度均匀性的要求。

除非其他计算或试验方法确定的计量面积更精确，计量面积应为隔缝中心线包围的面积。某些特殊情况见 3.1c)。

2.1.1.4 隔缝两侧的温度不平衡

应采用适当的方法，如多接点的热电堆，来检测计量面板和防护面板间的平均温度不平衡。

当计量单元与防护单元之间存在温度不平衡时，一些热量会在二者之间流过，部分经过试件(热流量与温度不平衡和试件的导热系数有关)，部分经过隔缝本身(热流量只取决于温度不平衡)。在测量高热阻试件时，这种热不平衡引起的穿越隔缝的热流量必须严格的限制。

虽然对此问题可提供的定量资料很少，但已知在方形防护热板装置里，沿整个隔缝的温度不平衡是不很均匀的。当仅用有限的温差热电偶时，建议检测平均温度不平衡的最有代表的位置是沿隔缝距计量单元角的距离等于计量单元边长四分之一的地方，应避开角部和轴线位置(见图 3 和参考文献[5])。

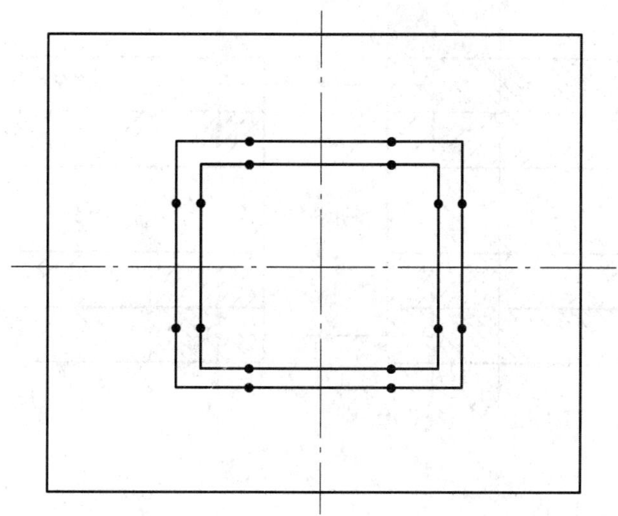

图 3 推荐的不平衡传感器位置

2.1.1.5 不平衡传感器

如果温度不平衡传感器装在金属板和试件间的支承片上(见图 4a))或在金属面板与试件接触的面的沟槽里,那么传感器与金属面板以及试件表面之间,装在计量面上的传感器和装在防护单元的传感器之间都会存在热阻(图 4a))。所有类似情况均是这个原理。

装置工作时,传感器的温度是计量单元与防护单元金属面板之间热平衡和从金属面板到试件的热流密度的复合结果。只有在金属面板与传感器之间的热阻与其他指出的热阻相比可以忽略或从热板流到试件的热流量不流过传感器(图 4b)或图 4c))时,才能得到正确的平衡。当传感器装在金属面板和电加热器之间时,亦应同样考虑。

因此,当在金属面板的沟槽里装设传感器时,无论面对试件还是面对加热器,除非在所有的使用条件下对所述的热阻进行细致的实验和分析校核,否则应避免用薄片或类似的方法固定不平衡传感器。

加热单元面板上的隔缝和穿过隔缝的机械连接的存在,使与试件接触的金属面板内产生小的温度梯度。因此传感器应置于能记录沿隔缝边上存在的温度不平衡,而不是在计量单元和防护单元金属面板上某些任意点间存在的不平衡。建议隔缝边缘到传感器的距离应小于计量单元边长(或直径)的 5%。

实际上温度平衡具有一定的不确定性,因此隔缝的热阻应该尽量高。一般规则是计量单元和防护单元间的机械连接应尽量少,尽可能避免金属的或连续的连接。所有电线应斜地穿过隔缝,并且应该尽量用细的、低导热系数的导线,尽量避免用铜导线。

2.1.2 冷却单元

冷却单元表面尺寸至少应与包括防护单元的加热单元的尺寸相同。它应维持在恒定的低于加热单元的温度。板面的温度不均匀性应小于试件两侧温差的 2%。根据冷却单元要求的温度,可采用恒温的流体、电加热器、在冷面的加热单元的最外表面与辅助冷却器之间插入具有均匀热阻的绝热材料,或者这些方法结合起来使用。

为得到温度均匀性,在设计流体冷却的金属板时应特别注意(见文献[5]和[24])。需在最大热载荷与使用给定的冷却液体流量情况下,对进、出口处流体的温度差进行评估。大多数流体通道,在进出口处流体的温度差比面板的温度不均匀性大。逆流式螺旋通道能得到最好的结果,但在此情况下流体与金属板之间的热阻应足够高(见文献[5] 和[24]),否则面板的温度不均匀性甚至比流体在进出口处的温差还要大。

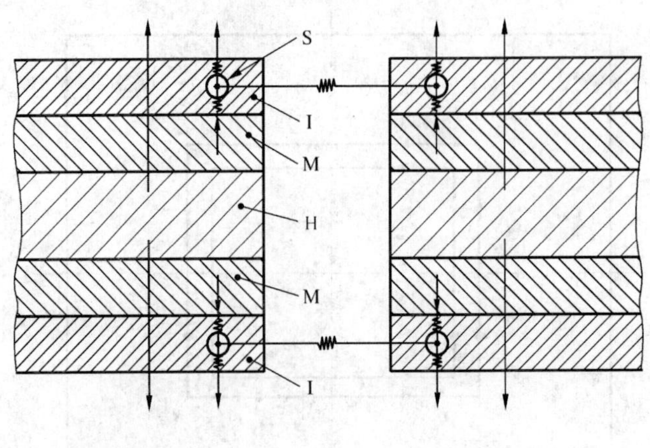

a)

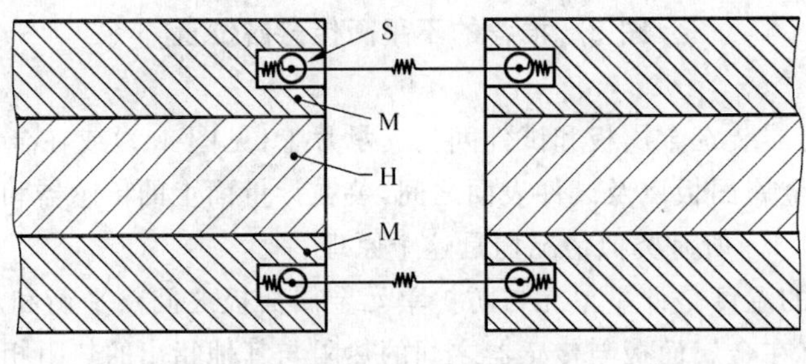

b)

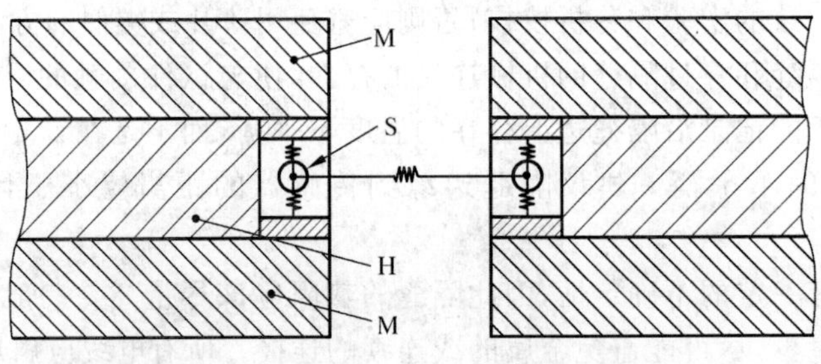

c)

I——由于支撑片产生的隔热层；

H——加热器；

M——加热单元金属面板；

S——不平衡传感器。

图 4　传感器和有关热阻示意图

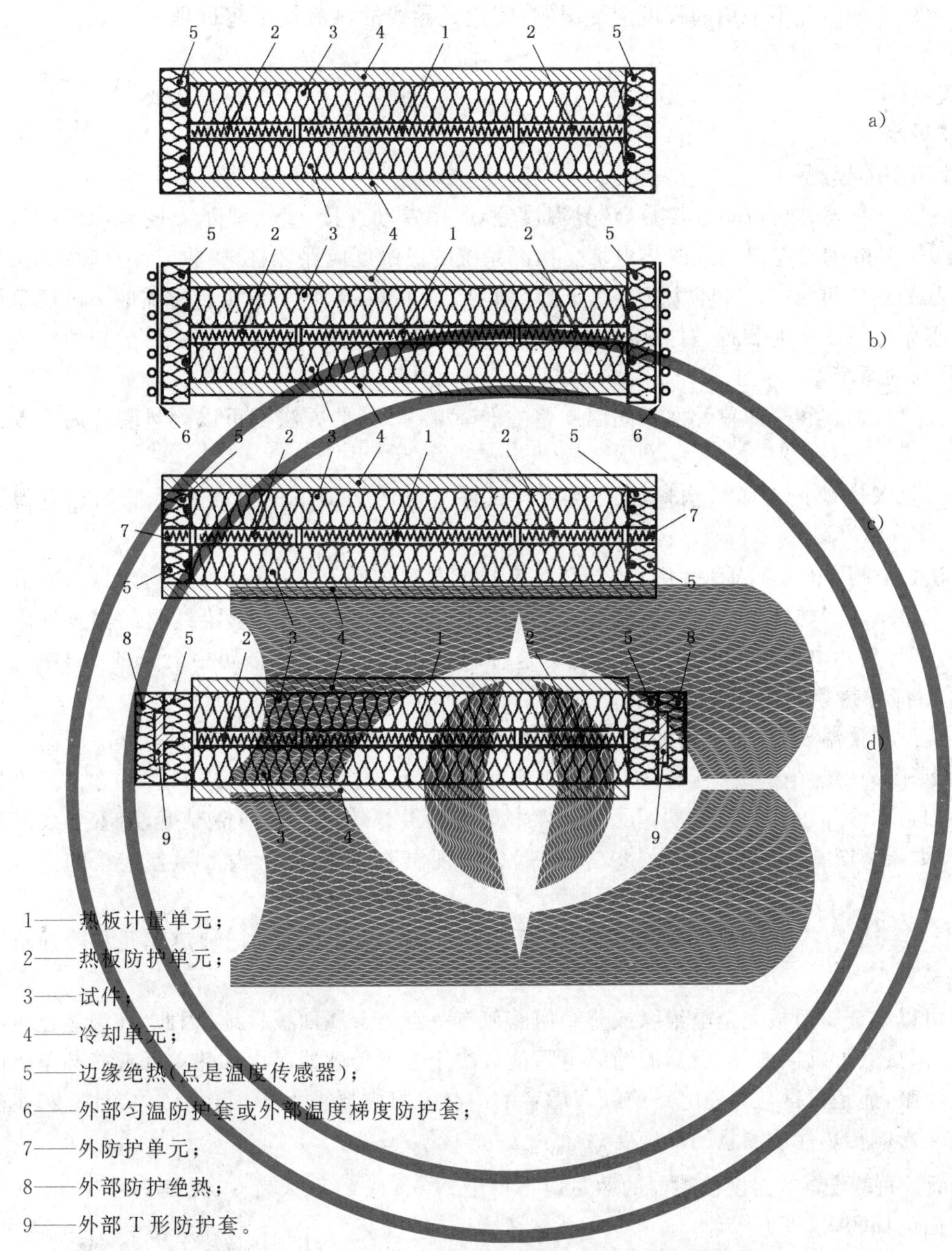

1——热板计量单元；

2——热板防护单元；

3——试件；

4——冷却单元；

5——边缘绝热(点是温度传感器)；

6——外部匀温防护套或外部温度梯度防护套；

7——外防护单元；

8——外部防护绝热；

9——外部 T 形防护套。

图 5　可限制边缘热损失的结构型式

2.1.3　边缘绝热和边缘热损失

由于加热单元和试件的边缘绝热不良，导致试件中的热流偏离一维热流。而且加热单元和试件边缘的热损失会在防护单元的面板内引起侧向温度梯度，因而造成更加背离所求的理想一维传热模式。

由试件边缘的热损失引起的边缘热损失误差，只有在简化的边界条件下，才能对均质的、各向同性的不透明试件进行计算。如果环境温度与试件平均温度相同，这些误差将为最小。关于这类误差的计算，见 2.2.1 和参考文献[4]、[5]、[10]、[11]、[19]、[28] 和[37]。

其他的边缘热损失误差几乎没有分析资料。因此，应限制防护部分及试件外边缘的热损失。可以通过采用边缘绝热、控制环境温度、增加外防护套或线性温度梯度的防护套，或者这些方法结合使用来限制边缘热损失。图 5 列出四种可能的构造。

加热单元边缘热损失的一个很重要途径是沿加热器和温度传感器的导线散热。因此需要在加热单元附近提供一个温度相同的等温表面，所有导线应牢固地固定在这个表面上，这个等温面可以是辅助防护单元或其他合适的表面。热不平衡的程度应受限制，使流经导线的热流量不超过理想一维条件下穿过试件热流量的10%。

2.1.4 测量装置

2.1.4.1 温度测量

2.1.4.1.1 温度不平衡检测

测量温度不平衡的传感器可以单独读数，计算温度差，或用差动连接，直接显示温度差，效果更好。常采用直径小于0.3 mm的热电偶组成的热电堆。检测系统的灵敏度应保证，由实验或计算确定的、隔缝温度不平衡引起的热性质测定误差不大于±0.5%。随着温度的降低，许多温度传感器的灵敏度急剧降低，因此，在低温条件下使用的装置，对热电堆测量和控制系统的设计应特别注意。

2.1.4.1.2 装置内的温度差

任何能够保证测量加热和冷却单元面板间温度差的准确度达1%的方法都可以测量装置内测点的温度。

表面温度常用永久性埋设在面板沟槽内或放在与试件接触的表面下的温度传感器如热电偶来测量。

采用其他方法(如将热电偶埋入薄片中)要特别注意减少测量表面温度的误差，尤其是当试验低热阻的试件时。图6中示出了热电偶的一些连接形式。由于热电偶线不是很均匀，沿线材的温度梯度会产生小的热电势，常导致热电偶测量产生系统误差。这种现象在合金中比纯金属中大。图6a)中每支热电偶在水浴R中都有参考接点，能够分别读数。

当要求高准确度测量温度差，而不是加热和冷却单元的绝对温度时，可按图6b)或图6c)的温差连接法。当图6b)或图6c)中热电偶线1_c，2_c，1_h，2_h由纯金属制成，且连接H_1到C_1或H_2到C_2的热电偶线处于温度接近加热和冷却单元的温度的箱子A内时，可得到最好效果。这种情况下，沿着导线的温度差最小。相反，如果将图6a)中导线1和1'夹在一起以实现温差连接，则就失去温差连接的大多数优势。

图6b)的接法容许平均各温差测点的系统误差。而图6c)中的连接方法则把加热单元和冷却单元间的金属连接减至最小。

温度传感器可以与金属面板完全电绝缘或整个回路仅有一点与金属面板接地(因此，在温差连接法中，只有一个热电偶接点可以接地)。所需的绝缘电阻值取决于温度传感器是由加热单元或冷却单元的接地的金属面板屏蔽，还是只是与其他电路绝缘。后者的绝缘电阻常要求大于100 MΩ，应计算和实验证明其他线路不会影响传热性质测量的准确度。

在计量单元面板每侧设置的温度传感器的数量应不少于$N\sqrt{A}$或2(取大者)。此处$N=10/\text{m}$，A为计量单元一个表面的面积，以平方米计。

推荐将一个传感器设置在计量面的中心。冷却单元面板上设置温度传感器的数量与计量单元的相同，位置与计量单元相对应。

2.1.4.1.3 试件的温差

由于试件与装置的面板之间的接触热阻的影响，试件的温差用不同的方法确定。

下面推荐一些方法，其中一些方法产生的误差描述于文献[6]中。然而，在某些情况，试验方法的选择还有待操作者的判断。

a) 表面的平整度符合面板要求的均匀平面，且热阻大于0.5 $m^2 \cdot K/W$的非刚性试件(见1.7.1)，温差由永久性埋设在加热和冷却单元面板内的温度传感器(通常为热电偶)测量。

b) 刚性试件(见1.7.1)可以用适当的均质的薄片插入试件与面板之间。由薄片-刚性试件-薄片组成的复合试件的热阻按2.1.4.1.3a)的方法确定，如薄片的热阻已知时，可计算出试件两侧的温差(本方法的限制见3.2.2.2.1)。

c) 另一种测量刚性试件两侧温差的方法是与试件表面齐平或在试件表面的沟槽内装设热电偶。这种方法还可与在试件和面板之间插入低热阻的薄片配合使用。

2.1.4.1.4 **温度传感器的型式和安装**

安装在金属面板内的热电偶，其直径应不大于 0.6 mm，较小尺寸的装置，宜用直径不大于 0.2 mm 的热电偶。放在试件表面或置入试件表面内的热电偶直径应不大于 0.2 mm。低热阻试件表面的热电偶宜埋入试件的表面内，否则必须用直径更细的热电偶。

用于测量试件热面和冷面温度的热电偶，必须用标定过的或由供应商检定过的热偶线材制作，线材的误差极限应满足表 B.1 中专用级的要求。当热电偶用于测量 21 K～170 K 的温度时，标准误差应限制在±1%。有关热电偶在低温范围的安装、灵敏度、准确度的信息，请参见文献[7]～[9]。

因温度传感器周围热流的扭曲、传感器的漂移和其他特性引起的温差测定误差应小于±1%。

使用其他温度传感器时，亦应满足上述要求。

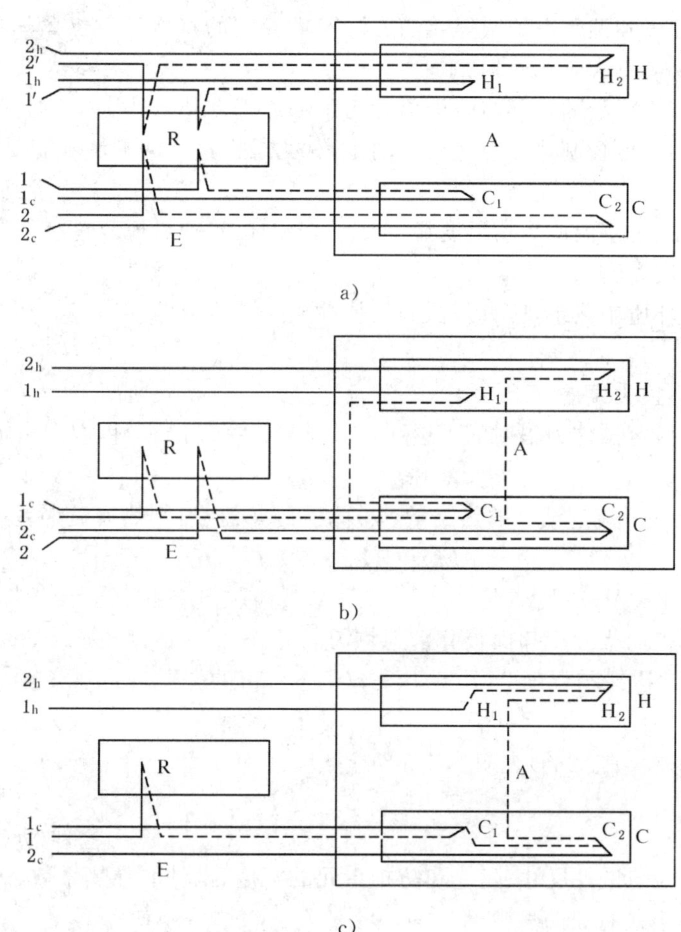

H——加热单元；

H_1，H_2——加热单元上的热电偶接点；

C——冷却单元；

C_1，C_2——冷却单元上的热电偶接点；

R——参考点恒温水浴，通常为冰水混合水浴；

A——装置箱体，通常调节温度至测试的平均温度；

E——环境，通常指实验室空气。

图 6 热电偶连接形式

2.1.4.2 **厚度测量**

测量试件厚度方法的准确度应小于 0.5%。由于热膨胀或板的压力，试件的厚度可能变化。建议尽可能在装置里、在实际的测定温度和压力下测量试件厚度。可用装在冷板四角或边缘的中心的垂直于板面的测量针或测微螺栓测量试件厚度。有效厚度由试件在装置内和不在装置内时(冷板用相同的力相对紧压)测得距离的差值的平均值确定。

2.1.4.3 电气测量系统

测量系统的设计与加热器的设计、使用的测温传感器和温差传感线路有关。这些线路的输出范围随装置的工作范围而变化,很可能变化达几个数量级。这需要高线性、宽量程(多数字位显示)或低线性、多量程的测量仪器。按使用者的总体要求选择。

测量温度和温差系统的灵敏度和准确度应不低于温差的0.2%。测量加热器功率的误差,在全范围内均应在0.1%之内。

2.1.5 夹紧力

应配备施加可重现的恒定夹紧力的装置,以改善试件与板的热接触或在装置的板之间保持准确的间距。

可采用恒力弹簧、杠杆和配重系统或等效的方法产生稳定的将冷板相互紧压的力。就大多数绝热材料而言,施加的压力一般不大于2.5 kPa。

测定可压缩的试件时,冷板的角部与防护单元的角部之间需垫入小截面的低导热系数的支柱以限制试件的压缩,亦可采用其他控制热板与冷板之间距离的方法,这样的测试不需要恒压装置。

2.1.6 围护

当冷却单元的温度低于室温或平均温度显著高于室温时,防护热板装置应该放入封闭容器中,以便控制箱内环境气体的温度和露点或冷凝点。

如需要在不同气体环境中测定,应具备控制气体性质及其压力的方法。

2.2 误差分析

2.2.1 不平衡和边缘热损失误差

大部分误差计算时假定试件为辐射的不透明体。对于低密度的材料,它们是辐射的半透明体,此时一些计算公式可能不准确。

若Φ是理想一维条件下流过试件的热流量,Φ_T为实际热流量,则热流量误差E_Φ按下式计算:

$$E_\Phi = (\Phi_T - \Phi)/\Phi$$

热流量Φ可用$\Phi = T \cdot A \cdot \Delta T/d$(见3.5.2)计算。对辐射不透明的传导试件,用$\lambda$代替$T$。

假设:计量面板、防护面板和冷却面板分别为均匀温度T_1、$T_1-\Delta T_g$和T_2;试件为均匀的各向同性体,其导热系数为λ;试件边缘与温度为$T_e = T_2 + e(T_1 - T_2)$的介质进行热交换。此处e为无量纲数,$e = (T_e - T_2)/(T_1 - T_2)$。

理论分析(Bode,参考文献[28])表明热流量误差:

$$E_\Phi = Z_1 + eZ_2 + \frac{\Delta T_g}{\Delta T} \times Z_3$$

式中,Z_1,Z_2和Z_3为与试件尺寸、隔缝和防护单元的宽度、试件的导热系数、表面传热系数、试件的边缘以及越过隔缝的热连接有关的参数。

当隔缝两侧温差ΔT_g等于零时,实际热流量Φ_T只受对应于边缘热损失误差的热流量Φ_e的影响。因此Z_3是与不平衡误差E_g有关的参数。

Z_1,Z_2和Z_3的计算需要很复杂的级数展开。当表面传热系数趋向无限大时,边缘热损失误差E_e可由以下近似式(见参考文献[11])表达:

$$E_e = \frac{\Phi_e}{\Phi} = Z_1 + eZ_2 = \left\{\frac{d}{\pi l}\left[e\ln\frac{\cosh\left(\pi\frac{b+l}{d}\right)+1}{\cosh\left(\pi\frac{b}{d}\right)+1} + (1-e)\ln\frac{\cosh\left(\pi\frac{b+l}{d}\right)-1}{\cosh\left(\pi\frac{b}{d}\right)-1}\right]\right\}^2 - 1$$

式中:

b——防护部分宽度(从隔缝中心量起),单位为米(m);

d——试件厚度,单位为米(m);

l——从隔缝中心到中心的计量部分宽度(或直径)的二分之一,单位为米(m)。

只有测定条件与模型相符时,这个简化公式才能给出正确的结果,例如它不适用于对辐射为半透明的试件、对辐射不透明的或半透明的各向异性或非均质试件。这个公式只推荐用于设计装置时使边缘热损失的影响最小,决不能用于修正测量数据。

当 e 值接近 0.5 时,边缘热损失误差最小。不过要使试件边缘温度精确地维持在平均测定温度(对应于 $e=0.5$)是困难的。因此计算时 e 值应不大于 0.25。

通过不平衡误差公式 $E_g=(\Delta T_g/\Delta T)Z_3$,热流量误差 $\Phi_g=E_g\Phi$ 可由下式表示:

$$\Phi_g=(\phi_0+\lambda\cdot c)\times\Delta T_g$$

式中:

$\phi_0\Delta T_g$——由于导线和连接件等的热传导而引起的通过隔缝的热流量;

$\lambda\cdot c\Delta T_g$——穿过单个试件或两个试件(双试件导热仪)的热流量。

由上式整理可得:

$$Z_3=\frac{d}{A}\left(\frac{\phi_0}{\lambda}+c\right)$$

系数 c 不是严格的常数,在近似的边界条件下,考虑双试件装置中流过两个试件的热流量,理论估计的 c 值为(见参考文献[12]):

$$c=\frac{16l}{\pi}\times\ln\frac{4}{1-e^{-(2\pi g/d)}}$$

式中:

g——隔缝的宽度,单位为米(m)。

热板的结构尺寸和材料已知时,用基本传热公式可算出 ϕ_0 值。ϕ_0 和 c 也能够用实验检验(见参考文献[1]及 2.4.4)。以上分析中假设 2.1.1.4 中所述的矩形装置中沿隔缝方向温度不平衡的不均匀和 2.1.1.5 中所述的平衡传感器安装引起的问题可忽略。如果不能忽略,相应的误差应计入 E_g 中。

2.2.2 不对称条件引起的误差

如果两块试件不是完全相同,则温差会略有差别。假定两块试件的导热系数相等,并与温度无关,则因非对称条件导致的误差 $E_s=\Delta\lambda/\lambda$ 可写成:

$$E_s=\frac{\Delta\lambda}{\lambda}=\left[\frac{d_A-d_B}{2d}\right]^2+\frac{(T_{1A}-T_{2A})-(T_{1B}-T_{2B})}{2(T_1-T_2)}\times\frac{d_A-d_B}{2d}$$

其中下标 A 表示第一块试件测试量,B 代表第二块试件测试量,无下标的是平均值。

如果两块试件的导热系数不同或与温度有关,则确定 E_s 的公式就更加复杂。其他的传热性质可以推导出类似的表达式。如果满足 3.2.1 和 3.3.6 的要求,E_s 可以忽略。

2.2.3 其他误差

测量误差中还包括测量尺寸和低电压量的误差,设计者和操作者都应考虑这些误差。主要有:

a) E_E:施加在计量部分的电功率的测量误差。

b) E_A:确定切割的和非切割试件、加热单元的计量面积及隔缝尺寸的测量误差。

c) E_T:温度和温差的测量误差:与温度传感器标定的准确度、测量装置的准确度和噪声、温度传感器位置不确定性、温度传感器与试件间的接触热阻的不确定性有关。

d) E_d:厚度的测量误差:与测量仪器的准确度、试件平均厚度的不确定度(由于不知道试件和面板的表面平整度)有关。如果厚度不是在试验状态下测量,还与测定条件的不一致有关。

2.2.4 总误差

在 2.2.3 中叙述的误差中大部分是系统误差。因而总误差是相加的,但它们同时作用在一个方向(增加或减小所测定的热性质)的概率是有限的。正确的定义最大或然误差需要复杂的统计分析。如果没有一项误差远远大于其他误差,则最大或然误差在总误差的 50%~75%之间。

2.3 装置设计

2.3.1 装置所要求的性能

设计防护热板装置前，首先应明确下列参数：

a) 被测试件的最大和最小厚度；

b) 试件的最大和最小热阻；

c) 试件的最大和最小温差；

d) 防护部分平衡系统的灵敏度；

e) 冷却单元的最低温度；

f) 加热单元的最高温度；

g) 在最差条件下，测量性质允许的最大误差(装置的整体准确度)；

h) 周围环境气氛。

2.3.2 初步选择装置的尺寸

初步试探时取计量单元的边长(或直径)为试件最大厚度的4倍，而防护单元的外边长(或直径)为试件最大厚度的8倍。

从1.7.9建议的尺寸系列中选择装置的尺寸。

2.3.3 加热单元的温度均匀性

首先设定加热单元金属面板的厚度。因边缘热损失，在防护单元面板上会有大的温度不均匀性。

计算经过导线传出的热损失 Φ_W 以及经过加热单元边缘和试件边缘的热损失 Φ_{e1}(见2.1.3)。

对于图5中的第一种情况，没有设置外防护套的装置，假定周围由均匀热阻 R_e 绝热。R_e 可以是只有自然对流或作为平板考虑的绝热材料的热阻。

边缘热损失可由下式粗略估计：

$$\Phi_{e1} \approx \frac{P}{R_e}\left[\frac{y}{4}(T_1 - T_2) + \left(d + \frac{y}{2}\right)(T_m - T_a)\right]$$

式中：

d——试件的厚度，单位为米(m)；

$(T_1 - T_2)$——试件热面和冷面之间的温度差，单位为开(K)；

y——加热单元的厚度，单位为米(m)；

P——防护单元的周长，单位为米(m)；

R_e——边缘绝热的最小热阻，单位为平方米开每瓦[$m^2 \cdot K/W$]；

T_m——试件的平均温度，单位为开(K)；

T_a——边缘绝热的外表面温度(实际上可取为实验室室内温度)，单位为开(K)。

应指出 Φ_{e1} 同时受$(T_m - T_a)$和$(T_1 - T_2)$的影响，因此，若希望从试件外边缘流出的净热流量接近于0，则$(T_m - T_a)$应保持在较小值。

计算防护单元中由边缘热损失引起的热流量 $\Phi_{e1} + \Phi_W$，粗略评估加热单元金属面板偏离均温状态的程度。然后，假定这些热流量全由防护加热器以均匀热流密度 q_e 传送到防护面板，并仅有防护面板边缘与外界热交换，按此计算金属面板的温度不均匀性(见图7)。

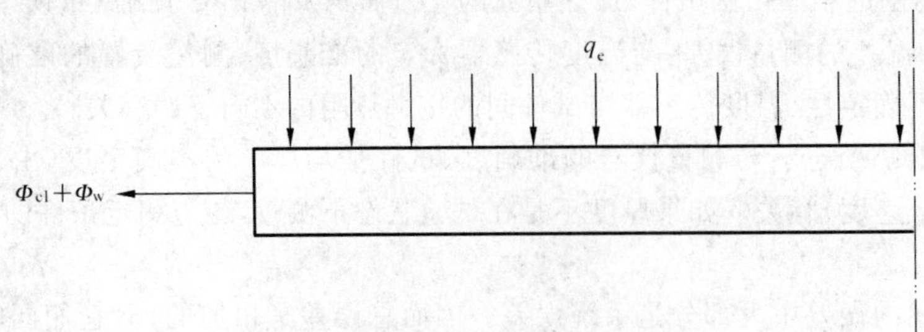

图7 评估金属板内温度均匀性

由隔缝引起的计量单元和防护单元温度不均匀性亦可用类似方法计算。在加热单元为最大热流密度时,必须进行这项检查。如设计者没有设计防护热板装置的经验时,应利用已被证实的设计。

计算结果中,应检查加热单元的面板的厚度是否合适。金属面板的厚度在温度均匀性满足 2.1.1.2 要求的情况下应尽量薄,因为厚的面板将增加不平衡误差。

2.3.4 冷却单元温度均匀性

计算试件热阻为最小、试件的温差为最大时流过试件的最大热流量,加上由于边缘热损失的热流量和冷却单元与环境热交换的热流量。选择冷却系统、金属面板厚度和冷却流体的质量流量(适当时),以达到 2.1.2 所述的温度均匀性。

2.3.5 不平衡和边缘热损失误差

确定 E_g+E_e 的最大允许值,并按 2.1.1.3 确定一个试探性的隔缝宽度。窄的隔缝增大不平衡误差,而宽的隔缝则增大计量面积不确定性。

按 2.2.1 算出参数 ϕ_0 和 c。

按 2.2.1 估算试件的不平衡和边缘热损失误差。当试件的热阻和厚度为最大,而(T_1-T_2)为最小时误差最大。

如果不能按上述方法计算试件和防护单元的边缘热损失误差,则必须算出防护单元的热流量。边缘热损失的热流量不得超过理想一维条件下试件内热流量的 20%(参考 2.3.3 试算)。

不平衡误差应与不平衡检测系统的灵敏度相适应,其值不应远大于(或远小于)边缘热损失误差。因此,应验证防护单元的最佳宽度和试件的最大允许厚度(见文献[5])。附录 C 为计算机程序清单,只要确定了 E_g+E_e 的和,可算出最大试件厚度。如防护热板装置在适当的范围内变化,能够修改程序以评价任何一个装置的性能。

若结果不满足要求,可能需要另外设定尺寸或增加外防护单元,从本标准的 2.3 开始,找寻新方案。

2.3.6 详细设计

当选定装置的合适尺寸后,进行如下具体设计:

a) 按最小试件厚度确定表面公差;

b) 选择表面处理工艺,保证总半球发射率大于 0.8(室温下氧化的金属表面和许多油漆符合此要求);

c) 确定装置的所有细节,如温度传感器的位置和安装方法、加热器布线、机械连接、厚度测量装置等;

d) 按冷却单元的最低温度选择冷却系统;

e) 按所需的环境(气氛)、它的稳定性和漂移的要求,选择环境气氛调节系统,保持边缘热损失误差值在规定的范围内;

f) 选择温度自动控制系统,使温度漂移和波动减小到可以接受;

g) 按最大功率需要(见 2.3.1)和最小功率(试件热阻最大温差最小)时允许的漂移选择计量单元的电源;

h) 按最小温差选择温度测量系统的灵敏度和准确度。

2.3.7 总误差

评估 2.2 所述的所有误差,计算总误差并与 2.3.1 给出的装置整体准确度进行比较,若按 2.2.4 中定义的总误差比预定的允许误差小,设计是成功的。

2.4 装置的性能校核

新的或改进过的防护热板装置,必须细致地进行下列各项校核后才能投入正常使用。

2.4.1 平整度

工作表面的平整度用四棱尺或金属直尺检查,将尺的棱线紧靠被测表面,在尺的背面用光线照射棱线进行观察,可容易地观察小到 25 μm 的偏离,大的偏离可用塞尺或薄纸测定。

2.4.2 电气连接和自动控制器

将薄的、低热阻的试件装入装置内，并让整个装置在室温中与实验室空气热平衡。所有温度传感器指示的温度应很接近室温，检查每个温度传感器的噪声，用欧姆表检查所有电路的绝缘状况。

在加热单元的金属面板与计量单元或防护单元加热器的一条引线之间，加上加热单元加热器预期的最大工作电压(应无电流流过)。如果温度传感器的接地、屏蔽、电气绝缘正常，则读数不会波动。在装置工作温度的两端重复上述检查。在低于室温时，降低电气绝缘的一个常见的原因是湿度。在高温下，电气绝缘也会有较大的变化范围。

检查不平衡检测仪表和所有自动控制仪器的噪声及漂移。

2.4.3 温度测量系统

把装有试件的防护热板组件密封于空气调节箱内，调节冷却单元的温度为其使用范围内某一适当值。把箱体内部的环境温度控制到同一温度值。

不向加热单元的计量加热器和防护加热器施加电功率。此时加热单元的温度必须与冷却单元温度一致，差异应在测量系统的噪声范围内。此外，防护单元温度与计量单元温度不平衡亦应在不平衡检测仪表的噪声范围内(这种均温布置亦能用于检查热电堆)。可能产生错误结果的原因是由于空气调节箱的设计不良，装置的绝缘不良或温度传感器的布线和连接不当造成的。

2.4.4 不平衡误差

对于新装置，应采用不同试件和不同的计量-防护单元温度不平衡程度进行试验，从而求出各种试件的最大不平衡误差(见 2.2.1、参考文献[1]～[5] 和[12])，在 2.2.1 中讲述的 ϕ_0 和 c 通过下述方法确定，以低导热系数的一个(或一对)试件用不同的温度不平衡 ΔT_g 进行一系列试验，测量导热系数的变化。用试验结果拟合 $\Delta\lambda$ 对 ΔT_g 的曲线，它应是一直线，从而可确定出 $\Delta\lambda/\Delta T_g$。

用高导热系数的试件进行同样试验和计算。利用 $E_g=\Delta\lambda/\lambda$ 和两个极端导热系数下得出的 $E_g=(\Delta T_g/\Delta T)Z_3$ 两个方程可求得装置的常数 ϕ_0 和系数 c。类似的方程也能用于其他被测量特性。

不平衡检测装置的噪声和漂移必须小于在最恶劣的试验条件下允许的最小不平衡电压值。

2.4.5 边缘热损失

当试件的厚度和热阻为最大，而试件的温差为最小时，边缘热损失使测量的误差最大。

检查时放入厚度和热阻接近最大设计值的试件，以设计的最小温差进行测定。测量防护单元的输入功率，它不应比理想一维条件下防护单元流过试件的热流量所需的功率相差太多。

然后必须用实验检验边缘热损失对测得的热性质的影响。可能时，唯一的直接方法是改变环境温度，观察防护单元加热器的功率和测定的热性质的变化。这项信息有助于确定任何型式的试件(均质的或非均质的，各向同性或非各向同性等)的环境温度允许漂移的范围(见 2.2.1)。

当不可能改变环境温度时，确定边缘绝热或防护是否满足要求的有效方法是：在埋入试件边缘中心的薄金属片上焊上热电偶测量试件边缘中心的温度 T_e。$(T_e-T_m)/\Delta T$ 值应小于 0.1，此处 T_m 是试件的平均温度，ΔT 是试件两侧的温差。本方法仅适用于均质材料。要得到最高准确度时，此值应小于 0.02。

2.4.6 装置工作面的热辐射率

若在热板和冷板之间建立一个厚度 d 在 5 mm～30 mm 的空气层(防止发生自然对流)，单位温度差的热流密度 h_t 是 λ/d 与 $4\sigma_n T_m^3(2/\varepsilon-1)$ 的和(λ 是空气的导热系数，σ_n 是斯蒂芬-波尔兹曼常数)。对 $h_t\propto 1/d$ 的图进行最佳拟合可得到空气导热系数 λ 和 $4\sigma_n T_m^3(2/\varepsilon-1)$，进而求出装置的面板的辐射率。当自然对流不能避免时，则要求更复杂的程序(见文献[21]、[38])。

2.4.7 线性试验

装置经 2.4.3～2.4.6 检查，满足设计的要求后，装入一个(或一对)由热稳定的并且导热系数与温度成线性关系的材料制作的试件。BCR(欧盟标准样品局)的参考材料 RM 64(密度接近于 90 kg/m³ 的玻璃棉板)和 NBS(美国国家标准局)参考材料 SRM 1450(密度范围为 110 kg/m³～170 kg/m³ 的玻璃棉板)各自分别在170 K～370 K、255 K～330 K试验温度下满足要求。在给定的平均温度下,以不同的温差如10 K、20 K和40 K测量导热系数,其结果应与温差无关。

以不同的平均温度重复这种检查。如果结果不理想,这有可能是边缘热损失和不平衡传感器的安装位置不合适的联合影响。

2.4.8 综合性能检查

所有上述检查满足后,至少应对两套曾在国家认可的实验室标定过的,热性质稳定的材料进行测定。每套试件应在运行的温度范围内两个典型的平均温度下进行测定。所有测定宜在标定的90 d内进行。若测定结果有差异,应详细研究其产生原因,采取恰当的措施将其消除。只有在成功地对比之后,才能签发遵照本标准进行测定的报告。不再需要进一步的校核。但建议进行定期的检查。

3 试验过程

3.1 概述

根据本标准的技术要求,可对低热导率的试件或绝热材料、产品、系统进行传热性质测量。

此处假定操作者通晓前述所有热传递的基本原理以及有关防护热板装置的设计和操作原理,并且能和委托试验特定试件(或样品)或对材料、产品或系统的传热性质有特殊信息要求的人讨论它们对测量的影响。

在进行任何测量之前,确定能用防护热板装置进行有效测量后,必须做出一系列决定,这些决定与希望或要求作为直接测量的结果的特定性质(如导热系数或热阻),或者与测量特性中任何相互关系(如导热系数为温度的函数或在给定温度下导热系数为密度的函数)有关。

这些决定将受下列因素的影响:

a) 可提供的或必须的装置的尺寸和形式。一个特定尺寸的装置也许不能满足对所有厚度的试件进行试验以直接测定或者从直到它的最大极限厚度的测量值中内插得到所有要求的热特性(见3.4.2)。与此类似,可提供的或必须的温度和环境条件的范围也许不可能直接或从装置提供的范围内的测量值中内插得到所要求的数据;

b) 可提供的或需要的试件尺寸和数量。这取决于特定的试件或材料的最终试验目的。如果材料、产品或系统在性质上是高度各向异性体,那么首先应按3.4.1决定防护热板法是否可用于测量;

c) 在试件和装置之间插入低热阻薄片和在试件上安装温度传感器(热电偶)(见2.1.4.1.3)的必要或适宜性。这些技术旨在正确测量低热阻和(或)硬质试件表面的温差。对于高热导率的试件、制品或系统,尤其是各向异性材料,一些实验室将试件加工成与所用装置的计量单元、防护单元尺寸相应的中心和防护两部分或将试件制成与中心计量单元尺寸相同,而隔缝和防护单元部分用合适的绝热材料代替。

这些技术只有在提供其误差评估后才能应用。

上述两种情况,计算中所用的计量面积A应为:$A=A_m+A_g\times\frac{1}{2}\times\frac{\lambda_g}{\lambda}$

式中:

A_m——计量部分面积;

A_g——隔缝面积;

λ——试件的导热系数;

λ_g——绝热材料的导热系数或填充在面对隔缝部分的材料的导热系数。

d) 把试件封在防水汽套中,以防止干燥后吸收湿气或在状态调节后含湿量变化的必要或适宜性;

e) 采用厚度支柱或在试件上施加压力的要求。

操作者必须意识到以确定在第一章中定义的稳态传热性质之一为目的的和材料的产品标准所

要求的测量之间的差别，后者可能按产品标准中抽样计划的要求抽取试件，而不符合本标准叙述的所有要求。典型的情况是试件的平整度未达到保证与面板的良好接触，或者未达到3.2.2.2.1中要求的平行度，或者在与最终使用厚度相差很多的厚度下试验。因此，这些试验的数字结果必须认为仅是接受或拒绝特定的材料批的方便手段。而不一定作为材料或试件的有意义的热性质。

3.2 试件

3.2.1 选择和尺寸

根据装置的形式(见1.6.2)从每个样品中选取一或两个试件。当需要两块试件时，它们应该尽可能地一样，厚度差别应小于2%。除3.1c)叙述的特殊应用外，试件的尺寸应该完全覆盖加热单元的表面。试件的厚度应是实际使用的厚度或大于能给出被测材料热性质的最小厚度(见3.4.2)。试件亦应满足在1.7和1.8中指出的一般要求。当采用2.2.1的公式时，试件厚度与加热单元尺寸的关系应把不平衡和边缘热损失误差之和限制在0.5%之内。当加热单元有其他构造细节时，应做单独的分析以确定不平衡和边缘热损失误差之和等于0.5%的点。

3.2.2 制备和状态调节

3.2.2.1 符合材料标准

试件的制备和状态调节应按照被测材料的产品标准进行。无材料标准时按下述方法。

3.2.2.2 除松散试件外的材料的总则

3.2.2.2.1 准备

试件的表面应用适当方法(常用砂纸、车床切削和研磨)加工平整，使试件与面板或插入的薄片能紧密接触。

对于刚性材料，试件的表面应制作得与加热面板一样平整(见2.1.1.1)。并且整个表面的不平行度应在试件厚度的2%以内。

刚性材料试件且热阻小于0.1 $m^2 \cdot K/W$时，则应采用薄片(见2.1.4.1.3b))或在试件上安装温度传感器(见2.1.4.1.3c))测定试件的温度差。当使用2.1.4.1.3b)的方法时，薄片的热阻不应大于试件热阻的十分之一。薄片/刚性试件/薄片组合试件的热阻用固定安装在加热单元和冷却单元面板上的温度传感器指示的温差确定。插入的薄片的热阻用类似的方法单独测定，测定时的平均温度和平均厚度与插入在试件表面使用时相同。刚性试件的热阻由两个热阻计算得到。

如果使用时不注意，本方法可能有严重的误差。因为薄片的热阻包括装置的面板与薄片的接触热阻，因此，不是总能够由同样材料的厚试件的导热系数推算出薄片的热阻。另外，薄片安装在装置与试件之间的热场，可能与单独测定时有很大差异。当试件和薄片的导热系数相似且薄片的厚度与隔缝的宽度相当或小于隔缝的宽度时(见1.7.5和1.7.6)，热场的差异可能比较大。

当采用2.1.4.1.3c)的方法时，推荐用很细的热电偶线或薄片式热电偶。它们应安装在试件的表面或埋入试件的表面内，测量的厚度应按照热电偶的位置进行相应的修正。

测量试件温度差的方法可能存在难以评价不确定度的问题，其中包括由于热电偶的存在使其附近的热流线扭曲、确定热电偶节点有效的准确位置不精确和在热电偶节点处试件表面的局部不均匀性(如气孔、空洞或夹杂物)的影响。

比较两种方法得到的结果，有助于减少测量误差。

在试件中心计量区域的每一面上均匀布置的热电偶的数量不应少于$N\sqrt{A}$或2个(取大者)，此处$N=10\ m^{-1}$，A是计量单元的单面面积，以平方米计。如果采用独立的热电偶，试件的有效厚度应取垂直于试件表面的试件两侧热电偶中心距离的平均值。

热电偶的型号和布置见2.1.4.1.4。当试件的热阻在0.5 $m^2 \cdot K/W$～0.1 $m^2 \cdot K/W$范围内或试件为硬质材料时，亦推荐用2.1.4.1.3b)或2.1.4.1.3c)的方法。

3.2.2.2.2 **状态调节**

测定试件质量后，必须把试件放在干燥器或通风的烘箱里，以对材料适宜的温度将试件调节到恒定的质量。热敏感材料不应暴露在会改变试件性质的温度中。当试件在给定的温度范围内使用时，应在这个温度范围的上限、空气流动并控制的环境下调节到恒定的质量。

如果使用吸附剂或吸收剂，系统可以是封闭的。例如在封闭的干燥器中，以 330 K～335 K 的搅拌空气调节某些泡沫塑料。

从测量干燥前后的质量计算相对质量损失。当测量传热性质所需的时间比试件从实验室空气中吸收显著的湿气所需的时间短时(如混凝土试件)，建议在干燥结束时，很快将试件放入装置中以避免吸收湿气。反之(例如测量低密度的纤维材料或泡沫塑料试件)，建议把试件留在标准的实验室空气(296 K±1 K;50%±10%RH)中持续调节到与室内空气平衡(质量衡定)。中间情况(如高密度纤维材料试件)对试件的调节过程按操作者的经验确定。

为减少试验时间，试件可在放入装置前调节到试验平均温度。为防止测定过程中湿气渗入(或溢出)试件，可将试件封闭在防水汽的封套中。如果封套的热阻不可忽略，封套的热阻必须按照 2.1.4.1.3 中刚性试件使用的薄片一样进行单独测量。

3.2.2.3 **松散材料的试件制备总则**

3.2.2.3.1 **概述**

测定松散材料时，建议试件的厚度至少为松散材料中的珠、颗粒、小薄片等平均尺寸的 10 倍，可能时为 20 倍。当这些颗粒是刚性时是最严格的情况。当不能满足要求时，应考虑用其他试验方法，如防护或标定热箱法。从样品中取出比试验所需的量稍多的有代表性的试件，在按 3.2.2.2.2 状态调节(如可采用)前和后，分别测定其质量。

由这些质量计算质量损失百分比。

称出一些经过状态调节的试件，按材料产品标准的规定制成一个(或两个)要求密度的试件。如果没有标准，则按下述两个方法之一制作。

由于已知试件的最终体积，所以能够确定需要的质量。然后将试件很快放入装置或按前述的方法，放在标准的实验室环境中达到平衡。当使用方法 A 或方法 B 的盖子的热阻可忽略时，试件的表面温度应认为等于加热单元和冷却单元面板的温度。

3.2.2.3.2 **方法 A**

装置在垂直位置运行时推荐使用本方法。

在加热面板和冷却面板间设立要求的间隔柱，组装好防护热板组件。在周围或防护单元与冷却面板的外边缘之间铺设适合封闭样品的低导热系数材料，形成一个(两个)顶部开口的盒子(加热单元两侧各一个)。

把称重过的状态调节好的材料分成四(八)个相等部分，每个试件四份。依次将每份材料放入试件的空间中。在此空间内振动、装填或压实，直到占据它相应的四分之一空间体积，制成密度均匀的试件。

3.2.2.3.3 **方法 B**

装置在水平位置运行时推荐使用本方法。

用低导热系数材料做成一个(或两个)外部尺寸与加热单元相同的薄壁盒子。盒子的深度等于被测试件的厚度。用不超过 50 μm 的塑料薄片或耐热且不反射的薄片(石棉纸或其他适当的均匀薄片材料)制作盒子开口面的盖子和底板，以粘贴或其他方法把底板固定到盒子的壁上。

从试件方向看到的诸表面，在工作温度下的半球辐射系数应≥0.8。如果盖子和底板有可观的热阻，可按 3.2.2.2 中所述的用于确定硬质试件的试件纯热阻的方法。

(将已称过质量并经过状态调节的材料分为相等的两份，每份作一个试件)，把具有一面盖子的盒子水平放在平整表面上，盒子内放入试件。注意使(两个)试件具有(相等并且)均匀的密度。然后盖上另一个盖板，形成能放入防护热板装置的封闭的试件。

在放置可压缩的材料时,膨松材料使盖子稍凸起,这样能在要求的密度下使盖子与装置的板有良好的接触。某些材料,由于试件准备过程中的材料损失,可能要求在测定前重称试件。这种情况下,测定后确定盒子和盖子的质量以计算测定时材料的密度。

3.3 试验方法

3.3.1 质量

在试件放入装置前测定试件质量,准确度±0.5%。

3.3.2 厚度和密度

试件在测定状态的厚度(以及试验状态的容积)由加热单元和冷却单元位置确定或在开始测定时测得的试件的厚度。

试件厚度可以按2.1.4.2中所述的方法测量,或在装置之外用能够重现测定时试件上所受压力的仪表测得。从这些数据和按3.3.1确定的状态调节过的试件质量,可算出试件在测定状态的密度。

毯或毡型材料通常在强制的厚度下试验,许多材料在材料产品标准中规定厚度。但如3.1指出,有时试验结果可能对说明该材料的传热性质是没有意义的。

有些材料(例如低密度的纤维材料)测量以计量区域为界的那部分试件的密度,而不是整个试件的密度可能更准确些,这样可得到较正确的传热性质与密度之间的关系。

试验过程中应尽可能随时地监视试件的厚度。

采用2.1.4.1.3c)的方法时,用于计算传热性质的厚度必须根据热电偶的位置进行相应的修正。

3.3.3 温差选择

按照下列之一选择温差:

a) 按照特定材料、产品或系统的技术规范的要求;

b) 被测定的特定试件或样品的使用条件(如果温差很小,准确度可以降低。如果温差很大,则不可能预测边缘热损失和不平衡误差,因为理论计算假定试件导热系数与温度无关,见2.2.1);

c) 确定温度与传热性质之间的未知关系时,温差尽可能小(5 K~10 K);

d) 当要求试件内的传质减到最小时,按测定值的所需准确度选择最低的温差。但如1.7.3所述,这可能意味着与本标准不符。

3.3.4 环境条件

3.3.4.1 空气相对湿度

当需要测定试件在空气(或其他气体)中的传热性质时,调节防护热板组件周围气体的相对湿度,使其露点温度至少比冷却单元温度低5 K。

为了实验室间的相互比较,建议以露点温度比冷却单元的温度低5 K~10 K的气体作为标准大气。

把试件封入气密性封袋内避免湿分迁入(或逸出)试件时,试验时封袋与试件冷面接触的部分不应出现凝结水。

3.3.4.2 在其他气体或真空中测定

如在低温下测定,装有试件的装置应该在冷却之前用干气体吹除空气。温度在77 K~230 K之间时,用干气体而不是空气作为充填气体,并将装置放入密封箱中。如冷却单元温度低于125 K时使用氮气,应小心调节氮气压力以避免凝结。温度在21 K~77 K之间时,通常要求用低冷凝温度的气体(如氦气)作为密封箱的大气,有时使用氢气。

警告:氢气是一种无色、无味和高度易燃的气体,必须由有资格的人员操作。

空气、氮、氢和氦气的导热系数差异很大,所以会显著影响被测材料的传热性质。应该小心记录环境气体的种类、其压力和温度,并在报告中包括这些资料。

当需要测定试件在真空中的热性质时,在冷却之前应先把系统抽真空。

3.3.5 热流量的测定

测量施加于计量部分的平均电功率，准确度不低于0.2%，强烈建议使用直流电。用直流时，通常使用有电压和电流端的四线制电位差计测定。

推荐自动稳压的输入功率。输入功率的随机波动、变化引起的热板表面温度波动或变化应小于热板和冷板间温差的0.3%。

调节并维持防护部分的输入功率(最好用自动控制)，以得到满足2.1.4.1.1所要求的计量单元与防护单元之间的温度不平衡程度。

3.3.6 冷面控制

当使用双试件装置时，调节冷却单元或冷面加热器使两个试件的温差的差异不大于2%。

3.3.7 温差检测

用已证明有足够精密度和准确度、满足本方法的全部要求的方法来测定加热面板和冷却面板的温度或试件表面温度(如果用2.1.4.1.3c)方法)和计量到防护的温度平衡。

由2.1.4.1.3所述的方法之一确定试件的温差。

2.1.4.1.3b)还要对薄片进行附加热阻的确定。

3.3.8 过渡时间和测量间隔

由于本方法是建立在热稳态状态下的，为得到热性质的准确值，让装置和试件有充分的热平衡时间是非常重要的。

测量低热容量的良好绝热体，并存在湿气的吸收或释放而带来潜热交换的场合，试件内部温度达到热平衡可能要很长的时间。

达到平衡所需的时间能从几分钟变化到几天，它与装置、试件及它们的交互作用有关。

估计这个时间时，必须充分考虑下列各项：

a) 冷却单元、加热单元的计量部分、加热单元的防护部分的热容量及控制系统；
b) 装置的绝热；
c) 试件的热扩散系数、水蒸气渗透率和厚度；
d) 试验过程中的试验温度和环境；
e) 试验开始时试件的温度和含湿量。

在真空中运行可能大大增加为使装置和试件达到热平衡所需要的时间(由于装置和试件释放气体以及在这类试验中试件的热扩散系数往往是低的)。

其中某些影响在参考文献[18]和[20]中有所讨论。

作为一般的指南，控制系统能强烈地减少达到热平衡的时间，但是对减少含湿量平衡时间的作用很小。

在不可能较精确的估计过渡时间或者没有在同一装置里、在同样测定条件下测定类似试件的经验时，按下式计算时间间隔Δt：

$$\Delta t = (\rho_p \cdot c_p \cdot d_p + \rho_s \cdot c_s \cdot d_s)R$$

式中：

ρ_p，ρ_s——加热单元面板材料和试件的密度，单位为千克每立方米(kg/m^3)；

c_p，c_s——加热单元面板材料和试件的比热容，单位为焦每千克(J/kg)；

d_p，d_s——加热单元面板材料和试件的厚度，单位为米(m)；

R——试件的热阻，单位为平方米开每瓦[$m^2 \cdot K/W$]。

以等于或大于Δt的时间间隔按3.3.5和3.3.7规定读取数据，持续到连续四组读数给出的热阻值的差别不超过1%，并且不是单调地朝一个方向改变时。在不可能较精确的估计过渡时间或者没有在同一装置里、在同样测定条件下测定类似试件的经验时，按照稳定状态开始的定义，读取数据至少持续24 h。

当加热单元的温度为自动控制时，记录温差和(或)施加在计量加热器上的电压或电流有助于检查是否达到稳态条件。

3.3.9 **最终质量和厚度测量**

3.3.8 规定的读取数据完成以后，立即测量试件的最终质量。强烈推荐操作人员重复测量厚度，并报告试件体积的变化。

3.4 **选择性测量的步骤**

3.4.1 **评价试件均质性的步骤**

试图估计非均质性误差的一种方法是：从相同的样品中选择两块试件，它们在靠近计量区域边缘处的结构差异应尽可能大。比较它们的测量结果，如果不能认为相同，可能要测定一系列试件。

某些材料中可能在很小的距离上发生结构变化，可用切取比装置的面板的尺寸大的一组试件进行两次测定。测定时试件要仔细定位，使计量区域的边缘分别位于两种极端结构下。比较两次测定结果，其差异归结为热流扭曲影响。两次测定时都应将试件突出装置的部分良好地绝热，以减少暴露部分增加的热损失。试件的尺寸和厚度除容纳结构的变化外，还影响结构变化的尺寸。计量面积越大，对结果的影响越小。试件厚度对热流扭曲的影响可能增加或者减少。

当试件与加热和冷却单元面板接触的两个表面之间存在直接的热短路时，判断其影响的最好方法是切断热短路，尤其是能够切断连接表面与其余热通道的连接时。绝热材料薄片能在关键的表面提供这种隔离。

用磨平的软木片(或类似绝热材料)做成 0.002 m(或稍厚)的薄片效果良好。片必须磨得与加热单元的面板一样平(见 2.1.1.1)。薄片的热阻可单独测量。

评估这些试验条件的准确度是困难的。评估非均质性的准确度达到与本标准方法的准确度可比较的水平是不现实的。探查到的差异应有物理意义而不只是测量误差。

因此能确定由于热短路引起的试件热阻的纯变化。如果由于热短路引起的试件的热阻变化大于1%，应插入较厚的垫片再作测定。

亦可用分析和计算估计热流歪曲的影响，报告中应给出确定这些影响的方法。根据本标准的目的，在传热性质测量中，差异小于2%可认为无意义的。

3.4.2 **可确定材料热性质的试件最小厚度的测定方法**

选择密度和密度分布均匀、厚度等于被测材料的最大厚度或装置允许测定的最大厚度的样品。这个厚度记为 d_5。

从样品中切出 5 组试件，厚度从实际使用的最小厚度起，以大致相同的增量增加。其厚度分别为 d_1 到 d_5，相应的试件的标号为 s_1 到 s_5。

密度非常低的材料，由于试件自重可能存在密度梯度，用这个参数检查均匀性。

对于低密度材料，已证实通过辐射和传导机理传热，而无对流。热阻对厚度的关系曲线的斜率，在厚度小于 1 cm～2 cm 时，经常随着厚度增加而减小，然后保持为常数。该固定斜率的倒数是较大厚度试件的表观导热系数。

用相同的平均温度和温差测量 s_1，s_3 和 s_5 的厚度和热阻，绘出热阻与厚度的曲线。如果三个值偏离直线小于±1%，计算直线的斜率。如果偏差大于±1%，再对 s_2 和 s_4 进行同样测定，以检查是否存在一个厚度，超过此厚度热阻与直线的偏差小于±1%。如果存在此厚度，计算直线的斜率，并计算由厚度增量 Δd 与热阻增量 ΔR 之比定义的材料的表观导热系数 $\lambda_t = \Delta d/\Delta R$。

对于不同的平均温度，这个最小厚度随不同的材料、产品和系统的密度、类型和形状而变。

材料表观导热系数表征厚度大于最小厚度的材料、产品和系统的特性。传递系数与 λ_t 的差异小于2%。

解释测定结果时必须考虑试验误差，用最小二乘法拟合 R 和 d 关系曲线可能有所帮助。要求较可靠的确定最小试件厚度时，可测定大量试件。

厚度关系可能是试件两侧温差的函数。就本标准的而言,如在典型的操作温差下进行上述测定,能确定热阻与厚度的关系。

3.4.3 测定与温差的关系

如果不知道材料的温差与其传热性质的关系,最少要以幅度变化较大的温差进行三次测量。由此可获得一个二阶的关系。如果是简单的线性关系,只需要做两次(即外加一次)测量,对这种特殊试件可以这样建立线性关系。

3.5 计算

3.5.1 密度和质量变化

3.5.1.1 密度

按下列公式计算经过状态调节后的试件在测定时的密度 ρ_d 和(或)ρ_s:

$$\rho_d = M_2/V$$

$$\rho_s = M_3/V$$

式中:

ρ_d——测定时干试件的密度,单位为千克每立方米(kg/m^3);

ρ_s——在复杂的调节过程(通常是与标准试验室的空气达到平衡)后的试件密度,单位为千克每立方米(kg/m^3);

M_2——干燥后试件的质量,单位为千克(kg);

M_3——更复杂的调节过程后试件的质量,单位为千克(kg);

V——干燥或调节后试件所占体积,单位为立方米(m^3)。

3.5.1.2 质量变化

计算材料因干燥所致的相对质量变化 m_r,或因更复杂的调节后的相对质量变化 m_c:

$$M_r = (M_1 - M_2)/M_2$$

$$m_c = (M_1 - M_3)/M_3$$

式中:

M_1——接收状态下材料的质量,单位为千克(kg);

M_2 和 M_3——同 3.5.1.1 中的定义。

当材料产品标准要求或对正确评价试验状态有用时,除 m_c 之外,计算干燥后,因状态调节所致的相对质量变化 m_d:

$$m_d = (M_3 - M_2)/M_2$$

计算试件在测定期间的相对质量增加 m_w:

$$m_w = (M_4 - M_5)/M_5$$

式中:

m_w——在测定中试件的相对质量增加;

M_4——测定结束时试件的质量,单位为千克(kg);

M_5——临测定之前干试件的或调节过的质量,单位为千克(kg)。

3.5.2 传热性质

用稳态数据的平均值进行所有的计算。应采用 3.3.8 得到的四组数据进行计算,其他在稳态时观察的外加的测量数据,只要计算的传热性质与按 3.3.8 观察的数据计算的传热性质的差异不超过 ±1%,亦可使用。

用下式计算热阻 R:

$$R = \frac{A(T_1 - T_2)}{\Phi}$$

或按下式计算传递系数 T：

$$T=\frac{\Phi d}{A(T_1-T_2)}$$

式中：

Φ——加热单元计量部分的平均加热功率，单位为瓦(W)；

T_1——试件热面温度平均值，单位为开(K)；

T_2——试件冷面温度平均值，单位为开(K)；

A——在 1.7.6 和 2.1.1.3 中定义的计量面积(双试件装置需乘以 2)，单位为平方米(m^2)；

d——试件平均厚度，单位为米(m)。

如果满足 1.8.2 和 1.8.3 的要求，可用下式计算材料表观导热系数 λ_t 或导热系数 λ(或热阻系数 $\gamma=1/\lambda$)：

$$\lambda_t(\lambda)=\frac{\Phi\cdot d}{A(T_1-T_2)}$$

式中：

Φ、A、T_1、T_2 和 d 定义见上式。

3.6 试验报告

若以按照本标准方法得到的结果出报告，那么本标准方法所规定的相关要求都应全部满足。若某些条件未满足，应按 3.6.19 中所要求的增加符合性的声明。

每一试验结果的报告应包括下列各项(报告的数值应代表试验的两块试件的平均值或是单试件装置的一个试件的值)。

3.6.1 材料的名称、标志以及制造商提供的物理描述。

3.6.2 由操作人员提供的试件说明以及试件与样品的关系。如可应用时，满足材料产品标准。松散填充材料的试样制备方法。

3.6.3 试件的厚度，标明是由热板和冷板位置强制确定的，还是测量试件的厚度。确定强制厚度的方法，m。

3.6.4 状态调节的方法和温度。

3.6.5 经状态调节后的试件，测定时材料的密度，kg/m^3。

3.6.6 在干燥和(或)调节过程中相对质量变化(见 3.5.1)。

3.6.7 测定过程中质量的相对变化(见 3.5.1)，测定过程中厚度(或体积)变化(见 3.3.9)。

3.6.8 试验时试件的平均温差及测定温差的方法(见 2.1.4.1.3)，K 或℃。

3.6.9 试验时平均温度，K 或℃。

3.6.10 测定时流经试件的热流密度，W/m^2。

3.6.11 试件的热阻($m^2\cdot K/W$)或传递系数($W/(m\cdot K)$)。可应用时，给出热阻系数($m\cdot K/W$)、导热系数($W/(m\cdot K)$)或材料的表观导热系数($W/(m\cdot K)$)以及其已经测定的或已知可应用的厚度范围(见 3.4.2)。

3.6.12 测定完成日期，整个试验的延续时间和其中稳态部分延续时间(如果这类资料有助于解释结果)。

3.6.13 装置的型式(单或双试件)、取向(垂直、水平或其他方向)。单试件装置的试件不是垂直方向时，说明试件的热面位置(顶部、底部或其他任意位置)。

3.6.14 对于在试件和装置面板间插入薄片材料或者使用了水汽密封袋的试验，应说明薄片材料或封套的物质和厚度。并应说明测定试件温差的温度传感器的种类和布置。

3.6.15 所用防护热板装置的形式，单或双试件。减少边缘损失的方法和测定过程中环绕防护热板组件的环境温度。

3.6.16 充填试件周围用的气体种类和压力及用以吹除的气体种类。

3.6.17 必要时给出热性质的值为纵坐标、测量时平均温度为横坐标的图，用图形表达试验结果。绘制以热阻或传递系数为试件厚度的函数的图亦很有用。

3.6.18 强烈建议给出所测热性质的最大预计误差。当本标准中某些要求不满足时(见3.6.19)，建议在报告中给出完整的测量误差的估算。

3.6.19 在情况或需要无法完全满足本标准所述的测定过程时，可允许有例外，但必须在报告中特别说明。建议的写法是："本测定除……外符合 GB 10294 的要求，完整的例外清单如下"。

附 录 A
（规范性附录）
装置性能和试验条件的极限值

章　节	描　述	值
1.1	防护热板装置可测量的最小热阻	0.1 m^2·K/W
1.1	降低准确度后，防护热板装置可测量的最小热阻	0.02 m^2·K/W
1.5.3	室温下防护热板法的预期准确度	2%
1.5.3	全温度范围内防护热板法的预期准确度	5%
1.5.3	取出试件并重装后预期的重现性	1%
1.7.1	需用特殊技术测量表面温度的硬质试件的最大热阻	0.1 m^2·K/W
1.7.3	用温差法测量温差的低限	5 K
1.7.3	推荐的温差低限	10 K
1.7.6	试件最小厚度(相对于隔缝宽度)	10倍
1.7.9	建议装置尺寸	0.3 m;0.5 m
1.7.9	建议装置尺寸(仅适用于均质材料)	0.2 m
1.7.9	建议装置尺寸(用于测定厚度超过0.5 m装置允许厚度的试件)	1 m
1.8.2	试件内非均质部分的最大尺寸(相对于试件厚度)	1/10
1.8.2	各向异性试件中，垂直和平行于试件厚度方向的导热系数的最大比值	2
1.8.3.1	为确定材料的导热系数或表观导热系数，传递系数随厚度变化的最大值	2%
2.1.1.1	装置的面板或硬质试件表面偏离平整度的最大值	0.025%
2.1.1.2	加热单元的温度均匀性(相对于试件两侧温度差)	2%
2.1.1.2	加热单元的相对的两个侧表面的平均温度之间的最大差值	0.2 K
2.1.1.2;2.3.6;3.2.2.3.3	任何与试件接触的表面的最小总半球辐射率	0.8
2.1.1.3	隔缝最大面积(相对于计量部分面积)	5%
2.1.1.5	不平衡传感器距离隔缝的最大距离(相对于计量部分边长或直径)	5%
2.1.2	冷却单元的温度均匀性和稳定性(相对于试件两侧温差)	2%
2.1.3	通过导线的最大热流量(相对于通过试件的热流量)	10%
2.1.4.1.1	建议检测不平衡的热电偶的最大直径	0.3 mm
2.1.4.1.1	最大的允许不平衡误差	0.5%
2.1.4.1.2	测量加热和冷却单元温差所需的准确度	1%
2.1.4.1.2	不屏蔽的温度传感器和装置金属面板间的最小电阻	100 MΩ
2.1.4.1.2	计量单元每侧面板上设置的温度传感器的最少数量(取大者)	$10\sqrt{A}$或2
2.1.4.1.3	用固定安装的温度传感器测量非刚性试件两侧温差的最小热阻	0.5 m^2·K/W
2.1.4.1.4	安装在金属面板内用于测量冷热板温差的热电偶的最大直径	0.6 mm

章　　节	描　　　　述	值
2.1.4.1.4	同上条，小尺寸金属面板时，建议热电偶的最大直径	0.2 mm
2.1.4.1.4	建议热电偶的标准误差	见表 B.1
2.1.4.1.4	在 21 K～170 K 之间建议热电偶的标准误差	1%
2.1.4.1.4	温差测量的最大合成误差	1%
2.1.4.2	测量试件厚度的准确度	0.5%
2.1.4.3	温度传感器的电学测量准确度(相对于试件两侧温差)	0.2%
2.1.4.3	电功率测量所需的准确度	0.1%
2.1.5	对大多数绝热材料推荐的装置对试件的最大压力	2.5 kPa
2.2.4	最大或然误差在总误差中所占比例	50%～70%
2.4.5	试件边缘温度与试件平均温度之差与试件两侧温差的最大比值(最高准确度时)	0.1(0.02)
3.2.1	双试件装置中，两个试件厚度的最大偏差	2%
3.2.1	不平衡和边缘热损失误差之和的最大值	0.5%
3.2.2.2.1	试件表面的最大不平行度(相对于试件厚度)	2%
3.2.2.2.1	插入薄片的热阻与试件热阻的最大比值	0.1
3.2.2.2.1	可以用装置上的热电偶测量温差的刚性试件最小热阻(试件热阻在 $0.1\ m^2 \cdot K/W$～$0.5\ m^2 \cdot K/W$ 及刚性试件建议用特殊方法测量温差)	$0.1\ m^2 \cdot K/W$
3.2.2.2.1	试件每一表面设置的热电偶的最少数量(取大者)	$10\sqrt{A}$ 或 2
3.2.2.2.1	建议试件厚度与珠、颗粒、薄片的平均尺寸之间的最小比例	10,20 更好
3.2.2.3.3	用方法 B 测定松散填充材料时，塑料薄片的最大厚度	50 μm
3.3.1	测定试件质量要求的准确度	0.5%
3.3.4.1	空气的露点与冷却单元温度之间最小温度差	5 K
3.3.4.1	试验室间对比试验时，上述温度差的推荐范围	5 K～10 K
3.3.5	测量计量单元平均电功率的准确度	0.2%
3.3.5	因输入功率波动引起的加热单元温度波动的最大容许值(相对于加热单元与冷却单元的温差)	0.3%
3.3.6	双试件装置中两个试件温度差的最大差别	2%
3.3.8	为判断达到稳定状态，四组连续的读数中热阻的最大变化	1%
3.3.8	未知试验状况时，自开始稳定状态到完成测定的最少时间	24 h
3.4.1	有热短路的试件，要求用较厚垫片测定时试件的热阻变化	1%
3.4.1	可认为试件是非均质时，测量特性的最小差异	2%
3.4.2	计算拟合直线的斜率时，热阻与厚度线性关系的最大允许偏差	1%
3.4.2	可作为表观导热系数时，不同厚度试件的传递系数的最大差异	2%

附 录 B
（资料性附录）
热 电 偶

B.1 热电偶的类型如下：

——B 型：正极为铂(30%)铑合金，负极为铂(6%)铑合金；

——E 型：正极为镍(10%)铬合金，负极为康铜；

——J 型：正极为铁，负极为康铜；

——K 型：正极为镍(10%)铬合金，负极为镍(5%)铝或硅合金(见表 B.1 的角注 1))；

——R 型：正极为铂(13%)铑合金，负极为铂；

——S 型：正极为铂(10%)铑合金，负极为铂；

——T 型：正极为铜，负极为康铜。

B.2 热电偶的误差极限见表 B.1。

误差极限适用于直径在 0.25 mm～3 mm 的新的热电偶线，并且使用温度不超过表 B.2 推荐的极限。如在较高温度下使用，这些误差极限可能不适用。

误差极限适用于交付到使用者的新热电偶线，未考虑使用中的标定漂移。漂移的大小与热电偶线的尺寸、温度、暴露的时间和环境有关。

当误差极限以百分比的形式给出时，百分比用于以摄氏度表示的被测温度。

B.3 各种型号和直径热电偶的推荐使用温度上限列于表 B.2。这些极限用于有保护的热电偶，即在常规的端部密封保护管子内的热电偶，不适用于以密实的矿物氧化物为绝缘的铠装热电偶。适当地设计和使用铠装热电偶可以在高于表 B.1 和表 B.2 列出的温度中使用。

表 B.1 热电偶的允差

热电偶类型	温度范围/℃	误差极限-参考接点为 0 ℃	
		标准（取大者）	专用（取大者）
T	0～360	±1 ℃或±0.75%	±0.5 ℃或±0.4%
J	0～750	±2.2 ℃或±0.75%	±1.1 ℃或±0.4%
E	0～900	±1.7 ℃或±0.5%	±1 ℃或±0.4%
K	0～1 250	±2.2 ℃或±0.75%	±1.1 ℃或±0.4%
R或S	0～1 450	±1.5 ℃或±0.25%	±0.6 ℃或±0.1%
B	800～1 700	±0.5%	—
T[1)]	−200～0	±1 ℃或±1.5%	—
E[1)]	−200～0	±1.7 ℃或±1%	—
K[1)]	−200～0	±2.2 ℃或±2%	—

1) 热电偶和热电偶材料通常都能满足本表中 0 ℃以上温度的误差极限。然而，同样的材料可能不能满足本表第二部分给出的 0 ℃以下的误差极限。如果要求材料必须满足本表中 0 ℃以下的误差极限，在采购单中就必须注明。通常要求选择材料。

能证明并建立 0 ℃以下专用级的误差极限的资料极少。以下是根据有限的经验对 E 型和 T 型热电偶建议的专用误差极限：

——E 型：−200 ℃～0 ℃：±1 ℃或±0.5%(取大者)；

——T 型：−200 ℃～0 ℃：±0.5 ℃或±0.8%(取大者)。

这些误差极限仅供采购者与供应商参考。

由于材料的特性，没有列出 0 ℃以下 J 型热电偶的误差极限和 0 ℃以下 K 型热电偶的专用误差极限。

表 B.2 保护型热电偶的推荐使用温度上限

热电偶类型	不同线径下的温度上限/℃					
	3.25 mm	1.63 mm	0.81 mm	0.51 mm	0.33 mm	0.25 mm
T	—	370	260	200	200	150
J	760	590	480	370	370	320
E	870	650	540	430	430	370
K	1 260	1 090	980	870	870	760
R和S	—	—	—	1 480	—	—
B	—	—	—	1 700	—	—

附　录　C
（资料性附录）
试件最大厚度

C.1　本程序用于理论估算通用防护热板装置的试件最大允许厚度。表 C.1 为一个运算的例子。读者可以容易地对不同的数值建立类似的表格。计算以文献[5]中的公式为基础。在计算中作了许多假定，为方便计，列表如下：

a)　穿过隔缝为两根面积为 0.129 mm^2 的铜导线（0.000 2 平方英寸，见本程序的说明 6）。

b)　穿过隔缝的测量计量单元温度的热电偶数量等于 $10\sqrt{A}$ 或 2（取大者）。其中 A 为计量单元的面积，以 m^2 计。

c)　采用四对温差热电偶测量温度不平衡。热电偶规格与测量温度的热电偶相同。

d)　防护单元和计量单元各自具有均匀的温度，但可能并不相等。

e)　试件边缘的温度是均匀的。

所用的参数如下：

E——边缘温度与冷板的温度的差与热、冷板温度差的比值，$E=(T_{边}-T_{冷})/(T_{热}-T_{冷})$；

RATIO T——隔缝两侧温度差与热、冷板温度差的比值；

RATIO K——加热器导线的导热系数与试件导热系数之比；

RATIO L——热电偶线的导热系数与铜线导热系数之比（本程序中输出为变量 KCU；T/C K）；

GAP——隔缝的宽度，cm；

PLATE——板的总宽度，cm（变量 WPLATE）；

GUARD——防护单元的宽度，cm；

%ERR——测量值的总的理论误差；

MAX. THICKNESS——总误差为%ERR 的试件最大厚度。

C.2　一旦建立起一组表格，对于一个给定的装置，决定 RATIO K 、RATIO L 和 GAP，如它们很接近表中的数值，就应用这套表格。如数值有明显差异，那么查阅参考资料。计算正常试验状态的 RATIO T，选择相应的表、查得相应于本装置的加热单元和防护单元尺寸的试件最大容许厚度。必要时在各表之间内插。注意表内的数值只应用于 $E=0.5$ 的理想状态。采用其他 E 值时，参照 2.2.1 进行计算或修改本程序。

表 C.1　计算试样最大厚度的程序

```
C
C
C      PROGRAM TO CALCULATE MAXIMUM SPECIMEN THICKNESS ALLOWED FOR VARIOUS
C      PERCENTAGE ERRORS(0.1,0.2,0.5,1.0,2.0,5.0)
C
C      MAXIMUM THICKNESSES ARE CALCULATED FOR THREE GUARD WIDTHS: 1/6PLATE
C      WIDTH,1/4 PLATE WIDTH,1/3PLATE WIDTH.
C
C      INPUT(CONSISTS OF: E = FRACTION OF TEMPERATURE DIEFRENCE BETWEEN PLATES)
C                AT SPECIMEN EDGE.
```

表 C.1（续）

```
C                RATIOT=RATIO OF GAP TEMPERATURE DIFFERENCE TO
C          SPECIMEN TEMPERATURE DIFFERENCE.
C                RATIOT=RATIO OF THERMAL CONDUCTIVITY OF
C          LEADS ACROSS GAP TO THERMAL CONDUCTIVITY OF SPECIMEN.
C                KCU=THERMAL CONDUCTIVITY OF T/C ACROSS GAP
C          RELATIVE TO THERMAL CONDUCTIVITY OF COPPER.
C                D=GAP WIDTH.
C                WPLATE=PLATE WIDTH.
C
C     NO.OFT/C ACROSS GAP IS BASEDON ASTM FORMULA(NO. =1/8 * SQRT
      (AREAPLATE))
C     WITH A MINIMUM OF 2 BEING ASSUMED IF NO. =2 OR LESS.
C     ONE COPPER LEAD(0.000 2 SQ.IN.)WAS ALSO ASSUMED ACROSS THE GAP
C     AND FOUR DIFFERENTIAL T/C,OF THE SAMEMATERIAL AS THE TEST AR-
      EA T/C,
C     WERE ASSUMED ACROSS THE GAP.
C
          DIMENSION G(5),ER(10),ANS(10),GM(10),ANSN(10)
          REAL L,KCU
          INTEGER CARD
          COMMON WPLATE,E,RATIOT,RATIOK,AC,WGUARD,ERR,D,L
          CARD=1
          LP=3
          K=1
          ER(1)=0.1
          ER(2)=0.2
          ER(3)=0.5
          ER(4)=1.0
          ER(5)=2.0
          ER(6)=5.0
          EPS=0.000 01
          IEND=20
C
1 000     READ(CARD,200)WPLATE
          IF(WPLATE)1,99,2
1         READ (CARD,100)E,RATIOT,RATIOK,KCU,D
          DM=D/0.393 700 79
          WPLATE=-WPLATE
C
          IF(K)73,72,73
72        WRITE(LP,900)
          WRITE(LP,901)
73        WRITE(LP,700)E,RATIOT,RATIOK,KCU,DM
```

表 C.1（续）

```
      WRITE(LP,500)
      WRITE(LP,600)(ER(1),I=1,6)
C
2     G(1)=WPLATE/6.
      G(2)=WPLATE/4.
      G(3)=WPLATE/3.
      K=0
C
      WPLATM=WPLATE/0.393 700 79
      WRITE(lp,401)WPLATM
      DO 40 i=1,3
      L=WPLATE/2.-G(I)
      WGUARD=(I)
      GM(I)=G(I)/0.393 700 79
C
      X=L/4,
      IX=X
      IF(X-IX)4,4,3
3     IX=IX+1
4     IF(IX-1)5,5,6
5     IX=2
6     AC=(IX+4.)*0.000 078 94*KCU+0.000 2
C
      HI=0.000 1*WPLATE
      DO 30 J=1,6
      ERR=ER(J)
7     H2=2.*HI
      IF(FCT(H1)*FCT(H2))9,9,8
8     H1=H2
      GO TO 7
9     CALL RTMIX(ANSH,ANSE,FCT,H1,H2,EPS,IEND,IER)
      IF(IER)10,20,10
10    ANS(J)=0.0
      GO TO 30
20    ANS(J)=ANSH
      ANSM(J)= ANS(J)/0.393 700 79
30    CONTINUE
      IF(I-2)70,71,70
71    WRITE(LP,400)WPLATE
70    WRITE(LP,301)GM(I),(ANSM(J),J=1,6)
40    CONTINUE
      WRITE(LP,200)
      GO TO 1 000
```

表 C.1（续）

```
99      WRITE(LP,900)
        WRITE(LP,901)
        WRITE(LP,999)
        STOP
100     FORMAT(F4.2,F6.4,F8.6,F4.2,F6.4)
200     FORMAT(F6.2)
300     FORMAT(32X,'0',F5.2,')',8X,6('(',F6.3,')'))
301     FORMAT(33X,F5.2,7X,6(1X,F7.1))
400     FORMAT('-',16X,'(',F5.2,')')
401     FORMAT('-',16X,F6.2)
500     FORMAT(18X,'PLATE',10X,'GUARD',26X,'MAX. THICKNESS')
600     FORMAT(44X,'%ERR',2X,F3.1,5(5X,F3.1)/)
700     FORMAT('1',49X,'E=',F4.2,4X,'RATIO T=',F6.4,4X,'RATIO T=',
        F6.4,4X,'RATIO K=',F7.1,4X,1,'T/C K=',F4.2,4X,'GAP=',F5.3,//)
900     FORMAT(/,32X,'NOTE,1')TERMS NOT BRACKETED MEASURED IN CEN-
        TIMETER
        1S.')
901     FORMAT(38X,'2)BRACKETED. TERMSMEASURED IN INCHES.')
999     FORMAT('1')
        END

        SUBROUTINE RTMI(X,F,FCT,XLI,XRI,EPS,IEND,IER)
        IER=0
        XL=XLI
        XR=XRI
        X=XL
        TOL=X
        F=FCT(TOL)
        IF(F)1,16,1
1       FL=F
        X=XR
        TOL=X
        F=FCT(TOL)
        IF(F)2,16,2
2       FR=F
        IF(EL * FR)3,25,25
C
3       I=0
        TOLF=100. * EPS
C
4       I=I+1
C
```

表 C.1（续）

```
      DO 13 K=1,END
      X=.5*(XI+XR)
      TOL=X
      F=FCT(TOL)
      IF(F)5,16,5
5     IF(F*FR)6,7,6
C
6     TOL=XL
      XL=XR
      XR=TOL
      TOL=FL
      FL=FR
      FR=TOL
7     TOL=F-FL
      A=F*TOL
      A=A+A
      IF(A-FR*(FR-FL))8,9,9
8     IF(I-IEND)17,17,9
9     XR=X
      FR=F
C
      TOL=EPS
      A=ABS(XR)
      IF(A-1.)11,11,10
10    TOL=TOL*A
11    IF(ABS(XR-XL)-TOL)12,12,13
12    IF(ABS(FR-FL)-TOLF)14,14,13
13    CONTINUE
C
      IER=1
14    IF(ABS(FR)- ABS(FL))16,16,15
15    X=XL
      F=FL
16    RETURN
C
17    A=FR-F
      DX=(X-XL)*FL*(1.+F*(A-TOL)/A*( FR-FL)))/TOL
      XM=X
      FM=F
      X=XL-DX
      TOL=X
      F=FCT(TOL)
```

表 C.1（续）

```
      IF(F)18,16,18
C
18    TOL=EPS
      A=ABS(X)
      IF(A-1.)20,20,19
19    TOL=TOL*A
20    IF(ABS(DX)-TOL)21,21,22
21    IF(ABS(F)-TOLF)16,16,22
C
22    IF(F*FL)23,23,24
23    XR=X
      FR=F
      GO TO 4
24    XL=X
      FL=F
      XR=XM
      FR=FM
      GO TO 4
C
25    IER=2
      RETURN
      END

      FUCNTION FCT(H)
      REAL NUM,L,LC
      COMMON WPLATE,E,RATIOT,RATIOK,AC,WGUARD,ERR,D,L
C
      PI=3.141 592 653 5
C
      CONST=16.*ALOG(4.)/PI
C
      LC=D
C
      VRARIA1=1.-EXP(-2.*PI*D/H)
      TERM1=RATIOK*AC/(LC*L)
      TERM3=16.*ALOG(VARLA1)/PI
      EPSIG=H*RATIOT*(TERM1+CONST-TERM3)/(8.*L)
C
      TERM4=COSH(PI*(WGUARD+L)/H)
      TERM5=COSH(PI*WGUARD/H)
      TERM6=ALOG((TERM4+1.)/(TERM5+1.))
      TERM7=ALOG((TERM4-1.)/(TERM5-1.))
      EPSIL=((NUM*H)/(PI*L))*2-1
```

表 C.1（续）

```
C
      FCT=ERR/100.-ABS(EPSIG+EPSIL)
C
      RETURN
      END
```

表 C.2 常规防护热板导热仪(试样运行状态)中的最大试样厚度

E=0.50 RATIO T=0.001 0[1] RATIO K=30 000.0[1] RATIO T=1.05[1] GAP=0.317							
热板/ cm (inch)	防护板/ cm	误差/%					
		0.1	0.2	0.5	1.0	2.0	3.0
		最大厚度/cm					
10.16 (4.00)	1.69	0.2	0.4	1.0	1.8	2.5	3.5
	2.54	0.1	0.2	0.6	1.2	2.2	3.9
	3.39	0.1	0.1	0.3	0.5	1.0	2.6
20.32 (8.00)	3.39	0.8	1.5	3.3	4.5	5.6	7.3
	5.08	0.4	0.9	2.2	4.1	6.3	8.8
	6.77	0.2	0.4	1.0	2.0	3.9	8.2
30.48 (12.00)	5.08	1.6	3.1	5.6	7.1	8.7	11.2
	7.62	1.0	1.9	4.5	7.6	10.2	13.6
	10.16	0.4	0.9	2.2	4.2	8.1	13.8
45.72 (18.00)	7.62	3.1	5.7	9.0	11.0	13.2	16.9
	11.43	2.1	3.8	8.6	12.7	16.1	20.9
	15.24	1.0	1.9	4.5	8.6	15.0	22.2
60.96 (24.00)	10.16	4.8	8.4	12.3	14.9	17.8	22.7
	15.24	3.1	5.9	12.8	17.7	21.9	28.1
	20.32	1.6	3.1	7.2	13.7	21.7	30.6
91.44 (36.00)	15.24	8.0	13.3	18.7	22.5	26.8	34.1
	22.86	5.4	10.0	20.5	27.2	33.3	42.5
	30.48	3.1	5.9	13.5	24.4	35.0	47.2
121.92 (48.00)	20.32	11.1	18.1	25.1	30.1	35.8	45.5
	30.48	8.0	14.7	28.6	36.9	44.8	56.9
	40.64	4.9	9.0	20.3	35.2	48.0	63.8
1) RATIO T、RATIO K、RATIO T 的含义见附录 C 的 C.1、C.2。							

附 录 D
（资料性附录）
参 考 文 献

［1］ WOODSIDE, W. and WILSON, A. G., Unbalance Errors in Guarded Hot Plate Measurements, Symposium on Thermal Conductivity Measurements and Applications of Thermal Insulations, ASTM STP217, ASTTA, Am. Soc. Testing Mats., 1956, pp. 32-48.

［2］ GILBO, C. F., Experiments with a Guarded Hot Plate Thermal-Conductivity Set, Symposium on Thermal insulating Materials, ASTM STP119 ASTTA, Am. Soc. Testing Mats., 1951, pp. 45-57.

［3］ DONALDSON, I. G., A Theory for the Square Guarded Hot Plate-A Solution of the Heat Conduction Equation for a Two Layer System, Quarterly of Applied Mathematics, QAMAA, Vol. XIX, 1961, pp-205-219.

［4］ DONALDSON, I. G, Computer Errors for a Square Guarded Hot Plate for the Measurement of Thermal Conductivities of Insulating Materials, British Journal of Applied Physics, BJAPA, Vol. 13, 1962, pp. 598-602.

［5］ DE PONTE, F. and DI FILIPPO, P., Design Criteria for Guarded Hot Plate Apparatus, Heat Transmission Measurements in Thermal Insulations, ASTM STP544, ASTTA, Am. Sot. Testing Mats., 1974, p. 97.

［6］ MARÉCHAL, J. C., Métrologie et Conductivité Thermique, Matériaux et Constructions, Janvier-Février, 1974, No, 37, pp. 61-65.

［7］ VANCE, R. W. Cryogenic Technology, John Wiley and Sons, Inc., New York, N. Y., 1963, p. 234.

［8］ SPARKS, L. L., POWELL, R. L. and HALL, W. J., Cryogenic Thermocouple Tables, NBS Report 9712, National Bureau of Standards, Boulder, Colo., 1968.

［9］ KOPP, J. and SLACK, G. A., Thermal Contact Problems in Low Temperature Thermocouple Thermometry, Cryogenics, CRYOA, February, 1971, pp. 22-25.

［10］ SOMERS, E. V. and CYPBERS, J. A., Analysis of Errors in Measuring Thermal Conductivity of Insulating Materials, Review of Scientific Instruments, RSINA, Vol. 22, 1951, pp. 583-586.

［11］ WOODSIDE, W., Analysis of Errors Due to Edge Heat Loss in Guarded Hot Plates, Symposium on Thermal Conductivity Measurements and Applications of Thermal Insulations, ASTM STP217, ASTTA, Am. Soc. Testing Mats., 1957, pp. 49-64.

［12］ WOODSIDE, W., Deviations from One-Dimensional Heat Flow in Guarded Hot Plate Measurements, Review of Scientific Instruments, RSINA, Vol. 28, 1956, pp. 1933—1937.

［13］ TYE, R. P., Thermal Conductivity, Vols. I and II, Academic Press, London and New York, 1969.

［14］ NASA/Lewis Research Center-TMX 52454, 1968, "Hydrogen Safety Manual," Advisory Panel on Experimental Fluids and Gases, available from the National Technical Information Service, U. S. Department of Commerce, 5285 Port Royal Road, Springfield, Va. 22151.

［15］ SAX, N. I., Handbook of Dangerous Materials, Reinhold Publishing Company, New York, N. Y., 1951.

［16］ Handling and Storage of Liquid Propellants, 1961, Office of the Director of Defense Research and Engineering, available from U. S. Government Printing Office, Washington, D. C. 20402.

[17] NASA Publication SP-5032, Sept. 1965, "Handling Hazardous Materials", available from The National Technical Information Service, US. Department of Commerce, 5285 Port Royal Road, Springfield, Va. 22151.

[18] SHIRTLIFFE, C. J., Establishing Steady-State Thermal Conditions in Flat Slab Specimens, Heat Transmission Measurement in Thermal Insulations, ASTM STP544, ASTTA, Am. Soc. Testing Mats., 1974, p. 13.

[19] PRATT, A-W., Analysis of Error Due to Edge Heat Loss in Measuring Thermal Conductivity by the Hot Plate Method, Journal of Scientific Instruments, JSINA Vol. 39, 1962, pp. 63-68.

[20] Thermal Conductivity Measurements of Insulating Materials at Cryogenic Temperatures, ASTM STP411, ASTTA, Am. Soc. Testing Mats., 1967.

[21] ARDUINI, M. C., and DE PONTE, F., Analysis of Emittance Measurements with Heat Flowmeter and Guarded Hot Plate Apparatus. XVIII ICHMT Symposium on Heat and Mass Transfer in Cryoengineering and Refrigeration, Dubrovnik, September 1-5 1986, Hemisphere Pub., Washington.

[22] CLULOW, A. and REES, W. H., The Transmission of Heat through Textile Fabrics, Part III, A New Thermal Transmission Apparatus, Journal of the Textile Institute, JTINA, 1968, pp. 286-294.

[23] ZABAWSKY, A., An Improved Guarded Hot Plate Thermal Conductivity Apparatus with Automatic Controls, Symposium on Thermal Conductivity Measurements and Applications of Thermal Insulation, ASTM STP217, ASTTA, Am. Soc. Testing Mats., 1957, pp, 3-17.

[24] DE PONTE, F. and DI FILIPPO, P., Some Remarks on the Design of Isothermal Plates, Proc. Meeting Comm, B1, International Institute of Refrigeration, IIR, Zürich, 1973-4, pp. 145-155.

[25] BRENDENG, E. and FRIVIK, P. E., On the Design of a Guarded Hot Plate Apparatus, Proc. Meeting Comm. II & VI, International Institute of Refrigeration, IIR, Liège, 1969 .

[26] BANKVALL, C. G., Ensidig, Evakuerbar oder Roterbar Plattapparat för Wärmeisöleringsundersaknigar (A One-sided Evacuable and Rotatable Guarded Hot Plate for the Investigation of Thermal Insulation), Report No. 14, Lund Institute of Technology-Sweden (with abstract In English), Lund, 1970.

[27] BANKVALL, C. G., Guarded Hot Plate Apparatus for the Investigation of Thermal Insulations, Matériaux et Constructions, Vol. 6, No. 31, 1973.

[28] BODE, K. H., Wärmeleitfähigkeitsmessungen mit dem Plattengerät: Einfluβ der Schutzingbreite auf die Meβungsicherheit, lnt. J. Heat Mass Transfer, Vol. 23, 1980, pp. 961-970.

[29] FOURNIER, D. and KLARSFELD, S., Mesures de conductivité thermique des matériaux isolants par un appareil orientable à plaque chaude bi-gardée, Commission 2 et 6 de I'Institut international du Froid, IIF-IIR, Liège 1969, Annexe 1969-7, Bulletin IIF, pp. 321-331.

[30] TROUSSART, L. R., Three-dimensional Finite Element Analysis of the Guarded Hot Plate Apparatus and its Computer Implementation, Journal of Thermal Insulation, Vol. 4, April 1981, pp. 225-254.

[31] JAKOB, M., Verfahren zur Messung der Wärmeleitzahl fester Stoffe, Z. Techn. Physik, Vol. 7, 1926, pp. 475-481.

[32] CAMMERER, W. F., Genauigkeit und allgemeine Gültigkeit experimentell bestimmter Wämeleitzahlen, Allgemeine Wärmetechnik, Vol. 4, 1953, pp. 209-214.

[33] ACHTZIGER, J., Wärmeleitfähigkeitsmessungen an Isolierstoffen mit den Plattengerät bei

tiefen Temperaturen, Kältefechnik, Vol, 12, 1960, pp. 372-375.

[34] ZEHENDNER, H., Einfluβ der freien Konvektion auf die Wärmeleitfähigkeit einer lelchten Mineralfasermatte bei tiefen Temperaturen, Kälte-technik, Vol. 16, 1964, pp. 308-311.

[35] CAMMERER, W. F., Thermal Conductivity as a Function of the Thickness of Insulating Materials, Proc. Meeting Comm. β1, International Institute of Refrigeration, IIR, Zürich, 1973-4, pp. 189-200.

[36] TROUSSART, L. R., Analysis of Errors in Guarded Hot Plate Measurements as Compiled by the Finite Element Method, in Guarded Hot Plate and Heat Flow Meter Methodology, ASTM STP879, ASTTA, Am. Soc. Testing Mats., Philadelphia, 1985, pp. 7-28.

[37] Guarded Hot Plate and Heat Flow Meter Methodology, ASTM STP879, ASTTA, American Society for Testing and Materials. Philadelphia, 1985.

[38] JAOUEN, J. L. and KLARSFELD, S., Heat Transfer through a Still Air Layer., ASTM Cl6 Conference on Thermal Insulation, Materials and Systems, ASTM STP922, ASTTA, Am. Soc. Testing Mats., Philadelphia, 1988, pp. 283-294.

附 录 NA
（资料性附录）
补 充 说 明

NA.1 ISO 7345:1987、ISO 9229:1991、ISO 9251:1987、ISO 9288:1989、ISO 9346:1987 中有关术语已转化在国家标准 GB/T 4132—1996 中，本标准使用者可参照使用。

NA.2 RM64 现已被 IRMM-440 替代，工作温度为 −10 ℃～50 ℃。NBS 1450 已被 NBS 1450c 替代，工作温度为 280 K～340 K。

前　　言

本标准为GB/T 10303—1989《膨胀珍珠岩绝热制品》的修订版，修订时参考了ASTM C 610—1995《模压膨胀珍珠岩块和管壳绝热制品》、JIS A9510—1995《无机多孔绝热材料》、ASTM C728—1997《膨胀珍珠岩绝热板标准规范》。

对GB/T 10303—1989修改的主要内容为：

1. 增加了产品的标记方法；

2. 取消了350号优等品及300号产品；

3. 增加了弧形板产品和憎水型产品；

4. 对设备及管道、工业炉窑用膨胀珍珠岩绝热制品增加了623K(350℃)时的导热系数、923K(650℃)时的匀温灼烧线收缩率的要求；

5. 增加了对憎水型产品憎水率的要求；

6. 对优等品增加了抗折强度的要求；

7. 对导热系数的要求值进行了适当的调整；

8. 增加了组批规则、抽样规则及判定规则，取消了对GB/T 5485—1985《膨胀珍珠岩绝热制品抽样方案和抽样方法》的引用。

本标准自实施之日起代替GB/T 10303—1989，GB/T 5485—1985。

本标准由国家建筑材料工业局提出。

本标准由全国绝热材料标准化技术委员会(CSBTS/TC 191)归口。

本标准负责起草单位：河南建筑材料研究设计院、浙江阿斯克新型保温材料有限公司、上海强威保温材料有限公司。

本标准参加起草单位：上海宝能轻质材料有限公司、江苏江阴申港保温材料有限公司、信阳市平桥区中山保温建材厂、上海建科院丰能制材有限公司、信阳市平桥区平桥珍珠岩厂。

本标准主要起草人：白召军、申国权、张利萍、裘茂法、周国良。

本标准委托河南建筑材料研究设计院负责解释。

本标准1989年1月首次发布。

中华人民共和国国家标准

GB/T 10303—2001

代替 GB/T 10303—1989
GB/T 5485—1985

膨胀珍珠岩绝热制品

Expanded perlite thermal insulation

1 范围

本标准规定了膨胀珍珠岩绝热制品的分类、技术要求、试验方法、检验规则、产品合格证、包装、标志、运输和贮存。

本标准适用于以膨胀珍珠岩为主要成分，掺加粘结剂、掺或不掺增强纤维而制成的膨胀珍珠岩绝热制品。

2 引用标准

下列标准所包含的条文，通过在本标准中引用而构成为本标准的条文。本标准出版时，所示版本均为有效。所有标准都会被修订，使用本标准的各方应探讨使用下列标准最新版本的可能性。

GB 191—1990 包装储运图示标志

GB/T 1250—1989 极限数值的表示方法和判定方法

GB/T 4132—1996 绝热材料及相关术语(neq ISO 7345:1987)

GB/T 5464—1985 建筑材料不燃性试验方法(neq ISO 1182:1983)

GB/T 5486.1—2001 无机硬质绝热制品试验方法 外观质量

GB/T 5486.2—2001 无机硬质绝热制品试验方法 力学性能

GB/T 5486.3—2001 无机硬质绝热制品试验方法 密度、含水率及吸水率

GB/T 5486.4—2001 无机硬质绝热制品试验方法 匀温灼烧性能

GB 8624—1997 建筑材料燃烧性能分级方法

GB/T 10294—1988 绝热材料稳态热阻及有关特性的测定 防护热板法(idt ISO/DIS 8302:1986)

GB/T 10295—1988 绝热材料稳态热阻及有关特性的测定 热流计法(idt ISO/DIS 8301:1987)

GB/T 10296—1988 绝热层稳态热传递特性的测定 圆管法(idt ISO/DIS 8947:1986)

GB/T 10297—1998 非金属固体材料导热系数的测定方法 热线法

GB/T 10299—1988 保温材料憎水性试验方法

GB/T 17393—1998 覆盖奥氏体不锈钢用绝热材料规范

JC/T 618—1996 绝热材料中可溶出氯化物、氟化物、硅酸盐及钠离子的化学分析方法

3 定义

本标准有关术语按 GB/T 4132 的规定。对上述标准没有涉及的术语，定义如下：

憎水型膨胀珍珠岩绝热制品：产品中添加憎水剂，降低了表面亲水性能的膨胀珍珠岩绝热制品。

中华人民共和国国家质量监督检验检疫总局 2001-04-29 批准　　2001-10-01 实施

4 产品分类

4.1 品种

4.1.1 按产品密度分为200号、250号、350号。

4.1.2 按产品有无憎水性分为普通型和憎水型(用Z表示)。

4.1.3 产品按用途分为建筑物用膨胀珍珠岩绝热制品(用J表示);设备及管道、工业炉窑用膨胀珍珠岩绝热制品(用S表示)。

4.2 形状

按制品外形分为平板(用P表示)、弧形板(用H表示)和管壳(用G表示)。

4.3 等级

膨胀珍珠岩绝热制品按质量分为优等品(用A表示)和合格品(用B表示)。

4.4 产品标记

4.4.1 产品标记方法

标记中的顺序为产品名称、密度、形状、产品的用途、憎水性、长度×宽度(内径)×厚度、等级、本标准号。

4.4.2 标记示例

示例1:长为600 mm、宽为300 mm、厚为50 mm,密度为200号的建筑物用憎水型平板优等品标记为:

膨胀珍珠岩绝热制品 200PJZ 600×300×50A GB/T 10303

示例2:长为400 mm、内径为57 mm、厚为40 mm,密度为250号的普通型管壳合格品标记为:

膨胀珍珠岩绝热制品 250GS 400×57×40B GB/T 10303

示例3:长为500 mm、内径为560 mm、厚为80 mm,密度为300号的憎水型弧形板合格品标记为:

膨胀珍珠岩绝热制品 300HSZ 500×560×80B GB/T 10303

5 要求

5.1 尺寸、尺寸偏差及外观质量

5.1.1 尺寸

5.1.1.1 平板:长度400 mm~600 mm;宽度200 mm~400 mm;厚度40 mm~100 mm。

5.1.1.2 弧形板:长度400 mm~600 mm;内径>1 000 mm;厚度40 mm~100 mm。

5.1.1.3 管壳:长度400 mm~600 mm;内径57 mm~1 000 mm;厚度40 mm~100 mm。

5.1.1.4 特殊规格的产品可按供需双方的合同执行,但尺寸偏差及外观质量应符合5.1.2的规定。

5.1.2 膨胀珍珠岩绝热制品的尺寸偏差及外观质量应符合表1的要求。

表1 尺寸偏差及外观质量

项目		指标			
		平板		弧形板、管壳	
		优等品	合格品	优等品	合格品
尺寸允许偏差	长度,mm	±3	±5	±3	±5
	宽度,mm	±3	±5	—	—
	内径,mm	—	—	+3 +1	+5 +1
	厚度,mm	+3 −1	+5 −2	+3 −1	+5 −2

表 1(完)

项目		指标			
		平板		弧形板、管壳	
		优等品	合格品	优等品	合格品
外观质量	垂直度偏差,mm	≤2	≤5	≤5	≤8
	合缝间隙,mm	—	—	≤2	≤5
	裂纹	不允许			
	缺棱掉角	优等品:不允许。 合格品:1. 三个方向投影尺寸的最小值不得大于 10 mm,最大值不得大于投影方向边长的 1/3。 2. 三个方向投影尺寸的最小值不大于 10 mm、最大值不大于投影方向边长 1/3 的缺棱掉角总数不得超过 4 个 注:三个方向投影尺寸的最小值不大于 3 mm 的棱损伤不作为缺棱,最小值不大于 4 mm 的角损伤不作为掉角			
	弯曲度,mm	优等品:≤3,合格品:≤5			

5.2 膨胀珍珠岩绝热制品的物理性能指标应符合表 2 的要求。

表 2 物理性能要求

项目		指标				
		200 号		250 号		350 号
		优等品	合格品	优等品	合格品	合格品
密度,kg/m³		≤200		≤250		≤350
导热系数 W/(m·K)	298 K±2 K	≤0.060	≤0.068	≤0.068	≤0.072	≤0.087
	623 K±2 K (S 类要求此项)	≤0.10	≤0.11	≤0.11	≤0.12	≤0.12
抗压强度,MPa		≥0.40	≥0.30	≥0.50	≥0.40	≥0.40
抗折强度,MPa		≥0.20	—	≥0.25	—	—
质量含水率,%		≤2	≤5	≤2	≤5	≤10

5.3 S 类产品 923 K(650℃)时的匀温灼烧线收缩率应不大于 2%,且灼烧后无裂纹。

5.4 憎水型产品的憎水率应不小于 98%。

5.5 当膨胀珍珠岩绝热制品用于奥氏体不锈钢材料表面绝热时,其浸出液的氯离子、氟离子、硅酸根离子、钠离子含量应符合 GB/T 17393 的要求。

5.6 掺有可燃性材料的产品,用户有不燃性要求时,其燃烧性能级别应达到 GB 8624 中规定的 A 级(不燃材料)。

6 试验方法

6.1 尺寸偏差和外观质量试验按 GB/T 5486.1 规定进行。

6.2 抗压强度、抗折强度试验按 GB/T 5486.2 规定进行。

6.3 密度、质量含水率试验按 GB/T 5486.3 规定进行。

6.4 匀温灼烧线收缩率试验按 GB/T 5486.4 规定进行。

6.5 导热系数试验按 GB/T 10294 规定进行,允许按 GB/T 10295、GB/T 10296、GB/T 10297 规定进

行。如有异议,以GB/T 10294作为仲裁检验方法。

弧形板和管壳可加工成符合要求的平板试件按GB/T 10294规定进行测定,如无法加工时,可用相同原材料、相同工艺制成的同品种平板制品代替。

6.6 憎水率试验按GB/T 10299规定进行。

6.7 燃烧性能试验按GB/T 5464规定进行。

6.8 氯离子、氟离子、硅酸根离子及钠离子含量试验按JC/T 618规定进行。

7 检验规则

7.1 检验分类

检验分交付检验和型式检验。

7.1.1 交付检验

检验项目为产品外观质量、尺寸偏差、密度、质量含水率、抗压强度。交付检验时,若仅为外观质量、尺寸偏差不合格,允许供方对产品逐个挑选检查后重新进行交付检验。

7.1.2 型式检验

型式检验的项目为第5章规定要求中的全部项目;有下列情况之一时应进行型式检验。

a) 新产品定型鉴定时;

b) 产品主要原材料或生产工艺变更时;

c) 产品连续生产超过半年时;如连续三次型式检验合格,可放宽到每年检验一次;

d) 质量监督检验机构提出型式检验要求时;

e) 当供需双方合同中有约定时。

7.2 组批规则

以相同原材料、相同工艺制成的膨胀珍珠岩绝热制品按形状、品种、尺寸、等级分批验收,每10 000块为一检验批量,不足10 000块者亦视为一批。

7.3 抽样规则

从每批产品中随机抽取8块制品作为检验样本,进行尺寸偏差与外观质量检验。尺寸偏差与外观质量检验合格的样品用于其它项目的检验。

7.4 判定规则

本标准采用GB/T 1250中的修约值比较法进行判定。

7.4.1 样本的尺寸偏差、外观质量不合格数不超过两块,则判该批膨胀珍珠岩绝热制品的尺寸偏差、外观质量合格,反之为不合格。

7.4.2 当所有检验项目的检验结果均符合本标准第5章的要求时,则判该批产品合格;当检验项目有两项以上(含两项)不合格时,则判该批产品不合格;当检验项目有一项不合格时,可加倍抽样复检不合格项。如复检结果两组数据的平均值仍不合格,则判该批产品不合格。

8 产品合格证、包装、标志、运输和贮存

8.1 产品合格证

出厂产品应有产品合格证,其应包括以下内容:

a) 生产厂名称及地址;

b) 本标准编号;

c) 产品标记及生产日期;

d) 产品数量;

e) 检验结论;

f) 生产厂技术检验部门及检验人员签章。

8.2 包装与标志

8.2.1 包装形式由供需双方商定,如供需双方在合同中注明,产品也可以不用包装。

8.2.2 包装的产品应采取防潮措施,包装箱应按 GB 191 规定标明“禁止滚翻”和“怕湿”标记。

8.2.3 每一包装箱上应标有产品标记、数量、生产厂名称、地址及生产日期。

8.3 运输

8.3.1 产品装运时应轻拿轻放,防止损坏。

8.3.2 产品装运时应有防雨和防潮措施。

8.4 贮存

8.4.1 不同品种、形状、尺寸的产品应分别堆放。

8.4.2 产品堆放场地应有防雨、防潮措施。

前　言

本标准是对 GB/T 10801—1989《隔热用聚苯乙烯泡沫塑料》的修订。

本标准在技术内容上主要参考 ISO/CD 4898:1999《泡沫塑料——建筑绝热用硬质泡沫塑料》。根据用户需要将密度 30 kg/m³ 以上再分为 40 kg/m³、50 kg/m³、60 kg/m³。燃烧性能中增加燃烧分级的规定，与《建筑设计防火规范》、《建筑材料燃烧性能分级方法》等国家标准接轨。物理机械性能中的尺寸变化率、水蒸气透过系数、吸水率性能指标都比 ISO/CD 4898:1999《泡沫塑料——建筑绝热用硬质泡沫塑料》有所提高。

GB/T 10801 是一个系列标准，包括以下两部分：

第 1 部分(即 GB/T 10801.1)：绝热用模塑聚苯乙烯泡沫塑料；

第 2 部分(即 GB/T 10801.2)：绝热用挤塑聚苯乙烯泡沫塑料(XPS)。

本标准是该系列标准的第 1 部分。

本标准自实施之日起，原 GB/T 10801—1989《隔热用聚苯乙烯泡沫塑料》废止。

本标准的附录 A 是提示的附录。

本标准由中国轻工业联合会提出。

本标准由全国塑料制品标准化技术委员会归口。

本标准起草单位：北京北泡塑料集团公司、轻工业塑料加工应用研究所。

本标准主要起草人：梁小平、王珏、陈家琪、李洁涛。

中华人民共和国国家标准

GB/T 10801.1—2002

绝热用模塑聚苯乙烯泡沫塑料

代替 GB/T 10801—1989

Moulded polystyrene foam board for thermal insulation

1 范围

本标准规定了绝热用模塑聚苯乙烯泡沫塑料板材的分类、要求、试验方法、检验规则和标志、包装、运输、贮存。

本标准适用于可发性聚苯乙烯珠粒经加热预发泡后，在模具中加热成型而制得的具有闭孔结构的使用温度不超过75℃的聚苯乙烯泡沫塑料板材，也适用于大块板材切割而成的材料。

2 引用标准

下列标准所包含的条文，通过在本标准中引用而构成为本标准的条文。本标准出版时，所示版本均为有效。所有标准都会被修订，使用本标准的各方应探讨使用下列标准最新版本的可能性。

GB/T 2406—1993 塑料燃烧性能试验方法 氧指数法(neq ISO 4589:1984)

GB/T 2918—1998 塑料试样状态调节和试验的标准环境(idt ISO 291:1997)

GB/T 6342—1996 泡沫塑料与橡胶 线性尺寸的测定(idt ISO 1923:1981)

GB/T 6343—1995 泡沫塑料和橡胶 表观(体积)密度的测定(neq ISO 845:1988)

GB 8624—1997 建筑材料燃烧性能分级方法(neq DIN 4102:1981)

GB/T 8810—1988 硬质泡沫塑料吸水率试验方法(eqv ISO 2896:1986)

GB/T 8811—1988 硬质泡沫塑料尺寸稳定性试验方法(eqv ISO 2796:1980)

GB/T 8812—1988 硬质泡沫塑料弯曲试验方法(idt ISO 1209:1976)

GB/T 8813—1988 硬质泡沫塑料压缩试验方法(idt ISO 844:1978)

GB/T 10294—1988 绝热材料稳态热阻及有关特性的测定 防护热板法(idt ISO/DIS 8302:1986)

GB/T 10295—1988 绝热材料稳态热阻及有关特性的测定 热流计法(idt ISO/DIS 8301:1987)

QB/T 2411—1998 硬质泡沫塑料水蒸气透过性能的测定

3 分类

3.1 绝热用模塑聚苯乙烯泡沫塑料按密度分为Ⅰ、Ⅱ、Ⅲ、Ⅳ、Ⅴ、Ⅵ类，其密度范围见表1。

表1 绝热用模塑聚苯乙烯泡沫塑料密度范围　　单位：kg/m^3

类　别	密度范围
Ⅰ	≥15～<20
Ⅱ	≥20～<30
Ⅲ	≥30～<40
Ⅳ	≥40～<50
Ⅴ	≥50～<60
Ⅵ	≥60

中华人民共和国国家质量监督检验检疫总局 2002-03-05 批准　　2002-09-01 实施

3.2 绝热用模塑聚苯乙烯泡沫塑料分为阻燃型和普通型。

4 要求

4.1 规格尺寸和允许偏差

规格尺寸由供需双方商定，允许偏差应符合表2的规定。

表2 规格尺寸和允许偏差

单位：mm

长度、宽度尺寸	允许偏差	厚度尺寸	允许偏差	对角线尺寸	对角线差
<1 000	±5	<50	±2	<1 000	5
1 000～2 000	±8	50～75	±3	1 000～2 000	7
>2 000～4 000	±10	>75～100	±4	>2 000～4 000	13
>4 000	正偏差不限，-10	>100	供需双方决定	>4 000	15

4.2 外观要求

4.2.1 色泽：均匀，阻燃型应掺有颜色的颗粒，以示区别。

4.2.2 外形：表面平整，无明显收缩变形和膨胀变形。

4.2.3 熔结：熔结良好。

4.2.4 杂质：无明显油渍和杂质。

4.3 物理机械性能应符合表3要求。

表3 物理机械性能

项目			单位	性能指标					
				Ⅰ	Ⅱ	Ⅲ	Ⅳ	Ⅴ	Ⅵ
表观密度		不小于	kg/m^3	15.0	20.0	30.0	40.0	50.0	60.0
压缩强度		不小于	kPa	60	100	150	200	300	400
导热系数		不大于	W/(m·K)	0.041		0.039			
尺寸稳定性		不大于	%	4	3	2	2	2	1
水蒸气透过系数		不大于	ng/(Pa·m·s)	6	4.5	4.5	4	3	2
吸水率(体积分数)		不大于	%	6	4	2			
熔结性[1]	断裂弯曲负荷	不小于	N	15	25	35	60	90	120
	弯曲变形	不小于	mm	20			—		
燃烧性能[2]	氧指数	不小于	%	30					
	燃烧分级		达到B_2级						

1) 断裂弯曲负荷或弯曲变形有一项能符合指标要求即为合格。

2) 普通型聚苯乙烯泡沫塑料板材不要求。

5 试验方法

5.1 时效和状态调节

型式检验的所有试验样品应去掉表皮并自生产之日起在自然条件下放置28 d后进行测试。所有试验按GB/T 2918—1998中23/50二级环境条件进行，样品在温度(23±2)℃，相对湿度45%～55%的条件下进行16 h状态调节。

5.2 尺寸测量

尺寸测量按GB/T 6342规定进行。

5.3 外观

在自然光线下目测。

5.4 表观密度的测定

按GB/T 6343规定进行，试样尺寸(100±1) mm×(100±1) mm×(50±1) mm，试样数量3个。

5.5 压缩强度的测定

按GB/T 8813规定进行，相对形变为10%时的压缩应力。试样尺寸(100±1) mm×(100±1) mm×(50±1) mm，试样数量5个，试验速度5 mm/min。

5.6 导热系数的测定

按GB/T 10294或GB/T 10295规定进行，试样厚度(25±1) mm，温差(15～20)℃，平均温度(25±2)℃。仲裁时执行GB/T 10294。

5.7 水蒸气透过系数的测定

按QB/T 2411规定进行，试样厚度(25±1) mm，温度(23±2)℃，相对湿度梯度0%～50%，Δp=1 404.4 Pa，试样数量5个。

5.8 吸水率的测定

按GB/T 8810规定进行，时间96 h。试样尺寸(100±1) mm×(100±1) mm×(50±1) mm，试样数量3个。

5.9 尺寸稳定性的测定

按GB/T 8811规定进行，温度(70±2)℃，时间48 h。试样尺寸(100±1) mm×(100±1) mm×(25±1) mm，试样数量3个。

5.10 熔结性的测定

按GB/T 8812规定进行，跨距为200 mm，试验速度50 mm/min。试样尺寸(250±1) mm×(100±1) mm×(20±1) mm，试样数量5个。

5.11 燃烧性能的测定

5.11.1 氧指数的测定

按GB/T 2406规定进行，样品陈化28 d。试样尺寸(150±1) mm×(12.5±1) mm×(12.5±1) mm。

5.11.2 燃烧分级的测定

按GB 8624规定进行。

6 检验规则

6.1 组批：同一规格的产品数量不超过2 000 m^3为一批。

6.2 检验分类：分为出厂检验和型式检验。

6.2.1 出厂检验项目：尺寸、外观、密度、压缩强度、熔结性。

6.2.2 型式检验项目：尺寸、外观、密度、压缩强度、熔结性、导热系数、尺寸变化率、水蒸气透过系数、吸水率、燃烧性能。

有下列情况之一时，应进行型式检验：

a) 正常生产后，原材料、工艺有较大改变时；

b) 正常生产时，每年至少检验一次；

c) 产品停产六个月以上，恢复生产时。

6.3 判定规则

6.3.1 出厂检验的判定

尺寸偏差及外观任取二十块进行检验，其中二块以上不合格时，该批为不合格品。

物理机械性能从该批产品中随机取样,任何一项不合格时应重新从原批中双倍取样,对不合格项目进行复验,复验结果仍不合格时整批为不合格品。

6.3.2 型式检验的判定

从合格品中随机抽取1块样品,按第5章规定的方法进行测试,其结果应符合第4章中的规定。

6.3.3 仲裁

供需双方对产品质量发生异议时,按本标准进行仲裁检验。

7 标志

产品出厂时应附有产品合格证,并标明产品名称、采用标准号、商标、企业名称、详细地址、规格、类型、生产日期、批号。

8 包装、运输、贮存

8.1 包装

产品可用塑料捆扎带或塑料袋包装,也可由供需双方协商决定。

8.2 运输和贮存

在运输和贮存中严禁烟火,不可重压或与锋利物品碰撞。产品放在干燥通风处贮存,不宜露天长期暴晒,远离火源,不能与化学药品接触。

附　录　A
（提示的附录）
不同类别产品的推荐用途

A1　第Ⅰ类产品的推荐用途

应用时不承受负荷，如夹芯材料、墙体保温材料。

A2　第Ⅱ类产品的推荐用途

承受较小负荷，如地板下面隔热材料。

A3　第Ⅲ类产品的推荐用途

承受较大负荷，如停车平台隔热材料。

A4　第Ⅳ、Ⅴ、Ⅵ类产品的推荐用途

冷库铺地材料、公路地基材料及需要较高压缩强度的材料。

前　　言

本标准是对GB/T 10801—1989《隔热用聚苯乙烯泡沫塑料》的修订。

本标准规定的尺寸偏差要求与英国标准(BS)3837.2:1990《泡沫聚苯乙烯板——第2部分:挤塑板规范》基本相同,X250、X300、X350、X400、X450、X500的吸水率与BS 3837.2一致,导热系数和尺寸稳定性要求均严于BS 3837.2。

GB/T 10801是一个系列标准,包括以下两部分:

第1部分(即GB/T 10801.1):绝热用模塑聚苯乙烯泡沫塑料;

第2部分(即GB/T 10801.2):绝热用挤塑聚苯乙烯泡沫塑料(XPS)。

本标准是该系列标准的第2部分。

本标准自实施之日起,同时代替GB/T 10801—1989。

本标准由中国轻工业联合会提出。

本标准由全国塑料制品标准化技术委员会归口。

本标准起草单位:国家建筑材料工业局标准化研究所、轻工业塑料加工与应用研究所、南京欧文斯科宁挤塑泡沫板有限公司、陶氏化学(中国)投资有限公司。

本标准主要起草人:王巧云、李洁涛、张文涛、郭辉、金福锦。

中华人民共和国国家标准

GB/T 10801.2—2002

代替 GB/T 10801—1989

绝热用挤塑聚苯乙烯泡沫塑料(XPS)

Rigid extruded polystyrene foam board for thermal insulation (XPS)

1 范围

本标准规定了绝热用挤塑聚苯乙烯泡沫塑料(XPS)的分类、规格、要求、试验方法、检验规则、标志、包装、运输、贮存。

本标准适用于使用温度不超过 75℃的绝热用挤塑聚苯乙烯泡沫塑料,也适用于带有塑料、箔片贴面以及带有表面涂层的绝热用挤塑聚苯乙烯泡沫塑料。

2 引用标准

下列标准所包含的条文,通过在本标准中引用而构成为本标准的条文。本标准出版时,所示版本均为有效。所有标准都会被修订,使用本标准的各方应探讨使用下列标准最新版本的可能性。

GB/T 2918—1998 塑料试样状态调节和试验的标准环境(idt ISO 291:1997)

GB/T 4132—1996 绝热材料及相关术语(neq ISO 7345:1987)

GB/T 6342—1996 泡沫塑料与橡胶 线性尺寸的测定(idt ISO 1923:1981)

GB 8624—1997 建筑材料燃烧性能分级方法(neq DIN 4102:1981)

GB/T 8626—1988 建筑材料可燃性试验方法(eqv DIN 4102-1)

GB/T 8810—1988 硬质泡沫塑料吸水率试验方法(eqv ISO 2896:1986)

GB/T 8811—1988 硬质泡沫塑料尺寸稳定性试验方法(eqv ISO 2796:1980)

GB/T 8813—1988 硬质泡沫塑料压缩试验方法(idt ISO 844:1978)

GB/T 10294—1988 绝热材料稳态热阻及有关特性的测定 防护热板法 (idt ISO/DIS 8302:1986)

GB/T 10295—1988 绝热材料稳态热阻及有关特性的测定 热流计法(idt ISO/DIS 8301:1987)

QB/T 2411—1998 硬质泡沫塑料水蒸气透过性能

3 定义

本标准采用 GB/T 4132 和下述定义。

3.1 挤塑聚苯乙烯泡沫塑料 rigid extruded polystyrene foam board

以聚苯乙烯树脂或其共聚物为主要成分,添加少量添加剂,通过加热挤塑成型而制得的具有闭孔结构的硬质泡沫塑料。

4 分类

4.1 类别

4.1.1 按制品压缩强度 p 和表皮分为以下十类。

a) X150—$p \geqslant 150$ kPa,带表皮;

中华人民共和国国家质量监督检验检疫总局 2002-03-05 批准

2002-09-01 实施

b）X200—p≥200 kPa，带表皮；

c）X250—p≥250 kPa，带表皮；

d）X300—p≥300 kPa，带表皮；

e）X350—p≥350 kPa，带表皮；

f）X400—p≥400 kPa，带表皮；

g）X450—p≥450 kPa，带表皮；

h）X500—p≥500 kPa，带表皮；

i）W200—p≥200 kPa，不带表皮；

j）W300—p≥300 kPa，不带表皮。

注：其他表面结构的产品，由供需双方商定。

4.1.2　按制品边缘结构分为以下四种。

4.1.2.1　SS 平头型产品

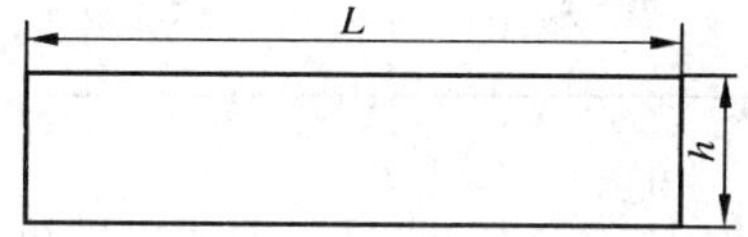

4.1.2.2　SL 型产品(搭接)

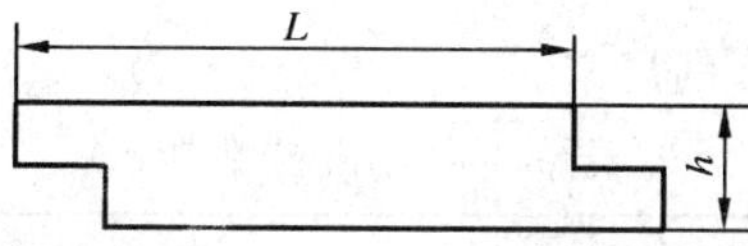

4.1.2.3　TG 型产品(榫槽)

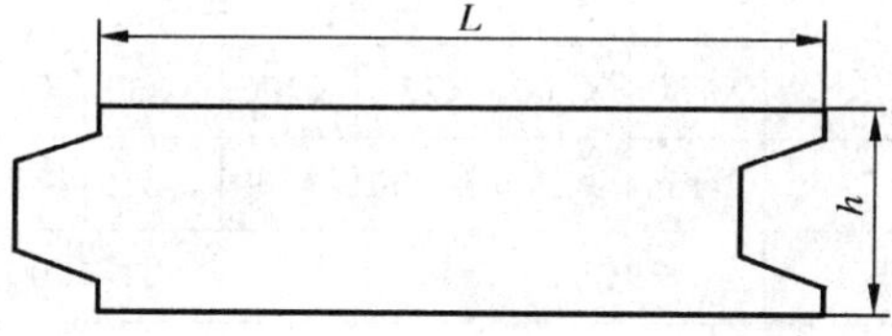

4.1.2.4　RC 型产品(雨槽)

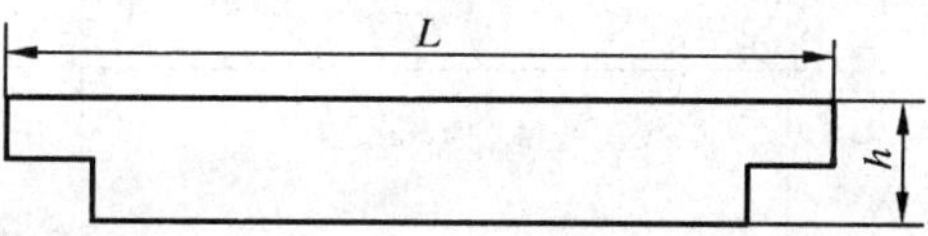

4.2　产品标记

4.2.1　标记方法

4.2.1.1　标记顺序：产品名称-类别-边缘结构形式-长度×宽度×厚度-标准号。

4.2.1.2　边缘结构形式用以下代号表示：

边缘结构型式表示方法：SS 表示四边平头；SL 表示两长边搭接；TG 表示两长边为榫槽型；RC 表示两长边为雨槽型。若需四边搭接、四边榫槽或四边雨槽型需特殊说明。

4.2.2　标记示例

类别为 X250、边缘结构为两长边搭接，长度 1 200 mm、宽度 600 mm、厚度 50 mm 的挤出聚苯乙烯板标记表示为：XPS-X250-SL-1 200×600×50-GB/T 10801.2。

5　要求

5.1　规格尺寸和允许偏差

5.1.1　规格尺寸

产品主要规格尺寸见表 1，其他规格由供需双方商定，但允许偏差应符合表 2 的规定。

表 1 规格尺寸 单位:mm

长 度	宽 度	厚 度
L		h
1 200,1 250,2 450,2 500	600,900,1 200	20,25,30,40,50,75,100

5.1.2 允许偏差

允许偏差应符合表 2 的规定。

表 2 允许偏差 单位:mm

长度和宽度 L		厚度 h		对角线差	
尺寸 L	允许偏差	尺寸 h	允许偏差	尺寸 T	对角线差
$L<1\ 000$	±5	$h<50$	±2	$T<1\ 000$	5
$1\ 000\leqslant L<2\ 000$	±7.5	$h\geqslant 50$	±3	$1\ 000\leqslant T<2\ 000$	7
$L\geqslant 2\ 000$	±10			$T\geqslant 2\ 000$	13

5.2 外观质量

产品表面平整,无夹杂物,颜色均匀。不应有明显影响使用的可见缺陷,如起泡、裂口、变形等。

5.3 物理机械性能

产品的物理机械性能应符合表 3 的规定。

表 3 物理机械性能

<table>
<tr><td colspan="2" rowspan="3">项目</td><td rowspan="3">单位</td><td colspan="10">性能指标</td></tr>
<tr><td colspan="8">带表皮</td><td colspan="2">不带表皮</td></tr>
<tr><td>X150</td><td>X200</td><td>X250</td><td>X300</td><td>X350</td><td>X400</td><td>X450</td><td>X500</td><td>W200</td><td>W300</td></tr>
<tr><td colspan="2">压缩强度</td><td>kPa</td><td>≥150</td><td>≥200</td><td>≥250</td><td>≥300</td><td>≥350</td><td>≥400</td><td>≥450</td><td>≥500</td><td>≥200</td><td>≥300</td></tr>
<tr><td colspan="2">吸水率,浸水 96 h</td><td>%(体积分数)</td><td colspan="2">≤1.5</td><td colspan="6">≤1.0</td><td>≤2.0</td><td>≤1.5</td></tr>
<tr><td colspan="2">透湿系数,23℃±1℃,RH50%±5%</td><td>ng/(m·s·Pa)</td><td colspan="2">≤3.5</td><td colspan="3">≤3.0</td><td colspan="3">≤2.0</td><td>≤3.5</td><td>≤3.0</td></tr>
<tr><td rowspan="2">绝热性能</td><td>热阻
厚度 25 mm 时
平均温度
10℃
25℃</td><td>(m²·K)/W</td><td colspan="5">≥0.89
≥0.83</td><td colspan="3">≥0.93
≥0.86</td><td>≥0.76
≥0.71</td><td>≥0.83
≥0.78</td></tr>
<tr><td>导热系数
平均温度
10℃
25℃</td><td>W/(m·K)</td><td colspan="5">≤0.028
≤0.030</td><td colspan="3">≤0.027
≤0.029</td><td>≤0.033
≤0.035</td><td>≤0.030
≤0.032</td></tr>
<tr><td colspan="2">尺寸稳定性,70℃±2℃下,48 h</td><td>%</td><td colspan="2">≤2.0</td><td colspan="3">≤1.5</td><td colspan="3">≤1.0</td><td>≤2.0</td><td>≤1.5</td></tr>
</table>

5.4 燃烧性能

按 GB/T 8626 进行检验,按 GB 8624 分级应达到 B_2。

6 试验方法

6.1 时效和状态调节

导热系数和热阻试验应将样品自生产之日起在环境条件下放置 90 d 进行,其他物理机械性能试验应将样品自生产之日起在环境条件下放置 45 d 后进行。试验前应进行状态调节，除试验方法中有特殊规定外，试验环境和试样状态调节，按 GB/T 2918—1998 中 23/50 二级环境条件进行。

6.2　试件表面特性说明

试件不带表皮试验时，该条件应记录在试验报告中。

6.3　试件制备

除尺寸和外观检验，其他所有试验的试件制备，均应在距样品边缘 20 mm 处切取试件。可采用电热丝切割试件。

6.4　尺寸测量

尺寸测量按 GB/T 6342 进行。长度、宽度和厚度分别取 5 个点测量结果的平均值。

6.5　外观质量

外观质量在自然光条件下目测。

6.6　压缩强度

压缩强度试验按 GB/T 8813 进行。试件尺寸为(100.0±1.0)mm×(100.0±1.0)mm×原厚，对于厚度大于 100 mm 的制品，试件的长度和宽度应不低于制品厚度。加荷速度为试件厚度的 1/10(mm/min)，例如厚度为 50 mm 的制品，加荷速度为 5 mm/min。压缩强度取 5 个试件试验结果的平均值。

6.7　吸水率

吸水率试验按 GB/T 8810 进行，水温为(23±2)℃，浸水时间为 96 h。试件尺寸为(150.0±1.0)mm×(150.0±1.0)mm×原厚。吸水率取 3 个试件试验结果的平均值。

6.8　透湿系数

透湿系数试验按 QB/T 2411 进行，试验工作室(或恒温恒湿箱)的温度应为(23±1)℃，相对湿度为 50%±5%。透湿系数取 5 个试件试验结果的平均值。

6.9　绝热性能

导热系数试验按 GB/T 10294 进行，也可按 GB/T 10295 进行，测定平均温度为(10±2)℃和(25±2)℃下的导热系数，试验温差为 15℃～25℃。仲裁时按 GB/T 10294 进行。

热阻值按公式(1)计算：

$$R = \frac{h}{\lambda} \quad \cdots\cdots(1)$$

式中：R——热阻，$(m^2 \cdot K)/W$；

h——厚度，m；

λ——导热系数，$W/(m \cdot K)$。

6.10　尺寸稳定性

尺寸稳定性试验按 GB/T 8811 进行，试验温度为(70±2)℃，48 h 后测量。试件尺寸为(100.0±1.0)mm×(100.0±1.0)mm×原厚。尺寸稳定性取 3 个试件试验结果绝对值的平均值。

6.11　燃烧性能

燃烧性能试验按 GB/T 8626 进行，按 GB 8624 确定分级。

7　检验规则

7.1　出厂检验

7.1.1　产品出厂时必须进行出厂检验。

7.1.2　出厂检验的检验项目为：尺寸、外观、压缩强度、绝热性能。

7.1.3　组批：以出厂的同一类别、同一规格的产品 300 m^3 为一批，不足 300 m^3 的按一批计。

7.1.4　抽样：尺寸和外观随机抽取 6 块样品进行检验，压缩强度取 3 块样品进行检验，绝热性能取两块样品进行检验。

7.1.5 尺寸、外观、压缩强度、绝热性能按第6章规定的试验方法进行检验,检验结果应符合第5章的规定。如果有两项指标不合格,则判该批产品不合格。如果只有一项指标(单块值)不合格,应加倍抽样复验。复验结果仍有一项(单块值)不合格,则判该批产品不合格。

7.1.6 出厂检验的组批、抽样和判定规则也可按企业标准进行。

7.2 型式检验

7.2.1 有下列情况之一时,应进行型式检验。

a)新产品定型鉴定;

b)正式生产后,原材料、工艺有较大的改变,可能影响产品性能时;

c)正常生产时,每年至少进行一次;

d)出厂检验结果与上次型式检验有较大差异时;

e)产品停产6个月以上,恢复生产时。

7.2.2 型式检验的检验项目为第5章规定的各项要求:尺寸、外观、压缩强度、吸水率、透湿系数、绝热性能、燃烧性能、尺寸稳定性。

7.2.3 型式检验应在工厂仓库的合格品中随机抽取样品,每项性能测试1块样品,按第6章规定的试验方法切取试件并进行检验,检验结果应符合第5章的规定。

8 标志、标签、使用说明书

在标签或使用说明书上应标明:

a)产品名称、产品标记、商标;

b)生产企业名称、详细地址;

c)产品的种类、规格及主要性能指标;

d)生产日期;

e)注明指导安全使用的警语或图示。例如:本产品的燃烧性能级别为B_2级,在使用当中应远离火源;

f)包装单元中产品的数量。

标志文字及图案应醒目清晰,易于识别,且具有一定的耐久性。

9 包装、运输、贮存

9.1 产品需用收缩膜或塑料捆扎带等包装,或由供需双方协商。当运输至其他城市时,包装需适应运输的要求。

9.2 产品应按类别、规格分别堆放,避免受重压,库房应保持干燥通风。

9.3 运输和贮存中应远离火源、热源和化学溶剂,避免日光曝晒,风吹雨淋,并应避免长期受重压和其他机械损伤。

ICS 91.120.10
Q 25

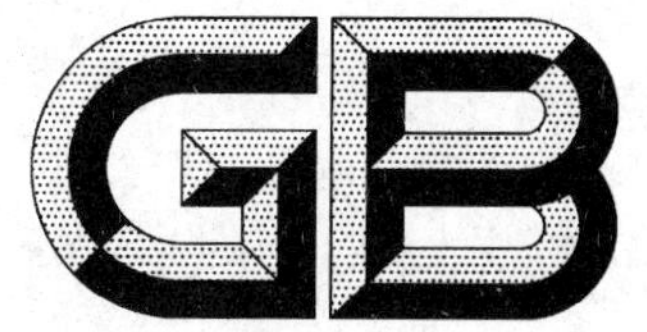

中华人民共和国国家标准

GB/T 13475—2008/ISO 8990:1994(E)
代替 GB/T 13475—1992

绝热　稳态传热性质的测定 标定和防护热箱法

Thermal insulation—Determination of steady-state thermal transmission Properties—Calibrated and guard hot box

(ISO 8990:1994(E),IDT)

2008-06-30 发布　　　　2009-04-01 实施

中华人民共和国国家质量监督检验检疫总局
中国国家标准化管理委员会　发布

前 言

本标准等同采用 ISO 8990:1994(E)《绝热—稳态传热性质的测定—标定和防护热箱法》。

本标准代替 GB/T 13475—1992《建筑构件稳态热传递性质的测定　标定和防护热箱法》。

本标准与 GB/T 13475—1992 相比主要变化如下：

——标准题目做了文字修改；

——第 2 章规范性引用文件做了修改；

——增加了局限性和误差源的相关规定(见 1.6)；

——增加了装置设计要求的相关规定(见第 2 章)；

——增加了设备表面温度的相关规定(见第 2 章)；

——平衡热电堆的输出功率、加热器及风扇等的输入功率的测量准确度做了修订(1992 年版本的 5.7;本版本的 2.8)；

——装置性能评价和标定的相关规定做了修订和补充(见 2.9)；

——修订了试件状态调节的相关规定(1992 年版本的 6.1;本版本的 3.2)；

——删除了原标准中的附录 B、附录 C 和附录 D(见 1992 年版本的附录 B、附录 C 和附录 D)；

——增加了附录 B 参考文献；

——增加了附录 NA。

本标准的附录 A 为规范性附录,附录 B 和附录 NA 为资料性附录。

请注意本标准的某些内容有可能涉及专利,本标准的发布机构不应承担识别这些专利的责任。

本标准由中国建筑材料联合会提出。

本标准由全国绝热材料标准化技术委员会(SAC/TC 191)归口。

本标准负责起草单位:南京玻璃纤维研究设计院。

本标准主要起草人：王佳庆、曹声龤、陈尚、王熙艳、孙文兵。

本标准所替代标准的历次版本发布情况为：

——GB/T 13475—1992。

ISO 前言

国际标准化组织(ISO)是由各国标准化团体(ISO 成员团体)组成的世界性的联合会。制定国际标准的工作通常由 ISO 技术委员会完成,各成员团体若对某技术委员会确定的工作领域感兴趣,均有权参加该委员会的工作。ISO 保持联系的各国际组织(官方或非官方的)也可参加有关工作。在电工技术标准化方面,ISO 与国际电工委员会(IEC)保持密切合作关系。

由技术委员会通过的国际标准草案提交各成员团体表决,需取得至少 75%参加表决的成员团体的同意,才能作为国际标准正式发布。

国际标准 ISO 8990 是由 ISO/TC 163 绝热材料技术委员会/SC 1 试验和测量方法分委员会制定。

附录 A 是本国际标准的完整组成部分。附录 B 仅作为资料。

引 言

很多场合需要绝热材料和绝热结构传热性质的数据，包括判断是否符合规程和规范、设计指导、材料和建筑物性能研究以及模拟试验的验证。

许多绝热材料和系统的传热都是传导、对流和辐射的复杂组合。本国际标准中的方法描述了测量在给定温差下，从试件一边传递至另一边的总热量，不对应于单独的传热模式，因此测试结果能够用于需要这样热性质的场合。然而，传热性质经常与试件自身及边界条件、试件的尺寸、传热方向、温度、温差、气流速度以及相对湿度有关。因此，试验条件必须重现预期的实际应用中的条件，或者评定在试验条件下测定的结果是否具有意义。

还应该记住，只有试件的稳态传热性质的测定和传热特性的计算或解释能代表产品或系统的实际性能，才能认为测定的性质对表征材料、产品或系统的特性是有用的。

此外，只有来自多个样本的多个试件的一系列测量结果具有足够的重现性，那么测定的性质才能代表材料、产品或系统的特征。

防护或标定热箱法的设计和操作是一个复杂的任务。装置的设计者和使用人员必须拥有完整的传热背景知识及精密测量技术的经验。

世界上有许多符合国家标准的标定与防护热箱装置的设计。持续的研究和发展不断对装备和测量技术进行着改进。被测的结构可能有非常大的变化，对试验条件的要求也会大不相同，所以不必要地限制测量方法和将所有的测量都限制在单一的装置都是不对的。因此指定一个特定的设计或尺寸的装置是不现实的。

绝热　稳态传热性质的测定
标定和防护热箱法

1　概述

1.1　范围

本标准规定了装置的设计原理及测定建筑构件和工业用的类似构件的试验室稳态传热性质应满足的最低要求。由于各种要求的变化(尤其是尺寸方面)，因此不能限定一个特殊设计的装置和将操作条件规定在较小的范围。

本标准给出了装置，测量技术和必需报告的数据的描述。

本标准不适用于测定特殊构件，如窗，此时需要附加程序，本标准不包括这些程序。

本标准也不考虑湿迁移(或重分布)对热流测量的影响，但在装置的设计和操作时应予考虑，因为湿迁移可能影响试验结果的准确度和确切性。

本标准可测量的热性质是传热系数和热阻，规定了两种可供选择的方法：标定热箱法和防护热箱法。这两种方法都适用于垂直试件(如墙体)以及水平试件(如天花板和楼板)。装置能够足够的大，以便研究原尺寸的构件。

本标准适用于在试验室测量大尺寸的非均质的试件。也适用于测定均质试件，这是进行标定和验证所必需的。

按照本标准规定的方法测量均质试件时，经验表明，通常能够达到的准确度是±5%。然而，对于每一个单独装置的准确度，应使用热传导的均质标准试件，在该装置覆盖的测量范围内进行评定。对于非均质试件准确度的评定则更为复杂，并且还包含对特殊类型的被测的非均质试件中的热流机理分析。这类分析已超出本标准的范围。

本标准不适用于试验过程中有穿过试件的传质现象的测量。

1.2　规范性引用文件

下列文件中的条款通过本标准的引用而成为本标准的条款。凡是注日期的引用文件，其随后所有的修改单(不包括勘误的内容)或修订版均不适用于本标准，然而，鼓励根据本标准达成协议的各方研究是否可使用这些文件的最新版本。凡是不注日期的引用文件，其最新版本适用于本标准。

ISO 7345:1987　绝热材料——物理量和定义

1.3　术语和定义

ISO 7345:1987 确定的以及下列术语和定义适用于本标准。

1.3.1

平均辐射温度　mean radiant temperature

试件"可见的"诸表面温度的适当加权值，用于确定传到试件表面的辐射热流量(见附录 A)。

1.3.2

环境温度　environmental temperature

空气温度和辐射温度的加权值，用于确定试件表面的热流量(见附录 A)。

1.4　符号和单位

本标准所用符号及其单位如下：

i　内部，通常为热侧

e　外部，通常为冷侧

s　表面

n　环境

λ　导热系数　[W/(m·K)]

R　热阻　[$(m^2 \cdot K)/W$]

U　传热系数　[$W/(m^2 \cdot K)$]

h　表面换热系数　[$W/(m^2 \cdot K)$]

Φ　热流量　[W]

Φ_P　加热或冷却的总输入功率　[W]

Φ_1　通过试件的热流量　[W]

Φ_2　平行于试件的不平衡热流量　[W]

Φ_3　通过计量箱壁的热流量　[W]

Φ_4　迂回热损，绕过试件侧面的热流量　[W]

Φ_5　周边热损，在试件边界平行于试件的热流量　[W]

A　垂直于热流的面积　[m^2]

q　热流密度　[W/m^2]

d　试件厚度　[m]

T_a　空气温度　[K]

T_r　平均辐射温度　[K]

T_n　环境温度　[K]

T_s　表面温度　[K]

$R=A(T_{si}-T_{se}/\Phi_1$

$R_s=1/h$

$R_{si}=A(T_{ni}-T_{si})/\Phi_1$

$R_{se}=A(T_{se}-T_{ne})/\Phi_1$

$R_u=1/U$

$U=\Phi_1/A(T_{ni}-T_{ne})$

$\Phi_1=\Phi_P-\Phi_3-\Phi_2$　[对于防护热箱]

$\Phi_1=\Phi_P-\Phi_3-\Phi_4$　[对于标定热箱]

注1：虽然对于不透明、均质的、板状试件能用 $\lambda=d/R_s$ 关系式得到导热系数，但本方法不直接测量导热系数。

1.5　原理

1.5.1　概述

两种类型的装置，防护热箱(GHB)和标定热箱(CHB)，都意图模仿通常的试件两边为均匀温度的流体(通常是大气)的边界条件。

将试件放置在已知环境温度的热室与冷室之间，在稳定状态下测量空气温度和表面温度以及输入热室的功率。由这些测量数值计算出试件的传热性质。

试件表面的热交换由对流和辐射组成。前者取决于空气温度和气流速度，后者取决于试件表面和试件"可见的"表面的温度和总半球辐射率。对流传热和辐射传热的作用合并成"环境温度"和表面传热系数的概念。

传热系数是用两侧环境温度定义的，因此要求有适合的测量温度方法来确定环境温度。在测试低热阻的试件时，表面换热系数是非常重要的，此时表面换热系数是总热阻的重要组成部分。测试中或高热阻的试件时，如果试件两侧的空气温度和辐射温度的温差都小到满足准确度的要求，在试验时也可以只记录空气温度。

作为特殊的情况，在热箱中靠近试件热面有一个辐射板作为热源。这种情况下，传递至试件表面的热量中，将以辐射成分为主。这种带辐射板的方法可以用于测量试件的热阻，但不适合直接测量在常规表面换热系数下的传热系数。

1.5.2 防护热箱法

在防护热箱法中（见图1），计量箱被防护箱围绕，控制防护箱的环境温度，使试件内不平衡热流量 Φ_2 和流过计量箱壁的热流量 Φ_3 减至最小。理想状态是装置内安装一个均质试件，计量箱内部与外部的温度均匀一致，而且冷侧温度和表面换热系数是均匀一致时，那么计量箱内、外空气温度的平衡将意味在试件表面上温度平衡，反之亦然，即 $\Phi_2=\Phi_3=0$。穿过试件的总热流量将等于输入计量箱的热量。

实际上，对于每个装置和试验中的试件，确定不平衡时都有局限（不平衡分辨力，见1.6.1.1）。

1.5.3 标定热箱法

标定热箱法的装置（见图2）置于一个温度受到控制的空间内，该空间的温度可与计量箱内部的温度不同。采用高热阻的箱壁使得流过箱壁的热损失 Φ_3 较低。输入的总功率 Φ_P 应根据箱壁热流量 Φ_3 和侧面迂回热损 Φ_4 进行修正。图3绘出试件、试件框架及相邻接的热侧和冷侧箱体的迂回热流的路径。用测试已知热阻的标定试件来确定箱壁损失及迂回损失的修正值。为标定迂回损失，标定试件应与被测试件具有相同的厚度、热阻范围和预定使用的温度范围。

1.6 局限性与误差源

欲达到某个要求的准确度，装置的使用受到许多与装备设计、标定、操作和试件性质（例如厚度，热阻和均质性）等有关因素的限制。

1.6.1 由装置引起的局限性及误差

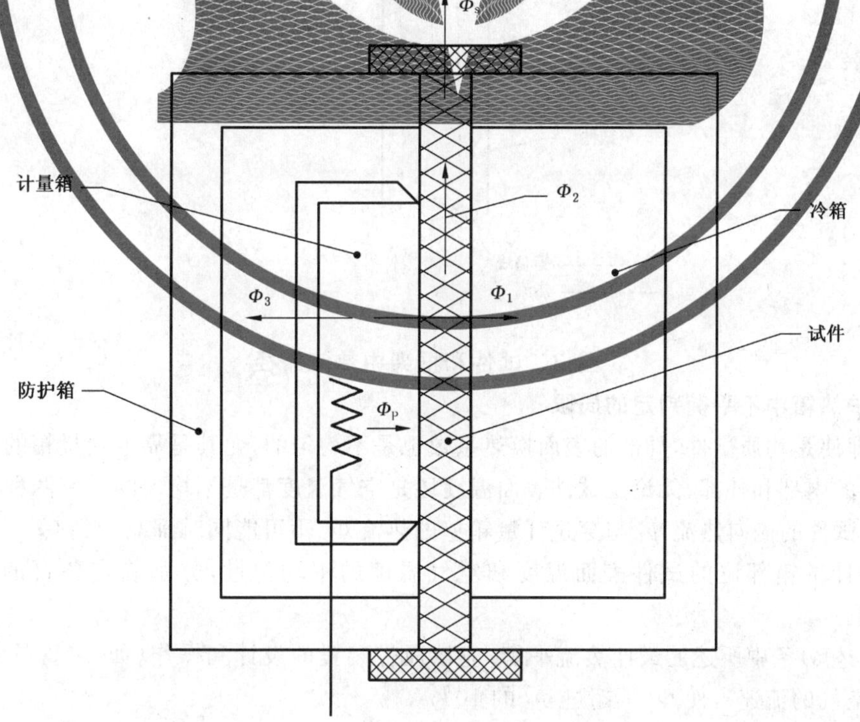

图1 防护热箱

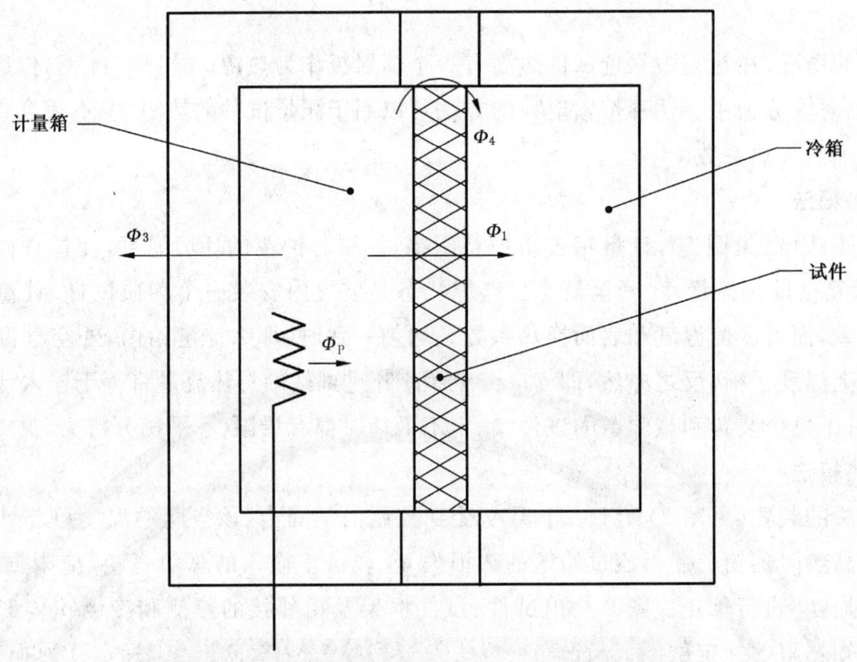

图 2 标定热箱

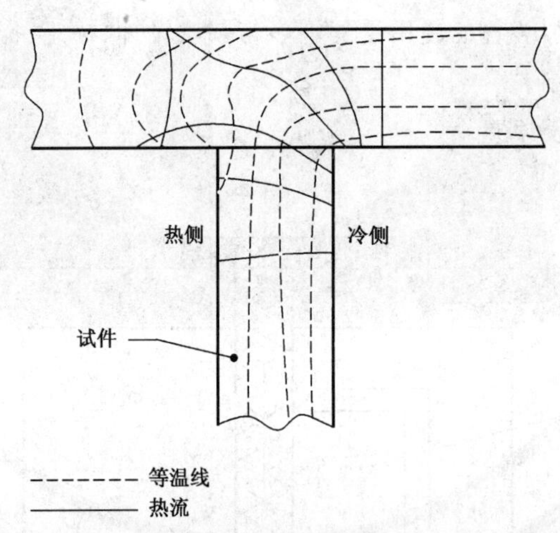

图 3 试件和框架中热流路径

1.6.1.1 防护热箱中不平衡判定的局限

实际上，即使是均质试件，局部的表面换热系数也是不均匀的，尤其是靠近计量箱的边界。因而，靠近计量箱周边的内部和外部，无论是试件表面温度还是空气温度都是不均匀的。有两种后果：

a) 穿过试件的侧向热流 Φ_2 与穿过计量箱壁的热流 Φ_3 不可能同时都减少到 0；

b) 靠近计量箱部位的试件表面温度和空气温度的不均匀性，分别确定各自的最佳的不平衡判定。

为获得上述 a)条中所述的最佳热流平衡，应该通过装置的设计和操作(如：装置的几何形状、防护空气的空间、空气的流速)，使 Φ_3 不超过 Φ_P 的 10%。

试件的非均质性将增加局部表面换热系数及试件表面温度的不均匀性。应评估穿过计量箱壁和试件内的不平衡热流，必要时进行修正。为此，计量箱壁应具备热流计作用。另外，在试件表面安装穿越计量区域周边的热电堆。在日常试验中，不平衡检测能够用标定和计算简化。

1.6.1.2 **计量区域的尺寸**

计量区域的定义是：

a) 对于防护热箱法，当试件厚度大于或等于鼻锥的宽度时，为鼻锥中心到鼻锥中心的区域，如果试件厚度比鼻锥宽度薄，为鼻锥周边内部的区域；

b) 对于标定热箱法，就是计量箱周边内部的区域。

计量区域的尺寸决定试件的最大厚度。对于防护热箱法来说，计量区域尺寸与试件厚度之比和防护区域宽度与试件厚度之比，受与防护热板法类似的原理所控制。

试件的尺寸还限制建筑物的有代表性的部分试验的可能性。因而，在解释结果时造成误差和困难。

热箱法试验的测量误差是部分正比例于计量区域周边的长度。随着计量区域的增大，其相对影响减小。在防护热箱中，计量区域的最小尺寸是试件厚度的 3 倍或者 1 m×1 m，取其大者。

标定热箱法的试件最小尺寸是 1.5 m×1.5 m。

防护热箱周边误差是沿试件表面的热流量 Φ_2、它是由计量区和防护区之间的不平衡、或者非均质性所造成。标定热箱的周边误差是由于迂回热损 Φ_4 造成的，它包括试件边缘热流量的扭曲。

1.6.1.3 **最小输入功率**

输入到计量箱的总功率 Φ_P 包括输入到加热器、电扇、传感器、执行元件等的功率。其中某些功率不可能减小到零，因而确定了必须通过试件的最小热流。通过冷却热箱可以降低其数值，但这将引入更多的与测量冷却流量的准确度有关的不确定度。

最小功率也受到包括 Φ_3 在内的计量箱总输入功率的不确定度的限制。

上述所有因素设定了比值$(T_{si}-T_{se})/R_u$ 的低限。

1.6.1.4 **最大输入功率**

要求的温度均匀性和表面换热系数限制了最大输入功率。为维持空气温度的高度均匀，大热流量就意味着大的空气流流过试件的表面，这将影响表面的传热机理。防护热箱法中，在降低试件热阻的情况下，为获得给定的准确度，严格要求计量和防护箱内对流和辐射传热是等值的。

1.6.2 **由试件导致的局限性和误差**

1.6.2.1 **试件厚度和热阻**

对于给定的装置设计，试件厚度受试件的性质和边界条件的限制。厚度上限受边缘热损 Φ_5 或者侧面迂回热损 Φ_4 的影响，尽管这些热损随着试件厚度的增加而降低，但与 Φ_1 和降低测量准确度相比，它们显得更重要。

1.6.2.2 **试件非均质性**

大多数建筑和工业构件的试件都是非均质的。试件的非均质性将会影响热流密度的模式，它既不是一维的、也不是均匀的。试件厚度的变化也会引起试件热流密度模式重大的局部变化。这些对温度和局部传热系数方面的影响是不一致的，这使得以下问题变得更困难或者甚至不可能：

a) 确定表面的平均温度；

b) 在防护热箱装置中不平衡的检测；

c) 计量面积的确定；

d) 对于给定的非均质试件的测量结果的误差分析。

特殊的例子包括：

a) 高导热系数的饰面层。这将形成不平衡热流 Φ_2 和迂回热损 Φ_4 的低热阻通路。沿着计量箱周边切开饰面层能有所帮助。当各层是均质的，可选用防护热板法或热流计法单独测量每一层材料来解决。

b) 水平和垂直结构件，如龙骨，他们的影响大多数情况是对称的。

c) 试件由不同材料制成的部分。不同的材料两侧的温差是不同的。在两种材料交界处存在热流。当交界处不是远离计量箱周边时，这意味着温度的不均匀性，它既影响了不平衡的检测，也影响计量面积的确定性。局部表面换热系数也受到了非均质的影响。

d） 试件内存在空洞时，试件内存在的自然对流能造成不可知的不平衡热流量 Φ_2。应该评估安装隔板的效果。

不可能为所有类型的问题提供一种直接的解决方案。操作者应充分认识不规则的影响。

如果试件存在巨大的非均质性，推断非均质性的重要性和影响有助于预测试件的热品质。如果试件的预测热品质和测量值之间存在无法解释的巨大差异，至少应在存在差异的地方仔细检查试件，鉴别试件的实际尺寸、大小和材质等与规定的任何差异。应报告任何与原有规格不一致的非规律性。

1.6.2.3 试件含湿量

在测试过程中的湿迁移对测试结果有很大影响。不可能规定一个标准的试验前的状态调节方法。作为最低要求，应该报告状态调节的方法。对于多数试件，如果不把测试精确度降低到一个不可接受的水平，通常不可能把温差减小到使湿迁移慢到可以视为稳态传质的情况。应该意识到不仅通过试件的湿迁移会影响结果，而且试件内的湿气重分布和相变也都会影响结果。

1.6.2.4 温度相关性

试件热阻和传热系数通常是穿过试件本身的温差的函数。在报告和解释测试结果时应考虑这个因素。

2 装置设备

2.1 概述

如1.1中提到的，规定一个装置的设计细节是不实际的，因此，本章只给出了必须遵循的要求以及必须考虑的内容。

图1和图2显示的是被测试件的典型布置型式和装置的主要组成部分；图4及图5显示的是可供选择的布置型式。也可以使用可完成相同目的的其他布置。图1中箱壁和图2中框架对通过试件的传热的影响取决于箱壁或框架的形状和材质、试件的厚度和热阻、以及温差和空气速度等试验条件。装置的设计和构造应该适合于被测试件的预期类型和预期的试验条件。

2.2 设计要求

装置的尺寸应与预期的用途相匹配，须考虑以下因素：

——计量面积必须足够大，使试验面积具有代表性。对于有模数的构件，计量面积应精确地为模数的整倍数；

——由于在计量区域的边缘不能维持一维热流，因此计量面积与计量区域的周长之比对两种型式热箱的测试准确度都会有影响。这些在计量区域边缘的误差热流作为计量热流的一部分而被测量，并且它将随着计量面积的减少而增加；

——防护热箱中，由于表面系数和计量区域外围附近的空气温度的不均匀性导致不平衡热流 Φ_2；

——防护热箱中，相当数量的热量通过计量箱的鼻锥进入试件。鼻锥的密封材料的有限厚度导致了偏离一维热流；

——边缘绝热材料和边缘的边界条件都会影响防护热箱的周边热损 Φ_5，在标定热箱中，则影响迂回热损 Φ_4。

由于试件在靠近计量区域边缘的非均质性，使所有这些问题变得更为复杂。

总的来说，计量箱的尺寸决定了装置其他组成部分的最小尺寸。计量箱的深度不应超过保持预期的边界条件(要求的边界层厚度等)和布置设备所需要的尺寸。

所有与试件表面进行热辐射交换的表面的辐射率可以是高的也可以是低的。大多数建筑和工业部件的典型的实际应用情况是高辐射率(0.8或更高)。

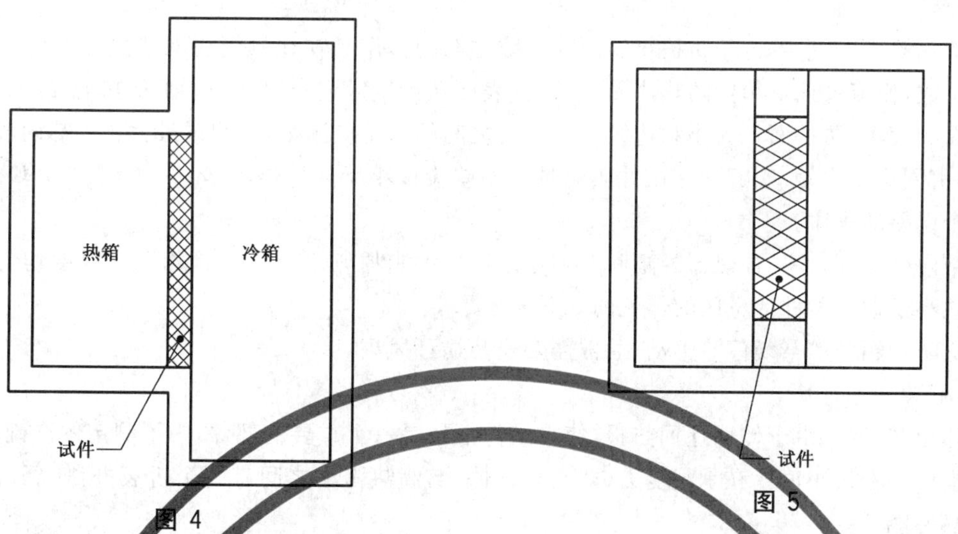

图 4

图 5

低辐射率环境需要一个更大的对流成分，例如更高的气流速度，以达到常规的表面换热系数。这使表面系数分布状态发生实质性的改变，它能提供更好的温度均匀性，但是这种情况能产生一种完全不同于真实用途的虚假热品质。尤其是它不适合于具有透气性表面的试件。

2.3 计量箱

2.3.1 箱壁结构

选择箱壁的绝热材料时，应考虑预期的试件热阻和温差范围，以保证计量箱的热损失误差对试件热流测定的影响不超过 0.5%。箱壁应该是热均匀体，有助于箱体内达到均匀的温度，便于用热电堆或其他热流传感器测量流过箱壁的热流量。

此外，由于热源（如发热器、电扇等等）与箱壁存在局部辐射交换，因此它们会影响箱体内侧的温度均匀性。

箱壁可以用合适的绝热材料的板制成，比如，中间为泡沫塑料并有适当饰面层的夹心板。

箱壁、周边密封条和试件应形成一个空气和水-水蒸气密封的箱体，以避免空气和湿气的传递造成误差。

防护热箱装置中，计量箱应紧贴试件以形成一个气密性的连接。鼻锥密封垫的宽度不应超过计量宽度的 2%或 20 mm。

2.3.2 供热和空气循环

供热和空气循环应满足平行于试件表面的气流的横向温度差不超过热、冷侧空气温差的 2%。均质试件在边界层外测量的沿着气流方向的空气温度梯度不得超过 2 K/m。

通常最适合的是电阻加热器。热源应该用绝热反射罩屏蔽，使得辐射到计量箱壁和试件上的热量减至最小。

采用强迫对流时，建议在计量箱中设置平行于试件表面的导流屏。导流屏应与计量箱内面同宽，而上下端有空隙以便空气循环。导流屏在垂直其表面的方向上可以移动，以调节平行于试件表面的空气速度。采用自然对流时，为屏蔽试件表面免受加热器的辐射传热，也可能需要导流屏。

2.2 中有关表面辐射率的考虑，也适用于导流屏。

在垂直位置测量时，自然对流所形成的循环应能达到所需的温度均匀性和表面换热系数。当自然对流引起空气移动时，试件同导流屏之间的距离应远大于边界层的厚度，或者不用导流屏。当自然对流循环不能满足所要求的条件时，应安装循环风扇。当风扇电动机安装在计量箱内时，必须测量电动机消耗的功率并加到加热器消耗的功率上。如果只有风叶在计量箱内，应准确测量轴功率并加到加热器消耗的功率上。测量的准确度应达到试件热流量测量误差小于 0.5%。

2.4 防护箱

在防护热箱里，计量箱位于防护箱的内部。防护箱的作用是在计量箱周围建立适当的空气温度和表面换热系数，使流过计量箱壁的热流 Φ_3 及试件表面从计量区到防护区的不平衡热流 Φ_2 最小。

计量面积大小、防护面积大小和边缘绝热材料之间的关系应满足：当测试最大预期热阻和厚度的均质试件时，由周边热损 Φ_5 引起的在试件热流量的误差应该小于计量热流 Φ_1 的 0.5%。ISO 8302 有定量计算这个误差的程序。

防护箱内壁的辐射率、加热器屏蔽和温度稳定性等要求原则上与计量箱相同。温度均匀性应满足不平衡误差小于通过试件计量区的热流的 0.5%的要求。

为避免防护箱中的空气停滞不动，通常需要安装循环风扇。

2.5 试件框架

标定热箱装置中，由于侧面迂回热损，使得试件框架是一个重要的部件，为了测定的准确度，应将侧面迂回热损保持在最小值。在承载能力(即支承试件)与高热阻的之间有一个折衷办法，朝向试件的面应为低传热性能。

典型的防护热箱装置中，不用试件框架，边缘绝热材料可将侧向热流减到最小。如果使用试件框架，应按 2.4 的要求，使侧向热流减到最小。

2.6 冷箱

在标定热箱装置中，冷箱的尺寸取决于计量箱的尺寸；在防护热箱装置中，冷箱的尺寸取决于防护箱的尺寸。可采用如图 1，图 2，图 4 和图 5 所示的布置。

箱壁的构造应减少制冷设备的载荷并防止结露。箱体的内表面的辐射应与要求的辐射换热一致。关于辐射率、加热器的热辐射屏蔽、温度稳定性和温度均匀性的要求原则上与计量箱相同。

制冷系统蒸发器的出口处经常设置电阻加热器，以精确调节冷箱温度。如同计量箱一节提到的，为使箱内空气均匀分布，可设置导流屏。建议气流方向与自然对流方向相同。电机、风扇、蒸发器和加热器应进行辐射屏蔽。

空气速度应可以调节，以满足测试需要的表面换热系数，并应测量流速。对于建筑构件在模拟自然条件时，风速一般为 0.1 m/s～10 m/s。

2.7 温度测量

如果可能，测量空气温度和试件表面温度的温度传感器应该尽量均匀分布在试件的计量区域上，并且热侧和冷侧互相对应布置。

测量所有与试件进行辐射换热的设备的表面温度，以便计算平均辐射温度。

除非已经知道温度分布，否则用于测量空气温度和表面温度的传感器数量应至少为每平方米 2 个，并且不得少于 9 支。

为提高准确度，可用示差接法测量试件两侧的空气温差、表面的温差和计量箱壁两侧表面的温差。

2.7.1 试件表面的温度测量

试件表面温度的测量应采用挑选过的传感器，传感器安装到表面的方法应不改变测试点的温度。

下述方法能够满足要求：采用线径小于 0.25 mm 的热电偶，用粘结剂或胶带将热电偶的接点及至少 100 mm 长的热电偶丝固定在被测表面(最佳的等温途径)，形成良好的热接触，粘结剂或胶带的辐射率应接近被测表面的辐射率。

表面换热系数应尽可能接近最终使用条件。通过在相似的环境中测试均质试件，可以获得表面换热系数的资料。在所有情况下解释结果时都应特别小心。

对于非均质试件。指定的温度传感器数量将不能保证测得可靠的平均表面温度。对于中度非均质试件，每一个温度变化区域都应放置辅助的传感器。试件的表面平均温度是每个区域的表面平均温度的面积加权平均值。

这种方法不可用于很不均质的试件。这种情况下,不能测定试件的热阻 R_s,只能测定通过由试件两侧的环境温差定义的传热系数 U。

建议的比较非均质和非常不均质试件的指南是:由非均质性导致的表面温度的局部差异超过表面到表面平均温差的20%时,应作为显著非均质的证据。

2.7.2 空气温度测量

空气温度应由具有适当的时间常数的系统来测量。空气温度传感器应进行辐射屏蔽,除非显示出屏蔽和不屏蔽之间的差别很小,能够满足准确度的要求。

在自然对流情况下,温度传感器应该置于边界层的外面。大多数情况边界层厚度为几厘米。紊流情况下边界层的厚度可能超出 0.1 m。

强迫对流时,试件与导流屏之间应有完全扩展的紊流。应设置温度传感器测量空气的容积空气温度(绝热混合温度)。

2.7.3 热电堆

用于监视流过计量箱壁热流量的热电堆接点的安装要求,与表面温度传感器的要求相同。假设穿过箱壁的热流率密度是均匀的,箱壁面积每 0.25 m^2 至少要有一对热接点。由于与箱壁的局部辐射换热,箱内的加热器、电扇等会影响均匀性,因此为获得需要的准确度要使用更多数量的热接点。

在防护热箱法中,用于监测在计量区域和防护区域之间试件表面的不平衡热流 Φ_2 的热电堆的要求同上,数量为沿计量区边缘长度每 0.5 m 至少安装一对热接点。

平衡传感器的最佳位置是一个非常重要的问题。由于计量箱鼻锥的存在造成沿着计量区边缘的表面温度不均匀,因此传感器不能离鼻锥太近。因为侧面迂回热损会导致在防护区域的试件表面温度的不均匀性,传感器也不能离鼻锥太远。表面热交换系数的局部不均匀性也会导致额外的一些问题。应该认识到非均匀性对热电堆读数的可靠性有着非常严重的影响。

2.7.4 设备表面温度

设备内表面温度应按前述试件表面温度的测定方法进行测定。

2.7.5 温度控制

稳态时,至少在两个连续的测量周期内,计量箱内温度的随机波动和长期漂移应小于试件两侧空气温差的±1%。上述要求主要用于计量箱的温度,原则上亦适用于防护箱和冷箱温度。另外,防护箱的温度控制系统引起的附加不平衡热流量误差应小于 Φ_1 的 0.5%。

2.8 测量仪器

温差测量的准确度应是试件冷、热箱两侧空气温差的±1%,建议由测量仪表增加的不确定性不大于 0.05 K。绝对温度的测量准确度为两侧空气温差的±5%。

平衡热电堆的输出功率、加热器及风扇等的输入功率的测量准确度,应满足由于测量仪表的准确度引起的试件热流量 Φ_1 的附加测量误差小于 1.5%(参看在 2.3.2 结尾有关风扇功率的测试要求)。

2.9 性能评价和标定

2.9.1 性能初步检查

装置安装完成后,要进行初步检查以保证满足设计的要求。这一检查应在具有预期热阻范围的已知是均质的试件上进行。

初步检查应包括温度的均匀性和稳定性、热面和冷面的空气速度及表面换热系数、不平衡对准确度的影响,以及(适合时)边缘环境。

2.9.2 补充测量

穿过部分试件或设备的局部热流能用热流计测定。作为设备一部分的材料的导热系数能用防护热板或类似的方法测定。

红外线扫描系统能用来定位热桥和空气泄露,也可以找出表面温度测试点的合适位置。建好空气循环系统后,应进行一个横穿气幕(气流的边界层)的速度扫描,以验证形成了均匀的气幕。

2.9.3 标定

2.9.3.1 验证用试件

设备的性能应用覆盖预期热阻使用范围的已知热阻的均质试件来验证。试件可用高密度矿物纤维板或老化的泡沫塑料制成，它们已用防护热板装置进行过测定。板之间的接缝不应形成热桥。试件的两个面应该有阻止空气和湿气渗透的面层。

2.9.3.2 计量箱壁的标定

在防护热箱和标定热箱装置中，计量箱壁都应加以标定。标定的目的是根据计量箱壁的热流量 Φ_3 修正输入到计量箱的 Φ_P 值。在防护热箱装置中，标定会受 Φ_2 的影响；而在标定热箱装置中，会受 Φ_4 的影响。

用已知均质试件以不同的计量箱壁的温差进行稳态测定，绘出计量箱壁热电堆输出值与 Φ_3 的曲线或方程。当温差只有几度时(正常试验的极端情况)，这个关系可假定为线性关系。详细的程序，参见参考文献[12]和[13]。

2.9.3.3 侧面迂回热损的标定

对于给定的设备，侧面迂回热损 Φ_4 大体上是试件厚度、试件热阻和框架结构的函数。用已知均质试件在稳态下试验，得到侧面迂回热损的标定系数。因为侧面迂回热损与试件厚度为非线性关系，标定试件的厚度应覆盖预期使用的厚度范围。如果试件的单位厚度的热阻值变化很大，标定过程应重复进行以覆盖预期使用的 R/d 范围。

作为选择，可以使用适合的计算程序，例如有限元法或有限差分法，评估侧面迂回热损。但是，这些程序应通过一些标定试验来验证。

由于测面迂回热损与装置热、冷侧的温差及装置与所置房间的温差有关，标定试验应覆盖装置预期使用的温度条件的范围。

3 测量步骤

3.1 概述

测试人员有必要熟悉前面章节的内容。由于测试目的多样，因此测试程序也有意较为概括。

对于特殊试件，应该确定测试方法是否适用的，是否其他方法更好，例如防护热板法，热流计法，或是计算。根据对试件的检查和分析，试验性地评估其热性能值的可能范围。也应该评估可获得的精确度，并且可获得的精确度应该与试验的目的有关系。

3.2 试件的状态调节

对热流受到湿气影响的试件，应记录状态调节情况。当有意义的时候，应记录试件在测试前后的质量，或者应在试验前后钻取芯样。

3.3 试件的选择与安装

试件应选用或制成有代表性的。对非均质试件应作如下考虑。对于防护热箱法，决定检测不平衡(空气到空气或空气到表面)的最精确的方法。当靠近计量区域周围的表面温度很均匀时，检测试件表面不平衡和评价流过箱体的热流 Φ_3 是最精确的方案。当靠近计量区周围出现不均匀性时，唯一可能的解决方案是空气到空气的平衡，那么，不平衡热流 Φ_2 则是一个未知的误差源。防护热箱法中，如有可能，应将热桥对称地布置在计量区域和防护区域之间的分界线上，这样，热桥面积的一半在计量箱内，另一半在防护箱内。

如果试件是有模数的，计量箱的尺寸应是模数的适当的倍数。计量箱的周边应同模数线外周重合或在模数线之间的中间位置。

如果不能满足这些要求，只好将计量箱放在不同位置做多次试验，并且要非常谨慎地考虑这些结果，如果适用，可辅以温度、热流的测量和计算。

标定热箱法中,应考虑试件边缘的热桥对侧面迂回传热的影响。就像上面提到的,可能有必要将计量箱放在不同位置做多次试验,在这种情况下,标定热箱法意味着代表建筑物不同部分的不同试件。

试件安装时周边应密封,不让空气或湿分从边缘进入试件,也不从热的一侧传到冷的一侧,反之亦然。

试件边缘应该绝热,使 Φ_5 减少到符合准确度的要求。

应考虑是否需要密封试件的每个表面,以避免空气渗透进试件以及是否需要控制热侧的空气露点。

在防护热箱法中,应该考虑试件中是否有要求用隔板将其分隔的连续空腔以及是否应在计量箱周边将高导热系数的饰面切断。

如果试件表面不平整,在与计量箱周边密封接触的区域,可能需要用砂浆、嵌缝材料或其他适当的材料填平,确保计量箱与防护箱之间的气密性。

如果试件尺寸小于计量箱所要求的试件尺寸,将试件安装在遮蔽板内,例如将试件嵌入一个墙内。

在遮蔽板和试件之间的边界区域中热流不是单向的;选择与试件相同热阻及厚度的遮蔽板,能够将此个问题减到最小。在一些实例中,这是不可能的,比如在窗的测试中。在这种情况下,当遮蔽板的热阻不同于安装窗户的墙体时,在窗框中的热流线与它们最终使用时不同,将难以预料其准确度。为了比较与解释试验结果,这些试件安装问题需要试件安装的规则,这超出了本标准的范围。

3.4 测试条件

测试条件的选择应考虑最终的使用条件和对准确度的影响。试验平均温度和温差都影响测试结果。通常建筑应用中平均温度一般在 10 ℃~20 ℃,最小温差为 20 ℃。根据试验目的调节热、冷侧的空气速度。调节温度控制器使 Φ_2 或 Φ_3 之一或二者尽可能小或等于 0。见 ISO 8302 中不平衡的叙述。

3.5 测量周期

对于稳态法试验,达到稳态所要求的时间取决于试件的热阻和热容量、表面系数、试件中存在的传质或湿气的重分布、设备的自动控制器的类型和性能等因素。由于这些因素的变化,所以不可能给出一个单一的稳态评判标准。

稳态要求的一个例子是:在达到接近稳定后,来自两个至少为 3 h 的测量周期的 Φ_P 和 T 的测量值及 R 或 U 的计算值,其偏差小于 1%,并且结果不是单方向变化。对于高热阻或高质量或者两者具备的试件,这个最低要求可能不充分,应延长试验时间。

3.6 计算

对于稳态法,1.4 中定义的平均传热性质按 2.7 和 2.8 的规定计算。

3.6.1 均质试件

对于均质试件或像 2.7.1 描述的不均匀度小于 20% 的试件,可根据表面温度计算热阻 R,根据环境温度计算传热系数 U 和表面换热系数 h。通常,由测量的 R 值得到总热阻值时,采用建筑规范的(表面热阻的)常用值。

3.6.2 非均质试件

当试件超出上述均匀性的极限值或者试件有特殊的几何形状时,仅能根据环境温度 T_{ni} 和 T_{ne} 计算传热系数 U。

3.6.3 结果评价

试验结果应与 3.1 中试验性评估值进行比较。存在明显差异时,应仔细检查试件,找出与它的技术规格有明显差异的地方,然后根据检查结果重新评估。如果试验性评估值与测量数据仍存在有不可解释的差异,可能是计算过程过于简单或者有试验的误差,应进行研究。

3.7 检测报告

检测报告应包含以下信息:

a) 所有背离本标准的声明和清单;

b) 如果适用,试验室的标识及其地址、试验日期和试验者;

c） 测试装备的信息，尺寸及内表面辐射率；

d） 试件的标志和描述，包括传感器的位置；

e） 试件状态调节程序，试件试验前后的质量、含湿量及其测定程序；

f） 试件方位及传热的方向；

g） 热、冷侧的平均气流速度和方向；

h） 总输入功率和通过试件的净传热。

按 3.6.1 规定确定的热阻 R 的试验报告，还应包括 i)～p)项的信息。

注 2：i)～m)项中报告的数值是在初始瞬态期后所有读数或测量周期的平均值。

i） 热侧、冷侧的空气温度；

j） 热侧、冷侧的表面温度；

k） 热侧、冷侧表面温度的面积加权平均值；

l） 计算的热阻和为计算传热系数，取自建筑规范的表面换热系数常用值；

m） 不确定度；

n） 试验持续时间；

o） 附加测量，例如，作为试件一部分的材料的含湿量情况；

p） 与试验有关的其他信息，例如，试验结果同 3.1 中的初始估计值有明显或不能解释的偏差，试件的检查结果和对偏差的可能解释。

按 3.6.2 中规定确定的传热系数 U 的试验报告，还应包括 q)～w)的信息。

注 3：q)～w) 项中报告的数值是在初始瞬态期后所有读数或测量周期的平均值。

q） 热侧、冷侧的空气温度；

r） 热侧、冷侧计算的环境温度；

s） 由均质试件计算的传热系数和表面换热系数；

t） 估计的准确度；

u） 试验持续时间；

v） 附加测量，如，作为试件一部分的材料的导热系数和含湿量测量情况；

w） 与测量有关的其他信息，如，试验结果同 3.1 中的初始估计值有明显或不能解释的偏差，试件的检查结果和对偏差的可能解释。

附 录 A
（规范性附录）
表面换热及环境温度

热量传入试件或从试件中传出是通过箱内其他表面的辐射热交换和试件表面的对流换热进行的。对于第一种传热机理，传热量取决于所有与试验板进行辐射换热表面的平均的辐射温度；第二种传热机理，传热量取决于邻近的空气温度。因此，通过试件的热流受到冷、热两个侧面中任何一个侧面的辐射和空气温度的影响。

A.1 环境温度

试件任何一个侧面的热平衡方程可写成：

$$\frac{\Phi}{A}=\varepsilon h_{r}(T'_{r}-T_{s})+h_{c}(T_{a}-T_{s}) \qquad \text{（A.1）}$$

式中：

$\frac{\Phi}{A}$——单位面积的热流量，单位为瓦每平方米（W/m^2）；

T'_r——所有与试件进行辐射换热表面的平均的辐射平均温度，单位为开尔文或摄氏度（K 或℃）；

T_a——邻近试件的空气温度，单位为开尔文或摄氏度（K 或℃）；

T_s——试件的表面温度，单位为开尔文或摄氏度（K 或℃）；

ε——辐射率；

h_r——辐射换热系数，单位为瓦每平方米开尔文[$W/(m^2 \cdot K)$]；

h_c——对流换热系数，单位为瓦每平方米开尔文[$W/(m^2 \cdot K)$]。

为便于确定传至表面的热流，将空气温度和辐射温度适当的加权，合并成一个单一的符号——环境温度 T_n。可写为：

$$\frac{\Phi}{A}=\frac{1}{R_{s}}(T_{n}-T_{s}) \qquad \text{（A.2）}$$

这里 R_s 是表面热阻，用式（A.3）和式（A.4）代入，式（A.2）与式（A.1）相等：

$$T_{n}=\frac{\varepsilon h_{r}}{\varepsilon h_{r}+h_{c}}T'_{r}+\frac{h_{c}}{\varepsilon h_{r}+h_{c}}T_{a} \qquad \text{（A.3）}$$

与

$$R_{s}=\frac{1}{\varepsilon h_{r}+h_{c}} \qquad \text{（A.4）}$$

通常用两个箱子的环境温度之差来确定传热系数，而式（A.2）是用于确定表面热阻。

然而，实际上热箱和冷箱中 T'_r 和 T_a 经常都是很接近的，特别在试件热阻远大于表面热阻，或者使用强迫对流时，此时 h_c 比 εh_r 大得多。在这些情况下，根据试件两侧的空气温度来确定传热系数是充分的，这里，对于所考虑的装置和采用的测试条件来说，已确定产生的误差可忽略不计。

确定试件的热阻，仅需表面平均温度。

A.2 环境温度的计算

如 εh_c 及 h_c 值已知，并已测得 T'_r 及 T_a 值时，可用式（A.3）计算环境温度。

如果靠近试件表面设有平行的导流屏，它的平均温度可取为 T'_r，并且

$$\frac{1}{\varepsilon}=\frac{1}{\varepsilon_{1}}+\frac{1}{\varepsilon_{2}}-1$$

其中 ε_1 和 ε_2 分别是导流屏与试件表面的辐射率。

对于涂无光泽黑漆的导流屏($\varepsilon_1=0.97$)，大多数建筑材料将给定 $\varepsilon=0.9$,但应对每个试件单独考虑。辐射换热系数 $h_r=4\sigma T_m^3$,这里 σ 是斯蒂芬常数[5.67×10^{-8} W/($m^2\cdot K^4$)],T_m 是适合的平均辐射绝对温度,从以下可知：

$$T_m^3=\frac{(T'^2_r+T_s^2)(T'_r+T_s)}{4}$$

或

$$T_m\approx\frac{T'_r+T_s}{2}$$

如果除导流屏外,还有其他表面对试件直接辐射,则必须测量这些表面的温度,并且用适当的视角系数(或形状因子)将它们合并得到 T'_r。

对流换热系数 h_c 与多个因素有关,如空气-表面温差、表面的粗糙度、空气速度、热流方向,因而不易预计。

对于垂直表面的自然对流,典型的 $h_c=3.0$ W/($m^2\cdot K$)。强迫对流时,h_c 远大于 3.0 W/($m^2\cdot K$)。

当 h_c 值不确定时,可以根据式(A.1)、式(A.2),消去 h_c 得到：

$$T_n=\frac{T_a\dfrac{\Phi}{A}+\varepsilon h_r(T_a-T'_r)T_s}{\dfrac{\Phi}{A}+\varepsilon h_r(T_a-T'_r)} \qquad\cdots\cdots(A.5)$$

这个表达式对于热流传入或传出表面均是正确的。对传入表面的热流 Φ 的符号取正值(即热面为正,冷面为负)。

使用式(A.4)需要知道试件平均表面温度 T_s。对于不均匀的试件,这可能是不知道的,此时,可用式(A.3)计算 T_n,式(A.3)中的 h_c 值可由另一个均匀试件的试验中得到。

例如：

在一次传热系数实验中,得到以下读数：

输入至计量箱的功率:$\Phi=31.8$ W

计量面积:$A=1.5$ m^2

则流经试件单位面积的热流量:$\Phi/A=21.2$ W/m^2

热侧温度：

空气平均温度:$T_{a1}=30.98$ ℃

导流屏的平均温度:$T'_{r1}=29.78$ ℃

表面平均温度:$T_{s1}=27.60$ ℃

因此：

$T_m=\frac{1}{2}(T'_{r1}+T_{s1})=28.69\ ℃=301.7\ K$

和 $h_r=4\times5.67\times10^{-8}\times301.7^3=6.23$ W/($m^2\cdot K$)

取 $\varepsilon=0.9$,则 $\varepsilon h_r=5.61$ W/($m^2\cdot K$)

h_c 值未知,用方程式(A.5)：

$$T_{n1}=\frac{30.98\times21.20+5.61\times(30.98-29.78)\times27.60}{21.20+5.61\times(30.98-29.78)}=30.17\ ℃$$

冷侧温度：

空气平均温度:$T_{a2}=7.39$ ℃

导流屏的平均温度:$T'_{r2}=7.69$ ℃

表面平均温度:$T_{s2}=8.75$ ℃

因此：

$T_{m}=281.3\ K$，所以用 $\varepsilon=0.9$，得 $\varepsilon h_{r}=4.54$，由方程式(A.5)得

$$T_{n2}=\frac{7.39\times(-21.20)+4.54\times(7.39-7.69)\times8.75}{(-21.20)+4.54\times(7.39-7.69)}=7.47\ ℃$$

所以：

$$U=\frac{\Phi}{A(T_{n1}-T_{n2})}=0.93\ W/(m^{2}\cdot K)$$

表面热阻为：

热侧，

$$R_{s1}=\frac{A(T_{n1}-T_{s1})}{\Phi}=0.12\ (m^{2}\cdot K)/W$$

冷侧，

$$R_{s2}=\frac{A(T_{n2}-T_{s2})]}{\Phi}=0.06\ (m^{2}\cdot K)/W$$

附 录 B
（资料性附录）
参 考 文 献

［1］ ISO 8301:1991 绝热 稳态热阻及相关特性的测定 热流计法

［2］ ISO 8302:1991 绝热 稳态热阻及相关特性的测定 防护热板法

［3］ ISO 9251:1987 绝热 传热状态和材料特性 词汇

［4］ ISO 9288:1989 绝热 辐射传热 物理量及定义

［5］ ASTM C 236 用防护热箱法测量建筑组件的稳态热性能试验方法

［6］ ASTM C 976 用标定热箱法测量建筑组件的热性能试验方法

［7］ BS 874:1973 绝热性能的测定方法和绝热术语定义

［8］ Nordtest NT Building 119 用热箱法测定热阻

［9］ ASTM STP 554, MUMAW, J. R. 标定热箱法：测量大墙体热导率的有效方法

［10］ ASTM STP 789, ORLAND, R. D., HOWANSKI, J. W., DERDERIAN, G. D. and SHU, L. S. 防护热箱设备试验程序的发展

［11］ ASTM STP 789, GOSS, W. P. and OLPAK, Ahmet 一种可旋转的热试验设备的设计和标定

［12］ ASTM STP 789, LAVINE, A. G, RUCKER, J. L. and WILKE 标定热箱法的侧面迂回损失的标定

［13］ GUY and NIXON 防护热箱法详细验证步骤

［14］ ONEGA, R. J. and BURNS 侧面迂回热损失

附　录　NA
（资料性附录）
补　充　说　明

ISO 7345 中有关的术语已转化在国家标准 GB/T 4132—1996 中，ISO 8301 和 ISO 8302 已转化为国家标准 GB/T 10294 和 GB/T 10295，本标准使用者可参照使用。

ICS 91.100.30
Q 15

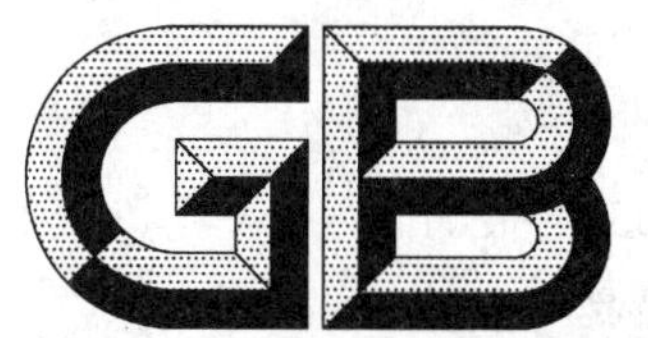

中华人民共和国国家标准

GB 13544—2011
代替 GB 13544—2000

烧结多孔砖和多孔砌块

Fired perforated brick and block

2011-06-16 发布　　2012-04-01 实施

中华人民共和国国家质量监督检验检疫总局
中国国家标准化管理委员会　发布

前　言

本标准第5章为强制性条款，其余为推荐性条款。

本标准按照 GB/T 1.1—2009 给出的规则编写。

本标准代替 GB 13544—2000《烧结多孔砖》。

本标准与 GB 13544—2000 相比主要变化如下：

——将标准名称《烧结多孔砖》改为《烧结多孔砖和多孔砌块》。

——增加了烧结多孔砌块的相关内容和技术指标。

——将淤泥及其他固体废弃物纳入了制砖原料范围内。

——增加了密度等级。

——强度等级判定用抗压强度平均值和强度标准值评定方法，取消抗压强度平均值和单块最小值评定方法。

——取消了优等品、一等品、合格品质量等级的规定。

——提高了孔洞率的技术指标。

——取消了圆型孔和其他孔型，规定采用矩型孔或矩型条孔，并增加了孔洞尺寸要求，以改善和提高节能效果。

——将抗压强度标准值 f_k 的接收常数 $K=1.8$ 调整到 $K=1.83$，以推进和提高产品强度质量的均匀性。

——增加了放射性核素限量的技术要求。

本标准由中国建筑材料联合会提出。

本标准由全国墙体屋面及道路用建筑材料标准化技术委员会(SAC/TC 285)归口。

本标准负责起草单位：西安墙体材料研究设计院。

本标准参加起草单位：浙江省建筑材料科技有限公司、南京市产品质量监督检验院、辽宁省产品质量监督检验院、广州市建筑材料工业研究所有限公司、上海市建筑科学研究院(集团)有限公司、广州市水质监测中心、南京鑫翔新型建材有限公司、山东省淄博鲁王建材有限公司、甘肃土木工程科学研究院、南京双阳建材机械制造有限公司、杭州萧山协和砖瓦机械有限公司。

本标准主要起草人：王宝财、蔡小兵、周皖宁、倪有军、庄红斌、陈新利、沈远刚、侯文虎、王军、李斌、谢和根、周炫、谈勇。

本标准所代替标准的历次版本发布情况为：

——GB 13544—1992、GB 13544—2000。

烧结多孔砖和多孔砌块

1 范围

本标准规定了烧结多孔砖和烧结多孔砌块的术语和定义,产品分类、规格、技术要求、试验方法、检验规则、产品合格证、存放和运输等。

本标准适用于以粘土、页岩、煤矸石、粉煤灰、淤泥(江河湖淤泥)及其他固体废弃物等为主要原料,经焙烧制成主要用于建筑物承重部位的多孔砖和多孔砌块(以下简称砖和砌块)。

2 规范性引用文件

下列文件对于本文件的应用是必不可少的。凡是注日期的引用文件,仅注日期的版本适用于本文件。凡是不注日期的引用文件,其最新版本(包括所有的修改单)适用于本文件。

GB/T 2542 砌墙砖试验方法

GB 6566 建筑材料放射性核素限量

GB/T 18968 墙体材料术语

JC/T 466 砌墙砖检验规则

3 术语和定义

GB/T 18968 和 JC/T 466 界定的以及下列术语和定义适用于本文件。

3.1

烧结多孔砌块 fired perforated block

经焙烧而成,孔洞率大于或等于 33%,孔的尺寸小而数量多的砌块。主要用于承重部位。

3.2

粉刷槽 painting channel

设在砖或砌块条面或顶面上深度不小于 2 mm 的沟或类似结构。

3.3

砌筑砂浆槽 masonry mortar channel

设在砌块条面或顶面上深度大于 15 mm 的凹槽。

3.4

强度标准值(f_k) strength standard value

具有 95%保证概率的强度。本标准中,样本是 $n=10$ 时的强度标准值由 $f_k=\overline{X}-1.83s$ 计算。

4 产品分类、规格、等级和标记

4.1 产品分类

按主要原料分为粘土砖和粘土砌块(N)、页岩砖和页岩砌块(Y)、煤矸石砖和煤矸石砌块(M)、粉煤灰砖和粉煤灰砌块(F)、淤泥砖和淤泥砌块(U)、固体废弃物砖和固体废弃物砌块(G)。

4.2 规格

4.2.1 砖和砌块的外型一般为直角六面体，在与砂浆的接合面上应设有增加结合力的粉刷槽和砌筑砂浆槽(如附录B所示)，并符合下列要求：

粉刷槽：混水墙用砖和砌块，应在条面和顶面上设有均匀分布的粉刷槽或类似结构，深度不小于2 mm。

砌筑砂浆槽：砌块至少应在一个条面或顶面上设立砌筑砂浆槽。两个条面或顶面都有砌筑砂浆槽时，砌筑砂浆槽深应大于15 mm且小于25 mm；只有一个条面或顶面有砌筑砂浆槽时，砌筑砂浆槽深应大于30 mm且小于40 mm。砌筑砂浆槽宽应超过砂浆槽所在砌块面宽度的50%。

4.2.2 砖和砌块的长度、宽度、高度尺寸应符合下列要求：

砖规格尺寸(mm)：290、240、190、180、140、115、90。

砌块规格尺寸(mm)：490、440、390、340、290、240、190、180、140、115、90。

其他规格尺寸由供需双方协商确定。

4.3 等级

4.3.1 强度等级

根据抗压强度分为MU30、MU25、MU20、MU15、MU10五个强度等级。

4.3.2 密度等级

砖的密度等级分为1 000、1 100、1 200、1 300四个等级。

砌块的密度等级分为9 00、1 000、1 100、1 200四个等级。

4.4 产品标记

砖和砌块的产品标记按产品名称、品种、规格、强度等级、密度等级和标准编号顺序编写。

标记示例：规格尺寸290 mm×140 mm×90 mm、强度等级MU25、密度1 200级的粘土烧结多孔砖，其标记为：烧结多孔砖 N　290×140×90　MU25 1200　GB 13544—2011

5 技术要求

5.1 尺寸允许偏差

尺寸允许偏差应符合表1的规定。

表1 尺寸允许偏差　　单位为毫米

尺　寸	样本平均偏差	样本极差 ≤
>400	±3.0	10.0
300～400	±2.5	9.0
200～300	±2.5	8.0
100～200	±2.0	7.0
<100	±1.5	6.0

5.2 外观质量

砖和砌块的外观质量应符合表2的规定。

表 2 外观质量

单位为毫米

项目		指标
1. 完整面	不得少于	一条面和一顶面
2. 缺棱掉角的三个破坏尺寸	不得同时大于	30
3. 裂纹长度		
a) 大面(有孔面)上深入孔壁 15 mm 以上宽度方向及其延伸到条面的长度	不大于	80
b) 大面(有孔面)上深入孔壁 15 mm 以上长度方向及其延伸到顶面的长度	不大于	100
c) 条顶面上的水平裂纹	不大于	100
4. 杂质在砖或砌块面上造成的凸出高度	不大于	5
注：凡有下列缺陷之一者，不能称为完整面： a) 缺损在条面或顶面上造成的破坏面尺寸同时大于 20 mm×30 mm； b) 条面或顶面上裂纹宽度大于 1 mm，其长度超过 70 mm； c) 压陷、焦花、粘底在条面或顶面上的凹陷或凸出超过 2 mm，区域最大投影尺寸同时大于 20 mm×30 mm。		

5.3 密度等级

密度等级应符合表 3 的规定。

表 3 密度等级

单位为千克每立方米

密度等级		3 块砖或砌块干燥表观密度平均值
砖	砌块	
—	900	≤900
1 000	1 000	900～1 000
1 100	1 100	1 000～1 100
1 200	1 200	1 100～1 200
1 300	—	1 200～1 300

5.4 强度等级

强度应符合表 4 的规定。

表 4 强度等级

单位为兆帕

强度等级	抗压强度平均值 $\overline{f}$≥	强度标准值 f_k≥
MU30	30.0	22.0
MU25	25.0	18.0
MU20	20.0	14.0
MU15	15.0	10.0
MU10	10.0	6.5

5.5 孔型孔结构及孔洞率

孔型孔结构及孔洞率应符合表 5 的规定。

表 5 孔型孔结构及孔洞率

<table>
<tr><td rowspan="2">孔型</td><td colspan="2">孔洞尺寸/mm</td><td rowspan="2">最小外壁厚/mm</td><td rowspan="2">最小肋厚/mm</td><td colspan="2">孔洞率/%</td><td rowspan="2">孔洞排列</td></tr>
<tr><td>孔宽度尺寸 b</td><td>孔长度尺寸 L</td><td>砖</td><td>砌块</td></tr>
<tr><td>矩型条孔
或
矩型孔</td><td>≤13</td><td>≤40</td><td>≥12</td><td>≥5</td><td>≥28</td><td>≥33</td><td>1. 所有孔宽应相等。孔采用单向或双向交错排列；
2. 孔洞排列上下、左右应对称，分布均匀，手抓孔的长度方向尺寸必须平行于砖的条面。</td></tr>
<tr><td colspan="8">注 1：矩型孔的孔长 L、孔宽 b 满足式 L≥3b 时，为矩型条孔。
注 2：孔四个角应做成过渡圆角，不得做成直尖角。
注 3：如设有砌筑砂浆槽，则砌筑砂浆槽不计算在孔洞率内。
注 4：规格大的砖和砌块应设置手抓孔，手抓孔尺寸为(30～40)mm×(75～85)mm。</td></tr>
</table>

5.6 泛霜

每块砖或砌块不允许出现严重泛霜。

5.7 石灰爆裂

a) 破坏尺寸大于 2 mm 且小于或等于 15 mm 的爆裂区域，每组砖和砌块不得多于 15 处。其中大于 10 mm 的不得多于 7 处。

b) 不允许出现破坏尺寸大于 15 mm 的爆裂区域。

5.8 抗风化性能

5.8.1 风化区的划分见附录 A。

5.8.2 严重风化区中的 1、2、3、4、5 地区的砖、砌块和其他地区以淤泥、固体废弃物为主要原料生产的砖和砌块必须进行冻融试验；其他地区以粘土、粉煤灰、页岩、煤矸石为主要原料生产的砖和砌块的抗风化性能符合表 6 规定时可不做冻融试验，否则必须进行冻融试验。

表 6 抗风化性能

<table>
<tr><td rowspan="4">种类</td><td colspan="8">项　目</td></tr>
<tr><td colspan="4">严重风化区</td><td colspan="4">非严重风化区</td></tr>
<tr><td colspan="2">5 h 沸煮吸水率/%≤</td><td colspan="2">饱和系数≤</td><td colspan="2">5h 沸煮吸水率/%≤</td><td colspan="2">饱和系数≤</td></tr>
<tr><td>平均值</td><td>单块最大值</td><td>平均值</td><td>单块最大值</td><td>平均值</td><td>单块最大值</td><td>平均值</td><td>单块最大值</td></tr>
<tr><td>粘土砖和砌块</td><td>21</td><td>23</td><td rowspan="2">0.85</td><td rowspan="2">0.87</td><td>23</td><td>25</td><td rowspan="2">0.88</td><td rowspan="2">0.90</td></tr>
<tr><td>粉煤灰砖和砌块</td><td>23</td><td>25</td><td>30</td><td>32</td></tr>
<tr><td>页岩砖和砌块</td><td>16</td><td>18</td><td rowspan="2">0.74</td><td rowspan="2">0.77</td><td>18</td><td>20</td><td rowspan="2">0.78</td><td rowspan="2">0.80</td></tr>
<tr><td>煤矸石砖和砌块</td><td>19</td><td>21</td><td>21</td><td>23</td></tr>
<tr><td colspan="9">注：粉煤灰掺入量(质量比)小于 30%时按粘土砖和砌块规定判定。</td></tr>
</table>

5.8.3 15 次冻融循环试验后，每块砖和砌块不允许出现裂纹、分层、掉皮、缺棱掉角等冻坏现象。

5.9 产品中不允许有欠火砖(砌块)、酥砖(砌块)

5.10 放射性核素限量

砖和砌块的放射性核素限量应符合 GB 6566 的规定。

6 试验方法

6.1 尺寸允许偏差

检验样品数为 20 块，其方法按 GB/T 2542 进行。其中每一尺寸测量不足 0.5 mm 按 0.5 mm 计，每一方向尺寸以两个测量值的算术平均值表示。

样本平均偏差是 20 块试样同一方向 40 个测量尺寸的算术平均值减去其公称尺寸的差值，样本极差是抽检的 20 块试样中同一方向 40 个测量尺寸中最大测量值与最小测量值之差值。

6.2 外观质量

外观质量的检验按 GB/T 2542 的规定进行。

6.3 密度等级

密度试验按 GB/T 2542 规定的进行。

6.4 强度等级

6.4.1 强度以大面(有孔面)抗压强度结果表示。其中试样数量为 10 块。试验后按式 (1)计算出强度标准差 S。

$$S=\sqrt{\frac{1}{9}\sum_{i=1}^{10}(f_i-\overline{f})^2} \qquad \cdots\cdots(1)$$

式中：

S——10 块试样的抗压强度标准差，单位为兆帕(MPa)，精确至 0.01；

$\overline{f}$——10 块试样的抗压强度平均值，单位为兆帕(MPa)，精确至 0.1；

f_i——单块试样抗压强度测定值，单位为兆帕(MPa)，精确至 0.01。

6.4.2 结果计算与评定

按表 4 中抗压强度平均值 $\overline{f}$、强度标准值 f_k 评定砖和砌块的强度等级，精确至 0.1 MPa。

样本量 $n=10$ 的强度标准值按式(2)计算。

$$f_k=\overline{f}-1.83S \qquad \cdots\cdots(2)$$

式中：

f_k——强度标准值，精确至 0.1 MPa。

6.5 孔型孔结构及孔洞率

孔型孔结构及孔洞率取 3 块试样(亦可用密度试验后的样品)，试验方法按 GB/T 2542 的规定进行。

6.6 泛霜、石灰爆裂、吸水率和饱和系数

泛霜、石灰爆裂、吸水率和饱和系数试验按 GB/T 2542 的规定进行。

6.7 冻融

试样数量为 5 块，其方法按 GB/T 2542 的规定进行。

6.8 欠火砖(砌块)、酥砖(砌块)

检验样品数按 GB/T 2542 外观检测规定进行，用目测、敲击和划痕的方法进行检测。

6.9 放射性核素限量

放射性核素限量按 GB 6566 的规定进行。放射性所需样品可以采用密度等级试验后的样品，经粉碎后充分混匀后抽取。

7 检验规则

7.1 检验分类

产品检验分出厂检验和型式检验。

7.1.1 出厂检验

7.1.1.1 产品经出厂检验合格并附合格证方可出厂。

7.1.1.2 出厂检验项目包括尺寸允许偏差、外观质量、孔型孔结构及孔洞率、密度等级和强度等级。

7.1.2 型式检验

7.1.2.1 有下列之一情况者，应进行型式检验。

a) 新厂生产试制定型检验；

b) 正式生产后，原材料、工艺等发生较大的改变，可能影响产品性能时；

c) 正常生产时，每半年进行一次；

d) 出厂检验结果与上次型式检验结果有较大差异时。

7.1.2.2 型式检验项目包括本标准技术要求的全部项目。

7.2 批量

检验批的构成原则和批量大小按 JC/T 466 规定。3.5 万～15 万块为一批，不足 3.5 万块按一批计。

7.3 抽样

7.3.1 外观质量检验的试样采用随机抽样法，在每一检验批的产品堆垛中抽取。

7.3.2 其他检验项目的样品用随机抽样法从外观质量检验合格的样品中抽取。

7.3.3 抽样数量按表 7 进行。

表 7 抽样数量

序号	检验项目	抽样数量/块
1	外观质量	50($n_1=n_2=50$)
2	尺寸允许偏差	20
3	密度等级	3
4	强度等级	10
5	孔型孔结构及孔洞率	3
6	泛霜	5
7	石灰爆裂	5
8	吸水率和饱和系数	5
9	冻融	5
10	放射性核素限量	3

7.4 判定规则

7.4.1 尺寸允许偏差

尺寸允许偏差应符合表 1 规定。否则,判不合格。

7.4.2 外观质量

外观质量采用 JC/T 466 二次抽样方案,根据表 2 规定的质量指标,检查出其中不合格品数 d_1,按下列规则判定:

$d_1 \leqslant 7$ 时,外观质量合格;

$d_1 \geqslant 11$ 时,外观质量不合格;

$d_1 > 7$,且 $d_1 < 11$ 时,需再次从该产品批中抽样 50 块检验,检查出不合格品数 d_2,按下列规则判定:

$(d_1+d_2) \leqslant 18$ 时,外观质量合格;

$(d_1+d_2) \geqslant 19$ 时,外观质量不合格。

7.4.3 密度等级

密度的试验结果应符合表 3 的规定。否则,判不合格。

7.4.4 强度等级

强度的试验结果应符合表 4 的规定。否则,判不合格。

7.4.5 孔型孔结构及孔洞率

孔型孔结构及孔洞率应符合表 5 的规定。否则,判不合格。

7.4.6 泛霜和石灰爆裂

泛霜和石灰爆裂试验结果应分别符合 5.6 和 5.7 的规定。否则,判不合格。

7.4.7 抗风化性能

抗风化性能应符合 5.8 的规定。否则,判不合格。

7.4.8 放射性核素限量

放射性核素限量应符合5.10的规定。

7.4.9 总判定

7.4.9.1 外观检验的样品中有欠火砖(砌块)、酥砖(砌块),则判该批产品不合格。

7.4.9.2 出厂检验的判定

按出厂检验项目和在时效范围内最近一次型式检验中的石灰爆裂、泛霜、抗风化性能等项目的技术指标进行判定。其中有一项不合格,则判为不合格。

7.4.9.3 型式检验的判定

按第5章各项技术指标检验判定,其中有一项不合格则判该批产品不合格。

8 产品合格证、存放和运输

8.1 产品合格证

产品质量合格证主要内容包括:生产厂名、产品标记、批量及编号、证书编号、本批产品实测技术性能和生产日期等,并由检验员和单位签章。

8.2 贮存

产品存放时,应按品种、规格、颜色分类整齐存放,不得混杂。

8.3 运输

在运输装卸时,要轻拿轻放,严禁碰撞、扔摔,禁止翻斗倾卸。

附　录　A
（资料性附录）
风化区的划分

A.1　风化区用风化指数进行划分。

A.2　风化指数是指日气温从正温降至负温或负温升至正温的每年平均天数与每年从霜冻之日起至消失霜冻之日止这一期间降雨总量（以 mm 计）的平均值的乘积。

A.3　风化指数大于或等于 12 700 为严重风化区，风化指数小于 12 700 为非严重风化区。全国风化区划分见表 A.1。

A.4　各地如有可靠数据，也可按计算的风化指数划分本地区的风化区。

表 A.1　风化区划分

严重风化区		非严重风化区	
1. 黑龙江省	11. 河北省	1. 山东省	11. 福建省
2. 吉林省	12. 北京市	2. 河南省	12. 台湾省
3. 辽宁省	13. 天津市	3. 安徽省	13. 广东省
4. 内蒙古自治区		4. 江苏省	14. 广西壮族自治区
5. 新疆维吾尔自治区		5. 湖北省	15. 海南省
6. 宁夏回族自治区		6. 江西省	16. 云南省
7. 甘肃省		7. 浙江省	17. 西藏自治区
8. 青海省		8. 四川省	18. 上海市
9. 陕西省		9. 贵州省	19. 重庆市
10. 山西省		10. 湖南省	

附 录 B
（资料性附录）
烧结多孔砖和多孔砌块示意图例

B.1 本附录给出了一组满足本标准烧结多孔砖和多孔砌块孔结构的示意图，为生产企业及相关部门进一步理解标准提供帮助。各企业可按本附录示范的孔结构及孔洞率组织生产，亦可设计适合当地建筑要求且满足标准孔结构及孔洞率规定的烧结多孔砖和多孔砌块。

B.2 烧结多孔砖和多孔砌块孔结构示意图

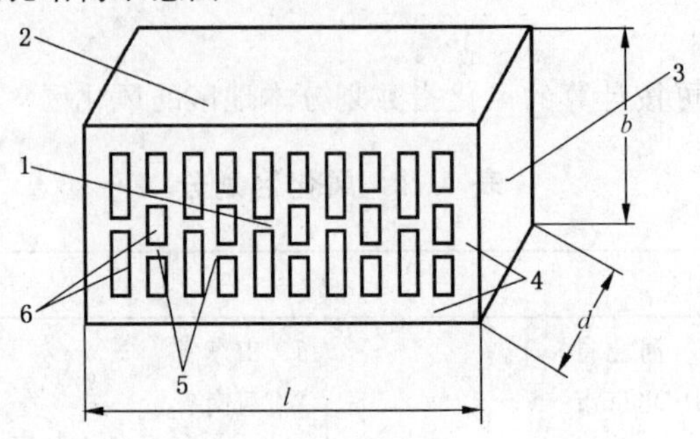

1——大面（坐浆面）；
2——条面；
3——顶面；
4——外壁；
5——肋；
6——孔洞；
l——长度；
b——宽度；
d——高度。

图 B.1 砖各部位名称

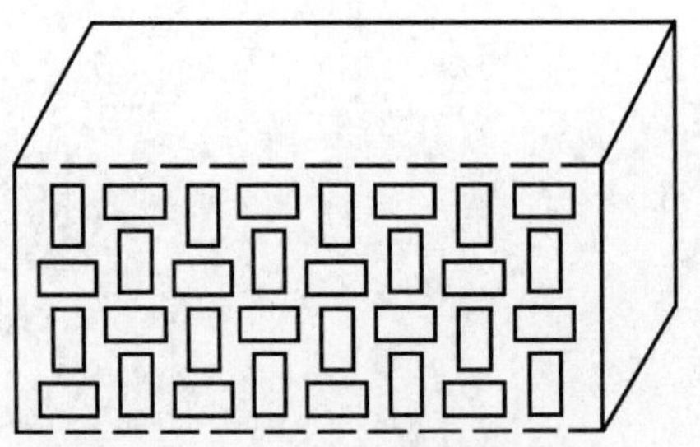

图 B.2 砖孔洞排列示意图

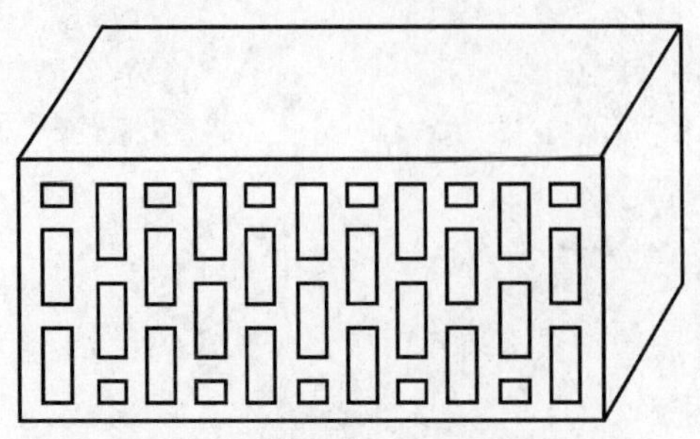

图 B.3 砖孔洞排列示意图

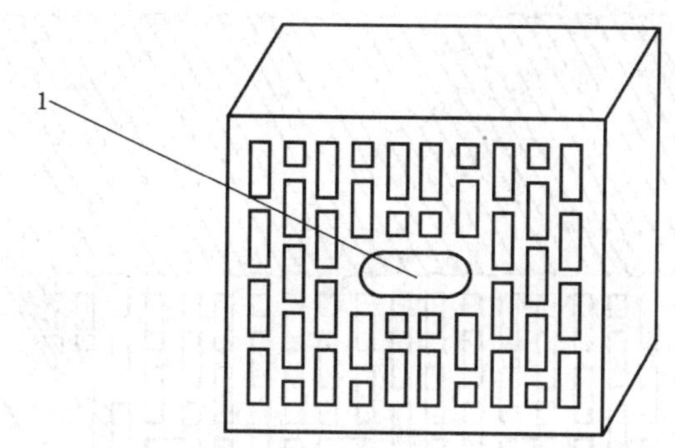

1——手抓孔。

图 B.4 砖孔洞排列示意图

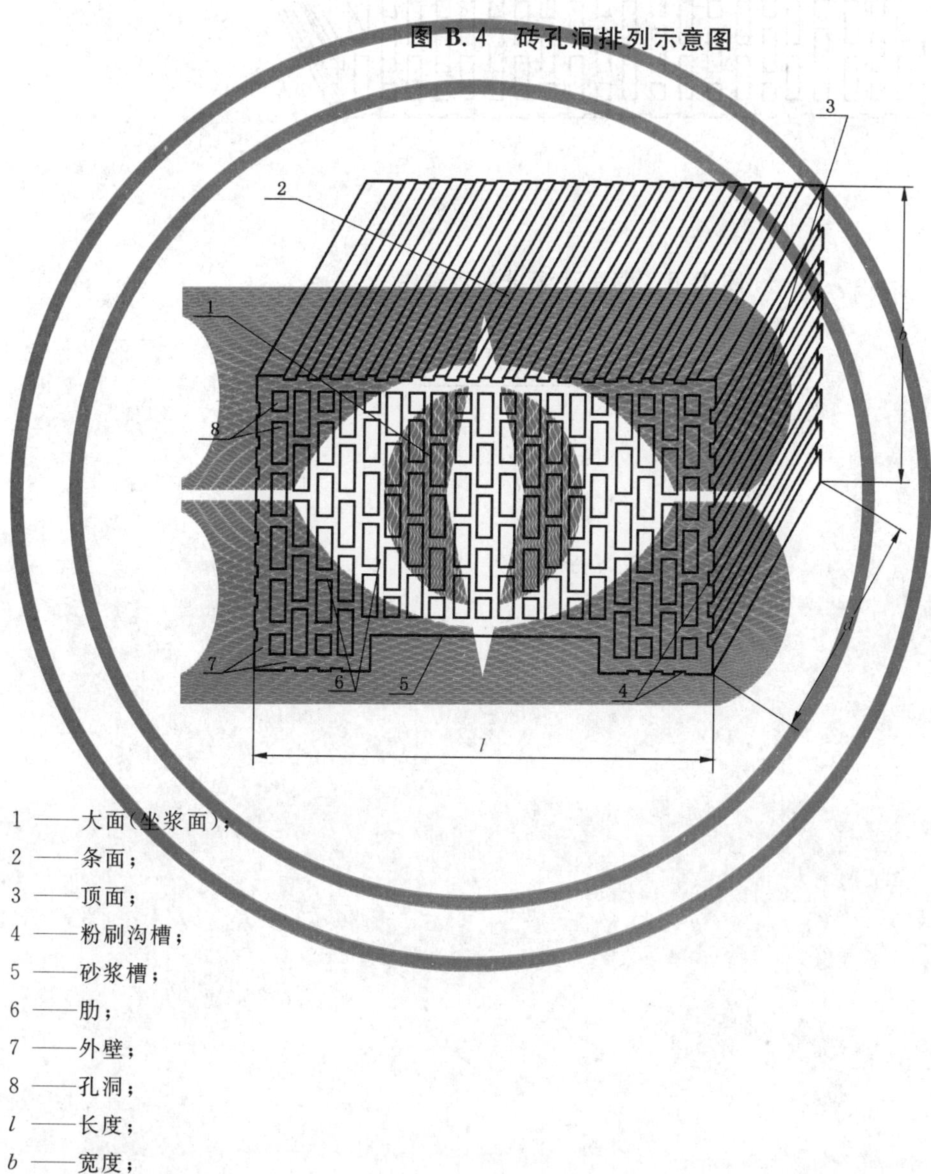

1 ——大面(坐浆面);
2 ——条面;
3 ——顶面;
4 ——粉刷沟槽;
5 ——砂浆槽;
6 ——肋;
7 ——外壁;
8 ——孔洞;
l ——长度;
b ——宽度;
d ——高度。

图 B.5 砌块各部位名称

1——砂浆槽；
2——手抓孔。

图 B.6 砌块孔洞排列示意图

ICS 91.100.15
Q 15

中华人民共和国国家标准

GB 13545—2003
代替 GB 13545—1992

烧结空心砖和空心砌块

Fired hollow bricks and blocks

2003-02-11 发布 2003-10-01 实施

中华人民共和国
国家质量监督检验检疫总局 发布

前　言

本标准第5章为强制性条款，其余为推荐性条款。

本标准代替GB 13545—1992《烧结空心砖和空心砌块》。

本标准与GB 13545—1992相比主要变化如下：

——尺寸偏差由允许偏差界限值判定修订为用样本的平均偏差和样本极差判定；

——强度等级由5.0级、3.0级、2.0级修订为MU10.0、MU7.5、MU5.0、MU3.5、MU2.5，由大面和条面抗压强度平均值与最小值的判定修订为采用变异系数、平均值与标准值、平均值与最小值的判定方法；

——密度等级增加1 000级；

——增加了孔洞排列要求；

——用抗风化性能代替抗冻性能；

——增加了放射性物质检测。

本标准的附录A为规范性附录。

本标准由国家建筑材料工业局(原)提出。

本标准由西安墙体材料研究设计院归口。

本标准负责起草单位：西安墙体材料研究设计院。

本标准参加起草单位：南京市建筑材料研究所、浙江省建筑材料科学研究所、广州市建材工业研究所、贵州省建筑材料科学研究设计院、辽宁省建筑材料科学研究所、黑龙江省双鸭山市空心砖厂、江苏省南京鑫翔公司、四川东日实业有限公司页岩空心砖厂、广州市花都区象山和兴砖厂、青海西发水电设备制造安装有限责任公司、浙江省湖州市万马新型建材有限公司、浙江省湖州盛兴建材有限公司、浙江省海宁市华多新型墙体材料有限责任公司、浙江省德清县天安建材有限公司、浙江省湖州永神建材有限公司、浙江省衢州莲花建材有限公司。

本标准主要起草人：程相伟、周皖宁、蔡小兵、张发鸿、夏莉娜、蒋德勇、倪有军、赵臣、王军、于少华、周炫。

本标准所代替标准的历次版本发布情况为：

——GB 13545—1992。

烧结空心砖和空心砌块

1 范围

本标准规定了烧结空心砖和空心砌块的产品分类、技术要求、试验方法、检验规则、标志、包装、运输和贮存。

本标准适用于以粘土、页岩、煤矸石、粉煤灰为主要原料，经焙烧而成主要用于建筑物非承重部位的空心砖和空心砌块（以下简称砖和砌块）。

2 规范性引用文件

下列文件中的条款通过本标准的引用而成为本标准的条款。凡是注日期的引用文件，其随后所有的修改单（不包括勘误的内容）或修订版均不适用于本标准，然而，鼓励根据本标准达成协议的各方研究是否可使用这些文件的最新版本。凡是不注日期的引用文件，其最新版本适用于本标准。

GB/T 2542 砌墙砖试验方法

GB 6566 建筑材料放射性核素限量

GB/T 18968—2003 墙体材料术语

JC/T 466 砌墙砖检验规则

3 术语和定义

本标准采用 GB/T 18968—2003 和 JC/T 466 的术语和定义。

4 类别

4.1 类别

按主要原料分为粘土砖和砌块（N）、页岩砖和砌块（Y）、煤矸石砖和砌块（M）、粉煤灰砖和砌块（F）。

4.2 规格

4.2.1 砖和砌块的外型为直角六面体（见图 1），其长度、宽度、高度尺寸应符合下列要求，单位为毫米（mm）：

390，290，240，190，180（175），140，115，90；

4.2.2 其他规格尺寸由供需双方协商确定。

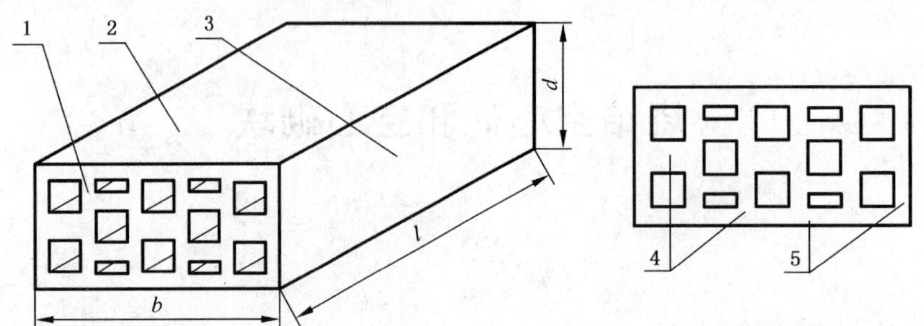

1——顶面；

2——大面；

3——条面；

4——肋；

5——壁；

l——长度；

b——宽度；

d——高度。

图 1　烧结空心砖和空心砌块示意图

4.3　等级

4.3.1　抗压强度分为 MU10.0、MU7.5、MU5.0、MU3.5、MU2.5。

4.3.2　体积密度分为 800 级、900 级、1 000 级、1 100 级。

4.3.3　强度、密度、抗风化性能和放射性物质合格的砖和砌块，根据尺寸偏差、外观质量、孔洞排列及其结构、泛霜、石灰爆裂、吸水率分为优等品(A)、一等品(B)和合格品(C)三个质量等级。

4.4　产品标记

砖和砌块的产品标记按产品名称、类别、规格、密度等级、强度等级、质量等级和标准编号顺序编写。

示例 1：

规格尺寸 290 mm×190 mm×90 mm、密度等级 800、强度等级 MU7.5、优等品的页岩空心砖，其标记为：烧结空心砖 Y(290×190×90)　800　MU7.5A　GB 13545

示例 2：

规格尺寸 290 mm×290 mm×190 mm、密度等级 1000、强度等级 MU3.5、一等品的粘土空心砌块，其标记为：烧结空心砌块 N(290×290×190)　1 000　MU3.5B　GB 13545

5　要求

5.1　尺寸偏差

尺寸允许偏差应符合表 1 的规定。

表 1　尺寸允许偏差

单位为毫米

尺　寸	优等品		一等品		合格品	
	样本平均偏差	样本极差 ≤	样本平均偏差	样本极差 ≤	样本平均偏差	样本极差 ≤
>300	±2.5	6.0	±3.0	7.0	±3.5	8.0
>200～300	±2.0	5.0	±2.5	6.0	±3.0	7.0
100～200	±1.5	4.0	±2.0	5.0	±2.5	6.0
<100	±1.5	3.0	±1.7	4.0	±2.0	5.0

5.2 外观质量

砖和砌块的外观质量应符合表2的规定。

表2 外观质量

单位为毫米

项 目		优等品	一等品	合格品
1. 弯曲	≤	3	4	5
2. 缺棱掉角的三个破坏尺寸不得	同时>	15	30	40
3. 垂直度差	≤	3	4	5
4. 未贯穿裂纹长度	≤			
① 大面上宽度方向及其延伸到条面的长度		不允许	100	120
② 大面上长度方向或条面上水平面方向的长度		不允许	120	140
5. 贯穿裂纹长度				
① 大面上宽度方向及其延伸到条面的长度		不允许	40	60
② 壁、肋沿长度方向、宽度方向及其水平方向的长度		不允许	40	60
6. 肋、壁内残缺长度	≤	不允许	40	60
7. 完整面[a]	不少于	一条面和一大面	一条面或一大面	—

[a] 凡有下列缺陷之一者，不能称为完整面：
① 缺损在大面、条面上造成的破坏面尺寸同时大于 20 mm×30 mm。
② 大面、条面上裂纹宽度大于 1 mm，其长度超过 70 mm。
③ 压陷、粘底、焦花在大面、条面上的凹陷或凸出超过 2 mm，区域尺寸同时大于 20 mm×30 mm。

5.3 强度等级

强度应符合表3的规定。

表3 强度等级

强度等级	抗压强度/MPa			密度等级范围/(kg/m^3)
	抗压强度平均值 $\bar{f}\geqslant$	变异系数 $\delta\leqslant0.21$	变异系数 $\delta>0.21$	
		强度标准值 $f_k\geqslant$	单块最小抗压强度值 $f_{min}\geqslant$	
MU10.0	10.0	7.0	8.0	≤1 100
MU7.5	7.5	5.0	5.8	
MU5.0	5.0	3.5	4.0	
MU3.5	3.5	2.5	2.8	
MU2.5	2.5	1.6	1.8	≤800

5.4 密度等级

密度等级应符合表4的规定。

表4 密度等级

单位为千克每米立方

密度等级	5块密度平均值
800	≤800
900	801~900
1 000	901~1 000
1 100	1 001~1 100

5.5 孔洞排列及其结构

孔洞率和孔洞排数应符合表5的规定。

表 5　孔洞排列及其结构

等　级	孔洞排列	孔洞排数/排		孔洞率/%
		宽度方向	高度方向	
优等品	有序交错排列	$b \geqslant 200$ mm　≥7 $b < 200$ mm　≥5	≥2	≥40
一等品	有序排列	$b \geqslant 200$ mm　≥5 $b < 200$ mm　≥4	≥2	
合格品	有序排列	≥3	—	
注：b 为宽度的尺寸				

5.6　**泛霜**

每块砖和砌块应符合下列规定：

优等品：无泛霜。

一等品：不允许出现中等泛霜。

合格品：不允许出现严重泛霜。

5.7　**石灰爆裂**

每组砖和砌块应符合下列规定：

优等品：不允许出现最大破坏尺寸大于 2 mm 的爆裂区域。

一等品：

a)　最大破坏尺寸大于 2 mm 且小于等于 10 mm 的爆裂区域，每组砖和砌块不得多于 15 处；

b)　不允许出现最大破坏尺寸大于 10 mm 的爆裂区域。

合格品：

a)　最大破坏尺寸大于 2 mm 且小于等于 15 mm 的爆裂区域，每组砖和砌块不得多于 15 处。其中大于 10 mm 的不得多于 7 处；

b)　不允许出现最大破坏尺寸大于 15 mm 的爆裂区域。

5.8　**吸水率**

每组砖和砌块的吸水率平均值应符合下列规定：

表 6　吸水率

单位为百分比

等　级	吸水率　≤	
	粘土砖和砌块、页岩砖和砌块、煤矸石砖和砌块	粉煤灰砖和砌块[a]
优等品	16.0	20.0
一等品	18.0	22.0
合格品	20.0	24.0
[a] 粉煤灰掺入量(体积比)小于 30%时，按粘土砖和砌块规定判定。		

5.9　**抗风化性能**

5.9.1　风化区的划分见附录 A。

5.9.2　严重风化区中的 1、2、3、4、5 地区的砖和砌块必须进行冻融试验，其他地区砖和砌块的抗风化性能符合表 7 规定时可不做冻融试验，否则必须进行冻融试验。

表 7 抗风化性能

分 类	饱和系数 ≤			
	严重风化区		非严重风化区	
	平均值	单块最大值	平均值	单块最大值
粘土砖和砌块	0.85	0.87	0.88	0.90
粉煤灰砖和砌块				
页岩砖和砌块	0.74	0.77	0.78	0.80
煤矸石砖和砌块				

5.9.3 冻融试验后，每块砖或砌块不允许出现分层、掉皮、缺棱掉角等冻坏现象；冻后裂纹长度不大于表 2 中 4、5 项合格品的规定。

5.10 **欠火砖、酥砖**

产品中不允许有欠火砖、酥砖。

5.11 **放射性物质**

原材料中掺入煤矸石、粉煤灰及其他工业废渣的砖和砌块，应进行放射性物质检测，放射性物质应符合 GB 6566 的规定。

6 试验方法

6.1 尺寸偏差

检验样品数为 20 块，其方法按 GB/T 2542 规定进行。其中每一尺寸测量不足 0.5 mm 按 0.5 mm 计。样本平均偏差是 20 块试样同一方向 40 个测量尺寸的算术平均值减去其公称尺寸的差值，样本极差是抽检的 20 块试样中同一方向 40 个测量尺寸中最大测量值与最小测量值之差值。

6.2 外观质量

6.2.1 垂直度差

砖或砌块各面之间构成的夹角不等于 90°时须测量垂直度差，测量方法见图 2。直角尺精度一级。

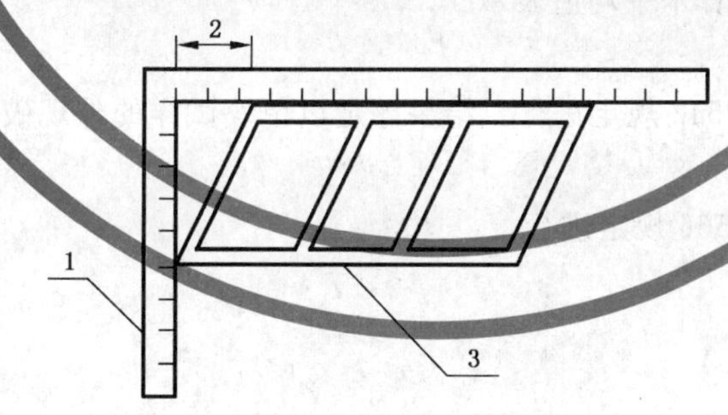

1——直角尺；

2——垂直度差；

3——砖或砌块。

图 2 垂直度差测量方法

6.2.2 外观质量中其他项目检验按 GB/T 2542 规定进行。

6.3 强度

6.3.1 强度以大面抗压强度结果表示，试验按 GB/T 2542 规定进行。

6.3.2 强度变异系数、标准差

强度变异系数 δ、标准差 s 按式(1)、式(2)分别计算。

$$\delta = \frac{s}{\overline{f}} \qquad \cdots\cdots (1)$$

$$s = \sqrt{\frac{1}{9}\sum_{i=1}^{10}(f_i - \overline{f})^2} \qquad \cdots\cdots (2)$$

式中：

δ——砖和砌块强度变异系数，精确至0.01；

s——10块试样的抗压强度标准差，单位为兆帕(MPa)，精确至0.01；

$\overline{f}$——10块试样的抗压强度平均值，单位为兆帕(MPa)，精确至0.1；

f_i——单块试样抗压强度测定值，单位为兆帕(MPa)，精确至0.01。

6.3.3 结果计算与评定

6.3.3.1 平均值—标准值方法评定

强度变异系数 $\delta \leqslant 0.21$ 时，按表3中抗压强度平均值 $\overline{f}$、强度标准值 f_k 评定砖和砌块的强度等级。

样本量 $n=10$ 时的强度标准值按式(3)计算。

$$f_k = \overline{f} - 1.8s \qquad \cdots\cdots (3)$$

式中：

f_k——强度标准值，单位为兆帕(MPa)，精确至0.01。

6.3.3.2 平均值—最小值方法评定

强度变异系数 $\delta > 0.21$ 时，按表3中抗压强度平均值 $\overline{f}$、单块最小抗压强度值 f_{min} 评定砖和砌块的强度等级，单块最小抗压强度值精确至0.1 MPa。

6.4 密度、泛霜和石灰爆裂

密度、泛霜和石灰爆裂试验按GB/T 2542规定进行。

6.5 孔洞排列及其结构

孔洞排列及其结构试验方法按GB/T 2542规定进行。

6.6 吸水率和饱和系数

吸水率和饱和系数按GB/T 2542规定进行，吸水率以5块试样的3小时沸煮吸水率的算术平均值表示，饱和系数以5块试样的算术平均值表示。

6.7 冻融试验

冻融试验方法按GB/T 2542规定进行。结果评定以单块试样的外观破坏现象表示。

6.8 放射性物质

放射性物质检验按GB 6566规定进行。

7 检验规则

7.1 检验分类

产品检验分出厂检验和型式检验。

7.1.1 出厂检验

产品出厂必须进行出厂检验。出厂检验项目包括尺寸偏差、外观质量、强度等级和密度等级。产品经出厂检验合格后方可出厂。

7.1.2 型式检验

型式检验项目包括本标准要求的全部项目。有下列之一情况者，应进行型式检验。

a) 新厂生产试制定型检验；

b) 正式生产后，原材料、工艺等发生较大的改变，可能影响产品性能时；

c) 正常生产时，每半年进行一次；

d) 出厂检验结果与上次型式检验结果有较大差异时；

e） 国家质量监督机构提出进行型式检验时。

放射性物质的检测在产品投产前或原料发生重大变化时进行一次。

7.2 批量

检验批的构成原则和批量大小按 JC/T 466 规定。3.5 万～15 万块为一批，不足3.5 万块按一批计。

7.3 抽样

7.3.1 外观质量检验的样品采用随机抽样法，在每一检验批的产品堆垛中抽取。

7.3.2 其他检验项目的样品用随机抽样法从外观质量检验后的样品中抽取。

7.3.3 抽样数量按表 8 进行。

表 8 抽样数量

单位为块

序号	检验项目	抽样数量
1	外观质量	50($n_1=n_2=50$)
2	尺寸偏差	20
3	强度	10
4	密度	5
5	孔洞排列及其结构	5
6	泛霜	5
7	石灰爆裂	5
8	吸水率和饱和系数	5
9	冻融	5
10	放射性物质	3

7.4 判定规则

7.4.1 尺寸偏差

尺寸偏差应符合表 1 相应等级规定。否则，判不合格。

7.4.2 外观质量

外观质量采用 JC/T 466 二次抽样方案，根据表 2 规定的质量指标，检查出其中不合格品数 d_1，按下列规则判定：

$d_1 \leqslant 7$ 时，外观质量合格；

$d_1 \geqslant 11$ 时，外观质量不合格；

$d_1 > 7$，且 $d_1 < 11$ 时，需再次从该产品中抽样 50 块进行检验，检查出不合格品数 d_2，按下列规则判定：

$(d_1+d_2) \leqslant 18$ 时，外观质量合格；

$(d_1+d_2) \geqslant 19$ 时，外观质量不合格。

7.4.3 强度和密度

强度和密度的试验结果应分别符合表 3 和表 4 的规定。否则，判不合格。

7.4.4 孔洞排列及其结构

孔洞排列及其结构应符合表 5 相应等级的规定。否则，判不合格。

7.4.5 泛霜和石灰爆裂

泛霜和石灰爆裂结果应分别符合 5.6 和 5.7 相应等级的规定。否则，判不合格。

7.4.6 吸水率

吸水率试验结果应符合 5.8 相应等级的规定。否则，判不合格。

7.4.7 抗风化性能

抗风化性能应符合 5.9 规定。否则，判不合格。

7.4.8 放射性物质

煤矸石、粉煤灰砖以及掺用工业废渣的砖和砌块放射性物质应符合5.11规定。否则,应停止该产品的生产和销售。

7.4.9 总判定

7.4.9.1 外观检验的样品中有欠火砖、酥砖则判该批产品不合格。

7.4.9.2 出厂检验质量等级的判定

按出厂检验项目和在时效范围内最近一次型式检验中的孔洞排列及其结构、石灰爆裂、泛霜、抗风化性能等项目中最低质量等级进行判定。其中有一项不符合标准要求,则判为不合格。

7.4.9.3 型式检验质量等级的判定

强度、密度、抗风化性能和放射性物质合格的产品,按尺寸偏差、外观质量、孔洞排列及其结构、泛霜、石灰爆裂、吸水率检验中最低质量等级判定。其中有一项不符合标准要求,则判该批产品不合格。

8 标志、包装、运输和贮存

8.1 标志

产品出厂时,必须提供产品质量合格证。产品质量合格证主要内容包括:生产厂名、产品标记、批量及编号、证书编号、本批产品实测技术性能和生产日期等,并由检验员和单位签章。

8.2 包装

根据用户需求按类别、强度等级、密度等级、质量等级、颜色分别包装,包装应牢固,保证运输时不会摇晃碰坏。

8.3 运输

产品装卸时要轻拿轻放,避免碰撞摔打。

8.4 贮存

产品应按类别、强度等级、密度等级、质量等级分别整齐堆放,不得混杂。

附　录　A
（规范性附录）
风化区的划分

A.1　风化区用风化指数进行划分。

A.2　风化指数是指日气温从正温降至负温或负温升至正温的每年平均天数与每年从霜冻之日起至消失霜冻之日止这一期间降雨总量(以 mm 计)的平均值的乘积。

A.3　风化指数大于等于 12 700 为严重风化区，风化指数小于 12 700 为非严重风化区。全国风化区划分见表 A.1。

A.4　各地如有可靠数据，也可按计算的风化指数划分本地区的风化区。

表 A.1　风化区划分

严重风化区		非严重风化区	
1. 黑龙江省	12. 北京市	1. 山东省	12. 台湾省
2. 吉林省	13. 天津市	2. 河南省	13. 广东省
3. 辽宁省		3. 安徽省	14. 广西壮族自治区
4. 内蒙古自治区		4. 江苏省	15. 海南省
5. 新疆维吾尔自治区		5. 湖北省	16. 云南省
6. 宁夏回族自治区		6. 江西省	17. 西藏自治区
7. 甘肃省		7. 浙江省	18. 上海市
8. 青海省		8. 四川省	19. 重庆市
9. 陕西省		9. 贵州省	20. 香港地区
10. 山西省		10. 湖南省	21. 澳门地区
11. 河北省		11. 福建省	

ICS 91.100.30
Q 15

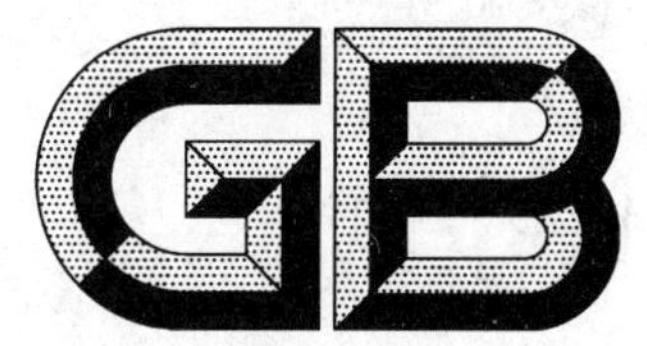

中华人民共和国国家标准

GB/T 15229—2011
代替 GB/T 15229—2002

轻集料混凝土小型空心砌块

Lightweight aggregate concrete small hollow block

2011-12-30 发布 2012-08-01 实施

中华人民共和国国家质量监督检验检疫总局
中国国家标准化管理委员会 发布

前　言

本标准按照 GB/T 1.1—2009 给出的规则起草。

本标准代替 GB/T 15229—2002《轻集料混凝土小型空心砌块》。本标准与 GB/T 15229—2002 相比，主要技术变化如下：

——分类中取消了实心砌块和 MU1.5 强度等级砌块（见 4.1，4.3.2，2002 版的 4.1，4.2.2）；

——修订了标记的规定（见 4.4，2002 版的 4.3）；

——增加了对混凝土用水标准的规定（见 5.6）；

——取消产品等级（2002 版的 4.2.3，6.1.2，6.2）；

——增加了同一强度等级砌块的抗压强度和密度等级范围应同时符合规定方可为合格的技术要求（见 6.3，2002 版的 6.3）；

——调整了对应 MU3.5、MU7.5 的密度等级范围（见 6.3，2002 版的 6.3）；

——将吸水率从 20％调整为 18％（见 6.4.1，2002 版的 6.5.1）；

——软化系数从 0.75 提高到 0.8（见 6.5，2002 版的 6.6）；

——修订了砌块在不同使用环境条件下抗冻性的要求（见 6.6，2002 版的 6.7）；

——取消了复检的规定（2002 版的 8.4.2，8.4.3，8.4.4）；

——增加了砌块应在厂内养护 28 天龄期后方可出厂的要求（见第 9 章）。

本标准由中国建筑材料联合会提出。

本标准由全国墙体屋面及道路用建筑材料标准化技术委员会（SAC/TC 285）归口。

本标准起草单位：中国建筑科学研究院、建筑材料工业技术监督研究中心、黑龙江省寒地建筑科学研究院、同济大学、辽宁省建设科学研究院、陕西省建筑科学研究院、中国建筑砌块协会、河南建筑材料研究设计院有限责任公司、宜昌朗天新型建材有限责任公司、广州华穗陶粒制品有限公司、宁波大自然新型墙材有限公司、黑龙江汇丰能源科技开发有限公司、辽宁方正检测技术有限公司、朝阳华龙科建股份有限公司、瑞尔斯达（天津）现代建材有限公司、长春新星宇集团、北京金阳新建材公司、宜昌宝珠陶粒开发有限公司。

本标准主要起草人：丁威、杨斌、周运灿、刘巽伯、王元、陈烈芳、宋淑敏、杜建东、计亦奇、袁运法、李平、陈炜、仇心金、董宝柱、孙传东、钱金红、陈斌、王晶、单星本、杨利民、王乃利、陶乐然、陈小刚、杨平。

本标准于 1994 年 9 月首次发布，2002 年 5 月第一次修订。

轻集料混凝土小型空心砌块

1 范围

本标准规定了轻集料混凝土小型空心砌块的术语和定义、分类、原材料、技术要求、试验方法、检验规则、产品出厂以及产品合格证、贮存和运输等。

本标准适用于工业与民用建筑用轻集料混凝土小型空心砌块。

2 规范性引用文件

下列文件对于本文件的应用是必不可少的。凡是注日期的引用文件，仅注日期的版本适用于本文件。凡是不注日期的引用文件，其最新版本(包括所有的修改单)适用于本文件。

GB 175 通用硅酸盐水泥

GB/T 1596 用于水泥和混凝土中的粉煤灰

GB/T 4111 混凝土小型空心砌块试验方法

GB 6566 建筑材料放射性核素限量

GB 8076 混凝土外加剂

GB/T 14684 建筑用砂

GB/T 17431.1 轻集料及其试验方法 第1部分:轻集料

GB/T 18046 用于水泥和混凝土中的粒化高炉矿渣粉

GB 50176 民用建筑热工设计规范

JGJ 63 混凝土用水标准

3 术语和定义

下列术语和定义适用于本文件。

3.1

轻集料混凝土 lightweight aggregate concrete

用轻粗集料、轻砂(或普通砂)、水泥和水等原材料配制而成的干表观密度不大于 1 950 kg/m^3 的混凝土。

3.2

混凝土轻集料小型空心砌块 lightweight aggregate concrete small hollow block

用轻集料混凝土制成的小型空心砌块。

4 分类

4.1 类别

按砌块孔的排数分类为:单排孔、双排孔、三排孔、四排孔等。

4.2 规格尺寸

主规格尺寸长×宽×高为 390 mm×190 mm×190 mm。其他规格尺寸可由供需双方商定。

4.3 等级

4.3.1 砌块密度等级分为八级：700、800、900、1 000、1 100、1 200、1 300、1 400。

注：除自燃煤矸石掺量不小于砌块质量35%的砌块外，其他砌块的最大密度等级为1 200。

4.3.2 砌块强度等级分为五级：MU2.5、MU3.5、MU5.0、MU7.5、MU10.0。

4.4 标记

轻集料混凝土小型空心砌块(LB)按代号、类别(孔的排数)、密度等级、强度等级、标准编号的顺序进行标记。

示例：符合GB/T 15229，双排孔，800密度等级，3.5强度等级的轻集料混凝土小型空心砌块标记为：

LB 2 800 MU3.5 GB/T 15229—2011

标记中各要素的含义如下：

LB ——轻集料混凝土小型空心砌块；

2 ——双排孔；

800 ——密度等级为800；

MU3.5——强度等级为MU3.5。

5 原材料

5.1 水泥

水泥应符合GB 175的规定。

5.2 轻集料

5.2.1 轻集料应符合GB/T 17431.1的规定。

5.2.2 最大粒径不宜大于9.5 mm。

5.3 砂

砂应符合GB/T 14684的规定。

5.4 掺合料

5.4.1 粉煤灰应符合GB/T 1596的规定。

5.4.2 粒化高炉矿渣粉应符合GB/T 18046的规定。

5.5 外加剂

外加剂应符合GB 8076的规定。

5.6 水

水应符合JGJ 63的规定。

5.7 其他原材料

其他原材料应符合相关标准的规定，并对砌块耐久性、环境和人体不应产生有害影响。

6 技术要求

6.1 尺寸偏差和外观质量

尺寸偏差和外观质量应符合表1要求。

表1 尺寸偏差和外观质量

项　目			指标
尺寸偏差/mm	长度		±3
	宽度		±3
	高度		±3
最小外壁厚/mm	用于承重墙体	≥	30
	用于非承重墙体	≥	20
肋厚/mm	用于承重墙体	≥	25
	用于非承重墙体	≥	20
缺棱掉角	个数/块	≤	2
	三个方向投影的最大值/mm	≤	20
裂缝延伸的累计尺寸/mm		≤	30

6.2 密度等级

密度等级应符合表2要求。

表2 密度等级

单位为千克每立方米

密 度 等 级	干表观密度范围
700	≥610,≤700
800	≥710,≤800
900	≥810,≤900
1 000	≥910,≤1 000
1 100	≥1 010,≤1 100
1 200	≥1 110,≤1 200
1 300	≥1 210,≤1 300
1 400	≥1 310,≤1 400

6.3 强度等级

强度等级应符合表3的规定;同一强度等级砌块的抗压强度和密度等级范围应同时满足表3的要求。

表 3 强度等级

强度等级	抗压强度 MPa		密度等级范围 kg/m³
	平均值	最小值	
MU2.5	≥2.5	≥2.0	≤800
MU3.5	≥3.5	≥2.8	≤1 000
MU5.0	≥5.0	≥4.0	≤1 200
MU7.5	≥7.5	≥6.0	≤1 200[a] ≤1 300[b]
MU10.0	≥10.0	≥8.0	≤1 200[a] ≤1 400[b]
注：当砌块的抗压强度同时满足 2 个强度等级或 2 个以上强度等级要求时，应以满足要求的最高强度等级为准。			
[a] 除自燃煤矸石掺量不小于砌块质量 35%以外的其他砌块； [b] 自燃煤矸石掺量不小于砌块质量 35%的砌块。			

6.4 吸水率、干缩率和相对含水率

6.4.1 吸水率应不大于 18%。

6.4.2 干燥收缩率应不大于 0.065%。

6.4.3 相对含水率应符合表 4 的规定。

表 4 相对含水率

干燥收缩率 %	相对含水率 %		
	潮湿地区	中等湿度地区	干燥地区
<0.03	≤45	≤40	≤35
≥0.03，≤0.045	≤40	≤35	≤30
>0.045，≤0.065	≤35	≤30	≤25

注 1：相对含水率为砌块出厂含水率与吸水率之比。

$$W=\frac{\omega_1}{\omega_2}\times 100$$

式中：

W ——砌块的相对含水率，用百分数表示(%)；

ω_1——砌块出厂时的含水率，用百分数表示(%)；

ω_2——砌块的吸水率，用百分数表示(%)。

注 2：使用地区的湿度条件：

潮湿地区 ——年平均相对湿度大于 75%的地区；

中等湿度地区——年平均相对湿度 50%～75%的地区；

干燥地区 ——年平均相对湿度小于 50%的地区。

6.5 碳化系数和软化系数

碳化系数应不小于0.8;软化系数应不小于0.8。

6.6 抗冻性

抗冻性应符合表5的要求。

表5 抗冻性

环境条件	抗冻标号	质量损失率 %	强度损失率 %
温和与夏热冬暖地区	D15	≤5	≤25
夏热冬冷地区	D25		
寒冷地区	D35		
严寒地区	D50		
注:环境条件应符合GB 50176的规定。			

6.7 放射性核素限量

砌块的放射性核素限量应符合GB 6566的规定。

7 试验方法

砌块的放射性核素限量试验应按GB 6566规定进行,其他各项性能指标的试验应按GB/T 4111规定进行。

8 检验规则

8.1 检验分类

按检验类型分为出厂检验和型式检验。

8.1.1 出厂检验

出厂检验项目包括:尺寸偏差、外观质量、密度、强度、吸水率和相对含水率。

8.1.2 型式检验

型式检验项目包括第6章规定的全部项目,放射性核素试验在新产品投产和产品定型鉴定时进行。在下列情况下进行型式检验:

a) 新产品投产或产品定型鉴定时;

b) 砌块的原材料、配合比及生产工艺发生较大变化时;

c) 正常生产六个月时(干燥收缩率、碳化系数和抗冻性每年一次);

d) 产品停产三个月以上恢复生产时。

8.2 组批规则

砌块按密度等级和强度等级分批验收。以同一品种轻集料和水泥按同一生产工艺制成的相同密度等级和强度等级的 300 m^3 砌块为一批；不足 300 m^3 者亦按一批计。

8.3 抽样规则

8.3.1 出厂检验时，每批随机抽取 32 块做尺寸偏差和外观质量检验；再从尺寸偏差和外观质量检验合格的砌块中，随机抽取如下数量进行以下项目的检验：

a) 强度：5 块；

b) 密度、吸水率和相对含水率：3 块。

8.3.2 型式检验时，每批随机抽取 64 块，并在其中随机抽取 32 块进行尺寸偏差、外观质量检验；如尺寸偏差和外观质量合格，则在 64 块中抽取尺寸偏差和外观质量合格的下述块数进行其他项目检验。

a) 强度：5 块；

b) 密度、吸水率、相对含水率：3 块；

c) 干燥收缩率：3 块；

d) 抗冻性：10 块；

e) 软化系数：10 块；

f) 碳化系数：12 块；

g) 放射性：2 块。

8.4 判定规则

8.4.1 尺寸偏差和外观质量检验的 32 个砌块中不合格品数少于 7 块，判定该批产品尺寸偏差和外观质量合格。

8.4.2 当所有结果均符合第 6 章各项技术要求时，则判定该批产品合格。

9 产品出厂

9.1 砌块应在厂内养护 28 天龄期后方可出厂。

9.2 砌块出厂前应进行检验，符合本标准规定方可出厂。

10 产品合格证、贮存和运输

10.1 产品合格证

砌块出厂时，生产厂应提供产品质量合格证书，其内容包括：

a) 厂名与商标；

b) 合格证编号及生产日期；

c) 产品标记；

d) 性能检验结果；

e) 批次编号与砌块数量(块)；

f) 检验部门与检验人员签字盖章。

10.2 贮存和运输

10.2.1 砌块应按类别、密度等级和强度等级分批堆放。

10.2.2 砌块装卸时，严禁碰撞、扔摔，应轻码轻放，不许用翻斗车倾卸。

10.2.3 砌块堆放和运输时应有防雨、防潮和排水措施。

ICS 91.100.60
Q 25

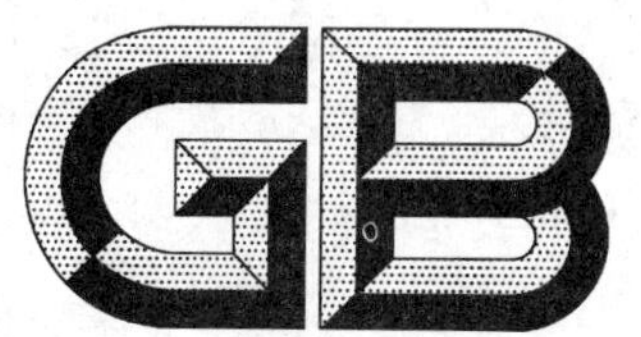

中华人民共和国国家标准

GB/T 16400—2003
代替 GB/T 16400—1996

绝热用硅酸铝棉及其制品

Aluminium silicate wool and it's products for thermal insulation

2003-07-23 发布　　2004-03-01 实施

中华人民共和国
国家质量监督检验检疫总局　发布

前　言

本标准代替 GB/T 16400—1996《绝热用硅酸铝棉及其制品》，在技术内容上参考 ASTM C 892—1993《高温纤维绝热毡标准规范》。

本标准与 GB/T 16400—1996 相比较，主要做了如下修改：

——在“产品分类”中，不再区分“a”、“b”号；

——增加了在不同应用环境中，对产品的技术要求；

——增加了含锆型硅酸铝棉产品的技术要求；

——修改了板、毡制品的密度系列；

——修改了渣球含量试验中对筛网孔径的规定；

——增加了毯的抗拉强度要求；

——增加了管壳及异型制品和高温炉内用制品的技术要求；

——调整了加热永久线变化的试验温度和保温时间；

——在“标志、标签和使用说明书”中，增列指导产品使用温度提示语；

——增加了规范性附录“含水率试验方法”；

——增加了规范性附录“抽样方案、检验项目和判定规则”；

——增加了资料性附录“不同温度下的导热系数”，以便使用方选用；

——取消原标准中有关“加热线收缩率试验方法”和“抗拉强度试验方法”的附录，改用现行国家标准。

本标准的附录 A、附录 B 为规范性附录，附录 C 为资料性附录。

本标准由中国建筑材料工业协会提出。

本标准由全国绝热材料标准化技术委员会(CSBTS/TC 191)归口。

本标准负责起草单位：南京玻璃纤维研究设计院。

本标准参加起草单位：摩根热陶瓷(上海)有限公司、淄博红阳耐火保温材料厂、安徽淮南常华保温材料厂、浙江德清浦森耐火材料有限公司、贵阳耐火材料厂硅酸铝纤维分厂、山东鲁阳股份有限公司、宁波泰山凡年耐火材料有限公司、大同特种耐火材料有限公司、南京铜井陶纤有限责任公司、河南三门峡腾翔特种耐火材料有限公司。

本标准主要起草人：曾乃全、葛敦世、陈尚、成钢、沙德仁、张游。

本标准委托南京玻璃纤维研究设计院负责解释。

本标准于 1996 年 12 月首次发布。

绝热用硅酸铝棉及其制品

1 范围

本标准规定了绝热用硅酸铝棉及其制品的分类和标记、要求、试验方法、检验规则、标志、包装、运输和贮存。

本标准适用于工业热力设备、窑炉和管道高温绝热用的硅酸铝棉、硅酸铝棉板、毡、针刺毯、管壳和异形制品。

2 规范性引用文件

下列文件中的条款通过本标准的引用而成为本标准的条款。凡是注日期的引用文件，其随后所有的修改单(不包括勘误的内容)或修改版均不适用于本标准，然而，鼓励根据本标准达成协议的各方研究是否可使用这些文件的最新版本。凡是不注日期的引用文件，其最新版本适用于本标准。

GB/T 191 包装储运图示标志

GB/T 4132—1996 绝热材料及相关术语

GB/T 4984 锆刚玉耐火材料化学分析方法

GB/T 5464—1999 建筑材料不燃性试验方法(idt ISO 1182:1990)

GB/T 5480.3 矿物棉及其板、毡、带尺寸和容重试验方法

GB/T 5480.5 矿物棉制品渣球含量试验方法

GB/T 5480.7 矿物棉制品吸湿性试验方法

GB/T 6900.2—1996 粘土、高铝质耐火材料化学分析方法 重量-钼蓝光度法测定二氧化硅量

GB/T 6900.3—1996 粘土、高铝质耐火材料化学分析方法 邻二氮杂菲光度法测定三氧化二铁含量

GB/T 6900.4—1996 粘土、高铝质耐火材料化学分析方法 EDTA 容量法测定氧化铝量

GB/T 6900.9—1996 粘土、高铝质耐火材料化学分析方法 原子吸收分光光度法测定氧化钾、氧化钠量

GB/T 10294—1988 绝热材料稳态热阻及有关特性的测定 防护热板法(idt ISO/DIS 8302:1986)

GB/T 10299 保温材料憎水性试验方法

GB/T 11835—1998 绝热用岩棉、矿渣棉及其制品

GB/T 17393 覆盖奥氏体不锈钢用绝热材料规范

GB/T 17911.4—1999 耐火陶瓷纤维制品 加热永久线变化试验方法

GB/T 17911.5—1999 耐火陶瓷纤维制品 抗拉强度试验方法

JC/T 618 绝热材料中可溶出氯化物、氟化物、硅酸盐及钠离子的化学分析方法

3 术语和定义

GB/T 4132—1996 确定的以及下列术语和定义适用于本标准。

3.1

硅酸铝棉板 aluminum silicate wool board

用加有粘结剂的硅酸铝棉制成的具有一定刚度的平面制品。

3.2

硅酸铝棉毡　aluminum silicate wool felt

用加有粘结剂的硅酸铝棉制成的柔性平面制品。

3.3

硅酸铝棉针刺毯　needled aluminum silicate wool blanket

将不加粘结剂的硅酸铝棉采用针刺方法，使其纤维相互勾织，制成的柔性平面制品。

3.4

分类温度　classified temperature

是指线收缩率小于某给定值的最高温度，这个温度以℃表示，并以 50℃为间隔。

3.5

加热永久线变化　permanent linear change on heating

在规定的温度下，恒温一定时间后冷却至室温，试样线尺寸的不可逆变化量占原长度的百分率。

4　分类和标记

4.1　分类

4.1.1　产品按分类温度及化学成分的不同，分成 5 个类型，见表 1。

表 1　型号及分类温度　单位为摄氏度

型　号	分类温度	推荐使用温度
1 号(低温型)	1 000	≤800
2 号(标准型)	1 200	≤1 000
3 号(高纯型)	1 250	≤1 100
4 号(高铝型)	1 350	≤1 200
5 号(含锆型)	1 400	≤1 300

4.1.2　产品按其形态分为硅酸铝棉、硅酸铝棉板、硅酸铝棉毡、硅酸铝棉针刺毯、硅酸铝棉管壳、硅酸铝棉异形制品(简称棉、板、毡、毯、管壳、异形制品)。

4.2　产品标记

4.2.1　产品标记的组成

产品标记由 4 部分组成：型号、产品名称(全称)、产品技术特征值(体积密度、尺寸)和本标准号。

4.2.2　标记示例．

示例 1：体积密度为 190 kg/m³，长度×宽度×厚度为 1 000 mm×600 mm×25 mm 的 2 号硅酸铝棉板标记为：

2 号硅酸铝棉板　190-1 000×600×25　GB/T 16400—2003

示例 2：体积密度为 128 kg/m³，长度×宽度×厚度为 7 200 mm×610 mm×30 mm 的 4 号硅酸铝棉毯标记为：

4 号硅酸铝棉毯　128-7 200×610×30　GB/T 16400—2003

示例 3：体积密度为 120 kg/m³，内径×长度×壁厚为 89 mm×1 000 mm×50 mm 的 2 号硅酸铝棉管壳标记为：

2 号硅酸铝棉管壳　120-ϕ89×1 000×50　GB/T 16400—2003

5　要求

5.1　棉

5.1.1　棉的化学成分应符合表 2 的规定。

表 2 棉的化学成分

单位为百分数

型号	$w(Al_2O_3)$	$w(Al_2O_3+SiO_2)$	$w(Na_2O+K_2O)$	$w(Fe_2O_3)$	$w(Na_2O+K_2O+Fe_2O_3)$
1 号	≥40	≥95	≤2.0	≤1.5	<3.0
2 号	≥45	≥96	≤0.5	≤1.2	—
3 号	≥47	≥98	≤0.4	≤0.3	—
	≥43	≥99	≤0.2	≤0.2	—
4 号	≥53	≥99	≤0.4	≤0.3	—
5 号	$w(Al_2O_3+SiO_2+ZrO_2)$≥99		≤0.2	≤0.2	$w(ZrO_2)$≥15

在满足其制品加热永久线变化指标的前提下，化学成分可由供需双方商定，但 Al_2O_3（和 Zr_2O）含量必须明示。

5.1.2 棉的物理性能应符合表 3 的规定。

表 3 棉的物理性能指标

渣球含量(粒径大于 0.21 mm)/%	导热系数(平均温度 500℃±10℃)/[W/(m·K)]
≤20.0	≤0.153
注：测试导热系数时试样体积密度为 160 kg/m^3。	

5.2 毯

5.2.1 毯的尺寸、体积密度及极限偏差应符合表 4 的规定。

表 4 毯的尺寸、体积密度及极限偏差

长度	极限偏差	宽度	极限偏差	厚度	极限偏差	体积密度	极限偏差
mm		mm		mm		kg/m^3	%
供需双方商定	不允许负偏差	305 610	+15 −6	10 15	+4 −2	65 100 130 160	±15
				20 25 30 40 50	+8 −4		
注：体积密度以公称厚度计算。							

如需其他尺寸、体积密度，由供需双方商定，其极限偏差仍按表 4 的规定。

5.2.2 毯的物理性能应符合表 5 的规定。

表 5 毯的物理性能指标

体积密度/(kg/m^3)	导热系数(平均温度 500℃±10℃)/[W/(m·K)]	渣球含量/%(粒径大于 0.21 mm)	加热永久线变化/%	抗拉强度/kPa
65	≤0.178	≤20.0	≤5.0	≥10
100	≤0.161			≥14
130	≤0.156			≥21
160	≤0.153			≥35

5.3 板、毡、管壳

5.3.1 板、毡的尺寸、体积密度及极限偏差应符合表 6 的规定。

表 6　板、毡的尺寸、体积密度及极限偏差

<table>
<tr><th>长度</th><th>极限偏差</th><th>宽度</th><th>极限偏差</th><th>厚度</th><th>极限偏差</th><th>体积密度的极限偏差</th></tr>
<tr><td colspan="2">mm</td><td colspan="2">mm</td><td colspan="2">mm</td><td>%</td></tr>
<tr><td>600～1 200</td><td>±10</td><td>400～600</td><td>±10</td><td>10～80</td><td>+6
−2</td><td>±15</td></tr>
<tr><td colspan="7">注：毡的体积密度以公称厚度计算。</td></tr>
</table>

如需其他尺寸、体积密度，由供需双方商定，其极限偏差仍按表 6 的规定。

5.3.2　管壳的尺寸、体积密度及偏差应符合表 7 规定。

表 7　管壳的尺寸、体积密度及偏差

<table>
<tr><th>长度</th><th>极限偏差</th><th>厚度</th><th>极限偏差</th><th>内径</th><th>极限偏差</th><th>体积密度的极限偏差</th><th>管壳偏心度</th></tr>
<tr><td colspan="2">mm</td><td colspan="2">mm</td><td colspan="2">mm</td><td>%</td><td>%</td></tr>
<tr><td rowspan="2">1 000
1 200</td><td rowspan="2">+10
0</td><td>30
40</td><td>+4
−2</td><td>22～59</td><td>+3
−1</td><td rowspan="2">±15</td><td rowspan="2">≤10</td></tr>
<tr><td>50
60
75
100</td><td>+5
−3</td><td>102～325</td><td>+4
−1</td></tr>
</table>

如需其他尺寸、体积密度，可由供需双方商定，其极限偏差仍按表 7 规定。

5.3.3　板、毡、管壳的物理性能应符合表 8 规定。

表 8　板、毡、管壳的物理性能指标

<table>
<tr><th>体积密度/(kg/m³)</th><th>导热系数
（平均温度 500℃±10℃）</th><th>渣球含量/%
（粒径大于 0.21 mm）</th><th>加热永久线变化/%</th></tr>
<tr><td>60</td><td>≤0.178</td><td rowspan="4">≤20.0</td><td rowspan="4">≤5.0</td></tr>
<tr><td>90</td><td>≤0.161</td></tr>
<tr><td>120</td><td>≤0.156</td></tr>
<tr><td>≥160</td><td>≤0.153</td></tr>
</table>

5.3.4　湿法制品含水率不大于 1.0%。

5.3.5　湿法模压成型产品的抗拉强度不小于 30 kPa。

5.4　异形制品

5.4.1　异形制品尺寸的极限偏差按合同规定，体积密度的极限偏差应不大于±15%。

5.4.2　异形制品的物理性能应符合表 8 规定。

5.5　其他要求

5.5.1　用于高温炉内工作面时，板和预成型体的加热永久线变化应不大于 2%，毡、毯的加热永久线变化应不大于 4%。

5.5.2　有粘结剂的产品，其燃烧性能级别应达 A 级(不燃材料)。

5.5.3　用于覆盖奥氏体不锈钢时，其浸出液的离子含量应符合 GB/T 17393 的要求。

5.5.4　有防水要求时，其质量吸湿率不大于 5%，憎水率不小于 98%。

6　试验方法

6.1　试样制备

应以供货形态制备试样。当产品由于其形状不适宜进行试验或制备试样时，可用同一生产工艺、同一配方、同期生产、相同体积密度的适宜进行试验的样品代替。

6.2 尺寸、体积密度和管壳偏心度

尺寸、体积密度和管壳偏心度的检测按 GB/T 5480.3 及 GB/T 11835—1998 附录 A 的规定进行。

6.3 化学成分

化学成分的检测按 GB/T 6900.2～GB/T 6900.4—1996、GB/T 6900.9—1996 的规定进行，ZrO_2 成分按 GB/T 4984 的规定进行。

6.4 含水率

含水率的检测按附录 A(规范性附录)的规定进行。

6.5 渣球含量

渣球含量的检测按 GB/T 5480.5 的规定进行。

6.6 导热系数

导热系数的检测按 GB/T 10294—1988 的规定进行。管壳和异形制品的导热系数采用同质、同体积密度、同粘结剂含量的板材进行测定。

6.7 抗拉强度

抗拉强度的检测按 GB/T 17911.5—1999 的规定进行。

6.8 加热永久线变化

加热永久线变化的检测按 GB/T 17911.4—1999 的规定进行。试验温度为分类温度。对于出厂检验和型式检验保温时间为 8 h，仲裁检验保温时间为 24 h。

管壳制品的加热永久线变化沿样品的长度方向取样，尺寸为 150 mm×50 mm×厚度，测量间距为 100 mm。

异形制品采用同质、同体积密度、同粘结剂含量的板材进行测定。

6.9 吸湿率

吸湿率的检测按 GB/T 5480.7 的规定进行。

6.10 憎水率

憎水率的检测按 GB/T 10299 的规定进行。

6.11 燃烧性能级别

燃烧性能级别的检测按 GB/T 5464—1999 的规定进行。

6.12 浸出液离子含量

浸出液离子含量的检测按 JC/T 618 的规定进行。

7 检验规则

7.1 检验分类

硅酸铝棉产品的检验分为出厂检验和型式检验。

7.1.1 出厂检验

产品出厂时，必须进行出厂检验。出厂检验的检查项目见附录 B 中表 B2。

7.1.2 型式检验

有下列情况之一时，应进行型式检验。型式检验按第 5 章中对应产品的全部性能要求进行。

a) 新产品定型鉴定；

b) 正式生产后，原材料，工艺有较大的改变，可能影响产品性能时；

c) 正常生产时，每年至少进行一次(除燃烧性能外)；

d) 出厂检验结果与上次型式检验有较大差异时；

e) 国家质量监督机构提出进行型式检验要求时。

7.2 组批与抽样

以同一原料，同一生产工艺，同一品种，稳定连续生产的产品为一个检查批。同一批被检产品的生

产时限不得超过一周。

出厂检验、型式检验的抽样方案、检验项目及判定规则按附录B的规定。

8 标志、标签和使用说明书

在标志、标签和使用说明书上应标明：

a) 产品标记、商标；

b) 生产企业名称、详细地址；

c) 产品的净重或数量；

d) 生产日期或批号；

e) 按 GB/T 191 规定，标明“怕湿”等标志。

f) 注明指导使用温度的提示语。例如：本产品在 xxx 气氛下使用时，工作温度应不超过 xxx℃。

8.1 包装、运输及贮存

8.1.1 包装

包装材料应具有防潮性能，每一包装中应放入同一规格的产品，特殊包装由供需双方商定。

8.1.2 运输

应用干燥防雨的工具运输、运输时应轻拿轻放。

8.1.3 贮存

应在干燥通风的库房里贮存，并按品种、规格分别堆放，避免重压。

附　录　A
（规范性附录）
含水率试验方法

A.1　仪器设备

A.1.1　电热鼓风干燥箱

A.1.2　天平：分度值为 0.1 mg。

A.1.3　干燥器

A.2　试验步骤

称试样约 10 g，将试样放入干燥箱内，在(105±5)℃（若含有在此温度下易发生变化的材料时，则应低于其变化温度 10℃）的条件下烘干到恒质量。

A.3　结果计算

含水率按式(A1)计算，结果保留至小数点后一位。

$$W=\frac{G_0-G_1}{G_1}\times 100 \qquad \text{(A1)}$$

式中：

W——含水率，单位为百分数(%)；

G_0——试样的质量，单位为克(g)；

G_1——试样烘干后的质量，单位为克(g)。

附 录 B
（规范性附录）
抽样方案、检验项目和判定规则

B.1 抽样

B.1.1 样本的抽取

单位产品应从检查批中随机抽取。样本可以由一个或几个单位产品构成。所有的单位产品被认为是质量相同的，必须的试样可随机地从单位产品中切取。

B.1.2 抽样方案

抽样方案见表 B.1，对于出厂检验，批量大小可根据生产量或生产时限确定，取较大者。

表 B.1 二次抽样方案

型式检验					出厂检验					
批量大小			样本大小		批量大小				样本大小	
管壳/包	棉/包	板、毡、毯/m^2	第一样本	总样本	管壳/包	棉/包	板、毡、毯/m^2	生产天数	第一样本	总样本
15	150	1 500	2	4	30	300	3 000	1	2	4
25	250	2 500	3	6	50	500	5 000	2	3	6
50	500	5 000	5	10	100	1 000	10 000	3	5	10
90	900	9 000	8	16	180	1 800	18 000	7	8	16
150	1 500	15 000	13	26						
280	2 800	28 000	20	40						
>280	>2 800	>28 000	32	64						
注：样本量为单位产品。										

B.2 检验项目

B.2.1 出厂检验和型式检验的检查项目见表 B.2。

表 B.2 检查项目

项目		棉		板、毡		毯		管壳	
		出厂	型式	出厂	型式	出厂	型式	出厂	型式
尺寸	长度			√	√	√	√	√	√
	宽度			√	√	√	√		
	厚度			√	√	√	√	√	√
	内径							√	√
体积密度				√	√	√	√	√	√
管壳偏心度								√	√
化学成分		√	√						
含水率（湿法制品）				√	√				
渣球含量		√	√	√	√	√	√	√	√
导热系数			√		√		√		√
抗拉强度					√		√		
加热永久线变化				√	√	√	√	√	√
燃烧性能级别					*				√
吸湿率					*		*		*
憎水率					*		*		*
浸出液离子含量			*		*		*		*
注："√"表示应检项目；"*"表示选作项目。									

B.2.2 单位产品的试验次数见表 B.3。

表 B.3 单位产品的试验次数

项 目	单位产品	试验次数/次	结果表示
长 度	1	2	2 次测量结果的算术平均值
宽 度	1	3	3 次测量结果的算术平均值
厚 度	1	4	4 次测量结果的算术平均值
体积密度	1	1	

B.3 判定规则

B.3.1 所有的性能应看作独立的。品质要求以测定结果的修约值进行判定。

B.3.2 尺寸、体积密度及管壳偏心度采用计数判定，合格质量水平（*AQL*）为 15。一项性能不合格，计一个缺陷。其判定规则见表 B.4。

表 B.4 计数检查的判定规则

样 本 大 小		第 一 样 本		总 样 本	
第一样本	总样本	*Ac*	*Re*	*Ac*	*Re*
Ⅰ	Ⅱ	Ⅲ	Ⅳ	Ⅴ	Ⅵ
2	4	0	2	1	2
3	6	0	3	3	4
5	10	1	4	4	5
8	16	2	5	6	7
13	26	3	7	8	9
20	40	5	9	12	13
32	64	7	11	18	19
注：*Ac*—合格判定数，*Re*—不合格判定数。样本量为单位产品。					

根据样本检查结果，若第一样本中相关性能的缺陷数小于或等于第一合格判定数 *A*c(表 B4 中第Ⅲ栏)，则该批的计数检查可接收。若第一样本中的缺陷数大于或等于第一不合格判定数 *R*e(表 B4 中第Ⅳ栏)，则判该批不合格。

若第一样本中相关性能的缺陷数在第 1 样本合格判定数 *A*c 和不合格判定数 *R*e 之间，则样本数应增到总样本数，并以总样本检查结果判定。

若总样本中的缺陷数小于或等于总样本合格判定数 *A*c(表 B4 中第Ⅴ栏)，则判该批计数检查可接收。若总样本中的缺陷数大于或等于总样本不合格判定数 *R*e(表 B4 中第Ⅵ栏)，则判该批不合格。

B.3.3 化学成分、含水率、渣球含量、导热系数、抗拉强度、加热永久线变化、不燃性、吸湿率、憎水率、浸出液离子含量等性能按测定的平均值判定。若第一样本的测定值合格，则判定该批产品上述性能单项合格。若不合格，应再测定第二样本，并以两个样本测定结果的平均值，作为批质量各单项合格与否的判定。

批质量的综合判定规则是：合格批的所有品质指标，必须同时符合 B.3.2 和 B.3.3 规定的可接收的合格要求，否则判该批产品不合格。

附 录 C
（资料性附录）
不同温度下的导热系数

本附录提供了硅酸铝棉毡(毯)不同温度下的导热系数,供使用方参比选用。

ASTM C892—2000《高温纤维绝热毡规范》中关于导热系数的技术要求如表 C.1。

表 C.1 不同平均温度下高温纤维绝热毡的最大导热系数(采用 ASTM C177 测试方法)

体积密度/(kg/m³)	导热系数/[W/(m·k)]				
	(204℃)	(427℃)	(649℃)	(871℃)	(1 093℃)
48	0.096	0.163	0.258	0.398	0.605
64	0.089	0.148	0.239	0.372	0.552
96	0.078	0.136	0.212	0.329	0.480
128	0.076	0.133	0.203	0.291	0.392
192	0.076	0.131	0.199	0.259	0.313

将体积密度换算成公制并取整,按两点内插法换算,得工程常用平均温度的最大导热系数如表 C.2。

表 C.2 不同平均温度下高温纤维绝热毡最大导热系数内插值

体积密度/(kg/m³)	导热系数/[W/(m·K)]			
	(200℃)	(300℃)	(400℃)	(500℃)
65	0.089	0.114	0.141	0.178
100	0.078	0.103	0.129	0.161
130	0.076	0.101	0.126	0.156
≥160	0.076	0.100	0.124	0.153

ICS 91.120.10
Q 25

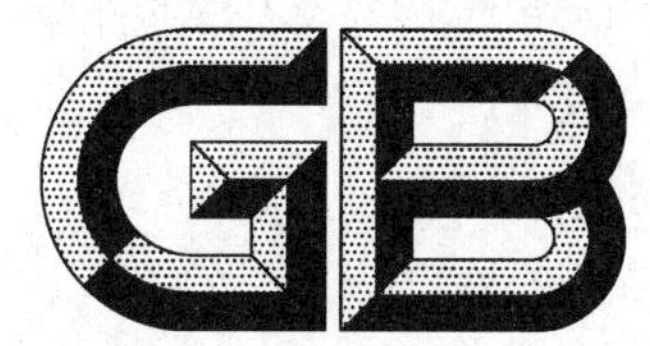

中华人民共和国国家标准

GB/T 20974—2014
代替 GB/T 20974—2007

绝热用硬质酚醛泡沫制品(PF)

Rigid phenolic foam for thermal insulation(PF)

2014-06-24 发布　　2015-02-01 实施

中华人民共和国国家质量监督检验检疫总局
中国国家标准化管理委员会　发布

前　言

本标准按照 GB/T 1.1—2009 给出的规则起草。

本标准代替 GB/T 20974—2007《绝热用硬质酚醛泡沫制品(PF)》。本标准与 GB/T 20974—2007 相比,主要变化如下:

——取消了按密度分型的条款;

——增加了制品的外观要求;

——提高了尺寸偏差要求,增加了平整度、直线度和垂直度的要求;

——燃烧性能增加了氧指数和烟密度等级的要求;

——提高了弯曲断裂力的要求;

——用于墙体的制品增加了垂直于板面的拉伸强度要求;

——提高了导热系数的要求;

——提高了体积吸水率(V/V)的要求;

——修改了透湿系数的要求;

——用于室内长期有人居住环境的制品增加了甲醛释放量的要求;

——修改了判定规则。

本标准由中国建筑材料联合会提出。

本标准由全国绝热材料标准化技术委员会(SAC/TC 191)归口。

本标准负责起草单位:建筑材料工业技术监督研究中心、苏州美克思科技发展有限公司、滕州市华海新型保温材料有限公司、山东圣泉化工股份有限公司、江苏兆胜建材有限公司、中国建材检验认证集团股份有限公司、上海市建筑科学研究院(集团)有限公司、上海众材工程检测有限公司、中国绝热节能材料协会。

本标准参加起草单位:北京莱恩斯高新技术有限公司、四川福隆保温隔热材料有限公司、中国建筑材料科学研究总院、山东海冠化工科技有限公司。

本标准主要起草人:甘向晨、金福锦、钟东南、邓刚、杨金平、徐颖、张玉辉、秦伯军、陈斌、赵婷婷、朱佑平、徐灵琦、徐忠昆、胡小媛、孙志武。

本标准所代替标准的历次版本发布情况为:

——GB/T 20974—2007。

绝热用硬质酚醛泡沫制品(PF)

1 范围

本标准规定了绝热用硬质酚醛泡沫制品的术语和定义、分类和标记、要求、试验方法、检验规则及标志、包装、运输和贮存。

本标准适用于建筑、设备和管道绝热用硬质酚醛泡沫制品(以下简称制品),制品使用时注意事项参见附录A。

2 规范性引用文件

下列文件对于本文件的应用是必不可少的。凡是注日期的引用文件,仅注日期的版本适用于本文件。凡是不注日期的引用文件,其最新版本(包括所有的修改单)适用于本文件。

GB/T 2406.2 塑料 用氧指数法测定燃烧行为 第2部分:室温试验

GB/T 4132 绝热材料及相关术语

GB/T 5486 无机硬质绝热制品试验方法

GB/T 6342 泡沫塑料与橡胶 线性尺寸的测定

GB/T 6343 泡沫塑料及橡胶 表观(体积)密度的测定

GB 8624—2012 建筑材料及制品燃烧性能分级

GB/T 8627 建筑材料燃烧或分解的烟密度试验方法

GB/T 8810 硬质泡沫塑料吸水率的测定

GB/T 8811 硬质泡沫塑料 尺寸稳定性试验方法

GB/T 8812.1 硬质泡沫塑料 弯曲性能的测定 第1部分:基本弯曲试验

GB/T 8813 硬质泡沫塑料 压缩性能的测定

GB/T 10294 绝热材料稳态热阻及有关特性的测定 防护热板法

GB/T 10295 绝热材料稳态热阻及有关特性的测定 热流计法

GB/T 15048 硬质泡沫塑料压缩蠕变试验方法

GB/T 17146—1997 建筑材料水蒸气透过性能试验方法

GB 18580—2001 室内装饰装修材料 人造板及其制品中甲醛释放限量

JG 149 膨胀聚苯板薄抹灰外墙外保温系统

JG/T 159 外墙内保温板

3 术语和定义

GB/T 4132和GB 18580—2001界定的以及下列术语和定义适用于本文件。

3.1

硬质酚醛泡沫制品 rigid phenolic foam

PF

由苯酚和甲醛的缩聚物(如酚醛树脂)与固化剂、发泡剂、表面活性剂和填充剂等混合制成的多孔型硬质泡沫塑料。

4 分类和标记

4.1 分类

按制品的压缩强度和外形分为以下三类：

a) Ⅰ类——管材或异型构件，压缩强度不小于 0.10 MPa(用于管道、设备、通风管道等)；

b) Ⅱ类——板材，压缩强度不小于 0.10 MPa(用于墙体、空调风管、屋面、夹芯板等)；

c) Ⅲ类——板材、异型构件，压缩强度不小于 0.25 MPa(用于地板、屋面、管道支撑等)。

4.2 标记

除异型构件外，制品应按以下方式标记：产品名称-类-长度×宽度×厚度(内径×壁厚×长度)-执行标准号。其中产品名称可以 PF 表示，类型只需标注Ⅰ、Ⅱ、Ⅲ，长度、宽度和厚度(内径和壁厚)以 mm 为单位。

示例 1：内径为 60 mm、壁厚为 30 mm、长度为 1 000 mm 的管材制品可标记为："PF-Ⅰ-φ 60×30×1 000-GB/T 20974"。

示例 2：长度为 1 200 mm、宽度为 600 mm、厚度为 50 mm 的板材制品可标记为："PF-Ⅲ-1 200×600×50-GB/T 20974"。

5 要求

5.1 外观

制品外观应表面清洁，无明显收缩变形和膨胀变形，无明显分层、开裂，切口平直，切面整齐。

5.2 表观密度及其允许偏差

制品的表观密度由供需双方协商确定，表观密度允许偏差为标称值的±10%以内。

5.3 规格尺寸及尺寸允许偏差、对角线差允许值、平面度、直线度和垂直度

5.3.1 规格尺寸及尺寸允许偏差

制品的规格尺寸由供需双方协商确定。管材的尺寸允许偏差应符合表 1 的规定，板材的尺寸允许偏差应符合表 2 的规定，其他制品尺寸允许偏差由供需双方协商确定。

表 1 管材的尺寸允许偏差

单位为毫米

项目		允许偏差
长度 L		±5
内径 d	$d \leqslant 100$	$^{+2}_{0}$
	$100 < d \leqslant 300$	$^{+3}_{0}$
	$d > 300$	$^{+4}_{0}$
壁厚 t	$t \leqslant 50$	±2
	$t > 50$	±3

表 2 板材的尺寸允许偏差

单位为毫米

项目		允许偏差
长度 L	$L \leqslant 1\ 000$	±5
	$L > 1\ 000$	±7.5
宽度 W	$W \leqslant 600$	±3
	$W > 600$	±5
厚度 t	$t \leqslant 50$	±2
	$t > 50$	±3

5.3.2 对角线差允许值

长度不大于 1 000 mm 的板材对角线差允许值不大于 3 mm,长度大于 1 000 mm 的板材对角线差允许值不大于 5 mm。

5.3.3 平整度

板材的表面应平整,平整度不大于 2 mm/m。

5.3.4 直线度

板材侧边应平直,长度和宽度方向直线度不大于 3 mm/m。

5.3.5 垂直度

管材的端面垂直度不大于 5 mm。

5.4 燃烧性能

制品燃烧性能等级应符合 GB 8624—2012 中 B_1 级材料的要求,且氧指数不小于 38%,烟密度等级(SDR)不大于 10。

5.5 物理力学性能

制品的物理力学性能应符合表 3 的规定。

表 3 制品的物理力学性能

序号	项目		Ⅰ	Ⅱ	Ⅲ
1	压缩强度/MPa		≥0.10		≥0.25
2	弯曲断裂力/N		≥15		≥20
3	垂直于板面的拉伸强度/MPa [a]		—	≥0.08	—
4	压缩蠕变/%	80 ℃±2 ℃,20 kPa 荷载 48 h	—	—	≤3
5	尺寸稳定性/%	−40 ℃±2 ℃,7 d	≤2.0		
		70 ℃±2 ℃,7 d	≤2.0		
		130 ℃±2 ℃,7 d	≤3.0		

表 3（续）

<table>
<tr><th>序号</th><th colspan="2">项目</th><th>Ⅰ</th><th>Ⅱ</th><th>Ⅲ</th></tr>
<tr><td rowspan="2">6</td><td rowspan="2">导热系数 W/(m·K)</td><td>平均温度 10 ℃±2 ℃</td><td colspan="2">≤0.032</td><td>≤0.038</td></tr>
<tr><td>或平均温度 25 ℃±2 ℃</td><td colspan="2">≤0.034</td><td>≤0.040</td></tr>
<tr><td rowspan="2">7</td><td rowspan="2">透湿系数
ng/(Pa·s·m)</td><td rowspan="2">23 ℃±1 ℃，相对湿度 50%±2%</td><td rowspan="2">≤8.5</td><td>≤8.5</td><td rowspan="2">≤8.5</td></tr>
<tr><td>2.0～8.5 [a]</td></tr>
<tr><td>8</td><td colspan="2">体积吸水率(V/V)/%</td><td colspan="3">≤7.0</td></tr>
<tr><td>9</td><td colspan="2">甲醛释放量/(mg/L) [b]</td><td colspan="3">≤1.5</td></tr>
<tr><td colspan="6">[a] 用于墙体时。
[b] 用于有人长期居住室内时。</td></tr>
</table>

6 试验方法

6.1 通则

制品形状不能满足试验要求时可按同一配比同种工艺制作满足试验要求的试样。其中甲醛释放量测试样品有无覆层以产品实际使用状态为准，其他项目均对去除覆层去除自身结皮样品进行测试。试样状态调节以温度 23 ℃±2 ℃，相对湿度 50%±10%为标准环境，状态调节周期不少于 88 h。

6.2 外观

目测。

6.3 表观密度及其允许偏差

生产之日起 7 d 后按 GB/T 6343 进行。

6.4 规格尺寸及尺寸允许偏差、对角线差允许值、平面度、直线度和垂直度

生产之日起 7 d 后，尺寸允许偏差和对角线差允许值按 GB/T 6342 进行；平面度、直线度按 JG/T 159进行；垂直度按 GB/T 5486 进行。

6.5 燃烧性能

燃烧性能等级按 GB 8624—2012 规定的方法进行，氧指数按 GB/T 2406.2 进行，烟密度等级(SDR)按 GB/T 8627 进行。

6.6 压缩强度

按 GB/T 8813 进行。

6.7 弯曲断裂力

按 GB/T 8812.1 进行。

6.8 垂直于板面的拉伸强度

按 JG 149 进行。

6.9 压缩蠕变

按 GB/T 15048 进行。

6.10 尺寸稳定性

按 GB/T 8811 进行。

6.11 导热系数

生产之日起置于室温下 28 d 后按 GB/T 10294 或 GB/T 10295 进行,测试三个样品的平均值。仲裁时按 GB/T 10294 进行。

6.12 透湿系数

按 GB/T 17146—1997 中干燥剂法进行。

6.13 体积吸水率(V/V)

按 GB/T 8810 进行。

6.14 甲醛释放量

生产之日起 28 d 后按 GB 18580—2001 中 40 L 干燥器法进行。

7 检验规则

7.1 检验分类

检验分出厂检验和型式检验。

7.2 检验项目

7.2.1 出厂检验

出厂检验项目为外观、表观密度及其允许偏差、尺寸及其允许偏差、对角线差允许值、平面度、直线度、垂直度、压缩强度和垂直于板面的拉伸强度。

7.2.2 型式检验

型式检验项目为第 5 章全部要求,有下列情况之一时,应进行型式检验:

a) 新产品定型鉴定;
b) 正式生产后,原材料、工艺有较大改变,可能影响产品性能时;
c) 正常生产连续一年;
d) 停产 6 个月以上,恢复生产时。

7.3 组批和抽样

应在同一配比、同一工艺、同一规格、同一类型生产的产品中抽样。

外观、表观密度及其允许偏差、尺寸及其允许偏差、对角线差允许值、平面度、直线度和垂直度按表 4规定的抽样方案执行。

其他项目在以上项目检验合格批中进行抽样,以不超过 300 m^3 为一批且每天至少为一批随机抽样。

表 4 抽样及判定方案

批量范围（件）	样 本	样本大小	累计样本大小	判定	
				A_e	R_e
≤15	第一	2	2	0	2
	第二	2	4	1	2
16～25	第一	2	2	0	2
	第二	2	4	1	2
26～90	第一	3	3	0	2
	第二	3	6	1	2
91～150	第一	5	5	0	3
	第二	5	10	3	4
151～500	第一	8	8	1	3
	第二	8	16	4	5
501～1 200	第一	13	13	2	5
	第二	13	26	6	7
1 201～10 000	第一	20	20	3	6
	第二	20	40	9	10

注：A_e 表示接收数；R_e 表示拒收数。

7.4 判定

7.4.1 出厂检验

出厂检验项目全部符合要求该批产品合格，否则为不合格。其中外观、表观密度及其允许偏差、尺寸及其允许偏差、对角线差允许值、平面度、直线度和垂直度判定规则见表 4，接收质量限 AQL 为 10。

7.4.2 型式检验

型式检验结果全部符合第 5 章要求，该批产品合格，否则不合格。

8 标志、包装、运输和贮存

8.1 标志

产品的标志应清晰、易于识别，具有一定耐久性，并应至少包括以下内容：

a) 产品名称；
b) 执行标准号；
c) 生产企业名称、地址；
d) 生产日期或批号；
e) 产品的类型和规格(标记)；
f) 产品燃烧性能等级。

8.2 包装

产品的包装应能保护其内装产品不被损坏，包装材料可由供需双方协商。

8.3 运输和贮存

产品运输和贮存过程中应避免磕碰、重压，避免日晒和雨淋并远离火源。

附　录　A
（资料性附录）
使用注意事项

国外有资料显示，某些酚醛泡沫在有液态水的环境下长期与未做表面处理的金属直接接触可能会对金属表面有影响，使用本产品时可要求供方提供技术指导。

ICS 91.120.10
Q 25

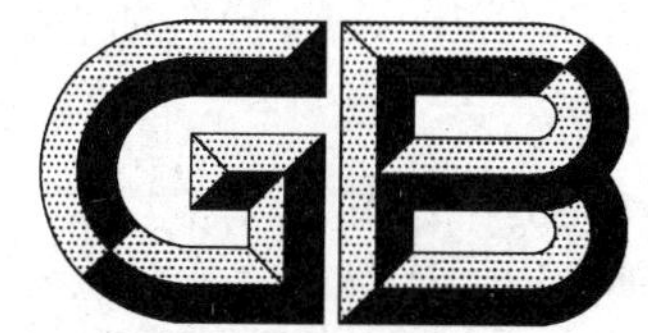

中华人民共和国国家标准

GB/T 23932—2009

建筑用金属面绝热夹芯板

Double skin metal faced insulating panels for building

2009-06-09 发布　　2010-02-01 实施

中华人民共和国国家质量监督检验检疫总局
中国国家标准化管理委员会　发布

前　言

请注意本标准的某些内容有可能涉及专利。本标准的发布机构不应承担识别这些专利的责任。

本标准与 EN 14509：2006《工厂生产的自支撑双金属面绝热夹芯板》的一致程度为非等效。

本标准的附录 A 为资料性附录。

本标准由中国建筑材料联合会提出。

本标准由全国绝热材料标准化技术委员会(SAC/TC 191)归口。

本标准负责起草单位：中国绝热隔音材料协会、建筑材料工业技术监督研究中心、国家建筑材料测试中心、中冶集团建筑研究总院。

本标准参加起草单位：深圳赤晓建筑科技有限公司、欧文斯科宁(中国)投资有限公司、哈尔滨工业大学深圳研究生院、北京市北泡轻钢建材有限公司、上海永明机械制造有限公司、诺派建筑材料(上海)有限公司、浙江精功科技股份有限公司、北京多维联合轻钢板材(集团)有限公司、广州番禺广厦新型建材有限公司、山东汇金彩钢有限公司、西斯尔(广州)建材有限公司、上海新昕板材有限公司、上海顺宇彩钢结构制作有限公司、河南天丰节能板材有限公司、成都瀚江新型建筑材料有限公司、烟台万华聚氨酯股份有限公司。

本标准主要起草人：胡小媛、杨斌、张德信、刘海波、仇沱、谢如荣、查晓雄、高凯良。

本标准首次发布。

自本标准实施之日起，JC 689—1998《金属面聚苯乙烯夹芯板》、JC/T 868—2000《金属面硬质聚氨酯夹芯板》、JC/T 869—2000《金属面岩棉、矿渣棉夹芯板》废止。

建筑用金属面绝热夹芯板

1 范围

本标准规定了建筑用金属面绝热夹芯板(以下简称“夹芯板”)的术语和定义、分类与标记、要求、试验方法、检验规则、包装、运输与贮存。

本标准适用于工厂化生产的工业与民用建筑外墙、隔墙、屋面、天花板的夹芯板。其他夹芯板也可参照本标准使用。

2 规范性引用文件

下列文件中的条款通过本标准的引用而成为本标准的条款。凡是注日期的引用文件,其随后所有的修改单(不包括勘误的内容)或修订版均不适用于本标准,然而,鼓励根据本标准达成协议的各方研究是否可使用这些文件的最新版本。凡是不注日期的引用文件,其最新版本适用于本标准。

GB/T 4132 绝热材料及相关术语

GB 8624—2006 建筑材料及制品燃烧性能分级

GB/T 9978.1—2008 建筑构件耐火试验方法 第1部分:通用要求

GB/T 10801.1 绝热用模塑聚苯乙烯泡沫塑料

GB/T 10801.2 绝热用挤塑聚苯乙烯泡沫塑料(XPS)

GB/T 11835 绝热用岩棉、矿渣棉及其制品

GB/T 12754 彩色涂层钢板及钢带

GB/T 12755 建筑用压型钢板

GB/T 13350 绝热用玻璃棉及其制品

GB/T 13475 绝热 稳态传热性质的测定 标定和防护热箱法

GB/T 21558 建筑绝热用硬质聚氨酯泡沫塑料

3 术语和定义

GB/T 4132 确立的以及下列术语和定义适用于本标准。

3.1

夹芯板 sandwich panel

由双金属面和粘结于两金属面之间的绝热芯材组成的自支撑的复合板材。

3.2

金属面聚苯乙烯夹芯板 moulded polystyrene foam board (EPS) or rigid extruded polystyrene foam board (XPS) sandwich panel

以聚苯乙烯泡沫塑料为芯材的夹芯板制品。

3.3

金属面硬质聚氨酯夹芯板 rigid polyurethene foam (PUR or PIR) sandwich panel

以硬质聚氨酯泡沫塑料为芯材的夹芯板制品。

3.4

金属面岩棉、矿渣棉夹芯板 rock wool (RW) or slag wool (SW) sandwich panel

以岩棉带或矿渣棉带为芯材的夹芯板制品。

3.5

金属面玻璃棉夹芯板　glass wool (GW) sandwich panel

以玻璃棉带为芯材的夹芯板制品。

4　分类与标记

4.1　分类

4.1.1　产品按芯材分为：聚苯乙烯夹芯板、硬质聚氨酯夹芯板、岩棉、矿渣棉夹芯板、玻璃棉夹芯板四类。

4.1.2　按用途分为：墙板、屋面板二类。

4.2　标记与示例

产品应按以下方式进行标记：

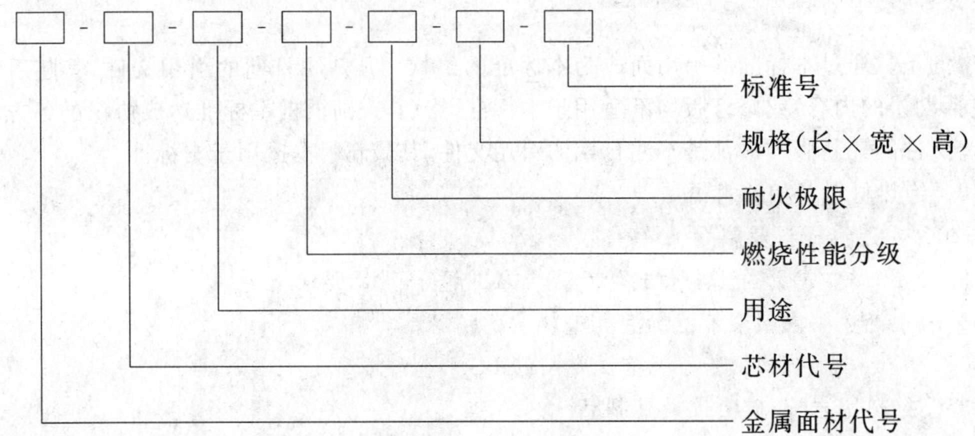

其中：

S——彩色涂层钢板；

EPS——模塑聚苯乙烯泡沫塑料；

XPS——挤塑聚苯乙烯泡沫塑料；

PU——硬质聚氨酯泡沫塑料；

RW——岩棉；

SW——矿渣棉；

GW——玻璃棉；

W——墙板；

R——屋面板。

长度、宽度和厚度以 mm 为单位，其中夹芯板的厚度以最薄处为准。耐火极限以 min 为单位。

示例：长度为 4 000 mm、宽度为 1 000 mm、厚度为 50 mm，燃烧性能分级为 A2 级，耐火极限为 60 min 的用作墙板的岩棉夹芯板可标记为：

S-RW-W- A2-60-4 000×1 000×50-GB/T 23932—2009

5　原材料

5.1　金属面材

5.1.1　彩色涂层钢板

彩色涂层钢板应符合 GB/T 12754，其中基板公称厚度不得小于 0.5 mm。

5.1.2　压型钢板

应符合 GB/T 12755 的要求，其中板的公称厚度不得小于 0.5 mm。

5.1.3 其他金属面材应符合相关标准的规定。

5.2 芯材

5.2.1 聚苯乙烯泡沫塑料

EPS应符合GB/T 10801.1的规定，其中EPS为阻燃型，并且密度不得小于18 kg/m^3，导热系数不得大于0.038 W/(m·K)；XPS应符合GB/T 10801.2的规定。

5.2.2 硬质聚氨酯泡沫塑料

应符合GB/T 21558的规定，其中物理力学性能应符合类型Ⅱ的规定，并且密度不得小于38 kg/m^3。

5.2.3 岩棉、矿渣棉

除热荷重收缩温度外，应符合GB/T 11835的规定，密度应大于等于100 kg/m^3。

5.2.4 玻璃棉

除热荷重收缩温度外，应符合GB/T 13350的规定，并且密度不得小于64 kg/m^3。

5.3 粘结剂

粘结剂应符合相关标准的规定。

6 要求

6.1 外观质量

应符合表1规定。

表1 外观质量

项目	要求
板面	板面平整；无明显凹凸、翘曲、变形；表面清洁、色泽均匀；无胶痕、油污；无明显划痕、磕碰、伤痕等。
切口	切口平直、切面整齐、无毛刺、面材与芯材之间粘结牢固、芯材密实。
芯板	芯板切面应整齐，无大块剥落，块与块之间接缝无明显间隙。

6.2 规格尺寸和允许偏差

6.2.1 规格尺寸

产品主要规格尺寸见表2。

表2 规格尺寸

单位为毫米

项目	聚苯乙烯夹芯板		硬质聚氨酯夹芯板	岩棉、矿渣棉夹芯板	玻璃棉夹芯板
	EPS	XPS			
厚度	50	50	50	50	50
	75	75	75	80	80
	100	100	100	100	100
	150			120	120
	200			150	150
宽度	900～1 200				
长度	≤12 000				
注：其他规格由供需双方商定。					

6.2.2 尺寸允许偏差

应符合表3的规定。

表 3 尺寸允许值

项目		尺寸/mm	允许偏差
厚度		≤100	±2 mm
		>100	±2%
宽度		900～1 200	±2 mm
长度		≤3 000	±5 mm
		>3 000	±10 mm
对角线差	长度	≤3 000	≤4 mm
	长度	>3 000	≤6 mm

6.3 物理性能

6.3.1 传热系数

应符合表 4 的规定。

表 4 传热系数

名　　称		标称厚度/mm	传热系数 U/[W/(m^2·K)] ≤
聚苯乙烯夹芯板	EPS	50	0.68
		75	0.47
		100	0.36
		150	0.24
		200	0.18
	XPS	50	0.63
		75	0.44
		100	0.33
硬质聚氨酯夹芯板	PU	50	0.45
		75	0.30
		100	0.23
岩棉、矿渣棉夹芯板	RW/SW	50	0.85
		80	0.56
		100	0.46
		120	0.38
		150	0.31
玻璃棉夹芯板	GW	50	0.90
		80	0.59
		100	0.48
		120	0.41
		150	0.33
注：其他规格可由供需双方商定，其传热系数指标按标称厚度以内差法确定。			

6.3.2 粘结性能

6.3.2.1 粘结强度

应符合表5规定。

表5 粘结强度

单位为兆帕

类别	聚苯乙烯夹芯板		硬质聚氨酯夹芯板	岩棉、矿渣棉夹芯板	玻璃棉夹芯板
	EPS	XPS			
粘结强度 ≥	0.10	0.10	0.10	0.06	0.03

6.3.2.2 剥离性能

粘结在金属面材上的芯材应均匀分布，并且每个剥离面的粘结面积应不小于85%。

6.3.3 抗弯承载力

夹芯板为屋面板时，夹芯板挠度为 $L_0/200$（L_0 为 3 500 mm）时，均布荷载应不小于 0.5 kN/m^2；夹芯板为墙板时，夹芯板挠度为 $L_0/150$（L_0 为 3 500 mm）时，均布荷载应不小于 0.5 kN/m^2。

当有下列情况之一者时，应符合相关结构设计规范的规定：

a) L_0 大于 3 500 mm；

b) 屋面坡度小于 1/20；

c) 夹芯板作为承重结构件使用时。

附录A可作为挠度设计的参考。

6.4 防火性能

6.4.1 燃烧性能

燃烧性能按照GB 8624—2006分级。

6.4.2 耐火极限

岩棉、矿渣棉夹芯板，当夹芯板厚度小于等于80 mm时，耐火极限应大于等于30 min，当夹芯板厚度大于80 mm时，耐火极限应大于等于60 min。

7 试验方法

7.1 外观质量

在光线明亮的情况下，距试件1.0 m处对其进行目测检查，记录观察到的缺陷。

7.2 尺寸和允许偏差

7.2.1 规格尺寸

7.2.1.1 量具

7.2.1.1.1 钢卷尺 精度1 mm；

7.2.1.1.2 钢直尺 精度0.5 mm；

7.2.1.1.3 游标卡尺 精度0.05 mm；

7.2.1.1.4 外卡钳 精度0.02 mm。

7.2.1.2 试件

在放置至少24 h的产品中抽取试件。

7.2.1.3 试验步骤

将试件放置在至少有三个相等间距，具有硬质平滑表面的支撑物上。按图1所示在距板边100 mm处，和板宽度（长度）方向中间处用钢卷尺测量其长度、宽度。取3个测量值的算术平均值为测定结果，修约至1 mm。

单位为毫米

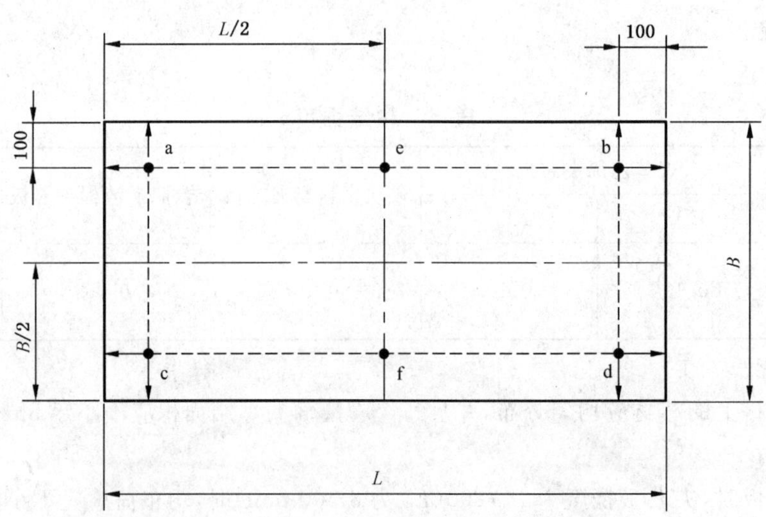

图 1　长度(*L*)、宽度(*B*)、厚度测量位置

按图 1 所示，在 a、b、c、d、e、f 点，用钢直尺和外卡钳配合或用游标卡尺测量其厚度。取 6 个测量值的算术平均值为测定结果，修约至 1 mm。

如果试件表面为压型钢板，测量应在厚度最薄处分别进行，记录应指明测量位置。

7.2.2　**对角线差**

用钢卷尺测量两条对角线长度，取其差值为测定结果，修约至 1 mm。

7.3　**物理性能**

7.3.1　**传热系数**

按 GB/T 13475 的规定进行。

7.3.2　**粘结强度**

7.3.2.1　**试验机**

量程 10 kN；测量精度 1 级。

7.3.2.2　**试件**

在对角线上距板端 100 mm 处及中间等距离切取 200 mm×200 mm 试件三块。

当压型板波谷宽度小于 200 mm 时，按实际宽度取样。

7.3.2.3　**试验步骤**

按图 2，将平钢板粘结到试件两面的面材上，并使试件中心轴和固定金属块的中心轴线重合。把试验装置放到试验机上，以(1.0±0.5)mm/min 的速度拉伸，记录最大荷载。当破坏位于芯材，应注明芯材破坏。读数精确至 10 N。

7.3.2.4　**试验结果计算**

每块试件粘结强度按式(1)计算：

$$A = \frac{P}{L \cdot W} \qquad \cdots\cdots(1)$$

式中：

A——粘结强度，单位为兆帕(MPa)；

P——试件面材与芯材脱离时最大荷载，单位为牛顿(N)；

L——试件长度，单位为毫米(mm)；

W——试件宽度，单位为毫米(mm)。

单位为毫米

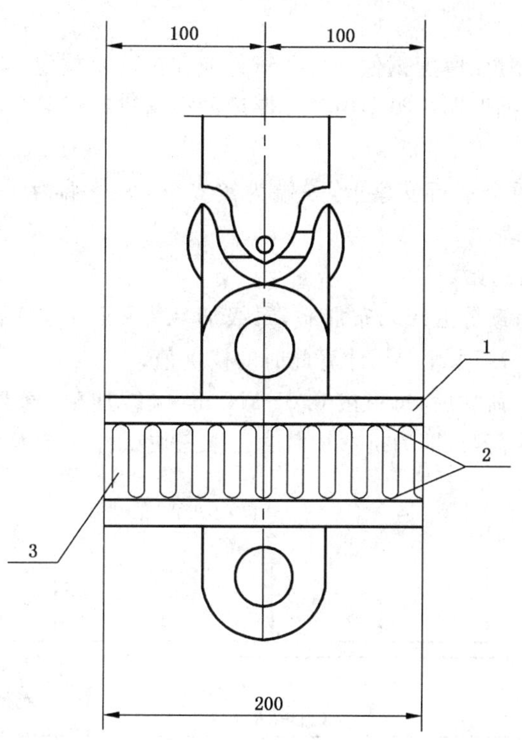

1——平钢板；

2——粘结剂结合处；

3——试件。

图 2 粘结强度测定装置示意图

取三块试件试验结果的算术平均值为测定结果，修约至 0.01 MPa。

7.3.3 剥离性能

7.3.3.1 试件

沿板材长度方向取三块试件，试件尺寸为：200 mm×原板宽×原板厚。

7.3.3.2 试验步骤

试件应在切取 1 h 后进行试验，分别将试件的上、下表面的面材与芯材用力撕开，用钢直尺测量未粘结部分的面积，直径小于 5 mm 的面积不进行测量。

7.3.3.3 试验结果计算

粘结面积与剥离面积的比值按式(2)计算：

$$S=\frac{F-\sum_{i=1}^{n}F_i}{F}\times 100 \qquad \cdots\cdots(2)$$

式中：

S——粘结面积与剥离面积的比值(%)；

F——每个剥离面的面积，单位为平方毫米(mm^2)；

F_i——每一块未粘结的面积，单位为平方毫米(mm^2)；

$\sum_{i=1}^{n}F_i$——未粘结面积之和，单位为平方毫米(mm^2)。

取三块试件试验结果的算术平均值为测定结果，修约至 1%。

压型板按实际粘结面积计算。

7.3.4 **抗弯承载力**

7.3.4.1 **试件**

取长度为 3 700 mm,原宽度、厚度试件三块。试件应在试验室放置 24 h 后进行试验。

若夹芯板厚度不同,则应抽取同一类型中最小厚度的板材进行试验。

7.3.4.2 **试验步骤**

7.3.4.2.1 将试件简支在两个平行支座上,一端为铰支座,另一端为滚动支座。支座中心距板端为 100 mm。按图 3 所示安装仪表;

7.3.4.2.2 空载 2 min,记录初始数读;

7.3.4.2.3 将 0.5 kN/m² 荷载分五级均布加载,每级加 0.1 kN/m²,静置 10 min 后记录中间的位移量及支座的下沉量,一直加至 0.5 kN/m²,计算此时的挠度值;

7.3.4.2.4 超过 0.5 kN/m² 荷载后,每级按 0.05 kN/m² 继续加载,直至挠度达到 $L_0/200$(屋面板),或 $L_0/150$(墙板),记录此时的荷载,即为抗弯承载力。取三块试件的算术平均值作为测定结果,修约至 0.01 kN/m²。

单位为毫米

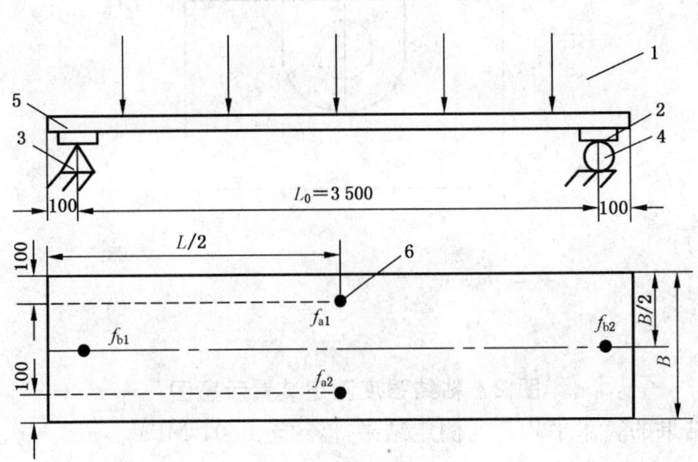

1——均布荷载;

2——支座承压板(宽 100 mm,厚 6 mm～15 mm 钢板);

3——铰支座;

4——滚动支座;

5——试件;

6——百分表 f_{a1},f_{a2},f_{b1},f_{b2}。

图 3 均布承载力法测定试件抗弯承载力与挠度示意图

7.3.4.3 **试验结果计算**

挠度按式(3)计算:

$$a = f_a - f_b \qquad \cdots\cdots(3)$$

式中:

a——试件的挠度,单位为毫米(mm);

f_a——抗弯承载力试验时,试件跨中的平均位移量,$f_a=\frac{f_{a1}+f_{a2}}{2}$,单位为毫米(mm);

f_{a1},f_{a2}——抗弯承载力试验时,试件中间两点的位移量,单位为毫米(mm);

f_b——抗弯承载力试验时,支座的平均下沉量,$f_b=\frac{f_{b1}+f_{b2}}{2}$,单位为毫米(mm);

f_{b1},f_{b2}——抗弯承载力试验时,两个支座的下沉量,单位为毫米(mm)。

7.4 防火性能

7.4.1 燃烧性能

按照 GB 8624—2006 进行分级。

7.4.2 耐火极限

按照 GB/T 9978.1—2008 进行。

8 检验规则

8.1 检验分类

出厂检验与型式检验。

8.2 出厂检验

产品出厂时必须进行出厂检验,检验项目包括外观、尺寸偏差、剥离性能、抗弯承载力。

8.3 型式检验

型式检验项目包括技术要求中的全部项目。有下列情况之一时,应进行型式检验:

a) 新产品投产、定型鉴定时;

b) 正常生产时,每一年进行一次;防火性能试验每两年进行一次;

c) 原材料、工艺等发生较大变动时;

d) 停产半年以上,恢复生产时;

e) 出厂检验结果与上次型式检验结果有较大差异时。

8.4 组批与抽样

8.4.1 组批

以同一原材料、同一生产工艺、同一厚度,稳定连续生产的产品为一个检验批。

8.4.2 抽样

8.4.2.1 外观与尺寸偏差按表 6 抽样。

表 6 外观与尺寸偏差抽样方案

批量 N/块	样本/次	样本大小		合格判定数		不合格判定数	
		第一次	第二次	Ac_1	Ac_2	Re_1	Re_2
≤50	1	2		0		2	
	2		2		1		2
51~90	1	3		0		2	
	2		3		1		2
91~150	1	5		0		2	
	2		5		1		2
151~280	1	8		0		2	
	2		8		1		2
281~500	1	13		0		3	
	2		13		3		4
501~1 200	1	20		1		3	
	2		20		4		5

表6(续)

批量 N/块	样本/次	样本大小		合格判定数		不合格判定数	
		第一次	第二次	Ac_1	Ac_2	Re_1	Re_2
1 201~3 200	1	32		2		5	
	2		32		6		7
3 201~10 000	1	50		3		6	
	2		50		9		10
试件应从生产后放置24 h后的检验批量中随机抽取。							

8.4.2.2 物理性能从外观与尺寸偏差检验合格的试件中分别抽取。

8.4.2.3 抗弯承载力的试件应从同一原材料、同一生产工艺、不同规格的产品中抽取其厚度最小的产品进行试验。

8.5 **判定规则**

8.5.1 **外观与尺寸偏差**

若检验结果外观质量与尺寸偏差均符合6.1、6.2规定,则判定该试件合格;若有一项不符合标准,则判定该试件不合格。

若一个检验批的样本中,不合格试件数不超过Ac_1,则判该批产品外观与尺寸偏差合格;如不合格试件数等于大于Re_1,则判该批产品外观与尺寸偏差不合格。

若样本中不合格试件数大于Ac_1,小于Re_1,则抽取第二样本再检验。若检验结果累计不合格试件数小于、等于Ac_2、则判该批产品外观与尺寸偏差合格;若等于大于Re_2,则判该批产品外观与尺寸偏差不合格。

8.5.2 **物理性能**

8.5.2.1 试验结果均符合6.3的规定,则判该批产品物理性能合格,否则判为不合格。

8.5.2.2 同一类型的板材中,抗弯承载力的试验结果适用于大于等于所测厚度的产品。

8.5.3 **总判定**

若要求的试验结果均符合第6章的规定,则判该批产品合格。

9 标志、包装、运输与贮存

9.1 标志

应包括以下内容:

a) 产品名称、商标;

b) 生产企业名称、地址、邮编、电话;

c) 生产日期或批号;

d) 产品标记;

e) 彩色涂层钢板厚度、芯材密度;

f) “注意防潮”、“防火”指示标记。

9.2 包装

9.2.1 散装按板长分类,角铁护边,用绳固定。

9.2.2 箱装用型钢及金属薄板或木板等材料作包装箱。

9.2.3 包装箱高度不宜超过2.0 m。

9.2.4 夹芯板之间宜衬垫聚乙烯膜或牛皮纸隔离,外表面宜覆保护膜。

9.3 运输

9.3.1 产品可用汽车、火车、船舶或集装箱运输,汽车可以散装运输,其他运输工具应箱装或捆装运输。

9.3.2 运输过程中,应注意防水,避免受压或机械损伤,严禁烟火。

9.4 贮存

9.4.1 应在干燥、通风的仓库内贮存。露天贮存,需采取防雨措施。

9.4.2 贮存场地应坚实、平整、散装堆放高度不宜超过 2.0 m。堆底应用垫木或泡沫板铺垫,垫木间距不大于 2.0 m。

9.4.3 贮存时远离热源、火源,不得与化学药品接触。

附 录 A
（资料性附录）
均布面荷载作用下简支板的跨中挠度计算公式

A.1 均布面荷载作用下单跨简支板的跨中挠度计算公式

$$f=\frac{5pWL_0^4}{384EI}+\frac{K\beta pWL_0^2}{8GA}=\left(6.2\times10^{-8}\frac{L_0^2}{I}+1.5\times10^{-1}\frac{\beta}{GA}\right)pWL_0^2 \quad \cdots\cdots(\text{A.1})$$

$$\beta=R_1\left(\frac{D}{100}\right)^2+R_2\frac{D}{100}+R_3\cdot d+R_4 \quad \cdots\cdots(\text{A.2})$$

式中：

f——正常使用阶段的挠度，单位为毫米(mm)；

p——板面荷载标准值；单位为兆牛每平方米(MN/m^2)；

W——夹芯板宽度；单位为毫米(mm)；

L_0——夹芯板跨度；单位为毫米(mm)；

E——金属面材的弹性模量；按 2.10×10^5 MPa；

I——上下金属面对中和轴的惯性矩；单位为毫米^4(mm^4)；可通过力学计算或其他如CAD方法精确得到，也可通过下面给出的一种近似方法中公式(A.2)近似计算；

K——剪应力不均匀系数，对于常见板型取 6/5；

β——剪力分配系数(指夹芯材料承担剪力占总剪力的百分比)，计算参见公式(A.2)；

d——钢板厚度，单位为毫米(mm)，对于上下钢板不一样厚取平均值；

R_1、R_2、R_3、R_4——系数，取值参看表 A.1；

G——芯材的剪切模量，取值参看表 A.2；单位 MPa；

A——芯材的截面面积；单位为平方毫米(mm^2)；可以近似按 $A=W(D+\Delta h)$，D 为芯材厚度，单位为毫米(mm)；Δh 为屋面板上钢板形心轴到底面位置距离，单位为毫米(mm)。其常见屋面板型 Δh 可保守取值为 8.057 5 mm，见图 A.1。

表 A.1 系数 R_1、R_2、R_3、R_4 取值表

板型	R_1	R_2	R_3	R_4	
				聚苯乙烯、聚氨酯	岩棉、矿渣棉、玻璃棉
墙面板	0.08	0.021	−0.08	0.72	0.63
屋面板	−0.20	0.670	−0.20	0.25	0.22

表 A.2 芯材的剪切模量 G 取值表

芯材	剪切模量/MPa	芯材	剪切模量/MPa
聚氨酯	$1.725\times(\rho/38)^2$	岩棉、矿渣棉	$1.294\times\rho/100$
聚苯乙烯	$2.07\times(\rho/17.8)^2$	玻璃棉	$2.682\times\rho/100$
注：其中 ρ 为芯材密度，单位为千克每立方米(kg/m^3)。			

上下钢板对夹芯板中和轴惯性矩的近似计算公式：

$$I=\frac{A_u A_d}{A_u+A_d}(D+\Delta h)^2 \quad \cdots\cdots(\text{A.3})$$

式中：

I——上下金属面对中和轴的惯性矩；单位为四次方毫米(mm^4)；

A_u——上钢板的截面面积,单位为平方毫米(mm^2);

A_d——下钢板的截面面积,单位为平方毫米(mm^2);

D——夹芯板厚度,单位为毫米(mm);

Δh——屋面板上钢板形心轴到底面位置距离,单位为毫米(mm);其常见屋面板型可取值为 8.057 5 mm,见图 A.1。

单位为毫米

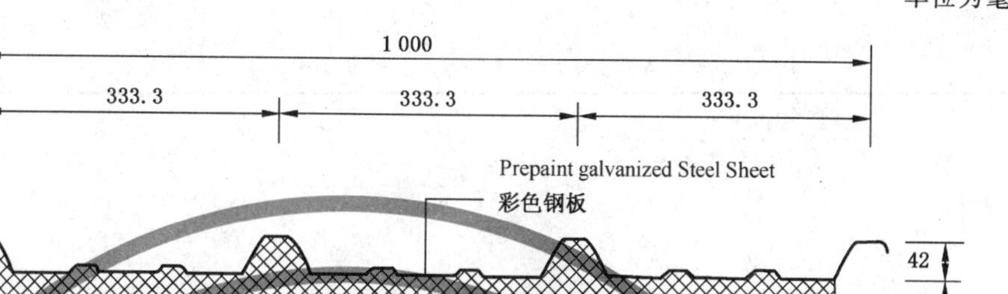

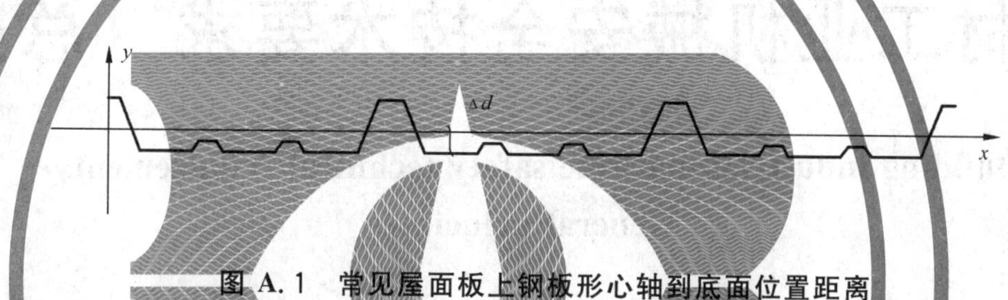

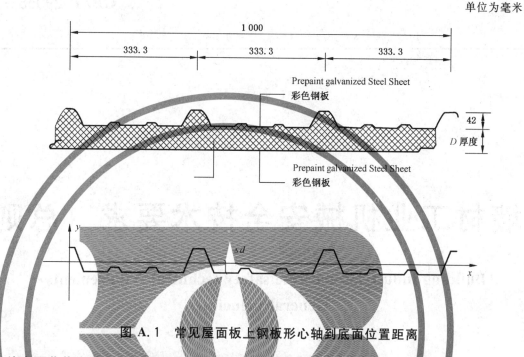

图 A.1 常见屋面板上钢板形心轴到底面位置距离

A.2 均布面荷载作用下单跨简支板的抗弯承载力计算公式

夹芯板的抗弯承载力主要由正常使用状态时变形控制,当受均布面荷载作用时,单跨夹芯板的抗弯承载力可按式(A.4)计算:

$$p=\frac{f}{\frac{5WL_0^4}{384EI}+\frac{K\beta WL_0^2}{8GA}}=\frac{f}{\left(6.4\times10^{-11}\frac{L_0^2}{I}+1.5\times10^{-4}\frac{\beta}{GA}\right)WL_0} \qquad \text{(A.4)}$$

式中各参数的意义及取值同公式(A.1)。

A.3 均布面荷载作用下多跨板的抗弯承载力计算

由于夹芯板承载力受变形共同控制,且剪切变形较大,而多跨板中间支座处承受剪力和弯矩都最大,在荷载早期板跨中挠度很小时就发生破坏,多跨板转变成多个按单跨板,故其最终抗弯承载力可以按均布面荷载作用下单跨简支板抗弯承载力公式(A.4)计算,大量的试验结果证明计算结果偏于安全。

ICS 91.100.01
Q 09

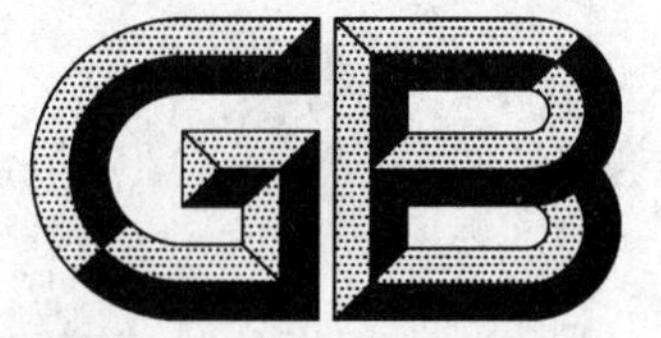

中华人民共和国国家标准

GB/T 29058—2012

墙材工业机械安全技术要求　总则

Building industrial machine safety technical requirements—General principles

2012-12-31 发布　　　　2013-09-01 实施

中华人民共和国国家质量监督检验检疫总局
中国国家标准化管理委员会　发布

前　言

本标准按照 GB/T 1.1—2009 给出的规则起草。

本标准由中国建筑材料联合会提出。

本标准由全国建材装备标准化技术委员会(SAC/TC 465)归口。

本标准负责起草单位:中国建材机械工业协会、双鸭山东方墙材集团有限公司。

本标准参加起草单位:福建海源自动化机械股份有限公司、马鞍山科达机电有限公司、陕西皇城玉全机械制造(集团)有限公司、陕西宝深机械(集团)有限公司、洛阳中冶重工机械有限公司。

本标准主要起草人:汪佳、王玉敏、康北灵、贾相福、李良光、唐娟、程玉全、林永淳、张亚楠。

引　言

为了加强墙材工业机械的设计、制造、安装、使用以及维护人员正确执行和掌握安全技术的各项要求，制定本标准。鉴于目前的技术水平，本标准尚不能对一些特殊安全技术进行要求，这些要求通常是由制造商在使用说明书中加以说明或规定。

本标准涉及的是墙材工业机械安全基本要求。

本标准涉及的安全与 GB/T 15706 一致。

关于通用机械、电气、液压和其他设备的安全，不包括在本标准中。

墙材工业机械安全技术要求　总则

1　范围

本标准规定了墙材工业机械在设计、制造、安装、使用、维护等方面安全技术要求的总则。

本标准适用于墙材工业机械(以下简称机械)。

2　规范性引用文件

下列文件对于本文件的应用是必不可少的。凡是注日期的引用文件,仅注日期的版本适用于本文件。凡是不注日期的引用文件,其最新版本(包括所有的修改单)适用于本文件。

GB/T 191—2008　包装储运图示标志

GB 2894—2008　安全标志及其使用导则

GB/T 3766—2001　液压系统通用技术条件

GB 4053.1—2009　固定式钢梯及平台安全要求　第1部分:钢直梯

GB 4053.2—2009　固定式钢梯及平台安全要求　第2部分:钢斜梯

GB 4053.3—2009　固定式钢梯及平台安全要求　第3部分:工业防护栏杆及钢平台

GB 5226.1—2008　机械电气安全　机械电器设备　第1部分:通用技术条件

GB/T 5817—2009　粉尘作业场所危害程度分级

GB/T 7932—2003　气动系统通用技术条件

GB 9078—1996　工业炉窑大气污染物排放标准

GB/T 9969—2008　工业产品使用说明书　总则

GB 12265.3—1997　机械安全　避免人体各部位挤压的最小间距

GB/T 13306　标牌

GB/T 13325—1991　机械和设备辐射的噪声　操作者位置噪声测量的基本准则(工程级)

GB/T 15706.1—2007　机械安全　基本概念与设计通则　第1部分:基本术语和方法

GB/T 15706.2—2007　机械安全　基本概念与设计通则　第2部分:技术原则

GB 16754—2008　机械安全　急停　设计原则

GB/T 16855.1—2008　机械安全　控制系统有关安全部件　第1部分:设计通则

GB/T 17248.3—1999　声学　机器和设备发射的噪声　工作位置和其他指定位置发射声压级的测量　现场简易法

GB 19517—2009　国家电气设备安全技术规范

GB 23821—2009　机械安全　防止上下肢触及危险区的安全距离

3　术语和定义

GB/T 15706.1—2007中界定的术语和定义适用于本文件。

4 安全要求

4.1 一般安全要求

4.1.1 机械在正常工作条件下应具有足够的强度、刚度、稳定性和可靠性;在机械寿命期内,应避免运输、安装、调试、使用、维护过程中可能产生的各种危险(见表1);技术设计中实现安全的技术原则应符合GB/T 15706.2—2007的规定。

表1 机械寿命期内可能产生的各种危险

序号	危险	序号	危险
1	挤压、缠绕	13	误启动设备,对设备内检修人员的危害
2	剪切、拉断、切割或切断	14	人员从高空平台或梯子上跌落
3	碎裂、崩断、飞溅	15	人员跌落、误落设备地坑或料坑或滑倒、绊倒
4	运动部件无防护装置	16	手动操纵杆、手球断裂、破碎对操作人员的危害
5	元件、物料抛出,或高空落料	17	火灾或爆炸、烧伤或烫伤
6	急停或安全装置失灵	18	设备倾倒、安装松动
7	漏电现象	19	噪声对人体的危害
8	机械、电气失灵或误动作	20	震动对人体的危害
9	自动控制元器件或仪表失灵	21	有害气体、烟雾、粉尘对人体的危害
10	液压或压力突然上升或下降	22	安装错误
11	电气设备忽略防护	23	照明不足
12	高压流体喷射	24	温度对健康的危害

4.1.2 电气设备的设计规范应符合GB 19517—2009的规定。

4.1.3 设计机械时需考虑的危险和减少风险的策略应符合GB/T 15706.1—2007的要求。

4.1.4 机械应按人机工程学原理设计,从而减轻劳动强度,降低操作者疲劳。

4.1.5 锐边、尖角和凸出部位的设计应符合GB/T 15706.2—2007的要求。

4.1.6 危险部位和有冷热表面接触危险的部位,应设置永久的安全警告标志和安全防护装置。

4.1.7 液压系统、气动系统的输送管、管接头应有足够的耐压强度,高压系统软管应标明许用压力。在操作位置附近的液压系统、气动系统应设置安全防护装置。

4.1.8 机械的周围应留有符合规定的操作和维修空间与进入操作和维修位置的安全通道。

4.1.9 操作者工作时,根据工作需要应佩戴安全防护用具及其他人身安全防护装置。

4.1.10 在高温、高寒、高噪音、高粉尘的特殊工作环境下,对操作人员应有相应的防护措施。

4.1.11 在原料库、原料堆、原料坑边缘和原料输送机械上应设置防止人员误落、误入的防护装置和警示标志。

4.1.12 机械的包装、储运图示标志应符合GB/T 191—2008的规定。

4.2 操作位置的安全要求

4.2.1 操作位置周围环境应对人员没有危险和伤害。

4.2.2 对进出料、输送、翻转等过程应采取必要的防护措施,预防物料对操作位置及设备产生危险。

4.2.3 操作位置应有良好的通道及可视性,确保对操作人员不构成危险。

4.2.4 操作者或其他人员临时进入设备内部时，在启动或关闭设备处应设有警示标志或采取其他防止误启动、误关闭措施。

4.2.5 设备的工作平台应安装安全防护栏，以防人员跌落、滑倒。

4.2.6 机械和设备辐射的噪声，主操作室噪音不得超过 85 dB(A)，操作人员耳旁噪音不得超 82 dB(A)，否则应采取隔音措施。操作者位置噪声测量的基本准则应符合 GB/T 13325—1991 的规定；工作位置和其他指定位置噪声的测量应符合 GB/T 17248.3—1999 的规定。

4.2.7 主操作室的粉尘浓度应小于 2 mg/m^3。

4.2.8 生产性粉尘的危害程度不得超过 GB/T 5817—2009 的规定。

4.2.9 窑炉排放的大气污染物不得超过 GB 9078—1996 的规定。

4.2.10 操作室的照度不应低于 100 lx。

4.2.11 操作位置附近不应有易燃、易爆物品。

4.3 控制系统安全要求

4.3.1 机械的控制系统安全设计应符合 GB/T 16855.1—2008 的要求。

4.3.2 机械的操作应安全、快捷、可靠，其设置配置和标志应符合 GB/T 15706.2—2007 的要求。

4.3.3 每台设备都应设总停止开关，每个操作位置都应设置符合 GB 16754—2008 要求的紧急停止装置，防止突发事件引发的危险。急停装置及标志应符合 GB 16754—2008 中 4.4.4、4.4.5 的规定。

4.3.4 动力中断、重启或液压、气动系统压力下降时，应有保护装置和保护措施，以免发生危险。

4.3.5 系统发生紧急情况时，应有报警系统，报警信号应能方便发出和接收。

4.3.6 所有控制系统的急停与安全装置应定期按其功能进行检查。

4.3.7 光电传感器应在使用说明书注明的条件和环境下使用，并经常进行清洁，保证控制程序准确无误、灵敏可靠。其安装部位应有安全“警告”标志和“注意”标志。

4.3.8 使用多台设备联合完成工序过程时，应设置中央控制台进行集中控制。中央控制台应设置声、光信号显示单机启动和停机情况以及事故开关动作情况的安全装置。

4.4 运动部件防护安全要求

4.4.1 机械运动部件设计时应避免表 1 中所描述的危险，使人员少在危险区域内进行人工作业。

4.4.2 对于人员可触及范围内的旋转、挤压和传动部件，应配置防护装置。防护装置应符合 GB/T 15706.2—2007的规定。

4.4.3 防护装置外缘距离危险区的安全距离：

a) 防止上下肢触及危险区的安全距离应符合 GB 23821—2009 的规定；

b) 避免人体各部位挤压的最小间距应符合 GB 12265.3—1997 的规定。

4.4.4 应按规定时间定期检查更换易损零部件，以免引起任何危险。

4.4.5 有飞出物料或旋转元件意外飞出的设备，进料口应采取防护装置。操作者应经常注意和检查设备惯性运转零部件的磨损情况和紧固件的松动情况。

4.4.6 可能发生断裂或突然崩断、破碎的零件处，应设置“警告”标志以警示操作人员注意安全操作。

4.5 电气设备安全要求

4.5.1 电气设备应符合 GB 5226.1—2008 的有关要求。设备上所用的电气设备应有接地故障保护装置。

4.5.2 用于易燃易爆环境下的电气设备，应有防爆功能。

4.5.3 高压电缆、变压器和控制柜处，应在四周设置防护栏或布置在隔离间，并设置相应的安全标志，安全标志应符合 GB 2894—2008 的要求。

4.6 液压和气动系统安全要求

4.6.1 液压和气动系统应符合 GB/T 3766—2001 和 GB/T 7932—2003 的规定,系统压力不得超过输送管路的最大许用压力,压力上升或液体泄漏不得导致危险。系统应配置温度或压力监控装置,在温度或压力超过许用范围时应有安全防护装置。应有效地防止高温、高压流体喷射造成的危险。

4.6.2 输送管路应与电线隔离,并避开热表面和锐边。移动的管路应配置导向装置。

4.6.3 液压油箱和气泵应配有压力表,液压油箱应有液压油位指示装置。

4.6.4 液压和气动装置应安装在一个适当的安全位置,应防火、通风,并与主机隔离开。

4.7 安装、维修与保养

4.7.1 机械应具有安全的起吊装置。

4.7.2 机械吊装应按设计要求进行吊装。

4.7.3 安装应按产品标准、设备使用说明书、设计要求及工艺要求进行。

4.7.4 机械基础表面应平整,易于安装,并能承受预定的载荷。

4.7.5 对设备进行任何维修保养时,均应切断电源,并设置警示装置。

4.7.6 润滑点应能清晰识别,操作容易简单,对人员不易造成危险。

4.7.7 进入机内或窑内维修时,应有支架或其他安全预防措施,以防意外关闭,造成危险。

4.7.8 维修或保养旋转部位时,应有防止意外转动或旋转的措施。

4.7.9 有离心力的运动部件应牢固可靠,并要定期检查,及时更换。

4.7.10 机械的调整、维修、保养、润滑应在停机状态下进行。不能停机进行时,应遵循 5.2.2 b)的安全要求进行。

4.8 工作平台、过道的安全要求

4.8.1 过道的钢直梯、钢斜梯应符合 GB 4053.1—2009、GB 4053.2—2009 的规定;工业防护栏杆及钢平台应符合 GB 4053.3—2009 的规定。

4.8.2 工作平台、过道应避免落有油和水,应有防滑措施。

4.8.3 工作平台、过道应满足预期的承载和空间要求。

4.9 警告装置和警示标志

4.9.1 警告装置应能准确、清晰地发出警告信号,操作者应定期检查所有警告装置。

4.9.2 有紧急危险时,应有警告装置对作业范围内的人员发出报警信号。

4.9.3 机械所有外露旋转部位、挤压部位、切割部位、带电部位、高温部位、容易跌落部位和有潜在危险存在的部位,应贴有相适应的警示标志,并应符合 GB 2894—2008 的要求。

4.9.4 所设置的警示标志应醒目、清晰、耐久、易于理解,并使用规范汉字,文字简洁无歧义。

4.10 照明与防火

4.10.1 机械工作现场应有足够的照明装置。

4.10.2 操作室的照明度应符合 4.2.10 的规定。

4.10.3 在有爆炸性气体、粉尘或危险性混合物的工作环境时,应选用安全型灯具照明。

4.10.4 机械的电控、操作间材料应采用防火材料。

4.10.5 对有可能产生火灾或爆炸的危险设备,制造商应在使用说明书中提出警告。

4.10.6 在工作厂区应定点放置灭火装置和灭火设施。

5 使用信息

5.1 标牌、警示标志

5.1.1 每台机械都应有产品标准规定的产品标牌，标牌上的内容均应符合 GB/T 13306 的规定。

5.1.2 每台机械应在危险部位和涉及安全的部位贴有明显的警示标志，并保证有效的警示作用。

5.2 使用说明书

5.2.1 使用说明书的编制应符合 GB/T 9969—2008 的规定。

5.2.2 使用说明书中还应以醒目的方式给出下列预防危险的警告信息。

a) 安全操作运行中的安全警告应清楚提示：

——危险和应采取的措施；

——机械正常启动和启动顺序；

——机械正常停机和停机顺序；

——机械急停装置与防护装置的操作使用与功能说明；

——操作者上岗前应经过安全防护意识和防护措施的培训。

b) 维修、保养作业中的安全警告：

操作人员在危险范围内维修、保养作业时，应在满足下列条件下才能进行：

——确保作业环境对维修保养人员身体不产生危害；

——应有两名对安全条例完全熟悉的操作者同时工作，一人进行作业或维修，另一人进行安全监控；

——监控人员从各方面都能快捷触及急停装置；

——监控与维护工人之间要使用一种可靠的方式进行对话；

——只有机械完全处于停机状态，启动开关无人能够触及，并悬挂明显的警示标志时，才允许一个人单独对机械进行维修或保养。

HGFF 北京恒固防腐工程有限公司

企业简介

北京恒固防腐工程有限公司是中国金属防腐集团旗下公司，总部位于北京。是一个致力于防腐领域、节能领域及研发、生产、销售施工、服务于一体的专业化集团公司。为积极响应国家节能环保、低碳减排相关政策，投入巨资研发高科技产品，在国外多位专家的支持下，采用先进的纳米材料及独特的生产工艺，成功的研发出国内具有领先水平的“新型水性纳米保温隔热材料，新型水性纳米太阳热反射材料”。

材料简介

该材料是一个复合涂层结构体系，分为防腐底层、保温层和太阳热反射层。整体施工简便，附着力强，综合性能好。产品施工后厚度仅为2mm~3mm,传热系数2mm为0.44。该材料的各项性能、指标均已达到或优于国家建筑材料标准。“新型纳米太阳热反射材料”在2013年12月取得了国家科技成果推广证书。该材料可将室外超于25℃的多余太阳热量直接反射，从而保证建筑物内室温不会过高，因此大大降低了冷气的使用和电能的消耗，具备防水防火的特性，同时可兼做防水材料使用，其性能符合《国家聚合物乳液建筑防水涂料》JC/T 864标准　并在国内多省市进行了备案。

应用领域

新型水性纳米保温隔热材料可广泛应用于寒冷、严寒、四季分明地区的建筑外墙保温隔热、屋顶防水工程及旧房节能改造项目。该材料创造性地实现了保温隔热、防水防腐、绿色环保、防护薄层一体化，也符合国际保温材料的发展方向。该材料适用广泛，可用于国防建筑、民用建筑、工业厂房以及化工、石油、运输等诸多节能领域。

地址：北京市石景山区时代花园南路17号　　QQ：2227029726
电话：13810494314　　邮箱：zhongguojinshu@126.com　　网址：www.bjhgff.cc

工程案例：

施工单位	时间	面积	项目
山西风苑小区	2011年	60000㎡	旧房改造保温隔热工程
亚宝办公大楼	2011年	26000㎡	保温隔热工程
北京永利隆仓库	2011年	30000㎡	保温隔热工程
山西宏光安瓶厂	2012年	50000㎡	保温隔热工程
山西名都家园	2012年	16000㎡	保温隔热工程
内蒙古鄂尔多斯	2012年	13000㎡	保温隔热工程
UHN国际村会所	2012年	13000㎡	保温隔热工程
北京广华轩小区	2012年	15000㎡	保温隔热工程
中国科技部大楼	2013年	4600㎡	屋面保温隔热防水工程
山西鸣李粮食储备库	2013年	9200㎡	保温隔热工程
山西晋中监狱教学楼	2013年	8600㎡	保温隔热工程
山西粮食局家属楼	2013年	4800㎡	屋面隔热、防水工程
四川左钦白马唐闭关中心	2013年	9000㎡	外墙保温隔热工程
北京茂华集团	2013年	12000㎡	保温隔热工程
深圳龙岗厂区	2014年	40000㎡	屋面保温隔热防水工程
北京茂华集团	2014年	8700㎡	璟都会屋面保温隔热工程
山西亚宝工业园	2014年	110000㎡	墙面保温隔热工程

证 书

北京恒固防腐工程有限公司：

经评定，你单位"新型水性纳米反射隔热涂料"项目列为二〇一三年全国建设行业科技成果推广项目。

适用范围：建筑墙体、屋面隔热工程

证书编号：2013148

（此证有效期三年）

二〇一三年十二月三十日

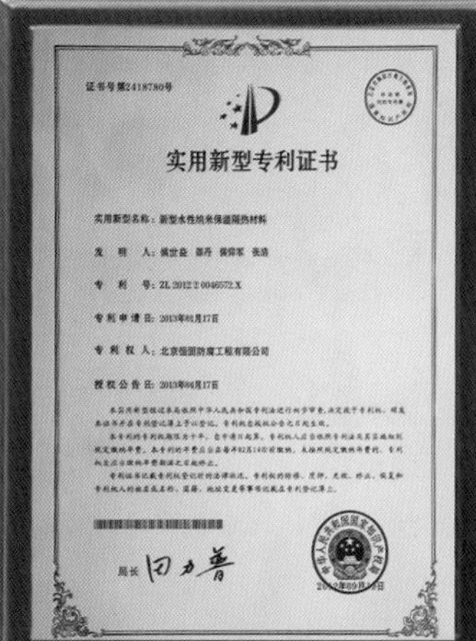
实用新型专利证书

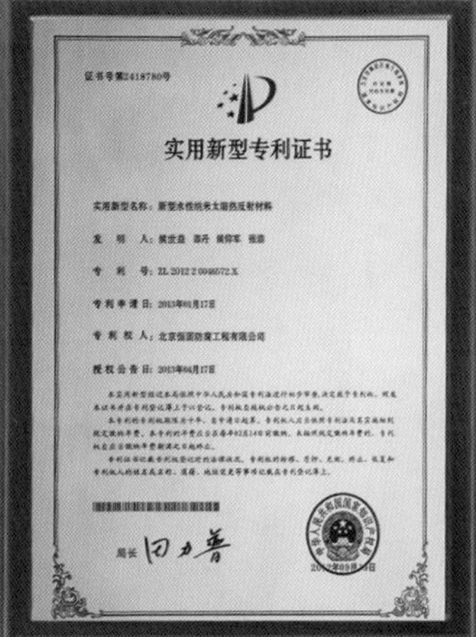
实用新型专利证书

NO. 2014069

ECS

绿色建筑节能推荐产品证书

Certificate for Recommended Products of Green & Energy-Saving

单位名称：北京恒固防腐工程有限公司

产品名称：新型水性纳米保温隔热材料

经中国工程建设标准化协会绿色建筑节能推荐产品专家委员会审查、评定，你单位生产研发的该项产品，符合评审相关要求，特授予"绿色建筑节能推荐产品证书"，在工程建设领域推荐使用。

Upon the review and assessment of Expert Committee of Green Building Energy-Saving Recommended Products of China Association for Engineering Construction Standardization, the product manufactured and developed by your company has met the requirements for relative assessments, so it is hereby awarded the product with "Certificate for Recommended Products of Green & Energy-Saving", which can be used in the field of engineering construction.

有效期：贰 年

Period of validity: two years.

公示查询：www.cecs.org.cn

2014 年 6 月 19 日

管理体系认证证书

兹证明

北京恒固防腐工程有限公司

质量管理体系符合

GB/T19001-2008 idt ISO9001:2008

GB/T50430-2007

本证书覆盖范围

涂装工程、建筑物、构筑物防腐蚀工程的施工

（中国化工机械动力技术协会资质范围内）

北京大陆航星质量认证中心有限公司

管理体系认证证书

兹证明

北京恒固防腐工程有限公司

环境管理体系符合

GB/T24001-2004 idt ISO14001:2004

本证书覆盖范围

涂装工程、建筑物、构筑物防腐蚀工程的施工

（中国化工机械动力技术协会资质范围内）

北京大陆航星质量认证中心有限公司

管理体系认证证书

兹证明

北京恒固防腐工程有限公司

职业健康安全管理体系符合

GB/T28001-2001

本证书覆盖范围

涂装工程、建筑物、构筑物防腐蚀工程的施工

（中国化工机械动力技术协会资质范围内）

北京大陆航星质量认证中心有限公司

SN 自保温连锁节能砌块

——节能环保一体式保温砌块

产品性能

1．SN 保温砌块由高炉水渣、炉渣、粉煤灰、石屑、水泥等压制养护而成，心空内填模塑聚苯板。

2．外墙抹面可抹 12~20㎜厚 DP-MR 干拌砂浆，刮腻子，面砖用3~5㎜厚DTA 砂浆粘贴，DTG 砂浆勾缝。

3．详细做法，参照 11BJZ58。

4．保温砌块，传热修正系数 1.05~1.10。

产品型号

SN 一代产品：分为 240、290 两种型号

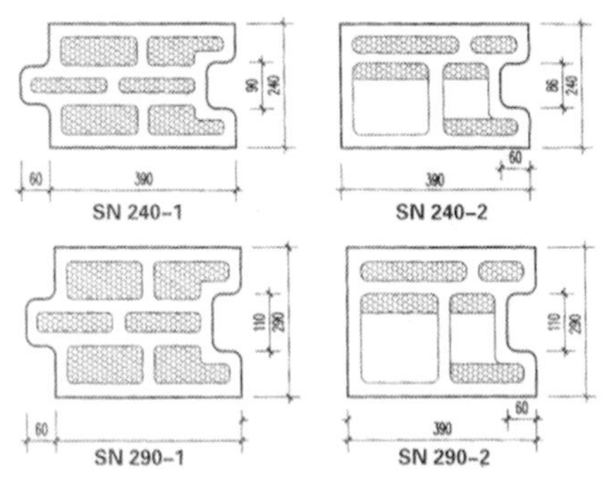

SN 二代产品：型号 240，共四种块型

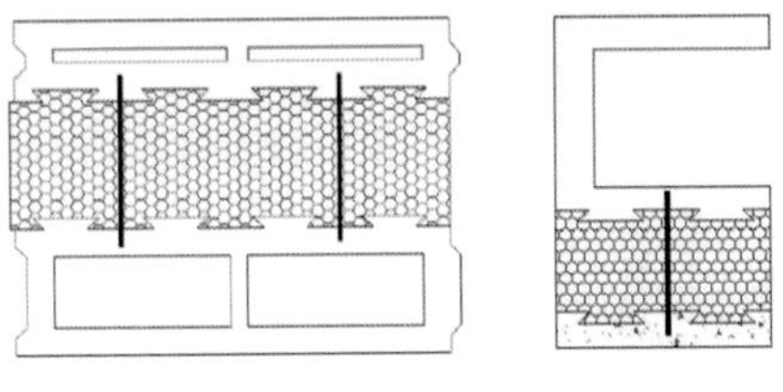

主块　　过梁块

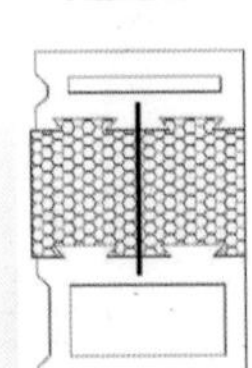

芯柱块　　半块

应用特点

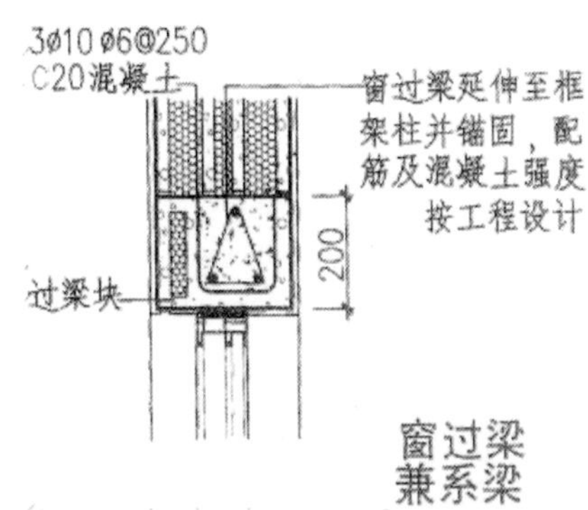

①窗口位置上下设置水平系梁，两侧设置芯柱，窗边距不大于 800 芯柱可不做上下延伸，大于 800 时，一边芯柱上下贯通。

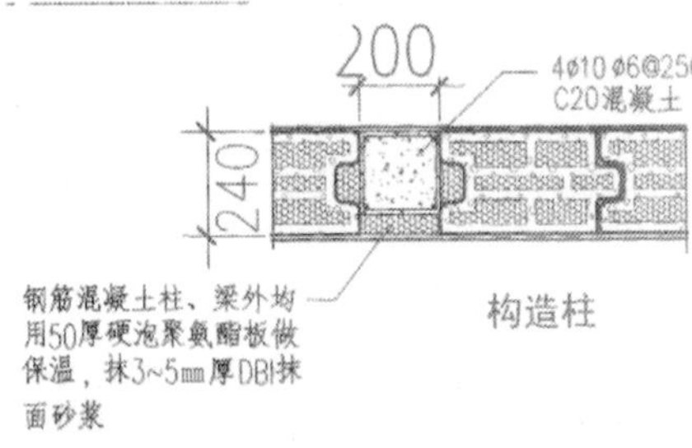

②墙高小于等于 4.2m 时，无需做构造柱；墙高大于 4.2m 时按规定增设系梁或板带且宜采用构造柱拉结并上下贯通。

③线管直接预制在砌块内，无需后期开槽。**SN** 一代产品满足节能 **65%**的需求，**SN** 二代产品满足节能 **75%**的要求。

性能报告

SN保温砌块性能检测

项目		单位	标准要求	检验结果	
				240厚砌块	290厚砌块
抗压强度	平均值	MPa	≥3.5	3.5	3.7
	单块最小值	MPa	≥2.8	2.9	3.0
	平均值	MPa	≥5.0	5.3	
	单块最小值	MPa	≥4.0	4.1	
密度等级		kg/m³		961	870
传热系数		W/(m²k)		0.55	0.44

经典案例

项目名称：北京京开光谷厂房二期

项目类型：框架

项目面积：24.2万m²

SN 墙体最高高度：8 m

项目名称：北京成功大广场

项目类型：框架

项目面积：180 万m²

SN 墙体最高高度：5 m

天然轻骨料混凝土复合节能砌块

——建筑节能与结构一体化的新型节能建材

在墙体建材行业，随着国家对建筑墙体节能标准的逐步提高，现实应用于市场的一些新型墙体材料，由于受自身保温性能限制，应用时均需在墙体外贴苯板才能达到建筑节能要求，采用外贴苯板的节能墙体，在消防安全、使用寿命、环境保护等多方面存在着无法克服的缺陷。

“天然轻骨料混凝土复合节能砌块”，是董宝柱先生和他的研发团队，历时7年多的科研成果，用本项目产品组砌筑成的节能复合墙体，不用外贴苯板就达到了严寒地区节能65%的标准，完全符合建筑节能保温结构一体化的要求，能有效地解决采用外贴苯板保温的节能墙体所存在的缺陷

产品的构成：本产品是采用天然轻骨料浮石、火山渣作主要原料，以水泥作胶凝材料，加入了适量的经过改性处理的高性能保温材料组成。

产品的技术优势：在产品中添加了经过改性处理的高性能保温材料，使本来与混凝土不能亲和的高性能保温材料融和成一体，既提高了产品的保温性能又可以达到建筑物对产品强度的要求。与普通“陶粒”砌块相比，保温性能提高80%；与红砖相比保温性能提高了3.3倍。

由于产品保温性能提高，应用本产品砌筑的复合节能墙体，承重墙体365mm厚，框架填充结构墙体295mm厚，就达到严寒地区节能65%的要求。

用本项目产品组砌的复合节能墙体，采用交替错缝的砌筑工艺，在砌筑的空腔中固装挤塑板，挤塑板深入到平面砂浆中，隔断了平面砂浆的热桥。组砌成的墙体上下皮砌块的壁、肋、孔都是垂直对应的，所砌墙体结构性好，受力均匀，抗压强度好，抗剪性能强。

产品已经完成了小试、中试、批量生产；完成了高寒地区城市和农村的示范建筑工程，其中在高寒地区黑龙江的大兴安岭地区，建筑的近2万m^2的地区行署服务中心办公大楼已投入使用四年多，经过各项应用技术的检测，作为节能建筑的样板，获得了黑龙江省节能建筑“龙江杯”荣誉称号；完成了各项应用技术的指标检测；通过专家评审完成了黑龙江省地方标准“技术规程、建筑构造图集”的修订编制。技术水平先进，整体系统完整，形成了一套全新独特自有的节能建筑墙体体系。

产品性能符合GB/T 15229-2011的要求，获得了五项国家专利，具有自主知识产权。是一个技术成熟的项目。经查新国内没有同类报道。专家给出的鉴定结果是“该成果达到国际先进水平”。

产品的应用优势：本产品与现实采用外贴苯板的节能建筑墙体相比，具有多方面的优势，这些优势正符合目前国家倡导的绿色墙体材料要求，不仅有很好的经济效益，更有利于长远的社会效益。

1. 经济效益：

采用本项目产品组砌的节能复合墙体，与现实采用外贴苯板节能墙体相比：每平方米外墙体的成本费用至少可以降低10%；节省了后续更换保温层的费用（更换保温层会比新建时处理外保温的费用至少要高出50%）；节省了原材料消耗，承重墙体可以节省苯板用量65%；框架填充墙体可以节能苯板用量50%。

2. 解决了防火安全问题，消除了采用外贴苯板墙体的火灾隐患。

3. 解决了节能建筑的耐久性问题，可以保证建筑物在全寿命周期内达到节能要求。

4. 保护了环境，消除了建筑垃圾。建筑物到了使用年限，需要拆除时，拆除的墙体可以全部回收利用，加工成再生料重新制成产品，往复循环利用。

5. 增加了房屋的使用面积，多层承重建筑可以增加2%的房屋使用面积，高层建筑可以增加4%的房屋使用面积。

本项目产品完全符合国家发改委“关于十二五墙体材料革新指导意见的通知”精神，是实现建筑节能与结构一体化的理想建材，顺应了市场需求。

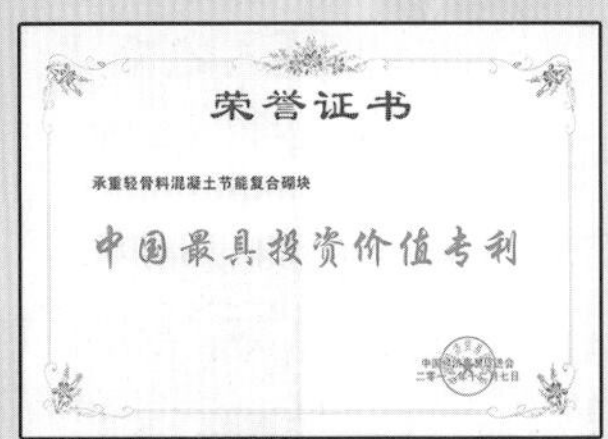

黑龙江汇丰能源科技开发有限公司

联系人：董宝柱 电话：13504500467

地址：哈尔滨市南岗区极乐四道街11栋5单元401室

电话：0451—82522085（传真）

邮箱：hfkj.2009@163.com

邮编：150001

承重复合节能墙体砌筑示意图：

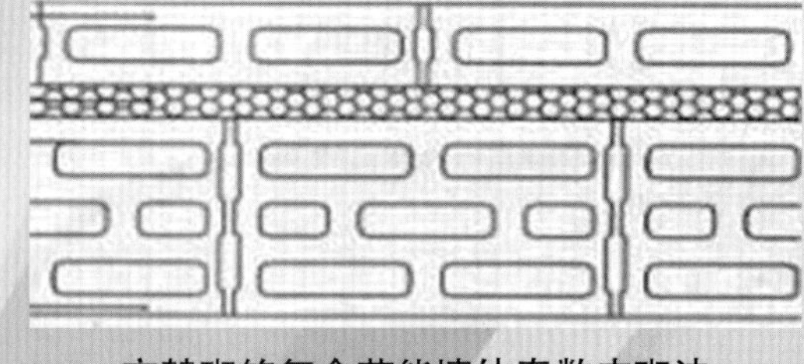

交替砌筑复合节能墙体奇数皮砌法

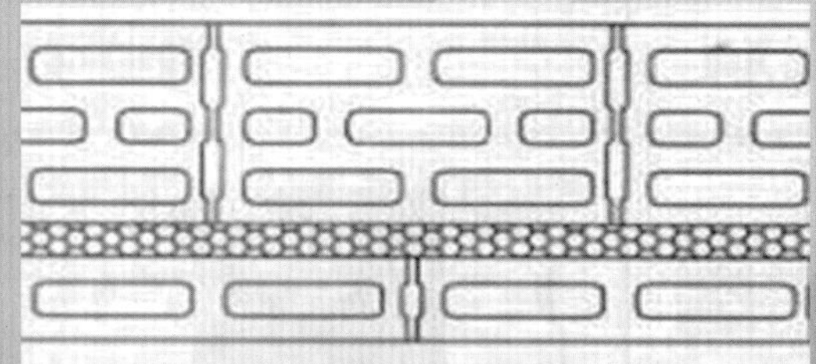

交替砌筑复合节能墙体偶数皮砌法

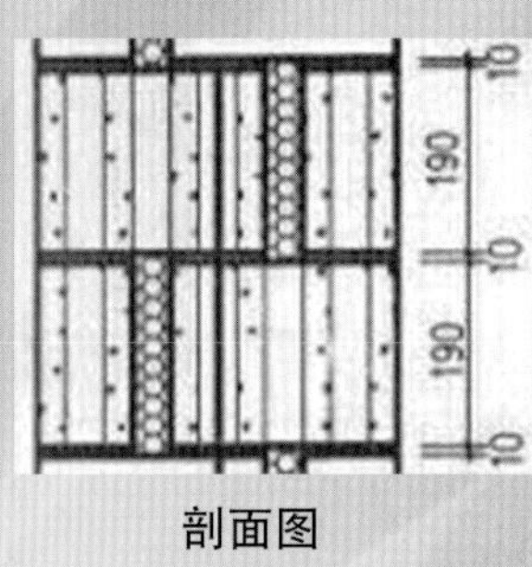

剖面图

框架填充结构复合节能墙体砌筑示意图：

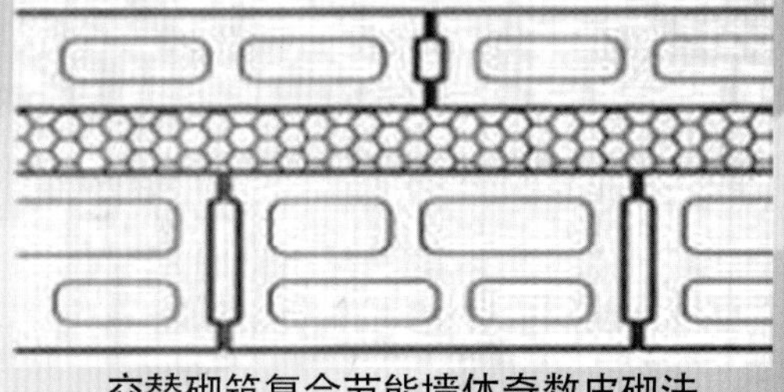

交替砌筑复合节能墙体奇数皮砌法

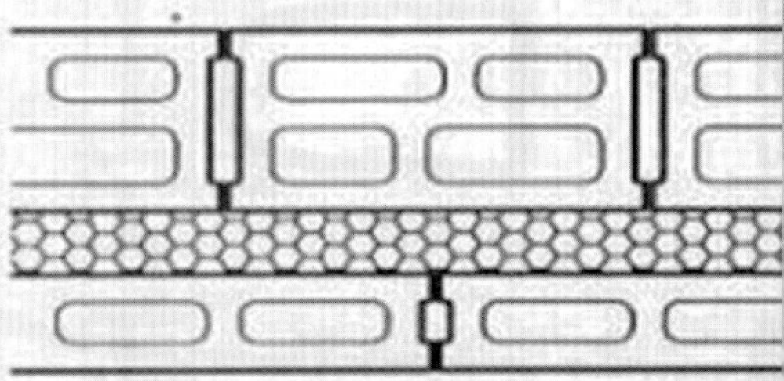

交替砌筑复合节能墙体偶数皮砌法

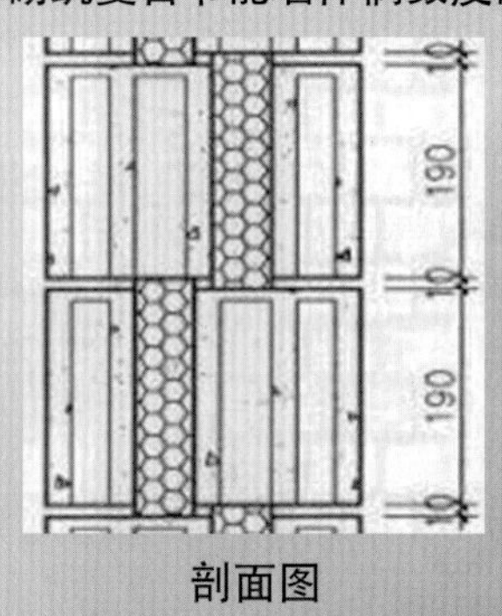

剖面图

北京奥博泰科技有限公司
Beijing Aoptek Scientific Co., Ltd.

中国玻璃检测仪器领导品牌

Filmate5300
手持式宽光谱透反射测色仪

更多的测量功能

现场测量

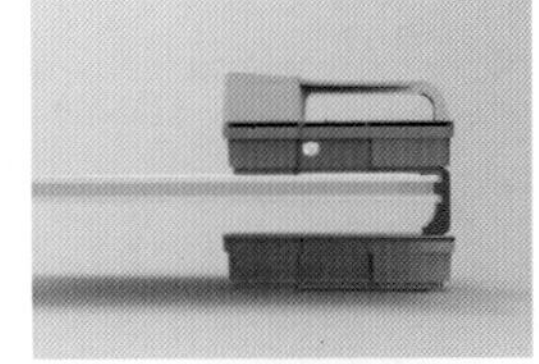
边部透射

大板透射

反射测量

手持式宽光谱透反射测色仪是专门针对于节能玻璃幕墙、门窗玻璃等规则反射体设计的，测量玻璃光谱透反射比及色差的专用手持仪器。

应用于镀膜玻璃制造商、节能玻璃深加工企业的生产过程及现场测量。适合幕墙公司、监理、质检机构的生产过程及现场测量。

测量功能

- 380nm~1000nm透射光谱、反射光谱、吸收光谱
- 可见光反射比、Yxy 、CIE L*a*b*、色差
- 可见光透射比、Yxy 、CIE L*a*b*、色差
- 横向纵向色差测量等玻璃行业的专业功能

产品特性

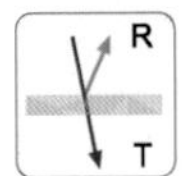

玻璃透反射比

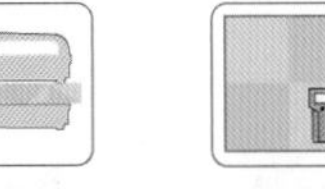
分体透射测量
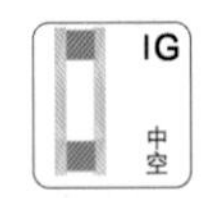
已安装玻璃测量

可测中空玻璃
大容量电池

无线电脑连接

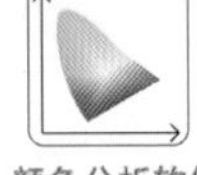
颜色分析软件
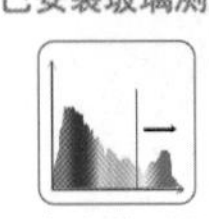
宽光谱测量
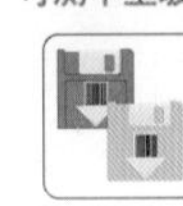
数据同步存储

“慧眼1000”
便携式节能玻璃现场测试仪

您的玻璃节能吗?

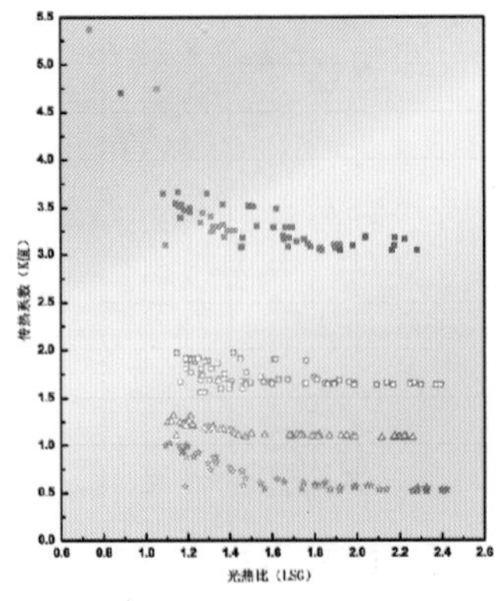
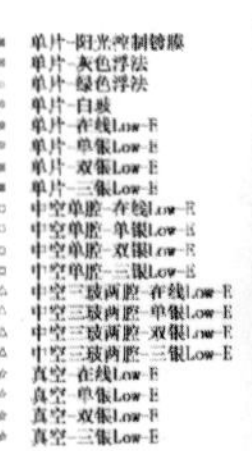

“慧眼1000”是北京奥博泰科技有限公司与中国建筑玻璃与工业玻璃协会联合攻关研发仪器。旨在为业主、设计师、施工、监理单位和质检机构提供优质可靠、便捷准确的节能指标测评方法。

测量功能

- 可见光光谱透射比、反射比
- 太阳光光谱透射比、反射比
- 可见光透射比 (Tv)、 可见光反射比 (Rv) 透射、 反射颜色坐标、色差、显色指数
- 太阳光直接透射比、反射比、吸收比 遮阳系数 (SC)、太阳能得热系数 (SHGC)
- 玻璃传热系数 (Ug)、LSG

产品特性

全球首创

精巧便携

大容量电池
辨别真伪

检测报告
无线远程协助

北京奥博泰科技有限公司自主研发生产了功能丰富、性能卓越的Filmonitor在线检测系列产品、Filmeasure实验室检测系列产品、Filmate便携式现场检测系列产品，详情请浏览北京奥博泰科技有限公司官方网站www.aoptek.com 。

北京奥博泰科技有限公司
北京丰台科技园区外环西路26号院总部国际19号楼
电话: 010-5112 2588 / 51122688
邮箱: sales@aoptek.com 网址: www.aoptek.com